Die Bodenmechanik in der Baupraxis

Von

Karl Terzaghi und **Ralph B. Peck**

o. Professor an der Harvard University, Cambridge, Mass., USA

Professor für Bodenmechanik an der University of Illinois, USA

Ins Deutsche übertragen von

Dipl.-Ing. Alfred Bley

Mannheim

Mit 218 Abbildungen

Springer-Verlag

Berlin/Göttingen/Heidelberg

1961

Authorized translation
from the English-language edition:
Soil Mechanics in Engineering Practice
Ninth Printing (1956)

ISBN-13: 978-3-642-92830-7 e-ISBN-13: 978-3-642-92829-1
DOI: 10.1007/978-3-642-92829-1

Published by John Wiley & Sons, Inc., New York

Vorwort der amerikanischen Ausgabe

Die Anfänge der Bodenmechanik haben sich vor einigen Jahrzehnten aus einem dringenden Bedürfnis heraus entwickelt. In dem Maß, wie die mit dem Boden verbundenen praktischen Probleme an Bedeutung gewannen, war die Unzulänglichkeit der für ihre Bewältigung zur Verfügung stehenden wissenschaftlichen Hilfsmittel immer stärker in Erscheinung getreten. Fast gleichzeitig waren in den USA und in Europa die ersten Schritte unternommen worden, um diesem Mangel abzuhelfen. Sie haben innerhalb kurzer Zeit zu zahlreichen wertvollen und nützlichen Erkenntnissen geführt.

Die Anfangserfolge auf diesem Gebiet der angewandten Wissenschaft waren so ermutigend, daß ein neuer Zweig der Baustatik in Entstehung begriffen schien. Sehr schnell konnten im Zuge dieser Entwicklung theoretische Untersuchungen erweitert und vertieft und gleichzeitig experimentelle Untersuchungsverfahren immer weiter verfeinert werden. Ohne die Ergebnisse dieser mühevollen Forschungsarbeiten wäre nicht zu erwarten gewesen, daß die Probleme des Grund- und Erdbaues erfolgreich hätten in Angriff genommen werden können.

Leider hatte die intensive Forschungstätigkeit auf dem Gebiet der Bodenmechanik eine unerwünschte psychologische Wirkung. Sie lenkte die Aufmerksamkeit vieler Forscher und Lehrer von den vielfältigen Grenzen ab, welche die Natur der Anwendung der Mathematik auf die Probleme des Grund- und Erdbaues zieht. So ist immer größerer Wert auf die Verfeinerung der Probenentnahme- und Untersuchungsverfahren sowie auf diejenigen sehr wenigen Probleme gelegt worden, die exakt gelöst werden können. Exakte Lösungen sind jedoch nur zu erzielen, wenn die Bodenschichten praktisch homogen und in horizontaler Richtung unbegrenzt sind. Da weiterhin alle Untersuchungen, die zu exakten Lösungen führen sollen, hochspezialisierte Probenentnahme- und Untersuchungsverfahren zur Voraussetzung haben, sind sie nur in Ausnahmefällen gerechtfertigt. Bei der überwiegenden Anzahl der Aufgaben, welche die Baupraxis stellt, wird nicht mehr als eine überschlägliche Voraussage benötigt, und wenn eine solche Voraussage nicht mit einfachen Mitteln gemacht werden kann, muß man oftmals überhaupt auf sie verzichten. Soweit es nicht möglich ist, selbst nur eine überschlägliche Voraussage zu machen, muß das Verhalten des Bodens während der Bauausführung beobachtet und der Entwurf auf Grund der Beobachtungsergebnisse abgeändert werden. Wer diese Tatsachen unbeachtet ließe, würde den Zielen der Bodenmechanik keinen Dienst erweisen. Sie sind der übergeordnete Gesichtspunkt bei der Behandlung des Gegenstandes in diesem Buch.

Teil A befaßt sich mit den physikalischen Eigenschaften der Erdstoffe und Teil B mit den Theorien der Bodenmechanik. Diese beiden Teile sind sehr kurz, aber sie enthalten alles, was die Studierenden des Bauwesens und der nicht auf dieses Gebiet spezialisierte Ingenieur zum gegenwärtigen Zeitpunkt eigentlich von der Bodenmechanik wissen müssen. Das Kernstück des Buches ist Teil C.

Teil C handelt über die Kunst, trotz der uneinheitlichen Beschaffenheit der natürlichen Bodenschichten und trotz der unvermeidlichen Lükken in unseren Kenntnissen über die Baugrundverhältnisse mit vertretbaren Aufwendungen im Erd- und Grundbau zu befriedigenden Ergebnissen zu gelangen. Um dieses Ziel erreichen zu können, müssen alle zur Verfügung stehenden Verfahren und Hilfsmittel ausgenützt werden – die Erfahrung und die Theorie ebenso, wie die Verfahren der Bodenuntersuchung. Doch alle diese Hilfsmittel sind wertlos, wenn sie schematisch und nicht auf Grund sorgfältiger Überlegungen angewandt werden, weil auf diesem Gebiet fast jede praktische Aufgabe zumindest einige Fragen enthält, für die es noch keine Richtlinien gibt.

Jede Diskussion der praktischen Probleme im Teil C beginnt mit einem kritischen Überblick über die herkömmlichen Verfahren und führt Schritt für Schritt weiter zu dem mit Hilfe der Forschungsergebnisse der Bodenmechanik erreichten Stand der Erkenntnisse. Aus diesem Grund wird dem erfahrenen Ingenieur empfohlen, das Studium dieses Buches am Anfang des Teiles C zu beginnen. Er sollte die Teile A und B nur zum Nachschlagen benützen, um sich über die ihm noch nicht geläufigen Begriffe zu unterrichten. Andernfalls wäre er gezwungen, eine beträchtliche Stoffmenge zu verarbeiten, bevor er daraus Nutzanwendungen für sein Interessengebiet ziehen könnte.

Die Einzelheiten der Verfahren, die sich mit den im Teil C behandelten praktischen Problemen befassen, können sich mit dem Fortschreiten der Erfahrungen wandeln und einige von ihnen mögen vielleicht in ein paar Jahren überholt sein, weil sie nicht mehr als vorläufige Behelfe sind. Dagegen wird der Vorzug der halbempirischen Näherungslösungen, wie sie im Teil C befürwortet werden, in ihrer Unabhängigkeit von der Zeit gesehen. Am Ende jedes Abschnittes im Teil C findet der Leser ein Literaturverzeichnis. Bei der Auswahl der hierin aufzunehmenden Veröffentlichungen wurde in erster Linie Wert auf solche Arbeiten gelegt, die geeignet sind, das Interesse an sorgfältig und mit Überlegung durchgeführten Feldbeobachtungen zu fördern und hierfür Hinweise zu geben. Zu diesen Veröffentlichungen soll noch bemerkt werden, daß einige der zugehörigen

Diskussionen und Schlußfolgerungen wichtigere Erkenntnisse als die Aufsätze selbst enthalten.

Da das Gebiet des Erdbaues zu ausgedehnt ist, als daß es ausreichend in einem einzigen Buch behandelt werden könnte, mußten verschiedene wichtige Teilgebiete wie der Straßen-, Flugplatz- und Tunnelbau ausgeschlossen werden. In einem Anhang sind kurze Literaturhinweise für diese Gebiete zusammengestellt.

Die ersten Entwürfe des Manuskriptes sind von Professor C. P. Siess kritisch durchgesehen worden. Seine Hinweise waren außerordentlich wertvoll. Auch die Vorschläge mehrerer in der Praxis stehender Ingenieure, welche verschiedene Teile des Textes durchsahen, nahmen die Verfasser dankbar entgegen. Besonders sind sie den Herren A. E. Cummings, O. K. Peck und F. E. Schmidt für ihre Stellungnahmen zu Teil C, Herrn Dr. R. E. Grim für die Durchsicht des Abschn. 4 und Frau Ruth D. Terzaghi für ihre Hilfe bei der Ausarbeitung des Abschn. 63 zu Dank verpflichtet.

Bei Tafeln und Abbildungen, die ganz oder teilweise aus anderen Quellen entnommen sind, ist jeweils auf diese verwiesen. Die Zeichnungen hat Professor Elmer F. Heater beigesteuert. Für seine tatkräftige Unterstützung und seine geschickte Art der Darstellung sind die Verfasser sehr dankbar.

Karl Terzaghi
Ralph B. Peck

Vorwort zur deutschen Ausgabe

Es dürfte wenige bautechnische Fachbücher geben, die über das unmittelbare Einflußgebiet ihrer Originalsprache hinaus in kurzer Zeit eine so weite Verbreitung gefunden haben, wie „Soil Mechanics in Engineering Practice“. Der Grund für diesen Erfolg ist sicher darin zu suchen, daß dieses Buch nicht nur mit dem notwendigen theoretischen Rüstzeug, sondern auch aus einer umfassenden praktischen Erfahrung heraus geschrieben worden ist. Dieser Vorzug, daß die Verfasser in gleicher Weise auf die Theorie wie auf die Praxis zurückgreifen konnten, gab ihnen auch die Möglichkeit und das Recht, die Grenzen für die Anwendbarkeit der Theorie in der Praxis festzulegen, also jene Grenzen, bei denen mathematisch exakte durch mehr oder weniger empirische Näherungslösungen ersetzt werden müssen, weil der Einfluß der für exakte Lösungen notwendigen Idealisierungen zu groß wird. Aber diese Grenzen werden nicht dogmatisch festgesetzt, sondern die Verfasser versuchen, den „gesunden Menschenverstand“ des Lesers auf diesem Spezialgebiet des Bauwesens, seinen Blick für die Zusammenhänge und Gesetzmäßigkeiten so zu schärfen, daß er sie selbst erkennt.

Der deutsche Leser wird finden, daß in der amerikanischen Praxis manche Dinge etwas anders gehandhabt werden, als dies bei uns üblich und vielleicht sogar durch Normen und Anweisungen vorgeschrieben ist. Hierbei handelt es sich jedoch in allen Fällen nur um Fragen des Verfahrens und nicht um solche grundsätzlicher Art. Diese Unterschiede mögen zunächst als Ergebnisse zufälliger Entwicklungen erscheinen, bei näherer Prüfung wird man jedoch häufig feststellen, daß sie die natürliche Folge etwas andersartiger Verhältnisse sind. Wo es im Hinblick auf das Verständnis oder die praktische Anwendung zweckmäßig schien, ist in dieser Ausgabe auf deutsche Vorschriften hingewiesen oder es sind entsprechende Ergänzungen aufgenommen worden.

Auf dem Gebiet der Bodenmechanik erscheinen laufend so zahlreiche Veröffentlichungen, daß – von wenigen Ausnahmen abgesehen – darauf verzichtet worden ist, die am Schluß jedes Kapitels befindlichen Literaturangaben durch weitere zu vermehren. Der interessierte Leser wird besonders auf die Proceedings der Internationalen Konferenzen für Bodenmechanik und Grundbau hingewiesen, die 1936 in Cambridge (USA), 1948 in Rotterdam, 1953 in Zürich und 1957 in London stattgefunden haben und deren nächste für 1961 nach Paris einberufen ist, ferner auf die einschlägigen Normen sowie auf die verdienstvollen Bibliographien „Schrifttum über Bodenmechanik" von H. PETERMANN (Kirschbaum-Verlag, Bielefeld), in denen die in- und ausländischen Veröffentlichungen systematisch und nahezu vollständig erfaßt sind.

Meiner Frau bin ich für ihre Mitarbeit bei der Niederschrift und der Korrektur zu großem Dank verpflichtet. Ohne ihre Hilfe wäre es mir kaum möglich gewesen, die umfangreiche Arbeit neben meiner hauptberuflichen Tätigkeit in der Baupraxis zu Ende zu führen.

Mannheim, im Dezember 1960

Alfred Bley

Inhaltsverzeichnis

C. Bodenmechanische Probleme bei der Entwurfsbearbeitung und der Bauausführung

Anhang

Formelzeichen

In der Originalarbeit verwenden die Verfasser im allgemeinen die von der „American Society of Civil Engineers“ in der „Soil Mechanics Nomenclature, Manual of Engineering Practice No. 22“ von 1941 empfohlenen Bezeichnungen. Da es in den USA gegenwärtig noch üblich ist, die Ergebnisse von Laboratoriumsuntersuchungen im metrischen System auszudrücken, im Konstruktionsbüro und auf der Baustelle dagegen das englische Maßsystem anzuwenden, ist im Teil A für die Bodenkennziffern und Versuchsergebnisse ebenfalls das metrische System, in den Teilen B und C, die sich mit den Theorien und den praktischen Anwendungen befassen, das englische Maßsystem benutzt worden.

Für die deutsche Ausgabe wurden die Formelzeichen der für den Erd- und Grundbau gültigen Deutschen Norm DIN 4015 sowie die allgemeinen Formelzeichen nach DIN 1304 verwendet, wie sie nachfolgend zusammengestellt sind. Die Dimensionen sind im cm-g-sek-System angegeben. Formelzeichen ohne Dimensionsangaben stellen Zahlen dar.

a (m) = Abstand der Pfahlmitten, Länge
a_v (cm²/kg) = Verdichtungsbeiwert
A_r = Flächenverhältnis bei Entnahmestutzen
b (cm) = Breite
c (kg/cm²) = Kohäsion in der Coulombschen Gleichung
c_v (cm²/sek) = Verfestigungsbeiwert
C = Konstante
C (kg, kg/cm) = resultierende Kohäsion
C_a (kg, kg/cm) = resultierende Wandreibung
C_b (kg/cm³) = Bettungsziffer
C_c = Kompressionsbeiwert im ungestörten Zustand
C_c' = Kompressionsbeiwert im gestörten Zustand
C_s = Schwellbeiwert
C_w = reduzierter Sickerwegquotient
d (mm, cm) = Durchmesser; Korngröße; Schichtdicke
d_{10} (mm) = wirksame (bei 10% vertretene) Korngröße
D_r = bezogene Lagerungsdichte
e = Basis des natürlichen Logarithmus
e (Coulomb/cm²) = elektrische Ladung je Flächeneinheit
E (Volt) = elektrischer Spannungsunterschied
E (kg/cm²) = Elastizitätsmodul
E_a (kg/m) = Erddruck bei fehlender Gewölbewirkung (Stützwände)
E_p (kg/m) = Erdwiderstand (passiver Erddruck)

E_{ag} (kg/m) = Erddruck unter Berücksichtigung der Gewölbewirkung (Baugrubenaussteifung)
E'_p (kg/m) = Anteil des Erdwiderstandes aus dem Raumgewicht des Bodens
E''_p (kg/m) = Anteil des Erdwiderstandes aus Kohäsion und Auflast ($E''_p = E_c + E_q$)
f (sek^{-1}) = Frequenz (Schwingung)
f_0 (sek^{-1}) = Eigenfrequenz
F (cm^2, m^2) = Fläche; Querschnittsfläche
g (cm/sek.^2) = Fallbeschleunigung
G (kg, kg/cm) = Gewicht; Gewicht je Längeneinheit; Gewichtsanteil
G (kg, t) = ständige Last; Eigengewicht
G_l = Luftanteil
G_B (t) = Gewicht des Rammbären
G_P (t) = Gewicht des Pfahles
h, H (cm, m) = Höhe; Fallhöhe des Rammbären
h_0 (cm, m) = Ortshöhenunterschied (Hydraulik)
h_c (cm) = kapillare Steighöhe
h_{krit} (m) = kritische Böschungshöhe; kritische Stauhöhe
h_w (cm, m) = hydraulische Druckhöhe
h_r = relativer Dampfdruck
Δh (cm) = Zusammendrückung
i = hydraulisches Gefälle
i_p (g/cm^3) = Druckgefälle
i_{krit} = kritisches hydraulisches Gefälle
k (cm/sek) = Durchlässigkeitsbeiwert nach DARCY
k_I (cm/sek) = mittlerer Durchlässigkeitsbeiwert parallel zu den Schichtebenen
k_{II} (cm/sek) = mittlerer Durchlässigkeitsbeiwert senkrecht zu den Schichtebenen
k_r (cm/sek) = Durchlässsigkeitsbeiwert für durchgeknetete Proben
k_h, k_v = Koeffizienten für die Berechnung des Erddruckes auf Stützmauern
k_w = Konsistenzzahl
K (cm^2) = physikalische Durchlässigkeit
l (cm, m) = Länge, Sickerweg
m_v (cm^2/kg) = Verdichtungsziffer
M_c (mkg) = Moment der Kohäsionskräfte
m = Anzahl der Durchflußstreifen im Stromliniennetz
n = Anzahl der Potentialdifferenzen im Stromliniennetz
n = Porenanteil, Verhältnis des Porenraumes zum Gesamtvolumen
n_a = Verhältnis zwischen der Höhe des Erddruckangriffspunktes und der Wandhöhe
n_g = Quotient aus der durch ein Erdbeben verursachten Beschleunigung und der Fallbeschleunigung
N = Anzahl der Schläge auf die Rammsonde beim Standard Penetration Test
N_c = Tragfähigkeitsbeiwert infolge Kohäsion
N_q = Tragfähigkeitsbeiwert infolge seitlicher Auflast
N_γ = Tragfähigkeitsbeiwert infolge Eigengewicht
N_s = Stabilitätsfaktor bei Böschungen

p (kg/cm²) = Flächenlast, Druckspannung
p' (kg/m) = Linienlast
p_n (kg/cm²) = gegenwärtiger Konsolidierungsdruck im Feld
p_0' (kg/cm²) = maximaler Konsolidierungsdruck im Feld
p_g (kg/cm²) = Grenztragfähigkeit je Flächeneinheit
p_k (kg/cm²) = Kapillardruck
p_s (kg/cm²) = Untergrundreaktion
p_w (kg/cm²) = Porenwasserdruck; hydrostatischer Druck; neutrale Spannung
p_{zul} (kg/cm²) = zulässige Bodenpressung
P (kg, t) = Einzellast; Gesamtlast; resultierender Druck
P_g (t/m) = Grenztragfähigkeit eines Streifenfundamentes, statische Grenztragfähigkeit eines Pfahles
P_{gr} (t) = Grenztragfähigkeit der Sohle eines Pfeilers
P_M (t) = Tragfähigkeit aus der Mantelreibung oder Wandreibung
P_{Sp} (t) = Tragfähigkeit aus dem Spitzenwiderstand
P_{zul} (t) = zulässige Belastung eines Pfahles
q_u (kg/cm²) = Zylinderdruckfestigkeit
Q (cm³/sek) = Wassermenge
r, R (cm, m) = Radius
r_0 (cm, m) = Radius des Reibungskreises bei Böschungsuntersuchungen
s (cm) = Setzung
Δs (cm) = Eindringung eines Pfahles unter einem Rammschlag
s_w = Sättigungsgrad
S = Sensitivität
t (cm) = Tiefe, Gründungstiefe
t (sek) = Zeit
t_z (cm) = Tiefe von Zugrissen
T (°Celsius) = Temperatur
u (kg/cm²) = Strömungsdruck, hydrostatischer Überdruck
U = Ungleichförmigkeitsgrad d_{60}/d_{10}
U = Konsolidierungsgrad in %
v (cm/sek) = Filtergeschwindigkeit
v_s (cm/sek) = Sickergeschwindigkeit
V (cm³) = Volumen
V_p (cm³) = Porenvolumen
w = Wassergehalt in Prozenten des Trockengewichtes
w_n = natürlicher Wassergehalt
w_a = Ausrollgrenze
w_f = Fließgrenze
w_s = Schrumpfgrenze
w_k = Klebegrenze
w_{fa} = Plastizitätszahl
W (kg/m) = resultierender Wasserdruck
W_{dyn} (t) = dynamischer Eindringungswiderstand eines Pfahles
z (mm) = elastische Zusammendrückung eines Pfahles
z (cm) = Tiefe unter einer Bezugsebene
α (°) = Winkel
α_t = Tiefenfaktor
β = Böschungswinkel
γ (g/cm³, t/m³) = Raumgewicht des Bodens
γ_t (t/m³) = Raumgewicht des trockenen Bodens

γ_g (t/m³) = Raumgewicht des wassergesättigten Bodens
γ_a (t/m³) = Raumgewicht des Bodens unter Auftrieb
γ_s (g/cm³) = spezifisches Gewicht der festen Teile des Bodens
γ_w (g/cm³) = spezifisches Gewicht des Wassers
δ (°) = Wandreibungswinkel
Δ = Zuwachs, Änderung
ε = Porenziffer
ε_0 = Porenziffer für lockerste Lagerung
ε_d = Porenziffer für dichteste Lagerung
ε_{krit} = kritische Porenziffer
ε_n = Porenziffer bei natürlicher Lagerung
ε = lineare Verformung in der Wirkungsrichtung von σ
ε_1 = lineare Verformung rechtwinklig zur Wirkungsrichtung von σ
η (g sek/cm²) = Viskosität, Zähigkeit
η = Sicherheitsgrad
λ = Verhältnis der horizontalen zur vertikalen Druckspannung an einem Punkt in einer Bodenmasse
λ_0 = Ruhedruckbeiwert (Größe von λ für den Anfangszustand des elastischen Gleichgewichtes)
λ_a = Beiwert des Erddruckes
λ_p = Beiwert des Erdwiderstandes
λ_ϱ = kritisches Hauptspannungsverhältnis
μ = POISSONziffer; Mikron = 0,001 mm
ϱ (°) = Winkel der inneren Reibung oder der Scherfestigkeit
ϱ_a (°) = Winkel der inneren Reibung für nicht wassergesättigten Ton
ϱ_l (°) = Winkel der inneren Reibung aus langsamen Scherversuchen
ϱ_{sk} (°) = Winkel der inneren Reibung aus Schnellversuchen mit voller Konsolidierung
σ (kg/cm²) = totale Normalspannung
σ_0 (kg/cm²) = wirksame Normalspannung
σ_0 (g/cm²) = Oberflächenspannung von Flüssigkeiten
$\sigma_I, \sigma_{II}, \sigma_{III}$ = größte, mittlere und kleinste Hauptspannung
σ_h (kg/cm²) = horizontale Druckspannung auf vertikale Flächen
σ_v (kg/cm²) = vertikale Druckspannung auf horizontale Flächen
τ (kg/cm²) = Scherspannung
τ_s (kg/cm²) = Summe aus Reibung und Adhäsion zwischen dem Boden und einem Pfahl oder Pfeiler
τ_v = Zeitfaktor bei der Konsolidierungstheorie
φ = relative Luftfeuchtigkeit
Φ = Geschwindigkeitspotential im Stromliniennetz
ψ (°) = Winkel
$\ln a$ = natürlicher Logarithmus von a
$\log a$ = BRIGGscher Logarithmus von a
$\overline{ab}$ = Strecke ab
$\widehat{ab}$ = Bogenlänge ab

(21.6) bedeutet Gleichung 6 in Abschnitt 21

Einleitung

Die „Bodenmechanik in der Baupraxis" ist in folgende drei Teile gegliedert:

A. Die physikalischen Eigenschaften der Bodenarten.
B. Theoretische Bodenmechanik.
C. Bodenmechanische Probleme bei der Entwurfsbearbeitung und der Bauausführung.

Teil A behandelt die physikalischen und mechanischen Eigenschaften homogener Proben von ungestörten und von gestörten oder durchgekneteten Böden. Hierbei werden diejenigen Eigenschaften besprochen, die als geeignete Kriterien für die Unterscheidung der verschiedenen Bodenarten dienen. Gleichzeitig werden hierin Richtlinien für eine ausreichende Beschreibung der Bodenarten oder Erdstoffe gegeben. Weiterhin werden auch diejenigen Eigenschaften des Bodens behandelt, welche einen unmittelbaren Einfluß auf das Verhalten von Bodenkörpern während der Durchführung von Baumaßnahmen und im Anschluß daran ausüben.

Teil B vermittelt dem Leser eine elementare Kenntnis der Theorien, welche für die Lösung von Problemen, einschließlich derjenigen der Standsicherheit und der Tragfähigkeit der Böden und der Wechselwirkung zwischen Boden und Wasser, benötigt werden. Alle diese Theorien gehen von stark vereinfachenden Annahmen über die mechanischen und hydraulischen Eigenschaften der Erdstoffe aus. Trotzdem sind die mit Hilfe dieser Näherungsverfahren erhaltenen Ergebnisse für die meisten Zwecke der Baupraxis genau genug, wenn sie richtig angewandt werden.

Teil C befaßt sich mit der Anwendung unserer gegenwärtigen Kenntnisse über das Verhalten des Bodens und über die Theorien der Bodenmechanik bei Entwürfen und Bauausführungen auf dem Gebiet des Grund- und Erdbaues. Auf den Entwurf von Straßen- und Flugplatzbefestigungen ist nur durch Literaturangaben im Anhang eingegangen, da dies ein selbständiges und hochspezialisiertes Gebiet des Erdbaues darstellt.

Die physikalischen Eigenschaften der Erdstoffe könnten durchaus im Rahmen einer allgemeinen Abhandlung über die technischen Eigenschaften der Baustoffe behandelt werden und ebenso stellen die Theorien der Bodenmechanik einen Teil der allgemeinen theoretischen Mechanik dar. Die Entwurfsbearbeitung und die Bauausführung auf dem Gebiet des Grund- und Erdbaues, die den dritten und größten Teil des Buches bilden, sind jedoch ein besonderes Gebiet mit eigenen Gesetzen, das sowohl wissenschaftlich exakte als auch solche Verfahren umfaßt, die kein Gegenstück in anderen Bereichen des Bauwesens haben. Auf allen anderen Gebieten befaßt sich der Ingenieur mit der Wirkung von Kräften auf Bauwerke, die aus künstlich hergestellten Baustoffen wie Stahl und Beton, oder aus sorgfältig ausgewählten natürlichen Baustoffen wie Holz oder Stein bestehen. Da die Eigenschaften dieser Materialien sich zuverlässig ermitteln lassen, können die mit der Entwurfsbearbeitung verbundenen Probleme fast immer durch die unmittelbare Anwendung der Theorie oder der Ergebnisse von Modellversuchen gelöst werden.

Im Gegensatz hierzu schließt jede Feststellung und Schlußfolgerung über die in der Natur anstehenden Bodenarten viele Unsicherheiten ein. In extremen Fällen sind die Annahmen, die einem Entwurf zugrunde gelegt wurden, nicht mehr als rohe Arbeitshypothesen, die weit von der Wirklichkeit abweichen können. In solchen Fällen kann das Risiko eines teilweisen oder vollständigen Fehlschlages nur durch die Anwendung eines Verfahrens ausgeschaltet werden, das als „Beobachtungsverfahren" bezeichnet werden kann. Es besteht darin, während der Bauausführung so frühzeitig entsprechende Beobachtungen zu machen, daß jedes Anzeichen eines Abweichens der wahren Verhältnisse von denen, die vom Entwurfsbearbeiter zugrunde gelegt wurden, entdeckt und entweder der Entwurf oder die Bauausführung den Feststellungen entsprechend abgeändert wird.

Diese Gesichtspunkte sind für die Stoffauswahl im Teil C und die Art seiner Behandlung maßgebend. Anstatt mit Richtlinien für die Übertragung theoretischer Erkenntnisse auf den Entwurf zu beginnen, behandelt Teil C zuerst die Technik des Gewinnens von Unterlagen über die Baugrundeigenschaften an der gewählten Baustelle durch Bohren, Sondieren, Probenentnahmen und Untersuchungen. Trotz des großen Aufwandes an Zeit und Arbeit, den solche Untersuchungen erfordern, lassen die Ergebnisse gewöhnlich viele Möglichkeiten für ihre Auslegung offen.

Die weiteren Kapitel des Teiles C enthalten eine Diskussion der allgemeinen Grundsätze für den Entwurf von Bauwerken, wie beispielsweise von Stützmauern, Erddämmen und von Gründungen. Das Verhalten aller solcher Bauwerke hängt hauptsächlich von den bodenphysikalischen Eigenschaften und vom Aufbau des Baugrundes ab. Da unsere Kenntnisse über die Baugrundverhältnisse immer unvollständig sind, enthalten die grundlegenden Annahmen für den Entwurf unvermeidliche Unsicherheiten. Auf diese Unsicherheiten mußte bei der Behandlung des Stoffes immer wieder hingewiesen werden. Ähnliche Diskussionen sind auf anderen Gebieten des Bauwesens nicht notwendig, weil die Annahmen über die Eigenschaften der üblichen sonstigen Baustoffe fast immer als zuverlässig angesehen werden können.

A. Die physikalischen Eigenschaften der Bodenarten

Das Stoffgebiet des Teils A ist in drei Kapitel eingeteilt. Im ersten werden die üblichen Verfahren zur Unterscheidung der verschiedenen Bodenarten oder der verschiedenen Zustandsformen derselben Bodenart behandelt. Das zweite befaßt sich mit den hydraulischen und mechanischen Eigenschaften der Erdstoffe und mit den experimentellen Verfahren, die zur Ermittlung von Zahlenwerten für die Kennzeichnung dieser Eigenschaften angewandt werden. Das dritte Kapitel behandelt die physikalischen Vorgänge bei der Entwässerung der Erdstoffe.

I. Die Eigenschaften der Bodenarten als Grundlage für ihre Einordnung und Bezeichnung

1. Die praktische Bedeutung der bodenphysikalischen Eigenschaften

Im Grund- und Erdbau hängt der Erfolg in größerem Maß als auf irgend einem anderen Gebiet des Bauwesens von der praktischen Erfahrung ab. Der Entwurf der gewöhnlichen, den Boden stützenden oder vom Boden gestützten Bauwerke geht notwendigerweise von einfachen Erfahrungsregeln aus; aber diese Regeln können nur von demjenigen Ingenieur sicher angewandt werden, der über reiche Erfahrungen verfügt. Große Bauvorhaben, die ungewöhnliche Aufgaben stellen, können für die Entwurfsbearbeitung eine umfangreiche Anwendung wissenschaftlicher Verfahren verlangen; es ist jedoch weder möglich, das Programm der erforderlichen Untersuchungen zweckmäßig aufzustellen, noch die Ergebnisse richtig und erschöpfend auszulegen, wenn der den Entwurf bearbeitende Ingenieur nicht ebenfalls reiche Erfahrungen besitzt.

Da die persönlichen Erfahrungen notwendigerweise begrenzt sind, ist der Ingenieur genötigt, sich zumindest bis zu einem gewissen Maß auf Berichte über die Erfahrungen anderer zu verlassen. Wenn diese Berichte ausreichende Beschreibungen der Bodenverhältnisse enthalten, stellen sie eine Sammlung wertvoller Auskunftsquellen dar. Andernfalls können sie tatsächlich zu falschen Ansichten und Schlüssen führen. Auf dem Gebiet des konstruktiven Ingenieurbaues würde eine Nachrechnung des Bruches eines Trägers ebenfalls von geringem Wert sein, wenn sie neben anderen wesentlichen Daten nicht auch Angaben wie beispielsweise darüber, ob der Träger aus Stahl oder Gußeisen hergestellt war, enthielte. In allen älteren Berichten über Erfahrungen bei Gründungen sind die Bodenarten meist mit ganz allgemeinen Bezeichnungen wie „Feinsand“ oder „weicher Ton“ beschrieben. Die Unterschiede zwischen den mechanischen Eigenschaften zweier Feinsande aus verschiedenen Entnahmestellen können jedoch größer und ausschlaggebender sein, als diejenigen zwischen Gußeisen und Stahl. Infolgedessen bestand eins der ersten Ziele in den neueren Bestrebungen, das Risiko bei Arbeiten im Grund- und Erdbau einzuschränken darin, Verfahren zu finden, welche es ermöglichen, die verschiedenen Bodenarten innerhalb einer bestimmten Gruppe zu unterscheiden. Die Eigenschaften, von denen die Unterscheidungen ausgehen, werden als *bodenphysikalische Eigenschaften* bezeichnet und die zu ihrer Ermittlung notwendigen Versuche als *bodenphysikalische Untersuchungen.*

Die Beschaffenheit eines jeden Bodens kann durch entsprechende Bearbeitungsverfahren verändert werden. Zum Beispiel können Erschütterungen einen lockeren Sand in einen dichten verwandeln. Das Verhalten eines in der Natur anstehenden Bodens hängt jedoch nicht nur von den charakteristischen Eigenschaften der Einzelbestandteile der Bodenmasse ab, sondern auch von denjenigen Eigenschaften, welche durch die Anordnung der Teilchen innerhalb der Masse bedingt sind. Daher ist es zweckmäßig, die bodenphysikalischen Eigenschaften in zwei Gruppen zu unterteilen: *Eigenschaften des Bodenteilchens* und *Eigenschaften der Bodenmasse.* Die wichtigsten Eigenschaften des Bodenteilchens sind die Korngröße und die Kornform und bei Tonböden, die mineralogische Beschaffenheit der kleinsten Teilchen. Die maßgebende Eigenschaft der Bodenmasse ist bei den kohäsionslosen Böden die relative Dichte, während diejenige bei den kohärenten oder bindigen Böden die Konsistenz ist.

Bevor die Eigenschaften des Bodenteilchens und der Bodenmasse behandelt werden, soll eine Beschreibung der Hauptbodenarten erfolgen. Anschließend wird ein zusammengefaßter Überblick über die Mindestforderungen gegeben, die an ausreichende Bodenbeschreibungen zu stellen sind, welche in Berichten über Feldbeobachtungen enthalten sein müssen.

2. Die Hauptbodenarten

Die Massen, welche die Erdkruste bilden, werden vom Bauingenieur ziemlich willkürlich in zwei Gruppen eingeteilt, in *Böden* oder *Erdstoffe* und in *Festgestein* oder *Fels.* Ein Boden oder Erdstoff ist ein natürliches Haufwerk aus mineralischen Körnern, das ohne Gewaltanwendung durch mechanische Mittel wie Aufschütteln in Wasser nach Korngrößen zerlegt werden kann. Dagegen ist Festgestein ein natürliches Haufwerk aus Mineralien, die durch starke und dauerhafte Kohäsionskräfte miteinander verbunden sind. Da die Begriffe „stark" und „dauerhaft" verschieden ausgelegt werden können, ist die Grenze zwischen Erdstoff und Festgestein zwangsläufig ziemlich willkürlich. In der Tat gibt es viele natürliche Haufwerke aus Mineralteilchen, bei denen es schwierig ist, sie entweder als Erdstoff oder als Festgestein einzuordnen. In diesem Buch werden die Bezeichnungen „Boden" und „Erdstoff" jedoch nur auf solche Materialien angewandt, die zweifellos der obigen Definition entsprechen.

Obgleich die im vorstehenden Absatz dargelegte Bezeichnungsweise bei Bauingenieuren allgemein üblich ist, wird sie nicht überall gebraucht. Für die Geologen umfaßt der Begriff „Gestein" beispielsweise alle die Erdkruste bildenden Massen, ohne Rücksicht auf den Grad der gegenseitigen Bindung der Mineralteilchen, während der Begriff „Boden" in der landwirtschaftlichen Bodenlehre nur auf den Teil der Erdkruste angewandt wird, der in der Lage ist, eine Vegetation zu entwickeln. Wenn ein Bauingenieur von Unterlagen Gebrauch macht, die auf benachbarten Wissensgebieten erarbeitet wurden, muß er sich daher versichern, daß er den Sinn der dort gebrauchten Bezeichnungen Boden und Gestein richtig erfaßt.

Nach dem Ursprung ihrer Bestandteile können die Erdstoffe in zwei große Gruppen eingeteilt werden, in diejenigen, welche hauptsächlich aus den Produkten der chemischen und physikalischen Verwitterung und Zersetzung der Gesteine bestehen und in diejenigen, welche vorwiegend organischen Ursprungs sind. Wenn die Verwitterungsprodukte der Gesteine sich noch auf der Stelle ihrer Entstehung befinden, bilden sie die *Rückstands-* oder *Residualböden*. Andernfalls sind sie *Umlagerungsböden*, ohne Rücksicht auf das Transportmittel, welches die Umlagerung herbeigeführt hat.

Die Mächtigkeit der Rückstandsböden hängt in erster Linie von den klimatischen Verhältnissen und von der Dauer ihrer Einwirkung ab. In einigen Gebieten erreicht die Dicke der Rückstandsböden Ausmaße bis über 100 m. In den gemäßigten Zonen sind die Rückstandsböden im allgemeinen fest und standsicher. Ausnahmen von dieser Regel sind sehr selten. Im Gegensatz hierzu sind viele Ablagerungen von Umlagerungsböden bis in eine Tiefe von über 100 m locker und weich. Aus diesem Grund treten Schwierigkeiten bei Gründungen und anderen Bauaufgaben fast ausschließlich bei Umlagerungsböden auf.

Böden organischen Ursprungs sind vorwiegend *in situ*, d. h. an Ort und Stelle gebildet und zwar entweder durch das Wachsen und spätere Absterben von Pflanzen, wie z.B. von Torfmoosen, oder durch Ansammlung von Resten der anorganischen Skelette oder Schalen von Organismen. So kann ein Boden organischen Ursprungs entweder organisch oder anorganisch sein. Die Bezeichnung *organischer Boden* bezieht sich gewöhnlich auf einen umgelagerten Boden, der aus den Verwitterungsprodukten von Gestein mit einer mehr oder weniger deutlichen Beimengung von zersetztem pflanzlichem Material besteht.

Die Baugrundverhältnisse auf der Baustelle für ein geplantes Bauwerk werden gewöhnlich mit Hilfe von Probebohrungen oder Untersuchungsschürfen untersucht. Der Bohrmeister oder Leiter der Arbeiten prüft die Bodenproben, wie sie entnommen worden sind. Er benennt sie, wie es örtlich üblich ist und stellt einen Bohrbericht oder ein Schichtenverzeichnis auf, in denen die Bezeichnung jeder Bodenart und die Tiefe der Schichtgrenzen eingetragen werden. Die Bezeichnung der Bodenart wird durch Anmerkungen über die Steife, Farbe und andere Eigenschaften ergänzt. Zu einem späteren Zeitpunkt kann das Schichtenverzeichnis durch eine Zusammenfassung der Versuchsergebnisse, die mit Proben im Laboratorium erzielt wurden, vervollständigt werden.

Die folgende Zusammenstellung der Bodenarten umfaßt die im allgemeinen von erfahrenen Bohrmeistern und praktisch tätigen Ingenieuren bei Arbeiten im Feld angewandten Bodenbezeichnungen.

Sand und *Kies* sind kohäsionslose Haufwerke von abgerundeten, gedrungenen oder abgeflachten Bruchstücken von mehr oder weniger unverwitterten Gesteinen oder Mineralien. Körner mit einer Größe bis zu $^1/_8''$ (3,3 mm) werden zu den Sanden gerechnet und solche mit einem Durchmesser von $^1/_8''$ (3,3 mm) bis 6 oder 8″ (15,2 oder 20,3 cm) zu den Kiesen. Bruchstücke mit einem Durchmesser von mehr als 8″ (20,3 cm) werden als *Blöcke* bezeichnet.

In Deutschland gelten nach DIN 4022 folgende Benennungen[1]:

Steine, auch kleine und große Blöcke über	60 mm,
Grobkies	20 bis 60 mm,
Mittelkies	6 bis 20 mm,
Feinkies	2 bis 6 mm,
Grobsand	0,6 bis 2 mm,
Mittelsand	0,2 bis 0,6 mm,
Feinsand	0,06 bis 0,2 mm.

Hardpan ist eine Bodenart, welche dem Eindringen von Bohrwerkzeugen einen ungewöhnlich großen Widerstand entgegenstellt. Die meisten Hardpan-Schichten sind außerordentlich dichte, gut abgestufte etwas kohärente Haufwerke von Mineralteilchen.

Anorganischer Schluff ist eine feinkörnige Bodenart mit geringer oder ohne jede Kohäsion und Plastizität. Die wenig plastischen Arten bestehen im allgemeinen aus mehr oder weniger gleichkörnigen Quarzkörnern und werden als *Mehlsand* bezeichnet, wogegen die plastischen Arten einen deutlichen Prozentsatz an schuppenförmigen Teilchen enthalten und *plastische Schluffe* genannt werden. Wegen seines geschmeidigen Gefüges

[1] Anm. d. Bearbeiters der deutschen Auflage.

wird der anorganische Schluff oft fälschlicherweise als Ton angesehen. Er kann jedoch leicht ohne Laboratoriumsuntersuchungen von Ton unterschieden werden. Wenn man einen Klumpen von wassergesättigtem anorganischem Schluff in der hohlen Hand schüttelt, läßt er soviel Wasser austreten, daß seine Oberfläche glänzend erscheint. Wenn der Klumpen zwischen den Fingern gebogen wird, wird seine Oberfläche wieder stumpf. Dieses Verfahren ist als *Schüttelversuch* bekannt. Nach dem Austrocknen ist der Klumpen spröde und man kann mit den Fingern Staub abreiben. Schluff ist verhältnismäßig wenig durchlässig, aber wenn er locker gelagert ist, kann er im Bohrloch oder Schurf wie eine dicke viskose Flüssigkeit aufsteigen. Die unstabilsten Böden dieser Art sind örtlich unter verschiedenen Namen bekannt, in den USA beispielsweise als bull's liver und quicksand, in Deutschland als Schwimm- oder Fließsand, Senkelboden, Schlief, in Oberschlesien als Kurzawka u.a[1].

Nach der deutschen Norm DIN 4022 werden als Schluff die Korngrößen 0,002 bis 0,06 mm bezeichnet.

Organischer Schluff ist ein feinkörniger, mehr oder weniger plastischer Erdstoff mit einer Beimengung von feinverteilten Teilchen organischer Stoffe. Auch Schalen von Tieren und sichtbare Reste von teilweise zersetzten pflanzlichen Stoffen können darin vorhanden sein. Die Farbe des Bodens schwankt zwischen hell- bis schwarzgrau und oftmals enthält er beträchtliche Mengen von H_2S, CO_2 und verschiedener anderer gasförmiger Zersetzungsprodukte organischer Stoffe, welche ihm einen charakteristischen Geruch verleihen. Die Durchlässigkeit organischer Schluffe ist sehr gering und ihre Zusammendrückbarkeit sehr groß.

Ton ist eine Masse aus mikroskopisch und submikroskopisch kleinen Teilchen, die bei der chemischen Zersetzung von Gesteinsbestandteilen entstanden sind. Er ist innerhalb eines mittleren bis weiten Schwankungsbereiches des Wassergehaltes plastisch. Trockene Proben sind sehr hart und es ist nicht möglich, mit den Fingern Pulver von der Oberfläche getrockneter Klumpen abzureiben. Die Durchlässigkeit von Ton ist außerordentlich niedrig. In den westlichen Staaten der USA wird die Bezeichnung *gumbo* besonders auf solche Tone angewandt, die sich im plastischen Zustand durch eine seifen- oder wachsartige Beschaffenheit und durch große Zähigkeit auszeichnen. Bei höheren Wassergehalten sind sie außerordentlich klebrig.

Organischer Ton ist ein Ton, der einige seiner kennzeichnenden physikalischen Eigenschaften dem Vorhandensein fein verteilter organischer Beimengungen verdankt. Im wassergesättigten Zustand ist organischer

[1] Die Bezeichnungen *Schwimmsand* und *Fließsand* werden gewöhnlich auch auf Fein- und Mehlsande angewandt, die unter der Wirkung des Strömungsdruckes von Sickerwasser eine halbflüssige Zustandsform angenommen haben. Aus diesem Grund kann diese Bezeichnung weder ein Material noch einen Zustand kennzeichnen.

Ton zumeist sehr zusammendrückbar, dagegen ist seine Festigkeit sehr groß, wenn er trocken ist. Er weist gewöhnlich eine dunkelgraue bis schwarze Farbe auf und kann einen auffallenden Geruch haben.

Torf ist ein etwas faseriges Material aus makroskopischen und mikroskopischen Resten zersetzter pflanzlicher Stoffe. Seine Farbe schwankt zwischen hellbraun und schwarz. Torf ist so zusammendrückbar, daß er gänzlich ungeeignet für die Aufnahme von Lasten aus Gründungen oder Aufschüttungen ist.

Wenn ein Boden aus einem Gemisch zweier verschiedener Bodenarten zusammengesetzt ist, ist der vorherrschende Bestandteil durch ein Substantiv und der weniger hervortretende Bestandteil durch ein näher beschreibendes Adjektiv zu kennzeichnen. So kennzeichnet beispielsweise „schluffiger Sand" einen Boden, der vorwiegend ein Sand ist, jedoch eine kleine Menge von Schluff enthält. Ein sandiger Ton ist ein Boden, welcher die Eigenschaften eines Tons aufweist, jedoch einen merklichen Anteil an Sand enthält.

Die Eigenschaften der Bodenmasse werden bei Sand und Kies qualitativ durch die Ausdrücke *locker*, *mitteldicht* und *dicht* beschrieben, während diejenigen der Tone durch *hart*, *steif* und *weich* gekennzeichnet werden. Diese Beurteilungen werden gewöhnlich durch den Bohrmeister auf Grund verschiedener Faktoren, einschließlich des mehr oder weniger guten Bohrfortschrittes und der leichten oder schwierigen Probenentnahme sowie der Konsistenz der Proben abgegeben. Da dieses Beurteilungsverfahren jedoch zu sehr fehlerhaften Vorstellungen über die allgemeine Beschaffenheit der Bodenschichten führen kann, sollten die qualitativen Beschreibungen durch zahlenmäßige Angaben ersetzt werden, sobald die mechanischen Eigenschaften einen wesentlichen Einfluß auf den Entwurf haben könnten. Zahlenmäßige Angaben werden im allgemeinen mit Hilfe von Laboratoriumsversuchen an relativ ungestörten Proben (Abschn. 8) oder durch entsprechende Feldversuche (Abschn. 44) ermittelt.

Ein Hinweis auf die Farbe der verschiedenen, in benachbarten Bohrungen angetroffenen Schichten kann die Gefahr von Irrtümern vermindern, wenn man die Bohrprofile miteinander in Verbindung bringen will. Die Farbe kann auch ein Hinweis auf tatsächlich vorhandene Unterschiede in den Bodeneigenschaften sein. Wenn beispielsweise der oberste Teil einer im Grundwasser befindlichen Tonschicht gelblich oder braun und steifer als der darunter anstehende Ton ist, war sie wahrscheinlich zeitweilig einer Austrocknung und der Verwitterung ausgesetzt. Bezeichnungen wie bunt, marmoriert, gefleckt oder gesprenkelt werden angewandt, wenn verschiedene Farben in derselben Bodenschicht auftreten. Dunkle oder schmutzige Farben kommen häufig bei organischen Böden vor.

Unter bestimmten geologischen Bedingungen haben sich Erdstoffe gebildet, die durch eine oder mehrere auffallende Besonderheiten gekennzeichnet sind, beispielsweise durch eine Wurzellochstruktur oder eine deutliche und regelmäßige Schichtung. Durch diese Merkmale sind derartige Bodenarten im Feld leicht zu erkennen und infolgedessen haben sie auch besondere Namen erhalten, unter denen sie allgemein bekannt sind. Nachstehend sind einige derselben beschrieben und erklärt.

Geschiebemergel ist eine ungeschichtete, eiszeitliche Ablagerung aus Ton, Schluff, Sand, Kies und Geröll („Geschieben"). Er bedeckt Teile des Felsuntergrundes in denjenigen Gebieten, welche in der Eiszeit vergletschert waren.

In Deutschland ist der Geschiebemergel im nord- und mitteldeutschen Gebiet weit und z.T. in sehr großer Mächtigkeit verbreitet. Er überlagert hier nicht nur festes Gestein, sondern auch verschiedene Schichten von Lockermassen älterer geologischer Formationen, wie die Sande und Tone des Tertiärs.

Tuff ist eine feinkörnige Wasser- oder Windablagerung aus sehr kleinen Mineral- oder Gesteinsteilchen, die bei Vulkanausbrüchen ausgeschleudert wurden.

Löß ist ein gleichkörniges, kohärentes, vom Wind verwehtes Sediment. Die Größe der meisten Teilchen schwankt innerhalb der engen Grenzen von 0,01 und 0,05 mm. Seine Kohäsion ist auf das Vorhandensein eines mehr oder weniger kalkhaltigen Bindemittels zurückzuführen. Er ist zumeist hellbraun gefärbt. Löß ist durch vertikale Wurzelröhrchen und die Fähigkeit, mit nahezu vertikalen Böschungen zu stehen, gekennzeichnet. Echte Lößablagerungen sind niemals wassergesättigt gewesen. Bei Wassersättigung schwindet die Kohäsion zwischen den Teilchen und die Oberfläche der Lößschichten kann sich setzen.

Schwemmlöß und *Lößlehm* sind Lößböden, die ihre typischen Merkmale durch sekundäre Vorgänge verloren haben, z.B. durch zeitweilige Überflutung, Abtragung und erneute Ablagerung, chemische Veränderung, wobei die Bindung zwischen den Teilchen abgebaut wurde, oder chemische Zersetzung der weniger widerstandsfähigen Bestandteile wie des Feldspats. Durch chemische Zersetzung entstand Lößlehm, der durch eine größere Plastizität als die anderen Umwandlungsformen des Lößes gekennzeichnet ist.

Diatomeenerde oder *Kieselgur* ist eine Ablagerung von feinem, im allgemeinen weißem, kieselsäurehaltigem Pulver, das überwiegend oder gänzlich aus den Resten von Diatomeen besteht. Mit Diatomeen bezeichnet man eine Gruppe von mikroskopisch kleinen, einzelligen Meer- oder Süßwasseralgen, die durch verkieselte Zellwände gekennzeichnet sind.

Seekreide ist eine weiße, feinkörnige, pulverartige Kalkablagerung, die in Teichen und Seen durch Pflanzen abgeschieden wurde. Im allgemeinen tritt sie gemeinsam mit Torfschichten auf.

Mergel ist eine ziemlich willkürlich gebrauchte Bezeichnung für verschiedene steife bis sehr steife, kalkhaltige marine Tone von grünlicher Farbe.

In Deutschland werden häufig auch tonige und sandig-tonige Schichten anderer Farbe der verschiedensten geologischen Formationen als Mergel bezeichnet, sofern sie deutlich kalkhaltig sind.

Adobe ist eine Bezeichnung, die in den südwestlichen Teilen der USA und in anderen semi-ariden Zonen für sehr vielfältige Böden heller Farben von sandigen Schluffen bis zu sehr plastischen Tonen angewandt wird.

Caliche wird in den USA für Bodenschichten angewandt, in denen die Bodenkörner durch Karbonate wie beispielsweise Kalk miteinander verkittet sind. Diese Schichten treten gewöhnlich in einer Tiefe von mehreren Dezimetern bis zu einigen Metern unter der Geländeoberfläche auf. Ihre Dicke kann zwischen wenigen Zentimetern und mehreren Dezimetern schwanken. Voraussetzung für ihre Ausbildung scheint ein semiarides Klima zu sein. Ähnliche, durch Karbonate oder Eisenverbindungen verfestigte Schichten sind in Deutschland als „Ortsteinbildungen" bekannt.

Bänderton besteht aus abwechselnden Schichten aus anorganischem mittelgrauem Schluff und dunklerem schluffigem Ton. Die Schichten sind selten dicker als zwei Zentimeter, gelegentlich werden jedoch auch wesentlich dickere Bänder angetroffen. Die Bestandteile der Bändertone sind am Ende der Eiszeit durch Schmelzwasser in Süßwasserseen eingespült worden. Die Bändertone weisen oft sowohl die ungünstigen Eigenschaften der Schluffe als auch die der weichen Tone auf.

Bentonit ist ein Ton mit großem Montmorillonitgehalt (Abschn. 4). Die meisten Bentonite sind durch chemische Veränderung vulkanischer Aschen gebildet worden. Setzt man ihnen Wasser zu, so schwellen getrocknete Bentonite mehr als andere getrocknete Tone, anderseits schrumpfen wassergesättigte Bentonite beim Trocknen mehr. Bentonitlagerstätten sind praktisch in jedem Staat westlich des Mississippi vorhanden, in Tennessee, Kentucky und Alabama und in geringerem Ausmaß in verschiedenen anderen Staaten. Sie sind auch in Mexiko verbreitet. In Deutschland gibt es Bentonitvorkommen vorwiegend in Bayern.

Jede Bezeichnung, die bei der Benennung der Böden im Feld verwendet wird, umfaßt eine ziemlich große Anzahl verschiedenartiger Erdstoffe. Weiterhin hängt die Wahl der Bezeichnung für die Konsistenz und die Lagerungsdichte zu einem erheblichen Teil von demjenigen ab, der den Boden beurteilt. Auf Grund dieser Tatsachen ist die Feldbenennung der Böden immer mehr oder weniger ungenau und unzuverlässig. Genauere Unterlagen lassen sich nur durch bodenphysikalische Untersuchungen gewinnen, die Zahlenwerte liefern, welche die Eigenschaften des Bodens wiedergeben.

Die Durchführung der Baugrunduntersuchung einschließlich der Bohrungen und der Probenentnahme und der Untersuchungen zur Bestimmung mittlerer Zahlenwerte für die Bodeneigenschaften sind ein Teil der Planungs- und Entwurfsarbeiten. Sie sind im Teil C, Kapitel VII, behandelt.

3. Größe und Gestalt der Bodenteilchen

Die Größe der Teilchen, aus denen sich die Erdstoffe zusammensetzen, kann zwischen derjenigen von Steinen und derjenigen großer Moleküle schwanken.

Körner, die größer als 0,06 mm sind, können mit bloßem Auge oder mit Hilfe einer Lupe betrachtet werden. Sie bilden die *sehr groben* und *groben Fraktionen* der Erdstoffe.

Teilchen in der Größenordnung zwischen 0,06 mm und 2 μ (1 μ = 1 Mikron = 0,001 mm) können nur unter dem Mikroskop untersucht werden. Sie stellen die *feine Fraktion* dar.

Kleinere Teilchen als 2 μ bilden die *sehr feine Fraktion*. Diejenigen Teilchen, die zwischen 2 μ und etwa 0,1 μ groß sind, können zwar unter dem Mikroskop festgestellt, aber ihre Gestalt kann nicht beurteilt werden. Die Form der Teilchen, die kleiner als etwa 1 μ sind, kann mit Hilfe eines Elektronenmikroskopes bestimmt werden. Ihre Molekularstruktur ist durch eine Untersuchung mit Röntgenstrahlen festzustellen.

Das Verfahren der Zerlegung eines Bodengemisches in Fraktionen, wobei jede aus Körnern einer anderen Größenordnung besteht, wird *mechanische Analyse* oder *Siebuntersuchung* genannt. Durch Siebuntersuchungen ist festgestellt worden, daß die meisten natürlichen Erdstoffe Körner enthalten, die zu 2 oder mehr Kornfraktionen gehören. Die allgemeinen Eigenschaften der gemischtkörnigen Erdstoffe werden fast gänzlich durch die Eigenschaften der kleinsten Bodenbestandteile bestimmt. In dieser Hinsicht ähneln die Erdstoffe etwa dem Beton. Die Eigenschaften des Betons sind in ersterLinie durch den Zement bestimmt, während die Zuschlagsstoffe, welche den größten Teil des Betons ausmachen, ohne wesentlichen Einfluß sind. Die „Füllmasse" oder der einflußlose Teil eines gemischtkörnigen Erdstoffes umfaßt etwa 80–90% des gesamten Trockengewichtes. Der maßgebende oder aktive Teil bildet den Rest.

Sehr grobe Fraktionen, beispielsweise Kies, bestehen aus Gesteinsbruchstücken von denen jedes aus einem oder mehreren Mineralen zusammengesetzt ist. Die Bruchstücke können eckig, spitz, abgerundet oder flach sein. Sie können frisch sein oder Zeichen erheblicher Verwitterung zeigen. Sie können widerstandsfähig, oder mürbe sein.

Grobe Fraktionen, beispielsweise Sande, sind aus Körnern zusammengesetzt, die hauptsächlich aus Quarz bestehen. Die einzelnen Körner können eckig, spitz oder abgerundet sein. Einige Sande enthalten einen ziemlich hohen Prozentsatz an Glimmerschuppen, der ihnen eine gewisse Elastizität verleiht.

In den feinen und sehr feinen Fraktionen besteht jedes einzelne Korn gewöhnlich aus nur einem Mineral. Die Teilchen können gedrungen, schuppen- oder seltener nadelförmig sein. Abgerundete Teilchen fehlen jedoch eindeutig. In Ausnahmefällen enthält die feine Fraktion auch einen großen Prozentsatz an porösen Fossilien, wie beispielsweise Diatomeen oder Radiolarien, die außergewöhnliche Eigenschaften verursachen. Im allgemeinen nimmt der Gehalt an flockigen Bestandteilen in einem bestimmten Erdstoff mit abnehmender Korngröße der Bodenfraktion zu.

Wenn die Größe der meisten Körner eines Haufwerkes von Bodenteilchen innerhalb der für irgendeine der Kornfraktionen festgelegten Grenzen liegt, wird es als *gleichförmiger Erdstoff* bezeichnet. Sehr grobe und grobe Erdstoffe sind häufig gleichförmig, dagegen trifft man bei den sehr feinen und kolloidalen Erdstoffen sehr selten auf eine ausgeprägte Gleichförmigkeit. Alle Tone enthalten feine, sehr feine und kolloidale Bestandteile und manche Tone sogar grobe Körner. Die feinsten Kornfraktionen der Tone bestehen grundsätzlich aus schuppenförmigen Teilchen.

Das allgemeine Vorherrschen schuppenförmiger Teilchen in den sehr feinen Fraktionen natürlicher Erdstoffe ist eine Folge der geologischen Vorgänge bei der Entstehung der Erdstoffe. Die meisten Erdstoffe haben ihren Ursprung in der chemischen Zersetzung des festen Gesteins. Das Gestein selbst besteht teilweise aus chemisch sehr widerstandsfähigen und teilweise aus wenig widerstandsfähigen Mineralen. Die chemische Zersetzung verwandelt die wenig widerstandsfähigen Minerale in eine mürbe Masse sehr kleiner Teilchen sekundärer Minerale, die gewöhnlich eine schuppen- oder flockenartige Kristallform haben, während die widerstandsfähigen Minerale praktisch unverändert bleiben. So verwandelt der Prozeß der chemischen Zersetzung das Gestein in ein Gemisch, das aus Einzelkörnern von unveränderten oder fast unveränderten Mineralen besteht, welche in eine Grundmasse eingebettet sind, die sich hauptsächlich aus abgesonderten schuppigen Teilchen zusammensetzt. Während des anschließenden Transportes durch fließendes Wasser wird das Gemisch zerteilt und seine Bestandteile werden Stoß- und Schleifwirkungen unterworfen. Der rein mechanische Vorgang des Abschleifens zerkleinert die harten, gedrungenen Körner aus unzersetzten Mineralen in Teilchen, die nicht kleiner als etwa 10 μ (0,01 mm) sind. Anderseits sind die zerreiblichen flockenförmigen Teilchen der sekundären Minerale, die ursprünglich schon ziemlich klein sind, leicht beweglich, sie werden in noch kleinere Teilchen zerlegt. Infolgedessen bestehen die sehr feinen Fraktionen der natürlichen Erdstoffe vorwiegend aus schuppenförmigen Teilchen sekundärer Minerale.

4. Eigenschaften der sehr feinen Kornfraktionen

Oberflächenkräfte und adsorbierte Schichten. Bei einem Vergleich der groben Fraktionen verschiedener Erdstoffe kann man feststellen, daß sie ähnliche Eigenschaften haben. Die feinen Fraktionen der meisten Erdstoffe gleichen einander ebenfalls in jeder wesentlichen Hinsicht. Dagegen zeigen die sehr feinen Fraktionen (Teilchengröße kleiner als 2 μ) eine bemerkenswerte Vielfalt in ihren Eigenschaften. Diese Tatsachen lassen sich nur durch eine Betrachtung derjenigen Kräfte, welche ihren Sitz auf der Oberfläche der Bodenteilchen haben, erklären.

Die Oberfläche jedes Bodenteilchens trägt eine negative elektrische Ladung. Die Größe der Ladung hängt vorwiegend von den mineralogischen Eigenschaften des Teilchens ab. Die physikalischen und chemischen Wirkungen der Oberflächenladung bilden die *Oberflächenaktivität* des Minerals. Die Minerale werden als solche mit großer oder kleiner Oberflächenaktivität entsprechend der Größe ihrer Oberflächenladung bezeichnet.

In der Natur ist jedes Bodenteilchen von Wasser umgeben. Da die Wassermoleküle polarisiert sind, zieht die negative Ladung auf der Oberfläche des Bodenteilchens die positiven Enden (Wasserstoff) der Wassermoleküle an. Infolgedessen sind in der unmittelbaren Nähe der Grenzfläche zwischen der Festmasse und dem Wasser die Wassermoleküle in einem bestimmten Muster angeordnet. Außerhalb dieser Zone wird die Molekularstruktur des Wassers bis zu einer gewissen Entfernung von der Grenzfläche durch eine Kraft beeinflußt, die man Molekularkettenwirkung nennen kann. Das innerhalb dieser Einflußzone befindliche Wasser ist die *adsorbierte Wasserschicht.* Die physikalischen Eigenschaften des Wassers der adsorbierten Schicht unterscheiden sich sehr von denjenigen des freien oder normalen Wassers bei derselben Temperatur. Nahe der Oberfläche der festen Teilchen hat das Wasser die Eigenschaften eines festen Stoffes. In der Mitte der Schicht ähnelt es einer sehr viskosen Flüssigkeit. Sobald die Oberfläche der Adsorptionsschicht erreicht ist, werden die Eigenschaften des Wassers normal.

In jedem Ton enthalten die adsorbierten Schichten positiv geladene Teilchen, *Ionen,* welche aus der umgebenden Flüssigkeit ausgewandert sind. Sie stammen aus Substanzen, sogenannten *Elektrolyten,* welche, wenn sie sich im Wasser verteilen können, in positiv geladene *Kationen* und negativ geladene *Anionen* zerfallen. Schon das Wasser selbst ist ein

Elektrolyt, weil ein sehr kleiner Teil seiner Moleküle immer in Wasserstoffionen H^+ und Hydroxylionen OH^- zerlegt ist. Säuren werden in Kationen aus Wasserstoff und Anionen, wie beispielsweise Cl oder SO_4, zerlegt. Salze und Laugen zerfallen in metallische Kationen, wie Na, Ca oder Mg, und nichtmetallische Anionen. Da die Oberfläche jedes Bodenteilchens eine negative Ladung trägt, werden alle Kationen einschließlich des vom Wasser selbst gelieferten H^+ in Richtung auf die Oberfläche der Teilchen angezogen und angelagert. Diese angezogenen Kationen dringen in die adsorbierten Schichten ein und bilden *Adsorptionskomplexe*. Der Vorgang des Austausches von Kationen einer Art gegen solche einer anderen in einem Adsorptionskomplex wird *Basenaustausch* genannt.

Wenn ein Element wie beispielsweise H, Ca oder Na gegenüber anderen innerhalb der Adsorptionskomplexe überwiegt, wird dem Ton zuweilen der Name dieses Elementes gegeben, z.B. H-Ton oder Na-Ton. Die Dicke und die physikalischen Eigenschaften der adsorbierten Schicht, welche ein bestimmtes Bodenteilchen einhüllt, hängen sehr weitgehend von der Beschaffenheit des Adsorptionskomplexes ab. Bei den sehr feinen Fraktionen der gewöhnlichen Tone scheinen die festen und halbfesten Teile der adsorbierten Schichten eine mittlere Dicke von etwa 0,005 μ zu haben. Die Eigenschaften des Wassers sind wahrscheinlich jedoch bis zu einer Entfernung von etwa 0,1 μ von der Oberfläche des Mineralteilchens mehr oder weniger verändert. Diese Werte sollen nur eine Vorstellung geben von der Größenordnung der Dimensionen, die hier eine Rolle spielen. Die Abweichungen von den Mittelwerten können sehr beträchtlich sein. Selbst in einunddemselben Ton kann die Dicke der adsorbierten Schicht weitgehend von der chemischen Zusammensetzung des Adsorptionskomplexes beeinflußt sein.

Infolge der mit der Oberflächenaktivität verbundenen Wirkungen besteht jeder wassergesättigte Boden nicht aus zwei, sondern aus drei verschiedenen Bestandteilen: Teilchen der Festmasse, adsorbierte Stoffe und freies oder normales Wasser. Die Dicke der adsorbierten Schichten scheint ziemlich unabhängig von der Korngröße zu sein. Aus diesem Grund nimmt das Gesamtvolumen der adsorbierten Stoffe mit abnehmender Korngröße zu. Wenn die Teilchen sehr klein sind und außerdem eine schuppenartige Form haben, nehmen die adsorbierten Stoffe einen sehr großen Teil des Gesamtvolumens ein.

Die Dicke und die physikalischen Eigenschaften der adsorbierten Schichten sind für verschiedene Minerale sehr unterschiedlich. Dagegen ist in grobkörnigen Erdstoffen, wie in Sanden, das Volumen der adsorbierten Stoffe im Vergleich zum Gesamtvolumen des Porenwassers verschwindend klein. Bei diesen Erdstoffen hängen die Eigenschaften deshalb allein von den mechanischen Eigenschaften der Körner selbst ab.

Da diese Eigenschaften bei allen Materialien ziemlich gleich sind, werden die Eigenschaften der grobkörnigen Erdstoffe allein von der Form und der Anordnung der Körner bestimmt.

Im Gegensatz hierzu nehmen in den sehr feinkörnigen Erdstoffen die adsorbierten Substanzen einen beträchtlichen oder sogar den größten Teil des Porenvolumens ein. Da die physikalischen Eigenschaften des adsorbierten Stoffes nicht allein von der chemischen und mineralogischen Zusammensetzung der festen Teilchen abhängen, sondern auch von der Art des adsorbierten Stoffes, müssen sowohl die mineralogische Beschaffenheit der Körner als auch die chemische Natur des adsorbierten Stoffes betrachtet werden.

Tonminerale und Bodenkolloide. Chemische und mineralogische Untersuchungen haben ergeben, daß die Teilchen, welche die sehr feinen Kornfraktionen des Tons bilden, im allgemeinen kristallin sind und daß sie

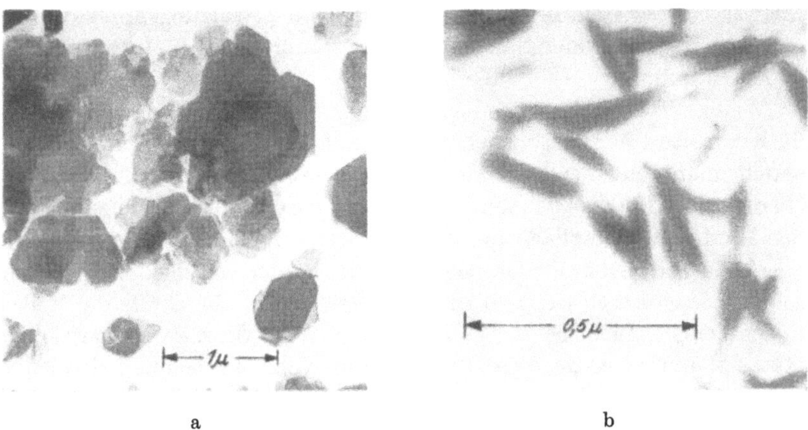

Abb. 1 a u. b. Kristallaufnahmen von Tonmineralen mit dem Elektronenmikroskop. a) Schuppenförmige Kristalle des Kaolinits; b) nadelförmige Kristalle des Halloysits

hauptsächlich aus Kieselsäure, Aluminium, Sauerstoff und Wasser bestehen. Das Aluminium kann teilweise durch Eisen oder Magnesium und in manchen Fällen die Kieselsäure teilweise durch Kalium ersetzt sein. Je nach den chemischen Verbindungen, in welchen diese Stoffe vorhanden sind, können die meisten der in den sehr feinen Bodenfraktionen enthaltenen Minerale in drei Hauptgruppen eingeteilt werden, in *Montmorillonite, Illite* und *Kaolinite*. Die Minerale aller drei Gruppen haben eine blättrige, kristalline Struktur (Abb. 1); ihre Oberflächenaktivität ist jedoch sehr unterschiedlich. Am wenigsten aktiv sind die Kaolinite. Die Illite sind aktiver als die Kaolinite; im Gegensatz zu den anderen Gruppen enthalten sie Kalium. Bei weitem die aktivsten Minerale sind die Montmorillonite. Die Kristalle dieser Gruppe haben die Fähigkeit zu schwellen, indem sie Wassermoleküle direkt in die Zwischenräume ihrer Kristallgitter anlagern. Weiterhin können die physikalischen Eigenschaften jedes Montmorillonittons infolge der außerordentlich großen Oberflächenaktivität seiner kolloidalen Bestandteile innerhalb weiter Grenzen streuen, je nach Art und Eigenschaften der neben dem Wasser in den adsorbierten Schichten enthaltenen Stoffe. Ein Ca-Montmorillonit hat z.B. wenig Ähnlichkeit mit einem Na-Montmorillonit, obgleich die unveränderlichen festen Bestandteile in beiden Tonen die gleichen sind.

Wenn man die sehr feine Fraktion eines Tons selbst wieder nach Korngrößen unterteilt, findet man, daß innerhalb der Größenordnung von 2μ bis $0{,}2\ \mu$ einige der Körner aus den gleichen Mineralen bestehen, welche die gröberen Fraktionen bilden. In den meisten Tonen bestehen jedoch alle Körner, die kleiner als $0{,}2\ \mu$ sind, nur aus den im vorstehenden Abschnitt beschriebenen Mineralen. Aus diesem Grund werden diese Minerale als *Tonminerale* bezeichnet. Sie sind die Zersetzungsprodukte der chemisch wenig widerstandsfähigen Bestandteile des Muttergesteins (s. Abschn. 2).

Wenn die Teilchen irgendeines Stoffes so klein sind, daß die Oberflächenkräfte einen merklichen Einfluß auf ihre Eigenschaften ausüben, spricht man von einer *kolloidalen Zustandsform* des Stoffes und die Teilchen werden *Kolloide* genannt. Die Eigenschaften, die ausschließlich auf den Einfluß der Oberflächenkräfte zurückgehen, heißen *kolloidale Eigenschaften.* Da die Größe der Oberflächenkräfte bei den verschiedenen Stoffen sehr unterschiedlich ist, liegt die obere Grenze für die Größe der kolloidalen Teilchen nicht bei einem bestimmten Wert. Sie schwankt zwischen etwa $2\ \mu$ und $0{,}1\ \mu$. Bei einer Teilchengröße von $0{,}1\ \mu$ befindet sich jeder feste Stoff im kolloidalen Zustand. Weil die Tonminerale verhältnismäßig aktiv sind, liegt die obere Grenze für die Kolloidgröße dieser Minerale etwa bei $2\ \mu$ und eine Tonfraktion mit Teilchen, die kleiner als $2\ \mu$ sind, wird in der Regel alle charakteristischen Eigenschaften einer kolloidalen Substanz zeigen. Aus diesem Grund wird $2\ \mu$ allgemein als die obere Grenze für die Teilchengröße der sehr feinen Bodenfraktion angesehen. Manchmal werden auch Teilchen, die kleiner als $0{,}2\ \mu$ sind, als Bodenkolloide bezeichnet, weil die Fraktion der Teilchen kleiner als $0{,}2\ \mu$ im Gegensatz zu den gröberen Fraktionen im allgemeinen ausschließlich aus Tonmineralen besteht.

Physikalische Eigenschaften der sehr feinen Bodenfraktionen. Wenn eine Probe einer sehr feinen Teilchenfraktion in Wasser aufgeschüttelt wird, nimmt sie den Zustand einer Suspension an. Die Oberfläche jedes einzelnen Teilchens ist der Sitz einer negativen Ladung. Wenn die Teilchen in reinem Wasser aufgeschlämmt wurden, werden sie sich auch nicht gegenseitig berühren, weil sie gleiche Ladungen tragen, die sich abstoßen.

Dieser Zustand der Probe wird als *vollständige Dispersion* bezeichnet. Im Laufe der Zeit setzen sich die größeren Teilchen auf dem Boden ab und bilden ein sehr lockeres Sediment, in dem die abstoßenden Kräfte und die Schwerkraft im Gleichgewicht miteinander stehen. Die feinsten Teilchen bleiben in Suspension. Untersucht man einen Tropfen der Suspension unter einem Ultramikroskop, kann man feststellen, daß die Teilchen sich in ruckartiger Bewegung, der *Brownschen Bewegung* befinden. Jedes einzelne Teilchen legt einen zickzackförmigen Weg zurück, aber es stößt nicht mit anderen zusammen.

Gibt man der Suspension ein paar Tropfen eines geeigneten Elektrolyten zu, beispielsweise Salzsäure, werden die Kationen des Elektrolyten durch die Teilchen adsorbiert und die negativen Ladungen neutralisiert. Die Teilchen bewegen sich zwar jetzt auch weiterhin, aber sie stoßen nunmehr zusammen, worauf ihre adsorbierten Schichten aneinander haften und sich verschmelzen. So fügen sich die Teilchen zu Flocken zusammen, die sich auf dem Boden der Suspension absetzen und ein Sediment mit Flockenstruktur nach Abb. 2a bilden.

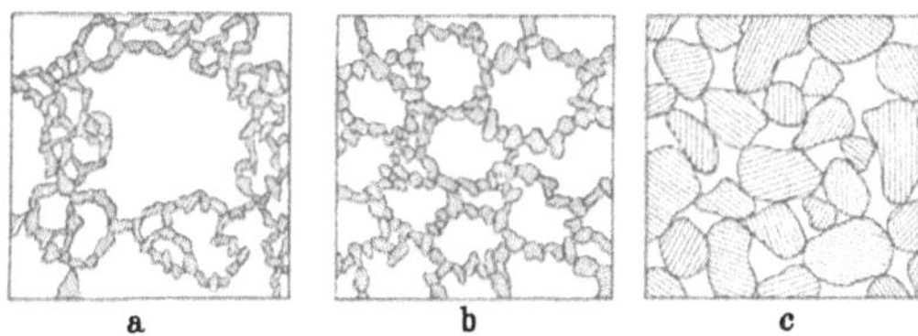

Abb. 2 a–c. Strukturformen der Sedimente. a) Flockenstruktur; b) Wabenstruktur; c) Einzelkornstruktur

Wenn ein gleichkörniges Sediment mit Flockenstruktur allmählich durch sich auflagerndes Material überdeckt wird, zerfällt diese zunächst in eine Wabenstruktur nach Abb. 2b und schließlich in eine Einzelkornstruktur nach Abb. 2c. In der Natur enthalten jedoch die sehr feinen Korngrößenfraktionen immer auch gröbere. Da bei gemischtkörnigen Sedimenten der größte Teil der Überlagerung in der Regel durch ein Korngerüst getragen wird, das von den gröberen Bodenteilchen gebildet wird (s. Abschn. 17), können die feinsten Teilchenfraktionen dauernd eine Wabenstruktur behalten.

Wenn der Wassergehalt einer Bodenprobe unter der Wirkung einer Druckbelastung abnimmt, spricht man von dem *Setzen* oder *Konsolidieren* des Bodens. Wird der Druck zu irgendeinem Zeitpunkt weggenommen, während der Boden in Verbindung mit freiem Wasser bleibt, nimmt der Wassergehalt und das Volumen zu. Diese Erscheinung wird als *Schwellen* bezeichnet. Jede der verschiedenen Korngrößenfraktionen eines bestimmten Bodens ist in der Lage zu schwellen; allerdings in unterschiedlichem Ausmaß. Die Ursachen für das Schwellen sind wahrscheinlich ebenfalls für verschiedene Fraktionen verschieden. Wenn ein grobkörniges Sand-Glimmergemisch entlastet wird, wird dieses stark schwellen, aber das Schwellen wird nur durch die elastische Ausdehnung der Körner verursacht. Wenn die sehr feine Kornfraktion eines Tons entlastet wird, wird ein Teil des Schwellens durch die elastische Ausdehnung verursacht und ein anderer wahrscheinlich durch eine Zunahme der Dicke der adsorbierten Schichten, welche die Körner trennen. Bei Tonen mit einem großen Prozentsatz an Montmorillonit wird ein dritter, wenn auch sehr kleiner Teil des Schwellens durch das Schwellen der Montmorillonitteilchen selbst hervorgerufen. Das Schwellen selbst ist demnach nicht ausschließlich eine kolloidale Eigenschaft, aber die Ursachen des Schwellens können teilweise kolloidalen Ursprungs sein. Praktisch ist diese Unterscheidung unerheblich, weil beide Arten des Schwellens ähnlichen Gesetzen folgen.

Die physikalischen Eigenschaften eines Bodens, der einen großen Gehalt an sehr feinen Teilchen besitzt, hängen von dem Druck ab, unter dem der Boden konsolidiert ist. Wenn der Konsolidierungsdruck etwa 10kg/cm^2 nicht überschritten hat, wird der Boden im allgemeinen *plastisch* sein. Ein Boden oder eine Kornfraktion wird „plastisch“ genannt, wenn er innerhalb eines gewissen Bereiches für den Wassergehalt in dünne Drähte ausgerollt werden kann (s. Abschn. 8). Die Plastizität ist eine kolloidale Eigenschaft, weil kein Mineral Plastizität besitzt, sofern es nicht zu einem Pulver zerkleinert ist, das Teilchen kolloidaler Größe enthält. Die Fähigkeiten, Brownsche Bewegungen auszuführen und in Gegenwart eines Elektrolyts auszuflocken, sind ebenfalls kolloidale Eigenschaften. Diese Eigenschaften besitzen jedoch alle im kolloidalen Zustand befindlichen Stoffe, wohingegen die Plastizität eine Besonderheit einer sehr begrenzten Anzahl von Kolloiden ist. Quarzpulver ist bei keinem Wassergehalt und bei keinem Feinheitsgrad plastisch, dagegen alle Tonminerale. Da praktisch alle sehr feinkörnigen Erdstoffe Tonminerale enthalten, sind sie praktisch alle plastisch.

Wenn der Konsolidierungsdruck, welcher der Entlastung vorausging, sehr groß war, ist der Boden hart und spröde. Seine Konsistenz wird als „fest“ bezeichnet.

Sowohl in der plastischen als auch in der festen Zustandsform besitzt die sehr feine Teilchenfraktion *Kohäsion* oder die Fähigkeit Scherspannungen zu widerstehen. Mit größter Wahrscheinlichkeit wird die Kohäsion nicht durch unmittelbare molekulare Anziehungskräfte zwischen den Bodenteilchen an den Berührungspunkten hervorgerufen, sondern durch die Scherfestigkeit der adsorbierten Schichten, welche die Körner an diesen Stellen voneinander trennen. Diese Annahme wird durch die Tatsache gestützt, daß die Kohäsion einer Probe aus einer bestimmten, sehr feinen Kornfraktion bei einem bestimmten Wassergehalt weitgehend von der Art des Adsorptionskomplexes abhängt. Wenn der Wassergehalt eines sehr feinkörnigen wassergesättigten Bodens durch Konsolidierung oder Oberflächenverdunstung vermindert wird, nimmt das durch das freie Wasser eingenommene Porenvolumen ab, während das durch die adsorbierten Stoffe eingenommene Volumen unverändert bleibt. Aus diesem Grund nimmt die Kohäsion mit abnehmendem Wassergehalt zu.

Wenn eine Probe einer sehr feinen Teilchenfraktion vollkommen durchgeknetet und dann ohne weitere Störung stehengelassen wird, entwickelt sie Kohäsionsfestigkeit, die zunächst ziemlich schnell und dann immer langsamer zunimmt. Wird die Probe bei unverändertem Wassergehalt erneut durchgeknetet, nimmt ihre Kohäsion erheblich ab, wenn sie jedoch nochmals stehengelassen wird, gewinnt sie ihre Kohäsion wieder vollständig zurück. Dieses Phänomen wird als *Thixotropie* bezeichnet. Das Erweichen und die folgende Verfestigung scheint durch die Zerstörung und den darauf folgenden Wiederaufbau der Molekularstruktur der adsorbierten Schichten verursacht zu sein.

Die praktischen Auswirkungen der kolloidalen Bodeneigenschaften. Der kolloidale Charakter der sehr feinen Teilchenfraktion läßt die Wechselwirkung zwischen der festen und der flüssigen Phase der Erdstoffe außerordentlich verwickelt erscheinen. Vom praktischen Gesichtspunkt aus können diese schwer zu durchschauenden Beziehungen jedoch unbeachtet bleiben. Sie sind hier nur erwähnt worden, um den Leser darauf hinzuweisen, daß die physikalischen Eigenschaften der sehr feinkörnigen und selbst der gröberen Erdstoffe, welche einen kleinen Anteil an sehr feinkörnigem Binder enthalten, nicht nur von der Teilchengröße, sondern auch von einer großen Anzahl verschiedener Faktoren abhängig sind. Der Einfluß einiger dieser Faktoren, besonders derjenige der Zeit bei gleichbleibendem Druck, sind erst unvollständig bekannt. Bei den meisten praktischen Problemen braucht jedoch nur die Gesamtwirkung aller dieser Faktoren betrachtet zu werden. Eine ähnliche Situation findet sich in der Betontechnologie. Die Vorgänge, durch welche der Portlandzement seine Festigkeit erhält, sind ebenfalls sehr kompliziert und auch unvollkommen bekannt. Nichtsdestoweniger ist der Betonbau ein ziemlich alter und allseitig anerkannter Zweig des Bauwesens. Die Grundlagen, von denen er ausgeht, sind aus rein mechanischen Laboratoriumsversuchen mit Betonproben abgeleitet worden. Gewisse Eigenschaften des Zements wie die Zunahme seiner Festigkeit mit der Zeit, bleiben außer Betracht. Trotzdem sind die Theorien, die sich auf diese vereinfachenden Annahmen gründen, für die meisten praktischen Zwecke genau genug.

Infolge der kolloidalen Beschaffenheit der sehr feinkörnigen Erdstoffe ist es möglich, die physikalischen Eigenschaften solcher Erdstoffe durch eine chemische Behandlung zu verändern. Dieses Verfahren wird weitgehend angewandt, wenn der Boden als Baumaterial verwendet werden soll. Es stellt eins der verschiedenen Verfahren für die Bodenverfestigung für Straßen- und Flugplatzbauten und gelegentlich für den Bau von Erddämmen dar. Die meisten dieser Verfahren sind aus mehr oder weniger planlosen Versuchen im Feld entstanden. Weitere Fortschritte sind jedoch ausschließlich von der Weiterentwicklung unserer Erkenntnisse über die kolloidchemischen Zusammenhänge bei den feinsten Teilchenfraktionen abhängig.

Literaturhinweise

[*4.1*] HAUSER, E. A.: Colloid Chemistry of Clays. Chem. Rev., 37 (1945) S. 287–321. Zusammenfassender Überblick über die kolloidalen Eigenschaften der Tone und über einige praktische Anwendungen der Ergebnisse der Tonforschung.

[*4.2*] BLANCK, E. u.a.: Handbuch der Bodenlehre Bd. I–X Berlin: Springer 1929 bis 1932.

[*4.3*] HOFMANN, U.: Neue Erkenntnisse auf dem Gebiet der Thixotropie, besonders bei tonhaltigen Gelen. Kolloid-Z. (1952) S. 86.

5. Ermittlung der Kornzusammensetzung der Erdstoffe

Zweck dieser, auch „Mechanische Analyse“ genannten Untersuchung, ist die Ermittlung der Größen der Körner, aus welchen ein Erdstoff zusammengesetzt ist und des Prozentsatzes vom Gesamtgewicht, in welchem die Körner der verschiedenen Größenordnungen vertreten sind. Das unmittelbarste Verfahren für das Zerlegen einer Bodenprobe in Korngrößenfraktionen ist das Sieben. Da jedoch die Weite der feinsten Maschen, im allgemeinen nur 0,07 bzw. 0,06 mm beträgt, ist das Sieben auf die Untersuchung reiner Kiese und Sande beschränkt. Wenn ein Erdstoff kleinere Körner als 0,06 mm enthält, muß er durch Aufschütteln in Wasser in zwei Teile zerlegt werden. Je trüber das Wasser wird, desto stärker wird der Boden ausgewaschen. Der gröbere Teil des Bodens bleibt im Behälter und kann einer Siebanalyse unterzogen werden. Die Bodenteilchen in der trüben Flüssigkeit, die zu fein sind, um sich absieben zu lassen, können einer Schlämmanalyse unterzogen werden.

Die Verfahren zur Durchführung von Schlämmanalysen beruhen auf dem STOKESschen Gesetz, durch welches die Geschwindigkeit ermittelt wird, bei welcher ein kugelförmiges Teilchen bestimmten Durchmessers sich in einer ruhenden Flüssigkeit absetzt. Bei dem üblichen, für bautechnische Zwecke angewandten Verfahren werden 20 bis 40 g bindiger Erdstoff oder 50 bis 100 g sandiger Erdstoff mit einem Liter Wasser gemischt, geschüttelt und in ein Gefäß mit bestimmten Abmessungen geschüttet. Die Dichte der Suspension wird zu verschiedenen Zeitpunkten mit Hilfe einer besonderen Senkwaage, auch Aräometer oder Hydrometer genannt, gemessen. Für jeden Zeitpunkt kann der Durchmesser der größten Teilchen, welche in Suspension bleiben, auf Grund der Eintauchtiefe des Aräometers mit Hilfe des STOKESschen Gesetzes berechnet werden. Außerdem kann das Gewicht derjenigen Teilchen, die kleiner als diese Teilchen sind, aus der Dichte der Suspension bei dieser Eintauchtiefe errechnet werden. Die Durchführung eines Versuches erfordert mehrere Tage.

Mit Hilfe von Schlämmanalysen können Teilchenfraktionen bis zu einer Größe von etwa 0,5 μ ermittelt werden. Noch feinere Fraktionen lassen sich mit Hilfe einer Zentrifuge bestimmen. Die Ergebnisse solcher verfeinerter Verfahren sind jedoch nur für die wissenschaftliche Forschung von Interesse.

Durch das Aufschütteln in Wasser werden manche Tone in Suspensionen übergeführt, die nicht einzelne Teilchen sondern Flocken enthalten. Um die Flocken in Einzelteilchen zu zerlegen oder den Erdstoff zu dispergieren, muß dem Wasser ein Dispersionsmittel zugegeben werden. Die meisten Fehler in den Ergebnissen von Schlämmanalysen werden durch eine ungenügende Dispersion verursacht.

Die Ergebnisse von Schlämmanalysen entsprechen nicht genau denjenigen der Siebanalysen, weil die Bodenteilchen niemals genau kugelförmig sind, sondern die kleinsten gewöhnlich eine schuppenartige Form haben. Bei der Siebanalyse wird die Breite der Schuppen gemessen, während die durch Schlämmanalysen ermittelte Abmessung der Durchmesser einer Kugel ist, welche sich nach derselben Zeit wie die Schuppe absetzt. Dieser Durchmesser kann sehr viel kleiner als die Breite der wirklich vorhandenen Schuppe sein.

Die allgemein übliche Darstellung der Untersuchungsergebnisse von Sieb- und Schlämmversuchen ist die semilogarithmisch aufgetragene Kurve der Kornzusammensetzung, wie sie in Abb. 3 wiedergegeben ist. Die Abszisse dieser Kurve entspricht dem Logarithmus der Korngröße. Die Ordinaten stellen den Gewichtsprozentsatz G der Körner dar, die kleiner als die durch die Abszisse angegebene Größe sind. Je einheitlicher die Korngröße ist, um so steiler ist die Neigung der Kurve; eine vertikale Linie würde ein vollkommen gleichkörniges Pulver darstellen. Der größte Vorteil einer semilogarithmischen Auftragung liegt darin, daß die Kornverteilungskurven derjenigen Böden, deren Ungleichförmigkeitsgrad gleich ist, die gleiche Form haben, ohne Rücksicht auf die mittlere Korngröße. Ferner entspricht der horizontale

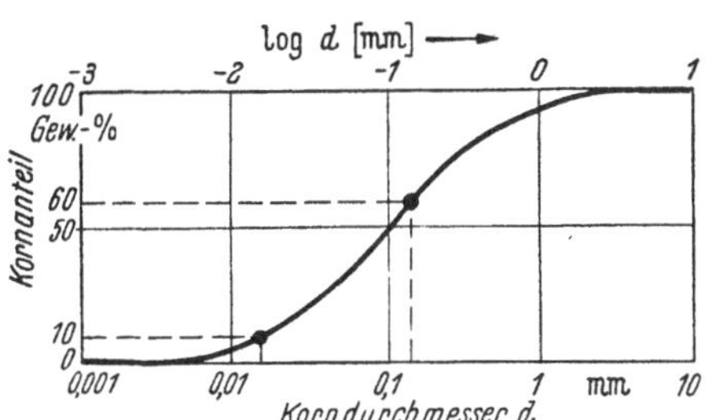

Abb. 3. Halblogarithmische Auftragung der Ergebnisse von Sieb- und Schlämmversuchen

Abstand zweier Kurven gleicher Form dem Logarithmus des Verhältnisses des mittleren Korndurchmessers der betreffenden Böden.

In Abb. 4 sind verschiedene typische Kornverteilungskurven dargestellt. Einen Kurvenverlauf, wie er sehr häufig vorkommt, zeigt die Kurve *a*. Sie ähnelt sehr der üblichen Häufigkeitskurve, die eins der Grundgesetze der Statistik wiedergibt. Da die Kornzusammensetzung ein statistisches Phänomen ist, hat man versucht, die Begriffe und Vorstellungen der Statistik auf die Beschreibung der Ergebnisse von Untersuchungen über die Kornzusammensetzung anzuwenden. Solche Verfeinerungen sind jedoch für die praktische Anwendung der Bodenmechanik im Bauwesen unnötig.

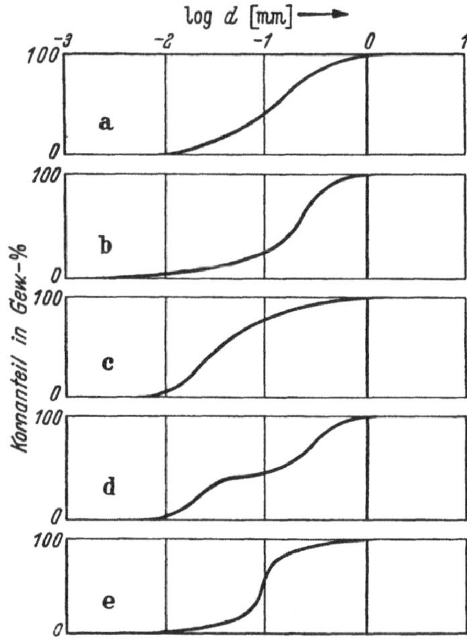

Abb. 4a–e. Typische Kornverteilungskurven. a) Normale Häufigkeitskurve; b) und c) Kurven von Erdstoffen, die im gröberen und feineren Fraktionsbereich unterschiedliche Gleichförmigkeiten aufweisen; d) und e) Kurven sehr unterschiedlich zusammengesetzter Erdstoffe

Wenn eine Bodenprobe eine Kornverteilung aufweist, wie sie in Abb. 4a dargestellt ist, ist die Gleichförmigkeit desjenigen Teils, in dem die Körner größer sind als d_{50} (d.i. das bei 50% vorhandene Korn) angenähert gleich derjenigen des Teils, in dem die Körner kleiner sind als d_{50}. Wenn die Kornverteilung der in Abb. 4b dargestellten ähnelt, ist die gröbere Hälfte der Kurve relativ gleichförmig, während die Größe der Körner in der feineren Hälfte innerhalb weiter Grenzen schwankt. Umgekehrt entspricht die in Abb. 4c dargestellte Kornverteilung einer Probe, in der die gröberen Körner von sehr unterschiedlicher Größe und die feineren gleichförmiger sind. Die in Abb. 4d und 4e wiedergegebenen Kurven sind kennzeichnend für sehr unterschiedlich zusammengesetzte Erdstoffe.

Die Kornverteilungskurven von unvollständig zersetzten Verwitterungsböden ähneln im allgemeinen der in Abb. 4b dargestellten. Mit zunehmendem Alter des Bodens nimmt die mittlere Korngröße durch die Verwitterung ab und die Kurven erhalten einen zunehmend gestreckteren Verlauf wie in Abb. 4a. Die Kornverteilungskurven „reifer“ Böden ähneln der in Abb. 4c dargestellten. Kornverteilungen, wie sie die Abb. 4b und 4c zeigen, sind auch bei Erdstoffen glazialen oder fluvio-glazialen Ursprungs verbreitet. Das Fehlen der mittleren Korngröße in Sedimentböden, wie in der Kurve der Abb. 4d dargestellt, scheint bei Sand-Kiesgemischen verbreitet zu sein, welche von schnell fließenden Flüssen abgelagert worden sind, die große Mengen Sedimente mit sich führten. Kiese dieser Art heißen gleichkörnig. Eine deutlich hervortretende Unstetigkeit im Verlauf der Kornverteilungskurve kann auch auf eine gleichzeitig erfolgte Ablagerung durch zwei verschiedene Vorgänge hinweisen. Beispielsweise kann eine Fraktion durch einen Fluß in einen eiszeitlichen See eingespült und eine andere von schmelzenden Gletschern abgesetzt worden sein. So kann die Kenntnis des Verlaufs der Kornzusammensetzungskurven eine wertvolle Hilfe bei der Ermittlung der geologischen Herkunft eines Bodens sein und damit die Gefahr von Irrtümern bei der Deutung der Ergebnisse von Untersuchungsbohrungen vermindern.

6. Die Bodeneinteilung auf Grund der Kornzusammensetzung

Die praktische Bedeutung der Kornzusammensetzung. Seitdem man sich für die physikalischen Eigenschaften der Erdstoffe zu interessieren begann, wurde immer wieder versucht, die Kornzusammensetzung in Beziehung zu bringen mit Bodenkennzahlen, die für die Lösung praktischer Aufgaben benötigt werden. Die Ergebnisse dieser Bemühungen waren jedoch stets unbefriedigend. Versuche, die Durchlässigkeitswerte der Erdstoffe auf Grund der Ergebnisse von Ermittlungen der Kornverteilung zu berechnen, sind fehlgeschlagen, weil die Durchlässigkeit weitgehend von der Form der Körner abhängt, die für Erdstoffe mit übereinstimmender Kornzusammensetzung sehr unterschiedlich sein kann. Außerdem ist es gewöhnlich leichter einen Durchlässigkeitsversuch zu machen, als die Kornverteilung zu ermitteln und die Ergebnisse des ersteren sind zuverlässiger. Es ist auch behauptet worden, daß die innere Reibung verdichteter, gut abgestufter Sande größer als diejenige verdichteter gleichförmiger Sande sei. Praktische Erfahrungen scheinen dies zu bestätigen. Da jedoch der Winkel der inneren Reibung eines Sandes nicht nur von der Kornzusammensetzung abhängt (vgl. Abschn. 15), sondern auch von der Form der Körner und der Rauhigkeit ihrer Oberfläche, kann die innere Reibung zweier verdichteter Sande mit gleicher Kornzusammensetzung sehr unterschiedlich sein. In der Tat ist es noch nicht gelungen, eine allgemein gültige Beziehung zwischen der Kornzusammensetzung und dem Winkel der inneren Reibung nachzuweisen. Versuche, eine Beziehung zwischen der Kornzusammensetzung feinkörniger Erdstoffe, wie Schluff oder Ton, und der inneren Reibung aufzustellen, sind ebenfalls wenig erfolgreich gewesen. Der Grund hierfür geht aus Abb. 5 hervor.

In Abb. 5 stellt die ausgezogene oberste Kurve die sogenannte *Korngrößen-Häufigkeitskurve* für einen diluvialen Ton aus dem Südosten von Kanada dar. Auf der horizontalen Achse sind die Logarithmen der Korndurchmesser aufgetragen. Die Fläche des Streifens über einen beliebigen Abschnitt dieser Achse, beispielsweise zwischen 2 μ und μ stellt die Menge der Bodenteilchen innerhalb dieser Größenordnung in Prozenten vom Gesamtgewicht des trockenen Tons dar. Nach diesem Diagramm besteht die makroskopische Fraktion (>0,06 mm), wie diejenige der meisten anderen Tone hauptsächlich aus Quarz. Die mikroskopische Fraktion (0,06 bis 0,02 mm) besteht teilweise aus Quarz und Kalkspat und teilweise aus Glimmerschuppen. Der Glimmergehalt dieser Fraktion ist für verschiedene Tone sehr unterschiedlich; er hat einen entscheidenden Einfluß auf die Zusammendrückbarkeit und anderen Eigenschaften des Tons. Die kolloidale Fraktion (<0,002 mm) besteht fast ausschließlich aus Montmorillonit, während diejenige anderer Tone hauptsächlich aus Tonmineralen der Kaolin- oder Illitgruppen bestehen kann. Die physikalischen Eigenschaften des Tons hängen weitgehend von der Art der Tonminerale ab, die in der kolloidalen Fraktion vorhanden sind. Sie hängen auch im großen Maß von den Stoffen ab, welche in den adsorbierten Schichten enthalten sind (vgl. Abschn. 4). So können zwei Tone mit übereinstimmenden Kornverteilungskurven in jeder anderen Hinsicht sehr stark voneinander abweichen.

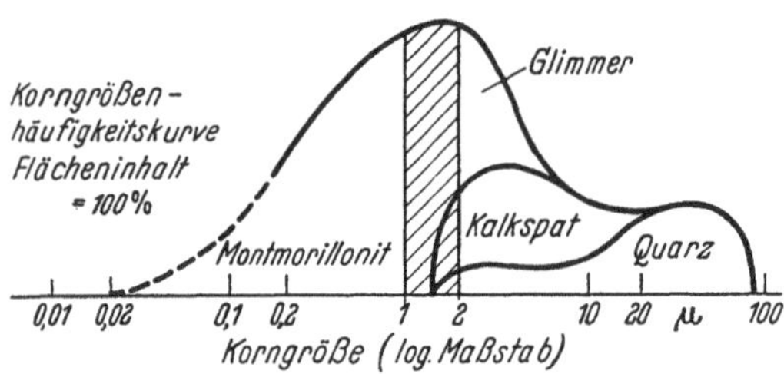

Abb. 5. Korngrößenmäßige und mineralogische Zusammensetzung eines diluvialen marinen Tons (nach R. E. GRIM)

Infolge dieser Verhältnisse sind exakte statistische Beziehungen zwischen der Kornzusammensetzung und anderen kennzeichnenden Bodeneigenschaften, wie z.B. dem Winkel der inneren Reibung nur innerhalb verhältnismäßig enger Grenzen festgestellt worden, in denen alle Erdstoffe der gleichen Art, wie z.B. alle Tone oder alle Sande, ähnlicher geologischer Herkunft sind. In solchen Fällen kann die Kornzusammensetzung als Grundlage für die Beurteilung der wichtigsten Eigenschaften der Böden benutzt werden. Dies wird allgemein und mit Erfolg angewandt. Keins dieser Verfahren, die aus Erfahrungen innerhalb solcher Grenzen entwickelt wurden, kann jedoch mit Sicherheit außerhalb des Bereiches in dem es aufgestellt wurde, angewendet werden.

Kurzdarstellung der Kornzusammensetzung. Um die wesentlichen Ergebnisse der Ermittlung der Kornzusammensetzung einer großen Anzahl von Erdstoffen darzustellen, kann es ratsam sein, die Kornzusammensetzung jedes Bodens entweder durch Zahlenwerte auszudrücken, die einige kennzeichnende Korngrößen und den Grad der Ungleichförmigkeit angeben, oder durch Namen oder Symbole, welche die vorherrschende Kornfraktion anzeigen. Das gebräuchlichste, auf Zahlenwerten gegründete Verfahren, ist das nach ALLEN HAZEN. Auf Grund einer großen Anzahl von Versuchen mit Filtersanden fand HAZEN, daß die Durchlässigkeit dieser Sande im lockeren Zustand von zwei Größen abhängt, die er die wirksame Korngröße und den Ungleichförmigkeitsgrad nannte. Die *wirksame Korngröße* ist der Durchmesser d_{10}, der bei 10% Siebdurchgang in der Kornverteilungskurve abzulesen ist. Das heißt also, daß 10% der Teilchen kleiner und 90% größer als der wirksame Korndurchmesser sind. Der *Ungleichförmigkeitsgrad* U ist das Verhältnis d_{60}/d_{10}, worin d_{60} die bei 60% vertretene Korngröße ist.

HAZENS Ergebnisse verführten andere Forscher zu der mehr oder weniger willkürlichen Annahme, daß die Größen d_{10} und U auch geeignet seien, die Kornzusammensetzung gemischtkörniger natürlicher Erdstoffe auszudrücken. Mit zunehmenden Kenntnissen über die feinkörnigen Erdstoffe ist offensichtlich geworden, daß die Eigenschaften solcher Erdstoffe hauptsächlich von den feinsten Körnern, die bis zu 20% vertreten sind, abhängen, und daß es vorzuziehen wäre, d_{20} und d_{70} als Kennwerte zu wählen. Der Vorteil ist jedoch nicht groß genug, um ein Abgehen von dem einmal eingeführten Verfahren zu rechtfertigen. Die Anwendung von Symbolen zur Kennzeichnung der Kornzusammensetzung eines Erdstoffs ist am Ende dieses Abschnittes beschrieben.

Verfahren zur Einteilung der Bodenarten. Bei der Einteilung der Bodenarten nach der Kornzusammensetzung ist es üblich, Bodennamen wie „Schluff" oder „Ton" auf einige Kornfraktionen zu übertragen. Die gebräuchlichsten Einteilungen dieser Art sind in Abb. 6 zeichnerisch dargestellt. Für bautechnische Zwecke ist die Einteilung des Massachusetts Inst. of Technology den anderen vorzuziehen [*6.1*]. In vielen Fällen enthalten Berichte über den Boden und sein Verhalten lediglich die Ergebnisse der Untersuchung der Kornzusammensetzung der groben Kornfraktion und die Angabe des Gewichtsprozentsatzes der durch das 200-Maschensieb geht. Letzterer umfaßt alle Bodenteilchen, die kleiner als 0,074 mm sind. Die Korngröße 0,074 mm ist nur wenig größer als 0,06 mm, wodurch nach der MIT-Einteilung die Grenze zwischen Feinsand und Grobschluff dargestellt ist.

Jedes Einteilungssystem, das allein von der Korngröße ausgeht, führt jedoch in der Regel zu falschen Vorstellungen, weil die physikalischen Eigenschaften der feinsten Teilchengruppen außer von der Korngröße, von vielen anderen Faktoren abhängig sind (vgl. Abschn. 4). Beispielsweise müßte nach jeder der gebräuchlichen Einteilungen, die in Abb. 6

dargestellt sind, ein aus Quarzkörnern kolloidaler Größe bestehender Erdstoff als Ton bezeichnet werden, während er in Wirklichkeit auch nicht eine entfernte Ähnlichkeit mit Ton hat. Wenn die Bezeichnungen „Schluff" und „Ton" zur Benennung von Korngrößen verwendet wer-

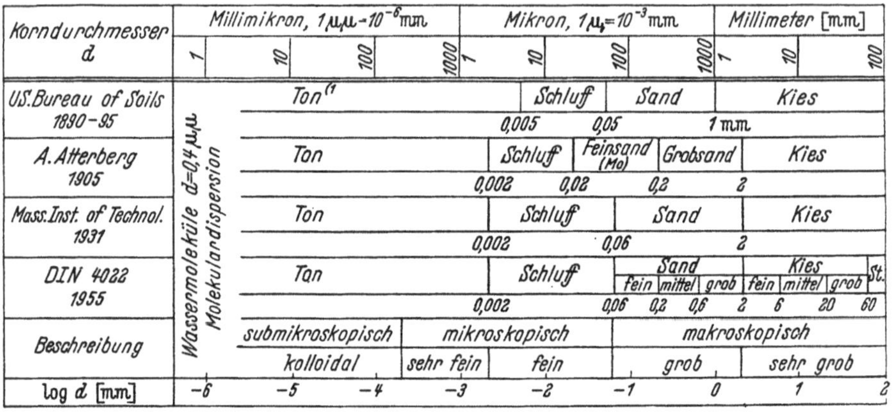

Korndurchmesser d	Millimikron, $1\,\mu\mu = 10^{-6}$ mm	Mikron, $1\,\mu = 10^{-3}$ mm	Millimeter [mm]
	1 · 10 · 100 · 1000	1 · 10 · 100 · 1000	1 · 10 · 100
US. Bureau of Soils 1890–95	Ton[1]	Schluff · Sand (0,005 · 0,05)	Kies (1 mm)
A. Atterberg 1905	Ton	Schluff · Feinsand (Mo) · Grobsand (0,002 · 0,02 · 0,2)	Kies (2)
Mass. Inst. of Technol. 1931	Ton	Schluff · Sand (0,002 · 0,06)	Kies (2)
DIN 4022 1955	Ton	Schluff · Sand: fein, mittel, grob (0,002 · 0,06 · 0,2 · 0,6)	Kies: fein, mittel, grob · St. (2 · 6 · 20 · 60)
Beschreibung	submikroskopisch; kolloidal	mikroskopisch; sehr fein · fein	makroskopisch; grob · sehr grob
log d [mm]	−6 · −5 · −4	−3 · −2 · −1	0 · 1 · 2

(Wassermoleküle $d = 0{,}4\,\mu\mu$ · Molekulardispersion)

Abb. 6. Bodeneinteilung nach der Korngröße

den, sollten sie daher nur in Verbindung mit den Worten „Größe" oder „Korn" und „Teilchen" gebraucht werden, wie in dem Ausdruck „Schluffkorn" oder „Tonteilchen". Solange, wie die Einteilung nach Korngrößen noch nicht genormt ist, müssen die beschreibenden Adjektive durch Zahlen ergänzt werden, welche den durch die Adjektive gekennzeichneten Korngrößenbereich angeben.

Die in Deutschland gültigen Grenzen und Bezeichnungen nach der Korngröße sind in DIN 4022 festgelegt. Sie sind in Abb. 6 nachgetragen.

Mit wenigen Ausnahmen bestehen die natürlichen Erdstoffe aus einem Gemisch von zwei oder mehreren verschiedenen Kornfraktionen. Infolgedessen kann ein natürlicher Erdstoff nach seiner Kornzusammensetzung mit den Namen seiner Hauptbestandteile gekennzeichnet werden, wie z. B. „schluffiger Ton" oder „sandiger Schluff". Oder es können einige Symbole angegeben werden, die ihn mit einer von verschiedenen Standardmischungen der Kornfraktionen identifizieren.

Die Kennzeichnung der Böden durch die Namen ihrer Hauptbestandteile wird durch die Anwendung von Diagrammen erleichtert, wie dies beispielsweise bei der Public Roads Administration gebräuchlich ist (Abb. 7). In diesem Diagramm entspricht jede der drei Koordinatenachsen einer Kornfraktion, die als Sand, Schluff und Ton bezeichnet sind. Das Diagramm ist in Bereiche eingeteilt, die mit den Namen von Bodenarten versehen sind. Die drei Koordinaten eines Punktes geben den

Prozentsatz der drei Kornfraktionen an, welche in einem gegebenen Erdstoff enthalten sind, und bestimmen die Bodenart, zu welcher die Probe gehört. Ein gemischtkörniger Erdstoff, der beispielsweise aus 20% Sand, 30% Schluff und 50% Ton zusammengesetzt ist, und der durch den Punkt *S* dargestellt wird, ist als Ton klassifiziert [*6.2*].

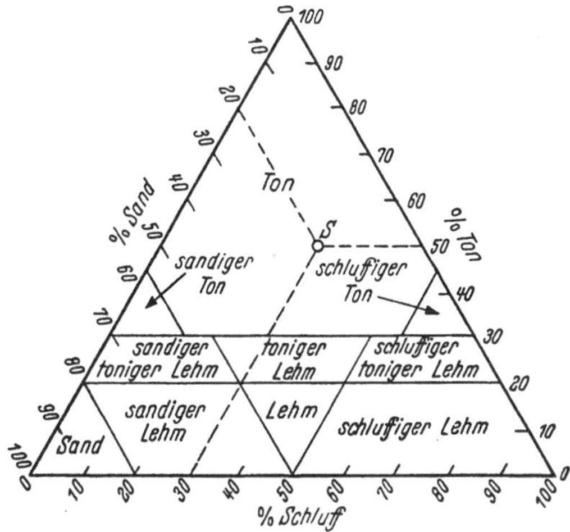

Abb. 7. Dreiecksnetz zur Bodenklassifizierung der Public Roads Administration

Die Identifizierung eines bestimmten Erdstoffs durch Vergleich mit Standardmischungen kann mit Hilfe von auf Transparentpapier aufgetragenen Diagrammen wesentlich erleichtert werden. In diesen Vorlagen wird jedes der verschiedenen Standard-Korngemische durch eine Kornverteilungslinie dargestellt, die durch ein Symbol gekennzeichnet ist. Um einen Erdstoff zu klassifizieren wird die Transparent-Musterzeichnung auf das Blatt gelegt, auf dem die Kornverteilungskurve des Erdstoffs aufgetragen ist. Der Erdstoff erhält das Symbol derjenigen Standardkurve, die der des wirklichen Erdstoffs am ähnlichsten ist [*6.2*].

Literaturhinweise

[*6.1*] Glossop u. A. W. Skempton: Particle-size in Silts and Sands. J. Inst. Civ. Engrs. (London), Veröffentl. 5492, Dez. 1945. S. 81–105. Diskussion der verschiedenen Bodeneinteilungen nach Korngrößen für bautechnische Zwecke.

[*6.2*] Casagrande, A.: Classification and Identification of Soils; Proc. ASCE, Juni 1947 S. 783–810. Diskussion der Einteilung der Korngrößen und der Verfahren zur Darstellung der Ergebnisse von Versuchen zur Bestimmung der Kornverteilung.

7. Die Bodenmasse

Einleitung. Mit *Bodenmasse* soll der natürliche Erdstoff selbst, im Gegensatz zu seinen Einzelbestandteilen bezeichnet werden. Bodenmassen können sich qualitativ hinsichtlich der Textur, der Struktur und der Konsistenz unterscheiden. Quantitativ können sie in dem Porenvolumen, der Lagerungsdichte, dem Wasser- und Gasgehalt und ebenfalls in der Konsistenz voneinander abweichen. Die qualitativen Eigenschaften können im Feld durch den Augenschein festgestellt werden. Diese visuelle Prüfung ist die Grundlage für das Ausfüllen der Bohrberichte oder anderer Aufzeichnungen, welche die Folge der Schichten im Baugrund beschreiben. Quantitative Angaben liefern die Laboratoriums- und Feldversuche. Ohne solche Angaben ist jede Beschreibung eines Erdstoffs unzureichend.

Textur, Struktur und Konsistenz. Der Begriff *Textur* bezieht sich auf den Feinheitsgrad und die Gleichförmigkeit eines Erdstoffs. Er wird durch Bezeichnungen wie *mehlig*, *geschmeidig*, *körnig* oder *scharf* beschrieben, je nach dem Eindruck, der beim Kneten des Bodens zwischen den Fingern entsteht.

Der Begriff *Struktur* bezieht sich auf das Gefüge, in welchem die Bodenteilchen in der Bodenmasse angeordnet sind. Wenn die Teilchen einer Bodenmasse nicht aneinander kleben, sind sie in einer *Einzelkornstruktur* angeordnet, bei welcher jedes Korn verschiedene seiner Nachbarkörner berührt (s. Abb. 2c). Je nach der Anordnung der Körner kann eine Einzelkornstruktur *locker* oder *dicht* sein.

Feinkörnige Erdstoffe können selbst dann eine stabile Struktur haben, wenn die Körner einander nur in sehr wenigen Punkten berühren, vorausgesetzt, daß die Adhäsion zwischen den Körnern etwa eben so groß ist, wie das Gewicht der Körner. Die entsprechende Struktur wird *Wabenstruktur* genannt (Abb. 2b).

Die *Flockenstruktur* nach Abb. 2a, über die in Abschn. 4 berichtet wurde, ist in natürlichen Erdstoffen seltener zu finden, weil sehr feinkörnige natürliche Erdstoffe fast ausnahmslos gröbere Teilchen enthalten. Die gröberen Körner bilden in der Regel ein Skelett, dessen Zwischenräume teilweise mit einer relativ lockeren Masse von feinsten Bodenbestandteilen gefüllt sind. Diese Anordnung der Teilchen wird als *Skelettstruktur* bezeichnet. Sie ist wahrscheinlich für die auffallende Instabilität vieler schwach kohärenter Böden mit einer Teilchengröße zwischen etwa 0,05 und 0,005 mm (Abschn. 17) verantwortlich. Bei weichen Tonen wird die der Skelettstruktur eigene Instabilität durch Kohäsion verdeckt.

Einige ziemlich selten vorkommende Bodenarten, darunter einige Mergel, bestehen aus verhältnismäßig großen zusammengesetzten Körnern. Diese Körner bilden eine Bodenmasse mit einer Einzelkorn- oder einer Wabenstruktur. Die Körner selbst sind jedoch wieder Zusammenballungen von dicht gelagerten Schluff- oder Tonteilchen. Erdstoffe, die aus solchen Zusammenballungen bestehen, haben eine *Klumpenstruktur*. Die Klumpenstruktur unterscheidet sich von der in Abb. 2a dargestellten Flockenstruktur darin, daß die einzelnen Klumpen keine Waben-, sondern eine dichte Einzelkornstruktur haben.

Jedes Sediment enthält zumindest einen kleinen Prozentsatz an schuppenartigen oder scheibenförmigen Teilchen. Beim Absetzen dieser

Teilchen aus einer Suspension suchen die flachen Seiten die horizontale Lage beizubehalten. Daher sind viele dieser Teilchen in dem Sediment mehr oder weniger parallel zu horizontalen Ebenen angeordnet. Eine spätere Zunahme der Auflast verstärkt diese Ausrichtung. Ein Sediment welches in dieser Weise ausgerichtete Teilchen enthält, besitzt sogenannte *Querisotropie*.

Da eine visuelle Feststellung der Struktur von fein- oder sehr feinkörnigen Erdstoffen nicht möglich ist, muß die Struktur solcher Erdstoffe auf Grund ihres Porengehaltes und verschiedener anderer Eigenschaften beurteilt werden.

Steife Tone können röhrenförmige Wurzellöcher enthalten, die bis in eine Tiefe von mehreren Metern unter die Geländeoberfläche reichen, oder sie können durch Haarrisse in prismatische oder unregelmäßige Schollen zerteilt sein, welche auseinanderfallen, sobald der sie zusammenhaltende Druck verschwunden ist. Solche Haarrisse werden auch *Spalten* oder *Klüfte* genannt. Glatte Flächen, die durch Bewegungen entlang der Wände der Klüfte entstanden sind, werden als *Rutschharnische* bezeichnet. Ursprung, Natur und praktische Folgen solcher Fehlstellen in den Bodenschichten sind in Teil C (Abschn. 43) behandelt. In Teil A werden nur fehlstellenfreie Erdstoffe und Bodenschichten betrachtet.

Der Ausdruck *Konsistenz* bezieht sich auf den Grad der Adhäsion zwischen den Bodenteilchen und auf den Widerstand gegen Kräfte, welche die Bodenmasse zu verformen oder zerstören suchen. Die Konsistenz wird durch Bezeichnungen wie *hart*, *fest*, *spröde*, *bröcklig*, *klebrig*, *plastisch* und *weich* beschrieben. Je mehr ein Erdstoff die Eigenschaften eines Tons annimmt, um so vielfältiger sind die Konsistenzzustände, in welchen er angetroffen werden kann. Der Plastizitätsgrad wird manchmal durch die Ausdrücke *fett* oder *mager* bezeichnet. Ein magerer Ton ist ein solcher, der nur wenig plastisch ist, weil er einen großen Schluff- oder Sandgehalt besitzt. Weitere Angaben über die Konsistenz der Tone sind in Abschn. 8 enthalten.

Porenanteil, Wassergehalt und Raumgewicht. Der *Porenanteil* n ist das Verhältnis des Volumens der Hohlräume zum Gesamtvolumen des Erdstoffs. Unter *Volumen der Hohlräume* ist derjenige Teil des Volumens des Erdstoffs zu verstehen, der nicht von Bodenteilchen eingenommen ist. Wenn der Porenanteil als Prozentsatz ausgedrückt wird, bezeichnet man ihn auch als *Porenprozente*. Nach DIN 4015 soll er in Deutschland jedoch nunmehr als Dezimalbruch angegeben werden, wodurch das Rechnen erleichtert wird.

Die *Porenziffer* ε ist das Verhältnis des Porenvolumens zum Volumen der Festmasse. Für

$$V = \text{Gesamtvolumen und}$$

$$V_p = \text{Porenvolumen}$$

wird

$$n = \frac{V_p}{V} \tag{7.1 a}$$

und

$$\varepsilon = \frac{V_p}{V - V_p}. \tag{7.1 b}$$

Die Beziehung zwischen der Porenziffer ε und dem Porenanteil n ist durch die Gleichung gegeben

$$\varepsilon = \frac{n}{1 - n} \tag{7.2 a}$$

und

$$n = \frac{\varepsilon}{1 + \varepsilon}. \tag{7.2 b}$$

Der Porenanteil eines Haufwerkes von gleichen, kohäsionslosen Kugeln hängt von der Art der Anordnung der Kugeln ab. Bei dichtester Anordnung beträgt er 26% und bei lockerster 47%. Bei natürlichen Sanden wurden Porenanteile von etwa 25% bis 50% festgestellt. Der Porenanteil eines natürlichen Sandvorkommens ist von der Form der Körner, dem Ungleichförmigkeitsgrad der Kornzusammensetzung und den Sedimentationsbedingungen abhängig.

Der Einfluß der Kornform auf den Porenanteil der Bodenmasse kann dadurch gezeigt werden, daß man Glimmer in verschiedenen Prozentsätzen mit einem gleichkörnigen, reinen Sand mischt. Wenn der Glimmeranteil stufenweise von 0 auf 5, 10, 20 und 40 Gew.% zunimmt, ist der entsprechende Porenanteil der sich ergebenden, locker in ein Gefäß geschütteten Mischung etwa 47, 60, 70, 77 und 84%. Der Porenanteil plastischer natürlicher Tone mit einem deutlichen Gehalt an blättchenförmigen Teilchen liegt gewöhnlich zwischen 30 und 60%. Er kann sogar bis zu 90% betragen.

Infolge des großen Einflusses der Kornform und des Ungleichförmigkeitsgrades auf den Porenanteil, gibt der Porenanteil selbst keinen Aufschluß darüber, ob ein Erdstoff locker oder dicht gelagert ist. Angaben hierüber lassen sich nur durch Vergleiche des Porenanteils des Erdstoffs bei natürlicher Lagerungsdichte mit demjenigen desselben Erdstoffs bei lockerster und bei dichtester Lagerung gewinnen. Die *Lagerungsdichte* sandiger Böden kann zahlenmäßig durch die *relative Dichte* D_r ausgedrückt werden, die durch folgende Gleichung definiert ist

$$D_r = \frac{\varepsilon_0 - \varepsilon}{\varepsilon_0 - \varepsilon_d}, \tag{7.3}$$

worin ε_0 = Porenziffer des Bodens bei lockerster Lagerung,
ε_d = Porenziffer bei dichtester, im Laboratorium zu erzielender Lagerung,
ε = Porenziffer des natürlichen Bodens.

Um einen Mittel- oder Grobsand in seine lockerste Lagerung entsprechend der Porenziffer ε_0 zu bringen, muß man den Sand erst trocknen und dann aus geringer Höhe in ein Gefäß einlaufen lassen. Sehr feine Mehlsande können dadurch in die lockerste Lagerung gebracht werden, daß man eine Probe mit soviel Wasser mischt, bis sie in eine dickflüssige Suspension verwandelt ist, die man dann sedimentieren läßt. Die Größe von ε_0 entspricht der sich ergebenden Porenziffer des Sedimentes.

Die relative Dichte des Sandes hat eine genau bestimmte Bedeutung, weil ihre Größe praktisch unabhängig von dem statischen Druck ist, der auf den Sand wirkt. Sie hängt in erster Linie von den Vorgängen und Maßnahmen bei der Ablagerung und Verdichtung des Sandes ab. Im Gegensatz hierzu ist die Lagerungsdichte der Tone und anderer kohärenter Erdstoffe hauptsächlich von der Belastung abhängig, unter der diese Böden gestanden haben, und in manchen Fällen von der Geschwindigkeit, mit der die Belastung aufgebracht wurde. Die Lagerungsdichte dieser Erdstoffe wird am eindeutigsten durch die Zustands- oder Konsistenzzahl k_w (s. Abschn. 8) wiedergegeben, welche der relativen Dichte D_r der Erdstoffe mit geringer oder ohne Kohäsion entspricht.

Der *Wassergehalt* w eines Erdstoffs ist als das Verhältnis des Gewichts des Porenwassers zum Trockengewicht der Festmasse definiert. Er wird gewöhnlich als Prozentsatz, in Deutschland neuerdings als Dezimalbruch ausgedrückt. In Sanden, die oberhalb des Grundwasserspiegels liegen, kann ein Teil der Poren mit Luft gefüllt sein. Wenn ε_w das Volumen der wassergefüllten Poren pro Volumeneinheit der Festmasse ist, stellt das Verhältnis

$$s_w(\%) = \frac{100\,\varepsilon_w}{\varepsilon} \tag{7.4}$$

den *Sättigungsgrad* dar. Der Sättigungsgrad der Sande wird gewöhnlich durch Worte wie trocken oder feucht angegeben. Tab. 1 enthält eine Zusammenstellung solcher beschreibender Bezeichnungen und der entsprechenden Sättigungsgrade. Sie gilt jedoch ausschließlich für Sande und sehr sandige Böden. Ein austrocknender Ton kann bei einem Sättigungsgrad von $s_w = 90\%$ so hart sein, daß er als trocken anstatt als naß bezeichnet werden würde.

Grobsande, die oberhalb des Wasserspiegels anstehen, sind gewöhnlich wenig feucht. Fein- oder Schluffsande sind sehr feucht, naß oder wassergesättigt. Tone sind fast immer vollständig oder nahezu wassergesättigt, mit Ausnahme der obersten, an der Ge-

Tabelle 1. Grad der Wassersättigung bei Sanden

Beschaffenheit des Sandes	Sättigungsgrad (%)
trocken	0
wenig feucht	1–25
feucht	25–50
sehr feucht	50–75
naß	75–99
wassergesättigt	100

ländeoberfläche liegenden Schicht, die den jahreszeitlichen Temperatur- und Niederschlagsschwankungen ausgesetzt ist. Wenn ein Ton Gas enthält, so ist das Gas in Blasen vorhanden, die überall im Boden verteilt sind. Die Blasen können durch Luft gebildet worden sein, die während der Sedimentation in die Ablagerung eingeschlossen wurde, oder durch Gas, das zu einem späteren Zeitpunkt durch chemische Vorgänge, wie durch Zersetzung von organischem Material entstanden ist. Das Gas kann unter so großem Druck stehen, daß der Ton bei gleichbleibendem Wassergehalt kräftig zu schwellen beginnt, wenn der Einschließungsdruck herabgesetzt wird. Die Bestimmung des Gasgehaltes eines Tons ist außerordentlich schwierig. Wenn sie überhaupt durchgeführt werden kann, erfordert sie spezielle Geräte; sie gehört nicht zu den üblichen Untersuchungen.

Das *Raumgewicht* eines Erdstoffs ist das Gewicht der Bodenmasse (Festmasse und Wasser) pro Volumeneinheit. Es ist abhängig vom spezifischen Gewicht der festen Bestandteile, dem Porenanteil des Erdstoffs und dem Wassergehalt. Das Raumgewicht kann wie folgt berechnet werden: Wenn

γ_s = mittleres spezifisches Gewicht der Festmasse,
γ_w = spezifisches Gewicht des Wassers,
n = Porenanteil in %,

so ist das Raumgewicht des trockenen Bodens ($s_w = 0\%$)

$$\gamma_t = (1 - n)\,\gamma_s \tag{7.5}$$

und des wassergesättigten Bodens ($s_w = 100\%$)

$$\gamma_g = (1 - n)\,\gamma_s + n\,\gamma_w = \gamma_s - n\,(\gamma_s - \gamma_w)\,. \tag{7.6}$$

Das spezifische Gewicht der wichtigsten festen Bestandteile der Erdstoffe ist in Tab. 2 wiedergegeben. Das mittlere spezifische Gewicht von

Tabelle 2[1]. *Spezifisches Gewicht der wichtigsten Bodenbestandteile in g/cm*^{3}

Gips	2,32	Dolomit	2,87
Montmorillonit[2]	2,4	Aragonit	2,94
Orthoklas	2,56	Biotit	3,0–3,1
Kaolinit	2,6	Augit	3,2–3,4
Illit[2]	2,6	Hornblende	3,2–3,5
Chlorit	2,6–3,0	Limonit (Brauneisenstein)	3,8
Quarz	2,66	Hämatit	4,3 ±
Talk	2,7	Magnetit	5,17
Kalkspat	2,72	Eisenkies	5,2
Muskovit	2,8–2,9		

[1] Aus E. S. Larsen und H. Berman. The Microscopic Determination of the Nonopaque Minerals, 2. Aufl. U. S. Department of the Interior, Bull. 848, Washington 1934.

[2] Theoretische, auf Grund der Atomgewichte der Bestandteile des Raumgitters errechnete Werte (nach R. E. Grim).

Sanden ist im allgemeinen etwa 2,65 g/cm³. Dasjenige von Tonteilchen schwankt zwischen 2,50 bis 2,90 g/cm³ bei einem statistischen Mittelwert von etwa 2,70 g/cm³.

Tabelle 3. Porenanteil, Porenziffer und Raumgewicht typischer Erdstoffe im natürlichen Zustand

Bodenart	Porenanteil n %	Porenziffer ε	Wassergehalt w %	Raumgewichte trocken γ_t g/cm³ oder t/m³	gesättigt γ_g
1. Gleichkörniger Sand, locker	46	0,85	32	1,43	1,89
2. Gleichkörniger Sand, dicht	34	0,51	19	1,75	2,09
3. Gemischtkörniger Sand, locker	40	0,67	25	1,59	1,99
4. Gemischtkörniger Sand, dicht	30	0,43	16	1,86	2,16
5. Diluvialer Mehlsand, sehr ungleichkörnig	20	0,25	9	2,12	2,32
6. Weicher diluvialer Ton	55	1,20	45	—	1,77
7. Steifer diluvialer Ton	37	0,60	22	—	2,07
8. Weicher, schwach organischer Ton	66	1,90	70	—	1,58
9. Weicher, stark organischer Ton	75	3,00	110	—	1,43
10. Weicher Bentonit	84	5,20	194	—	1,27

w = Wassergehalt bei Wassersättigung in Prozenten des Trockengewichtes,
γ_t = Raumgewicht, trocken,
γ_g = Raumgewicht, wassergesättigt.

In Tab. 3 sind der Porenanteil und das Raumgewicht bei Wassersättigung der Hauptbodenarten angegeben. Für die Sandböden ist auch das Trockenraumgewicht in der Tabelle enthalten. Die Raumgewichte sind unter der Annahme berechnet worden, daß γ_s für Sandböden 2,65 g/cm³ und für Tone 2,70 g/cm³ beträgt. Die Tafelwerte dürfen jedoch nur als Näherungswerte angesehen werden. Bevor für eine bestimmte Bauaufgabe endgültige Berechnungen aufgestellt werden, sind stets die tatsächlichen Raumgewichte des Bodens zu ermitteln.

Aufgaben

1. Eine wassergesättigte Tonprobe wog im natürlichen Zustand 1526 g und nach dem Trocknen 1053 g. Bestimme den natürlichen Wassergehalt. Wie groß war der Wassergehalt, die Porenziffer, der Porenanteil und das Raumgewicht, wenn das spezifische Gewicht der festen Bestandteile 2,70 g/cm³ betrug?

Antwort: $w = 0{,}45$ oder 45,0%, $\varepsilon = 1{,}22$; $n = 0{,}55$; $\gamma = 1{,}77$ t/m³.

2. Eine Probe von „Hardpan" (verfestigter Sand) hatte im natürlichen Zustand ein Gewicht von 129,1 g und ein Volumen von 56,4 cm³. Ihr Trockengewicht betrug 121,5 g. Das spezifische Gewicht der festen Körner war zu 2,70 g/cm³ ermittelt worden. Berechne den Wassergehalt, die Porenziffer und den Sättigungsgrad.

Antwort: $w = 0{,}063$ oder 6,3%; $\varepsilon = 0{,}25$; $s_w = 0{,}68$ oder 68%.

3. Das Raumgewicht einer Auffüllung aus Sand war durch Felduntersuchungen zu 1,75 g/cm³ bestimmt worden. Der Wassergehalt betrug zur Zeit der Untersuchung 8,6% und das spezifische Gewicht der Festmasse 2,60 g/cm³. Die Porenziffern für die lockerste und die dichteste Lagerung wurden im Laboratorium zu 0,642 bzw. 0,462 festgestellt. Wie groß war die Porenziffer und die relative Lagerungsdichte der Auffüllung?

Antwort: $\varepsilon = 0{,}611$; $D_r = 0{,}17$.

4. Ein trockener Quarzsand wiegt 1,54 g/cm³. Wie hoch ist sein Raumgewicht im wassergesättigten Zustand?

Antwort: $\gamma = 1{,}96$ g/cm³.

5. Das Volumen einer schluffigen Tonprobe war durch Eintauchen in Quecksilber zu 14,88 cm³ ermittelt worden. Ihr Gewicht betrug bei natürlichem Wassergehalt 28,81 g und nach Ofentrocknung 24,83 g. Das spezifische Gewicht der Festmasse war 2,70 g/cm³. Berechne die Porenziffer und den Sättigungsgrad der Probe.

6. Gegeben sind die Werte für den Porenanteil n für die Erdstoffe in der Tab. 3. Überprüfe die Werte für den Wassergehalt w und das Raumgewicht γ. Für die Erdstoffe 1 bis 5 sei $\gamma_s = 2{,}65$ g/cm³; für die Erdstoffe 6 bis 10 sei $\gamma_s = 2{,}70$ g/cm³.

8. Konsistenz und Sensitivität der Tone

Konsistenz und Sensitivität ungestörter Erdstoffe. Die Konsistenz der Tone und anderer kohärenter Böden wird gewöhnlich als *weich, plastisch, steif* oder *hart* beschrieben. Unmittelbare quantitative Werte für die Konsistenz erhält man am besten aus der Belastung pro Flächeneinheit, bei welcher seitlich nicht eingeschlossene, prismatische oder zylindrische Proben bei einem einfachen Druckversuch zu Bruch gehen. Diese Größe wird als „Druckfestigkeit bei unbehinderter Seitendehnung" oder „Zylinderdruckfestigkeit" bezeichnet. Zahlenwerte für die Zylinderdruckfestigkeit sind in Tab. 4 für die verschiedenen Konsistenzgrade angegeben.

Tabelle 4. Konsistenz und Zylinderdruckfestigkeit von Tonen

Konsistenz	Zylinderdruckfestigkeit q_u (kg/cm²)
sehr weich	weniger als 0,25
weichplastisch	0,25 bis 0,5
plastisch	0,5 bis 1,0
steifplastisch	1,0 bis 2,0
sehr steifplastisch	2,0 bis 4,0
halbfest[1]	über 4,0

Tone haben mit vielen anderen kolloidalen Stoffen die Eigenschaft gemeinsam, daß ein Durchkneten oder Durcharbeiten bei unverändertem Wassergehalt das Material weicher macht. Der Vorgang des Durch-

[1] Wenn ein halbfester Ton zugleich spröde ist, wird er als *hart* bezeichnet.

arbeitens wird gewöhnlich als *Stören* bezeichnet und Tone, die diesem Vorgang unterworfen waren, heißen *gestörte Tone*. Das Weichwerden ist wahrscheinlich auf zwei verschiedene Ursachen zurückzuführen, auf die Zerstörung der gesetzmäßigen Anordnung der Moleküle in den adsorbierten Schichten und auf die Beschädigung der Struktur, die der Ton während des Sedimentationsprozesses erhalten hat. Derjenige Teil des Verlustes an Festigkeit, welcher auf die Zerstörung der adsorbierten Schichten zurückzuführen ist, wird bei unverändertem Wassergehalt zurückgewonnen, nachdem die Knetwirkung aufgehört hat. Der Rest, der wahrscheinlich durch eine dauernde Veränderung der Struktur verursacht wurde, bildet sich nicht zurück, es sei denn, daß der Wassergehalt des Tons vermindert wird. Das Verhältnis zwischen diesen beiden Teilen des Festigkeitsverlustes weicht für verschiedene Tone voneinander ab.

Der Ausdruck *Sensitivität* oder *Empfindlichkeit* bezeichnet die Wirkung des Durchknetens auf die Konsistenz eines Tons, ohne Rücksicht auf die physikalischen Ursachen der Veränderung. Der Grad der Sensitivität ist für verschiedene Tone verschieden groß; er kann auch für den gleichen Ton bei verschiedenen Wassergehalten unterschiedlich sein. Wenn ein Ton sehr sensitiv ist, kann eine Rutschung ihn in ein Gemisch schlüpfriger Schollen und Klumpen verwandeln, das auf einer flach geneigten Rutschebene abgleiten kann, während eine ähnliche Rutschung in einem Ton mit geringer Sensitivität zumeist nur eine deutliche örtliche Verformung der Böschung hervorruft. Die Veränderung der Konsistenz infolge der Störung eines sensitiven Tons ist immer mit einer Änderung der Durchlässigkeit verbunden.

Der Grad der Sensitivität S eines Tons wird durch das Verhältnis zwischen der Zylinderdruckfestigkeit einer ungestörten Probe zu derjenigen derselben Probe bei demselben Wassergehalt im durchgekneteten Zustand ausgedrückt.

$$S = \frac{\text{Zylinderdruckfestigkeit der ungestörten Probe}}{\text{Zylinderdruckfestigkeit der gestörten Probe}} = \frac{q_u}{q_g}. \qquad (8.1)$$

Die Werte für S liegen bei den meisten Tonen zwischen 2 und etwa 4. Für sensitive Tone liegen sie zwischen 4 und 8. Es sind jedoch auch hochgradig sensitive Tone mit höheren Werten als 8 bekannt. Diese hohen Sensitivitätsgrade können durch eine gut ausgebildete Skelettstruktur, durch stark ausgeprägte thixotrope Eigenschaften der feinsten Kornfraktionen (s. Abschn. 4 und 17) oder durch beides verursacht sein. Sie werden vorwiegend bei weichen glazialen Tonen angetroffen, die im Brack- oder Seewasser abgelagert wurden und bei weichen Tonen, die aus der Zersetzung vulkanischer Aschen hervorgegangen sind.

Einen Anhaltspunkt für die Beurteilung der Struktur eines Tons gibt ein Vergleich des Raumgewichts einer trocknen ungestörten Probe, mit dem Raumgewicht einer Probe, die vor dem Trocknen bei ihrem natürlichen Wassergehalt vollkommen durchgeknetet worden ist. Je größer der Unterschied zwischen den beiden Werten ist, umso mehr weicht die Struktur der ungestörten Probe von der gesetzlosen Struktur des gestörten Erdstoffs ab.

Die Konsistenz der gestörten Erdstoffe. Nachdem ein kohärenter Erdstoff durchgeknetet worden ist, kann seine Konsistenz durch Vergrößerung oder Verminderung seines Wassergehaltes willkürlich verändert werden. So geht z.B. ein Ton aus dem flüssigen Zustand in den plastischen Zustand und endlich in den festen Zustand über, wenn der Wassergehalt einer Tonpaste allmählich durch langsames Austrocknen vermindert wird. Die Wassergehalte, bei denen die verschiedenen Tone aus einer dieser Zustandsformen in eine andere übergehen, weichen sehr voneinander ab. Aus diesem Grunde können die Wassergehalte bei diesen Übergängen für die Kennzeichnung und für den Vergleich der verschiedenen tonigen Erdstoffe verwendet werden. Der Übergang aus einem Zustand in einen anderen erfolgt jedoch nicht plötzlich, sobald irgendein kritischer Wassergehalt erreicht ist. Er vollzieht sich allmählich innerhalb eines ziemlich weiten Bereiches für die Größe des Wassergehaltes. Aus diesem Grund ist jeder Versuch, Kriterien für die Grenzen der Konsistenzbereiche festzusetzen, etwas willkürlich. Das Verfahren, welches sich für die Zwecke des Bauwesens als am geeignetsten erwiesen hat, wurde aus der landwirtschaftlichen Bodenkunde übernommen. Es ist als Verfahren von ATTERBERG bekannt und die Wassergehalte, welche den Grenzen zwischen den Konsistenzzuständen entsprechen, heißen *Atterbergsche Grenzen.*

Die *Fließgrenze* w_f ist derjenige Wassergehalt, bei dem zwei Teile einer Bodenpaste, welche die in Abb. 8 dargestellten Abmessungen haben, sich gerade berühren ohne zusammenzufließen, wenn sie in einer Schale der Wirkung nach oben gerichteter kurzer Schläge ausgesetzt werden. Um subjektive Einflüsse auf die Versuchsergebnisse auszuschalten, wird ein standardisiertes mechanisches Versuchsgerät verwendet.

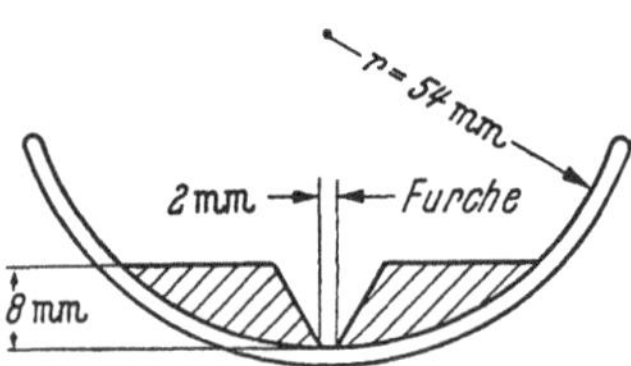

Abb. 8. Schnitt durch eine für den Fließgrenzenversuch aufbereitete Bodenpaste (nach A. CASAGRANDE)

Die *Ausrollgrenze* w_a oder untere Grenze des Plastizitätsbereiches, ist derjenige Wassergehalt, bei welchem der Boden zu zerbröckeln beginnt, wenn er in dünne Drähte ausgerollt wird.

Die Fließgrenze und die Ausrollgrenze werden in Prozenten des Trockengewichtes, in Deutschland nach DIN 4015 als Dezimalbruch angegeben. Der Bericht über die Ergebnisse des Versuches zur Ermittlung der Ausrollgrenze sollten auch Angaben darüber enthalten, ob die Drähte unmittelbar vor dem Zerbröckeln sehr zäh wie diejenigen eines Gumbo, mäßig zäh wie diejenigen eines durchschnittlichen diluvialen Tons, oder weich und schwammig, wie die eines organischen oder eines glimmerreichen anorganischen Erdstoffs waren.

Die *Klebegrenze* w_k ist der niedrigste Wassergehalt, bei dem der Boden an Metallwerkzeugen haftet. Sie wird durch allmähliche Verminderung des Wassergehaltes einer Tonpaste bestimmt, bis ein vernickelter Spatel dadurch von anhaftenden Bodenteilchen gereinigt werden kann, daß man ihn über die Oberfläche der Paste streicht.

Die *Schrumpfgrenze* w_s ist derjenige Wassergehalt, unterhalb dessen ein weiterer Wasserentzug durch Verdunstung keine Volumenverminderung mehr zur Folge hat. Sobald der Wassergehalt die Schrumpfgrenze unterschreitet, wird die Farbe des Bodens etwas heller.

Der Bereich des Wassergehaltes innerhalb dessen ein Erdstoff Plastizität besitzt, heißt *Plastizitätsbereich* und der zahlenmäßige Unterschied zwischen der Fließgrenze und der Ausrollgrenze ist die *Plastizitätszahl* w_{fa}. Mit zunehmender Annäherung des Wassergehaltes w eines kohärenten Bodens an die untere Grenze w_a des Plastizitätsbereiches, nimmt die Steife und der Verdichtungsgrad des Bodens zu. Das Verhältnis

$$k_w = \frac{w_f - w}{w_f - w_a} = \frac{w_f - w}{w_{fa}} \tag{8.2}$$

heißt die *Zustandszahl* oder *Konsistenzzahl* des Bodens. Sie entspricht der relativen Dichte der kohäsionslosen Böden [s. Gl. (7.3)]. Wenn der Wassergehalt einer natürlichen Bodenschicht größer als die Fließgrenze ist (die Konsistenzzahl ist negativ), verwandelt jeder Knetvorgang den Boden in einen dicken viskosen Brei. Wenn der natürliche Wassergehalt niedriger als die Ausrollgrenze ist (die Konsistenzzahl ist größer als Eins), läßt sich der Boden nicht kneten. Die Zylinderdruckfestigkeit ungestörter Tone mit einer nahe bei Null liegenden Konsistenzzahl liegt zumeist zwischen 0,3 und 1,0 kg/cm². Wenn die Konsistenzzahl nahe bei Eins liegt, beträgt die Zylinderdruckfestigkeit im allgemeinen 1 bis 5 kg/cm².

Zusätzlich zu den ATTERBERGschen Grenzen ist die Kenntnis der *Festigkeit im Trockenzustand* für die Einordnung und den Vergleich bindiger Böden nützlich. Die Festigkeit luftgetrockneter Tonproben liegt zwischen etwa 2 und mehr als 200 kg/cm² und ein geübter Fachmann kann allein durch das Zerdrücken eines kubischen Bodenstückes zwischen den Fingern zwischen den Graden *sehr niedrig*, *niedrig*, *mittel*, *hoch* und *sehr hoch* unterscheiden. Die Festigkeit wird als mittel bezeichnet, wenn das Bruchstück nur mit großem Kraftaufwand zu Pulver zerdrückt werden kann. Stücke mit sehr hoher Festigkeit können überhaupt nicht zerdrückt werden, während diejenigen mit sehr niedriger Festigkeit bei mäßigem Druck vollständig zerstört werden. Die Versuchsstücke sollten durch Ausstechen einer zylindrischen Probe von etwa 2,5 cm Höhe und

2,5 cm Durchmesser aus einer Paste mit einem nahe bei der Ausrollgrenze liegenden Wassergehalt gewonnen werden. Nachdem der Zylinder bei Zimmertemperatur getrocknet ist, wird er in kleinere Stücke zerbrochen und für die Untersuchung werden aus dem Inneren der Probe Bruchstücke ausgewählt.

Gruppeneinteilung der Erdstoffe mit Hilfe des Plastizitätsdiagramms. Die bindigen Erdstoffe werden nach ihrem allgemeinen Charakter und ihren wesentlichsten physikalischen Eigenschaften in acht große Gruppen

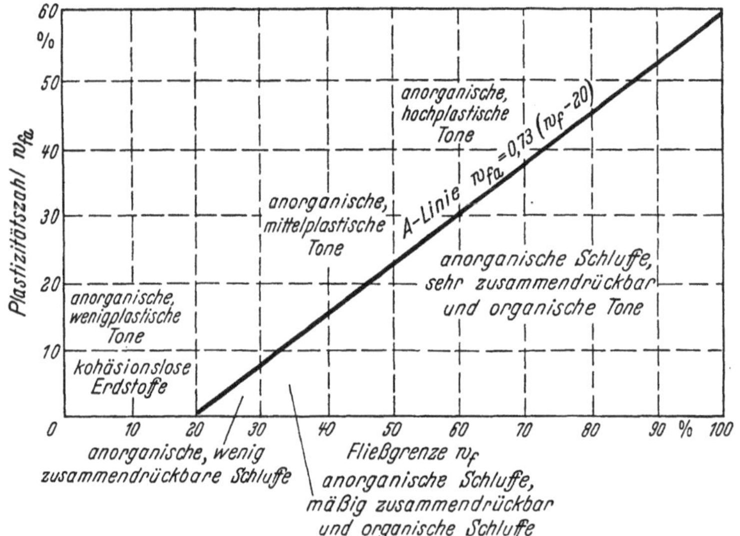

Abb. 9. Plastizitätsdiagramm von A. Casagrande

eingeteilt: Anorganische Tone mit hoher, mittlerer oder niedriger Plastizität, anorganische Schluffböden mit großer, mittlerer oder geringer Zusammendrückbarkeit, organische Tone und organische Schluffe. Diese Gruppeneinteilung entspricht praktisch derjenigen, welche die Bohrmeister bei ihren Eintragungen in die Schichtenverzeichnisse anwenden (vgl. Abschn. 2). Wenn keine Irrtümer unterlaufen sind, geben die Schichtenverzeichnisse dem Entwurfsbearbeiter über den allgemeinen Charakter des Bodens Aufschluß. Jedoch selbst ein erfahrener Bohrmeister oder Techniker kann die verschiedenen bindigen Böden nicht immer allein auf Grund ihres Aussehens unterscheiden und dem Ungeübten werden wahrscheinlich große Fehler unterlaufen. Aus diesem Grund sind zahlreiche Versuche unternommen worden, um die Gefahr von Fehlbeurteilungen auszuschalten. Hierbei wurde gefunden, daß die Böden der verschiedenen Gruppen mit Hilfe des *Plastizitätsdiagramms* der Abb. 9 zuverlässig unterschieden werden können [*8.1*].

In diesem Plastizitätsdiagramm sind auf der Ordinate die Plastizitätszahlen w_{fa} und auf der Abszisse die zugehörigen Fließgrenzen w_f aufgetragen. Das Diagramm ist in 6 Bereiche eingeteilt, drei oberhalb der Linie A und drei darunter. Die Gruppe, zu welcher ein bestimmter Boden gehört, geht aus der Bezeichnung des Bereiches hervor, in dem der Punkt liegt, welcher die Werte w_{fa} und w_f des Bodens darstellt. Alle Punkte für anorganische Tone liegen oberhalb der Linie A und alle Punkte für anorganische Schluffe unterhalb derselben. Wenn also erkannt wurde, daß ein Boden frei von organischen Beimengungen ist, kann seine Gruppenzugehörigkeit allein auf Grund der w_{fa}- und w_f-Werte ermittelt werden. Gewöhnlich liegen jedoch die Punkte für organische Tone innerhalb desselben Bereiches, wie diejenigen für anorganische Schluffe hoher Zusammendrückbarkeit und die Punkte für organische Schluffe in dem Bereich der anorganischen Schluffe mittlerer Zusammendrückbarkeit. Im allgemeinen können organische Erdstoffe durch ihren charakteristischen Geruch und ihre dunkelgraue oder schwarze Farbe von den anorganischen unterschieden werden. In Zweifelsfällen sollte die Fließgrenze sowohl für eine ofentrockene als auch für eine frische Probe bestimmt werden. Wenn der Wassergehalt bei der Fließgrenze durch das Trocknen um 30 oder mehr Prozent herabgesetzt wird, handelt es sich um einen organischen Erdstoff. Wenn ferner ein anorganischer und ein organischer Erdstoff durch annähernd den gleichen Punkt in Abb. 9 dargestellt werden, ist die Festigkeit des organischen Erdstoffs im Trockenzustand erheblich größer als diejenige des anorganischen Erdstoffs.

Auf Grund von Erfahrungen hat sich ergeben, daß die Punkte für verschiedene Proben aus derselben Bodenschicht auf einer Geraden liegen, die annähernd parallel zur Linie A ist. In dem Maß, wie die Fließgrenze der durch eine solche Linie dargestellten Erdstoffe zunimmt, wird auch die Plastizitätszahl und die Zusammendrückbarkeit der Erdstoffe größer. Die Festigkeit im Trockenzustand der anorganischen Erdstoffe, deren Punkte auf Linien oberhalb von A liegen, nimmt von einem mittleren Wert für Proben mit einer Fließgrenze unter 30 bis auf sehr hohe Werte für Proben mit einer Fließgrenze von 100 zu. Wenn anderseits die für anorganische Proben einer bestimmten Schicht gültige Linie erheblich unterhalb von A liegt, ist die Festigkeit im Trockenzustand der Proben mit einer Fließgrenze kleiner als 50 sehr niedrig und diejenige von Proben mit einer Fließgrenze nahe bei 100 ist nur mittelgroß. In Übereinstimmung mit diesen Beziehungen nimmt die Festigkeit im Trockenzustand anorganischer Erdstoffe aus verschiedenen Entnahmestellen aber mit gleichen Fließgrenzen ganz allgemein mit größer werdender Plastizitätszahl zu. In Abb. 10 sind die Plastizitätseigenschaften verschiedener typischer Tone dargestellt [*8.1*].

Die für die Ermittlung der Konsistenzgrenzen erforderlichen Proben brauchen nicht ungestört zu sein und die Technik der Versuchsdurchführung ist einfach. Jedoch selbst bei dem gegenwärtigen, noch unbefriedigenden Stand unseres Wissens, können aus den Untersuchungsergebnissen eine Menge wertvoller Erkenntnisse abgeleitet werden. Des-

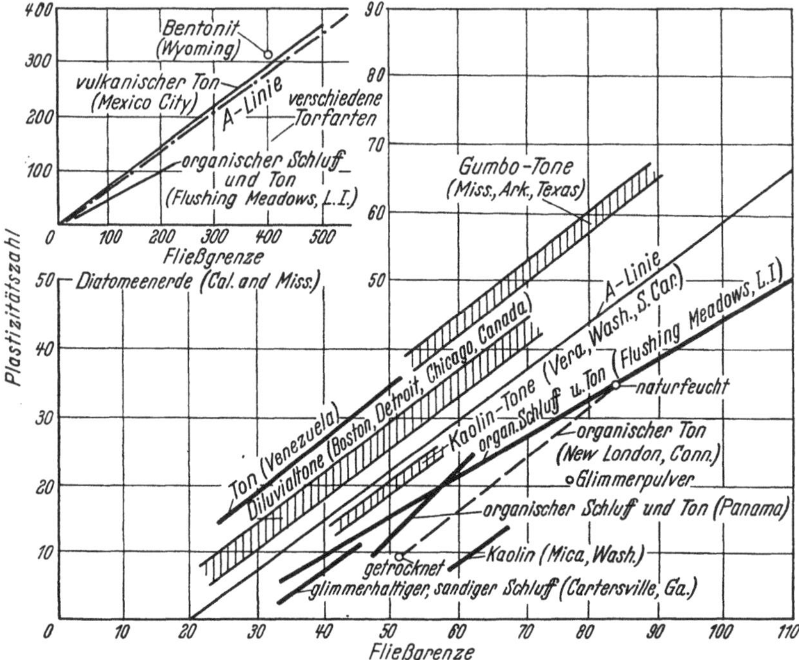

Abb. 10. Beziehungen zwischen der Fließgrenze und der Plastizitätszahl bei typischen Erdstoffen nach A. CASAGRANDE

halb ist die Erforschung statistischer Zusammenhänge zwischen den Konsistenzgrenzen und den anderen physikalischen Eigenschaften bindiger Böden eins der aussichtsreichsten Forschungsgebiete in der Bodenphysik. Jede sichere statistische Beziehung dieser Art vergrößert den Kreis der Schlußfolgerungen, die aus den Ergebnissen der Ermittlung von Konsistenzgrenzen gezogen werden können. Zwei nützliche Beziehungen dieser Art sind in den Abb. 23 und 29 dargestellt.

Literaturhinweise

[*8.1*] s. [*6.2*] Ausführliche Diskussion der Plastizitätseigenschaften der Tone.

9. Mindestanforderungen an eine ausreichende Bodenbeschreibung

Im Abschn. 6 sind geeignete Verfahren für die Einteilung grobkörniger Erdstoffe in verschiedene große Gruppen nach ihrer Korngröße beschrieben und in Abschn. 8 wurden Richtlinien für die Einordnung feinkörniger Erdstoffe in acht große Gruppen auf Grund ihrer Plastizität dargelegt. Wenn ein Ingenieur die Gruppe kennt, zu welcher eine bestimmte Bodenart gehört, kennt er ganz allgemein auch die wichtigsten physikalischen Eigenschaften derselben. Jede Gruppe umfaßt jedoch Erdstoffe mit einer großen Vielfalt an Eigenschaften und außerdem kann jede Bodenart in der Natur in sehr unterschiedlichen Zustandsformen auftreten. Um nun zwischen den einzelnen Gliedern jeder Gruppe und den verschiedenen Zustandsformen jedes einzelnen Gliedes zu unterscheiden, können zwei verschiedene Verfahren angewandt werden. Entweder können die Hauptgruppen weiter unterteilt werden, oder die Gruppenbezeichnung kann durch Zahlenwerte ergänzt werden, welche die entsprechenden bodenphysikalischen Eigenschaften angeben.

Das erste dieser beiden Verfahren ist für die Klassifizierung der Erdstoffe innerhalb geographisch begrenzter Gebiete brauchbar, weil die Anzahl der verschiedenen Bodenarten und Zustandsformen in solchen Gebieten im allgemeinen ziemlich begrenzt ist. Infolgedessen wird dieses Verfahren im großen Umfang von örtlichen Bauverwaltungen, wie z.B. den staatlichen Straßenbauverwaltungen angewandt, für die es Vorteile bietet. Jedoch haben alle Versuche, ein ähnliches Verfahren zum Aufstellen eines allgemeinen Systems für die Bodeneinteilung zu verwenden, nur geringe Aussicht auf Erfolg, weil die erforderliche Terminologie unvermeidlich so umständlich würde, daß dies letzten Endes zu Verwirrungen führen würde.

Dagegen kann das zweite Verfahren bei allen Verhältnissen vorteilhaft angewandt werden, sofern man diejenigen bodenphysikalischen Eigenschaften auswählt, die kennzeichnend für den Charakter des Erdstoffs sind. Die Eigenschaften, die für eine ausreichende Beschreibung der verschiedenen Bodenarten festgestellt werden müssen, sind in Tab. 5 zusammengestellt. Die in dieser Tabelle aufgeführten Bodenarten sind in Abschn. 2 beschrieben worden, wo auch alle Angaben gemacht wurden, die für eine wenigstens gefühlsmäßige Klassifizierung der Bodenart benötigt werden. Nachdem die Bodenart festgestellt worden ist, führt man nach Tab. 5 alle die für diese Bodenart vorgeschriebenen bodenphysikalischen Untersuchungen durch. Die Untersuchungsergebnisse stellen die Kriterien für die Unterscheidung der verschiedenen Erdstoffe der gleichen Art dar.

Mit Ausnahme von Geschiebemergel, Hardpan und Torf bestehen alle in Tab. 5 aufgeführten Bodenarten entweder ausschließlich aus groben Körnern wie beispielsweise Sand und Kies oder ausschließlich aus feinen Teilchen von der Größe der Schluff- oder Tonteilchen. Erdstoffe, die aus einem Gemisch dieser Bestandteile bestehen, werden als Bodengemische betrachtet. Um einen Mischboden beschreiben zu können, ist es vor allem

Tabelle 5. Die für das Erkennen der Bodenarten erforderlichen Feststellungen

Bodenart	Allgemeine Beschaffenheit						Bodenphysikalische Untersuchungen: ungestörte Proben[1]						Bodenphysikalische Untersuchungen: gestörte Proben						
	Farbe	Geruch[2]	Textur[3]	Veränderung d. Schüttelversuch[4]	Eigenschaften der Körner[5]	Festigkeit i. Trockenzustand[6]	Porenziffer ε[7]	Wassergehalt w	Raumgewicht γ	Trockenraumgewicht γ_t	Zylinderdruckfestigkeit q_u	Sensitivität S[8]	Porenziffer ε_0[9]	Porenziffer ε_d[10]	Fließgrenze w_f[11]	Ausrollgrenze w_a[12]	Trockenraumgewicht γ_t	Kornzusammensetzung[13]	Kalkgehalt[14]
Hardpan[15]	+	−	+	−	+	−	−	−	+	−	−	−	−	−	−	−	−	−	−
Sand, Kies	+	−	−	−	+	−	+	−	−	−	−	−	+	+	−	−	−	+	−
anorganischer Schluff	+	−	+	+	−	+	−	+	+	+	+	+	−	−	+	+	+	+	+
organischer Schluff	+	+	+	+	−	+	−	+	+	+	+	+	−	−	+	+	+	+	+
Ton	+	−	+	−	−	+	−	+	+	+	+	+	−	−	+	+	+	−	+
organischer Ton	+	+	+	−	−	+	−	+	+	+	+	+	−	−	+	+	+	−	+
Torf	+	+	+	−	+	−	−	−	+	+	−	−	−	−	−	−	−	−	−
Geschiebemergel, -lehm	+	−	−	−	+	−	+	+	+	−	−	−	+	+	−	−	−	+	−
Tuff, feinkörnig	+	−	+	−	−	+	−	−	+	+	+	+	−	−	+	+	+	+	−
Löß[16]	+	−	+	+	−	+	+	+	+	+	+	−	+	+	+	+	+	+	+
Lößlehm	+	−	+	+	−	+	+	+	+	+	+	−	+	+	+	+	+	+	+
Adobe	+	−	+	+	−	+	+	+	+	+	+	−	+	+	+	+	+	+	+
Mergel	+	−	+	+	−	+	−	+	+	+	+	+	−	−	+	+	+	+	+
Seekreide	+	−	+	+	−	+	−	+	+	+	+	+	−	−	+	+	+	+	+
Gumbo	+	−	+	−	−	+	−	+	+	+	+	+	−	−	+	+	+	+	+

[1] Wenn keine ungestörten oder mit Entnahmerohren entnommene Bodenproben vorliegen, verwende feste Stücke aus der Bohrschappe (s. Abschn. 44).

[2] Wenn der Geruch nur schwach wahrnehmbar ist, erhitze die Proben leicht. Hierdurch wird er verstärkt.

[3] Beschreibe das Aussehen der frischen Bruchfläche einer ungestörten Probe (rauh, stumpf, glatt, glänzend). Zerreibe dann eine kleine Bodenmenge zwischen den Fingern und beschreibe, wie sie sich anfühlt (mehlig, geschmeidig, griesig, rauh). Wenn große Proben leicht in kleine Stücke zerbrechen, beschreibe das Aussehen der Bruchflächen (stumpf, glänzende Rutschharnische) und die durchschnittliche Rißbreite.

[4] Führe den Schüttelversuch nach Abschn. 2 aus und beschreibe das Ergebnis (die Probenoberfläche wird deutlich, schwach oder nicht glänzend).

[5] Beschreibe die Form (eckig, spitz, kantengerundet, abgerundet, rund) und die mineralogische Beschaffenheit der makroskopischen Bodenteilchen. Zur mineralogischen Beschaffenheit gehören Gesteinsart und Mineralbestandteile, soweit sie durch Betrachten mit einer Lupe erkannt werden können. Beschreibe die Gesteinsstücke (frisch, angewittert, zersetzt, hart oder bröcklig). Wenn ein Sand Glimmer enthält, vermerke den Glimmergehalt (schwach, mäßig, glimmerreich). Bei Torf bezieht sich der Ausdruck „Korneigenschaften“ auf die Art und den Erhaltungszustand der vorherrschenden erkennbaren Pflanzenrückstände wie z. B. Stengel, Zweige oder Blätter.

[6] Zerdrücke ein trockenes Stück zwischen den Fingern und beschreibe die Festigkeit (sehr gering, gering, mittel, groß, sehr groß).

[7] Wenn keine ungestörten Proben vorliegen, führe die Ergebnisse von Sondenversuchen oder dgl. (Abschn. 44) an.

erforderlich, die natürliche Porenziffer ε, den natürlichen Wassergehalt w und die Kornzusammensetzung zu bestimmen. Der Boden wird dann in zwei Teile geteilt, der eine umfaßt alle Körner größer als etwa 0,1 mm und der andere den Rest. Die grobe Fraktion wird den für Sand und Kies vorgeschriebenen bodenphysikalischen Untersuchungen unterzogen, der Rest denjenigen für Schluffe und Tone.

Wenn die bei einem bestimmten Bauvorhaben angetroffenen Bodenarten anderen als den in Tab. 5 enthaltenen Untersuchungen unterworfen werden, sollten die wichtigsten Ergebnisse derselben in den Bericht aufgenommen werden. Da Bodenschichten selten homogen sind, kann selbst eine anscheinend homogene Bodenschicht nicht als ausreichend beschrieben gelten, wenn nicht die bodenphysikalischen Kennzahlen mehrerer Proben aus dieser Schicht ermittelt sind. Der Bericht sollte ferner auch eine kurze Zusammenfassung von allem, was über die geologische Geschichte der Schicht in Erfahrung gebracht werden konnte, enthalten.

Heute unterhalten die meisten großen Bauverwaltungen und Bauorganisationen, wie z.B. das Corps of Engineers der Armee der USA, das United States Bureau of Reclamation und viele Straßenbau- und Wasserbauverwaltungen in allen Ländern der Erde Erdbaulaboratorien, in welchen die Klassifizierungsuntersuchungen als Routinearbeit durchgeführt werden. Die Ergebnisse dieser Untersuchungen sind jedoch von so großer praktischer Bedeutung, daß diese auch von jedem Ingenieur, der mit Böden zu tun hat, durchgeführt werden sollten. Die Ausführung der Versuche fördert sein Verständnis für die vielfältigen Eigenschaften der Erdstoffe, mit denen er zu tun hat, und die Versuchsergebnisse erhöhen den Wert seiner Baustellenberichte wesentlich.

Nachdem ein Ingenieur mehrere Dutzend Bodenproben von einer Baustelle selbst untersucht hat, wird er in der Regel feststellen, daß er

---

[8] Nur bei Tonen und feinen Schluffen, falls der natürliche Wassergehalt höher als die Ausrollgrenze ist.

[9] Führe Versuche nach Abschn. 7 durch.

[10] Ermittlung mit Hilfe des Proctor-Versuches nach Abschn. 50.

[11] Wenn der Boden organische Beimengungen enthalten kann, bestimme w_l zuerst im frischen Zustand und anschließend nach Ofentrocknung bei 105 °C.

[12] Stelle zusätzlich zum Zahlenwert von w_{fa} fest, ob die Rollen zäh, fest oder weich waren.

[13] Stelle die Ergebnisse entweder als Diagramm im halblogarithmischen Maßstab dar oder durch Zahlenwerte für d_{10} und $U = d_{60}/d_{10}$ (Abschn. 6), die durch Angaben über die Art des Verlaufes der Kornverteilungslinie zu ergänzen sind (Abb. 4).

[14] Der Kalkgehalt kann durch Betropfen des trockenen Materials mit Salzsäure festgestellt werden. Beschreibe das Versuchsergebnis (starkes, schwaches oder kein Aufbrausen).

[15] Ergänze die Angaben über die Textur durch die Beschreibung des allgemeinen Aussehens, der Struktur, der Größe der Kohäsion im frischen Zustand und nach Lagerung von Stücken in Wasser.

[16] Ergänze die Angaben über die Textur durch die Beschreibung des makroskopischen Aussehens des Lößes, wie Durchmesser und Abstand der Wurzellöcher.

die bodenphysikalischen Eigenschaften der meisten Erdstoffe dieser Baustelle ohne irgendwelche Versuche einschätzen kann. Er wird auch die Fähigkeit erwerben, verschiedene Bodenarten oder verschiedene Zustandsformen desselben Erdstoffs zu unterscheiden, die er vorher als identisch angesehen hat.

Jeder Ingenieur sollte sich angewöhnen, seine Beurteilung der Plastizität und der Kornzusammensetzung der Erdstoffe, mit denen er zu tun hat, durch Zahlenwerte statt durch Beschreibungen auszudrücken. Die Kornabstufung eines Sandes sollte durch den geschätzten Wert für die Ungleichförmigkeit $U = d_{60} : d_{10}$ nach Abschn. 6 und nicht durch die Worte „gut abgestuft" oder „gleichkörnig" gekennzeichnet werden. Die Plastizität sollte durch den geschätzten Wert für die Plastizitätszahl w_{fa} nach Abschn. 8 angegeben werden und nicht durch Worte „schwach" oder „hochplastisch". Diese Gewohnheit ist so wichtig, daß sie schon durch den Dozenten im Hörsaal gefordert werden sollte. Die Verwendung von Zahlenwerten verhindert Mißverständnisse und ist ein Anreiz, von Zeit zu Zeit den Genauigkeitsgrad der Schätzungen zu überprüfen. Ohne gelegentliche Versuche zur Überprüfung kann sich unbemerkt eine allmähliche Verschlechterung des Schätzvermögens einstellen.

II. Hydraulische und mechanische Eigenschaften der Erdstoffe

10. Die Bedeutung der hydraulischen und mechanischen Eigenschaften der Erdstoffe

Im vorigen Kapitel haben wir die bodenphysikalischen Kennzahlen der Erdstoffe behandelt. Da diese Kennzahlen den allgemeinen Charakter eines bestimmten Erdstoffs wiedergeben, kann mit ihrer Hilfe festgestellt werden, bis zu welchem Grad Erdstoffe von verschiedenen Bau- oder Entnahmestellen einander gleichen. Außerdem bilden sie die Grundlage für Berichte über die bei der Bauausführung gewonnenen Erfahrungen und für die Auswertung dieser Erfahrungen bei späteren Bauaufgaben.

Es ist nachdrücklich betont worden, daß der Grund- und Erdbau sich vorwiegend auf Erfahrungen gründet. Es muß jedoch ebenso nachdrücklich darauf hingewiesen werden, daß das Bauwesen sich ganz allgemein erst dann aus dem Zustand eines relativen Stillstandes weiterentwickelt hat, als der angesammelte Schatz von Erfahrungen durch die angewandte Wissenschaft fruchtbar gemacht wurde. Es war die Aufgabe der Wissenschaft, die Beziehungen zwischen den Erscheinungen und ihren Ursachen aufzudecken.

Um diese Beziehungen auf dem Gebiet des Grund- und Erdbaues festzustellen, war es notwendig gewesen, die physikalischen Eigenschaften der verschiedenen Bodenarten zu untersuchen; genau wie es im konstruktiven Bauwesen notwendig war, die Eigenschaften von Stahl und Beton zu untersuchen. Ein bestimmter Stahl oder Beton ist für die meisten praktischen Zwecke ausreichend beschrieben, wenn seine Festigkeit und sein Elastizitätsmodul bekannt sind. Dagegen können praktische Probleme, in welchen die Erdstoffe eine Rolle spielen, die Untersuchung einer Vielzahl von bodenphysikalischen Eigenschaften erfordern. Die wichtigsten derselben sind die Durchlässigkeit, die Zusammendrückbarkeit, der Widerstand gegen Ausfließen und Abscheren und die Spannungs-Formänderungsbeziehungen. In den folgenden Abschnitten werden diese Eigenschaften im einzelnen behandelt.

11. Durchlässigkeit der Erdstoffe

Einleitung. Ein Material wird als durchlässig bezeichnet, wenn es zusammenhängende Poren enthält. Da solche Poren in allen Erdstoffen, auch in den festesten Tonen und in allen nichtmetallischen Baustoffen, einschließlich des gesunden Granits und des reinen Zements enthalten sind, sind diese Materialien ausnahmslos durchlässig. Weiterhin gehorcht die Wasserströmung durch alle diese Stoffe annähernd denselben Gesetzen. Tatsächlich besteht der Unterschied zwischen der Wasserströmung durch reinen Sand und derjenigen durch gesunden Granit fast nur in der Größenordnung.

Die Durchlässigkeit der Bodenarten hat einen entscheidenden Einfluß auf die Kosten und den Schwierigkeitsgrad vieler Bauarbeiten, beispielsweise beim Aushub von Baugruben in wasserführenden Sanden oder auf die Geschwindigkeit, mit der eine weiche Tonschicht unter der Wirkung des Gewichtes einer überlagernden Aufschüttung konsolidiert. Selbst die Durchlässigkeit von dichtem Beton oder Fels kann weittragende praktische Folgen haben, weil Wasser einen Druck auf das durchsickerte poröse Material ausübt. Dieser Druck, der als *Sickerströmungsdruck* bezeichnet wird, kann sehr hoch sein. Die irrtümliche, aber weit verbreitete Ansicht, daß fetter Ton und dichter Beton undurchlässig seien, ist darauf zurückzuführen, daß im allgemeinen die gesamte Wassermenge, welche diese Stoffe in Richtung auf eine freie Oberfläche durchsickert, selbst in einer sehr feuchten Atmosphäre verdunstet. Infolgedessen scheint die Oberfläche trocken zu sein. Da die mechanischen Wirkungen der Durchsickerung jedoch vollkommen unabhängig von der Sickergeschwindigkeit sind, kann aus dem Fehlen eines sichtbaren Wasseraustrittes nicht darauf geschlossen werden, daß kein Strömungsdruck vorhanden sei. Eindeutige Beweise für diese Tatsache sind bei Ausschachtungen in feinen Mehlsanden zu erkennen. Die Durchlässigkeit dieses Materials ist sehr gering. Eine geringe Änderung der Druckverhältnisse im Porenwasser kann jedoch genügen, um große Mengen des Materials in einen halbflüssigen Zustand zu überführen.

Definitionen und das Darcysche Gesetz. Wenn Wasser durch ein durchlässiges Material sickert, bewegen sich die einzelnen Wasserteilchen auf Wegen, die unregelmäßig verlaufen, aber doch nur wenig von glatten Kurven abweichen, die als *Stromlinien* bezeichnet werden. Sind benachbarte Stromlinien gerade und parallel, wird die Strömung *linear* genannt.

Die hydraulischen Gesetze für eine lineare Strömung sind in Abb. 11 erläutert. In dieser Zeichnung stellen die Punkte a und b die Endpunkte einer Stromlinie dar. An jedem Punkt ist ein Standrohr, auch Piezometer genannt, angebracht worden, um die Höhe anzuzeigen, bis zu der das Wasser an diesen Punkten steigt. Der Wasserspiegel im Rohr bei Punkt b ist der *Standrohrspiegel* bei b und der vertikale Abstand von diesem Spiegel bis zum Punkt b ist die *Standrohrspiegelhöhe* bei b. Der vertikale Abstand zwischen den Punkten a und b ist der *Ortshöhenunterschied* h_0. Wenn in diesem hydraulischen System das Wasser in den Standrohren bei a und b auf derselben Höhe steht, befindet sich das System im Ruhezustand, ganz gleich, wie groß der Ortshöhenunterschied ist. Ein Strömen kann nur eintreten, wenn die Standrohrspiegel bei a und b sich um die Größe h unterscheiden, der *hydraulischen Druckhöhe* bei a in Bezug auf b. Der Abstand h wird auch als *hydraulischer Druckhöhenunterschied* zwischen a und b bezeichnet. Es ist zu beachten, daß der hydraulische Druckhöhenunterschied nur dann gleich dem Unterschied der Standrohrspiegelhöhen bei a und b ist, wenn der Ortshöhenunterschied h_0 gleich Null ist.

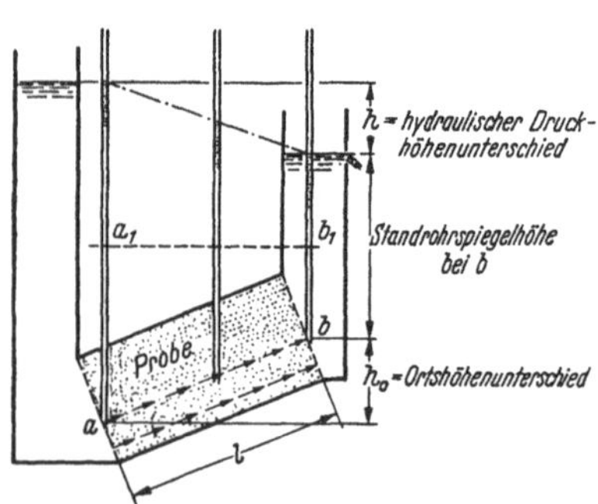

Abb. 11. Bedeutung des hydraulischen Druckhöhenunterschiedes und der Standrohrspiegelhöhe bei linearer Strömung des Wassers durch Bodenproben

In Abb. 11 sind a_1 und b_1 zwei beliebige, in gleicher Höhe befindliche Punkte innerhalb der in a bzw. b errichteten Standrohre. Da das Raumgewicht des Wassers γ_w (g/cm³) ist, ist der hydrostatische Druck bei a_1 um den Betrag $\gamma_w h$ größer als bei b_1. Die Differenz $\gamma_w h$ zwischen dem hydrostatischen Druck zweier in gleicher Höhe befindlichen Punkte wird als *hydrostatischer Überdruck* bezeichnet. Er ist derjenige Druck, der das Wasser durch den Boden zwischen den Punkten a und b preßt.

Der Quotient

$$i_p = \gamma_w \frac{h}{l} = \frac{u}{l}, \tag{11.1}$$

in dem u der hydrostatische Überdruck ist, stellt das *Druckgefälle* in g/cm³ zwischen den Punkten a und b dar.

Der Quotient

$$i = \frac{i_p}{\gamma_w} = \frac{1}{\gamma_w} \frac{u}{l} = \frac{h}{l} \tag{11.2}$$

ist das *hydraulische Gefälle*. Es ist eine dimensionslose Zahl.

Die *Filtergeschwindigkeit* v ist als diejenige Wassermenge definiert, die in der Zeiteinheit durch die Flächeneinheit eines senkrecht zu den Stromlinien liegenden Schnittes strömt. In einem ideal isotropen, porösen Material ist der Porenanteil in einem ebenen Schnitt gleich dem Porenvolumen n. Deshalb ist die mittlere Geschwindigkeit v_s mit welcher sich das Wasser durch die Poren des Materials bewegt, gleich der Filtergeschwindigkeit dividiert durch das Porenvolumen. Die Größe v_s stellt die *Sickergeschwindigkeit* dar. Wenn der Ausdruck „Geschwindigkeit" ohne nähere Erläuterung in Verbindung mit der Durchlässigkeit verwendet wird, bezieht er sich immer auf die Filtergeschwindigkeit und nicht auf die Sickergeschwindigkeit.

Wenn Wasser durch wassergesättigten Feinsand oder andere feinkörnige, wassergesättigte Erdstoffe strömt, ohne die Struktur des Bodens zu verändern, kann die Filtergeschwindigkeit ziemlich genau durch die Gleichung ausgedrückt werden:

$$v = \frac{K}{\eta} i_p, \tag{11.3}$$

worin η gsek/cm² die Zähigkeit oder Viskosität des Wassers und K eine empirische Konstante bedeutet, die als *physikalischer Durchlässigkeitsbeiwert* bezeichnet wird. Die Zähigkeit des Wassers nimmt mit zunehmender Temperatur ab, wie in Abb. 12 dargestellt ist. Der Wert K (cm²) ist für jedes durchlässige Material mit bestimmtem Porenvolumen und gleicher Form und Größe der Poren eine Konstante, er ist ferner unabhängig von den physikalischen Eigenschaften der Sickerflüssigkeit. Aus den Gl. (11.2) und (11.3) erhalten wir für die Filtergeschwindigkeit

$$v = \frac{K}{\eta} \gamma_w i \tag{11.4}$$

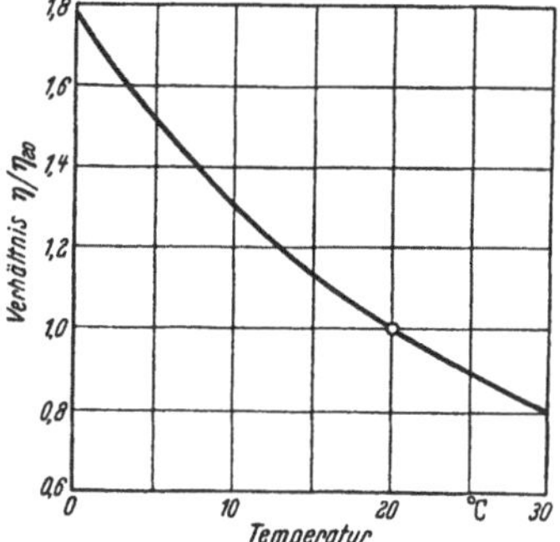

Abb. 12. Abhängigkeit der Viskosität des Wassers von der Temperatur

Im Bauwesen hat man es bei Problemen, die Sickerströmungen betreffen, fast ausschließlich mit dem Strömen des Grundwassers in geringeren Tiefen unter der Geländeoberfläche und mit Sickerverlusten aus Staudämmen zu tun. Die Temperatur des Sickerwassers schwankt so wenig, daß das Raumgewicht γ_w praktisch konstant ist und außerdem schwankt die

Viskosität η in ziemlich engen Grenzen. Es ist deshalb üblich in Gl. (11.4) den Wert einzuführen:

$$k = K \frac{\gamma_w}{\eta}, \tag{11.5}$$

womit

$$v = k\,i. \tag{11.6}$$

Der Wert k wird im Bauwesen allgemein als *Durchlässigkeitsbeiwert* bezeichnet. Wie Gl. (11.5) zeigt, ist k jedoch im exakten Sinne keine Konstante. Die Gl. (11.6) ist allgemein als das *Darcysche Gesetz* bekannt (Darcy 1856).

Es muß betont werden, daß die Durchlässigkeitseigenschaften eines porösen Materials durch K (cm^2) wiedergegeben werden und nicht durch k (cm/sek). Der Wert K ist unabhängig von den Eigenschaften der Flüssigkeit, während k nicht nur von den Eigenschaften des durchlässigen Stoffes, sondern auch von denjenigen der Flüssigkeit abhängt. Die Verwendung von k in diesem Buch und allgemein im Bauwesen ist nur durch die Gepflogenheit gerechtfertigt.

Die Porengänge, durch welche sich die Wasserteilchen in einem Bodenkörper bewegen, haben einen veränderlichen und unregelmäßigen Querschnitt. Infolgedessen ist die tatsächliche Fließgeschwindigkeit außerordentlich unterschiedlich. Die mittlere Wassermenge, die durch diese Porengänge fließt, wird jedoch von denselben Gesetzen bestimmt, die auch für die Wassermenge gelten, welche durch gerade Kapillarröhrchen von einheitlichem Querschnitt fließt. Wenn der Querschnitt des Rohres rund ist, nimmt die Fließgeschwindigkeit nach dem Gesetz von Poiseuille mit dem Quadrat des Rohrdurchmessers zu. Da der mittlere Porendurchmesser im Boden bei einem bestimmten Porenvolumen praktisch proportional mit dem Korndurchmesser d zunimmt, gilt nach dem Poiseuilleschen Gesetz für k auch

$$k = \text{const} \times d^2.$$

Allen Hazen leitete aus seinen Versuchen mit lockeren Filtersanden großer Gleichkörnigkeit (Ungleichförmigkeitsgrad kleiner als 2) die empirische Gleichung

$$k\,(\text{cm/sek}) = C_1\, d_{10}^2 \tag{11.7}$$

ab, in der d_{10} die wirksame Korngröße in cm ist (vgl. Abschn. 6) und C_1 (1/cm sek) zwischen etwa 100 und 150 schwankt. Es ist zu beachten, daß Gl. (11.7) nur bei ziemlich gleichkörnigen, locker gelagerten Sanden angewandt werden darf.

Beziehung zwischen Porenziffer und Durchlässigkeit. Wenn ein Erdstoff zusammengedrückt oder eingerüttelt wird, bleibt das von seinen festen Bestandteilen eingenommene Volumen praktisch unverändert, dagegen nimmt das Volumen der Poren ab. Infolgedessen nimmt die Durchlässigkeit des Erdstoffs ebenfalls ab. Der Einfluß der Porenziffer auf die Durchlässigkeit ist in Abb. 13 dargelegt. In diesem Diagramm ist auf der Abszisse die Porenziffer aufgetragen, auf der Ordinate das Verhältnis $k/k_{0,85}$ zwischen dem Durchlässigkeitsbeiwert des Erdstoffs bei einer beliebigen Porenziffer ε und demjenigen desselben Bodens bei der Porenziffer 0,85. Die schwach gekrümmte Kurve zeigt die Abhängigkeit zwischen ε und $k/k_{0,85}$ bei reinen Fein- oder Mittelsanden mit gedrungenen Körnern. Diese Beziehung kann ziemlich genau durch verschiedene einfache Gleichungen wiedergegeben werden, wie z.B. durch die unveröffentlichte Formel von A. CASAGRANDE

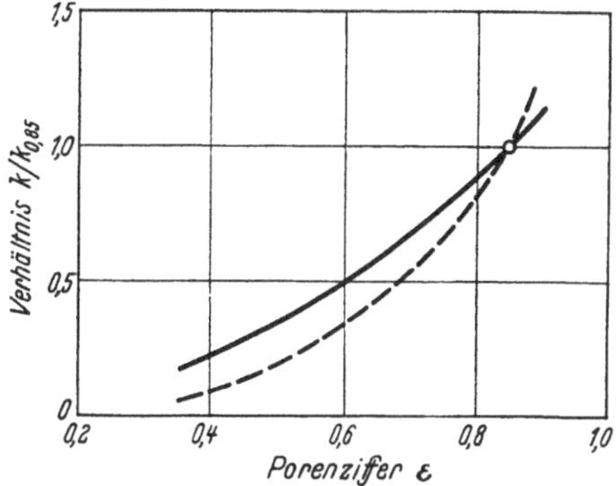

Abb. 13. Abhängigkeit der Durchlässigkeit von der Porenziffer bei gemischtkörnigem Sand (ausgezogene Kurve) und bei einem Erdstoff mit schuppenförmigen Bestandteilen (gestrichelte Kurve)

$$k = 1{,}4\, k_{0,85}\, \varepsilon^2 . \tag{11.8}$$

Nun werden bei Gründungsaufgaben nur selten reine Sande angetroffen. Wenn ein Sand einen hohen Prozentsatz von schuppenförmigen Teilchen, z.B. Glimmerschuppen enthält, ergibt sich zwischen ε und $k/k_{0,85}$ eine Beziehung, die der gestrichelten Kurve ähnlich ist. Feinkörnige Böden enthalten immer schuppenförmige Bestandteile, da ihr Anteil jedoch bei verschiedenen Erdstoffen unterschiedlich ist, weichen auch die entsprechenden ε-$k/k_{0,85}$-Kurven voneinander ab.

In einem Erdstoff, der Lufteinschlüsse enthält, nimmt die Größe der Luftblasen mit zunehmendem Wasserdruck ab. Infolgedessen nimmt der Durchlässigkeitsbeiwert eines solchen Erdstoffs mit zunehmender hydraulischer Druckhöhe zu. In Tonen mit Wurzellöchern oder offenen Rissen ist die Durchsickerung zumeist unsichtbar mit einer unterirdischen Ausspülung verbunden. Die losgespülten Teilchen verstopfen nach und nach die engsten Stellen der Wasserwege, wodurch der Durchlässigkeitsbeiwert auf einen Bruchteil seines ursprünglichen Wertes zurückgeht. Infolgedessen gilt das DARCYsche Gesetz nur dann, wenn Volumen und Form der Wasserwege von Druck und Zeit unabhängig sind.

Durchlässigkeitsversuche. Die wichtigsten Geräte zur Bestimmung des Durchlässigkeitsbeiwertes von Bodenproben sind in Abb. 14 dargestellt. Das Durchlässigkeitsgerät mit konstantem Druckhöhenunterschied (a und

b) ist für sehr durchlässige Erdstoffe geeignet und das Durchlässigkeitsgerät mit abnehmendem Druckhöhenunterschied (c) für wenig durchlässige. Bei der Durchführung eines Versuches mit einem dieser Geräte wird ein hydraulisches Druckgefälle in der Probe erzeugt, damit Wasser durch die Bodenprobe strömt.

In dem in Abb. 14a dargestellten Durchlässigkeitsgerät wird der hydraulische Druckhöhenunterschied h konstant gehalten und die Durchflußmenge gemessen. In dem in Abb. 14c skizzierten Durchlässigkeitsgerät mit abnehmendem Druckhöhenunterschied fließt das Wasser aus dem engen Rohr R mit der Querschnittsfläche F_1 durch die Probe, die eine Querschnittsfläche F_2 hat, in den festen Behälter B. Der Durchlässigkeitsbeiwert k wird auf Grund der gemessenen Geschwindigkeit berechnet, mit welcher der Wasserspiegel im Rohr R sinkt, während der Wasserspiegel im Behälter B unverändert bleibt.

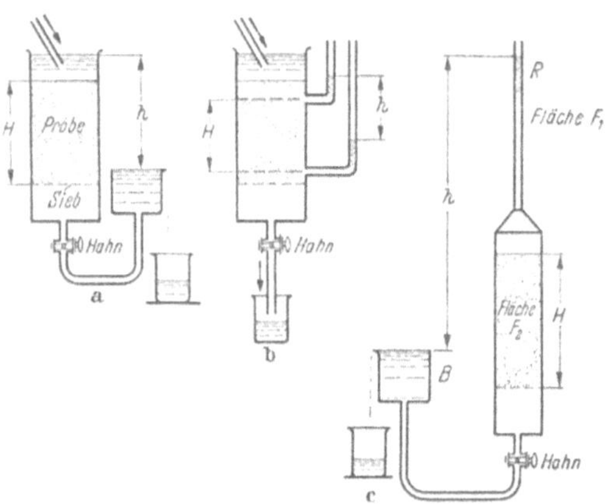

Abb. 14 a–c. Geräte zur Bestimmung der Durchlässigkeit. a) und b) mit konstanter Druckhöhe; c) mit abnehmender Druckhöhe

Die wichtigsten Fehlerquellen bei der Durchführung von Durchlässigkeitsversuchen sind die Bildung einer Filterhaut aus feinem Bodenmaterial auf der Oberfläche der Probe und die Absonderung von Luft in Form von Blasen im Boden. Beide Vorgänge vermindern die mittlere Durchlässigkeit der Proben. Der durch die Bildung einer Filterhaut entstehende Fehler kann dadurch ausgeschaltet werden, daß man den Druckhöhenverlust zwischen zwei Punkten im Innern der Probe mißt, wie in Abb. 14b dargestellt ist.

Die Größe des durch einen Durchlässigkeitsversuch bestimmten Durchlässigkeitsbeiwertes wird von der Temperatur beeinflußt, bei welcher der Versuch ausgeführt wird, weil k nach Gl. (11.5) eine Funktion des Raumgewichtes des Wassers γ_w und seiner Viskosität η ist. Beide Faktoren ändern sich mit der Temperatur. Da die Änderung von γ_w jedoch im Vergleich zu derjenigen von η vernachlässigt werden kann, können wir k für jede beliebige Temperatur T mit Hilfe der Gleichung

$$k = \frac{\eta_1}{\eta} k_1 \tag{11.9}$$

berechnen. In diesem aus Gl. (11.5) abgeleiteten Ausdruck, ist k_1 der der Versuchstemperatur entsprechende Durchlässigkeitsbeiwert und η_1 die zugehörige Viskosität. Es ist üblich, k für eine Einheitstemperatur von 20 °C anzugeben. In Abb. 12 stellen die Ordinaten den Quotienten der η-Werte in Abhängigkeit von den auf der Abszisse angegebenen Temperaturen dar.

Gl. (11.9) war unter der Annahme abgeleitet worden, daß der Viskositätsfaktor des Wassers unabhängig vom Porenvolumen ist und daß er sich mit der Temperatur nach dem durch die Kurve in Abb. 12 dargestellten Gesetz ändert. In Tonen scheint die Temperatur einen größeren Einfluß auf die Viskosität zu haben als in gröberen Erdstoffen. Außerdem scheint die mittlere Viskosität des Porenwassers im Ton mit kleiner werdender Porenweite zuzunehmen. Bei gleichem Porenvolumen scheint die mittlere Viskosität nach dem Durchkneten zeitweilig zuzunehmen, selbst wenn die Temperatur konstant gehalten wird. Diese Tatsachen schließen die Anwendung der Gl. (11.9) auf Tone und andere feinkörnige Erdstoffe aus, sie machen jedoch das DARCYsche Gesetz nach Gl. (11.6) nicht ungültig.

Wenn ein Ton bei unverändertem Wassergehalt durchgeknetet wird, wird sein Durchlässigkeitsbeiwert in der Regel von dem ursprünglichen Wert k auf einen kleineren k_r abnehmen. Für die meisten anorganischen Tone ist das Verhältnis k/k_r nicht größer als etwa 2. Für organische Tone und für Mergel mit einer Flockenstruktur kann es jedoch größer als 30 sein.

Für grobkörnige Erdstoffe mit annähernd kubischen Körnern wie z.B. Quarzsand, kann die Beziehung zwischen der Porenziffer ε und dem Durchlässigkeitsbeiwert k genügend genau durch eine einfache Gleichung, wie Gl. (11.8) oder durch eine einfache Kurve, wie die flache Kurve in Abb. 13 ausgedrückt werden. Es genügt daher, die Größe von k für einen beliebigen Wert von ε zu ermitteln. Die k-Werte für andere ε-Werte können mit Hilfe von Gl. (11.8) oder Abb. 13 aus dem Versuchsergebnis abgeleitet werden. Dagegen hängen die k-Werte für glimmerhaltige Sande und für praktisch alle feinkörnigen Erdstoffe, die in der Natur angetroffen werden, weitgehend von dem Gehalt an schuppigen Bestandteilen und von verschiedenen anderen Faktoren ab, die von der Porenziffer unbeeinflußt sind. Aus diesem Grund ist bereits darauf hingewiesen worden, daß die gestrichelte Kurve in Abb. 13 lediglich dazu dient, diese Abhängigkeit für solche Erdstoffe allgemein darzulegen und daß sie nicht als Grundlage für Berechnungen benutzt werden darf. Wenn also ein Erdstoff glimmerhaltig ist, oder wenn er feine oder sehr feine Teilchengrößen enthält, muß die Abhängigkeit der Durchlässigkeit von der Porenziffer mit Hilfe von Durchlässigkeitsversuchen an mindestens 3 Proben mit sehr unterschiedlichen Porenziffern festgestellt werden.

Tabelle 6. Durchlässigkeit und Entwässerbarkeit der Böden
(nach A. CASAGRANDE und R. E. FADUM) Durchlässigkeitsbeiwert k in cm/sek. (log. Maßstab)

<table>
<tr><th></th><th>10^{2} – 10^{1}</th><th>10^{1} – $1{,}0$</th><th>$1{,}0$ – 10^{-1}</th><th>10^{-1} – 10^{-2}</th><th>10^{-2} – 10^{-3}</th><th>10^{-3} – 10^{-4}</th><th>10^{-4} – 10^{-5}</th><th>10^{-5} – 10^{-6}</th><th>10^{-6} – 10^{-7}</th><th>10^{-7} – 10^{-8}</th><th>10^{-8} – 10^{-9}</th></tr>
<tr><td>Entwässerbarkeit</td><td colspan="6">gut</td><td colspan="2">schlecht</td><td colspan="3">praktisch undurchlässig</td></tr>
<tr><td rowspan="2">Bodenart</td><td colspan="2" rowspan="2">reine Kiese</td><td colspan="3">reine Sande, Gemische von reinen Sanden und Kiesen</td><td colspan="4">sehr feine Sande, organische und anorganische Schluffe, Gemische von sandigem Schluff und Ton, diluvialer Mehlsand, Bändertonschichten usw.</td><td colspan="2" rowspan="2">„undurchlässige“ Erdstoffe, z. B. homogene Tone unterhalb der Verwitterungszone</td></tr>
<tr><td></td><td colspan="5">durch Vegetation und Verwitterung veränderte „undurchlässige“ Erdstoffe</td></tr>
<tr><td rowspan="2">Unmittelbare Bestimmung von k</td><td colspan="6">unmittelbare Untersuchung des Bodens an Ort und Stelle – Pumpversuche. Zuverlässig bei sorgfältiger Ausführung. Reiche Erfahrung erforderlich.</td><td colspan="5"></td></tr>
<tr><td colspan="5">Durchlässigkeitsversuch mit gleichbleibendem Druckhöhenunterschied. Geringe Erfahrung erforderlich.</td><td colspan="6"></td></tr>
<tr><td rowspan="2">Mittelbare Bestimmung von k</td><td colspan="2"></td><td colspan="3">Durchlässigkeitsversuch mit kleiner werdendem Druckhöhenunterschied. Zuverlässig. Geringe Erfahrung erforderlich.</td><td colspan="3">Durchlässigkeitsversuch mit kleiner werdendem Druckhöhenunterschied. Große Erfahrung erforderlich.</td><td colspan="3">Durchlässigkeitsversuch mit kleiner werdendem Druckhöhenunterschied. Ziemlich zuverlässig. Reiche Erfahrung erforderlich.</td></tr>
<tr><td colspan="5">Berechnung aus der Kornzusammensetzung. Nur anwendbar bei reinen, kohäsionslosen Sanden und Kiesen.</td><td colspan="4"></td><td colspan="2">Berechnung aus den Ergebnissen von Kompressionsversuchen. Zuverlässig. Reiche Erfahrungen erforderlich.</td></tr>
</table>

Tab. 6 enthält Angaben über die Größenordnung der Durchlässigkeitsbeiwerte für die verschiedenen Bodenarten und über die zweckmäßigsten Verfahren für die Durchführung von Durchlässigkeitsversuchen bei diesen Erdstoffen.

Die Durchlässigkeit geschichteter Bodenmassen. Natürlich abgelagerte Böden bestehen meist aus Schichten, die unterschiedlich durchlässig sind. Um den mittleren Durchlässigkeitsbeiwert solcher Ablagerungen zu bestimmen, müssen repräsentative Proben aus jeder dieser Schichten entnommen und untersucht werden. Wenn die Durchlässigkeitsbeiwerte k für die einzelnen Schichten bekannt sind, kann der Mittelwert in folgender Weise berechnet werden. Es sei

$k_1, k_2 \ldots\ldots k_n$ = Durchlässigkeitsbeiwerte für die einzelnen Schichten,
$h_1, h_2 \ldots\ldots h_n$ = Dicke der entsprechenden Schichten,
$h = h_1 + h_2 + \ldots. h_n$ = Gesamtdicke.
k_{I} = mittlerer Durchlässigkeitsbeiwert parallel zu den Schichtflächen (im allgemeinen horizontal),
k_{II} = mittlerer Durchlässigkeitsbeiwert senkrecht zur Schichtung (im allgemeinen vertikal).

Wenn die Fließrichtung parallel zu den Schichtflächen verläuft, ist die mittlere Filtergeschwindigkeit v

$$v = k_{\mathrm{I}} i = \frac{1}{h}(v_1 h_1 + v_2 h_2 + \cdots v_n h_n) = \frac{1}{h}(k_1 i h_1 + k_2 i h_2 + \cdots k_n i h_n),$$

worin

$$k_{\mathrm{I}} = \frac{1}{h}(k_1 h_1 + k_2 h_2 + \cdots k_n h_n). \tag{11.10}$$

Für eine senkrecht zu den Schichtflächen gerichtete Strömung sei das hydraulische Gefälle quer durch die einzelnen Schichten mit $i_1, i_2 \ldots. i_n$ bezeichnet. Das hydraulische Gefälle quer durch das gesamte Schichtenpaket ist h_w/h, worin h_w gleich dem gesamten Verlust an Druckhöhe ist. Nach dem Kontinuitätsgesetz muß die Geschwindigkeit in jeder Schicht die gleiche sein. Daher ist

$$v = \frac{h_w}{h} k_{\mathrm{II}} = k_1 i_1 = k_2 i_2 = \cdots k_n i_n,$$

oder auch

$$h_w = h_1 i_1 + h_2 i_2 + \cdots h_n i_n,$$

durch Kombinationen beider Gleichungen erhalten wir

$$k_{\mathrm{II}} = \frac{h}{\frac{h_1}{k_1} + \frac{h_2}{k_2} + \cdots \frac{h_n}{k_n}}. \tag{11.11}$$

Es läßt sich theoretisch nachweisen, daß in jedem geschichteten Baugrund k_{II} kleiner sein muß als k_{I}.

Ausspülungen an Grenzschichten und ihre Verhütung. In vielen Fällen muß das aus dem Boden austretende Sickerwasser in Brunnen oder Gräben oder nach unterhalb der Fundamente liegenden Leitungen abgeleitet werden. Diese Entwässerungsmaßnahmen sind in Abschn. 21 behandelt. Brunnen bestehen gewöhnlich aus durchlöcherten Rohren und Dränleitungen aus durchlöcherten Rohren oder Rohrleitungen mit offenen Stößen. Der Zwischenraum zwischen dem natürlichen Boden und den Rohren wird mit grobkörnigem Material, der sog. Umschüttung ausgefüllt. Wenn die Poren des für die Umschüttung verwendeten Materials sehr viel größer als die kleinsten Körner des angrenzenden natürlichen Bodens sind, werden die feinsten Bodenteilchen leicht in die Hohlräume der Umschüttung eingespült, wo sie sich ablagern und allmählich den Wasserdurchtritt behindern. Wenn anderseits die Poren in der Umschüttung fast ebenso klein sind wie die des natürlichen Bodens, kann die Umschüttung in die Rohre eingespült und von dort weggespült werden.

Beide Vorgänge sind gleicherweise unerwünscht. Um sie zu verhindern, muß die Umschüttung aus einem Material mit Korngrößen bestehen, die bestimmten Forderungen genügen. Ein solches Korngemisch heißt *Filter*.

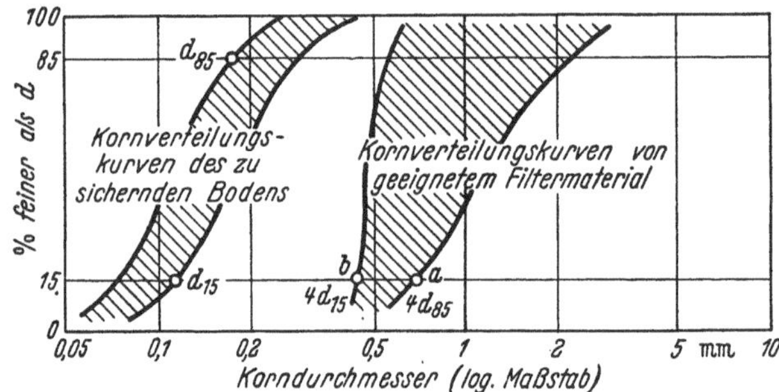

Abb. 15. Darstellung der Forderungen, die an die Kornzusammensetzung von Filtermaterialien gestellt werden müssen. Die gestrichelte linke Fläche enthält alle Kornverteilungskurven von Bodenschichten, die gegen Ausspülen geschützt werden sollen; die rechte Fläche gibt den Bereich an, in dem die Kurven für das Filtermaterial liegen müssen

Versuche haben ergeben, daß ein Material den wesentlichsten, an ein Filter zu stellenden Anforderungen entspricht, wenn seine bei 15% vertretene Korngröße d_{15} mindestens vier mal so groß ist, wie die mit 15% vertretene der gröbsten Bodenschicht, die an das Filter grenzt, und nicht mehr als viermal so groß, wie die bei 85% vertretene Korngröße d_{85} der feinkörnigsten benachbarten Bodenschicht. Diese Bedingungen sind in Abb. 15 zeichnerisch dargestellt. In dieser Abbildung schließt die rechte, gestrichelte Fläche die Kornverteilungskurven aller Bodenschichten ein, die an die Filterschicht grenzen. Nach den obigen Ausführungen genügt ein Material den an ein Filter zu stellenden Forderungen, wenn seine Kornverteilungskurven die horizontale 15%-Linie zwischen den Punkten *a* und *b* schneidet. Wenn das Filter sich bis über die Grenze zwischen den groben und den feinen Erdstoffen erstrecken muß, sollte es aus einem Gemisch von verschiedenen Körnungen zusammengesetzt werden.

Da es wünschenswert ist, den Verlust an hydraulischer Druckhöhe bei der Durchströmung des Filters auf das geringste, mit den Forderungen hinsichtlich der Korngrößen zu vereinbarende Maß zu beschränken, werden große Filter gewöhnlich aus mehreren Schichten aufgebaut. Jede dieser Schichten muß den in Abb. 15 dargestellten Bedingungen in Bezug auf die Nachbarschichten entsprechen. So zusammengesetzte Filter heißen *Stufenfilter*.

Jeder Wasseraustritt aus dem Baugrund an der Grenze zwischen einer groben und einer feinkörnigen Schicht kann ein Ausspülen des feineren Erdstoffs verursachen, sofern die Geschwindigkeit des ausströmenden Wassers groß ist. Das Ausspülen beginnt gewöhnlich mit der Bildung kleiner Quellen an verschiedenen Punkten entlang der Grenze, von wo in rückwärtige Richtung verlaufende, schlauchartige Hohlräume ausgehen, die bis zu der Fläche, wo das Wasser in den Boden eindringt, führen können. Dieser Vorgang wird *unterirdische rückschreitende Erosion* genannt. Sie ist eine der größten Gefahren für Staudämme und die Ursache für einige der folgenschwersten Dammbrüche (s. Abschn. 59). Da bei einer Erosion stets eine große Bodenmenge allmählich aus dem Damm ausgewaschen wird, kann sie durch die Anordnung eines Filters auf der Fläche, wo sich Quellen bilden können, wirksam verhindert werden.

Aufgaben

1. Eine Grobsandprobe von 15 cm Höhe und 5,5 cm Durchmesser wurde in einem Durchlässigkeitsgerät mit konstantem hydraulischem Überdruck untersucht. Das Wasser durchströmte den Boden 6,0 sek. lang unter einem hydraulischen Druck von 40 cm. Die Sickermenge wurde zu 400 g festgestellt. Wie groß war der Durchlässigkeitsbeiwert bei dem gegebenen Porenvolumen und der Versuchstemperatur?

Antwort: $k = 1{,}05$ cm/sek.

2. Eine Sandschicht besteht aus drei horizontalen Lagen gleicher Dicke. Der k-Wert für die obere und untere Lage beträgt $1 \cdot 10^{-4}$ cm/sek. und für die mittlere Schicht $1 \cdot 10^{-2}$ cm/sek. Wie groß ist das Verhältnis der mittleren Durchlässigkeit der Schicht in horizontaler Richtung zu der in vertikaler Richtung?

Antwort: $k = 23:1$.

3. Eine gemischtkörnige Sandprobe mit abgerundeten Körnern hat eine Porenziffer von 0,62 und einen Durchlässigkeitsbeiwert von $2{,}5 \cdot 10^{-2}$ cm/sek. Schätze den k-Wert für das gleiche Material bei einer Porenziffer von 0,73.

12. Wirksame und neutrale Spannungen und das kritische hydraulische Gefälle

Wirksame und neutrale Spannungen. Abb. 16a zeigt einen Querschnitt durch eine dünne Bodenschicht, welche die Grundfläche eines Gefäßes bedeckt. Wenn eine Belastung p pro Flächeneinheit auf der Oberfläche der Probe aufgebracht wird, z.B. durch Bleischrot, nimmt die Porenziffer des Bodens von ε_0 auf ε_1 ab. Der Druck p erzeugt auch eine Veränderung aller anderen mechanischen Eigenschaften des Bodens, wie beispielsweise seiner Scherfestigkeit. Er heißt deshalb *wirksamer oder effektiver* Druck, der in der Probe eine *wirksame Spannung* erzeugt, die mit σ_0 bezeichnet wird.

Wenn der Behälter anderseits bis zu einer solchen Höhe h_w mit Wasser gefüllt wird, daß $h_w = p/\gamma_w$, nimmt die Normalspannung in einem horizontalen Schnitt durch die Probe ebenfalls um einen Betrag zu, der gleich p ist. Trotzdem hat die Druckzunahme infolge des Wassergewichtes keinen meßbaren Einfluß auf die Porenziffer oder irgendeine andere mechanische Eigenschaft des Erdstoffs, wie beispielsweise die Scherfestigkeit. Deshalb wird der durch die Belastung hervorgerufene Druck als *neutrale Spannung* bezeichnet. Sie wird Null gesetzt, wenn sie gleich dem atmosphärischen Druck ist. Der neutrale Druck ist also gleich der Spiegelhöhe im Standrohr h_w mal dem Raumgewicht des Wassers γ_w oder als Gleichung:

$$p_w = h_w \gamma_w. \tag{12.1}$$

Neutrale Drücke werden durch das Porenwasser auf die Sohlfläche der Bodenschicht übertragen, während wirksame Drücke durch die Berührungspunkte zwischen den Körnern von Korn zu Korn übertragen werden. Aus diesen Darlegungen folgt, daß die gesamte Normalspannung σ in irgendeinem Punkt eines Schnittes durch einen wassergesättigten Erdstoff in zwei Teile zerlegt werden kann, in eine neutrale Spannung $p_w = h_w \gamma_w$ und in eine wirksame Spannung σ_0.

$$\sigma = \sigma_0 + p_w. \tag{12.2}$$

Dies ist eine der wichtigsten Gleichungen der Bodenmechanik.

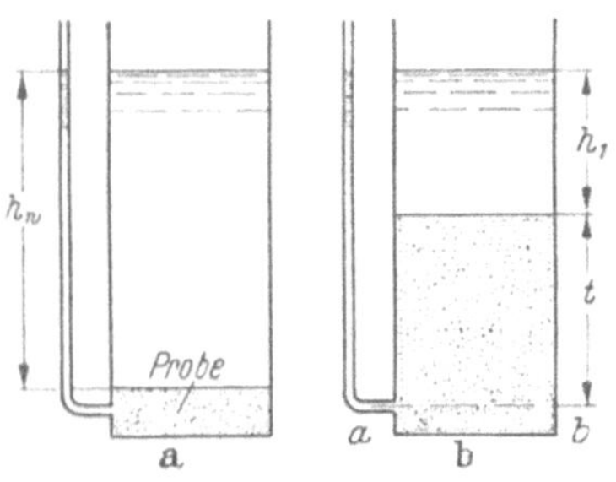

Abb. 16a. u. b. Versuchsanordnung zur Erläuterung des Unterschiedes zwischen wirksamer (effektiver) und neutraler Spannung

Der untere Teil des in Abb. 16b dargestellten Behälters sei mit wassergesättigtem Erdstoff mit dem Raumgewicht γ_g gefüllt. Das Wasser stehe bis zur Höhe h_1 über der Bodenoberfläche. Nachdem sich Gleichgewicht eingestellt hat, ist die Standrohrspiegelhöhe h_w in der Tiefe t gleich $h_1 + t$ und die neutrale Spannung

$$p_w = (h_1 + t)\gamma_w . \tag{12.3}$$

Der gesamte Normaldruck beträgt

$$\sigma = h_1 \gamma_w + t\gamma_g . \tag{12.4}$$

Infolgedessen ist der wirksame Druck in der Tiefe t

$$\sigma_0 = \sigma - p_w = h_1 \gamma_w + t\gamma_g - (h_1 + t)\gamma_w = t(\gamma_g - \gamma_w) = t\gamma_a , \tag{12.5}$$

hierin ist

$$\gamma_a = \gamma_g - \gamma_w . \tag{12.6}$$

Die Größe γ_a ist das *Raumgewicht des Bodens unter Auftrieb*. Es ist gleich der Differenz zwischen dem Raumgewicht γ_g des wassergesättigten Bodens und dem Raumgewicht des Wassers γ_w.

Das kritische hydraulische Gefälle. Bei der Ableitung von Gl. (12.5) wurde angenommen, daß das Porenwasser im Boden sich im Ruhezustand befindet. Wenn das Wasser dagegen durch die Poren fließt, muß Gl. (12.5)

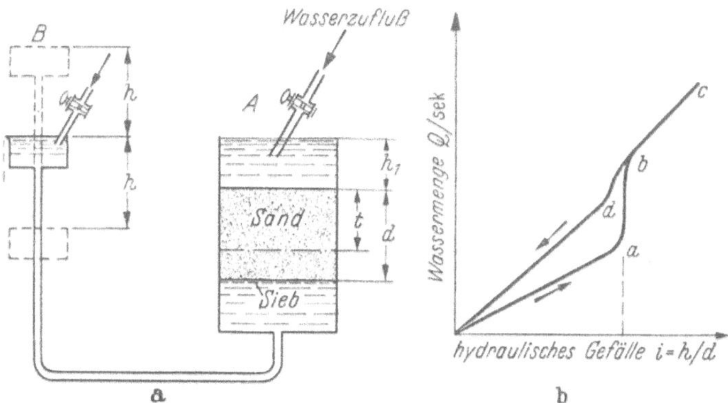

Abb. 17 a u. b. a) Versuchsanordnung zur Erläuterung der hydraulischen Verhältnisse beim Aufschwimmen des Sandes; b) Beziehung zwischen wachsendem hydraulischem Gefälle und der Wassermenge, die den Sand in dem in Abb. 17a dargestellten Gerät durchströmt

durch einen Ausdruck ersetzt werden, der das hydraulische Gefälle i enthält. Dies kann mit Hilfe eines Gerätes erläutert werden, das in Abb. 17a dargestellt ist. Das zylindrische Gefäß A enthält eine dichtgelagerte Sandschicht, die auf einem Sieb liegt. Die Dicke der Schicht sei d und der Rand des Gefäßes befinde sich im Abstand h_1 über der Oberfläche des Sandes. Der Raum unterhalb des Siebes sei durch ein Rohr mit dem Behälter B verbunden. Der Wasserspiegel wird in jedem Gefäß in Höhe des oberen Randes gehalten. Unabhängig von der Lage des Wasserspiegels im Behälter B bleibt der gesamte Normaldruck σ in einem horizontalen Schnitt in der Tiefe t unter der Sandoberfläche stets gleich dem Normaldruck σ nach Gl. (12.4). Der entsprechende wirksame Normaldruck σ_0 ist

$$\sigma_0 = \sigma - p_w .$$

Daraus folgt, daß, wenn die neutralen Drücke im Wasser um Δp_w ab- oder zunehmen, die wirksamen Drücke um denselben Betrag zu- oder abnehmen oder

$$\Delta \sigma_0 = -\Delta p_w . \tag{12.7}$$

Solange, wie der Wasserspiegel in beiden Behältern sich in derselben Höhe befindet, ist der wirksame Druck in der Tiefe t nach Gl. (12.5) $\sigma_0 = t \gamma_a$. Wenn der Behälter B um die Höhe h gesenkt wird, strömt Wasser von oben nach unten unter dem hydraulischen Gefälle $i = h/d$ durch die Sandschicht. Die neutrale Spannung wird in der Tiefe d um $h \gamma_w = i\, d\, \gamma_w$ vermindert und diejenige in irgendeiner anderen Tiefe t proportional um den Betrag $\Delta p_w = i\, t\, \gamma_w$. Der wirksame Druck wird um denselben Betrag erhöht.

Wenn anderseits der Behälter B um h gehoben wird, nimmt der neutrale Druck in der Tiefe t um $\Delta p_w = i\, t\, \gamma_w$ zu und der wirksame Druck verringert sich auf

$$\sigma_0 = t \gamma_a - i\, t\, \gamma_w . \tag{12.8}$$

Die Zunahme Δp_w des neutralen Druckes ist ausschließlich auf den Übergang des Porenwassers aus dem stationären in den fließenden Zustand zurückzuführen. Die entsprechende Änderung Δp_w des wirksamen Druckes im Sand wird als *Strömungsdruck* bezeichnet. Er wird durch die Reibung zwischen dem fließenden Wasser und den Porenwänden erzeugt und wirkt wie eine Zugkraft. Wenn die Wasserströmung abwärts gerichtet ist, zieht sie die Bodenteilchen nach unten und vergrößert dabei den effektiven Druck im Sand. Strömt das Wasser nach oben, sucht die Reibung zwischen dem Wasser und den Porenwänden die Bodenkörner anzuheben. Erreicht das hydraulische Gefälle nach Gl. (12.8) den Wert

$$i_{\text{krit}} = \frac{\gamma_a}{\gamma_w} , \tag{12.9}$$

wird der wirksame Druck in irgend einer Tiefe in der Sandschicht zu Null. Mit anderen Worten, der mittlere Strömungsdruck wird gleich dem Raumgewicht des Sandes unter Wasser. Dieser Wert i_{krit} ist das *kritische hydraulische Gefälle*.

Abb. 17b zeigt die mechanische Wirkung einer aufwärtsgerichteten Wasserströmung auf die Eigenschaften des Sandes. In diesem Diagramm ist auf der Abszisse das hydraulische Gefälle aufgetragen und auf der Ordinate die Sickerwassermenge Q in der Zeiteinheit. Die Kurve $Oabc$

gibt die Abhängigkeit der Sickerwassermenge vom hydraulischen Gefälle wieder, wenn das hydraulische Gefälle stetig zunimmt. So lange wie i kleiner als i_{krit} ist, nimmt die Sickerwassermenge entsprechend dem DARCYschen Gesetz nach Gl. (11.6) proportional zu i zu und der k-Wert bleibt konstant. Dies Ergebnis zeigt, daß die gegenseitige Lage der Sandkörner praktisch unverändert bleibt. In dem Augenblick jedoch, wo i gleich i_{krit} wird, nimmt die Sickerwassermenge plötzlich zu, wobei auch der Durchlässigkeitsbeiwert größer wird. Konnte ein Gewicht vorher auf der Sandoberfläche stehen, so versinkt es nun, als ob der Sand eine Flüssigkeit wäre. Bei einer weiteren Zunahme von i nimmt die Sickerwassermenge wieder direkt proportional zu i zu und der Durchlässigkeitsbeiwert behält den Wert, den er unmittelbar nachdem das hydraulische Gefälle den kritischen Wert überschritt, annahm. Die Abnahme der Sickerwassermenge infolge der Verringerung des hydraulischen Gefälles von einem Wert, der größer als i_{krit} ist, gibt die Linie $cbdO$ wieder. Sobald i annähernd gleich i_{krit} wird, nimmt die Durchlässigkeit ab und bleibt dann während jeder Verringerung von i konstant. Da die Linie bdO oberhalb der Linie Oab liegt, ist der zugehörige Durchlässigkeitsbeiwert größer als der ursprüngliche Wert. Diese Tatsache beweist, daß der durch den Sprung ab in der Linie Oab dargestellte Vorgang eine dauernde Verminderung der Lagerungsdichte des Sandes zur Folge hat.

Der durch den Sprung ab dargestellte Vorgang wird von einer heftigen und sichtbaren Bewegung der Sandteilchen begleitet. Infolgedessen wird er in der englischen und französischen Sprache gewöhnlich als „Kochen des Sandes" bezeichnet, während man in Deutschland von einem *Aufschwimmen* des Sandes spricht. Sand beginnt in jeder Baugrube aufzuschwimmen, wenn das Grundwasser zur Sohle der Grube mit einem hydraulischen Gefälle aufsteigt, das größer als der kritische Wert i_{krit} ist. Es ist oft angenommen worden, daß das Ausschwimmen nur in gewissen Sandarten auftritt, die als Schwimm-, Schwemm- oder Quicksande bekannt sind. Es soll nachdrücklich darauf hingewiesen werden, daß das Aufschwimmen in jedem Sand und selbst in Kies eintreten kann, sobald nur das hydraulische Gefälle gleich i_{krit} wird. Die Bezeichnungen Schwimm-, Schwemm- und Quicksand usw. sollten einer kleinen Gruppe sehr feiner und sehr lockerer Sande vorbehalten bleiben, die selbst dann zu fließen anfangen können, wenn das hydraulische Gefälle des Sickerwassers kleiner als der kritische Wert ist und selbst wenn kein erkennbarer äußerer Anlaß vorhanden ist. Das wenige, was über die Eigenschaften der wirklichen Schwimmsande bekannt ist, wird in Abschn. 17 behandelt.

Das Aufschwimmen von gewöhnlichem Sand kann durch die Anordnung eines belasteten Filters auf der Fläche, in der die Sickerströmung aus dem Untergrund austritt, verhindert werden. Ein sorgfältig entworfenes Filter hat fast keinen Einfluß auf die neutralen Spannungen im Boden. Infolgedessen dient sein gesamtes Gewicht dazu, die wirksamen Drücke zu vergrößern und die Sandteilchen in ihrer ursprünglichen Lage festzuhalten.

Literaturhinweise

[*12.1*] BERTRAM, G. E.: An Experimental Investigation of Protective Filters, Harvard University, Graduate School of Engineering, Soil Mechanics Series 7, Jan. 1940.

Aufgaben

1. Ein Sand besteht aus festen Bestandteilen mit einem spezifischen Gewicht von 2,60 g/cm³. Seine Porenziffer ist 0,572. Berechne die Raumgewichte des Sandes im trockenen und im wassergesättigten Zustand und vergleiche sie mit dem effektiven Raumgewicht des Sandes unter Wasser.

Antwort: $\gamma_t = 1{,}65\ \mathrm{t/m^3}$; $\gamma_g = 2{,}02\ \mathrm{t/m^3}$; $\gamma_e = 1{,}02\ \mathrm{t/m^3}$.

2. Der Wasserspiegel in einer tiefreichenden Schicht von sehr feinem Sand liegt 1,22 m unter der Geländeoberfläche. Oberhalb des Wasserspiegels ist der Sand kapillar gesättigt. Das Raumgewicht des wassergesättigten Sandes beträgt 2,03 t/m³. Wie groß ist der wirksame Vertikaldruck in einer horizontalen Ebene in 3,66 m Tiefe unter der Geländeoberfläche?

Antwort: 0,5 kg/cm².

3. Eine unter Wasser befindliche Tonschicht ist 15 m dick. Der mittlere Wassergehalt wurde bei aus der Schicht entnommenen Proben zu 54% und das spezifische Gewicht der Festmasse zu 2,78 g/cm³ festgestellt. Wie groß ist der wirksame Vertikaldruck infolge des Gewichtes des Tons an der unteren Schichtgrenze?

4. Das spezifische Gewicht der Festmasse eines Sandes ist 2,66 g/cm³, das Porenvolumen im lockeren Zustand 45% und im dichten Zustand 37%. Wie groß ist das kritische hydraulische Gefälle für diese beiden Lagerungsdichten?

Antwort: 0,91 und 1,05.

5. In einer Schicht aus steifplastischem, wassergesättigtem Ton mit einem Raumgewicht von 1,76 t/m³ wurde eine große Grube ausgehoben. Als die Ausschachtung eine Tiefe von 7,6 m erreichte, hob sich der Boden und brach nach und nach auf. Er wurde mit einem Wasser-Sandgemisch aus dem Untergrund überflutet. Nachträglich ausgeführte Bohrungen zeigten, daß der Ton von 11,3 m Tiefe ab von einer Sandschicht unterlagert wurde. Berechne die Höhe, bis zu der das Wasser aus der Sandschicht aufgestiegen wäre, wenn vor Beginn der Ausschachtung ein Bohrloch niedergebracht worden wäre.

Antwort: 6,51 m über die Oberfläche der Sandschicht.

13. Zusammendrückbarkeit seitlich eingeschlossener Bodenschichten

Einleitung. Liegt eine weiche Tonschicht unmittelbar unter den Fundamenten eines Bauwerkes, werden die Fundamente sich in der Regel erheblich setzen und vielleicht sogar in den Baugrund einbrechen. Wenn ungünstige Baugrundverhältnisse dieser Art jedoch rechtzeitig erkannt worden sind, können mögliche Gefahren im allgemeinen bei der Entwurfsbearbeitung vorausgesehen und Schwierigkeiten durch Gründungen auf Pfeilern oder Pfählen vermieden werden, welche die weiche Schicht bis zu einer darunter liegenden festen durchfahren.

Wenn anderseits eine dünne weiche Tonschicht unter einer dicken Sandschicht ansteht, sind die Folgen des Vorhandenseins der Tonschicht nicht so deutlich erkennbar. Viele Ingenieure glauben, daß die Setzungen eines Fundamentes hauptsächlich von den Eigenschaften des unmittelbar unter seiner Sohlfläche anstehenden Bodens abhängt. Wenn der weiche Ton mehr als 3 oder 4 m unter der Gründungssohle liegt, bleibt sein Vorhandensein gewöhnlich unbeachtet. Infolge der allmählichen Konsolidierung des Tons unter dem Bauwerksgewicht, setzt sich das Bauwerk jedoch in der Regel erheblich und ungleichmäßig, wie in Abschn. 54 dargelegt wird.

Da unerwartete Setzungen dieser Art relativ häufig eingetreten sind, hat die Frage der Zusammendrückbarkeit von seitlich eingeschlossenen Tonschichten in den letzten Jahrzehnten immer stärkere Beachtung gefunden, und es wurden Verfahren für die Berechnung oder überschlägliche Ermittlung der Größe und Verteilung der Setzungen entwickelt. Wenn festgestellt wird, daß die errechneten Setzungen das zulässige Maß überschreiten, wird der Entwurf für die Gründung umgeändert.

Die Adhäsion und die Reibung an den Grenzflächen seitlich eingeschlossener Tonschichten verhindern die Querstreckung der Schicht in den horizontalen Richtungen. Infolgedessen ist es möglich, alle Werte, die für die Berechnung der Setzungen infolge der Zusammendrückung seitlich eingeschlossener Tonschichten erforderlich sind, aus Kompressionsversuchen mit seitlich eingeschlossenen Proben zu erhalten.

Versuchsverfahren. Bei einem Kompressionsversuch mit verhinderter Seitendehnung befindet sich die Probe in einem Ring, wie in Abb. 18 dargestellt ist. Die Belastung wird auf die obere Deckfläche der Probe über eine steife Platte aufgebracht und die Zusammendrückung mit Meßuhren gemessen. Wenn der Boden wassergesättigt ist, wird die Probe zwischen zwei poröse Platten gelegt, die das Entweichen des Porenwassers während der Zusammendrückung ermöglichen.

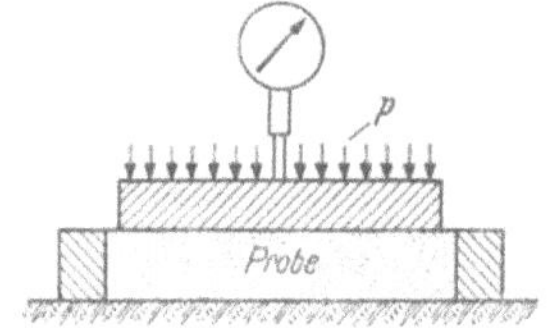

Abb. 18. Apparat zur Durchführung von Kompressionsversuchen mit Bodenproben bei verhinderter Seitendehnung

Die Versuchsergebnisse werden zeichnerisch dargestellt. Auf der vertikalen Achse wird die Porenziffer ε im linearen Maßstab aufgetragen. Wenn der Druck p auf der horizontalen Achse ebenfalls im linearen Maßstab dargestellt wird, bezeichnet man die sich ergebende Kurve als ε-p-Kurve. Wenn der Druck im logarithmischen Maßstab aufgetragen wird, ergibt sich eine ε-log p-Kurve. Da jedes Auftragsverfahren gewisse Vorteile besitzt, sollen beide Arten angewendet und gezeigt werden.

In Deutschland ist man übereingekommen, für praktische Aufgaben auf der vertikalen Achse nicht die Porenziffer, sondern die auf die Ausgangsprobenhöhe bezogene Zusammendrückung $\Delta h/h_0$ (in %) aufzutragen. Dadurch ändert sich selbstverständlich nichts am Verlauf der Kurven; das Ergebnis des Kompressionsversuches ist jedoch in der dem Bauingenieur aus der Materialprüfung gewohnten und anschaulichen Form der Spannungs-Formänderungskurve dargestellt, die als Druck-Setzungskurve bezeichnet wird [*13.3* u. *13.4*].

Es muß zwischen Erdstoffen im ungestörten Zustand und solchen, bei denen die natürliche Struktur durch Knetwirkungen zerstört worden ist (vgl. Abschn. 8) unterschieden werden. Die Teilchen der gestörten Erdstoffe sind durch einen Knetvorgang in ihre endgültige Lage gebracht worden, wobei entlang der Berührungspunkte Verschiebungen eingetreten sind, während diejenigen einer Sedimentschicht Korn an Korn abgelagert wurden. Diese zwei Vorgänge können zu sehr unterschiedlichen Strukturformen führen (s. Abschn. 17). Außerdem haben im Baugrund die Teilchen der meisten natürlichen Erdstoffe ihre gegenseitige Lage seit hunderten oder sogar tausenden von Jahren nicht verändert, während diejenigen eines durchgekneteten Erdstoffs oder eines Gesteinsstaubes, der durch Druck- oder Reibvorgänge entstanden ist, ihre endgültige Lage erst wenige Stunden oder Tage vor der Versuchsdurchführung erhalten haben. Eine Punktberührung von langer Dauer kann molekulare Bindungen zwischen den Körnern erzeugen, die in einem gestörten Erdstoff vollkommen fehlen. Deshalb wird die Abhängigkeit der Porenziffer vom Druck bei gestörten und bei ungestörten Erdstoffen in der Regel unterschiedlich sein. Sie wird in besonderen Abschnitten behandelt.

Zusammendrückbarkeit zerriebener Mineralien und durchgekneteter Erdstoffe. Typische Druck-Porenzifferdiagramme für verschiedene zerriebene und durchgeknetete Böden sind als ε-p-Kurven in Abb. 19a dargestellt und entsprechend als ε-$\log p$-Kurven in Abb. 19b. Der Einfluß der Kornform auf die Zusammendrückbarkeit des Korngemisches ist durch die Kurven *a*, *b* und *d* in Abb. 19a gezeigt. Die Kurve *a* gilt für ein Gemisch aus 80% Sand und 20% Glimmer; Kurve *b* für ein solches aus 90% Sand und 10% Glimmer und Kurve *d* für 100% Sand. Jede Probe wurde zu Beginn durch Einstampfen und Einrütteln verdichtet. Diese Kurven zeigen, daß die Zusammendrückbarkeit mit größer werdendem Prozentsatz an blättchenförmigen Teilchen erheblich zunimmt. Weiterhin zeigt Abb. 19a, daß die mittlere Neigung der Kurve *d* für dichten Sand wesentlich flacher als die der Kurve *c* für den gleichen Sand im lockeren Zustand ist und daß das Porenvolumen eines lockeren Sandes, selbst unter sehr großem Druck größer ist, als das desselben dichtgelagerten aber unbelasteten Sandes.

Abb. 19a zeigt auch, daß die Kurve *e* einer gestörten weichen Tonprobe der Kurve *b* für ein Gemisch aus 90% Sand und 10% Glimmer sehr ähnelt, daß jedoch die Porenziffer des Tons bei jeder Druckhöhe viel kleiner, als die entsprechende Porenziffer des Sandglimmergemisches ist.

Alle in Abb. 19b dargestellten ε-log p-Kurven haben gewisse gemeinsame Eigenschaften. Jede Kurve beginnt mit einer horizontalen Tangente und endet wahrscheinlich auch mit einer Tangente, die annähernd horizontal ist. Der mittlere abfallende Teil jeder Kurve ist ziem-

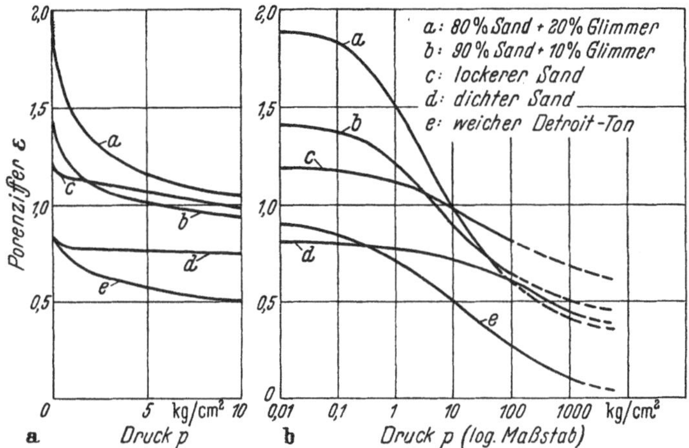

Abb. 19 a u. b. Typische Druck-Porenzifferkurven, welche die Ergebnisse von Kompressionsversuchen bei verhinderter Seitendehnung mit im Laboratorium hergestellten Bodengemischen wiedergeben. a) ε-p-Kurven und b) entsprechende ε-log p-Kurven

lich gestreckt. Bei den Sanden ist der mittlere Teil im Druckbereich von etwa 10 bis 100 kg/cm² gerade. Bei diesem Druck beginnen die Körner zu brechen und infolgedessen nimmt die Kurvenneigung zu. Die Neigung bleibt dann nahezu konstant bis zu etwa 1000 kg/cm², um dann allmählich abzunehmen. Die Neigung des mittleren Teils der Kurven für weiche gestörte Tone nimmt innerhalb des Bereiches von etwa 1 bis 2000 kg/cm² so allmählich ab, daß die Kurven in diesem gesamten Bereich als gerade angesehen werden können. Die mittleren Abschnitte der Kurven für Sand-Glimmergemische sind praktisch in dem Bereich von 1 bis 10 kg/cm² gerade. Die Neigung nimmt dann ab, bis die Kurven in eine nahezu horizontale Tangente übergehen.

In Verbindung mit der Zusammendrückbarkeit der Erdstoffe, sind zwei weitere Fragen allgemein von besonderem Interesse. Dies sind die Zeit, in der die Zusammendrückung erfolgt und die Volumenänderung infolge einer zeitweiligen Entlastung.

Der Einfluß der Zeit bei der Zusammendrückung des Sandes ist aus Abb. 20 zu ersehen. Hierin gibt die Kurve K_l die Abnahme der Porenziffer eines lockeren Sandes bei gleichmäßiger und ziemlich schneller

Druckzunahme wieder. Wenn der Belastungsvorgang unterbrochen wird, nimmt die Porenziffer bei gleichbleibender Belastung ab, wie die vertikale Stufe in der Druck-Porenzifferkurve und entsprechend die *Porenziffer-Zeitkurve* zeigen. Wenn die Zweitbelastung nach einer Unterbrechung die ursprüngliche Höhe erneut erreicht, geht die Kurve K allmählich in die Kurve über, die sich ergeben hätte, wenn der Sand

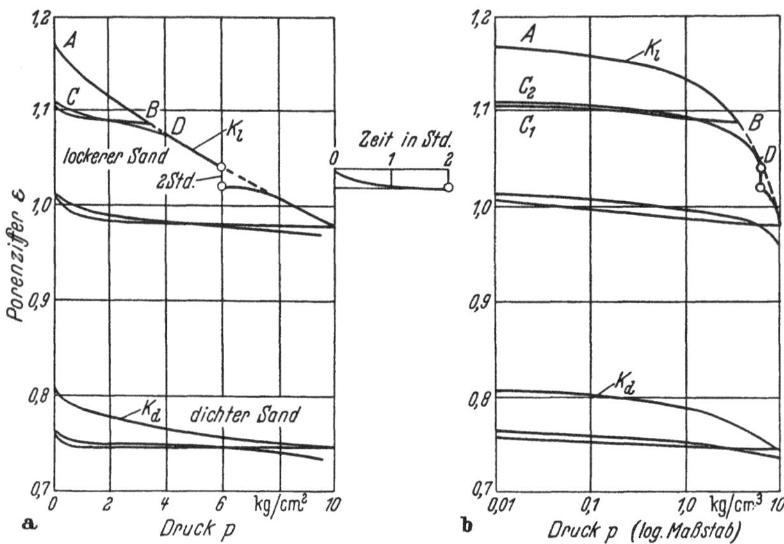

Abb. 20 a u. b. Druck-Porenzifferdiagramme von Sanden aus Kompressionsversuchen mit verhinderter Seitendehnung

gleichmäßig ohne Unterbrechung belastet worden wäre. Die Abnahme der Porenziffer bei gleichbleibender Größe der Belastung ist auf eine zeitliche Verzögerung bei der Anpassung der Lage der Körner an den wachsenden Druck zurückzuführen.

Ähnliche Einflüsse der Zeit, welche auf diesselbe Ursache zurückgehen, sind auch bei der Untersuchung einer wassergesättigten gestörten Tonprobe vorhanden. Sie überdecken sich jedoch mit der viel bedeutenderen Verzögerung infolge der geringen Durchlässigkeit des Tons. Durch die zeitliche Verzögerung hat ein Druck-Porenzifferdiagramm oder eine Drucksetzungslinie nur dann eine definitive physikalische Bedeutung, wenn jeder Punkt einem Zustand entspricht, bei welchem die Porenziffer bzw. die Setzung sich bei gleichbleibender Belastung praktisch nicht mehr verändert.

Abb. 20 zeigt auch die Änderung der Porenziffer durch eine zeitweilige Entlastung. Die Verringerung der Belastung ist durch die *Entlastungskurve BC* wiedergegeben und die anschließende Wiederbelastung durch die *Wiederbelastungskurve* CD. Bei Tonen stellt BC die *Schwellkurve* dar. Entlastungs- und Wiederbelastungskurve bilden zusammen eine *Hysteresisschleife*. Die Hysteresisschleifen für verschiedene Erdstoffe unterscheiden sich nur in ihrer Neigung und Breite. Bei Auftragungen im linearen Maßstab sind sie konkav nach oben gerichtet, in semilogarithmischer

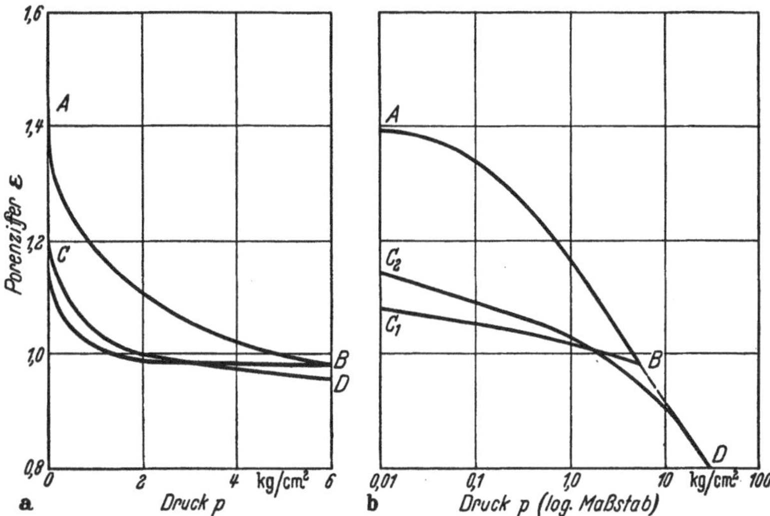

Abb. 21a u. b. Druck-Porenzifferdiagramm eines Kompressionsversuches mit verhinderter Seitendehnung mit einer dichten Probe aus 90% Sand und 10% Glimmer

Darstellung konkav nach unten. Abb. 21 zeigt eine Hysteresisschleife bei einer dichten Mischung aus 90% Sand und 10% Glimmer. Die Hysteresisschleifen für gestörte Tone sind sehr ähnlich.

Ungestörter Sand. In der Natur sind alle Sande mehr oder weniger geschichtet. Die Zusammendrückbarkeit einer geschichteten Ablagerung ist in Richtung der Schichtebene etwas geringer als rechtwinklig dazu. Außerdem enthalten die meisten natürlichen Sande zumindest Spuren eines Verkittungsmittels und oberhalb des Wasserspiegels auch eine gewisse Bodenfeuchtigkeit. Beide Bestandteile erzeugen Kohäsion. Weiterhin besitzen einige Sande im natürlichen Zustand eine relative Dichte, die größer als diejenige ist, welche durch irgendwelche künstliche Maßnahmen mit Ausnahme von Erschütterungen erzielt werden kann. Andere Sande haben im natürlichen Zustand eine bedeutend weniger stabile Struktur als diejenige der lockersten Sandproben, welche im Laboratorium hergestellt werden können. Diese Tatsachen lassen vermuten, daß die Struktur von natürlich abgelagerten Sanden sich stets etwas von denjenigen derselben Sande, aus denen im Laboratorium Proben hergestellt auf Pfeilern oder Pfählen vermieden werden, welche die weiche Schicht bis zu einer darunter liegenden festen durchfahren.

Wenn anderseits eine dünne weiche Tonschicht unter einer dicken Sandschicht ansteht, sind die Folgen des Vorhandenseins der Tonschicht nicht so deutlich erkennbar. Viele Ingenieure glauben, daß die Setzungen eines Fundamentes hauptsächlich von den Eigenschaften des unmittelbar unter seiner Sohlfläche anstehenden Bodens abhängt. Wenn der weiche Ton mehr als 3 oder 4 m unter der Gründungssohle liegt, bleibt sein Vorhandensein gewöhnlich unbeachtet. Infolge der allmählichen Konsolidierung des Tons unter dem Bauwerksgewicht, setzt sich das Bauwerk jedoch in der Regel erheblich und ungleichmäßig, wie in Abschn. 54 dargelegt wird.

Da unerwartete Setzungen dieser Art relativ häufig eingetreten sind, hat die Frage der Zusammendrückbarkeit von seitlich eingeschlossenen Tonschichten in den letzten Jahrzehnten immer stärkere Beachtung gefunden, und es wurden Verfahren für die Berechnung oder überschlägliche Ermittlung der Größe und Verteilung der Setzungen entwickelt. Wenn festgestellt wird, daß die errechneten Setzungen das zulässige Maß überschreiten, wird der Entwurf für die Gründung umgeändert.

Die Adhäsion und die Reibung an den Grenzflächen seitlich eingeschlossener Tonschichten verhindern die Querstreckung der Schicht in den horizontalen Richtungen. Infolgedessen ist es möglich, alle Werte, die für die Berechnung der Setzungen infolge der Zusammendrückung seitlich eingeschlossener Tonschichten erforderlich sind, aus Kompressionsversuchen mit seitlich eingeschlossenen Proben zu erhalten.

Versuchsverfahren. Bei einem Kompressionsversuch mit verhinderter Seitendehnung befindet sich die Probe in einem Ring, wie in Abb. 18 dargestellt ist. Die Belastung wird auf die obere Deckfläche der Probe über eine steife Platte aufgebracht und die Zusammendrückung mit Meßuhren gemessen. Wenn der Boden wassergesättigt ist, wird die Probe zwischen zwei poröse Platten gelegt, die das Entweichen des Porenwassers während der Zusammendrückung ermöglichen.

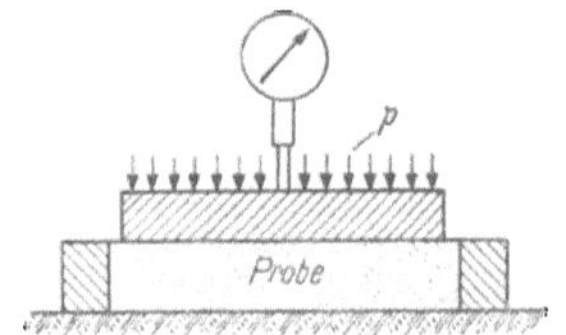

Abb. 18. Apparat zur Durchführung von Kompressionsversuchen mit Bodenproben bei verhinderter Seitendehnung

Die Versuchsergebnisse werden zeichnerisch dargestellt. Auf der vertikalen Achse wird die Porenziffer ε im linearen Maßstab aufgetragen. Wenn der Druck p auf der horizontalen Achse ebenfalls im linearen Maßstab dargestellt wird, bezeichnet man die sich ergebende Kurve als ε-p-Kurve. Wenn der Druck im logarithmischen Maßstab aufgetragen wird, ergibt sich eine ε-log p-Kurve. Da jedes Auftragsverfahren gewisse Vorteile besitzt, sollen beide Arten angewendet und gezeigt werden.

schneidet. Die obere Verlängerung des geraden Teils von K_u entspricht der Tangente DB an die Kurve C_2D in Abb. 21b. Sie schneidet in Abb. 22a die Horizontale durch A in Punkt B. Erfahrungsgemäß liegt der Punkt B bei normal vorbelasteten Tonen stets links von Punkt A.

Wenn man die Tonprobe in eine dicke Paste verwandelt, indem sie unter Wasserzugabe durchgearbeitet wird, und die Paste dann allmählich

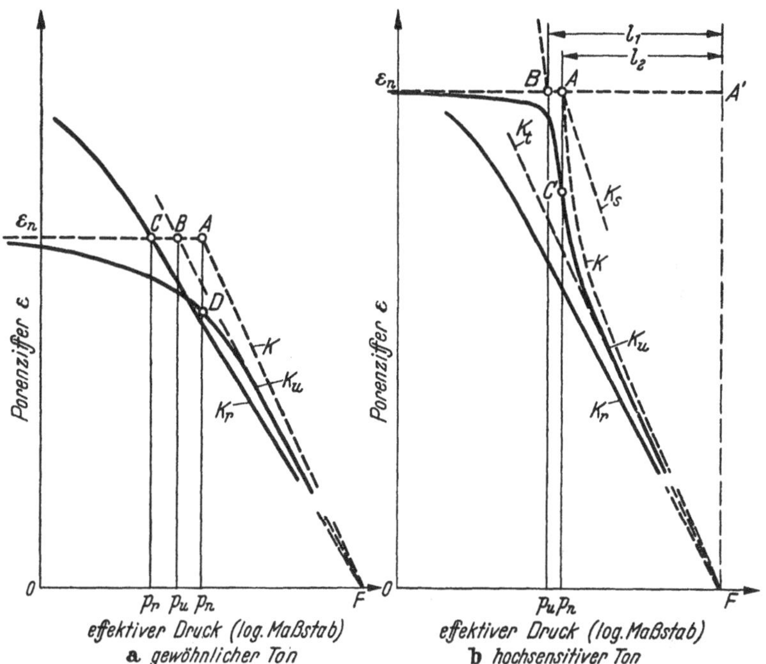

Abb. 22 a u. b. a) Druck-Porenzifferdiagramme für Ton durchschnittlicher Sensitivität. K_r Kurve für durchgeknetete (gestörte) Proben, K_u Kurve für den natürlichen Zustand im Baugrund; b) entsprechende Kurven für hochsensitiven Ton

unter steigendem Druck konsolidieren läßt, enthält man die Druck-Porenzifferlinie K_r in Abb. 22a. Unterhalb von Punkt C ist diese Linie fast eine Gerade. Obgleich ihre Neigung etwas geringer als diejenige des geraden Teils von K_u ist, schneidet ihre untere Verlängerung die horizontale Achse bei Punkt F.

Die Konsolidierungskurve K, welche die Beziehung zwischen ε und $\log p$ im Baugrund darstellt, muß durch A gehen. Dagegen geht keine der beiden im Laboratorium erhaltenen Linien K_u und K_r durch diesen Punkt. Daraus geht hervor, daß die Linie K nur durch ein Extrapolationsverfahren aus den Ergebnissen der Laboratoriumsuntersuchungen ermittelt werden kann. Wenn die beiden Linien K_u und K_r gerade sind und die horizontale Achse nahe bei demselben Punkt F schneiden, scheint die Annahme berechtigt zu sein, daß die ε-log p-Kurve für den Boden im Baugrund auch eine gerade Linie ist, die durch A geht und deren Verlängerung nach unten ebenfalls die horizontale Achse bei dem Punkt F schneidet. Die so erhaltene Kurve wird als *Feld-Konsolidierungskurve* bezeichnet. Wenn keine ungestörten Proben zur Verfügung stehen, kann der Punkt F mit genügender Genauigkeit aus dem Druck-Porenzifferdiagramm einer gestörten Probe K_r nach Abb. 22a ermittelt werden, vorausgesetzt, daß die Belastung der Probe mindestens bis auf 20 kg/cm² gesteigert wird.

Die Größe des Verhältnisses p_u/p_n zwischen den Drücken, welche durch die Abszissen der Punkte B und A in Abb. 22a dargestellt werden, zeigt den Grad der Strukturstörung der Probe an. Er liegt etwa zwischen 0,3 und 0,7 bei einem Mittelwert von etwa 0,5. Es sind jedoch beträchtliche Abweichungen von diesem Mittelwert festzustellen, selbst für Proben, die mit demselben Bohrwerkzeug aus derselben Bohrung entnommen wurden. Es scheint deshalb, daß das Verhältnis p_u/p_n weitgehend von zufälligen Faktoren abhängig ist, wie z.B. von Schwankungen in der Sensitivität des Tons, und davon, ob die Versuchsprobe aus dem unteren, mittleren oder oberen Teil des Probenentnahmegerätes entnommen wurde[1].

Für ungestörte Proben aus gewöhnlichen Tonen ist die ε-log p-Kurve K_u in Abb. 22a annähernd eine Parabel. Dagegen hat die entsprechende Kurve für hochsensitive Tone die durch K_u in Abb. 22b dargestellte Form. Sie verläuft nahezu horizontal, bis der Druck auf die Probe annähernd gleich dem Druck aus der Überlagerung p_n wird, und biegt von dort ziemlich plötzlich nach unten ab. Wenn der Druck weiter gesteigert wird, nimmt die Neigung der Kurve wieder deutlich ab, bis sie schließlich in eine geneigte Gerade K_t übergeht. Die Form dieser Druck-Porenzifferlinie legt die Vermutung nahe, daß die Struktur des entsprechenden Tons ungewöhnlich empfindlich gegenüber einer relativ schnellen Belastungszunahme auf den Ton ist. Wenn der Druck auf einen solchen Ton sehr langsam zunimmt, ist die entsprechende Abnahme der Porenziffer wahrscheinlich viel geringer. Dies ist durch die gestrichelte Kurve K_s angedeutet. Anderseits müßte der Wassergehalt von dicken, normal vorbelasteten Tonschichten dieser Art mit der Tiefe stark abnehmen; eine derartige Erscheinung ist jedoch niemals beobachtet worden. Dagegen kann eine relativ schnelle Zunahme der Belastung des Tons infolge der Errichtung eines Bauwerkes oder durch eine Aufschüttung eine größere Zusammendrückung hervorrufen. Der Grenzfall ist durch die steil ab-

[1] Anmerkung des Bearbeiters: Diese Folgerung gilt besonders für die in den USA gebräuchlichen Geräte, mit denen sehr lange Bodenproben entnommen werden, die durch die Wandreibung im Entnahmerohr stark leiden.

fallende gestrichelte Kurve K angegeben. Da die wahre Form der für den natürlichen Baugrund gültigen Konsolidierungskurve noch nicht bekannt ist, ist es ratsam anzunehmen, daß sie eine steile Anfangstangente wie die Kurve K hat.

Die wahrscheinliche Form der Kurve K für einen hochsensitiven Ton kann mit Hilfe des folgenden Verfahrens bestimmt werden. Der Punkt B der Horizontalen A-ε_n liegt auf der Verlängerung der Tangente an die Kurve K_u im Wendepunkt C in Abb. 22b. Der Punkt F auf der horizontalen Achse $\varepsilon = 0$ liegt auf der Verlängerung des geraden Teils von K_u nach unten. Man zieht eine Vertikale durch F, welche die Horizontale A-ε_n in A' schneidet. Die Kurve K ist so zu konstruieren, daß für jeden beliebigen ε-Wert das Verhältnis zwischen dem horizontalen Abstand von K nach FA' und dem Abstand von K_u nach FA' gleich ist

$$\frac{l_2}{l_1} = \frac{AA'}{BA'}\,.$$

Die Kurve K_u kann durch einen Versuch mit einer ungestörten Probe ermittelt werden. Wenn die Probe stark gestört oder durchgeknetet und mit so viel Wasser vermischt ist, daß der Ton in eine dicke Paste verwandelt wurde, ähnelt die Druck-Porenzifferkurve K_r für das gestörte Material in jeder Hinsicht der Druck-Porenzifferkurve K_r für gewöhnlichen Ton in Abb. 22a. Sie ist praktisch innerhalb eines großen Belastungsbereiches eine Gerade und ihre Neigung ist etwas geringer als diejenige der Tangente K_t an dem unteren Teil der Kurve K_u in Abb. 22b. Mit anderen Worten, die Störung der Tonstruktur bringt die Eigenschaften, welche die scharfe Biegung in der Kurve K_u unterhalb von Punkt B in Abb. 22b verursachen, zum Verschwinden. Aus diesem Grund lassen sich die Unterlagen für die Auftragung der Feld-Konsolidierungskurve von übersensitiven Tonen nur aus Kompressionsversuchen mit ungestörten Proben gewinnen.

Die Feld-Konsolidierungskurven K in Abb. 22a und b stellen die Grundlage für die Berechnungen der Setzungen von Bauwerken dar, die sich auf seitlich eingeschlossenen Schichten normal vorbelasteter Tone befinden. Das Gewicht einer Auffüllung oder eines Bauwerkes erhöht den Druck auf den Ton von der Vorbelastung p_n auf den Wert $p_n + \Delta p$. Die zugehörige Porenziffer nimmt von ε_n auf ε ab. Daher können wir für den Druckbereich von p_n bis $p_n + \Delta p$ schreiben

$$\varepsilon_n - \varepsilon = \Delta\varepsilon = a_v \Delta p\,.$$

Der Wert

$$a_v(\mathrm{cm^2/kg}) = \frac{\varepsilon_n - \varepsilon}{\Delta p(\mathrm{kg/cm^2})}\,, \tag{13.1}$$

wird *Verdichtungsbeiwert* für den Druckbereich p_n bis $p_n + \Delta p$ genannt. Für die gleiche Druckdifferenz nimmt die Größe des Verdichtungsbeiwertes mit höher werdendem Druck ab. Die Abnahme des Porenvolumens Δn pro Einheit des Ausgangsvolumens des Bodens, die der Abnahme $\Delta \varepsilon$ der Porenziffer entspricht, kann mit Hilfe von Gl. (7.2) ermittelt werden. Man erhält

$$\Delta n = \frac{\Delta \varepsilon}{1 + \varepsilon_n},$$

hierin ist ε_n die Anfangsporenziffer. Damit ist

$$\Delta n = \frac{a_v}{1 + \varepsilon_n} \Delta p = m_v \Delta p. \tag{13.2}$$

Der Quotient

$$m_v = \frac{a_v}{1 + \varepsilon_n} [\text{cm}^2/\text{kg}] \tag{13.3}$$

wird *Verdichtungsziffer* genannt. Sie stellt die Zusammendrückung des Tons pro Einheit der ursprünglichen Dicke für die Einheit der Druckzunahme dar. Ist h die Dicke einer Tonschicht bei einem Druck p, so vermindert eine Druckzunahme von p auf $p + \Delta p$ die Schichtdicke um

$$\Delta h = h \Delta p m_v. \tag{13.4}$$

Die Feld-Konsolidierungskurve K für gewöhnliche Tone erscheint bei halblogarithmischer Auftragung als Gerade, wie Abb. 22a zeigt. Hierfür kann die Gleichung

$$\varepsilon = \varepsilon_n - C_c \log \frac{p_n + \Delta p}{p_n} \tag{13.5}$$

aufgestellt werden, in dem C_c (dimensionslos) *der Kompressionsbeiwert* ist. Er ist gleich dem Tangens des Neigungswinkels des geraden Teils der Linie K. Im Gegensatz zu a_v und m_v, die bei zunehmendem Druck p_n schnell abnehmen, ist der Wert C_c konstant. Die Gl. (13.5), welche diese Konstante enthält, gilt daher für einen ziemlich großen Druckbereich.

In halblogarithmischer Auftragung ist die Entlastungskurve, beispielsweise BC_1 in Abb. 21b ebenfalls innerhalb eines großen Druckbereiches ziemlich gerade. Wenn der Druck von p auf $p - \Delta p$ abnimmt, kann die zugehörige Entlastungskurve durch die Gleichung

$$\varepsilon = \varepsilon_1 + C_s \log \frac{p_n + \Delta p}{p_n} \tag{13.5a}$$

ausgedrückt werden, in der C_s (dimensionslos) der *Schwellbeiwert* ist. Er ist ein Maß für die Volumenzunahme infolge einer Entlastung.

Aus den Gl. (13.5) und (13.1) erhalten wir

$$a_v = \frac{C_c}{\Delta p} \log \frac{p_n + \Delta p}{p_n} \tag{13.6}$$

und mit Gl. (13.3)

$$m_v = \frac{C_c}{\Delta p (1 + \varepsilon_n)} \log \frac{p_n + \Delta p}{p_n}. \tag{13.7}$$

Durch Einsetzen dieses Ausdruckes für m_v in Gl. (13.4) findet man die Zusammendrückung Δh einer seitlich behinderten Schicht von normal vorbelastetem gewöhnlichem Ton zu

$$\Delta h = h \frac{C_c}{1 + \varepsilon_n} \log \frac{p_n + \Delta p}{p_n} . \tag{13.8}$$

Wenn ein Ton gestört ist, tritt an Stelle der Druck-Porenzifferkurve K in Abb. 22 die Kurve K_r. Da K_r innerhalb eines großen Druckbereiches gerade verläuft, kann sie durch die Gleichung

$$\varepsilon = \varepsilon_n - C_c' \log \frac{p_n + \Delta p}{p_n} \tag{13.9}$$

ausgedrückt werden, die der Gl. (13.5) entspricht. Die Kennzahl C_c', welche den Kompressionsbeiwert für den Ton im gestörten Zustand darstellt, ist gleich dem Tangens des Neigungswinkels des geraden Teils der Linie K_r. Die C_c'-Werte verschiedener Tone nehmen mit größer werdenden Werten für die Fließgrenze zu, wie Abb. 23 zeigt. Auf der Abszisse des Diagramms sind die Fließgrenzen w_f und auf der Ordinate sind

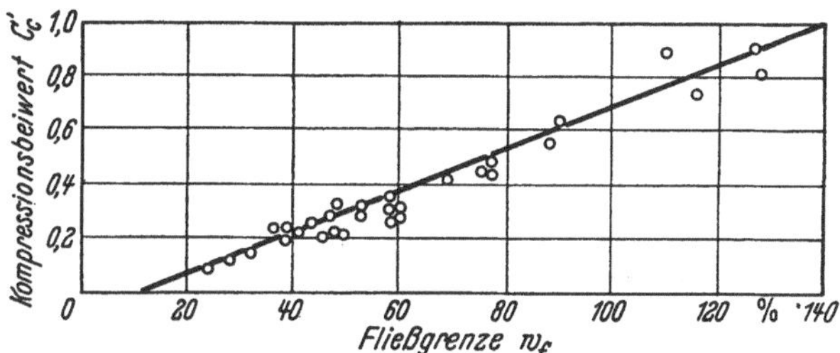

Abb. 23. Beziehung zwischen der Fließgrenze und dem Kompressionsbeiwert bei durchgekneteten Tonen (nach A. W. SKEMPTON u. Mitarbeitern)

die Werte von C_c' für verschiedene gestörte Tone aufgetragen. Die Proben sind beliebig ausgewählt. Sie kamen aus verschiedenen Teilen der Welt und es befinden sich sowohl gewöhnliche als auch hochsensitive Tone darunter. Alle Punkte liegen nahe bei einer Geraden mit der Gleichung

$$C_c' = 0{,}007\,(w_f - 10\,\%) . \tag{13.10}$$

Hierin ist w_f die Fließgrenze in % des Trockengewichtes der Festmasse des Tons. Die Streuung der wirklichen Werte von C_c' um die durch Gl. (13.10) bestimmte Gerade beträgt etwa $\pm 30\%$.

Für einen gewöhnlichen Ton mittlerer oder geringer Sensitivität sind nicht nur die Druck-Porenzifferlinien K_r und K innerhalb eines weiten Druckbereiches gerade Linien, sondern der der Feld-Kompressionslinie K entsprechende Wert für C_c nach Gl. (13.10) scheint auch etwa $1{,}30\, C_c'$

zu sein. Es ist also

$$C_c \approx 1{,}30\, C_c' = 0{,}009\,(w_f - 10\,\%)\,. \qquad (13.11)$$

Wenn die Größe von C_c für eine bestimmte Tonschicht bekannt ist, kann die Zusammendrückung der Schicht infolge einer Zusatzlast Δp nach Gl. (13.8) berechnet werden. Für normal vorbelastete Tone mit niedriger oder mittlerer Sensitivität ist die Größe von C_c überschläglich mit Gl. (13.11) zu ermitteln. Die Größenordnung der Setzungen eines auf einer solchen Tonschicht stehenden Bauwerkes kann also bestimmt werden, ohne daß andere Versuche ausgeführt werden müssen, als die Ermittlung der Fließgrenze.

Wenn der Ton dagegen hochsensitiv ist, ist seine Feld-Kompressionskurve K nach Abb. 22b keine Gerade und die Neigung des oberen Teils kann vielfach größer als diejenige von K_r sein. Für solche Tone liefert das Näherungsberechnungsverfahren nach Gl. (13.11) nur einen unteren Grenzwert für die Zusammendrückung des Tons. Die wirkliche Zusammendrückung kann vielfach größer sein. Glücklicherweise sind Tone dieser Art ziemlich selten. Zu ihnen gehören die Tone von Mexico-City, die vulkanischen Ursprungs sind, gewisse Arten mariner Tone im Südosten Kanadas und in den Skandinavischen Ländern und verschiedene stark organische Tone. Wenn ein Ton eine Fließgrenze von mehr als 100% hat, wenn sein natürlicher Wassergehalt in über 6 bis 9 m Tiefe unter der Geländeoberfläche größer als die Fließgrenze ist, oder wenn er einen hohen Prozentsatz an organischen Beimengungen enthält, liegt es nahe, daß er die in Abb. 22b dargestellten Konsolidierungseigenschaften hat. Die Sensitivität S dieser Tone nach Gl. (8.1) ist größer als etwa 4, während diejenige gewöhnlicher Tone niedriger ist. Wenn die Sensitivität eines Tons größer als 8 ist, hat der Ton ziemlich sicher die in Abb. 22b dargestellten Konsolidierungseigenschaften.

Ungestörte vorverdichtete Tone. Ein Ton heißt vorverdichtet, wenn er zu irgendeiner Zeit einem höheren Druck als seiner gegenwärtigen Auflast ausgesetzt war. Die zeitweilige höhere Belastung kann durch das Gewicht von Bodenschichten verursacht gewesen sein, die später abgetragen wurden, durch das Gewicht von Eis, das später geschmolzen ist oder durch Austrocknung, wenn zeitweilig eine Schutzschicht gefehlt hat. War der Überdruck Δp_n kleiner als etwa 4 kg/cm^2, kann der Ton noch weich sein. Wenn Δp_n jedoch bedeutend größer war, ist der Ton steifplastisch bis fest.

Zwei Vorgänge, welche zur Vorverdichtung von Tonen geführt haben, sind in Abb. 24 dargestellt. Alle über der Felsoberfläche befindlichen Schichten sind in einer Zeit in einem See abgelagert worden, als der Wasserspiegel über dem Grundwasserspiegel der jetzigen Hochterrasse lag. Als ein Teil der Schichten durch Erosion abgetragen wurde, nahm der

Wassergehalt des Tons im rechten Teil der Schicht B geringfügig zu, während derjenige des linken Teils infolge des Absinkens des Wasserspiegels beträchtlich abnahm. Trotzdem ist der Ton im Vergleich zu der gegenwärtigen Auflast auf der rechten Seite ein vorverdichteter weicher Ton und auf der linken Seite ein normal vorbelasteter weicher Ton.

Während der Wasserspiegel aus seiner ursprünglichen Lage bis unter die Geländeoberfläche des erodierten Tals absank, wurden die Sand-

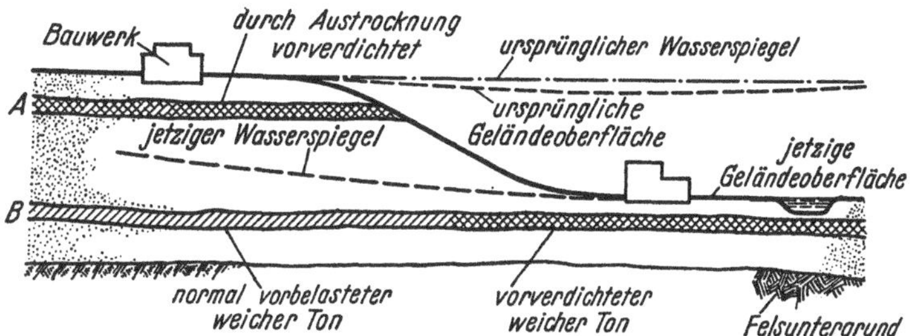

Abb. 24. Darstellung zweier geologischer Vorgänge, die eine Vorverdichtung von Tonen verursacht haben

schichten ober- und unterhalb der oberen Tonschicht A entwässert. Infolgedessen trocknete die Schicht A allmählich aus. In Abschn. 21 wird dargelegt, daß ein solcher Austrocknungsvorgang genau wie eine Belastung eine Konsolidierung zur Folge hat. Die Schicht A ist daher durch *Austrocknung vorverdichtet.*

Wenn eine Tonschicht durch Sedimentation in einem offenen Wasserbecken gebildet wird, das jahreszeitlichen oder periodischen Wasserstandsschwankungen ausgesetzt ist, können die höchsten Teile der Oberfläche dieser Ablagerung von Zeit zu Zeit aus dem Wasser auftauchen. In diesen Flächen bilden sich infolge der Verdunstung Trockenkrusten. Nachdem die Oberfläche wieder überflutet wird, werden die Trockenkrusten mit frisch abgelagerten Sedimenten überschüttet; ihr Wassergehalt bleibt jedoch ungewöhnlich niedrig. Sie stellen also Schichten oder Linsen von vorverdichtetem Ton dar, die zwischen Schichten von normal belastetem Ton liegen.

Wenn eine Schicht von steifem Ton auf einer weichen Schicht derselben Art liegt, kann mit Sicherheit angenommen werden, daß die obere Schicht durch Austrocknung vorverdichtet worden ist. Wenn die obere Schicht außerdem längere Zeit den atmosphärischen Einwirkungen ausgesetzt war, wird sie in der Regel auch durch Oxydationsvorgänge verfärbt sein. So ist beispielsweise im Gebiet von Chicago eine dicke Schicht von weichem, normal vorbelastetem, grauem Ton von einer Schicht aus steifem, vorverdichtetem, gelbem und grauem Ton in 0,6 bis 1,80 m

Dicke überlagert. Vorverdichtete Schichten von eiszeitlichem Ton, die zwischen normal vorbelasteten Schichten von weichem Ton derselben Art lagen, sind in Südschweden angetroffen worden.

Der Einfluß der Vorbelastung auf die Abhängigkeit der Porenziffer vom Druck ist in Abb. 25 dargestellt. Beide Diagramme sind im linearen Maßstab aufgetragen. Abb. 25a zeigt die Abhängigkeit zwischen ε und p für den normal vorbelasteten linken Teil der Tonschicht B der Abb. 24, und Abb. 25b die gleiche Beziehung für den vorverdichteten rechten Teil derselben Schicht. In beiden Diagrammen stellt der Punkt A' den Zustand des Tons dar, bevor die Erosion begann. Zu dieser Zeit befand sich

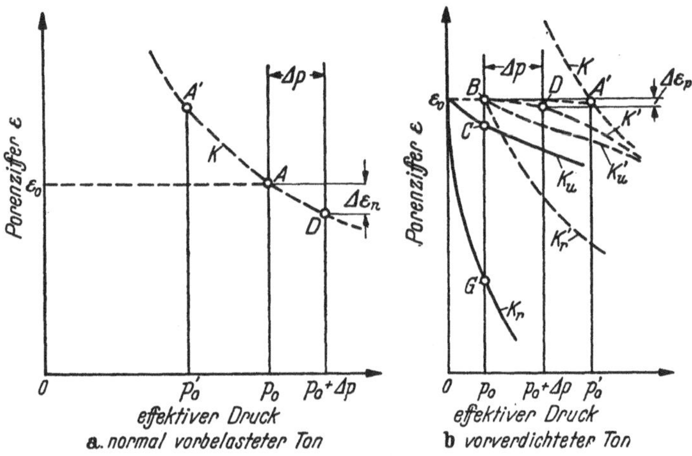

Abb. 25 a u. b. a) Druck-Porenzifferdiagramm für einen normal vorbelasteten Ton im Baugrund; b) Druck-Porenzifferdiagramm für einen ähnlichen, aber vorverdichteten Ton

der Wasserspiegel oberhalb der Schicht A und der effektive Überlagerungsdruck auf die gesamte Schicht B betrug p_0' pro Flächeneinheit. Da die Erosion mit einem Absinken des Wasserspiegels bei fast unverändertem Gesamt-Überlagerungsdruck verbunden war, nahm der effektive Überlagerungsdruck auf der linken Seite der Schicht B von p_0' auf p_0 zu und der Punkt, der in Abb. 25a den Zustand des Tons kennzeichnet, bewegte sich von A' nach A.

Im rechten Teil der Schicht B vollzog sich das Absinken des Wasserspiegels gleichzeitig mit der Entfernung des größten Teils der Auflast. Deshalb nahm der effektive Druck auf den rechten Teil der Schicht von p_0' auf p_0 ab und der Ton ging in Abb. 25b vom Zustand A' über in den Zustand B. Diese Veränderung war mit einer geringen Zunahme der Porenziffer verbunden. Eine Zunahme des effektiven Druckes auf den normal vorbelasteten Teil der Schicht B um Δp, beispielsweise durch den Bau eines schweren Bauwerkes auf der Hochterrasse, verringert die

Porenziffer des unter dem Bauwerk liegenden Tons um $\Delta\varepsilon_n$ (Abb. 25a), wobei der Ton vom Zustand A in den Zustand D übergeht. Eine Zunahme des effektiven Druckes auf dem vorverdichteten rechten Teil der Schicht B um den gleichen Betrag Δp vermindert die Porenziffer des Tons um $\Delta\varepsilon_p$ (Abb. 25b), wobei der Ton aus dem Zustand B in den Zustand D übergeht.

Wenn aus beiden Teilen der Schicht B gestörte Proben entnommen würden, würden sie wahrscheinlich den Eindruck hervorrufen, daß der vorverdichtete Ton weicher als der normal vorbelastete Ton ist, weil der Wassergehalt des vorverdichteten Teils der Schicht zur Zeit der Probenentnahme erheblich größer sein würde, als derjenige des normal vorbelasteten Teils. Trotzdem wird, wenn Δp kleiner als etwa die Hälfte der Differenz zwischen p_0' und p_0 ist, die Zusammendrückung $\Delta\varepsilon_p$ der vorverdichteten Schicht weitaus kleiner als die Zusammendrückung $\Delta\varepsilon_n$ der normal vorbelasteten Schicht sein. Dies ist auf die Tatsache zurückzuführen, daß der Punkt, welcher den Zustand des normal vorbelasteten Tons im Baugrund in Abb. 25a darstellt, sich von A nach D auf einer Kurve bewegt, welche die Abnahme der Porenziffer infolge eines stetig zunehmenden Druckes wiedergibt, während der entsprechende Punkt für den vorverdichteten Ton sich in Abb. 25b auf einer Wiederbelastungskurve von B nach D bewegt. Wie in Abb. 20 und 21 gezeigt wurde, ist eine Wiederbelastungskurve weitaus flacher geneigt als eine Erstbelastungskurve.

Ungefähre Vorstellungen über die Größe der Zusammendrückung, die der vorbelastete Teil der Schicht B unter dem Bauwerksgewicht erleiden wird, lassen sich aus den Ergebnissen von Kompressionsversuchen mit repräsentativen Proben aus diesem Teil gewinnen. Infolge der Vorverdichtung wird jedoch die Druckporenziffer des Bodens im Feld wahrscheinlich erheblich von der durch Laboratoriumsversuche festgestellten abweichen. Das Maß der Abweichung hängt vom Grad der Störung der Proben ab.

Wenn die Probe stark gestört ist, ähnelt die im Laboratorium ermittelte Abhängigkeit zwischen ε und p der steilen Kurve K_r in Abb. 25b. Addiert man die Strecke BG zu den Ordinaten dieser Kurve, so erhält man die durch den Punkt B gehende Kurve K_r' der den Zustand des Tons im Baugrund darstellt. Erfahrungen haben jedoch gezeigt, daß die Kurve K_r' keine Ähnlichkeit mit der Feld-Konsolidierungskurve BD hat.

Wenn der Kompressionsversuch mit einer ungestörten, in einen Schurf sorgfältig aus dem Baugrund herausgeschnittenen Probe durchgeführt wird, erhält man die Kurve K_u. Durch Addition der Strecke CB zu den Ordinaten dieser Kurve ergibt sich die Kurve K_u', welche durch B geht. Obgleich K_u' bedeutend flacher als K_r' verläuft, hat man festgestellt, daß in allen Fällen, in denen Δp kleiner als etwa die Hälfte der Differenz zwischen p_0' und p_0 ist, die auf Grund von K_u' berechnete Zusammendrükkung des Tons die tatsächliche Zusammendrückung der Schicht im Feld um das 2 bis 5fache übertrifft. Hieraus geht hervor, daß die Übertragung von Versuchsergebnissen auf die Verhältnisse im Feld sehr unsicher ist, ganz abgesehen von der Sorgfalt mit der die Probenentnahme ausgeführt wurde.

Die Berechnung der Beziehung zwischen ε und p für einen Ton mit einer bestimmten Fließgrenze nach Gl. (13.11) ergibt eine Kurve durch B, die steiler als K_r' ist. Die Ordinaten dieser Kurve in Bezug auf eine horizontale Linie durch B sind mindestens zweimal so groß wie die Ordinaten von K_u', welche wiederum 2 bis 5mal größer sind als diejenigen der $\varepsilon - p$-Kurve im Feld. Infolgedessen führt die Anwendung von Gl. (13.11) für die Vorausermittlung der Zusammendrückbarkeit eines vorverdichteten Tons zu Werten, welche vier bis zehn oder noch mehr mal größer sind als die richtigen. Da dieselbe Gleichung genügend genaue Werte liefert, wenn sie für normal vorbelastete Tone angewandt wird, ist klar ersichtlich, daß die Belastungsgeschichte eines Tons von ausschlaggebender praktischer Bedeutung ist.

Bei den in Abb. 24 dargestellten Verhältnissen kann die maximale Vorbelastung p_0' ziemlich genau auf Grund der geologischen Situation abgeschätzt werden. Die Geologie und Physiographie der Baustelle lassen keine Zweifel darüber, daß die ursprüngliche Geländeoberfläche in Höhe der gegenwärtigen Hochterrasse oder höher lag und daß der Wasserspiegel in geringer Tiefe unterhalb der ursprünglichen Geländeoberfläche anstand. Wenn die geologischen Verhältnisse jedoch nicht so eindeutig sind, oder die Vorverdichtung durch das Gewicht einer Eisschicht verursacht wurde, die geschmolzen ist, ohne Beweise für ihre Dicke zu hinterlassen, ist eine geologische Abschätzung der maximalen Vorbelastung sehr unsicher. In solchen Fällen besteht das einzige verbleibende Verfahren zur Gewinnung wenigstens allgemeiner Vorstellungen über die Größe von p_0' darin, eine Schätzung auf Grund der Ergebnisse von Laboratoriumsversuchen durchzuführen.

Es sind verschiedene Verfahren vorgeschlagen worden, um die Größe der maximalen Vorbelastung aus den Ergebnissen von Laboratoriumsversuchen zu bestimmen. Das am meisten angewandte ist in Abb. 26 dargestellt. Hier ist die Druck-Porenzifferkurve einer ungestörten Tonprobe aufgetragen. Durch den Punkt C, bei dem der Radius des Kurvenzuges ein Minimum ist, ist eine Horizontale gezogen. Die Winkelhalbierende des Winkels α zwischen dieser Geraden und der Tangente an K_u in C, schneidet die nach oben gerichtete Verlängerung des geraden, unteren Teils von K_u im Punkt D. Man nimmt nun an, daß die Abszisse von D gleich p_0' sei.

Dem in Abb. 26 dargestellten Verfahren liegen Beobachtungen über die Wirkung wiederholter Belastungswechsel auf die Porenziffer ungestörter Tonproben zu Grunde. In der Natur erfolgt das Aufbringen des Drukkes p_0' zumeist jedoch in mehreren Jahrhunderten statt in wenigen Stunden oder Tagen, und der Einfluß der Belastungszeit auf die entsprechende Zusammendrückung kann sehr bedeutend sein. Es kann deshalb nicht überraschen, daß die mit dem graphischen Verfahren nach Abb. 26 erhaltenen Ergebnisse in der Regel ziemlich unbefriedigend sind. Wenn eine Probe eines normal vorbelasteten Tons untersucht wird, müßte der aus dem graphischen Verfahren ermittelte Wert p_0' gleich der gegenwärtigen Auflast sein. Er ist jedoch im allgemeinen weitaus kleiner; der Unterschied zwischen den tatsächlichen und den berechneten Vorbelastungswerten nimmt bei Proben aus demselben Bohrloch in der Regel mit der Tiefe allgemein zu. Für einen stark vorverdichteten Ton scheint die Übereinstimmung der beiden Werte besser zu sein, aber ein endgültiger Beweis hierfür ist noch nicht erbracht worden. Auf jeden Fall lassen die Untersuchungsergebnisse in der Regel viele Ausdeutungsmöglichkeiten offen.

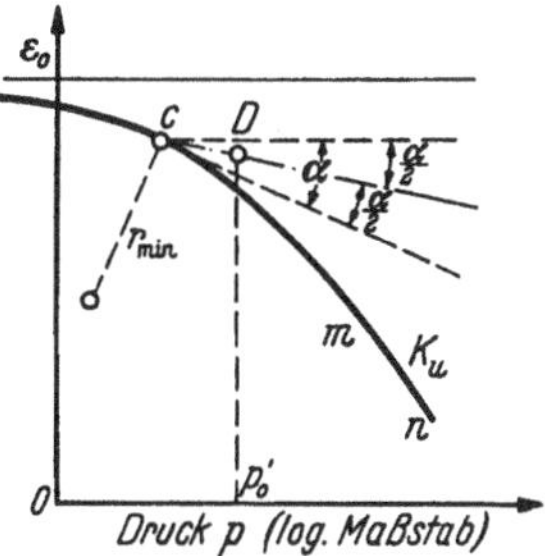

Abb. 26. Darstellung des im allgemeinen gebräuchlichen zeichnerischen Verfahrens zur Ermittlung der maximalen Vorbelastung (nach A. CASAGRANDE)

Jedoch auch ohne zu dem in Abb. 26 dargestellten graphischen Verfahren Zuflucht nehmen zu müssen, läßt sich im allgemeinen entscheiden, ob ein Ton hochgradig vorverdichtet ist oder nicht, und diese Feststellung genügt gewöhnlich für praktische Zwecke durchaus. Wenn ein Ton normal vorbelastet ist, liegen die Punkte B in Abb. 22a ausnahmslos links von den Punkten A. Wenn also mehrere ungestörte Proben aus einer Tonschicht untersucht worden sind und wenn alle aus den Versuchsergebnissen erhaltenen Punkte B dort liegen, ist p_0' mit Sicherheit nicht viel größer als die gegenwärtige Auflast und der Einfluß der Vorverdichtung auf die Setzungen kann deshalb unberücksichtigt bleiben. Wenn dagegen der Vorverdichtungsdruck erheblich größer war als die gegenwärtige Auflast, liegen zumindest einige der Punkte B rechts von A. In diesem Fall werden die Setzungen des über der Tonschicht zu errichtenden Bauwerkes klein sein im Vergleich zu den auf Grund der Versuchsergebnisse vorausgesagten, weil das Verhältnis zwischen den Laboratoriums- und den Feldkompressionskurven für einen solchen Ton demjenigen zwischen den Kurven K_u' und K' in Abb. 25b ähnlich ist.

Wenn ein Teil einer normal vorbelasteten Tonschicht durch Austrocknung vorverdichtet wurde, ist der Wassergehalt der vorverdichteten Schicht verhältnismäßig niedrig. Man kann daher die Lage und die Dicke dieser Schichten aus dem Wassergehalts-Profil ableiten. In der Setzungsberechnung können die vorverdichteten Schichten als nahezu unzusammendrückbar angesehen werden.

Zusammenfassung der Verfahren zur Ermittlung der Zusammendrückbarkeit natürlicher Bodenschichten. Wenn der Baugrund unter einem Bauwerk Sand- oder steife Tonschichten im Wechsel mit Schichten von weichem Ton enthält, kann die Zusammendrückbarkeit der Sand- und steifen Tonschichten vernachlässigt werden.

Die Zusammendrückbarkeit von Tonschichten hängt vorwiegend von zwei Faktoren ab, von der Fließgrenze des Tons und von der Größe des Maximaldruckes, der seit seiner Ablagerung auf den Ton eingewirkt hat. Wenn dieser Druck niemals die gegenwärtig wirksame Auflast überschritten hat, wird die Schicht als normal vorbelastet bezeichnet. Andernfalls ist sie vorverdichtet.

Die Zusammendrückbarkeit einer normal vorbelasteten Tonschicht mit bekannter Fließgrenze kann angenähert mit Hilfe der empirischen Gl. (13.11) abgeschätzt werden, sofern der Ton keine ungewöhnlichen Eigenschaften hat. Wenn seine Fließgrenze jedoch größer als 100 ist, wenn sein natürlicher Wassergehalt in 6 bis 9 m Tiefe größer als die Fließgrenze ist oder wenn er einen großen Gehalt an organischen Beimengungen aufweist, kann die Zusammendrückbarkeit der Schicht vielfach größer sein als nach Gl. (13.11) errechnet wird. Wenn daher ein Bauwerk auf einer Schicht aus einem solchen außergewöhnlichen Ton errichtet werden soll, ist es ratsam, die Zusammendrückbarkeit des Tons durch Kompressionsversuche mit ungestörten Proben zu bestimmen.

Die Zusammendrückbarkeit eines vorbelasteten Tons hängt nicht nur von der Fließgrenze des Tons, sondern auch von dem Quotienten $\Delta p/(p_0' - p_0)$ ab, in dem Δp der durch das Bauwerk verursachte Zusatzdruck zu der vorhandenen Auflast p_0 ist, und p_0' der größte Druck, der jemals auf den Ton gewirkt hat. Wenn dieses Verhältnis kleiner als 50% ist, beträgt die Zusammendrückbarkeit in der Regel nur etwa 10 bis 25% derjenigen eines ähnlichen normal vorbelasteten Tons. Mit wachsender Größe des Verhältnisses nimmt der Einfluß der Vorbelastung auf die Zusammendrückbarkeit des Tons ab. Bei Werten über 100% kann der Einfluß der Vorverdichtung auf die Setzung des Bauwerkes unberücksichtigt bleiben.

Die Vorverdichtung eines Tons kann durch das Gewicht einer Bodenschicht, die durch Erosion abgetragen wurde, durch das Gewicht des nachträglich weggeschmolzenen Eises oder durch Austrocknung verursacht worden sein. Wenn die Vorverdichtung durch eine Auflast hervorgerufen wurde, die abgetragen worden ist, war der Zusatzdruck auf den Boden an jedem Punkt einer vertikalen Linie unterhalb der Geländeoberfläche der gleiche. Wenn sie jedoch durch Austrocknung verursacht war, nahm der Zusatzdruck im allgemeinen mit zunehmendem Tiefenabstand von der früheren Verdunstungsoberfläche ab, so daß die Gesamtdicke der vorverdichteten Schicht einige Dezimeter nicht überschreiten kann.

Die Zusammendrückbarkeit hochgradig vorverdichteter Tonschichten ist im allgemeinen unerheblich, es sei denn, daß man gezwungen ist, über einer dicken steifen Tonschicht ein ungewöhnlich großes und schweres Bauwerk zu errichten, das selbst bei geringeren unterschiedlichen Setzungen Schaden erleiden würde. Wenn die Bauaufgabe eine Setzungsberechnung erfordert, müssen Kompressionsversuche mit ungestörten Proben ausgeführt werden, die in erster Linie aus Probeschürfen entnommen werden. Die Ursachen und der Einfluß von Fehlern, die mit Setzungsberechnungen auf Grund von Versuchsergebnissen solcher Proben verbunden sind, sind im letzten Abschnitt behandelt worden.

Literaturhinweise

[*13.1*] Rutledge, P. C.: Relation of Undisturbed Sampling to Laboratory Testing. Trans. ASCE., 109 (1944) S. 1155. Mit Diskussionsbeiträgen. Überblick über die derzeitigen Verfahren zur Auswertung der Ergebnisse von Kompressionsversuchen.

[*13.2*] Skempton, A. W.: Notes on the Compressibility of Clays. Quart. J. Geol. Soc. London, Bd. C (1944) S. 119–135. Statistische Beziehungen zwischen den Konsistenzgrenzen nach Atterberg und den Konsolidierungseigenschaften von Tonen.

[*13.3*] Schultze-Muhs: Bodenuntersuchungen für Ingenieurbauten. Berlin/Göttingen/Heidelberg: Springer 1950.

Aufgaben

1. Die Mächtigkeit einer Tonschicht mit einer durchschnittlichen Fließgrenze von 45% beträgt 7,62 m. Ihre Oberfläche liegt in 10,7 m Tiefe unter der jetzigen Geländeoberfläche. Der natürliche Wassergehalt des Tons beträgt 40% und das spezifische Gewicht der Festmasse 2,78 g/cm³. Zwischen der Geländeoberfläche und der Tonschicht besteht der Baugrund aus feinem Sand. Der Grundwasserspiegel liegt in 4,6 m Tiefe unter der Geländeoberfläche. Das mittlere Raumgewicht des Sandes unter Wasser beträgt 1,04 t/m³ und das Raumgewicht des feuchten Sandes oberhalb des Grundwasserspiegels 1,76 t/m³. Die geologischen Verhältnisse lassen erkennen, daß der Ton normal vorbelastet ist. Das Gewicht des Bauwerkes, welches auf der Sandschicht oberhalb des Tons errichtet werden soll, wird die vorhandene Auflast auf den Ton um 1,2 kg/cm² übersteigen. Ermittle die mittlere Setzung des Bauwerkes.

Antwort: 23,8 cm.

2. Die in Abb. 24 eingetragene Tonschicht B ist 7,6 m dick. Ihre Oberfläche liegt in 9,1 m Tiefe unter dem mittleren Flußwasserspiegel und 10,7 m unter der derzeitigen Talsohle. Die Geländeoberfläche der Hochterrasse neben dem Tal liegt 45,7 m über der jetzigen Talsohle und der ursprüngliche Wasserspiegel befand sich 1,5 m über dieser Oberfläche. Der Ton ist von Sand überlagert, der dasselbe Raumgewicht besitzt, wie der in der vorhergehenden Aufgabe. Berechne die maximale Vorbelastung für den rechten Teil der Schicht.

Antwort: 4,6 kg/cm² größer als die gegenwärtige Auflast.

3. Das in Abb. 24 auf der Talsohle stehende Bauwerk erhöht die mittlere Bodenpressung auf die Tonschicht um 1,2 kg/cm². Die durchschnittliche Fließgrenze des

Tons beträgt 45%. Die übrigen Daten über die Schichtdicke und der Lage der Baustelle sind die gleichen wie in Aufgabe 2. Der durchschnittliche natürliche Wassergehalt des Tons ist 35% und das spezifische Gewicht der Festmasse 2,78 g/cm³. Ermittle die obere und untere Grenze der Bauwerkssetzungen.

Antwort: Nicht über 25% von 36,0 cm oder 9,0 cm und wahrscheinlich nicht weniger als 10% von 36,0 cm oder 3,6 cm.

14. Die Konsolidierung von Tonschichten

Im vorigen Abschnitt war erwähnt worden, daß die Setzung des Tons infolge einer Zunahme der Belastung sich sehr langsam vollzieht. Zu einem kleinen Teil wird diese Verzögerung durch die allmähliche Anpassung der Lage der Körner an das Anwachsen des Druckes verursacht. Dies gilt sowohl für den Sand als auch für den Ton. Bei Tonen ist jedoch der überwiegende Teil der Verzögerung darauf zurückzuführen, daß Tone eine sehr geringe Durchlässigkeit besitzen. Infolgedessen wird eine große Zeitspanne benötigt, um das überschüssige Wasser nach außen abzuleiten. Die allmähliche Abnahme des Wassergehaltes bei gleichbleibender Belastung heißt *Konsolidierung.*

Die Vorgänge, welche die verzögernde Wirkung eines geringen Durchlässigkeitsgrades auf die Zusammendrückung einer elastischen Schicht unter gleichbleibender Belastung verursachen, lassen sich mit Hilfe der in Abb. 27 dargestellten Versuchseinrichtung erläutern. Sie besteht aus einem zylindrischen Behälter, der eine Anzahl Kolben enthält, die durch Federn voneinander getrennt sind. Die Zwischenräume zwischen den Kolben sind mit Wasser gefüllt und die Kolben sind durchlöchert. Wenn auf den obersten Kolben ein Druck p pro Flächeneinheit aufgebracht wird, bleibt die Höhe der Federn zunächst unverändert, weil noch nicht genügend Zeit für das Abströmen von Wasser aus den Räumen zwischen den Kolben vergangen ist. Da die Federn nur dann eine Belastung aufnehmen können, wenn sich ihre Höhe verringert, muß die Belastung p pro Flächeneinheit zunächst vollständig durch einen hydrostatischen Zusatzdruck $h_1 \gamma_w = p$

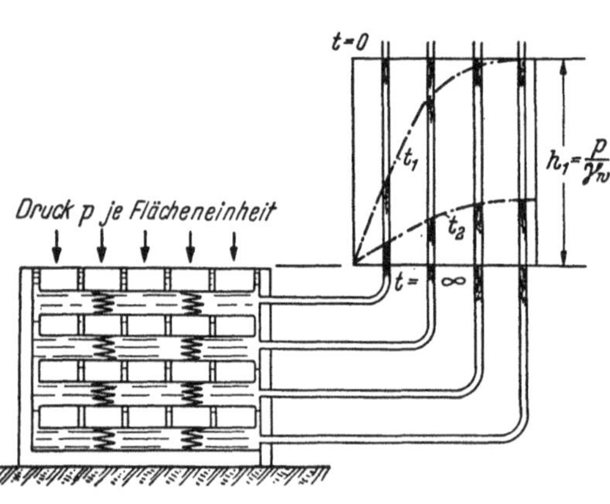

Abb. 27. Versuchseinrichtung zur Erläuterung des Konsolidierungsvorganges

im Wasser getragen werden. In diesem Zustand steht der Wasserspiegel in jedem der Wasserstandsrohre in der Höhe h_1.

Nach einer kurzen Zeitspanne t_1 wird etwas Wasser aus dem obersten Zylinderteil entwichen sein, dagegen wird der unterste Zylinderteil praktisch noch unverändert gefüllt sein. Die Volumenabnahme des obersten Zylinderteils hat gleichzeitig eine Zusammendrückung der obersten Federgruppen zur Folge. Deshalb beginnen die oberen Federn einen Teil des Druckes p aufzunehmen, wodurch der Wasserdruck im oberen Zylinderteil abnimmt. In den unteren Zylinderteilen sind die Verhältnisse noch unverändert. In diesem Zustand befinden sich die Wasserspiegel in den Wasserstandsrohren auf einer Kurve t_1, die in der Höhe h_1 in eine Horizontale übergeht. Die entsprechende Zusammendrückung oder Abnahme der Höhe der Kolbengruppe ist s_1. Jede Kurve, die wie t_1 die Wasserspiegel in den Wasserstandsrohren zu einem bestimmten Zeitpunkt verbindet, heißt *Isochrone*. Zu einem späteren Zeitpunkt befinden sich die Wasserspiegel in den Rohren auf der Kurve t_2. Endlich wird nach einer sehr langen Zeit der hydrostatische Überdruck sehr klein und die zugehörige Endzusammendrückung wird $s = s_\infty$. Für Ton wird die Endzusammendrückung durch die Anfangsdicke der Schicht und durch Gl. (13.4) bestimmt. Der Quotient

$$U = s : s_\infty \quad (\text{in } \%) \tag{14.1}$$

stellt den *Konsolidierungsgrad* zur Zeit t dar.

Die Konsolidierungszeit des Kolben- und Federsystems kann nach den Gesetzen der Hydraulik berechnet werden. Die Beziehung zwischen dem Konsolidierungsgrad eines solchen Systems und der erforderlichen Zeit ist durch die ausgezogenen Kurven in den Abb. 28a und 28b angegeben.

Die Konsolidierungszeit einer Tonprobe ist im Laboratorium durch einen Kompressionsversuch mit verhinderter Seitendehnung nach

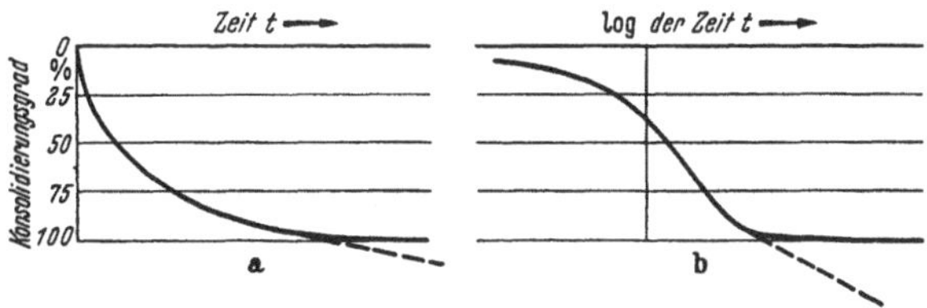

Abb. 28 a u. b. Zeit-Konsolidierungskurven. Die ausgezogenen Kurven gelten für das in Abb. 27 dargestellte Modell, die gestrichelten für eine Tonprobe mit ähnlichen Konsolidierungseigenschaften [b) nach A. CASAGRANDE]

Abschn. 13 zu ermitteln. Bis zu einem Konsolidierungsgrad von etwa 80% ist die Form der experimentellen Zeit-Konsolidierungskurven den Kurven des Feder-Kolbensystems sehr ähnlich. Anstatt jedoch in horizontale Asymptoten überzugehen, setzen sich die Kurven für Ton mit mäßiger Neigung fort, wie in Abb. 28 durch gestrichelte Linien angegeben ist. Die weitere Konsolidierung, die durch den vertikalen Abstand zwischen der ausgezogenen und der gestrichelten Kurve dargestellt ist, wird als *sekundärer Zeit-Effekt* bezeichnet. Er ist anscheinend auf eine allmähliche Angleichung der Bodenstruktur an die Spannung, sowie auf den Widerstand, den die Viskosität der adsorbierten Schichten gegen eine gegenseitige Verschiebung der Teilchen leistet, zurückzuführen. In dem Modellsystem von Kolben und Federn, für das die voll ausgezogenen Kurven gelten, ist der Konsolidierungsverzug dagegen allein durch den Widerstand gegen ein schnelles Entweichen des überschüssigen Wassers verursacht worden.

Die Ergebnisse von Kompressionsversuchen mit Tonproben haben einige einfache Beziehungen erkennen lassen. Für einen bestimmten Ton nimmt die zum Erreichen eines bestimmten Konsolidierungsgrades erforderliche Zeit proportional mit dem Quadrat der Schichtdicke zu. Für gleich dicke Schichten verschiedener Tone nimmt die zum Erreichen eines bestimmten Konsolidierungsgrades erforderliche Zeit direkt proportional mit dem Verhältnis m_v/k zu, worin m_v die Verdichtungsziffer nach Gl. (13.3) und k der Durchlässigkeitsbeiwert ist. Der Quotient

$$c_v = \frac{k}{m_v}\frac{1}{\gamma_w} \quad (\text{cm}^2/\text{sek}) \tag{14.2}$$

heißt *Verfestigungsbeiwert*. Mit kleiner werdender Porenziffer nehmen sowohl k als auch m_v schnell ab; das Verhältnis k/m_v bleibt jedoch innerhalb eines ziemlich großen Druckbereiches annähernd konstant. Für unterschiedliche Tone nehmen die Werte für c_v allgemein mit der Fließgrenze ab, wie im Diagramm Abb. 29 dargestellt ist. In dieser Auftragung stellen die Abszisse Werte für die Fließgrenze und die Ordinaten die zugehörigen Werte für den Verfestigungsbeiwert von ungestörten Tonproben unter Normaldrücken zwischen 1 und 4 kg/cm^2 dar. Das Bild zeigt, daß der Verfestigungsbeiwert für Tone bei gleicher Fließgrenze innerhalb weiter Grenzen streut.

Neuere experimentelle Untersuchungen haben gezeigt, daß die Größe des Verfestigungsbeiwertes [Gl. (14.2)] bei gleicher Anfangsporenziffer ε_0 mit zunehmender Größe der Belastungserhöhung, welche die Konsolidierung verursacht, zunimmt. Daher sollte bei Kompressionsversuchen, welche als Grundlage für die Ermittlung der Konsolidierungszeit einer Tonschicht unter dem Gewicht eines daraufgestellten Bauwerkes dienen sollen, die zusätzliche Belastung, welche auf die Probe aufgebracht wird, nachdem ein der Vorbelastung entsprechender Druck erreicht ist, von derselben Größenordnung sein wie die Bodenpressung in der Gründungssohle des Bauwerkes. Soweit dies allgemein durchgeführt wurde, sind keine wesentlichen Unstimmigkeiten zwischen dem berechneten und dem beobachteten Setzungsablauf bemerkt worden. Die in Abb. 29 angegebenen Werte von c_v sind mit Hilfe von Standardversuchen ermittelt worden.

Wenn der Druck in einer natürlichen Tonschicht vermindert wird, beispielsweise durch den Aushub eines Schachtes oder Tunnels, beginnt

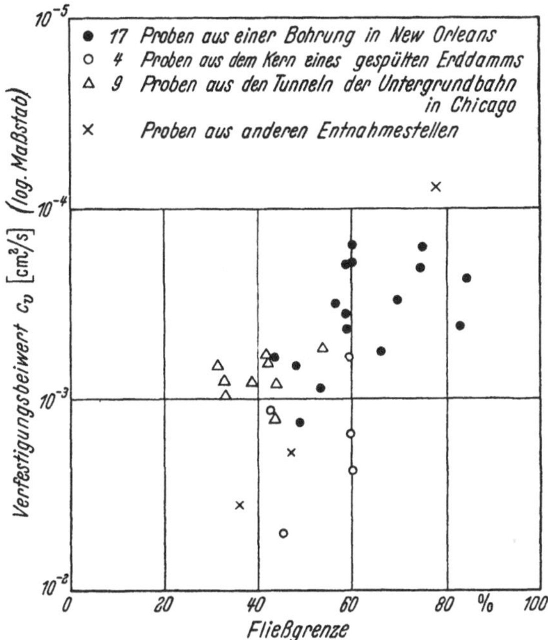

Abb. 29. Beziehung zwischen der Fließgrenze und dem Verfestigungsbeiwert für ungestörte Tonproben

die entsprechende Volumenvergrößerung des Tons gewöhnlich nicht vor einer Woche nach Beendigung des Aushubs. In einigen Fällen ist sogar beobachtet worden, daß die Konsolidierung solcher Schichten unter dem Einfluß von Auflasten erst einige Wochen nach Aufbringen der Last begann. Diese Verzögerungen in der Reaktion des Tons auf eine Spannungsänderung kann, wie der sekundäre Zeiteffekt und der Einfluß der Größe der Belastungserhöhung auf c_v, nicht mit Hilfe der einfachen mechanischen Vorstellungen erklärt werden, die der Konsolidierungstheorie zugrunde gelegt wurden. Ihre Merkmale und die Bedingungen für ihr Auftreten können nur durch Beobachtungen erforscht werden.

Die Konsolidierungstheorie dient trotz der weitgehenden Vereinfachungen, die sie enthält, einem praktischen Zweck, da sie wenigstens eine rohe Schätzung des zeitlichen Verlaufs der Setzungen infolge Konsolidierungsvorgängen auf der Grundlage der Ergebnisse von Laboratoriumsversuchen erlaubt. Aus diesem Grund wird die Theorie in Teil B, Abschn. 41 kurz dargelegt.

Aufgaben

1. Die Ergebnisse eines Kompressionsversuches mit einer Tonprobe von 1,8 cm Höhe zeigen, daß die Hälfte der Gesamtsetzungen in den ersten 5 Min. eintreten. Wie lange würde es unter gleichen Bedingungen für das Austreten des Porenwassers dauern, bis die Hälfte der Gesamtsetzungen eines Bauwerks auf einer 3,65 m dicken Schicht des gleichen Tons eintritt? (Der sekundäre Zeiteffekt soll vernachlässigt werden).

Antwort: 128 Tage.

2. Bei Ton A nimmt die Porenziffer unter einer Druckerhöhung von 1,2 auf 1,8 kg/cm² von 0,572 auf 0,505 ab. Bei derselben Druckzunahme nimmt die Porenziffer von Ton B von 0,612 auf 0,597 ab. Die Dicke der Probe A betrug das 1,5fache derjenigen von Probe B. Trotzdem war die Zeit, die für 50% der Setzungen benötigt wurde, für Probe B dreimal länger als für Probe A. Wie groß ist das Verhältnis der Durchlässigkeitskoeffizienten von A zu B?

Antwort: 31 zu 1.

3. Der Baugrund unter einem Bauwerk besteht aus einer dicken Sandablagerung, in die etwa in der Mitte eine 3,0 m dicke Schicht von weichem Ton eingelagert ist. Eine Laboratoriumsprobe des Tons, aus der das Wasser sowohl an der oberen als auch an der unteren Deckfläche austreten konnte, erreichte 80% der Endsetzungen in 1 Std. Die Probendicke betrug 25,4 mm. Wie lange benötigt die Tonschicht, um 80% ihrer Endsetzungen zu erreichen?

15. Die Scherfestigkeit der Erdstoffe

Einleitung. Wenn die Scherspannung in einem Bodenkörper einen gewissen kritischen Wert übersteigt, bricht der Körper. Je nach den Stütz- und Belastungsbedingungen kann der Bruch eine Rutschung, den Zusammenbruch einer Stützmauer oder das Versinken eines Fundaments in den Untergrund zur Folge haben. Da solche Vorgänge vermieden werden müssen, ist den für die Scherfestigkeit der Erdstoffe maßgebenden Faktoren seit über einem Jahrhundert große Aufmerksamkeit gewidmet worden.

Untersuchungsverfahren. Das einfachste, älteste und verbreitetste Verfahren zur Untersuchung der Scherfestigkeit des Bodens ist das als *direkter Scherversuch* oder einfach als *Scherversuch* bezeichnete Untersuchungsverfahren. Er wird mit Hilfe von *Scherbüchsen* nach Abb. 30 durchgeführt. Das Gerät besteht aus einem unteren, festen Rahmen und einem oberen, der in horizontaler Richtung bewegt werden kann. Die Probe befindet sich zwischen zwei porösen Steinen, die während der Konsolidierung wassergesättigter Proben den Austritt des Porenwassers ermöglichen. Die

Berührungsflächen zwischen der Probe und den porösen Steinen sind sägezahnartig gefurcht, um ein Gleiten zwischen der Probe und den Steinen während des Schervorganges zu verhindern.

Bevor die Probe abgeschert wird, bringt man eine vertikale Kraft p pro Flächeneinheit auf dem oberen Stein auf. Sowohl die Vertikalbelastung als auch die folgende Einwirkung der Scherkraft rufen eine Änderung des Porenvolumens der Probe hervor. Wenn die Poren der Probe mit Luft gefüllt sind, tritt diese Änderung zumeist sofort ein. Ist die Probe dagegen wassergesättigt, verzögert der Strömungswiderstand des Wassers in den Bodenporen die Änderung. Der Wassergehalt des Bodens im Augenblick des Bruches hängt vom Grad der Konsolidierung der Probe unter der vertikalen Belastung vor dem Aufbringen der Scherkraft, von der Durchlässigkeit des Bodens, von der Geschwindigkeit, mit der die Scherkraft zunimmt, und von der Möglichkeit, das Porenwasser abzugeben, ab. Die Versuche, mit denen der Einfluß dieser Faktoren auf das Verhältnis zwischen der Größe der Scherfestigkeit und der Größe der vertikalen Auflast festgestellt wird, sind als langsame Scherversuche, schnelle Scherversuche bei vollständiger Konsolidierung und Schnellversuche bekannt. Bei einem *langsamen Scherversuch* werden sowohl die vertikale Auflast als später auch die Scherkraft so langsam aufgebracht, daß selbst der Wassergehalt eines wassergesättigten Erdstoffs mit geringer Durchlässigkeit sich fast vollständig den Spannungsänderungen anpassen kann. Bei einem *schnellen Scherversuch bei vollständiger Konsolidierung* folgt auf die völlige Konsolidierung unter der vertikalen Last das Abscheren bei unverändertem Wassergehalt. Bei einem *Schnellversuch* bleibt der Wassergehalt der Probe während des Aufbringens sowohl der vertikalen Belastung als auch der Scherkraft praktisch unverändert.

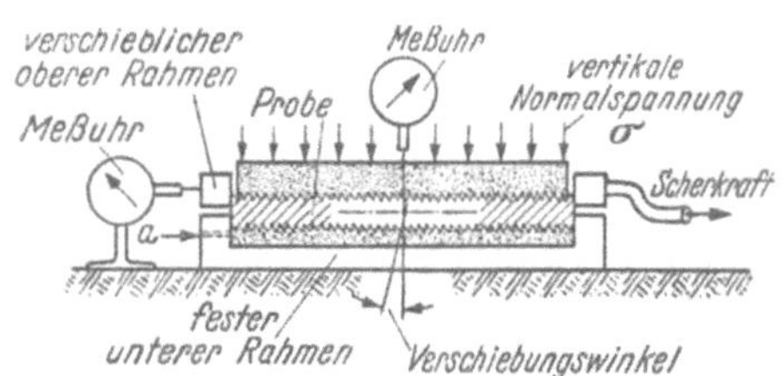

Abb. 30. Schergerät für direkte Abscherung

Mit dem Scherbüchsengerät nach Abb. 30 können Schnellversuche bei vollständiger Konsolidierung nur mit Tonproben durchgeführt werden, weil die anderen Erdstoffe so durchlässig sind, daß selbst eine sehr schnelle Spannungszunahme in der Probe zumindest eine erkennbare Änderung des Wassergehaltes nach sich zieht. Langsame Scherversuche können mit jedem Erdstoff durchgeführt werden. Die Konsolidierung der Proben unter der vertikalen Last wird mit einer Meßuhr beobachtet, welche die vertikale Bewegung des oberen porösen Steins zeigt, wie in Abb. 30 dargestellt ist. Während des Scherversuchs zeigt dieselbe Meßuhr an, ob die Scherkraft eine Zunahme oder eine Abnahme des Porenvolumens verursacht.

Die Scherkraft wird durch Zug am oberen Rahmen der Scherbüchse aufgebracht, wobei die entsprechende Verschiebung des oberen Rahmens gegenüber dem unteren gemessen wird. Während der Durchführung eines Versuches mit dem üblichen Scherbüchsengerät wird die Scherkraft ständig gesteigert. Wenn die Einrichtung so getroffen ist, daß die Kraft in bestimmten Zeitabständen gleichmäßig gesteigert wird, handelt es sich um ein *Schergerät mit gesteuerter Scherspannung*. Wenn anderseits die Verschiebung planmäßig gesteigert und die Zugkraft gemessen wird, welche für den Verschiebungszuwachs benötigt wird, handelt es sich um ein *Schergerät mit gesteuertem Scherweg*.

Mit zunehmender Verschiebung des oberen Rahmens wächst auch die für die Vergrößerung der Verschiebung notwendige Kraft und erreicht schließlich einen *Größtwert*. Dann nimmt sie gewöhnlich ab bis auf einen *Endwert*, wie die obere Kurve in Abb. 31b zeigt. Zuverlässige Angaben über die Beziehung zwischen der Scherspannung und der Verschiebung jenseits des Größtwertes können nur mit Schergeräten erzielt werden, die nach dem Prinzip des gesteuerten Scherweges arbeiten.

Praktisch weist das Scherbüchsengerät verschiedene ihm eigentümliche Nachteile auf. Die wichtigsten sind die Änderung der Größe der Scherfläche mit fortschreitendem Schervorgang, die ungleichmäßige Verteilung der Scherspannungen in der potentiellen Gleitfläche und die Geschwindigkeit, mit der der Wassergehalt wassergesättigter Proben sich bei vielen Bodenarten infolge der Spannungsänderung ändert.

Während die horizontale Verschiebung des oberen Rahmens zunimmt, wird die Berührungsfläche zwischen der oberen und der unteren Probenhälfte kleiner. Daher ist es selbst mit einem Schergerät mit gesteuerter Scherspannung nicht möglich, wirklich zuverlässige Angaben über die maximale Scherfestigkeit der Probe zu erhalten. Ferner tritt das Abscheren nicht an jedem Punkt der potentiellen Gleitfläche gleichzeitig ein. Es beginnt an den beiden Kanten und schreitet nach der Mitte zu fort. Aus diesem Grund ist der Größtwert der Scherfestigkeit, den der Versuch ergibt, kleiner als der wirkliche Größtwert. Diese beiden Mängel des Scherbüchsengerätes sind durch die Konstruktion von Ringschergeräten behoben worden, bei denen die Probe die Form eines Ringes hat [*15.1*].

Jedoch gestatten weder das Scherbüchsen- noch das Ringschergerät eine zuverlässige Durchführung von schnellen Scherversuchen mit voller Konsolidierung mit anderen Böden als Tonen. Um solche Versuche ohne die Gefahr grundsätzlicher Fehler durchführen zu können, müssen Dreiachsialdruckgeräte verwendet werden (s. Abschn. 16).

Die folgenden Ausführungen über die Beziehung zwischen Druck und Scherfestigkeit bei Erdstoffen gründen sich vorwiegend auf Ergebnisse von Versuchen mit Ringscher- und Dreiachsialdruckgeräten. Aus Gründen der Einfachheit werden die Ergebnisse jedoch so dargestellt, als ob sie mit Hilfe eines idealen Scherbüchsengerätes erzielt worden wären, das alle wünschenswerten Eigenschaften vollendeterer Geräte ohne ihre Nachteile besitzt. Wenn also die Ergebnisse von schnellen Scherversuchen mit voller Konsolidierung mit wassergesättigtem Sand beschrieben werden, sollte der Leser daran denken, daß die Ergebnisse in Wirklichkeit nur mit Hilfe von Dreiachsialversuchen erzielt werden können.

Scherfestigkeit von trockenem Sand. In Abb. 31 b sind als Ordinaten die Scherspannungen in der gedachten Scherfläche in einer Scherbüchsenprobe und als Abszissen die Verschiebungen des oberen Rahmens des in Abb. 30 dargestellten Gerätes gegenüber dem unteren aufgetragen. Wenn die Probe aus lockerem Sand besteht, nehmen die Scherspannungen mit wachsender Verschiebung zu, bis der Bruch eintritt (Kurve K_l). Der Versuch wird unter verschiedenen vertikalen Belastungen p wiederholt. Trägt man die bei Eintritt des Bruches bei den verschiedenen Versuchen vorhandenen Scherspannungen τ in Abhängigkeit von der Vertikalbelastung p auf, erhält man eine Gerade C_l nach Abb. 31 a. Für diese Gerade kann die Gleichung

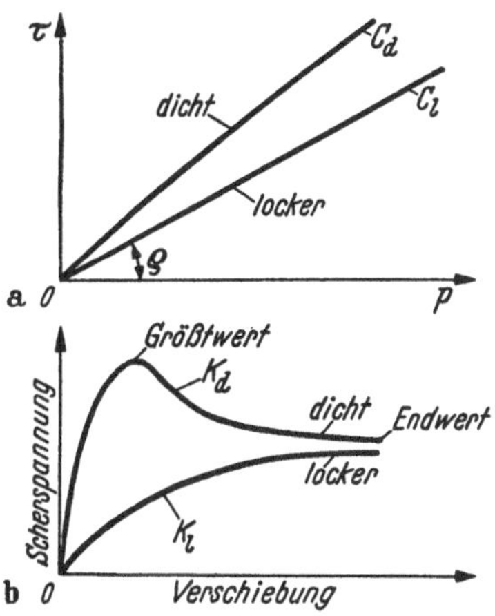

Abb. 31 a u. b. a) Ergebnisse von Scherversuchen mit Scherbüchsen bei Sand; b) Spannungs-Wegkurven bei Scherversuchen mit Scherbüchsen bei Sand (nach A. CASAGRANDE)

$$\tau = p \operatorname{tg} \varrho \qquad (15.1)$$

aufgestellt werden. Der Winkel ϱ heißt *Winkel der inneren Reibung* und tg ϱ ist der *Reibungsbeiwert.*

Wenn der Sand dicht gelagert ist, geht dem Bruch oder Abscheren der Probe eine Abnahme der Scherspannung von einem Größtwert auf einen Grenzwert voraus, der niedriger als der Größtwert ist. Dies ist durch die Kurve K_d in Abb. 31b dargestellt. Die Form der Kurve K_d läßt vermuten, daß eine Vergrößerung der Verschiebung über das dem Spannungshöchstwert entsprechende Maß hinaus von einer zunehmenden Zerstörung der Sandstruktur begleitet ist. Die Linie C_d in Abb. 31a stellt die Beziehung zwischen dem Druck und dem zugehörigen Höchstwert der Scherfestigkeit bei dichtem Sand dar. Im Gegensatz zur Linie C_l, die gerade ist, ist die Linie C_d leicht gekrümmt. Für praktische Zwecke kann die Krümmung jedoch vernachlässigt werden. Der mittlere Neigungswinkel der Linie C_d stellt den Winkel der inneren Reibung für einen dichten Sand dar.

Für denselben Sand nimmt der Winkel ϱ mit der relativen Dichte zu. Für lockeren Sand ist er annähernd gleich dem *natürlichen Böschungswinkel*, der als der Winkel zwischen der Horizontalen und der Böschung eines Haufens definiert wird, welcher aus lufttrocknem Sand aus geringer Höhe aufgeschüttet ist. Insofern kann für lockeren Sand die Größe von ϱ ohne Ausführung eines Scherversuches ermittelt werden. Repräsentative Werte für ϱ sind in Tab. 7 angegeben.

Die einzelnen Körner einiger Sande sind miteinander durch Spuren eines Bindemittels wie kohlensauren Kalk verbunden. Die Beziehung zwischen dem Normaldruck p und der Scherfestigkeit τ solcher Sande kann sowohl für den trockenen als auch für den feuchten Zustand angenähert durch folgende Gleichung ausgedrückt werden:

$$\tau = c + p \operatorname{tg} \varrho . \qquad (15.2)$$

Die Größe c heißt *Kohäsion* des Sandes. Sie ist allein von der Festigkeit der Bindungen zwischen den Sandteilchen abhängig und ist deshalb eine Konstante für den Sand. Unverkittete Sande haben im feuchten Zustand ebenfalls eine gewisse Kohäsion; da diese Kohäsion jedoch bei Überflutung verschwindet, wird sie *scheinbare Kohäsion* genannt.

Tabelle 7. Repräsentative Mittelwerte von ϱ für trockene Sande

	runde, gleichgroße Körner	eckige, gut abgestufte Körner
locker gelagert	28,5°	34°
dicht gelagert[1]	35°	46°

Bei verkitteten oder feuchten Sanden ist der Winkel der inneren Reibung ϱ nach Gl. (15.2) bei gleichem Porenvolumen annähernd gleich dem desselben Sandes im kohäsionslosen Zustand.

Scherfestigkeit von wassergesättigtem Sand. Die Spannungsänderung infolge der Verschiebung des oberen Rahmens der Scherbüchse verursacht eine Änderung der Porenziffer des Sandes. Erfahrungen haben gezeigt, daß die Änderung der Porenziffer durch das Abscheren sowohl von der vertikalen Auflast als auch von der relativen Dichte des Sandes abhängig ist. Bei sehr niedrigen Vertikaldrücken ist die Porenziffer beim Bruch größer und bei sehr hohen Vertikaldrücken ist sie kleiner als die Anfangsporenziffer, unabhängig davon, wie groß die relative Dichte des Sandes ist. Bei mittleren Vertikaldrücken verursacht die Scherkraft eine

[1] Mittel aus den Größtwerten bei Normaldrücken zwischen 0 und 3 kg/cm². Mit zunehmendem Normaldruck wird ϱ etwas kleiner, wie die Krümmung der Linie C_d in Abb. 31a zeigt.

Abnahme der Porenziffer bei lockeren Sanden und eine Zunahme der Porenziffer bei dichten Sanden. In wassergesättigten Sanden ist eine Abnahme der Porenziffer mit einem Ausquetschen von Porenwasser und eine Zunahme mit einer Wasseraufnahme verbunden. Die Volumenvergrößerung eines Erdstoffs durch das Abscheren bei gleichbleibendem Vertikaldruck wird als *Dilatation* bezeichnet.

Wenn der Gleichgewichtszustand eines großen Bodenkörpers aus wassergesättigtem Feinsand in einer Dammschüttung gestört ist, beispielsweise durch das schnelle Absenken des Spiegels einer benachbarten Wasserfläche, bleibt die Änderung des Wassergehaltes der Aufschüttung hinter der Änderung der Spannungen zurück, weil für das Abströmen des Wassers aus dem Inneren zur Oberfläche des Dammes Zeit benötigt wird. Bei gegebenen Abmessungen des Sandkörpers und für eine bestimmte Geschwindigkeit der Spannungsänderung nimmt die Verzögerung in der Anpassung des Wassergehaltes mit kleiner werdender Durchlässigkeit des Sandes zu.

Wenn die Verzögerung vernachlässigt werden kann, gleichen die Bruchbedingungen für den Sand in der Aufschüttung denjenigen bei einem langsamen Scherversuch mit einer wassergesättigten Probe. Wenn der Bruch dagegen eintritt, bevor der Wassergehalt der Aufschüttung sich wesentlich geändert hat, entsprechen die Bruchbedingungen denjenigen, die bei einem Schnellversuch mit Konsolidierung vorliegen. Infolgedessen liegen die Spannungsverhältnisse beim Scherbruch wassergesättigter Sandschüttungen wahrscheinlich zwischen denjenigen, die für den Widerstand wassergesättigter Proben gegen langsames Abscheren maßgebend sind, und denjenigen, welche den Widerstand gegen schnelles Abscheren mit voller Konsolidierung bestimmen.

Die Ergebnisse von langsamen Scherversuchen mit wassergesättigten Proben stimmen mit den Ergebnissen von Versuchen mit demselben Sand und gleicher relativer Dichte im trocknen Zustand überein, mit der Einschränkung, daß der Winkel ϱ für den wassergesättigten Sand in der Regel 1 bis 2° kleiner ist. Der aus langsamen Scherversuchen mit wassergesättigten Proben ermittelte Wert für ϱ ist mit ϱ_l bezeichnet (vgl. Abb. 32a und b).

Bei der Ausführung eines Schnellversuches mit voller Konsolidierung wird die Scherkraft so schnell gesteigert, daß das Abscheren eintritt, bevor der Wassergehalt sich der Spannungsänderung anzupassen beginnt. Der Einfluß dieses Faktors auf die Scherfestigkeit hängt davon ab, ob mit der Zunahme der Scherfestigkeit eine Tendenz zu einer Abnahme oder zu einer Zunahme der Porenziffer verbunden ist. Die Tendenz zu einer Abnahme der Porenziffer hat einen hydrostatischen Überdruck im Porenwasser zur Folge. Da ein solcher Überdruck einen Teil der auf die Probe wirkenden vertikalen Last trägt, ist der auf die Scherfläche wirkende effektive Vertikaldruck kleiner als der vertikale Gesamtdruck. Der Scherbruch der Probe tritt daher bei kleineren Scherspannungen ein als bei einer ähnlichen Probe, die einem langsamen Versuch unterworfen wird. Eine Tendenz der Probe zu einer Volumenvergrößerung hat die entgegengesetzte Wirkung.

Die in Abb. 32a voll ausgezogene Linie S_l gibt die Ergebnisse von langsamen Scherversuchen mit wassergesättigten lockeren Sandproben

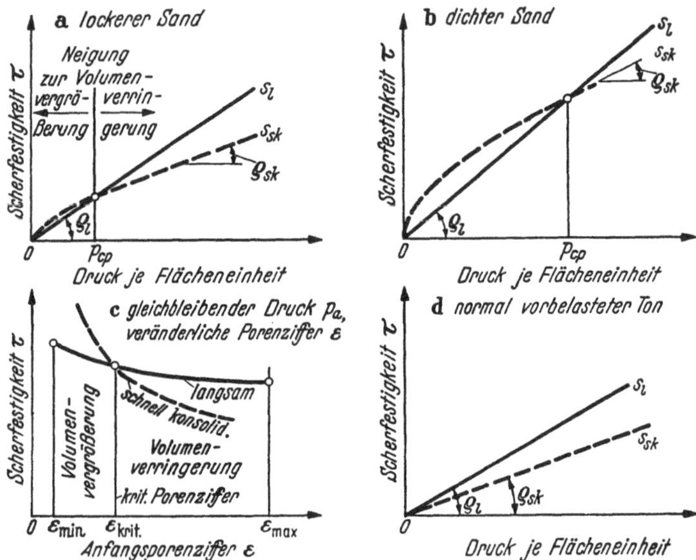

Abb. 32 a u. b. Ergebnisse von langsamen bzw. von schnellen Scherversuchen mit konsolidierten Proben von wassergesättigtem lockerem bzw. dichtem Sand; c) Beziehungen zwischen der Scherfestigkeit τ und der Anfangsporenziffer ε für wassergesättigte Sandproben nach Konsolidierung unter einem bestimmten Vertikaldruck p_a; d) Ergebnisse von langsamen und von schnellen Scherversuchen mit konsolidierten Proben bei normal vorbelastetem Ton (nach A. CASAGRANDE)

wieder und die gestrichelte Kurve S_{sk} diejenigen von Schnellversuchen bei voller Konsolidierung mit gleichen Proben. Bei sehr niedrigem Vertikaldruck verursachen die Scherspannungen häufig eine Volumenvergrößerung der Probe, während sie bei hohen Drücken eine Volumenverringerung verursachen. Aus diesem Grund schneidet die Linie S_{sk} die Linie S_l. Bei dem Druck p_{cp} hat die Schergeschwindigkeit keinen Einfluß auf die Scherfestigkeit.

In Abb. 32b sind die Ergebnisse ähnlicher Versuche mit wassergesättigten dichten Sandproben dargestellt. Der Wert von p_{cp} ist für dichten Sand weitaus größer als für lockeren Sand; aber grundsätzlich stimmen die beiden Diagramme der Abb. 32a und b überein. In beiden Diagrammen nimmt die Neigung der gestrichelten Kurve S_{sk} sehr schnell ab und die Kurven gehen in Gerade mit dem Neigungswinkel ϱ_{sk} über. Der Winkel ϱ_{sk} heißt *Winkel der inneren Reibung für Schnellversuche mit voller Konsolidierung*. Die wenigen gegenwärtig zur Verfügung stehenden Versuchsergebnisse lassen darauf schließen, daß der mittlere Wert für ϱ_{sk} annähernd $^2/_3\,\varrho_l$ beträgt, und es ist kaum anzunehmen, daß er kleiner als $^1/_2\,\varrho_l$ sein kann. Eine plötzliche Erschütterung kann eine wassergesättigte Sandmasse mit geneigter Oberfläche zeitweilig in ein halbflüssiges Material verwandeln, das ausfließt, als ob sein Winkel der inneren Reibung fast Null betragen würde. Diese Vorgänge haben jedoch mit den hier besprochenen Fragen nichts zu tun, weil sie durch eine plötzliche Zunahme des Porenwasserdruckes bei unveränderten Belastungsverhältnissen ausgelöst werden. In keinem Fall ist ein derartiger Porenwasserdruckanstieg während eines Scher- oder Dreiachsialdruckversuches beobachtet worden. Die Verhältnisse, welche zu Vorgängen dieser Art führen, sind in Abschn. 17 behandelt.

In Abb. 32c sind auf der Abszisse die Porenziffern wassergesättigter Proben nach vollständiger Konsolidierung unter einem bestimmten Vertikaldruck p_a aufgetragen, auf den Ordinaten die Scherfestigkeiten der Proben. Die schwach gekrümmte Kurve gibt die Ergebnisse von langsamen Versuchen wieder und die gestrichelte Kurve diejenigen von Schnellversuchen mit voller Konsolidierung, welche unter dem gleichen Vertikaldruck p_a durchgeführt wurden. Für dichte Sande mit niedrigen Anfangsporenziffern sind die Scherfestigkeitswerte bei Schnellversuchen mit voller Konsolidierung größer als die entsprechenden Werte bei langsamen Versuchen. Für lockere Sande mit hohen Anfangsporenziffern sind sie kleiner. Bei einer Porenziffer $\varepsilon_{\text{krit}}$ sind die Werte für den langsamen und den Schnellversuch mit voller Konsolidierung gleich. Der Wert $\varepsilon_{\text{krit}}$ heißt die *kritische Porenziffer* für den Vertikaldruck p_a. Bei der kritischen Porenziffer hat die Geschwindigkeit des Aufbringens der Scherspannung keinen Einfluß auf die Scherfestigkeit. Bei niedrigen Vertikaldrücken p_a ist diese Bedingung selbst bei lockeren Sanden erfüllt (Abb. 32a), während bei hohen Vertikaldrücken die relative Dichte groß sein muß (Abb. 32b). Hieraus geht hervor, daß die kritische Porenziffer mit zunehmenden Werten von p_a abnimmt.

In allen wassergesättigten Proben, auf die sich die Abb. 32a bis c beziehen, war der Anfangs-Porenwasserdruck p_w geringfügig. Das bedeutet, daß der Anfangsnormaldruck p auf die potentielle Scherfläche ein effektiver Druck war. Wenn eine Sandmasse in größerer Tiefe unter dem Wasserspiegel liegt, kann der Anfangs-Porenwasserdruck p_w nicht außer Ansatz bleiben. Unter diesen Umständen muß der Wert p in Gl. (15.1) ersetzt werden durch $p - p_w$; damit ist

$$\tau = (p - p_w)\,\mathrm{tg}\,\varrho\,, \tag{15.3}$$

worin p der gesamte Normaldruck auf die Scherfläche ist. Die in Abb. 32a und b dargestellten Beziehungen bleiben unverändert, vorausgesetzt, daß als Abszissen die Werte $p - p_w$ aufgetragen werden.

Der Porenwasserdruck p_w in Gl. (15.3) kann auch durch das schnelle Aufbringen einer Auflast erzeugt werden. Die Wirkung einer solchen Maßnahme auf die Scherfestigkeit kann mit Hilfe eines Schnell-Scherversuches mit plötzlicher Erhöhung des auf die Probe wirkenden Druckes von p auf $p + \Delta p$ und anschließendem schnellem Abscheren untersucht werden. Die Vergrößerung der Belastung um Δp bei konstantem Wassergehalt der Probe läßt den Porenwasserdruck vor dem Aufbringen der Scherkraft von Null auf $p_w = \Delta p$ anwachsen. Entsprechend der durch Gl. (15.3) ausgedrückten Beziehung ist das Ergebnis eines solchen Versuches das gleiche, als wenn die Belastung der Probe unverändert geblieben wäre.

Als Beispiel für die praktische Bedeutung dieser Beziehungen sollen die Bedingungen für die Standsicherheit von Böschungen aus wassergesättigtem Feinsand gegenüber Rutschungen betrachtet werden. Die Scherfestigkeit von wassergesättigtem Sand hängt nicht nur vom Winkel der inneren Reibung und vom Gewicht des über der potentiellen Rutschfläche liegenden Sandes ab, sondern auch von der relativen Dichte des Sandes und der Geschwindigkeit, mit der die Scherspannungen zunehmen.

Die häufigste Ursache für eine Zunahme der Scherspannungen in wassergesättigten Sanden ist die Absenkung des Wasserspiegels einer Wasserfläche neben der einen oder neben beiden Böschungen von Sandschüttungen. Entsprechend den in Abb. 32 wiedergegebenen Beziehungen, hängt die Standsicherheit der Böschungen nach dem Absenken von der Lagerungsdichte des Sandes und der Absenkgeschwindigkeit ab. Wenn das Absenken langsam erfolgt, paßt sich die Porenziffer des Sandes den Spannungsänderungen an und die Scherfestigkeit des Sandes entspricht den ϱ-Werten der Tab. 7, die etwas abgemindert sind, da nach der Absenkung ein Zustand der teilweisen Wassersättigung eingetreten ist. Wenn die Absenkung dagegen schnell erfolgt, bleibt der Wassergehalt des Sandes praktisch unverändert. Infolgedessen ist die Scherfestigkeit des Sandes durch die aus Schnellversuchen mit voller Konsolidierung ermittelten Werte bestimmt, welche durch die gestrichelte Kurve in Abb. 32c dargestellt werden. Wenn die Porenziffer der Sandschüttung über dem kritischen Wert liegt, ist die Scherfestigkeit aus dem Schnellversuch mit voller Konsolidierung niedriger als der entsprechende Wert aus dem langsamen Scherversuch. Im anderen Fall ist sie höher. Es ist daher zu empfehlen, Sandschüttungen, die zeitweilig oder dauernd wassergesättigt sein können, so gut wie möglich zu verdichten.

Scherfestigkeit von Schluff und schluffigem Sand. Die Beziehungen zwischen Normaldruck und Scherfestigkeit bei Schluff und schluffigem

Sand sind denen für reinen Sand nach Abb. 32a bis c ähnlich. Die aus langsamen Scherversuchen ermittelten ϱ_l-Werte streuen zwischen etwa 27° bis 30° für den lockeren und 30° bis 35° für den dichten Zustand. Diese Werte sind fast ebensogroß wie diejenigen für Sand.

Infolge der relativ geringen Durchlässigkeit der Schluffe und schluffigen Sande werden wassergesättigte Erdstoffe dieser Art im Gelände im allgemeinen unter Bedingungen abscheren, die denjenigen gleichen, unter denen Schnellversuche mit voller Konsolidierung durchgeführt werden. Die Ergebnisse von Schnellversuchen mit voller Konsolidierung mit Sanden sind in Abb. 32a bis c durch die gestrichelten Linien dargestellt. Der Verlauf der entsprechenden Kurven für Schluff und schluffigen Sand ist im allgemeinen weniger ausgeprägt, da die Volumenzunahme des Schluffes gewöhnlich weniger deutlich ist als die des Sandes mit gedrungenen Körnern. Die Beziehung zwischen dem Druck und dem Größtwert der Scherfestigkeit beim Schnellversuch mit voller Konsolidierung kann angenähert durch die Gleichung

$$\tau = p \operatorname{tg} \varrho_{sk} \tag{15.4}$$

wiedergegeben werden. Hierin ist p der Druck auf die Scherfläche vor dem Aufbringen der Scherkraft, und ϱ_{sk} ist der Neigungswinkel des geraden Teils der gestrichelten Linien (Abb. 32a und b), welche die Ergebnisse von Schnellversuchen mit voller Konsolidierung darstellen. Da die Anfangstangenten an diese Linien unter einem größeren Winkel als ϱ_{sk} geneigt sind, sind die wahren Werte von τ größer als die durch die Gleichung angegebenen. Wenn vor dem Aufbringen der Scherkraft der Porenwasserdruck in dem der Scherfläche benachbarten Boden gleich p_w ist, muß Gl. (15.4) ersetzt werden durch

$$\tau = (p - p_w) \operatorname{tg} \varrho_{sk}\,. \tag{15.5}$$

Die Größe des Winkels ϱ_{sk} kann in manchen Fällen nur 17° betragen; häufig sind Werte zwischen 20° und 22°. Genauere Angaben stehen noch nicht zur Verfügung.

Scherfestigkeit von gestörtem Ton. Wenn der Anfangswassergehalt eines durchgekneteten Tons nahe bei der Fließgrenze liegt, nimmt seine Scherfestigkeit sowohl beim langsamen als auch beim Schnellversuch mit voller Konsolidierung direkt proportional zum Vertikaldruck auf die Scherfläche zu, wie in Abb. 32d dargestellt ist. Da die die Ergebnisse des Schnellversuches mit voller Konsolidierung darstellende gestrichelte Linie S_{sk} vollständig unter der Linie S_l des langsamen Scherversuches liegt, kann der Schluß gezogen werden, daß die Volumenvergrößerung normal vorbelasteter gestörter Tone selbst bei sehr kleinen Drücken geringfügig ist. Beide Linien S_l und S_{sk} sind gerade. Daher kann die Beziehung zwischen Druck und Scherfestigkeit durch die folgenden Gleichungen exakt ausgedrückt werden:

langsame Scherversuche $\tau = p \operatorname{tg} \varrho_l$ (15.6)

Schnellversuche mit voller Konsolidierung $\tau = p \operatorname{tg} \varrho_{sk}$. (15.7)

Die Größe von ϱ_l und ϱ_{sk} liegt innerhalb der folgenden Grenzen:

$$\varrho_l = 28^\circ \text{ bis } 30^\circ \text{ (in Ausnahmefällen bis zu } 20^\circ)$$

$$\varrho_{sk} = 14^\circ \text{ bis } 20^\circ \text{ (in Ausnahmefällen bis zu } 12^\circ).$$

In Abb. 33 entspricht die Gerade OB der Geraden S_l in Abb. 32d. Sie stellt die Beziehung zwischen dem Vertikaldruck und der Scherfestigkeit für einen normal vorbelasteten Ton dar, der einem langsamen Scherversuch unterworfen wurde. Sie schließt mit der Horizontalen den Winkel ϱ_l ein. Die Linie BD stellt die Ergebnisse von langsamen Scherversuchen mit Proben dar, die unter einem Druck p' vorverdichtet worden sind und dann unter einem kleineren Vertikaldruck p schwellen konnten. Die Scherfestigkeit einer Probe, die vollständig entlastet wurde, wird durch die Ordinate c des Punktes D dargestellt. Der Wert c wird im allgemeinen als die Kohäsion des Tons angesehen. Im Gegensatz zur Kohäsion c eines verkitteten Sandes [Gl. (15.2)] ist die Kohäsion eines Tons jedoch keine Bodenkonstante. Sie wird mit zunehmenden Vorbelastungsdrücken p' größer.

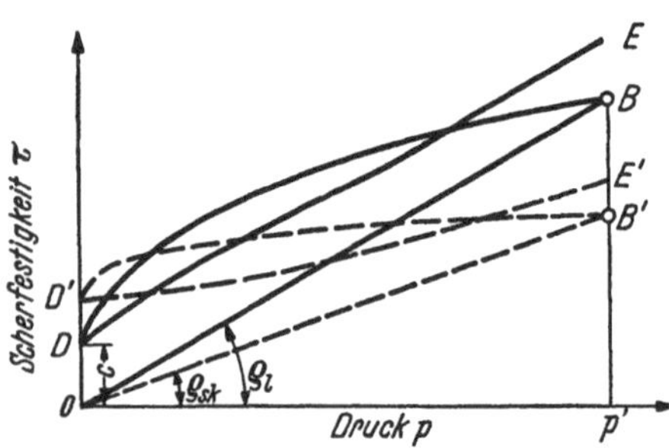

Abb. 33. Ergebnisse von Scherversuchen mit vorverdichtetem, durchgeknetetem Ton. Die ausgezogenen Linien gelten für langsame Versuche, die gestrichelten für Schnellversuche mit konsolidierten Proben

Die Linie DE in Abb. 33 stellt die Abhängigkeit der Werte des langsamen Scherversuches vom Normaldruck für einen Ton dar, der zunächst unter der Auflast p' konsolidiert war, dann bei vollständiger Entlastung schwellen konnte und schließlich unter einem Druck p, der kleiner als p' war, konsolidierte und einem langsamen Scherversuch unterworfen wurde. Diese Linie steigt bei D unter einem Winkel auf, der etwas kleiner als ϱ_l ist, aber sie nähert sich mit zunehmendem Druck p der Verlängerung der Linie OB.

Die Lage der Linie BD in Abb. 33 in bezug auf OB läßt erkennen, daß ein Teil der durch die Konsolidierung unter dem Druck p' erzeugten Scherfestigkeit die Entlastung überdauert hat. Dies scheint auf die verkittende Wirkung des adsorbierten Wassers zurückzuführen zu sein. Die Konsolidierung des Tons erfolgt gleichzeitig mit dem Auspressen des freien und nahezu freien Wassers; die Menge des adsorbierten Wassers bleibt jedoch fast unverändert. Die Vorverdichtung ändert also nichts an der Menge des Bindemittels pro Raumeinheit der Festmasse. Mit kleiner werdendem Porenvolumen wird jedoch der Kontakt zwischen den Körnern enger und die Festigkeit der verkitteten Bodenmasse nimmt beträchtlich zu. Die Vorverdichtung eines Sandes hat zwar ebenfalls eine dauernde Verringerung des Wassergehaltes zur Folge; die Menge des im Sand enthaltenen adsorbierten Wassers ist jedoch geringfügig, und infolgedessen ist auch der Einfluß der Vorverdichtung auf die Scherfestigkeit geringfügig. Wenn man die in Abb. 33 wiedergegebene Versuchsreihe mit Sand wiederholen würde, würde sich ergeben, daß die Linien BD und DE praktisch mit OB zusammenfallen.

Infolge des Einflusses der Vorverdichtung auf die Scherfestigkeit von Tonen sind die Diagramme über die Abhängigkeit zwischen der Porenziffer und der Scherfestigkeit den Druck-Porenzifferdiagrammen sehr ähnlich. In beiden Diagrammen wird der Einfluß der Ent- und Wiederbelastung in einer Hysteresisschleife dargestellt.

Die gestrichelten Linien in Abb. 33 geben die Scherfestigkeit bei Schnellversuchen mit voller Konsolidierung von normal vorbelasteten und vorverdichteten Proben desselben Tons wieder. Auffallend ist, daß die Neigung des rechten Teils der Linie $B'D'$ sehr gering ist. Dies hängt mit der Tatsache eng zusammen, daß die Neigung der Entlastungskurve BC in Abb. 21a ebenfalls sehr gering ist. Man erkennt hieraus, daß ein erheblicher Teil der Last p' entfernt werden kann, ohne daß die Scherfestigkeit des Tons bei schnellem Abscheren im konsolidierten Zustand wesentlich beeinträchtigt wird.

Wenn die Belastung einer Probe bei irgendeinem Zustand, der durch die Linie $OB'D'E'$ in Abb. 33 dargestellt ist, schnell von p auf $p + \Delta p$ erhöht wird und wenn unmittelbar nach der Erhöhung schnell abgeschert wird, stellt dies einen Schnellversuch dar. Die Ergebnisse eines solchen Versuches zeigen, daß die Scherfestigkeit gleich dem der Größe p entsprechenden Wert aus dem Schnellversuch mit voller Konsolidierung ist, ohne Rücksicht darauf, wie groß Δp gewählt wurde. Der Grund für dieses Ergebnis ist bei der Behandlung der Scherfestigkeit der wassergesättigten Sande dargelegt worden.

Bei den bisherigen Betrachtungen haben wir uns ausschließlich mit den Größtwerten der Scherfestigkeit befaßt. Auf den Scherbruch folgt jedoch sowohl bei normal vorbelasteten als auch bei überverdichteten Tonen eine Abnahme der Scherfestigkeit bis zu einem Endwert, wie in Abb. 31b durch die Kurve K_d für dichten Sand gezeigt worden ist. Das Verhältnis zwischen dem Maximalwert und dem Endwert schwankt bei langsamen Versuchen zwischen etwa 2,5 für hochplastische Tone bis etwa 1,4 für schluffige Tone. Infolge Thixotropiewirkungen ist dieses Verhältnis bei Versuchen, bei denen die Scherspannungen sehr langsam erhöht werden, etwas höher. Davon abgesehen, beträgt der niedrigste Endwert für ϱ_l, über den berichtet worden ist, etwa 7°. Er war bei einem hochplastischen Ton ($w_f = 126\%$, $w_{fa} = 90\%$) festgestellt worden. Das Verhältnis zwischen dem Größt- und dem Endwert scheint bei demselben Ton bei schnellem Abscheren mit voller Konsolidierung beträchtlich größer zu sein als bei langsamem Abscheren; es sind jedoch noch nicht genügend Daten gesammelt worden, um Zahlenwerte nennen zu können.

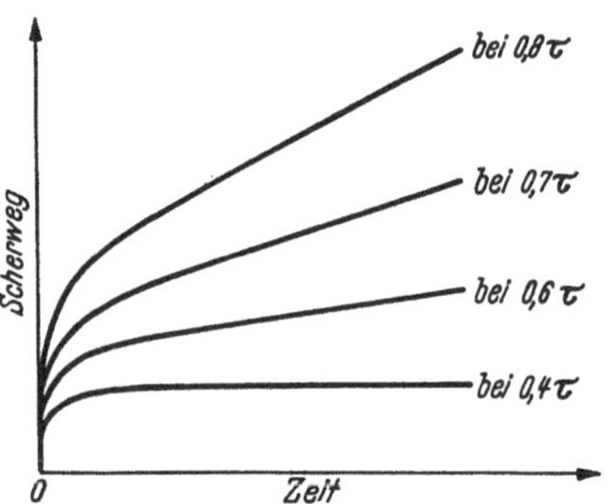

Abb. 34. Zeit-Scherwegkurven für Tonproben bei konstanten Scherspannungen verschiedener Größe

Sobald die Scherspannung in einem Ton etwa halb so groß wie der Größtwert wird, neigt der Ton dazu, bei konstanter Scherspannung zu „kriechen". Mit anderen Worten, die Zeit-Scherwegkurven (Abb. 34) gehen in geneigte und nicht in horizontale Tangenten über. Die Neigung dieser Tangenten und das entsprechende Maß des Kriechens wächst mit der Größe der konstanten Scherspannungen.

Scherfestigkeit von Tonschüttungen. In der Baupraxis werden gestörte Tone als Baumaterial für Staudämme, Straßendämme und Aufschüttungen verwendet. Während der Bauausführung bleibt der Wassergehalt des Tons praktisch unverändert. Daher entspricht die Scherfestigkeit dieser Tone unmittelbar nach dem Einbau derjenigen, die durch Schnellversuche ermittelt wurden, wobei die Proben einen Wassergehalt haben müssen, der demjenigen des Tons im fertigen Damm unmittelbar nach Beendigung des Einbaues gleich ist. Wenn der Ton wassergesättigt ist, sind die Werte aus dem Schnellversuch vom Normaldruck auf den Ton unabhängig, wie oben dargelegt wurde. Wenn er dagegen Luft enthält, nimmt die Scherfestigkeit τ mit der Normalspannung p zu. Die Beziehung zwischen diesen beiden Größen kann etwa durch die Gleichung ausgedrückt werden

$$\tau = c + p \operatorname{tg} \varrho_a . \tag{15.8}$$

Die Kohäsion c hängt von der Anfangskonsistenz des Tons ab und ϱ_a von der Zusammendrückbarkeit und dem Luftgehalt. Für einen vollkommen wassergesättigten Ton ist $\varrho_a = 0$ und für einen ziemlich trockenen Ton wird ϱ_a etwa 30° betragen.

Praktisch schließt die Ermittlung von c und ϱ_a mit Hilfe von Schnellscherversuchen einige Unsicherheiten ein, die vor allem darauf zurückzuführen sind, daß der Bruch im Feld progressiv erfolgt. Dieses Phänomen und seine Folgen werden in den folgenden beiden Unterabschnitten behandelt.

Scherfestigkeit natürlicher Tonschichten. Die Beziehungen zwischen dem Druck und der Scherfestigkeit bei ungestörten Proben aus natürlichen Tonschichten sind den entsprechenden Beziehungen bei vorverdichteten Proben des gleichen Tons im gestörten Zustand sehr ähnlich. Allerdings ist für eine bestimmte Vorbelastung und eine bestimmte Belastung das Verhältnis zwischen dem Höchstwert und dem Endwert der Scherfestigkeit bei ungestörten Proben gewöhnlich höher als bei gestörten Proben desselben Tons.

Ein Scherbruch in einer natürlichen Tonschicht kann entweder durch eine Ausschachtung oder durch das Aufbringen einer örtlichen Belastung, wie beispielsweise durch ein Bauwerk oder eine Aufschüttung, verursacht werden. Um den Sicherheitsgrad einer Böschung im Ton gegen Rutschen oder einer aufgebrachten Belastung gegen Grundbruch berechnen zu können, ist es notwendig, den Scherwiderstand in einer potentiellen Rutschfläche zu ermitteln.

Vor Baubeginn ist der Ton unter dem effektiven Gewicht des oberhalb der gedachten Rutschfläche befindlichen Bodens vollständig konsolidiert. Während des Bauvorganges bleibt der Wassergehalt unverändert. Es ist daher üblich anzunehmen, daß die Scherfestigkeit des Tons in jedem beliebigen Punkt der Rutschfläche annähernd gleich dem Größtwert ist, der durch einen Schnellversuch mit voller Konsolidierung bei einer ungestörten Probe ermittelt wurde. Hierbei wurde die Probe an dem betreffenden Punkt entnommen und nach Konsolidierung unter einem der ursprünglichen effektiven Auflast entsprechenden Vertikaldruck untersucht.

Während des Konsolidierungsvorganges im Laboratorium nimmt der Wassergehalt des Tons jedoch bis unter den natürlichen Wassergehalt ab (s. Abb. 22a). Infolgedessen nimmt die Scherfestigkeit zu. Um diesen Fehler auszugleichen, werden die Laboratoriumswerte des Schnellscherversuches mit voller Konsolidierung in Abhängigkeit von der Porenziffer aufgetragen. Mit Hilfe des so erhaltenen Diagramms wird die dem natürlichen Wassergehalt entsprechende Scherfestigkeit durch Extrapolieren bestimmt.

Nachdem der Größtwert der Scherfestigkeit für eine ausreichende Anzahl repräsentativer Proben ermittelt worden ist, kann der gesamte Widerstand gegen Rutschen in der zu untersuchenden Fläche berechnet werden. Bei der Anwendung dieses Verfahrens auf die Ermittlung des Scherwiderstandes von tatsächlich gerutschten Tonschichten fand man jedoch, daß der wirkliche mittlere Scherwiderstand in solchen Fällen stets viel kleiner ist als der auf Grund der Versuchsergebnisse errechnete

Wert. Dieser auffallende Widerspruch wird gewöhnlich auf den Einfluß des progressiven Bruches zurückgeführt.

Der Ausdruck *progressiver Bruch* weist auf das Fortschreiten des Bruches über die potentielle Scherfläche von einem Punkt oder einer Linie bis zu den Grenzen dieser Fläche hin. Während die Spannungen im Ton an den Grenzen der Fläche sich dem Höchstwert nähern, hat die Scherfestigkeit des Tons in dem Bereich, in dem der Bruch begonnen hat, schon den viel kleineren Endwert erreicht. Aus diesem Grund ist der gesamte Scherwiderstand, welcher in einer Rutschfläche wirkt, im Augenblick des vollständigen Bruches wesentlich kleiner als der auf Grund der Höchstwerte errechnete Scherwiderstand.

Der Bruch beginnt, sobald die Scherspannung an einem Punkt der potentiellen Rutschfläche gleich dem Größtwert des Scherwiderstandes des Tons an diesem Punkt wird. Theoretisch müßte es also möglich sein, den Sicherheitsgrad gegen beginnendes Rutschen dadurch zu berechnen, daß man die Scherspannungen an verschiedenen Punkten der potentiellen Rutschfläche mit den versuchsmäßig bestimmten Größtwerten des Scherwiderstandes an diesen Punkten vergleicht. Da solche Berechnungen sich notwendigerweise auf die Annahme gründen, daß der Boden vollkommen elastisch sei, wird dieses Verfahren als *Elastizitätsverfahren* bezeichnet. Das Elastizitätsverfahren kann jedoch für praktische Zwecke nicht empfohlen werden, weil die Berechnung der Scherspannung im natürlichen Boden bestenfalls unzuverlässig ist (s. Abschn. 52). Das Verhältnis zwischen der Größe des Scherwiderstandes, der aus den Größtwerten errechnet wird, und dem Scherwiderstand gegen progressiven Bruch in einer potentiellen Rutschfläche ist noch nicht bekannt. Es ist auch zweifelhaft, ob dieses Verhältnis einen konstanten Wert hat.

Der Sicherheitsgrad kann für den endgültigen Zustand eher noch als der für den beginnenden Bruch mit Hilfe des *Plastizitätsverfahrens* berechnet werden. Dieses Verfahren geht von der Beobachtung aus, daß die durchschnittliche Scherspannung in Rutschflächen in natürlichen, weichen Tonschichten im Augenblick des Bruches stets etwas niedriger als die Hälfte der durchschnittlichen Zylinderdruckfestigkeit q_u des Tons ist. Die wahrscheinlichen physikalischen Ursachen für diese Beziehung werden in Abschn. 17 besprochen. Bis überzeugende Beweise dafür vorliegen, daß das Elastizitätsverfahren sowohl brauchbarer als auch zuverlässiger als das Plastizitätsverfahren ist, sollten Berechnungen zur Ermittlung des Sicherheitsgrades gegen Rutschen einer Böschung in weichem Ton immer nach dem Plastizitätsverfahren durchgeführt werden. Die durchschnittliche Scherfestigkeit sollte bei leicht gestörten Tonproben zu 0,5 q_u und bei ungestörten Proben zu einem etwas kleineren Wert als 0,5 q_u angenommen werden.

Zusammenfassung über die Verfahren zur Ermittlung der Scherfestigkeit der Erdstoffe im Feld. Die Ergebnisse von Scherversuchen mit wassergesättigten Erdstoffen hängen weitgehend von der Geschwindigkeit ab, mit der die Scherkraft gesteigert wird, von den Abmessungen der Proben und von anderen Einzelheiten der Versuchsdurchführung. Deshalb sollten in jeder Veröffentlichung und in jedem Bericht über Ergebnisse von Scherversuchen alle wesentlichen Einzelheiten der Versuchsdurchführung vollständig beschrieben werden. Andernfalls können die Angaben zu grundsätzlich falschen Schlußfolgerungen führen.

Der Winkel der inneren Reibung ϱ eines absolut kohäsionslosen, lokkeren und trockenen Sandes ist annähernd gleich dem natürlichen Böschungswinkel. Bevor der natürliche Böschungswinkel ermittelt wird, muß der Sand in einem Ofen getrocknet werden, weil die erhaltenen Werte sonst zu hoch sind. Der Winkel der inneren Reibung ϱ eines bestimmten Sandes ist, wenn er unter einem Druck bis zu 2 kg/cm^2 gleichmäßig verdichtet wurde, um 5° bis 10° höher als sein natürlicher Böschungswinkel. Wenn man dies berücksichtigt, kann die Größe von ϱ solcher Sande ohne Scherversuche angenähert geschätzt werden. Genauere Werte werden in der Praxis selten benötigt.

Der Winkel der inneren Reibung ϱ_l eines vollständig überfluteten Sandes ist etwa 1° bis 2° kleiner als der desselben Sandes bei gleicher relativer Dichte, jedoch im vollkommen trockenen Zustand. Wenn ein überfluteter Sand jedoch sehr locker ist, kann er durch eine kleine Erschütterung in einen halbflüssigen Zustand übergehen (s. Abschn. 17). Das Vorhandensein einer solchen Gefahr kann durch Scherversuche nicht aufgedeckt werden, Erfahrungen zeigen jedoch, daß sie ernstlich besteht. Daher sollten Sandschüttungen, die zeitweilig wassergesättigt sein können, und dicke Schichten von lockerem Sand, die sich im Baugrund unter geplanten Gründungen befinden, durch geeignete Mittel verdichtet werden.

Die Schereigenschaften von schluffigem Sand und von Schluff ähneln denen der sehr feinen Sande. Infolge der relativ geringen Durchlässigkeit dieser Erdstoffe treten Scherbrüche in wassergesättigten Schichten aus solchen Bodenarten in der Regel unter Bedingungen ein, die den Versuchsbedingungen bei Schnellversuchen mit voller Konsolidierung im Laboratorium gleichen. Die Größe des entsprechenden Winkels der inneren Reibung ϱ_{sk} liegt gewöhnlich zwischen 20° und 22°. In Ausnahmefällen können diese Werte bis zu 17° heruntergehen.

Zur Ermittlung des Scherwiderstandes eines in einer Aufschüttung einzubauenden Tons können Schnellversuche durchgeführt werden. Für ein gegebenes Schüttmaterial hängen die Ergebnisse in erster Linie von der Anfangskonsistenz und dem Luftgehalt ab. Unbekannt ist jedoch noch der Einfluß des progressiven Bruches auf den durchschnittlichen

Scherwiderstand der fertiggestellten Tonschüttung. Die Unterschiede zwischen dem physikalischen Zustand der Proben im Laboratorium und demjenigen des Tons innerhalb der Aufschüttung nach dem Einbau sind eine weitere Quelle der Unsicherheit, und schließlich lassen auch die Versuchsergebnisse noch einen weiten Spielraum für ihre Ausdeutung. Das Verfahren muß daher noch mit allem Vorbehalt angewendet werden.

Für die Berechnung des Sicherheitsgrades gegen Rutschen von Böschungen in natürlichen Tonschichten ist das Plastizitätsverfahren zu empfehlen. Es geht von der Beobachtung aus, daß der durchschnittliche Scherwiderstand innerhalb der Rutschflächen in weichen natürlichen Tonschichten annähernd gleich dem halben Wert der durchschnittlichen Zylinderdruckfestigkeit von nahezu ungestörten Tonproben ist, die im Bereich dieser Flächen entnommen sind. Die Zylinderdruckversuche können schnell durchgeführt werden, wobei die Versuchstechnik einfach ist.

Der Gültigkeitsbereich von Scher- und Dreiachsialversuchen. Die vorstehende Zusammenfassung führt zu der Schlußfolgerung, daß der für die Anwendung von Scherversuchen geeignete Bereich gegenwärtig auf die Untersuchung der Scherfestigkeit schluffiger Böden beschränkt ist, die nach ihren Eigenschaften zwischen den Sanden und den Tonen liegen. Scherversuche mit Sand sind selten erforderlich, weil die untere Grenze für den Winkel der inneren Reibung ϱ gleich dem natürlichen Böschungswinkel ist, der ohne Scherversuche ermittelt werden kann und weil der Einfluß der relativen Dichte auf die Größe von ϱ abgeschätzt werden kann. Scherversuche mit Ton werden so lange keinen praktischen Wert haben, bis durch künftige Untersuchungen bewiesen ist, daß das Elastizitätsverfahren für die Lösung von Standsicherheitsaufgaben bei weichen, natürlichen Tonschichten nicht nur angewandt werden kann, sondern auch erheblich zuverlässiger als das Plastizitätsverfahren ist. Bis schlüssige Beweise zugunsten des Elastizitätsverfahrens erbracht sind, sollte die Ermittlung der Scherfestigkeit natürlicher Tonschichten auf Grund der Ergebnisse von Zylinderdruckversuchen vorgenommen werden.

Praktische Aufgaben, welche die Ermittlung der Scherfestigkeit schluffiger Böden erfordern, sind verhältnismäßig selten. Laboratoriumsuntersuchungen zur Ermittlung der Festigkeit bei schnellem Abscheren mit voller Konsolidierung sollten bei solchen Erdstoffen mit Dreiachsial-Druckversuchen durchgeführt werden, da Schnellscherversuche mit voller Konsolidierung bei allen Böden, mit Ausnahme von weichen Tonen, zumindest unzuverlässig sind. Die Durchführung von Dreiachsial-Druckversuchen erfordert besondere Übung und Erfahrung. Wenn eine Aufgabe jedoch so wichtig ist, daß Scherversuche gerechtfertigt sind, sollten die Proben einem Laboratorium übergeben werden, das für solche Untersuchungen ausgerüstet und qualifiziert ist. Wenn die Aufgabe zu klein ist, um den Aufwand für bodenphysikalische Untersuchungen zu rechtfertigen, sollte man dem Entwurf die niedrigsten Werte, die in diesem Abschnitt angegeben sind, zugrunde legen oder andernfalls von örtlichen Erfahrungen ausgehen.

Literaturhinweise

[*15.1*] Hvorslev, M. J.: Torsion Shear Tests and Their Place in the Determination of the Shearing Resistance of Soils. Proc. ASTM, Bd. 39, S. 999.

16. Dreiachsial-Druckversuche

Zweck der Versuche. Im vorhergehenden Abschnitt war darauf hingewiesen worden, daß die Ergebnisse von Schnellscherversuchen und Schnellscherversuchen mit voller Konsolidierung nur bei weichen Tonen zuverlässig sind. Dies ist auf die Tatsache zurückzuführen, daß der Wassergehalt der Proben in den Scherbüchsen bzw. in den Ringschergeräten bei solchen Erdstoffen während der Spannungsänderung in den Proben nicht genügend konstant gehalten werden kann. Der daraus entstehende Fehler wirkt sich um so stärker aus, je größer die Durchlässigkeit des Erdstoffs ist. Schnellscherversuche mit konsolidierten Proben können mit wassergesättigten Sanden überhaupt nicht durchgeführt werden. Zuverlässige Angaben über die Scherfestigkeit von Erdstoffen mit mittlerer und großer Durchlässigkeit bei konstantem Wassergehalt lassen sich gegenwärtig nur mit Hilfe von Dreiachsial-Druckversuchen erzielen.

Bei dem jetzigen Stand der Versuchstechnik ist das geeignetste Gebiet für die praktische Anwendung des Dreiachsial-Verfahrens die Untersuchung der Schereigenschaften wassergesättigter Schluffe und schluffiger Erdstoffe. Die Gründe hierfür sind am Ende des vorigen Abschnittes dargelegt worden.

Grundsätzliches über den Dreiachsialversuch. Das Prinzip des Dreiachsialversuches ist in Abb. 35 dargestellt. Eine zylinderförmige Probe wird in eine wasserdichte Hülle eingeschlossen und in eine Zelle gestellt, die mit einer Flüssigkeit gefüllt werden kann, welche den hydrostatischen Druck auf die Probe ausübt. Auf die Deckfläche der Probe kann ein zusätzlicher Achsialdruck $\Delta\sigma$ pro Flächeneinheit mit Hilfe einer starren Platte aufgebracht werden. Das Wasser kann durch einen Filterstein auf der Grundfläche in die Probe ein oder aus ihr austreten, sofern der Hahn V geöffnet ist. Der Wasserdruck in der Probe kann mit einem Manometer gemessen werden, das an die Ableitung oberhalb des Hahns V angeschlossen ist. Um die Formänderung der Probe in vertikaler Richtung messen zu können, ist eine Meßuhr angebracht. Bei der Durchführung eines langsamen Scherversuchs oder eines Schnellversuchs mit konsolidierter Probe wird zunächst die vollständige Konsolidierung der Probe unter dem allseitigen Druck σ herbeigeführt. Während der Konsolidierung muß der Hahn V geöffnet bleiben. Da der Flüssigkeitsdruck sowohl auf die Deckfläche der Probe als auch auf die Seiten wirkt, ergeben sich bei diesem Belastungszustand keine Scherspannungen in der Probe.

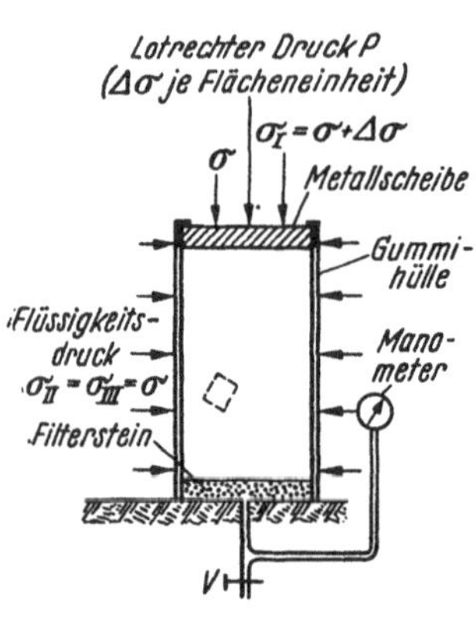

Abb. 35. Prinzipskizze eines Dreiachsial-Druckgerätes

Die Probe wird dann dem zusätzlichen Achsialdruck $\Delta\sigma$ pro Flächeneinheit ausgesetzt. Der Achsialdruck wird gesteigert, bis der Bruch der Probe eintritt. Während dieser Druck wirkt, kann der Hahn V entweder geschlossen oder offen sein. Wenn er geschlossen ist, entwickeln sich die Scherspannungen bei konstantem Wassergehalt. Die Versuchsergebnisse mit geschlossenem Hahn entsprechen dem Schnellscherversuch mit konsolidierter Probe in der Scherbüchse, sie sind jedoch weitaus zuverlässiger, weil die Versuchsanordnung jede Änderung des Wassergehaltes während der Zunahme der Scherspannung von Null bis zum Bruch verhindert. Aus diesem Grund werden die mit diesen Versuchen erzielten Ergebnisse als Scherfestigkeitswerte aus Scherversuchen mit konsolidierten Proben bezeichnet, ohne Rücksicht auf die Geschwindigkeit, mit der die Achsiallast aufgebracht wird. Wenn der Hahn V offen bleibt und der Achsialdruck sehr langsam gesteigert wird, so daß das Porenwasser der Probe Zeit hat, sich der Spannungsänderung anzupassen, entspricht der Versuch einem langsamen Scherversuch im Scherbüchsengerät. Daher werden die auf diese Art erzielten Ergebnisse als Werte aus langsamen Scherversuchen bezeichnet.

Bei Schnellversuchen bleibt der Hahn V von Anfang bis Ende geschlossen. Infolgedessen tritt der Bruch beim Anfangswassergehalt ein, wobei die Geschwindigkeit der Laststeigerung ohne Einfluß ist.

In jedem Fall schert die Probe in schräg verlaufenden Scherflächen ab. Die Normal- und Scherspannungen in der Bruchfläche können nicht unmittelbar gemessen werden. Die Ablesungen liefern nur die Werte der gesamten Hauptspannungen, die im Augenblick des Bruches in der Probe vorhanden sind. Die größte Hauptspannung σ_I ist gleich dem allseitigen Druck σ plus dem vertikalen Zusatzdruck $\Delta\sigma$, der den Bruch herbeiführte. Die beiden anderen Hauptspannungen $\sigma_{II} = \sigma_{III}$ sind gleich dem allseitigen Druck σ. Die Spannungsverhältnisse in der Bruchfläche können berechnet oder, bequemer, durch ein gleichwertiges graphisches Verfahren mit dem Mohrschen Spannungskreis ermittelt werden.

Der Mohrsche Spannungskreis. Abb. 36a zeigt einen Schnitt durch eine Dreiachsialversuchsprobe während des Versuchs. Die Vertikalspannung $\sigma_{\text{I}} = \sigma + \Delta\sigma$ ist die größte Hauptspannung und die horizontale Schnittfläche $I - I$, auf die sie wirkt, stellt eine Hauptspannungsebene dar. Die Neigung einer beliebig geneigten ebenen Schnittfläche $a - a$ durch die Probe ist durch den Winkel α zwischen der schrägen Schnittfläche und der Hauptspannungsebene $I - I$ bestimmt. Die Normalspannung im Schnitt $a - a$ ist mit σ bezeichnet und die Scherspannung mit τ.

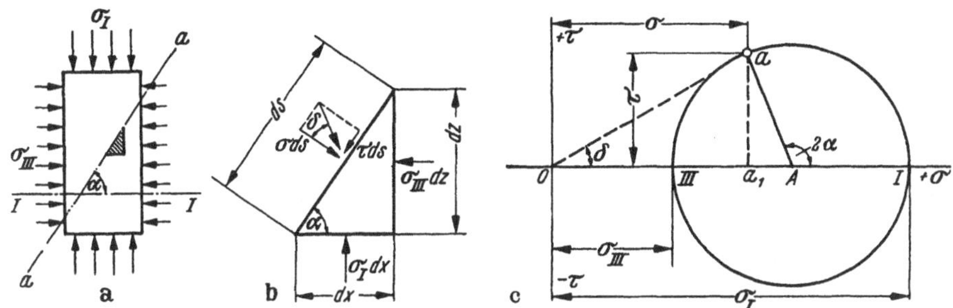

Abb. 36 a–c. a) Die beim Dreiachsialversuch auf die Bodenprobe wirkenden Kräfte; b) Spannungen an einem prismatischen Elementarteilchen der Bodenprobe; c) Darstellung des Spannungszustandes in der Probe der Abb. a mit Hilfe des Mohrschen Spannungskreises

Die gestrichelte Fläche in Abb. 36a stellt ein prismenförmiges Elementarteilchen der Probe dar, das durch Ebenen parallel zu den Hauptebenen und zu der schrägen Fläche $a - a$ begrenzt ist. In Abb. 36b ist dieses Elementarteilchen vergrößert dargestellt. Da dieses Teilchen sich im Gleichgewicht befindet, gelten die Gleichgewichtsbedingungen

$$\Sigma \text{ waagerechte Kräfte} = \sigma_{\text{III}} \sin\alpha\, ds - \sigma \sin\alpha\, ds + \tau \cos\alpha\, ds = 0$$

und

$$\Sigma \text{ lotrechte Kräfte} = \sigma_{\text{I}} \cos\alpha\, ds - \sigma \cos\alpha\, ds - \tau \sin\alpha\, ds = 0.$$

Hieraus erhalten wir

$$\sigma = \frac{1}{2}(\sigma_{\text{I}} + \sigma_{\text{III}}) + \frac{1}{2}(\sigma_{\text{I}} - \sigma_{\text{III}}) \cos 2\alpha \tag{16.1}$$

und

$$\tau = \frac{1}{2}(\sigma_{\text{I}} - \sigma_{\text{III}}) \sin 2\alpha\,. \tag{16.2}$$

Die durch Gl. (16.2) angegebene Scherspannung τ wird als positiv bezeichnet, wenn die zugehörige resultierende Spannung in der schrägen Ebene im Uhrzeigersinn von der Normalen zur Schnittebene abweicht. Wenn die Scherspannung positiv ist, wird der zugehörige Neigungswinkel δ der resultierenden Spannung ebenfalls als positiv bezeichnet. Wenn also α kleiner als 90° ist, ist δ positiv.

Eine graphische Lösung der Gl. (16.1) und (16.2) ist in Abb. 36c angegeben. In dem rechtwinkligen Koordinatensystem sind auf der horizontalen Achse vom Koordinatenschnittpunkt aus die Normalspannungen in einem gegebenen ebenen Schnitt aufgetragen, auf der vertikalen Achse die Scherspannungen. Da die Scherspannungen in Hauptspannungsebenen gleich Null sind, ist die horizontale Achse ausschließlich den Hauptspannungen vorbehalten. Die Hauptspannung σ_{I} ist durch die Strecke OI auf der horizontalen Achse dargestellt und die Hauptspannung σ_{III} durch $OIII$. Mit I – III als Durchmesser ist um den Mittelpunkt A ein Kreis geschlagen. Zeichnet man unter dem Winkel IAa gleich 2α den Radius Aa, so sind die horizontalen und vertikalen Koordinaten des Punktes a gleich der Normalspannung σ bzw. der Scherspannung τ in Gl. (16.1) und (16.2). Dies ist leicht daraus zu erkennen, daß die Strecke OA in Abb. 36c gleich $1/2\,(\sigma_{\mathrm{I}} + \sigma_{\mathrm{III}})$ und der Radius des Kreises gleich $1/2\,(\sigma_{\mathrm{I}} - \sigma_{\mathrm{III}})$ ist. Der Kreis, welcher der geometrische Ort aller Punkte ist, die durch die Gl. (16.1) und (16.2) gegeben sind, heißt *Mohrscher Spannungskreis*.

Die Gl. (16.1) und (16.2) und das in Abb. 36 dargestellte graphische Verfahren ist streng für jeden Schnitt in jedem beliebigen Material gültig. Um sie jedoch für die Ermittlung der Lage der Scherfläche und der Spannungen in dieser Ebene verwenden zu können, müssen einige Annahmen über die Beziehungen zwischen der Normalspannung und der Scherfestigkeit in der Scherfläche getroffen werden. Daher sind die Ergebnisse der folgenden Untersuchungen nur gültig, wenn die mechanischen Eigenschaften des Materials den Voraussetzungen entsprechen, die im folgenden Abschnitt aufgestellt sind.

Es wird angenommen, daß für die Scherfestigkeit τ des Erdstoffs, der dem Dreiachsial-Druckversuch unterworfen wird, die Gleichung

$$\tau = c + \sigma \operatorname{tg} \varrho \tag{16.3}$$

gilt, worin σ die Normalspannung auf die Scherfläche, c eine als Kohäsion bezeichnete Konstante und ϱ der Winkel der inneren Reibung ist. Gl. (16.3) wird als *Coulombsche Gleichung* bezeichnet. Weiterhin wird angenommen, daß die Größen von c und ϱ vollkommen unabhängig von den Spannungszuständen sind, welche dem Bruch vorausgehen. Nach Abschn. 15 ist diese Bedingung angenähert bei verkitteten Sanden und Kiesen, feuchten Sanden und im geringeren Grad bei Tonen mit großem Luft- oder Gasgehalt erfüllt, dagegen in keiner Weise bei vollständig wassergesättigten Tonböden. Infolgedessen sind die mit der Auswertung von Dreiachsialversuchen nach Gl. (16.3) verbundenen Fehler für verschiedenartige Erdstoffe sehr unterschiedlich. In den folgenden Ausführungen wird angenommen, daß die Bedingungen für die Gültigkeit von Gl. (16.3) voll erfüllt seien. Art und Auswirkung der Fehler, die mit dieser Annahme verbunden sind, werden am Ende dieses Abschnittes besprochen.

In Abb. 37 wird die Gl. (16.3) durch die Gerade NM dargestellt, die sog. *Bruchlinie*. Wenn ein Spannungskreis, wie beispielsweise der Kreis C, die Gerade NM nicht berührt, gibt es keinen Schnitt durch die Probe, für den die Bruchbedingung der Gl. (16.3) erfüllt ist. Wenn ein Kreis die Gerade NM schneidet, stellt dies einen unmöglichen Spannungszustand dar, weil in jedem Schnitt, der durch einen Punkt auf der Kreislinie oberhalb von NM bestimmt ist, die Scherspannung größer als τ nach Gl. (16.3) wäre. Aus diesen Gründen kann nur derjenige Kreis den

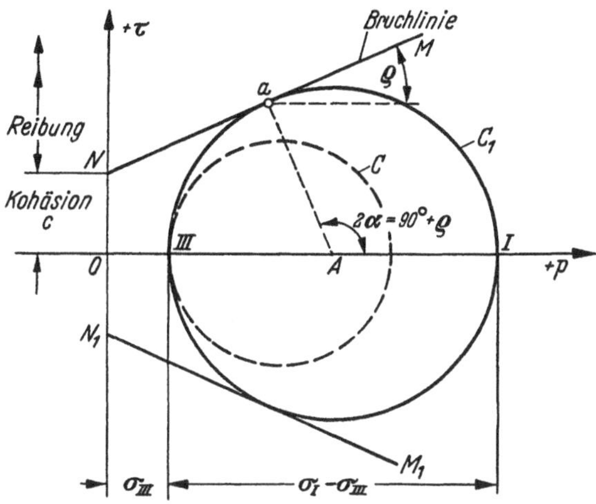

Abb. 37. Mohrsches Bruchdiagramm

Spannungszustand beim Bruch darstellen, der die Linie NM gerade berührt. Jeder Kreis welcher diese Bedingung erfüllt, heißt *Bruchkreis* und das Diagramm, in dem die Bruchkreise aufgetragen sind, heißt *Mohrsches Bruchdiagramm* (Mohr 1871).

Aus den in Abb. 36 dargestellten geometrischen Verhältnissen geht hervor, daß der Winkel IAa in Abb. 37 doppelt so groß wie der Winkel α zwischen der Scherfläche und der Hauptspannungsrichtung $I-I$ in Abb. 36a ist. Nach Abb. 37 ist daher

$$\alpha = 45^\circ + \frac{\varrho}{2}. \tag{16.4}$$

Aus Abb. 37 ergibt sich auch auf Grund der geometrischen Verhältnisse

$$\sigma_{\mathrm{I}} = 2c\,\mathrm{tg}\left(45^\circ + \frac{\varrho}{2}\right) + \sigma_{\mathrm{III}}\,\mathrm{tg}^2\left(45^\circ + \frac{\varrho}{2}\right) = 2c\sqrt{\lambda_\varrho} + \sigma_{\mathrm{III}}\,\lambda_\varrho, \tag{16.5}$$

worin

$$\lambda_\varrho = \mathrm{tg}^2\left(45^\circ + \frac{\varrho}{2}\right) \tag{16.6}$$

kritisches Hauptspannungsverhältnis genannt wird. Der Ausdruck

$$\sigma_{\mathrm{I}} - \sigma_{\mathrm{III}} = \sigma_{\mathrm{III}}(\lambda_\varrho - 1) + 2c\sqrt{\lambda_\varrho} \tag{16.7}$$

ist die *Druckfestigkeit bei verhinderter Seitendehnung*. Sie ist eine Funktion des Druckes σ_{III}.

Für Sand und normal vorbelastete Tone ist $c = 0$ und

$$\sigma_{\mathrm{I}} - \sigma_{\mathrm{III}} = \sigma_{\mathrm{III}}(\lambda_\varrho - 1). \tag{16.8}$$

Wenn man in dieser Gleichung die Zahlenwerte von ϱ_l und ϱ_{sk} für gestörte Tone (s. Abschn. 15) einsetzt, erhält man für die Druckfestigkeit bei verhinderter Seitendehnung die in Tab. 8 angegebenen Werte.

Tabelle 8. Druckfestigkeit bei verhinderter Seitendehnung von gestörten Tonen

Versuchsart	durchschnittliche Größe der Festigkeitswerte	Mindestwert (Ausnahmefall)
langsamer Versuch	1,77 σ_{III} bis 2,00 σ_{III}	1,05 σ_{III}
Schnellscherversuch mit konsolidierter Probe	0,64 σ_{III} bis 1,05 σ_{III}	0,48 σ_{III}

Wirkt auf die Seiten einer Versuchsprobe kein Horizontaldruck, so ist die Last, die erforderlich ist, um den Bruch herbeizuführen, gleich der Druckfestigkeit bei unbehinderter Seitendehnung, also der Zylinderdruckfestigkeit q_u pro Flächeneinheit (s. Abschn. 8). Es ist einleuchtend, daß ein Zylinderdruckversuch nur mit einem kohärenten Boden durchgeführt werden kann. Nach Gl. (16.5) ist die Zylinderdruckfestigkeit gleich

$$q_u = 2c\sqrt{\lambda_\varrho}.$$

Bei manchen Erdstoffen, wie z. B. bei sehr dichten Sanden oder sandigen Tonen, ist die Bruchlinie NM (Abb. 37) leicht nach unten gekrümmt. Es kann theoretisch nachgewiesen werden, daß die Krümmung der Bruchlinie die Grundprinzipien des graphischen Verfahrens nicht ungültig macht. Eine Probe schert ab, sobald der Spannungskreis die Bruchlinie berührt. Die Koordinaten des Berührungspunktes der Bruchlinien mit der Kurve stellen die beiden Spannungskomponenten in der Scherfläche einer Versuchsprobe dar. Die Normalspannung in der Scherebene ist gleich der Abszisse des Berührungspunktes, und der Neigungswinkel der Tangente mit der Horizontalen durch diesen Punkt stellt den zugehörigen Winkel der inneren Reibung ϱ dar. Setzt man diesen Wert in Gl. (16.4) ein, erhält man den Neigungswinkel α der Scherfläche.

Um die Bruchlinie für einen bestimmten Erdstoff zu bestimmen, werden Dreiachsial-Druckversuche mit verschiedenen Proben bei unterschiedlichen Seitendrücken durchgeführt. Jeder Versuch liefert die Daten für das Auftragen eines Bruchkreises. Die Bruchlinie erhält man, indem man die Umhüllende aller dieser Kreise zeichnet.

Wie auch die Form der Bruchlinie sein mag, der Anwendung von Dreiachsialversuchen zur Untersuchung der Beziehungen zwischen dem Normaldruck und der Scherfestigkeit der Erdstoffe liegen die oben dargelegten Annahmen zugrunde. Da diese Annahmen mehr oder weniger im Widerspruch zu den mechanischen Eigenschaften wirklicher Erdstoffe stehen, können die durch das Mohrsche Diagramm erhaltenen Ergebnisse ebenfalls den tatsächlichen Verhältnissen widersprechen. Eine kritische Untersuchung der mit dem Verfahren verbundenen Fehler führt zu den folgenden Schlußfolgerungen: Wenn die Kreise die Ergebnisse von Versuchen mit trockenem Sand oder Schluff oder von langsamen Versuchen mit wassergesättigten Proben dieser Erdstoffe darstellen, gibt die Umhüllende der Kreise ziemlich genau die Abhängigkeit zwischen dem Normaldruck und der Scherfestigkeit wieder. Wenn sie dagegen die Ergebnisse von Schnellversuchen mit konsolidierten Proben eines beliebigen Erdstoffs darstellen oder von langsamen Versuchen mit wassergesättigtem Ton, ist die Scherfestigkeit des Erdstoffs bei jedem Normaldruck etwas kleiner als die zugehörige Ordinate der Umhüllenden. Wenn eine solche Abweichung vorhanden ist, stimmt die durch den Berührungspunkt zwischen einem Kreis und der Umhüllenden bestimmte Ebene auch nicht angenähert mit der Fläche überein, in der die Probe bei dem durch den Kreis dargestellten Versuch tatsächlich abschert.

Aufgaben

1. Eine Probe von dichtem trocknem Sand wird einem Dreiachsialversuch unterworfen. Der Winkel der inneren Reibung wird zu etwa 37° geschätzt. Bei welchem Wert für die größere Hauptspannung wird die Probe voraussichtlich abscheren, wenn die kleinere Hauptspannung 2 kg/cm² beträgt?

Antwort: 8 kg/cm².

2. Löse Aufgabe 1 unter der Annahme, daß der Sand eine geringe Kohäsion von 0,10 kg/cm² besitzt.

Antwort: 8,4 kg/cm².

3. Die Scherfestigkeit eines Erdstoffs sei durch die Gleichung $\tau = c + \sigma \operatorname{tg} \varrho$ bestimmt. Mit dem Material sind 2 Dreiachsialversuche durchgeführt worden; bei dem ersten Versuch betrug der allseitige Druck 2 kg/cm², und der Bruch trat bei einem zusätzlichen Achsialdruck von 6 kg/cm² ein. Bei dem zweiten Versuch betrug der allseitige Druck 3,5 kg/cm², und der Bruch erfolgte bei einem Zusatzdruck von 10,5 kg/cm². Welche Werte von c und ϱ entsprechen diesen Versuchsergebnissen?

Antwort: $c = 0$ kg/cm²; $\varrho = 37°$.

17. Schereigenschaften von Schwimmsand und weichem Ton

In jeder lebenden Sprache bezeichnet der Ausdruck *Quicksand* eine natürliche, wassergesättigte Sandmasse, in die eine Person oder ein Gegenstand einsinken kann. Die mangelhafte Tragfähigkeit kann durch den Strömungsdruck von Wasser verursacht sein, das den Sand in aufsteigender Richtung durchsickert. Anderseits kann sie auch auf die charakteristische Instabilität der Struktur des Sandes zurückzuführen sein, ohne daß der Porenwasserdruck mitwirkt.

Die Voraussetzungen für das Auftreten von Quick- oder Schwimmsand durch einen Strömungsdruck ergeben sich zumeist in der Sohle von im Sand unterhalb des Grundwasserspiegels ausgehobenen Baugruben. Die mechanischen Ursachen dieser Erscheinung sind in Abschn. 12 erläutert, und die Maßnahmen zur Verhinderung ihres Auftretens werden im Abschn. 47 behandelt. Um jedoch jedes Mißverständnis zu vermeiden, wird der Ausdruck Schwimmsand in diesem Buch nur auf diejenigen eigenartig instabilen Sande angewendet, die selbst dann Schwimmsandeigenschaften besitzen, wenn ein Porenwasserdruck nicht vorhanden ist.

Die plötzliche Abnahme der Scherfestigkeit eines Schwimmsandes von seinem Normalwert bis auf fast Null ohne Mitwirkung eines Strömungsdruckes, wird als *plötzliche Verflüssigung* bezeichnet. Sie wird durch einen Zusammenbruch der Struktur des Sandes in Verbindung mit einer plötzlichen, jedoch vorübergehenden Zunahme des Porenwasserdruckes hervorgerufen. Die Verflüssigung hat eine vorübergehende Überführung des Sandes in eine sehr konzentrierte Suspension zur Folge. Sobald das Fließen aufhört, nimmt der Sand wieder die Zustandsform eines Sedimentes an. Die Struktur dieses neu gebildeten Sedimentes kann möglicherweise etwas dichter als die ursprüngliche Struktur sein. In der Zeit, in welcher der Sand zeitweilig verflüssigt ist, ist seine Tragfähigkeit annähernd Null. Dies läßt sich dadurch zeigen, daß man einen Behälter mit sehr lockerem, wassergesättigtem Sand füllt und ein Gewicht auf die Sandoberfläche stellt. Stößt man einen Glasstab plötzlich in den Sand, so versinkt das Gewicht, als wenn der Sand eine Flüssigkeit wäre. Ein leichter Schlag auf die Wandung des Gefäßes ruft die gleiche Wirkung hervor.

Viele Ingenieure scheinen anzunehmen, daß jeder Sand mit einer Porenziffer, die größer als die kritische Porenziffer nach Abschn. 15 ist, durch einen ausreichend großen Impuls verflüssigt werden kann. Es fehlt jedoch jeder Beweis für die Richtigkeit dieser Annahme, und es scheint keinen Grund dafür zu geben, daß diese Ansicht überhaupt berechtigt ist. Wenn die Porenziffer eines Sandes über dem kritischen Wert liegt, ist die Scherfestigkeit des Sandes nach dem Schnellversuch mit konsolidierter Probe etwas geringer als der im langsamen Versuch ermittelte Wert; es ist jedoch niemals beobachtet worden, daß er Null wird. Der Unterschied zwischen den beiden Werten ist auf eine gewisse Neigung des Sandes zu einer Volumenverringerung vor dem Bruch zurückzuführen, während eine plötzliche Verflüssigung mit einem Zusammenbruch der Sandstruktur verbunden ist. Die Voraussetzungen für diese beiden Vorgänge sind also wahrscheinlich gänzlich verschieden. Wenn ein sehr lockerer Sand unter einem geringen Druck steht, wird seine Porenziffer wahrscheinlich niedriger als der kritische Wert sein (vgl. Abb. 32a). Trotzdem ist es denkbar, daß er durch eine starke Erschütterung verflüssigt wird. Anderseits ist es sehr zweifelhaft, ob ein Sand mit mittlerer Lagerungsdichte, der unter einem hohen Überlagerungsdruck steht, vorübergehend in den Zustand einer Suspension überführt werden kann, ganz gleich, ob seine Porenziffer über oder unter ihrem kritischen Wert liegt. Es gibt keinen Beweis dafür, daß irgendein wassergesättigter Sand zu fließen beginnen kann, wenn seine relative Dichte nicht geringer als 0,4 bis 0,5 ist, ohne Rücksicht auf die Größe der kritischen Porenziffer.

Erfahrungen haben ergeben, daß die Stärke der Einwirkung, die für die Verflüssigung eines lockeren Sandes notwendig ist, für verschiedenartige Sande sehr unterschiedlich ist. Die meisten bisher angetroffenen instabilen Sande bestehen hauptsächlich aus gerundeten Körnern. Die effektive Korngröße ist kleiner als 0,1 mm und der Ungleichförmigkeitsgrad kleiner als 5. Das Porenvolumen des ungestörten Sandes beträgt mindestens 44%, es kann sogar beträchtlich höher sein als das Porenvolumen des gleichen Sandes nach schneller Sedimentation im Laboratorium. Feinsande und Grobschluffe dieser Art scheinen ein Gegenstück zu den hochsensitiven Tonen mit den abnormalen Druck-Porenzifferkurven darzustellen, die in Abb. 22b aufgetragen sind. Sie gehören zu den unzuverlässigsten Erdstoffen, denen man in der Praxis begegnen kann, und sie sind die einzigen, die wirklich den Namen Quick- oder Schwimmsande verdienen. Im Gegensatz zu den üblichen lockeren Sanden können sie in den flüssigen Zustand übergehen, ohne daß sie einer plötzlichen und starken Erschütterungswirkung ausgesetzt worden sind. Es konnte beobachtet werden, daß außergewöhnlich unstabile Sande auch eine ungewöhnlich hohe Porenziffer haben, wenn man sie im Laboratorium sedimentieren läßt. Die Fähigkeit des Sandes, ein ungewöhnlich poröses Haufwerk zu bilden, kann jedoch dadurch beseitigt werden, daß man entweder die feinsten oder die gröbsten Korngrößen entfernt. Diese Feststellung zeigt, daß der Grad der Empfindlichkeit der Struktur eines Feinsandes nicht nur von der Art der Ablagerung des Sandes abhängt, sondern vor allem auch von scheinbar untergeordneten Einzelheiten seiner Kornzusammensetzung. Tatsächlich ist der Unterschied zwischen der Kornzusammensetzung von außergewöhnlich unstabilen und von normalen Sanden überraschend gering, wie Abb. 38 zeigt. Hierin geben die ausgezogenen Linien die Kornzusammensetzung ausgesprochen unstabiler Sande wieder und die gestrichelte Linie diejenige eines normalen.

Die plötzliche Verflüssigung einer sehr lockeren, wassergesättigten Sandmasse zeigt an, daß der durch Schnellversuche mit konsolidierten

Proben ermittelte Wert des Winkels der inneren Reibung des Sandes ϱ_{sk} zeitweilig gleich Null wird. Wenn jedoch Proben des gleichen Sandes in die lockerste Lagerungsdichte gebracht werden, die im Laboratorium hergestellt werden kann, zeigen Dreiachsial-Druckversuche mit diesen Proben ausnahmslos, daß der Wert des Winkels der inneren Reibung ϱ_{sk} aus Schnellversuchen mit konsolidierten Proben mindestens 20° beträgt.

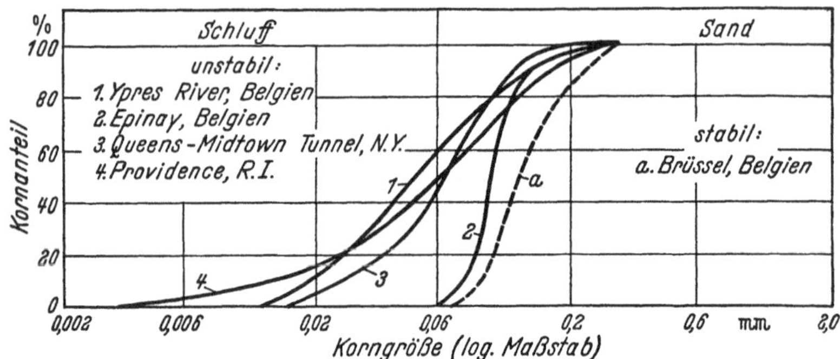

Abb. 38. Kornverteilungskurven von außergewöhnlich unstabilen (ausgezogene Linien) und von stabilen (gestrichelte Linie) Sanden (nach K. LANGER)

Diese Beobachtung beweist, daß es in der Natur Bedingungen für den Bruch des Sandes gibt, die im Laboratorium nicht nachgeahmt werden können. Sie läßt ferner darauf schließen, daß das Fehlen eines spürbaren Einflusses des Überlagerungsdruckes auf die Scherfestigkeit eines weichen Tons im Feld ($\varrho_{sk} = 0$; s. Abschn. 15) von gleicher Art und auf ähnliche Ursachen zurückzuführen sein kann. Tatsächlich ist es infolge der mineralogischen und der Kornzusammensetzung der Tonböden und des Sedimentationsvorganges bei der Bildung weicher Tonschichten fast unausbleiblich, daß die gröbsten Bestandteile solcher Schichten in einer Anordnung abgelagert werden, die derjenigen lockerer Sande gleicht.

In Abschn. 3 ist dargelegt worden, daß die meisten Tone aus einem Gemisch von mehr oder weniger gedrungenen Teilchen bestehen, welche die gröbsten Fraktionen bilden, und aus flockenförmigen oder ausnahmsweise nadelförmigen Teilchen, die sich gegenseitig im Gleichgewicht halten. Wenn ein solches Korngemisch durch eine Sedimentation abgelagert wurde, besteht die oberste Schicht des Sediments aus einem wabenförmigen, außerordentlich zusammendrückbaren Gebilde von Tonteilchen. In diese Schicht sind die gröberen Körner in regelloser Anordnung eingebettet. Wenn ein solches Sediment in der Folgezeit zusammengedrückt wird, beginnen die gröberen, gedrungenen Körner einander zu berühren, ähnlich wie die Teilchen eines Sandes beim Sedimentationsvorgang. Ihre Anordnung ist zweifellos sehr unstabil, weil der Ton, der die Zwischenräume ausfüllt, die Körner daran hindert, zu kippen und sich in stabilere Lagen zueinander zu drehen. Nachdem sie sich gegenseitig berühren, bilden sie ein sich mehr oder weniger selbsttragendes Skelett, welches in eine Tonmasse eingebettet ist. So lange, wie das Sediment seitlich eingeschlossen ist, kann das Skelett den gesamten oder zumindest den größten Teil des Überlagerungsdruckes aufnehmen, wie dies auch bei einem sehr lockeren Sand und selbst bei einem echten Schwimmsand der Fall ist. Jedoch schon eine leichte Störung, wie beispielsweise eine geringe Verformung, zerstört das Gleichgewicht der das Skelett bildenden Körner. In diesem Augenblick werden alle vorher von dem Skelett aufgenommenen Spannungen auf die Tonmasse übertragen. Die Scherfestigkeit dieser Tonmasse ist unbeeinflußt vom Überlagerungsdruck und ausschließlich auf die thixotrope Verfestigung zurückzuführen (Abschn. 4). Infolgedessen wird sich der Ton im Baugrund so verhalten, als wenn sein Winkel der inneren Reibung ϱ_{sk} gleich Null wäre.

Wenn eine weiche Tonprobe aus einem Bohrloch entnommen und in das Laboratorium gebracht wird, ist die Struktur des Bodenskeletts etwas gestört und das Gefüge der inneren Stützungen verändert. Das erneute Aufbringen der Belastung in Höhe des vorher wirksam gewesenen Überlagerungsdruckes verursacht einen vollständigen Zusammenbruch der ursprünglichen Skelettstruktur und ist mit einer zusätzlichen Konsolidierung der Tonmasse verbunden, die wiederum die gröberen Körner miteinander in Berührung und ins Gleichgewicht bringt. Hierdurch wird die Entwicklung von Reibungswiderstand zwischen den gröberen Körnern ermöglicht. Aus diesem Grund nimmt die Scherfestigkeit der Tonprobe im Laboratorium, im Gegensatz zu dem im Feld anstehenden Ton, mit zunehmendem Druck zu, ebenso wie diejenige eines Erdstoffs mit einem ϱ_{sk}-Wert zwischen 12° und 20°.

Die obigen Ausführungen zeigen, daß die Größe der Scherfestigkeit des im Feld anstehenden weichen Tons nicht unbedingt gleich dem durch Scher- oder Dreiachsialversuche festgestellten Wert sein muß. Die praktische Erfahrung weist in die gleiche Richtung. Aus diesem Grunde können die Ergebnisse von Schnellversuchen irgendwelcher Art mit konsolidierten Proben so lange nicht als zuverlässige Grundlage für die Berechnung des Sicherheitsgrades großer Tonkörper in der Natur angesehen werden, bis die Zulässigkeit des Verfahrens bei den verschiedenen Tonen durch zuverlässige Feldbeobachtungen erwiesen worden ist. Bisher sind keine überzeugenden Beweise dieser Art beigebracht worden.

Das in Abb. 39 wiedergegebene hypothetische Bild könnte als „*Schwimmsandvorstellung von der Tonstruktur*" bezeichnet werden, weil es von der Annahme ausgeht, daß die groben Bodenteilchen ein Gefüge ähnlich demjenigen der Sandkörnchen in einem echten Schwimmsand bilden. Es wird also angenommen, daß der Ton aus zwei Bestandteilen mit sehr unterschiedlichen Aufgaben und Eigenschaften besteht. Der eine Teil, der durch die gröberen Körner gebildet wird, trägt die Belastung durch dieselbe Art der Druckübertragung von Korn zu Korn wie ein sehr lockerer Sand. Der andere Teil besteht hauptsächlich aus der Ton-Fraktion. Er füllt die Zwischenräume des die Last tragenden Skeletts aus und trägt selbst nur eine geringe Belastung, erlangt jedoch durch thixotrope Verfestigung eine erhebliche Festigkeit und Steife. Wenn das Skelett von Anfang an eine ausreichende Stabilität besitzt, müßte sowohl der Wassergehalt als auch die Zylinderdruckfestigkeit des Tons praktisch unabhängig von der Tiefe sein. Tatsächlich sind weiche Tonschichten mit solchen Eigenschaften keineswegs ungewöhnlich. Einige derselben besitzen im Laboratorium die in Abb. 22b dargestellten ungewöhnlichen Konsolidierungseigenschaften, einschließlich der ungewöhnlich großen Zusammendrückbarkeit unter der ersten, die Vorbelastung übersteigenden Laststufe. Nach der Schwimmsandhypothese ist die große Anfangszusammendrückbarkeit auf eine außerordentliche Instabilität des die Last tragenden Skeletts zurückzuführen. Der andere Grenzfall würde ein Ton sein, der überhaupt keine gedrungenen Körner enthält. Die Zusammendrückbarkeit eines solchen Tons würde gleich derjenigen der Grundmasse des Tons sein, die sehr hoch ist. Daher müßte der Wassergehalt eines solchen Tons schnell mit der Tiefe abnehmen und die Zylinderdruckfestigkeit zunehmen. Bei den Zwischentypen müßte ein Teil der Auflast durch das Skelett und der Rest durch die Tonmasse getragen werden.

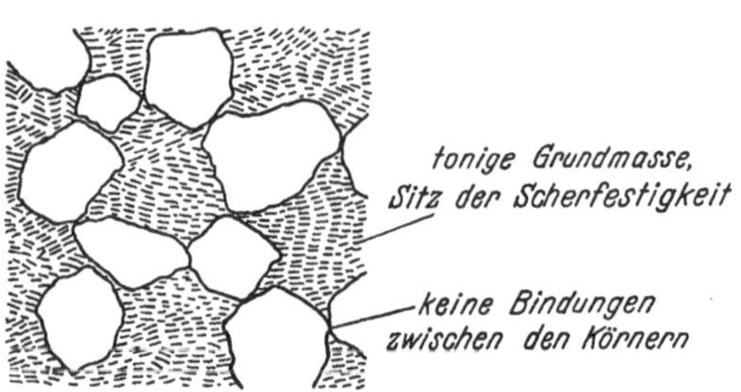

Abb. 39. Die Vorstellung von der Schwimmsandstruktur des Tons. Es wird angenommen, daß die groben Teilchen sich gegenseitig berühren, ohne miteinander verkittet zu sein, ähnlich wie die Körner eines lockeren Sandes

Infolge der unbegrenzt großen Vielfältigkeit der natürlichen Vorgänge, die zur Bildung von Tonablagerungen geführt haben, können alle möglichen Übergangsformen zwischen Ton mit Schwimmsandstruktur und strukturlosem Ton angetroffen werden. Hierin kann die Erklärung dafür liegen, daß die Festigkeit einiger normal vorbelasteter Tonschichten deutlich mit der Tiefe zunimmt, während diejenige anderer Tonschichten überhaupt nicht größer wird. Die obigen Ausführungen beziehen sich ausschließlich auf sedimentierte Tone. Verwitterungstone, die an Ort und Stelle durch chemische Zersetzung von Gestein oder durch Auflösung von Kalkstein gebildet wurden, haben keine Möglichkeit, die in Abb. 39

dargestellte Struktur zu bilden. Es ist daher denkbar, wenn auch nicht sicher, daß die Scherfestigkeit solcher Tone von Gesetzen beherrscht wird, die sich sehr von denen, welche für normal konsolidierte, sedimentäre Tone gelten, unterscheiden.

Literaturhinweise

[*17.1*] LANGER, M. CH.: Quelques charactéristiques du sable boulant. (Über einige Eigenschaften von Schwimmsanden). Ann. Inst. Techn. du Bâtiment et des Travaux Publ. 3. Paris (1938) Nr. 6 S. 28–32. Untersuchungsergebnisse von typischen Schwimmsanden.

[*17.2*] TERZAGHI, K.: Shear Characteristics of Quicksand and Soft Clay. Proc. Seventh Texas Conf. Mech. Found. Eng. Bureau of Engineering Research, University of Texas, Jan. 1947.

18. Spannungen und Verformungen im Baugrund

Baupraktische Betrachtungen. Die Beziehungen zwischen Spannungen und Verformungen im Baugrund sind maßgebend für die Setzung der vom Baugrund getragenen Gründungskörper. Sie bestimmen außerdem die Änderung des Erddruckes infolge kleiner Bewegungen von Stützmauern oder anderer Abstützungsbauwerke.

Wenn die Setzungen einer Gründung hauptsächlich durch die Konsolidierung von weichen Bodenschichten verursacht sind, die sich zwischen Schichten von verhältnismäßig unzusammendrückbarem Material befinden, können sie nach den Angaben im Abschn. 13 berechnet oder abgeschätzt werden. Dieses Verfahren darf jedoch nur unter der Voraussetzung angewendet werden, daß die Verformung der zusammendrückbaren Schichten in horizontaler Richtung im Vergleich zu derjenigen in vertikaler Richtung vernachlässigt werden kann. Wenn der Untergrund keinerlei Schichten enthält, welche die horizontalen Verformungen beeinträchtigen, verursacht eine örtliche Belastung ein Nachgeben der Bodenmasse in jeder Richtung. Die Spannungs-Verformungsbeziehungen, die für dieses Nachgeben maßgebend sind, sind so vielfältig, daß es nicht möglich ist, eine ähnliche Setzungsberechnung durchzuführen wie für ein Bauwerk, das auf seitlich eingeschlossenen Schichten von weichem Ton steht. Infolgedessen können Setzungsvoraussagen nur auf Grund der Ergebnisse von Setzungsbeobachtungen an Bauwerken gemacht werden, die auf ähnlichen Bodenarten gegründet sind. Die Wahrscheinlichkeit, daß eine geplante Gründung die gleichen Abmessungen wie eine bestehende hat, ist jedoch gering. Deshalb erfordert selbst eine von Erfahrungen ausgehende Abschätzung der Setzungen die Kenntnis des Einflusses der Größe der Lastfläche, der Gründungstiefe und anderer Faktoren auf die Setzungen. Dieser Einfluß wird allein von den allgemeinen Beziehungen zwischen den Spannungen und Verformungen bei Erdstoffen beherrscht.

Die Spannungs-Verformungsbeziehungen bei Erdstoffen lassen sich am klarsten darlegen, indem man sie mit idealen, vollkommen elastischen Körpern vergleicht. Nachdem dieser Vergleich für Erdstoffe im Laboratorium durchgeführt worden ist, sollen die Spannungs-Verformungsbeziehungen für im Baugrund anstehende Erdstoffe betrachtet werden.

Spannungen und Verformungen bei ideal elastischen Körpern.

Es sei σ = Normalspannung in einer gegebenen Richtung,
ε = Verformung in der Wirkungsrichtung von σ,
ε_1 = Verformung rechtwinklig zu dieser Richtung.

Wenn ein Material vollkommen elastisch ist, ist der als *Elastizitätsmodul* bezeichnete Quotient

$$E = \frac{\sigma}{\varepsilon} \,(\mathrm{kg/cm^2}), \tag{18.1}$$

eine Konstante, die unabhängig vom Spannungszustand des Materials ist. Das bedeutet, daß die Beziehung zwischen Spannung und Verformung bei einem elastischen Material linear ist. Weiterhin ist der Quotient

$$\mu = \frac{\varepsilon_1}{\varepsilon} = \frac{\varepsilon_1}{\sigma} E \tag{18.2}$$

die *Poissonzahl* gleichfalls eine Konstante, die unabhängig vom Spannungszustand im Material ist. Aus diesem Grund sind die Spannungs-Formänderungsbeziehungen eines elastischen Materials vollständig durch die Größen E und μ definiert.

Wenn σ_{I}, σ_{II}, σ_{III} die drei Hauptspannungen sind, beträgt die Änderung der Volumeneinheit infolge der Wirkung dieser drei Spannungen auf ein elastisches Material

$$\frac{\Delta V}{V} = \frac{1 - 2\mu}{E} (\sigma_{\mathrm{I}} + \sigma_{\mathrm{II}} + \sigma_{\mathrm{III}}). \tag{18.3}$$

Für $\mu = 0{,}5$, ist die Volumenänderung $\Delta V/V$ gleich Null; ein solches Material wird als unzusammendrückbar bezeichnet.

Stahl ist das einzige gewöhnliche Baumaterial, welches Spannungs-Formänderungseigenschaften besitzt, die fast vollständig mit den durch die obigen Gleichungen definierten übereinstimmen. Die Poissonzahl für Stahl ist etwa 0,3. Infolgedessen erzeugt die Vergrößerung der Normalspannung bei Stahl eine geringe Volumenabnahme.

Spannungs-Formänderungseigenschaften bei seitlich unbehinderten Tonproben. In Abb. 40 stellen die Abszissen den Vertikaldruck auf eine seitlich unbehinderte Tonprobe dar und die Ordinaten die entsprechende vertikale Verformung (Zusammendrückung).

Die Kurve OC zeigt die Art der Zunahme der Zusammendrückung, während der Druck gleichmäßig vergrößert wird. Wenn die Belastung bei irgendeiner Größe konstant gehalten wird, wird die Probe weiterhin kleiner, wie durch die vertikale Linie AB angezeigt ist. Die Geschwindigkeit der Verkürzung nimmt mit der Zeit ab und wird endlich zu Null, vorausgesetzt, daß die Scherspannung in der potentiellen Bruchfläche kleiner als die Spannung ist, die erforderlich ist, um Kriechen zu erzeugen (vgl. Abschn. 15). Wenn zu irgendeinem Zeitpunkt während des Versuches eine weitere Vergrößerung der Verformung verhindert wird, nimmt die Spannung in der Probe mit kleiner werdender Geschwindigkeit ab und wird schließlich konstant. Im Diagramm würde dieser Vorgang durch eine kurze horizontale Linie dargestellt werden, die jedoch nicht eingezeichnet ist. In jedem Fall führt die Wiederbelastung mit der ursprünglichen Geschwindigkeit zu einer Kurve, welche sich an den Hauptast OC ohne irgendeinen Knick anschließt.

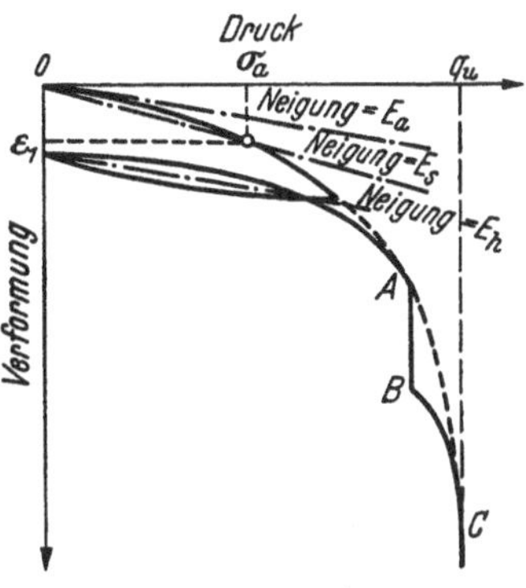

Abb. 40. Spannungs-Verformungsdiagramm für Bodenproben

Wird mit der gleichen Geschwindigkeit, mit der vorher belastet wurde, eine Entlastung durchgeführt, ist die elastische Dehnung kleiner als die vorhergehende Zusammendrückung. Wenn die Last erneut aufgebracht wird, schließt sich die Wiederbelastungskurve an den Hauptkurvenast an, und die Entlastungs- und Wiederbelastungskurven schließen eine Hysteresisschleife ein. Sobald der Druck gleich der Zylinderdruckfestigkeit q_u des Materials wird, schert die Probe ab oder sie baucht aus. Während des gesamten Versuches bleibt das Volumen der Probe konstant. Infolgedessen bleibt die Poissonzahl μ nach Gl. (18.2) während des Versuches gleich 0,5.

Da die Spannungs-Formänderungskurve OC in Abb. 40 in ihrer gesamten Länge gekrümmt ist, läßt sich die Abhängigkeit zwischen Spannung und Verformung für Erdstoffe nicht wie bei elastischen Stoffen durch einen einzigen Zahlenwert E nach Gl. (18.1) ausdrücken. Um die Spannungs-Formänderungseigenschaften verschiedener Erdstoffe oder desselben Erdstoffs unter verschiedenen Bedingungen vergleichen zu können, kann eine der folgenden 3 Größen verwendet werden: der Modul E_a der Anfangstangente, der Modul E_s der Sekante oder der Modul E_h der Hysteresisschleife. Diese Größen entsprechen den Neigungen der strichpunktierten Linien in Abb. 40 (Spannung pro Einheit der Verformung). Der Modul der Sekante E_s stellt die mittlere Neigung der Spannungs-Formänderungskurve für den Spannungsbereich zwischen Null und einem beliebigen Wert σ_a dar, der gewöhnlich zu $q_u/3$ angenommen wird.

Wenn eine ungestörte Tonprobe erst untersucht und dann bei unverändertem Wassergehalt durchgeknetet und erneut untersucht wird, wird man feststellen, daß die Werte für q_u, E_a, E_s und E_h für das durchgeknetete Material wesentlich kleiner als für das ungestörte sind, daß jedoch der allgemeine Verlauf des Spannungs-Formänderungsdiagramms unverändert bleibt (s. Abb. 41). Das Ausmaß des Festigkeits- und Steifeverlustes hängt vom Sensitivitätsgrad des Tons ab (s. Abschn. 8). Wenn man die Proben ohne Veränderung des Wassergehaltes altern läßt, nehmen ihre Festigkeit und Steife mit allmählich geringer werdender Geschwindigkeit zu. Es ist jedoch zweifelhaft, ob sie jemals Werte erreichen würden, die denen der ungestörten Proben entsprechen.

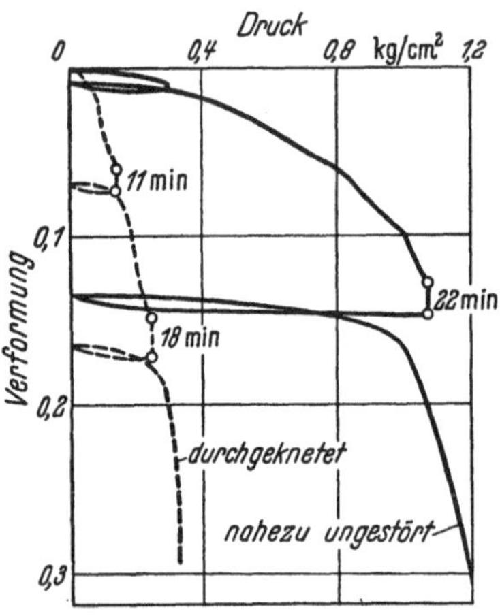

Abb. 41. Der Einfluß des Durchknetens auf die Spannungs-Verformungsbeziehungen bei Ton

Spannungs-Formänderungsverhältnisse bei teilweise an der seitlichen Ausdehnung behinderten Bodenproben. In jeder beliebigen Tiefe unter der Geländeoberfläche gehört zu dem Vertikaldruck infolge der Überlagerung ein entsprechender Seitendruck. Beide miteinander gekoppelte Drücke stellen den Anfangszustand dar. Die Größe des Seitendruckes ist gewöhnlich geringer als diejenige des Vertikaldruckes. Für die Zwecke einer allgemeinen Diskussion der Spannungs-Formänderungsverhältnisse bei teilweise seitlich eingeschlossenen Erdstoffen genügt es jedoch anzunehmen, daß die Größe σ des allseitigen Anfangsdruckes nach allen Richtungen gleich sei. Das Aufbringen einer Zusatzlast auf einem Teil der Geländeoberfläche vergrößert den nach allen Seiten wirkenden Druck im Baugrund unterhalb der Lastfläche. Ferner wird ein in einer Richtung wirkender Zusatzdruck $\Delta\sigma$ erzeugt, der unter irgendeinem Winkel zur vertikalen Richtung wirkt. Um eine Vorstellung von dem Einfluß des allseitigen Druckes auf die Formänderung zu bekommen, die durch einen in einer Richtung wirkenden Zusatzdruck hervorgerufen wird, kann eine zylinderförmige Probe des Erdstoffs einem Dreiachsial-Druckversuch unterworfen werden, in dem der allseitige Druck σ konstant gehalten, während ein Zusatzdruck $\Delta\sigma$ in vertikaler Richtung hinzugefügt wird (vgl. Abb. 35).

Führt man den Versuch mit einer Sandprobe durch und trägt die Werte von σ sowie die zugehörige vertikale Verformung (Zusammendrückung) auf, so erhält man ein Diagramm, das alle Merkmale der Abb. 40 aufweist. Wenn der Sand locker ist, ist sein Volumen am Ende des Versuches etwas kleiner als das Anfangsvolumen. Ist der Sand dicht, wird die Zunahme von σ von einer Volumenvergrößerung begleitet. Diese Tatsachen erklären den außerordentlichen Widerstand von dichtem Sand gegen das Eindringen von Pfählen. In einen sehr lockeren Sand können zylindrische Pfähle ohne Schwierigkeiten bis in eine beliebige Tiefe eingerammt werden.

Die Bruchspannung q_c nimmt nach Gl. (16.8) annähernd direkt proportional zum allseitigen Druck σ zu. Für σ-Werte bis zu 5 kg/cm² liegt sie zwischen 1,8 σ für lockere, gleichkörnige Sande mit rundem Korn und bis 5,1 σ für sehr dichte, gut abgestufte Sande mit eckigem Korn. Die Werte für E_a, E_s, E_h nehmen mit wachsenden σ-Werten zu (vgl. Abb. 42). Da σ mit der Tiefe unter der Geländeoberfläche größer wird, haben die Spannungs-Formänderungseigenschaften einer Sandschicht keine Ähnlichkeit mit denjenigen eines homogenen elastischen Körpers.

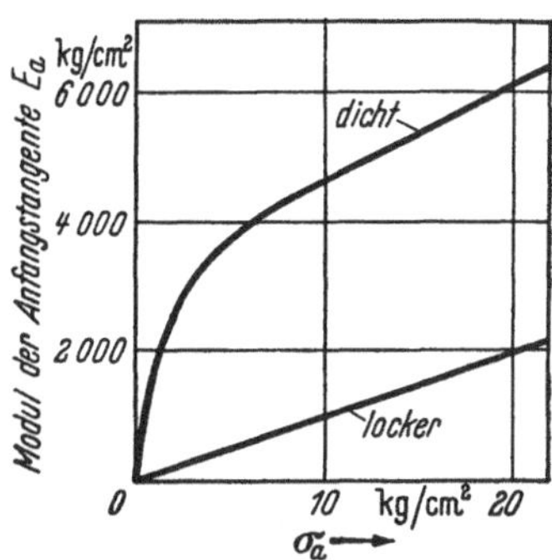

Abb. 42. Beziehung zwischen dem Modul der Anfangstangente und dem allseitigen Druck bei Sand (nach A. SCHEIDIG)

Wenn ein sehr feinkörniger oder schluffiger Sand vollständig wassergesättigt ist, bleibt sein Wassergehalt während einer plötzlichen Spannungsänderung praktisch unverändert, da die Durchlässigkeit solcher Erdstoffe relativ gering ist. Die mechanischen Folgen dieser Tatsache hängen vornehmlich von der relativen Dichte des Sandes ab. Wenn die Porenziffer größer als der kritische Wert ist, der dem effektiven Überlagerungsdruck entspricht (s. Abschn. 15), sind die Werte von q_c, E_a, E_s und E_h kleiner als diejenigen, die derselben Spannungsänderung bei sehr geringer Geschwindigkeit entsprechen würden. Im anderen Fall sind die Werte größer. Aus diesem Grund ist der Widerstand gegen das Eintreiben eines Probenentnahmegerätes (s. Abschn. 44) oder das Einrammen eines Pfahles in einen sehr feinen dichten Sand viel größer, wenn der Sand wassergesättigt, als wenn er trocken oder feucht ist.

Die Spannungs-Formänderungsdiagramme von normal vorbelasteten Tonen, die an der seitlichen Ausdehnung behindert sind, sind denen der feinkörnigen und wassergesättigten lockeren Sande sehr ähnlich. Die Werte für q_c und E_a, E_s sowie E_h sind jedoch für Ton bei einem gegebenen Seitendruck sehr viel kleiner als die entsprechenden Werte für Sand. Wenn bei einem Ton zu einem allseitigen Druck in einer Richtung eine Zusatzspannung zugefügt wird, ist die Abhängigkeit zwischen dieser

Spannung und der zugehörigen Verformung (Zusammendrückung) der in Abb. 40 dargestellten sehr ähnlich. Der Modul der Anfangstangente nimmt wie derjenige eines lockeren Sandes direkt proportional zum allseitigen Druck zu, wie Abb. 42 zeigt. Es ist also

$$E_a = C\sigma . \tag{18.4}$$

Die Größe von C ist von der Art des Tons und von den Bedingungen für den Austritt des Porenwassers abhängig. Wenn der Ton erst vollständig unter dem Druck σ konsolidiert ist und der in einer Richtung wirkende Zusatzdruck aufgebracht wird, ohne daß der Wassergehalt der Probe sich ändern kann, liegt der Wert für C zwischen etwa 10 für hochkolloidale Tone bis zu 100 für schluffige oder etwas sandige Tone. Bei Langsamversuchen sind weitaus geringere Werte festgestellt worden.

Spannungs-Formänderungsverhältnisse bei Bodenschichten im Feld. Die in Abb. 40 dargestellten Spannungs-Formänderungsbeziehungen sind für alle Erdstoffe in jedem Zustand charakteristisch. Sie geben also allgemein die Art der Verformung eines beliebigen Bodenkörpers infolge einer Belastung oder Entlastung bzw. einer Ausschachtung wieder. In jedem Fall, wo die Gelegenheit besteht, die Verformungen des Bodens oder die Verschiebungen infolge einer Änderung der Belastung auf einem Fundament oder einem Pfahl zu beobachten, wird man die in der Abbildung dargestellten grundlegenden Beziehungen wiedererkennen. Sie haben nicht die entfernteste Ähnlichkeit mit den entsprechenden Beziehungen vollkommen elastischer Stoffe. Diese Tatsache sollte allein schon genügen, das kritiklose Vertrauen auf Schlußfolgerungen, die sich auf den Grundlagen der Elastizitätstheorie aufbauen, zu erschüttern.

Die Erfahrungen zeigen, daß die Spannungs-Formänderungsbeziehungen der im Feld anstehenden Sande sich nicht wesentlich von denen des gleichen Materials im Laboratorium unterscheiden. Dagegen sind jedoch die Werte für die E_a-, E_s- und E_h-Module der Tone im Feld viel größer, als die Ergebnisse von Laboratoriumsversuchen mit ungestörten Proben erwarten lassen. Selbst die im Baugrund anstehenden, sogenannten weichen Tone scheinen Spannungs-Formänderungseigenschaften von nahezu festen Körpern zu haben, mit Ausnahme von denjenigen Teilen der Schichten, in denen die Struktur des Tons durch eine grundsätzliche Spannungsänderung infolge einer Belastung oder Ausschachtung erheblich gestört worden ist. Diese Einschränkung macht die allgemeinen Beziehungen zwischen den Spannungsänderungen infolge von Baumaßnahmen und den entsprechenden linearen und dreidimensionalen Verformungen im Baugrund nicht ungültig.

Das Aufbringen einer Last auf einen Teil der Oberfläche einer Tonschicht vergrößert den allseitigen Druck σ im Ton unterhalb der Lastfläche. Infolge der geringen Durchlässigkeit des Tons geht das Anwachsen des effektiven Teils des zusätzlichen allseitigen Druckes und die entsprechende Konsolidierung jedoch sehr langsam vonstatten. Da eine Zunahme des neutralen Teils des allseitigen Druckes weder die Festigkeit noch die Spannungs-Formänderungsverhältnisse eines Erdstoffs beeinflussen, verändern sich diese Eigenschaften bei dem Aufbringen der Belastung nicht. Im Lauf der Zeit werden die neutralen Spannungen in dem Maß kleiner, wie der Ton konsolidiert, und die Eigenschaften des Tons erfahren eine dementsprechende Veränderung.

Das Ausschachten einer Baugrube oder eines Tunnels vermindert den Druck σ im benachbarten Ton und verursacht ein Schwellen des Tons. Erfahrungen haben ergeben, daß das Schwellen gewöhnlich erst ein paar Tage nachdem der Druck verringert worden ist, beginnt und daß es dann mit geringer Geschwindigkeit erfolgt. Da der rechte Teil der Entlastungskurve bei jedem Erdstoff sehr flach geneigt ist (z. B. Kurve BC in Abb. 21 a), schwellen normal vorbelastete Tone im allgemeinen kaum, mit Ausnahme von jenen Teilen der Schicht, in denen der Seitendruck auf weniger als etwa 30% seines ursprünglichen Wertes abgesunken ist.

19. Wirkung von Erschütterungen auf Erdstoffe

Es ist eine allgemeine Erfahrungstatsache, daß Erschütterungen durch Pfahlrammungen, Verkehr oder Maschinen die Lagerungsdichte eines Sandes vergrößern und Senkungen seiner Oberfläche hervorrufen. Durch die Senkungen können Bauwerksschäden verursacht werden, und oft sind sie Gegenstand von Prozessen gegen die für die Erschütterungen Verantwortlichen. Anderseits sind Erschütterungen auch eins der wirtschaftlichsten Mittel um Sandschüttungen oder lockere natürliche Sandschichten vor der Ausführung von Gründungen zu verdichten, wie in Abschn. 50 dargelegt wird. Die Wirkung von Erschütterungen auf Erdstoffe mag also schädlich oder vorteilhaft sein: auf jeden Fall erfordert sie Beachtung.

Um die Faktoren zu untersuchen, welche die Verdichtungswirkung von Erschütterungen beeinflussen, ist das in Abb. 43a schematisch dargestellte Gerät verwendet worden. Es besteht aus einer 0,75/3,0 m großen Grundplatte und zwei Exzentermassen, die in entgegengesetzter Richtung umlaufen. Das Gesamtgewicht des Rüttlers beträgt etwa 24 t. Der durch die Grundplatte des Gerätes auf den Boden ausgeübte Druck besteht aus dem statischen Druck, der gleich dem Gerätegewicht ist, plus einer dynamischen Kraft, deren Maximalgröße gleich der Zentrifugalkraft der exzentrischen Gewichte ist. Die Anzahl der Vertikalimpulse in der Zeiteinheit ist die *Frequenz*, ausgedrückt in Umdrehungen pro sek. Der größte vertikale Abstand, bis zu dem sich die Grundplatte von ihrer Ruhelage aus bewegt, heißt *Schwingungsamplitude* der Grundplatte. Bei einer bestimmten Frequenz ist die Amplitude ein Maximum (s. Abb. 43b). Diese Frequenz ist annähernd gleich der Eigenfrequenz f_0 des Schwingers und des schwingenden Teils des tragenden Baugrundes.

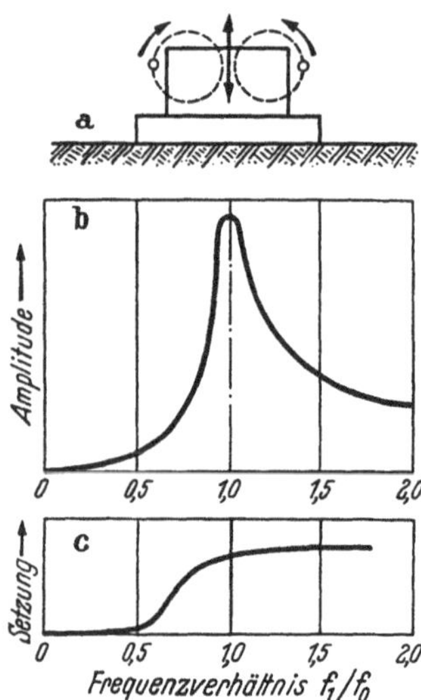

Abb. 43 a–c. a) Prinzip eines Bodenschwingers; b) Abhängigkeit der Schwingungsamplitude von der Frequenz; c) Abhängigkeit der Setzung der Schwingergrundplatte von der Frequenz (nach A. HERTWIG)

Der Ausdruck *natürliche* oder *Eigenfrequenz* bzw. *Eigenschwingungszahl* bezeichnet diejenige Schwingungsfrequenz, die sich ergibt, wenn ein Körper bestimmter Abmessungen durch einen einzigen Impuls in Schwingungen versetzt wird. Bei periodischen Impulsen nimmt die Amplitude der sich ergebenden *erzwungenen Schwingungen* in dem Maß zu, wie die Frequenz f_1 des Impulses sich der Eigenfrequenz des Körpers nähert. Bei einer mit der Eigenfrequenz zusammenfallenden Frequenz wird die Amplitude ein Maximum. Dieser Zustand heißt *Resonanz.* Er kommt in Abb. 43b durch eine Spitze im Kurvenverlauf zum Ausdruck.

In Tab. 9 sind die Werte für die Eigenfrequenz des in Abb. 43a dargestellten Schwingers auf verschiedenen Bodenarten und Gesteinen geringer Festigkeit zusammengestellt. Die Werte wurden dadurch ermittelt, daß man die Frequenz des Impulses allmählich erhöhte, bis die Resonanz eintrat.

Die Eigenfrequenz hängt nicht nur von den Eigenschaften des Baugrundes sondern im gewissen Umfang auch vom Gewicht und den Abmessungen des Schwingers ab. Wenn dasselbe Gerät jedoch auf verschiedenen Bodenarten verwendet wird, nimmt die Eigenfrequenz mit der

Tabelle 9. Abhängigkeit der Eigenschwingungszahl von der Bodenart

Bodenart	Eigenschwingungszahl in Hz
1,50 m alte Aufschüttung: Mittelsand mit Torfresten	19,1
Alte, festgefahrene Schlackenschüttung	21,3
Sehr gleichmäßiger, gelber Mittelsand	24,1
Ungleichförmiger, dicht gelagerter Sand	26,7
Dicht gelagerter Mittelkies	28,1
Muschelkalk (gewachsener Fels)	30,0
Buntsandstein (gewachsener Fels)	34,0

[Aus H. Lorenz, Neue Ergebnisse der dynamischen Baugrunduntersuchung, Z. Ver. deutscher Ing. 78 (1934) S. 379].

Dichte und mit geringer werdender Zusammendrückbarkeit des Erdstoffs zu. Unter Ausnützung dieser Umstände sind umfangreiche Untersuchungen mit dem in Abb. 43a dargestellten Gerät zur Ermittlung des Verdichtungsgrades künstlicher Schüttungen und zum Vergleich des Erfolges verschiedener Verdichtungsverfahren durchgeführt worden.

Wenn ein Schwinger auf Sande einwirkt, wird der Sand unterhalb der Grundplatte verdichtet. Bei konstanter Erregerfrequenz nimmt die Dicke der verdichteten Zone in einem allmählich kleiner werdenden Maße zu. Die maximale Größe der Zone hängt von der Größe der durch den Schwinger erzeugten periodischen Impulse und von der Anfangsdichte des Sandes ab. Jenseits der Grenzen dieser Zone bleibt die Dichte des Sandes praktisch unverändert.

Da der Schwinger auf der Oberfläche der Verdichtungszone aufliegt, ist der Verdichtungsvorgang mit einer Setzung derselben verbunden. Wenn die Erregerfrequenz allmählich zunimmt, wird die entsprechende Setzung des Schwingers größer, wie Abb. 43c zeigt. Sobald die Eigenfrequenz erreicht ist, nimmt die Setzung plötzlich zu und wird vielfach größer als die Setzung, die durch eine statische Last von der gleichen Größe wie die Schwingungskraft hervorgerufen wird. Der Frequenzbereich innerhalb dessen die Zunahme der Setzungen am größten ist, heißt der *kritische Bereich.* Er scheint innerhalb des 0,5- bis 1,5fachen der Eigenfrequenz zu liegen.

Wenn die Frequenz des auf einem Sand aufliegenden Schwingers innerhalb des für den Sand kritischen Bereiches liegt, ist die sich ergebende Setzung sehr viel größer als diejenige, welche durch gleichwertige statische Kräfte verursacht würde. Die Frequenz der Erschütterungen, die durch die geringere aber unvermeidliche Exzentrizität der umlaufenden Teile von Dampfturbinen hervorgerufen werden, scheinen innerhalb des kritischen Bereiches von Sanden zu liegen (Abschn. 62). Aus diesem Grund setzen sich die Fundamente von Dampfturbinen auf lockeren Sandschichten außerordentlich stark, es sei denn, daß der Sand künstlich verdichtet worden ist, bevor die Turbinenfundamente hergestellt wurden. Ganz gleich wie die Baugrundverhältnisse sein mögen, in jedem Fall ist es ratsam, besondere Maßnahmen zur Verringerung der Amplituden der erzeugten Schwingungen zu treffen.

Die Wirkung von Schwingungen auf Tone ist weit weniger eindeutig als auf Sande, weil die Kohäsionskräfte zwischen den Tonteilchen das Gleiten der Teilchen aneinander beeinträchtigen. Trotzdem wird selbst ein weicher Ton in gewissem Maß verdichtet, wenn er fortgesetzt intensiven Schwingungen unterworfen wird, die eine nahe bei der Eigenfrequenz des Tons liegende Frequenz besitzen.

III. Die Entwässerung der Erdstoffe

20. Wasserspiegel, Wassergehalt und Kapillaritätserscheinungen

Definitionen. Die Ausdrücke *Wasserstand, Grundwasserspiegel* und *Sickerlinie* bezeichnen die Höhenkote, bis zu der das Wasser in Beobachtungsbrunnen bei freier Verbindung mit den Poren der im Baugrund anstehenden Erdstoffe aufsteigt. Der Wasserspiegel kann auch als diejenige Oberfläche definiert werden, in der die neutralen Spannungen p_w im Boden nach Abschn. 12 gleich Null sind.

Wenn das im Boden enthaltene Wasser nur der Schwerkraft unterworfen wäre, würde der Boden oberhalb des Wasserspiegels vollkommen trocken sein. In Wirklichkeit ist jeder in der Natur anstehende Boden bis zu einer gewissen Entfernung vom Wasserspiegel wassergesättigt und über diese Grenze hinaus teilweise wasserhaltig. Das Wasser, das in den Poren des oberhalb des Wasserspiegels befindlichen Bodens enthalten ist, ist die *Bodenfeuchte*.

Wenn der untere Teil eines trockenen Bodenkörpers mit Wasser in Berührung kommt, steigt das Wasser in den Poren bis zu einer gewissen Höhe über den freien Wasserspiegel auf. Die aufwärts gerichtete Strömung in den Poren des Bodens wird der Wirkung der *Oberflächenspannung* des Wassers zugeschrieben. Der Sitz der Oberflächenspannung befindet sich an der Grenze zwischen Luft und Wasser. In der Grenzzone befindet sich das Wasser in einem Spannungszustand, der mit dem einer gespannten Gummimembrane verglichen werden kann, die an den Wänden der Bodenporen befestigt ist. Im Gegensatz zu der Spannung in einer gespannten Membran ist die Oberflächenspannung in der Grenzschicht des Wassers jedoch vollkommen unbeeinflußt sowohl von der Zusammenziehung als auch von der Dehnung des Wasserfilms. Die Ansichten über die Molekularkräfte, welche die Oberflächenspannung erzeugen, sind noch nicht einheitlich. Das Vorhandensein einer Zugspannung in der Oberflächenschicht wurde jedoch schon vor mehr als hundert Jahren zweifelsfrei festgestellt, und die Größe dieser Spannung ist seitdem durch die verschiedenartigsten Verfahren mit übereinstimmenden Ergebnissen ermittelt worden.

Der Aufstieg des Wassers in Kapillaren. Das Phänomen des kapillaren Aufstieges kann am besten durch Eintauchen des unteren Endes eines Glasrohres von sehr kleinem Durchmesser in Wasser gezeigt werden. Ein solches Rohr wird bekanntlich als Kapillarrohr oder einfach als Kapillare bezeichnet. Sobald das untere Ende des Rohres mit dem Wasser in Berührung kommt, zieht die Anziehungskraft zwischen dem Glas und den Wassermolekülen zusammen mit der Oberflächenspannung des Wassers das Wasser im Rohr bis in eine Höhe h_c über den freien Wasserspiegel hoch, wie in Abb. 44 dargestellt ist. Die Höhe h_c heißt *kapillare Steighöhe*. Die Oberfläche des Wassers nimmt die Form einer Schale an, die *Meniskus* genannt wird. Dieser hängt sich an den Wänden des Rohrs unter einem Winkel α auf, der als *Benetzungswinkel* bezeichnet wird. Die Größe von α ist vom Material der Wand und von der Art der Verunreinigung ihrer Oberfläche abhängig. Für Glasrohre mit chemisch reinen und angefeuchteten Wänden ist α gleich 0°. Das Wasser steigt in solchen Rohren bis zu der größten Höhe an, die der Durchmesser des Rohres und die Oberflächenspannung des Wassers zuläßt. Wenn die Wände nicht chemisch rein sind, wird α im allgemeinen irgendeinen Mittelwert zwischen 0° und 90° haben, und dementsprechend ist die kapillare Steighöhe kleiner als h_c für $\alpha = 0°$. Wenn schließlich die Wände mit einer dünnen Fettschicht bedeckt sind, ist α größer als 90° und der Meniskus liegt unterhalb des freien Wasserspiegels. Dieses Phänomen wird auf abstoßende Kräfte zwischen den Molekülen des Wassers und des Fettes zurückgeführt.

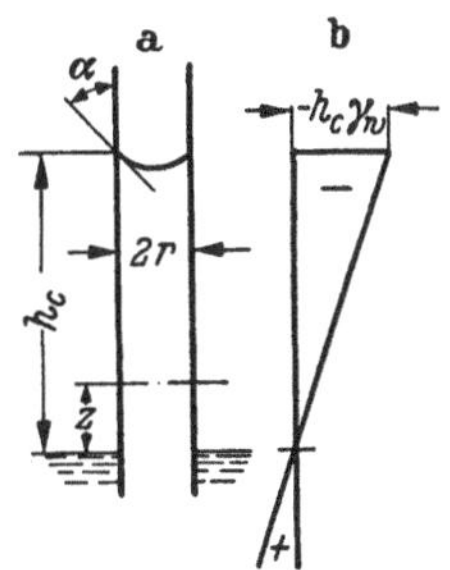

Abb. 44 a u. b. a) Aufstieg des Wassers im Kapillarrohr; b) Spannungszustand des Wassers in einer Kapillaren

Wenn mit σ_0 die Oberflächenspannung in g/cm und mit γ_w das Raumgewicht des Wassers bezeichnet wird, herrscht Gleichgewicht, wenn

$$h_c \pi r^2 \gamma_w = 2\pi r \sigma_0 \cos\alpha ,$$

hieraus

$$h_c = \frac{2\sigma_0}{r\gamma_w}\cos\alpha . \tag{20.1}$$

Die Größe von σ_0 nimmt mit steigender Temperatur ab. Bei Zimmertemperatur beträgt sie etwa 0,075 g/cm und γ_w ist 1 g/cm³. Daher ist

$$h_c(\text{cm}) = \frac{0{,}15}{r(\text{cm})}\cos\alpha , \tag{20.2}$$

oberhalb des freien Wasserspiegels ist der hydrostatische Druck p_w im Wasser negativ. In der Höhe z ist

$$p_w = -z\gamma_w . \tag{20.3}$$

Der kapillare Wasseraufstieg in Böden. Im Gegensatz zu Kapillarrohren haben die Porenschläuche in Erdstoffen und den meisten anderen porösen Stoffen veränderliche Querschnittsflächen. Sie stehen miteinander in jeder Richtung in Verbindung und bilden ein verwickeltes Porennetz. Wenn in ein solches Netz von unten Wasser eindringt, wird der untere Teil des Porennetzes vollständig mit Wasser gesättigt. Im oberen Teil nimmt das Wasser jedoch nur die engsten Poren ein, während die weiteren luftgefüllt bleiben. Im Laboratorium kann der Aufstieg des Wassers in den Poren eines trockenen Sandes infolge der Oberflächenspannung durch eine Versuchsanordnung nach Abb. 45a gezeigt werden.

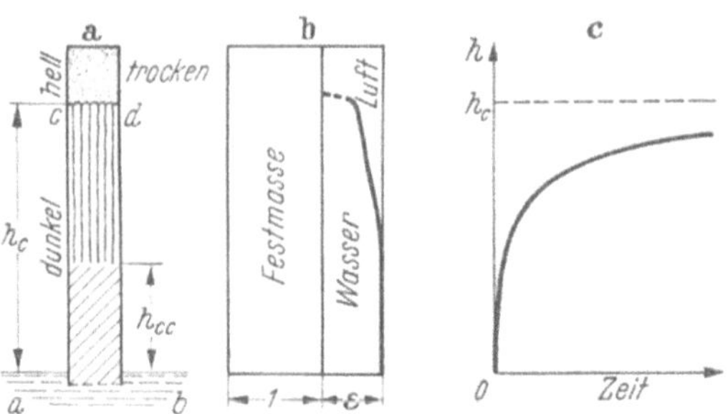

Abb. 45a–c. Kapillarer Wasseraufstieg in trockenem Sand

Der Sand wird in ein aufgestelltes Glasrohr gefüllt, über dessen unteres Ende ein Netz gespannt ist. Dieses Ende des Rohres wird dann in die Oberfläche eines Wasserbehälters eingetaucht, von wo das Wasser im Sand aufsteigt. Der Teil des Sandes, in dem sich die Poren teilweise oder vollständig mit Wasser füllen, nimmt eine dunkle Farbe an, während der übrige hell bleibt. Bis zur Höhe h_{cc} oberhalb des Wasserspiegels ist der Sand vollständig wassergesättigt. Zwischen h_{cc} und h_c ist nur ein Teil seiner Poren mit Wasser gefüllt, wie in Abb. 45b dargestellt ist. Die Höhe h_c heißt *kapillare Steighöhe*. In Abb. 45c ist aufgetragen, in welcher Zeit die Oberfläche der durchfeuchteten Zone ihre Gleichgewichtslage in der Höhe h_c erreicht.

In dem Maß, wie die wirksame Korngröße abnimmt, wird auch die Größe der Poren kleiner und die kapillare Steighöhe größer. Die Steighöhe h_c (cm) ist angenähert gleich

$$h_c = \frac{C}{\varepsilon \cdot d_{10}}, \tag{20.4}$$

worin ε die Porenziffer, d_{10} (cm) die wirksame Korngröße nach Allen Hazen (Abschn. 6) und C (cm^2) eine empirische Konstante ist, die von der Kornform und der Verunreinigung der Oberfläche abhängt. Sie liegt zwischen 0,1 und 0,5 cm^2. Da jedoch die Abnahme der Durchlässigkeit in Verbindung mit einer Abnahme der wirksamen Korngröße die Geschwindigkeit des kapillaren Wasseraufstieges vermindert, ist die Höhe, bis zu der das Wasser in einer bestimmten Zeit, z.B. in 24 Stunden aufsteigt, bei einer mittleren Korngröße ein Maximum. In Abb. 46 ist auf der Abszisse der Logarithmus der Korngröße eines gleichkörnigen Quarzpulvers bei ziemlich großer Lagerungsdichte und auf der Ordinate die Höhe, bis zu der das Wasser in 24 Stunden aufsteigt, aufgetragen. Die Steighöhe erreicht bei einer Korngröße von etwa 0,02 mm einen Maximalwert. Für einen 48 Stunden dauernden Steigversuch würde die optimale Korngröße etwas kleiner sein.

Kapillare Heberwirkung. Die Kapillarkräfte sind in der Lage, das Wasser nicht nur in Kapillarrohren oder in den Poren trockener Boden-

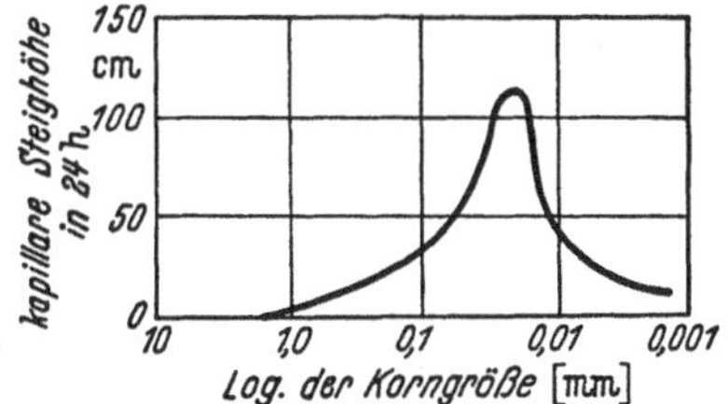

Abb. 46. Abhängigkeit der kapillaren Steighöhe von der Korngröße von gleichkörnigem Quarzpulver bei einer Versuchsdauer von 24 Std. (nach A. ATTERBERG)

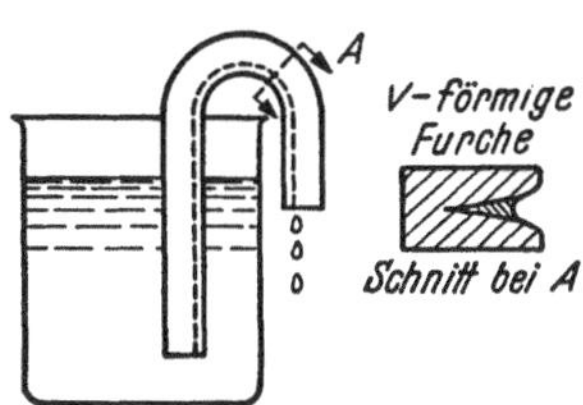

Abb. 47. Kapillarströmung in einer V-förmigen Furche

säulen aufsteigen zu lassen, sondern auch in engen offenen Kanälen oder V-förmigen Furchen. Dies kann mit Hilfe des in Abb. 47 dargestellten Gerätes gezeigt werden. Wenn der höchste Punkt der Furche tiefer liegt als die Höhe, bis zu der die Oberflächenspannung das Wasser heben kann, werden die Kapillarkräfte das Wasser in den herunterführenden Teil der Furche leiten und dadurch das Gefäß allmählich entleeren. Dieser Vorgang wird *kapillare Heberwirkung* genannt. Die gleiche Erscheinung kann auch in den Bodenporen im Gelände eintreten. Das Wasser kann z.B. über die Krone eines undurchlässigen Kerns in einem Staudamm oder Deich fließen, wie in Abb. 48 dargestellt ist, obwohl der freie Wasserspiegel tiefer liegt als der Scheitel des Kerns. Es wurde festgestellt, daß die kapillare Heberwirkung über die Krone von Kernen einen Wasserverlust von rd. 1700 l/min auf einem 19,3 km langen Abschnitt des Berlin-Stettiner-Kanals verursacht. Der undurchlässige Kern der Dämme war bis zu 30 cm über den Wasserspiegel hochgeführt. Als die Kerne um 40 cm erhöht wurden, verminderte sich der Wasserverlust auf rd. 380 l/min.

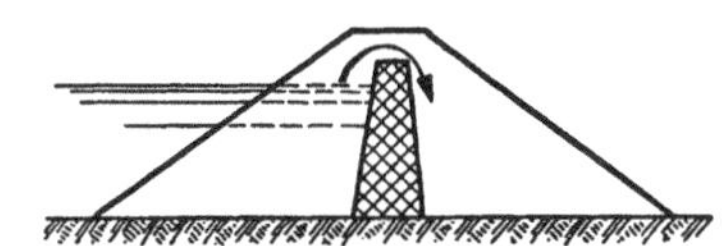

Abb. 48. Kapillarströmung über den undurchlässigen Kern von Staudämmen

Wasservorräte im Boden, die nicht mit dem Grundwasser in Verbindung stehen. Zwischen den Höhen h_{cc} und h_c der Abb. 45a befinden sich in einem Teil des Porenraums zusammenhängende Luftkanäle. Der Rest ist mit Wasserfäden gefüllt. Da diese Fäden ebenfalls zusammenhängen, gilt für die Spannung im Wasser bis zur Höhe h_c die Gl. (20.3). Wenn der Sand jedoch nur feucht ist, stehen die Wasserteilchen nicht miteinander in Verbindung, und Gl. (20.3) ist deshalb nicht anwendbar.

Das in einem feuchten Sand enthaltene Wasser heißt *Haftwasser*. Es besteht aus dem *Häutchenwasser*, das die Bodenkörner umhüllt, und dem *Porenwinkelwasser*, das den Berührungspunkt zwischen zwei Bodenkörnchen von allen Seiten umgibt, wie in Abb. 49 dargestellt ist. Die Oberflächenspannung an der Grenzfläche zwischen dem Wasser und der Luft in den benachbarten Poren zieht die Bodenkörnchen mit einer Kraft P aneinander, die als *Kontaktdruck* bezeichnet wird. Der durch den Kontaktdruck hervorgerufene Reibungswiderstand hat die gleiche Wirkung, als wenn der Sand eine gewisse Kohäsion besäße (s. Abb. 52a und b). Sobald der Sand überflutet wird, wird die Oberflächenspannung aufgehoben, der Berührungsdruck wird zu Null und der Sand zerfällt.

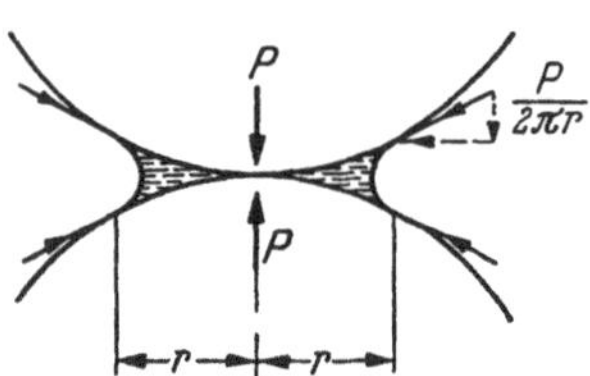

Abb. 49. Die durch das Porenwinkelwasser erzeugten Kräfte

Die mechanische Wirkung der durch das Porenwinkelwasser hervorgerufenen scheinbaren Kohäsion ist von der relativen Dichte des Sandes abhängig. Wenn der Sand dicht gelagert ist, vergrößert sie seine Scherfestigkeit in einem solchen Maß, daß vertikale Böschungen mit einer Höhe von mehreren Metern ohne seitliche Abstützung stehen können. Wenn ein feuchter Sand dagegen locker gelagert ist, beispielsweise durch Verkippen, verhindert die Kohäsion, daß die Bodenteilchen eine stabilere Lage einnehmen, und vermindert die Tragfähigkeit des Sandes fast bis auf Null. Das Volumen eines solchen Sandes kann das des gleichen Sandes im lockeren, trockenen Zustand um 20 bis 30% überschreiten. Dieses Phänomen wird in der englischen Sprache als „bulking“ (sperrige Lagerung) bezeichnet. Da die Kräfte, welche die Körner in ihren unstabilen Lagen halten, außerordentlich klein sind, tritt die sperrige Lagerung nur bis in eine Tiefe von 30 bis 60 cm unter der Sandoberfläche ein. Durch Einschlämmen wird das Porenvolumen des Sandes auf das desselben Sandes im trockenen oder wassergesättigten lockeren Zustand vermindert, weil die Oberflächenspannung des Wassers dadurch aufgehoben wird.

Zu einigen häufig anzutreffenden irrtümlichen Ansichten. Da die physikalischen Grundlagen der kapillaren Bewegung des Wassers in Erdstoffen nicht so offenkundig sind wie diejenigen der Sickerströmung unter der Wirkung der Schwerkraft, haben verschiedene irrtümliche Auffassungen Eingang in Veröffentlichungen gefunden. Es ist beispielsweise behauptet worden, daß Wasser in einer Kapillaren nicht höher steigen könne als im Saugrohr einer Pumpe, also etwa 9 m. Die Höhe, bis zu der Wasser angesaugt werden kann, hängt vom atmosphärischen Druck ab und ist unabhängig vom Durchmesser des Saugrohres. Dagegen ist die Höhe, bis zu der das Wasser durch Kapillarkräfte angehoben wird, unabhängig vom atmosphärischen Druck und nimmt mit kleiner werdendem Durchmesser der Kapillare zu. Es ist also offensichtlich, daß diese beiden Arten des Wasseraufstiegs nichts miteinander gemeinsam haben. In einem Vakuum kann Wasser überhaupt nicht durch ein Saugrohr gehoben werden, während die kapillare Steighöhe die gleiche wie bei atmosphärischem Druck ist.

Es ist auch behauptet worden, daß der größte Teil des im gesättigten Feinsand enthaltenen Wassers nicht an der Sickerströmung teilnimmt, weil er im Sand durch die molekulare Anziehung festgehalten würde. Diese Ansicht ist unvereinbar mit der zuverlässig festgestellten Tatsache, daß die Dicke der Wasserschichten, die an die festen Teilchen angelagert sind, etwa 0,1 μ nicht überschreitet. Außerhalb dieser Schichten befindet sich das Wasser in einem normalen Zustand und ist in der Lage, ebenso frei wie in einem Rohr zu fließen. Da diejenige Menge des Wassers, die sich innerhalb eines Abstandes von 0,1 μ von der Oberfläche der Körner befindet, in einem wassergesättigten Sand im Vergleich zur Gesamtmenge gering ist, besteht praktisch die gesamte Wassermenge aus normalem Wasser, welches an der Sickerströmung teilnimmt.

Aufgaben

1. Die wirksame Korngröße eines sehr feinen Sandes ist 0,05 mm und seine Porenziffer 0,6. Wie groß ist die kapillare Steighöhe h_c für diesen Sand?

Antwort: Zwischen 33 und 165 cm.

2. Die Zylinderdruckfestigkeit eines dichten, feuchten Feinsandes betrage 0,2 kg/cm^2 und sein Winkel der inneren Reibung sei 40°. Wie groß muß der allseitige Druck σ sein, der erforderlich ist, um die gleiche Wirkung auf die Festigkeit des Sandes auszuüben wie die Kohäsion infolge des Porenwinkelwassers?

Antwort: 0,056 kg/cm^2.

21. Entwässerungsverfahren

Zweck und Arten des Wasserentzuges. In der Baupraxis wird eine Entwässerung durchgeführt, wenn es wünschenswert ist, den Strömungsdruck zu beseitigen, die Gefahr von Frostschäden zu vermindern oder die Scherfestigkeit des Bodens durch Verminderung der neutralen Spannungen zu vergrößern (s. Abschn. 12 und 15). Das Verfahren besteht in der Absenkung des Wasserspiegels bis unter die Sohlfläche des Bodenkörpers, der einen Schutz oder eine Verstärkung benötigt.

Um den Wasserspiegel auf eine bestimmte Höhe abzusenken, muß unterhalb dieser Höhenlage ein Sammlersystem in Form von Brunnen,

Sickersträngen oder Gräben angelegt werden. Das Wasser fließt durch die Schwerkraft aus dem Boden in die Sammler und wird von dort durch Pumpen oder andere geeignete Mittel gefördert. Da das hydraulische Gefälle unmittelbar neben jedem Sammler sehr hoch ist, werden die feineren Bodenteilchen allmählich aus dem Boden in die Sammler ausgewaschen, sofern seine Wände nicht von Filtern umgeben sind, die aus Drahtgewebe oder ausgesiebtem Sand oder Kies bestehen. Die Maschenweite der Filtersiebe sollte annähernd gleich der bei 60% vertretenen Korngröße d_{60} des angrenzenden natürlichen Bodens sein. Sand- oder Kiesfilter sollten den Anforderungen an die Kornzusammensetzung entsprechen, die am Ende des Abschn. 11 eingehend behandelt sind.

Wasserabsenkungsbrunnen werden gewöhnlich mit Rohren, sogenannten Brunnenrohren ausgekleidet, die im Bereich der wasserführenden Schicht durchlöchert oder geschlitzt sind. Wenn die Rohre einen kleineren Durchmesser als etwa $2^1/_2''$ (6,35 cm) haben, bezeichnet man den Brunnen in der englischen Sprache als *Well point*. Das Wasser wird von einer Gruppe dieser Brunnen durch eine Sammelleitung abgeführt, welche die oberen Enden aller Rohre verbindet. Wenn der Durchmesser eines Absenkungsbrunnens 12'' (30,5 cm) oder mehr beträgt, wird das Wasser gewöhnlich durch ein Saugrohr abgepumpt, das einen weitaus kleineren Durchmesser hat, wobei der Raum zwischen dem Rohr und den Wänden des Bohrloches mit Grobsand oder Kies ausgefüllt wird. Derartige Brunnen heißen *Filterbrunnen*. Die ringförmigen Filter wirken als Ersatz für die durchlöcherten Brunnenrohre. Sammler in Drängräben oder Sickerschlitzen bestehen gewöhnlich aus mit Zwischenraum verlegten Rohrleitungen, die in Sand oder Kies eingebettet sind, deren Kornaufbau den an ein Filter zu stellenden Anforderungen genügt.

Im Sand wird ein Teil des Wassers, das aus den Poren in die Sammler abfließt, durch Luft ersetzt (*Entwässerung durch Eindringen von Luft*). Dagegen bleiben sehr feinkörnige Erdstoffe wassergesättigt und das Porenvolumen des Bodens nimmt um ein Maß ab, das dem Volumen des abgegebenen Wassers entspricht (*Entwässerung durch Konsolidierung*).

Bei jeder Bodenart kann die Entwässerung auch durch Verdunstung von einer der Atmosphäre ausgesetzten Oberfläche aus erfolgen. Dieser Vorgang heißt *Entwässerung durch Austrocknung*. Je nach der Bodenart kann dabei Luft eindringen, eine Konsolidierung erfolgen oder dem Eindringen von Luft kann eine Konsolidierung vorausgehen.

Sehr feinkörnige Böden können auch dadurch entwässert werden, daß ein elektrischer Strom durchgeleitet wird. Dieser Vorgang wird als *Entwässerung durch Elektroosmose* bezeichnet. Wenn der oberste Teil eines wassergesättigten, sehr feinkörnigen Bodenkörpers einer unterhalb des Gefrierpunktes liegenden Temperatur ausgesetzt wird, wird dem tieferen Teil Wasser entzogen und im oberen Teil angelagert, wo es an der Bildung von Eisschichten teilnimmt. Der Strömungsdruck des Sickerwassers konsolidiert die unterhalb der Gefrierzone befindliche Bodenschicht. Man kann daher sagen, daß diese Schicht einer *Entwässerung durch Frostwirkung* unterworfen ist. Anderseits nimmt der mittlere Wassergehalt des in der Gefrierzone befindlichen Bodens zu. Die verschiedenen Entwässerungsvorgänge werden in den folgenden Unterabschnitten beschrieben.

Entwässerung durch die Schwerkraft. Der niedrigste Wert, bis auf den der Wassergehalt eines Bodens durch die Schwerkraft vermindert werden kann, wird als *Wasserhaltevermögen* des Bodens bezeichnet. Um Zahlenwerte zum Vergleich des Wasserhaltevermögens verschiedener Erdstoffe zu gewinnen, werden verschiedene Untersuchungsverfahren im Laboratorium angewandt. Bei einigen, die als *Schwerkraftverfahren* bezeichnet werden, tritt das Wasser allein unter der Wirkung der Schwerkraft aus der Probe aus. Bei anderen, *Unterdruckverfahren* genannten, wird die Schwerkraft durch Anwendung eines Vakuums an der Sohlfläche der Probe oder Aufbringen eines Luftdruckes auf der oberen Deckfläche ver-

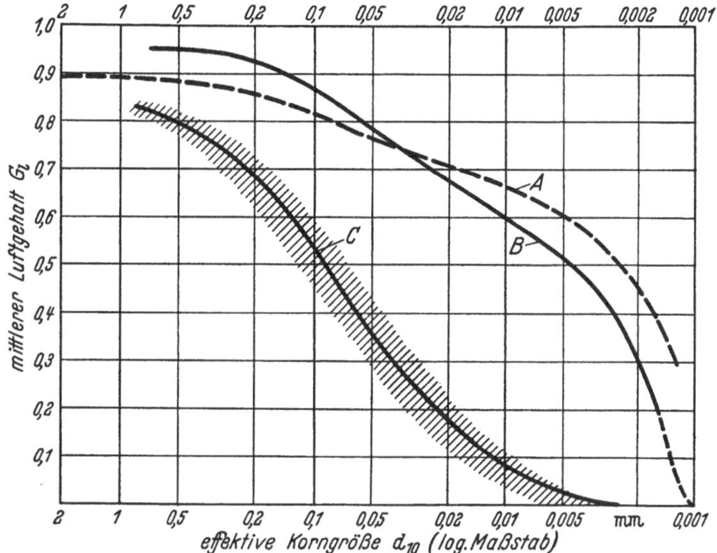

Abb. 50. Abhängigkeit des Luftgehaltes nach dem Wasserentzug von der Korngröße. Kurve *A* bei Wasserentzug nach dem Unterdruckverfahren, Kurve *B* nach dem Zentrifugalverfahren und Kurve *C* nach Meßergebnissen im Feld (*A* nach LEBEDEFF; *B* nach ZUNKER)

stärkt. Bei einer dritten Art, dem *Zentrifugalverfahren*, wird die Schwerkraft durch viel größere innere Kräfte ersetzt.

Wenn die Porenziffer eines Erdstoffes nach dem Wasserentzug, das spezifische Gewicht der Festmasse und das Wasserbindevermögen bekannt sind, können der Sättigungsgrad s_w (in %) nach Abschn. 7 und Luftgehalt G_l des entwässerten Bodens berechnet werden. Der *Luftgehalt* wird definiert als

$$G_l = \frac{\text{Luftporenraum}}{\text{Gesamtporenraum}} = 1 - \frac{s_w(\%)}{100}\,. \tag{21.1}$$

In Abb. 50 stellen die Kurven A und B die Beziehung zwischen dem Luftgehalt und der wirksamen Korngröße für verschiedene Bodenfraktionen, die nach zwei verschiedenen Verfahren entwässert worden sind, dar. Die Werte für die Auftragung der Kurve A wurden aus Versuchen erhalten, bei denen wassergesättigte Proben durch Unterdruck entwässert wurden. Hierbei ließ man ein Vakuum zwei Stunden lang auf die Grundfläche einer 10 cm hohen Probe wirken. Kurve B gibt die Ergebnisse von Versuchen nach dem Zentrifugalverfahren wieder, wobei die Proben zwei Minuten lang einer Kraft ausgesetzt waren, die 18000mal so groß wie die Schwerkraft war.

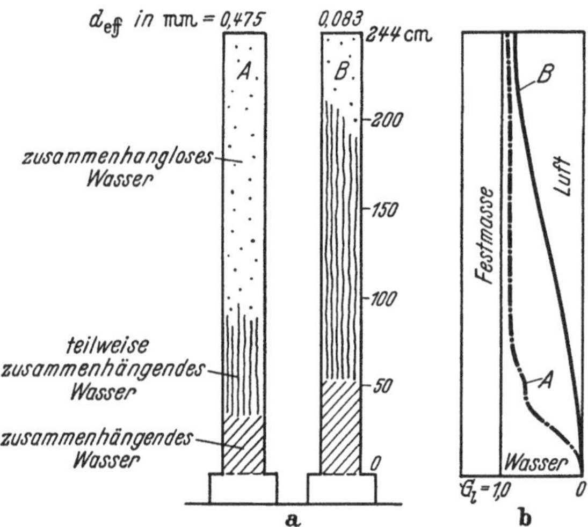

Abb. 51 a u. b. Verteilung der Feuchtigkeit in zwei verschiedenen Sandproben nach 2,5jähriger Entwässerung im Laboratorium (nach C. S. SLICHTER)

Im Laboratorium setzt sich die Entwässerung von Sand unter der Wirkung der Schwerkraft mehrere Jahre hindurch mit abnehmender Geschwindigkeit fort, selbst wenn der Sand ziemlich grob ist. In Abb. 51a sind zwei Sandproben $2^1/_2$ Jahre nach dem Beginn der Entwässerung dargestellt. In beiden Proben nimmt das Luftporenverhältnis ziemlich schnell mit dem Abstand vom Wasserspiegel zu, wie Abb. 51b zeigt. Darüber hinaus nahm auch nach Ablauf der $2^1/_2$ Jahre bei beiden Proben der mittlere Luftporengehalt weiter zu.

Im Baugrund wird jeder Entwässerungsvorgang durch die Schwerkraft zeitweilig durch das Zufließen von Regen- oder Schmelzwasser von Schnee oder Eis beeinflußt. Die Auswirkung dieses Zuflusses auf den mittleren Wassergehalt eines entwässerten Bodens im Feld hängt nicht nur von der Zuflußmenge und der Größe der Verdunstung ab, sondern im großen Maß auch von Einzelheiten der Bodenschichtung. Ferner zeigt die Erfahrung, daß der Luftporengehalt bei einem entwässerten Boden im Feld praktisch unabhängig von der Höhe über dem Grundwasserspiegel ist, während er in entwässerten Laboratoriumsproben gleichmäßig nach oben zunimmt, wie Abb. 51 zeigt. Es gibt also keine klare Beziehung zwischen dem Wasserhaltevermögen eines Erdstoffs nach dem Wassserentzug im Laboratorium und demjenigen desselben Bodens nach Entwässerung im Feld. Dies ist aus einem Vergleich der Laboratoriumskurven *A* und *B* in Abb. 50 mit Kurve *C* zu ersehen. Die gestrichelte Fläche neben Kurve *C* gibt die Beziehung zwischen dem Luftporenvolumen und der wirksamen Korngröße von verschiedenen Erdstoffen nach der Entwässerung durch die Schwerkraft im Feld unter klimatischen Verhältnissen wieder, die denen im östlichen Zentralteil der USA gleichen. Beobachtungen in Gegenden mit abweichenden klimatischen Verhältnissen können ganz andere Kurven ergeben. Man kann jedoch nicht erwarten, daß sich zwischen Feldkurven und Laboratoriumskurven eine bessere Übereinstimmung ergibt als ein ähnlicher allgemeiner Verlauf.

Bei Baumaßnahmen ist die Menge des dem Untergrund entzogenen Wassers glücklicherweise nur selten von Bedeutung. Viel wichtiger sind die mechanischen Wirkungen des Wasserentzuges und die dafür erforderliche Zeit.

Geschwindigkeit und Wirkung des Wasserentzuges durch die Schwerkraft. Wie bereits dargelegt, kann die Entwässerung durch Abpumpen aus Filterbrunnen, durch Abfangen der wasserführenden Schicht mit Sickerschlitzen oder durch Ableitung des Wassers mit Dränleitungen durchgeführt werden. Ganz gleich welches Entwässerungsverfahren angewandt wird, in jedem Fall ist die für die Entwässerung des Bodens erforderliche Zeit ein außerordentlich wichtiger Faktor.

Alle theoretischen Verfahren zur Ermittlung der Geschwindigkeit bei einem Wasserentzug durch Eindringen von Luft sind noch ziemlich unbefriedigend. Wenn man die für die Entwässerung einer Sandschicht erforderliche Zeit abschätzen will, muß man sich deshalb in erster Linie auf Erfahrungen verlassen. Die Entwässerung einer reinen Grobsandschicht durch Abpumpen aus Filterbrunnen mit einem Abstand von nicht mehr als 12 m kann im allgemeinen in wenigen Tagen durchgeführt werden (sehr schnelle Entwässerung). Dagegen kann derselbe Vorgang in einem sehr feinen Sand mehrere Monate erfordern (langsame Entwässerung). Die für die Entwässerung von Böden zur Verfügung stehenden Verfahren und die Bedingungen für ihre erfolgreiche Anwendung sind in Abschn. 47 behandelt, die Setzungen, die sich aus der Absenkung des Wasserspiegels ergeben können, in Abschn. 61.

Die Austrocknung der Böden. Setzt man eine weiche Tonprobe der Luft aus, wird das Wasser aus dem Innern der Probe an die Oberfläche gezogen, wo es verdunstet. Während dieses Vorganges wird der Ton steifer und schließlich sehr hart. Wann die Verdunstung aufhört, hängt von der relativen Feuchtigkeit der umgebenden Luft ab. Nach den Gesetzen der Physik verdunstet das Wasser an jeder Grenzfläche zwischen Luft und Wasser, es sei denn, daß die relative Luftfeuchtigkeit zumindest gleich einem bestimmten, von der Spannung im Wasser abhängigen Wert ist. Die *relative Luftfeuchtigkeit* φ ist definiert als das Verhältnis zwischen dem Gewicht des tatsächlichen in der Luft bei einer bestimmten Temperatur enthaltenen Wasserdampfes und der maximalen Wasserdampfmenge, die bei derselben Temperatur in der Luft enthalten sein kann. In Gegenden mit feuchtem Klima liegt die relative Feuchtigkeit gewöhnlich zwischen 0,15 und 0,95 und kann in Ausnahmefällen 0,99 erreichen. Wenn die relative Feuchtigkeit der Luft über einem freien Wasserspiegel kleiner als 1,0 ist, verdunstet Wasser, bis die relative Feuchtigkeit der darüberliegenden Luft gleich 1,0 wird oder bis das Wasser vollständig verdunstet ist. Wenn das Wasser sich in einem Spannungszustand befindet, hört es bei einem niedrigeren Wert der relativen Feuchtigkeit auf zu verdunsten. Dieser niedrige Wert h_r wird als der *relative Dampfdruck* des Wassers bezeichnet. Innerhalb eines Temperaturbereiches von 10° bis 30° C und einem Bereich für den relativen Dampfdruck zwischen 0,7 bis 1,0 kann die Abhängigkeit zwischen der neutralen Spannung p_w im Wasser und dem relativen Dampfdruck h_r des Wassers angenähert durch folgende Gleichung ausgedrückt werden:

$$p_w(\text{kg/cm}^2) = -1500(1 - h_r)\,. \tag{21.2}$$

Für $h_r = 0{,}90$ ist beispielsweise $p_w = -150$ kg/cm². Wenn also die neutrale Spannung in einer der Verdunstung ausgesetzten Tonprobe gleich -150 kg/cm² ist, bleibt der Wassergehalt des Tons nur dann konstant, wenn die relative Feuchtigkeit der umgebenden Luft gleich 0,90 ist. Ist der relative Dampfdruck kleiner, verliert der Ton weiterhin Wasser durch Verdunstung. Ist er dagegen größer, kondensiert Wasser auf der Oberfläche des Tons und bringt den Ton zum Schwellen, bis die Zugspannung im Wasser auf den durch Gl. (21.2) gegebenen Wert abgesunken ist. Diese Tatsache kann als Grundlage für die Berechnung der Spannung des in feinkörnigen, porösen Stoffen wie z.B. Ton enthaltenen Wassers dienen.

Wenn das Wasser an den Enden einer Kapillare mit dem Radius r (cm) verdunstet, nimmt die Krümmung der Menisken und die Spannung p_w im Wasser zu, bis $p_w = -h_c \gamma_w$. Führt man h_c aus Gl. (20.2) ein, so ergibt sich

$$p_{w\,\max}(\mathrm{g/cm^2}) = -\frac{9{,}15\,\gamma_w(\mathrm{g/cm^3})}{r(\mathrm{cm})}\cos\alpha\,. \qquad (21.3)$$

Bei weiterer Verdunstung zieht sich das Wasser in das Innere des Röhrchens zurück, wobei die neutrale Spannung konstant bleibt.

Ein ähnlicher Vorgang findet im Porenwasser von Erdstoffen statt, die austrocknen. Wenn ein Boden trocknet, nimmt p_w zuerst zu, bis es den größten Wert angenommen hat, den die Porengröße an der Oberfläche des Bodens zuläßt. Bei weiterer Austrocknung dringt Luft in die Probe ein, wobei die Farbe des Erdstoffs von dunkel nach hell umschlägt. Bei Beginn dieses zweiten Zustandes ist der Wassergehalt der Probe gleich der Schrumpfgrenze nach Abschn. 8. Während dieses Zustandes kann jedoch die neutrale Spannung p_w weiter zunehmen, weil das Wasser sich in die engsten Winkel und Spalten zurückzieht. Die Verdunstung schreitet so lange fort, bis der relative Dampfdruck h_r nach Gl. (21.2) gleich der relativen Feuchtigkeit φ wird.

Das Wasser, welches in dem getrockneten Erdstoff verbleibt, bildet das in Abschn. 20 erwähnte Haftwasser. Nach Verdunstung bei Raumtemperatur liegt der Wassergehalt der Erdstoffe zwischen annähernd Null bei reinen Sanden, bis 6 oder 7% bei typischen Tonen. Der entsprechende Luftgehalt liegt zwischen 1,0 und etwa 0,8. In diesem Zustand ist ein vollkommen reiner Sand kohäsionslos, während ein Ton sehr hart ist.

Wenn eine ofengetrocknete Bodenprobe an der atmosphärischen Luft abgekühlt wird, nimmt ihr Wassergehalt zu. Die von den Bodenteilchen aus der sie umgebenden Atmosphäre aufgenommene Feuchtigkeit wird *hygroskopisches Wasser* genannt. Die Menge des hygroskopischen Wassers ist bei einer bestimmten Probe von der Temperatur und der relativen Luftfeuchtigkeit abhängig. Allgemein nimmt sie mit abnehmender Korngröße zu. Bei Sanden kann sie vernachlässigt werden. Bei schluffigen Erdstoffen ist sie sehr klein, genügt jedoch, um ein Quellen hervorzurufen. Bei Ton kann sie mehr als 5% des Trockengewichtes erreichen.

Wenn eine lufttrockene Tonprobe auf eine etwas über dem Siedepunkt des Wassers liegende Temperatur erhitzt wird, nimmt ihr Wassergehalt etwas ab. In diesem Zustand erleiden einige der physikalischen Eigenschaften des Tons Veränderungen, die bleibend zu sein scheinen. Diese Veränderungen lassen sich als bleibende Änderungen der Konsistenzgrenzen nach ATTERBERG nachweisen. Eine weitere Steigerung der Temperatur bis auf mehrere 100° C über dem Siedepunkt führt zu einer echten Verschmelzung der Körner an ihren Berührungspunkten, dem *Sintern*. Dieser Vorgang erzeugt eine feste und dauernde Verbindung zwischen den Körnern und verleiht dem Ton die Eigenschaften eines festen Körpers. Die Umwandlung von Sand-Tongemischen in Ziegel erfolgt in ähnlicher Weise.

Die Geschwindigkeit, mit der Wasser von der Oberfläche von Tonproben unter bestimmten Bedingungen verdunstet, nimmt mit kleiner werdendem Wassergehalt ab. Bei der Fließgrenze entspricht die Verdunstungsgeschwindigkeit etwa der einer freien Oberfläche. Bei einer solchen Oberfläche hängt die Verdunstungsgeschwindigkeit von der Temperatur, der relativen Luftfeuchtigkeit und der Windgeschwindigkeit ab. In Nordamerika weist das Gebiet der Großen Seen die geringste Verdunstung von großen Wasserflächen auf. Sie beträgt dort 38 bis 50 cm/Jahr. Nach dem Westen und Süden des Gebietes der großen Seen nimmt sie allmählich zu und erreicht etwa 180 cm im südwestlichen Teil von Texas und im Südosten von Neu-Mexiko. In den mittleren Teilen des Imperial Valley in Kalifornien sind Werte bis zu 230 cm festgestellt worden.

Selbst wenn eine Tonprobe mit Paraffin umgossen und in einem Feuchtraum aufbewahrt wird, schrumpft sie allmählich und löst sich von ihrer Hülle. Dieses Schrumpfen beweist das Entweichen von Wasserdampf durch unsichtbare, aber zusammenhängende Porengänge im Paraffin. Um Wasserverluste durch Verdunsten zu verhüten, müssen die Proben in Metallrohren aufbewahrt und Metallscheiben zwischen den Probenenden und den Paraffinkappen an den Rohrenden eingelegt werden.

In dem Maß, wie der Wassergehalt eines austrocknenden Tons abnimmt, verringert sich auch die Verdunstungsgeschwindigkeit, weil die Zugspannung im Porenwasser größer wird. Nach Gl. (21.2) hat das Anwachsen der Zugspannung eine Verminderung des relativen Dampfdruckes zur Folge. Eine solche Verringerung hat dieselbe verzögernde Wirkung auf die Verdunstungsgeschwindigkeit bei konstanter relativer Luftfeuchtigkeit wie eine Erhöhung der relativen Luftfeuchtigkeit auf die Verdunstungsgeschwindigkeit bei einer freien Wasserfläche.

Unterhalb der Schrumpfgrenze wird die Verdunstungsgeschwindigkeit dadurch weiter herabgesetzt, daß die relative Feuchtigkeit der Luft in den Poren stets höher als im angrenzenden freien Luftraum ist. Sobald der relative Dampfdruck im Porenraum gleich der relativen Feuchtigkeit der umgebenden Luft ist, hört die weitere Verdunstung auf. Wenn die relative Luftfeuchtigkeit dann zunimmt, erhöht sich der Wassergehalt des Tons in geringem Maß.

Der Einfluß der Verdunstung auf die Festigkeit der Erdstoffe. Wenn ein Erdstoff austrocknet, entwickelt sich eine Zugspannung im Porenwasser. Diese Zugspannung wird mit abnehmendem Wassergehalt größer, während die Gesamt-Normalspannung in einem Schnitt durch den Bodenkörper praktisch unverändert bleibt. Da die Gesamt-Normalspannung gleich der Summe aus der neutralen und der effektiven Spannung ist, hat das Anwachsen der Zugspannung im Porenwasser ein gleiches Anwachsen des effektiven Druckes zur Folge. In dem Maß, wie die Verdunstung die Zugspannung im Porenwasser von Null auf $-p_w$ vergrößert, erzeugt die Oberflächenspannung gleichzeitig einen effektiven allseitigen Druck von

$$p_k = -p_w \,. \tag{21.4}$$

Dieser Druck heißt *Kapillardruck*. Er vergrößert die Scherfestigkeit des Erdstoffs in einem beliebigen Schnitt um

$$\Delta\tau = p_k \operatorname{tg}\varrho \,, \tag{21.5}$$

worin ϱ der Winkel der inneren Reibung für Sand, oder der aus dem Schnellversuch mit konsolidierter Probe ermittelte Wert des Winkels der inneren Reibung für Tone ist.

An der Schrumpfgrenze dringt Luft in die Poren der Probe ein, und infolgedessen verliert das im Erdstoff enthaltene Wasser seinen Zusammenhang. Die Zugspannung des im Ton verbleibenden Wassers erzeugt Berührungsdrücke, wie in Abb. 49 dargestellt ist, und die Berührungsdrücke erzeugen wiederum Scherfestigkeit. Infolge des verlorengegangenen Zusammenhangs des Porenwassers gelten jedoch für die Beziehungen zwischen $\Delta\tau$ und p_w die Gl. (21.3) und (21.5) nicht mehr weiterhin.

Infolge des Kapillardruckes können selbst vollständig kohäsionslose Materialien, wie beispielsweise feine reine Sande, zeitweise die Eigenschaften von kohäsionsbegabten Stoffen annehmen. Infolgedessen besitzen Proben des Materials eine feststellbare Zylinderdruckfestigkeit. Da die Kohäsion solcher Erdstoffe nach Überflutung vollständig verschwindet, wird sie als *scheinbare Kohäsion* bezeichnet.

Der Wassergehalt, bei dem die Zylinderdruckfestigkeit q_u einer der Verdunstung ausgesetzten Bodenprobe ein Maximum ist, hängt vor allem von der Korngröße ab. Diese Erkenntnis geht aus Abb. 52 hervor, welche die Wirkung der Abnahme des Wassergehaltes durch Verdunstung auf die Druckfestigkeit von drei verschiedenen Erdstoffen zeigt. Der Wassergehalt bei der Schrumpfgrenze ist bei jedem Erdstoff mit w_s bezeichnet. Bei Wassergehalten, die niedriger als w_s sind, ist der Sättigungsgrad nach Gl. (7.4) angenähert gleich $100\, w/w_s$.

Für einen ganz reinen Feinsand, der mit destilliertem Wasser angefeuchtet ist, wird q_u bei einem Sättigungsgrad von etwa 80% zum Maximum (Abb. 52a). Weitere Verdunstungsverluste verringern den Wert von q_u bis auf Null. Wenn die Poren jedoch mit Leitungswasser gefüllt sind, werden die gelösten Stoffe bei der Verdunstung ausgefällt und bilden eine sehr dünne aber zusammenhängende Schicht, die an den Körnern anhaftet und sie an ihren Berührungspunkten verbindet. Infolgedessen erhält der Sand im letzten Abschnitt der Verdunstung eine geringe Kohäsion, wie in Abb. 52a durch die gestrichelte Linie angegeben ist.

Die Beziehungen zwischen w und q_u für einen schluffigen Feinsand sind in Abb. 52b dargestellt. Bis der Wassergehalt die Schrumpfgrenze erreicht, nimmt die Festigkeit zu. An der Schrumpfgrenze dringt Luft in die Poren der Probe ein und die Festigkeit nimmt allmählich ab, bis ein Sättigungsgrad von etwa 10% erreicht ist. Danach nimmt sie wieder zu und wird größer als an der Schrumpfgrenze.

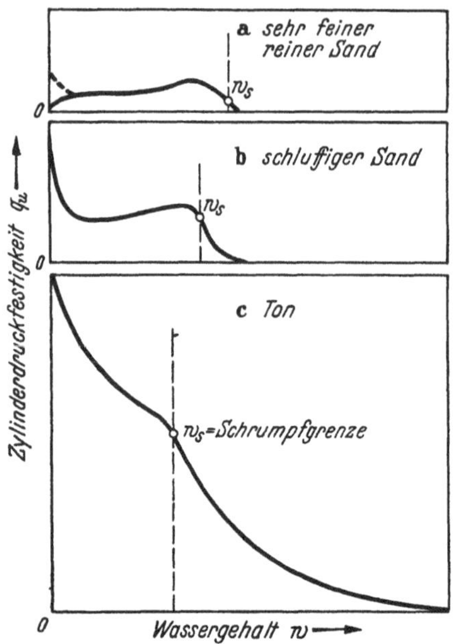

Abb. 52a–c. Zylinderdruckfestigkeit verschiedener Erdstoffe bei Wassergehalten oberhalb der Schrumpfgrenze und bei verschiedenen Austrocknungsgraden durch Verdunstung unterhalb derselben

Die Festigkeit von Tonen nimmt nach Abb. 52c unterhalb der Schrumpfgrenze ständig weiter zu, bis der Trockenzustand erreicht ist.

Die Austrocknung unter natürlichen Bedingungen im Feld. In der Natur findet überall dort, wo die Bodenoberfläche nicht ständig überflutet ist, eine Austrocknung statt. Bei sehr feinkörnigen, schluffigen Sanden kann die scheinbare Kohäsion infolge periodischer Verdunstungen sehr groß sein. Da das Regenwasser nur einen sehr kleinen Teil der in den Poren enthaltenen Luft austreibt, bleibt die Kohäsion selbst über nasse Zeitabschnitte größerer Länge erhalten. Infolgedessen sind solche Böden fälschlicherweise oftmals – besonders in halbariden und ariden Gebieten – als weicher Fels angesehen worden. Wenn die Oberfläche des Bodens jedoch überflutet wird, verschwindet die Kohäsion allmählich, und der Boden kann zu rutschen beginnen.

Die Austrocknung einer weichen Tonschicht schreitet sehr langsam von der der Verdunstung ausgesetzten Oberfläche in die Tiefe fort und führt zur Bildung einer mit der Zeit dicker werdenden Kruste. Wie in Abschn. 13 ausgeführt wurde, bildet eine solche Kruste, wenn sie von Tonablagerungen überdeckt und dauernd überflutet ist, eine steife, vorverdichtete Schicht, die zwischen weichen, normal vorbelasteten Schichten liegt. Dicke Schichten von weichem Ton können dadurch konsolidiert werden, daß man heiße, trockne Luft durch ein System von Belüftungsstollen zirkulieren läßt; ein solches Verfahren ist jedoch selten wirtschaftlich.

In halbariden Gebieten, wie beispielsweise in West-Texas, dringt die Austrocknung von Tonen in der trockenen Jahreszeit bis zu einer Tiefe von 6 m vor. Bis in diese Tiefe reißt der Ton durch Schrumpfrisse auf. Während der Regenzeit dringt Wasser in die Risse ein, und der Ton schwillt. Das Schwellen verursacht eine bedeutende Hebung der Geländeoberfläche. Unterhalb der Grundfläche von Gebäuden ist der Wasserverlust infolge Verdunstung weitaus kleiner als in dem benachbarten Gelände. Daher nimmt der Wassergehalt des Tons unterhalb der überbauten Flächen viele Jahre hindurch mit geringer werdender Geschwindigkeit zu und verursacht eine Hebung des mittleren Teils dieser Flächen gegenüber ihren Rändern. Die Größe der Hebung ist praktisch unabhängig vom Bauwerksgewicht, aber ihre Wirkung auf die Bauwerke ist derjenigen von ungleichmäßigen Setzungen sehr ähnlich. Unter ungünstigen klimatischen und Baugrundverhältnissen kann die Hebung im Laufe der Zeit auf mehr als 30 cm anwachsen.

Wenn der Kellerfußboden eines mit Zentralheizung ausgestatteten Bauwerkes auf Ton aufliegt, kann das Porenwasser des Tons durch die Poren des Betons verdunsten, so daß der Ton schrumpft. Es bilden sich Hohlräume unter der Fußbodenbefestigung, wodurch diese ihrer Unterstützung beraubt wird. Diese unerwünschten Folgen können dadurch verhindert werden, daß man die Tonoberfläche mit einer wassersperrenden Schicht abdeckt, bevor der Beton aufgebracht wird.

Bersten oder Zerfall trockner Bodenproben beim Eintauchen in Wasser. Wird eine trockene Tonprobe plötzlich in Wasser eingetaucht, wie Abb. 53 zeigt, sättigen sich die äußeren Teile der Probe mit Wasser und im Inneren wird Luft eingeschlossen. Wenn das umgebende Wasser gewichtslos wäre, würden die Spannungen im Wasser an den Grenzflächen mit der eingeschlossenen Luft gleich der maximalen Kapillarspannung $-p_k$ sein und der Druck in der eingeschlossenen Luft gleich p_k. Da das Gewicht des umgebenden Wassers einen Druck p_w in halber Höhe der Probe erzeugt, ist der Druck in der eingeschlossenen Luft gleich $p_k + p_w$. Der Druck in der Luft erzeugt eine Spannung im festen Bodengerüst, die einen Bruch in irgendeinem Schnitt wie z.B. ab verursachen kann. Man nennt diesen Vorgang Bersten. Es ist die Ursache für das Aufbrechen und anschließende Verschlammen ungeschützter Tonböschungen.

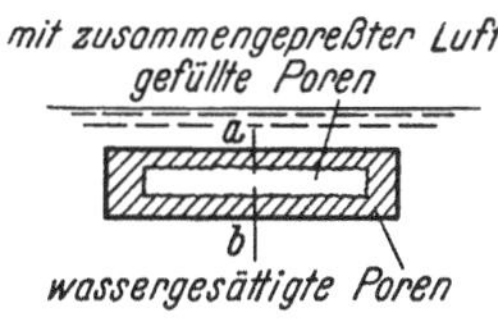

Abb. 53. Schematische Darstellung des „Berstens“ von trokkenem Ton

Wasserentzug durch Elektroosmose. Wenn man zwei Elektroden in einen wassergesättigten Boden einbringt und einen elektrischen Strom von der einen zur anderen fließen läßt, wandert das im Boden enthaltene Wasser von der positiven Elektrode (Anode) zur negativen (Kathode). Besteht die Kathode aus einem Filterbrunnen, sickert das Wasser in diesen hinein, von wo es ausgepumpt werden kann.

Die Bewegung des Wassers ist darauf zurückzuführen, daß die Oberfläche der Bodenteilchen eine negative Ladung trägt (s. Abschn. 4). Infolgedessen werden positiv geladene Ionen im Wasser an die Bodenteilchen angezogen; die am Boden anliegende Wasserhaut ist also positiv geladen, da positive Ionen vorherrschen. Obwohl es keine scharfe Grenze

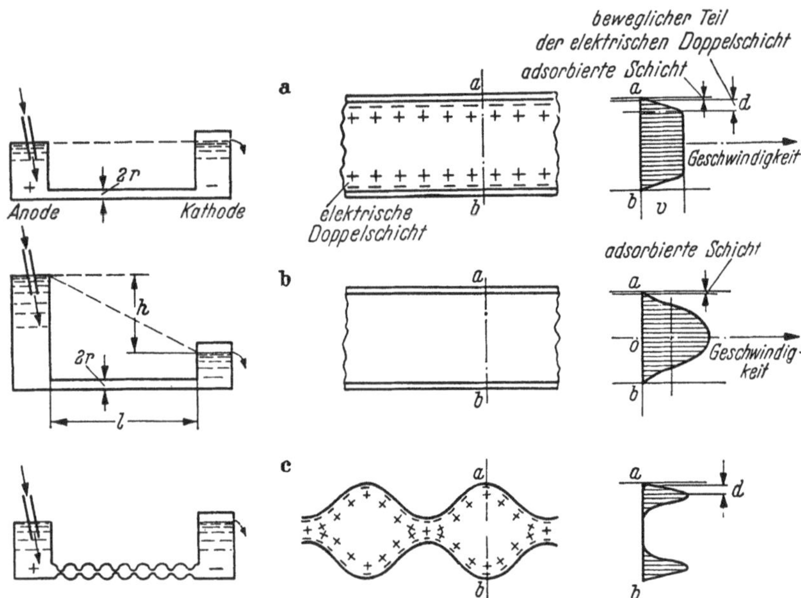

Abb. 54a–c. Schematische Darstellung des Unterschiedes zwischen dem Fließen des Wassers b) in Kapillaren und Erdstoffen infolge eines hydraulischen Gefälles und a) und c) infolge eines elektrischen Stroms

zwischen dem positiv geladenen und dem neutralen Wasser gibt, soll für diese Betrachtungen der Sitz der elektrischen Ladungen in einer eindeutig definierten Schicht nach Abb. 54a angenommen werden, die als *elektrische Doppelschicht* bezeichnet wird. Die positiven Ionen, die im Wasser nahe an den Bodenteilchen konzentriert sind, werden von der negativen Elektrode angezogen und von der positiven abgestoßen. Infolgedessen wandert die positive Schicht zusammen mit der eingeschlossenen neutralen Wassersäule auf die Kathode zu. Die durch den elektrischen Strom verursachte Wasserströmung wird als *elektro-osmotisches Phänomen* bezeichnet.

Es muß darauf hingewiesen werden, daß die Fließgeschwindigkeit im gesamten Querschnitt der von der Doppelschicht eingeschlossenen Wassersäule konstant ist, im Gegensatz zu der Geschwindigkeit des unter der

Wirkung des Eigengewichtes durch eine Kapillare fließenden Wassers. In diesem Fall wird sie von den Wänden nach der Mitte des Rohres zu größer, wie in Abb. 54b dargestellt ist.

Die Geschwindigkeit v (cm/sek), mit der das Wasser bei der Elektroosmose durch ein zylindrisches Rohr fließt, kann angenähert durch folgende Gleichung ausgedrückt werden.

$$v = \frac{1{,}02 \cdot 10^{-4} d e E}{\eta l}, \tag{21.6}$$

worin e (Coulomb/cm²)	= elektrische Ladung pro Flächeneinheit der Rohrwandung,
E (Volt)	= Differenz des elektrischen Potentials zwischen den beiden Enden des Rohres,
d (cm)	= Dicke der elektrischen Doppelschicht,
η (g sek/cm²)	= Viskosität des Wassers,
l (cm)	= Länge des Rohres.

Bei Kapillaren mit einem geringeren Durchmesser als etwa 0,002 mm nimmt die Viskosität η mit abnehmendem Durchmesser etwas zu. Infolgedessen nimmt die Geschwindigkeit v ab. Die wenigen, bisher durchgeführten experimentellen Untersuchungen haben gezeigt, daß die Abnahme der Geschwindigkeit mit der Korngröße viel größer ist, als durch die Zunahme der Viskosität erklärt werden kann. Die wahrscheinliche Ursache dieses Phänomens ist folgende: Im Gegensatz zum Durchmesser der Kapillaren in einem Bündel von Kapillarröhrchen, sind diejenigen der Poren im Boden sehr verschieden. Infolgedessen ändert sich die mittlere Geschwindigkeit des Wassers von Schnitt zu Schnitt, wie Abb. 54c zeigt. In den engen Kanälen, welche die Ausweitungen verbinden, ist die Geschwindigkeit sehr groß. In den Ausweitungen steht das Wasser jedoch fast still, und die Reibung in den Grenzflächen der fast stillstehenden Wasserkörper behindert die Bewegung der elektrisch geladenen dünnen Schichten an den Wänden der Ausweitungen. Die Geschwindigkeitsverteilung innerhalb der Porenausweitungen ähnelt wahrscheinlich der in Abb. 54c auf der rechten Seite dargestellten. Diese Verhältnisse beschränken die Gültigkeit von Gl. (21.6).

Die Größen e und d in Gl. (21.6) sind sehr stark von der chemischen Zusammensetzung der Wände der Kapillaren und von den Stoffen abhängig, die neben dem Wasser in den adsorbierten Schichten enthalten sind (Abschn. 4). Infolgedessen hängt die Strommenge, die bei einer bestimmten Rohrlänge für die Bewegung einer Einheitsmenge Wasser von einem zum anderen Ende des Rohres innerhalb einer bestimmten Zeit erforderlich ist, weitgehend von der chemischen Zusammensetzung der adsorbierten Schicht ab. Durch Laboratoriumsversuche ist nachgewiesen worden, daß diese Schlußfolgerungen auch für Erdstoffe gültig sind.

Die elektro-osmotische Entwässerung feinkörniger Böden ist mit einer Konsolidierung verbunden. Wie jeder andere Konsolidierungsvorgang beginnt sie an der Stelle, wo das Wasser abgeführt wird (Kathode), und schreitet in Richtung auf das Innere des Bodenkörpers fort.

Frosthebungen und ihre Verhinderung. Wenn das in den Poren eines gesättigten reinen Sandes oder Kieses enthaltene Wasser gefriert, bleibt die Bodenstruktur unverändert. Das Gefrieren vergrößert nur das Volumen jeder Pore um 9% infolge der Ausdehnung des in den Poren enthaltenen Wassers. Wenn dagegen ein wassergesättigter, feinkörniger Boden gefriert, bilden sich beim Gefriervorgang Schichten von reinem Eis, die annähernd parallel zu der Fläche angeordnet sind, die der niedrigen Temperatur ausgesetzt ist. Die Dicke der einzelnen Eisschichten kann bis auf mehrere Zentimeter anwachsen. Der dem Frost ausgesetzte Boden nimmt die Eigenschaften eines geschichteten Materials an, das aus aufeinanderfolgenden Schichten von Erdstoff und reinem Eis besteht.

Die Ansichten über die molekularen Vorgänge bei der Bildung der Eisschichten und die Größe der mitwirkenden Kräfte widersprechen sich noch. Trotzdem sind die Bedingungen für die Entstehung der Schichten und die Mittel für ihre Verhinderung bereits bekannt.

Eisschichten bilden sich nur in feinkörnigen Erdstoffen. Die kritische Korngröße, welche die Grenze zwischen denjenigen Böden, die zur Bildung von Eisschichten oder Eislinsen neigen, und den frostunempfindlichen Böden kennzeichnet, ist von dem Ungleichförmigkeitsgrad des Erdstoffs bestimmt. In vollkommen gleichkörnigen Erdstoffen bilden sich nur Eislinsen, wenn die Körner kleiner als 0,01 mm sind. Ziemlich gleichkörnige Erdstoffe müssen mindestens 10% Körner haben, die kleiner als 0,02 mm sind. Die Bildung von Eisschichten in gemischtkörnigen Böden setzt in der Regel voraus, daß mindestens 3% der Körner kleiner als 0,02 mm sind. In Böden mit weniger als 1% an Körnern kleiner als 0,02 mm bilden sich unter den in der Natur herrschenden Verhältnissen keine Eisschichten.

Die mechanischen Ursachen für den Wasserzustrom zu einer Frostzone sind mit denjenigen identisch, welche das Wasser aus einem Grundwasservorrat durch die Bodenporen in Richtung auf eine Verdunstungsfläche fließen lassen. Wenn die Eiskristalle wachsen, wirken sie wie Pressen, welche die Bodenkörner auseinandertreiben und dadurch den Porenraum vergrößern.

In Abb. 55 sind drei zylindrische Proben eines wassergesättigten Feinschluffs dargestellt. Die Probe *a* ist von Luft umgeben, während die unteren Enden der Proben *b* und *c* in Wasser eintauchen. Das obere Ende jeder Probe wird einer unterhalb des Gefrierpunktes liegenden Temperatur ausgesetzt. In Probe *a* ist Wasser, welches sich in den Eisschichten anlagert, aus dem unteren Teil angesaugt worden. Infolgedessen konsolidiert der untere Teil in derselben Weise, als wenn das Wasser in Richtung auf eine Verdunstungsfläche am oberen Ende angezogen würde. Das Wachsen der Eisschichten setzt sich wahrscheinlich so lange fort, bis der Wassergehalt des unteren Teils bis zur Schrumpfgrenze verringert worden ist. Da das gesamte Wasser, das sich in den Eisschichten anlagert, aus der Probe selbst stammt, kann die Probe als ein *geschlossenes System*

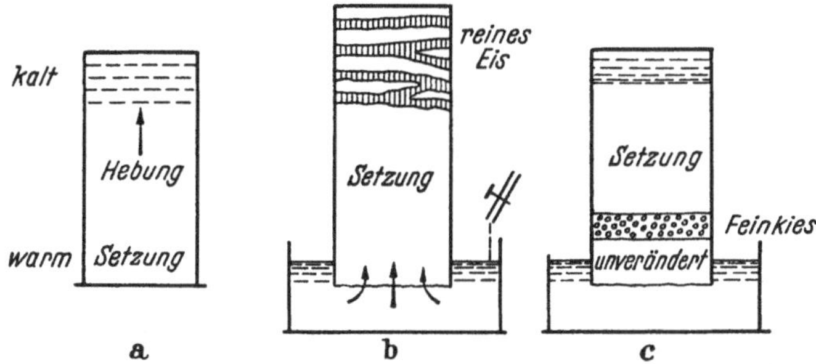

Abb. 55 a–c. Schematische Darstellung der Frostwirkung in Erdstoffen. a) Geschlossenes System; b) offenes System; c) Verfahren zur Überführung des offenen in das geschlossene System durch eine Kiessandschicht, welche die Kapillarströmung nach der Frostzone unterbricht

bezeichnet werden. Die Volumenzunahme beim Gefrieren eines geschlossenen Systems ist nicht größer als die Volumenzunahme des in dem System enthaltenen Wassers. Sie liegt zwischen 3 und 5% des Gesamtvolumens.

In der Probe *b* wird das für das Wachsen der Eisschichten erforderliche Wasser anfangs ebenfalls aus der Probe entzogen, wodurch der untere Teil der Probe konsolidiert. Mit fortschreitender Konsolidierung wird jedoch immer mehr Wasser aus dem Wasservorrat unterhalb der Probe angesaugt. Schließlich nehmen sowohl der Wasserzufluß nach der Gefrierzone als auch der Wassergehalt in der nicht gefrorenen Zone, durch welche das Wasser fließt, einen konstanten Wert an. Eine solche Probe bildet ein *offenes System*. Die Gesamtdicke, der in einem solchen System enthaltenen Eisschichten kann – wenigstens theoretisch – unbegrenzt zunehmen.

Das durch Probe *b* dargestellte offene System kann dadurch in ein geschlossenes System umgewandelt werden, daß zwischen der Gefrierzone und dem Wasserspiegel eine Schicht von grobkörnigem Material angeordnet wird, wie in Abb. 55c dargestellt. Da das Wasser durch die grobe Schicht nicht kapillar aufsteigen kann, entspricht der obere Teil der Probe einem geschlossenen System. Der untere Teil dieses Systems wird durch die Wirkung des Frostes entwässert.

In der Baupraxis werden offene Systeme überall dort angetroffen, wo der vertikale Abstand zwischen dem Wasserspiegel und der Gefrierfront kleiner als die kapillare Steighöhe des Bodens ist. Da das Wasser, das aus dem Grundwasservorrat entnommen wird, sich ständig ergänzt, wachsen die Eisschichten während der Frostperioden stetig weiter, und die Geländeoberfläche oberhalb der Gefrierzone hebt sich. Dieses Phänomen wird als *Frosthebung* bezeichnet. Selbst in Gebieten mit gemäßigtem Winterklima, wie z.B. in New-England, sind Frosthebungen bis zu 15 cm keineswegs ungewöhnlich. Da die Dicke der Eisschichten sehr deutlich die Unterschiede in der Durchlässigkeit des darunter liegenden Bodens widerspiegeln, sind die Frosthebungen gewöhnlich ungleichmäßig. Infolgedessen brechen die über den Hebungszonen befindlichen Straßendecken häufig auf. Folgende Tauperioden verwandeln die Bodenschichten, in denen sich die Eislinsen befinden, in eine Zone von wasserübersättigtem Material mit breiiger Konsistenz. Diese Verhältnisse sind für die Straßendecken in der Regel schädlicher als die vorherigen Frosthebungen.

Die Neigung, Eisschichten zu bilden und diese immer dicker werden zu lassen, nimmt mit kleiner werdender Korngröße stark zu. Anderseits nimmt die Geschwindigkeit, mit der das Wasser in einem offenen System zur Frostzone fließt, mit kleiner werdender Korngröße ab. Infolgedessen muß man erwarten, daß die günstigsten Bedingungen für Frosthebungen bei Erdstoffen vorliegen, die eine mittlere Korngröße besitzen. In der Tat haben die Erfahrungen gezeigt, daß die größten Schwierigkeiten durch Frosthebungen bei feinen Schluffen und Sand-Schluffgemischen auftreten, die etwas feiner sind als die Erdstoffe, bei denen die kapillare Steighöhe innerhalb von 24 Std. den Größtwert erreicht (s. Abb. 46). In einem Bodenkörper mit bestimmter Kornzusammensetzung, der ein geschlossenes System bildet, nimmt das Ausmaß des Wachsens der Eisschichten mit zunehmender Zusammendrückbarkeit des Bodens zu.

Die Wirkung des Bodenfrostes in humiden Gebieten mit kalten Wintern bildet ein Gegenstück zu den jahreszeitlichen Volumenschwankungen infolge der Verdunstung in halbariden Gebieten mit heißen Sommern, wie in Zentral-Texas. Sie zerstört nicht nur Straßen, sondern verschiebt auch Stützmauern (s. Abschn. 46) und hebt Flachfundamente an. Durch Einbringen einer Kiesschicht zwischen dem höchsten Wasserspiegel und der Gefrierfront kann jedoch der der Frostgefahr ausgesetzte Bodenkörper von einem offenen in ein geschlossenes System umgewandelt werden, wodurch die Frosthebungen gewöhnlich innerhalb zulässiger Grenzen gehalten werden können.

Literaturhinweise

[*21.1*] Physics of the Earth. Teil IX, Hydrology. Herausgegeben von O. E. Meinzer, New York: McGraw-Hill Book Company 1942 S. 331–384. Überblick über den gegenwärtigen Stand der Kenntnisse über das Wasser im Boden.

[*21.2*] SIMPSON, W. E.: Foundation Experiences with Clay in Texas. Civil Eng., 4 (1934) S. 581–584. Beschreibung von Gründungsschwierigkeiten infolge periodischer Austrocknung des Baugrundes in Texas.

[*21.3*] WOOLTORTON, D.: A Preliminary Investigation into the Subject of Foundations in the „Black Cotton" and „Kyatti" Soils of the Mandaly District, Burma. Proc. Intern. Conf. Soil. Mech., Cambridge, Mass. (1936) III S. 242–256. Beschreibung von Gründungsschwierigkeiten in Burma, die denen in Texas ähneln.

[*21.4*] OSTERBERG, J. O.: A Survey of the Frost-Heaving Problem, Civil. Eng., 10 (1940) S. 100–102. Zusammenstellung der wichtigsten Veröffentlichungen über dieses Gebiet.

Aufgaben

1. Der Wassergehalt einer Probe eines entwässerten Erdstoffs beträgt 16,0%, das Porenvolumen 42,0% und das spezifische Gewicht der Festmasse 2,70 g/cm³.
Berechne den Luftporenanteil.

Antwort: 0,40.

2. Eine ungestörte Probe eines sehr weichen Tons wird ohne jeden Schutz in einem Feuchtraum aufbewahrt. Es wird festgestellt, daß der Ton steifer wird, bis seine Zylinderdruckfestigkeit endlich einen Wert von 10 kg/cm² erreicht. Der Winkel der inneren Reibung des Tons wurde beim Schnellversuch mit konsolidierter Probe zu 20° ermittelt. Berechne die relative Luftfeuchtigkeit.

Antwort: 0,9936.

B. Theoretische Bodenmechanik

Der Teil „Theoretische Bodenmechanik" befaßt sich vorwiegend mit den Grenzbedingungen für das Gleichgewicht von Bodenmassen, die im Kapitel IV behandelt sind, mit den Formänderungen durch äußere Kräfte im Kapitel V und mit den gegenseitigen Beziehungen zwischen Boden und Wasser im Kapitel VI. Die bodenphysikalischen Kennzahlen in den Endgleichungen sind entweder auf Grund von Erfahrungen geschätzt oder als Mittelwerte aus Laboratoriumsuntersuchungen mit Proben gebildet worden, die als repräsentativ angesehen worden sind. Es wäre jedoch falsch, in irgendeiner der Theorien mehr zu sehen als ein Hilfsmittel für rohe Abschätzungen. Einige derselben, wie beispielsweise diejenigen, die sich mit der Setzung von Fundamenten auf ungeschichteten Bodenmassen befassen, sind nur als Richtlinie für die Beurteilung halbempirischer Regeln gedacht, die auf Grund baupraktischer Erfahrungen aufgestellt werden.

Infolge der unvermeidlichen Unsicherheiten in den Annahmen, auf denen sich die Theorien aufbauen, und in den Werten für die Bodenkennzahlen ist es weitaus wichtiger, Einfachheit anzustreben als übermäßige Genauigkeit. Wenn eine Theorie einfach ist, ist es leicht möglich, die praktischen Folgerungen der verschiedenen denkbaren Abweichungen von den Annahmen zu beurteilen und entsprechend zu handeln. Ist eine Theorie dagegen kompliziert, kann sie erst dann praktischen Zwecken dienen, wenn ihre Ergebnisse in Diagrammen oder Tafeln zusammengestellt sind, die eine schnelle Auswertung der Endgleichungen nach mehreren unterschiedlichen Annahmen gestatten. In diesem Buch wurden nur die einfachen Theorien ausführlich behandelt. Alle anderen Theorien, deren Beachtung notwendig ist, sind nur in zusammengefaßter Form vorgelegt, weil die zu den Endlösungen führenden mathematischen Ableitungen nur für den Forscher von Interesse sind. Weiterführende Theorien, die nicht als ein wesentliches Hilfsmittel für die Praxis angesehen werden können, sind überhaupt nicht erwähnt.

IV. Der plastische Grenzzustand des Gleichgewichtes in Böden

22. Grundsätzliche Annahmen

Dieses Kapitel behandelt den Erddruck gegen seitliche Abstützungen, wie Stützmauern oder Absteifungen in Baugruben, den Widerstand des

Bodens gegen seitliche Verschiebung, die Tragfähigkeit von Fundamenten und die Standsicherheit von Böschungen. Aufgaben dieser Art erfordern zumeist die Ermittlung des Sicherheitsgrades der seitlichen Stützung oder der Böschung gegen Bruch. Das Ergebnis wird durch den Vergleich der Größe zweier Gruppen von Kräften erzielt: derjenigen, die den Bruch herbeizuführen suchen, und derjenigen, die dem entgegenwirken. Eine solche Untersuchung wird *Standsicherheitsberechnung* genannt. Um eine Standsicherheitsberechnung durchführen zu können, ist es notwendig, die Lage der voraussichtlichen Rutschfläche zu bestimmen und den Widerstand gegen Rutschen entlang dieser Rutschfläche zu berechnen oder abzuschätzen.

Die Gleitfestigkeit τ pro Flächeneinheit hängt nicht nur von der Bodenart ab, sondern auch vom Normaldruck p auf die Rutschfläche. In Abschn. 15 wurde gezeigt, daß die Beziehung zwischen τ und p durch eine der folgenden Näherungsgleichungen ausgedrückt werden kann:

$\tau = (p - p_w)\operatorname{tg}\varrho\,,$ gültig für kohäsionslose Sande, (15.3)

$\tau = c + p\operatorname{tg}\varrho\,,$ gültig für feuchte oder trockene Erdstoffe, die oberhalb des Wasserspiegels liegen, (15.2)

$\tau = \frac{1}{2} q_u = c\,,$ gültig für weiche Tone. (22.1)

Steife Tone enthalten gewöhnlich ein Netz von Haarrissen, wodurch ihre Standsicherheit weitgehend davon abhängig wird, in welchem Maß und wielange sie den Atmosphärilien ausgesetzt sind (s. Abschn. 43). Aus diesem Grund liegen solche Tone außerhalb des Bereichs theoretischer Untersuchungen.

Jedes Standsicherheitsproblem wird zunächst für einen trockenen ($p_w = 0$), kohäsionslosen Sand gelöst werden, für den Gl. (15.3) anwendbar ist, und dann für ein kohärentes Material, für das Gl. (15.2) gilt. Nachdem der Leser in der Lage ist, Aufgaben mit Hilfe dieser beiden Gleichungen zu lösen, kann er leicht ähnliche Probleme für teilweise oder vollständig unter Wasser anstehende Sande oder für weiche Tone lösen.

In Sand, der teilweise unter Wasser ansteht, das sich in Ruhe befindet, ist die neutrale Spannung p_w in einer beliebigen Tiefe z unter dem Wasserspiegel

$$p_w = \gamma_w z\,.$$

Diese Spannung vermindert das effektive Raumgewicht desjenigen Teils der Sandschicht, der sich unterhalb des Wasserspiegels befindet, von γ auf das Raumgewicht unter Auftrieb γ_a nach Gl. (12.6). Eine Standsicherheitsberechnung bei einem teilweise unter Wasser anstehenden Sand kann also unter der Annahme durchgeführt werden, daß der Sand trocken ist, sofern das Raumgewicht γ des unterhalb des Wasserspiegels befindlichen Bodens durch γ_a ersetzt wird. Der von einer teilweise unter Wasser befindlichen Sandmasse gegen eine seitliche Abstützung ausgeübte Druck ist gleich der Summe aus dem nach der vorstehenden Annahme zu berechnenden Sanddruck und dem vollen Wasserdruck. Wenn das Wasser jedoch durch die Poren des Bodens strömt, statt sich in Ruhe zu befinden, kann das hier dargestellte Verfahren nicht angewandt werden. Der Strömungsdruck des Sickerwassers ist in Kap. VI behandelt.

Wenn man $\varrho = 0$ setzt, kann Gl. (15.2) auf Gl. (22.1) zurückgeführt werden, welche die Scherfestigkeit weicher Tone angenähert wiedergibt. Damit sind die Verfahren zur Lösung von Standsicherheitsaufgaben nach Gl. (15.2) also auch auf weiche Tone anwendbar. Trotzdem muß betont werden, daß die empirische Gl. (22.1) aus Beobachtungen abgeleitet wurde, die sich auf einen kurzen Zeitabschnitt von wenigen Wochen beschränkten. Die Ergebnisse von Standsicherheitsberechnungen geben daher keine Auskunft über die mechanischen Folgen allmählicher Volumen- oder Spannungsänderungen im Ton. Diese Zeiteinflüsse können nur allgemein auf Grund der Kenntnisse der physikalischen Eigenschaften des Erdstoffs vorausgesagt werden. Einige dieser Zeiteinflüsse sind im Teil C behandelt.

23. Zustandsformen des plastischen Gleichgewichtes

Grundbegriffe. Ein Bodenkörper befindet sich im *Zustand des plastischen Gleichgewichtes*, wenn jeder seiner Teils sich an der Grenze des Bruches befindet. RANKINE (1857) untersuchte die Spannungsverhältnisse, welche diesen plastischen Gleichgewichtszuständen entsprechen und die sich gleichzeitig in einem halb-unendlichen Bodenkörper entwickeln können, auf den nur die Schwerkraft wirkt. Plastische Gleichgewichtszustände, die denen entsprechen, welche RANKINE betrachtet hat, werden als *plastische Gleichgewichtszustände nach* RANKINE bezeichnet. Eine Behandlung der RANKINEschen Gleichgewichtszustände in einer halbunendlichen Masse, im deutschen Sprachgebrauch einfach als *Halbraum* bezeichnet, den man sich mit waagerechter Oberfläche und als mit einer Masse erfüllt vorzustellen hat, dient vorwiegend als Einführung in die schwierigeren plastischen Gleichgewichtszustände, die bei praktischen Aufgaben auftreten.

Die RANKINEschen Zustände sind durch Abb. 56 erläutert. Hierin stellt AB die horizontale Oberfläche eines mit kohäsionslosem Sand erfüllten Halbraums mit dem Raumgewicht γ dar und das Rechteck ein Sandelement von der Höhe z und der Querschnittsfläche eins. Da das Element in bezug auf eine vertikale Ebene symmetrisch ist, ist die Normalspannung in der Sohlfläche

$$\sigma_v = \gamma z \tag{23.1}$$

eine Hauptspannung. Infolgedessen sind die Normalspannungen σ_h auf die vertikalen Seitenflächen des Elements in der Tiefe z ebenfalls Hauptspannungen.

Nach Gl. (16.8) und (16.6) kann das Verhältnis zwischen der größten und der kleinsten Hauptspannung in kohäsionslosem Material den folgenden Wert nicht überschreiten:

$$\frac{\sigma_{\mathrm{I}}}{\sigma_{\mathrm{III}}} = \lambda_\varrho = \operatorname{tg}^2\left(45^\circ + \frac{\varrho}{2}\right).$$

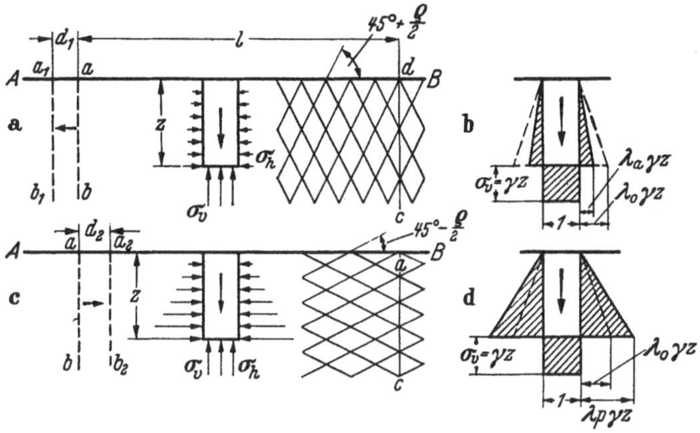

Abb. 56 a–d. a) und b) Aktiver RANKINEscher Zustand im mit Sand erfüllten Halbraum; c) und d) passiver RANKINEscher Zustand

Da die vertikale Hauptspannung σ_v in dem in Abb. 56a dargestellten Sandkörper entweder die größte oder die kleinste Hauptspannung sein kann, kann das Verhältnis $\lambda = \sigma_h/\sigma_v$ irgendeinen Wert zwischen den Grenzen

$$\lambda_a = \frac{\sigma_h}{\sigma_v} = \frac{1}{\lambda_\varrho} = \operatorname{tg}^2\left(45^\circ - \frac{\varrho}{2}\right) \tag{23.2}$$

und

$$\lambda_p = \frac{\sigma_h}{\sigma_v} = \lambda_\varrho = \operatorname{tg}^2\left(45^\circ + \frac{\varrho}{2}\right) \tag{23.3}$$

annehmen.

Nachdem eine Sandmasse entweder durch einen natürlichen oder einen künstlichen Vorgang abgelagert worden ist, hat λ einen zwischen λ_a und λ_p liegenden Wert λ_0. Damit wird

$$\sigma_h = \lambda_0 \sigma_v, \tag{23.4}$$

worin λ_0 eine empirische Konstante ist, die Erddruckkoeffizient der Ruhe oder *Ruhedruckbeiwert* genannt wird. Seine Größe hängt von der relativen Dichte des Sandes und den Bedingungen bei der Ablagerung der

Sandschicht ab. Wenn bei diesem Vorgang keine künstliche Verdichtung durch Stampfen erfolgte, liegt λ_0 zwischen etwa 0,40 für lockeren und 0,50 für dichten Sand. Durch lagenweises Einstampfen kann der Wert bis auf etwa 0,80 erhöht werden.

Um den λ-Wert einer Sandmasse von λ_0 auf irgendeine andere Größe zu ändern, muß die gesamte Masse die Möglichkeit haben, sich entweder querzustrecken oder in horizontaler Richtung zusammengedrückt zu werden. Da das Gewicht des oberhalb eines beliebigen Horizontalschnittes befindlichen Sandes unverändert bleibt, ändert sich der Vertikaldruck σ_v nicht. Der Horizontaldruck $\sigma_h = \lambda \sigma_v$ nimmt jedoch ab, wenn die Masse sich querstreckt, und er wird größer, wenn sie zusammengedrückt wird.

In dem Maß, wie die Sandmasse sich querstreckt, bewegen sich zwei beliebige Vertikalschnitte wie *ab* und *cd* voneinander fort, wodurch die Größe von λ abnimmt, bis sie gleich λ_a nach Gl. (23.2) wird. Der Sand befindet sich dann im sogenannten *aktiven Rankineschen Zustand*. Hierbei ist die Größe des Horizontaldruckes in der Tiefe z gleich

$$\sigma_h = \lambda_a \sigma_v = \lambda_a \gamma z = \gamma z \frac{1}{\lambda_\varrho}, \tag{23.5}$$

worin λ_a als *Beiwert des aktiven Erddrucks* bezeichnet wird. Die Druckverteilung an den Seiten der Grundfläche eines Elementarteilchens ist in Abb. 56b dargestellt. Eine weitere Querstreckung der Sandmassen hat nach Gl. (23.5) keinen Einfluß auf σ_h, sondern es tritt Gleiten in zwei Scharen ebener Flächen ein, wie sie auf der rechten Seite von Abb. 56a eingetragen sind. Nach Gl. (16.4) schneiden derartige Gleitflächen die Richtung der kleineren Hauptspannung unter dem Winkel $45° + \varrho/2$. Da die kleineren Hauptspannungen beim aktiven Rankineschen Zustand horizontal gerichtet sind, sind die Scherflächen unter einem Winkel $45° + \varrho/2$ gegen die Horizontale geneigt. In einem vertikalen Schnitt, der parallel zur Richtung der Querstreckung geführt wird, bilden die Scherflächen das in Abb. 56a auf der rechten Seite dargestellte Muster.

Bei einer horizontalen Zusammendrückung der gesamten Sandmasse bewegt sich *ab* in Richtung auf *cd*, wie in Abb. 56c dargestellt. Infolgedessen wird das Verhältnis $\lambda = \sigma_h/\sigma_v$ größer. Sobald λ gleich λ_p nach Gl. (23.3) wird, befindet sich der Sand im sog. *passiven Rankineschen Zustand*. In einer beliebigen Tiefe z ist

$$\sigma_h = \lambda_p \sigma_v = \lambda_p \gamma z = \gamma z \lambda_\varrho, \tag{23.6}$$

worin λ_p der *Beiwert des passiven Erddruckes oder Erdwiderstandes* ist. Da die kleinere Hauptspannung im passiven Rankineschen Zustand vertikal gerichtet ist, bilden die Gleitflächen einen Winkel von $45° - \varrho/2$ mit der Horizontalen, wie Abb. 56c zeigt.

Der aktive und der passive RANKINEsche Zustand stellen die beiden Grenzzustände für das Gleichgewicht des Sandes dar. Jeder Zwischenzustand, einschließlich der des Ruhedruckes, ist als ein *elastischer Gleichgewichtszustand* zu bezeichnen.

Örtlich begrenzte plastische Gleichgewichtszustände. Die in Abb. 56 dargestellten RANKINEschen Zustände wurden dadurch erzeugt, daß jeder Teil einer Sandmasse im Halbraum gleichmäßig quergestreckt oder zusammengedrückt wurde. Sie werden als *allgemeine plastische Gleichgewichtszustände* bezeichnet. In einer wirklichen Sandschicht kann jedoch kein allgemeiner Gleichgewichtszustand erzeugt werden, es sei denn durch einen geologischen Vorgang, wie beispielsweise durch Horizontaldruck infolge tektonischer Kräfte aus dem gesamten Felsuntergrund der Sandschicht. Örtliche Ereignisse, wie beispielsweise das Ausweichen einer Stützmauer, können eine grundsätzliche Änderung im Spannungszustand im Sand nur in der unmittelbaren Nachbarschaft der Störungsquelle hervorrufen. Der übrige Sand verbleibt in einem elastischen Gleichgewichtszustand.

Örtliche plastische Gleichgewichtszustände können durch sehr verschiedenartige Verformungsvorgänge erzeugt werden. Die sich ergebenden Spannungszustände in der plastischen Zone und die Form der Zone selbst hängen weitgehend von der Art der Verformung und vom Rauhigkeitsgrad der Berührungsfläche zwischen dem Boden und seiner Abstützung ab. Diese Faktoren bilden die *Verformungs- und* die *Randbedingungen*. Die praktischen Folgen aus diesen Bedingungen sind in den Abb. 57 und 58 dargestellt.

Abb. 57a stellt einen vertikalen Schnitt durch einen prismatischen Kasten dar, dessen Länge l gleich dem Abstand zwischen den vertikalen Schnitten ab und cd in Abb. 56 sei. Unter der Annahme, daß der Sand in dem Kasten in der gleichen Weise abgelagert worden ist wie in dem in Abb. 56 wiedergegebenen Halbraum, sind die Spannungszustände in beiden Körpern identisch. Sie stellen elastische Gleichgewichtszustände dar.

Um den Zustand der den Halbraum erfüllenden Sandmasse in Abb. 56a aus dem Ruhezustand in den RANKINEschen Zustand zu überführen, mußte der Vertikalschnitt ab um den Abstand d_1 verschoben werden. Um den Zustand der gesamten in dem Kasten befindlichen Sandmasse (Abb. 57a) in den RANKINEschen Zustand zu überführen, muß die Wand ab um den gleichen Abstand verschoben werden. Diese Voraussetzungen sind die Verformungsbedingungen. Wenn die Wand ab in Abb. 57a sich nach außen bewegt, nimmt die Höhe des Sandkörpers ab und seine Länge nimmt zu. Mit diesen Bewegungen sind Verschiebungen zwischen dem Sand und allen Flächen des Kastens verbunden, mit denen er in Berührung steht. Wenn die Berührungsflächen rauh sind, werden sich Scherspannungen in vertikalen und horizontalen Flächen entwickeln. Da beim aktiven RANKINEschen Zustand die Scherspannungen in diesen Flächen Null sind, kann sich dieser Zustand nur ausbilden, wenn die Seiten und die Bodenfläche des Kastens vollkommen glatt sind. Diese Forderung

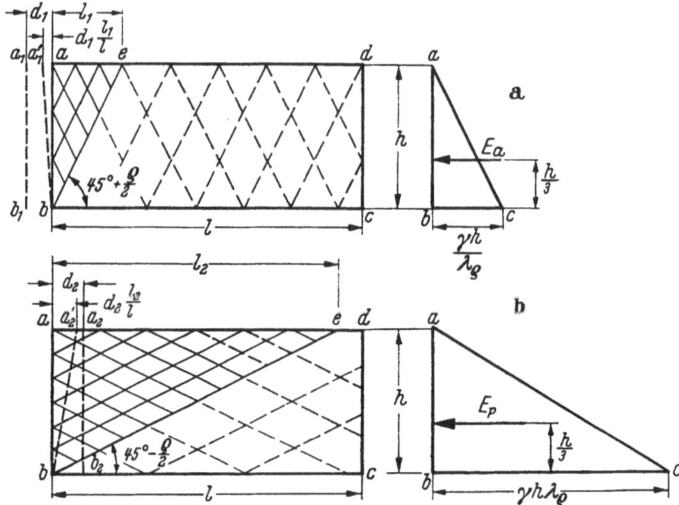

Abb. 57 a u. b. a) Örtlicher aktiver RANKINEscher Zustand (RANKINEsche Zone) in Sand, der sich in einem rechteckigen Kasten befindet; b) örtlicher passiver RANKINEscher Zustand unter denselben Bedingungen

stellt die Randbedingung für die Überführung des Sandes im Kasten in den aktiven RANKINEschen Zustand dar. Ist diese Voraussetzung erfüllt, geht der Sand in einen aktiven RANKINEschen Zustand über, sobald die Wand ab die Lage $a_1 b_1$ erreicht. In diesem Zustand beträgt die relative Querstreckung des Bodenkörpers d_1/l. Jede weitere Bewegung der Wand ruft Gleitungen in den beiden Scharen von Gleitflächen hervor, die in Abb. 57a durch gestrichelte Linien angedeutet sind, wobei jedoch die Spannungsverhältnisse unverändert bleiben.

Wenn die Wand ab vollkommen glatt, der Boden des Kastens jedoch rauh ist, kann sich der zwischen der Wand ab und der potentiellen Gleitfläche be befindliche Sand in genau der gleichen Weise verformen, wie er dies in einem Kasten mit glattem Boden tut, aber der Spannungszustand für das Gleichgewicht des Sandes kann sich nicht tatsächlich einstellen, weil die Reibung in der Sohlfläche die erforderliche Verformung verhindert. Eine nach außen gerichtete Bewegung der Wand ab erzeugt also nur einen aktiven RANKINEschen Zustand innerhalb der keilförmigen Zone abe. Da die Breite des Keils von Null an der Sohlfläche bis auf l_1 an der Deckfläche zunimmt, ist die zur Erzeugung des aktiven RANKINEschen Zustandes innerhalb des Keils erforderliche relative Querstreckung d_1/l erreicht, sobald die linke Begrenzung des Keils sich von ab nach $a_1'b$ in Abb. 57a bewegt hat. Dies ist die Verformungsbedingung für die Entwicklung eines aktiven RANKINEschen Zustandes innerhalb des Keils. Sobald sich die Wand ab über diese Lage hinaus bewegt, gleitet der Keil entlang einer Gleitfläche be, die mit der Horizontalen der Winkel $45° + \varrho/2$ einschließt, nach unten und außen ab.

Wenn die Wand ab gegen den Sand verschoben wird und wenn sowohl die Wände als auch die Sohlfläche des Kastens vollkommen glatt sind, wird die gesamte Sandmasse in den passiven RANKINEschen Zustand nach Abb. 57c überführt, sobald die Wand um einen Abstand d_2 aus ihrer ursprünglichen Lage verschoben wird. Die Gleitflächen schließen mit der Horizontalen den Winkel $45° - \varrho/2$ ein. Wenn die Wand ab vollkommen glatt, die Sohlfläche des Kastens jedoch rauh ist, entwickelt sich der passive RANKINEsche Zustand nur innerhalb der keilförmigen Zone abe. Der Übergang vom elastischen zum plastischen Zustand tritt erst ein, wenn ab die Lage $a_2'b$ erreicht oder darüber hinaus verschoben wird.

Wenn die Stirnfläche des Kastens sich an der Sohle frei nach außen bewegen kann, am oberen Ende jedoch festgehalten wird, wie dies Abb. 58 zeigt, tritt ein Abscheren des Sandes entlang irgendeiner Gleitfläche ein, kurz nachdem die Drehbewegung einsetzt, weil die mit einem elastischen Gleichgewichtszustand verträglichen Formänderungen sehr klein sind. Jedoch selbst im Ruhestand geht der zwischen der Wand und der Gleitfläche befindliche Sand nicht in den aktiven RANKINEschen Zustand über, weil sich der obere Teil der Wand nicht bewegen kann und die Verformungsbedingung für den aktiven RANKINEschen Zustand innerhalb der Gleitflächen infolgedessen nicht erfüllt ist.

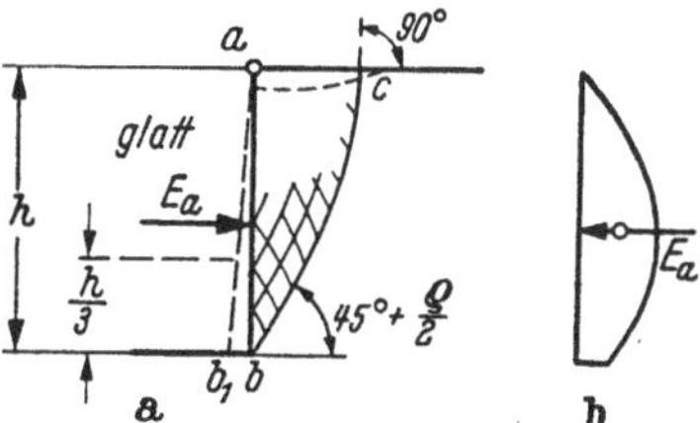

Abb. 58 a u. b. Bruch im Sand hinter einer glatten vertikalen Wand, wenn die Verformungsvoraussetzung für den aktiven RANKINEschen Zustand nicht erfüllt ist. a) Schnitt durch die Rückseite der Wand; b) Druck gegen die Rückseite der Wand

Theoretische und experimentelle Untersuchungen über die Art des Bruches infolge einer Drehbewegung der seitlichen Abstützung um den an der oberen Ecke liegenden Drehpunkt haben zu der Schlußfolgerung geführt, daß die Gleitfläche bei b (Abb. 58a) unter einem Winkel von $45° + \varrho/2$ gegen die Horizontale beginnt und daß sie immer steiler wird, bis sie die Geländeoberfläche rechtwinklig schneidet. Der obere Teil des Gleitkeils verbleibt im Zustand des elastischen Gleichgewichtes, bis der untere Teil des Keils vollständig in den Zustand des plastischen Gleichgewichtes übergegangen ist. Die Druckverteilung gegen die seitliche Abstützung hat annähernd parabolische (Abb. 58b) statt dreieckige Form (Abb. 56b).

Ähnliche Untersuchungen über die Wirkung einer Drehbewegung des unteren Teils der seitlichen Abstützung in Richtung auf den Boden haben

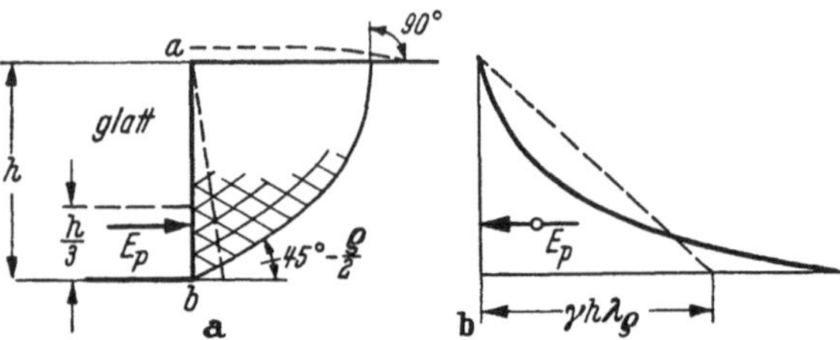

Abb. 59 a u. b. Bruch im Sand hinter einer glatten vertikalen Wand, wenn die Verformungsvoraussetzung für den passiven RANKINEschen Zustand nicht erfüllt ist. a) Schnitt durch die Rückseite der Wand; b) Druck gegen die Rückseite der Wand

ergeben, daß die Gleitfläche von b aus unter einem Winkel von $45° - \varrho/2$ gegen die Horizontale ansteigt (Abb. 59a) und daß sie die Geländeoberfläche ebenfalls rechtwinklig schneidet. Die zugehörige Druckverteilung ist in Abb. 59b dargestellt.

24. Die Erddrucktheorie von Rankine

Erddruck gegen Stützmauern. Stützmauern dienen demselben Zweck wie die vertikalen Seitenwände des in Abb. 57 dargestellten Kastens. Der hinter der Mauer befindliche Boden heißt *Hinterfüllung*. Er wird stets nach Fertigstellung der Mauer eingebracht. Während des Hinterfüllens gibt die Wand unter dem Druck etwas nach. Der Größtwert des Erddruckes hängt nicht nur von der Bodenart und der Mauerhöhe ab, sondern auch vom Maß des Ausweichens. Wenn die Mauer unnachgiebig ist, kann der Erddruck für immer einen Wert behalten, der nahe beim Ruhedruck (Abschn. 23) liegt. Sobald jedoch der Bruch der Mauer einzutreten beginnt, erfüllt sie automatisch die Verformungsbedingungen für die Umwandlung des Ruhedrucks in den aktiven plastischen Gleichgewichtszustand der angrenzenden Bodenmassen. Wenn eine Stützmauer den aktiven Erddruck aufnehmen kann, wird sie daher nicht einstürzen.

Obgleich die Rückseite jeder wirklichen Stützmauer rauh ist, können Näherungswerte für den Erddruck unter der Annahme ermittelt werden, daß sie glatt sei. Diese Annahme wird in den folgenden Abschnitten zugrunde gelegt. In späteren Abschnitten werden Verfahren zur Ermittlung genauerer Werte beschrieben.

Der aktive Erddruck in kohäsionslosen Erdstoffen gegen glatte vertikale Mauern. Wenn die Oberfläche einer Sandhinterfüllung horizontal und die Rückseite der Stützmauer vertikal und vollkommen glatt ist, sind Größe und Verteilung des Druckes gegen die Rückseite der Mauer identisch mit denen des aktiven Erddruckes gegen die gedachte Ebene ab in Abb. 56a. Der Erddruck kann deshalb nach den bereits abgeleiteten Gleichungen berechnet werden. In Wirklichkeit gibt es keine vollständig glatten Oberflächen. Die auf Grund dieser Annahmen aufgestellten Gleichungen sind jedoch so einfach, daß sie allgemein zur Ermittlung des Erddruckes gegen wirkliche Stützmauern und andere durch Erddruck beanspruchte Bauwerke benützt werden. Es wird später gezeigt werden, daß die Rauhigkeit der Rückseite einer Mauer im allgemeinen den aktiven Erddruck vermindert und den passiven Erddruck erhöht. Der mit dieser Annahme verbundene Fehler liegt also stets auf der sicheren Seite.

Darüber hinaus trifft die Annahme einer glatten, vertikalen Wand für einen Fall von großer praktischer Bedeutung fast genau zu. Dieser Fall ist durch Abb. 60 erläutert, die eine Winkelstützmauer darstellt. Wenn eine solche Mauer unter dem Einfluß des Erddrucks ausweicht, schert der Sand in zwei Ebenen ab, die an der Sohlplatte der Mauer Winkel von $45° + \varrho/2$ mit der Horizontalen bilden. Innerhalb der keilförmigen Zone zwischen diesen beiden Ebenen, befindet sich der Sand im aktiven RANKINEschen Zustand, wobei in der vertikalen Ebene ab durch den Absatz der Sohlplatte keine Scherspannungen wirken. Infolgedessen ist der Erddruck gegen diese Fläche mit demjenigen gegen eine glatte vertikale Mauer identisch.

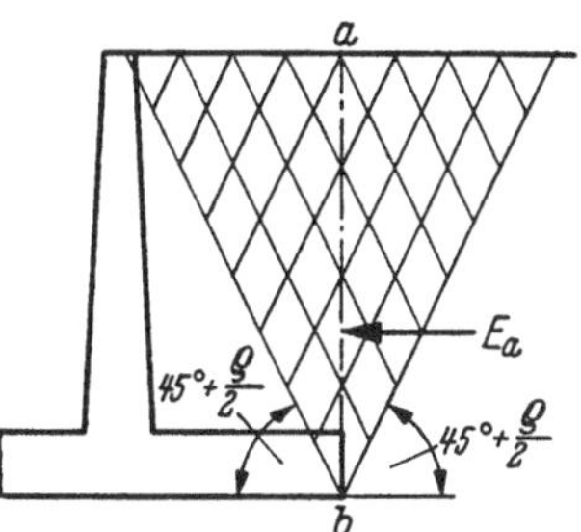

Abb. 60. Bruch im Sand hinter einer Winkelstützmauer. Die Verformungsvoraussetzung für den aktiven RANKINEschen Zustand ist fast erfüllt

Wenn die Sandhinterfüllung vollkommen trocken ist, ist der aktive Erddruck gegen eine glatte vertikale Wand in einer beliebigen Tiefe z gleich

$$\sigma_h = \gamma z \frac{1}{\lambda_\varrho}. \tag{23.5}$$

Er nimmt direkt proportional zur Tiefe zu, wie das Druckdreieck abc in Abb. 57a zeigt. Der gesamte Erddruck gegen die Wand ist

$$E_a = \int_0^h \sigma_h \, dz = \frac{1}{2} \gamma h^2 \frac{1}{\lambda_\varrho}. \tag{24.1}$$

Der Angriffspunkt von E_a liegt in $h/3$ über b.

Wenn die Mauer in die Lage $a_2'b$ in Abb. 57b gedrückt wird, nimmt der Druck σ_h gegen die Mauer einen dem passiven RANKINEschen Zustand entsprechenden Wert an

$$\sigma_h = \gamma z \lambda_\varrho, \tag{23.6}$$

und der Gesamtdruck gegen die Mauer wird

$$E_p = \int_0^h \sigma_h \, d z = \frac{1}{2} \gamma h^2 \lambda_\varrho . \tag{24.2}$$

Aktiver Erddruck bei teilweise im Wasser liegenden Sand mit gleichmäßig verteilter Auflast. Die Linie ab in Abb. 61a stellt die glatte, vertikale Rückseite einer Mauer von der Höhe h dar. Das Raumgewicht des Sandes sei im trocknen Zustand γ_t und unter Auftrieb γ_a (s. Abschn. 12); das Raumgewicht des Wassers sei γ_w. Auf der horizontalen Oberfläche der Hinterfüllung befindet sich eine gleichmäßig verteilte Belastung p pro Flächeneinheit. Der Wasserspiegel liegt in der Auffüllung in der Tiefe h_1 unter der Maueroberkante. Der Winkel der inneren Reibung betrage sowohl für den trockenen als auch für den unter Wasser befindlichen Sand $\varrho°$.

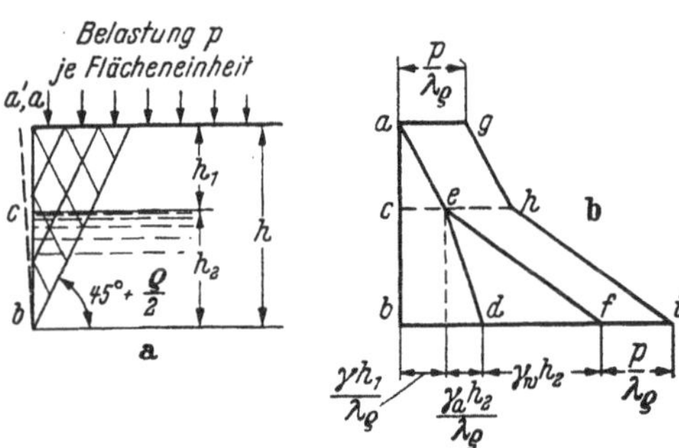

Abb. 61 a u. b. Aktiver Erddruck bei teilweise im Wasser liegendem Sand mit gleichmäßig verteilter Auflast. a) Schnitt durch die Rückseite des Stützbauwerkes; b) Druck gegen die Bauwerkrückseite

Wenn die Wand aus der Lage ab in die Lage $a_1'b$ ausweicht, nimmt der Erddruck gegen ihre Rückseite vom Wert des Ruhedrucks auf denjenigen des aktiven RANKINEschen Erddrucks ab. Am Ende des Abschn. 22 war gezeigt worden, daß die gesamte Wirkung des Porenwasserdrucks auf die effektiven Spannungen im Sand dadurch berücksichtigt werden kann, daß für den überfluteten Teil des Sandes das Raumgewicht unter Auftrieb γ_a nach Gl. (12.6) eingesetzt wird. Der Druck auf die Mauer infolge des Gewichtes des benachbarten Sandes ist bis zur Tiefe h_1 durch das Dreieck ace in Abb. 61b dargestellt. In der beliebigen Tiefe z' unterhalb des Wasserspiegels ist der effektive Vertikaldruck auf einen horizontalen Schnitt durch den Sand

$$\sigma_v = h_1 \gamma + z' \gamma_a .$$

Für den zugehörigen horizontalen aktiven RANKINEschen Druck erhalten wir nach Gl. (23.5)

$$\sigma_h = \frac{\sigma_v}{\lambda_\varrho} = (h_1 \gamma + z' \gamma_a) \frac{1}{\lambda_\varrho} . \tag{24.3}$$

Der gesamte effektive horizontale Druck unterhalb des Wasserspiegels ist durch die Fläche $bced$ in Abb. 61b dargestellt. Hierzu muß der gesamte Wasserdruck addiert werden,

$$W = \frac{1}{2}\gamma_w h_2^2,$$

der gegen den unteren Teil cb der Mauer wirkt. Der Wasserdruck ist in Abb. 61b durch das Dreieck def wiedergegeben.

Wenn die Hinterfüllung durch eine gleichmäßig verteilte Auflast p pro Flächeneinheit belastet ist, vergrößert sich der effektive Vertikaldruck σ_v in jeder Tiefe um p, und der entsprechende horizontale aktive RANKINEsche Druck nimmt um

$$\Delta\sigma_h = \frac{p}{\lambda_\varrho} \tag{24.4}$$

zu. In Abb. 61b ist der durch die Auflast p erzeugte Horizontaldruck durch die Fläche $aefihg$ dargestellt.

Der aktive Erddruck kohärenter Böden gegen glatte vertikale Flächen. Die Linie ab in Abb. 62a stellt die glatte vertikale Rückseite einer Mauer dar, hinter der ein kohärenter Erdstoff mit dem Raumgewicht γ ansteht. Die Scherfestigkeit des Erdstoffs ist durch die Gleichung

$$\tau = c + p\,\mathrm{tg}\,\varrho \tag{15.2}$$

angegeben, die nach Abschn. 22 sowohl für trockenen als auch für feuchten kohärenten Boden oberhalb des Wasserspiegels gilt. Die Beziehungen zwischen den Größtwerten der Hauptspannungen in solchen Erdstoffen ist durch den Ausdruck

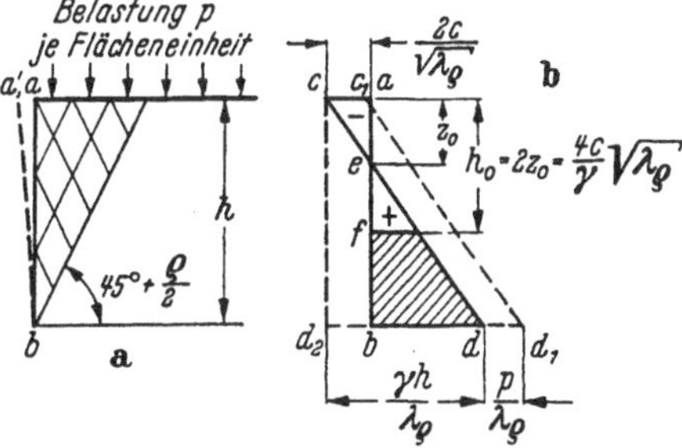

Abb. 62 a u. b. Bruch im Ton hinter einer glatten vertikalen Wand, wenn die Verformungsvoraussetzung für den aktiven Erddruck erfüllt ist. a) Schnitt durch die Rückseite der Wand; b) Druck gegen die Rückseite der Wand

$$\sigma_c + p_c = \sigma_c\lambda_\varrho + 2c\sqrt{\lambda_\varrho} \tag{16.5}$$

bestimmt, worin $\sigma_c + p_c$ und σ_c die zugehörigen größten und kleinsten Hauptspannungen sind und

$$\lambda_\varrho = \mathrm{tg}^2\left(45^\circ + \frac{\varrho}{2}\right) \tag{16.6}$$

das kritische Hauptspannungsverhältnis ist. In Abschn. 16 ist auch gezeigt, daß die Gleitflächen die Richtung der kleinsten Hauptspannung unter einem Winkel von $45^\circ + \varrho/2$ schneiden, ohne Rücksicht auf die Größe von c nach Gl. (15.2).

Da die Rückseite der Mauer glatt ist, ist die vertikale Hauptspannung in der Tiefe z unter der horizontalen Oberfläche der Hinterfüllung $\sigma_v = \gamma z$.

Bevor die seitliche Abstützung ab nachgibt, wird sie durch den Erddruck der Ruhe beansprucht. In diesem Zustand ist die Horizontalspannung σ_h die kleinere Hauptspannung. Eine nach außen gerichtete Bewegung der seitlichen Abstützung in die Lage $a_1'b$ oder darüber hinaus vermindert σ_h auf den dem RANKINEschen Erddruck entsprechenden Wert. Setzt man $\sigma_v = \sigma_c + p_c = \gamma z$ und $\sigma_h = \sigma_c$ in Gl. (16.5) ein, so erhält man

$$\sigma_h = \gamma z \frac{1}{\lambda_\varrho} - 2c \frac{1}{\sqrt{\lambda_\varrho}}. \tag{24.5}$$

Diese Spannung wird in jeder Tiefe z durch den horizontalen Abstand zwischen den Linien ab und cd in Abb. 62b dargestellt.

In der Tiefe

$$z_0 = \frac{2c}{\gamma} \sqrt{\lambda_\varrho} \tag{24.6}$$

ist die Spannung σ_h gleich Null. In einer geringeren Tiefe als z_0 ist der Erddruck gegen die Mauer negativ, vorausgesetzt, daß sich zwischen der Mauer und dem obersten Teil der Hinterfüllung kein Riß öffnet. Der Gesamtdruck gegen die Mauer ist

$$E_a = \int_0^h \sigma_h \, dz = \frac{1}{2} \gamma h^2 \frac{1}{\lambda_\varrho} - 2c \frac{h}{\sqrt{\lambda_\varrho}}. \tag{24.7}$$

Wenn die Mauer die Höhe

$$h = h_0 = \frac{4c}{\gamma} \sqrt{\lambda_\varrho} = 2 z_0 \tag{24.8}$$

hat, ist der Gesamtdruck E_a gleich Null. Wenn also die Höhe einer vertikalen Böschung kleiner als h_0 ist, müßte die Böschung in der Lage sein, ohne seitliche Abstützung zu stehen. Der Druck gegen die Mauer nimmt jedoch von $-2\,c/\sqrt{\lambda_\varrho}$ an der Mauerkrone auf $+2\,c/\sqrt{\lambda_\varrho}$ in der Tiefe h_0 zu, während der Normaldruck auf die vertikale Fläche einer nicht abgestützten Böschung an jedem Punkt gleich Null ist. Infolge dieses Unterschiedes ist die größte Tiefe, bis zu der ein Einschnitt ohne seitlicheAbstützung seiner vertikalen Wände ausgehoben werden kann, etwas kleiner als h_0 (s. Abschn. 31).

Für weichen Ton ist

$$\varrho = 0 \quad \text{und} \quad \lambda_\varrho = \operatorname{tg}^2\left(45^\circ + \frac{\varrho}{2}\right) = 1.$$

Damit ist

$$E_a = \frac{1}{2} \gamma h^2 - 2ch \tag{24.9}$$

und

$$h_0 = \frac{4c}{\gamma}. \tag{24.10}$$

Da der Boden nicht gezwungen ist, an der Wand zu haften, nimmt man im allgemeinen an, daß der aktive Erddruck kohärenter Böden auf Stützmauern gleich dem Druck ist, der in Abb. 62b durch die Dreieckfläche bde, oder gleich der Fläche cdd_2 minus der Fläche $cebd_2$ dargestellt ist.

Deshalb ist

$$E_a = \frac{1}{2}\gamma h^2 \frac{1}{\lambda_\varrho} - 2\,c h \frac{1}{\sqrt{\lambda_\varrho}} + \frac{2c^2}{\gamma}. \tag{24.11}$$

Für weichen Ton ist $\varrho = 0°$ und

$$E_a = \frac{1}{2}\gamma h^2 - 2\,c h + \frac{2c^2}{\gamma}. \tag{24.12}$$

Der passive Erddruck kohärenter Erdstoffe auf glatte vertikale Wände. Wenn die Fläche ab der Mauer oder des Baukörpers, der den Boden und seine gleichmäßig verteilte Auflast p abstützt, in Richtung auf die Hinterfüllung gedrückt wird, wie in Abb. 63a dargestellt ist, nimmt die horizontale Hauptspannung σ_h zu und wird größer als σ_v. Sobald ab die Lage $a_2'b$ erreicht und damit die Verformungsvoraussetzung für den passiven Rankineschen Zustand erfüllt, oder darüber hinaus verschoben wird, sind die Spannungsbedingungen für den Bruch nach Gl. (16.5) erfüllt. Da σ_h die größere Hauptspannung darstellt, können wir in Gl. (16.5) $\sigma_h = \sigma_c + p_c$ und $\sigma_v = \sigma_c = \gamma z + p$ einsetzen und erhalten

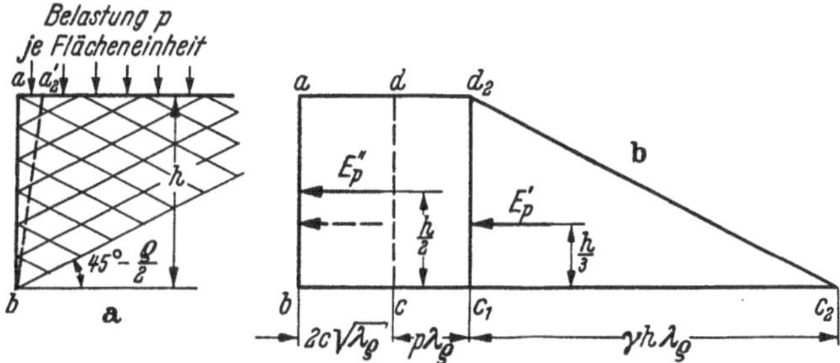

Abb. 63 a u. b. Bruch im Ton hinter einer glatten vertikalen Wand, wenn die Verformungsvoraussetzung für den passiven Erddruck erfüllt ist. a) Schnitt durch die Rückseite der Wand; b) Druck gegen die Rückseite der Wand

$$\sigma_h = \gamma z \lambda_\varrho + 2\,c\sqrt{\lambda_\varrho} + p\lambda_\varrho. \tag{24.13}$$

Die Spannung σ_h kann in zwei Teile zerlegt werden. Ein Teil

$$\sigma_h' = \gamma z \lambda_\varrho$$

nimmt wie der hydrostatische Druck direkt proportional zur Tiefe zu. In Abb. 63b sind die Spannungen σ_h' durch die Breite des Dreiecks $c_1c_2d_2$

mit der Fläche

$$E'_p = \frac{1}{2}\gamma h^2 \lambda_\varrho \tag{24.14}$$

dargestellt. Der Angriffspunkt von E'_p liegt in $h/3$ über b. Die Größe E'_p ist der gesamte passive Erddruck eines kohäsionslosen Materials mit dem Winkel der inneren Reibung ϱ und dem Raumgewicht γ.

Der zweite Teil von σ_h ist

$$\sigma''_h = 2c\sqrt{\lambda_\varrho} + p\lambda_\varrho.$$

Dieser Teil ist von der Tiefe unabhängig. Er wird durch die Breite des Rechteckes abc_1d_2 in Abb. 63b dargestellt. Der Gesamtdruck ist gleich der Rechteckfläche. Also

$$E''_p = h\left(2c\sqrt{\lambda_\varrho} + p\lambda_\varrho\right). \tag{24.15}$$

Der Angriffspunkt E''_p liegt in halber Höhe der Fläche ab. Da Gl. (24.15) das Raumgewicht γ nicht enthält, kann die Größe von E''_p unter der Annahme berechnet werden, daß die Hinterfüllung gewichtslos ist. Aus den Gl. (24.14) und (24.15) geht hervor, daß der gesamte passive Erddruck ist:

$$E_p = E'_p + E''_p = \frac{1}{2}\gamma h^2 \lambda_\varrho + h\left(2c\sqrt{\lambda_\varrho} + p\lambda_\varrho\right). \tag{24.16}$$

Nach diesen Betrachtungen kann E_p mit Hilfe von zwei unabhängigen Rechenvorgängen ermittelt werden. Zunächst wird E'_p unter der Annahme berechnet, daß die Kohäsion und die Auflast gleich Null sind ($c = 0$, $p = 0$). Der Angriffspunkt von E'_p liegt im unteren Drittelspunkt von h. Zweitens wird E''_p unter der Annahme berechnet, daß das Raumgewicht der Hinterfüllung gleich Null ist ($\gamma = 0$). Der Angriffspunkt von E''_p liegt in $h/2$. In den folgenden Abschnitten wird dieses einfache Verfahren wiederholt angewandt, um den Angriffspunkt des passiven Erddruckes bei kohärenten Böden zu ermitteln. Die Unterteilung von E_p in die beiden Teile E'_p und E''_p trifft nur dann ohne Einschränkung zu, wenn die Rückseite der Mauer vertikal und vollständig glatt ist. Für alle anderen Verhältnisse ist dies ein Näherungsverfahren.

Aufgaben

1. Eine Mauer mit glatter vertikaler Rückseite von 3 m Höhe stützt trockenen, kohäsionslosen Sand ab, der eine horizontale Oberfläche hat. Der Sand wiegt 1,81 t/m³ und hat einen Winkel der inneren Reibung von 36°. Wie groß ist etwa der gesamte Erddruck gegen die Mauer, wenn diese nicht nachgeben kann? Wie groß ist der Erddruck, wenn die Wand so weit ausweichen kann, daß die Bewegungsvoraussetzung für den aktiven RANKINEschen Zustand erfüllt ist?

Antwort: 3,25 bis 4,07 t/lfd. m; 2,12 t/lfd. m.

2. Der Wasserspiegel hinter der in Aufgabe 1 beschriebenen Mauer steigt bis auf 1,2 m unter der Krone an. Das Raumgewicht des Sandes unter Wasser beträgt

1,06 t/m³. Wie groß ist der gesamte Erd- und Wasserdruck auf die Mauer, wenn die Bewegungsbedingungen für den aktiven RANKINEschen Zustand erfüllt sind? In welcher Höhe über der Sohlfläche greift die Resultierende aus Erd- und Wasserdruck an?

Antwort: 3,41 t/lfd. m; 0,85 m.

3. Wie groß ist der gesamte Erddruck gegen die nachgiebige Mauer in Aufgabe 1, wenn der Sand durch eine gleichmäßig verteilte Auflast von 1,95 t/m² belastet ist? In welcher Höhe über der Grundfläche der Mauer greift der Erddruck an?

Antwort: 3,64 t/lfd. m; 1,21 m.

4. Der Zwischenraum zwischen Stützmauern mit glatten Rückwänden ist mit Sand vom Raumgewicht 1,80 t/m³ gefüllt. Die Fundamente der Mauern sind durch einen Stahlbetonfußboden verbunden und die Mauerkronen durch schwere Stahlanker. Die Mauern sind 4,60 m hoch und 15,20 m voneinander entfernt. Auf der Oberfläche des Sandes wird Roheisen mit einem Gewicht von 1,50 t/m² gelagert. Wie groß ist der Gesamtdruck gegen die Mauern vor und nach dem Aufbringen der Auflast, wenn der Koeffizient des Ruhedrucks $\lambda_0 = 0{,}50$ beträgt?

Antwort: 9,52 t/lfd. m; 12,97 t/lfd. m.

5. Diesselbe Mauer wie in Aufgabe 1 stützt einen rein kohärenten Boden mit einer Kohäsion von $c = 0{,}98$ t/m² und einem Raumgewicht von 1,76 t/m³ ab. Die Größe von $\varrho = 0°$. Wie groß ist der gesamte aktive RANKINEsche Erddruck gegen die Mauer? In welchem Abstand über der Grundfläche greift die Resultierende an? In welcher Tiefe ist die Erddruckspannung Null?

Antwort: 2,03 t/lfd. m; 0,63 m; 1,11 m.

6. Bei einer Baugrube in einem plastischen Ton vom Raumgewicht 1,92 t/m³ war vertikal abgeböscht worden. Als die Ausschachtung 5,35 m tief war, rutschte die Böschung ab. Wie groß war angenähert die Kohäsion des Tons, wenn angenommen wird, daß $\varrho = 0°$ war?

Antwort: 2,57 t/m².

7. Eine glatte vertikale Wand von 6,10 m Höhe wird gegen einen Bodenkörper gedrückt, der eine horizontale Oberfläche hat und dessen Scherfestigkeit nach der COULOMBschen Gleichung $c = 1{,}95$ t/m² und $\varrho = 15°$ beträgt. Das Raumgewicht des Bodens beträgt 1,92 t/m³. Seine Oberfläche ist mit einer gleichmäßig verteilten Last von 0,98 t/m² belastet. Wie groß ist der gesamte Erdwiderstand nach RANKINE und der Abstand der Resultierenden von der Grundfläche? Ermittle die Größe des Seitendrucks an der Sohlfläche der Mauer.

Antwort: 102 t/lfd. m; 2,44 m; 26,65 t/m².

25. Einfluß der Wandreibung auf die Form der Gleitfläche

Die Rückseite der in Abb. 64a dargestellten Mauer sei rauh. Andernfalls wäre sie mit der in Abb. 57a dargestellten Mauer identisch. Wenn die Mauer sich nach außen bewegt, sinkt der Gleitkeil ab, und der Sand bewegt sich entlang der Rückseite der Wand nach unten. Durch die Abwärtsbewegung des Sandes in bezug auf die Mauer entwickeln sich Reibungskräfte, durch welche die Resultierende des aktiven Erddruckes unter den Winkel δ zur Normalen auf die Wand geneigt wird. Dieser

Winkel wird *Wandreibungswinkel* genannt. Er wird als positiv bezeichnet, wenn die Resultierende der Reaktionskräfte so gerichtet ist, daß ihre Tangentialkomponente nach oben gerichtet ist, wie Abb. 64a zeigt. Neuere theoretische und experimentelle Untersuchungen haben ergeben, daß die zugehörige Gleitfläche bc aus einem gekrümmten unteren Teil und einem geradlinigen oberen Teil besteht. Innerhalb des Abschnittes

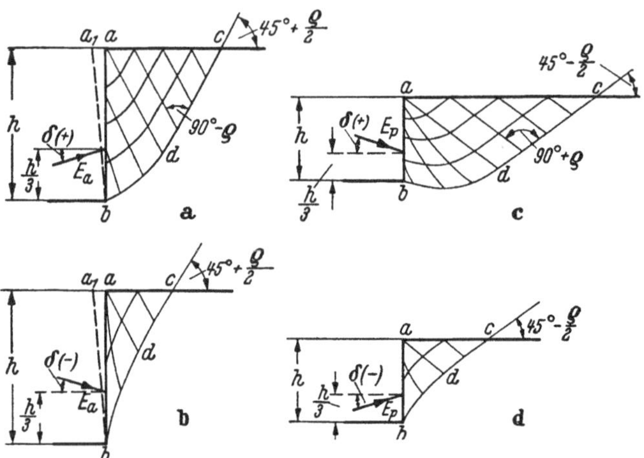

Abb. 64 a–d. Gleitlinienfelder, die sich beim Bruch im Sand hinter einer rauhen vertikalen Wand ausbilden

adc des Gleitkeils ist das Scherbild identisch mit demjenigen des aktiven RANKINEschen Zustandes nach Abb. 57a. Innerhalb der Fläche adb besteht das Scherbild aus zwei Scharen gekrümmter Linien.

Wenn die Mauer in bezug auf die Hinterfüllung heruntergedrückt wird, beispielsweise durch die Wirkung einer schweren Last auf ihrer Krone, wird δ negativ und der Verlauf der Kurve im unteren Teil der Gleitfläche wird umgekehrt, wie in Abb. 64b dargestellt ist.

Wird die Mauer gegen die Hinterfüllung gedrückt, leistet der passive Erddruck Widerstand gegen die Bewegung. Wenn das Gewicht der Mauer größer als die Reibung zwischen Sand und Mauer ist, bewegt sich der Sand gegenüber der Mauer nach oben, und die Reaktion der Resultierenden des passiven Erddruckes greift unter einen Winkel δ zur Normalen auf die Mauerrückseite an. Die Tangentialkomponente dieser Kraft sucht die Aufwärtsbewegung des Sandes zu verhindern. Unter dieser Voraussetzung wird der Winkel δ nach Abb. 64c als positiv bezeichnet. Der gerade Teil der Gleitfläche bildet mit der Horizontalen einen Winkel von $45° - \varrho/2$. In dem gleichschenkligen Dreieck adc ist das Scherbild identisch mit dem in Abb. 57b dargestellten; die Bodenmasse befindet sich im passiven RANKINEschen Zustand. Innerhalb der Fläche adb sind beide Kurvenscharen, welche das Schermuster bilden, gekrümmt.

Wenn das Gewicht der Mauer kleiner als die Reibung zwischen Sand und Mauer ist, ist der Winkel zwischen der Normalen auf die Rückseite der Mauer und der Reaktion zur Resultierenden aus dem passiven Erddruck kleiner als δ. Wenn schließlich auf die Mauer eine aufwärtsgerichtete Kraft wirkt, die gleich der Summe aus dem Mauergewicht und der Reibung zwischen dem Sand und der Mauer ist, ist die Resultierende des passiven Erddruckes so gerichtet, wie in Abb. 64d dargestellt, und der Winkel der Wandreibung wird als negativ bezeichnet. Die Krümmung des gekrümmten Teiles der Gleitfläche ist entgegengesetzt gerichtet.

Die Verformungsbedingungen für die in den Scherbildern der Abb. 64a und b dargestellten plastischen Zustände erfordern eine gewisse geringe Verlängerung jedes horizontalen Elementarteilchens des Keils. Die Verformungsbedingungen für die in den Scherbildern der Abb. 64c und d dargestellten plastischen Zustände verlangen eine gewisse geringe Verkürzung jedes horizontalen Elementarteilchens. Diese Voraussetzungen entsprechen denjenigen, welche für die Erzeugung des aktiven oder passiven RANKINEschen Zustandes in der Hinterfüllung einer vollkommen glatten Wand notwendig sind, wie sie in Abb. 57a und b dargestellt wurden.

26. Die Coulombsche Theorie für den aktiven Erddruck gegen Stützmauern

Einleitung. Da die Rückseite jeder wirklichen Stützmauer mehr oder weniger rauh ist, sind die Randbedingungen für die Gültigkeit der Theorie von RANKINE selten erfüllt, wodurch die nach dieser Theorie ausgeführten Erddruckberechnungen mit einem erheblichen Fehler behaftet sind. Dieser Fehler kann durch die Anwendung der Theorie von COULOMB (1776) weitgehend vermieden werden. Das COULOMBsche Verfahren läßt sich für beliebige Randbedingungen anwenden, es enthält jedoch seinerseits wieder eine vereinfachende Annahme hinsichtlich der Form der Gleitfläche. Der durch diese Annahme verursachte Fehler ist aber im Vergleich zu demjenigen, der mit der Anwendung der Theorie von RANKINE verbunden ist, im allgemeinen klein. Wenn die Randbedingungen für die Gültigkeit der Theorie von RANKINE erfüllt sind, führen beide Theorien zu übereinstimmenden Ergebnissen.

Sowohl die Theorie von COULOMB als auch die von RANKINE gehen von den Annahmen aus, daß die Mauer sich bis in die Lage $a_1 b$ in Abb. 64a oder darüber hinaus frei bewegen kann und daß das in den Poren des Bodens enthaltene Wasser keinen wesentlichen Strömungsdruck ausübt. Weiter ist selbstverständlich vorausgesetzt, daß die in den Gleichungen vorkommenden Bodenkonstanten bestimmte Werte haben, die ermittelt werden können.

Die Coulombsche Erddrucktheorie. Bei einer wirklichen Stützmauer ist die Gleitfläche in der Hinterfüllung leicht gekrümmt, wie in Abb. 64a und b dargestellt ist. Um die Berechnung zu vereinfachen, hat COULOMB sie als eben angenommen. Der durch die Vernachlässigung der Krümmung verursachte Fehler ist jedoch ziemlich gering.

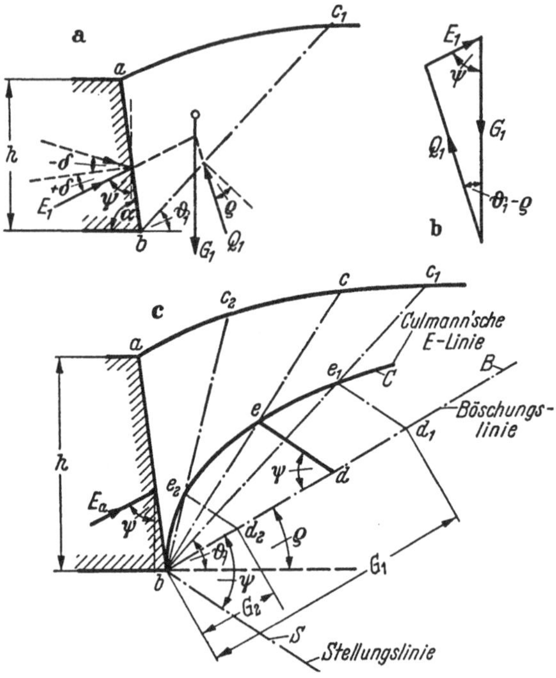

Abb. 65 a–c. a) und b) Annahmen, die der COULOMBschen Theorie des aktiven Erddrucks zugrunde liegen; c) Ermittlung des Erddrucks von Sand nach dem graphischen Verfahren von CULMANN

Die auf den Gleitkeil wirkenden Kräfte sind in Abb. 65a dargestellt, in der willkürlich angenommen ist, daß die Gerade bc_1 die Gleitfläche darstellt. Der Keil abc_1 befindet sich unter der Wirkung des Gewichtes G_1, der Gegenkraft der Resultierenden aus dem Erddruck E_1 und der Gegenkraft Q_1 im Gleitgewicht. Die Gegenkraft Q_1 ist unter dem Winkel ϱ zur Normalen auf bc_1 geneigt, weil angenommen wird, daß der Reibungswiderstand entlang der Gleitfläche voll entwickelt sei. Wenn die Stützmauer auf einem festen Fundament gegründet ist, ist die Kraft E_1 zur Normalen auf die Mauerrückseite unter dem Wandreibungswinkel $+\delta$ geneigt, wie in Abb. 65a angedeutet ist. Wenn die Mauer sich dagegen mehr setzen wird als die Hinterfüllung, wird die Kraft E_1 unter dem

Winkel $-\delta$ geneigt sein, wie durch die gestrichelte Linie angedeutet ist. Da die Größe von G_1 bekannt ist und die Richtungen aller drei anderen Kräfte ebenfalls bekannt sind, kann der Erddruck E_1 aus dem Kräfteplan in Abb. 65b zeichnerisch ermittelt werden. Da bc_1 nicht mit Sicherheit die wirkliche Gleitfläche ist, müssen entsprechende Konstruktionen zur Ermittlung der Erddrücke p_2, p_3 usw. für andere willkürlich ausgewählte Flächen bc_2, bc_3 usw., die in der Abbildung nicht dargestellt sind, durchgeführt werden. Der auf diese Weise ermittelte größte Wert für den Erddruck ist der aktive Erddruck E_a.

Graphische Ermittlung nach Culmann. Ein sehr brauchbares Verfahren für die Durchführung der oben beschriebenen graphischen Untersuchungen ist von CULMANN entwickelt worden. Es ist in Abb. 65c dargestellt. Beim CULMANNschen Verfahren wird zuerst die Linie bB gezogen, die durch die untere Ecke b der Mauerrückseite verläuft und unter dem Winkel ϱ zur horizontalen Sohlfläche der Hinterfüllung aufsteigt. Diese Linie wird als *Böschungslinie* bezeichnet, weil sie die natürliche Böschung des Hinterfüllungsmaterials darstellt[1]. Als nächstes wird die *Stellungslinie* bS gezogen, die unterhalb der Böschungslinie liegt und mit ihr den Winkel ψ einschließt. Der Winkel ψ ist gleich dem Winkel zwischen der Vertikalen und der Richtung der Resultierenden E_a des Erddruckes, wie in Abb. 65 gezeigt ist. Er hängt von dem Winkel der Wandreibung δ und der Neigung α der Rückseite der Stützmauer ab.

Um den von einem oberhalb einer willkürlich angenommenen Gleitfläche bc_1 liegenden Keil ausgeübten Erddruck E_1 zu ermitteln, ist es zunächst notwendig, das Gewicht G_1 dieses Keiles zu berechnen. Dieses Gewicht wird auf bB in einem gewählten Kräftemaßstab aufgetragen. Man erhält den Punkt d_1. Dann wird die Gerade d_1e_1 parallel zu bS gezogen. Da das Dreieck e_1d_1b in Abb. 65c dem Krafteck in Abb. 65b ähnlich ist, ist der Abstand d_1e_1 gleich dem der Gleitfläche bc_1 entsprechenden Erddruck. Um den aktiven Erddruck E_a zu finden, muß die Konstruktion für verschiedene Ebenen bc_2 usw. wiederholt werden. Die Punkte e_1, e_2 usw. liegen auf einer Kurve C, die als CULMANNsche E-Linie bezeichnet wird. Parallel zu bB wird an C eine Tangente gezogen. Der Abstand ed stellt den Erddruck E_a dar, und die wirkliche Gleitfläche geht durch den Punkt e.

Erddruck infolge einer parallel zur Mauerkrone angreifenden Linienlast. In Abb. 66 ist ein Schnitt durch eine Mauer dargestellt, die eine Sandmasse mit einer geneigten Oberfläche abstützt. In einer parallel zur Mauerkrone im Abstand ac' verlaufenden Linie befindet sich auf der Oberfläche der Hinterfüllung eine Last p' pro Längeneinheit der Linie. Das Verfahren zur Ermittlung des aktiven Erddruckes auf die Mauer ist im wesentlichen

[1] Anmerkung des Bearbeiters: Wie wir gesehen haben, gilt dies nur für kohäsionslose, lockere Sande.

dasselbe wie das in Abb. 65c dargestellte. Wenn die rechte Begrenzungslinie eines Keiles die Geländeoberfläche jedoch rechts von c' schneidet, ist die auf der Böschungslinie bB aufzutragende Strecke proportional dem Gewicht des Sandkeiles plus der Linienlast p' (s. Abb. 66).

Wäre die Geländeoberfläche nicht durch eine Auflast belastet, würde die CULMANNsche E-Linie C (gestrichelte Kurve) in Abb. 66 der Kurve C

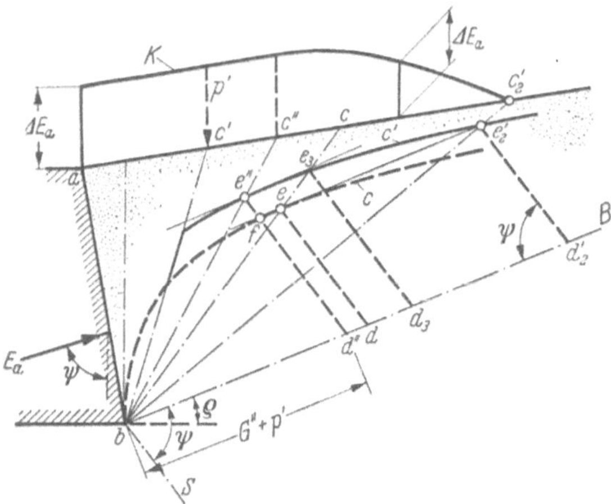

Abb. 66. Ermittlung des Erddrucks aus einer Sandhinterfüllung, auf die eine Linienlast wirkt, nach dem graphischen Verfahren von CULMANN

in Abb. 65c entsprechen. Wenn die Geländeoberfläche dagegen durch die Linienlast p' in einem Punkt c' belastet ist, besteht die CULMANNlinie aus zwei Abschnitten. Der Abschnitt links der Ebene bc' ist mit der Kurve C identisch, weil die Erddruckkeile durch Ebenen begrenzt sind, die links von bc' liegen und keine Auflast tragen. Rechts von bc' liegt die CULMANNsche E-Linie für die belastete Hinterfüllung oberhalb der Kurve C, wie durch die ausgezogene Kurve C' in Abb. 66 dargestellt ist, weil jeder Erddruckkeil, der durch eine rechts von bc' liegende Ebene begrenzt ist, durch die Auflast p' belastet wird. Die vollständige CULMANNsche E-Linie besteht deshalb links von bc' aus der Kurve C und rechts davon aus der Kurve C'. Sie besitzt einen Sprung in der Ebene bc', die durch den Angriffspunkt der Linienlast geht.

Wenn die Last sich links von c_2' befindet, entspricht die Größe des aktiven Erddruckes, der durch die belastete Hinterfüllung ausgeübt wird, dem größten Abstand zwischen der CULMANNschen E-Linie C' und der Böschungslinie bB, parallel zur Stellungslinie bS gemessen. Wenn die Linienlast an irgendeiner Stelle zwischen den Punkten a und c'' auf die Oberfläche der Hinterfüllung wirkt, ist der größte Abstand immer $d''e''$. Aus diesem Grund tritt die Rutschung in der Ebene bc'' ein, welche durch

e'' geht. Die Strecke $d''e'' - de$ stellt denjenigen Teil, ΔE_a des aktiven Erddruckes dar, der durch die Linienlast p' hervorgerufen wird.

Die Ordinaten der Kurve K in Abb. 66 stellen von der Geländeoberfläche aus die Werte von ΔE_a für die verschiedenen Stellungen c' dar, in denen p' angreifen kann. Zwischen a und c'' ist K gerade und parallel

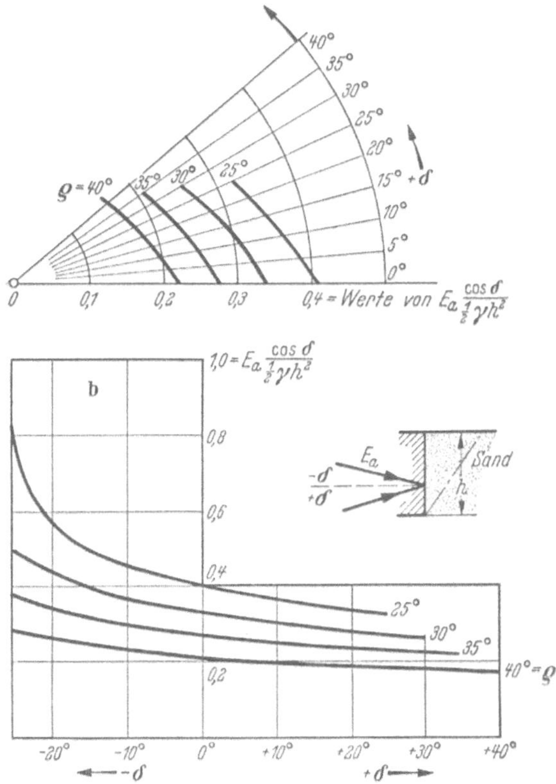

Abb. 67. Erddrucktafeln, aus denen die Koeffizienten für die Berechnung des aktiven Erddrucks entnommen werden können (nach O. SYFFERT)

zur Oberfläche der Hinterfüllung, weil ΔE_a unabhängig von der Stellung von p' zwischen diesen beiden Punkten ist.

Wenn p' sich über c'' nach rechts verschiebt, beispielsweise in die Stellung c, besteht die CULMANNsche E-Linie aus der gestrichelten Kurve C' links von bc und der ausgezogenen Kurve C' rechts davon. Der Maximalwert E_a des Erddruckes wird durch die Linie $e_3 d_3$ dargestellt. Die Gleitfläche verläuft durch den Punkt e_3 und schneidet die Geländeoberfläche in der Linie, in der p' angreift. Verschiebt sich die Angriffslinie von p' noch weiter nach rechts, so nimmt die Größe von ΔE_a ständig ab, wie aus den Ordinaten der Kurve K in Abb. 66 zu ersehen ist, bis er bei c_2' zu Null wird.

Wenn p' schließlich in c_2' angreift, ergibt sich aus der Kurve C' die Größe des Erddruckes zu $e_2'd_2'$, gleich der Größe ed für den aktiven Erddruck ohne Auflast. Wenn p' sich nach rechts von c_2' bewegt, wird der mit Hilfe von C' ermittelte Erddruck kleiner als ed. Das bedeutet, daß sobald die Linienlast rechts von c_2' angreift, sie keinerlei Einfluß mehr auf den aktiven Erddruck hat und daß die Gleitfläche die gleiche Lage bc einnimmt wie für eine Hinterfüllung ohne Auflast. Je größer die Linienlast p' ist, um so weiter verschiebt sich c_2' nach rechts. Die Breite des Bereiches innerhalb dessen p' den Erddruck beeinflußt, hängt also von der Größe von p' ab.

Das CULMANNsche Verfahren wird hauptsächlich angewandt, wenn die Rückseite der Mauer geneigt oder gebrochen ist und wenn die Hinterfüllung eine unregelmäßige Oberfläche besitzt oder durch eine Auflast belastet ist. Wenn eine vertikale Mauer eine kohäsionslose Hinterfüllung mit horizontaler Oberfläche abstützt, ist es ratsamer, die Größe von E_a aus Diagrammen zu entnehmen, die zu diesem Zweck aufgestellt sind. In Abb. 67 sind zwei verschiedene derartige Diagramme wiedergegeben.

Aufgaben

1. Eine vertikale Stützmauer von 6,1 m Höhe stützt eine kohäsionslose Hinterfüllung mit einem Raumgewicht von 1,84 t/m³ ab. Die Oberfläche der Auffüllung steigt von der Mauerkrone aus unter einem Winkel von 20° zur Horizontalen an. Der Winkel der inneren Reibung ist 28° und der Wandreibungswinkel 20°. Ermittle den gesamten aktiven Erddruck gegen die Mauer nach dem CULMANN-Verfahren.

Antwort: 15,8 t/lfd. m.

2. Der senkrechte Teil einer Winkelstützmauer ist 11 m hoch. Er stützt eine Schüttung aus kohäsionslosem Eisenerz ab. Die Mauer hat einen zu ihrer vertikalen Mittellinie symmetrischen Querschnitt. Am oberen Ende ist sie 1,80 m breit und an der Grundfläche des aufgehenden Teils 3,66 m. Von einem 1,20 m unterhalb der Mauerkrone liegenden Punkt auf der Mauerrückseite aus steigt die Oberfläche der Eisenerzschüttung unter einem Winkel von 35° gegen die Horizontale bis zu einer größten Höhe von 19,80 m über der Grundfläche des vertikalen Mauerteils an. Der Rest der Aufschüttung ist eben. Wie groß ist der gesamte Seitendruck des Erzes oberhalb der Grundfläche des vertikalen Mauerteils, wenn sowohl ϱ als auch δ gleich 36° und $\gamma = 2{,}56$ t/m³ sind?

Antwort: 72,6 t/lfd. m.

3. Eine vertikale Mauer von 5,5 m Höhe stützt eine kohäsionslose Auffüllung mit einem Raumgewicht von 1,68 t/m³ ab. Die Oberfläche der Auffüllung ist horizontal. Die Werte von ϱ und δ sind 31° bzw. 20°. Die Auffüllung ist durch zwei Linienlasten von 3 t/lfd. m belastet, die parallel zur Mauerkrone in Abständen von 2,4 bzw. 4,0 m angreifen. Berechne die Größe des gesamten aktiven Erddrucks auf die Mauer. Ermittle den horizontalen Abstand von der Rückseite der Mauer bis zu dem Punkt, wo die Gleitfläche die Oberfläche der Auffüllung schneidet.

Antwort: 9,4 t/lfd. m; 4,0 m.

4. Eine 4,57 m hohe Stützmauer mit vertikaler Rückseite ist gerade so bemessen, daß sie eine ebene Sandschüttung mit einem Raumgewicht von 1,84 t/m^3 und einem Reibungswinkel von 32° abstützen kann. Der Wandreibungswinkel δ beträgt 20°. Es soll eine vertikale Belastung von 7,44 t/lfd. m in einer Linie parallel zur Mauerkrone aufgebracht werden. Wie groß ist der horizontale Mindestabstand von der Mauerrückseite, in dem die Belastung aufgebracht werden darf, ohne den Erddruck auf die Mauer zu vergrößern?

Antwort: 4,9 m.

5. Wie groß ist der aktive Erddruck, wenn die Auffüllung in Aufgabe 3 keine Auflast trägt? Überprüfe die graphische Ermittlung mit Hilfe der Diagramme in Abb. 67.

Antwort: 7,2 t/lfd. m.

27. Der Angriffspunkt des Erddruckes

Das in Abschn. 26 beschriebene Verfahren ermöglicht es, die Größe der Resultierenden des Erddruckes zu ermitteln, vorausgesetzt, daß ihre Richtung bekannt ist. Es gibt jedoch keinen Anhaltspunkt über den Angriffspunkt des Erddruckes. Zur Klärung dieser Frage hat COULOMB angenommen, daß jeder Punkt auf der Rückseite der Mauer den Fußpunkt einer denkbaren Gleitfläche darstellt. So ist beispielsweise der Punkt d auf der gekrümmten Linie ab in Abb. 68a der tiefste Punkt einer denkbaren Gleitfläche de. Der Erddruck E_a auf ad kann nach dem CULMANNschen Verfahren berechnet werden, wie in Abschn. 26 beschrieben wurde. Wenn die Tiefenlage des Fußpunktes der potentiellen Gleitfläche von z auf $z + dz$ zunimmt, wächst der Erddruck um

$$dE_a = \sigma_a dz,$$

worin σ_a der mittlere gleichmäßig verteilte Druck pro Tiefenzuwachs dz ist, also

$$\sigma_a = \frac{dE_a}{dz}. \tag{27.1}$$

Mit Hilfe dieser Gleichung kann die Verteilung des Erddruckes auf die Rückseite der Mauer bestimmt werden. Wenn die Druckverteilung bekannt ist, läßt sich der Angriffspunkt der Resultierenden des Erddruckes mit Hilfe eines der zur Verfügung stehenden rechnerischen oder graphischen Verfahren ermitteln. In jedem Punkt schließt die Wirkungslinie des Erddruckes σ_a einen Winkel δ mit der Normalen zur Rückseite der Mauer ein.

Für die Praxis ist dieses Verfahren ziemlich umständlich. Es werden daher vereinfachte Verfahren angewandt, die angenähert die gleichen Ergebnisse liefern. In Abb. 68a liegt beispielsweise der Angriffspunkt 0_1 etwa im Schnittpunkt der Mauerrückseite mit der Geraden 00_1, die parallel zur Gleitfläche bc verläuft und durch den Schwerpunkt 0 des Gleitkeiles abc geht.

In Abb. 68b und c ist ein vereinfachtes Verfahren zur Ermittlung der Lage des Angriffspunktes des Zusatzdruckes ΔE_a infolge einer Linienlast p' dargestellt. Die Geraden bc, bc'' usw. entsprechen den Geraden bc, bc'' usw. in Abb. 66. Wenn p' zwischen a und c'' in Abb. 68b angreift, ist $b'c'$ parallel zu der Gleitfläche bc'' gezogen und $a'c'$ parallel zu der Böschungslinie bB (s. Abb. 66). Die Kraft ΔE_a greift im oberen Drittelspunkt von $a'b'$ an. Wenn p' zwischen c'' und c_2' angreift, wird $a'c'$ parallel zu bB gezogen und ΔE_a greift im oberen Drittelspunkt von $a'b$ an, wie in Abb. 68c dargestellt.

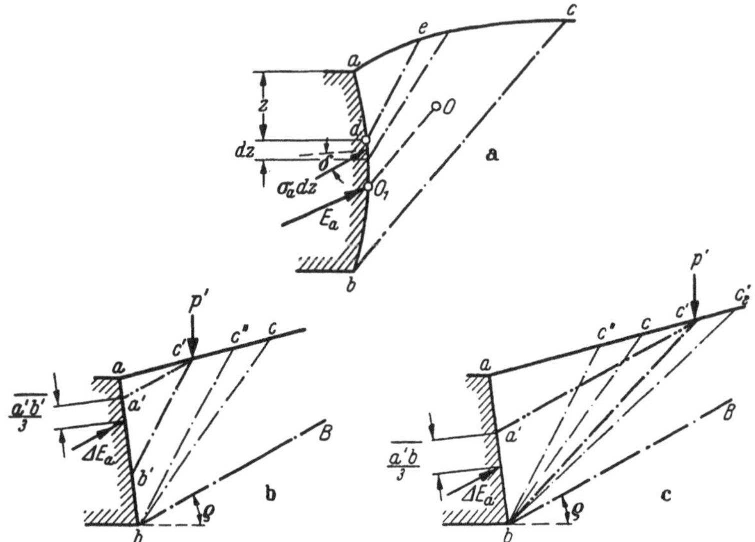

Abb. 68 a–c. Das vereinfachte Verfahren für die Ermittlung des Angriffspunktes des aktiven Erddrucks

Alle diese Verfahren gehen auf die Annahme von Coulomb zurück, daß jeder Punkt der Rückseite der Wand der Fußpunkt einer potentiellen Gleitfläche ist. Diese Annahme ist für Stützmauern berechtigt, da keine Stützmauer zu Bruch gehen kann, ohne daß sie dabei so nachgibt, daß die Bewegungsvoraussetzungen für das plastische Gleichgewicht erfüllt werden. Coulomb wies auf diese Bewegungsvoraussetzungen jedoch nicht eindeutig genug hin. Infolgedessen wurde die Theorie allgemein für die Berechnung des aktiven Erddruckes gegen seitliche Abstützungen angewandt, welche diese Bewegungsvoraussetzungen nicht erfüllten, wie beispielsweise die Aussteifungen in Baugruben (s. Abschn. 32). Aus der Beobachtung, daß die Ergebnisse der Berechnungen nicht mit der Wirklichkeit übereinstimmten, schlossen viele erfahrene Ingenieure, daß die Theorie als solche unzutreffend sei. Es muß deshalb betont werden, daß die Erddrucktheorie von COULOMB genau so befriedigend ist wie jede andere Theorie im Bauwesen, sofern die Voraussetzung für ihre Gültigkeit, die Bewegungsmöglichkeit, erfüllt ist.

Aufgaben

1. In welchem Abstand über der Grundfläche des aufgehenden Mauerteils der Stützmauer in Aufgabe 2 des Abschn. 26 greift die Resultierende des Erddrucks an?

Antwort: 3,3 m.

2. Ermittle die Lage der Resultierenden aus dem zusätzlichen Erddruck infolge der beiden Linienlasten der Aufgabe 3 in Abschn. 26 unter der Annahme, daß der Einfluß jeder der beiden Lasten getrennt betrachtet werden kann.

Antwort: 3,0 m; 2,1 m von der Mauersohlfläche.

28. Der passive Erddruck oder Erdwiderstand gegen eine rauhe Wand

Definition. Im weitesten Sinne bezeichnet der Ausdruck „passiver Erddruck" den Widerstand einer Bodenmasse gegen eine Verschiebung infolge eines von der Seite einwirkenden Druckes. Der Bauteil, der den seitlichen Druck ausübt, kann das Fundament einer Stützmauer, der eingerammte Teil einer Spundwand oder ein Baukörper, wie das Widerlager eines belasteten Bogens sein. Es kann sich auch um eine Bodenmasse handeln, die einen horizontalen Druck infolge einer vertikalen Auflast ausübt. Auch der Boden unterhalb eines belasteten Fundamentes wirkt in dieser Weise. Da die Standsicherheit fast jeder seitlichen Bodenabstützung und die Tragfähigkeit jeder Flachgründung im gewissen Maß vom Erdwiderstand abhängt, ist seine Berechnung von größter praktischer Bedeutung.

Die Fläche zwischen dem Boden und dem Baukörper, der den seitlichen Druck ausübt, wird als Übertragungsfläche bezeichnet. COULOMB berechnet den Erdwiderstand gegen rauhe Übertragungsflächen unter der vereinfachenden Annahme, daß die Gleitfläche eben sei (s. Abb. 69a und b). Der Fehler infolge dieser Annahme liegt immer auf der unsicheren Seite. Wenn der Wandreibungswinkel δ klein ist, ist die Gleitfläche tatsächlich fast eben und der Fehler kann in Kauf genommen werden. Wenn δ jedoch groß ist, überschreitet der Fehler das zulässige Maß, so daß das COULOMBsche Verfahren dann nicht angewandt werden sollte.

Die Coulombsche Theorie über den Erdwiderstand bei Sand. Der COULOMBsche Wert des Erdwiderstandes kann graphisch nach dem CULMANN-Verfahren bestimmt werden. Das Verfahren ist mit dem in Abschn. 26 beschriebenen identisch, mit der Einschränkung, daß die Böschungslinie bB nach Abb. 65c unter dem Winkel ϱ unterhalb der Horizontalen statt oberhalb derselben gezogen werden muß.

Abb. 69c zeigt den Einfluß des Wandreibungswinkels δ auf den COULOMBschen Wert des Erdwiderstandes. Nach diesem Diagramm nimmt der Erddruck schnell mit größer werdenden Werten für den Wandreibungswinkel zu. Wenn δ jedoch größer als etwa $\varrho/3$ wird, ist die Gleitfläche stark gekrümmt (Abb. 64c). Infolgedessen wächst der Fehler infolge der COULOMBschen Annahme einer ebenen Gleitfläche sehr schnell. Für $\delta = \varrho$ kann er 30% betragen. Daher muß für δ-Werte größer als $\varrho/3$ die Krümmung der Gleitfläche berücksichtigt werden.

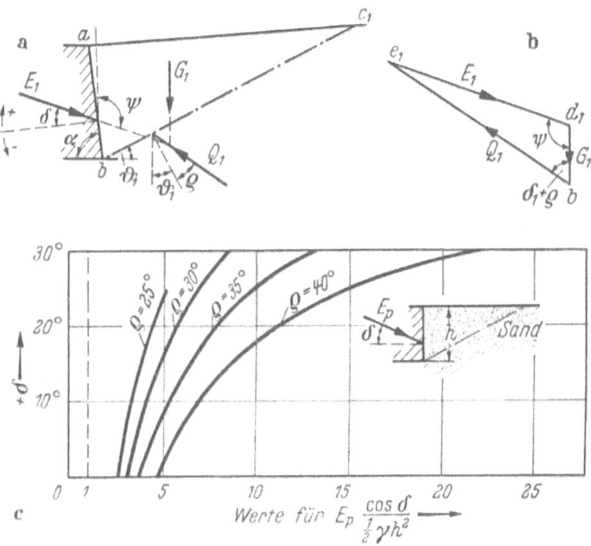

Abb. 69 a–c. a) und b) Grundlegende Annahmen der COULOMBschen Erdwiderstandstheorie; c) Tafel für die Koeffizienten zur Berechnung des passiven Erddrucks

Der Erdwiderstand bei kohärenten Erdstoffen. Um die Verfahren zur Ermittlung des Erdwiderstandes ohne Annahme einer ebenen Gleitfläche zu erläutern, soll die in Abb. 70 dargestellte Aufgabe gelöst werden. In dieser Zeichnung stellt ab einen Schnitt durch eine Übertragungsfläche dar, die gegen eine ideal kohärente Bodenmasse gedrückt wird. Die Scherfestigkeit des Bodens ist durch die Gleichung

$$\tau = c + \sigma \operatorname{tg} \varrho \tag{15.2}$$

gegeben. Die Oberfläche des Bodens sei horizontal. Der Wandreibungswinkel sei mit δ bezeichnet und die Resultierende der Adhäsion zwischen dem Boden und der Berührungsfläche mit C_a. Die wirkliche Gleitfläche sei bde. Sie besteht aus einem gekrümmten Teil bd und einem geraden Teil de. Nach Abschn. 25 befindet sich der Boden innerhalb des gleichschenkligen Dreiecks ade im passiven RANKINEschen Zustand. Daher sind die Scherspannungen im vertikalen Schnitt df gleich Null und der Druck E_d auf diesem Schnitt ist horizontal gerichtet. Er kann nach Gl. (24.16) berechnet werden. Auf den Bodenkörper $abdf$ wirken die folgenden Kräfte: sein Gewicht G, der Druck E_d, die Resultierende C der entlang bd wirkenden Kohäsion, die Adhäsion C_a entlang ab, die Resultierende F der Normal- und Reibungsspannungen entlang bd und

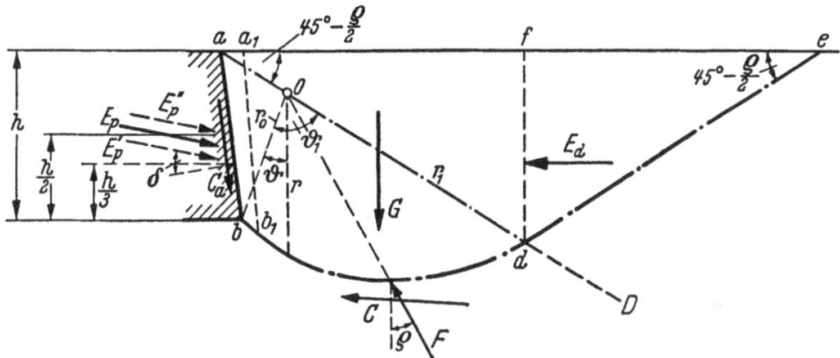

Abb. 70. Grundlegende Annahmen der Theorie des passiven Erddrucks gegen rauhe Übertragungsflächen

die Resultierende E_p der Normal-Reibungskomponenten des passiven Erddruckes.

Da der Angriffspunkt von E_p nicht bekannt ist, machen wir von den Näherungsverfahren Gebrauch, die am Ende von Abschn. 24 behandelt sind, und ersetzen E_p durch die beiden Kräfte E_p' und E_p''. Jede dieser Kräfte greift unter dem Winkel δ zur Normalen auf die Berührungsfläche an. Die eine Kraft E_p' steht im Gleichgewicht mit dem Gewicht des Körpers $abdf$ und der durch das Gewicht erzeugten Reibung. Die andere Kraft E_p'' steht im Gleichgewicht mit der Kohäsion in der Gleitfläche und der Reibung, die von anderen Kräften als dem Gewicht erzeugt wird. Die Kraft E_p' greift im unteren Drittelspunkt von ab an, während E_p'' im Mittelpunkt angreift. Da Angriffspunkt und Richtung jeder dieser Kräfte bekannt sind, können wir jede Kraft einzeln ermitteln. Die Resultierende aus diesen beiden Kräften ergibt den gesamten Erdwiderstand E_p.

Die Verfahren zur Ermittlung der wirklichen Form der Gleitfläche sind so umständlich, daß sie für praktische Zwecke ungeeignet sind. Man kann jedoch genügend genaue Ergebnisse mit der vereinfachenden Annahme erzielen, daß der gekrümmte Teil bd der tatsächlichen Gleitfläche entweder ein Kreisbogen oder eine logarithmische Spirale mit der folgenden Gleichung sei

$$r = r_0 \varepsilon^{\vartheta \operatorname{tg} \varrho}. \tag{28.1}$$

Bei den folgenden Ausführungen wird angenommen, daß der gekrümmte Teil der Gleitfläche eine logarithmische Spirale sei. Da die Spirale bei d

tangential in den geraden Teil de der Gleitfläche übergeht, muß der Ursprung 0 der Spirale in Abb. 70 auf der Linie aD liegen, die gegen die Horizontale unter $45° - \varrho/2$ geneigt ist. Nach Gl. (28.1) schließt jeder Radius der Spirale mit der Normalen zur Spirale am Schnittpunkt mit der Kurve den Winkel ϱ ein. Da ϱ der Winkel der inneren Reibung ist, schließt die Resultierende dF aus der Normalspannung und dem Reibungswiderstand in jedem Element der Gleitfläche mit der Normalen auf das Element ebenfalls den Winkel ϱ ein und ihre Richtung fällt mit derjenigen des zu diesem Element gehörenden Radius zusammen. Da jeder Radius der Spirale durch den Punkt 0 geht, geht auch die Resultierende F aus den Normal- und Reibungskräften auf bd durch den Punkt 0. Diese Tatsache wird bei den folgenden Berechnungen ausgenützt.

Um E_p' zu berechnen (die Größe E_p, wenn $c = 0$), wählen wir willkürlich eine Gleitfläche bd_1e_1 (Abb. 71a) aus, die aus der logarithmischen Spirale bd_1 mit Mittelpunkt in 0_1 und der Geraden d_1e_1 besteht, die mit der Horizontalen den Winkel $45° - \varrho/2$ einschließt. Der für die Erzeugung einer Rutschung in dieser Fläche erforderliche Seitendruck wird mit E_1' bezeichnet. Wir berechnen dann die Kraft E_{d1}', welche im unteren Drittelspunkt von f_1d_1 wirkt, nach der Gleichung

$$E_{d1}' = \frac{1}{2}\gamma h_{d_1}^2 \lambda_\varrho .$$

Endlich bilden wir die Momente der Kräfte E_1', E_{d1}, G_1 und F_1' um 0_1. Da das Moment von F_1' um 0_1 gleich 0 ist, wird

$$E_1' l_1 = G_1 l_2 + E_{d_1}' l_3 ,$$

woraus

$$E_1' = \frac{1}{l_1}(G_1 l_2 + E_{d_1}' l_3) . \tag{28.2}$$

Die Größe von E_1' wird maßstäblich von f_1 nach oben aufgetragen, man erhält Punkt C_1'. Gleiche Berechnungen werden für andere willkürlich ausgewählte Gleitflächen durchgeführt, und durch die Punkte C_1' usw. wird eine Kurve E' gezeichnet. Wenn der Boden keine Kohäsion besitzt ($c = 0$), ist die zweite Komponente E_p'' des passiven Erddruckes E_p gleich Null und der Wert E_p wird durch die kleinste Ordinate der Kurve E' in Punkt C' dargestellt. Die Gleitfläche geht durch den Punkt d, welcher auf aD senkrecht unter C' liegt.

Besitzt der Boden Kohäsion, müssen wir auch E_p'' (Größe von E_p für den Fall $\gamma = 0$) berechnen. Um die Größe E_1'' zu ermitteln, die zu der willkürlich gewählten Gleitfläche bd_1e_1 gehört, müssen wir die in die Berechnung eingehenden Kräfte betrachten (s. Abb. 71b). Die Größe von E_{d_1}'', erhält man, wenn in Gl. (24.15) $\gamma = 0$, $p = 0$ und $h = h_{d_1}$ gesetzt wird.

Dann ist

$$E''_{d1} = 2\,c\,h_{d_1}\sqrt{\lambda_\varrho}\,.$$

Der Angriffspunkt dieser Kraft liegt in halber Höhe von $d_1 f_1$. Der Einfluß der Kohäsion entlang der Kurve bd_1 kann durch Betrachtung

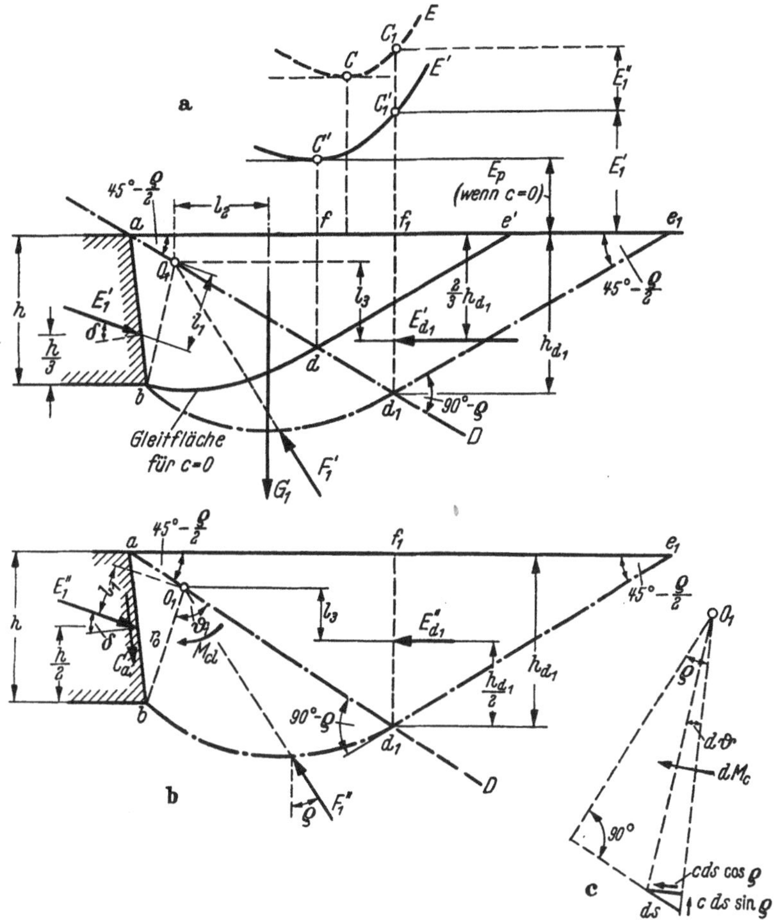

Abb. 71 a–c. Verfahren zur Ermittlung des passiven Erddrucks mit Hilfe logarithmischer Spiralen. a) Ermittlung der Komponente aus dem Bodengewicht unter Vernachlässigung der Kohäsion; b) Ermittlung der Komponente aus Reibung und Kohäsion unter Vernachlässigung des Bodengewichts; c) Ermittlung des Momentes aus der Kohäsion

eines Elementes von der Länge ds nach Abb. 71c ermittelt werden. Die Kohäsion auf die Länge ds ist $c\,ds$. Das Moment von $c\,ds$ um 0_1 ist

$$dM_c = r\,c\,ds\cos\varrho = r\,c\,\frac{r\,d\vartheta}{\cos\varrho}\cos\varrho = c\,r^2\,d\vartheta$$

und das Moment der Gesamt-Kohäsion entlang bd_1 ist

$$M_{c1} = \int_0^{\vartheta_1} d\,M_c = \frac{c}{2\,\mathrm{tg}\,\varrho}(r_1^2 - r_0^2)\,. \tag{28.3}$$

Die Kraft F_1 geht durch 0_1. Bildet man die Momente um diesen Punkt, erhält man

$$E_1'' l_1 = M_{c1} + E_{d1}'' l_3\,,$$

woraus

$$E_1'' = \frac{1}{l_1}(M_{c1} + E_{d1}'' l_3)\,. \tag{28.4}$$

In Abb. 71a ist die Größe E_1'' maßstäblich durch die Strecke $C_1' C_1$ aufgetragen. Da E_1' und E_1'' die Kräfte darstellen, die erforderlich sind, die beiden Teile des Widerstandes gegen Abrutschen in derselben Gleitfläche bd_1e_1 zu überwinden, stellt die Ordinate des Punktes C_1 die Gesamtkraft dar, die erforderlich ist, um eine Rutschung in dieser Gleitfläche zu erzeugen. In gleicher Weise können Werte für E'' für andere gedachte Gleitflächen ermittelt und eine Kurve E kann durch die Punkte C_1 usw. gezeichnet werden. Der passive Erddruck E_p wird durch die kleinste Ordinate der Kurve E dargestellt, und die Gleitfläche verläuft durch einen Punkt auf aD, der unmittelbar unter C liegt, in dem die Kurve E den kleinsten Abstand von ae_1 hat. Der Gesamt-Erddruck auf die Übertragungsfläche ist gleich der Resultierenden aus E_p und der Adhäsionskraft C_a.

Die Form des gekrümmten Teiles der wirklichen Gleitfläche liegt zwischen der eines Kreisbogens und der einer Spirale. Da der Unterschied zwischen der Form dieser beiden Kurven gering ist, kann der Fehler, der begangen wird, wenn die wirkliche Kurve entweder durch einen Kreis oder durch eine logarithmische Spirale ersetzt wird, vernachlässigt werden. Tatsächlich haben Vergleiche zwischen dem Näherungs- und genauen Verfahren gezeigt, daß die Werte für den passiven Erddruck, die nach den Näherungsverfahren ermittelt wurden, zumindest ebenso genau sind wie die Werte für den aktiven Erddruck nach dem Verfahren von Coulomb, bei dem angenommen wird, daß die in Wirklichkeit leicht gekrümmte Gleitfläche eben sei.

Die vorstehenden Untersuchungen gründen sich auf die Annahme, daß die an der Übertragungsfläche liegende Bodenmasse bis über die Linie a_1b_1 in Abb. 70 hinaus verschoben wird. Wenn der obere Teil der Übertragungsfläche nicht bis a_1b_1 verschoben wird, ist die Gleitfläche auf ihrer ganzen Länge gekrümmt, und nur der unterste Teil der abrutschenden Massen geht in den passiven Rankineschen Zustand über. Wenn der untere Teil der Übertragungsfläche die Lage a_1b_1 nicht ganz erreicht, geht der diesem Teil benachbarte Boden überhaupt nicht in einen plastischen Gleichgewichtszustand über. In diesen Fällen hängt der gesamte passive Erddruck und seine Verteilung auf der Übertragungsfläche von der Art der Beschränkung der Bewegungsmöglichkeit der Übertragungsfläche ab.

Aufgaben

1. Konstruiere eine logarithmische Spirale für $\varrho = 36°$. Die Größe von r_0 soll zu 2,5 cm angenommen werden, die Größe von φ zwischen $-30°$ und $270°$.

2. Berechne nach dem Verfahren mit einer logarithmischen Spirale den gesamten passiven Erddruck gegen eine vertikale Fläche neben einer Sandschüttung mit horizontaler Oberfläche. Die Übertragungsfläche ist 6,1 m hoch, und der Winkel der Wandreibung beträgt $+20°$. Die Schüttung hat ein Raumgewicht von 1,92 t/m³ und einen Winkel der inneren Reibung von 36°. Um die Verwendung der Spiralkonstruktion aus Aufgabe 1 zu ermöglichen, soll die graphische Lösung auf Transparentpapier aufgetragen werden.

Verwende den Maßstab 1 cm $\triangleq$ 1 m.

Antwort: 260,5 t/lfd. m.

3. Berechne die Größe des passiven Erddrucks in Aufgabe 2 unter Annahme einer ebenen Gleitfläche.

Antwort: 297,5 t/lfd. m.

4. Berechne den Erdwiderstand gegen die Übertragungsfläche der Aufgabe 2, wenn der Boden außer dem Reibungswiderstand eine Kohäsion von 2,5 t/m² besitzt. Die Adhäsion zwischen dem Boden und der Übertragungsfläche sei ebenfalls 2,5 t/m² groß. Bestimme den Angriffspunkt der Resultierenden des Erddrucks E_p.

Antwort: 379,4 t/lfd. m; 2,4 m über der Sohlfläche.

29. Tragfähigkeit von Flachfundamenten

Grundlegende Annahmen. Wenn eine Belastung auf einen begrenzten Teil der Bodenoberfläche aufgebracht wird, setzt sich diese Fläche. Die Beziehung zwischen der Setzung und der durchschnittlichen Belastung pro Flächeneinheit kann durch eine *Druck-Setzungskurve* nach Abb. 72 dargestellt werden. Ist der Boden ziemlich dicht oder steif, ähnelt die Setzungskurve der Kurve K_1. Die Abszisse p_g der vertikalen Tangente der Kurve stellt die *Bruchgrenze oder Tragfähigkeit* des Bodens dar. Wenn der Boden locker oder ziemlich weich ist, kann die Setzungskurve der Kurve K_2 ähnlich sein, bei der die Tragfähigkeit nicht immer eindeutig bestimmt ist. Üblicherweise nimmt man an, daß die Tragfähigkeit solcher Böden gleich der Abszisse p_g' des Punktes ist, an dem die Druck-Setzungskurve steil und gerade zu verlaufen beginnt.

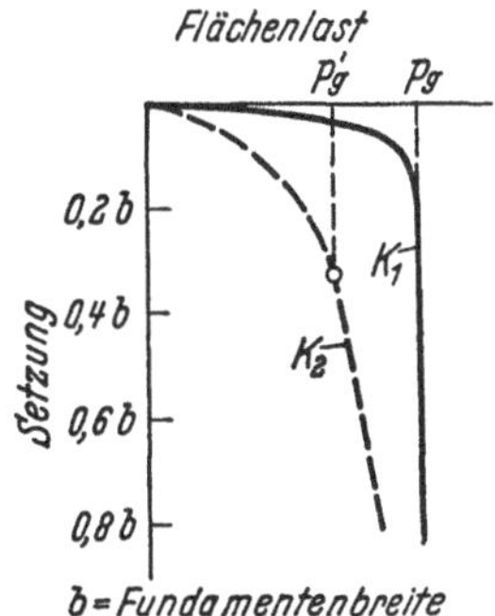

Abb. 72. Abhängigkeit der Setzungen von der Größe der Belastung bei einem Fundament auf dichtem oder festem (K_1) und auf lockerem oder weichem Boden (K_2)

In der Praxis werden Lasten mit Hilfe von Fundamenten auf den Boden übertragen, wie in Abb. 73 dargestellt. Die Fundamente können durchlaufende *Streifenfundamente* sein, also eine lange, rechtwinklige Form haben, oder *Einzelfundamente*, die gewöhnlich quadratisch oder rund sind. Die *kritische Belastung* ist diejenige Belastung pro Längeneinheit eines Streifenfundamentes oder diejenige Gesamtlast auf ein Einzelfundament, bei der ein Bruch des tragenden Baugrundes eintritt. Der Abstand zwischen der Geländeoberfläche und der Sohlfläche des Fundamentes ist die *Gründungstiefe* t. Ein Fundament, dessen Breite b gleich oder größer als t ist, wird als *flaches Fundament* bezeichnet. In Berechnungen über flache Fundamente kann das Gewicht des Bodens über der Gründungsebene durch eine gleichmäßig verteilte Auflast ersetzt werden.

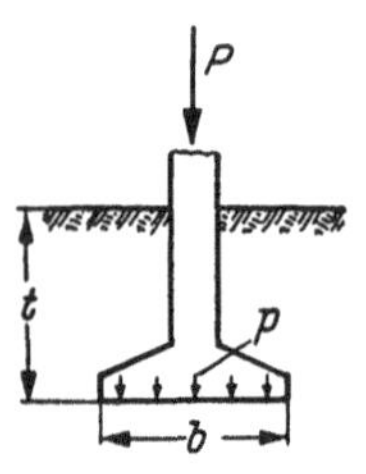

Abb. 73. Schnitt durch ein Streifenfundament

$$p_0 = \gamma t. \tag{29.1}$$

Diese Substitution vereinfacht die Berechnungen. Der durch die Vernachlässigung der Scherfestigkeit des über der Gründungssohle liegenden Bodens begangene Fehler ist geringfügig und liegt auf der sicheren Seite.

Plastische Gleichgewichtszustände unter flachgegründeten Streifenfundamenten. Mathematische Untersuchungen über den plastischen Gleichgewichtszustand unter Fundamentstreifen haben zu der folgenden allgemeinen Schlußfolgerung geführt. Wenn die Sohlfläche des Fundamentes ideal glatt ist, bricht der belastete Boden nach Abb. 74a durch plastisches Fließen innerhalb des über der zusammengesetzten Kurve $f e d e_1 f_1$ gelegenen Bereiches. Dieser Bereich kann in fünf Zonen unterteilt werden, von denen eine Zone mit I und jeweils ein Paar Zonen mit II und III bezeichnet sind. Das Gleitliniennetz für diese Zonen ist auf der linken Seite der Abbildung wiedergegeben. Zone I stellt eine *aktive Rankinesche Zone* dar, die Zonen III sind *passive Rankinesche Zonen*, da das Gleitliniennetz innerhalb dieser Zonen dem für den aktiven bzw. passiven RANKINEschen Zustand entspricht (Abschn. 23). Die Grenzen der aktiven RANKINEschen Zone verlaufen unter dem Winkel $45° + \varrho/2$ und diejenigen der passiven RANKINEschen Zone unter $45° - \varrho/2$ zur Horizontalen. Die zwischen der Zone I und III gelegenen Zonen II werden als *radiale Gleitzonen* bezeichnet, weil die im Gleitliniennetz eine Schar bildenden Linien in diesen Zonen von der äußeren Kante des Fundamentes strahlenförmig auseinandergehen. Diese Linien sind annähernd gerade. Die Linien der anderen Kurvenschar ähneln logarithmischen Spiralen, deren Mittelpunkte an der äußeren Kante der Grundfläche des Fundamentes liegen. Wenn das Gewicht des innerhalb der Zone des plastischen

Gleichgewichtes gelegenen Bodens vernachlässigt wird ($\gamma = 0$), sind die radialen Linien vollständig gerade, und die konzentrischen Linien sind reine logarithmische Spiralen, wie in Abb. 47a dargestellt. Wenn dagegen das Raumgewicht des Bodens berücksichtigt wird ($\gamma > 0$), jedoch $\varrho = 0°$ gesetzt wird, sind die radialen Linien gerade, die konzentrischen Linien

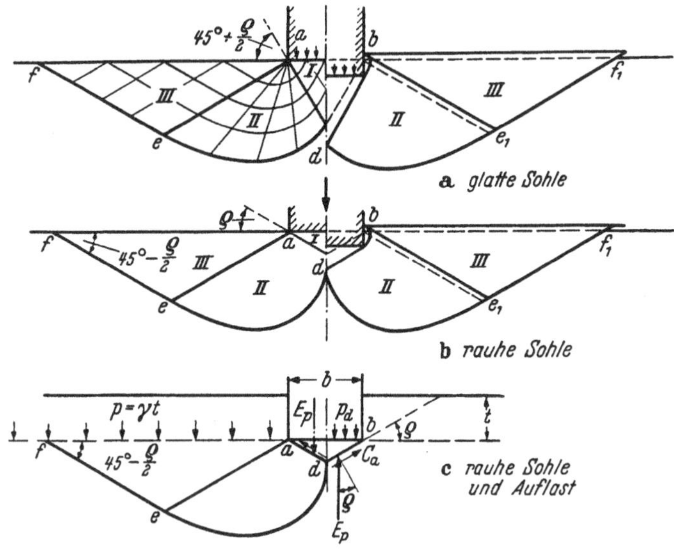

Abb. 74 a-c. Grenzen der plastischen Fließbereiche nach dem Bruch des Bodens unter einem Streifenfundament

sind Kreisbögen, und die entsprechende Tragfähigkeit des Fundamentes wird durch die Gleichung

$$p_g = (2 + \pi)\,c = 5{,}14\,c = 2{,}57\,q_u \tag{29.2}$$

angegeben, worin c die Kohäsion und q_u die Zylinderdruckfestigkeit sind.

Die rechte Seite von Abb. 74a zeigt die Verformung des Bodens innerhalb der Zonen des plastischen Fließens. Der in Zone I befindliche Boden streckt sich in horizontaler Richtung. Der Boden in den Zonen III erhält seitlichen Druck. Seine Oberfläche hebt sich und bildet neben dem Fundament einen scharfen Knick, der den Eindruck hervorruft, daß der Boden durchstanzt worden sei. Diese scheinbare Stanzwirkung ist zuweilen *Kantenwirkung* genannt worden.

Wenn die Sohlfläche des Fundamentes rauh ist, verhütet die Reibung und Adhäsion zwischen dem Boden und der Fundament-Sohlfläche das Querstrecken. Deshalb bleibt der Boden innerhalb des Gebietes adb in Abb. 74b im elastischen Zustand. Er verhält sich, als ob er ein Teil des

Fundamentes wäre, und dringt in den Untergrund wie ein Keil ein. Da der Keil sich vertikal nach unten bewegt, muß jede gekrümmte Gleitfläche innerhalb der radialen Scherzonen eine vertikale Tangente an die schräge Keilfläche besitzen. Die schrägen Flächen selbst sind radiale Scherebenen, die einen Winkel ϱ mit der Horizontalen einschließen. Wenn die Sohlfläche des Fundamentes rauh ist, beginnen die inneren Grenzen der Zone des radialen Scherens daher nicht unter $45^\circ + \varrho/2$ zur Horizontalen, wie in Abb. 74a dargestellt, sondern unter dem Winkel ϱ, wie in Abb. 74b gezeigt ist. Das Gleitliniennetz ist jedoch in diesen Zonen und in den passiven RANKINEschen Zonen III identisch mit dem in den entsprechenden Zonen in Abb. 74a. Wenn $\varrho = 0^\circ$, sind die gekrümmten Gleitlinien in den radialen Scherzonen Kreisbögen, und die entsprechende Grenztragfähigkeit wird durch die Gleichung

$$p_g = 5{,}70\,c = 2{,}85\,q_u \tag{29.3}$$

angegeben. Die Verformungen des Bodens beim Einsinken des Einzelfundamentes sind auf der rechten Seite von Abb. 74b dargestellt.

Näherungsverfahren für die Berechnung der Tragfähigkeit von Streifenfundamenten. Die Sohlflächen von wirklichen Fundamenten sind rauh. Deshalb bricht der Boden unter den Fundamenten so, wie in Abb. 74b gezeigt ist. Genaue Verfahren zur Berechnung der Tragfähigkeit von Fundamenten mit rauher Sohlfläche stehen noch nicht zur Verfügung; für praktische Zwecke sind jedoch nur Näherungs-Berechnungsverfahren notwendig. Die Näherungsverfahren gehen von der Tatsache aus, daß der Keil adb in Abb. 74b nur in den Boden eindringen kann, wenn der Druck auf seine schrägen Seitenflächen ad und bd gleich dem passiven Erddruck des angrenzenden Bodens ist. Infolgedessen kann die Tragfähigkeit durch die in Abschn. 28 beschriebenen Verfahren überschläglich ermittelt werden. Der Vorgang ist in Abb. 74c dargestellt, die einen Querschnitt durch eine flache Streifengründung mit der Breite b zeigt. Da die Sohlfläche eines jeden Fundamentes rauh ist, bleibt der Boden zwischen dieser und den beiden Gleitflächen ad und bd im Zustand des elastischen Gleichgewichtes und verhält sich so, als sei er ein Teil des Fundamentes. Die Flächen ad und bd schließen mit der Horizontalen den Winkel ϱ ein. Das Raumgewicht des Bodens sei γ, und der oberhalb der Ebene durch die Sohlfläche des Fundamentes befindliche Boden wird durch eine gleich große, gleichmäßig verteilte Auflast γt pro Flächeneinheit ersetzt. Im Augenblick des Bruches ist der Druck auf jede der Flächen ad und bd gleich der Resultierenden aus dem passiven Erddruck E_p und der Gesamtkohäsion C_a. Da das Gleiten entlang dieser Flächen stattfindet, greift die Resultierende des Erddruckes unter dem Winkel ϱ zur Normalen auf jede Fläche und infolgedessen in vertikaler Richtung an. Wenn das Gewicht des Bodens innerhalb adb nicht berücksichtigt wird, erfordert das Gleichgewicht des Einzelfundamentes, daß:

$$P_g = 2E_p + 2C_a \sin\varrho = 2E_p + bc\,\mathrm{tg}\,\varrho\,. \qquad (29.4)$$

Die Aufgabe beschränkt sich deshalb darauf, den passiven Erddruck E_p zu bestimmen.

Der passive Erddruck, der erforderlich ist, um ein Gleiten auf def zu verursachen, kann in die beiden Anteile E_p' und E_p'' (s. Abschn. 28) aufgeteilt werden. Die Kraft E_p' stellt den Widerstand infolge des Gewichtes des Bodenkörpers $adef$ dar. Der Angriffspunkt von E_p' liegt im unteren Drittelspunkt von ad. Der zweite Anteil E_p'' des passiven Erddruckes kann selbst wieder in zwei Teile aufgespaltet werden. Ein Teil, E_c ist durch die Kohäsion verursacht. Er entspricht dem Rechteck cc_1d_2d in Abb. 63b. Da beide Drücke, E_c und E_q gleichmäßig verteilt sind, liegt ihr Angriffspunkt im Mittelpunkt der Berührungsfläche ad in Abb. 74c, entsprechend dem Mittelpunkt von ab in Abb. 63b.

Daher kann die Grenztragfähigkeit durch Einsetzen von $E_p' + E_c + E_q$ für E_p in Gl. (29.4) berechnet werden.

Damit ist

$$P_g = 2\left(E_p' + E_c + E_q + \frac{1}{2}\,bc\,\mathrm{tg}\,\varrho\right).$$

Führt man folgende Symbole in die Gleichung ein:

$$N_c = \frac{2E_c}{bc} + \mathrm{tg}\,\varrho\,,$$

$$N_q = \frac{2E_q}{\gamma t b}\,,$$

$$N_\gamma = \frac{4E_p'}{\gamma b^2}$$

erhält man

$$P_g = b\left(cN_c + \gamma t N_q + \frac{1}{2}\gamma b N_\gamma\right). \qquad (29.5)$$

Die Größen N_c, N_q und N_γ werden *Tragfähigkeitsbeiwerte* genannt. Sie sind dimensionslose Größen, die nur von der Größe von ϱ abhängig sind. Deshalb können sie mit Hilfe der in Abschn. 28 angegebenen Verfahren allgemeingültig berechnet und in einem Diagramm dargestellt werden. Die in Abb. 75 durchgezogenen Kurven stellen die Abhängigkeit der Tragfähigkeitsbeiwerte von der Größe von ϱ dar.

Die Anwendung des Diagramms der Abb. 75 erleichtert die Berechnung der Grenztragfähigkeit P_g wesentlich. Die Ergebnisse sind nur Näherungswerte, da die Gleitflächen für die getrennt berechneten Komponenten E_p', E_c und E_q, nicht mit der Gleitfläche identisch sind, die für die Resultierende des passiven Erddruckes E_p gilt. Der Fehler ist jedoch geringfügig und liegt auf der sicheren Seite. Der Grundbruch erfolgt nicht in der in Abb. 74a dargestellten Weise, es sei denn, daß der Boden ziemlich dicht oder steif ist, so daß seine Setzungskurve der Kurve K_1 in Abb. 72 ähnelt. In allen anderen Fällen sinkt das Fundament in den Boden ein, bevor der plastische Gleichgewichtszustand sich über e und e_1 (Abb. 74) hinaus ausdehnt, und die entsprechende Setzungskurve hat keinen eindeutig ausgeprägten Bruch wie Kurve K_2 in Abb. 72. Ein

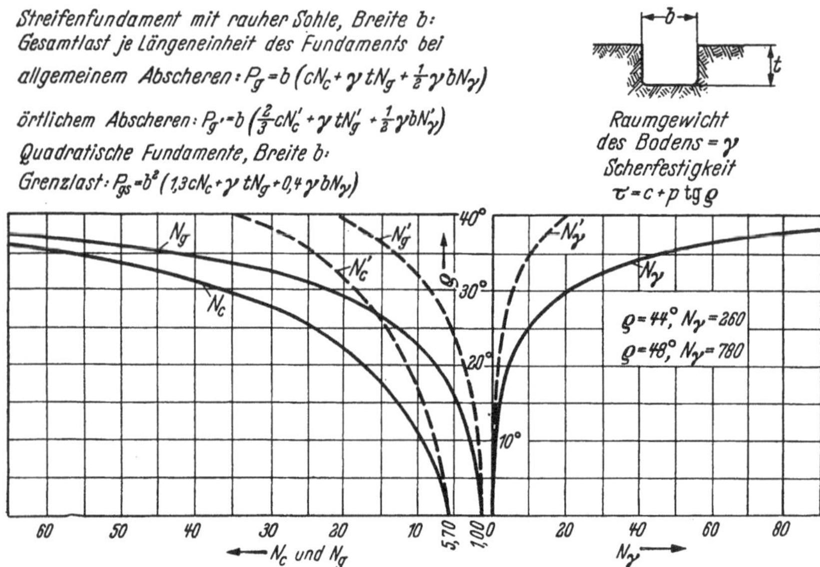

Abb. 75. Tafel der Tragfähigkeitsbeiwerte in Abhängigkeit von ϱ

Näherungswert für die Grenztragfähigkeit P_g von Streifenfundamenten auf solchen Böden läßt sich auf Grund der Annahme ermitteln, daß die Kohäsion und die Reibung des Bodens $^2/_3$ des Wertes in der Coulombschen Gleichung seien, daß also

$$c' = \frac{2}{3}\,c \tag{29.6a}$$

und

$$\mathrm{tg}\,\varrho' = \frac{2}{3}\,\mathrm{tg}\,\varrho\,. \tag{29.6b}$$

Wenn der Winkel der inneren Reibung ϱ' anstatt ϱ ist, nehmen die Tragfähigkeitsfaktoren die Werte N_c', N_g' und N_γ' an. Diese Werte sind in den gestrichelten Kurven in Abb. 75 dargestellt. Die Tragfähigkeit wird dann aus der Gleichung errechnet:

$$P_g' = b\left(\frac{2}{3}\,c\,N_c' + \gamma\,t\,N_g' + \frac{1}{2}\,\gamma\,b\,N_\gamma'\right). \tag{29.7}$$

Erfahrungen haben gezeigt, daß selbst bei gleichmäßig belasteten Fundamenten der Grundbruch immer durch Kippen eintritt. Diese Tatsache macht jedoch die in den vorangehenden Abschnitten angestellten Überlegungen nicht ungültig. Sie weisen lediglich darauf hin, daß es keinen völlig einheitlichen Untergrund gibt. Mit zunehmender Belastung nimmt die Setzung über der nachgiebigsten Stelle des Untergrundes schneller zu als in der übrigen Fläche. Durch das Kippen verlagert sich der Schwerpunkt des Bauwerkes in Richtung auf den nachgiebigen Teil und führt dort zu einer Druckerhöhung, während der Druck auf die steiferen Flächenteile abnimmt. Dieser Vorgang schließt die Möglichkeit eines Bruches ohne Kippen fast aus.

Tragfähigkeit von Kreis- und Quadratfundamenten. Alle vorausgehenden Erörterungen beziehen sich auf durchlaufende Streifenfundamente. Zur Berechnung der Tragfähigkeit von Flachgründungen auf quadratischen oder runden Einzelfundamenten steht noch nicht einmal eine Näherungstheorie zur Verfügung. Auf Grund von Versuchen wurde die folgende halbempirische Gleichung für die Grenztragfähigkeit P_{gr} eines Kreisfundamentes mit dem Radius r, das auf einen ziemlich dichten oder steifen Boden gegründet ist, abgeleitet.

$$P_{gr} = \pi r^2 (1{,}3\, c N_c + \gamma t N_g + 0{,}6 \gamma r N_\gamma) \tag{29.8}$$

oder

$$p_{gr} = 1{,}3\, c N_c + \gamma t N_g + 0{,}6 \gamma r N_\gamma . \tag{29.9}$$

Die entsprechende Gleichung für quadratische Fundamente von der Seitenlänge b auf dichtem oder steifem Boden ist:

$$p_{gs} = 1{,}3\, c N_c + \gamma t N_g + 0{,}4 \gamma b N_\gamma . \tag{29.10}$$

Die N-Werte sind durch die Ordinaten der ausgezogenen Kurven in Abb. 75 gegeben. Wenn $c > 0$, $\varrho = 0$ und $t = 0$, erhalten wir für die Grenztragfähigkeit den Wert

$$p_{gr} = p_{gs} = 7{,}4\, c = 3{,}7\, q_u , \tag{29.11}$$

der erheblich größer ist als $p_g = 5{,}7\, c$ nach Gl. (29.3) für Streifenfundamente. Wenn dagegen $c = 0$ und $t = 0$, ist die Tragfähigkeit p_{gr} pro Flächeneinheit erheblich kleiner als für ein Streifenfundament, dessen Breite gleich dem Durchmesser des Kreisfundamentes ist.

Wenn der Baugrund unter dem Fundament ziemlich locker oder weich ist, müssen die Werte N durch die Werte N' aus den gestrichelten Kurven der Abb. 75 und der Wert c muß durch c' nach Gl. (29.6a) ersetzt werden.

Die praktische Anwendung der Gleichungen und Diagramme. Die Tragfähigkeit von Fundamenten auf weichem Ton ist durch Gl. (29.3) für Streifenfundamente oder (29.11) für quadratische Fundamente bestimmt. Der in diesen Gleichungen enthaltene Wert q_u stellt die mittlere Zylinderdruckfestigkeit des in der Zone des potentiellen plastischen Fließens befindlichen Tons dar. Die Tragfähigkeit von Fundamenten auf kohäsionslosem oder kohärentem Sand wird mit Gl. (29.5) für Streifenfundamente oder Gl. (29.10) für quadratische Fundamente ermittelt. Die Werte N_c, N_g und N_γ in diesen Gleichungen hängen vom Winkel der inneren Reibung ϱ des Sandes ab. Die Größe von ϱ kann auf Grund der in Abschn. 15 enthaltenen Werte geschätzt werden. Nachdem die Größe ϱ einmal festgelegt ist, können die zugehörigen Werte N_c, N_g und N_γ ohne jede Rechnung mit Hilfe des Diagrammes in Abb. 75 bestimmt werden.

Die Grenztragfähigkeit von Fundamenten auf trockenem kohäsionslosem Sand wird durch die Gleichungen

$$p_g = \gamma (t N_g + 0{,}5 b N_\gamma) \text{ (Streifenfundamente)}$$

und

$$p_{gs} = \gamma (t N_g + 0{,}4 b N_\gamma) \text{ (Quadratische Fundamente)}$$

angegeben.

In diesen Gleichungen ist γ das Raumgewicht des trockenen Sandes. Wenn der Wasserspiegel aus einer Tiefe unter der Grundfläche des Fundamentes, die größer als etwa b ist, bis zur Sandoberfläche ansteigt, wird das effektive Raumgewicht des Sandes auf sein Raumgewicht unter Auftrieb γ_a vermindert. Nach Abschn. 12 ist das Raumgewicht unter Auftrieb etwa gleich der Hälfte von γ. Daher vermindert das Ansteigen des Wasserspiegels bis zur Geländeoberfläche die Tragfähigkeit der Fundamente um ungefähr 50%.

Verteilung des Bodendruckes in der Sohlfläche von Fundamenten. Die Verteilung der kritischen Belastung P_g auf die Sohlfläche des Fundamentes hängt von der Beziehung zwischen der Normalspannung und der Scherfestigkeit des Bodens und von der Gründungstiefe t des Fundamentes ab. Sie kann angenähert durch ein ähnliches Verfahren bestimmt werden, wie es zur Bestimmung des Angriffspunktes der Resultierenden des passiven Erddruckes verwendet wurde (s. Abschn. 24). Dieses Verfahren ist in Abb. 76 für eine Streifengründung auf Boden mit $\varrho > 0$ dargestellt.

Zunächst wird die Verteilung jenes Teils P'' von P_g, welcher nur auf die Kohäsion c und die Auflast γt zurückzuführen ist, ermittelt. Das Raumgewicht des Bodens unterhalb der Sohlfläche des Fundamentes wird zu 0 angenommen. Der entsprechende Teil E_p'' des passiven Erddruckes auf die schräge Fläche db in Abb. 76a greift im Mittelpunkt von db an. Ähnlich greift die Reaktionskraft P_E'' auf den vertikalen Schnitt Od in der Nähe des Mittelpunktes von Od an. Die Kräfte E_p'', P_E'' und C_a schneiden sich also praktisch bei e. Für das Gleichgewicht muß die Wirkungslinie von P'' durch e gehen. Da die Adhäsion in Ob zur Folge hat, daß P'' schräg verläuft, muß die vertikale Komponente von P'' rechts vom Mittelpunkt von Ob angreifen und infolgedessen muß die Druckverteilung auf der Grundfläche des Fundamentes etwa wie $obsr$ aussehen. Nach Gl. (29.5) ist die Gesamtgröße von P'' gleich $bcN_c + b\gamma tN_q$.

Der zweite Schritt besteht in der Bestimmung der Verteilung desjenigen Teiles P' von P_g, der nur auf das Gewicht des unterhalb der

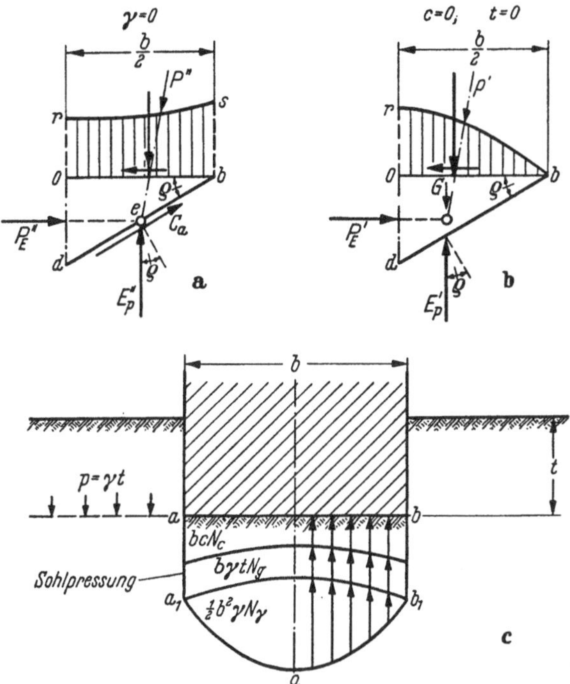

Abb. 76 a–c. Im Augenblick des Bruches auf den Grenzflächen der elastischen Zone unterhalb der rauhen Sohle von Streifenfundamenten wirkende Kräfte. a) Für gewichtslose bindige Böden; b) für kohäsionslose Böden mit Eigengewicht; c) für bindige Böden mit Eigengewicht

Fundamentsohlfläche befindlichen Bodens zurückzuführen ist. Da man hierbei annimmt, daß $c = 0$ und $p = \gamma t = 0$, greift der entsprechende Anteil E'_P des passiven Erddruckes im unteren Drittelspunkt von db in Abb. 76b an, und die Verteilung des Übertragungsdruckes wird etwa wie Obr aussehen. Die Gesamtgröße von P' ist $^1/_2 b^2\gamma N_\gamma$. Die Verteilung der gesamten kritischen Belastung P_g erhält man durch Superposition der beiden in Abb. 76a und b dargestellten Teildrücke. Dies ist in Abb. 76c gezeigt.

Die Gedankengänge, die zu Abb. 76c führen, gehen von der Annahme aus, daß die Scherfestigkeit des Bodens voll wirksam ist. Deshalb gelten die Schlußfolgerungen nicht, wenn die Belastung auf dem

Fundament kleiner als die Grenzbelastung ist. Die Druckverteilung in der Sohlfläche der geringer belasteten Fundamente wird in Abschn. 37 erörtert.

Aufgaben

1. Berechne die Tragfähigkeit pro Flächeneinheit eines Streifenfundamentes von 2,4 m Breite auf einem Boden, für den $c = 0{,}19$ kg/cm², $\varrho = 17°$ und $\gamma = 1{,}92\,\text{t/m}^3$ ist. Die Belastungs-Setzungskurve sei der Kurve K_1 in Abb. 72 ähnlich und die Beziehung zwischen der Normalspannung und der Scherfestigkeit sei $\tau = c + p\,\text{tg}\,\varrho$. Die Fundamenttiefe ist 1,8 m.

Antwort: 5,48 kg/cm².

2. Berechne die Tragfähigkeit pro Flächeneinheit eines quadratischen Fundamentes von 3 m Seitenlänge auf dichtem Sand ($\varrho = 37°$), wenn die Gründungstiefe jeweils 0; 0,6; 1,5; 3,0 und 4,5 m ist. Das Raumgewicht des Bodens beträgt 2,02 t/m³.

Antwort: 15,8; 22,4; 32,5; 49,0; 65,7 kg/cm².

3. Mit einer Lastplatte von 0,30 m im Quadrat wurde auf der Oberfläche einer kohäsionslosen Sandschicht mit einem Raumgewicht von 1,76 t/m³ eine Probebelastung durchgeführt. Die Belastungs-Setzungskurve näherte sich bei einer Belastung von 1814 kg einer vertikalen Tangente. Wie groß war der Winkel der inneren Reibung des Sandes?

Antwort: 38°.

4. Eine Probebelastung wurde mit einer Platte von 0,30 m im Quadrat auf einem dichten kohäsionslosen Sand mit dem Raumgewicht 1,82 t/m³ durchgeführt. Die Lastplatte war seitlich in einen Kasten eingeschlossen, der von einer 0,60 m mächtigen Auflast umgeben war. Bei einer Belastung von 5436 kg trat der Bruch ein. Wie groß würde die Bruchbelastung pro Flächeneinheit bei einem Fundament von 1,5 m Seitenlänge sein, dessen Sohlfläche sich in gleicher Tiefe im gleichen Material befindet?

Antwort: 9,7 kg/cm².

5. Ein Bauwerk wurde auf einer Gründungsplatte von 30,5 m im Quadrat errichtet. Die Platte lag in Geländeoberfläche auf einer Schicht von gleichmäßigem, weichem Ton, die sich bis in eine Tiefe von 45,7 m erstreckte. Wie groß war die durchschnittliche Kohäsion c des Tons, wenn der Bruch bei einer gleichmäßig verteilten Belastung von 2,20 kg/cm² erfolgte? Wegen der großen Tiefe der plastischen Gleichgewichtszone kann die Konsolidierung des Tons vor dem Bruch unberücksichtigt bleiben und ϱ zu 0° angesetzt werden.

Antwort: 0,44 kg/cm².

30. Tragfähigkeit von Pfeilern und Pfählen

Definitionen. Ein Pfeiler ist ein schlanker, prismatischer oder zylindrischer Körper aus Mauerwerk oder Beton, der eine Last durch eine schlechte Schicht auf eine bessere überträgt. Ein Pfahl ist im wesentlichen ein sehr schlanker Pfeiler, der eine Last entweder durch seine Spitze auf eine feste Schicht oder durch Mantelreibung auf den umgebenden Boden überträgt. Die Beziehungen zwischen der Belastung auf einem Pfeiler oder Pfahl und den zugehörigen Setzungen sind denjenigen von

Einzelfundamenten sehr ähnlich. Die Last-Setzungskurve geht entweder in eine vertikale oder in eine geneigte Tangente über, wie in Abb. 72 dargestellt ist. Die Definition der *kritischen Belastung* ist für Pfeiler und Pfähle identisch mit derjenigen für die Grenztragfähigkeit von Einzelfundamenten (vgl. Abschn. 29).

Tragfähigkeit zylindrischer Pfeiler. Obgleich der Durchmesser eines Pfeilers klein ist im Vergleich zu seiner Tiefe, wird zumindest ein kleiner Teil der Belastung durch Reibung und Adhäsion zwischen dem Mantel des Pfeilers und dem umgebenden Boden aufgenommen. Die kritische Last P_g auf einem Pfeiler mit der Tiefe t kann durch die Gleichung

$$P_g = P_{gr} + 2\pi r \tau_s t \qquad (30.1)$$

ausgedrückt werden, worin P_{gr} die kritische Belastung für die runde Grundfläche des Pfeilers ist, r der Radius der Grundfläche und τ_s die Summe der Reibung und Adhäsion in der Flächeneinheit der Berührungsfläche zwischen Pfeiler und Boden.

Abb. 77 stellt einen vertikalen Schnitt durch einen solchen Pfeiler dar. Der Pfeiler kann nicht versinken, ohne wenigstens einen Teil der Bodenmassen, die sich neben ihm befinden, zu verdrücken. Die Bewegung ist nach außen oder nach außen und oben gerichtet, wie durch die gekrümmten Pfeile angedeutet ist. Entgegen der Bewegung wirken das Gewicht G des Bodenkörpers, welcher den Pfeiler umgibt, und die Scherspannungen an den inneren und äußeren Grenzflächen dieses Bodenkörpers. Die Größe dieser Scherspannungen hängt von der Zusammendrückbarkeit des Bodens und von verschiedenen anderen Faktoren ab. Wenn diese Scherspannungen gleich Null wären, würde der Wert P_{gr} in Gl. (30.1) identisch sein mit P_{gr} in Gl. (29.8). Da die Ermittlung der Scherspannungen und ihr Einfluß auf die Tragfähigkeit sehr unsicher sind, ist zu empfehlen, sie außer Ansatz zu lassen und P_{gr} mit Hilfe von Gl. (29.8) zu berechnen. Der Fehler liegt auf der sicheren Seite und die Erfahrungen zeigen, daß er im allgemeinen klein ist.

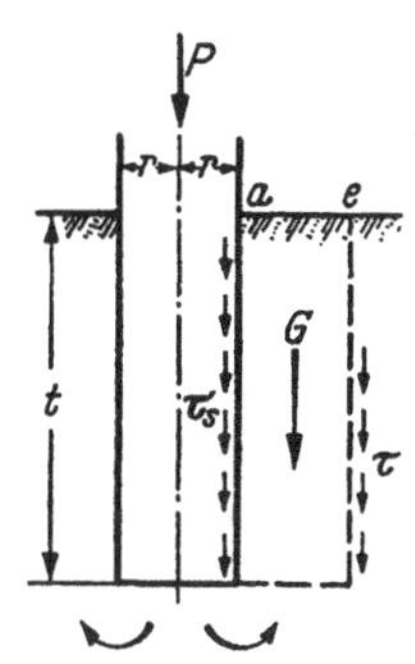

Abb. 77. Schnitt durch einen zylindrischen Pfeiler

Der zweite Ausdruck auf der rechten Seite der Gl. (30.1) enthält die Mantelreibung τ_s. Die Größe von τ_s kann nicht einmal angenähert durch Laboratoriumsversuche ermittelt werden, weil die Spannungsverhältnisse in der Berührungszone unbekannt sind. Aus diesem Grund wird τ_s gewöhnlich nach Erfahrungswerten aus Feldbeobachtungen geschätzt (vgl. Abschn. 57).

Tragfähigkeit von Pfählen. Da Pfähle im wesentlichen sehr schlanke zylindrische Pfeiler sind, kann ihre Tragfähigkeit mit Hilfe einer Gleichung ermittelt werden, die Gl. (30.1) ähnlich ist. Wenn P_g der Widerstand eines Pfahles gegen Eindringen in den Untergrund unter einer statischen Last ist, läßt sich folgende Gleichung aufstellen

$$P_g = P_{gr} + 2\pi r \tau_s t = P_{Sp} + P_M . \qquad (30.2)$$

Die Größe $P_{gr} = P_{Sp} =$ heißt *Spitzenwiderstand*, während die Größe $2\pi r \tau_s t = P_M$ als *Mantelreibung* bezeichnet wird. Wenn P_{Sp} groß gegenüber P_M ist, wird der Pfahl als *Spitzendruckpfahl* oder stehender Pfahl bezeichnet. Wenn dagegen P_{Sp} verhältnismäßig unbedeutend ist, nennt man ihn *Reibungspfahl* oder *schwebenden Pfahl.*

Der grundsätzliche Unterschied zwischen Rammpfählen, die hier allein betrachtet werden, und Pfeilern liegt in der Art der Ausführung von Pfahl- und Pfeiler-Gründungen. Der Pfeilergründung geht eine Ausschachtung voraus, während das Rammen von Pfählen, die gewöhnlich entweder aus festen Körpern oder aus am unteren Ende verschlossenen Hülsen bestehen, eine Verdrängung des Bodens zur Folge hat. Gelegentlich wird das Rammen dadurch erleichtert, daß ein Teil des Bodens durch Wasserspülung oder durch vorherigen Aushub entfernt wird, aber das Volumen des so beseitigten Bodens ist klein im Vergleich zum Gesamtvolumen der Pfähle.

Ein unterer Grenzwert für den Spitzenwiderstand P_{Sp} der Pfähle mit rundem Querschnitt kann mit Gl. (29.8) und für Pfähle mit quadratischem Querschnitt mit Gl. (29.10) errechnet werden. Diese Gleichungen geben die Tragfähigkeit von Spitzendruckpfählen an. Die Tragfähigkeit von Reibungspfählen hängt von der Wandreibung τ_s [s. Gl. (30.2)] ab. Die Ermittlung der Mantelreibung von Pfählen ist durch Laboratoriumsversuche noch weniger möglich als für Pfeiler, weil die aus der teilweisen oder vollständigen Verdrückung des Bodens während des Rammvorganges sich ergebenden Spannungen rechnerisch nicht erfaßt werden können. Aus diesem Grund kann die Tragfähigkeit P_g eines Reibungspfahles nur durch Probebelastungen von Pfählen auf der Baustelle ermittelt werden, oder auch – weniger zuverlässig – mit Hilfe von Erfahrungswerten für τ_s. Werte für τ_s sind für die hauptsächlichsten Bodenarten in Abschn. 56 angegeben. In Städten, in denen Reibungspfähle sehr häufig angewendet werden, sind aus den örtlichen Erfahrungen in der Regel empirische Werte für τ_s abgeleitet worden, die im allgemeinen durchaus zuverlässig sind.

Pfahlformeln. Die Tragfähigkeit P_g eines Spitzendruckpfahles ist angenähert gleich dem Widerstand W_{dyn} des Bodens gegen schnelles Eindringen des Pfahles unter dem Schlag des Fallbären der Pfahlramme. Es gibt zumindest eine theoretische Möglichkeit für die Ermittlung der Größe von W_{dyn}, die als *dynamischer Eindringungswiderstand* bezeichnet wird, aus der durchschnittlichen Eindringung Δs des Pfahles unter den letzten Rammschlägen, vorausgesetzt, daß das Gewicht G_B des Bären und die Fallhöhe h bekannt sind. Es sind deshalb viele Anstrengungen gemacht worden, um die Tragfähigkeit auf der Grundlage dieser Unterlagen zu berechnen. Die Ergebnisse dieser Bemühungen sind die bekannten *Pfahlformeln.* In den folgenden Abschnitten sind die wichtigsten Begriffe behandelt, auf denen die Pfahlformeln aufgebaut sind.

Die Arbeit des Fallbären beim Schlag ist $G_B h$ und die für die Erzielung einer Eindringung des Pfahles von der Tiefe Δs gegen einen Widerstand W_{dyn} erforderliche Arbeit ist $W_{\text{dyn}} \Delta s$. Wenn die gesamte Arbeit des Fallbären für die Eindringung des Pfahles aufgewendet wird, kann man schreiben

$$G_B h = W_{\text{dyn}} \Delta s ,$$

woraus

$$W_{\text{dyn}} = \frac{G_B h}{\Delta s} .$$

Dies ist die Pfahlformel von SANDER, die um 1850 veröffentlicht wurde. Die mit dieser Formel erhaltenen Werte sind zu groß, weil ein Teil der Energie des Rammbären in Wärme und elastische Verformung umgewandelt wird.

Wenn kein Energieverlust eintreten würde, würde der Pfahl unter dem Rammschlag nicht nur um die tatsächliche Länge Δs, sondern auch um die zusätzliche Länge c eindringen. Damit wäre

$$W_{\text{dyn}} = \frac{G_B h}{\Delta s + c} . \tag{30.3}$$

WELLINGTON (1898) versuchte c auf Grund von Erfahrungswerten zahlenmäßig zu bestimmen. Er kam zu demErgebnis, daß c angenähert gleich 2,5 cm (1″) für mit einem Fallbären eingerammte Pfähle und 0,25 cm (0 1″) für mit einem Dampfhammer eingerammte Pfähle sei. In Anbetracht der in seiner Berechnung enthaltenen Unsicherheiten schlug er vor, daß die zulässige Belastung P_{zul} pro Pfahl höchstens $^1/_6$ der errechneten Grenzbelastung $P_g = W_{\text{dyn}}$ sein soll. Durch Einsetzen von h in Fuß und Δs in Zoll erhielt er

$$P_{\text{zul}} = {}^1/_6 W_{\text{dyn}} = \frac{12 G_B h}{6 \Delta s + c} = \frac{2 G_B h}{\Delta s + c} . \tag{30.4}$$

Diese Gleichung ist als *Engineering News-Formel* bekannt.

Um den Genauigkeitsgrad der Gl. (30.4) festzustellen, wurde ein Vergleich zwischen der zulässigen Belastung P_{zul} nach Gl. (30.4) und der tatsächlichen Grenztragfähigkeit P_g von 18 beliebig ausgewählten Pfählen ausgeführt. Die tatsächliche Tragfähigkeit wurde durch Probebelastungen bestimmt. Für diese Pfählen wurde gefunden, daß P_g zwischen P_{zul} und $12\,P_{zul}$ lag. Nach den Wahrscheinlichkeitsgesetzen müßten die Werte für P_g bei 100 oder 1000 Pfählen innerhalb beträchtlich weiterer Grenzen streuen. In einigen Fällen hätte P_g sogar kleiner als $1{,}0\,P_{zul}$ sein müssen, d.h., daß der Pfahl unter der im Entwurf vorgesehenen Last versinken würde. Aus diesen Gründen haben viele Ingenieure versucht, zuverlässigere Formeln zu entwickeln. Einige wenige davon sind in den folgenden Abschnitten behandelt.

Schreibt man Gl. (30.3) in der Form

$$G_B h = W_{\text{dyn}} \Delta s + W_{\text{dyn}} c,$$

so erkennt man, daß der Ausdruck $W_{\text{dyn}} c$ einen Energieverlust darstellt. Zumindest ein Teil dieses Verlustes ist auf die Arbeit zurückzuführen, die aufgewendet werden muß, um eine vorübergehende elastische Zusammendrückung z des Pfahles und des umgebenden Bodens zu erzeugen. Wenn die Kraft W_{dyn} an einem Ende einer Säule ziehen würde, würde sie die Arbeit $^1/_2\, W_{\text{dyn}} z$ leisten. Obgleich die Analogie zwischen einem Pfahl und einer Säule nicht vollkommen ist, darf angenommen werden, daß $W_{\text{dyn}} c$ in Gl. (30.3) wenigstens angenähert gleich $^1/_2\, W_{\text{dyn}} z$ ist, hieraus ergibt sich

$$W_{\text{dyn}} = \frac{G_B h}{\Delta s + \frac{1}{2} z}. \tag{30.5}$$

Wenn die Abmessungen und elastischen Eigenschaften des Pfahls und der Pfahlhaube bekannt sind, kann die Größe von z zumindest roh abgeschätzt werden. Dies ist von den Autoren einiger Pfahlformeln durchgeführt worden. Die Größe von z kann jedoch auch im Feld gemessen werden, indem man einen Bleistift auf ein Stück Zeichenkarton hält, das am Pfahl befestigt ist. Seit etwa 1910 haben verschiedene Rammpfahlunternehmer dieses Verfahren angewandt und behauptet, daß es ziemlich erfolgreich gewesen ist. Die gemessenen Werte von z sind gewiß genauer als die berechneten, jedoch selbst wenn z gemessen worden ist, darf man nicht annehmen, daß Gl. (30.5) auf alle Pfähle unter allen Bedingungen angewendet werden kann, weil die Gleichung die Trägheitskräfte beim Rammvorgang nicht berücksichtigt.

Wenn das Verhältnis zwischen dem Gewicht G_P des Pfahles und dem Gewicht G_B des Bären sehr klein ist, kann Gl. (30.5) als ziemlich genau angesehen werden. Wenn das Pfahlgewicht jedoch viel größer als das Bärgewicht ist, erzeugt der Schlag des Bären nur eine Verformung des Pfahlkopfes, vergleichbar der Verformung eines großen Felsblockes, der durch einen kleinen Stein getroffen wird. Wenn also G_P/G_B sehr groß ist, darf aus der Tatsache, daß der Pfahl nicht tiefer in den Untergrund eindringt, nicht auf eine große Tragfähigkeit desselben geschlossen werden.

Man kann dies angenähert dadurch berücksichtigen, daß man die rechte Seite von Gl. (30.5) mit dem Faktor $1/(1+G_P/G_B)$ multipliziert, womit

$$W_{\text{dyn}} = \frac{G_B h}{\Delta s + \frac{1}{2} z} \, \frac{1}{1 + \frac{G_P}{G_B}} = \frac{G_B h}{\Delta s + \frac{1}{2} z} \, \frac{G_B}{G_B + G_P} . \tag{30.6}$$

Dies ist die allgemeine Form der verbesserten Pfahlformeln. Da jedoch die Erörterungen, die zu dieser Form führen, verschiedene willkürliche Annahmen einschließen, deren praktische Folgerungen unbekannt sind, kann es nicht überraschen, daß selbst die ausgefeiltesten Pfahlformeln weit davon entfernt sind, genau zu sein. In der Tat gibt es keinen Beweis dafür, daß die nach irgendeiner Pfahlformel berechnete Tragfähigkeit als zuverlässiger anzusehen ist als die nach Gl. (30.4) berechnete.

Der Hauptmangel in der Ableitung von Gl. (30.6) ist die willkürliche Art, in welcher der Einfluß des Verhältnisses G_P/G_B auf W_{dyn} berücksichtigt wird. Die Wirkung des Rammschlages auf die Eindringung des Pfahles hängt außer von den Gewichten G_P und G_B von verschiedenen anderen Faktoren ab, von denen jedoch keiner berücksichtigt worden ist. Um den sich daraus ergebenden Fehler zu verringern, ist in den letzten Jahren versucht worden, Pfahlformeln mit Hilfe der Theorie des longitudinalen Stoßes auf Stäbe zu entwickeln. Vom wissenschaftlichen Standpunkt aus ist dieses neue Vorgehen eine wesentliche Verbesserung gegenüber den älteren Verfahren; die Untersuchungen befinden sich jedoch noch im Versuchsstadium, und es ist noch ungewiß, ob sie zu Ergebnissen von praktischem Wert führen werden. So muß der Entwurfsbearbeiter einer Spitzendruckpfahlgründung gegenwärtig zwischen zwei Möglichkeiten wählen. Entweder kann er eine der vielen Pfahlformeln auf die Gefahr hin anwenden, daß er 2- oder 3mal mehr Pfähle rammt als die Gründung erfordert, oder er muß die Kosten für die Durchführung von Probebelastungen von Pfählen in natürlicher Größe auf der Baustelle in Kauf nehmen. Die Wahl zwischen diesen Möglichkeiten hängt von der verfügbaren Zeit und dem Verhältnis zwischen den Kosten der Versuche zu denjenigen für die gesamte Gründung ab.

Aufgaben

1. Ein Stahlbetonpfahl mit einem Querschnitt von 40,6/40,6 cm war durch Schichten von lockerem Feinsand und weichem Ton von 19,8 m Dicke in eine Schicht von dichtem Sand 0,75 m tief eingerammt worden. Der Wasserspiegel lag nahe unter der Geländeoberfläche. Der lockere Sand und der weiche Ton hatten ein Raumgewicht unter Wasser von 0,72 t/m³ und der Winkel der inneren Reibung des dichten Sandes betrug unter Wasser 35°. Berechne den Spitzenwiderstand des Pfahles.

Antwort: 114 t. Durch einen Belastungs- und Zugversuch wurde der Spitzenwiderstand zu 115 t gefunden.

2. Der Pfahl, über den in der vorstehenden Aufgabe berichtet wurde, wurde mit Hilfe einer Dampframme mit einem Bärgewicht $G_B = 4$ t und einem Hub von $h = 0{,}60$ m eingerammt. Die Eindringung des Pfahls unter dem letzten Schlag war $\Delta s = 1{,}4$ mm. Wie hoch ist die Grenztragfähigkeit des Pfahles nach der Engineering News-Formel.

Antwort: 616 t. Nach dem Ergebnis einer Probebelastung war die tatsächliche Grenztragfähigkeit gleich der Summe aus dem Spitzenwiderstand (115 t) und der Mantelreibung (110 t) rund 225 t.

3. Ein Probepfahl der in Aufgabe 1 beschriebenen Art, war an einem anderen Punkt des Geländes gerammt, um für das Bauwerk verwendet zu werden. Die Baugrundverhältnisse waren gleich, mit der Ausnahme, daß der in einer Tiefe von 19,8 m angetroffene Sand locker war ($\varrho = 30°$). Berechne den Spitzenwiderstand des Pfahles.

Antwort: 21 t. (Es war keine Probebelastung durchgeführt worden, aber der Pfahl drang so leicht unter den Rammschlägen in den Sand ein, daß man sich entschloß, die Art der Gründung in dem gesamten Bereich, in dem der lockere Sand anstand, zu ändern.)

31. Standsicherheit von Böschungen

Einleitung. Der Bruch der innerhalb einer Böschung liegenden Bodenmassen wird *Rutschung* genannt. Er führt zu einer nach unten und außen gerichteten Bewegung der gesamten Bodenmassen, die in die Rutschung einbezogen werden.

Rutschungen können in sehr verschiedenartiger Weise eintreten, allmählich oder plötzlich und mit oder ohne erkennbare Veranlassung. Gewöhnlich werden Rutschungen durch Ausschachtungen oder dadurch ausgelöst, daß der Fuß einer bestehenden Böschung unterschnitten wird. In manchen Fällen werden sie jedoch durch eine allmähliche Zerstörung der Bodenstruktur verursacht, die mit Haarrissen beginnt, welche den Boden in eckige Schollen unterteilen. In anderen Fällen werden sie durch ein Anwachsen des Porenwasserdruckes in einigen ungewöhnlich gering durchlässigen Schichten hervorgerufen oder durch eine plötzliche Erschütterung, die den Boden in der Böschung verflüssigt (s. Abschn. 49). Infolge der außerordentlichen Mannigfaltigkeit der Faktoren und Vorgänge, die zu Rutschungen führen können, ist die theoretische Untersuchung der Standsicherheitsbedingungen von Böschungen gewöhnlich außerordentlich schwierig. Standsicherheitsberechnungen auf Grund von Versuchsergebnissen können nur dann als zuverlässig angesehen werden, wenn die Voraussetzungen, die in den verschiedenen Absätzen dieses Abschnittes eingehend behandelt werden, streng erfüllt sind. Darüber hinaus sollte man immer in Betracht ziehen, daß verschiedene verborgene Störungszonen im Boden, wie beispielsweise Systeme von Haarrissen, Rutschharnische als Überreste alter Gleitflächen oder dünne wasserführende Sandschichten die Berechnungsergebnisse vollständig umstoßen können.

In den folgenden Abschnitten wird angenommen, daß Sickerströmungskräfte vernachlässigt werden können. Der Einfluß dieser Kräfte auf die Standsicherheit wird in Abschn. 24 untersucht.

Rutschungen im trocknen kohäsionslosen Sand. Im reinen, trocknen Sand ist eine Böschung ohne Rücksicht auf ihre Höhe standsicher, sofern der Winkel β zwischen der Böschungslinie und der Horizontalen gleich oder kleiner als der Winkel der inneren Reibung ϱ des Sandes im lockeren Zustand ist.

Der Sicherheitsgrad der Böschung gegen Rutschen kann durch folgende Gleichung ausgedrückt werden:

$$\eta = \frac{\operatorname{tg} \varrho}{\operatorname{tg} \beta}. \tag{31.1}$$

Mit einem Böschungswinkel, der größer als ϱ ist, kann im reinen Sand keine Böschung bestehen bleiben, ganz gleich, wie hoch sie ist.

Da nur sehr wenige natürliche Böden vollkommen kohäsionslos sind, sollen sich die weiteren Ausführungen in diesem Abschnitt mit Böschungen in kohärenten Erdstoffen befassen.

Allgemeines über Rutschungen in homogenem kohärentem Boden. Ein kohärentes Material mit der Scherfestigkeit

$$\tau = c + \sigma \operatorname{tg} \varrho$$

kann wenigstens für eine kurze Zeit mit vertikaler Böschung stehen, sofern die Böschungshöhe etwas geringer als h_c nach Gl. (24.8) ist. Ist die Böschungshöhe größer als h_c, ist die Böschung nur standsicher, wenn der Böschungswinkel β kleiner als 90° ist. Je größer die Höhe der Böschung, um so kleiner muß der Winkel β sein. Wenn die Böschungshöhe im Vergleich zu h_c sehr groß ist, wird die Böschung rutschen, bis der Böschungswinkel gleich oder kleiner ϱ ist.

In einem kohärenten Boden geht dem Bruch einer Böschung gewöhnlich die Bildung von Zugrissen hinter der oberen Böschungskante voraus,

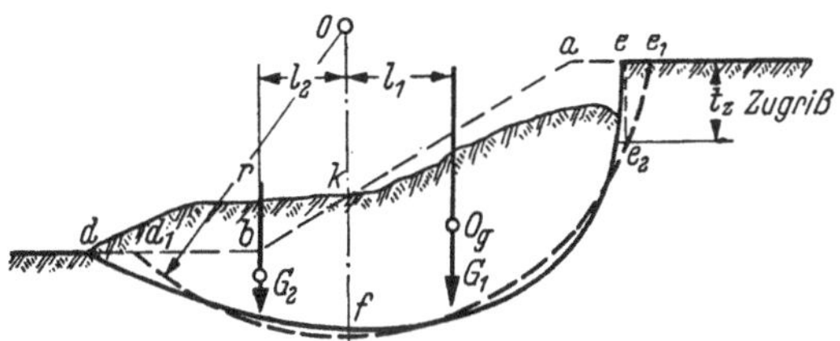

Abb. 78. Verformung einer Böschung bei einer Rutschung

wie in Abb. 78 dargestellt ist. Die Kraft, welche die Zugrisse hinter der Kante einer vertikalen Böschung erzeugt, wird durch das Dreieck *ace* in Abb. 62b dargestellt. Früher oder später folgt auf die Bildung der

Risse die Rutschung in einer gekrümmten Fläche, wie in Abb. 78 durch die ausgezogene Linie dargestellt ist. Gewöhnlich ist der Krümmungsradius der Gleitfläche im oberen Teil am kleinsten, in der Mitte am größten und mittelgroß im unteren Teil. Die Kurve ähnelt deshalb einer Ellipse. Wenn der Bruch in einer Gleitfläche eintritt, welche die Böschung im Fußpunkt oder oberhalb desselben schneidet (s. Abb. 79a), wird die Rut-

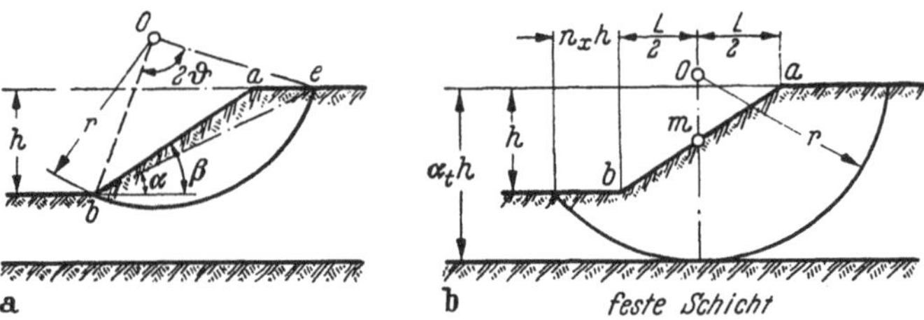

Abb. 79 a u. b. Lage des kritischen Gleitkreises für a) eine reine Böschungsrutschung und b) einen Grundbruch [a) nach W. FELLENIUS]

schung als *Böschungsrutschung* bezeichnet. Wenn dagegen der Boden unterhalb der durch den Böschungsfuß gelegten Ebene nicht in der Lage ist, dem Gewicht des darüberliegenden Materials zu widerstehen, erfolgt die Rutschung in einer Gleitfläche, die in einer gewissen Entfernung jenseits des Böschungsfußes austritt. Eine Rutschung dieser Art, die in Abb. 79b dargestellt ist, heißt *Grundbruch.*

In Standsicherheitsberechnungen wird die der wirklichen Gleitfläche entsprechende Kurve entweder durch einen Kreisbogen oder eine logarithmische Spirale ersetzt. Diese Verfahren können mit der gleichen Berechtigung angewandt werden wie beispielsweise die ebene Gleitfläche nach COULOMB bei Stützmauerproblemen (Abschn. 26). In den folgenden Ausführungen wird nur der Kreis als Ersatz für die tatsächliche Gleitfläche verwendet.

Zweck von Standsicherheitsberechnungen. In der Baupraxis dienen Standsicherheitsuntersuchungen entweder als Unterlage für die Wiederherstellung von Böschungen nach einer Rutschung oder für die Wahl der Böschungsneigung entsprechend den besonderen Standsicherheitsforderungen, die vor der Bauausführung gestellt sind.

Örtliche Böschungsrutschungen während der Bauzeit sind bei Baugruben oder Auffüllungen nichts Ungewöhnliches. Sie weisen darauf hin, daß der Kleinstwert der Scherfestigkeit des Bodens überschätzt worden ist. Da solche Rutschstellen großmaßstäbliche Scherversuche darstellen, bieten sie eine ausgezeichnete Gelegenheit, die tatsächliche, kleinste Scherfestigkeit zahlenmäßig zu ermitteln und weitere Rutschungen bei demselben Bauvorhaben durch Anpassen des Entwurfes an die gefundenen Ergebnisse zu vermeiden. Im allgemeinen geht man so vor, daß man die

Lage der Gleitfläche mit Hilfe von Untersuchungsbohrungen oder Schürfen feststellt, die Gewichte der verschiedenen Teile der an der Rutschung beteiligten Massen ermittelt, und zwar sowohl derjenigen, welche die Rutschung fördern, wie derjenigen, welche ihr widerstehen, und die mittlere Scherfestigkeit τ des Bodens berechnet, die erforderlich ist, um die Gleichgewichtsbedingungen für die Massen zu erfüllen.

Um eine Böschung in einem Gebiet entwerfen zu können, in dem sich keine Rutschungen ereignet haben, muß die mittlere Scherfestigkeit τ vor der Bauausführung geschätzt oder ermittelt werden. Verfahren zur Feststellung der Scherfestigkeit sind in Abschn. 15 behandelt worden. Nachdem die Größe von τ bestimmt worden ist, kann der Böschungswinkel nach theoretischen Überlegungen so gewählt werden, daß die Böschung den speziellen Forderungen hinsichtlich ihrer Sicherheit genügt. Es ist einleuchtend, daß dieses Verfahren nur angewandt werden kann, wenn die Bodenverhältnisse eine ziemlich zuverlässige Bestimmung von τ auf Grund der Ergebnisse von Bodenuntersuchungen gestatten.

Berechnung der Scherfestigkeit aus den Daten von Rutschungen. Das Verfahren zur Ermittlung der Scherfestigkeit von Böden auf Grund der aus Rutschungen abzuleitenden Daten ist in Abb. 78 dargestellt. Die Tiefe t_z der Zugrisse und die Form der Rutschfläche werden durch Messungen im Feld ermittelt. Die Gleitlinie wird dann durch einen Kreisbogen mit dem Radius r um den Mittelpunkt O ersetzt. Nach den Gleichgewichtsbedingungen muß sein:

$$G_1 l_1 = G_2 l_2 + \tau r \widehat{d_1 e_2},$$

hieraus

$$\tau = \frac{G_1 l_1 - G_2 l_2}{r \widehat{d_1 e_2}},$$

worin G_1 das Gewicht der Massen $akfe$, welche die Rutschung zu fördern suchen, und G_2 das Gewicht der Massen kbd_1f ist, welche ihr zu widerstehen suchen.

Wenn die Gleitfläche eine Form hat, die selbst näherungsweise nicht durch einen Kreisbogen dargestellt werden kann, muß das Verfahren so abgewandelt werden, wie es später für zusammengesetzte Gleitflächen beschrieben wird.

Verfahren zur Untersuchung der Standsicherheit von Böschungen. Um festzustellen, ob eine Böschung in einem Boden mit bekannter Scherfestigkeit rutschsicher sein wird, muß der Durchmesser und die Lage des Kreises bestimmt werden, der die Gleitfläche darstellt, in welcher die Rutschung eintreten wird. Dieser Kreis, der als kritischer Gleitkreis bezeichnet wird, muß der Forderung genügen, daß das Verhältnis zwischen dem Moment der der Rutschung widerstehenden Kräfte und dem Moment der treibenden Kräfte ein Minimum sein muß. Die Untersuchung gehört also zu den Maximum- und Minimumproblemen, die bei der COULOMBschen Theorie in Abschn. 26 und der Theorie des passiven Erddruckes in Abschn. 28 erläutert wurden.

Nachdem Durchmesser und Lage des kritischen Gleitkreises bestimmt worden sind, kann der Sicherheitsgrad η der Böschung gegen Rutschen auf Grund der folgenden Beziehung berechnet werden (s. Abschn. 78):

$$\eta = \frac{\text{Moment der widerstehenden Kräfte}}{\text{Moment der treibenden Kräfte}} = \frac{G_2 l_2 + \tau r \widehat{d_1 e_2}}{G_1 l_1}, \qquad (31,2)$$

worin r der Radius des kritischen Gleitkreises und $d_1 e_2$ die Länge der Rutschfläche ist.

Wie der passive Erddruck einer Bodenmasse, kann die Standsicherheit einer Böschung durch Probieren oder in einfachen Fällen durch analytische Verfahren ermittelt werden. Um die Untersuchung versuchsmäßig durchzuführen, werden verschiedene Kreise ausgewählt, von denen jeder eine potentielle Gleitfläche darstellt. Für jeden Kreis wird η nach Gl. (31.2) berechnet. Der Kleinstwert stellt den Sicherheitsgrad der Böschung gegen Rutschen dar, und der zugehörige Kreis ist der *kritische Gleitkreis*.

Die analytischen Lösungen können bei den in der Natur vorliegenden Verhältnissen selten zur Berechnung des Sicherheitsgrades verwendet werden, weil sie von stark vereinfachenden Annahmen ausgehen. Sie sind jedoch als Anhalt für die Abschätzung der Lage des Mittelpunktes des kritischen Kreises und für die Ermittlung der voraussichtlichen Art der Rutschung wertvoll. Ferner können sie als Hilfsmittel zur Beurteilung der Frage dienen, ob eine bestimmte Böschung zweifellos sicher oder zweifellos nicht standsicher ist oder ob ihre Standsicherheit zweifelhaft erscheint. Im letzten Fall sollte der Sicherheitsgrad gegen Rutschen nach dem vorstehend beschriebenen Verfahren berechnet werden.

Die analytischen Lösungen gehen von den folgenden Annahmen aus: Bis zu einer bestimmten Tiefe unterhalb des Böschungsfußes ist der Boden vollkommen homogen. In dieser Tiefe liegt der Boden auf der horizontalen Oberfläche einer steiferen Schicht, dem *festen Untergrund*, in den die Gleitfläche nicht eindringt. Die Böschung wird als Ebene angenommen, die sich zwischen zwei horizontalen ebenen Oberflächen befindet, wie in Abb. 79 dargestellt ist. Endlich bleibt die Schwächung der Böschung durch die Bildung von Zugrissen außer Ansatz, da dieser Einfluß durch den üblichen Sicherheitsgrad mehr als ausgeglichen wird. Die folgenden Abschnitte enthalten eine Zusammenstellung der Untersuchungsergebnisse.

Böschungen in weichem Ton. Die mittlere Scherfestigkeit τ pro Flächeneinheit einer potentiellen Rutschfläche in homogenem weichem

Ton ist in roher Annäherung gleich der halben Zylinderdruckfestigkeit q_u des Tons. Dieser Wert für τ wird kurz der Kohäsion c gleichgesetzt. Es ist also

$$\tau = \frac{1}{2} q_u = c. \qquad (22.1)$$

Wenn c bekannt ist, kann die kritische Höhe h_c einer Böschung mit dem Böschungswinkel β durch folgende Gleichung ausgedrückt werden:

$$h_c = N_s \frac{c}{\gamma}. \qquad (31.3)$$

In dieser Gleichung ist der *Stabilitätsfaktor* N_s eine unbenannte Zahl. Ihre Größe hängt nur von dem Böschungswinkel β und von dem Tiefenfaktor α_t nach Abb. 79b ab, der die Tiefe zum Ausdruck bringt, in welcher der Ton auf einer festen Schicht auflagert. Wenn ein Böschungsbruch eintritt, ist der kritische Kreis im allgemeinen ein *Böschungsfußkreis*, der durch den Fuß b der Böschung geht (s. Abb. 79a). Wenn die feste Schicht jedoch in geringer Tiefe unter b liegt, kann der kritische Gleitkreis ein *Böschungskreis* sein, der die feste Untergrundschicht berührt und die Böschung oberhalb des Fußes b schneidet. Diese Rutschungsart ist in Abb. 79 nicht dargestellt. Wenn ein Grundbruch eintritt, wird der kritische Gleitkreis auch *Mittelpunktkreis* genannt, weil sein Mittelpunkt auf einer Vertikalen durch den Mittelpunkt m der Böschung liegt (s. Abb. 79b). Dieser Mittelpunktkreis berührt die feste Schicht im Untergrund.

Für eine gegebene Böschung hängt die Lage des kritischen Kreises von dem Böschungswinkel β und dem Tiefenfaktor α_t ab. Abb. 80 enthält eine Zusammenstellung der Ergebnisse eingehender theoretischer Untersuchungen. Nach dieser Darstellung erfolgt die Rutschung aller Böschungen mit einem größeren Böschungswinkel als 53° auf einem Kreis durch den Fußpunkt. Wenn β kleiner als 53° ist, hängt die Art des Bruches von der Größe des Tiefenfaktors α_t ab und bei kleineren α_t-Werten auch von dem Böschungswinkel β. Wenn α_t gleich 1,0 ist, tritt der Bruch in einem Böschungskreis ein. Ist α_t größer als etwa 4,0, erfolgt der Bruch in einem Mittelpunktkreis, welcher den festen Untergrund berührt, ohne Rücksicht auf die Größe von β. Wenn α_t einen mittleren Wert zwischen 1,0 und 4,0 besitzt, tritt der Bruch in einem Böschungskreis ein, sofern der Punkt, welcher die Werte von α_t und β in Abb. 80 darstellt, oberhalb der gestrichelten Fläche liegt. Liegt er innerhalb der gestrichelten Fläche, so tritt der Bruch in einem Böschungsfußkreis ein. Liegt der Punkt unterhalb der gestrichelten Fläche, so rutscht die Böschung in einem Mittelpunktkreis, der den festen Untergrund berührt.

Wenn der Böschungswinkel β und der Tiefenfaktor α_t gegeben sind, kann der zugehörige Stabilitätsfaktor N_s [Gl. (31.3)] ohne Rechnung aus

Abb. 80 entnommen werden. Die Größe von N_s ist maßgebend für die kritische Höhe h_c der Böschung.

Wenn eine Rutschung in einem Böschungsfußkreis eintritt, kann die Lage des Mittelpunktes des kritischen Gleitkreises durch Auftragen der Winkel α und 2ϑ festgestellt werden, wie in Abb. 79a gezeigt ist. Die

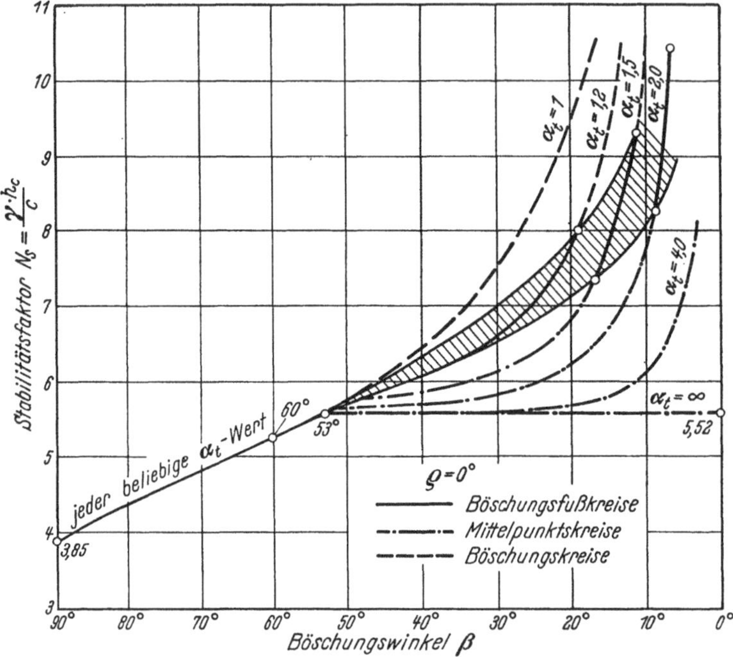

Abb. 80. Beziehung zwischen dem Böschungswinkel β und dem Stabilitätsfaktor N_s, für verschiedene Werte des Tiefenfaktors α_t für Material ohne Reibung (nach D. W. TAYLOR)

Werte für α und ϑ sind für verschiedene Böschungswinkel β aus Abb. 81a zu entnehmen. Wenn die Rutschung entlang eines Mittelpunktkreises erfolgt, der die feste Untergrundschicht berührt, ist die Lage des kritischen Gleitkreises durch den horizontalen Abstand $n_x h$ vom Böschungsfuß bis zum Kreis bestimmt (s. Abschn. 79b). Die Größe von n_x kann für verschiedene α_t- und β-Werte aus dem Diagramm Abb. 81b entnommen werden.

Wenn der in einer Böschung anstehende Ton aus verschiedenen Schichten mit unterschiedlichen mittleren Kohäsionswerten c_1, c_2 usw. besteht, oder wenn die Geländeoberfläche unregelmäßig ist (s. Abb. 82), muß der Mittelpunkt des kritischen Gleitkreises durch Probieren bestimmt werden. Es ist leicht einzusehen, daß der längste Teil der tatsächlichen Gleitfläche in der weichsten Schicht liegen muß. Daher sollte der Versuchskreis ebenfalls dieser Bedingung genügen. Wenn eine der oberen Schichten verhältnismäßig weich ist, kann eine in größerer Tiefe vorhandene feste Schicht möglicherweise ohne Einfluß auf das Problem sein, weil der tiefste Teil der Gleitfläche wahrscheinlich vollständig in der weichsten Schicht verlaufen wird. Wenn beispielsweise die Kohäsion c_2 der zweiten Schicht in Abb. 82 viel kleiner als die Kohäsion c_3 der darunter liegenden dritten Schicht ist, wird der kritische Gleitkreis die Oberfläche der dritten Schicht berühren, anstatt diejenige des festen Untergrundes.

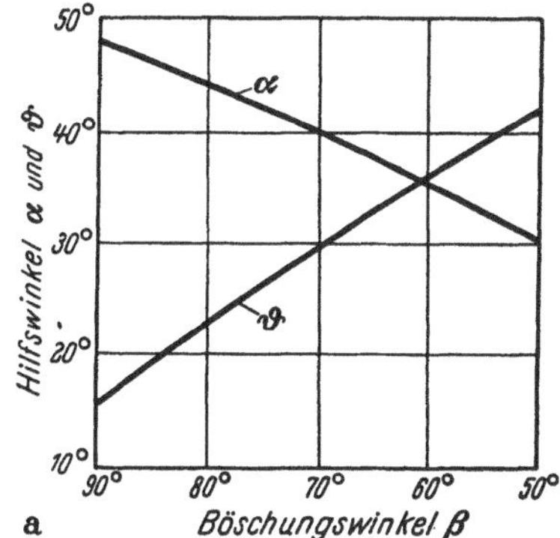

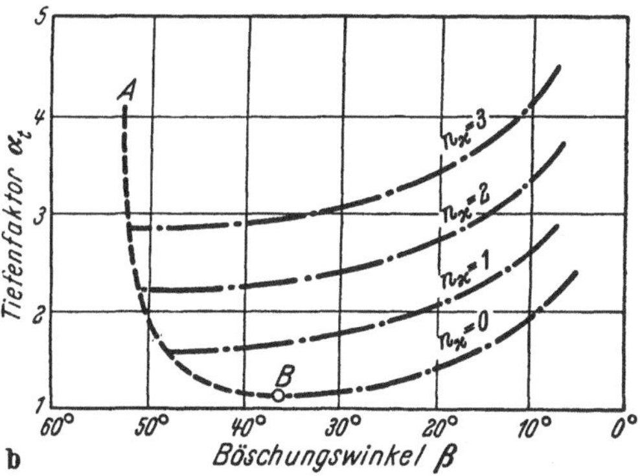

Abb. 81 a u. b. a) Beziehung zwischen dem Böschungswinkel β und den Parametern α und φ für die Ermittlung der Lage des kritischen Böschungsfußkreises, wenn β größer als 53° ist; b) Beziehung zwischen dem Böschungswinkel β und dem Tiefenfaktor α_t für verschiedene Werte des Parameters n_x (nach W. FELLENIUS)

Für jeden Versuchskreis berechnen wir die mittlere Scherspannung τ, die in der Gleitfläche wirken muß, um das Gleichgewicht zwischen dem angreifenden Moment $G_1 l_1$ und dem widerstehenden Moment $G_2 l_2$ herzustellen:

$$\tau = \frac{G_1 l_1 - G_2 l_2}{r \widehat{ab}} .$$

Dann berechnen wir mit Hilfe der bekannten Werte c_1, c_2, c_3 usw. die mittlere Größe der Kohäsion c des Bodens in der Gleitfläche. Der Sicherheitsgrad der Böschung gegen Rutschen in der Versuchsgleitfläche ist

$$\eta = \frac{c}{\tau} . \tag{31.4}$$

Die Größe von η wird im Mittelpunkt des Kreises eingeschrieben. Nachdem die η-Werte für verschiedene Versuchskreise ermittelt worden sind, werden Kurven gleicher η-Werte aufgetragen, wie in Abb. 82 dargestellt. Der Mittelpunkt des kritischen Gleitkreises liegt im Mittelpunkt der

Kurven. Der zugehörige Wert $\eta_{\min}$ ist der Sicherheitsgrad der Böschung gegen Rutschen.

Böschungen in Bodenarten mit Kohäsion und innerer Reibung. Die Scherfestigkeit eines über dem Wasserspiegel liegenden trockenen oder feuchten kohärenten Bodens kann angenähert durch die Gleichung

$$\tau = c + \sigma \operatorname{tg} \varrho$$

ausgedrückt werden.

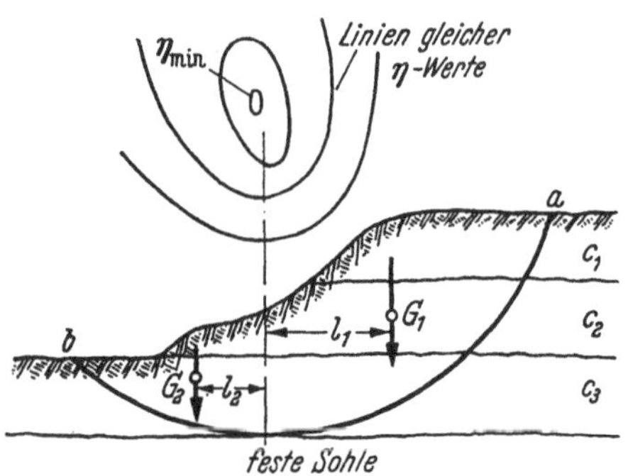

Abb. 82. Grundbruch in einem geschichteten bindigen Boden

Die Größen von c und ϱ sind im allgemeinen jahreszeitlichen Schwankungen unterworfen. Deshalb sind die Fälle, in denen die unteren Grenzwerte für c und ϱ zuverlässig ermittelt werden können, ziemlich selten. Trotzdem muß man sich mit dem Verfahren zur Untersuchung der Standsicherheit von Böschungen in solchen Erdstoffen befassen, weil das gleiche Verfahren für die Untersuchung der Standsicherheit von Böschungen in feinem Sand, auf den der Strömungsdruck von Sickerwasser wirkt, angewandt werden kann. Dieser Fall wird in Abschn. 42 behandelt. Weiterhin zeigen die Untersuchungsergebnisse eindeutig den ausschlaggebenden Einfluß der Größe von ϱ auf die Standsicherheit von Böschungen und gestatten eine Entscheidung der Frage, ob die Scherfestigkeit einer abgerutschten Bodenmasse zum Teil auf innere Reibung zurückzuführen war oder nicht.

Das Verfahren ist in Abb. 83a dargelegt. Die auf die Rutschmassen wirkenden Kräfte sind ihr Gewicht G, die Resultierende der Kohäsion C und die Resultierende F der Normal- und Reibungskräfte, die entlang der Gleitfläche angreifen. Die Resultierende der Kohäsion C wirkt parallel zu der Sehne des Kreisbogens de und ist gleich der auf die Flächeneinheit bezogenen Kohäsion c, multipliziert mit der Länge l der Sehne. Der Abstand x vom Drehpunkt bis zur Resultierenden C ist durch die Bedingung gegeben, daß

$$C x = c l x = c \widehat{de}\, r .$$

ist, woraus $x = \widehat{de}\, r / l$. Daher ist die Kraft C bekannt. Das Gewicht G ist ebenfalls bekannt. Da die Kräfte C, G und F im Gleichgewicht stehen, muß die Kraft F durch den Schnittpunkt von G und C gehen. Daher kann Größe und Richtung von F durch Auftragen des Kraftecks bestimmt werden.

Wenn der Sicherheitsgrad gegen Rutschen gleich 1 ist, befindet sich die Böschung nahe beim Abrutschen. In diesem Zustand muß jede der elementaren Reaktionskräfte dF in Abb. 83a unter dem Winkel ϱ zur

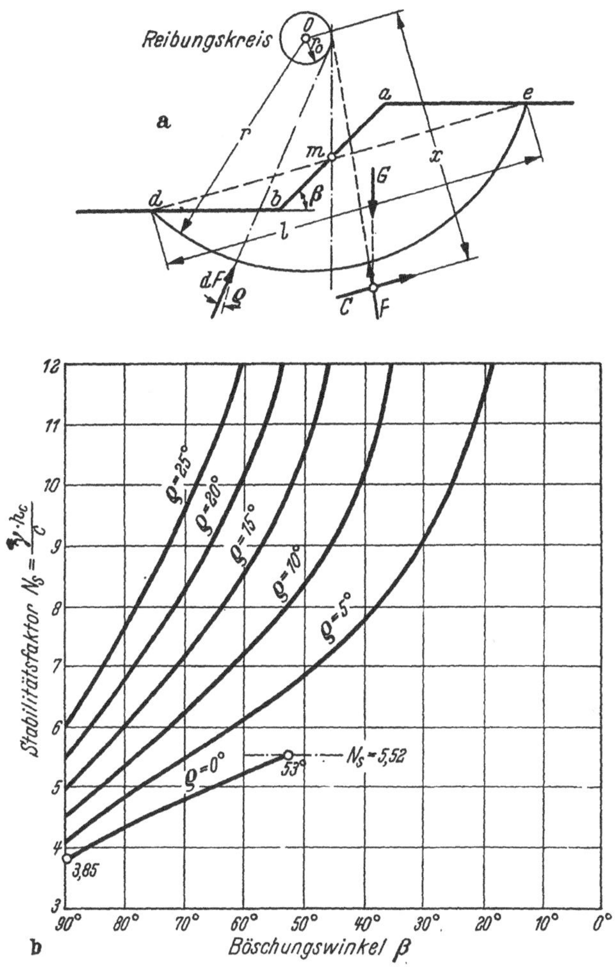

Abb. 83 a u. b. Böschungsrutschung in einem Boden, der Reibung und Kohäsion besitzt. a) Darstellung des Reibungskreis-Verfahrens; b) Beziehung zwischen dem Böschungswinkel β und dem Stabilitätsfaktor N_s für verschiedene ϱ-Werte (nach D. W. TAYLOR)

Normalen auf den Gleitkreis geneigt sein. Infolgedessen ist die Angriffsrichtung jeder elementaren Reaktionskraft eine Tangente an einen Kreis, der als *Reibungskreis* bezeichnet wird, welcher den Radius

$$r_0 = r \sin \varrho$$

hat und dessen Mittelpunkt mit dem Mittelpunkt des Gleitkreises zusammenfällt. Die Wirkungslinie der Reaktionsresultierenden F ist eine Tangente an einen Kreis mit etwas größerem Radius als r_0; es ist jedoch zulässig, näherungsweise anzunehmen, daß bei einem Sicherheitsgrad von 1 die Wirkungslinie von F ebenfalls eine Tangente an den Reibungskreis ist. Der hieraus entstehende Fehler ist klein und liegt auf der sicheren Seite.

Für eine bestimmte Größe von ϱ ist die kritische Höhe einer Böschung, die auf einem durch den Fußpunkt gehenden Kreis abrutscht, durch die Gleichung gegeben

$$h_c = N_s \frac{c}{\gamma}.$$

Sie ist identisch mit Gl. (31.3) mit der Einschränkung, daß der Stabilitätsfaktor N_s nicht nur von β, sondern auch von ϱ beeinflußt wird. Die Abhängigkeit zwischen β und N_s ist für verschiedene Werte von ϱ in Abb. 83b dargestellt. Bei einer bestimmten Größe des Böschungswinkels β nimmt N_s zunächst langsam und dann immer stärker mit größer werdendem ϱ zu.

Wenn $\varrho = \beta$, wird N_s unendlich.

Alle Punkte auf den Kurven der Abb. 83b gelten für Rutschungen auf Böschungsfußkreisen, weil sich theoretisch ergeben hat, daß die Möglichkeit eines Grundbruches nur vorhanden ist, wenn ϱ kleiner als 3° ist. Wenn ein typischer Grundbruch in einem annähernd homogenen Boden im Gelände eingetreten ist, kann daher der Schluß gezogen werden, daß der Winkel der inneren Reibung ϱ des Bodens zur Zeit der Rutschung nahe bei Null lag.

Zusammengesetzte Gleitflächen. Wenn der Untergrund eine oder mehrere dünne, außergewöhnlich weiche Schichten enthält, besteht die Gleitfläche im allgemeinen aus drei oder mehreren Abschnitten, die nicht stetig ineinander übergehen. Bei Standsicherheitsberechnungen kann eine solche Gleitfläche nicht durch eine kontinuierliche Kurve ersetzt werden, ohne daß nach der unsicheren Seite hin ein Fehler entsteht.

In Abb. 84 ist eine Böschung dargestellt, unter der eine dünne Schicht von sehr weichem Ton mit der Kohäsion c ansteht. Wenn eine solche Böschung rutscht, tritt die Rutschung entlang einer zusammengesetzten Gleitfläche $abcd$ ein. Im rechten Teil der Rutschmassen, der durch die Fläche abf dargestellt ist, befinden sich die treibenden Kräfte, da der Boden sich unter seinem Eigengewicht horizontal querstreckt. Der mittlere Teil $bcef$ bewegt sich unter der Wirkung des aktiven Erddruckes auf bf nach links. Der linke Teil der Rutschmassen cde leistet Widerstand gegen den Druck des vordringenden mittleren Teils $bcef$.

Der erste Schritt bei der Untersuchung der Standsicherheitsverhältnisse der Böschung besteht in der Berechnung des passiven Erddruckes E_p

des Bodens, der sich auf der linken Seite eines gefühlsmäßig in der Nähe des Böschungsfußes ausgewählten, vertikalen Schnittes *ec* befindet. Vorsichtigerweise sollte angenommen werden, daß E_p in horizontaler Richtung angreift. Der nächste Schritt ist die Ermittlung der Lage der rechten Grenze *b* des horizontalen Teiles *cb* der potentiellen Gleitfläche und die Berechnung des aktiven Erddruckes E_a auf den vertikalen Schnitt *fb* durch *b*. Der Tendenz der Massen *bcef* sich nach links zu bewegen, wirken der passive Erddruck E_p und die Gesamtkohäsion *C* entlang *bc* entgegen.

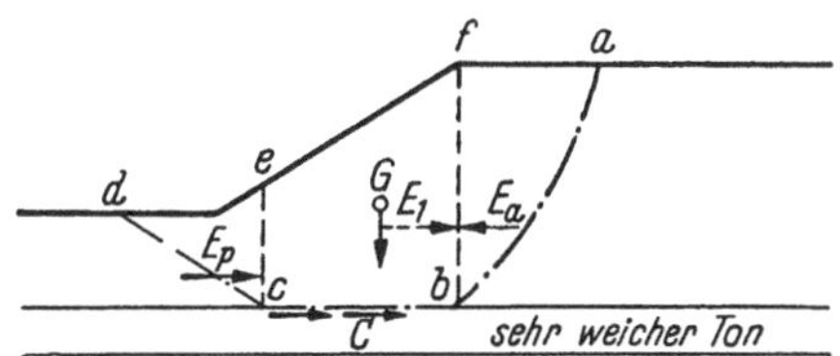

Abb. 84. Rutschung einer Böschung, die von einer dünnen, sehr weichen Tonschicht unterlagert wird

Wenn die Böschung standsicher ist, muß die Summe dieser widerstehenden Kräfte größer als der aktive Erddruck E_a sein, dessen Angriffsrichtung horizontal angenommen ist. Der Sicherheitsgrad gegen Rutschen ist gleich dem Quotienten aus der Summe der widerstehenden Kräfte und der Kraft E_a. Die Untersuchung muß für verschiedene Lagen der Punkte *c* und *b* wiederholt werden, bis die Fläche des geringsten Rutschwiderstandes gefunden ist, der dem kleinsten Sicherheitsgrad entspricht.

Aufgaben

1. In einer weichen Tonschicht mit horizontaler Oberfläche wurde ein breiter Einschnitt ausgehoben. Die Böschungen waren unter 30° gegen die Horizontale geneigt. In 12,20 m Tiefe unter der ursprünglichen Geländeoberfläche stand Fels an. Als der Einschnitt eine Tiefe von 7,60 m erreichte, trat ein Bruch der Böschung ein. Wie groß war die mittlere Kohäsionsfestigkeit des Tons, wenn sein Raumgewicht 1,92 t/m³ betrug? Welche Art Gleitfläche wird sich ausgebildet haben? In welcher Entfernung vom Fußpunkt der Böschung hat die Gleitfläche die Sohle des Einschnittes geschnitten?

Antwort: 2,44 t/m²; Kreis um den Böschungsmittelpunkt; 5,50 m.

2. Die in Aufgabe 1 erwähnte Felsoberfläche lag in 9,10 m Tiefe unter der ursprünglichen Geländeoberfläche. Wie groß ist die mittlere Kohäsionsfestigkeit des Tons und welche Art Gleitfläche stellte sich ein?

Antwort: 2,20 t/m²; Böschungsfußkreis.

3. In einem weichen Ton soll eine Baugrube bis zu 9,15 m Tiefe ausgehoben werden. Der Boden hat ein Raumgewicht von 1,83 t/m³ und eine Kohäsion von 3,40 t/m². Unter der weichen Schicht liegt in 12,20 m Tiefe unter der ursprünglichen Geländeoberfläche eine harte Schicht. Bei welchem Böschungswinkel wird die Böschung wahrscheinlich rutschen?

Antwort: $\beta = 69°$.

4. In einem weichen Ton mit dem Raumgewicht 1,92 t/m³ und einer Kohäsion von 1,22 t/m² ist ein Graben ausgehoben, dessen Wände einen Winkel von 80° mit der Horizontalen bilden. Bis zu welcher Tiefe kann der Aushub fortgesetzt werden,

bevor die Wände einstürzen? In welcher Entfernung von der oberen Böschungskante wird die Gleitfläche die Geländeoberfläche schneiden?

Antwort: 2,75 m; 2,45 m.

5. Eine Tonablagerung besteht aus drei horizontalen Schichten, von denen jede 4,60 m dick ist. Die Kohäsion c beträgt für die obere, mittlere und untere Schicht etwa 2,93, 1,96 und 14,66 t/m². Das Raumgewicht beträgt 1,84 t/m³. Es ist ein Einschnitt mit der Böschungsneigung 1 (vertikal) zu 3 (horizontal) bis zu einer Tiefe von 6,10 m ausgehoben worden. Wie groß ist der Sicherheitsgrad der Böschungen gegen Rutschen?

Antwort: 1,2.

6. Bis zu welcher Tiefe könnte der in Aufgabe 4 beschriebene Graben ohne Aussteifung ausgehoben werden, wenn der Boden zusätzlich zu seiner Kohäsion einen Winkel der inneren Reibung von 20° besitzt?

Antwort: 4,70 m.

32. Erddruck gegen die Aussteifung in Baugruben

Die Bewegungsmöglichkeiten bei Aussteifungen. In Abb. 85 ist eines der verschiedenen Verfahren für die Aussteifung einer Baugrube dargestellt. Auf jeder Seite der geplanten Baugrube ist eine Reihe von I-Trägern bis zu einer Tiefe von einigen Metern unterhalb der Sohle eingerammt. Die Wände der Baugrube sind zwischen den I-Trägern mit horizontalen Bohlen ausgekleidet, die unmittelbar gegen den Boden eingebracht werden, sobald die Baugrube vertieft wird. Die beiden Enden jeder Bohle sind gegen die inneren Flanschen der I-Träger verkeilt. Die Träger sind ihrerseits durch horizontale Stahl- oder Holzsteifen abgestützt, die mit fortschreitender Ausschachtung eingebaut werden. Für die Bemessung der Steifen müssen wir Größe und Verteilung des Erddruckes kennen.

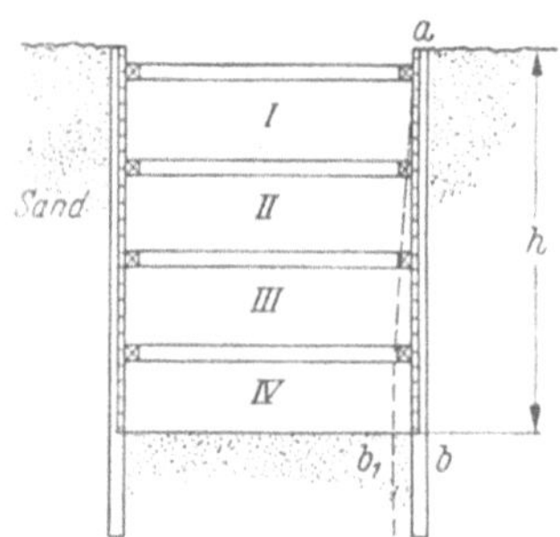

Abb. 85. Verformungsbedingung für die Berechnung des seitlichen Drucks auf die Aussteifung von Baugruben

In Abschn. 23 war dargelegt worden, daß der Erddruck nicht nur von den Eigenschaften des abgestützten Bodens abhängt, sondern davon, wie und in welchem Maß das Bauverfahren die Bewegungsmöglichkeit der Abstützung einschränkt. Infolgedessen besteht der erste Schritt bei der Untersuchung des Erddruckes gegen einen offenen Einschnitt in der Feststellung der Art dieser Beschränkungen. Wenn die erste in Abb. 85 mit I bezeichnete Steifenlage eingebaut wird, ist das Ausmaß der Ausschachtung noch so geringfügig, daß der ursprüngliche Spannungszustand im Boden praktisch unverändert ist. Die erste Steifenlage ist daher eingebaut, bevor irgendein merkliches Nachgeben der Bodenmassen eintritt. Während der Aushub bis zur Höhenlage der nächsten Steifenlage II fortschreitet, verhindert die Steifigkeit der Lage I ein weiteres horizontales Nachgeben des an der Geländeoberfläche zu beiden Seiten des Einschnittes befindlichen Bodens. Die als Pfosten dienenden I-Träger werden jedoch durch den Seitendruck des neben dem Einschnitt befindlichen Bodens belastet. Unter der Wirkung dieses Druckes geben sie nach innen nach, wobei sie sich um eine Achse in Höhe der obersten Steifenlage verdrehen. Dem Einbau der zweiten Steifenlage geht also ein horizontales Nachgeben des neben dem Einschnitt in Höhe dieser Lage befindlichen Bodens voraus. Mit größer werdender Tiefe wird das Nachgeben größer, weil die Höhe des Geländesprunges auf jeder Seite der Baugrube zunimmt. Mit wachsender Aushubtiefe verschiebt sich also der Vertikalschnitt ab in Abb. 85 in die Lage ab_1. Da die oberste Steife die Querstreckung des oberen Teiles des Gleitkeiles verhindert, kann der Boden nur in der Weise abrutschen, wie in Abb. 58 gezeigt wurde. Infolgedessen ist es nicht zulässig, den aktiven Erddruck gegen die Aussteifung der Baugrube nach den Theorien von Coulomb oder Rankine zu berechnen. Es muß vielmehr ein Verfahren entwickelt werden, das den Einfluß der Verformungsmöglichkeiten auf die Art des Bruches berücksichtigt.

Wir haben gesehen, daß die Verformungsmöglichkeiten, die in Abb. 85 durch die Linie ab_1 dargestellt sind, zu einer Rutschung führen, wie sie Abb. 58 zeigt. In Abschn. 23 ist ferner gezeigt worden, daß der Bruch nur eintreten kann, wenn die untere Ecke b der seitlichen Abstützung in Abb. 85 über eine gewisse Entfernung bb_1 hinaus nachgeben kann. Dieses Maß hängt von der Tiefe der Baugrube und von den physikalischen Eigenschaften des Bodens ab. In den folgenden Ausführungen wird angenommen, daß diese Verformungsbedingung erfüllt ist. Die Beobachtungen, auf denen sich diese Annahme gründet, und die notwendigen Voraussetzungen werden in Abschn. 48 dargelegt.

Baugruben in trocknem oder entwässertem Sand. Abb. 86 stellt einen vertikalen Schnitt durch eine Seite einer Baugrube von der Tiefe h in trocknem oder entwässertem Sand dar. Die ursprüngliche Lage der I-Pfähle ist durch die Gerade ab und die Endstellung durch die gestrichelte Linie eingetragen. Der Erddruck auf die Aussteifung pro Längeneinheit des Einschnittes sei mit E_{ag} bezeichnet, um ihn vom aktiven Erddruck E_a zu unterscheiden, der durch eine gleiche Sandmasse gegen eine Stützmauer von der Höhe h ausgeübt wird. Da der obere Teil des Gleitkeils in Abb. 86a sich nicht nach der Seite bewegen kann, schneidet die Gleitfläche die Geländeoberfläche unter einem rechten Winkel (vgl. auch Abb. 58). Die tatsächliche Gleitkurve kann mit guter Annäherung durch eine logarithmische Spirale mit der Gleichung

$$r = r_0 e^{\vartheta \operatorname{tg} \varrho} \qquad (32.1)$$

ersetzt werden. Der Ursprung der Spirale liegt auf einer Geraden, die durch den Punkt d geht und mit der Horizontalen den Winkel ϱ einschließt. Da der Keil durch das Nachgeben der seitlichen Abstützung entlang der Rückseite der Auszimmerung abwärts gleitet, greift die Resultierende des Erddruckes unter dem Winkel δ zur Horizontalen an. Theoretische Untersuchungen, deren Darlegung über den Rahmen dieses

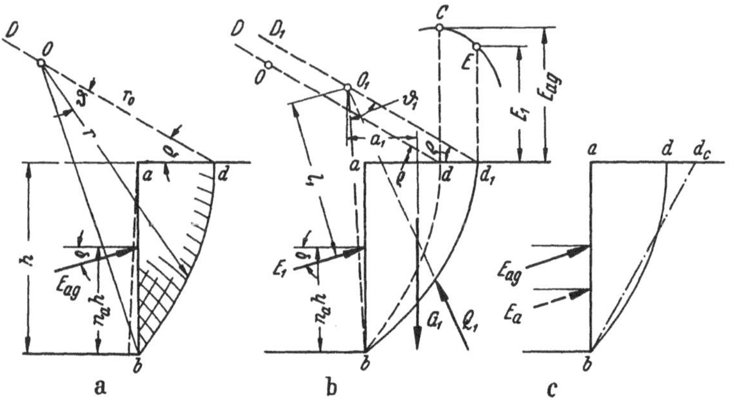

Abb. 86 a–c. Anwendung des Verfahrens mit logarithmischer Spirale zur Berechnung des Erddrucks gegen die Aussteifung einer Baugrube. a) Der Berechnung zugrunde liegende Annahmen; b) auf den Gleitkeil wirkende Kräfte; c) Vergleich der Gleitfläche mit derjenigen nach der Coulombschen Theorie

Buches hinausgehen, haben ergeben, daß der Angriffspunkt des Erddruckes durch die Form der Gleitfläche und umgekehrt bestimmt wird. Wenn die Gleitkurve der Kurve bd in Abb. 86 ähnlich ist, ergibt sich durch theoretische Untersuchungen, daß die Verteilung des Sanddruckes gegen die Aussteifung angenähert parabolisch ist, wie in Abb. 58b gezeigt wurde, und daß die Höhe des Angriffspunktes $n_a h$ zwischen $0{,}45h$ und $0{,}55h$ liegen muß. Diese theoretischen Erkenntnisse sind durch Druckmessungen in Baugruben natürlicher Größe bestätigt worden. Aus diesem Grund wird in den folgenden Berechnungen n_a als bekannt vorausgesetzt.

Um die Lage der Gleitfläche zu bestimmen, wird ein beliebiger Punkt d_1 (Abb. 86b) in der Nähe der oberen Böschungskante auf der horizontalen Geländeoberfläche angenommen. Durch diesen Punkt und durch die untere Ecke b des Geländesprungs wird eine logarithmische Spirale bd_1 mit dem Ursprung auf $d_1 D_1$ gezeichnet. Die Stützkraft Q_1 auf die Gleitfläche bd_1 geht durch den Mittelpunkt O_1. Bildet man die Momente um O_1, so erhält man

$$E_1 l_1 = G_1 a_1 ,$$

woraus

$$E_1 = \frac{G_1 a_1}{l_1}. \tag{32.2}$$

Ähnliche Berechnungen werden für spiralförmige Gleitflächen durch d_2, d_3 usw. durchgeführt (nicht dargestellt). Trägt man die Größen von E_1, E_2 usw. als Ordinaten über d_1, d_2 usw. auf, so erhält man die Kurve $C \ldots E$. Der aktive Erddruck E_{ag} ist gleich der größten Ordinate, welcher der Punkt C zugeordnet ist, und die Gleitfläche geht durch d. Die Breite ad des Rückens des Keils, welcher den größten Druck E_{ag} ausübt, ist immer viel kleiner als die Rückenbreite des entsprechenden Keils nach COULOMB abd_c in Abb. 86c.

Die Größe von E_{ag} hängt zu einem gewissen Teil von n_a ab. Sie nimmt mit wachsenden Werten von n_a etwas zu und ist stets größer als die entsprechenden COULOMBschen Werte E_a. Für $\varrho = 38°$ und $\delta = 0°$ erhöht eine Zunahme von n_a von 0,45 auf 0,55 die Größe E_{ag} von $1{,}03 E_a$ auf $1{,}11 E_a$. Wenn wir n_a zu 0,55 annehmen, liegt jeder Fehler auf der sicheren Seite, weil dieser Wert der größte ist, der bisher durch Feldmessungen festgestellt wurde. Der Winkel δ hat einen sehr kleinen Einfluß auf das Verhältnis von $E_{ag} : E_a$. Für eine überschlägliche Ermittlung genügt es also anzunehmen, daß

$$E_{ag} = 1{,}1 E_a. \tag{32.3}$$

Der nächste Schritt bei der Untersuchung ist die Ermittlung des Druckes in den einzelnen Steifen. Die Verteilung des seitlichen Druckes gegen die Aussteifung von Baugruben ist angenähert parabolisch, wie in Abb. 58b dargestellt wurde; sie weicht jedoch innerhalb der gleichen Baugrube infolge der Bodenverhältnisse und infolge von Einzelheiten des Ausbauverfahrens von Abschnitt zu Abschnitt etwas vom statistischen Mittel ab. Infolgedessen ist der Druck auf die einzelnen Steifen bei dem gleichen E_{ag}-Wert und der gleichen Aushubtiefe etwas unterschiedlich. Das Verfahren für die Berechnung des Maximaldruckes, den die Steifen in einer Steifenlage aufzunehmen haben, ist in Abschn. 48 beschrieben.

Baugruben in weichem Ton. Bei weichem Ton ist ϱ gleich Null und Gl. (32.1) wird mit derjenigen für einen Kreis vom Radius $r = r_0$ identisch. Da der Kreis die Geländeoberfläche rechtwinklig schneiden muß, muß sein Mittelpunkt in Höhe der Geländeoberfläche liegen. Für die Berechnung von E_{ag} werden um den Mittelpunkt des Kreises die Momente aller Kräfte gebildet, die auf den Gleitkeil wirken. Das treibende Moment wird durch das Gewicht des Keiles gebildet. Das widerstehende Moment ist gleich der Summe aus dem Moment der Kohäsionskräfte, die entlang der Gleitfläche wirken, und dem Moment der Resultierenden des Erddruckes E_{ag}. Messungen in Baugruben, die in natürlicher Größe in solchen Tonen ausgehoben waren, haben ergeben, daß n_a zwischen 0,4 und 0,55 schwankt und daß die Verteilung des Horizontaldruckes ähnlich wie bei Sand annähernd parabolisch ist. Das Verfahren zur Ermittlung des größten Druckes, der auf eine einzelne Steife wirken kann, ist in Abschn. 48 beschrieben.

Sohlenaufbrüche in Baugruben. Bei Baugruben und sonstigen Einschnitten in weichem Ton ist auch die Möglichkeit eines Sohlenaufbruches

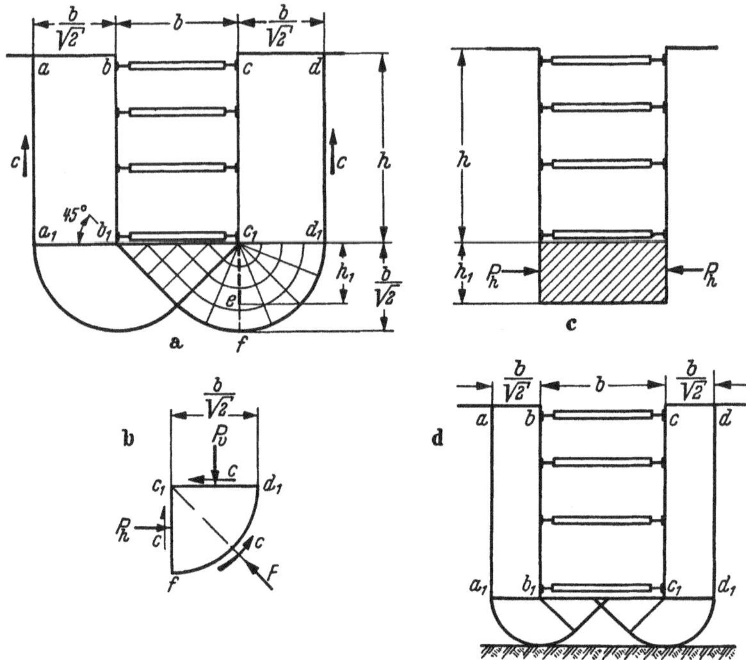

Abb. 87 a–d. Stabilität von Baugrubensohlen in weichem Ton. a) Stabilitätsverhältnisse, wenn keine feste Schicht das Fließen des Tons beeinträchtigt; b) auf den Keil $c_1 d_1 f$ wirkende Kräfte; c) Schnitt durch eine Baugrube mit bis unter die Sohle reichenden Spundwänden; d) Stabilitätsverhältnisse, wenn eine feste Schicht in geringer Tiefe unter der Baugrubensohle liegt.

zu untersuchen, da das Gewicht der zu beiden Seiten des Einschnittes befindlichen Tonmassen den unterlagernden Ton in den Einschnitt hineinzuschieben sucht. Abb. 87a stellt einen Querschnitt durch eine Baugrube in weichem Ton dar. Die Breite des Einschnittes sei b und die Tiefe h. Die beiden Streifenflächen $a_1 b_1$ und $c_1 d_1$ in Höhe der Einschnittsohle sind durch das Gewicht der Tonkörper, die über ihnen liegen, belastet. Wenn diese Auflast gleich der Tragfähigkeit der Streifen ist, geht der Ton oberhalb der Einschnittsohle in den Zustand des plastischen Gleichgewichts über. Während die Steifen eine seitliche Bewegung der Tonblöcke verhindern, verhindert die Scherfestigkeit des Tons in den

Streifenflächen $a_1 b_1$ und $c_1 d_1$ die horizontale Querstreckung des unmittelbar unter denselben liegenden Tons. Die Streifenflächen $a_1 b_1$ und $c_1 d_1$ wirken daher wie Fundamente mit rauhen Sohlflächen. Die. Grenzen der neben den belasteten Streifenflächen befindlichen Zonen des elastischen Gleichgewichtes müßten unter dem Winkel ϱ gegen die Horizontale nach oben führen, wie in Abb. 74b dargestellt. Da jedoch $\varrho = 0°$, gibt es keine Zone des elastischen Gleichgewichtes. Die Zone der radialen Scherspannungen beginnt an der belasteten Streifenfläche und erstreckt sich bis an die Grenze der passiven Erddruckzone nach RANKINE, die unter 45° zur Horizontalen nach oben führt. Deshalb muß die Zone des plastischen Gleichgewichtes die in Abb. 87a dargestellten Eigenschaften haben und die Gesamtbreite des Bereiches muß $b + b\sqrt{2}$ sein. Nach Gl. (29.3) ist die Tragfähigkeit der Streifen $p_g = 5{,}70c$.

Das Gewicht der Bodenmassen, die an einer Seite der Baugrube abwärts zu gleiten suchen, ist $\frac{1}{2}\sqrt{2}\,b\gamma h$. Da der nach unten gerichteten Bewegung die Kohäsion ch entlang der vertikalen Fläche dd_1 entgegen wirkt, beträgt die Gesamtlast P auf $c_1 d_1$

$$P = \frac{1}{2}\sqrt{2}\,b\,\gamma\,h - c\,h$$

oder als gleichmäßig verteilte Last auf $c_1 d_1$

$$p_v = \gamma\,h - \frac{\sqrt{2}\,c\,h}{b}. \qquad (32.4)$$

Um ein zu großes Risiko zu vermeiden, sollte der Sicherheitsgrad gegen Sohlenaufbruch mindestens 1,5 betragen. Der Druck p_v nach Gl. (32.4) darf daher $q_d/1{,}5 = 5{,}7c/1{,}5 = 3{,}8c$ nicht überschreiten. Wenn Spundwände noch ein Stück unter die Sohle der Baugrube reichen, kann der Horizontaldruck gegen den eingerammten Teil der Spundwand $c_1 f = \frac{1}{2}\sqrt{2}\,b$ pro lfd. m des Einschnittes durch Betrachtung des Gleichgewichtes am Keil $c_1 d_1 f$ in Abb. 87b berechnet werden. Die Aufstellung der Momente um c_1 ergibt

$$p_h \frac{\sqrt{2}}{2} b \frac{\sqrt{2}\,b}{4} = p_v \frac{\sqrt{2}}{2} b \frac{\sqrt{2}\,b}{4} - \frac{c\pi\sqrt{2}\,b}{8}\sqrt{2}\,b,$$

worin

$$p_h = p_v - \pi\,c. \qquad (32.5)$$

Der auf die Spundwand ausgeübte Gesamtdruck P_h ist dann

$$P_h = (p_v - \pi\,c)\frac{\sqrt{2}}{2}\,b. \qquad (32.6)$$

Wenn die Spundwand nur bis zur Tiefe h_1 unter c_1 reicht, wird der Druck P_h teilweise von der Spundwand und teilweise von dem Boden aufgenommen, der sich in Abb. 87a im Bereich ef befindet. Wenn h_1 größer als etwa $^2/_3$ von $c_1 f$ ist, verlagert die Steifigkeit der Spundbohlen den größten Teil des Druckes auf ef durch Gewölbewirkung auf die Spundbohlen (Abschn. 33). Der Gesamtdruck gegen die Spundbohlen ist also angenähert durch Gl. (32.6) angegeben. Wenn h_1 kleiner als etwa $^2/_3$ von $c_1 f$ ist, kann in Gl. (32.6) für $\frac{1}{2}\sqrt{2}\,b$ der Wert $1{,}5 h_1$ eingesetzt werden. Die Belastung P_h kann als über den eingerammten Teil der Spundbohlen gleichmäßig verteilt angenommen werden.

Gegen die horizontale Last P_h wirkt die Zylinderdruckfestigkeit $2c\,h_1$ des Tonkörpers, der durch die schraffierte Fläche in Abb. 87c dargestellt ist, und die Biegefestigkeit des im Boden befindlichen Teils der Spundbohlen. Infolgedessen müssen die Spundbohlen in der Lage sein, eine Belastung von $P_h - 2c\,h_1$ aufzunehmen. Andernfalls brechen die Spundbohlen durch Biegung und die Sohle des Einschnittes hebt sich.

Sind die unteren Enden der Spundbohlen in eine harte Schicht eingerammt, wird ihre Wirkung in zweifacher Hinsicht verstärkt. Die Einspannung des unteren Endes der Spundbohlen vermindert die maximalen Biegemomente im eingerammten Teil der Bohlen auf ungefähr ein Viertel des Wertes für nicht eingespannte Bohlen. Außerdem wird die vertikale Belastung auf den Schnitt $c_1 d_1$ in Abb. 87a um den Anteil vermindert, der durch Adhäsion auf die Spundbohlen übertragen wird. Wenn der Spitzenwiderstand der Spundbohlen größer als die Adhäsion ist, ist die Verminderung gleich der Adhäsion zwischen dem Ton und den Spundbohlen. Wenn sie kleiner ist, ist die Abminderung gleich dem Spitzenwiderstand.

Liegt die harte Schicht in geringer Tiefe unter der Baugrubensohle, wie in Abb. 87d dargestellt ist, berührt die untere Grenze der Zone des plastischen Gleichgewichtes die Oberfläche der harten Schicht. Die allgemeine Form des Scherbildes bleibt jedoch unverändert. Da die Tiefe der plastischen Zone durch das Vorhandensein der harten Schicht in geringer Tiefe begrenzt ist, ist die Breite des Bodenkörpers $a a_1 b_1 b$ der zu beiden Seiten des Einschnittes eine Auflast darstellt, kleiner als $\frac{1}{2}\sqrt{2}\,b$. Der Scherwiderstand in $a a_1$ ist derselbe wie in $a a_1$ in Abb. 87a. Aus diesem Grund ist die Größe der vertikalen Belastung auf $a_1 b_1$ in Abb. 87d kleiner als in Abb. 87a und die Gefahr für einen Sohlenaufbruch geringer.

Aufgaben

1. Ermittle nach dem Verfahren mit einer logarithmischen Spirale den Gesamtdruck E_{ag} gegen die Aussteifung einer 9,15 m tiefen Baugrube in kohäsionslosem Sand mit $\gamma = 1{,}82\ \mathrm{t/m^3}$ und $\varrho = 30°$. Die Größe von δ soll mit Null angenommen wer-

den. Der Druckmittelpunkt liegt in 4,88 m Höhe über der Einschnittsohle. Ermittle auch den COULOMBschen Wert E_a.

Antwort: 275 t/m; 257 t/m.

2. Eine 12,20 m tiefe Baugrube ist in Ton mit einem Raumgewicht von 2,04 t/m³ und einer Kohäsion von 3,09 t/m² ausgehoben worden. Die Werte von ϱ und δ seien mit 0° angenommen. Der Angriffspunkt der Resultierenden des Erddrucks gegen die Aussteifung liege in 5,50 m Höhe über der Sohle. Wie groß ist der gesamte Erddruck?

Antwort: 89,4 t/lfd. m.

3. Ein 15,25 m breiter Einschnitt ist in weichem Ton 11,0 m tief ausgehoben worden. Der Ton hat eine Kohäsion von $c = 1{,}48$ t/m² und ein Raumgewicht von $\gamma = 1{,}83$ t/m³. Sein Winkel der inneren Reibung sei Null. Wie groß ist der Sicherheitsgrad gegen Sohlenaufbruch, wenn keine Spundbohlen bis unter die Einschnittsohle eingerammt werden? Wenn Spundbohlen mit einem Widerstandsmoment von 767 cm³/lfd. m Wand bis 3,05 m unter die Sohle des Einschnitts reichen? Es kann angenommen werden, daß an der Sohle des Einschnitts Steifen eingebaut sind, daß die Zylinderdruckfestigkeit des Tons 2,92 t/m² beträgt und daß die Stahlspundbohlen bis zur Proportionalitätsgrenze des Stahls von 2515 kg/cm² beansprucht werden.

Antwort: 0,45; 1,12.

33. Gewölbewirkung in Böden

Der Erddruck auf die in Abb. 85 dargestellte seitliche Aussteifung ist etwa in halber Höhe der Wände der Baugrube am größten. Wenn einige der den Boden in halber Höhe abstützenden, horizontalen Bohlen entfernt werden, bleibt der freigelegte Teil der Einschnittwände trotzdem unverändert stehen, vorausgesetzt, daß der Boden wenigstens eine geringe Kohäsion besitzt. Um diese Tatsache erklären zu können, muß man annehmen, daß der vorher auf die Bohlen ausgeübte Druck auf diejenigen übergeleitet worden ist, die an Ort und Stelle verblieben sind. Dieses Druckübertragungsphänomen wird als *Gewölbewirkung* bezeichnet.

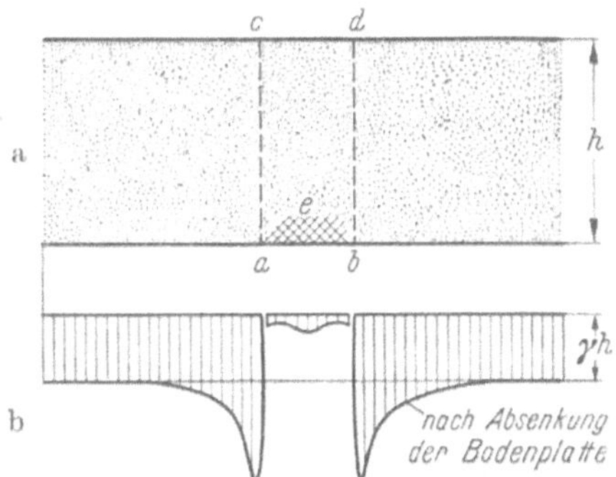

Abb. 88 a u. b. Versuchseinrichtung zur Untersuchung der Gewölbebildung in Sandschichten über einer nachgebenden Bodenklappe in der horizontalen Sohlplatte; b) Drücke auf die Sohlplatte und die Bodenklappe vor und nach einer geringen Absenkung der Klappe

Die bei Gewölbebildungen vorhandenen Verhältnisse können in ihren Grundzügen in einem Versuch dargelegt werden, wie er in Abb. 88a dargestellt ist. Auf eine Grundplatte, die eine verschließbare Öffnung ab enthält, ist eine Schicht aus trockenem, kohäsionslosem Sand mit dem Raumgewicht γ aufgebracht. In den Verschluß der Bodenöffnung ist eine Meßeinrichtung eingebaut, die es gestattet, den auf dem Verschluß wirkenden Druck zu messen (nicht dargestellt.)

Die Dicke h der Sandschicht beträgt ein Vielfaches der Breite der Öffnung in der Sohlplatte.

So lange wie die Bodenklappe ihre ursprüngliche Lage beibehält, ist der Druck auf die Klappe ebenso wie diejenige auf die Sohlplatte gleich γh pro Flächeneinheit. Sobald jedoch die Bodenklappe nach unten ausweichen kann, nimmt der Druck auf die Klappe auf einen kleinen Bruchteil seines ursprünglichen Wertes ab, während der Druck auf die benachbarten Teile der Sohlplatte zunimmt. Dies ist darauf zurückzuführen, daß dem Abwärtsgleiten des oberhalb der nachgebenden Bodenklappe befindlichen Sandprismas Widerstand durch die Scherkräfte in seinen Seitenflächen ac und bd geleistet wird.

Sowohl theoretische Untersuchungen als auch Ergebnisse von Versuchen und Erfahrungen im Tunnelbau haben gezeigt, daß der Maximaldruck auf eine nachgebende Öffnung praktisch unabhängig von der Dicke h der Sandschicht ist. Er überschreitet das Gewicht eines Sandkörpers nicht, der etwa die Abmessungen der schraffierten Fläche abe in Abb. 88 hat. Wenn der Sand eine Spur von Kohäsion besitzt, kann die Bodenklappe daher vollständig geöffnet werden, ohne daß der Sand aus der Öffnung ausfließen kann.

V. Setzungen und Bodenpressungen

34. Einleitung

Aufgabe und Zweck von Setzungsuntersuchungen. Unter *Setzung* versteht man die Senkungen eines Bauwerkes infolge der Zusammendrükkung und Verformung der Baugrundschichten.

Der Entwurf des Tragwerkes eines Gebäudes oder anderer Bauwerke geht mit seltenen Ausnahmen von der Annahme aus, daß das Bauwerk auf einer unnachgiebigen Unterlage steht. In Wirklichkeit drückt das Gewicht jedes Bauwerkes den unterlagernden Boden zusammen und verformt ihn, und infolgedessen ist die dem Entwurf zugrunde liegende Annahme niemals streng erfüllt. Wenn die Grundfläche des Bauwerkes eben bleibt, sind die Setzungen belanglos, da die Spannungen im Tragwerk nicht verändert werden. Wenn das Bauwerksgewicht die belastete Fläche dagegen verbiegt, wird auch die Grundfläche des Bauwerkes verbogen und das gesamte Tragwerk verformt. Die Zusatzspannungen infolge dieser Verformung sind im Entwurf des Überbaues nicht berücksichtigt. Sie sind jedoch in manchen Fällen groß genug, um das Aussehen eines Bauwerkes beeinträchtigen oder dauernde und nicht wieder gut zu machende Schäden hervorrufen zu können.

Infolge der Vielfalt der mechanischen Eigenschaften der Erdstoffe und der störenden Einflüsse der Baugrundschichtung können die Setzungen von Bauwerken nur in Ausnahmefällen genau vorausgesagt werden. Trotzdem ist eine theoretische Behandlung der Setzungsfragen unerläßlich, weil die Ergebnisse den Ingenieur in die Lage versetzen, wenigstens die Faktoren zu erkennen, welche die Größe und Verteilung der Setzungen bestimmen. Die Kenntnis dieser Faktoren bildet die Voraussetzung für die Ableitung von halbempirischen Regeln für den Entwurf von Gründungen aus praktischen Erfahrungen (Abschn. 53).

Theoretische Behandlung von Setzungsproblemen. Die theoretischen Verfahren zur Behandlung von Setzungsfragen müssen in Übereinstimmung mit den mechanischen Eigenschaften des Baugrundes und unter Berücksichtigung des Baugrundaufbaues ausgewählt werden. Wenn ein geplantes Bauwerk über einer oder mehreren sehr zusammendrückbaren Bodenschichten steht, die sich unter relativ unzusammendrückbaren Bodenschichten wie beispielsweise Sand befinden, hängen die Setzungen allein von den physikalischen Eigenschaften der weichen Schichten und von der Größe und Verteilung des Vertikaldruckes auf diese Schichten ab. Erfahrungen haben gezeigt, daß die vertikalen Drücke mit genügender Genauigkeit unter der Annahme berechnet werden können, daß der Untergrund des Bauwerkes vollkommen elastisch und homogen ist.

Ebenso kann die Verteilung der vertikalen Spannungen in horizontalen Schnitten unter der Annahme ermittelt werden, daß der Untergrund vollkommen elastisch ist, sofern das Bauwerk auf annähernd homogenem Untergrund steht. Die Größe und Verteilung aller anderen Spannungen weichen dagegen in der Regel sehr von denen in einem gleichmäßig belasteten und vollkommen elastischen Untergrund ab, und außerdem ist die Ermittlung der Spannungs-Formänderungsverhältnisse für einen Erdstoff im allgemeinen nicht durchführbar. In solchen Fällen kann es also notwendig sein, die Beziehungen zwischen der Größe der Belastung, den Setzungen und der Lastflächengröße nach halbempirischen Verfahren zu untersuchen.

Berechnung der Bodenpressung. Nachdem eine Gründung schon so entworfen worden ist, daß die ungleichen Setzungen ein für den Überbau unschädliches Maß nicht überschreiten, muß sie durchkonstruiert werden. Die Konstruktion erfordert eine Berechnung der Biegemomente und Scherkräfte in denjenigen Teilen der Gründung, die das Gewicht des Bauwerkes auf den Untergrund übertragen, beispielsweise in den Fundamenten oder Gründungsplatten. Der Druck, der in der Sohlfläche der Platten oder Fundamente wirkt, heißt *Sohlpressung* oder allgemein *Bodenpressung*.

Die Verteilung der Bodenpressungen in der Sohlfläche der Fundamente entspricht in einigen Fällen der Druckverteilung bei einer ähnlichen Gründung auf einem elastisch-isotropen Material; häufiger weicht sie jedoch vollkommen ab. Hinzu kommt, daß wenn der Baugrund aus Ton besteht, die Druckverteilung in der Sohlfuge sich im Lauf der Zeit erheblich ändern kann. Um die Entwurfsarbeit zu vereinfachen, wird für die Berechnung der Biegemomente in den Fundamenten gewöhnlich die willkürliche Annahme getroffen, daß die Fundamente auf einer Unterlage aus gleichmäßig verteilten Federn aufliegen. Dieses Verfahren ist in Abschn. 37 beschrieben. Die Erfahrungen haben gezeigt, daß es für praktische Zwecke im allgemeinen genau genug ist. Daher braucht der Entwurfsbearbeiter nur mit den allgemeinen Beziehungen zwischen der Bodenart und der Art der Druckverteilung vertraut zu sein. Falls der Unterschied zwischen der der Berechnung zugrunde gelegten und der wirklichen Druckverteilung möglicherweise groß ist und sich nach der unsicheren Seite auswirkt, wird das Risiko durch eine Erhöhung des Sicherheitsgrades ausgeglichen.

35. Vertikale Bodenpressungen unter Lastflächen

Die Gleichungen von Boussinesq. Der Angriff einer vertikalen Einzellast auf die horizontale Oberfläche eines beliebigen festen Körpers erzeugt ein Bündel vertikaler Spannungen in jeder horizontalen Ebene in diesem Körper. Es ist schon ohne rechnerischen Nachweis einleuchtend, daß die Größe der vertikalen Drücke in einem beliebigen horizontalen Schnitt durch den belasteten Boden von einem Größtwert an einem Punkt, der unmittelbar unter dem Lastangriffspunkt liegt, auf Null in sehr großer Entfernung von diesem Punkt abnimmt. Eine Druckverteilung dieser Art kann durch einen glocken- oder kuppelförmigen Raum dargestellt werden, wie in Abb. 92b aufgetragen ist. Da der von der Last ausgeübte Druck sich mit zunehmender Tiefe nach der Seite ausbreitet, nimmt der Maximaldruck in einem horizontalen Schnitt, der durch die größte Höhe in dem entsprechenden glockenförmigen Druckraum dargestellt ist, mit zunehmender Tiefe unter der Lastfläche ab. Die Gleichgewichtsbedingungen erfordern jedoch, daß die gesamte Druckerhöhung in jedem Schnitt gleich der aufgebrachten Last ist. Aus diesem Grund wird die Druckglocke mit zunehmender Tiefe niedriger aber auch breiter.

Sowohl die Theorie als auch Erfahrungen haben ergeben, daß die Form der Druckglocke mehr oder weniger unabhängig von den physikalischen Eigenschaften des belasteten Untergrundes ist. Aus diesem Grund ist es in Verbindung mit praktischen Problemen üblich und gerechtfertigt, diese Spannungen unter den Annahmen zu berechnen, daß das belastete Material elastisch, homogen und isotrop ist. Unter dieser

Voraussetzung erzeugt eine vertikale Einzellast P (s. Abb. 89a), die auf der horizontalen Oberfläche einer Masse mit sehr großer Ausdehnung angreift, im Punkt N in dieser Masse eine vertikale Druckspannung von der Größe

$$\sigma_v = \frac{3P}{2\pi z^2}\left[\frac{1}{1+(r/z)^2}\right]^{5/2}. \tag{35.1}$$

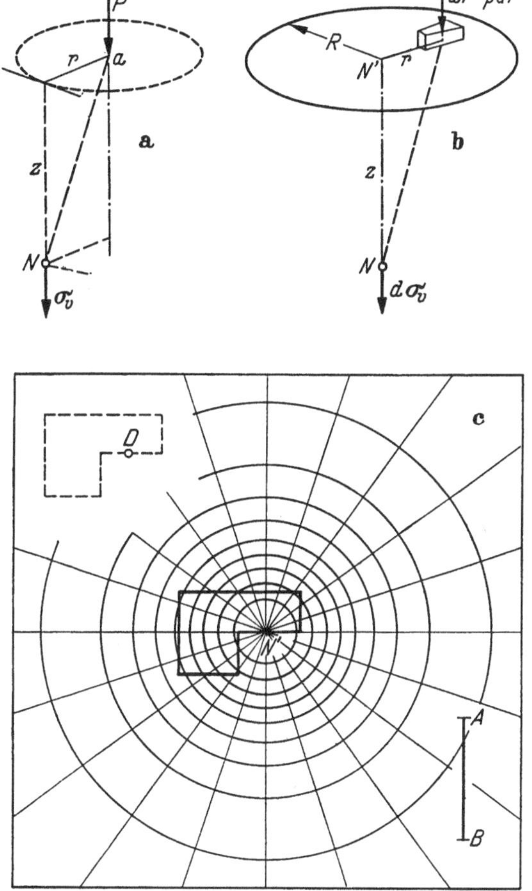

Abb. 89 a–c. a) Größe des Vertikaldrucks im Punkt N im Halbraum infolge einer Einzellast P; b) Vertikaldruck im Punkt N unter der Mitte einer kreisförmigen, durch die Flächenlast p belasteten Fläche; c) Anwendung der Einflußtafel zur Berechnung des Vertikaldrucks (nach N. M. NEWMARK)

In dieser Gleichung ist z der vertikale Abstand zwischen N und der Oberfläche der Masse und r der horizontale Abstand zwischen N und der Wirkungslinie der Last.

Gl. (35.1) ist eine aus einer Gruppe von Spannungsgleichungen, den *Boussinesqschen Gleichungen*, die den gesamten Spannungszustand im Punkt N in Abb. 89a beschreiben. Im Gegensatz zur vertikalen Spannung σ_v hängen die meisten anderen Spannungskomponenten im Punkt N jedoch weitgehend von den Spannungs-Formänderungseigenschaften des belasteten Materials ab. Da die Erdstoffe nicht einmal annähernd elastisch und homogen sind, sind die anderen Spannungsgleichungen von BOUSSINESQ für die Berechnungen der Spannungen im Boden nicht brauchbar.

Druckverteilung in horizontalen Schnitten unter belasteten Flächen. Bei der Berechnung der Vertikaldrücke im Baugrund unter einem Bauwerk wird gewöhnlich angenommen, daß das Bauwerk vollkommen biegsam ist. Wenn eine Fläche auf der Oberfläche einer sehr großen Masse eine gleichmäßig verteilte vollkommen nachgiebige Belastung von der Größe p trägt, kann die Größe des Vertikaldruckes in einem beliebigen Punkt N (Abb. 89b) innerhalb der Masse dadurch berechnet werden, daß man die Lastfläche in kleine Teile dF unterteilt, von denen jeder eine Belastung

$$dP = p\,dF$$

trägt. Man nimmt an, daß diese Last als Einzellast im Schwerpunkt der Elementarfläche dF angreift. Nach Gl. (35.1) erzeugt jede Einzellast im Punkt N einen Vertikaldruck

$$d\sigma_v = \frac{3p}{2\pi z^2}\left[\frac{1}{1+(r/z)^2}\right]^{5/2} dF. \tag{35.2}$$

Die Größe des Vertikaldruckes in Punkt N infolge der Gesamtlast wird durch Integration der Gl. (35.2) über die Lastfläche berechnet. Wenn beispielsweise der Punkt N in der Tiefe z unter dem Mittelpunkt N' einer kreisförmigen Lastfläche mit dem Radius R liegt, beträgt der Vertikaldruck

$$\sigma_v = p\left[1-\left(\frac{1}{1+(R/z)^2}\right)^{3/2}\right]. \tag{35.3}$$

Wenn die Belastung p auf einer Fläche gleichmäßig verteilt ist, die keine Kreisform hat, kann die Spannung σ_v in einem beliebigen Punkt N in der Tiefe z unter dieser Fläche bequem mit Hilfe des in Abb. 90 dargestellten Diagramms ermittelt werden. Das Diagramm stellt ein auf der Geländeoberfläche befindliches Netz von Linien dar. Es ist in einem solchen Maßstab gezeichnet, daß die Strecke AB gleich der Tiefe z ist. Der Punkt N liegt direkt unter dem Mittelpunkt der konzentrischen Kreise. Das Diagramm ist so konstruiert, daß eine Belastung von der Größe p, auf einem der kleinsten durch zwei benachbarte Radien und zwei benachbarte Kreise begrenzten Flächenteil im Punkt N einen Druck $\sigma_v = 0{,}005\,p$ erzeugt. Jeder Flächenteil ist daher eine *Einflußfläche* für die Spannung σ_v im Punkt N mit dem Wert 0,005.

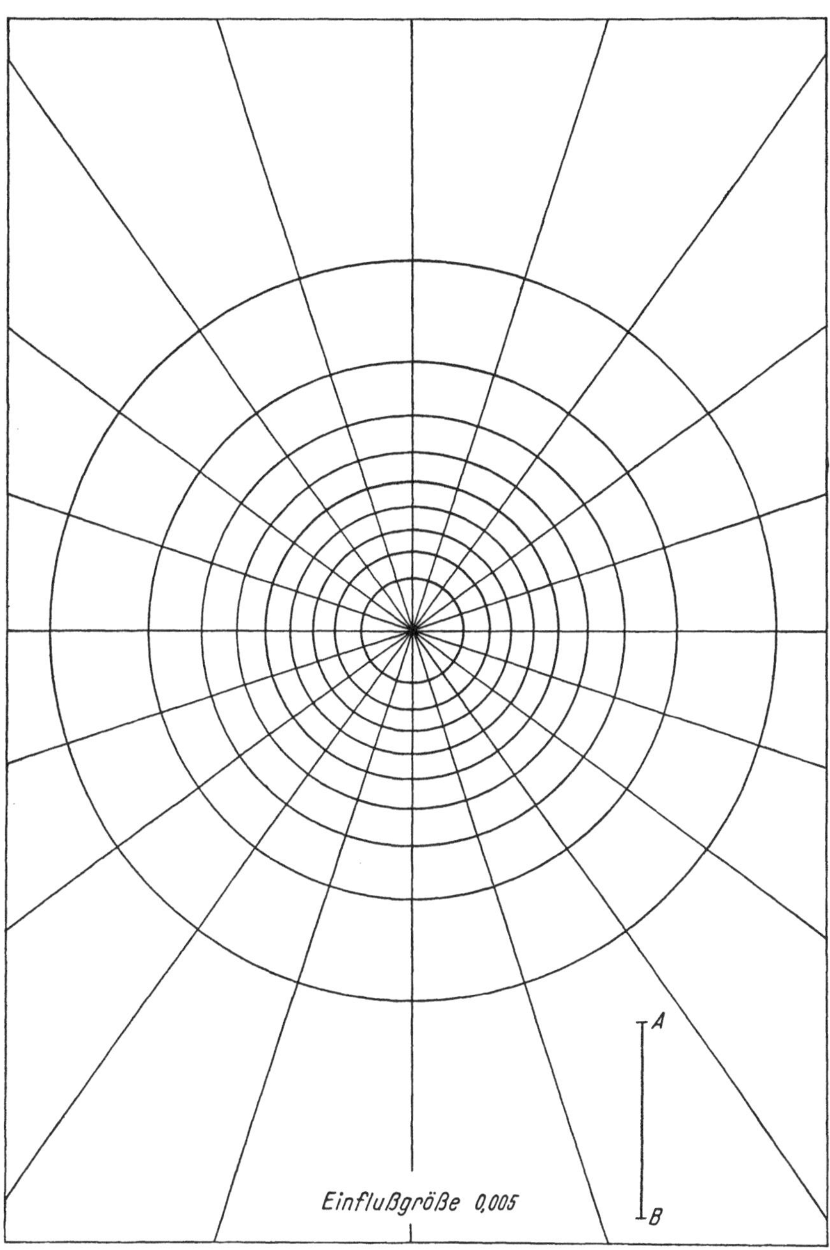

Abb. 90. Einflußtafel für Vertikaldrücke (nach N. M. NEWMARK)

Um die Anwendung des Diagrammes zu erläutern, wollen wir die Größe σ_v in einer Tiefe von 15 m, unter dem Punkt D des Gebäudes berechnen, dessen Grundriß in Abb. 89c eingetragen ist. Durch das Gewicht des Gebäudes werde eine gleichmäßig verteilte Belastung von 1,46 kg/cm² in der durch das Gebäude überbauten Fläche erzeugt. Der erste Schritt bei der Berechnung besteht darin, einen Grundriß des Gebäudes in einem solchen Maßstab auf Transparentpapier aufzuzeichnen, daß die Tiefe von 15 m gleich der Strecke AB auf dem Diagramm ist. Dann wird die Zeichnung so auf die Tafel gelegt, daß Punkt D mit Punkt N' auf der Tafel zusammenfällt, und die Anzahl der durch die Umgrenzung der Lastfläche eingeschlossenen Einflußflächen gezählt. Bei diesem Beispiel ist die Anzahl der Einflußflächen 31,5 und die entsprechende Spannung σ_v in einer Tiefe von 15 m unter D ist $31{,}5 \times 0{,}005 \times 1{,}46 = 0{,}23$ kg/cm². Die Spannung σ_v in jedem anderen Punkt in derselben Tiefe kann nach dem gleichen Verfahren ermittelt werden, wenn die Zeichnung so verschoben wird, daß der neue Punkt unmittelbar auf N' zu liegen kommt. Um die Spannungen in einem in einer anderen Tiefe z_1 liegenden Schnitt zu bestimmen, zeichnet man eine Pause in einem solchen Maßstab, daß die Tiefe z_1 wieder gleich der Strecke AB auf dem Diagramm wird.

Die Änderung des Druckes mit der Tiefe. Die Größe des Vertikaldruckes unter einer gleichmäßig verteilten Last nimmt entlang einer vertikalen Linie mit zunehmender Tiefe z unter der Oberfläche ab. Deshalb wird, wenn die zusammendrückbare Schicht sehr dick ist, der Vertikaldruck in der Schicht von der oberen bis zur unteren Grenzfläche geringer. Die Zusammendrückung einer dünnen Schicht hängt jedoch nur vom mittleren Vertikaldruck ab, der annähernd gleich dem Vertikaldruck in halber Höhe der Schicht ist. Wenn die zusammendrückbare Schicht verhältnismäßig dünn ist, kann daher die Druckänderung mit der Tiefe unberücksichtigt bleiben, und es wird in der Regel hinreichend genau sein, die Größe und Verteilung des Druckes in einer horizontalen Ebene in halber Höhe der Schicht zu berechnen.

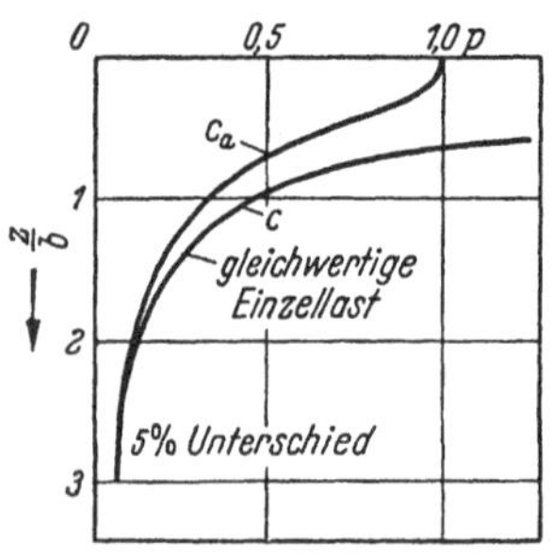

Abb. 91. Darstellung des Unterschiedes in den Vertikaldrücken längs der Lotrechten durch den Mittelpunkt einer Quadratfläche, wenn die auf dieses Quadrat wirkende Flächenlast durch eine Einzellast im Mittelpunkt ersetzt wird.

In Abb. 91 stellen die Abszissen der Kurve C_a die Größe des Vertikaldruckes in verschiedenen Tiefen unter der Mitte einer Lastfläche von der Größe $b \times b$ dar, die mit einer gleichmäßig verteilten Last pro Flächeneinheit belastet ist. Ersetzt man die Gesamtlast $b^2 p$ durch eine Einzellast $P = b^2 p$, die in der Mitte der Lastfläche angreift, erhält man die Kurve C anstatt C_a. Die Abbildung zeigt, daß die Kurven in einer Tiefe von etwa $3b$ fast identisch werden. In jeder größeren Tiefe als $3b$ ist der in einem horizontalen Schnitt durch die Belastung einer Quadratfläche erzeugte Druck praktisch gleich dem durch eine gleichgroße Einzellast erzeugten Druck, die in der Mitte der Lastfläche angreift. Die Spannungen σ_v in horizontalen Schnitten, die tiefer als $3b$ liegen, können also mit Gl. (35.1) berechnet werden.

Der Aushub des Bodens aus dem Raum, der durch die Fundamente Keller, Pfeilerschäfte usw. eingenommen wird, vermindert den vertikalen Druck in jedem Punkt unter der Baugrubensohle. Um die sich daraus ergebende Spannungsänderung zu berechnen, nimmt man an, daß die Geländeoberfläche in Höhe der Sohle der Baugrube liegt und daß das Gewicht des ausgehobenen Bodens von dieser Ebene aus nach oben wirkt.

Aufgaben

1. Eine Einzellast von 2405 kg befinde sich auf der Oberfläche einer elastischen Masse von sehr großer Ausdehnung. Wie groß ist der durch die Last verursachte Vertikaldruck in 6 m Tiefe unmittelbar unter der Last? In 12 m und in 60 m Tiefe? Wie groß ist der Vertikaldruck in den gleichen Tiefen in einem horizontalen Abstand von 15 m von der Wirkungslinie der Punktlast?

Antwort: 30,9; 7,70; 0,29; 0,22; 0,73; 0,26 kg/m².

2. Eine Kreisfläche auf der Oberfläche einer elastischen Masse großer Ausdehnung trägt eine gleichmäßig verteilte Belastung von 1,25 kg/cm². Der Radius des Kreises ist 3 m. Wie groß ist der Vertikaldruck in einem in 4,50 m Tiefe unter dem Kreismittelpunkt liegenden Punkt? In einem in derselben Tiefe unter dem Kreisumfang liegenden Punkt?

Antwort: 0,52 kg/cm²; 0,31 kg/cm².

3. Ein sehr langes Gebäude ist 36,6 m breit. Sein Eigengewicht stellt eine praktisch gleichförmige Belastung von 2,5 kg/cm² auf der Geländeoberfläche dar. In 21,3 m bis 27,4 m Tiefe liegt eine weiche Tonschicht. Der übrige Baugrund besteht aus dichtem Sand. Berechne die Größe der Vertikaldrücke infolge des Bauwerksgewichtes in den folgenden, in einer horizontalen Ebene in halber Höhe der zusammendrückbaren Schicht gelegenen Punkten: unter der Gebäudedecke, 6,1 m und 12,2 m von der Ecke nach der Mittellinie zu; unter der Mittellinie.

Antwort: 1,12; 1,45; 1,68; 1,79 kg/cm².

4. Berechne die Spannungen in denselben Punkten wie in Aufgabe 3, jedoch in der Achse der Grundfläche des Gebäudes, wenn die Gebäudegrundfläche 36,6 × 36,6 m mißt.

Antwort: 0,83; 1,10; 1,27; 1,34 kg/cm².

5. Die Baugrube für ein rechteckiges Gebäude von 61 × 36,6 m Grundfläche ist 6,10 m tief. Das Aushubmaterial ist feuchter Sand mit einem Raumgewicht von 1,84 t/m³. Wie groß ist die Verminderung des Vertikaldruckes infolge der Entlastung durch den Aushub in einem 21,3 m unter der ursprünglichen Geländeoberfläche liegenden Punkt, an einer Ecke des Gebäudes?

Antwort: 0,27 kg/cm².

36. Die Setzungen der Gründungen

Gründungen über eingeschlossenen weichen Tonschichten. In den folgenden Abschnitten ist das Verfahren zur Ermittlung der Setzungen eines über einer eingeschlossenen weichen Tonschicht befindlichen Bauwerkes behandelt. Das Bauwerksgewicht wird durch eine Stahlbeton-Plattengründung auf eine Sandschicht übertragen, in die in der Tiefe t unter

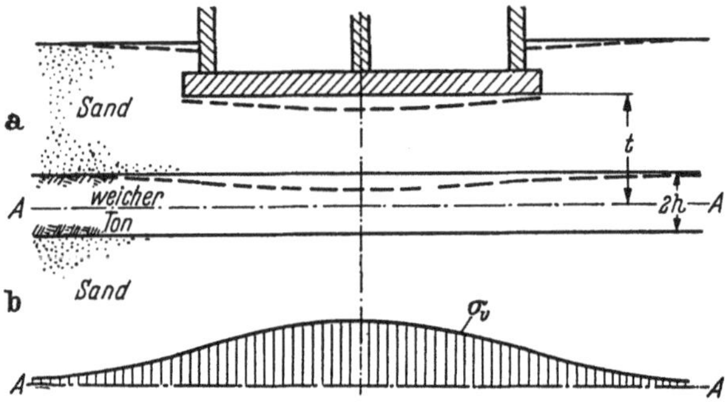

Abb. 92 a u. b. a) Setzungen eines Gebäudes, das mit einer Platte auf einem Baugrund gegründet ist, der eine zusammendrückbare Schicht in der Tiefe t enthält; b) Verteilung der Bodenpressungen in einer horizontalen Ebene in der Mitte der zusammendrückbaren Schicht

der Gründungsplatte eine weiche Tonschicht eingelagert ist (s. Abb. 92a). Es wird angenommen, daß das Bauwerksgewicht auf der Gründungsplatte gleichmäßig verteilt sei.

Sand ist im Vergleich zu weichem Ton fast unzusammendrückbar, deshalb werden die Setzungen fast ausschließlich durch die Zusammendrückung der Tonschicht verursacht. Da der Ton eingeschlossen ist, kann die durch einen bestimmten Druck hervorgerufene Zusammendrückung nach dem in Abschn. 13 beschriebenen Verfahren berechnet werden. Es ist jedoch notwendig, die Setzungen für verschiedene Punkte der Gründungsfläche des Bauwerkes zu berechnen, weil das übergeordnete Ziel der Setzungsberechnung die Ermittlung der Größe der Verbiegung ist, die die Sohle erleiden wird. Wenn die Dicke der Tonschicht im Vergleich zur Höhe der Überlagerung klein ist, kann angenommen werden, daß die mittlere Größe des Vertikaldruckes σ_v im Ton unter einem bestimmten Punkt des Fundamentes gleich der Größe des Vertikaldruckes unter diesem Punkt in halber Höhe der Schicht ist. Dieser Druck kann mit Hilfe des in Abb. 90 wiedergegebenen Diagrammes ermittelt werden.

Der nächste Schritt ist die Berechnung der Zusammendrückung s der Tonschicht unter jedem der ausgewählten Punkte. Nach Gl. (13.2) ist die Änderung des Porenvolumens

$$\Delta n = m_v \Delta p. \tag{13.2}$$

Die Größe m_v stellt die mittlere Verdichtungsziffer nach Gl. (13.3) für den Belastungsbereich vom Anfangsdruck p_0 bis zum Enddruck $p_0 + \Delta p$ dar. Der Zusatzdruck Δp ist gleich der vertikalen Druckspannung σ_v, die nach dem im vorigen Absatz angegebenen Verfahren berechnet wird. Wenn die Dicke der zusammendrückbaren Schicht $2h$ ist, beträgt die Dickenänderung s durch den Druck σ_v

$$s = 2h\,\Delta n = 2h\,m_v\,\sigma_v\,. \tag{36.1}$$

Die Größe s stellt nicht nur die Abnahme der Schichtdicke unter dem betreffenden Punkt dar, sondern auch die Setzung der Gründungssohle an diesem Punkt. Wenn der Baugrund verschiedene zusammendrückbare Schichten enthält, ist die Setzung eines bestimmten Punktes der Gründung gleich der Summe der Zusammendrückung jeder der Schichten senkrecht unter diesem Punkt.

Wenn eine Tonschicht relativ dick ist oder wenn σ_v und m_v nicht als über ihre gesamte Dicke annähernd konstant angesehen werden können, kann man die Schicht in mehrere Teilschichten unterteilen und σ_v und m_v für jede Teilschicht einzeln ermitteln. Anderseits kann man Gl. (36.1) durch die allgemeine Gleichung

$$s = \int_0^{2h} m_v\,\sigma_v\,dz$$

ersetzen, in der m_v und σ_v die Verdichtungsziffer bzw. der zusätzliche Vertikaldruck in der Tiefe z unter demjenigen Punkt sind, für den die Setzung berechnet werden soll. Die Integration ist graphisch durchgeführt, wie Abb. 93 zeigt. Der zusätzliche Vertikaldruck σ_v in der Tiefe z unter

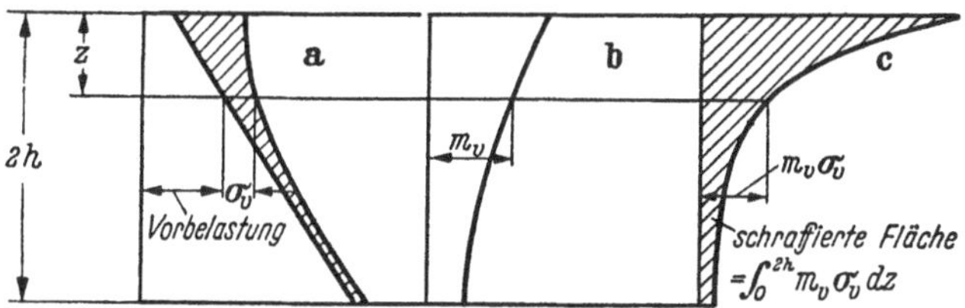

Abb. 93. Graphisches Verfahren zur Berechnung der Setzung einer zusammendrückbaren Schicht, wenn sowohl der Vertikaldruck σ_v als auch der Verdichtungsbeiwert m_v sich mit der Tiefe ändern

dem betrachteten Punkt ist durch die Breite der schraffierten Fläche in Abb. 93a dargestellt. Um die rechte Grenze der schraffierten Fläche zu ermitteln, muß die Größe von σ_v für verschiedene Werte z unter jedem Punkt berechnet werden. Trägt man die Werte für m_v als Abszissen und die Tiefen als Ordinaten auf, ergibt sich die Kurve der Abb. 93b. Die Breite der schraffierten Fläche in Abb. 93c in der Tiefe z ist gleich dem

Produkt $m_v \sigma_v$ gewählt. Daher stellt die gesamte schraffierte Fläche in Abb. 93c die Setzung s dar.

Die Zusammendrückung der Tonschicht bedingt eine Abnahme des Wassergehaltes des Tons. Infolge der geringen Durchlässigkeit des Tons entweicht das überschüssige Wasser sehr langsam und verzögert die Zusammendrückung (s. Abschn. 14). Die Verfahren zur Berechnung der Setzungsgeschwindigkeit sind in Abschn. 41 behandelt. Zu jedem Zeitpunkt sind die Setzungen einer mit einer gleichmäßig verteilten Last belasteten Fläche jedoch mulden- oder schüsselförmig, weil der Vertikaldruck in den zusammendrückbaren Schichten in der Mitte ein Maximum wird und nach den Rändern der Fläche abnimmt (s. Abb. 92b).

Gründungen auf ungeschichtetem Baugrund. Wenn der Baugrund für eine Gründung annähernd homogen ist, verursacht das Gewicht des Bauwerkes nicht nur eine Zusammendrückung des Untergrundes, sondern auch ein seitliches Ausweichen. Daher kann ein Teil der Setzung als eine vertikale Verkürzung der belasteten Schicht infolge einer Volumenabnahme und der andere als eine zusätzliche Verkürzung infolge seitlichen Ausweichens angesehen werden.

Wenn der Baugrund ideal elastisch und bis in sehr große Tiefe homogen wäre, würde die Setzung durch seitliches Ausweichen erheblich größer als durch Volumenabnahme sein. Für eine bestimmte Größe der Belastung würden die Setzungen von Lastflächen gleicher Form direkt proportional zur Breite der Flächen zunehmen.

Bei den Setzungen von belasteten Flächen auf Böden muß unterschieden werden zwischen denjenigen, die auf Ton und denjenigen, die auf Sand gegründet sind. Wenn der Untergrund aus Ton besteht, sind die Setzungen infolge seitlichen Ausweichens gewöhnlich klein im Vergleich zu den Gesamtsetzungen. Aus diesem Grund können selbst Setzungen von Gründungen auf dicken Tonschichten mit Hilfe der vorstehend beschriebenen Verfahren wenigstens überschläglich ermittelt werden. Wenn die Gründung dagegen auf anorganischem Schluff oder Sand erfolgt, ist der zweite Teil der Setzung in der Regel viel größer als der erste.

Um den Einfluß der Größe der Lastfläche und der Lage des Wasserspiegels auf die Setzungen von Fundamenten auf kohäsionslosem Sand zu bestimmen, müssen wir die Faktoren betrachten, die das Druck-Setzungsverhalten des Sandes bestimmen (Abschn. 18). Sowohl theoretische Untersuchungen dieser Beziehungen als auch Laboratoriumsversuche und Beobachtungen im Feld haben zu den folgenden Schlußfolgerungen geführt.

Die Setzungen eines Fundamentes von der Breite b wachsen mit kleiner werdendem Anfangs-Zusammendrückungsmodul E_a des Sandes, der sich zwischen der Sohlfläche des Fundamentes und einer Tiefe unter der

Sohlfläche befindet, die etwa der Breite b entspricht. Nach Abb. 42 nimmt der Anfangs-Zusammendrückungsmodul des Sandes mit dem effektiven allseitigen Druck zu. In jeder beliebigen Tiefe unter der Sandoberfläche ist der effektive Druck annähernd dem effektiven Überlagerungsdruck proportional. Wenn der Wasserspiegel aus einer größeren Tiefe als b unterhalb der Gründungssohle bis zur Sandoberfläche aufsteigt, nimmt der effektive allseitige Druck nach Abschn. 12 um annähernd 50% ab. Die Setzungen werden deshalb um etwa 100% größer.

Bei einer bestimmten Belastung pro Flächeneinheit der Gründungsfläche nimmt die Dicke der Sandschicht, die einer deutlichen Zusammendrückung und Verformung ausgesetzt ist, in dem Maß zu, wie die Breite der Lastfläche größer wird. Dagegen nimmt die Grenztragfähigkeit des Fundamentes und der mittlere Zusammendrückungsmodul des Sandes ebenfalls zu. Infolge dieser verschiedenen Faktoren ergibt sich eine Abhängigkeit zwischen den Setzungen und der Fundamentbreite, wie sie angenähert durch die ausgezogene Kurve in Abb. 94 dargestellt ist.

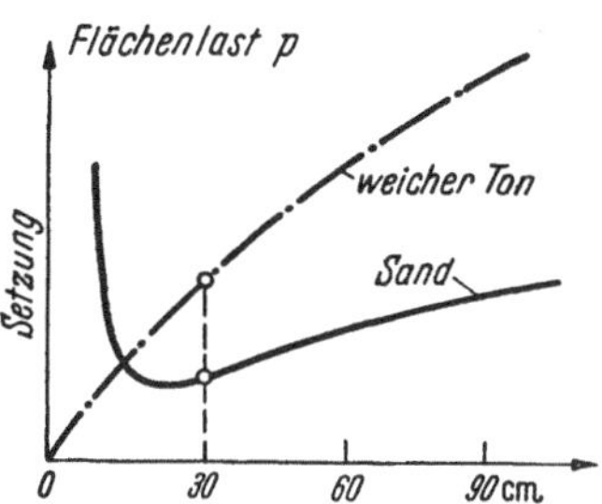

Abb. 94. Abhängigkeit zwischen der Breite eines quadratischen Fundaments und der Setzung unter der gleichen Flächenlast p

In der Praxis kann die Größe der Setzungen von auf Sand gegründeten Fundamenten nicht auf Grund der Ergebnisse von Laboratoriumsversuchen an Bodenproben vorausgesagt werden. Sie kann jedoch roh auf Grund halbempirischer Regeln abgeschätzt werden, die sich teilweise auf die oben erwähnten allgemeinen Beziehungen und teilweise auf die beobachteten Beziehungen zwischen den Setzungen und den Ergebnissen einfacher Feldversuche, wie Sondenuntersuchungen stützen (Abschn. 54 und 55).

Aufgaben

1. Die weiche Tonschicht, die in Abschn. 35, Aufgabe 3 erwähnt wurde, hat einen natürlichen Wassergehalt von 45%. Das spezifische Gewicht des Tons ist 2,70 g/cm³ und das Raumgewicht des dichten Sandes 2,08 t/m³. Der freie Wasserspiegel befindet sich an der Geländeoberfläche. Aus den Ergebnissen von Kompressionsversuchen ist abgeleitet worden, daß der Kompressionsbeiwert C_c gleich 0,50 ist. Berechne die Setzungen der Ecke und des Mittelpunktes des Bauwerkes.

Antwort: 21,6 cm und 31,3 cm.

2. Eine sehr große Fläche auf der Geländeoberfläche ist mit einer gleichförmig verteilten Last von 14,66 t/m² belastet. Der Untergrund besteht aus dichtem Sand, in den zwei Tonschichten von je 3,0 m Dicke eingelagert sind. Die Oberfläche der oberen Schicht befindet sich in 6 m, die der unteren in 20 m Tiefe. Der C_c-Wert ist

für beide Schichten 0,35, der natürliche Wassergehalt und das spez. Gewicht sind 34% und 2,75 g/cm³. Der Sand wiegt 2,0 t/m³ und ist vollständig überflutet. Wie groß ist die Setzung der Geländeoberfläche infolge der Flächenlast?

Antwort: 38,1 cm.

37. Sohlpressungen und Bettungsziffertheorien

Bodendruck auf die Sohlfläche starrer Fundamentkörper. Da die Setzungen der Sohlfläche eines vollkommen starren Fundamentes notwendigerweise gleichmäßig sind, ist die Druckverteilung auf die Sohlfläche eines solchen Fundamentes identisch mit derjenigen Lastverteilung, die erforderlich ist, um gleichmäßige Setzungen der Lastfläche zu erzeugen. Wenn der Untergrund aus einem vollkommen elastischen Material besteht, aus Ton oder aus Sand, der dicke Schichten von weichem Ton enthält, nimmt eine gleichmäßig belastete Fläche die Form einer flachen Schüssel oder Mulde an. Um gleichmäßige Setzungen zu erhalten, würde es notwendig sein, einen Teil der Belastung aus der Mitte der Lastfläche nach den Rändern zu verschieben. Die Bodenpressung in der Sohlfläche eines starren Fundamentes, das auf einem solchen Untergrund aufliegt, nimmt also von der Mitte der Sohlfläche nach dem Rand zu. Wenn eine gleichmäßig belastete Fläche dagegen von Sand unterlagert wird, ist die Setzung an den Kanten größer als in der Mitte. Eine gleichmäßige Setzung kann nur dadurch erzielt werden, daß die Last so verteilt wird, daß ihre Größe von einem Größtwert in der Mitte auf einen Kleinstwert am Rand abnimmt. Die Verteilung der Bodenpressung in der Sohle eines auf Sand gegründeten starren Fundamentes hat infolgedessen dieselben Merkmale. Abb. 95 stellt einen Schnitt durch ein starres Streifenfundament von der Breite b dar, welches auf einem vollkommen elastischen, homogenen Untergrund sehr großer Mächtigkeit aufliegt. Die Belastung des Fundamentes ist $p\ b$ pro Längeneinheit. Berechnungen nach der Elastizitätstheorie haben ergeben, daß die Bodenpressungen von weniger als $0{,}7p$ in der Mittellinie auf einen unendlichen Wert an den Kanten zunehmen, wie in der Abbildung dargestellt ist. Wenn das Fundament auf einem ideal-elastischen Material liegt, können die Drücke unter den Kanten einen bestimmten endlichen Wert p_c nicht überschreiten, bei dem das Material aus dem elastischen in den halbplasti-

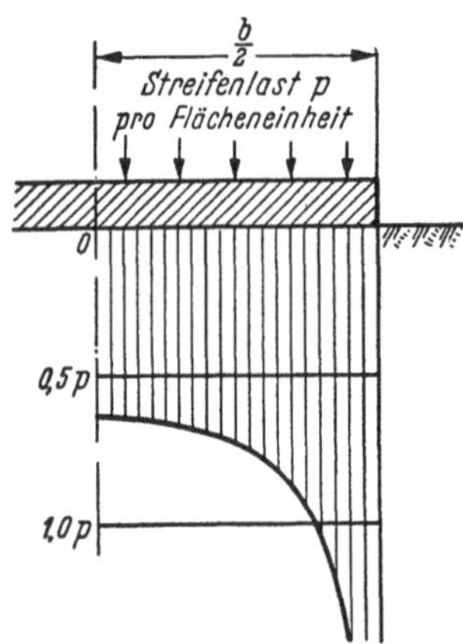

Abb. 95. Druckverteilung an der Sohle eines sehr langen starren Fundaments, das mit einer gleichmäßig verteilten Last belastet ist, auf einem vollkommen elastischen, homogenen und isotropen Untergrund

schen oder plastischen Zustand übergeht. Die zugehörige Sohldruckverteilung ist in Abb. 96a durch die Kurve C_1 dargestellt.

Wird die Belastung des Fundamentes in Abb. 96a vergrößert, so breitet sich von den Kanten aus ein plastischer Gleichgewichtszustand aus und die Bodendruckverteilung ändert sich. Wenn die Sohlfläche des Fundamentes glatt ist, wird die Druckverteilung in dem Augenblick vollkommen gleichmäßig, in dem der Untergrund durch plastisches Fließen ausweicht. Die Kurve C_u stellt die Druckverteilung bei diesem Zustand dar und die Kurve C_2 bei einem Zwischenzustand. Ist zwischen der Sohlfläche und dem Baugrund Adhäsion vorhanden, so ist die endgültige Druckverteilung ähnlich der in Abb. 76a dargestellten.

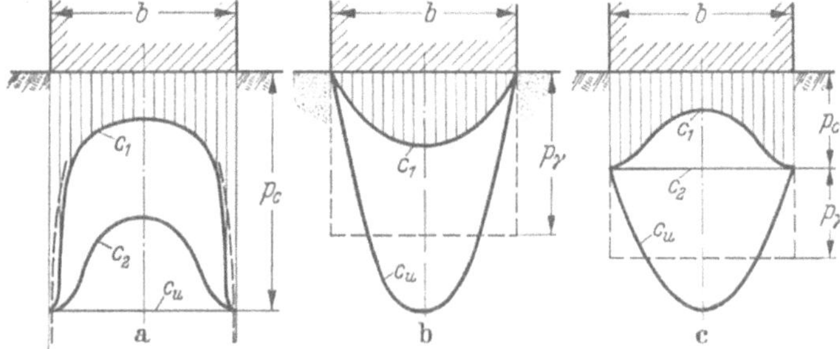

Abb. 96a–c. Verteilung der Bodenpressungen an der reibungslosen Sohlfläche eines starren Streifenfundaments auf a) einem ideal elastischen Material; b) kohäsionslosem Sand; c) einem Boden mit zwischen diesen beiden Materialien liegenden Eigenschaften. Die Kurven C_u geben die Bodenpressungen für die Grenzbelastung der Fundamente an

Befindet sich ein starres oder auch ein biegsames Fundament auf der Oberfläche von trockenem, kohäsionslosem Sand, nimmt nach der Theorie die Größe der Sohlpressung bei jeder Lasthöhe von einem Maximalwert in der Mitte auf Null an den Kanten ab, wie in Abb. 96b dargestellt ist. Experimentelle Untersuchungen haben zu denselben Ergebnissen geführt.

Abb. 96c zeigt die Verteilung der Bodenpressungen an der Sohle von Fundamenten auf einem Baugrund, dessen Eigenschaften zwischen denen rein kohärenter und denen ideal kohäsionsloser Erdstoffe liegen. Bei kleinen Belastungen nimmt der Sohldruck vom Mittelpunkt nach den Rändern des Fundamentes nach Kurve C_1 zu. In dem Maß, wie die Last erhöht wird, wächst der Druck in der Mitte, während er an den Kanten unverändert bleibt. Bei Erreichen des Bruchzustandes nimmt der Druck von der Mitte nach den Kanten ab, wie durch die Kurve C_u dargestellt ist.

Definition der Bettungsziffer. Abb. 96 zeigt, daß die Beziehung zwischen dem Spannungs-Formänderungsverhalten des Untergrundes und der Bodenpressung an der Sohle eines vollkommen starren Fundamentes keineswegs einfach ist. Wenn das Fundament nicht starr ist, sind die Beziehungen sogar noch komplizierter. Daher ist selbst eine rohe Ermittlung der tatsächlichen Bodendruckverteilung sehr mühsam. Ohne einige Kenntnisse über die Sohlpressungen können jedoch Fundamente oder Gründungsplatten nicht berechnet werden. Es ist deshalb üblich und notwendig, die Bodenpressungen auf Grund vereinfachender Annahmen abzuschätzen und den mit diesen Annahmen verbundenen Fehler durch die Wahl eines ausreichenden Sicherheitsgrades auszuschalten.

Die vereinfachenden Verfahren gehen von der willkürlichen und unzutreffenden Annahme aus, daß die Setzung s jedes Elementes der Lastfläche vollkommen unabhängig von der Belastung der benachbarten Flächenelemente ist. Es wird in Widerspruch zu den tatsächlichen Verhältnissen weiter angenommen, daß der Quotient

$$C_b = \frac{p_s}{s} \tag{37.1}$$

zwischen der Größe der Belastung p auf dem Element und der zugehörigen Setzung s ein konstanter Wert C_b (kg/cm³) ist. Im Gegensatz zu der wirklichen Bodenpressung, die auf die Sohlfläche des Fundamentes wirkt, heißt die fiktive Pressung p_s aus Gl. (37.1) die *Untergrundreaktion*. In den folgenden Ausführungen dieses Abschnittes ist das Symbol p_s ausschließlich der Untergrundreaktion vorbehalten und wird nicht für die wirkliche Bodenpressung angewandt. Der Koeffizient C_b wird als *Bettungsziffer* bezeichnet und die auf den vorstehend erwähnten Annahmen begründeten Theorien als *Bettungsziffertheorien*.

Untergrundreaktion auf starre Fundamente. Bei einem starren Fundament führt Gl. (37.1) zu der Schlußfolgerung, daß die Verteilung der Untergrundreaktion p_s in der Sohle des Fundamentes überall gleich groß ist, weil ein starres Fundament eben bleibt, wenn es sich setzt. Um ein starres Fundament nach Gl. (37.1) zu entwerfen, nehmen wir daher zumeist an, daß die Untergrundreaktion gleichmäßig verteilt sei. Außerdem müssen wir den statischen Forderungen genügen, daß 1. die gesamte Untergrundreaktion gleich der Summe der vertikalen Lasten ist, die auf den Untergrund wirken, und 2. das Moment der Resultierenden der vertikalen Lasten um einen beliebigen Punkt gleich dem Moment der gesamten Untergrundreaktion um diesen Punkt ist.

Als Beispiel möge die steife Schwergewichts-Stützmauer dienen, die in Abb. 97 dargestellt ist. Die Fußbreite ist b, und die Resultierende P der vertikalen Lasten auf der Sohlfläche greift im Abstand a von der vorderen Kante an. Die Untergrundreaktion an dieser vorderen Kante ist p_a und an der hinteren Kante p_b. Nach den vorstehenden Ausführungen wird die Verteilung der Bodenreaktion zwischen diesen beiden Punkten als linear angenommen. Man erhält die beiden Gleichungen

$$P = \frac{1}{2} b (p_a + p_b) \tag{37.2}$$

und

$$P_a = \frac{1}{6} b^2 p_a + \frac{1}{3} b^2 p_b. \tag{37.3}$$

Diese Gleichungen können nach p_a und p_b aufgelöst werden.

Es ist zu beachten, daß die Gl. (37.2) und (37.3) die Bettungsziffer nicht enthalten. Mit anderen Worten, die Verteilung der Bodenreaktion an der Sohle eines starren Fundamentes ist unabhängig vom Grad der Zusammendrückbarkeit des Untergrundes. Diese Tatsache macht es leicht, den Unterschied zwischen der Bodenreaktion und der wirklichen Bodenpressung zu erkennen. Wenn die Resultierende P der Belastung auf einem Fundament durch den Schwerpunkt der Lastfläche geht, ist die Untergrundreaktion gleichmäßig über die Fundamentsohle verteilt und ist überall gleich P/F. Dagegen kann die Verteilung der tatsächlichen Bodenpressung in der Sohlfläche des gleichen Fundamentes alles andere als gleichförmig sein, wie in Abb. 96 gezeigt wurde. Sie hängt von den Spannungs-Formänderungseigenschaften des Untergrundes und von der Größe der Belastung ab.

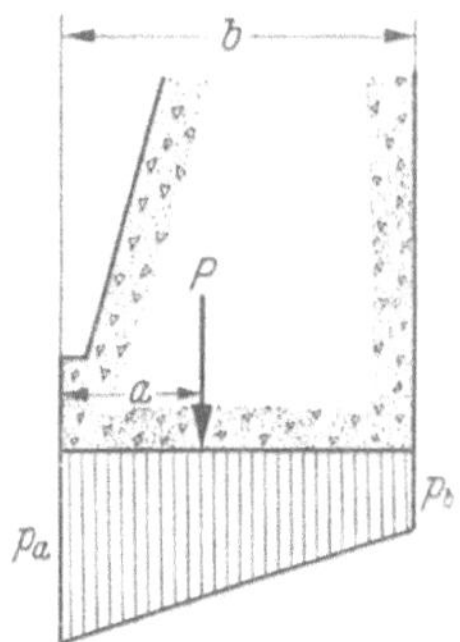

Abb. 97. Bodenpressungen an der Sohle einer starren Schwergewichts-Stützmauer

Trotz dieser offensichtlichen Widersprüche zwischen der Theorie und der Wirklichkeit, kann die Bettungsziffertheorie für die Entwürfe der üblichen Fundamente ohne Bedenken angewandt werden, weil die Fehler innerhalb der gewöhnlichen Sicherheitsgrenzen liegen und sich in der Regel auch nach der sicheren Seite auswirken.

Die Untergrundreaktion auf biegsame Fundamente. Wenn ein Fundament oder eine Platte nicht starr ist, hängt die Untergrundreaktion sowohl von der zahlenmäßigen Größe von C_b als auch von der Biegungssteifigkeit des Fundamentkörpers ab. Der Einfluß der letzteren geht aus Abb. 98 hervor, die einen Querschnitt durch eine lange, rechteckige elastische Platte darstellt. Auf der Längsachse der Platte befindet sich eine Linienlast p' pro Längeneinheit. Die Platte liegt auf einem elastischen Untergrund. Infolge ihrer Biegsamkeit nehmen die Setzungen von der Mittellinie nach den Rändern ab. Infolgedessen nimmt die Untergrundreaktion ebenfalls von einem Größtwert in der Mitte auf einen Kleinstwert an den Kanten ab. Wenn die Platte sehr biegsam ist, können sich die Kanten hochbiegen und die Untergrundreaktion unter den Randstreifen der Platte kann zu Null werden. Auf jeden Fall sind die maximalen Biegemomente in einer biegsamen Platte für eine gegebene Linienlast p' und eine bestimmte Plattenbreite sehr viel kleiner als in einer starren Platte.

Die Untergrundreaktion auf die Sohle eines relativ biegsamen Gliedes innerhalb einer Gründung kann mit Hilfe der *Theorie des elastischen Balkens auf elastischer Bettung* berechnet werden. Die Theorie geht von der einleuchtenden Annahme aus, daß die vertikale Verschiebung des belasteten Gliedes infolge Setzung und Durchbiegung an jedem Punkt gleich der Setzung der Baugrundoberfläche an demselben Punkt sein muß. Die Berechnung der Setzung der Baugrundoberfläche erfolgt nach Gl. (37.1). Im Gegensatz zu Gl. (37.2) und (37.3), die für einen starren Fundamentkörper gelten, enthalten die Gleichungen für die Berechnung der Untergrundreaktion auf ein elastisches Fundament stets die Größe C_b der Gl. (37.1).

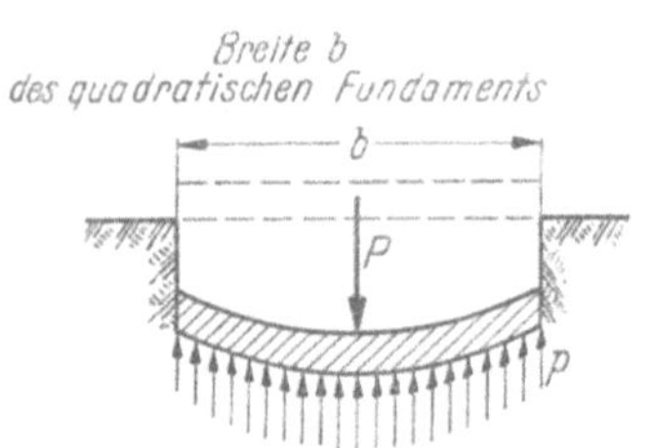

Abb. 98. Biegsames Fundament großer Länge auf elastischem Baugrund, durch eine Linienlast belastet. *a* Verbiegung des Fundaments unter der Belastung; *b* Sohldruckverteilung

Da die Theorie des elastischen Balkens auf elastischer Bettung sich auf Gl. (37.1) gründet, ist sie nicht genauer als die Theorie der Untergrundreaktion für starre Fundamente. Sie kann sogar noch ungenauer sein, da sie auch den mit der Ermittlung von C_b verbundenen Fehler enthält. Da die Berechnungen immer umständlich sind, ist die Untersuchung nur gerechtfertigt, wenn sie zu einer beträchtlichen Einsparung an Baukosten führt.

Bei allen Bettungsziffertheorien wird angenommen, daß der Koeffizient C_b, der das Verhältnis zwischen der Lastgröße auf dem fiktiven Untergrund und der zugehörigen vertikalen Verschiebung darstellt, eine Konstante sei, die nur von den physikalischen Eigenschaften des Untergrundes abhängig ist. Der Quotient aus der mittleren Belastungsgröße auf der Oberfläche eines bestimmten Körpers und der zugehörigen Setzung ist jedoch nicht konstant. Bei kreisförmigen Fundamenten auf elastischer isotroper Auflage nimmt der Quotient mit wachsendem Fundamentdurchmesser ab. Für ein auf dem Baugrund aufliegendes Fundament bestimmter Größe nimmt er ebenfalls mit größer werdender Belastungshöhe ab. Weiterhin ist er für verschiedene Punkte der Grundfläche desselben Fundamentes unterschiedlich groß. Die Ermittlung der Größe von C_b schließt also viele Unstimmigkeiten ein und das übliche Verfahren zur Ermittlung von C_b mit Hilfe kleinmaßstäblicher Probebelastungen unterliegt allen Einschränkungen, die für das in Abschn. 54 beschriebene Probebelastungsverfahren gelten.

Aufgaben

1. Eine Schwergewichtsstützmauer hat eine Sohlbreite von 2,50 m. Die Wirkungslinie der Resultierenden der vertikalen und der horizontalen Kräfte schneidet die Sohlfläche in einem 0,90 m von der vorderen Mauerkante entfernten Punkt. Die Vertikalkomponente der Resultierenden beträgt 17,9 t/lfd. m. Wie groß ist die Untergrundreaktion an der vorderen und an der hinteren Kante?

Antwort: 1,28 kg/cm^2; 0,18 kg/cm^2.

2. Ein Fundament mit trapezförmiger Grundfläche ist 3,70 m lang, an einem Ende 0,90 m und am anderen 1,80 m breit. Es trägt zwei Stützen auf seiner Mittellinie, eine in einem Abstand von 0,60 m von der schmalen Seite und die andere 0,90 m von der breiten Seite entfernt. Die Belastung aus der ersten Stütze ist 18 t und die aus der zweiten 36 t. Wie groß ist die Untergrundreaktion an jedem Ende unter der Annahme, daß das Fundament starr ist?

Antwort: 0,98 kg/cm^2.

VI. Hydraulische Probleme des Baugrundes und im Erdbau

38. Art der hydraulischen Probleme

Die vorhergehenden Kapitel des Teiles B haben sich mit Erdstoffen befaßt, die trocken, feucht oder in stehendem Wasser überflutet sind. Das Kräftespiel zwischen den Erdstoffen und dem sickernden Wasser wurde noch nicht in die Betrachtungen einbezogen. Es gibt im Erdbau jedoch drei Gruppen von Problemen, die nicht ohne Kenntnis der diese Wechselwirkung beherrschenden Gesetze gelöst werden können. Eine Gruppe umfaßt die Ermittlung der Wassermenge, die in eine Grube oder einen Schacht während des Baues eindringen, sowie der Stauwassermenge, die durch Sickerströmungen durch einen Damm oder seinen Untergrund verloren geht (Abschn. 39). Die zweite Gruppe befaßt sich mit der Wirkung des Sickerströmungsdruckes auf die Standsicherheit von Böschungen und Gründungen (Abschn. 40 und 42). Die dritte behandelt den Einfluß der Durchlässigkeit auf die Geschwindigkeit, mit der das überschüssige Wasser aus belasteten Tonschichten austritt (Abschn. 41).

Die theoretische Lösung jedes einzelnen dieser Probleme geht von der Annahme aus, daß der vom Wasser durchsickerte Bodenkörper homogen ist, oder daß er aus wenigen homogenen Schichten mit deutlichen Grenzen zusammengesetzt ist. Ähnliche Annahmen sind bei der Ableitung aller Theorien getroffen worden, die in den ersten beiden Kapiteln des Teiles B behandelt wurden. Bei hydraulischen Problemen sind jedoch die praktischen Folgerungen aus derartigen Annahmen grundsätzlich anders.

Erddruck, Standsicherheit und Setzungen hängen nur von den Mittelwerten der betreffenden Bodeneigenschaften ab. Deshalb ist selbst eine erhebliche Abweichung der Werte vom Mittel von geringer praktischer

Bedeutung. Im Gegensatz hierzu können scheinbar unbedeutende Einzelheiten bei hydraulischen Problemen einen entscheidenden Einfluß sowohl auf die Größe der Sickerströmung als auch auf die Verteilung der Strömungsdrücke im Boden haben. Das folgende Beispiel möge dies erläutern.

Wenn eine dicke Sandablagerung einige wenige dünne Schichten von dichtem Feinschluff oder steifem Ton enthält, hat das Vorhandensein dieser Schichten praktisch keinen Einfluß auf den seitlichen Druck, den der Sand auf die Steifen einer offenen Baugrube oberhalb des Wasserspiegels ausübt, auf die Grenztragfähigkeit des Sandes oder auf die Setzungen eines Bauwerkes, welches auf diesem Sand gegründet ist. Bei diesen, in den vorangehenden Kapiteln des Teiles B behandelten Problemen kann das Vorhandensein solcher Schichten ohne Bedenken übergangen werden und es ist unwesentlich, ob der Bohrmeister sie vermerkt oder nicht.

Bei allen praktischen Problemen, bei denen die Strömung des Wassers durch den Sand, beispielsweise aus einem Staubecken auf der Oberwasserseite einer Spundwand nach der Unterwasserseite eine Rolle spielt, ist im Gegensatz hierzu das Vorhandensein oder Fehlen dünner relativ undurchlässiger Bodenschichten von entscheidender Bedeutung. Wenn eine dieser Schichten ohne Unterbrechung durchgeht und oberhalb der Unterkante der Spundwand liegt, unterbindet sie die Strömung fast vollständig. Wenn die Schichten nicht durchgehend vorhanden sind, ist es unmöglich, ihren Einfluß auf die Menge und Richtung der Sickerströmung abzuschätzen, sofern nichts darüber bekannt ist, inwieweit ihr Zusammenhang gewahrt ist. Diese Frage kann jedoch durch kein praktisch anwendbares Hilfsmittel beantwortet werden. Oft genug wird durch die Untersuchungsbohrungen das Vorhandensein dieser Schichten überhaupt nicht einmal festgestellt.

Jede natürliche Bodenschicht und jede künstliche Aufschüttung enthält verborgene und nicht feststellbare Einschlüsse von Material mit ungewöhnlich hoher oder niedriger Durchlässigkeit; die Lage der horizontalen Grenzen dieser Einschlüsse läßt sich nur vermuten. Deshalb kann der Unterschied zwischen den wirklichen Verhältnissen und den Ergebnissen aller Untersuchungen über die Wasserströmung durch den Boden sehr bedeutend sein, ganz abgesehen von der Gründlichkeit und der Sorgfalt, mit der der Baugrund untersucht worden ist. Wenn jedoch überhaupt keine Untersuchungen durchgeführt wurden, ist der Entwurfsbearbeiter vollkommen auf den Zufall angewiesen. Infolgedessen muß bei einer verantwortungsbewußten Bearbeitung von hydraulischen Problemen folgendes Verfahren angewandt werden: Der Entwurf muß auf Grund der Ergebnisse gewissenhafter hydraulischer Untersuchungen aufgestellt sein. Darüber hinaus müssen während der gesamten Bauzeit und gegebenenfalls noch mehrere Jahre danach, alle Feldbeobachtungen durchgeführt werden, die notwendig sind um festzustellen, ob und in welchem Ausmaß die tatsächlichen hydraulischen Verhältnisse im Untergrund von den angenommenen abweichen. Wenn die Beobachtungen ergeben, daß die wirklichen Verhältnisse weniger günstig sind als der Entwurfsbearbeiter annahm, muß der Entwurf schließlich entsprechend den Erkenntnissen abgeändert werden. Mit Hilfe dieses Verfahrens, welches im Teil C durch verschiedene Beispiele erläutert wird, hätten viele Dammbrüche vermieden werden können.

39. Berechnung von Sickerströmungen

Grundlagen. Bei den folgenden Berechnungen wird angenommen, daß für die Wasserströmung durch den Boden das DARCYsche Gesetz (Gl. 11.6) gültig ist und daß der Boden aus relativ unzusammendrückbarem Material wie Sand, schluffigem Sand oder Gesteinsmehl besteht.

Um die Geschwindigkeit der Wasserströmung durch solche Erdstoffe zu berechnen, ist es notwendig, die Größe und Verteilung der neutralen Spannungen zu bestimmen, die im allgemeinen als *Porenwasserdrücke* bezeichnet werden. Diese Spannungen können graphisch durch die Konstruktion eines *Stromliniennetzes* ermittelt werden, das die Wasserströmung durch einen nicht zusammendrückbaren Boden darstellt. Zur Erläuterung dieses Verfahrens wollen wir die Wassermenge berechnen, die aus einem Staubecken durch den Untergrund unter einem einfachen

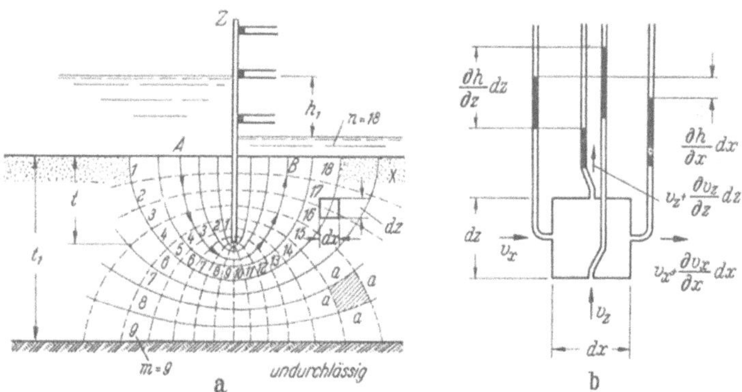

Abb. 99 a u. b. a) Strömung des Wassers um den unteren Rand einer Spundwand durch homogenen Sand; b) hydrostatische Druckverhältnisse an den vier Seiten des in a eingezeichneten Sandelements

Spundwand-Fangedamm entweicht, der in Abb. 99a dargestellt ist. Es wird vorausgesetzt, daß die Spundwand dicht ist. Die Spundbohlen sind bis zur Tiefe t in eine homogene Sandschicht eingerammt, die bis in die Tiefe t_1 reicht. Der Sand liegt auf einer horizontalen, undurchlässigen Sohle. Der hydraulische Druckhöhenunterschied h_1 (s. Abschn. 11) wird konstant gehalten. Das auf der Oberstromseite in die Sandoberfläche eindringende Wasser bewegt sich auf Kurven, die *Stromlinien* genannt werden. Die durch Pfeile gekennzeichnete Kurve AB ist eine dieser Stromlinien.

In Abb. 99b ist eins der prismatischen Elemente der durchlässigen Schicht in einem größeren Maßstab herausgezeichnet. Die Seitenlängen dieses Elementes sind in der Zeichenebene dx und dz. Die Kantenlänge senkrecht zur Zeichenebene ist dy. Ferner sei

v_x = Komponente der Sickergeschwindigkeit in horizontaler Richtung,
$i_x = \partial h/\partial x$, hydraulisches Gefälle in horizontaler Richtung,
v_z und $i_z = \partial h/\partial z$ die entsprechenden Größen in vertikaler Richtung,
h = hydraulische Druckhöhe an der Stelle, an der sich das Element befindet.

Die Gesamtmenge des Wassers, die in das Bodenelement in der Zeiteinheit eintritt, ist

$$v_x\,dz\,dy + v_z\,dx\,dy\,.$$

Die Wassermenge, die es verläßt, ist

$$v_x\,dz\,dy + \frac{\partial v_x}{\partial x}\,dx\,dz\,dy + v_z\,dx\,dy + \frac{\partial v_z}{\partial z}\,dz\,dx\,dy\,.$$

Wenn die Flüssigkeit vollkommen unzusammendrückbar und das von derselben eingenommene Porenvolumen konstant ist, ist die Wassermenge, welche in das Element eintritt, gleich derjenigen, welche es verläßt. Es ist deshalb

$$\left(v_x\,dz\,dy + \frac{\partial v_x}{\partial x}\,dx\,dz\,dy + v_z\,dx\,dy + \frac{\partial v_z}{\partial z}\,dz\,dx\,dy\right) - (v_x\,dz\,dy + v_z\,dx\,dy) = 0\,,$$

oder

$$\frac{\partial v_x}{\partial x} + \frac{\partial v_z}{\partial z} = 0\,. \qquad (39.1)$$

Gl. (39.1) ist die *Kontinuitätsbedingung* für die Strömung parallel zur XZ-Ebene. Da sowohl das Wasser als auch der Boden wenigstens im geringen Maße zusammendrückbar sind, erfüllt die Wasserströmung durch den Boden die Kontinuitätsbedingung nicht streng. Bei Sickerströmungsaufgaben für die Baupraxis kann dieser Umstand jedoch gewöhnlich, wenn auch nicht immer, unberücksichtigt bleiben.

Aus Gl. (39.1) in Verbindung mit Gl. (11.6) erhalten wir

$$v_x = k\,i_x = k\frac{\partial h}{\partial x} \quad \text{und} \quad v_z = k\,i_z = k\frac{\partial h}{\partial z}\,.$$

Man erkennt aus diesen Gleichungen, daß die Geschwindigkeiten v_x und v_z als partielle Ableitungen nach x und z von der Größe

$$\Phi = kh$$

angesehen werden können, die als *Geschwindigkeitspotential* bezeichnet wird. Setzt man

$$v_x = \frac{\partial \Phi}{\partial x} \quad \text{und} \quad v_z = \frac{\partial \Phi}{\partial z}$$

in Gl. (39.1) ein, so ergibt sich

$$\frac{\partial^2 \Phi}{\partial x^2} + \frac{\partial^2 \Phi}{\partial z^2} = 0. \tag{39.2}$$

Dieser Ausdruck, die bekannte *Laplacesche Gleichung*, gilt für die Sickerströmung jeder unzusammendrückbaren Flüssigkeit durch ein unzusammendrückbares poröses Material, wenn die Strömung als zweidimensional angesehen werden kann. Graphisch kann die Gleichung durch zwei Kurvenscharen dargestellt werden, die sich rechtwinklig schneiden. Die eine Kurvenschar heißt *Stromlinien*, die andere *Äquipotentiallinien*. In allen Punkten auf einer Äquipotentiallinie würde das Wasser in einem Standrohr bis zu derselben Höhe aufsteigen, der *piezometrischen Druckhöhe* oder *Standrohrspiegelhöhe* (Abschn. 11), die der betreffenden Äquipotentiallinie zugeordnet ist. Die Wasserteilchen bewegen sich auf den Stromlinien in einer Richtung, die rechtwinklig zu den Äquipotentiallinien verläuft.

Bei der im Abschn. 99a dargestellten Aufgabe ist die Sandoberfläche auf der Oberwasserseite eine der Äquipotentiallinien und die Oberfläche des Sandes auf der Unterwasserseite eine weitere. Dagegen ist die Oberfläche der undurchlässigen Schicht unter dem Sand eine Stromlinie. Dies sind die *hydraulischen Randbedingungen* der Aufgabe. Löst man Gl. (39.2) unter Beachtung dieser Randbedingungen, so erhält man die für die Konstruktion des in Abb. 99a dargestellten Stromliniennetzes erforderlichen Werte. Jeder zwischen zwei benachbarten Stromlinien befindliche Streifen, wie er in der Abbildung zu erkennen ist, heißt *Durchflußstreifen* und jeder Abschnitt eines Durchflußstreifens zwischen zwei Äquipotentiallinien wird als *Feld* bezeichnet. Es ist üblich, die Äquipotentiallinien so aufzutragen, daß der Unterschied zwischen den piezometrischen Druckhöhen für je zwei benachbarte Äquipotentiallinien ein konstanter Wert ist. Dieser Unterschied heißt *Potentialgefälle* Δh. Wenn h_1 die gesamte hydraulische Druckhöhendifferenz und n die Anzahl der Potentialdifferenzen ist (in Abb. 99a ist $n = 18$), ist das Potentialgefälle gleich

$$\Delta h = \frac{h_1}{n}. \tag{39.3}$$

Wenn einmal das Stromliniennetz konstruiert ist, kann der Porenwasserdruck in jedem innerhalb des Stromliniennetzes liegenden Punkt, wie z. B. im Mittelpunkt C des in Abb. 99a eingezeichneten Sandelementes auf Grund folgender Überlegung leicht bestimmt werden. Wenn keine

Strömung vorhanden wäre, d.h. wenn die Sohle auf der Unterwasserseite vollkommen undurchlässig wäre, würde der neutrale Druck im Punkt C gleich der Summe aus der hydraulischen Druckhöhe h_1 plus der Höhe h_2 und h_c sein. Durch die vorhandene Strömung tritt jedoch ein Druckverlust zwischen der Sohle auf der Oberwasserseite und dem Punkt C ein. Da C an der rechten Begrenzung der 16. Äquipotentiallinie liegt und $n = 18$, ist dieser Druckverlust gleich $16\, h_1/18$. Der Druck im Wasser ist also am Punkt C

$$p_w = \left(h_1 + h_2 + h_c - \frac{16}{18} h_1\right) \gamma_w .$$

Der Anteil $\left(h_1 - \frac{16}{18} h_1\right) \gamma_w = h \gamma_w$ ist der *hydrostatische Überdruck.*

Berechnung der Sickerwassermenge und des Strömungsdruckes. Um die für die Berechnung der Sickerwassermenge erforderlichen Gleichungen abzuleiten, müssen wir das in Abb. 99a als schraffierte Fläche dargestellte Feld betrachten. Die Länge seiner Seiten in Richtung der Stromlinien ist a. Das hydraulische Gefälle innerhalb des Feldes ist

$$i = \frac{\Delta h}{a}$$

und die Durchflußgeschwindigkeit

$$v = k\, i = k \frac{\Delta h}{a} = \frac{k\, h_1}{a\, n} .$$

Wenn für die Breite des Feldes, rechtwinklig zu den Stromlinien ein beliebiger Wert b angenommen wird, ist die Wassermenge, die das Feld durchströmt, pro Einheit der Spundwandbreite

$$\Delta Q = b\, v = k \frac{b\, h_1}{a\, n} .$$

Um die Berechnung des Strömungsvorganges zu vereinfachen, werden die Stromliniennetze so konstruiert, daß $b = a$ oder mit anderen Worten, daß jedes Feld ein Quadrat ist. Unter dieser Voraussetzung erhalten wir

$$\Delta Q = k \frac{a\, h_1}{a\, n} = k \frac{h_1}{n} . \tag{39.4}$$

Wenn m die Gesamtzahl der Durchflußstreifen ist (in Abb. 99a ist $m = 9$), ist die Sickermenge Q pro Einheit der Spundwandbreite und in der Zeiteinheit

$$Q = m\, \Delta Q = k\, h_1 \frac{m}{n} . \tag{39.5}$$

Mit Hilfe dieser Gleichung läßt sich die Sickerwassermenge leicht berechnen, nachdem das Stromliniennetz konstruiert worden ist.

Der gesamte hydrostatische Überdruck auf der Oberwasserseite des kubischen Elementes mit der Seite a ist

$$a^2 \cdot 15 \Delta h \gamma_w$$

und auf der Unterwasserseite $a^2 \cdot 14 \Delta h \gamma_w$.
Die Differenz zwischen diesen beiden Drücken

$$\bar{u} = a^2 \Delta h \gamma_w = a^3 \frac{\Delta h}{a} \gamma_w$$

wird durch das Wasser auf die Bodenkörner übertragen. Da $\Delta h/a$ gleich dem hydraulischen Gefälle i und a^3 das Volumen des Elementes ist, übt das Wasser eine Kraft

$$\bar{u} = i \gamma_w \tag{39.6}$$

pro Volumeneinheit auf den Boden aus. Diese Kraft ist der *Strömungsdruck*. Er hat die Dimension eines Raumgewichtes und seine Angriffsrichtung ist an jedem Punkt eine Tangente an die Stromlinie.

Konstruktion des Stromliniennetzes. Die für das Auftragen eines Stromliniennetzes erforderlichen Werte können aus Gl. (39.2) erhalten werden; eine mathematische Lösung ist jedoch nur durchführbar, wenn die Grenzbedingungen sehr einfach sind. Bei den meisten Wasserbauten ist diese Voraussetzung nicht erfüllt. Obgleich die Stromliniennetze bei solchen Bauwerken durch verschiedene experimentelle Verfahren ermittelt werden können, besteht das bei weitem gebräuchlichste und am wenigsten aufwendige Verfahren darin, das Stromliniennetz graphisch nach und nach durch Probieren zu entwickeln. Der Weg für die Durchführung der graphischen Konstruktion ist in Abb. 100 erläutert. Abb. 100a stellt ein Wehr mit einem Spundwand-Dichtungssporn dar.

Bevor mit der Konstruktion des Stromliniennetzes begonnen wird, müssen die hydraulischen Grenzbedingungen der Aufgabe geprüft und ihre Wirkung auf die Form der Stromlinien festgestellt werden. In Abb. 100a stellt die Sohle auf der Ober- und Unterstromseite Äquipotentiallinien dar. Die Sohle des Wehres und die Seitenflächen des Dichtungssporns sind als die oberste Stromlinie anzusehen und die Sohle der durchlässigen Schicht als die unterste Stromlinie. Die anderen Stromlinien liegen zwischen diesen beiden und sie müssen so verlaufen, daß sie einen allmählichen Übergang von der einen zur anderen bilden. Weiterhin müssen alle Stromlinien die Sohle auf der Oberstrom- und auf der Unterstromseite rechtwinklig schneiden. Der erste Schritt bei der Konstruktion des Stromliniennetzes besteht darin, mehrere ausgerundete Kurven zu zeichnen, die Stromlinien darstellen, welche diese Anforderungen erfüllen (die flachen Kurven in Abb. 100). Dann werden mehrere Äquipotentiallinien gezeichnet, welche die Stromlinien möglichst rechtwinklig schneiden sollen, so daß die Felder wenigstens angenähert Quadrate sind. Auf diese Weise erhält man eine erste rohe Annäherung an das Stromliniennetz.

Der nächste Schritt besteht in der Überprüfung des versuchsmäßigen Stromliniennetzes, um die gröbsten Fehler auszumerzen. In dem ver-

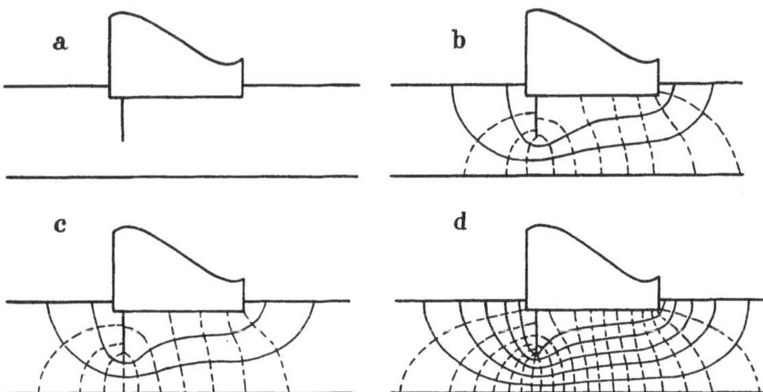

Abb. 100 a–d. Schrittweise Konstruktion eines Stromliniennetzes. a) Schnitt durch eine durchlässige Schicht; b) Ergebnis des ersten Versuchs der Konstruktion des Stromliniennetzes; c) Verbesserung des in b konstruierten Netzes; d) endgültiges Stromliniennetz

suchsmäßigen Netz in Abb. 100b schneiden sich Stromlinien und Äquipotentiallinien annähernd rechtwinklig, aber einige der Felder sind noch nicht quadratisch. Man zeichnet deshalb ein neues Stromliniennetz, in dem die Felder der Quadratform näherkommen. Dieses schrittweise Verbessern wird solange fortgesetzt, bis alle Felder angenähert Quadrate sind. Ein solches Stromliniennetz ist in Abb. 100c dargestellt.

Schließlich werden die Felder in Abb. 100c unterteilt und das Stromliniennetz wird weiter verbessert, bis jedes kleine Feld ein Quadrat ist. Das Ergebnis zeigt Abb. 100d. Jedes Feld in Abb. 100c ist in vier kleinere Felder unterteilt und kleinere Unstimmigkeiten sind beseitigt worden.

Das Stromliniennetz genügt für alle praktischen Zwecke sobald alle Felder angenähert Quadrate sind. Selbst ein anscheinend ungenaues Stromliniennetz liefert bemerkenswert zutreffende Ergebnisse. Als Anhaltspunkt mögen die Abb. 101 und 102 für die Konstruktion von Stromliniennetzen dienen, welche verschiedenartigen hydraulischen Grenzbedingungen entsprechen. In dem Stromliniennetz der Abb. 102a ist eine Linie vorhanden, die einen freien Wasserspiegel darstellt, der vollständig innerhalb durchlässiger Massen liegt. Entlang dieses Wasserspiegels ist der vertikale Abstand zwischen jedem benachbarten Paar Äquipotentiallinien konstant und gleich Δh.

Jedes Stromliniennetz ist unter der Annahme konstruiert, daß der Boden innerhalb der vom Wasser durchsickerten Schicht gleichmäßig durchlässig ist. Eine natürliche Bodenschicht weist dagegen große Unterschiede in der Durchlässigkeit auf, besonders rechtwinklig zu den Schicht-

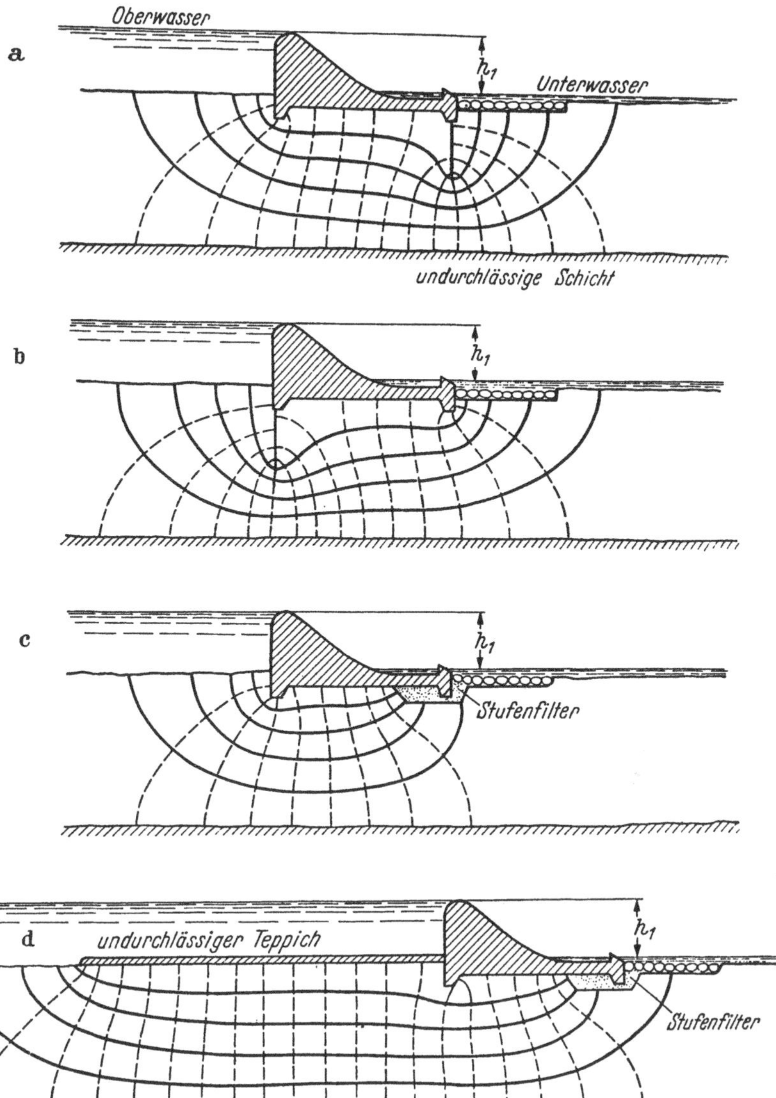

Abb. 101 a–d. Sickerströmung durch homogenen Sand unterhalb der Sohle von Beton-Stauwehren (nach A. CASAGRANDE)

grenzen. Deshalb ist der Unterschied zwischen einem selbst sehr roh skizzierten und einem genauen Stromliniennetz im allgemeinen im Vergleich zu dem Unterschied zwischen dem Stromliniennetz in einem tatsächlichen Boden und dem theoretisch exakten Netz klein. In Anbetracht dieser allgemeingültigen Feststellung sind übermäßige Feinheiten bei der Konstruktion des Stromliniennetzes oder umfangreiche Modellstudien vollkommen überflüssig.

Die Verwendung von Modellen, die von der Analogie zwischen der Wasserströmung in einem durchlässigen Material und der Fortleitung

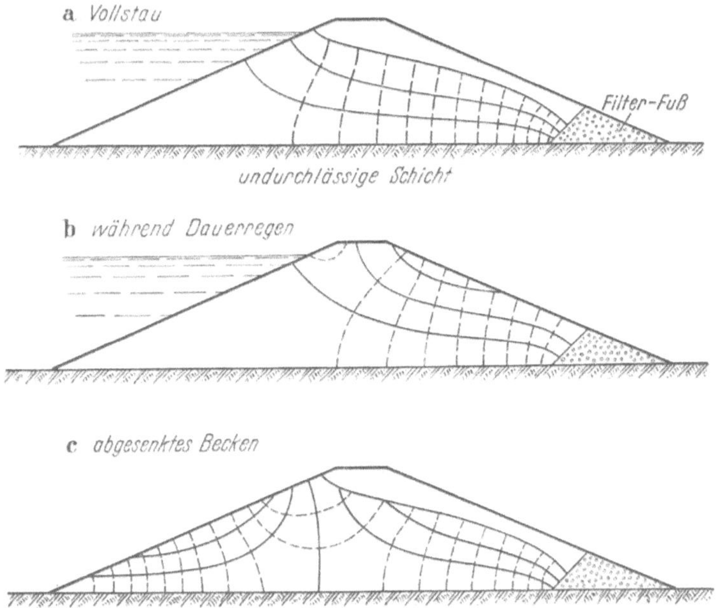

Abb. 102 a–c. Sickerströmung durch einen als homogen angenommenen Damm, der aus sehr feinem reinem Sand besteht

des elektrischen Stromes in einem Leiter ausgehen, bietet brauchbare Möglichkeiten zur Konstruktion von Stromliniennetzen wie beispielsweise bei dem in Abb. 102a dargestellten Fall, bei dem eine Sickerlinie vorhanden ist. Die Beschaffung der notwendigen Geräte lohnt sich jedoch nur, wenn viele Stromliniennetze dieser Art zu entwerfen sind.

Sickerströmungen durch querisotrope Böden. Die Stromliniennetze in den Abb. 99 bis 102 sind unter der Voraussetzung konstruiert worden, daß der Boden in hydraulischer Hinsicht isotrop ist. In der Natur ist jede Bodenmasse mehr oder weniger geschichtet. Deshalb ist, wie in Abschn. 11 festgestellt wurde, die mittlere Durchlässigkeit k_{I} parallel zu den Schichtflächen stets größer, als die mittlere Durchlässigkeit k_{II} rechtwinklig zu diesen Flächen. Um ein Stromliniennetz für eine solche geschichtete Bodenmasse zu konstruieren, ersetzen wir den wirklichen Boden durch ein homogenes Material, dessen Durchlässigkeit in horizontaler Richtung gleich k_{I} und in vertikaler Richtung k_{II} ist. Ein Material mit solchen Eigenschaften wird als *querisotrop* bezeichnet (s. Abschn. 7).

Um ein Stromliniennetz für ein homogenes, querisotropes Material zu entwickeln, gehen wir folgendermaßen vor: Man trägt einen vertikalen Schnitt durch die durchlässige Schicht parallel zur Strömungsrichtung auf. Der Maßstab in horizontaler Richtung der Zeichnung wird reduziert, indem alle horizontalen Maße mit dem Wert $\sqrt{k_{\mathrm{II}}/k_{\mathrm{I}}}$ multipliziert werden. Für diesen verzerrten Schnitt konstruieren wir das Stromliniennetz, als ob das Material isotrop wäre. Die horizontalen Abmessungen dieses Stromliniennetzes werden dann durch die Multiplikation mit $\sqrt{k_{\mathrm{I}}/k_{\mathrm{II}}}$ vergrößert. Die Sickerwassermenge wird errechnet, indem man den Wert

$$k = \sqrt{k_{\mathrm{I}}\,k_{\mathrm{II}}}$$

in Gl. (39.5) einsetzt. Die Gleichung für die Sickerwassermenge pro Einheit der Breite des Bodenquerschnittes ist dann

$$Q = h_1 \frac{m}{n} \sqrt{k_{\mathrm{I}}\,k_{\mathrm{II}}}\,. \tag{39.7}$$

Das Verfahren ist in Abb. 103 erläutert.

Das vorstehende Verfahren ist auf rein mathematischer Grundlage entwickelt worden, ohne irgendwelche vereinfachende Annahmen. Aus

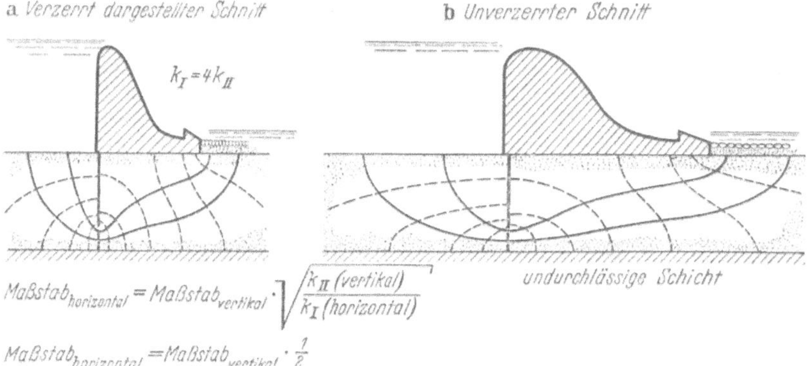

Abb. 103 a u. b. Konstruktion des Stromliniennetzes bei unterschiedlichen Durchlässigkeitsbeiwerten der Sandschicht in horizontaler und vertikaler Richtung. a) Verzerrt dargestellter Schnitt; b) unverzerrter Schnitt

diesem Grunde sind die Ergebnisse ebenso zuverlässig wie das Darcysche Gesetz und die Größen von k_{I} und k_{II}, die in die Berechnung eingehen.

Für fast alle natürlichen Bodenschichten ist der Mittelwert k_I erheblich größer als k_{II}. Das Verhältnis k_I zu k_{II}, schwankt von etwa zwei oder drei bis zu Werten von einigen hundert, wobei es keine Möglichkeit gibt, diesen Wert für einen bestimmten Baugrund genau zu ermitteln. Aus diesem Grunde ist es ratsam, zwei Stromliniennetze zu skizzieren, eines mit dem größten möglichen Wert für das Verhältnis k_I zu k_{II} und das andere mit dem wahrscheinlich kleinsten. Bei der Auswahl dieser Werte ist zu beachten, daß k_I zu k_{II} nicht kleiner als eins sein kann und nicht größer als das Verhältnis zwischen den Durchlässigkeitsbeiwerten der am meisten und der am wenigsten durchlässigen Schicht. Bei der Bearbeitung von Entwürfen sollte dasjenige Stromliniennetz gewählt werden, welches die ungünstigsten Verhältnisse darstellt, andernfalls sollte man Maßnahmen treffen, um während des Baues feststellen zu können, ob die Abweichungen zwischen den tatsächlichen und den angenommenen Sickerströmungsverhältnissen auf der sicheren Seite liegen.

Aufgaben

1. Der Sand unter den in Abb. 101 dargestellten Wehren hat in jeder Richtung eine Durchlässigkeit von $4{,}2 \times 10^{-3}$ cm/sek. Die hydraulische Druckhöhe h_1 beträgt 7,62 m. Berechne den Sickerwasserverlust in l/sek. pro lfd. m Wehrlänge.

Antwort: a) 0,107 l/sek./lfd. m; b) 0,107 l/sek./lfd. m; c) 0,178 l/sek./lfd. m; d) 0,08 l/sek./lfd. m.

2. Ermittle den hydrostatischen Auftrieb gegenüber dem Unterwasserspiegel an einem in der Mitte zwischen der Ober- und der Unterstromseite liegenden Punkt der Betonsohle der in Aufgabe 1 behandelten Wehre.

Antwort: 4,57 m; 2,74 m; 1,83 m; 0,76 m Druckhöhe.

3. Der Untergrund des in Abb. 101 b dargestellten Wehres enthält eine horizontale Schluffschicht, die 2,5 m dick ist und die von der Spundwand kurz oberhalb der Unterkante derselben geschnitten wird. Es gibt keine Möglichkeit, das Vorhandensein einer solchen Schicht durch ein geeignetes Baugrunduntersuchungsverfahren zu entdecken. Der Durchlässigkeitskoeffizient des Sandes ist $4{,}2 \times 10^{-3}$ cm/sek., während der des Schluffes $2{,}1 \times 10^{-6}$ cm/sek. ist. Die Gesamtdicke der Sandschicht auf der Oberstromseite des Wehres ist 16,76 m und die Unterkante der Spundwand liegt 7,6 m oberhalb der Sohle der Sandschicht. a) Beschreibe, wie der Einfluß der Schluffschicht auf den Sickerwasserverlust unter der Voraussetzung berechnet werden kann, daß die Schluffschicht sich über eine große Fläche kontinuierlich erstreckt. b) Beschreibe den Einfluß von Löchern in der Schluffschicht auf den Sickerwasserverlust. c) Wie kann in Zukunft ermittelt werden, inwieweit eine Kontinuität der Schluffschicht vorhanden ist?

Antwort: a) Die Schluffschicht hat die gleiche Wirkung wie eine Vergrößerung der Dicke der Sandschicht von 16,76 m auf 67,36 m und die Vergrößerung der Einbindetiefe der Spundwand von 9,16 m auf 59,5 m. Daher könnte der Sickerwasserverlust durch das Auftragen eines Stromliniennetzes für diese fiktiven Baugrundverhältnisse ermittelt werden. Da die Öffnung unter der Spundwand in dem gedachten Profil im Vergleich mit der Einbindetiefe der Spundwand klein ist, würde der auf Grund dieses Stromliniennetzes berechnete Wasserverlust nur ein kleiner Bruchteil desjenigen sein, der im Sand ohne die Schluffschicht eintreten würde. b) Je nach

Größe und Lage der Löcher in der Schicht wird eine nicht zusammenhängende Schluffschicht eine Wirkung haben, die zwischen annähernd Null und der einer durchgehenden Schicht schwankt. c) Nicht möglich.

4. Berechne den Sickerwasserverlust pro lfd. m der Länge des in Abb. 208b dargestellten Wehres unter der Annahme, daß $k = 1 \times 10^{-3}$ cm/sek. Ermittle den Auftrieb auf die Wehrsohle an der Rückseite des hohen Mauerteils.

Antwort: 0,102 l/sek./lfd. m; 19,51 m Wasserdruck.

5. Der mittlere Durchlässigkeitsbeiwert des Sandes unterhalb des in Abb. 103 dargestellten Wehres ist 16×10^{-4} cm/sek. in horizontaler Richtung und 4×10^{-4} cm/sek. in vertikaler Richtung. Wie groß ist der Sickerwasserverlust pro lfd. m Wehrlänge, wenn das hydrostatische Gefälle 9,14 m ist?

Antwort: 0,0186 l/sek.

6. Konstruiere das Stromliniennetz für das in Abb. 103b dargestellte Wehr, wenn k in horizontaler Richtung 36×10^{-4} cm/sek. und in vertikaler Richtung 4×10^{-4} cm/sek. beträgt. Die Sohlbreite der Mauer ist 25,30 m, die Dicke der durchlässigen Schicht beträgt 11,60 m und die Spundwandlänge 38,80 m. Das hydrostatische Gefälle ist 9,14 m. Wie groß ist der Sickerwasserverlust pro lfd. m Wehrlänge? Vergleiche diesen Wert mit dem Sickerwasserverlust unter dem gleichen Damm, wenn $k = 12 \times 10^{-4}$ cm/sek. in jeder Richtung ist.

Antwort: 0,0362 l/sek.; 0,0232 l/sek.

7. Wie groß ist der Mittelwert für den horizontalen hydrostatischen Überdruck gegen die linke Seite der Spundwand in Abb. 208a am tiefsten Punkt der Mauer?

Antwort: 12,8 t/m^2.

40. Hydraulischer Grundbruch

Viele auf Lockermassen gegründete Staumauern sind dadurch gebrochen, daß sich offensichtlich plötzlich ein röhrenförmiger Abflußkanal oder -tunnel zwischen dem Untergrund und der Gründung gebildet hat. In dem Maß, wie das angestaute Wasser aus dem Stauraum in die Durchflußöffnung hineinschoß, vergrößerte sich Breite und Tiefe der Durchflußstelle sehr schnell, bis das seiner Gründung beraubte Bauwerk zusammensackte und in Teile zerbrach, die von den Fluten davon gespült wurden. Ein Vorgang dieser Art wird als *hydraulischer Grundbruch* bezeichnet.

Einstürze von Bauwerken infolge von Unterströmungen können durch zwei verschiedene Vorgänge herbeigeführt werden. Sie können durch eine Ausspülung oder unterirdische Erosion verursacht werden, die an Quellen am luftseitigen Fuß beginnen und entlang der Bauwerkssohle oder irgendeiner Schichtfläche nach der Oberstromseite fortschreiten. Der Bruch erfolgt, sobald das obere Ende des erodierten Loches, an dem das Wasser eintritt, die Sohle des Beckens erreicht. Der mechanische Vorgang bei dieser Art der Unterströmung ist theoretischen Untersuchungen schwer zugänglich. Hydraulische Grundbrüche können jedoch auch durch ein plötzliches Anheben eines großen Bodenkörpers am luftseitigen Fuß des Bauwerkes ausgelöst werden. Ein derartiger Bruch tritt nur ein, wenn der Strömungsdruck des Wassers, welches den Boden unter dem Böschungsfuß durchsickert, größer wird als das effektive Gewicht des Bodens. Brüche der ersten Art werden als *Brüche durch rückschreitende unterirdische Erosion* und solche der zweiten Art als *Brüche durch Aufschwimmen* oder *hydraulische Grundbrüche* im engeren Sinn bezeichnet. Die folgenden Ausführungen befassen sich ausschließlich mit Brüchen dieser Art.

Die Größe und Verteilung des hydrostatischen Überdruckes können durch das Stromliniennetz bestimmt werden. In Abschn. 39 ist dargelegt worden, daß das theoretische Stromliniennetz niemals mit dem identisch ist, das die Wasserströmung durch eine wirkliche Bodenschicht darstellt. Tatsächlich können die beiden Stromliniennetze keinerlei Ähnlichkeit haben. Aus diesem Grund können die Ergebnisse theoretischer Untersuchungen über die mechanische Wirkung von Sickerwasserströmungen nur als Anhalt für eine Beurteilung und als Grundlage für die Planung geeigneter Anlagen zur Überwachung während und nach der Ausführung dienen.

Die Mechanik des hydraulischen Grundbruchs. Die Vorgänge beim Eintritt eines hydraulischen Grundbruchs sind in Abb. 104a erläutert, die einen vertikalen Schnitt durch eine Seite eines einwandigen Spundwand-Fangedammes darstellt. Bis zur Tiefe h_1 unter dem Wasserspiegel besteht der Boden außerhalb des Fangedammes aus Grobkies, während der Kies hinter dem Fangedamm ausgebaggert ist. Der Kies liegt auf einer Schicht von gleichkörnigem Sand. Der hydraulische Druckverlust im Kies ist so klein, daß er vernachlässigt werden kann. Wir wollen den Sicherheitsgrad η gegen hydraulischen Grundbruch berechnen, nachdem der Wasserspiegel innen bis auf die Sandoberfläche abgepumpt worden ist.

Vor Beginn dieser Berechnung müssen die hydrostatischen Verhältnisse im Augenblick des Bruches betrachtet werden. Sobald der Wasserspiegel innerhalb des Fangedammes durch Pumpen abgesenkt wird, beginnt das Wasser im Sand auf der linken Seite der Spundwand nach unten zu fließen und auf der rechten nach oben. Der hydrostatische Überdruck in einem horizontalen Schnitt, wie beispielsweise in Ox in Abb. 104b vermindert den effektiven Vertikaldruck in diesem Schnitt. Sobald der mittlere effektive Vertikaldruck auf und über einem Teil von Ox in der Nähe der Spundwand gleich Null wird, kann das durch den Sand fließende Wasser die Durchflußkanäle im Sand begradigen und aufweiten ohne irgendeinen Widerstand zu finden. Dieser Vorgang vergrößert die Durchlässigkeit des neben der Spundwand befindlichen Sandes erheblich, wie in Abschn. 12 ausgeführt wurde, und leitet einen zusätzlichen Teil der Sickerströmung in diese Zone ab. Dann hebt sich die Sandoberfläche (s. Abb. 104a) und schließlich beginnt der Sand zu „kochen“ und ein Gemisch von Wasser und Sand strömt von der Oberstromseite der Spundwand durch den Zwischenraum unter der Unterkante der Spundwand in Richtung auf die Zone, wo das Aufschwimmen begonnen hat.

Durch Modellversuche ist festgestellt worden, daß das Aufschwimmen des Sandes innerhalb eines Bereiches von etwa $t/2$ von der Spundwand aus gemessen, eintritt. Der Grundbruch beginnt also in einem Sandprisma

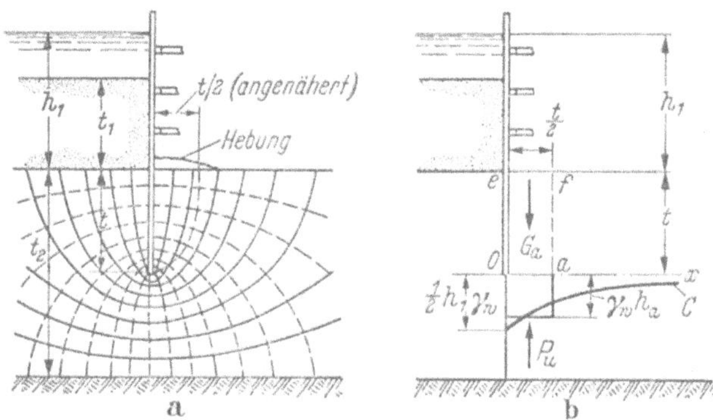

Abb. 104 a u. b. Anwendung des Stromliniennetzes zur Ermittlung des Sicherheitsgrades gegen hydraulischen Grundbruch bei einer Spundwand in Sand. a) Stromliniennetz; b) die auf den Sand innerhalb des Bereichs der möglichen Auflockerung wirkenden Kräfte

von der Tiefe t und der Breite $t/2$. Im Augenblick des Bruches ist der effektive Vertikaldruck in einem horizontalen Schnitt durch das Prisma annähernd Null. Gleichzeitig ist der effektive seitliche Druck auf die Seiten des Prismas ebenfalls annähernd Null. Daher tritt der Grundbruch ein, sobald der hydraulische Überdruck auf die Sohlfläche des Prismas gleich dem effektiven Gewicht des auflagernden Sandes wird.

Um den hydraulischen Überdruck berechnen zu können, muß ein Stromliniennetz konstruiert werden. Nachdem dies wie in Abb. 104a dargestellt, geschehen ist, kann die Größe dieses Druckes für jeden Punkt der Sohlfläche des Prismas in der Tiefe t nach dem in Abschn. 39 beschriebenen Verfahren leicht ermittelt werden. Diese Werte sind in Abb. 104b durch die Ordinaten der Kurve C in bezug auf eine horizontale Achse durch C dargestellt. Innerhalb des Abstandes $t/2$ von der Spundwand hat der mittlere hydrostatische Überdruck auf die Sohle des Prismas die Größe $\gamma_w h_a$ und der gesamte hydrostatische Überdruck auf die Sohle ist $P_u = \frac{1}{2} t \gamma_w h_a$. Der hydraulische Grundbruch tritt ein, sobald P_u gleich dem effektiven Gewicht des Sandes wird, das wiederum gleich dem Gewicht unter Auftrieb $G_a = \frac{1}{2} t^2 \gamma_a$ ist. Daher ist der Sicherheitsgrad gegen hydraulischen Grundbruch

$$\eta = \frac{G_a}{P_u} = \frac{t \gamma_a}{h_a \gamma_w}. \tag{40.1}$$

In ähnlicher Weise können wir den Sicherheitsgrad für einen Staudamm mit einem Spundwandsporn berechnen.

Auftriebsentspannung durch belastete Filter. Wenn der Sicherheitsgrad gegen hydraulischen Grundbruch zu klein ist, kann er durch die Anordnung eines umgekehrten Filters mit dem Gewicht W auf der oberen Fläche des Prismas $Oafe$ in Abb. 104b vergrößert werden. Durch das Vorhandensein des Filters wird der hydrostatische Überdruck P_u nicht geändert, aber das effektive Gewicht des Prismas von G_a auf $G_a + W$ erhöht. Damit wird also der Sicherheitsgrad gegen Grundbruch von η nach Gl. (40.1) auf

$$\eta' = \frac{W + G_a}{P_u} \tag{40.2}$$

vergrößert. Die stabilisierende Wirkung umgekehrter Belastungsfilter ist durch Versuche und praktische Erfahrungen an Bauwerken, die durch Filter geschützt waren, wiederholt erwiesen worden. Damit sie voll wirksam sind, müssen die Filter grob genug sein, um das freie Ausfließen des Sickerwassers zu gestatten, jedoch fein genug, um das Ausspülen von Bodenteilchen durch ihre Poren verhindern zu können. Der Aufbau solcher, beide Forderungen erfüllender Filter ist in Abschn. 11 behandelt worden.

Aufgaben

1. In Abb. 104 ist die hydraulische Druckhöhe h_1 gleich 7,60 m. Die Eindringungstiefe der Spundbohlen in die Sandschicht ist 5,80 m. Das Raumgewicht des wassergesättigten Sandes ist 1,81 t/m³. Wie groß ist das Gewicht eines umgekehrten Filters, der erforderlich ist, um den Sicherheitsgrad gegen hydraulischen Grundbruch auf 2,5 m zu erhöhen?

Antwort: 1,66 t/m².

2. Der Sand in dem in Abb. 204a dargestellten Versuch hat im wassergesättigten Zustand ein Raumgewicht von 1,84 t/m³. Bei welcher hydrostatischen Druckhöhe würde ein hydraulischer Grundbruch eintreten?

3. Die in Aufgabe 1 erwähnte Sandschicht enthält einen Tonhorizont, der zu dünn ist, um durch die Bohrmannschaft entdeckt werden zu können, der anderseits jedoch dick genug ist, um eine relativ undurchlässige Membran bilden zu können. Die Zahlenwerte für die hydrostatische Druckhöhe und die Einbindetiefe der Spundwand entsprechen denjenigen in Aufgabe 1. Der Tonhorizont liegt wenige Dezimeter oberhalb der Unterkante der Spundwand. Seine linke Grenze befindet sich wenige Dezimeter von der Spundwand entfernt auf der Oberstromseite. Auf der Unterstromseite ist der Tonhorizont kontinuierlich vorhanden. Auf der Unterstromseite ist die Sandschicht durch ein umgekehrtes Filter mit dem Gewicht 1,66 t/m² belastet, das einen Sicherheitsgrad von 2,5 unter der Voraussetzung gewährleistet, daß der Sand kein Strömungshindernis enthält. a) Auf welchen Wert vermindert der Tonhorizont den Sicherheitsgrad? Welche Maßnahmen könnten ergriffen werden, um die Gefahr erkennen zu können?

Antwort: a) 0,83. Der Sand auf der Unterstromseite der Spundwand würde aufschwimmen, sobald die hydraulische Druckhöhe 6,4 m erreicht hat. b) Einbau eines einzigen Beobachtungsbrunnens auf der Unterstromseite der Spundwand, dessen unteres Ende einige Dezimeter tiefer als die Unterkante der Spundwand reicht.

41. Konsolidierungstheorie

Der Konsolidierungsvorgang. Wenn die Belastung auf einer hochgradig zusammendrückbaren, porösen, wassergesättigten Bodenschicht, wie beispielsweise einer Tonschicht erhöht wird, wird die Schicht zusammengedrückt und das überschüssige Wasser tritt aus der Schicht aus. Dieser Vorgang stellt einen Konsolidierungsprozeß nach Abb. 14 dar. Während desselben ist die Wassermenge, welche in eine dünne horizontale Scheibe des Bodens eintritt, kleiner als diejenige Menge, welche aus ihr austritt. Aus diesem Grund ist die Kontinuitätsbedingung nach Gl. (39.1), auf welcher sich die Theorie der Stromliniennetze und der Sickerströmung gründet, nicht mehr anwendbar.

Die Zusatzlast oder der zusätzliche Druck pro Flächeneinheit, welche die Konsolidierung erzeugt, heißt *Konsolidierungsdruck* oder *Konsolidierungsspannung*. Im Augenblick der Belastungserhöhung wird der Konsolidierungsdruck fast vollständig vom Porenwasser des Bodens aufgenommen (vgl. Abschn. 14). Bei Beginn der Konsolidierung herrscht deshalb im Wasser ein Anfangs-Überdruck der fast genau der Konsolidierungsspannung entspricht. Mit der Zeit nimmt der Wasserüberdruck ab und der entsprechende mittlere effektive Druck in der Schicht nimmt zu. Die Größe des hydrostatischen Überdruckes p_w kann für einen beliebigen Punkt in der konsolidierenden Schicht für einen bestimmten Zeitpunkt nach Gl. (12.1) ermittelt werden, die in der Form

$$p_w = \gamma_w h \tag{41.1}$$

angeschrieben wird. Hierin ist h die hydraulische Druckhöhe in bezug auf den Grundwasserspiegel oberhalb der konsolidierenden Schicht. Nach sehr langer Zeit wird der hydrostatische Überdruck p_w gleich Null und der gesamte Konsolidierungsdruck wird zur effektiven Druckspannung, die von Korn zu Korn übertragen wird. Bezeichnet man den Konsolidierungsdruck an einem beliebigen Punkt mit Δp, so muß nach den Gleichgewichtsbedingungen

$$\Delta p = \Delta \bar{p} + p_w \tag{41.2}$$

sein. Hierin stellt $\Delta\bar{p}$ denjenigen Teil der Konsolidierungsspannung dar, der zu einem bestimmten Zeitpunkt von Korn zu Korn übertragen wird, und p_w den entsprechenden hydrostatischen Überdruck.

Graphische Darstellung des Konsolidierungsfortschrittes. Da Δp in Gl. (41.2) eine Konstante ist, kann der Konsolidierungsfortschritt an einem bestimmten Punkt dadurch sichtbar gemacht werden, daß man die Änderung von p_w an diesem Punkt oder, nach Gl. (41.1), die Änderung von h beobachtet, indem man sich vorstellt, daß man den Wasserstand in einem an diesem Punkt angebrachten Standrohr verfolgen kann.

Abb. 105 zeigt die Konsolidierung der in Abb. 92a dargestellten zusammendrückbaren Schicht infolge des Bauwerksgewichtes auf der Geländeoberfläche. Es wird vorausgesetzt, daß die Schicht ihr Porenwasser sowohl nach der oberen als auch nach der unteren Grenzfläche frei abgeben kann und daß das Wasser im Inneren der Schicht sich nur in vertikaler Richtung bewegt. Weiterhin wird angenommen, daß die Konsolidierungsspannung Δp sich von der oberen bis zur unteren Grenzfläche der Schicht nicht ändert.

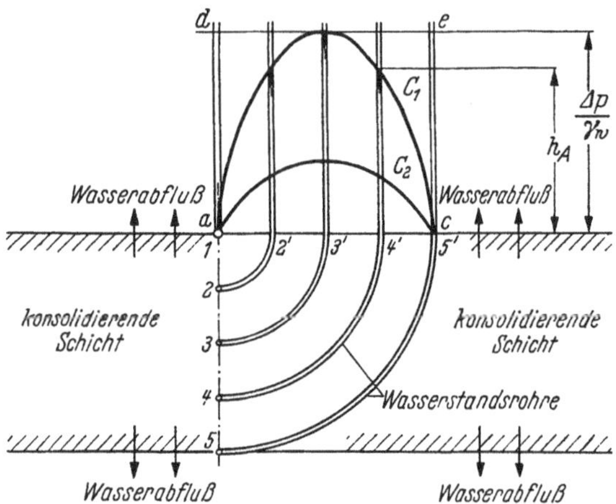

Abb. 105. Konsolidierung einer zusammendrückbaren Tonschicht

Der Verlauf der Konsolidierung innerhalb der Schicht kann durch die Beobachtung der Lage des Wasserspiegels in einer Reihe von Standrohren studiert werden. Die unteren Enden der Rohre sind in einer Vertikalen quer durch die Schicht nach Abb. 105 angeordnet. Da der hydrostatische Überdruck unabhängig von der Lage des Wasserspiegels ist, wird angenommen, daß der Wasserspiegel mit der Oberfläche der konsolidierenden Schicht identisch sei. Wenn die Standrohre so angeordnet sind, daß die horizontalen Abstände 1–2′, 1–3′ usw. gleich den entsprechenden vertikalen Abständen 1–2, 1–3 usw. sind, wie in der Abbildung gezeigt, stellt die Kurve, die durch die Wasserspiegel in den Standrohren gebildet wird, für einen bestimmten Zeitpunkt die *Isochrone* dar (s. Abschn. 14). Das Druckhöhengefälle i in einer Tiefe t unter a ist gleich der Neigung der Isochrone in dem horizontalen Abstand t von a. Weiterhin gilt, daß wenn die Neigung an einem Punkt der Isochrone nach rechts steigt, die Strömung an dem entsprechenden Punkt in der Schicht nach oben gerichtet ist.

Die Verteilung des hydraulischen Anfangs-Überdruckes in vertikalen Schnitten durch die Tonschicht wird durch die Horizontale de dargestellt, die in der Höhe $\Delta p/\gamma_w$ über dem freien Wasserspiegel liegt. Diese Linie ist die Anfangs-Isochrone. Nach Abschn. 14 schreitet die Konsolidierung einer Tonschicht von der oder den entwässernden Grenzflächen nach dem Inneren fort. In einem frühen Konsolidierungszustand sind daher die Standrohrspiegelhöhen des mittleren Teils der Schicht noch unverändert, während diejenigen der äußeren Teile schon abgesunken sind, wie durch die Isochrone C_1 angedeutet wird. Im Zustand der fortgeschrittenen Konsolidierung, der durch C_2 dargestellt wird, sind alle Standrohrspiegel abgesunken; die Höhe derselben nimmt jedoch vom mittleren Teil nach den wasserabführenden Oberflächen bis auf Null ab. Endlich sind nach sehr langer Zeit alle hydrostatischen Überdrücke verschwunden und die End-Isochrone wird durch die Horizontale ac dargestellt.

In Abb. 106 sind die Isochrone für verschiedene Konsolidierungsvorgänge dargestellt. Wenn die konsolidierende Schicht sowohl durch ihre obere als auch durch ihre untere Grenzfläche das Wasser frei abführen kann, wird die Schicht als *offene Schicht* und ihre Dicke mit $2d$ bezeichnet. Wenn das Wasser nur durch eine Fläche austreten kann, heißt die Schicht halb-eingeschlossen. Die Dicke halb-eingeschlossener Schichten wird mit d angegeben. In Abb. 106 liegen in den mit a, b, c und e bezeichneten Fällen offene Schichten und in den mit d und f bezeichneten Fällen halbeingeschlossene Schichten vor.

Abb. 106a ist eine vereinfachte Wiedergabe der Abb. 105. Die Wasserstandsrohre sind nicht eingezeichnet. Das Diagramm stellt die Konsolidierung einer offenen Tonschicht unter der Wirkung einer Konsolidierungsspannung dar, die von der oberen bis zur unteren Grenzfläche der Schicht gleich ist.

Wenn die konsolidierende Schicht im Vergleich zur Breite der Lastfläche ziemlich dick ist, nimmt der Konsolidierungsdruck infolge des Gewichtes eines Bauwerkes oder einer Auffüllung in ähnlicher Weise mit der Tiefe ab, wie dies die Kurve C_a in Abb. 91 zeigt. Unter der vereinfachenden Annahme, daß die Druckabnahme mit der Tiefe linear ist, kann die Anfangs-Isochrone durch die Linie de in Abb. 106b dargestellt werden. Die Konsolidierungsdrücke an der oberen und unteren Schichtfläche sind dann p_1 bzw. p_2.

Wenn die konsolidierende Schicht im Vergleich zur Breite der Lastfläche sehr dick ist, wird der Druck p_2 wahrscheinlich sehr klein im Verhältnis zu p_1 sein. Unter dieser Voraussetzung kann mit genügender Genauigkeit angenommen werden, daß $p_2 = 0$ ist. Die entsprechenden Isochronen sind in Abb. 106c für eine offene Schicht und in Abb. 106d für eine halb-eingeschlossene Schicht dargestellt. Es muß darauf hingewiesen werden, daß die Konsolidierung der halb-eingeschlossenen Schicht in Abb. 106d mit einer zeitweiligen Schwellung des Tones im unteren Teil der Schicht verbunden ist.

Die Abb. 106e und f zeigen die Konsolidierung aufgespülter Schichten, auf die keine anderen Kräfte als ihr Eigengewicht wirken. Es wurde angenommen, daß der Wasserspiegel in der oberen Grenzfläche der Schichten liegt und daß die während des Einspülungsvorganges stattfindende

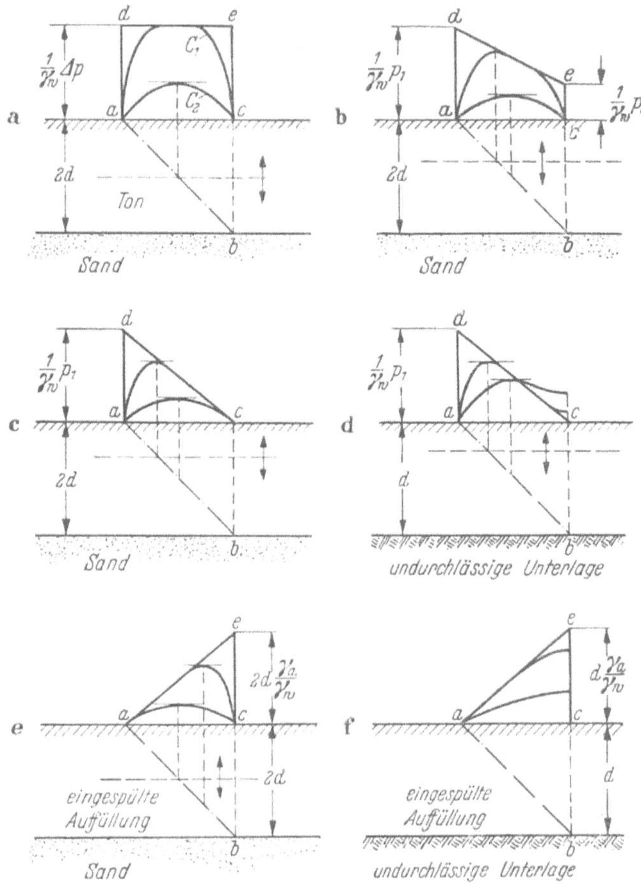

Abb. 106 a–f. Durch Isochronen dargestelltes Fortschreiten der Konsolidierung von idealen Tonschichten für verschiedene Verteilungsarten der Konsolidierungsspannungen in lotrechter Richtung (nach TERZAGHI-FRÖHLICH)

Konsolidierung vernachlässigt werden kann. Die in Abb. 106e dargestellte Schicht liegt auf einer Sandschicht (offene Schicht), während diejenige in Abb. 106f auf einer undurchlässigen Schicht aufliegt (halb-eingeschlossene Schicht). Zur Zeit $t = 0$ wird das gesamte Gewicht des unter Auftrieb stehenden Bodens in jeder Schicht durch das Wasser getragen und der Konsolidierungsdruck nimmt von Null an der oberen Grenzfläche auf

$d\gamma_a$ an der Sohlfläche zu. Deshalb ist das Ergebnis der Konsolidierung für beide Schichten dasselbe. Die unterschiedliche Form der Isochronen für Zwischenzustände der Konsolidierung zeigt jedoch an, daß die Zeitspanne, in welcher der Endzustand erreicht wird, bei den beiden Schichten sehr unterschiedlich ist.

Berechnung der Konsolidierungsgeschwindigkeit. Um die Konsolidierungsgeschwindigkeit und den Konsolidierungsgrad U in % nach Gl. (14.1) für die in Abb. 106 dargestellten Konsolidierungsfälle berechnen zu können, machen wir die folgenden vereinfachenden Annahmen:

a) Der Durchlässigkeitsbeiwert k nach Gl. (11.6) ist für jeden Punkt der konsolidierenden Schicht und bei jedem Konsolidierungszustand derselbe.

b) Die Verdichtungsziffer m_v nach Gl. (13.3) ist an jedem Punkt in der Schicht und für jeden Konsolidierungszustand gleich.

c) Das überschüssige Wasser tritt nur in vertikaler Richtung aus.

d) Die zeitliche Verzögerung der Zusammendrückung wird ausschließlich durch die geringe Durchlässigkeit des Materials verursacht. Der in Abschn. 14 behandelte sekundäre Zeiteffekt bleibt daher unberücksichtigt.

Abb. 107a stellt einen Vertikalschnitt durch eine dünne horizontale Scheibe einer konsolidierenden Schicht dar. Die Dicke der Scheibe ist dz. Das Wasser strömt mit der Geschwindigkeit v durch die Schicht. Der unausgeglichene hydrostatische Druck ist $(\partial u/\partial z)\,dz$. Nach dem DARCYschen Gesetz in Abschn. 11 ist

$$v = k\,i = -k\frac{\partial h}{\partial z} = -k\frac{1}{\gamma_w}\frac{\partial u}{\partial z}\,. \tag{41.3}$$

Wenn die Schicht unzusammendrückbar wäre, würde die ausströmende Wassermenge gleich der eindringenden sein, und wir könnten schreiben

$$\frac{\partial v}{\partial z} = 0\,. \tag{41.4}$$

Diese Bedingung ist mit der Kontinuitätsbedingung identisch, die durch Gl. (39.1) ausgedrückt wurde. In einer konsolidierenden zusammendrückbaren Schicht mit der Dicke eins ist jedoch diejenige Wassermenge, welche in der Zeiteinheit aus der Schicht austritt, gegenüber derjenigen, welche in die Schicht eintritt, um einen Betrag größer, der gleich der entsprechenden Volumenabnahme der Schicht ist. Wir können also unter Verwendung von Gl. (13.2) schreiben

$$\frac{\partial v}{\partial z} = m_v\frac{\partial(\Delta\bar{p})}{\partial t}\,.$$

Da Δp eine Konstante ist, ergibt Gl. (41.2)

$$\frac{\partial(\Delta\bar{p})}{\partial t} = -\frac{\partial u}{\partial t}$$

und

$$\frac{\partial v}{\partial z} = - m_v \frac{\partial u}{\partial t}.$$

In Verbindung mit Gl. (41.3) erhalten wir

$$\frac{\partial v}{\partial z} = - m_v \frac{\partial u}{\partial t} = - \frac{k}{\gamma_w} \frac{\partial^2 u}{\partial z^2}$$

oder

$$\frac{\partial u}{\partial t} = \frac{k \, \partial^2 u}{\gamma_w m_v \partial z^2}. \tag{41.5}$$

Gl. (41.5) ist die Differenzialgleichung für jeden Konsolidierungsvorgang mit linearer Entwässerung. Sie kann dadurch vereinfacht werden, daß man einsetzt

$$c_v (\text{cm}^2/\text{sek}) = \frac{k\,(\text{cm}/\text{sek})}{\gamma_w (\text{g}/\text{cm}^3)\; m_v (\text{cm}^2/\text{g})}. \tag{41.6}$$

Der Koeffizient c_v stellt den Verfestigungsbeiwert nach Gl. (14.2) dar. Es ist also

$$\frac{\partial u}{\partial t} = c_v \frac{\partial^2 u}{\partial z^2}. \tag{41.7}$$

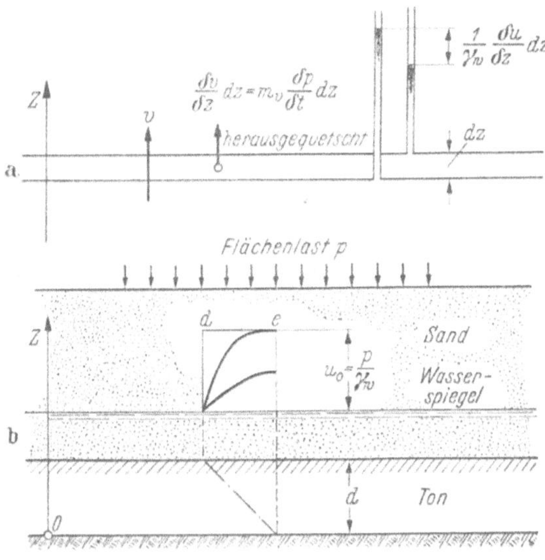

Abb. 107 a u. b. a) Vertikaler Schnitt durch eine dünne horizontale Scheibe der konsolidierenden Schicht, der die hydraulischen Druckverhältnisse an den Grenzflächen der Scheibe zeigt; b) Schnitt durch die konsolidierende Schicht mit den hydraulischen Grenzbedingungen

Die Lösung dieser Gleichung muß den hydraulischen Grenzbedingungen genügen. Diese Bedingungen hängen von der Belastung und den Entwässerungsverhältnissen ab, wie durch Abb. 106 erläutert wurde. Als

Beispiel mögen die Grenzbedingungen für die Konsolidierung einer halbeingeschlossenen Schicht und eine gleichmäßige Druckverteilung dienen. Nach Abb. 107 gelten hierfür folgende Grenzbedingungen:

1. Zur Zeit $t = 0$ und im Abstand z von der undurchlässigen Schichtfläche ist der hydrostatische Überdruck gleich Δp.

2. Zur Zeit t ist der hydrostatische Überdruck an der wasserabführenden Schichtfläche $z = d$ gleich Null.

3. Zur Zeit t ist das hydraulische Gefälle an der undurchlässigen Schichtfläche $z = 0$ gleich Null (d.h. $\partial u/\partial z = 0$).

4. Nach Verlauf einer sehr langen Zeit ist der hydrostatische Überdruck für jede Größe von z gleich Null.

Durch Gl. (41.7) ist unter Berücksichtigung der Grenzbedingungen der Konsolidierungsgrad U in % für eine bestimmte Zeit t bestimmt. Die Gleichung für den Prozentsatz U lautet

$$U\% = f(\tau_v). \tag{41.8}$$

In diesem Ausdruck ist

$$\tau_v = \frac{c_v}{d^2}\, t \tag{41.9}$$

eine unbenannte Zahl, der sog. *Zeitfaktor*. Da die Bodenkonstanten und die Dicke der zusammendrückbaren Schicht in Gl. (41.8) nur in der durch den dimensionslosen Zeitfaktor τ_v dargestellten Kombination eingehen, ist der Wert $U\ \% = f\ (\tau_v)$ für jede Schicht gleich, die unter bestimmten Belastungs- und Entwässerungsbedingungen konsolidiert. Er ist für alle praktisch bedeutenden Verhältnisse mit Hilfe der Differenzialgleichung (41.7) berechnet worden. Die Ergebnisse sind in Form von Diagrammen oder Zahlentafeln dargestellt worden. Mit diesen Diagrammen und Tabellen können wahrscheinlich alle in der Praxis auftretenden Probleme ohne jede weitere Rechnung mit Ausnahme der Ausrechnung von Gl. (41.9) gelöst werden. Abb. 108 gibt die Lösungen der in Abb. 106 dargestellten Aufgaben. Die folgenden Hinweise mögen als Anhalt für den Gebrauch der Diagramme dienen.

Für jede offene Schicht (mit der Dicke $2d$) ist die Abhängigkeit zwischen U in % und τ_v durch die Kurve C_1 bestimmt, ohne Rücksicht auf die Neigung der Null-Isochrone de. Die Kurve C_1 stellt deshalb die Lösung für alle in den Abb. 106a, b, c und e dargestellten Konsolidierungsaufgaben dar. Wenn die Null-Isochrone horizontal ist und dadurch eine gleichmäßige Verteilung des Konsolidierungsdruckes im gesamten Querschnitt der konsolidierenden Schicht anzeigt, stellt die Kurve C_1 auch den Konsolidierungsvorgang für eine halb-eingeschlossene Schicht mit der Dicke d dar. Das folgende Beispiel erläutert das Anwendungsverfahren des Diagrammes der Abb. 108a.

Der Verfestigungsbeiwert für eine offene Schicht von der Dicke $2d$ nach Abb. 92 ist c_v. Wir wollen die Zeitspanne t bestimmen, in der die Schicht infolge des Gewichtes des darauf befindlichen Bauwerkes den

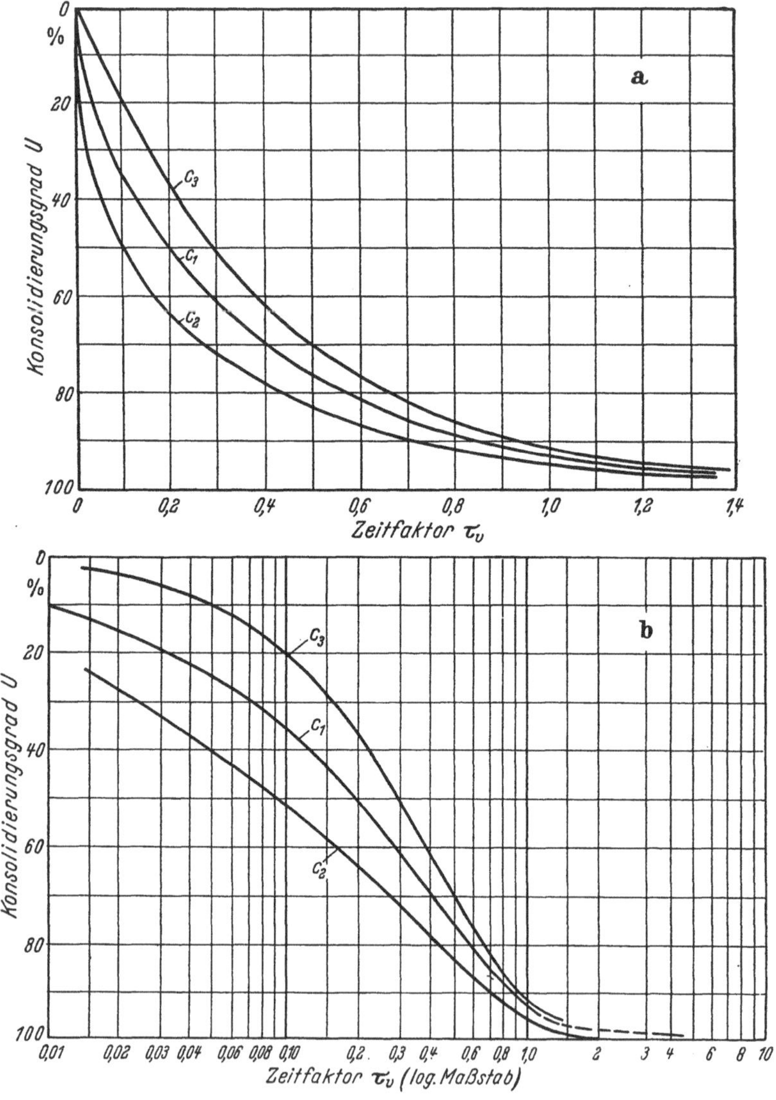

Abb. 108 a u. b. Abhängigkeit zwischen dem Zeitfaktor und dem Konsolidierungsgrad. a) Arithmetischer Maßstab für den Zeitfaktor; b) logarithmischer Maßstab. Die Kurven C_1, C_2 und C_3 entsprechen den verschiedenen Belastungs- und Entwässerungsverhältnissen, die in Abb. 106 durch a), d) und f) dargestellt sind

Konsolidierungsgrad 60% erreicht. Aus Gl. (41.9) erhalten wir

$$t = \tau_v \frac{d^2}{c_v}$$

Nach Kurve C_1 in Abb. 108a entspricht einem Konsolidierungsgrad von 60% der Zeitfaktor 0,28, so daß

$$t = 0.28 \frac{h^2}{c_v} \quad (41.10)$$

ist, ohne Rücksicht auf die Neigung der Null-Isochrone. Wenn die Null-Isochrone für eine halb-eingeschlossene Tonschicht von der Dicke d horizontal verläuft, beträgt der Konsolidierungsgrad dieser Schicht nach der Zeit t nach Gl. (41.10) ebenfalls 60%.

Wenn der Konsolidierungsdruck auf eine halb-eingeschlossene Schicht von dem Wert p_1 an der oberen Schichtfläche auf Null an der Sohlfläche abnimmt, wie in Abb. 106d dargestellt ist, wird die Abhängigkeit zwischen U und τ_v durch die Kurve C_2 wiedergegeben. Wenn er von Null an der Sohlfläche abnimmt, wie in Abb. 106d dargestellt ist, wird die Abhängigkeit zwischen U und τ_v durch die Kurve C_2 wiedergegeben. Wenn er von Null an der oberen Schichtfläche auf p_2 an der Sohlfläche zunimmt, wie in Abb. 106f, liefert die Kurve C_3 die erforderlichen Werte. Für dazwischenliegende vertikale Verteilungen der Konsolidierungsdruckspannungen, sind genügend genaue Ergebnisse durch Interpolation zu erhalten. In Abb. 108b sind die Kurven C_1 bis C_3 im halblogarithmischen Maßstab aufgetragen. Kleine U-Werte können aus den halblogarithmischen Kurven etwas genauer entnommen werden. Die halblogarithmische Darstellung von C_1 entspricht der ausgezogenen Kurve in Abb. 28b.

In Anbetracht der vereinfachenden Annahmen, die am Anfang der vorstehenden Betrachtungen aufgeführt wurden, hat die Berechnung des zeitlichen Setzungsverlaufes die Bedeutung einer rohen Schätzung. Der größte Widerspruch zwischen der Theorie und der Wirklichkeit ist der bereits erwähnte sekundäre Zeiteffekt nach Abschn. 14. Nach der Konsolidierungstheorie müßte die Zeit-Setzungskurve sich einer horizontalen Asymtote nähern, während sie in Wirklichkeit in eine geneigte Tangente übergeht, wie in Abb. 28a dargestellt ist. Gegenwärtig besteht noch keine Möglichkeit, die sekundären Setzungen auf Grund von Versuchsergebnissen vorauszusagen. Beobachtungen haben ergeben, daß der Anteil der sekundären Setzungen von Bauwerken auf normal vorbelasteten Tonen während der ersten Jahrzehnte nach Bauende in der Größenordnung von 0,3 bis 1,3 cm pro Jahr liegen. In Ausnahmefällen sind Setzungsbeträge von 2,5 cm pro Jahr beobachtet worden.

Es ist einleuchtend, daß die Ergebnisse von Setzungsberechnungen nicht einmal annähernd zutreffen, wenn die Annahmen über die hydraulischen Grenzbedingungen den Entwässerungsverhältnissen im Feld nicht entsprechen. Jeder durchgehende Sand- oder Schluffhorizont innerhalb einer Tonschicht wirkt wie eine Dränschicht und beschleunigt die Konsolidierung des Tones, während Sand- und Schlufflinsen wirkungslos sind. Wenn die Schichtverzeichnisse der Untersuchungsbohrungen darauf hinweisen, daß eine Tonschicht Einschlüsse von Sand oder Schluff enthält, ist der Entwurfsbearbeiter im allgemeinen nicht in der Lage herauszufinden, ob die Einschlüsse durchgehende Schichten bilden oder nicht. In solchen Fällen kann die Konsolidierungstheorie nur dazu dienen, obere und untere Grenzwerte für den Setzungsverlauf zu ermitteln. Die wirkliche Geschwindigkeit bleibt so lange unbekannt, bis sie gemessen worden ist.

Aufgaben

1. Aus einer Tonschicht von 6 m Dicke, die sich zwischen zwei Sandschichten befand, sind repräsentative Bodenproben entnommen worden. Durch Kompressionsversuche hatte man festgestellt, daß der Mittelwert von c_v für diese Proben $4{,}92 \times 10^{-4}$ cm²/sek. beträgt. Durch die Errichtung eines Bauwerkes auf dieser Schicht, war der mittlere Vertikaldruck in derselben überall erhöht worden und das Bauwerk begann sich zu setzen. In wieviel Tagen trat die Hälfte der Setzungen ein?

Antwort: 438 Tagen.

2. Wieviel Tage würden erforderlich sein, um die Hälfte der Setzungen zu erreichen, wenn die Tonschicht in Aufgabe 1 eine dünne, wasserabführende Schicht enthalten würde, die in 1,5 m Tiefe unter ihrer oberen Schichtfläche ansteht?

Antwort: 127 Tage.

3. Eine 9,15 m dicke Tonschicht liegt auf einem undurchlässigen Felsuntergrund. Die Konsolidierungsdruckspannung soll in vertikaler Richtung gleichmäßig von einem Größtwert an der oberen Schichtgrenze auf Null an der Felsoberfläche abnehmen. Der c_v-Wert des Tons ist $9{,}5 \times 10^{-5}$ cm²/sek. Nach wieviel Jahren von Bauende ab werden die Setzungen 30% der Endsetzungen erreicht haben? Löse die gleiche Aufgabe unter der Annahme, daß der Ton von einer durchlässigen Sandschicht anstatt von Fels unterlagert ist.

Antwort: 6,5; 4,9 Jahre.

42. Standsicherheit von Erddämmen

Zustand bei Vollstau und bei Spiegelsenkung. Wenn die wasserseitige Böschung eines Erddammes teilweise oder vollkommen überflutet ist, wirkt auf den Boden im Damm nicht nur sein Eigengewicht, sondern auch der Strömungsdruck des durchsickernden Wassers. Der Strömungsdruck p_s nach Gl. (39.6) wird durch die Reibung zwischen dem Sickerwasser und den Wänden der Poren hervorgerufen und infolgedessen wirkt er in der Strömungsrichtung. Diese Richtung wird durch die Stromlinien im Stromliniennetz nach Abb. 102a angegeben. Da das Wasser von der wasserseitigen nach der luftseitigen Böschung fließt, vergrößert der Sickerströmungsdruck die Stabilität der wasserseitigen Böschung. Gleichzeitig vermindert er den Sicherheitsgrad der luftseitigen Böschung auf den kleinsten Wert, den er in der Regel unter normalen Verhältnissen annehmen kann. Für die luftseitige Böschung stellt also der einem vollen Anstau entsprechende hydraulische Zustand die kritische Bedingung dar, den sog. *Vollstauzustand.*

Theoretisch kann der Sicherheitsgrad der luftseitigen Böschung auf einen niedrigeren Wert als denjenigen für Vollstau herabgesetzt werden, wenn zusätzlich zu der Sickerströmung aus dem gefüllten Stauraum, Wasser durch die Dammkrone und den unteren Teil der luftseitigen Böschung in den Damm eindringt. Ein diesen Verhältnissen entsprechendes Stromliniennetz ist in Abb. 102b dargestellt. Ein solcher Fall kann bei starken, langanhaltenden Regenfällen oder beim Tauen einer dicken Schneedecke eintreten; Erfahrungen bei Eisenbahn- und Straßendämmen zeigen jedoch, daß dies Ausnahmefälle sind. Der Luftgehalt der Dammbaustoffe, die sich zwischen der normalen Sickerlinie und der Oberfläche der Dammschüttung befinden, scheint eine völlige Wassersättigung der Bodenmassen zu verhindern. In den folgenden Ausführungen ist deshalb der Einfluß von Regen oder Tauwasser auf die Standsicherheit der luftseitigen Böschung nicht berücksichtigt worden.

Bei hohem Stauspiegel liegt die Sickerlinie eines ordnungsgemäß konstruierten Dammes vollständig unterhalb der luftseitigen Böschung (s. Abb. 102a). Die wasserseitige Böschung stellt eine Äquipotentiallinie dar, während die Sickerlinie eine Stromlinie ist. Wenn der Wasserspiegel im Staudamm gleich bis auf die Höhe der Dammsohle abgesenkt wird, nimmt das Stromliniennetz die in Abb. 102c dargestellte Form an. Im Augenblick der Absenkung behält die Sickerlinie ihre ursprüngliche Lage bei; die wasserseitige Böschung ist jedoch nicht mehr eine Äquipotentiallinie sondern eine freie Oberfläche. Die hydraulischen Verhältnisse, die durch ein solches Stromliniennetz dargestellt werden, werden als *Absenkungszustand* bezeichnet. Während des Überganges vom Vollstau- zum Absenkungszustand nimmt die Standsicherheit der luftseitigen Böschung zu; die Rutschtendenz der wasserseitigen Böschung wird dagegen beträchtlich verstärkt. Im Laufe der Zeit sickert das in den Poren der Dammschüttung aufgespeicherte Wasser allmählich ab und infolgedessen wird die Standsicherheit beider Böschungen größer. Für die wasserseitige Böschung stellt also der Absenkungszustand den kritischen Zustand dar.

Um den Sicherheitsgrad der Böschungen eines geplanten Erd- oder Staudammes zu berechnen, der durch Sickerwasserdrücke beansprucht wird, ist es notwendig, repräsentative Proben aus den Bodenmassen in den Materialentnahmestellen zu entnehmen, um schon vor Baubeginn das mittlere Raumgewicht, die relative Dichte, die Durchlässigkeit und den Wassergehalt des Schüttmaterials, nachdem es eingebaut und verdichtet sein wird, zu bestimmen und die grundlegenden Annahmen für die Standsicherheitsuntersuchungen in Übereinstimmung mit den tatsächlichen Verhältnissen auf der Baustelle zu treffen. Diese Voruntersuchungen sowie die Aufstellung des Programmes für die bodenphysikalischen Untersuchungen erfordern Erfahrung und Urteilsvermögen. Die folgenden Ausführungen befassen sich nur mit dem theoretischen Teil des Problems, der Berechnung der Standsicherheit.

Berechnung der Standsicherheit für plötzliche Wasserspiegelsenkung bei nicht zusammendrückbaren Schüttmassen. In Abb. 109a ist ein Querschnitt durch eine Dammschüttung dargestellt. Vor der Wasserspiegelsenkung seien beide Böschungen der Schüttung vollständig überflutet und im Augenblick der Absenkung werde der freie Wasserspiegel von der Höhe der Krone bis auf die Sohle abgesenkt. Weiterhin wird angenommen, daß die Schüttmassen praktisch unzusammendrückbar seien, wie beispielsweise ein gut verdichteter Sand, und daß die kapillare Steighöhe im Vergleich zur Dammhöhe vernachlässigt werden kann.

Das Stromliniennetz in einer solchen Schüttung ist für den abgesenkten Zustand in Abb. 109a dargestellt. Es erfüllt die folgenden hydraulischen Grenzbedingungen: Das gesamte Stromliniennetz ist symmetrisch zur Mittellinie des Dammes, die Mittellinie und die Dammsohle sind Stromlinien, die Dammkrone ist eine Äquipotentiallinie und die Böschungen sind freie Oberflächen. Nach Abschn. 39 würde das Wasser in einem Standrohr von einem Punkt N bis zur Höhe des Punktes aufsteigen, an dem die Äquipotentiallinie durch N die Böschung im Abstand h_w über N schneidet. Der Porenwasserdruck bei N ist daher

$$p_w = \gamma_w h_w. \tag{12.1}$$

Der Kreisbogen efb mit dem Mittelpunkt bei O_1 stellt eine erste Annäherung an die Rutschfläche dar und der Kreis C_r ist der zugehörige Reibungskreis. Wenn r der Radius des Gleitkreises ist und ϱ der Winkel der inneren Reibung des Schüttmaterials, ist der Radius r_0 des Reibungskreises gleich $r \sin \varrho$.

Die Kraft G_1 die eine Rutschung entlang efb herbeizuführen sucht, ist gleich dem Gewicht des oberhalb efb befindlichen Bodens, und zwar der Festmasse und des darin enthaltenen Wassers. Dem Moment der die Rutschung fördernden Kräfte wirkt die Reibung entlang efb entgegen, die gleich dem Reibungswert $\operatorname{tg} \varrho$ multipliziert mit dem gesamten effektiven Druck auf efb ist. Der gesamte effektive Druck an einem beliebigen Punkt dieser Fläche ist wiederum gleich der Differenz zwischen dem gesamten und dem neutralen Druck auf die Fläche an diesem Punkt. Da die Größe h_w der Gl. (12.1) für jeden Punkt von efb aus der Zeichnung entnommen werden kann, kann die Resultierende der neutralen Spannungen P_{u1} auf efb leicht aus dem Krafteck entnommen werden (Abb. 109b). Die Resultierende Q_1 der effektiven Drücke auf efb kann im Kräfteplan der Abb. 109c aus der Gesamtkraft G_1 und der neutralen Kraft P_{u1} erhalten werden. Die Wirkungslinie von Q_1 geht nach Abb. 109a durch den Schnittpunkt von G_1 mit P_{u1}.

Da Q_1 in Abb. 109a den Reibungskreis weder schneidet noch berührt, würde das plötzliche Absenken ein Abrutschen der Dammböschung ver-

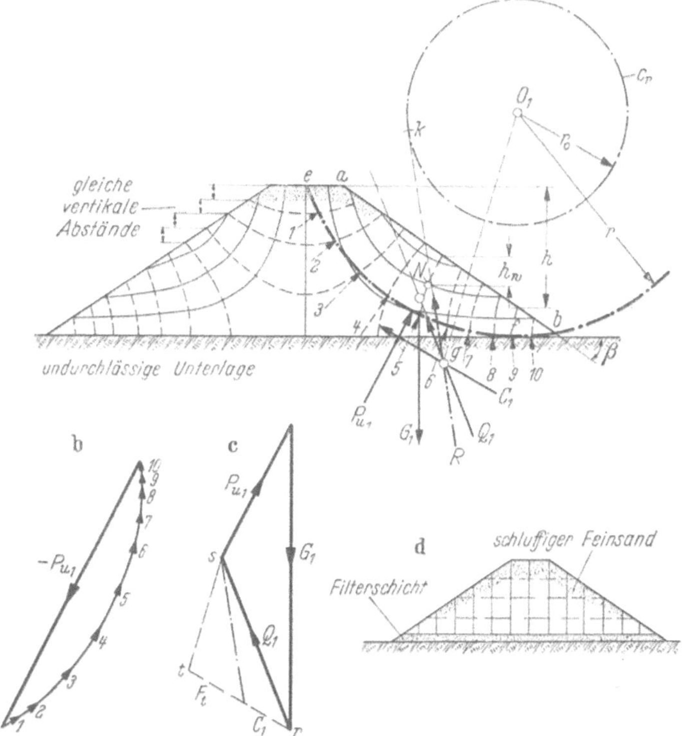

Abb. 109 a–d. a) Sickerströmung durch eine Dammschüttung aus Feinsand unmittelbar nach einer plötzlichen Spiegelabsenkung; b) und c) Kraftecke für die Standsicherheitsberechnungen; d) Sickerströmung durch den Damm nach plötzlicher Spiegelsenkung, wenn unter demselben eine Filterschicht angeordnet ist

ursachen, es sei denn, daß der Rutschung nicht nur Reibung sondern auch Kohäsion entgegenwirkt. Um die zur Verhinderung des Abgleitens auf efb erforderliche Kohäsion zu ermitteln, wird die Wirkungslinie der Resultierenden C_1 aus der Kohäsion nach dem in Abschn. 31 beschriebenen Verfahren bestimmt. Sie schneidet die Wirkungslinie der Kraft Q_1 im Punkt g in Abb. 109a. Um die Stabilitätsbedingungen für die Böschung ab zu erfüllen, muß die Resultierende R der Kräfte C_1 und F_t durch den Punkt g gehen und den Reibungskreis C_r tangential berühren. Die erforderliche Größe der Kraft C_1 ergibt sich, wenn im Krafteck der Abb. 109c Parallelen zu der Wirkungslinie dieser Kräfte in Abb. 109a gezogen werden.

Um den Sicherheitsgrad gegen Rutschen zu ermitteln, ziehen wir in Abb. 109c die Gerade st parallel zu O_1g. Wenn die Rutschfläche vollkommen reibungslos wäre, würde die zur Verhinderung einer Rutschung erforderliche Gesamtkohäsion $rt = F_t + C_1$ sein. Wenn eine Kohäsion C_a vorhanden ist, kann also der Sicherheitsgrad gegen Rutschen ausgedrückt werden durch

$$\eta = \frac{F_t + C_a}{F_t + C_1}. \tag{42.1}$$

Wenn die Böschung ohne die Mitwirkung von Kohäsion standsicher ist, ist C_1 in Gl. (42.1) negativ. Wenn der Boden außerdem auch kohäsionslos ist, ist C_a gleich Null. Unter diesen Voraussetzungen erhalten wir

$$\eta = \frac{F_t}{F_t - C_1}. \tag{42.2}$$

Dieser Wert ist um 10 bis 15% größer als der aus Gl. (31.1) für den Sicherheitsgrad von Böschungen in kohäsionslosen Böden abgeleitete Wert. Die Rutschsicherheit kann nach den Überlegungen, die durch Gl. (31.2) ausgedrückt sind, genauer beurteilt werden.

Da efb in Abb. 109a nicht der kritische Kreis zu sein braucht, muß das Verfahren für verschiedene Kreise wiederholt werden, welche die Krone schneiden und die Sohle der Aufschüttung tangential berühren. Die Rutschung wird in dem Kreis eintreten, für den η am kleinsten ist.

Wenn ein Straßendamm, der periodischen Überschwemmungen ausgesetzt ist, aus gut verdichtetem, relativ zusammendrückbarem Boden besteht, kann die Herabsetzung der Standsicherheit der Böschungen infolge eines schnellen Absinkens des Hochwassers durch Anordnung eines Kiesfilters zwischen den aufgeschütteten Massen und dem Untergrund vermieden werden, wie in Abb. 109d gezeigt ist. Da das Wasser vertikal nach unten in die Filter strömt, ist der Strömungsdruck abwärts nach außen gerichtet. Soll ein solcher Filter unter einem Staudamm eingebaut werden, so muß er durch einen Streifen von relativ undurchlässigem Boden unterbrochen werden, der die Filterschicht in eine wasserseitige und eine luftseitige Hälfte unterteilt. Ein derartiger unterbrochener Filter wurde im Jahre 1941 in den Arkabutla-Damm in Mississippi eingebaut.

Vereinfachte Standsicherheitsberechnung für plötzliche Wasserspiegelsenkung bei nicht zusammendrückbaren Schüttmassen. In Abschn. 38 ist nachdrücklich darauf hingewiesen worden, daß jede Berechnung über die Wirkung von Sickerströmungen im allgemeinen sehr wenig genau sein wird, weil die wirkliche Form der Äquipotentiallinien weitgehend von örtlichen Unregelmäßigkeiten in der Durchlässigkeit des Bodens abhängt. Daher erfüllen vereinfachte Verfahren ihren Zweck ebenso gut oder sogar besser, als das ziemlich umständliche, oben beschriebene Verfahren, vorausgesetzt, daß der Fehler auf der sicheren Seite liegt und 10 bis 15% nicht überschreitet.

Ein solches vereinfachtes Verfahren, das auf Böschungen anwendbar ist, die flacher als 1 : 2,5 geneigt sind, ist in Abb. 110 wiedergegeben. Das Stromliniennetz für den abgesenkten Zustand ist in Abb. 110a dargestellt.

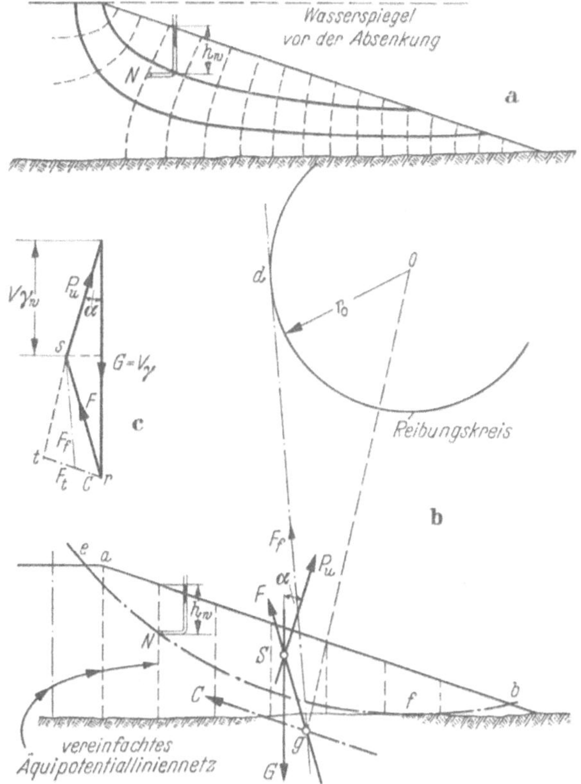

Abb. 110a–c. Vereinfachtes Verfahren für die Durchführung von Standsicherheitsuntersuchungen für abgesenkten Wasserspiegel, wenn das Schüttmaterial unzusammendrückbar ist. a) Stromliniennetz für den abgesenkten Zustand; b) vereinfachtes Äquipotentialliniennetz; c) Krafteck für die Standsicherheitsberechnung

Man sieht, daß die meisten Äquipotentiallinien, die gestrichelt eingetragen sind, annähernd vertikal verlaufen. Man kann daher ohne einen großen Fehler zu begehen annehmen, daß sie alle vertikal gerichtet sind, wie in Abb. 110b dargestellt ist.

Wenn man diese Annahme trifft, geht die Resultierende P_u der neutralen Spannungen in der Rutschfläche fast durch den Schwerpunkt S des Gleitsegmentes $abfe$. Weiterhin gibt die Linie SO fast genau die Richtung von P_u an. Sie bildet den Winkel α mit der Vertikalen. Die vertikale Komponente von P_u ist gleich dem Gewicht eines Körpers aus Wasser, der das gleiche Volumen wie das abrutschende Segment hat. Wenn also V das Volumen des Segmentes pro Längeneinheit der Dammschüttung ist und γ_w das Raumgewicht des Wassers, ist die Vertikalkomponente von P_u gleich $V\gamma_w$

$$P_u = \frac{V\gamma_w}{\cos\alpha}.$$

Auf diese Weise erhält man P_u ohne ein Krafteck zu zeichnen. Der Rest der Untersuchung ist mit der durch Abb. 109 erläuterten identisch. Der Sicherheitsgrad gegen Rutschen entlang efb wird durch Gl. (42.1) angegeben und im ganzen ist der Sicherheitsgrad gegen einen Bruch der Böschung durch den kleinsten Wert bestimmt, der durch die Wiederholung der Untersuchung mit verschiedenen Gleitkreisen ermittelt wird.

Der wirkliche Sicherheitsgrad der Böschung ist größer als der berechnete, weil infolge des Unterschiedes zwischen den wirklichen und den angenommenen Äquipotentiallinien nach Abb. 110a und b, die wirkliche Größe von P_u geringer ist als diejenige von P_u in Abb. 110b. Bei steilen Böschungen ist der Unterschied ziemlich groß. Er nimmt jedoch mit kleiner werdenden Böschungswinkeln β ab und für β-Werte kleiner als etwa 15° kann er unberücksichtigt bleiben.

Standsicherheitsuntersuchung für plötzliche Spiegelsenkung und zusammendrückbare Schüttmassen. Wenn die Schüttmassen nicht praktisch unzusammendrückbar sind, wie in den vorstehenden Ausführungen angenommen wurde, kann das Stromlinienverfahren für die Ermittlung der neutralen Spannungen nicht angewendet werden (s. Abschn. 39). Trotzdem ist es notwendig, die hydraulischen Auswirkungen einer Spiegelabsenkung auf die Änderung im Spannungszustand der Schüttmassen zu betrachten. Die Spannungsänderung infolge einer plötzlichen Spiegelsenkung ist in Abb. 111a dargestellt. Die linke Seite dieser Zeichnung zeigt die angenäherte Verteilung der Vertikalspannungen in einem horizontalen Schnitt af vor der Absenkung. Der effektive Normaldruck auf die Schnittebene wird durch die Fläche adb dargestellt und die neutrale Druckspannung durch die Fläche add_1a_1. Die Ordinaten der oberen Begrenzung jeder Fläche in Bezug auf die untere sind gleich dem Vertikaldruck geteilt durch das Raumgewicht γ_w des Wassers. An jedem Punkt des horizontalen Schnittes ist die neutrale Spannung gleich $\gamma_w(h_d - z)$.

Die plötzliche Spiegelsenkung vermindert den Gesamt-Normaldruck in dem horizontalen Schnitt auf den durch die Fläche bd_1f rechts von der Mittellinie in Abb. 111a dargestellten Wert. Da der Wassergehalt der Schüttmassen unmittelbar nach der Spiegelsenkung unverändert bleibt, ist der effektive Druck auf den horizontalen Schnitt praktisch unbeeinflußt. Dies geht aus der Gleichheit der Flächen bdf und abd hervor. Infolgedessen ist nach der Spiegelsenkung die neutrale Spannung an einem Punkt m des horizontalen Schnittes ab gleich

$$p_w = \gamma_w (z_1 - z) .$$

Die Standrohrspiegelhöhe ist $z_1 - z$ und die auf die Sohle der Schüttmassen bezogene hydrostatische Druckhöhe

$$h_w = z_1 .$$

Die Äquipotentiallinien, die dieser Bedingung genügen, verlaufen vertikal. Mit anderen Worten, das Äquipotentialliniennetz ist identisch mit

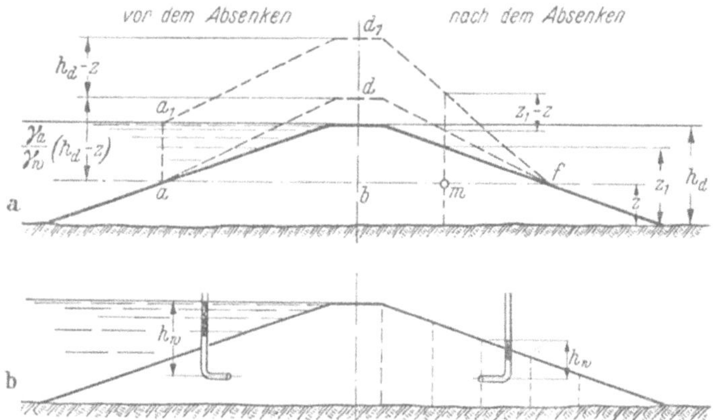

Abb. 111 a u. b. a) Änderung im Spannungszustand in einem zusammendrückbaren Schüttmaterial unmittelbar nach plötzlicher Spiegelsenkung; b) Äquipotentiallinien für den abgesenkten Zustand

dem vereinfachten Netz für die nicht zusammendrückbare Schüttung in Abb. 110b. Die Standsicherheitsuntersuchung kann deshalb nach dem in Abb. 110b dargestellten Verfahren durchgeführt und der Sicherheitsgrad kann mit Hilfe von Gl. (42.1) berechnet werden.

Im vorangehenden Absatz war ausgeführt worden, daß das vereinfachte Verfahren zur Berechnung des Sicherheitsgrades bei nicht zusammendrückbaren Schüttmassen nach Abb. 110b einen Fehler nach der sicheren Seite einschließt. Wenn dieses Verfahren für zusammendrückbare Schüttmassen angewandt wird, ist es nahezu genau. Diese Feststellung führt zu der Schlußfolgerung, daß die Zusammendrückbarkeit der Schüttmassen die Tendenz für das Eintreten von Böschungsrutschungen nach plötzlichen Spiegelsenkungen verstärkt. Für einen Böschungswinkel von $\beta = 36°$ nimmt der Kleinstwert des Winkels der inneren Reibung, bei dem gerade noch Gleichgewicht für die Böschungen bei kohäsionslosem Schüttmaterial herrscht, mit größer werdender Zusammendrückbarkeit der Schüttmassen von etwa 48° auf etwa 57° zu und wenn $\beta = 18°$ ist, nimmt die erforderliche Größe von ϱ von etwa 33° 30′ auf etwa 36° zu.

Einfluß der Absenkungsgeschwindigkeit auf die Standsicherheit. Wenn die Durchlässigkeit einer unzusammendrückbaren Schüttung so groß wie diejenige eines Grobsandes ist, tritt das Wasser aus den Poren der Aufschüttung fast ebenso schnell aus, wie der Außenwasserspiegel absinkt. Wenn dagegen die Durchlässigkeit einer unzusammendrückbaren Aufschüttung gering ist, sind die Poren des Bodens so klein, daß der größte Teil des Wassers durch Kapillarkräfte in den Schüttmassen zurückgehalten wird. Während der Außenwasserspiegel absinkt, geht der Porenwasserdruck innerhalb der kapillaren Sättigungszone vom positiven in den negativen Bereich über (vgl. Abschn. 21). Am Ende der Absenkungszeit ist eine solche Schüttung daher wahrscheinlich standfester als sie es am Anfang war. Wenn also eine Aufschüttung unzusammendrückbar ist, schaltet eine allmähliche Absenkung des benachbarten Wasserspiegels praktisch die Gefahr einer Böschungsrutschung durch Spiegelsenkung aus, und wenn die Durchlässigkeit einer solchen Aufschüttung gering ist, vergrößert eine allmähliche Absenkung sogar die Standsicherheit der Böschungen.

Die Durchlässigkeit zusammendrückbarer Schüttungen ist gewöhnlich ebenfalls niedrig und der größte Teil des Wassers wird durch Kapillarkräfte in den Massen zurückgehalten. Gleichzeitig mit der Absenkung und danach tritt jedoch eine Volumenabnahme der Schüttung infolge Konsolidierung ein. Da die Konsolidierung sich sehr langsam vollzieht, werden sich die in Abb. 110b und 111b dargestellten hydraulischen Verhältnisse in der Regel schon während einer langsamen Spiegelsenkung entwickeln. Wenn eine Schüttung aus zusammendrückbaren Bodenmassen besteht, sind die Standsicherheitsverhältnisse daher nach einer langsamen Spiegelsenkung fast ebenso ungünstig wie nach einer schnellen. Dies erklärt die mit den Erfahrungen übereinstimmende Tatsache, daß Rutschungen bei Spiegelsenkungen fast ausschließlich in Böschungen eintreten, in denen feinkörnige, verhältnismäßig zusammendrückbare Böden vorhanden sind, wie Schluff oder Ton-Schluffgemische. Infolge des entscheidenden Einflusses der Zusammendrückbarkeit auf die Folgen einer allmählichen Spiegelsenkung, ist eine gründliche Verdichtung des Schüttmaterials von größter Bedeutung.

In der Praxis erfolgen Wasserspiegelsenkungen immer mehr oder weniger allmählich. Vollständige Spiegelsenkungen, die nicht wenigstens innerhalb einiger Tage durchgeführt werden, sind sehr selten. Wenn der Wasserspiegel allmählich absinkt, hängen die Gleichgewichtsverhältnisse der Aufschüttung nicht nur vom Grad der Zusammendrückbarkeit, sondern auch von der Durchlässigkeit des Schüttmaterials und seinem Wasserhaltevermögen ab. Daher ist der Einfluß der Eigenschaften des Schüttmaterials auf die Standsicherheitsverhältnisse bei allmählicher Absenkung noch bedeutender als bei einer plötzlichen Spiegelsenkung.

Die Standsicherheit von Staudämmen. In den Abb. 109 bis 111 ist angenommen worden, daß die Dämme symmetrisch zur Mittellinie geschüttet sind und daß der Spiegelsenkung eine vollständige Überflutung vorausgegangen ist. Im Gegensatz zu diesen einfachen Annahmen ist die wasserseitige Böschung eines Staudammes gewöhnlich etwas flacher als die luftseitige Böschung und der luftseitige Böschungsfuß ist durch ein Filter geschützt, wie in Abb. 102 gezeigt wurde. Weiterhin ist nur die wasserseitige Böschung vor der Spiegelsenkung überflutet. Diese Unterschiede wirken sich auf Einzelheiten der Standsicherheitsberechnung aus, dagegen nicht auf das allgemeine Prinzip.

Den Standsicherheitsberechnungen für die luftseitige Böschung eines Staudammes muß die Konstruktion eines Stromliniennetzes für die Sikkerströmung durch den Damm bei hoher Wasserspiegellage vorangehen, da dieser Zustand für die luftseitige Böschung der kritische ist. Das Stromliniennetz für diesen Zustand zeigt Abb. 102a. Da die Äquipotentiallinien gekrümmt sind, sollte die Untersuchung nach dem durch Abb. 109 erläuterten Verfahren durchgeführt werden.

Der kritische Zustand für die wasserseitige Böschung ist die Spiegelsenkung. Die Gefahr eines Böschungsrutsches durch eine Spiegelsenkung kann jedoch unberücksichtigt bleiben, wenn das Schüttmaterial im wasserseitigen Teil des Dammes nicht aus Boden mit geringer Durchlässigkeit und mit zumindest mittlerer Zusammendrückbarkeit besteht. Die Größe und Verteilung des Porenwasserdruckes im wasserseitigen Teil des Dammes nach der Absenkung hängen nicht nur von der Geschwindigkeit der Spiegelsenkung und den Konsolidierungseigenschaften des Schüttmaterials, sondern auch von dem Luftgehalt und von der Dichte und der Durchlässigkeit an den verschiedenen Stellen der Schüttung ab. Da die letzten Faktoren rein zufällg sind, lassen sie sich nicht genau erfassen. Man ist daher gezwungen, eine rohe Schätzung der Porenwasserdrücke auf Grund vereinfachender Annahmen zu treffen. Die in den vorigen Absätzen durchgeführten Erörterungen legen alle in Betracht zu ziehenden Gesichtspunkte dar.

Die Scherfestigkeit des Schüttmaterials. Bei der Untersuchung der Standsicherheit einer Schüttung oder eines Dammes, die durch Porenwasserdruck beansprucht werden, erhebt sich die Frage, ob die Scherfestigkeit des Schüttmaterials durch langsame Scherversuche, schnelle Versuche mit Konsolidierung oder Schnellversuche ermittelt werden soll

(s. Abschn. 15). Die Antwort auf diese Frage hängt von verschiedenen Faktoren ab, die einzeln betrachtet werden müssen. Der wichtigste ist der Konsolidierungszustand der Schüttung am Ende der Bauzeit und der Spannungszustand in der Auffüllung kurz bevor die kritischen Verhältnisse eintreten.

Wenn der Damm aus gut verdichtetem und praktisch unzusammendrückbarem Boden mit einem Durchlässigkeitsbeiwert größer als etwa 10^{-6} cm/sek. besteht, kann mit Sicherheit angenommen werden, daß die Konsolidierung bei Bauende vollständig eingetreten ist. Man kann auch annehmen, daß der Wassergehalt des Schüttmaterials sich den Spannungsänderungen bei der Füllung des Stauraumes und den späteren Absenkungen anpaßt. Daher genügt es im allgemeinen, die Sicherheitsuntersuchungen für solche Dämme auf Grund von langsamen Scherversuchen durchzuführen. Die Kohäsion sollte außer Ansatz bleiben. Die Fehler liegen in der Regel auf der sicheren Seite, weil bei niedrigen und mittleren Normaldrücken die Scherwerte aus Schnellversuchen mit Konsolidierung im allgemeinen höher sind als aus langsamen.

Wenn ein Damm aus Ton besteht, liegen ganz andere Verhältnisse vor. Die Durchlässigkeit von Ton ist so gering, daß der Wassergehalt des Tons während der Bauzeit nicht merklich abnimmt. Deshalb sollte die Standsicherheit des Dammes für den Zustand unmittelbar nach dem Bau auf Grund von Schnellscherversuchen mit Tonproben untersucht werden, welche sich in dem gleichen Zustand befinden, mit dem der Ton in den Damm eingebaut wird. Der kritische Zeitabschnitt im Leben eines Tondammes braucht jedoch nicht unbedingt derjenige unmittelbar nach dem Bau zu sein. Im Laufe der Jahre wird der Wassergehalt des mittleren Teiles des Dammes infolge weiterer Konsolidierung wahrscheinlich abnehmen, während der Wassergehalt unter der wasserseitigen Böschung und in der Nähe des luftseitigen Dammfußes zunehmen kann. Der Einfluß dieser Änderungen des Wassergehaltes auf die Scherfestigkeit des Tones muß berücksichtigt werden. Es ist zu empfehlen, diese Veränderungen festzustellen und Standsicherheitsuntersuchungen nicht nur für den Endzustand des Dammes, sondern auch für einen oder zwei Zwischenzustände durchzuführen.

Wenn ein Damm aus einem Gemisch von Sand und Ton besteht, wie beispielsweise aus einer unzusammendrückbaren Schluffart, kann durch eine Konsolidierungsberechnung geprüft werden, ob das Schüttmaterial durchlässig genug ist, um die Konsolidierung während der Bauzeit zu ermöglichen. Wenn dies der Fall ist, kann man als sicher annehmen, daß der Wassergehalt sich den Scherspannungen anpassen wird, die sich während der Bauzeit in den potentiellen Gleitflächen entwickeln. Anderseits müssen die Folgen der Spiegelsenkung untersucht werden, weil sie zu einem anschließenden Ansteigen der Scherspannungen bei praktisch unverändertem Wassergehalt führen können. Der Standsicherheitsuntersuchung sollten also die ungünstigsten Kombinationen von langsamen Scherversuchen und Versuchen mit Konsolidierung zu Grunde gelegt werden, welche die voraussichtlichen Verhältnisse erfassen. Die Einzelheiten derartiger Untersuchungen können, ebensowenig wie die in den vorangehenden Abschnitten behandelten, als Routineverfahren angesehen werden; ihre ausführliche Behandlung überschreitet den Rahmen dieses Buches.

C. Bodenmechanische Probleme bei der Entwurfsbearbeitung und der Bauausführung

Der Stoff der Teile A und B umfaßt alles, was heute unter dem Begriff „Bodenmechanik" verstanden wird. Die Bodenmechanik ist ihrerseits wieder ein kleines Teilgebiet des großen Wissensgebietes der angewandten Mechanik.

Wie die Geschichte zeigt, gibt es kaum eine einzige Vorstellung von praktischer Bedeutung auf dem Gebiet des Bauwesens, die nicht schon viele Jahrhunderte bevor es eine angewandte Mechanik gab, instinktiv von einzelnen oder Gruppen von Ingenieuren vorausgenommen und bei Entwürfen und Bauausführungen mit Erfolg benutzt worden ist. Hierfür zeugen kühne Brückenbauwerke, Aquädukte und Dome hohen Alters, die noch heute Achtung und Bewunderung für ihre Konstrukteure und Erbauer fordern. Weitere Fortschritte wurden dann jedoch nur sehr langsam und mit großen Mühen erzielt, weil die zu lösenden Aufgaben die seltene Gabe der Intuition voraussetzten.

Diese Verhältnisse änderten sich erst nach der Entwicklung der angewandten Mechanik, als sich die Wissenschaft mit dem Bauwesen zu befassen begann. Wenn ein Gebiet der menschlichen Tätigkeit erst wissenschaftlich mit Erfolg in Angriff genommen worden ist, erwirbt auch ein durchschnittlicher Fachmann bald die Fähigkeit, seine Verfahren und Entwürfe den unveränderlichen Gesetzen der Natur anpassen zu können, wodurch sich sein Wirkungskreis außerordentlich vergrößert. Dies beweisen die beispiellosen Fortschritte des Bauwesens in den letzten hundert Jahren.

Der Grund- und Erdbau hinkte hinter den anderen Zweigen des Bauwesens her, weil die Gesetze, die auf diesem Gebiet Ursachen und Wirkung verknüpfen, nicht so einfach und offenkundig sind, wie dies auf den anderen der Fall ist. Hierzu kommt, daß viele der Probleme allein durch die Theorie nicht befriedigend gelöst werden können, weil die physikalischen Eigenschaften und die Struktur der natürlichen Bodenablagerung zu vielfältig sind.

Trotz dieser besonderen Schwierigkeiten kann eine genaue Kenntnis der Beziehungen zwischen Ursache und Wirkung auch den praktisch tätigen Ingenieur in die Lage versetzen, zweckmäßige und wirtschaftliche Entwürfe im Grund- und Erdbau mit dem gleichen Erfolg aufzustellen, wie dies – wenn auch in etwas anderer Weise – auf anderen Gebieten des Bauwesens der Fall ist. Man kann dies durch einen Vergleich des Teiles C dieses Buches mit den Kapiteln über den Entwurf von Gründungen in irgend einem anderen vor 20 Jahren veröffentlichten Buch leicht feststellen.

Im ersten Kapitel des Teils C werden die Eigenschaften von natürlichen Bodenablagerungen und die Verfahren zur Untersuchung derselben behandelt. Die beiden folgenden befassen sich mit Erfahrungsregeln auf den verschiedenen Gebieten des Grund- und Erdbaues. Indem diese Regeln nach den in den Teilen A und B behandelten Erkenntnissen überprüft werden, lassen sich die Grenzen für ihre Gültigkeit finden und halb-empirische Ergänzungsregeln aufstellen. Das Schlußkapitel handelt über den Einfluß von Baumaßnahmen, wie beispielsweise Ausschachtungen und Grundwasserabsenkungen, auf benachbarte Bauwerke.

VII. Baugrunduntersuchungen

43. Zweck und Umfang von Baugrunduntersuchungen

Was sind Baugrunduntersuchungen? Kein Ingenieur kann eine technisch und wirtschaftlich befriedigende Lösung für den Entwurf der Gründung eines Bauwerkes, für einen Erddamm oder eine Staumauer finden, wenn er nicht eine wenigstens annähernd zutreffende Vorstellung von den physikalischen Eigenschaften des Baugrundes und der Bodenmassen hat, die er gegebenenfalls als Baumaterial verwenden muß. Die Feld- und Laboratoriumsuntersuchungen, die notwendig sind, um diese wesentlichen Unterlagen zu beschaffen, werden unter dem Begriff *Baugrunduntersuchung* zusammengefaßt.

Bis vor einigen Jahrzehnten war es noch nicht möglich, Baugrunduntersuchungen in befriedigender Weise durchzuführen, weil noch keine rationelle Verfahren für die Untersuchung des Bodens zur Verfügung standen. Anderseits stehen gegenwärtig oft der Umfang der Bodenuntersuchungen und die Verfeinerungen der Versuchstechnik in keinem Verhältnis zu dem praktischen Wert der Ergebnisse. Um in keins der beiden Extreme zu verfallen, ist es notwendig, das Untersuchungsprogramm den Baugrundverhältnissen und der Größe der Bauaufgabe anzupassen.

Einfluß der Baugrundverhältnisse auf das Untersuchungsprogramm. Wenn ein größeres Bauwerk auf einer annähernd homogenen Tonschicht gegründet werden soll, kann es gerechtfertigt sein, umfangreiche Bodenuntersuchungen durch erfahrene Mitarbeiter eines Erdbaulaboratoriums durchführen zu lassen, da die Versuchsergebnisse eine relativ genaue Voraussage sowohl der Größe als auch des zeitlichen Ablaufes der Setzungen gestatten. Auf Grund einer solchen Voraussage ist es möglich, die Gefahr schädlicher Setzungsunterschiede durch entsprechende Anordnung der Lasten oder durch Abstufung der Gründungstiefe der verschiedenen Teile des Bauwerkes innerhalb gewisser Grenzen zu beseitigen. Wenn dagegen ein ähnliches Bauwerk auf Ablagerungen errichtet werden soll, die aus Linsen von Sand, Ton und Schluff bestehen, würde der gleiche Untersuchungsaufwand sehr wenig zu den Erkenntnissen beitragen, die allein schon durch die Ermittlung der üblichen bodenphysikalischen Eigenschaften einiger Dutzend repräsentativer, aus den Untersuchungsbohrlöchern entnommener Bodenproben zu erhalten sind. Weitere, viel wichtigere Angaben als diejenigen aus umfangreichen Laboratoriumsuntersuchungen, können in kürzerer Zeit und mit geringerem Aufwand durch einfache Baugrundsondierungen gewonnen werden, die engmaschig vertikal niedergebracht werden, weil durch solche Sondierungen irgendwelche weiche Stellen zwischen den Bohrlöchern entdeckt werden können. Das Auffinden solcher Stellen ist wichtiger, als eine genaue Kenntnis der Eigenschaften von Zufallsproben.

Die vorstehenden Bemerkungen zeigen, daß bei einem sehr uneinheitlichen Bodenprofil, ein ausgefeiltes Programm für Laboratoriumsuntersuchungen in der Regel fehl am Platze ist. Die Verfahren zur Untersuchung des Baugrundes müssen vielmehr der Art des Baugrundaufbaues auf der Baustelle angepaßt sein. In den folgenden Abschnitten werden die Merkmale typischer Baugrundprofile, die man gewöhnlich im Feld antrifft, beschrieben.

Der Begriff *Baugrundprofil* bezeichnet einen vertikalen Schnitt durch den Baugrund, der die Dicke und Aufeinanderfolge der einzelnen Schichten zeigt. Der Ausdruck *Schicht* wird für eine relativ deutlich erkennbare Bodenablagerung verwendet, die mit anderen Schichten von offensichtlich anderer Beschaffenheit in Berührung steht. Wenn die Grenzen zwischen den Schichten annähernd parallel verlaufen, wird das Baugrundprofil als *einfach* oder *regelmäßig* bezeichnet. Bieten die Schichtgrenzen ein mehr oder weniger unregelmäßiges Bild, spricht man von einem *uneinheitlichen Baugrundprofil.*

Die physikalischen Eigenschaften des Bodens werden von der Geländeoberfläche ab bis zu einer Tiefe von etwa 1,8 m und in Ausnahmefällen bis zu noch größerer Tiefe durch jahreszeitliche Schwankungen der Feuchtigkeit und der Temperatur und infolge biologischer Einflüsse durch Wurzeln, Würmer und Bakterien verändert. Der obere Teil dieser Zone wird in der landwirtschaftlichen Bodenkunde als *A-Horizont* bezeichnet. Er ist vorwiegend der mechanischen Wirkung der Verwitterung unterworfen und erleidet Verluste an einigen Bestandteilen durch Auslaugung. Der untere Teil wird *B-Horizont* genannt. Hier setzt sich ein Teil der im A-Horizont ausgelaugten Bestandteile ab und reichert sich an.

Für die Eigenschaften der Böden in den A- und B-Horizonten interessieren sich vorwiegend die Agronomen und Straßenbauer. Die Ingenieure, die sich mit der Gründung von Bauwerken und mit dem Erdbau befassen, interessieren sich in erster Linie für das unterlagernde Ursprungsmaterial. Unterhalb des B-Horizontes ist die Beschaffenheit des Bodens nur durch das Ausgangsmaterial, aus dem er entstanden ist, durch die Art der Ablagerung und durch die darauf folgenden geologischen Vorgänge bestimmt. Die einzelnen Schichten, die das Baugrundprofil unterhalb des B-Horizontes bilden, können ziemlich homogen sein oder sie können aus kleineren Elementen zusammengesetzt sein, deren Eigenschaften mehr oder weniger vom Mittel abweichen. Form, Größe und Anordnung dieser kleineren Elemente bilden die *Primärstruktur* der Ablagerung. Da die meisten Böden unter Wasser abgelagert sind, ist die verbreitetste Primärstruktur die *Feinschichtung*. Wenn die einzelnen Schichten nicht dicker als etwa 2 bis 3 cm und annähernd gleich dick sind, spricht man von einer *Blätterstruktur* des Bodens. So gehören beispielsweise die in Abschn. 2 beschriebenen Bändertone zu den Bodenarten mit Blätterstruktur. Die Knetwirkung des Eises, Erdrutsche, reißende Strömungen und verschiedene andere Einflüsse führen zur Bildung von Ablagerungen mit regelloser oder *erratischer* Struktur. Solche Ablagerungen haben kein ausgeprägtes Strukturbild. Je mehr die Struktur einer Bodenmasse sich dem erratischen Typ nähert, desto schwieriger ist es, Mittelwerte für die bodenphysikalischen Kennzahlen zu ermitteln und desto unsicherer sind die Ergebnisse.

Bei steifen Tonen und anderen Erdstoffen mit großer Kohäsion kann neben der Primärstruktur eine *Sekundärstruktur* vorhanden sein, die sich nach der Ablagerung des Bodens entwickelt hat. Die wichtigsten sekundären Strukturmerkmale sind Netze von Haarrissen oder größeren Rissen oder Rutschharnische (s. Abschn. 7). Haarrisse und Risse treten gewöhnlich in Hochfluttonen auf, die aus einzelnen Schichten bestehen, von denen jede nach der Ablagerung zeitweilig der Atmosphäre ausgesetzt war. Während dieser Einwirkungszeit sind durch Schrumpfvorgänge Rißbildungen hervorgerufen worden. Rutschharnische sind glatt polierte Flächen, die das Ergebnis von Volumenänderungen infolge chemischer Vorgänge sein können oder von Verformungen infolge der Einwirkung der Schwerkraft oder tektonischer Kräfte, die zu Rutschungen an den Wänden vorhandener oder neugebildeter Risse geführt haben.

Wenn eine kohärente Schicht eine ausgeprägte Sekundärstruktur hat, können die Ergebnisse von Laboratoriumsuntersuchungen eine falsche Vorstellung von ihren bodenphysikalischen Eigenschaften geben. Bei solchen Böden sind daher die einzige Grundlage, auf die man sich bei seiner Beurteilung verlassen kann, die praktischen Erfahrungen, die bei ähnlichen Baugrundverhältnissen gewonnen worden sind.

Einfluß der Größe des Bauvorhabens auf den Umfang der Baugrunduntersuchungen. Bei der Aufstellung eines Planes für die Baugrunduntersuchungen muß auch die Bedeutung des Bauvorhabens in Betracht gezogen werden. Wenn das geplante Bauvorhaben nur geringe Kosten verursacht, ist es nicht zu vertreten, die Untersuchungen über die Ausführung einer kleinen Anzahl von Untersuchungsbohrungen und einiger weniger Klassifizierungsuntersuchungen an repräsentativen Bodenproben auszudehnen. Der Mangel an genauen Angaben über die Baugrundverhältnisse muß durch einen höheren Sicherheitsgrad beim Entwurf ausgeglichen werden. Wenn dagegen ein umfangreiches Bauvorhaben gleicher Art bei ähnlichen Baugrundverhältnissen auszuführen ist, sind im allgemeinen selbst die Kosten von gründlichen und eingehenden Baugrunduntersuchungen klein im Vergleich zu den Einsparungen, die bei der Auswertung der Ergebnisse für den Entwurf und die Bauausführung erzielt werden können oder im Vergleich zu den Folgen, die sich aus einem Schaden durch falsche Entwurfsannahmen ergeben würden. Bei großen Bauvorhaben sind daher in der Regel umfangreiche Baugrunduntersuchungen gerechtfertigt.

Um das Untersuchungsprogramm den Erfordernissen einer bestimmten Bauaufgabe anpassen zu können und die wesentlichen Angaben mit dem geringsten Aufwand an Zeit und Geld zu erhalten, muß der beauftragte Ingenieur mit den Geräten und den zur Erkundung der Baugrundverhältnisse am besten geeigneten Verfahren, mit dem Verfahren zur Beurteilung und Auswertung der Ergebnisse von Laboratoriums- und Feldversuchen und mit den Unsicherheiten, die mit den Ergebnissen der verschiedenen Baugrunduntersuchungsverfahren verbunden sind, vertraut sein. Diese Fragen sind in den beiden folgenden Abschnitten eingehend behandelt.

44. Verfahren für die Baugrunderschließung

Bohrungen, Probenentnahme und Sondierungen. Die erste Maßnahme zur Untersuchung des Baugrundes besteht darin, mit einem geeigneten Verfahren einige Bohrungen in den Untergrund niederzubringen und nahezu ungestörte Bodenproben aus jeder beim Bohren angetroffenen Schicht zu entnehmen. Dies sind die sog. *Untersuchungsbohrungen.* Zusätzlich können Feldversuche, Entnahmen ungestörter Bodenproben oder beides erforderlich sein. Die Feldversuche, wie beispielsweise Untergrundsondierungen oder Pumpversuche liefern unmittelbare Angaben über die Einzelheiten des Baugrundprofils und die Eigenschaften des Bodens an Ort und Stelle. Durch die Entnahme ungestörter Proben wird das Material für die Ermittlung der bodenphysikalischen Eigenschaften durch Laboratoriumsversuche gewonnen.

In den letzten Jahren sind auch geophysikalische Untersuchungsverfahren den besonderen Aufgaben im Bauwesen angepaßt worden. Mit Hilfe von Beobachtungen, die auf der Geländeoberfläche ausgeführt werden, geben sie Aufschlüsse über die Lage der Grenze zwischen den Lockermassen und dem Felsuntergrund. Wenn der Fels gesund und seine Oberfläche nicht zu uneben ist, kann die Lage und der Verlauf der Felsoberfläche leichter und schneller als mit Hilfe von Bohrungen bestimmt werden. Man hat auch versucht, die Lage der Grenzen zwischen verschiedenen Bodenschichten durch geophysikalische Verfahren zu bestimmen und Angaben über die physikalischen Eigenschaften dieser Schichten zu gewinnen. Diese Bemühungen befinden sich jedoch noch im Versuchsstadium.

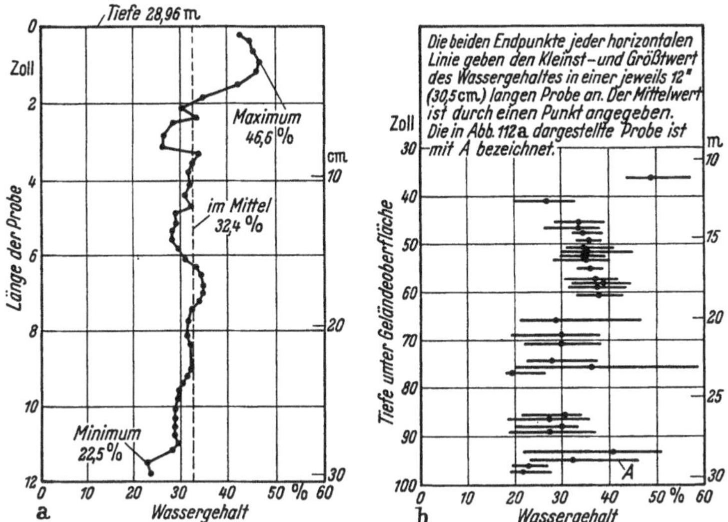

Abb. 112 a u. b. Schwankungen des natürlichen Wassergehaltes von Ton in einem Bohrloch in Boston. a) Schwankungen in einem vertikalen Abschnitt von 30 cm; b) Schwankungen innerhalb des gesamten Bohrloches (nach R. E. FADUM)

Erfahrungen haben ergeben, daß die physikalischen Eigenschaften fast jeder natürlichen Bodenschicht in vertikaler Richtung erhebliche Abweichungen und etwas geringere in den horizontalen Richtungen aufweisen. Diese Tatsache wird durch die Schwankungen des natürlichen Wassergehaltes von Tonen überzeugend nachgewiesen, die nach dem Augenschein homogen zu sein scheinen. Die Ergebnisse einer Untersuchung über die Streuung des Wassergehaltes innerhalb einer Tonschicht in Boston sind in Abb. 112 wiedergegeben. Die Streuung in einer 30 cm dicken Schicht ist in Abb. 112a und diejenigen einer 18,3 m-Schicht in Abb. 112b dargestellt. Wenn ein Tonvorkommen offensichtlich inhomogen ist, wird sein Wassergehalt in der Regel mit zunehmender Tiefe ebensolche unregelmäßige Schwankungen aufweisen, wie in Abb. 113 wiedergegeben.

Ist eine Bodenschicht sehr regellos zusammengesetzt, können ausreichende Unterlagen über die Schwankungen der bodenphysikalischer Eigenschaften entweder durch eine fortlaufende Entnahme von Rohrproben von der oberen bis zur unteren Schichtgrenze und durch die bodenphysikalische Untersuchung jedes Teiles des Probenmaterials gewonnen werden oder auch durch die Ausführung geeigneter Versuche im Feld. Die eine Art der Feldversuche, beispielsweise die Untergrundsondierungen, ermittelt laufende Angaben über die Schwankungen des Eindringungswiderstandes der Schicht. Die andere Art, zu denen die Pumpversuche zur Ermittlung des Durchlässigkeitsbeiwertes gehören, liefert Mittelwerte für die untersuchte Bodeneigenschaft.

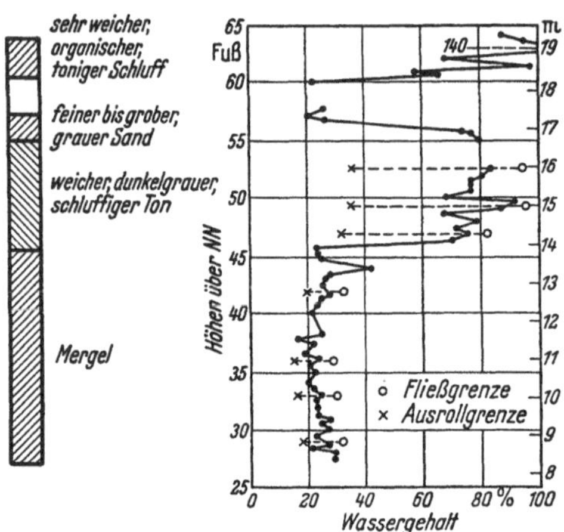

Abb. 113. Schwankungen des natürlichen Wassergehaltes bei Proben aus einer Bohrung in einer geschichteten Uferablagerung

In den USA ist es üblich, die mittleren bodenphysikalischen Eigenschaften einer Tonschicht durch Laboratoriumsversuche an zusammenhängenden Rohrproben zu ermitteln, welche die Schicht von oben bis unten erfassen. Die Proben werden gewöhnlich in dünnwandigen Entnahmerohren aus Stahl, mit einem Durchmesser von 2″ bis $2^1/_2$″ (5,08 bis 6,35 cm) aus dem Baugrund entnommen und die Bohrungen, aus denen die Proben entnommen wurden, werden als *Rammrohrbohrungen* bezeichnet. Die Rohre welche die Proben enthalten, werden auf der Baustelle dicht vergossen und an das Laboratorium verschickt, wo sie erst geöffnet werden, wenn der Ton untersucht werden soll.

Soll eine genaue Setzungsermittlung für ein geplantes, auf einer Tonschicht zu errichtendes Bauwerk durchgeführt, oder ein Bauwerk auf einer Schicht von sehr knetempfindlichem oder hochgradig vorverdichtetem Ton errichtet werden, müssen Kompressionsversuche mit Proben von wenigstens 4″ (10,16 cm) Durchmesser ausgeführt werden. Da das Gerät für Rammbohrungen im allgemeinen für die Entnahme von Proben mit größerem Durchmesser als $2^1/_2$″ ungeeignet ist, müssen die Proben für Kompressionsversuche durch besondere Verfahren gewonnen werden, wie beispielsweise durch Probenentnahmen in Schürfgruben oder in Bohrlöchern mit größerem Durchmesser. Die letzten werden gewöhnlich als *Bohrungen für die Entnahme ungestörter Bodenproben* bezeichnet, obwohl die aus solchen Bohrungen gewonnenen Proben in mancher Hinsicht nicht weniger gestört sind, als die 2''-Rammrohrkerne, die mit Hilfe dünnwandiger Rohre entnommen werden.

Um durch Laboratoriumsversuche zuverlässige Mittelwerte für physikalische Eigenschaften einer Sandschicht zu erhalten, müßte man ebenfalls praktisch ununterbrochene Bohrkerne untersuchen. Die im allgemeinen für die Probenentnahme in Tonen verwandten Geräte sind jedoch für die Entnahme von Proben aus unterhalb des Wasserspiegels anstehenden kohäsionslosen Erdstoffen nicht geeignet. Hierbei wären unzulässig große Probenverluste unvermeidbar, sofern man nicht zu einem der aufwendigen und mühsamen Verfahren Zuflucht nehmen will, die später in diesem Abschnitt beschrieben werden. Es ist daher vorzuziehen, kohäsionslose oder fast kohäsionslose Bodenschichten mit Hilfe von Feldversuchsverfahren zu untersuchen, beispielsweise durch Sondierungen oder Pumpversuche, wodurch auf die Entnahme zusammenhängender Kerne verzichtet werden kann.

Die folgenden Ausführungen in diesen Abschnitten befassen sich mit den bei Baugrunderschließungen gebräuchlichen Verfahren.

Bohrungen für Baugrunduntersuchungen. *Bohrverfahren.* Die billigsten und gebräuchlichsten Bohrverfahren sind das Spülbohren und das Drehbohren mit Spiralbohrern. Flache Bohrungen bis zu etwa 3 m Tiefe werden gewöhnlich mit Spiralbohrern ausgeführt. Für tiefere Bohrungen kann jedes der beiden Verfahren angewandt werden.

Spülbohrungen. Zur Ausrüstung für die Ausführung von Spülbohrungen gehören im allgemeinen eine Anzahl von 1,5 m langen Rohrschüssen von 2,5'' Durchmesser, die sog. *Verrohrung*, welche dazu dient, die Wände des Bohrloches abzustützen, ein Rammbär zum Einrammen der Verrohrung in den Baugrund, ein Bohrbock zur Handhabung des Rammbären und der Verrohrung und das 1''-Spülrohr in Rohrschüssen von 1,5 m oder 3,0 m Länge. Eine Schlauchverbindung führt durch einen Drehkopf zum oberen Ende des Spülrohres, während das untere Ende mit einem Fallmeißel ausgerüstet ist (Abb. 115d), der Ausflußöffnungen besitzt, damit das Spülwasser in das Spülrohr hinuntergepumpt und aus den Öffnungen herausgepreßt werden kann. Ferner gehört zur Ausrüstung ein Wasserbehälter und eine Hand- oder Motorpumpe.

Bei Beginn einer Spülbohrung wird der Bohrbock aufgestellt (Abb. 114) und ein 1,5 m langes Bohrrohr etwa 1,2 m in den Boden eingerammt. Am oberen Ende der Verrohrung wird ein T-Stück angeschraubt, in dessen horizontal abzweigenden Ansatzstutzen ein kurzes Rohr eingeschraubt wird. Unter das Ende des kurzen Rohres wird der Wasserbehälter gestellt und mit Wasser gefüllt. Das Spülrohr wird mit Hilfe eines Handseiles, das über eine Rolle in der Spitze des Bohrbockes führt, senkrecht aufgerichtet und durch das obere Ende der Verrohrung abgelassen. Die Pumpe wird in Betrieb genommen und das Wasser fließt im Kreislauf aus dem Behälter durch den Drehkopf in das Spülrohr, wo es am Meißel austritt und in dem ringförmigen Zwischenraum zwischen dem Spülrohr und der

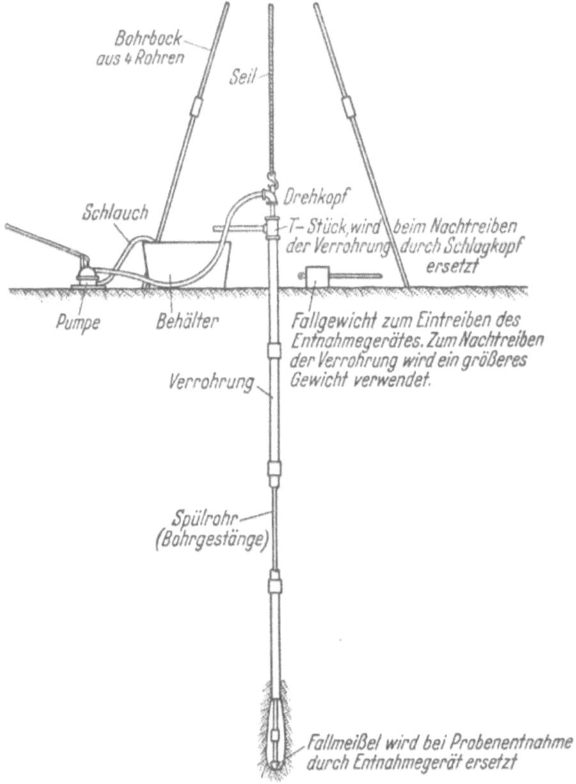

Abb. 114. Gerät für Spülbohrungen (nach H. A. Mohr)

Verrohrung wieder aufsteigt. Es fließt durch das T-Stück und das horizontale Rohr am oberen Ende des Bohrrohres in den Behälter zurück, wobei es das Bohrklein mitführt. Während das Wasser umläuft, wird das Spülrohr auf und ab gestoßen und bei jedem Schlag gedreht, um den Boden zu lösen. Durch das Schlagen und Spülen wird die Bohrung tiefer geführt und sobald erforderlich, werden weitere Bohrrohre aufgesetzt und eingerammt [*44.1*].

Während des Bohrens beobachtet der Bohrmeister die Farbe und das allgemeine Aussehen des Gemisches aus Boden und Wasser, welches aus dem Bohrloch austritt. Sobald ein auffallender Wechsel festzustellen ist, wird das Spülwasser abgedreht und eine Bodenprobe mit der Schlitzrohrsonde (s. unten) entnommen. Bodenproben mit der Schlitzrohrsonde werden außerdem in vertikalen Abständen von 1,5 m entnommen, wenn die Eigenschaften des Baugrundes unverändert geblieben zu sein scheinen. Von diesem Verfahren sollte keinesfalls abgewichen werden, weil dies zu folgenschweren Fehlbeurteilungen der Baugrundverhältnisse führen kann. Selbst wenn die Probenentnahme gewissenhaft durchgeführt wird, kann das Vorhandensein von bis zu mehreren cm dicken, zwischen Sandschichten eingelagerten Tonschichten unerkannt bleiben.

Wenn die Bohrarbeiten unterbrochen werden, um eine Bodenprobe zu entnehmen, sollte man das Grundwasser in der Verrohrung aufsteigen lassen, bis der Wasserspiegel annähernd zur Ruhe kommt. Für diesen Beharrungszustand muß die Höhenlage des Wasserspiegels gemessen und in den Bohrbericht eingetragen werden. Es ist durchaus nicht ungewöhnlich, daß Wasser aus tieferen Schichten sehr viel höher aufsteigt als aus den oberen Schichten. Werden derartige Verhältnisse nicht erkannt, kann dies schwerwiegende Folgen haben. In seltenen Fällen können die umgekehrten Verhältnisse angetroffen werden.

Drehbohrungen. Das aus der Verrohrung einer Spülbohrung geförderte Spülgut gibt einen so unvollkommenen Aufschluß über die Eigenschaften des Bodens, daß der Bohrmeister sogar das Eindringen des Spülmeißels aus einer Schicht in eine andere übersehen kann. Aus diesem Grund bevorzugen viele Ingenieure trotz der größeren Kosten selbst bei tiefen Bohrlöchern das Drehbohrverfahren.

In den Abb. 115a und b sind verschiedene Arten von Bohrern dargestellt, die dazu dienen, den Boden aus der Bohrlochsohle zu lösen. Beim Bohren wird der Bohrer ein kurzes Stück in den Boden hineingedreht, dann wird der Bohrer mit dem darin festhängenden Boden hochgezogen und schließlich wird der Boden aus dem Bohrer herausgeschoben, um ihn überprüfen zu können. Der Bohrer wird erneut in das Bohrloch eingeführt und das Drehbohren fortgesetzt. Wenn das Bohrloch für das Einführen des Bohrers nicht offen stehen bleibt, weil der Boden aus den Wänden herausgedrückt oder ausgespült wird, muß es mit einem Bohrrohr ausgekleidet werden, dessen innerer Durchmesser etwas größer als der Durchmesser des Bohrers ist. Die Verrohrung sollte nicht tiefer als bis zum oberen Ende der nächsten Probe eingebracht werden und der Bohrschmant sollte stets mit Hilfe des Bohrers aus der Verrohrung entfernt werden. Der Bohrer wird dann in das gereinigte Bohrloch eingeführt und zur Entnahme einer Probe unterhalb des unteren Endes der Verrohrung eingedreht. In Sanden können Drehbohrungen unterhalb des Wasserspiegels nicht ausgeführt werden, weil das Bohrgut aus dem Spiralbohrer herausfällt.

Der Durchmesser der Verrohrung beträgt für tiefe Bohrlöcher gewöhnlich 4″ (10,16 cm); um jedoch durch Grobkies oder durch Schichten mit großen Steinen bohren zu können, kann es notwendig sein, 8″- oder sogar 10″-Bohrrohre (20,32 bis 25,40 cm) zu verwenden. Nach DIN 4021

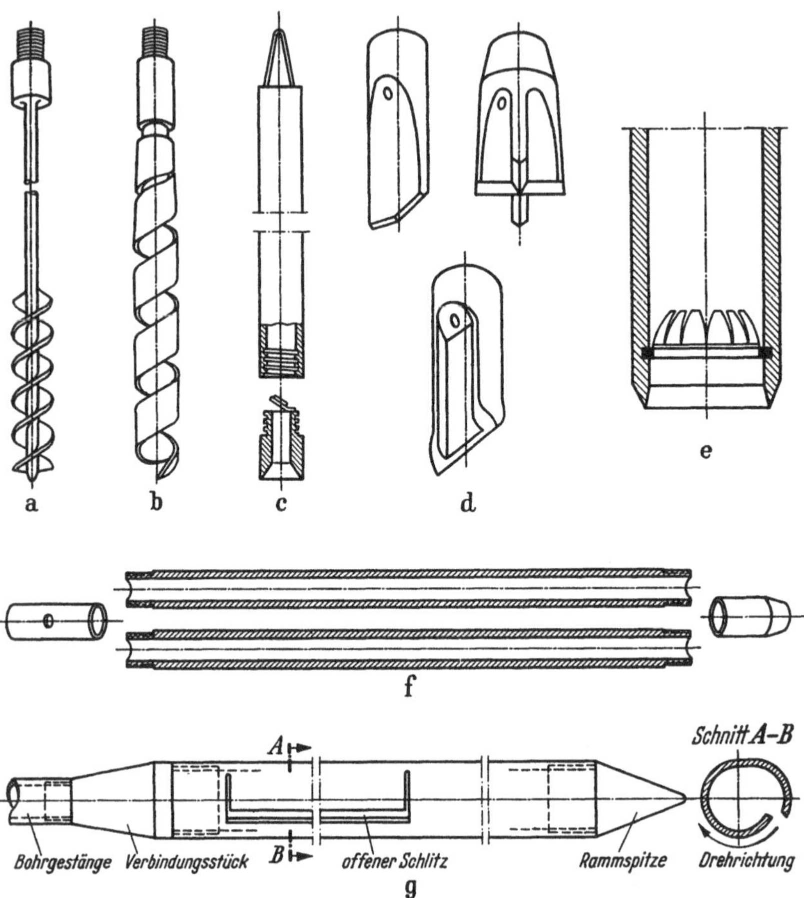

Abb. 115 a–g. Geräte für Untersuchungsbohrungen. a) Spiralbohrer; b) Schlangenbohrer; c) Schlammbüchse oder Klappsonde; d) Meißel; e) Entnahmestutzen mit Federsperrung; f) zweiteiliges Entnahmerohr; g) Prüfstab mit Taschen zur Entnahme von Proben

soll in Deutschland der Außendurchmesser der Bohrrohre nicht kleiner als 159 mm sein. Steine, die das Einbringen der Verrohrung behindern, können mit Hilfe eines Meißels zerschlagen werden.

Proben aus bindigen Erdstoffen, die durch die Bohrer an die Tagesoberfläche gebracht werden, enthalten zwar alle festen Bestandteile, dagegen ist die Bodenstruktur vollständig zerstört und der Wassergehalt in der Regel größer als der des anstehenden Bodens. Daher ist es auch bei der Verwendung von Drehbohrern als Bohrwerkzeuge notwendig, Proben in Rohrstutzen zu entnehmen, sobald das Bohrrohr eine neue Schicht erreicht hat. Nur Proben, die in Rohrstutzen entnommen worden sind, können hinsichtlich der Eigenschaften des ungestörten Bodens als repräsentativ angesehen werden.

Wenn eine relativ feste Schicht, wie beispielsweise eine Kiesschicht, über einer sehr weichen liegt, kommt es bei Drehbohrungen nicht selten vor, daß die tatsächliche Lage der Grenze zwischen den beiden Schichten überbohrt wird. In einem Fall war beispielsweise eine 2,4 m mächtige weiche Tonschicht zwischen zwei dicken Kiesschichten übersehen worden. In einem anderen war die Grenze zwischen einer Kiesschicht und einer unterlagernden weichen Tonschicht 3 m unter ihrer wahren Lage festgestellt worden. Derartige Fehler werden durch zu tiefes Einrammen der Verrohrung bis unter die Tiefe, in der der Drehbohrer arbeitet, verursacht. Die Verrohrung drückt oder verschleppt steiniges Material in die Tonschicht. Diese Fehler können dadurch vermieden werden, daß man den Bohrer soweit, wie es die Eigenschaften des Bodens gestatten, der Verrohrung vorauseilen läßt.

Entnahme von Bodenproben aus Untersuchungsbohrungen. Um Bodenproben aus Untersuchungsbohrungen zu entnehmen, wird eine *Rohrsonde oder ein Probenentnahmestutzen* am unteren Ende des Spülrohres oder des Bohrgestänges an Stelle des Bohrers befestigt und auf die Sohle des Bohrloches abgelassen. Das Entnahmegerät wird zur Probenentnahme in den Boden eingedrückt oder eingerammt und dann aus dem Bohrloch herausgezogen.

Die Rohrsonde für die Probenentnahme aus Untersuchungsbohrungen bestehen gewöhnlich aus einem 30 bis 60 cm langen Rohr mit einem inneren Durchmesser von etwa $1^1/_2''$ (3,31 cm). Das Rohr ist der Länge nach aufgeschnitten, wie aus Abb. 115f zu ersehen ist. Infolgedessen wird das Entnahmegerät auch als *Schlitzrohrsonde* bezeichnet. Während der Probenentnahme werden die beiden Hälften der Schlitzrohrsonde an den Enden durch kurze Rohrmuffen mit Gewinden zusammengehalten. Eins derselben dient zugleich zur Befestigung der Schlitzsonde am Spülrohr oder Bohrgestänge. Das andere, welches angeschärft ist, dient als Schneide beim Einrammen des Entnahmegerätes in den Boden.

Im allgemeinen wird die Bodenprobe dann durch den Bohrmeister aus der Schlitzrohrsonde herausgedrückt, wobei er das Material überprüft und benennt und einen kleinen Teil davon in ein Glasgefäß füllt, das dicht verschlossen und dem Ingenieur zur visuellen Überprüfung zugestellt wird. Besser sollten ziemlich große Probenstücke aus den Stutzen entnommen, in luftdichte Behälter verschlossen, sorgfältig gekennzeichnet und einem Erdbaulaboratorium zur Ermittlung der bodenphysikalischen Kennzahlen zugesandt werden.

Wenn die Probe aus Ton besteht, kann sie bei der Entnahme aus der zweiteiligen Rohrsonde und beim Einfüllen in den Behälter so verformt und ihre Festigkeit dadurch so stark verringert werden, daß sie nicht mehr für Laboratoriumsuntersuchungen zur Ermittlung ihres Setzungsverhaltens geeignet ist. Um das Umfüllen zu vermeiden, sind zweiteilige Entnahmestutzen konstruiert worden, die ein dünnwandiges zylindrisches Futterrohr aus Messing oder Stahl enthalten. Die innere Oberfläche des Futterrohrs liegt mit der Schneidkante in einer Ebene. Nachdem die Probe entnommen ist, wird das Futterrohr mit seinem Inhalt aus dem Mantelrohr entnommen, die Enden werden ausgekratzt und vergossen und die Probe wird mit dem Futterrohr in das Laboratorium gesandt.

Ganz gleich, welches Probenentnahmegerät verwendet wird, immer sollte nur ein Teil der Probe für Untersuchungen verwendet werden. Der Rest sollte in Behälter mit luftdichten Verschlüssen umgeschüttet werden, die für die Bearbeitung von Angeboten zur Nachprüfung zur Verfügung stehen.

Tonproben die mit Entnahmegeräten entnommen sind, behalten wenigstens teilweise die Eigenschaften des ungestörten Bodens. Dagegen werden Proben aus sehr durchlässigen Böden stets durch und durch verdichtet, unabhängig davon, ob der Boden in situ locker oder dicht gelagert ist. Die Proben lassen also keine Rückschlüsse über die relative Dichte des Bodens zu, obgleich diese Eigenschaft in der Regel weit wichtiger ist, als die Beschaffenheit der Bodenkörner selbst.

Das einfachste Verfahren, um zumindest einige Anhaltspunkte über die Lagerungsdichte des an Ort und Stelle anstehenden Bodens zu erhalten, besteht darin, die Anzahl der Schläge des Fallbären zu zählen, die zum Einschlagen des Entnahmestutzens in den Baugrund für ein Eindringungsmaß von 1 Fuß (0,30 m) erforderlich sind. Man hat ein Fallgewicht von 140 lb (63,2 kg) und eine Fallhöhe von 30″ (76,2 cm) als Regel festgesetzt. Der Entnahmestutzen hat die aus Abb. 116 ersichtlichen Abmessungen. Er ist am Bohrgestänge befestigt und wird auf die Sohle des Bohrloches heruntergelassen, nachdem das Bohrloch mit Hilfe einer Spüllanze oder eines Bohrers gereinigt worden ist. Wenn der Stutzen die Sohle erreicht hat, läßt man das Rammgewicht auf das obere Ende des Bohrgestänges fallen, bis der Entnahmstutzen etwa 15 cm in den Boden eingedrungen ist. Von hier ab beginnt der Rammsondenversuch, wobei der Bohrmeister die Anzahl der Rammschläge aufschreibt, die erforderlich sind, um die Sonde 0,30 m tiefer eindringen zu lassen. Dieses Verfahren wird als *Standard-Penetration-Test* bezeichnet. Da dieser Versuch schnelle Angaben bei sehr geringen Aufwendungen liefert, sollte man auf seine Durchführung nicht verzichten.

In kohäsionslosen oder kohäsionsarmen, unterhalb des Wasserspiegels anstehenden Sanden, rutscht die Probe gewöhnlich aus dem Entnahmestutzen heraus, während dieser im Bohrloch hochgezogen wird. Kiespumpen nach Abb. 115c sind unzweckmäßig, weil bei den pumpenden Auf- und Abbewegungen, die zum Füllen notwendig sind, die feinen Teilchen aus dem Sand ausgewaschen werden. Um Sandproben entnehmen zu können, die alle Bestandteile enthalten, muß man mit anderen Geräten arbeiten wie beispielsweise mit einem Entnahmestutzen, der mit einem Probenfänger aus Federstahl nach Abb. 115e ausgerüstet ist.

Abb. 116. Abmessungen des Entnahmestutzens für den Standard-Penetration Test (Amerikanischer Rammsondenversuch). (Mit frdl. Genehmigung der Raymond Pile Co.)

Die Federsperrung ist am unteren Ende des Entnahmestutzens an der Stutzenwand befestigt. Sobald der Stutzen angehoben wird, biegen sich die Federn nach der Mitte der Probe um und wenn kein grobes Korn eingeklemmt ist, schließen sie sich und bilden einen glockenförmigen Boden, der die Probe zurückhält.

Wenn es nicht gelingt den Sand mit einem Entnahmestutzen mit Federsperrung zu entnehmen, kann man Proben, welche die Kornzusammensetzung einigermaßen wiedergeben, mit Hilfe des in Abb. 115g dargestellten Prüfstabes mit Probentaschen aus 10 cm-Bohrungen erhalten. Der Prüfstab hat einen inneren Durchmesser von $2^1/_2''$ (6,35 cm) und ist 30'' (76,2 cm) lang. Das untere Ende ist mit einem konischen Schneidschuh versehen. Die obere Hälfte des Hohlkörpers besitzt einen vertikalen Schlitz. Die eine Seite der Wandung neben dem Schlitz ist nach außen gebogen und angeschärft, um als Schneide zu dienen. Das Entnahmegerät wird auf volle Länge in die Bohrlochsohle eingeschlagen und in der in der Abbildung angegebenen Richtung gedreht, wobei die Schneidkante den anliegenden Boden abschält. Das abgeschälte Material sammelt sich zunächst in der unteren Hälfte des Entnahmegerätes und später im oberen Teil. Die Probe ist durch und durch gestört und teilweise nach Korngröße zerlegt, der Verlust an Feinkorn ist jedoch sehr gering.

Wird eine Kiesschicht angetroffen, so können aus Bohrlöchern mit nur $2^1/_2''$ (6,35 cm) Durchmesser keine Proben entnommen werden. Es kann sogar unmöglich sein, die Verrohrung durch die Schicht zu rammen, so daß die Bohrung aufgegeben werden muß. Das nächste Bohrloch sollte wenigstens eine 4′′ (10,16 cm)-Verrohrung erhalten.

Bohrprotokolle oder Schichtenverzeichnisse. Gleichgültig, welches Verfahren bei der Ausführung von Untersuchungsbohrungen angewandt wird, in jedem Fall müssen die vom Bohrmeister oder überwachenden Ingenieur zu führenden Bohrberichte das Datum der Ausführung der Bohrung, den Ort der Bohrung nach einem dauernd vorhandenen Koordinatensystem und die Höhe des Bohransatzpunktes bzw. des Geländes in Bezug auf einen ständig vorhandenen Höhenpunkt enthalten. Sie müssen ferner Angaben über die Höhenlage des Grundwasserspiegels und der Schichtgrenzen, die Benennung der Bodenarten durch den Bohrmeister und die gemessenen Werte für den Eindringungswiderstand nach dem Standard-Penetration-Test enthalten. Auch die Art des Bohrwerkzeuges, das bei der Ausführung der Bohrung verwendet wurde, sollte vermerkt werden. Wenn die Bohrer gewechselt wurden, sollten die Tiefen, in denen die Wechsel vorgenommen wurden, und die Gründe hierfür eingetragen werden. Unvollständige oder aufgegebene Bohrungen sollten ebenso sorgfältig beschrieben werden, wie erfolgreich fertiggestellte Bohrlöcher. Die Berichte sollten alle bei der Arbeit gemachten wichtigen Beobachtungen enthalten, wie beispielsweise auch die Tiefen, in denen Verluste an Spülwasser im Bohrloch eintraten.

Wenn die Sohle einer Gründung unterhalb des Wasserspiegels liegt, ist es ratsam, wenigstens ein Bohrloch als Beobachtungsbrunnen auszubauen und die Bewegung des Wasserspiegels während der Bauzeit aufzuzeichnen. Wenn Beton unterhalb des Wasserspiegels eingebracht werden muß, müssen aus verschiedenen Bohrlöchern Wasserproben von je etwa 3,5 l für chemische Untersuchungen entnommen werden, um festzustellen, ob das Wasser schädliche Bestandteile in so großer Menge enthält, daß der Beton angegriffen werden kann (s. Abschn. 63). Werden irgendwelche Anzeichen dafür angetroffen, daß das Wasser Gas enthält, sollte die Untersuchung unmittelbar nach der Entnahme auf der Baustelle durchgeführt werden.

Die in den Schichtenverzeichnissen oder Bohrprotokollen enthaltenen Angaben werden zweckmäßig in Form von Bohrprofilen zusammengestellt, in denen die Grenzen zwischen den Schichten in ihrer richtigen Tiefenlage maßstabgerecht eingetragen sind.

Verfahren zur Entnahme ungestörter Bodenproben. *Bohrungen mit Entnahme von Proben in Entnahmerohren.* In allen Fällen, wo die Bauaufgabe genaue Angaben über den Wassergehalt, die Scherfestigkeit und die Sensitivität einer Tonschicht erfordert, müssen Bohrungen mit Probenentnahmen in Entnahmerohren ausgeführt werden.

Da die Standardverrohrung für Erkundungsbohrungen einen inneren Durchmesser von $2^1/_2''$ (6,35 cm) hat, besitzt das größte Entnahmerohr, das bei dem Standardgerät noch verwendet werden kann, einen Durchmesser von 2″ (5,08 cm). Mit Entnahmerohren größeren Durchmessers entnommene Proben sind selten besser als die mit 2″-Rohren entnommenen, dagegen sind die Kosten der Entnahme erheblich größer. Daher entsprechen 2″-Entnahmerohre im allgemeinen allen zu stellenden Anforderungen.

Um Angaben über die Festigkeit des Tons im ungestörten Zustand zu erhalten, muß jede unnötige Störung desselben durch das Entnahmegerät vermieden werden. Es ist weiter unten dargelegt, daß das Ausmaß

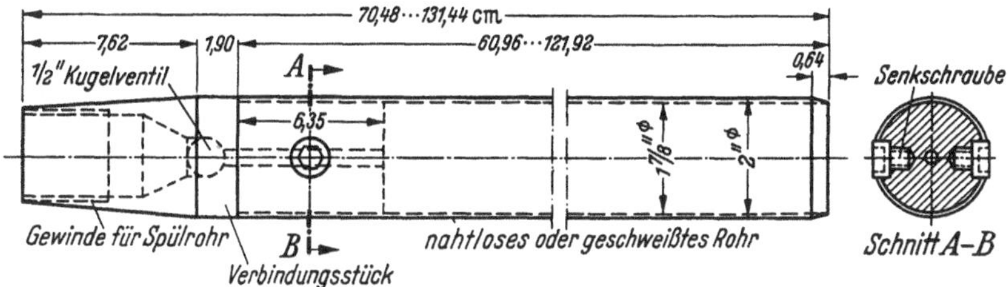

Abb. 117. Entnahmerohr mit 2″ Durchmesser

der Störung einer Probe bei bestimmtem Durchmesser bei größer werdender Wanddicke des Entnahmerohres sehr schnell zunimmt. Daher sollten die Wände so dünn wie möglich sein. Anderseits müssen sie stark genug sein, um den Widerstand des Bodens gegen das Eindringen überwinden zu können, ohne verbeult zu werden. Alle diese Anforderungen werden bei dünnwandigen 2″-Entnahmerohren erfüllt. Die Rohre sind im allgemeinen 75 bis 90 cm lang. Die unteren Enden sind zu einer Schneide abgedreht und an den oberen Enden können sie am Bohrgestänge befestigt werden (s. Abb. 117).

Im Gegensatz zu den in USA gebräuchlichen bis zu 120 cm langen Entnahmerohren werden in Deutschland vielfach nur 25 bis 30 cm lange Entnahmestutzen aus verzinktem 2″- bis 3″-Gasrohr verwendet. Die hiermit gesammelten Erfahrungen sind sehr gut. Die Struktur der Proben wird relativ wenig gestört, weil die zum Eintreiben der Stutzen erforderliche Kraft und damit auch die Beanspruchung der Proben während des Entnahmevorganges bedeutend geringer als bei langen Entnahmerohren ist. Von großer praktischer Bedeutung ist auch, daß diese Entnahmestutzen sich auf der Baustelle sehr bequem handhaben lassen und daß ihr Versand in das Erdbaulaboratorium wenig umständlich ist.

Um eine Probe zu entnehmen, befestigt der Bohrmeister ein Entnahmerohr am unteren Ende des Bohrgestänges und läßt es in das Bohrloch hinab, das zuvor durch einen Löffelbohrer oder durch Ausspülen gereinigt worden ist. Das Entnahmerohr wird dann von der Bohrlochsohle aus etwa 15 cm weniger tief eingedrückt, als es lang ist. Nach Möglichkeit sollte dies mit einer schnellen, gleichmäßigen Bewegung mit Hilfe einer Flaschenzugvorrichtung, die gegen die Verrohrung wirkt, oder mit Hilfe einer hydraulischen Presse geschehen. Das Einschlagen mit einem Hammer ist dagegen zu vermeiden. Wenn das Entnahmerohr eingedrückt ist, wird das Bohrgestänge gedreht, um das Ende der Probe abzuscheren und das Entnahmerohr hochgezogen. An beiden Enden des Rohres wird das Material sorgfältig ein kurzes Stück herausgeschnitten und abgeglichen, so daß Metallscheiben eingelegt werden können, um die Stirnfläche der Bodenprobe zu schützen. Auf die Metallscheiben wird dann Paraffin gegossen, um einen dichten Verschluß herbeizuführen.

Gewöhnlich wird nach der Entnahme von zwei Proben die Verrohrung etwa bis zur Bohrlochsohle nachgetrieben und das Bohrloch mit der Schappe oder durch Wasserspülung geräumt. Dann werden die nächsten beiden Proben entnommen. Durch die Wiederholung dieses Verfahrens kann eine fast ununterbrochene Folge von Proben aus der Tonschicht gewonnen werden. Während aller dieser Vorgänge sollte das Bohrloch mit Wasser gefüllt bleiben. Die Verrohrung sollte erst dann tiefer in den Ton eingerammt werden, wenn die Probenentnahme mindestens um die Länge eines Entnahmerohres tiefer erfolgt ist. Andernfalls besteht die Probe nicht aus relativ ungestörtem Boden, sondern aus Material das in die Verrohrung gepreßt worden ist. Wenn der Ton sehr weich ist, kann er so schnell in das vom Entnahmerohr erzeugte Loch ausquetschen, daß die Verrohrung tiefer gerammt werden muß, bevor die nächste Probe entnommen werden kann. Ist der Boden sehr steif, können mehrere Proben nacheinander gezogen werden, bevor weiter verrohrt werden muß.

Wenn auf einer Baustelle Proben mit Entnahmerohren entnommen worden sind, ist es stets erwünscht festzustellen, in welchem Maß die Strukturfestigkeit des Tons durch die Entnahme beeinflußt worden ist. Derartige Ermittlungen können jedoch nur auf Baustellen durchgeführt werden, wo der Ton entweder in offenen Baugruben oder in der Sohle von Schürfgruben freigelegt ist. Mehrere Entnahmerohre werden auf der Sohle der Grube in den Ton eingedrückt und verbleiben im Boden während eine Stufe, in der sich die Stutzen befinden, in den Ton eingeschnitten wird. Dann wird eine große Probe sorgfältig aus der Stufe herausgeschnitten und endlich werden die gefüllten Entnahmestutzen herausgehoben.

Untersuchungen dieser Art wurden in Tonen verschiedener Konsistenz in den Tunneln der Untergrundbahn von Chicago durchgeführt. Die Ergebnisse von einer Untersuchungsstelle sind in Abb. 118 wiedergegeben, in der die ausgezogenen Kurven a die Druck-Zusammendrückungskurven von Zylinderdruckversuchen für die von Hand herausgeschnittenen Proben und die gestrichelten Kurven b diejenigen für Proben aus Entnahmerohren darstellen. Die strichpunktierte Kurve *c* gibt das Versuchsergebnis für eine bei unverändertem Wassergehalt vollständig durchgeknetete Probe wieder. Aus den Ergebnissen einer großen Anzahl von Versuchen dieser Art wurde der Schluß gezogen, daß die Zylinderdruckfestigkeit von Tonproben aus 2″-Entnahmerohren angenähert 75% derjenigen von mit der Hand herausgeschnittenen Proben beträgt, während ein vollständiges Durchkneten die Festigkeit der von Hand herausgeschnittenen Proben auf 30% ihres ursprünglichen Wertes vermindert. Gelegentlich kann die Störung bei 2″-Proben aus Entnahmerohren unzulässig groß werden, ganz abgesehen von der Sorgfalt, mit der die Probenentnahme durchgeführt wurde. Unter diesen Umständen kann es notwendig sein, zu Proben mit großem Durchmesser überzugehen.

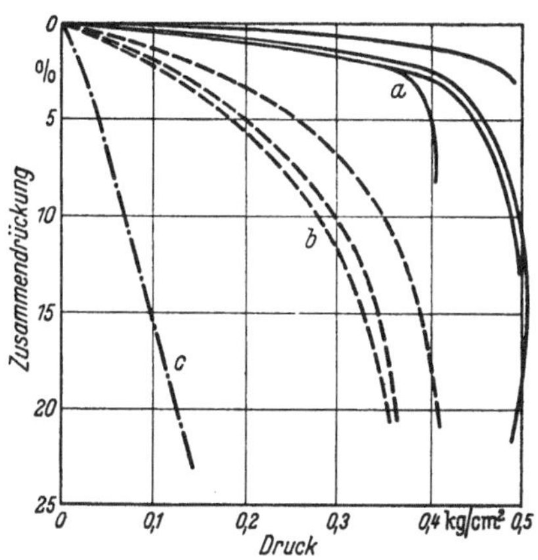

Abb. 118. Druck-Zusammendrückungskurven von Zylinderdruckversuchen mit Ton von Chicago. *a*) Ungestörte Proben, aus der Tunnelbrust herausgeschnitten; *b*) 2″-Proben desselben Tons mit Entnahmerohr entnommen; *c*) vollkommen durchgeknetete Proben

Entnahme von Proben großen Durchmessers aus Tonschichten. Wenn die Erschließungsbohrungen erkennen lassen, daß im Baugrund für ein geplantes Bauwerk eine hochsensitive Tonschicht vorhanden ist oder wenn die Art der Aufgabe eine ungewöhnlich genaue Setzungsberechnung erfordert, werden ungestörte Proben mit mindestens 4″ (10,16 cm) Durchmesser benötigt. Solche Proben können in einem Untersuchungsschurfloch aus einer Stufe herausgeschnitten oder sie können aus Bohrlöchern gewonnen werden.

Das Verfahren zur Entnahme von Proben mit großem Durchmesser aus Bohrlöchern gleicht demjenigen für 2″-Entnahmerohrproben; das Entnahmegerät ist nur etwas komplizierter. Es besteht im allgemeinen aus einer dünnen zylindrischen Metallhülse, welche die Probe enthält und einem schwereren äußeren Zylinder, der an seinem unteren Ende mit einem Schneidschuh versehen ist. Wenn eine Probe entnommen worden ist, wird der äußere Zylinder abgeschraubt. Der metallene Einsteckzylinder, der die Probe enthält, wird an beiden Enden vergossen und in das Laboratorium gesandt [*44.2*].

Bei jedem Entnahmegerät, gleich welcher Art, ist eine gewisse Störung des Bodens unvermeidlich. Da die Störung an den Enden am größten ist, sollten die äußeren Teile der Proben vor der Untersuchung abgeschnitten werden. Die Verformung der Schichten wird in einem feingeschichteten Boden sichtbar, wenn man die Probe der Länge nach aufspaltet und sie sehr langsam trocknen läßt. Der Wassergehalt der schluffigen und sandigen Schichten erreicht schnell die Schrumpfgrenze, wodurch diese eine helle Farbe annehmen, während die plastischen Tonschichten noch wasserhaltig und dunkel sind. In diesem Austrocknungszustand tritt die Feinschichtung sehr deutlich in Erscheinung.

Der Grad der Störung hängt von der Art des Einpressens oder Einschlagens des Entnahmegerätes in den Boden und von den Abmessungen des Entnahmegerätes ab. Die stärkste Störung wird durch Einschlagen des Entnahmegerätes in den Boden mit aufeinanderfolgenden Schlägen verursacht und die besten Ergebnisse können durch Eindrücken des Entnahmegerätes mit großer und gleichbleibender Geschwindigkeit erzielt werden. Bei Entnahmegeräten gleichen Durchmessers, die in derselben Weise in den Boden eingedrückt worden sind, hängt der Grad der Störung von dem Flächenverhältnis

$$A_r(\%) = 100\,\frac{D^2 - d^2}{d^2}$$

ab, worin D der äußere und d der innere Durchmesser des Entnahmestutzens ist. Für 2-zöllige, dünnwandige Stahlrohre ist A_r etwa 10%. Bei sorgfältig konstruierten Stutzen zur Entnahme von 4-zölligen ungestörten Proben ist A_r kleiner als 40%. In Abb. 119a ist das obere Ende und in Abb. 119b das untere Ende einer 4″-Probe von 1,5 m Länge abgebildet, die durch Einschlagen eines sehr ungeeigneten Entnahmestutzens (A_r = 180%) durch Hammerschläge in feine Schichten von sedimentiertem Ton entnommen wurde. Die starke Störung des oberen Endes wurde dadurch verursacht, daß bis 60 cm unter Unterkante Verrohrung gebohrt worden war, bevor das Probenentnahmegerät eingeführt wurde, so daß der Ton von allen Seiten in das Loch ausquetschte. Abb. 119c zeigt eine nicht verzerrte Bändertonprobe. Der ausgezeichnete Zustand der Probe ist auf eine gute Entnahmetechnik und ein zweckmäßig gebautes Entnahmegerät zurückzuführen. Der Entnahmestutzen hat ein Flächenverhältnis von 40% und einen Durchmesser von 4″. Er wurde durch statischen Druck schnell in den Boden eingedrückt.

Der Einfluß einer bestimmten Störung auf die verschiedenen physikalischen Eigenschaften eines Tons sind sehr unterschiedlich. Sie sind in Teil A besprochen worden.

Um eine gestörte Probe großen Durchmessers in einer offenen Baugrube oder in einem Tunnel zu entnehmen, muß der Ton rund um die Stelle, an der die Entnahme der Probe stattfinden soll, sorgfältig weggeschnitten werden, so daß ein etwas größerer Block als die Probe in Form eines Säulenfußes stehenbleibt. Weicher Ton wird im allgemeinen mit Hilfe einer straff gespannten Klaviersaite oder mit einer Schlinge aus dünnem Bandstahl geschnitten. Für steifere Erdstoffe kann ein Messer oder Spatel geeigneter sein.

Der Probenbehälter besteht aus einer dünnwandigen Büchse ohne vorspringende Ränder oder Ösen. Wenn der Block um einige Zentimeter größer als die endgültige Probe herausgeschnitten worden ist, wird der Behälter mit abgenommenem Deckel umgekehrt auf die Oberfläche des

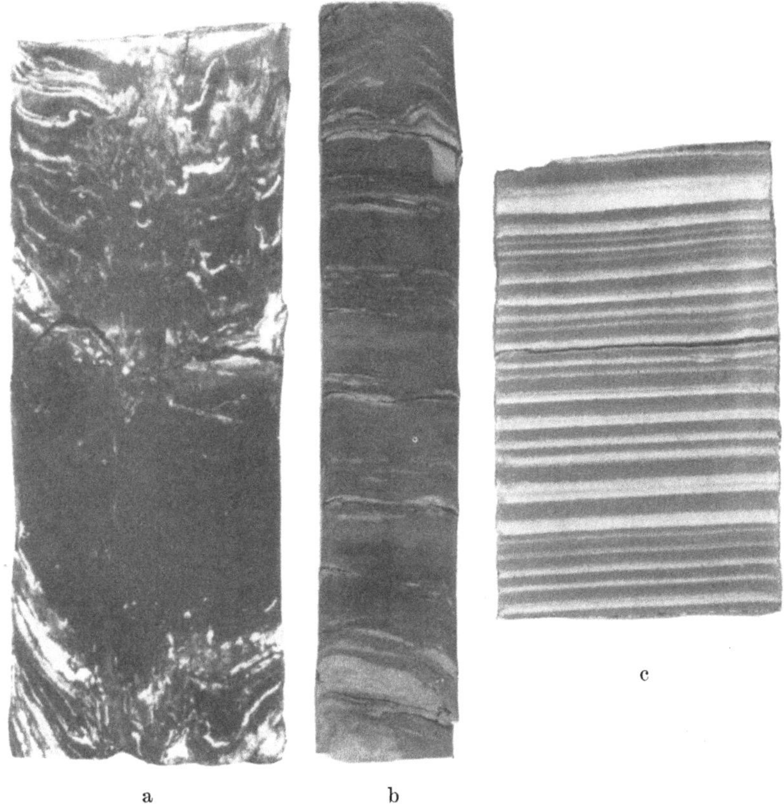

Abb. 119. Aufnahmen von Bodenproben, die mit 4″-Entnahmestutzen (10,16 cm) entnommen sind. *a*) Durch zu tiefes Bohren unterhalb der Verrohrung vor der Probenentnahme stark gestörte Probe; *b*) gestörte Probe durch Einrammen eines schlecht geeigneten Entnahmestutzens in den Boden; *c*) Probe ausgezeichneter Beschaffenheit durch schnelles, mit gleichmäßigem Druck erfolgtes Eindrücken eines gut geeigneten Entnahmegerätes in den Boden (nach M. J. HVORSLEV)

Blockes gestellt. Der Block wird sorgfältig zentimeterweise auf den Durchmesser des Behälters zurückgeschnitten. Während des Beschneidens, wird der Behälter allmählich heruntergedrückt. Wenn er gefüllt ist, wird der Block unterhalb des Behälters mit Hilfe einer Klaviersaite abgeschnitten. Die Probe wird auf den Behälterrand abgeglichen und jeder Zwischenraum, der zwischen der Probe und dem Behälter verblieben ist, durch Eingießen von Paraffin rund um die Probe ausgefüllt. Schließlich wird der Behälter mit einem wasserdichten Deckel verschlossen und vergossen oder verklebt.

Ungestörte Sandproben. Es muß zwischen der Entnahme von Sandproben oberhalb und unterhalb des Wasserspiegels unterschieden werden. Oberhalb des Wasserspiegels verleiht die Bodenfeuchtigkeit dem Sand eine geringe Kohäsion (s. Abschn. 20). Aus schwach kohärenten Sanden können aus Bohrlöchern mit Hilfe von Entnahmestutzen, die mit Federringen nach Abb. 115e ausgestattet sind, oder aus Schürfgruben Proben entnommen werden.

Aus Bohrlöchern entnommene Proben enthalten alle festen Bestandteile des Sandes in natürlichem Zustand; die Durchlässigkeit von Sand ist jedoch so groß, daß der Entnahmevorgang in der Regel eine Verdichtung des in den Stutzen eindringenden Materials verursacht. Wenn die Art des Bauvorhabens Angaben über die natürliche Lagerungsdichte des Sandes erfordert, können geeignete Proben daher nur aus Schürfen gewonnen werden.

Bevor eine Probe aus einem Schurf entnommen wird, muß eine Stufe in der Sohle des Schurfes ausgehoben werden. Die Oberfläche des Sandes wird sorgfältig abgeglichen und darauf wird eine zylindrische Metallbüchse vertikal gestellt. Der Zylinder hat gewöhnlich einen Durchmesser von 12 bis 15 cm und ist etwa 15 cm lang. Er besteht aus dünnem Stahlblech. Die Büchse wird vorsichtig auf volle Länge in den Sand gedrückt, so daß sie einen Sandzylinder umschließt. Der Sand wird ringsherum entfernt und das obere Ende der Probe mit einem dichten Deckel verschlossen, der über den Behälter greift. Wenn die Probe die Büchse nicht bis zum Rand ausfüllt, wird der Zwischenraum mit Paraffin vergossen, bevor der Deckel aufgesetzt wird. Mit einer Schaufel wird die Probe mehrere Zentimeter unterhalb des Behälters abgestochen und mit dem Behälter herausgehoben. Der überschüssige Sand wird entfernt, so daß die Oberfläche nun an diesem Ende ebenfalls mit einem Metalldeckel verschlossen werden kann.

Wenn Proben unterhalb des Wasserspiegels entnommen werden müssen, sollte man zunächst den Versuch machen, sie mit einem Entnahmegerät ähnlich dem in Abb. 115e dargestellten, zu entnehmen. Wenn dieser Versuch fehlschlägt oder wenn das Bauvorhaben Angaben über die natürliche Lagerungsdichte des Sandes erforderlich macht, können geeignete Proben entweder durch Absenken des Wasserspiegels bis zu einer unterhalb der Sohle der Sandschicht liegenden Höhe und Ausschachten eines Schurfes im entwässerten Sand gewonnen werden oder auch durch eine Probenentnahme in Bohrlöchern großen Durchmessers, nachdem der Sand unterhalb des Bohrloches durch eins der nachfolgend beschriebenen Verfahren in ein kohärentes Material verwandelt worden ist.

Wenn ein Schacht von einem Pumpensumpf aus entwässert wird, hat das dem Sumpf zuströmende Wasser die Tendenz, die Struktur des Sandes aufzulockern. Wenn der Sand schon locker ist, kann der Schurfschacht durch ein Sand-Wassergemisch verschüttet werden. Infolge dieser Verhältnisse können zuverlässige Ergebnisse nur erzielt werden, wenn der Wasserspiegel durch Abpumpen aus Entwässerungsbrunnen nach Abschn. 21 abgesenkt worden ist. Der Wasserspiegel sollte mehrere Dezimeter tiefer als die Sohle des Schachtes gehalten werden.

Die Umwandlung eines wasserführenden, kohäsionslosen Sandes unterhalb der Sohle eines Bohrloches in ein kohärentes Material ist nach drei verschiedenen Verfahren durchgeführt worden:

a) Verfestigung des Sandes durch Injektion einer Bitumenemulsion. Nach der Verfestigung wurde eine Probe aus dem injizierten Sand entnommen. Bis zur Untersuchung kann die Probe wie ein kohärentes Material behandelt werden. Das Bindemittel wird dann durch ein Lösungsmittel entfernt [*44.3*].

b) Gefrieren des Sandes unterhalb des unteren Endes der Verrohrung und Entnahme einer Probe aus dem gefrorenen Material.

c) Gefrieren des unteren Endes der Probe, so daß der untere Teil des Entnahmestutzens verschlossen wird. Die Entnahmestutzen mit Gefriervorrichtung haben einen Durchmesser von 3″ (7,62 cm) und die Verrohrungen einen Durchmesser von 6″ (15,24 cm). Bei der Probenentnahme wird der Entnahmestutzen vorsichtig in den Boden unterhalb der Verrohrung eingedrückt. Der Boden rund um den Stutzen wird dann durch einen ringförmigen Bohrer entfernt, der durch einen Wasserstrahl unterstützt wird und gleichzeitig wird die Verrohrung durch Spülen tiefer heruntergebracht. Wenn das untere Ende der Verrohrung bis auf etwa 5 cm über der Schneide des Entnahmestutzens abgesenkt ist, wird der Bohrer durch eine ringförmige Gefrierzelle ersetzt, durch die Alkohol oder Azeton gepumpt werden, die durch Trockeneis gekühlt sind. Nachdem das untere Ende der Probe festgefroren ist, wird das Entnahmegerät gezogen [*44.4*].

Alle diese Verfahren für die Entnahme von Bodenproben unterhalb des Wasserspiegels sind ziemlich teuer und erfordern ein kompliziertes Gerät. In den USA wird fast ausschließlich das Verfahren c angewandt. Glücklicherweise ist es nur in seltenen Fällen notwendig, ungestörte Sandproben unterhalb des Wasserspiegels zu entnehmen, es sei denn, um festzustellen, ob eine Schicht von sehr feinem Sand unterhalb der Gründungssohle eines geplanten Bauwerkes ungewöhnlich locker und instabil gelagert ist oder nicht. Das Verfahren b ist für die Untersuchung einiger der charakteristischen Schwimmsandschichten über die in Abschn. 17 berichtet wurde, entwickelt und angewandt worden.

Entnahme ungestörter Proben aus unverrohrten Bohrungen. Die Bohrlöcher, aus denen Rohrproben und die meisten Proben mit großem Durchmesser entnommen werden, werden mit Rohren ausgekleidet. Um das Verrohren zu vermeiden, können die Bohrlochwände mit einer dünnen Schicht von kohärentem Material überzogen werden, die mit Hilfe einer besonderen *Spülflüssigkeit* eingebracht wird. Der Schlammüberzug verhindert im allgemeinen das Nachfallen aus den Wänden in denjenigen Teilen des Bohrloches, in denen Bodenschichten mit geringer oder ohne Kohäsion durchfahren werden.

Die Spülflüssigkeit wird als Suspension durch das hohle Bohrgestänge in das Bohrloch eingeleitet. Das Entnahmerohr befindet sich in einem größeren Zylinder, der am unteren Ende mit Schneidzähnen versehen ist. Beim Bohren wird der äußere Zylinder gedreht. Die Spülflüssigkeit fließt durch den ringförmigen Zwischenraum zwischen den beiden Zylindern nach unten. Sie tritt durch die Öffnung zwischen den Schneidzähnen aus und steigt zwischen dem äußeren Zylinder und der Bohrlochwandung in den oberen Teil des Bohrloches auf.

Dieses Verfahren wird von den Ingenieuren der US-Armee und dem US-Bureau of Reclamation in Verbindung mit einem als *Denison sampler* bezeichneten Probenentnahmegerät häufig angewendet. Das Entnahmegerät hat eine Länge von 70 cm und einen inneren Durchmesser von 6″ (15,2 cm). Es enthält ein dünnwandiges zylindrisches Futterrohr, in dem die Probe aus dem Gerät entnommen werden kann und ist mit einem Probenfänger ausgerüstet, der dem in Abb. 115e dargestellten ähnlich ist. Beim Bohren wird das Entnahmegerät durch hydraulische Pressen eingedrückt, die einen Druck von 1 bis 2 t ausüben. Die Pressen wirken gegen das Bohrgestänge [*44.5*].

Tonproben, die mit dem Denison-Entnahmegerät entnommen worden sind, entsprechen den zu stellenden Anforderungen ebenso, wie die durch irgend ein anderes Entnahmegerät aus Bohrlöchern entnommenen Proben. Ferner ist bei Sandproben der Grad der Störung im allgemeinen, allerdings nicht immer, geringfügig, weil das Entnahmegerät in den Boden gedrückt und nicht geschlagen wird. Bei reinem, unterhalb des Wasserspiegels anstehendem Sand kann es allerdings vorkommen, daß das Entnahmegerät leer aus dem Bohrloch gezogen wird. Kiesschichten können die Bohrarbeiten in einem solchen Maß behindern, daß das Bohrloch aufgegeben werden muß.

Wenn die Bohrarbeiten erfolgreich durchgeführt werden konnten, liefern sie eine fortlaufende Folge von 6″-Proben (15,2 cm) mit nur geringen Zwischenräumen. Diese Proben erfordern jedoch sehr viel Aufbewahrungsraum und eingehende und umfangreiche bodenphysikalische Untersuchungen mit einem Aufwand an Zeit und Geld, der u.U. in keinem Verhältnis zu dem praktischen Wert der Ergebnisse stehen kann.

Aus diesem Grund sind die Fälle ziemlich selten, in denen das hydraulische Drehbohrverfahren den Vorzug gegenüber den üblichen Rohr- und Probenentnahmeverfahren verdient.

Baugrundsondierungen. *Zweck von Baugrundsondierungen.* Baugrundsondierungen werden zur Erkundung von Bodenablagerungen mit unregelmäßiger Struktur ausgeführt. Man wendet sie auch an, um sich zu versichern, daß der Baugrund zwischen den Bohrlöchern keine ungewöhnlich weiche Einlagerungen enthält und um Angaben über die relative Dichte von Erdstoffen mit geringer oder ohne Kohäsion zu erhalten.

Erfahrungsgemäß sind unregelmäßige Bodenprofile weit verbreiteter als regelmäßige. Die Ergebnisse von Untersuchungsbohrungen lassen in einem Baugrund mit unregelmäßiger Struktur einen gefährlich weiten Spielraum für die Ausdeutung, es sei denn, daß der Abstand der Bohrlöcher sehr klein gewählt ist. Die Kosten für ein engmaschiges Netz von Bohrlöchern sind im allgemeinen untragbar hoch, falls die zu untersuchende Fläche nicht ebenfalls sehr klein ist. Wesentliche Änderungen der Baugrundeigenschaften sind jedoch im allgemeinen mit einer Änderung des Widerstandes des Bodens gegen das Eindringen eines Pfahles oder eines mit einer Rammspitze versehenen Rohres verbunden.

Der Einfluß der Lagerungsdichte des Sandes auf den Eindringungswiderstand ist jedem in Pfahlrammungen erfahrenen Ingenieur gut bekannt. Wenn der Sand sehr dicht gelagert ist, kann ein Pfahl nicht tiefer als 3 bis 4,5 m eingerammt werden. Das Rammen geht sehr schwer und das Ziehen der Pfähle je Hitze nimmt mit der Tiefe stark ab. Wenn der Sand sehr locker gelagert ist, können zylindrische Pfähle bis zu jeder Tiefe eingerammt werden, da die Zunahme des Rammwiderstandes mit der Tiefe gering ist.

Die Schwankungen des Eindringungswiderstandes des Baugrundes lassen sich mit geringem Aufwand schnell durch Versuche bestimmen, die als *Baugrundsondierungen* bezeichnet werden. Die für diese Versuche benötigten Geräte sind Ramm- oder Drucksonden. Während der am Anfang dieses Abschnittes beschriebene Standard-Eindringungsversuch nur jeweils einen Wert für den Eindringungswiderstand auf etwa 1,5 m Tiefe liefert, ergeben Baugrundsondierungen fortlaufend oder fast fortlaufend Werte hierfür.

Behelfsmäßige Sondierungsverfahren. Viele Generationen von Ingenieuren haben versucht, die Festigkeit des Baugrundes durch Einschlagen von Stangen, Rohren oder Eisenbahnschienen in den Untergrund und das Auftragen der durch jeden Schlag des Rammgewichtes erzeugten Eindringung zu erkunden. Wenn dieses Verfahren mit Überlegung und in Verbindung mit wenigstens einigen Untersuchungsbohrungen angewandt wird, kann es trotz seiner Einfachheit gute Erfolge bringen. Als Beispiel möge der folgende Fall dienen.

Die für eine Pfahlgründung im voraus durchgeführten Bohrungen ließen eine uneinheitliche Ablagerung erkennen, die vorwiegend aus lockerem Mittelsand mit einigen Linsen von weichem Schluff oder Ton bestand. Während der Gründungsarbeiten stellte man fest, daß die Tiefen, in denen die Pfähle fest wurden, innerhalb überraschend weiter Grenzen

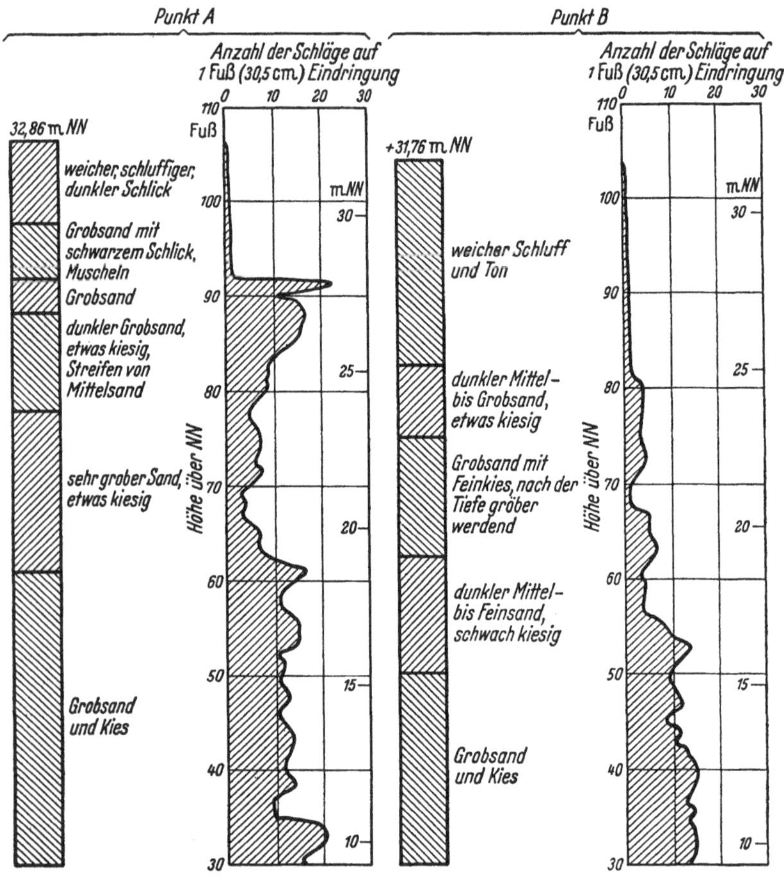

Abb. 120. Eindringungsdiagramme von Stahlschienen, die an zwei 13 m auseinanderliegenden Punkten durch weichen Schluff und Ton in grobkörnigen diluvialen Kiessand bei Port Alberni, Vancouver, Britisch Columbia eingerammt wurden

streuten. Man befürchtete, daß die kürzeren Pfähle in widerstandsfähigen Schichten steckengeblieben seien, die sich über großen, weichen Schluff- oder Tonlinsen befanden. Um ohne unnötigen Zeitverlust festzustellen, ob diese Annahme berechtigt war, wurde das Sondierungsverfahren angewandt. Das einzige, in der Eile zur Verfügung stehende Gerät war eine Anzahl Stahlschienen und ein Rammhammer von 1,13 t. Das Verfahren bestand darin, daß die Schienen mit einer Fallhöhe des Bären von 76 cm eingerammt wurden, wobei man die Anzahl der Schläge auf 30 cm Eindringung zählte. Die Sondierungen deckten außergewöhnlich unregelmäßige Schwankungen im Widerstand des Bodens gegen das Eindringen der Schiene auf. Diese Schwankungen sind aus Abb. 120 zu ersehen, in der die Ergebnisse von zwei rund 13 m auseinanderliegenden Sondierungen aufgetragen sind. Durch die Sondierungen war es möglich, innerhalb kurzer Zeit die Grenzen der besonders weichen Linsen im Untergrund festzustellen. Nachdem diese Angaben vorlagen, wurden dort, wo die weichsten Linsen festgestellt waren, einige wenige Untersuchungsbohrungen ausgeführt. Sie zeigten, daß die meisten Linsen statt zusammendrückbaren Schluff oder Ton, reinen, gut abgestuften, aber sehr lokkeren Sand enthielten. Die Abweichungen in der Länge der Pfähle waren nur auf die Ungleichmäßigkeit und die sehr großen Schwankungen in der Dichte des Sandes zurückzuführen.

Wenn das Sondierungsverfahren zu einem vollen Erfolg führen soll, muß die Sondiertechnik den Baugrundverhältnissen angepaßt werden. Aus diesem Grund sind eine große Anzahl verschiedener Verfahren entwickelt worden. Sie können in zwei große Gruppen eingeteilt werden, in die statischen und die dynamischen Sondierverfahren. Bei den statischen Verfahren wird die Sonde durch statischen Druck in den Untergrund eingepreßt, bei den dynamischen Verfahren wird die Stange durch Hammerschläge eingerammt.

Statische Sondierverfahren. Die Schwedische Staatsbahn entwickelte etwa im Jahre 1917 ein Sondiergerät, das aus einer bohrerartigen, 20,7 cm langen Spitze mit einem größten Durchmesser von 3,3 cm besteht (Abb. 121 a). Diese wird am unteren Ende eines massiven Gestänges befestigt. Das Gerät wurde zur Ermittlung der relativen Festigkeit von Ton verwendet [*44.6*]. Wenn das Gestänge unter seinem Eigengewicht nicht mehr tiefer in den Ton eindringt, wird es mit Zusatzlasten bis zu 100 kg belastet und die durch jede Laststufe erzeugte Einsinkung gemessen. Schließlich wird das Gestänge mit allen darauf befindlichen Gewichten in den Baugrund eingedreht und für je 50 volle Umdrehungen die Eindringung festgestellt.

Ein ähnliches Verfahren wird seit etwa 1927 von der Dänischen Staatsbahn angewendet, um die erforderliche Tiefe für Pfahlgründungen zu bestimmen. Die Spitze, die in den Untergrund eingedrückt wird, hat jedoch die Form einer schlanken, abgestumpften Pyramide, wie aus Abb. 121 b zu ersehen ist [*44.7*].

Abb. 121 d zeigt die Spitze eines Sondiergerätes, das vom Ministerium für öffentliche Arbeiten der Niederlande seit etwa 1935 verwendet wird. Ein 60°-Konus mit 3,5 cm Durchmesser ist am unteren Ende eines $^{5}/_{8}$''-Gestänges befestigt, das sich in einem $^{3}/_{4}$''-Gasrohr befindet (s. Abb. 122 a).

Die Sondenspitze wird 50 cm tief mit einer Geschwindigkeit von 1 cm/sek. durch ein oder zwei Mann, die mit einem Teil ihres Gewichtes auf einen, auf dem oberen Ende des Gestänges befindlichen Querholm drücken, in den Baugrund eingedrückt. Der auf das Gestänge ausgeübte Druck wird

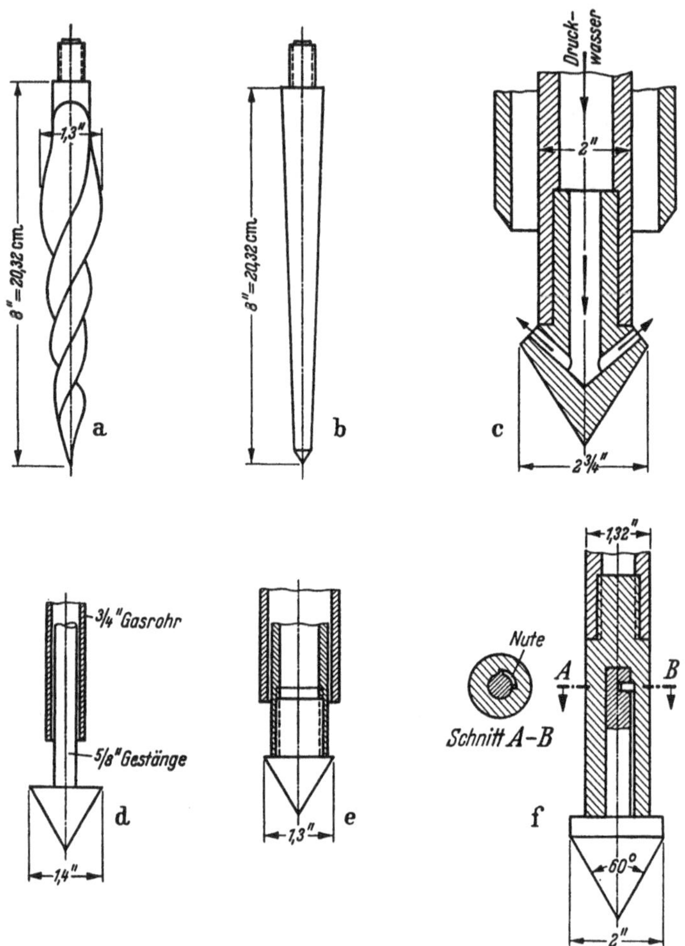

Abb. 121 a–f. Sondiergeräte. a) Schwedische Sonde; b) Dänische Sonde; c) Spülsonde; d) Holländische Sonde; e) Schweizer Sonde; f) Konische Raumsonde

durch ein Bourdonmanometer gemessen, das unterhalb des Querholmes in das Gestänge eingebaut ist. Nach jedem Druckversuch wird das Mantelrohr 50 cm tiefer gedrückt und der Versuch wiederholt. Für jeden Versuch wird der auf das Gestänge ausgeübte Druck in Abhängigkeit von der Tiefe nach Abb. 122a aufgetragen. Die einzelnen Sondierauftragungen liefern die Unterlagen für die Darstellung von Widerstandsprofilen nach Abb. 122b. Das Verfahren wird angewendet, um die Tragfähigkeit von weichen Ton- und Torfschichten vor dem Schütten von Straßendämmen festzustellen. Eine Sondierung bis zu einer Tiefe von 12 m erfordert etwa 15 Min. [*44.8*].

Die vorstehend beschriebenen Sondierverfahren werden hauptsächlich bei weichen Tonen angewandt. Der Widerstand von Sand oder an-

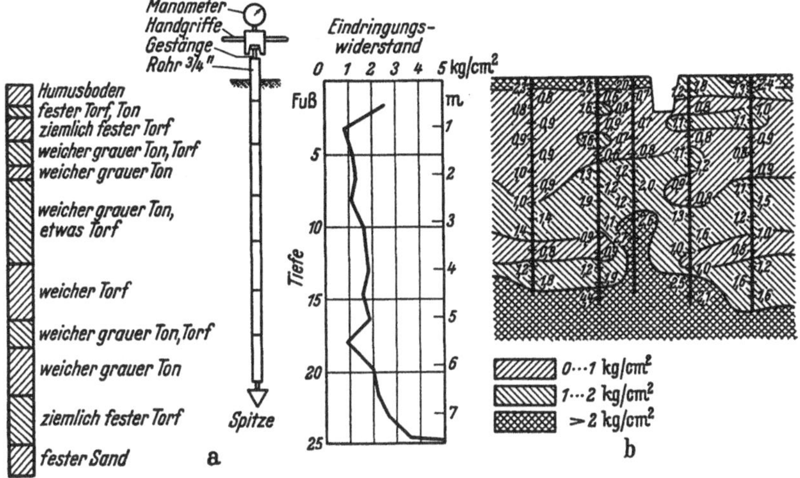

Abb. 122 a u. b. a) Holländische Sonde. Das Diagramm zeigt das Untersuchungsergebnis einer einzigen Sondierstelle; b) Baugrundprofil in der Trasse einer Straße, das die Streuungen des Sondenwiderstandes zeigt (nach P. BARENTSEN)

deren kohäsionslosen Bodenarten gegen die statische Eindringung von Sondierstangen mit Rammspitzen hängt wahrscheinlich nicht nur von der relativen Dichte des Sandes, sondern auch von der Tiefe unterhalb der Geländeoberfläche ab. Um den Einfluß der Tiefe zu eliminieren, wurde im Jahre 1928 für einen Untergrundbahnbau in New York ein Spülsondenverfahren entwickelt. Der Baugrund bestand aus reinem Mittel- bis Grobsand. Bei diesem Verfahren wurde eine konische Spitze nach Abb. 121c mit 7 cm Durchmesser am unteren Ende eines schweren Spülrohres mit einem Außendurchmesser von 2″ (5,08 cm) befestigt. Das Rohr mit der daran befindlichen Spitze wurde in ein Bohrrohr von 3″ (7,62 cm) Durchmesser eingeführt. Die Sondenspitze wurde mit Hilfe einer auf das obere Ende des Rohres wirkenden hydraulischen Pumpe bis zu 25 cm Tiefe in den Boden eingedrückt. Dann wurde das Spülwasser angestellt. Es tritt durch aufwärtsgerichtete Löcher aus der Sondenspitze aus und verwandelt die Konsistenz eines kegelförmigen Bodenkörpers nach Abb. 123b, der sich über der Sondenspitze befindet, in einen halbflüssigen

Zustand. Ein Teil des Bodens wird durch den Zwischenraum zwischen dem Spülrohr und dem Bohrrohr ausgespült. Während des Spülens genügt ein leichter Druck, um die Verrohrung um das der vorhergehenden Eindringung der Sondenspitze gleiche Stück tiefer zu bringen. Dann wird das Wasser angestellt und die konische Spitze erneut um 25 cm eingedrückt. Während jedes Druckversuches wird der von der Pumpe auf die Spitze ausgeübte Druck an einem Manometer abgelesen, das an der Ölleitung der Pumpe befestigt ist und als Funktion der Tiefe in einem Diagramm aufgetragen. Bei der Anwendung dieses Verfahrens auf einer Baustelle in New York wurde eine große Anzahl Sondierungen in kurzer Zeit ausgeführt. Die Beobachtungsergebnisse wurden an Hand der Ergebnisse von Probebelastungen mit Lastplatten von 929 cm² Größe geeicht, die auf der Sohle eines offenen Schachtes ausgeführt worden waren. Die Versuche waren während des Aushubes des Schurfschachtes in verschiedenen Tiefen unter der Geländeoberfläche durchgeführt worden. Die Ergebnisse der Eichversuche sind in Abb. 124 dargestellt. Sowohl bei den Sondenversuchen als auch bei den Probebelastungen wurden als Gegengewicht für die hydraulische Pumpe die Sohlfläche der Fundamente vorhandener Gebäude benutzt [*44.9*].

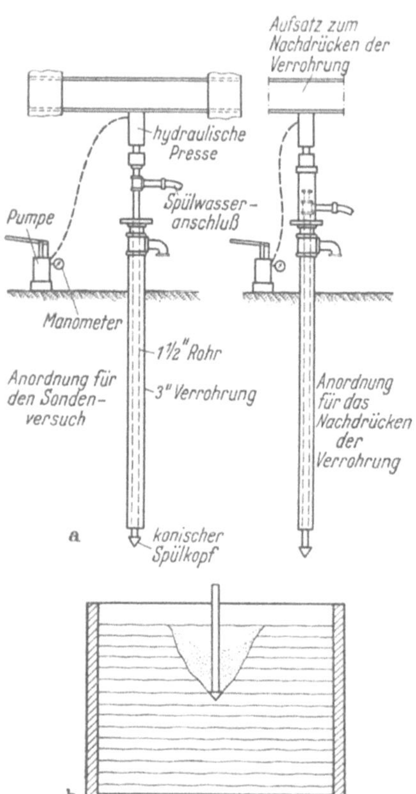

Abb. 123 a u. b. a) Sondiergerät zur Untersuchung der Lagerungsdichte von Sanden; b) Skizze nach einer Fotografie, welche die Spülspitze bei Beginn des Eindrückens zeigt. Die Struktur des Sandes wird in einem kegelförmigen Raum über der Spülspitze durch das Spülen zerstört

Dynamische Verfahren. Bei den dynamischen Sondierverfahren wird eine Stange mit einer Sondenspitze mit Hilfe eines Rammbären in den Untergrund eingerammt und die Anzahl der Schläge auf 1 Fuß (30 cm) Eindringungstiefe festgestellt. In Deutschland ist es üblich, die Zahl der Schläge auf je 10 cm Eindringungstiefe festzustellen und in einem Diagramm aufzutragen. Der Durchmesser der Sondenspitze beträgt gewöhnlich etwa 1,5″ (3,81 cm) und das Gewicht des Rammbären schwankt zwischen 54 und 63 kg.

Das Ohio State Highway Department verwendet zum Einrammen der Sonde eine von einem Zweizylinder-Motorradmotor angetriebene kleine Pfahlramme [*44.10*]. Die Sondierungen dienen hauptsächlich zum Bestimmen der Tiefe, bis zu der die Gründungspfähle von Brückenpfeilern und -widerlagern eingerammt werden müssen.

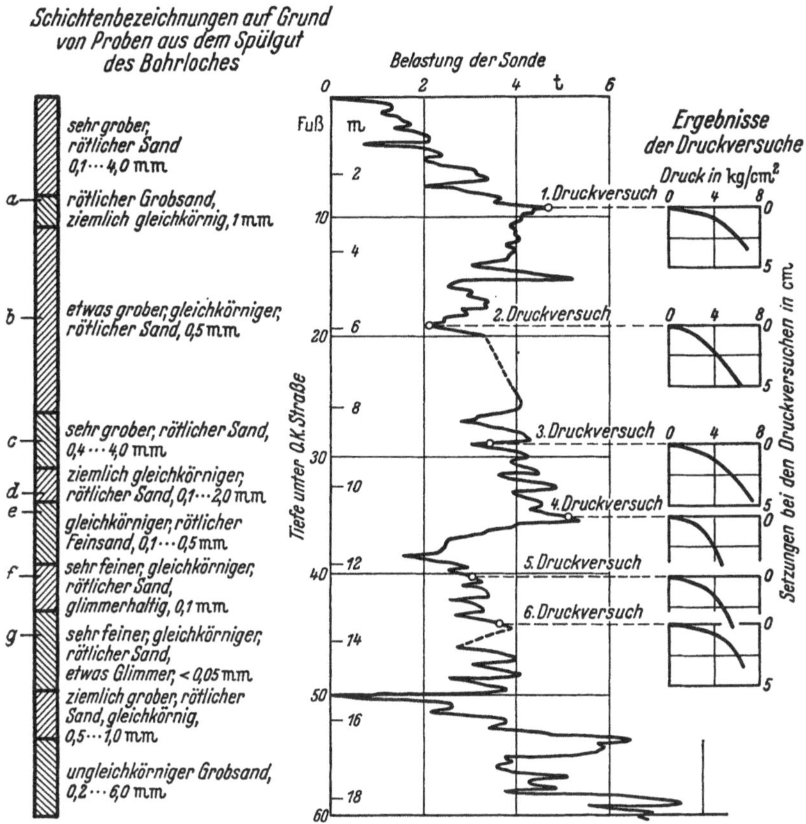

Abb. 124. Untersuchungsergebnisse von einer Spülsondierung und von Probebelastungen, die in Untersuchungsschürfen nach Vorliegen der Sondierergebnisse ausgeführt wurden, in einer Sandablagerung beim Untergrundbahnbau in der Houston Street in New-York

In der Schweiz wird ein ähnliches Verfahren zur Untersuchung des Baugrundes für Gebäudegründungen angewandt. Die Sondenspitze hat einen Durchmesser von etwa 3,3 cm. Wenn die Sondierungen in weichen Bodenarten durchgeführt werden, wird die Sondierstange innerhalb eines Mantelrohres von etwa 1,7″ (4,3 cm) nach Abb. 121e angeordnet und das Rohr und die Stange werden abwechselnd tiefer eingerammt [*44.11*].

Wahl des Sondierverfahrens. Kein Sondierverfahren ist für alle Baugrundverhältnisse, die man im Feld antreffen kann, gleich gut geeignet. Diese Tatsache geht auch aus der großen Anzahl verschiedener Verfahren, die entwickelt worden sind, hervor. Das Verfahren ist ferner auch je nach der Art der Angaben auszuwählen, die für das Bauvorhaben benötigt werden. Bei jeder Anwendung eines neuen Verfahrens sind erst ausreichende Erfahrungen notwendig, um das Verfahren den örtlichen Bodenverhältnissen anpassen zu können.

Die verbreitetsten Sedimente mit regelloser Struktur sind die Fluß- und Küstenablagerungen, die aus Linsen von Schluff oder Ton bestehen, welche in Sand oder Sand und Kies mit unterschiedlicher Lagerungsdichte eingebettet sind. Überschlägliche Angaben über die Beschaffenheit solcher Ablagerungen lassen sich durch Einrammen eines 1″-(2,54 cm) dickwandigen Stahlrohres mit einer 2″-(5,08 cm) konischen Sondenspitze nach Abb. 121f ermitteln. Das Rohr besteht aus 1,5 m langen Schüssen mit Steckgewinde. Jeder Rohrschuß wiegt 5 kg. An der Sondenspitze ist ein kurzer Ansatzstutzen der in eine halbzöllige Bohrung in einem Übergangsstück paßt, welches in das untere Ende des Rohrgestänges eingeschraubt wird. Das Rohr wird mittels eines 63 kg-Rammbären mit einer Fallhöhe von 30″ (76 cm) eingerammt und im Protokoll wird die Anzahl der Rammschläge je 1 Fuß Eindringung (30 cm) vermerkt. Da der Durchmesser der Sondenspitze größer als der des Rohres ist, wird die Mantelreibung im allgemeinen klein gegenüber dem Spitzenwiderstand sein. Nachdem das Rohr bis zum Festwerden eingerammt worden ist, wird es gezogen, während die Sondenspitze im Baugrund verbleibt.

Mit Hilfe einer solchen einfachen Sonde können mehrere Sondierungen bis zu 20 oder 25 m Tiefe pro Tag ausgeführt werden. Noch größere Leistungen lassen sich mit maschinell eingerammten Sondiergeräten mit selbsttätiger Einrichtung für die Aufzeichnung der Eindringung pro Schlag erzielen.

Geophysikalische Verfahren. Am Anfang dieses Abschnittes war erwähnt worden, daß mit Hilfe geophysikalischer Verfahren verschiedene Angaben über die Baugrundverhältnisse ohne Zuhilfenahme von Bohrungen oder Sondierungen ermittelt werden können. Einige der geophysikalischen Verfahren gründen sich auf der Tatsache, daß die Größe und Form eines jeden Kraftfeldes von der Lage der Grenzen zwischen den Stoffen abhängt, die sich in diesem Feld befinden. Das Kraftfeld kann entweder schon vorhanden sein, wie beispielsweise das Schwerkraft- oder magnetische Feld der Erde, oder es kann künstlich geschaffen werden, beispielsweise wenn ein elektrischer Strom zwischen zwei in den Boden eingebetteten Elektroden durch den Baugrund geschickt wird.

Die Geometrie eines beliebigen Kraftfeldes ist in einem vollkommen homogenen Stoff unabhängig von den physikalischen Eigenschaften des Stoffes. Sie ist einfach und kann theoretisch genau ermittelt werden. Die Deformation des Feldes infolge des Vorhandenseins einer inneren Grenze hängt von denjenigen physikalischen Eigenschaften der auf beiden Seiten der Grenze befindlichen Stoffe ab, welche das Feld erzeugen oder einen entscheidenden Einfluß auf seine Stärke haben. Das geeignetste Verfahren zur Feststellung der Lage der Grenze zwischen zwei Gesteinsarten wird also durch die Art des Kraftfeldes bestimmt, das durch den Unterschied in den Eigenschaften dieser Gesteinsarten am deutlichsten deformiert wird. Wenn ihre Raumgewichte sehr unterschiedlich sind, kann ein Schwerkraftmeßverfahren zweckmäßig sein. Wenn ihre Raumgewichte annähernd gleich, aber ihre elektrischen Leitungsvermögen sehr unterschiedlich sind, kann es vorteilhaft sein, das elektrische Potentialverfahren anzuwenden.

Um die Lage einer inneren Grenze festzustellen, wird die Projektion des wirklichen Kraftfeldes an der Geländeoberfläche durch geeignete Beobachtungen auf der Oberfläche ermittelt. Die Projektion wird mit derjenigen verglichen, die aus Berechnungen auf Grund der Annahme gewonnen wird, daß der von dem Feld eingenommene Raum vollkommen homogen sei. Die Lage der inneren Grenze wird aus der Abweichung zwischen dem wirklichen und dem idealen Projektionsbild abgeleitet.

Eine zweite Gruppe der geophysikalischen Verfahren, die seismischen Verfahren, geht von der Tatsache aus, daß die Fortpflanzungsgeschwindigkeit elastischer Wellen eine Funktion der elastischen Konstanten des Stoffes ist, welcher von den Wellen durchlaufen wird. Wenn eine Welle auf die Grenze zwischen zwei Stoffen verschiedener elastischer Eigenschaften trifft, wird sie teilweise reflektiert und teilweise gebrochen. Um die Lage einer inneren Grenze, beispielsweise zwischen hartem und weichem Fels oder zwischen Boden und Fels zu bestimmen, wird eine kleine Sprengladung in geringer Tiefe unter der Geländeoberfläche ausgelöst und die Zeit gemessen, nach der die reflektierten oder gebrochenen Wellen an verschiedenen Punkten der Geländeoberfläche eintreffen. Auf Grund dieser Beobachtungsergebnisse kann die Lage der inneren Grenzen berechnet werden, vorausgesetzt, daß die Grenze deutlich genug ist und nicht zu unregelmäßig verläuft.

Für Aufgaben des Bauwesens werden nur die elektrischen Widerstands- und seismischen Verfahren mit Erfolg angewandt. Ihr Anwendungsgebiet wird noch durch die Lage der Felsoberfläche eingeschränkt.

Wenn die Dicke der verwitterten Deckschicht des Gesteins klein ist und die Felsoberfläche nicht zu uneben, sind die Ergebnisse im allgemeinen zuverlässig und die Kosten einer geophysikalischen Vermessung des Verlaufes der Feldoberfläche weitaus geringer als diejenigen einer ähnlichen Vermessung durch Bohrungen. Wenn die Schuttdecke viele grobe Felstrümmer enthält, kann die Ermittlung durch Bohrungen fast undurchführbar sein, während die geophysikalische Untersuchung ebenso einfach und zuverlässig sein kann, als wenn die Felstrümmer nicht vorhanden sein würden.

Das elektrische Widerstandsverfahren und das seismische Verfahren werden seit vielen Jahren von verschiedenen staatlichen Straßenbauverwaltungen und anderen öffentlichen Institutionen, die sich mit der Planung und Ausführung von Bauten befassen, mit Erfolg angewandt. Für private Bauten werden diese Untersuchungen im allgemeinen durch Spezialunternehmen ausgeführt, weil eine solche Arbeit eine komplizierte Ausrüstung erfordert und die Ausdeutung der Meßergebnisse Erfahrungen voraussetzt. Obgleich die Ergebnisse der Vermessung deutlich ausgeprägter Felsoberflächen im allgemeinen zuverlässig sind, ist es stets notwendig, ihre Genauigkeit durch einige Kontrollbohrungen zu überprüfen [*44.12*].

Etwa seit 1920 sind in Deutschland verschiedene Versuche durchgeführt worden, die Eigenschaften des Baugrundes auf Grund seines Verhaltens unter dem Einfluß periodischer Schwingungen zu ermitteln, die durch einen mechanisch arbeitenden Schwinger erzeugt werden. Die Frequenz der Schwingungen kann innerhalb weiter Grenzen gesteuert werden. Die Untersuchungen liefern wertvolle Angaben über den Einfluß schwingender Lasten auf die Setzungen von Fundamenten auf kohäsionslosen Böden (Abschn. 19) und das Verfahren ist mit Erfolg zur Ermittlung des Verdichtungsgrades künstlicher Aufschüttungen angewandt worden. Durch Kombination des dynamischen und des seismischen Verfahrens ergab sich sogar die Möglichkeit, unter günstigen Verhältnissen die Lage der Grenze zwischen Bodenschichten mit sehr unterschiedlichen elastischen Eigenschaften zu bestimmen, wie beispielsweise diejenigen zwischen dichtem Sand und weichem Ton. Diese Verfahren sind jedoch alle noch im Versuchsstadium und ihre theoretischen Grundlagen sind noch unzureichend, da sie von Annahmen ausgehen, die sehr starke Vereinfachungen der elastischen Eigenschaften der verschiedenen Teile des schwingenden Systems voraussetzen.

Pumpversuche. Pumpversuche dienen zur Ermittlung der Durchlässigkeit von unterhalb des Wasserspiegels anstehenden Sand- oder Kiesschichten, ohne daß Durchlässigkeitsversuche im Laboratorium durchgeführt werden. Das Prinzip des Verfahrens ist in Abb. 125 dargestellt.

Abb. 125a zeigt einen vertikalen Schnitt durch eine Sandschicht, die sich zwischen zwei relativ undurchlässigen Schichten befindet. Bis zur

Sohle der Sandschicht ist ein Brunnen gebohrt, aus dem eine gleichbleibende Menge Wasser (l/sek.) gepumpt wird, bis der Wasserspiegel im Brunnen annähernd unverändert bleibt. Wenn dieser Zustand sich

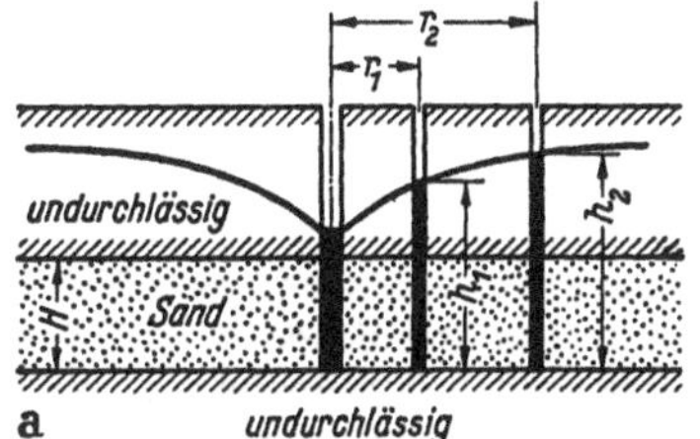

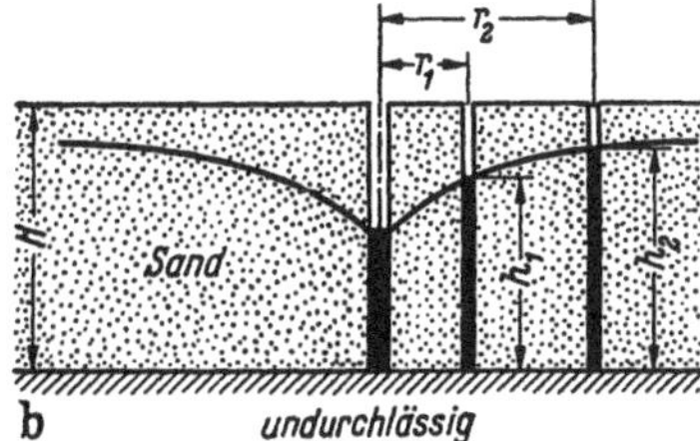

Abb. 125 a u. b. Wasserströmung nach einem Brunnen während eines Pumpversuches, a) wenn der Standrohrspiegel oberhalb der durchlässigen Schicht liegt; b) wenn der freie Wasserspiegel innerhalb der durchlässigen Schicht liegt

eingestellt hat, beträgt der gesamte Zufluß durch den Mantel eines beliebigen Zylinders vom Halbmesser r nach Gl. (11.6)

$$Q = k i F = k_{\mathrm{I}} \frac{dh}{dr} 2\pi r H\,,$$

woraus man durch Integration erhält

$$\frac{2\pi H k_{\mathrm{I}}}{Q} h_1 + C = r_1 \log e$$

und

$$\frac{2\pi H k_{\mathrm{I}}}{Q} h_2 + C = r_2 \log e\,.$$

Hieraus ergibt sich die Durchlässigkeit k_{I}

$$k_{\mathrm{I}} = \frac{Q}{2\pi H (h_2 - h_1)} \log e \frac{r_2}{r_1}\,. \tag{44.1}$$

Wenn der freie Wasserspiegel unterhalb der Oberfläche der Sandschicht liegt, wie in Abb. 25b dargestellt ist, ergibt Gl. (11.6)

$$Q = k i F = k_{\mathrm{I}} \frac{dh}{dr} 2\pi r h\,,$$

woraus

$$k_{\mathrm{I}} = \frac{Q}{\pi (h_2^2 - h_1^2)} \log e \frac{r_2}{r_1}\,. \tag{44.2}$$

Ein Pumpversuch erfordert die Herstellung eines Versuchsbrunnens von im allgemeinen 25 bis 30 cm Durchmesser und mindestens 8 Beobachtungsbrunnen, die sich auf zwei Geraden durch den Mittelpunkt des Versuchsbrunnens befinden. Eine derselben wird etwa in Richtung der Grundwasserströmung gelegt und die andere rechtwinklig dazu. Einzelheiten über die Einrichtung der Versuchsbrunnen, die Anordnung und Ausrüstung der Beobachtungsbrunnen und das Versuchsverfahren können aus [*44.13*] entnommen werden.

Literaturhinweise

[*44.1*] MOHR, H. A.: Exploration of Soil Conditions and Sampling Operations, Harvard University, Graduate School or Engineering, Soil Mechanics Series 21. 3. verbesserte Auflage, Nov. 1943. Beschreibung der gebräuchlichsten Bohr- und Probenentnahmeverfahren mit Beispielen.

[*44.2*] HVORSLEV, M. JUUL.: The Present Status of the Art of Obtaining Undisturbed Samples of Soils, Harvard University, Graduate School of Engineering, Soil Mechanics Series 14, März 1940. Eingehende Beschreibung der Verfahren zur Probenentnahme und der Entnahmegeräte sowie Untersuchung der Faktoren, die den Grad der Störung der Bodenproben beeinflussen.

[*44.3*] VAN BRUGGEN, J. P.: Sampling and Testing Undisturbed Sands from Boreholes. Proc. Intern. Conf. Soil Mech. Cambridge, Mass. (1936), Bd. I, S. 3–6. Sandproben mit Asphaltemulsion.

[*44.4*] FAHLQUIST, F. E.: New Methods and Technique in Subsurface Explorations, J. Boston Soc. Civil Engrs., 28 (1941) S. 144–160. Beschreibung des Gefrierverfahrens zur Entnahme ungestörter Sandproben.

[*44.5*] JOHNSON, H. L.: Improves Sampler and Sampling Technique for Cohesionless Materials, Civil Eng., 10 (1940) S. 346–348. Beschreibung des Probenentnahmeverfahrens mit dem Denisongerät in Verbindung mit dem hydraulischen Rotary-Drehbohrverfahren.

[*44.6*] Statens Järnvägars Geotekniska Commision, 1914–1922, Slutbetänkande, 31. Mai 1922, Stockholm (in Schwedisch).

[*44.7*] GODSKESEN, O.: Investigation of the Bearing-Power of the Subsoil (especially moraine) with 25 × 25 mm Pointed Drill without Samples, Proc. Intern. Conf. Soil Mech. Cambridge, Mass. (1936), Bd. I. S. 311–314.

[*44.8*] BARENTSEN, P.: Short Description of a Field-Testing Method with Cone-Shaped Sounding Apparatus, Proc. Intern. Conf. Soil. Mech., Cambridge, Mass. (1936), Bd. I. S. 7–10.

[*44.9*] TERZAGHI, K.: Die Tragfähigkeit von Pfahlgründungen. Die Bautechnik 8 (1930) S. 475–478, 517–521. Beschreibung der Spülsonde.

[*44.10*] TAYLOR, K. V. et AL: The Predetermination of Piling Requirements for Bridge Foundations, Ohio State Eng. Exp. Sta. Bull. 90, July 1935.

[*44.11*] HAEFELI, R.: Erdbaumechanische Probleme im Lichte der Schneeforschung. Schweiz. Bauzeitung 123 (1944) S. 13, 40, 49. Beschreibung der Schweizer Sonde mit Anwendungsbeispielen.

[*44.12*] HEILAND, C. A.: Geophysical Exploration, Prentice-Hall, New York, 1940.

[*44.13*] WENZEL, L. K.: Methods for Determining Permeability of Water-Bearing Materials, Water Supply Paper 887, S. 1–191. U. S. Department of the Interior, Washington, D.C., 1942. S. 74–191 behandeln die Theorie und praktische Durchführung von Pumpversuchen.

45. Durchführung von Baugrunduntersuchungen

Art und Reihenfolge der Maßnahmen. Ganz abgesehen von der Art des Bauvorhabens sollte man niemals außer acht lassen, daß der Baugrund in den meisten Fällen durch geologische Vorgänge gebildet wurde, die räumlich und zeitlich häufig gewechselt haben. In Anbetracht des entscheidenden Einflusses geologischer Faktoren auf die Aufeinanderfolge, Art und Stetigkeit der Bodenschichten, sollten bei jeder Baugrunduntersuchung zuerst stets die allgemeinen geologischen Verhältnisse der Baustelle untersucht werden. Je klarer die Geologie der Baustelle erfaßt worden ist, desto zweckmäßiger kann das Programm für die Baugrunduntersuchungen aufgestellt werden. Der zweite Schritt besteht in der Ausführung von Untersuchungsbohrungen, die genauere Angaben über die allgemeine Beschaffenheit und die Dicke der einzelnen Schichten liefern. Diese beiden Schritte sind unerläßlich. Alle anderen hängen von der Größe des Bauvorhabens und von Aufbau und Beschaffenheit des Baugrundes ab.

Bei einem großen Teil der üblichen Bauaufgaben, wie bei dem Entwurf und der Ausführung der Gründungen von Wohnhäusern mittlerer Größe in Gebieten mit bekannten Baugrundverhältnissen, sind keine weiteren Untersuchungen notwendig. Die Laboratoriumsuntersuchung des Bodens kann auf die Ermittlung der üblichen bodenphysikalischen Kennwerte (s. Tab. 5) von Rohrproben beschränkt werden, die aus den Untersuchungsbohrungen entnommen wurden. Die Untersuchungsergebnisse dienen zum Vergleich der Erdstoffe mit anderen, früher bei ähnlichen Aufgaben angetroffenen. Hierdurch wird es möglich, gewonnene Erfahrungen nutzbar zu machen. Die Lücken in den aus den Untersuchungsbohrungen gewonnenen Erkenntnissen werden durch die Wahl eines größeren Sicherheitsgrades ausgeglichen. Wo immer es möglich ist, Erkenntnisse durch die Besichtigung vorhandener benachbarter Bauwerke zu erhalten, sollte diese Gelegenheit nicht ungenutzt bleiben.

Die Baugrunduntersuchung für große Bauvorhaben kann die Ermittlung einer oder mehrerer der folgenden Eigenschaften erfordern: Lagerungsdichte von Sandschichten, Durchlässigkeit von Sandschichten, Scherfestigkeit und Tragfähigkeit von Tonschichten und Zusammendrückbarkeit von Tonschichten. In jedem Fall sollte das Untersuchungsprogramm so aufgestellt werden, daß möglichst viele Angaben aus den Laboratoriumsuntersuchungen abgeleitet werden können. Je uneinheitlicher der Baugrund aufgebaut ist, desto mehr nimmt der Nutzen verfeinerter Untersuchungsverfahren ab. Wenn das Baugrundprofil sehr unregelmäßig ist, sollten alle Anstrengungen nicht auf das Gewinnen genauer Daten über die physikalischen Eigenschaften einzelner Bodenproben konzentriert werden, sondern darauf, ein zuverlässiges Bild über den strukturellen Aufbau des Baugrundes zu erhalten. Der Versuch, diesen Aufschluß durch Bohrungen und Versuche zu gewinnen, ist gewöhnlich sehr aufwendig, sofern er überhaupt Erfolg hat. Da unregelmäßige Baugrundprofile weitaus verbreiteter als einfache und regelmäßige sind, gibt es nur verhältnismäßig wenige Fälle, in denen aufwendige und großmaßstäbliche

Baugrunduntersuchungen vom praktischen Gesichtspunkt aus gerechtfertigt sind. In den folgenden Ausführungen über die Maßnahmen, durch welche zuverlässige Angaben über die Baugrundverhältnisse gewonnen werden können, soll der Einfluß des Grades der Uneinheitlichkeit und der Regellosigkeit des Baugrundprofiles auf den praktischen Wert von Baugrunduntersuchungen besonders hervorgehoben werden.

Geologische Betrachtungen. Die meisten natürlichen Erdstoffe gehören zu einer der folgenden Hauptgruppen: Ablagerung im Flußbett, Hochflutablagerungen, Deltaablagerungen, Küstenablagerungen, Glazialablagerungen, Windablagerungen (Dünensand und Löß) und Ablagerungen durch Sedimentation in stehendem Wasser. Die einzigen Erdstoffe, die im allgemeinen eine annähernd regelmäßige Struktur aufweisen, sind die Hochflut- und Windablagerungen und die in großen Becken mit stehendem Wasser in größerer Entfernung vom Ufer gebildeten Sedimente. Alle anderen weisen im Gegensatz hierzu in der Regel große und unregelmäßige Schwankungen zumindest in der Konsistenz und der Lagerungsdichte und gewöhnlich auch in der Korngröße auf.

In den oberen Bereichen der Flußläufe erstrecken sich die *Flußbettablagerungen* gewöhnlich über die gesamte Sohle der aus dem Gestein herausgearbeiteten Täler. Im Unterlauf der Flüsse können sie in den Windungen und in den sich kreuzenden Flußarmen abgelagert sein, welche aus den großen Flächen der feinkörnigen Sedimente erodiert worden sind, die früher unter anderen Sedimentationsbedingungen durch den Fluß abgelagert worden waren. Die mittlere Korngröße nimmt mit zunehmender Entfernung von der Quelle ab, während sie an jeder einzelnen Stelle in der Regel ganz allgemein mit der Tiefe unter der Oberfläche größer wird. Trotzdem sind die Einzelheiten der Schichtung stets unregelmäßig und sowohl die Korngröße als auch die Lagerungsdichte schwanken in nicht voraussehbarer Weise. Noch sprunghafter und deutlicher sind die Variationen in den sog. *eiszeitlichen Gletscherflußsedimenten*, die durch das Schmelzwasser am Rand der kontinentalen Eisdecken abgelagert wurden. Die Unterschiede in der relativen Dichte einer fluvioglazialen Sandschicht sind in Abb. 124 dargestellt und diejenigen einer fluvioglazialen Kies-Sandschicht, welche von einer Decke aus weichem Schluff überlagert ist, in Abb. 120.

Hochflutablagerungen sind während der Hochwasserzeiten auf beiden Seiten des Niederwasserbettes der Flüsse abgelagert worden. Sie bestehen gewöhnlich aus ausgedehnten Schluff- oder Tonschichten annähernd gleicher Dicke, die voneinander durch weit verbreitete Schichten gröberer Sedimente getrennt sind. An irgendeiner Stelle oder in einer Fläche kann jedoch der Zusammenhang dieser Schichten durch andere Sedimentablagerungen unterbrochen sein, die Mulden oder verlassene Flußgerinne auffüllen. Wenn ein solcher Einschluß zwischen zwei Bohrlöchern liegt, kann sein Vorhandensein übersehen werden. Auf diese Ursache sind verschiedene bekannte Fehlgründungen zurückzuführen.

Deltaablagerungen bilden sich dort, wo Wasserläufe in Becken mit stehendem Wasser münden. In den Grundzügen ist die Struktur von

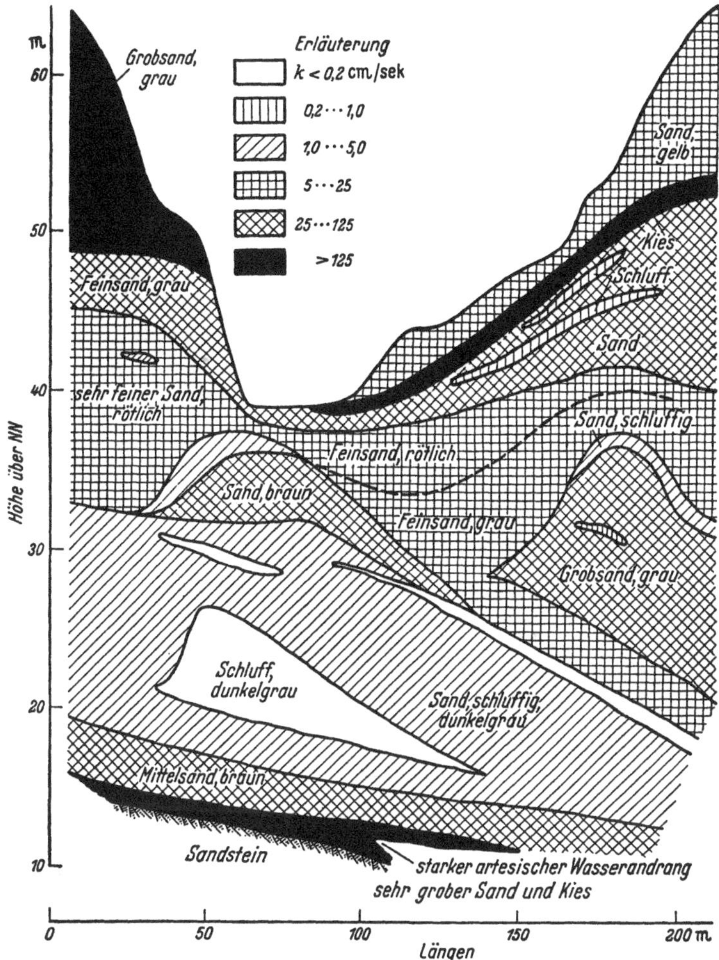

Abb. 126. Baugrundprofil über die Durchlässigkeit von relativ homogenen glazialen Deltaablagerungen bei Chicopee, Mass.

Deltabildungen einfach, aber im einzelnen kann sie sehr vielfältig sein, wie Abb. 126 zeigt, weil die Wasserläufe, welche die Sedimente mit sich führen, ständig ihr Bett verändern.

Küstenablagerungen sind aus Sedimenten zusammengesetzt, die durch Wellenschlag abgetragen oder durch Flüsse in stehendes Wasser eingeschleppt und durch Küstenströmungen verfrachtet und sedimentiert worden sind. Sie bestehen gewöhnlich aus Sand und Kies. Infolge größerer Schwankungen des See- oder Meeresspiegels in Verbindung mit den ständigen Veränderungen der Wasserläufe, welche den Küstengürtel durchqueren, können die Sand- und Kiesablagerungen jedoch ganz unregelmäßig mit Schluff-, Ton- oder Tonschichten durchsetzt sein. Küstenablagerungen dieser Art werden als *zusammengesetzte Küstensedimente* bezeichnet. Die Struktur derartiger Ablagerungen geht aus Abb. 122b und aus Abb. 113, oben hervor.

Die Bestandteile von *Glazialablagerungen* sind durch das Eis aufgenommen und mitgeschleppt worden und wurden abgelagert, als das Eis schmolz. Das Zurückweichen der Eiskappen wechselte ständig mit Zeitabschnitten ab, in denen das Eis zeitweilig wuchs und vorwärtsdrang. Das sich vorwärtsbewegende Eis verschob oder verformte die älteren glazialen Schuttablagerungen. Ferner erfolgte am Rande des Eises ein gesetzloses Sortieren und Verfrachten durch Schmelzwasserströme, die unter dem Eis austraten. Infolgedessen gehören die glazialen Ablagerungen zu den regellosesten, mit denen der Ingenieur zu tun hat. Unregelmäßige Taschen und Linsen von fein- und grobkörnigen Materialien, vermischt mit großen Steinen, können völlig gesetzlos aufeinander folgen.

Im Gegensatz zu Glazialablagerungen sind *Windsedimente* bemerkenswert gleichförmig. Allerdings kann der Verlauf ihrer Umgrenzungen sehr unregelmäßig sein, weil der Wind seine Fracht auf sehr unebenen Geländeoberflächen in unterschiedlich großen Mengen absetzt. Ferner kann das feinkörnige Windsediment, der Löß (s. Abschn. 2), seine ursprüngliche Gleichförmigkeit durch örtliche Auslaugungen und Verwitterungen weitgehend verlieren. Viele Fehlgründungen auf Löß sind darauf zurückzuführen, daß die Entwurfsbearbeiter es unterlassen haben, das Vorhandensein dieser teilweisen Veränderungen festzustellen.

Die verschiedenen Transportmittel, wie fließendes Wasser, Eis und Wind, lagerten nur einen Teil ihrer festen Fracht auf ihrem Weg oder am Ende ihres Laufes ab. Der Rest wurde in große Becken mit stehendem Wasser wie beispielsweise Seen und Meeresbuchten oder in die offene See verschleppt. Wenn dieses Material erst über die schmale Zone hinausgelangt war, in der die Küstenströmungen sich bewegten, wirkten keine anderen Kräfte mehr auf sie ein als die Schwerkraft. Aus diesem Grund haben im Gegensatz zu allen anderen sedimentären Bildungen diejenigen, welche sich in großen Becken von stehendem Wasser gebildet haben, im allgemeinen eine relativ einfache Struktur. Diese Struktur spiegelt zumeist die periodisch wiederkehrende oder allmählich fortschreitende Änderung der Beschaffenheit des Materials wider, welches in das Sedimentationsgebiet eingedrungen ist. Sie wird in einem gewissen Maß auch durch die chemische Zusammensetzung des Wassers beeinflußt.

Der Einfluß jahreszeitlicher Schwankungen in den Eigenschaften des suspendierten Materials geht aus dem Diagramm über den Wassergehalt in Abb. 112b hervor. Infolge dieses Einflusses sind die Abweichungen des Wassergehaltes vom Mittelwert innerhalb vertikaler Abstände von wenigen Dezimetern ebenso groß, wie innerhalb der gesamten Tiefe. Noch deutlicher ersichtlich ist der Einfluß der jahreszeitlichen Schwankungen auf die Struktur von Sedimenten, die in den Süßwasserseen unter arktischen Bedingungen abgelagert wurden, wie sie in den nördlichen Teilen der USA und in Kanada während der Eiszeit vorherrschten. Im Sommer bestanden die mitgeführten Stoffe in den uferfernen Teilen der Seen aus Schluff und Ton, weil die gröberen Materialien wie Sand und Kies schon in den Mündungen der Flüsse abgelagert worden waren und die Deltaablagerungen bildeten. Die Schluffteilchen setzten sich während des Sommers ab. Im Winter wurde jedoch kein neues Material in die Seen hinausgetragen, weil die Flüsse vollständig gefroren waren. Infolgedessen sedimentierten unter der Eisdecke nur Tonteilchen, die während des Sommers nicht ausgefallen waren. Aus diesem Grund ist das Sediment aus hell gefärbten Sommerschichten aus Schluff und dunkelfarbigen Winterschichten, die vorwiegend aus Ton bestehen, zusammengesetzt. Jede Doppelschicht stellt die Ablagerung eines Jahres dar. Diese Sedimente sind die in Abschn. 2e erwähnten Bändertone (Abb. 119c). Die Dicke der Doppelschichten beträgt gewöhnlich nur 2 bis 3 cm, ausnahmsweise auch mehrere Dezimeter. Sie hängt von der Menge des Materials ab, das während des Sommers in die Seen gespült wurde. Ablagerungen solcher Tone sind sowohl in Nordamerika als auch in Europa nördlich des 40. Breitengrades sehr verbreitet. Sie sind eine häufige Ursache großer Bauschwierigkeiten.

Wenn ähnliche arktische Flüsse in eine Meeresbucht statt in einen Süßwassersee münden, ist die Trennung nach Korngrößen weniger vollkommen, weil das im Meerwasser enthaltene Salz eine Ausflockung der Tonteilchen hervorruft. Infolgedessen wird der größte Teil des Tons gleichzeitig mit Schluff abgelagert. An manchen Orten, wie beispielsweise in verschiedenen Abschnitten des Küstenbereiches im Gebiet der Großen Seen entsteht der Eindruck, als ob die feinkörnigen glazialen Sedimente sich aus dem schmelzenden Eis abgesetzt hätten, welches gegen Ende der letzten Eiszeit auf den Seen schwamm. Die entstandenen Tonschichten gehören zu den homogensten, die bekannt sind. Abb. 127 bezieht sich auf eine solche Ablagerung.

Die vorstehende Übersicht zeigt, daß die Natur eine unbegrenzte Vielfalt von Strukturarten geschaffen hat, beginnend bei der einfachen Schichtung strandferner Ablagerungen in großen Seebecken bis zu der äußerst vielfältigen Struktur von Kies-, Sand- und Schluffmassen, die abgelagert, umgelagert, umgeformt, stellenweise erodiert und erneut entlang des Randes einer kontinentalen Eisdecke abgelagert wurden. Wenn im Baugrund im Abstand von 30 bis 60 m Bohrungen niedergebracht worden sind, kennt man die Eigenschaften und die Folge der Schichten nur in zwei vertikalen Linien. Zwischen diesen beiden Linien können die Schichten gleichmäßig verlaufen. Sie können jedoch auch schon in kurzer Entfernung von jeder Linie auskeilen und an einer Stelle halbwegs

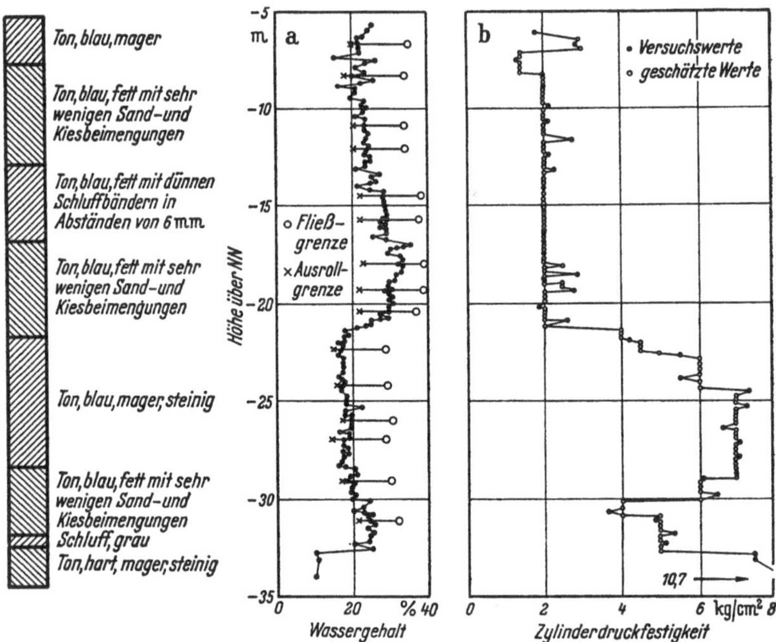

Abb. 127. Ergebnisse von Wassergehalts- und Zylinderdruckfestigkeitsuntersuchungen bei einer Bohrung mit fortlaufender Rohrprobenentnahme in schwach vorbelastetem diluvialem Ton in Cleveland, Ohio

zwischen den beiden Bohrungen kann die Schichtenfolge nicht mehr die entfernteste Ähnlichkeit mit denjenigen an diesen Punkten haben. Ein gut durchdachtes Programm für ergänzende Baugrunduntersuchungen kann nur von einem Ingenieur aufgestellt werden, der mit den Grundlagen der physikalischen Geologie und mit der Geologie des Gebietes, in dem sich die Baustelle befindet, gründlich vertraut ist.

Beschreibung der geologischen Geschichte des Baugrundes der großen Städte sind gewöhnlich in den Veröffentlichungen der örtlichen Museen für Naturgeschichte oder ähnlicher Institutionen zu finden. Wenn das Bauvorhaben sich auf dem Land befindet, sollte man nachprüfen, ob eine geologische Abhandlung über das Gebiet vorhanden ist. Für die USA können Literaturhinweise aus den folgenden Bibliographien entnommen werden:

Geologic Literature on North America, Bibliographische Berichte des US. Geological Survey. Erscheint aller zwei Jahre. Für die Jahre 1785 bis 1918 und 1919–1928 sind Sammelberichte erschienen.

Bibliography and Index of Geology Exklusive of North America. Wird seit 1930 jährlich durch die Geological Society of America herausgegeben.

Catalogue of Published Bibliographies in Geology 1896–1920, Bericht des National Research Council, Band 6, Teil 5, Nr. 36 (1923).

R. F. Legget: Geological Surveys of the English Speaking World, Anhang B in *Geology and Engineering*, New York 1939. Enthält eine kurze Abhandlung über die geologischen Dienststellen von Nordamerika und des Britischen Empire und ihre Veröffentlichungen.

R. F. Legget: *Geological Societies and Periodicals*, Anhang C in Geology and Engineering.

R. C. Putnam: *Guide to the Literature of Geology and Kindred Subjects*, mimeographed. Vervielfältigung in der Bücherei des Department of Mineralogy and Petrography, Harvard Universität.

Geologische Karten und kurze Beschreibungen einiger Gebiete sind in den Blättern des US. Geological Survey veröffentlicht. Abhandlungen und Karten über viele andere Gebiete finden sich überall in Zeitschriften verstreut. Diese sind in den bibliographischen Mitteilungen des US. Geological Survey aufgeführt.

Eine große Menge wertvoller Angaben über die regionale Geologie ist in den *Water Supply Papers* enthalten, die seit 1896 von Zeit zu Zeit vom US. Geological Survey herausgegeben werden.

Über die geologischen Verhältnisse in Deutschland liegen außerordentlich zahlreiche Veröffentlichungen vor. Besonders hingewiesen sei auf die Geologischen Spezialkarten 1:25000 mit Erläuterungsheften, die für einen großen Teil des ehemaligen Reichsgebietes erschienen sind. Auskünfte erteilen die Geologischen Landesämter bzw. die Landesämter für Bodenforschung.

Wenn keine speziellen Unterlagen über die Geologie der Baustelle zu beschaffen sind, muß sich der Ingenieur auf sein eigenes geologisches Beobachtungs- und Ausdeutungsvermögen verlassen. Bei großen Bauvorhaben ist eine eingehende geologische Aufnahme der Baustelle und ihrer Umgebung unerläßlich. Sie erfordert die Mitarbeit eines Berufsgeologen.

Abstand und Tiefe von Untersuchungsbohrungen. Gegenwärtig wird der Abstand zwischen den Untersuchungsbohrungen häufig immer noch nach Gefühl und Gewohnheit und nicht auf Grund klarer Überlegungen festgelegt. Auf Baustellen für Hochbauten sind die Bohrungen im allgemeinen in beiden Hauptrichtungen etwa 15 m voneinander entfernt. Bei Straßen- oder Erddammbauvorhaben wird in der Regel ein Abstand von 30 m als Minimum betrachtet. Wenn die Trasse jedoch sehr lang oder das Baugelände sehr groß ist, kann es notwendig sein, den Abstand auf 60 m zu vergrößern. Selbst bei diesem Abstand kann der Umfang der Bohr- und Untersuchungsarbeiten sehr groß werden und unerwünschte Verzögerungen des Beginns der Bauarbeiten verursachen.

Eine starre Festlegung der Bohrlochabstände hat offensichtliche Nachteile. Wenn der Baugrundaufbau sehr einfach ist, ist der übliche Abstand zu klein, dagegen ist er zu groß, wenn der Baugrund sehr unregelmäßig aufgebaut ist. Um Zeit- und Geldverluste durch überflüssige Bohrungen zu vermeiden, ist es oft vorteilhaft Sondierverfahren anzuwenden. An jeder Stelle, wo nach den üblichen Vorschriften eine Bohrung verlangt wird, kann eine Sondierung ausgeführt werden, die sich leichter und schneller durchführen läßt. Wenn alle Sondendiagramme einander ähnlich sind, ist das Baugrundprofil wahrscheinlich einheitlich. Untersuchungsbohrungen werden nur in der Nähe der wenigen Stellen notwendig, wo die Sondendiagramme die größten Abweichungen von den statistischen Mittelwerten anzeigen. Wenn nach den geologischen Verhältnissen auf der Baustelle mit der Möglichkeit gerechnet werden muß, daß der Zusammenhang der Schichten örtlich durch kanalartige oder andere Einschlüsse von Fremdmaterial unterbrochen ist, sollten Ergänzungssondierungen überall dort durchgeführt werden, wo an der Geländeoberfläche irgendwelche Anzeichen für das Vorhandensein eines zusammendrückbaren Einschlusses zu erkennen sind, wie beispielsweise eine flache Einsenkung in der Geländeoberfläche. Trifft eine Sondierung einen solchen Einschluß, sollte daneben eine Untersuchungsbohrung niedergebracht werden, um die Bodenart festzustellen, aus welcher der Einschluß besteht.

Wenn die Eindringungsdiagramme der Sondierungen überwiegend sehr unterschiedlich sind, ist der Baugrundaufbau wahrscheinlich sehr uneinheitlich. In diesen Fällen sollten Zwischensondierungen ausgeführt werden, bis so viele Sondierwerte vorliegen, daß keine Zweifel mehr über die Art und den Verlauf der Grenzen zwischen den fein- und grobkörnigen und den lockeren und dichten Teilen der Ablagerung bleiben. Die Anzahl der Bohrungen bleibt jedoch auf die wenigen beschränkt, die notwendig sind, um die Bodenarten zwischen den verschiedenen Unstetigkeitsstellen festzustellen, oder um nachzuprüfen, ob ein Einschluß aus auffallend festem oder auffallend weichem Boden aus Sand oder Ton besteht. Eine solche Frage ergab sich, als die in Abb. 120 rechts wiedergegebene Sondierung ausgeführt wurde. Es war zweifelhaft, ob der Boden zwischen 24,3 und 18,3 m Tiefe aus sehr lockerem Sand oder aus Ton bestand. Um diese Frage zu beantworten, wurde eine Bohrung in der Nähe der Sonderstelle niedergebracht. Der Bohrbericht ließ keinen Zweifel darüber, daß es bis zu 24,3 m Tiefe keinen Ton gab. Der geringe Eindringungswiderstand in dieser Tiefenlage war ausschließlich auf die außergewöhnlich lockere Struktur des Sandes zurückzuführen.

Die Tiefe, bis zu der Untersuchungsbohrungen abgeteuft werden sollen, ist ebenfalls mehr oder weniger standardisiert. Diese Gepflogenheit ist nicht nur unwirtschaftlich, sondern auch gefährlich. Viele Bauwerke haben schwere Schäden durch Setzungen infolge der Zusammendrückung weicher Tonschichten erlitten, die in größerer Tiefe lagen, als derjenigen, bis zu der der Baugrund untersucht worden war. Man kann natürlich keine allgemein gültigen Regeln für die Feststellung dieser Tiefe aufstellen, weil der Bereich, der für die Setzungen maßgebend ist, nicht nur vom Gewicht und den Abmessungen des Bauwerkes beeinflußt wird, sondern weitgehend auch vom Bodenprofil. Die folgenden Ausführungen legen die Gesichtspunkte dar, nach denen die Tiefe von Bohrlöchern festgelegt werden sollte.

Besteht aus geologischen Gründen oder auf Grund der Ergebnisse von in der Nähe ausgeführten Bohrungen Gewißheit, daß der Baugrund für eine Gruppe von Bauwerken keine Ton- oder weichen Schluffschichten enthält, genügt es, den Untergrund auf der Baustelle jedes Gebäudes je nach Größe und Gewicht des Bauwerkes bis zu einer Tiefe von 6 bis 9 m unter der Gründungssohle zu untersuchen. Die Größe der durch die Gebäudegruppe überbauten Fläche braucht nicht berücksichtigt werden, weil jedes einzelne Gebäude sich annähernd so setzen wird, als wenn die anderen nicht vorhanden wären. Dies ist auf die Tatsache zurückzuführen, daß die Zusammendrückbarkeit von Sandschichten mit größer werdender Tiefe schnell abnimmt (Abschn. 18).

Wenn der Baugrund unter einer Gebäudegruppe dagegen weiche Schichten enthält, kann sich der Sitz der Setzungen in einer Tiefe befinden, die größer ist als die Breite der gesamten von den Gebäuden eingenommenen Fläche, weil selbst noch in 45 bis 60 m Tiefe eine geringe Zunahme des Druckes auf eine dicke, weiche Tonschicht eine Setzung von mehr als 30 cm erzeugen kann (Abschn. 55). Die Tiefe, bis zu der der Baugrund untersucht werden muß, hängt also in erster Linie von dem Fehlen oder dem Vorhandensein zusammendrückbarer Schichten, wie beispielsweise Ton oder plastischem Schluff ab.

Lassen die geologischen Verhältnisse auf der Baustelle vermuten, daß Ton- oder Schluffschichten in größerer Tiefe unter der Geländeoberfläche vorhanden sein können, oder liegen über die Baugrundverhältnisse keinerlei Angaben vor, sollte eine überschlägliche Berechnung der Größe und der Verteilung der durch die geplanten Bauwerke im Baugrund erzeugten Spannungen aufgestellt werden. Das Verfahren ist in Abschn. 35 beschrieben. Durch diese Berechnung kann die größte Tiefe t_{max} ermittelt werden, in der das Vorhandensein einer dicken Schicht von weichem Ton mit hoher Fließgrenze noch einen wesentlichen Einfluß auf die Setzungen hat. Die erste Bohrung sollte bis in diese Tiefe niedergebracht werden. Alle anderen Bohrungen und Baugrundsondierungen können in einer

Tiefe von etwa 3 m unter der Sohle der tiefsten Tonschicht, die bis zu der Tiefe t_{max} angetroffen wurde, abgebrochen werden. Nach diesem Verfahren sollte man vorgehen, ohne Rücksicht darauf, ob die Eigenschaften der oberen Baugrundschichten eine Einzelfundament-, Platten- oder Pfahlgründung erfordern.

Das folgende Beispiel zeigt die möglichen Folgen, die aus einer Nichtbeachtung des empfohlenen Verfahrens entstehen können. Auf der Oberfläche junger Meeresablagerungen war eine Gruppe von Fabrikgebäuden gegründet worden. Keins der Gebäude war über 12 m breit. Der Baugrund war durch Bohrungen bis in 27 m Tiefe erschlossen worden. Bis zu dieser Tiefe war ein allmählicher Übergang von weichen Schluffen, die an der Geländeoberfläche lagen, zu Sanden mit unterschiedlicher Dichte bis in über 20 m Tiefe vorhanden. Infolge der großen Zusammendrückbarkeit der oberen Schichten, hatte man sich entschlossen, die Bauwerke auf 21 bis 27,5 m lange Pfähle zu gründen. Zur Überraschung der mit der Bauausführung beauftragten Ingenieure, begannen die Gebäude sich während des Baues zu setzen und im Verlauf von drei Jahren nahmen die Setzungen auf über 60 cm zu. Nachträglich ausgeführte Untersuchungen zeigten, daß die Setzungen durch die Konsolidierung einer 9 m dicken, weichen Tonschicht hervorgerufen wurden, die in einer Tiefe von über 35 m unter der Geländeoberfläche anstand.

Wenn in geringerer Tiefe als t_{max} Fels angetroffen wird, muß der Verlauf der Felsoberfläche zumindest angenähert durch Sondierungen oder Bohrungen festgestellt werden, weil die Vertiefungen in derselben mit sehr zusammendrückbaren Ablagerungen ausgefüllt sein können, die nur in den tiefsten Bohrlöchern erbohrt werden. Die Unterlassung dieser Vorsichtsmaßnahme hat ebenfalls wiederholt große Setzungen verschuldet.

Die Ergebnisse der Untersuchungsbohrungen und Untergrundsondierungen sollten in einem Bericht zusammengefaßt werden, der die Feststellungen über die geologischen Verhältnisse der Baustelle, eine Liste der bodenphysikalischen Kennzahlen aller entnommener Bodenproben und eine Zusammenstellung der Ergebnisse der Untersuchungen mit der Standardsonde enthält. Auf Grund dieses Berichtes kann entschieden werden, ob weitere Untersuchungen über die relative Dichte und Durchlässigkeit der Sandschichten sowie über die Scherfestigkeit und die Zusammendrückbarkeit der Tonschichten erforderlich sind.

Die relative Dichte von Sandschichten. Die relative Dichte von Sandschichten hat einen ausschlaggebenden Einfluß auf den Winkel der inneren Reibung des Sandes (Abschn. 15), auf die Grenztragfähigkeit (Abschn. 29) und auf die Setzungen von auf Sand gegründeten Streifenfundamenten.

Wenn ein unterhalb des Wasserspiegels anstehender Sand sehr locker ist, kann eine plötzliche Erschütterung ihn vorübergehend in eine Suspension mit den Eigenschaften einer dicken viskosen Flüssigkeit verwandeln (s. Abschn. 17). Im dichten Zustand ist der gleiche Sand gegen Erschütterungen unempfindlich und als Baugrund für selbst sehr schwere Bauwerke durchaus geeignet. Aus diesem Grund ist die relative Dichte eines Sandes weitaus wichtiger als irgendeine seiner anderen Eigenschaften, vielleicht mit Ausnahme der Durchlässigkeit.

Ungefähre Angaben über die relative Dichte der in den Bohrungen angetroffenen Sandschichten können während der Ausführung der Untersuchungsbohrungen durch Untersuchungen mit der Standard-Sonde gewonnen werden (s. Abschn. 44), und zwar jeweils bei Entnahme einer Bodenprobe. In Anbetracht der ausschlaggebenden Bedeutung der relativen Dichte, sollte der Standard-Sondenversuch als wesentlicher Teil der Bohrarbeiten angesehen werden. In Tab. 10 ist die ungefähre Abhängigkeit zwischen der Anzahl der Schläge N pro 30 cm Eindringung und der relativen Dichte wiedergegeben.

Tabelle 10. Die relative Dichte von Sanden nach den Sondierergebnissen mit der Standard-Sonde (Standard Penetration Test)

Anzahl der Schläge N auf 30 cm Eindringung	relative Dichte
0– 4	sehr locker
4–10	locker
10–30	mittel
30–50	dicht
über 50	sehr dicht

In allen grob- bis feinkörnigen Sanden unterscheidet sich die Größe von N unterhalb des Wasserspiegels nicht wesentlich von derjenigen oberhalb desselben, es sei denn, daß auch die relative Dichte verschieden ist. Dagegen kann sich jedoch in einem sehr feinen oder schluffigen Sand mit einer wirksamen Korngröße zwischen 0,1 und 0,5 mm die Anzahl der Rammschläge pro 30 cm Eindringung eines Probenentnahmegerätes an der oberen Grenze der wassergesättigten Zone ändern. Wenn der Sand locker gelagert ist, nimmt die Schlagzahl unterhalb dieser Grenze ab; wenn er dicht ist, nimmt sie erheblich zu. Dies ist auf die relativ geringe Durchlässigkeit dieser Böden zurückzuführen. Da die Durchlässigkeit klein ist, ist der Scherwiderstand des Bodens, welcher der Eindringung des Entnahmegerätes entgegenwirkt, angenähert gleich der Scherfestigkeit nach dem schnellen Scherversuch mit Konsolidierung. Dieser Scherfestigkeitswert ist viel stärker von der relativen Dichte abhängig, als der Wert aus dem langsamen Scherversuch nach Abschn. 15.

Infolge des ungewöhnlich großen Eindringungswiderstandes eines mitteldichten, sehr feinen oder schluffigen, unterhalb des Grundwasserspiegels anstehenden Sandes, kann die relative Dichte eines solchen Materials überschätzt werden. Daher sollte man den Standard-Sondenversuch in solchen Böden durch zuverlässigere Verfahren, wie beispielsweise Probebelastungen auf der Sohle von Bohrlöchern mit großem Durchmesser, ergänzen.

Bei wichtigen Bauvorhaben sollten die aus dem Standard-Sondenversuch über die relative Dichte des Sandes erhaltenen Angaben durch weitere Untergrundsondierungen ergänzt werden. Diese Sondierungen liefern fortlaufende Berichte über die Änderung des Eindringungswiderstandes mit der Tiefe, wie sie in Abb. 120 und 124 dargestellt sind. Der Widerstand gegen die Eindringung einer Sonde in Sand, bzw. die für ein bestimmtes Eindringungsmaß erforderliche Energie, hängt jedoch nicht nur von der relativen Dichte des Sandes, sondern auch von den Abmessungen der Sondenspitze und des Gestänges und im gewissen Maß auch von der Form der Körner und der Kornzusammensetzung ab. Daher erfordert jedes neue Baugrundsondierverfahren und jede Anwendung des Verfahrens an einem Ort mit ungeklärten Baugrundverhältnissen eine Anzahl Eichversuche, welche die Unterlagen für die Auswertung der Sondierergebnisse liefern.

Eine näherungsweise Eichung kann dadurch erfolgen, daß eine Baugrundsondierung in der Nähe eines Bohrloches ausgeführt wird, in dem Standard-Sondierungen durchgeführt wurden. Mühsamer, aber auch zuverlässiger, sind Oberflächen-Probebelastungen in verschiedenen Tiefen nahe bei dem Ort einer Baugrundsondierung. Die Versuche werden mit einer Lastplatte von 1 Quadratfuß (929 cm^2) ausgeführt, die auf eine horizontal abgeglichene Oberfläche des Sandes aufgelegt wird. Bis zu einer Entfernung von 1 m vom Plattenrand darf sich kein Aushubmaterial und keine Auflast befinden. Die Abhängigkeit zwischen Belastung und Setzungen ist für auf verschiedenen, unterschiedlichen Sanden durchgeführte Probebelastungen in Abb. 128a dargestellt. Die Kurven 1 und 2 ergaben sich bei Versuchen auf sehr dichtem Sand, Kurve 4 auf Sand mittlerer Dichte und Kurve 5 auf lockerem Sand. Mit zunehmender relativer Dichte wächst die Tragfähigkeit stark und die Setzung nimmt für gleiche Belastungshöhen ab. Abb. 128a zeigt in Übereinstimmung mit den praktischen Erfahrungen und im Widerspruch zu einer weitverbreiteten Ansicht, daß die Korngröße keinen Einfluß auf die relative Dichte und die Tragfähigkeit eines Sandes hat.

Auf der rechten Seite der Abb. 124 sind die Ergebnisse von Probebelastungen aufgetragen, die für die Eichung der Spülsonde (Abb. 121c) ausgeführt wurden. Dieses Sondierverfahren wurde in Abschn. 44 beschrieben.

Auf Grund der Ergebnisse von Standard-Probebelastungen mit Lastplatten wie sie in Abb. 128a dargestellt sind, kann die relative Dichte mit Hilfe des in Abb. 128b aufgetragenen Diagrammes bestimmt werden. Zu diesem Zweck werden die bei den Eichversuchen erhaltenen Kurven in das Diagramm eingetragen. Jede Kurve entspricht einem bestimmten Sondierergebnis. Die Lage der Kurve in bezug auf die in der Abbildung wiedergegebenen Grenzen läßt auf die relative Dichte des durch die Sondierspitze untersuchten Sandes schließen.

Weit genauere Angaben über die relative Dichte von Sandschichten können durch Untersuchungen von ungestörten Proben, die nach dem Gefrier- oder dem Asphalt-Injektionsverfahren (Abschn. 44) entnommen sind, im Laboratorium erzielt werden. Alle Bohrungen für Probenentnahmen werden in der Nähe der Stellen angeordnet, wo vorher Baugrund-

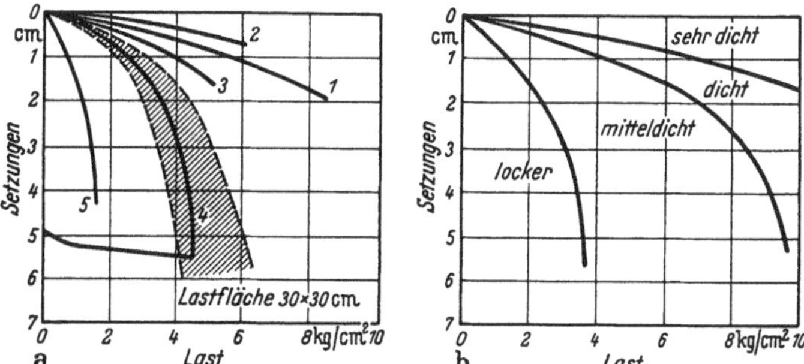

Abb. 128 a u. b. a) Last-Setzungsdiagramm für eine 30,5 × 30,5 cm große Lastplatte auf der Oberfläche eines Sandes. Kurve 1 für einen dichten, reinen Feinsand in einem Druckluftkasten in 7,9 m Tiefe unter Flußsohle; Kurve 2 für einen sehr dichten, sehr feinen Sand in einer offenen Baugrube in 7,9 m Tiefe unter Geländeoberfläche in Lynn, Mass.; Kurve 3 für einen feuchten Sand mittlerer Dichte, schichtweise von Hand verdichtet; Kurve 4 für einen mitteldichten Sand auf der Sohle eines 9 m tiefen Schachtes in der Houston Street, New-York. Die gestrichelte Fläche gibt den Bereich für die in 6 bis 18 m Tiefe erhaltenen Kurven an; Kurve 5 gilt für einen lockeren, reinen und sehr scharfen Grobsand in der Sohle einer offenen Baugrube bei Muskegon, Mich.; b) Diagramm zur Abschätzung der Lagerungsdichte von Sand auf Grund der Ergebnisse von Standard-Probebelastungen mit Platten von 30,5 × 30,5 cm Größe

sondierungen ausgeführt wurden. Durch den Vergleich der Versuchsergebnisse mit den entsprechenden Sondeneindringungswiderständen, erhält man die für eine zuverlässige Ausdeutung der Ergebnisse aller weiteren Baugrundsondierungen erforderlichen Werte. Die Fälle, bei denen eine so sorgfältige Arbeit notwendig ist, sind jedoch sehr selten.

Durchlässigkeit von Sandschichten. Zuverlässige Angaben über die Durchlässigkeit von Sandschichten können aus zwei Gründen benötigt werden. Es kann notwendig sein die Wassermenge zu ermitteln, die in eine Baugrube mit bestimmten Abmessungen bei einer bestimmten Lage des Wasserspiegels zufließt. Oder es kann erforderlich sein die Tiefe zu berechnen, bis zu der der Verheerdungsschlitz unter einem Staudamm auf durchlässigem Untergrund ausgeführt werden muß, um die Sickerverluste aus dem Stauraum auf eine vorgeschriebene Menge zu vermindern.

Die Zahlenwerte zur Ermittlung des Wasserzuflusses in eine Baugrube erhält man sehr bequem mit Hilfe von Pumpversuchen nach Abschn. 44. Die Versuchsergebnisse ermöglichen die Berechnung des mittleren Durchlässigkeitsbeiwertes des Baugrundes in horizontaler Richtung. Wenn dieser Beiwert einmal bekannt ist, können alle Fragen über den Wasserzufluß in die geplante Baugrube nach den Gesetzen der Hydraulik beantwortet werden. Erfordert das Bauvorhaben die Absenkung des Wasserspiegels durch Filterbrunnen (s. Abschn. 47), kann das Brunnensystem entworfen und eine Näherungsberechnung der Pumpenleistung aufgestellt werden, die erforderlich ist, um den Wasserspiegel während der Bauzeit unterhalb der Baugrubensohle zu halten.

Um Sickerströmungs- und Untergrundabdichtungsprobleme zu lösen, muß man nicht nur die mittlere Durchlässigkeit des Baugrundes ermitteln, sondern auch die Extremwerte für die Durchlässigkeit in den unterhalb und seitlich des Stauwerkes befindlichen Sandschichten. Dies kann nur mit Hilfe von Durchlässigkeitsversuchen mit ziemlich lückenlosen Folgen von Proben aus einer erheblichen Anzahl von Bohrungen geschehen. Auf die tatsächliche Durchführung der Versuche mit allen in das Laboratorium gesandten Proben wird man jedoch verzichten können, denn nachdem ein Versuchstechniker 15 oder 20 Durchlässigkeitsversuche mit Proben einer bestimmten Schicht ausgeführt hat, sollte er in der Lage sein, den Durchlässigkeitsbeiwert der anderen auf Grund ihrer Struktur und ihres Aussehens abzuschätzen. Wenn der Techniker erst einmal mit dem Material vertraut ist, werden nur noch gelegentliche Versuche zur Nachprüfung erforderlich sein.

Die Proben wurden aus 4″- bis 6″-Bohrlöchern (10 bis 15 cm Durchmesser) mit Probenentnahmegeräten entnommen, die mit einem Probenfänger nach Abb. 115e ausgerüstet sind. Vor der Versuchsdurchführung sollte jede Probe durchgeknetet werden, weil die Strömungsgeschwindigkeit durch eine ungestörte Probe rechtwinklig zu den Schichtflächen nicht von der mittleren Durchlässigkeit der Probe, sondern von derjenigen ihrer am wenigsten durchlässigen Teile abhängt. Die relative Dichte der durchgekneteten Probe wird wahrscheinlich von derjenigen des in der Natur anstehenden Sandes abweichen. Weiterhin wird die Temperatur im Laboratorium wahrscheinlich höher als die des Grundwassers sein. Wenn der k-Wert natürlicher Sandschichten berechnet werden soll, muß daher der Einfluß von Temperaturabweichungen und von Unterschieden der relativen Dichte berücksichtigt werden. Die erforderlichen Hilfswerte können aus Abschn. 11 entnommen werden.

In Anbetracht der technischen Schwierigkeiten, die mit der Probenentnahme aus kohäsionslosen Erdstoffen verbunden sind, ist es fast unvermeidlich, daß aus einigen Teilen der Sandschichten überhaupt keine Proben gewonnen werden können. Diese Lücken in den Probenfolgen können zu erheblichen Fehlern in der Abschätzung der Durchlässigkeit der Schicht führen. Das Durchkneten der Proben im Laboratorium bringt eine weitere Fehlerquelle in die Berechnung. Wenn ein Teil der Sandschicht unterhalb des Wasserspiegels liegt, sollten die Ergebnisse der Laboratoriumsuntersuchungen daher durch diejenigen von Pumpversuchen überprüft werden. Sind die Abweichungen groß, sollte der aus dem Laboratoriumsversuch gewonnene Durchlässigkeitsbeiwert verbessert werden.

Es ist verschiedentlich versucht worden, die Durchlässigkeit von über dem Wasserspiegel anstehenden Sandschichten auf Grund der Wassermenge zu berechnen, die aus Bohrlöchern durch die Öffnungen von Filterrohren in den umgebenden Boden abströmt. Dieses Verfahren ist nicht zu empfehlen, weil sich die Bildung einer Filterhaut an der Eintrittsfläche kaum vermeiden läßt.

Die Ergebnisse von Durchlässigkeitsversuchen und -berechnungen werden in Form von Durchlässigkeitsprofilen nach Abb. 126 dargestellt [*45.1*, *45.2*].

In Abschn. 11 war ausgeführt worden, daß der mittlere Durchlässigkeitsbeiwert k_{II} natürlicher Bodenschichten in rechtwinklig zu den Schichtflächen verlaufenden Richtungen stets kleiner, im allgemeinen

Abb. 129. Dünne Schluffstreifen in einem gleichkörnigen Mittelsand. Das Vorhandensein dieser Streifen konnte durch die üblichen Untersuchungsbohrungen nicht festgestellt werden. Trotzdem vermindern sie die Durchlässigkeit der Sandschicht in vertikaler Richtung auf einen geringen Bruchteil derjenigen in den horizontalen Richtungen

sogar weitaus kleiner ist, als der entsprechende Beiwert k_I in parallel zu diesen Flächen verlaufenden Richtungen. Die Ergebnisse sowohl von Pump- als auch von Durchlässigkeitsversuchen liefern nur Werte über k_I. Eine Abschätzung von k_{II} geht notwendigerweise von der Annahme aus, daß die Durchlässigkeit der Sandschicht an jedem Punkt jedes Schnittes parallel zu den Schichtflächen die gleiche ist. Diese Voraussetzung ist sehr selten erfüllt. Daher ist es nicht einmal zulässig, das Verhältnis k_I/k_{II} auf Grund der Ergebnisse von zwei Reihen von Durchlässigkeitsversuchen zu ermitteln, bei denen das Wasser in einer derselben parallel zur Schichtung der Proben und in der anderen rechtwinklig dazu fließt. Ferner sind die Bodenproben niemals vollkommen lückenlos entnommen. Eine einzige dünne Schluffschicht, die sich zwischen zwei benachbarten Sandproben befindet, hebt die Gültigkeit der Berechnung von k_{II} auf. Das Vorhandensein solcher Schluffhorizonte ist nicht selten (s. Abb. 129).

Das einzige Verfahren, das unter günstigen Voraussetzungen die Ermittlung des Verhältnisses von k_I/k_{II} gestattet, besteht darin, unter einer großen Geländeoberfläche den Wasserspiegel durch Pumpen aus mehreren Brunnen abzusenken, ein Stromliniennetz auf Grund der Ergebnisse von Standrohrablesungen an einer großen Anzahl von Punkten innerhalb der Sandschicht, durch welche das Wasser nach den Brunnen strömt, zu konstruieren, und dieses empirische Stromliniennetz mit einem theoretischen zu vergleichen, das auf Grund der Annahme $k_I/k_{II} = 1$ konstruiert ist [*45.3*]. Dieses Verfahren geht von den gleichen Grundlagen aus, wie das Verfahren zur Konstruktion von Stromliniennetzen in einer geschichteten Sandablagerung mit einem bekannten Verhältniswert k_I/k_{II} (s. Abschn. 39). Unter normalen Verhältnissen ist dieses Verfahren sehr aufwendig und mühsam. Glücklicherweise werden genaue Angaben über die Größe von k_I/k_{II} selten benötigt.

Scherfestigkeit von weichen Tonschichten. Wenn auf einer Baustelle, auf der Tonböden vorhanden sind, die Untersuchung der Standsicherheit von Böschungen erforderlich ist, oder die Berechnung des seitlichen Druckes gegen die Aussteifung von Baugruben oder eine Ermittlung der Grenztragfähigkeit von Einzel-, Streifen- oder Plattenfundamenten, muß die Scherfestigkeit des Tones festgestellt werden. In Abschn. 15 ist darauf hingewiesen worden, daß die Scherfestigkeit der Tone im Feld annähernd halb so groß wie die Zylinderdruckfestigkeit q_u von Rohrproben ist, die mit dünnwandigen Probenentnahmerohren entnommen sind, welche schnell in den Boden eingedrückt wurden. Die Zylinderdruckfestigkeit von homogenen Tonschichten nimmt im allgemeinen etwas mit der Tiefe unter der Geländeoberfläche zu; es gibt jedoch viele Ausnahmen von dieser Regel.

Beim Bohren der Untersuchungsbohrlöcher kann die Scherfestigkeit des Tons mit Hilfe der Ergebnisse von Standardsondenversuchen roh abgeschätzt werden. Die angenäherte Abhängigkeit zwischen der Zylinderdruckfestigkeit und der Anzahl der Rammschläge auf 30 cm Eindringung der Sonde ist aus Tab. 11 zu ersehen. Für jede Anzahl von Schlägen auf 30 cm Eindringung ergibt sich jedoch eine breite Streuung der entsprechenden Werte q_u. Deshalb sollten stets Zylinderdruckversuche mit ungestörten Proben ausgeführt werden. Auch die anderen, in Tab. 5 aufgeführten Routine-Untersuchungen müssen mit den entnommenen Proben durchgeführt werden, weil ihre Ergebnisse notwendig sind, um den Ton mit anderen, früher bei ähnlichen Bauvorhaben angetroffenen Tonen vergleichen zu können. Die durch Zylinderdruckversuche erhaltenen q_u-Werte sind im allgemeinen etwas zu niedrig, weil die mit dem Entnahmegerät entnommenen Proben mehr oder weniger gestört sind. Alle für wichtige Bauvorhaben erforderlichen weiteren Untersuchungen hängen von den Eigenschaften des Baugrundprofils ab.

Tabelle 11. Beziehung zwischen der Konsistenz, der Anzahl der Rammschläge N auf 30 cm Eindringung der Standard-Rammsonde und der Zylinderdruckfestigkeit bei Tonen

Konsistenz	sehr weich	weich	mittel	steif	sehr steif	hart
N	< 2	2–4	4–8	8–15	15–30	> 30
q_u (kg/cm²)	$< 0{,}25$	0,25–0,5	0,5–1,0	1–2	2–4	> 4

Wenn der Baugrundaufbau einfach und regelmäßig ist, kann die mittlere Scherfestigkeit der Tonschichten im allgemeinen auf Grund der Ergebnisse von Laboratoriumsversuchen ermittelt werden. Die Proben werden mit Hilfe von Rohrprobenentnahmegeräten nach Abschn. 44 entnommen, die fortlaufende Proben von 2″ (5 cm) Durchmesser liefern. Um möglichst zuverlässige Mittelwerte zu erhalten, sollte der Abstand zwischen den Bohrungen nicht größer als 30 m sein. Wenn im voraus bekannt ist, daß der Baugrundaufbau ziemlich regelmäßig ist und daß Rohrprobenbohrungen erforderlich sind, werden zusammenhängende Proben in allen denjenigen Abschnitten der Untersuchungsbohrung entnommen, die innerhalb der Tonschichten liegen. In den zwischen den Tonschichten befindlichen Abschnitten werden gestörte Proben aus der Bohrschappe entnommen und Standard-Sondenversuche ausgeführt. Diese Kombination ist durchführbar, weil das Rohr-Probenentnahmeverfahren keine Bohrrohre größeren Durchmessers erfordert, als diejenigen, mit denen die Untersuchungsbohrlöcher verrohrt worden sind.

Die Proben werden in verschlossenen Rohren in das Laboratorium geschickt. Am besten werden alle Tonproben eines Bohrloches in der Reihenfolge untersucht, in der sie im Bohrloch der Entnahmetiefe nach aufeinander folgen. Die Probenrohre sind gewöhnlich 75 bis 90 cm lang. Sie werden mit einer Eisensäge, Bandsäge oder einer Motor-Schleifscheibe in 15 cm lange Abschnitte geschnitten. Die Bodenprobe selbst wird mit einer Drahtsäge durchgeschnitten und dann mit einer Ausdrückmaschine hydraulisch aus dem Stutzen herausgedrückt.

Wenn der oberste Teil der Tonprobe relativ ungestört zu sein scheint, wird er einem Zylinderdruckversuch unterworfen, zuerst in seinem natürlichen Zustand und dann bei demselben Wassergehalt im vollständig durchgekneteten Zustand. Das Verhältnis zwischen den beiden Druckfestigkeitswerten ist ein Maß für die Sensitivität des Tones (vgl. Abschn. 8). Nach dieser Untersuchung wird die Probe der Länge nach in 2 Teile geteilt. Die eine Hälfte wird für eine Wassergehaltsbestimmung verwendet und die andere in einem luftdicht verschließbaren Behälter aufbewahrt. Dieselbe Versuchsfolge ist bei den weiteren Untersuchungsarbeiten durchzuführen, sobald eine Probe angetroffen wird, die hinsichtlich der Konsistenz, der Farbe oder des allgemeinen Aussehens auffallend von ihren Vorgängern abweicht. Eine Änderung der Konsistenz macht sich in einer deutlichen Änderung des Widerstandes des Tons gegen eine Verformung zwischen den Fingern bemerkbar. Die obersten Proben in jedem Rohr können bedeutend stärker gestört sein als die anderen. Wenn dies der Fall ist, sollten die Zylinderdruckversuche mit einer der anderen, weniger gestörten Proben durchgeführt werden.

Die auf die oberste folgenden Proben werden der Länge nach aufgespalten. Die eine Gesamthälfte wird für eine Wassergehaltsbestimmung verwendet. Die andere Hälfte sollte in einer möglichst feuchten Atmosphäre mit der ebenen Fläche nach oben aufbewahrt werden, wodurch sie allmählich auszutrocknen beginnt. Mit fortschreitender Austrocknung werden die Einzelheiten der Feinschichtung deutlich erkennbar. In diesem Zustand sollten die Schichtungseinzelheiten aufgezeichnet werden, die Farbe und die mittlere Dicke der einzelnen Schichten, die Deutlichkeit ihrer Ausbildung und andere sichtbare Merkmale. Die Protokolle werden später für eine allgemeine Beschreibung der Merkmale der Feinschichtung des Tons verwendet. Einige repräsentative Proben werden photographiert.

Die folgenden 15 cm langen Abschnitte werden ebenfalls ausschließlich für die Wassergehaltsbestimmung und die visuelle Überprüfung verwendet. Wenn fünf oder sechs Proben in dieser Weise geprüft worden sind, ohne daß eine auffallende Veränderung zu bemerken war, wird der nächste Abschnitt einem Zylinderdruckversuch im natürlichen Zustand sowie der Wassergehaltsbestimmung unterworfen. Dieses Verfahren wird solange fortgesetzt, bis eine Probe, die erheblich von den vorhergehenden abweicht, angetroffen wird. Diese Probe wird denselben Versuchen unterzogen wie die allererste, worauf das übliche Verfahren wieder aufgenommen wird.

Nachdem alle Versuche mit den Proben eines Bohrloches durchgeführt worden sind, werden von denjenigen repräsentativen Proben, die dem Zylinderdruckversuch sowohl im natürlichen als auch im durchgekneteten Zustand unterzogen worden sind, die Konsistenzgrenzen nach Atterberg ermittelt. Die Versuchsergebnisse werden in Diagrammen dargestellt, wie sie in Abb. 127 wiedergegeben sind. Die Diagramme sollten durch kurze Beschreibungen der Merkmale der Feinschichtung des Tones ergänzt werden (in der Abbildung nicht wiedergegeben).

Wenn die Untersuchung für die Ermittlung des Sicherheitsgrades von Böschungen gegen Rutschen oder die Gefahr des Ausfließens von Aufschüttungen durchgeführt wird, ist die Kenntnis der Einzelheiten der Feinschichtung mindestens ebenso wichtig wie diejenigen der Festigkeit des Tons, weil der größte Teil der möglichen Rutschflächen innerhalb einer oder mehrerer Feinsand- oder Grobschluffhorizonte und nicht im Ton verläuft. In solchen Fällen sollte eine eingehende und mit zeichnerischen Darstellungen versehene Beschreibung der Beschaffenheit der Feinschichtung aufgestellt werden. Einige typische Proben des gebänderten Materials sollten für weitere Untersuchungen aufbewahrt werden. Diese Untersuchungen bestehen in der Ermittlung des natürlichen Wassergehaltes und der Konsistenzgrenzen nach ATTERBERG für jede der feinen Schichten, aus welchen die Probe zusammengesetzt ist. In Abb. 130 sind die Ergebnisse einer solchen Untersuchung dargestellt.

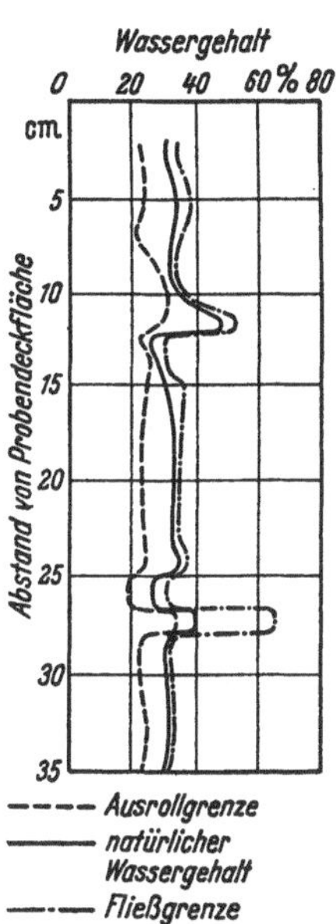

Abb. 130. Diagramm über die Schwankungen bodenphysikalischer Kennzahlen innerhalb einer 30 cm dikken Diluvialtonschicht (nach A. CASAGRANDE)

In jedem Fall sollte die Möglichkeit wahrgenommen werden, den Grad der Störung der Rohrproben festzustellen, wie in Abschn. 44 beschrieben wurde.

Alle vorstehenden Ausführungen beziehen sich auf die Untersuchung annähernd homogener Tonschichten. Wenn die im Baugrund vorhandenen Tonschichten unterschiedliche Mächtigkeiten und Konsistenzen besitzen, muß das Untersuchungsverfahren entsprechend abgewandelt werden. Anstatt sich auf bodenphysikalische Untersuchungen zu konzentrieren, sollte man sich bemühen, den Verlauf der oberen und unteren Grenzen der Tonschichten festzustellen und die weichsten und härtesten Teile dieser Schichten aufzufinden. Das zweckmäßigste Verfahren zur Ermittlung dieser Angaben besteht in der Ausführung zahlreicher Baugrundsondierungen, die durch Untersuchungsbohrungen ergänzt werden. Nachdem die Ergebnisse dieser Untersuchungen zusammengestellt sind, werden zwei oder drei Bohrungen mit Rohrprobenentnahmen ausgeführt. Diese Bohrungen sollten an der besten und der schlechtesten Stelle des Baugeländes angesetzt werden. In denjenigen Schichten, die sich zwischen den Tonschichten befinden, werden Schappenproben entnommen und Standardsondenversuche ausgeführt, während innerhalb der Tonschichten zusammenhängende Rohrproben gezogen werden. In Abb. 131 ist eine derartige Bohrung dargestellt. Die Bohrung wurde in einer uneinheitlichen Küstenablagerung auf einer der Böschungen eines versunkenen Tales ausgeführt. Links ist ein Auszug aus dem Schichtenverzeichnis des Bohrmeisters abgebildet. Das erste Diagramm gibt die Ergebnisse einer Baugrundsondierung wieder, die in geringer Entfernung vom Bohrloch

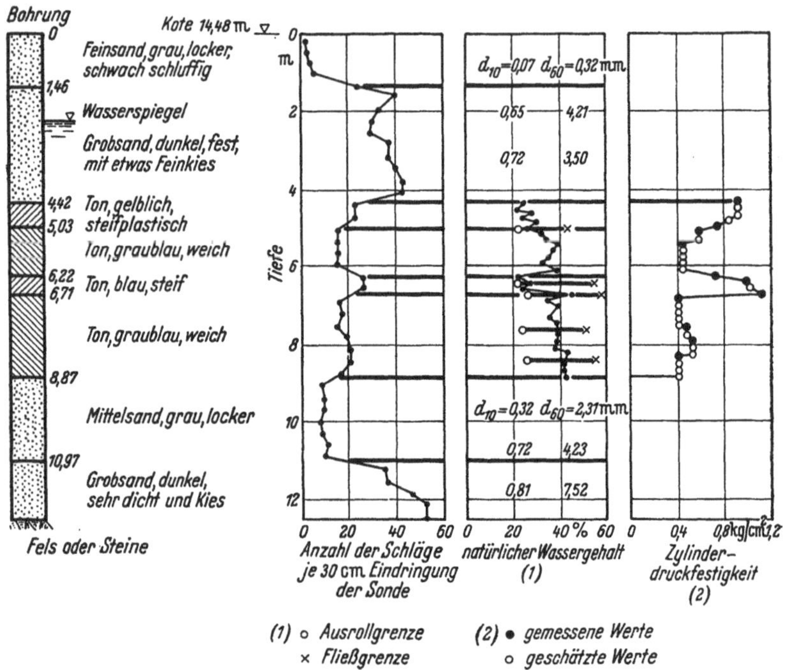

Abb. 131. Schichtenprofil, Sondierdiagramm und bodenphysikalische Kennzahlen von Proben aus einer Bohrung in einer uneinheitlichen Küstenablagerung

ausgeführt wurde. Die letzten beiden Diagramme enthalten die Ergebnisse der bodenphysikalischen Untersuchungen.

In Abb. 132 sind die Ergebnisse einer systematischen Überprüfung der Zylinderdruckfestigkeit einer diluvialen Tonablagerung mit einer an der Grenze zwischen regel- und unregelmäßig liegenden Struktur dargestellt. Die einzelnen Tonschichten waren nicht homogen genug, um die Festsetzung allgemeingültiger Mittelwerte für ihre physikalischen Eigenschaften zu gestatten. Das Bauvorhaben erforderte jedoch allgemeine Unterlagen über die Druckfestigkeit des Tons und die Abweichungen derselben sowohl in horizontaler als auch in vertikaler Richtung. Um diese Forderung zu erfüllen, wurden in Abständen von 60 m Bohrungen mit Rohrprobenentnahmen niedergebracht und die aus diesen

Bohrungen entnommenen Proben denselben Versuchen unterzogen, wie sie mit den zusammenhängenden Kernen aus den homogenen Schichten durchgeführt wurden. Die späteren Tunnelarbeiten zeigten, daß die Profile tatsächlich die allgemeinen Eigenschaften der in den verschiedenen

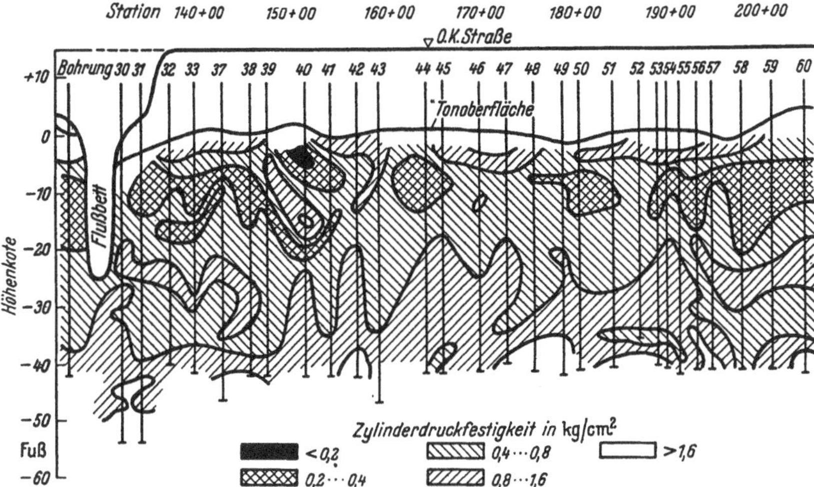

Abb. 132. Darstellung der Streuung der Zylinderdruckfestigkeit bei einer etwas uneinheitlichen diluvialen Tonablagerung in Chicago

Tunnelabschnitten angetroffenen Tonschichten wiedergaben. Wie zu erwarten war, traten zwischen den Bohrlöchern erhebliche Abweichungen der Eigenschaften des Tons vom Mittelwert auf, die während der Bauausführung eine ununterbrochene Aufmerksamkeit erforderten. Eine eingehendere Baugrunduntersuchung wäre jedoch undurchführbar und unwirtschaftlich gewesen [*45.4*].

Zusammendrückbarkeit von Tonschichten. Die Zusammendrückbarkeit von Tonschichten ist als Ursache sowohl der langanhaltenden Setzungen als auch der Verzögerung der Zunahme der Scherfestigkeit bei einer Belastung von besonderer Bedeutung. Ganz abgesehen davon, welche praktischen Folgen die Zusammendrückbarkeit hat, ihre Auswirkungen lassen sich nur voraussagen, wenn die Tonschichten nicht unterbrochen und annähernd homogen sind.

Wenn der Baugrund eine nicht unterbrochene und ziemlich homogene Tonschicht enthält, sind die Setzungen der Oberfläche infolge von Auflasten an jedem Punkt annähernd proportional dem mittleren Druck, den die Lasten unter diesem Punkt im Ton hervorrufen. Die Größe und Verteilung des Druckes im Ton können mit Hilfe der in Abschn. **35** beschriebenen Verfahren berechnet werden. Auf Grund der Ergebnisse der

Berechnungen und der bodenphysikalischen Untersuchungen können die durch die Belastung erzeugten Setzungen errechnet und die Kurven gleicher Setzungen konstruiert werden.

Bei untergeordneten Bauaufgaben werden bei Gründungen auf homogenen Tonschichten nur Baugrunduntersuchungen in Form der üblichen Untersuchungen von Schappenproben erforderlich. Bei Tonen schließen diese Versuche die Ermittlung der Fließgrenze ein. Die statistische Abhängigkeit zwischen der Fließgrenze und der Steifezahl ist durch Gl. (13.11) angegeben. Für einen normal vorbelasteten Ton durchschnittlicher Sensitivität ist der nach dieser Gleichung erhaltene Wert für die meisten praktischen Zwecke genau genug. Wenn der Ton jedoch übersensitiv ist, ist der genaue Wert für C_c in der Regel höher als der berechnete, und wenn er vorverdichtet ist, ist der genaue Wert erheblich niedriger. Der Sensitivitätsgrad ist durch den Einfluß der Durchknetung auf die Druckfestigkeit der Schappenproben gekennzeichnet. Ob eine Vorbelastung vorhanden war, läßt sich gewöhnlich aus den geologischen Verhältnissen der Baustelle erkennen.

Bei wichtigen Bauvorhaben, die genaue Setzungsvoraussagen erfordern, sind zusätzliche Untersuchungen notwendig. Diese bestehen vor allem aus Bohrungen mit Entnahme von Rohrproben, die keinen größeren Abstand als 30 m voneinander haben dürfen. Die aus diesen Bohrungen fortlaufend entnommenen Proben werden denselben Untersuchungen unterworfen, wie dies für die Untersuchung der Scherfestigkeit homogener Tonschichten beschrieben wurde. Die Zylinderdruckfestigkeitsuntersuchungen brauchen jedoch nur mit repräsentativen Proben aus einem Bohrloch durchgeführt werden, um zuverlässige Angaben über die Sensitivität des Tons zu erhalten.

Nachdem die Wassergehaltsdiagramme nach Abb. 127a für alle Bohrungen aufgetragen worden sind, wird eine repräsentative Bohrung ausgewählt. Neben dieser Bohrung wird eine weitere für die Entnahme ungestörter Bodenproben ausgeführt, aus der Proben mit mindestens 10 cm Durchmesser für Kompressionsversuche entnommen werden sollen.

In Anbetracht des großen Zeitbedarfs und Arbeitsumfanges, die mit der Durchführung von Kompressionsversuchen verbunden sind, müssen diese Versuche auf nur 10 bis 15 Proben beschränkt werden. Die physikalischen Eigenschaften des Tons werden jedoch selbst in einer relativ homogenen Tonschicht von Punkt zu Punkt in der Regel erhebliche Unterschiede aufweisen. Infolgedessen läßt sich das Setzungsverhalten eines belasteten Tons mit tragbaren Aufwendungen nur auf Grund statistischer Beziehungen zwischen der Zusammendrückbarkeit und anderen bodenphysikalischen Eigenschaften des Tons ermitteln.

Von allen in Tab. 5 als Routine-Versuche mit Ton aufgeführten Untersuchungen ist die billigste und allgemein übliche die Wassergehaltsbestimmung. Gerade der natürliche Wassergehalt steht in einer engeren Beziehung zu der Zusammendrückbarkeit der einzelnen Teile einer Tonschicht als jede andere bodenphysikalische Kennzahl. Daher kann die Berechnung der mittleren Zusammendrückbarkeit einer Tonschicht am besten auf Grund der statistischen Beziehung zwischen dem natürlichen Wassergehalt und der Zusammendrückbarkeit der einzelnen Teile der Schicht erfolgen.

Die Setzung infolge der Konsolidierung einer normal vorbelasteten Tonschicht mit einer durchschnittlichen Porenziffer ε_0 hängt vom Kompressionsbeiwert C_c des Tons ab, vorausgesetzt, daß alle anderen Bedingungen gleich sind. Erfahrungen haben gezeigt, daß die Beziehung zwischen dem natürlichen Wassergehalt und dem Kompressionsverhältnis $C_c/(1 + \varepsilon_0)$ für solche Tone angenähert durch eine lineare Gleichung dargestellt werden kann. Um diese Gesetzmäßigkeit ausnützen zu können, werden Kompressionsversuche mit Tonproben durchgeführt und die Werte für $C_c/(1 + \varepsilon_0)$ in Abhängigkeit vom natürlichen Wassergehalt aufgetragen. Ein solches Diagramm ist in Abb. 133 wiedergegeben. Alle, die Versuchsergebnisse darstellende Punkte, liegen nahezu auf einer geraden Linie. Der vertikale Abstand zwischen den gestrichelten Linien gibt die Streuung der Werte $C_c/(1 + \varepsilon_0)$ gegenüber dem Mittelwert bei dem entsprechenden natürlichen Wassergehalt an.

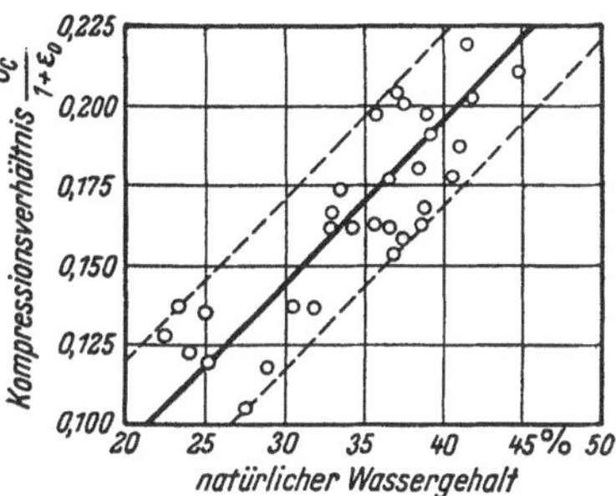

Abb. 133. Statistische Abhängigkeit zwischen dem natürlichen Wassergehalt und dem Kompressionsverhältnis bei Tonproben aus einer Bohrung in Boston, Mass. (nach R. E. FADUM)

Nachdem die Beziehung zwischen dem Kompressionsbeiwert und dem natürlichen Wassergehalt ermittelt worden ist, besteht der nächste Schritt darin, diese Abhängigkeit für die Ermittlung der Kompressionsbeiwerte aus den natürlichen Wassergehalten bei allen untersuchten 2″-Rohrproben auszunützen. Schließlich ist der Mittelwert von $C_c/(1 + \varepsilon_0)$ durch ein geeignetes rechnerisches oder zeichnerisches Verfahren zu bestimmen. Dieser Wert kann unmittelbar in Gl. (13.8) zur Berechnung der Setzungen eingesetzt werden.

Wenn ein Ton vorverdichtet ist, kann Gl. (13.8) nicht benutzt werden. Das Setzungsberechnungsverfahren muß in diesem Fall den Konsolidierungsverhältnissen des Tones besonders angepaßt werden. Trotzdem ist, gleich welches Verfahren angewandt wird, eine genaue Setzungsvoraussage im allgemeinen nicht durchführbar. Die Gründe hierfür sind im Abschn. 13 dargelegt.

Aus Abb. 194 ist der Genauigkeitsgrad zu erkennen, der bei der Berechnung der Verteilung der Setzungen innerhalb der Grundfläche eines über einer annähernd homogenen Tonschicht gegründeten Gebäudes erreicht werden kann. Die wirkliche Verteilung der Setzungen ist links und die berechnete rechts dargestellt. Das Bauwerk selbst ist zwar gegliedert, jedoch symmetrisch. Derartige Ergebnisse lassen sich, wenn der Baugrundaufbau unter einem Gebäude uneinheitlich ist, nicht erzielen, weil die Bauwerkssetzungen auf einem solchen Baugrund nicht nur von der

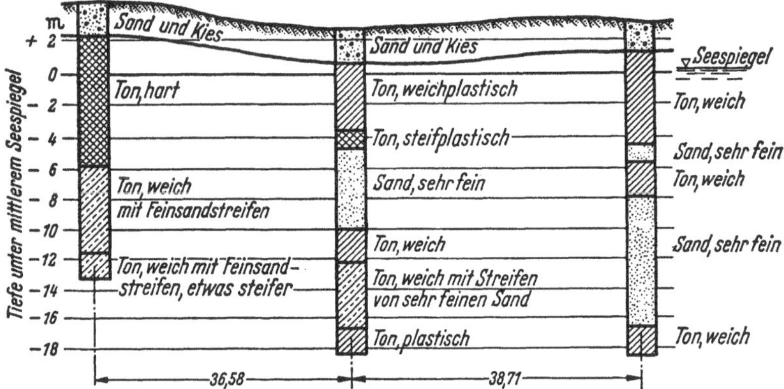

Abb. 134. Unregelmäßige Küstenablagerung am Erie-See bei Cleveland

Größe und Verteilung der Lasten sondern auch von den Unterschieden in der Zusammendrückbarkeit des Baugrundes in den horizontalen Richtungen abhängt. Außerdem wird der Setzungsverlauf davon beeinflußt, inwieweit die im Baugrund eingeschlossenen Schichten und Linsen von kohäsionslosen Erdstoffen auf größere Strecken durchgehen oder ob sie allseitig eingeschlossene Linsen darstellen. Infolgedessen können sich die Verhältnisse von Meter zu Meter ändern. Abb. 134 zeigt ein solches Profil. Es gibt die Ergebnisse von Untersuchungsbohrungen in einer regellosen Küstenablagerung an der Küste des Erie-Sees wieder. Hier waren über 100 Bohrungen ausgeführt worden, deren Abstand nicht mehr als 30 m betrug. Trotzdem ließen die Bohrprotokolle nicht erkennen, ob die in den Bohrungen angetroffenen Tonschichten durchgehend vorhanden sind oder nicht.

Wenn der Baugrund unter einem geplanten Bauwerk sehr unregelmäßig aufgebaut ist, sind das Niederbringen von Bohrungen für die Entnahme ungestörter Proben und die Durchführung sehr eingehender Baugrunduntersuchungen fehl am Platze. Bei diesen Verhältnissen lassen sich Angaben über den Baugrund von weit größerem praktischem Wert durch eine ausreichende Anzahl von Baugrundsondierungen gewinnen, die durch Untersuchungsbohrungen ergänzt werden. Die Ergebnisse derartiger Untersuchungen geben zumindest über die örtliche Lage der weichsten und der härtesten Stellen unter der Sohle eines Bauwerkes Aufschluß. An zwei oder drei Punkten können Bohrungen mit Entnahmerohren ausgeführt werden, um Angaben über die Einzelheiten der Feinschichtung und die Sensitivität des Tons, der in den Untersuchungsbohrungen angetroffen worden war, zu gewinnen. Der Größtwert der Setzungen wird überschläglich auf Grund der statistischen Beziehung zwischen der Fließgrenze und dem Kompressionsbeiwert C_c errechnet. Zur Beurteilung der Frage, ob das geplante Bauwerk den ermittelten Setzungsbetrag aufnehmen kann oder nicht, muß der horizontale Abstand zwischen den weichsten und den härtesten Stellen des Untergrundes in Betracht gezogen werden. Selbst die Ergebnisse von sehr eingehenden Baugrunduntersuchungen würden kaum etwas zu den Angaben hinzufügen können, die durch das hier empfohlene Verfahren erzielt werden.

Zusammenfassung über die Verfahren für die Baugrunduntersuchung. Nach den obigen Ausführungen, umfaßt eine Baugrunduntersuchung mehrere aufeinanderfolgende Abschnitte. Der erste besteht darin, Tiefe und Abstand der Untersuchungsbohrungen festzulegen. Wenn das geplante Bauwerk ein Hochbau ist, ist es üblich, etwa 1 Bohrloch für je 250 m^2 überbaute Fläche zu rechnen. Wenn eine Staumauer zu errichten oder ein offener Einschnitt herzustellen ist, wird man wenigstens ein Bohrloch auf je 30 m Mauer- oder Einschnittlänge niederbringen. Diese Regeln gründen sich jedoch mehr auf Überlieferungen als auf klare Überlegungen. Wenn der Baugrund sehr uneinheitlich ist, lassen sich im allgemeinen wertvollere Angaben in kürzerer Zeit und mit geringerem Aufwand dadurch erzielen, daß die Untersuchungsbohrungen durch Untergrundsondierungen ergänzt werden.

Die Tiefe, bis zu der die Untersuchungsbohrungen heruntergeführt werden sollten, hängt davon ab, ob der Baugrund weiche Tonschichten enthalten kann. Wenn die örtlichen geologischen Verhältnisse oder die Ergebnisse früherer benachbarter Untersuchungsbohrungen diese Möglichkeit ausschließen, brauchen die Bohrlöcher nicht tiefer als 6 bis 9 m unter Gründungssohle abgeteuft werden. Wenn der Baugrund dagegen Schichten von weichem Ton in unbekannter Tiefe enthalten kann, läßt sich eine zuverlässige Entscheidung über die Mindesttiefe der Untersuchungsbohrungen nur auf Grund der Ergebnisse einer überschläglichen Berechnung der größten Tiefe treffen, bis zu der das Vorhandensein von Tonschichten noch einen merklichen Einfluß auf die Errichtung des geplanten Bauwerkes hat. Die anschließenden Untersuchungen hängen von der Größe des Bauvorhabens, der Art der mit dem Entwurf verbundenen Probleme und von den Baugrundverhältnissen ab.

Bei den üblichen Bauvorhaben, wie beispielsweise bei den Gründungen gewöhnlicher Gebäude oder Brücken, werden außer den Routineversuchen mit Schappenproben (s. Tab. 5) keine weiteren Untersuchungen notwendig sein. Große oder ungewöhnliche Bauaufgaben können eine oder mehrere der vorstehend beschriebenen Ergänzungsuntersuchungen erfordern. Nachdem die Ergebnisse dieser Untersuchungen gesichtet worden sind, muß darüber entschieden werden, ob die aus den erhaltenen Werten gezogenen Schlußfolgerungen als endgültig betrachtet werden können oder ob die verbliebenen Unsicherheiten die Durchführung von Beobachtungen während der Bauzeit erfordern. In Anbetracht der bedeutenden praktischen Folgen, welche diese Unsicherheiten nach sich ziehen können, sind sie am Ende dieses Abschnittes eingehend behandelt.

Die vorstehende Übersicht über die durchzuführende Maßnahme zeigt, daß die Baugrunderkundung selten eine einfache Angelegenheit ist, die nur eine gewissenhafte Anwendung einer Reihe von feststehenden und exakten Regeln erfordert. Wenn der die Untersuchung durchführende Ingenieur nicht über ein reifes Urteilsvermögen und über reiche praktische Erfahrungen auf diesem Gebiet verfügt, können große Zeit- und Geldverluste eintreten.

Bei jedem Stand der Untersuchungsarbeiten ist eine gründliche Kenntnis der Geologie der Sedimente und anderer nicht verfestigter Massen von unschätzbarem Wert, weil die tatsächlichen Feststellungen sich immer nur auf die Baugrundverhältnisse in vertikalen, weit auseinanderliegenden Linien beschränken. In Abschn. 43 ist schon erwähnt worden, daß eine Interpolation und das Abschätzen der möglichen Streuung zu großen Fehlern führen können, sofern der Untersuchende nicht über eine ziemlich klare Vorstellung vom Aufbau des zu untersuchenden Bodenkörpers verfügt. Weiterhin sind Kenntnisse über die geologischen Verhältnisse des gesamten Gebietes notwendig, um entscheiden zu können, ob Tonschichten unter der Baustelle jemals größeren Belastungen als in der Gegenwart ausgesetzt gewesen sind, und falls dies der Fall war, um sich eine Vorstellung von der Größe der Vorbelastungen machen zu können.

Je ausgedehnter das Bauvorhaben ist, um so notwendiger ist es, die Ergebnisse der Baugrunduntersuchungen durch Angaben aus rein geologischen Quellen zu ergänzen, weil eine ins Einzelne gehende genaue Ermittlung der Baugrundverhältnisse bei großen Bauvorhaben in der Regel physikalisch unmöglich ist.

Widersprüche zwischen den tatsächlichen Verhältnissen und den auf Grund der Ergebnisse der Baugrunduntersuchungen getroffenen Annahmen. Die Ergebnisse der Baugrunduntersuchungen finden schließlich bei jedem Bauvorhaben, gleich ob groß oder klein, in einer Reihe von Annahmen ihren Niederschlag, die die Grundlage für den Entwurf bilden. Zu den Überlegungen und Maßnahmen, die zu diesem Endergebnis führen, gehören verschiedene Interpolationen und Korrelationen, die sich auf statistische Abhängigkeiten gründen. Daher weichen die Annahmen immer in einem gewissen Maß von der Wirklichkeit ab. Die Bedeutung dieser unvermeidlichen Unstimmigkeiten ist jedoch sehr unterschiedlich, je nachdem, um welche Annahmen es sich handelt. Auf diese Tatsache soll in den folgenden Zeilen ausführlicher eingegangen werden.

Die Annahmen über den Winkel der inneren Reibung sandiger Böden, die relative Dichte von Sandschichten oder die mittlere Zusammendrückbarkeit von Tonschichten gehören in die eine Gruppe. Die hiermit verbundenen Fehler hängen in erster Linie von der Anzahl und Güte der Feldversuche ab, welche die Unterlagen liefern. Bei dieser Gruppe können also fehlerhafte Annahmen mit Sicherheit auf ungenügende Baugrunduntersuchungen zurückgeführt werden, vorausgesetzt, daß das Baugrundprofil verhältnismäßig einfach ist. Die gefährlichen Eigenschaften mancher unter Wasser oder teilweise unter Wasser anstehender, sehr lockerer Sande können durch Versuche irgendwelcher Art nicht zuverlässig festgestellt werden, wie in Abschn. 17 dargelegt wurde. Deshalb sollte man immer in Rechnung stellen, daß lockere überflutete Sande sich infolge eines kleinen Anstoßes verflüssigen können, sofern sie nicht künstlich verdichtet worden sind.

Eine genaue Bestimmung der mittleren Durchlässigkeitsbeiwerte k_{I} und k_{II} auf Grund der Ergebnisse von Durchlässigkeitsversuchen ist für Baugrundschichten aller Bodenarten möglich, weil die Werte k_{I} und k_{II} von strukturellen Einzelheiten der Schichten abhängen, die durch kein Baugrunduntersuchungsverfahren festgestellt werden können. Wenn das Verfahren zur Untersuchung der Durchlässigkeit jedoch sorgfältig ausgewählt und mit Überlegung angewandt wird, können für fast alle Verhältnisse ziemlich zuverlässige Grenzwerte ermittelt werden. Der Unterschied zwischen den Grenzwerten und dem wirklichen Mittelwert läßt sich nicht bestimmen, aber für viele praktische Zwecke genügt es, die Grenzwerte zu kennen.

Weitaus die unzuverlässigsten Angaben erhält man bei dem Versuch, die Porenwasserdrücke in feingeschichtetem Sand oder in Tonschichten mit dünnen Horizonten oder Lagen von durchlässigerem Material vorauszusagen. Dies ist darauf zurückzuführen, daß Größe und Verteilung der Porenwasserdrücke bei gegebenen hydraulischen Grenzbedingungen von nicht feststellbaren strukturellen Einzelheiten abhängen, und zwar sogar in größerem Maß als die mittleren Durchlässigkeitsbeiwerte solcher Schichten. Wenn der Sicherheitsgrad einer Gründung gegen hydraulischen Grundbruch oder derjenige eines Bodenkörpers gegen Abrutschen von den Porenwasserdrücken abhängt, sollte man sich also unter keinen Umständen auf die anfangs getroffenen Annahmen verlassen, ganz gleich wie sorgfältig der Baugrund untersucht worden ist.

In solchen Fällen dürfen die Annahmen, die dem Entwurf zugrunde liegen, nur als eine Art Arbeitshypothese angesehen werden, die auf Grund von Beobachtungsergebnissen während der Bauausführung überprüft werden muß. Praktisch alle Brüche der Gründung von Staumauern und anderer Wasserbauwerke lassen sich auf ein ungerechtfertigtes Vertrauen auf irgendwelche Annahmen zurückführen, und viele der Brüche wären durch entsprechende Feldbeobachtungen während der Bauzeit zu vermeiden gewesen. In Anbetracht der möglichen Verluste an Menschenleben und Werten beim Bruch eines bedeutenderen Wasserbauwerkes, muß ein blindes Vertrauen auf die Annahmen, die dem ursprünglichen Entwurf zugrunde gelegt wurden, und das Unterlassen der notwendigen Feldbeobachtungen zur Feststellung der wirklichen Verhältnisse bei dem gegenwärtigen Stand unserer Kenntnisse als unverzeihliches Verschulden angesehen werden.

Trotz der Tatsache, daß die berechneten Porenwasserdruckwerte nicht zuverlässig sind, sollten die Berechnungen in jedem Fall durchgeführt werden, weil ihre Ergebnisse einem wichtigen Zweck dienen. Sie bilden die Grundlage für die Abschätzung der möglichen Gefahren, die für die Aufstellung des Programmes der Feldbeobachtungen, die zur Abwendung drohender Gefahren während der Bauausführung notwendig sind, und für die Ausdeutung der Ergebnisse dieser Beobachtungen.

Literaturhinweise

[*45.1*] Terzaghi, K.: Soil Studies for the Granville Dam at Westfield, Mass., J. New Engl. Water Works Assoc., 43 (1929) S. 191. Systematische Untersuchung der Durchlässigkeit glazialer Sandablagerungen in der Nähe eines Staubeckens. Das bei dieser Untersuchung verwendete Verfahren, das von der kapillaren Steighöhe ausgeht, ist durch andere Verfahren ersetzt worden.

[*45.2*] Brown, F. S.: Foundation Investigations for the Franklin Falls Dam, J. Boston Soc. Civil Engrs. 28 (1941) S. 126–143. Zusammenfassung der Ergebnisse von Durchlässigkeitsuntersuchungen von fluvio-glazialen Sandablagerungen in der Nähe einer Dammbaustelle.

[*45.3*] Graftio, H.: Some Features in Connection with the Foundation of Svir 3 Hydro-Electric Power Development, Proc. Intern. Conf. Soil Mech., Cambridge, Mass. (1936) S. 284–290. Ermittlung des Verhältnisses zwischen der horizontalen und der vertikalen Durchlässigkeit einer geschichteten Ablagerung mit Hilfe von Stromliniennetzen.

[*45.4*] Terzaghi, K.: Liner-Plate Tunnels on the Chicago Subway, Trans. ASCE, 108 (1943) S. 970–1007. Untersuchung der physikalischen Eigenschaften einer diluvialen Tonschicht mit teilweise unregelmäßiger Struktur für Tunnelbauzwecke.

[*45.5*] s. [*44.6*] Zahlreiche Beispiele für die Untersuchung von Böschungen in weichem Ton durch Bohrungen und Versuche, die durch Baugrundsondierungen mit der Schwedischen Sonde ergänzt wurden.

[*45.6*] Freemann, G. L.: Soil Survey of the Flushing Meadow Park Site, Long Island, N.Y., Proc. Intern. Conf. Soil Mech. Cambridge, Mass. I. (1936) S. 25–30. Versuchstechnik und Ergebnisse bei der Untersuchung der Gründungsverhältnisse für geplante Bauten in Marschengebieten.

[45.7] TSCHEBOTAREFF, G.: Settlement Studies of Structures in Egypt. Trans. ASCE, 105 (1940) S. 919–972. Baugrunduntersuchungen auf Baustellen für Gebäude auf feinkörnigen Hochflutablagerungen, wobei erhebliche Streuungen der bodenphysikalischen Eigenschaften zumindestens in vertikaler Richtung festgestellt wurden.

[45.8] KIMBALL, WM, P.: Settlement Records of the Mississippi River Bridge at New Orleans, Proc. Intern. Conf. Soil Mech., Cambridge, Mass. I. (1936) S. 85–92. Versuchstechnik und Ergebnisse bei Baugrunduntersuchungen für Brückenpfeiler auf Ton im Flußbett des Mississippi.

VIII. Erddruck und Standsicherheit von Böschungen

46. Stützmauern

Der Entwurf von Stützmauern. Das Verfahren beim Entwurf von Stützmauern besteht ebenso wie das bei vielen anderen Arten von Bauwerken, im wesentlichen in der Aufeinanderfolge zweier sich wiederholender Arbeitsgänge, der versuchsmäßigen Wahl der Abmessungen des Bauwerkes und der rechnerischen Untersuchung, ob das gewählte Bauwerk in der Lage ist, die einwirkenden Kräfte aufzunehmen. Wenn die Berechnung ergibt, daß die Konstruktion nicht ausreicht, werden die Abmessungen geändert und neue Berechnungen aufgestellt.

Bei der ersten versuchsmäßigen Wahl der Abmessungen einer Stützmauer läßt sich der Entwurfsbearbeiter von seiner Erfahrung und den verschiedenen Hilfstafeln leiten, die das Verhältnis der Sohlbreite zur Höhe für die üblichen Stützmauern angeben. Zu Beginn der Berechnung ermittelt er zunächst die Größe aller Kräfte, die oberhalb der Sohle der Mauer angreifen, einschließlich des von der Hinterfüllung ausgeübten Druckes und des Eigengewichtes der Mauer. Als nächstes untersucht er die Standsicherheit der Mauer gegen Kippen. Dann ist zu prüfen, ob der Baugrund in der Lage ist, den Bruch der Mauer durch Rutschen in einer Fläche in oder unterhalb der Gründungssohle zu verhindern, ob er die Belastung an der Vorderkante des Fundamentes aufnehmen kann ohne auszuweichen und eine Verdrehung der Mauer zu verursachen, und ob er alle vertikalen Kräfte einschließlich des Gewichtes der Hinterfüllung ohne unzulässige Setzungen, Verkippungen oder horizontale Bewegungen nach außen aufnehmen kann.

Die Bodenmechanik muß bei zweien dieser Arbeitsgänge für den Entwurf von Stützmauern mitwirken, bei der Ermittlung des von der Hinterfüllung auf die Mauer ausgeübten Druckes und bei der Überprüfung der Frage, ob der Baugrund in der Lage ist das Bauwerk zu tragen. Diese beiden Fragen sollen einzeln behandelt werden.

Ermittlung des von der Hinterfüllung ausgeübten Erddruckes. *Einleitung.* Die theoretischen Verfahren zur Berechnung des Erddruckes gegen Stützmauern sind in den Abschn. 24 und 26 dargelegt worden. Diese Verfahren gehen von drei Annahmen aus:

1. Die Mauer kann durch Kippen oder Gleiten um ein Maß nachgeben, das für die Entwicklung der vollen Scherfestigkeit in der Hinterfüllung ausreicht.

2. Der Porenwasserdruck in der Hinterfüllung kann vernachlässigt werden.

3. Die in die Erddruckberechnungen eingehenden bodenphysikalischen Kennzahlen haben bestimmte Größen, die zuverlässig ermittelt werden können.

Die Anwendung der Erddrucktheorie für die Ermittlung des Druckes der Hinterfüllung auf eine Stützmauer ist nur zulässig, wenn diese drei Voraussetzungen erfüllt sind. Jede nicht an der Mauerkrone starr abgestützte Stützmauer ist in der Lage, weit genug nachzugeben, um der ersten Voraussetzung zu entsprechen. Um jedoch die zweite erfüllen zu können, muß das Entwässerungssystem in der Hinterfüllung mit der gleichen Sorgfalt wie die Mauer selbst entworfen und ausgeführt werden, und um der dritten zu genügen, muß das Hinterfüllungsmaterial ausgesucht und untersucht werden, bevor die Mauer berechnet wird. Weiterhin muß es sorgfältig eingebaut werden, weil die Scherfestigkeit eines nur verkippten Hinterfüllungsbodens auf keine praktisch ausführbare Weise zuverlässig ermittelt werden kann.

Wenn die beiden letzten Forderungen nicht erfüllt sind, wird die Mauer durch verschiedene Momente und Kräfte beansprucht, die durch keine Erddrucktheorie erfaßt werden. Wird das Hinterfüllungsmaterial nur locker eingekippt oder ungenügend entwässert, ändern sich seine Eigenschaften mit den Jahreszeiten, so daß es im Verlauf eines jeden Jahres bald teilweise oder voll mit Wasser gesättigt und bald entwässert oder sogar teilweise ausgetrocknet ist. Alle diese Vorgänge verursachen jahreszeitliche Schwankungen des Erddruckes, die in den klassischen Erddrucktheorien nicht berücksichtigt werden. Messungen mit Druckdosen haben beispielsweise ergeben, daß an der Rückseite einer 10 m hohen Stahlbetonstützmauer Schwankungen des Erddruckes innerhalb eines Jahres um ± 30% auftreten [*46.1*].

Der Größtwert des Erddruckes aus Hinterfüllungen, welche jahreszeitlichen Veränderungen ausgesetzt sind, ist größer als der COULOMBsche oder RANKINEsche Wert. Bei den üblichen Bauvorhaben, wie beim Bau von Stützmauern an Eisenbahn- oder Straßendämmen, würde es jedoch sowohl unwirtschaftlich als auch undurchführbar sein, die jahreszeitlichen Druckschwankungen beim Entwurf und der Ausführung genau nach den theoretischen Forderungen in Rechnung zu stellen. Aus Gründen der Wirtschaftlichkeit und Zweckmäßigkeit werden solche Mauern nach einfachen, halbempirischen Regeln zur Ermittlung des Erddruckes aus der Hinterfüllung entworfen. In ihrer ursprünglichen Form gingen diese Regeln hauptsächlich von Untersuchungen der Standsicherheit bestehender Stützmauern aus, von denen nur wenige gebrochen waren. Da die den Einstürzen zu Grunde liegenden Ursachen bei der Aufstellung der Regeln nicht berücksichtigt worden waren, führte der Entwurf von Stützmauern nach diesem Verfahren nur in seltenen Fällen zu Mißerfolgen; in den meisten Fällen sind die Mauern dagegen sicherer als notwendig.

Wenn eine Stützmauer dagegen den wichtigsten Teil eines großen Bauvorhabens bildet oder wenn die Mauer höher als etwa 6 m ist, wird es im allgemeinen wirtschaftlicher sein, die Eigenschaften der Hinterfüllung festzustellen, alle Baumaßnahmen so auszuführen, wie es notwendig ist, um die theoretischen Voraussetzungen für die Gültigkeit der Erddrucktheorie zu erfüllen und die Mauer so zu bemessen, daß sie nur dem theoretischen Wert des Erddruckes standzuhalten braucht.

Halbempirische Verfahren zur Ermittlung des Erddruckes aus Hinterfüllungen. Viele Jahre hindurch sind die meisten Stützmauern nach empirischen oder halbempirischen Verfahren bemessen worden. Vielleicht das älteste dieser Verfahren ist die Anwendung von Diagrammen oder Tabellen, welche die für verschiedene Arten von Mauern und Hinterfüllungen geeigneten Verhältniswerte der Sohlbreite zur Höhe angeben. Der Hauptmangel dieses Näherungsverfahrens besteht darin, daß die Gründung nicht ausreichend untersucht werden kann, weil die dort angreifenden Kräfte unbekannt sind. Ein zweites, häufig angewandtes Verfahren ist das „Verfahren der äquivalenten Flüssigkeit", bei dem die Mauer so entworfen wird, daß sie den Druck einer Flüssigkeit aufnehmen kann, von der angenommen wird, daß sie denselben Druck auf die Mauer ausübt, wie die wirkliche Hinterfüllung. Trotz seiner weitverbreiteten Anwendung hat das Verfahren der äquivalenten Flüssigkeit nicht zu allgemein anerkannten Werten für das Raumgewicht der äquivalenten Flüssigkeit geführt. Viele Entwurfsbearbeiter ziehen es vor, die theoretischen Gleichungen für die Berechnung des Druckes kohäsionsloser Böden zu verwenden und Werte für den Winkel der inneren Reibung einzusetzen, die in früheren Fällen in der Regel zu befriedigenden Entwürfen geführt haben. Große Meinungsverschiedenheiten bestehen über die richtigen Werte, die für ϱ bei den verschiedenen Verhältnissen einzusetzen sind. Der Versuch, das Verfahren für kohärente Hinterfüllungen anzuwenden, kann auch theoretisch nicht unterstützt werden.

Tabelle 12. Arten der Hinterfüllungsmassen bei Stützmauern

1. Grobkörnige Bodenarten ohne Gehalt an feinen Bodenteilchen, sehr durchlässig (reine Sande oder Kiese).
2. Grobkörnige Bodenarten, die infolge eines Gehaltes an Teilchen in Schluffkorngröße eine geringe Durchlässigkeit haben.

3. Verwitterungsböden mit Steinen, schluffige Feinsande und körnige Erdstoffe mit deutlichem Tongehalt.
4. Sehr weiche oder weiche Tone, organische Schluffe oder Schlufftone.
5. Plastische oder steife Tone, die in Klumpen eingebracht, aber so geschützt sind, daß bei Überflutungen oder heftigen Regenfällen das Wasser nur in belanglosen Mengen in die Hohlräume zwischen den Klumpen eindringen kann. Wenn dies nicht gewährleistet werden kann, sollten Tone nicht als Hinterfüllungsmaterial verwendet werden. Mit zunehmender Steife des Tons, wächst die Gefahr für die Mauer beim Eindringen von Wasser erheblich an.

Trotzdem stellt jedes der empirischen oder halbempirischen Bemessungsverfahren das Ergebnis wertvoller Erfahrungen dar und faßt viele nützliche Erkenntnisse zusammen. Heute ist es auf Grund unserer Kenntnisse über die physikalischen Eigenschaften der Erdstoffe möglich, wenig wahrscheinliche Kennzahlen für die bodenphysikalischen Eigenschaften oder für das Raumgewicht der äquivalenten Flüssigkeit auszuschließen. Weiterhin bietet die Kenntnis der Erddrucktheorie die Möglichkeit, die Kohäsion genauer in Rechnung zu stellen und den Einfluß einer Auflast auf die Hinterfüllung oder denjenigen einer Hinterfüllung mit unregelmäßig geformter Oberfläche zu erfassen. Eine Zusammenfassung aller dieser Erkenntnisse in Form eines Näherungsberechnungsverfahrens für den praktischen Gebrauch, wird in den folgenden Abschnitten angegeben.

Bei der Anwendung dieses Verfahrens muß betont werden, daß für jedes Näherungsverfahren für die Berechnung von Stützmauern zwei Vorbehalte gelten: Es muß sich auf mehr oder weniger willkürliche Annahmen stützen und es kann nicht für alle Fälle angewandt werden, die in der Praxis auftreten. Deshalb sollten die folgenden Vorschläge für den Entwurf von kleinen Stützmauern nur als Grundlage für die Extrapolation von den angenommenen einfachen auf die im speziellen praktischen Fall angetroffenen Verhältnisse dienen.

Der erste Schritt beim Entwurf einer Mauer nach halbempirischen Regeln besteht darin, das zur Verfügung stehende Hinterfüllungsmaterial in eine der fünf in Tab. 12 aufgeführten Gruppen einzuordnen.

Wenn die Mauer berechnet werden muß, bevor die Art des Hinterfüllungsmaterials bekannt ist, sollte für die Ermittlung des Erddruckes aus der Hinterfüllung das am wenigsten geeignete Material angesetzt werden, das bei der Auffüllung verwendet werden könnte, oder es sollten Wahlentwürfe für verschiedene Materialien aufgestellt werden. Bei jedem Entwurf muß klar und deutlich angegeben werden, für welche der fünf Bodenarten der Tab. 12 er gilt. Der bauleitende Ingenieur kann dann denjenigen Entwurf auswählen, der den auf der Baustelle angetroffenen Verhältnissen entspricht.

Die im allgemeinen beim Entwurf von Stützmauern in der Praxis vorliegenden Verhältnisse können je nach dem Geländeverlauf hinter der

Stützmauer und nach der Belastung der Hinterfüllung in vier Gruppen eingeteilt werden:

a) Die Oberfläche der Hinterfüllung ist eben und ohne Auflast.

b) Die Oberfläche der Hinterfüllung steigt von der Mauerkrone bis zu einer gewissen Höhe über der Krone mit einer Böschung an.

c) Die Oberfläche der Hinterfüllung ist horizontal und durch eine gleichförmig verteilte Auflast belastet.

d) Die Oberfläche der Hinterfüllung ist horizontal und durch eine gleichförmig verteilte Linienlast parallel zur Mauerkrone belastet.

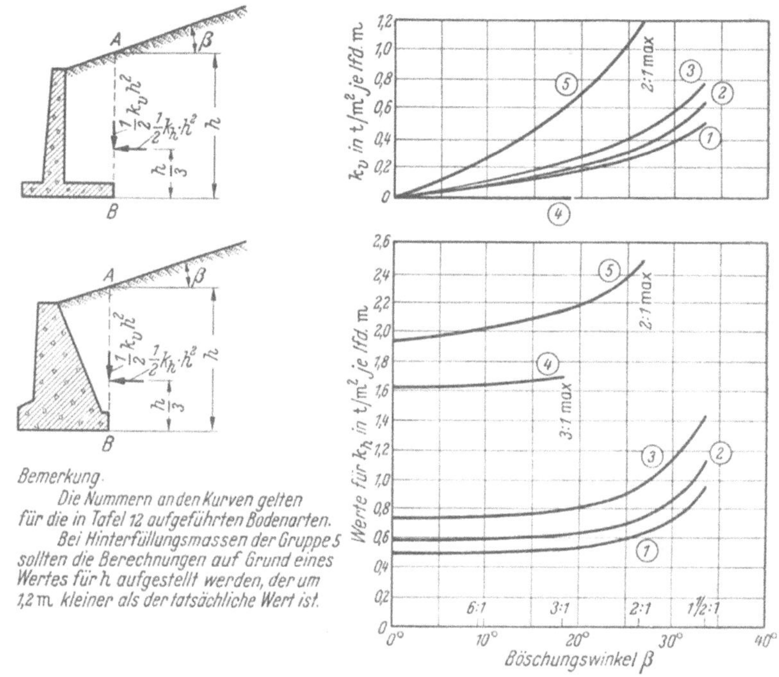

Abb. 135. Diagramm zur Ermittlung des Erddrucks gegen Stützmauern bei Hinterfüllungen mit ebener Oberfläche

Wenn die Oberfläche der Hinterfüllung eben ist (Fall a), kann der Erddruck mit Hilfe des in Abb. 135 wiedergegebenen Diagramms ermittelt werden. Bei Anwendung des Diagramms muß zunächst die Höhe h eines vertikalen Schnittes ermittelt werden, der durch die Umgrenzung des untersten Mauerabsatzes von der Gründungssohle bis zur Oberfläche der Hinterfüllung geht. Der Gesamtdruck auf diesen Schnitt ist $\frac{1}{2} k_h h^2$ und der gesamte vertikale Druck darauf ist $\frac{1}{2} k_v h^2$. Die Werte für k_h und k_v sind auf der rechten Seite der Abb. 135 in Abhängigkeit vom Böschungswinkel β für jede der verschiedenen Arten des Hinterfüllungsmaterials angegeben. Es ist angenommen, daß der Erddruck aus der

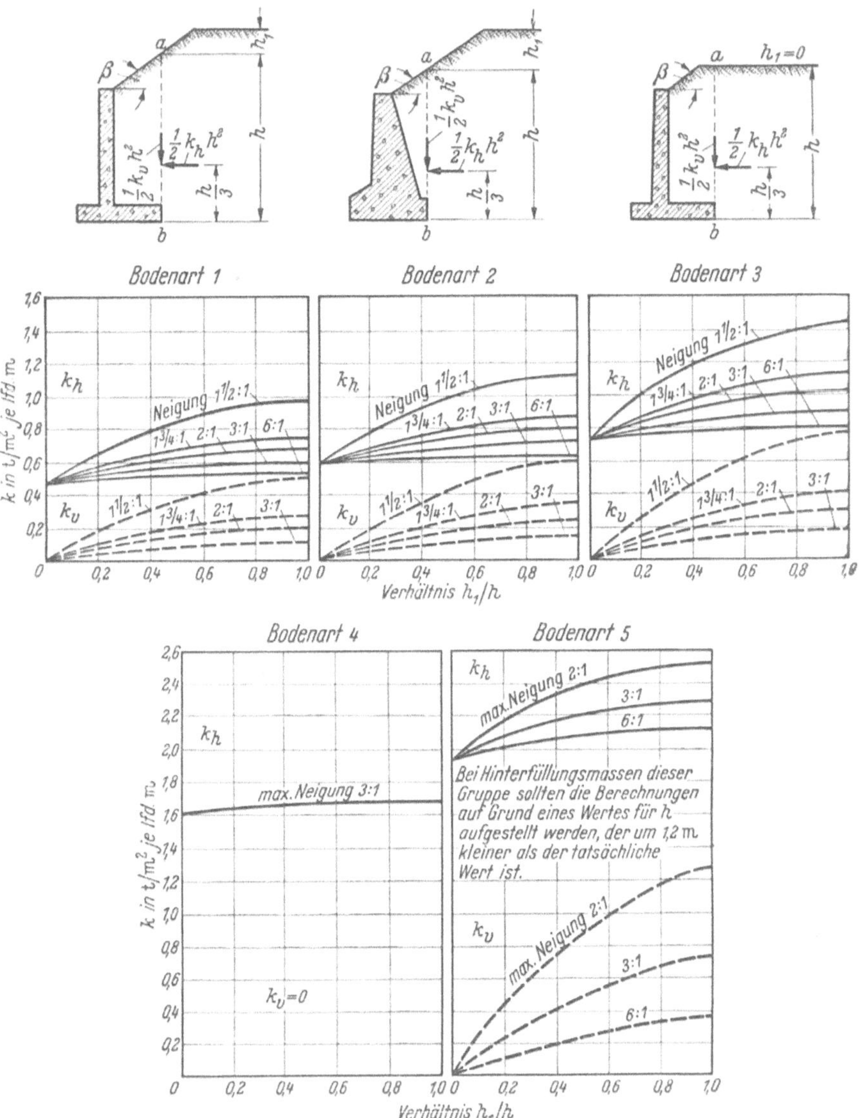

Abb. 136. Diagramm zur Ermittlung des Erddrucks gegen Stützmauern bei Hinterfüllungen, die von der Mauerkrone bis zu einer gewissen Höhe geneigt sind und dann horizontal verlaufen

Hinterfüllung direkt proportional zur Tiefe unter Punkt A zunimmt. Infolgedessen liegt der Angriffspunkt der Resultierenden des Erddruckes im unteren Drittelspunkt von h. Wenn die Hinterfüllung aus Tonklumpen der Gruppe 5 besteht, muß h um 1,20 m vermindert und angenommen werden, daß die Resultierende des Erddruckes in der Höhe $\frac{1}{3}(h - 1{,}20\text{ m})$ über der Gründungssohle angreift.

Steigt die Oberfläche der Hinterfüllung unter einem Winkel β zur Horizontalen bis zu einer begrenzten Höhe an und verläuft dann horizontal (Fall b), können die Werte für k_h und k_v aus den Kurven in Abb. 136 entnommen werden. Wie im vorigen Fall gibt das Diagramm Werte für den Erddruck gegen einen vertikalen Schnitt ab durch die Umgrenzung des unteren Mauerabsatzes an. Gehört die Hinterfüllung zu den Arten 1 bis 4, wird der Angriffspunkt der Resultierenden des Erddruckes im unteren Drittelspunkt von h angenommen. Für Erdstoffe der Gruppe 5 wird h bei der Berechnung des Gesamtdruckes um 1,20 m vermindert und der resultierende Druck in der Höhe $\frac{1}{3}(h - 1{,}20\text{ m})$ über der Gründungssohle angesetzt.

Wenn die Oberfläche der Hinterfüllung horizontal ist und eine gleichmäßig verteilte Auflast q pro Flächeneinheit trägt (Fall c), ist in jeder Tiefe der Druck pro Flächeneinheit gegen die vertikale Ebene ab infolge der Auflast um den Betrag

$$p_q = C q \tag{46.1}$$

vergrößert. Hierin ist C ein Faktor, der von der Bodenart abhängt. Werte von C sind in Tab. 13 angegeben.

Wenn die Oberfläche einer Hinterfüllung durch eine Linienlast q' pro Längeneinheit parallel zu ihrer Krone belastet ist, kann man annehmen, daß die Linienlast gegen die vertikale Schnittebene AB eine horizontale Kraft

$$p'_q = C q' \tag{46.2}$$

pro Längeneinheit der Mauer ausübt. Der Angriffspunkt D der Kraft p'_q in Abb. 137a kann dadurch ermittelt werden, daß man eine Gerade vom Punkt C, dem Angriffspunkt der Kraft q', unter 40° zur Horizontalen zeichnet, bis sie die Rückseite der Mauer in Punkt D_1 schneidet. Wenn der Punkt D_1 unterhalb der Mauersohle liegt, kann der Einfluß der Linienlast auf die Belastung unberücksichtigt bleiben. Liegt Punkt C links der vertikalen Ebene AB, bleibt die Regel unverändert gültig.

Die Linienlast q' verursacht auch einen zusätzlichen Vertikaldruck auf die horizontale Oberfläche des Mauerfußes. Nimmt man an, daß dieser Druck p'' auf diese Fläche gleichförmig über die Basis $\overline{EF}$ eines gleichseitigen Dreieckes verteilt ist, dessen Spitze bei C liegt, so ist die Größe des Vertikaldruckes

$$p'' = \frac{q'}{\overline{EF}}\,. \tag{46.3}$$

Bei der Standsicherheitsuntersuchung braucht nur derjenige Teil von p'' berücksichtigt werden, der unmittelbar auf den Mauerabsatz wirkt.

Tabelle 13. Werte für C in den Gl. (46.1) und (46.2)

Bodenart	C
1	0,27
2	0,27
3	0,39
4	1,00
5	1,00

Die vorstehend beschriebenen Verfahren beziehen sich auf Mauern auf relativ unnachgiebigem Untergrund. Die Wandreibung und die Adhäsion versuchen jedoch, die Mauer herunterzuziehen und den Erddruck zu vermindern. Wenn eine Mauer jedoch auf einer sehr zusammendrückbaren Unterlage steht, kann durch die Setzung der Mauer in bezug zu derjenigen der Hinterfüllung die Richtung dieser Kräfte möglicherweise umgekehrt werden. Hierdurch wird der Erddruck ganz erheblich vergrößert (s. Abschn. 26 und Abb. 64). Wenn eine Mauer auf weichem Ton oder einem ähnlich zusammendrückbaren Untergrund gegründet ist, sollten die für die Bodenarten der Gruppen 1, 2, 3 und 5 berechneten Erddruckwerte daher um 50% erhöht werden.

Bei dem nach den vorstehenden, halbempirischen Verfahren berechneten Erddruck aus der Hinterfüllung, sind auch der Einfluß von Sickerwasserströmungen und die verschiedenen zeitabhängigen Veränderungen in der Hinterfüllung erfaßt. Trotzdem müssen jedoch Vorkehrungen getroffen werden, um die Ansammlung von Wasser hinter der Mauer zu verhüten und die Wirkung des Bodenfrostes zu beschränken.

Für die Ableitung des bei Regenfällen in die Hinterfüllung einsickernden Wassers werden Entwässerungsöffnungen oder Dränungen vorgesehen. *Entwässerungsöffnungen* werden gewöhnlich in Form von in die Mauer eingebetteten 4''-Rohren ausgeführt, wie in Abb. 137a dargestellt. Der vertikale Abstand zwischen den Reihen der Entwässerungsrohre sollte nicht größer als 1,5 m sein. Der horizontale Abstand innerhalb einer Reihe hängt von den Maßnahmen ab, die zur Ableitung des Sickerwassers in Richtung auf die Entwässerungsrohre getroffen sind. Das einfachste, aber am wenigsten wirksame Verfahren besteht darin, am inneren Ende jedes Entwässerungsrohres eine Packung aus Splitt oder Kies einzubauen. In diesem Fall sollte der horizontale Abstand der Entwässerungsrohre nicht größer als etwa 1,50 m sein. Das aus den Entwässerungsrohren austretende Wasser versickert am unteren Mauerabsatz in den Untergrund, wo der Boden so trocken wie möglich gehalten werden sollte. Dieser unerwünschte Vorgang kann dadurch vermieden werden, daß man jede horizontale Reihe von Entwässerungslöchern durch einen Dränstrang ersetzt, der über die volle Länge der Rückseite der Mauer führt. Die Austrittsöffnungen der Dränstränge werden außerhalb der Mauerenden angeordnet. Das brauchbarste, allgemein anzuwendende Entwässerungssystem ist die durchgehende rückseitige Entwässerung, die aus einer vertikalen

Kiesschicht besteht, welche die gesamte Rückseite der Mauer bedeckt. Die Wasserableitungen werden hierbei an jedem Ende der Mauer angeordnet.

Diese Entwässerungsmaßnahmen verhindern die Ansammlung von Wasser hinter der Mauer. Das Wasser strömt jedoch, ganz gleich welches Verfahren angewandt wird, aus der Hinterfüllung in Richtung auf die

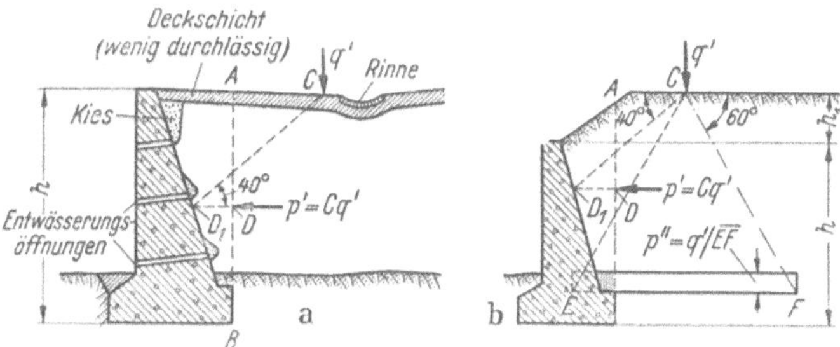

Abb. 137 a u. b. Zeichnerische Darstellung des Verfahrens zur Ermittlung der Größe und Angriffsrichtung der Kraft aus der Auflast q' pro Längeneinheit parallel zur Mauerkrone gegen einen vertikalen Schnitt durch die Begrenzungslinie des unteren Mauerabsatzes

Dräns. Theoretische Untersuchungen mit Hilfe von Stromliniennetzen haben ergeben, daß der durch diesen Sickervorgang ausgeübte Strömungsdruck den durch Hinterfüllungen mit geringer Durchlässigkeit ausgeübten Horizontaldruck erheblich vergrößern kann. Die in den Abb. 135 und 136 angegebenen Werte berücksichtigen dieses zeitweilige Anwachsen des Erddruckes, da sie aus den mit Stützmauern mit den üblichen unvollkommenen Entwässerungseinrichtungen gewonnenen Erfahrungen abgeleitet sind.

Um bei Hinterfüllungen aus den Bodenarten 2 und 3 der Tab. 12 eine Sättigung während der nassen Jahreszeit zu verhindern, sollte die Oberfläche mit einer Bodenschicht abgedeckt werden, deren Durchlässigkeit erheblich kleiner als diejenige der Hinterfüllungsmassen ist. Die Oberfläche sollte in Richtung auf die im allgemeinen vorhandene Ablaufrinne geneigt werden, wie in Abb. 137a dargestellt ist.

Wenn ein Wasserversorgungs- oder Abwasserrohr innerhalb der Hinterfüllung verlegt werden muß, sollte das Rohr mit einem Kiesdrän umschüttet werden, dessen Auslauf so angeordnet werden muß, daß ein Rohrbruch schnell erkannt werden kann.

Da das hier angegebene halbempirische Verfahren schon die vom Boden, von der Strömung des Sickerwassers in Richtung auf die rückseitige Dränung und von verschiedenen anderen, zeitweiligen Einflüssen ausgeübten Drücke berücksichtigt, ist der einzige Faktor, der noch besondere Beachtung erfordert, die Wirkung des Frostes. Wenn eine aus den Bodenarten 2 und 3 der Tab. 12 bestehende Hinterfüllung mit Wasser gesättigt ist, wird beim Gefrieren des Porenwassers in der Nähe der Rückseite der Mauer weiteres Wasser aus der Auffüllung in Richtung auf die Frostzone angezogen und es können sich Eisschichten parallel zur Mauerrückseite bilden (s. Abschn. 21). Wenn die Hinterfüllung durch eine sehr durchlässige oder eine sehr undurchlässige Bodenschicht ständig vom Wasserspiegel getrennt ist, stellt sie ein geschlossenes System dar. In einer solchen Hinterfüllung führt die Bildung von Eisschichten nur zu einer Wanderung des Wassers aus dem mittleren Teil der Hinterfüllung in Richtung auf die Gefrierzone. Das Volumen und die Form der Hinterfüllung bleiben jedoch praktisch unverändert und die entsprechende Bewegung der

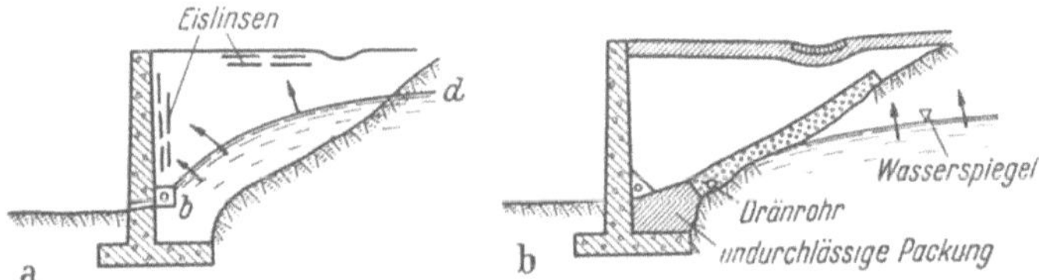

Abb. 138 a u. b. a) Entwässerung der Hinterfüllung einer Stützmauer als alleinige Maßnahme gegen die Frostwirkung; b) Verfahren zur Entwässerung der Hinterfüllung, um die Bildung von Eislinsen zu verhindern

Stützmauer ist in der Regel unmerklich klein. Wenn das Grundwasser jedoch in die Hinterfüllung aufsteigt, handelt es sich um ein offenes System. In diesem Fall wird durch die Bildung von Eisschichten eine erhebliche Verdrehung der Mauer nach außen hervorgerufen, weil keine Stützmauer so schwer ist, daß sie dem Kristallisationsdruck des Eises widerstehen kann. Als Gegenmaßnahmen hat man vorgeschlagen, eine durchgehende Dränung aus Kies am Schnittpunkt *b* der Mauerrückseite mit der ursprünglichen Geländeoberfläche nach Abb. 138a anzuordnen. Hierdurch würde der Wasserspiegel zwar in der Lage *bd* abgesenkt werden, aber es würde nicht verhindert, daß das Wasser durch Kapillarkräfte in die Gefrierzone hochgezogen wird, wie in Abb. 138a durch die Pfeile angedeutet ist. Man kann die Hinterfüllung jedoch dadurch in ein geschlossenes System verwandeln, daß die gesamte Berührungsfläche zwischen der Hinterfüllung und ihrer Unterlage bis hinauf zur höchsten Lage des Wasserspiegels mit einer kapillarbrechenden Schicht aus Kies oder einem anderen sehr durchlässigen Material abgedeckt wird (s. Abb. 138b). Die Sammelleitung sollte außerhalb der Gefrierzone angeordnet und ihre Ausläufe sollten vor Verstopfungen durch Eis geschützt werden. Wenn die Hinterfüllung ein geschlossenes System bildet, oder wenn sie aus den Bodenarten 1, 4 oder 5 besteht, sind keine schweren Frostwirkungen zu befürchten.

Ermittlung des Erddruckes nach der Theorie. Der theoretisch ermittelte Erddruck ist kleiner als der Druck aus der Hinterfüllung, der nach dem vorstehend beschriebenen halbempirischen Verfahren ermittelt wird. Wie jedoch schon anfangs erwähnt, ist die Berechnung von Stützmauern nach der Theorie nur dann zulässig, wenn die bodenphysikalischen Eigenschaften des Hinterfüllungsmaterials zuverlässig bekannt sind und wenn Vorsorge getroffen ist, daß der Porenwasserdruck in der Hinterfüllung ständig vernachlässigt werden darf. Die Kosten, welche die Erfüllung dieser Forderungen verursachen, gleichen die Vorteile der Anwendung des theoretisch ermittelten Erddruckes für den Entwurf aus, es sei denn, daß die Stützmauer ungewöhnlich hoch oder lang ist. In diesem Fall kann es sich als wirtschaftlicher erweisen, die bodenphysikalischen Eigenschaften der Hinterfüllung festzustellen, Maßnahmen zu ergreifen um sicherzustellen, daß die Eigenschaften unverändert bleiben, die Möglichkeit erhöhter Porenwasserdrücke auszuschalten und die Mauer so zu berechnen, daß sie nur den theoretischen Wert des Erddruckes aufzunehmen hat.

Die bodenphysikalischen Eigenschaften, welche in die theoretischen Erddruckberechnungen eingehen, sind das Raumgewicht, der Winkel der inneren Reibung und die Kohäsion. Genaue theoretische Berechnungen sind erst dann gerechtfertigt, wenn die Größe dieser Kennzahlen durch Laboratoriumsversuche mit repräsentativen Proben aus Hinterfüllungsmaterial bestimmt ist, wobei diese auf die gleiche Lagerungsdichte verdichtet sein müssen, wie die beim Bauwerk eingebrachten und verdichteten Schüttmassen. In den nachstehenden drei Absätzen ist das Verfahren zur Feststellung der erforderlichen Kennzahlen zusammengefaßt.

Das Raumgewicht der Bodenarten 1 bis 3 in Tab. 12 sollte durch Wiegen von Proben ermittelt werden, die sich zuerst mit Wasser gesättigt haben und dann etwa 30 Min. Gelegenheit hatten, in Behältern mit durchlässigem Boden abzutropfen. Die Proben sollten etwa 10 cm hoch sein. Tonige Erdstoffe sollten mit dem Wassergehalt gewonnen werden, mit dem sie in die Hinterfüllung eingebaut werden.

Der Winkel der inneren Reibung der ziemlich durchlässigen Erdstoffe, wie beispielsweise der Bodenarten 1 bis 3 in Tab. 12, kann durch langsame Scherversuche ermittelt werden, weil die Porenziffer dieser Erdstoffe sich den Spannungsänderungen während der Bauzeit anpassen kann. Die Kohäsion sollte nicht in Rechnung gestellt werden. Der Wandreibungsbeiwert $\operatorname{tg} \delta$ kann zu $^2/_3 \operatorname{tg} \varrho$ angenommen werden. Wenn die Hinterfüllung Verkehrserschütterungen oder erheblichen Auflasten unterschiedlicher Größe ausgesetzt sein wird, wie beispielsweise unter der Sohle großer Hafen-Lagerhäuser, sollten die Werte für $\operatorname{tg} \varrho$ und $\operatorname{tg} \delta$ um 20% vermindert werden. Besteht die Möglichkeit, daß die Mauer sich mehr als die Hinterfüllung setzen wird, muß angenommen werden, daß die Wandreibung an der Mauer nach oben gerichtet ist.

Bei Tonböden, wie bei den Bodenarten 4 und 5 in Tab. 12, sollte der Winkel der inneren Reibung mit Null angesetzt werden. Die Kohäsion kann angenähert zum halben Wert der Zylinderdruckfestigkeit q_u, den das Hinterfüllungsmaterial beim Einbau hinter der Mauer besitzt, angesetzt werden. Die Adhäsion zwischen der Tonhinterfüllung und der Mauerrückwand sollte außer Ansatz bleiben und δ zu Null angenommen werden. Die Wirkung von Verkehrserschütterungen braucht nicht in Betracht gezogen werden. Steife Tone sollten als Hinterfüllungsmaterial

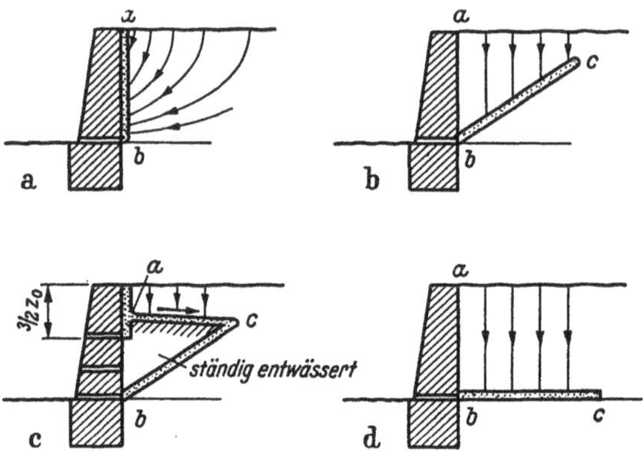

Abb. 139 a–d. Verschiedene Möglichkeiten für die Entwässerung der Hinterfüllung von Stützmauern. a) Vertikale Dränschicht; b) schräge Dränschicht für kohäsionslose Hinterfüllungsmassen; c) horizontale in Verbindung mit schräger Dränschicht für bindige Hinterfüllungsmassen; d) Sohlendränschicht zur Beschleunigung der Konsolidierung von bindigen Hinterfüllungsmassen

nicht verwendet werden, es sei denn, daß die Verhältnisse ein völliges und ständiges Fernhalten des Wassers von der Auffüllung gewährleisten; dieser Fall ist jedoch selten.

Bei Regenfällen sickert Wasser durch die Hinterfüllung in Richtung auf die Rückseite der Mauer, wie in Abb. 139a dargestellt ist. Der nach Abschn. 39 durch Sickerwasser hervorgerufene Strömungsdruck vergrößert bei Bodenarten der Typen 2 und 3 in Tab. 12 mit mittlerer Durchlässigkeit den Erddruck solange, wie die Sickerströmung anhält. Dies sollte durch schräg angeordnete Dränschichten verhindert werden, wie sie in Abb. 139b zu sehen sind. Die Dränschichten haben die doppelte Aufgabe der Entwässerung und des Schutzes gegen Frosteinwirkung. Außerdem sollte die Oberfläche von Hinterfüllungen mittlerer Durchlässigkeit mit einer gut verdichteten Schicht aus wenig durchlässigem Boden bedeckt werden, wie in Abb. 137a gezeigt wurde.

Eine Tonhinterfüllung hat die Tendenz, sich etwa bis zur Tiefe z_0 nach Gl. (24.6) von der Rückseite der Mauer zu lösen. Um bei Regenfällen die Ansammlung von Wasser in dem offenen Riß zu verhindern, sollte eine Entwässerungsschicht zwischen Mauer und Hinterfüllung bis zu einer Tiefe von 1,5 z_0 unter der Mauerkrone angeordnet werden. Da die oberste

Schicht einer Tonhinterfüllung leicht aufbricht und infolge der abwechselnden Durchfeuchtung und Austrocknung ziemlich durchlässig werden kann, sollte die vertikale Entwässerungsschicht mit einer schrägen Entwässerungsschicht durch einen schwach geneigten oberen Filter nach Abb. 139c verbunden werden. Dieser Filter sammelt das Wasser, welches die Deckschicht des Tones durchdringt. Man kann dann annehmen, daß die bodenphysikalischen Eigenschaften des keilförmigen Tonkörpers, der sich zwischen dem oberen Filter und der schrägen Dränschicht befindet, das ganze Jahr hindurch nahezu unverändert bleiben.

Die Wassermenge, welche durch eine gut eingebaute Hinterfüllung dringt, ist so klein, daß keine Gefahr der Verstopfung der Dräns durch ausgespülte Bodenteilchen besteht. Es ist deshalb nicht notwendig, daß die Kornzusammensetzung der Materialien in den Dränschichten den nach Abschn. 11 an Filterschichten gestellten Anforderungen entspricht.

Erddruck gegen unnachgiebige Stützmauern. Auf starre, unnachgiebige Mauern, wie beispielsweise auf die Stirnmauer U-förmiger Brückenwiderlager oder auf die Seitenmauern tiefer Keller wirkt nicht der aktive Erddruck, sondern der Ruhedruck. Der Erddruck der Ruhe ist größer als der aktive. Er hängt nicht nur von den physikalischen Eigenschaften der Hinterfüllung, sondern im großen Ausmaß auch von der Art der Einbringung der Hinterfüllung ab. Infolgedessen kann die Größe des Erddruckes gegen eine unnachgiebige Mauer nur auf Grund von Erfahrungen ermittelt werden. Bisher gibt es jedoch sehr wenige auf Erfahrungen beruhende Angaben. Der von einer lockeren Auffüllung auf eine niedrige unnachgiebige Mauer ausgeübte Druck scheint geringer zu sein, als derjenige derselben Hinterfüllung im verdichteten Zustand [*46.2*]. Die Ergebnisse von Messungen mit Druckdosen an zwei U-förmigen Brückenwiderlagern in Nordwest-Deutschland ließen erkennen, daß der Druck bei einer gut verdichteten Mittelsand-Hinterfüllung angenähert demjenigen des der jeweiligen Tiefe entsprechenden COULOMBschen Wertes plus einem konstanten Wert von etwa 0,13 kg/cm^2 entspricht [*46.3*].

Die Gründung von Stützmauern. *Einleitung.* Wie die Erfahrungen zeigen, sind die meisten Zusammenbrüche von Stützmauern durch Versagen der Gründung verursacht worden. Da eine ausreichende Gründung nicht ohne ein Mindestmaß an Kenntnissen über die Art des Bodens unterhalb der Sohle der geplanten Mauer entworfen werden kann, muß der Baugrund wenigstens mit primitiven Hilfsmitteln untersucht werden. Die für die Klärung der Baugrundverhältnisse unter der Sohle einer Stützmauer zu stellende Mindestforderung sind Bohrungen mit einem geeigneten Flachbohrgerät bis zu einer Tiefe unter der Gründungssohle, die der Mauerhöhe entspricht. Wenn eine feste Schicht in geringerer Tiefe angetroffen wird, kann die Bohrung abgebrochen werden, nachdem die Schicht etwa 0,6 m angebohrt worden ist, vorausgesetzt, daß die örtlichen

Erfahrungen oder die Kenntnis der geologischen Verhältnisse keinen Zweifel darüber lassen, daß in größerer Tiefe keine weicheren Bodenschichten vorhanden sind. Wenn sich eine weiche Schicht dagegen bis in größere Tiefe, als sie der Höhe der Mauer entspricht, erstreckt, sollten die Bohrungen soweit fortgesetzt werden, bis die Sohle der weichen Schicht erbohrt worden ist oder bis die Steife des Bodens deutlich zugenommen hat. Der Entwurfsbearbeiter sollte auch die Frosteindringungstiefe kennen und die Tiefe, bis zu der der Boden durch jahreszeitliche Volumenänderungen aufreißt, damit die Gründungssohle unterhalb dieser beiden Grenzen angeordnet werden kann (s. Abschn. 53). Wenn im voraus keine Auskünfte hierüber zu erhalten sind, sollten die Abmessungen der Fundamente nicht in die Pläne eingetragen, sondern dem bauleitenden Ingenieur einfache Anweisungen gegeben werden, damit er die Abmessungen festlegen kann, nachdem die erforderlichen Angaben zur Verfügung stehen.

Die Gründungen von Stützmauern müssen zumindest zwei Forderungen erfüllen: Sie müssen einen ausreichenden Sicherheitsgrad gegen Verschieben besitzen und die Bodenbeanspruchung unter der Vorderkante des Fundamentes muß gleich oder kleiner als die zulässige Bodenpressung sein (s. Abschn. 54). Für die Verhütung einer unzulässigen Verkippung gilt die allgemein anerkannte Forderung, daß die Resultierende aller über der Gründungssohle der Mauer angreifenden Kräfte die Sohle im mittleren Drittel schneiden muß. Wenn der Untergrund außerdem zusammendrückbar ist, ist die weitere Forderung zu erfüllen, daß die Setzungsunterschiede der Gründung nicht unzulässig groß sind. Es soll also nicht nur dafür gesorgt werden, daß die Resultierende in den Kern der Gründungsfläche fällt, sondern jede Gründung einer Stützmauer muß darauf untersucht werden, ob sie den Anforderungen hinsichtlich der Gleitsicherheit, der maximalen Bodenpressungen und der Setzungen genügt.

Gleitsicherheit. Dem Gleiten einer Stützmauer auf ihrer Sohle wirkt die Reibung zwischen dem Baugrund und der Bauwerkssohle und der passive Erddruck oder Erdwiderstand an der Stirnfläche der Gründung entgegen. Es wird allgemein gefordert, daß der Sicherheitsgrad gegen Gleiten mindestens 1,5 sein muß (vgl. auch DIN 1054).

Die Reibung zwischen der Sohlfläche und einem ziemlich durchlässigen Boden, wie beispielsweise einem reinen oder schluffigen Sand, ist gleich dem Produkt aus dem gesamten Normaldruck auf die Sohle und dem Reibungsbeiwert $\operatorname{tg}\delta$ zwischen dem Boden und der Sohle. Für einen grobkörnigen Boden, der keinen Schluff oder Ton enthält, kann $\operatorname{tg}\delta$ zu 0,55 angenommen werden, für einen grobkörnigen, schluffigen Boden zu $\operatorname{tg}\delta = 0{,}45$.

Wird die Mauer auf Schluff oder Ton gegründet, ist besondere Vorsicht notwendig. Unmittelbar bevor das Fundament betoniert wird, sollte in der gesamten mit Beton zu überdeckenden Fläche eine etwa 10 cm dicke Bodenschicht entfernt und durch eine ebenso dicke, gut verdichtete Schicht aus scharfkörnigem Sand oder einem Sand-Kiesgemisch ersetzt werden. Der Reibungsbeiwert zwischen dem Sand und dem unterlagernden Boden kann zu tg $\delta = 0{,}35$ angenommen werden. Wenn die Zylinderdruckfestigkeit q_u des anstehenden Bodens jedoch kleiner als das Doppelte des Reibungswiderstandes unterhalb irgendeines Teiles der Sohlfläche ist, wird das Abgleiten durch Abscheren innerhalb des Bodens in irgendeiner Tiefe unter der Gründungssohle eintreten. Wenn der Normaldruck von Null an der rückwärtigen Kante bis auf p an der Vorderkante zunimmt,

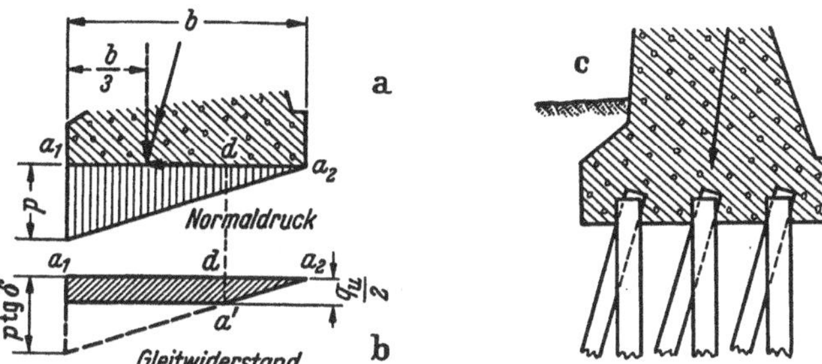

Abb. 140 a–c. Angenäherte Verteilung der Bodenpressung in der Gründungssohle einer Stützmauer, wenn die Resultierende die Sohlfläche am äußeren Drittelspunkt schneidet; b) Gleitwiderstandsdiagramm, wenn die Zylinderdruckfestigkeit des Bodens unterhalb der Gründungssohle kleiner als das Doppelte des Gleitwiderstandes zwischen der Sohle und dem Untergrund ist; c) Gründung einer Stützmauer auf vertikalen und Schrägpfählen

wie in Abb. 140a dargestellt, wird der Bruch zwischen a_2 und d durch Gleiten in der Berührungsfläche zwischen der Sandschicht und dem Untergrund eintreten und zwischen d und a_1 durch Abscheren im Boden selbst. Wenn die Bodenpressung an der Sohle eine gleichmäßige Größe p pro Flächeneinheit aufweist, ist der Gleitwiderstand pro Einheit der Sohlfläche gleich dem kleineren der beiden Werte p tg δ und $q_u/2$.

Die zweite Kraft, die dem Gleiten auf der Sohle entgegenwirkt, ist der passive Erddruck oder Erdwiderstand an der Vorderseite des unter der Erdoberfläche befindlichen Teiles der Mauer. Innerhalb der Zone, in der sich die jahreszeitlichen Schwankungen des Wassergehaltes und der Temperatur auswirken, ist der passive Erddruck ein ziemlich unzuverlässiger Widerstand. Das Vorhandensein von Wurzellöchern kann den Boden so zusammendrückbar machen, daß der passive Erddruck nicht eher wirksam wird, als bis die Mauer sich um ein beträchtliches Stück vorgeschoben hat. Wenn der Baugrund schluffig ist und der Wasserspiegel nahe an der Geländeoberfläche liegt, können sich während des Winters im oberen Teil des Untergrundes Eisschichten bilden (s. Abschn. 21). In der folgenden Tauperiode kann der Boden so weich werden, daß sein passiver Widerstand verschwindend klein wird. In Anbetracht dieser Möglichkeiten sollte der passive Erddruck außer Ansatz bleiben, sofern die örtlichen Verhältnisse nicht eine sichere Ermittlung seines Kleinstwertes gestatten.

Wenn der Sicherheitsgrad gegen Rutschen nicht auf 1,5 erhöht werden kann, ohne daß eine übermäßig schwere Gründung ausgeführt werden muß, ist es in der Regel wirtschaftlicher, die Mauer auf eine Pfahlgründung zu stellen, wie in Abb. 140c dargestellt ist. Die vertikalen Kräfte werden von senkrechten Pfählen aufgenommen und die horizontalen durch Schrägpfähle, die unter einem Winkel zur Vertikalen eingerammt werden. Es ist durchaus nicht allgemein üblich, einige der Pfähle unter den Fundamenten von Stützmauern als Schrägpfähle auszuführen, weil vertikale Pfähle sich leichter rammen. Da der Widerstand gegen horizontale Verschiebungen, den der obere Teil senkrechter Pfähle leistet, jedoch in weichen Böden sehr klein ist, hat das Fehlen von Schrägpfählen in der Regel zur Folge, daß größere Bewegungen der Mauer nach außen eintreten. Einige auf Pfahlgründungen ohne Schrägpfähle gegründete Brückenwiderlager haben sich im Lauf der Zeit so verschoben, daß Teile der Brückentafel infolge der Längskräfte auszuknicken begannen [*46.4*]. Wenn das Gewicht der Hinterfüllung größer als etwa die Hälfte der Tragfähigkeit des Baugrundes ist, wird die zunehmende Bewegung der Stützmauer oder des Widerlagers in der Regel unzulässig groß, selbst wenn die Gründung mit einer so großen Zahl von Schrägpfählen ausgeführt ist, daß der Druck aus der Hinterfüllung aufgenommen werden kann. Unter diesen Umständen kann es notwendig sein, die üblichen Hinterfüllungsmassen durch solche mit geringem Raumgewicht zu ersetzen oder sogar den Entwurf des ganzen Projektes so zu ändern, daß die Hinterfüllung entfällt. Beispielsweise können geschlossene Brückenwiderlager ungünstiger sein als offene, durch welche die Hinterfüllung als Böschung austritt.

Zulässige Bodenpressungen und Setzungen. Wenn die Resultierende aus allen oberhalb der Gründungssohle auf die Mauer einwirkenden Kräften die Sohlfläche des Fundamentes im äußeren Drittelspunkt schneidet, nimmt die Pressung etwa von Null an der hinteren Fundamentkante auf das Doppelte der mittleren Pressung an der vorderen Fundamentkante zu. Aus diesem Grund hat das Hinterfüllen gewöhnlich eine Verdrehung der Mauer nach außen zur Folge. Wenn die Mauer auf einer festen Schicht gegründet ist, beispielsweise auf dichtem Sand oder einem steifen Sand-Tongemisch, wird die Verdrehung unbedeutend klein sein, vorausgesetzt, daß die Bodenpressung unter der vorderen Fundamentkante die jeweils zulässige Bodenpressung nicht überschreitet (s. Abschn. 54). Wenn die Mauer dagegen auf einem sehr zusammendrückbaren Boden steht, wie beispielsweise auf weichem Ton, kann die Verdrehung sehr groß werden. Die fortschreitende Konsolidierung des Tons unter der vorderen Fundamenthälfte verursacht eine über viele Jahre andauernde Zunahme der Verdrehung. Hierdurch wandert der Schwerpunkt der Mauer aus, wobei die Bodenpressung unter der vorderen Fundamentkante weiter zunimmt, bis die Mauer endlich durch Verkippen zu Bruch geht. Wenn eine Mauer auf einem sehr zusammendrückbaren Baugrund steht, muß die Gründung daher so entworfen werden, daß der Angriffspunkt der Resultierenden nahe beim Mittelpunkt der Sohlfläche liegt.

Falls eine Stützmauer zugleich als Brückenwiderlager dient, verändert eine Verdrehung der Mauer die lichte Weite zwischen den Widerlagern. Bei einigen Brücken verringerte sich die lichte Weite derart, daß der Brückenüberbau als Abstandhalter diente [*46.4*], während bei anderen die lichte Weite zunimmt und die Spannweite des Überbaues zu überschreiten droht. Eine Bewegung der zweiten Art kann nur eintreten, wenn der Baugrund unter den Anschlußdämmen eine ziemlich dicke weiche Schicht enthält, wie Torf oder weichen Ton. Unter dem Gewicht der Auffüllung drückt sich die Schicht zusammen und die Fläche unter der Hinterfüllung setzt sich. Da das Widerlager sich am Rand der durch den Damm belasteten Fläche befindet, wird seine Sohlfläche geneigt und das Widerlager selbst in Richtung auf die Hinterfüllung verdreht. Die Rückwärtsdrehung aus dieser Ursache kann viel größer als die Vorwärtsdrehung infolge des Erddruckes aus der Hinterfüllung sein. Diese Betrachtungen sollen zeigen, daß die Gründung von Stützmauern sogar größere Aufmerksamkeit erfordert, als die eines gewöhnlichen Bauwerkes. Die allgemeinen Gesichtspunkte für den Entwurf von Gründungen sind in den Abschn. 53, 54 und 56 behandelt.

Feldbeobachtungen. Weitere Fortschritte für die Berechnung und den Bau von Stützmauern sind nur zu erwarten, wenn Unterlagen über das tatsächliche Verhalten der üblichen Stützmauern, die in der herkömmlichen Weise hinterfüllt sind, und über die Wirkung von Dräns zur Beseitigung des Porenwasserdruckes in verdichteten Hinterfüllungen zur Verfügung stehen. Infolgedessen sind Feldbeobachtungen notwendig, welche für beide Probleme die erforderlichen Angaben liefern können.

Keine empirische Regel kann genauer sein, als die Beobachtung, die ihr zu Grunde liegt. Die Beobachtungsdaten, welche die Grundlage für die gebräuchlichen empirischen Regeln zur Ermittlung des Erddruckes aus der Hinterfüllung bilden, sind jedoch dürftig und ungenügend. Die Berichte über das Verhalten ausgeführter Stützmauern geben selten mehr als eine lückenhafte und allgemein gehaltene Beschreibung des Hinterfüllungsmaterials und die Angaben über die Bewegungen der Mauer beschränken sich im allgemeinen auf das, was jeder gelegentliche Beobachter sehen kann. Das wichtige Gebiet der Ermittlung des Erddruckes aus Hinterfüllungen auf halbempirischer Grundlage bietet also noch viel Raum für Verbesserungen. Fortschritte können nur durch jahrelange

Beobachtungen ausgeführter Stützmauern und durch Veröffentlichung und Auswertung der Ergebnisse erzielt werden.

Die Beobachtungsberichte, die zum Zweck der Verbesserung der halbempirischen Berechnungsunterlagen angefertigt werden, müssen eine ausreichende Beschreibung des als Hinterfüllungsmaterial verwendeten Bodens, des Einbauverfahrens für die Hinterfüllung und der Entwässerungsmaßnahmen enthalten, sowie Angaben über die Jahreszeit, in der die Hinterfüllung eingebracht wurde, über die jährliche mittlere Regenhöhe und die Frosteindringungstiefe. Diese Angaben sollten durch eine Skizze mit einem Querschnitt durch die Mauer und einem Baugrundprofil ergänzt werden, welches keinen Zweifel über die Gründungsverhältnisse läßt. Die Proben aus der Hinterfüllung können mit einem Entnahmegerät für Bohrungen entnommen werden und die Beschreibung des Hinterfüllungsmaterials muß die Ergebnisse von allen erforderlichen bodenphysikalischen Untersuchungen enthalten, die in Tab. 5 des Abschn. 9 aufgeführt sind. Die Beobachtungen der Mauer müssen sich auf Messungen der Verdrehung und der horizontalen Verschiebung der Mauerkrone erstrecken. Die Messungen sollten mindestens viermal jährlich am Ende jeder Jahreszeit durchgeführt werden.

Die Bewegungen von Stützmauern infolge der Frostwirkung sind praktisch ein unerforschtes Phänomen. Durch über einige Jahre fortgesetzte periodische Messungen der Verdrehungen und Verschiebungen könnte jedoch festgestellt werden, ob die beobachteten Bewegungen durch Frosteinwirkung verursacht worden sind. Wenn festgestellt wird, daß die Wirkung des Frostes der maßgebende Faktor ist, sollte die Struktur des Eises in der gefrorenen Zone untersucht werden. Hierzu sollte vor dem Einsetzen des Tauwetters im Frühjahr an der Rückseite der Mauer aufgegraben werden.

Die Berichte über Beobachtungen an großen Stützmauern, die nach der Erddrucktheorie entworfen sind, sollten auch die Ergebnisse aller Bodenuntersuchungen enthalten, welche vor der Bauausführung durchgeführt wurden, sowie die Ergebnisse der periodischen Messungen des Porenwasserdruckes an mehreren günstig gelegenen Punkten in der Hinterfüllung. Messungen des Erddruckes gegen die Mauerrückseite sind erwünscht, aber nicht wesentlich.

Eine ausreichende Grundlage für die Berechnung starrer Mauern, die an der Krone nicht ausweichen können, wird sich erst finden lassen, wenn zahlreiche Beobachtungsergebnisse über den im Feld auf solche Mauern ausgeübten Erddruck zur Verfügung stehen. Die wenigen bisher vorliegenden Angaben sind mit Hilfe von Druckmeßdosen erzielt worden, welche im Vergleich zu denjenigen der Mauerrückseite eine kleine Fläche besitzen, und infolgedessen sind die Ergebnisse sehr uneinheitlich. Zuverlässigere Angaben könnten durch die Verwendung von Meßeinrichtungen erzielt werden, welche den mittleren Druck ziemlich großer Flächen messen.

Zusammenfassung. Für den Entwurf von Stützmauern sind die Planung ausreichender Entwässerungsmaßnahmen und ein sorgfältiges Studium der Gründungsverhältnisse wichtiger, als eine genaue Ermittlung des Erddruckes. Der durch die Hinterfüllung ausgeübte Druck kann entweder mit Hilfe halbempirischer Regeln oder nach der Erddrucktheorie ermittelt werden. Das erste Verfahren hat dieselben Schattenseiten wie die Berechnung der zulässigen Belastung von Pfählen mit Pfahlformeln (s. Abschn. 56). Einige nach diesen Verfahren berechnete Mauern haben einen weitaus zu hohen Sicherheitsgrad, andere sind gerade standsicher und gelegentlich stürzt eine Mauer ein. Trotzdem ist das erste Verfahren für die üblichen Stützmauerbauten einfacher und vorzuziehen. Das zweite Verfahren erfordert, daß die Hinterfüllung und das Entwässerungssystem genau nach den der Theorie zugrunde liegenden Forderungen hergestellt werden. Die dafür notwendige Zeit und der erforderliche Arbeitsaufwand sind zu vertreten, wenn die Stützmauer den wesentlichen Teil eines besonderen Bauvorhabens bildet oder über 6 m hoch ist.

Weitere Fortschritte auf dem Gebiet der Berechnung und des Bauens von Stützmauern sind ohne Beobachtungen an in voller Größe ausgeführten Stützmauern nicht zu erwarten, da nur dort die jahreszeitlichen Änderungen der Beschaffenheit der Hinterfüllung und ihre Wirkung auf die Mauer festgestellt werden können.

Literaturhinweise

Beispiele für die verschiedenen, in diesem Abschnitt erwähnten halbempirischen Verfahren sind in den folgenden Quellen zu finden:

a) TRAUTWINE, Design on basis of ratio of base width to height, Civil Engineer's Reference-Book, 21. Aufl. Ithaca 1937 S. 603–606.

b) TURNEAURE and MAURER, Design by equivalent fluid method. Principles of Reinforced Concrete Construction, 2. Aufl. New York 1913, S. 370–373.

c) Design by theory, using fictitious values of ϱ, Manual of the American Railway Engineering Association, Chicago 1946, S. 8–82, 8–86. Die für ϱ empfohlenen Werte sind übermäßig groß.

Andere Quellen mit wertvollen Angaben sind:

[*46.1*] MCNARY, J. V.: Earth Pressure against Abutment Walls Measured with Soil Pressure Cells, Public Roads, 6 (1925) S. 102–106. Diese Veröffentlichung enthält die an zwei Mauern festgestellten Beobachtungsergebnisse.

[*46.2*] TERZAGHI, K.: Large Retaining-Wall Tests, Eng. News-Record, 112 (1934) S. 136–140, 259–262, 316–318, 403–406, 503–508. Großmaßstäbliche Versuche, welche den Einfluß der Bewegung einer Stützmauer auf die Größe und Verteilung des Erddruckes zeigen.

[*46.3*] MÜLLER, P.: Erddruckmessungen bei mechanisch verdichteter Hinterfüllung von Stützkörpern unter Anwendung des elektro-akustischen Verfahrens. Die Bautechnik 17 (1939) S. 195–203. Beobachtungsergebnisse aus denen hervorgeht, daß der Erddruck auf die Stirnseite U-förmiger Brückenwiderlager sehr viel größer als der COULOMBsche Druck sein kann.

[*46.4*] TERZAGHI, K.: The Mechanics of Shear Failures on Clay Slopes and the Creep of Retaining Walls, Public Roads, 10 (1929) S. 177–192.

[*46.5*] BAKER, BENJAMIN: The Actual Lateral Pressure of Earthwork, Min. Proc. Inst. Civil Engrs. 65 (1881) S. 140–186. Diskussionen S. 187–241. Diese Veröffentlichung enthält eine graphische Darstellung der Ursachen und Arten des Versagens von Stützmauern. Die theoretischen Darlegungen und vorgeschlagenen Berechnungsverfahren sind überholt.

[*46.6*] TERAZGHI, K.: Retaining-Wall Design for Fifteen-Mile Falls Dam, Eng. News-Record 112 (1934) S. 632–636. Entwurf einer Schwergewichts-Stützmauer von 52 m Höhe.

[*46.7*] Use of Portable Cribbing in Place of Rigid Retaining Walls and the Utility of the Different Kinds of Cribbing, Committee Report, Proc. Am. Rwy. Eng. Assoc. 34 (1933) S. 139–148. Erfahrungsbericht.

47. Grundwasserabsenkungen bei Ausschachtungsarbeiten

Einleitung. Bei vielen Bauaufgaben, beispielsweise im städtischen Tiefbau, beim Bau tiefer Keller für Gebäude und bei den Vorarbeiten für die Gründung von Staumauern muß der Boden bis unter den Wasserspiegel ausgehoben und der Wasserzufluß in die Baugrube beseitigt oder bis auf eine geringfügige Menge vermindert werden. Um das zufließende Wasser abzufangen, muß bei oder besser vor dem Aushub des Bodens ein Entwässerungssystem angelegt werden. Die Baugrubenwände erhalten entweder eine Böschung, die ausreicht, um die Standsicherheit zu gewährleisten, oder aber sie werden vertikal ausgeführt und in irgendeiner Art nach Abschn. 48 seitlich abgestützt.

Für eine Baugrube mit gegebenen Abmessungen, die bis zu einer bestimmten Tiefe ausgeschachtet wird, hängt die zu fördernde Wassermenge und die für die Entwässerung des umgebenden Bodens erforderliche Zeit von der Durchlässigkeit und der Zusammendrückbarkeit des Bodens ab. Bei mittleren Baustellen sind für die Planung der Einrichtung für die Wasserhaltung keine genauen Unterlagen über die Durchlässigkeit des Baugrundes erforderlich. Es brauchen also auf solchen Baustellen keine weiteren Untersuchungen durchgeführt werden, als in Tab. 5 des Abschn. 9 für Schappenproben aus den Untersuchungsbohrungen aufgezählt sind. Auf großen Baustellen werden gewöhnlich Pumpversuche ausgeführt. Doch ganz gleich wie groß das Bauvorhaben ist, in jedem Fall sollte die Wahl des Grundwasserabsenkungsverfahrens und der Stellen, an denen das Wasser abgepumpt werden soll, sorgfältig überlegt werden.

Wasserhaltungsverfahren. Um bei geringstem Aufwand ausreichende Ergebnisse zu erzielen, muß das Wasserhaltungsverfahren der mittleren Durchlässigkeit der auf der Baustelle anstehenden Bodenarten, der Aushubtiefe unter dem Grundwasserspiegel und bei kleinen Bauvorhaben auch die Art des Gerätes, das auf der Baustelle am leichtesten verfügbar ist, angepaßt werden. Die Durchlässigkeit der Böden, aus denen sich die meisten natürlichen Ablagerungen zusammensetzen, ist von Punkt zu Punkt außerordentlichen Schwankungen unterworfen, wobei die windabgelagerten Böden möglicherweise eine Ausnahme bilden. Die Grenzwerte zwischen denen die Durchlässigkeitsbeiwerte einzelner repräsentativer Ablagerungen der verbreitetsten Arten liegen, sind in Tab. 14 angegeben.

Tabelle 14. Durchlässigkeitsbeiwerte verbreiteter natürlicher Bodenformationen

Formation	k-Wert (cm/sek.)
Flußablagerungen	
Rhone bei Genissiat	bis 0,40 = $4 \cdot 10^{-1}$
Kleine Wasserläufe in den Ostalpen	0,02 bis 0,16 = (2 bis 16) $\cdot 10^{-2}$
Missouri	0,02 bis 0,20 = (2 bis 20) $\cdot 10^{-2}$
Mississippi	0,02 bis 0,12 = (2 bis 12) $\cdot 10^{-2}$
Eiszeitliche Ablagerungen	
Schotterflächen	0,05 bis 2,00 = (5 bis 200) $\cdot 10^{-2}$
Oser (Moränen), Westfield, Mass.	0,01 bis 0,13 = (1 bis 13) $\cdot 10^{-2}$
Schmelzwasserdelta, Chicopee, Mass.	0,0001 bis 0,015 = (1 bis 150) $\cdot 10^{-4}$
Geschiebemergel	weniger als 0,0001 = $1 \cdot 10^{-4}$
Windablagerungen	
Dünensand	0,1 bis 0,3 = (1 bis 3) $\cdot 10^{-1}$
Löß	$0{,}001^{\pm}$ = $1 \cdot 10^{-3\pm}$
Lößlehm	$0{,}0001^{\pm}$ = $1 \cdot 10^{-4\pm}$
Süßwassersee- und küstenferne Meeresablagerungen	
Sehr feiner gleichkörniger Sand, $U = 5$ bis 2	0,0001 bis 0,0064 = (1 bis 64) $\cdot 10^{-4}$
Sehr feiner Sand, Sixth Ave., N.Y. $U = 5$ bis 2	0,0001 bis 0,0050 = (1 bis 50) $\cdot 10^{-4}$
Sehr feiner Sand, Brooklyn, $U = 5$	0,00001 bis 0,0001 = (1 bis 10) $\cdot 10^{-5}$
Ton	weniger als 0,0000001 = $1 \cdot 10^{-7}$

Nach ihren Durchlässigkeitsbeiwerten können die Erdstoffe in fünf Gruppen eingeteilt werden, wie aus Tab. 14 hervorgeht. Bodenarten großer Durchlässigkeit trifft man nur selten an und wenn dies der Fall ist, wechseln sie im Baugrund mit wenig durchlässigen Schichten ab. Praktisch undurchlässige Böden wie Tone, sind dagegen weit verbreitet.

Bis zur Jahrhundertwende wurde die Trockenlegung von Baugruben im allgemeinen in der Weise durchgeführt, daß das in die Baugrube zusickernde Wasser in flache Gruben oder ausgezimmerte Schächte, die als *Pumpensümpfe* bezeichnet werden, geleitet und hieraus abgepumpt wurde. Bei kleinen Bauvorhaben wird dieses Verfahren der offenen Wasserhaltung noch heute angewandt. Das Prinzip dieses Verfahrens ist in Abb. 141 links dargestellt, in der ein vertikaler Schnitt durch eine breite Baugrube mit schrägen Böschungen aufgetragen ist. Der größte Teil des Wassers tritt am Fuß der Böschungen aus. Es wird mit Hilfe von Entwässerungsgräben in einen oder mehrere Pumpensümpfe S abgeleitet. In jedem Pumpensumpf ist eine Pumpe angeordnet, die das Wasser in ein Ableitungsrohr pumpt.

Das Wasserhaltungsverfahren mit Pumpensümpfen hat verschiedene Nachteile. Vor allem fordert es das Aufweichen und Versuppen der unteren Böschungsteile geradezu heraus, weil hier die Sickergeschwindigkeit und infolgedessen der Strömungsdruck nach Abschn. 39 und 40 am größten sind. Weiterhin tritt das Wasser, da jede natürliche Bodenschicht mehr oder weniger ungleichmäßig ist, in Form von Quellen aus. Wenn der Baugrund Schichten oder Linsen von feinem Sand oder grobem Schluff enthält, wird aus den Quellen häufig ein Gemisch von Bodenteilchen und Wasser anstatt von klarem Wasser ausfließen. Quellen dieser Art, die sich in der Sohle von Baugruben befinden, werden in der englischen und französischen Fachsprache sehr anschaulich als „kochende Stellen" bezeichnet. Von diesen kochenden Stellen aus kann eine unterirdische rückschreitende Erosion einsetzen und können sich Erosionsschläuche bilden. Der Einbruch der Gewölbe dieser Hohlräume führt zum Nachsacken der Geländeoberfläche in der Nähe der Baugrube, zur Versuppung der Böschungen oder zum Zusammenbruch der Auszimmerungen (s. Abschn. 59 und 61) [*47.1*].

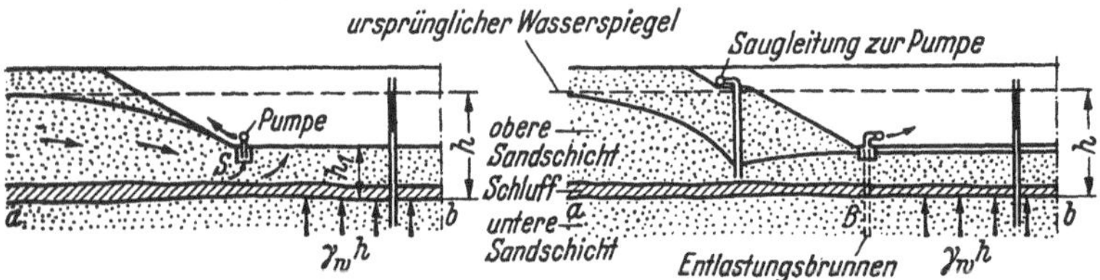

Abb. 141. Lage des Wasserspiegels beim Abpumpen aus Pumpensümpfen (links) und aus Filterbrunnen (rechts). Die Baugrundverhältnisse führen trotz der Grundwasserabsenkung zu einem Sohlenaufbruch, wenn nicht der Entlastungsbrunnen *B* angeordnet wird

Tabelle 15. Einteilung der Böden nach ihrem Durchlässigkeitsbeiwert

Durchlässigkeitsgrad	Größe von k in cm/sek.
groß	über 10^{-1}
mittel	10^{-1} bis 10^{-3}
gering	10^{-3} bis 10^{-5}
sehr gering	10^{-5} bis 10^{-7}
praktisch undurchlässig	kleiner als 10^{-7}

Die Möglichkeit der Bildung von Quellen kann dadurch eingeschränkt werden, daß die Baugrube mit Spundwänden eingeschlossen wird, die bis in eine gewisse Tiefe unter der Sohle eingerammt werden. Die Spundwände unterbrechen die Sickerströmung in allen Schichten, die oberhalb der Unterkante der Spundwand liegen und vermindern das hydraulische Gefälle, mit dem das Wasser zur Baugrubensohle aufsteigt. Wenn die Baugrundverhältnisse jedoch ungünstig sind, können selbst Spundwände die Bildung von Quellen mit allen ihren unerwünschten Folgen nicht verhindern. Bei kleinen Bauvorhaben, wie beim Aushub schmaler ausgesteifter Gräben in feinkörnigen wasserführenden Böden, ist oft versucht worden, die Bildung von „kochenden Stellen" dadurch zu verhindern, daß man überall dort, wo der Boden die Neigung zeigt mit dem Wasser aufzuschwimmen, Kies in die Grabensohle einbaut. Aber dieses Verfahren ist unsicher und bei großen Bauvorhaben, beispielsweise bei Ausschachtungen für die Gründung von Staumauern, kann es vollkommen undurchführbar sein.

Unfälle und folgenschwere Verzögerungen können auch durch den auf die Sohlfläche einer durchgehenden, verhältnismäßig undurchlässigen Schicht wirkenden hydrostatischen Druck verursacht werden. Eine solche unterhalb der Baugrubensohle liegende Schicht ist in Abb. 141 dargestellt. Die Sickerströmung in Richtung auf die Baugrube vermindert nur den piezometrischen Druck in dem oberhalb der Schicht ab befindlichen Grundwasserstockwerk, während der Druck in demjenigen unterhalb von ab unverändert bleibt. Wenn ein Wasserstandsrohr in einem Punkt angebracht wird, der unterhalb von ab liegt, steigt das Wasser in diesem Rohr bis zur Höhe des ursprünglichen Wasserspiegels auf.

Wenn

h = vertikaler Abstand zwischen $a\,b$ und dem ursprünglichen Wasserspiegel,
h_1 = vertikaler Abstand zwischen $a\,b$ und der Baugrubensohle,
γ_w = Raumgewicht des Wassers,
γ = Raumgewicht des Bodens (Festmasse + Wasser),

ist der Druck auf ab infolge des Gewichtes der Überlagerung gleich γh_1 und der hydrostatische Auftrieb ist $\gamma_w h$. Wenn $\gamma_w h$ größer als γh_1 und wenn ab annähernd horizontal ist, hebt sich die Baugrubensohle im ganzen. Dieses Phänomen wird als *Aufschwimmen* bezeichnet. Ist ab dagegen sehr uneben, hebt sich die Sohle nur an denjenigen Stellen, wo h_1 am geringsten ist. Eine solche örtliche Hebung wird als *Sohlenaufbruch* bezeichnet.

Historischer Überblick über die Grundwasserabsenkungsverfahren. Die ersten Versuche, das Verfahren der offenen Wasserhaltung aus flachen Sammelgruben durch weniger gefährliche Verfahren zu ersetzen, wurden zwischen 1870 und 1890 in England und Deutschland unternommen. Die flachen Pumpensümpfe wurden durch Filterbrunnen mit 0,9 bis 1,2 m Durchmesser ersetzt. Gegen Ende des vorigen Jahrhunderts hatte man erkannt, daß die Wirkung des neuen Verfahrens durch eine Verringerung des Abstandes zwischen den Brunnen verbessert werden konnte. Diese Feststellung führte zu Absenkungsverfahren, bei denen aus Brunnenreihen abgepumpt wurde. Die Entwicklung dieser Verfahren erfolgte in Europa und in den Vereinigten Staaten in unterschiedlichen Richtungen.

In Europa wurde es üblich, jeden Brunnen mit einer 8″- (20,32 cm) Verrohrung auszurüsten und durch Saugrohre von 6″ (15,24 cm) abzupumpen. Der Abstand der Brunnen betrug zwischen 6 und 12 m. Das Verfahren wird als *Siemens-Verfahren* bezeichnet, weil es von der Siemens-Bauunion in Berlin entwickelt worden war. Es wurden Theorien zur Berechnung der Tiefe, bis zu der die Brunnen bei den jeweiligen Verhältnissen abgeteuft werden müssen und zur Ermittlung der Wassermenge, die bei einem bestimmten mittleren Durchlässigkeitsbeiwert des Baugrundes zu fördern ist, aufgestellt [*47.2*].

In den Vereinigten Staaten wurde der Verwendung von Filterbrunnen etwa bis 1920 als das *Well-Point-Verfahren* aufkam, keine besondere Aufmerksamkeit geschenkt. Im Gegensatz zum Siemensverfahren, bei dem aus Brunnen großen Durchmessers mit Abständen von vielen Metern gepumpt wird, besteht das Well-Point-Verfahren darin, daß das Wasser aus Filterbrunnen von etwa 2″ (5,08 cm) Durchmesser abgepumpt wird, deren Abstand zwischen 0,9 bis 1,8 m liegt.

Sowohl beim Siemens-Verfahren als auch beim Well-Point-Verfahren sind die oberen Enden der Brunnenrohre durch eine *Sammelleitung* verbunden, die zur Pumpe führt. Die Sammelleitung wird gewöhnlich auf einer Berme in der Nähe des ursprünglichen Wasserspiegels verlegt. Da die Höhe bis zu der das Wasser in einem Saugrohr gehoben werden kann, begrenzt ist, kann der Wasserspiegel nicht tiefer als etwa 6 m unter seiner ursprünglichen Lage abgesenkt werden. Wenn bei einem Bauvorhaben eine Entwässerung des Baugrundes bis in eine größere Tiefe als etwa 5 bis 6 m notwendig ist, muß daher entweder der Wasserspiegel in Staffeln abgesenkt werden, oder das Pumpen aus den Brunnen muß mit Hilfe von Unterwasserpumpen erfolgen, die das Wasser aus jeder beliebigen Tiefe unter den Brunnenrand fördern können.

Bald nachdem die Absenkungsverfahren mit Hilfe von Brunnenreihen allgemein angewandt wurden, erkannte man, daß sie nur dann zu einem Erfolg führen, wenn der Boden zumindest eine Durchlässigkeit mittlerer Größe besitzt. In dem Maß, wie die wirksame Korngröße d_{10} unter etwa 0,1 mm absinkt, nimmt die für die Entwässerung des Geländes für eine Baugrube erforderliche Zeit stark zu, und wenn d_{10} kleiner als 0,05 mm ist, bleibt das Pumpen aus den Brunnen wirkungslos. Um bei Baugruben in kohäsionslosen Böden mit effektiven Korngrößen kleiner als 0,05 mm eine Hebung der Sohle zu verhindern, wurden mehrere verschiedenartige Verfahren entwickelt.

Etwa von 1930 ab wurden in Deutschland Versuche zur Verfestigung des unter der Sohle von geplanten Baugruben befindlichen Bodens durch aufeinanderfolgende Injektionen mit zwei verschiedenen Chemikalien durchgeführt, die in den Poren des Bodens reagieren und ein unlösliches Gel bilden. Diese als *Joosten-Verfahren* bekannte Methode ist sehr aufwendig und, wenn der Baugrund Schichten geringer Durchlässigkeit enthält, im allgemeinen erfolglos. Infolgedessen ist ihr praktischer Nutzen für den Aushub von Baugruben sehr begrenzt. In den Vereinigten Staaten hatte man beobachtet, daß feinkörnige Böden, wie beispielsweise Grobschluff, dadurch verfestigt werden können, daß man ein Vakuum in den Steigrohren der Well-Points erzeugt. Diese Beobachtung führte zwischen 1925 und 1930 zur Entwicklung des *Vakuum-Verfahrens*. Endlich wurden etwa im Jahre 1934 Versuche unternommen, um feinkörnige Böden durch elektro-osmotische Vorgänge zu verfestigen. Man bezeichnet dieses Verfahren als *Elektro-Osmose-Verfahren*.

In den folgenden Abschnitten sind die wichtigsten Grundwasserabsenkungs-Verfahren und die Voraussetzungen für ihre erfolgreiche Anwendung kurz dargelegt. Die Auswirkung der Grundwasserabsenkung auf die Umgebung sind im Abschn. 61 behandelt.

Das Siemens-Verfahren. Die Brunnenrohre haben gewöhnlich einen Durchmesser von 8″ (20,32 cm). Auf 4,5 bis 9 m Länge sind sie vom unteren Ende aus durchlöchert und mit Messingdrahtgeweben umwickelt, die als Filter wirken. Die besten Ergebnisse werden erzielt, wenn die Breite der Maschenöffnungen zwischen den Korndurchmessern d_{60} und d_{75} des umgebenden Bodens liegen (s. Definitionen in Abschn. 5). Der Abstand zwischen den Brunnen liegt zwischen 12 m für sehr durchlässige Böden und 6 m für die wenig durchlässigen Böden, welche sich noch entwässern lassen.

Das Well-Point-Verfahren. Der Ausdruck *Well-Point* bezieht sich auf das untere durchlöcherte Ende eines 2″- oder $2^1/_2$″-Rohres, das im allgemeinen 1 m lang ist und als Verrohrung und als Saugrohr einem doppelten Zweck dient. Der durchlöcherte Teil ist mit einem Drahtmaschengewebe überdeckt. Die Well-Points werden mit einem Abstand von 1,0 bis 1,5 m in den Untergrund eingespült [*47.3*].

Wenn eine Well-Point-Reihe bis unter eine durchgehende Schicht von verhältnismäßig geringer Durchlässigkeit reicht, wird der oberhalb der Schicht befindliche Boden im allgemeinen nicht entwässert werden. Um dies zu vermeiden und die Wirkung der Well-Points in Böden mit geringer Durchlässigkeit zu verbessern, wird im allgemeinen das folgende Verfahren angewandt. Nachdem ein Well-Point in den Baugrund eingespült ist, wird der Druck des Spülwassers verstärkt, wodurch der das Steigrohr umgebende Boden ausgewaschen und ein zylinderförmiger Hohlraum gebildet wird. Während dieses Vorganges werden alle feinen Teilchen des

Bodens, der sich zuvor in dem ausgewaschenen Raum befand, ausgespült, während die zurückbleibenden gröberen Teilchen sich im unteren Teil des Hohlraumes sammeln und einen zylindrischen Filter bilden. Wenn dieses Ausspülen mit dem Druckwasser nicht gelingt, wird das Loch mit mechanischen Hilfsmitteln hergestellt und das Filter durch Einfüllen von Sand in das Loch gebildet.

Die Entwässerung einer engen Baugrube kann gewöhnlich dadurch erfolgen, daß von einer einzigen, nur auf einer Seite des Einschnittes befindlichen Well-Point-Reihe aus gepumpt wird. Hierbei wird vorausgesetzt, daß die Tiefe des Einschnittes erheblich kleiner ist, als die Tiefe, bis zu der der Wasserspiegel mit Hilfe der Well-Points abgesenkt werden kann. Andernfalls werden zwei Reihen von Well-Points notwendig, je eine auf jeder Seite des Einschnittes. Die Kosten für das Pumpen sind im allgemeinen im Vergleich zu denjenigen für den Transport und den Einbau der Well-Point-Anlage gering, es sei denn, daß der Boden sehr durchlässige Schichten enthält. Wenn die Untersuchungsbohrungen das Vorhandensein ungewöhnlich durchlässiger Schichten ergeben haben, sollte ein Pumpversuch zum Zweck der Ermittlung der erforderlichen Pumpengröße ausgeführt werden. In allen anderen Fällen ist es zulässig, die Ausrüstung mit Pumpen auf Grund von empirischen Regeln festzulegen. Im allgemeinen wird eine 6-zöllige, selbstansaugende Pumpe für jeweils 150 bis 180 lfd. m der Well-Point-Reihe eingebaut. Wenn die Höhe, bis zu der das Wasser über die Höhe der Sammelleitung hinaus gefördert werden muß, nicht ungewöhnlich groß ist, genügt ein 20 PS-Motor. Die Wasserabsenkung erfordert zwischen 2 und 6 Tage [*47.4*].

Absenkung mit mehreren Pumpenstaffeln und mit Tiefbrunnen. Abb. 142 stellt einen Schnitt durch eine offene Baugrube dar, die 15 m unter den ursprünglichen Wasserspiegel reicht. Mit Hilfe der obersten Brunnenreihe *a* kann der Wasserspiegel nur bis auf die Höhe des Punktes *b* abgesenkt werden, der im günstigsten Fall 6 m tiefer als *a* liegt. Um bis in größere Tiefe ausschachten zu können, muß eine zweite, durch eine Sammelleitung verbundene Brunnenreihe, kurz oberhalb der Höhenkote von Punkt *b* eingebaut werden usw. Bei einer solchen Anordnung spricht man von einer *staffelweisen* Grundwasserabsenkung. Für etwa 4,5 m Tiefe wird jeweils eine Reihe von Brunnen benötigt, eine weitere Reihe kann entlang des Böschungsfußes erforderlich sein.

Bei noch so dichter Anordnung der Brunnenstaffeln kann die Dicke der entwässerten schrägen Bodenschicht im Mittel nicht über etwa 4,5 m vergrößert werden (s. Abb. 142a). Unter dieser Schicht wirkt der Strömungsdruck des Sickerwassers auf den Boden. Wenn die Baugrubentiefe ein Vielfaches von 4,5 m beträgt, ist die entwässerte Schicht im Vergleich zu der Dicke der Bodenmassen neben der Böschung nur eine schwache Schale. Der in diesen Massen wirkende Strömungsdruck kann die Standsicherheit der Böschungen beeinträchtigen. Um diese Gefahr zu vermeiden, muß die Sickerströmung abgefangen werden, bevor sie in den unmittelbar unter den Böschungen befindlichen Raum eindringt. Dies kann durch Pumpen aus einer Reihe von Tiefbrunnen *f* in Abb. 142b erfolgen,

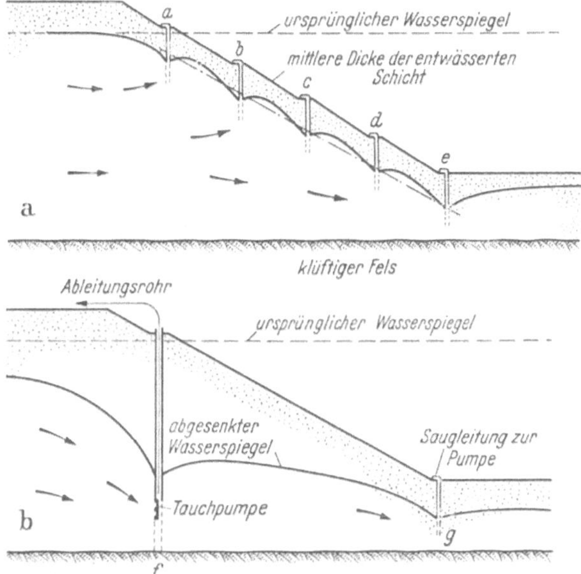

Abb. 142. a u. b. Trockenlegung tiefer Baugruben a) durch mehrere Staffeln von Well-Points und b) durch Filterbrunnen mit Tauchpumpen

die sich in der Nähe der oberen Böschungskante befinden. Der Durchmesser dieser Brunnen muß groß genug sein, um den Einbau von Unterwasserpumpen in den Rohren zu ermöglichen. Die größte Wirkung kann durch die Verwendung von elektrischen mehrstufigen Zentrifugalpumpen erzielt werden, die für diesen Zweck besonders entwickelt wurden. Um das Versuppen der Böschungsfüße zu verhindern, wird die geringe, durch die Zwischenräume zwischen den Brunnen dringende Wassermenge, durch eine Well-Point-Reihe *g* erfaßt.

Wenn das Baugrundprofil ziemlich gleichmäßig ist, kann der Abstand der Tiefbrunnen auf Grund einer theoretischen Untersuchung über den Wasserzufluß zur Baugrube ermittelt werden. Eine solche Untersuchung lohnt sich immer, weil Unterwasserpumpen sehr teuer sind. Der Erfolg einer Grundwasserabsenkung mit Unterwasserpumpen hängt in erster Linie von der Wirksamkeit der Maßnahmen ab, die zur Verhinderung einer Verstopfung der Filter mit feinen Teilchen getroffen worden sind.

Brunnen zur Entspannung von artesischem Wasser. Da durch das Abpumpen aus Well-Points oder Filterbrunnen der Wasserspiegel bis in eine bestimmte Tiefe unterhalb der Böschung oder der Sohle abgesenkt wird, wird die Gefahr des Aufweichens und Verschlammens beseitigt. Dies ist ein bedeutender Vorzug gegenüber den Verfahren der offenen Wasserhaltung aus Pumpensümpfen. Wie jedoch anfangs dargelegt, kann trotz einer durch Pumpen aus Brunnen erfolgten Grundwasserabsenkung ein Heben oder Aufbrechen der Sohle eintreten, wenn die Well-Points oder Filterbrunnen über einer relativ undurchlässigen Schicht, wie die Schicht *ab* in Abb. 141, enden. Um solche Vorfälle zu vermeiden, müssen Ausflußmöglichkeiten für das unterhalb der sperrenden Schicht befindliche Wasser vorgesehen werden. Diese Wasserauslässe werden als *Entspannungsbrunnen* bezeichnet. Das einfachste Verfahren für den Einbau von Entspannungsbrunnen besteht darin, Well-Points in den Untergrund einzuspülen, einen ringförmigen Raum rund um das Steigrohr auszuwaschen und diesen Zwischenraum mit grobem Sand zu füllen.

Das Raumgewicht γ_g im wassergesättigten Zustand ist bei den meisten Erdstoffen etwa doppelt so groß wie das Raumgewicht des Wassers γ_w. Infolgedessen ist in der Regel die Bedingung für ein Heben oder Aufbrechen

$$\gamma_g h_1 \lesseqgtr \gamma_w h$$

nur erfüllt, wenn h größer als $2\,h_1$ ist (s. Abb. 141). Bei manchen Baugrundverhältnissen steigt jedoch das Wasser in Wasserstandsrohren aus tieferen wasserführenden Schichten höher als aus näher an der Geländeoberfläche liegenden Schichten. Hierbei handelt es sich um *artesisch gespanntes* Wasser. In solchen Fällen kann eine Hebung oder ein Aufbruch selbst dann erfolgen, wenn h erheblich kleiner als $2\,h_1$ ist.

Um das Vorhandensein von artesischem Druck nachzuprüfen, müssen die Untersuchungsbohrungen mindestens bis zur Tiefe h besser noch bis zu $1{,}5\,h$ unterhalb der Gründungssohle abgeteuft werden. Bei jeder Entnahme einer Schappenprobe sollte man das Wasser im Bohrrohr aufsteigen lassen, bis es sich eingespiegelt hat und die Höhe des Wasserspiegels messen.

Das Vakuum-Verfahren. Wenn die mittlere wirksame Korngröße d_{10} des Bodens kleiner als etwa 0,05 mm ist, versagen die in den vorhergehenden Abschnitten beschriebenen Wasserabsenkungsverfahren mit Hilfe der Schwerkraft, weil das Wasser in den Poren des Bodens durch Kapillarkräfte festgehalten wird. Die Stabilisierung sehr feinkörniger Böden kann jedoch, zumindest bis zu einem gewissen Grad, durch die Erzeugung eines Vakuums in den Filter f erfolgen, welche die Well-Points umgeben (s. Abb. 143). Vor der Erzeugung des Vakuums, wirkt sowohl auf die Oberfläche der feinkörnigen Schicht als auch auf den das Filter umgebenden Boden der atmosphärische Druck p_a, von annähernd 1 kg/cm². Nachdem das Vakuum hergestellt ist, ist der Druck auf den die Filter umgebenden

Boden fast gleich Null, während derjenige auf die Oberfläche der Schicht p_a bleibt. Infolgedessen wird das Wasser allmählich aus dem Boden heraus in die unter Unterdruck stehenden Filter gesaugt, bis der wirksame Druck in dem neben der Vakuumbrunnenreihe befindlichen Boden um einen dem atmosphärischen Druck gleichen Betrag angestiegen ist. Gleichzeitig nimmt die Scherfestigkeit des Bodens um den Betrag $p_a \operatorname{tg} \varrho$ zu, worin ϱ der Winkel der inneren Reibung des Bodens ist. Dieser Vorgang ist dem der Verfestigung des Bodens durch Austrocknen nach Abschn. 21 sehr ähnlich.

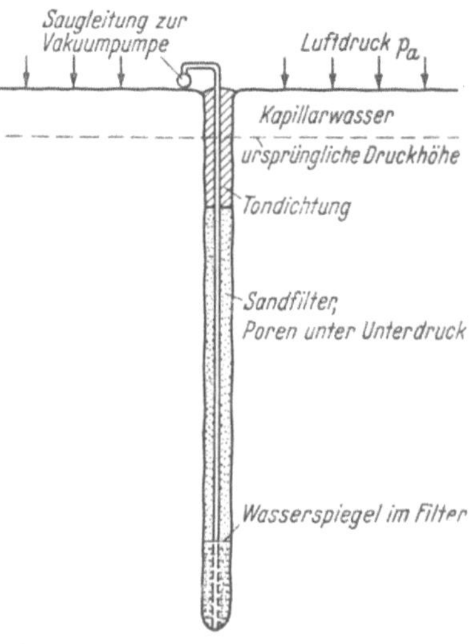

Abb. 143. Das Prinzip des Vakuumverfahrens zur Grundwasserabsenkung

Um ein Filter herzustellen, das unter Unterdruck gesetzt werden kann, wird folgendes Verfahren angewandt. Nachdem das Vakuumrohr in den Untergrund eingespült worden ist, wird der Druck des Spülwassers erhöht bis ein Loch mit 25 bis 30 cm Durchmesser ausgespült worden ist. Während das Wasser weiter fließt, wird Sand in das Loch gefüllt, bis die Oberfläche des Sandes einige dm unterhalb der Oberfläche der feinkörnigen Schicht liegt. Dann wird das Wasser abgestellt und der Rest des Loches mit Ton oder Lehm ausgefüllt, die als Verschluß wirken (Abb. 143).

Die durch dieses Verfahren zu erzielenden Ergebnisse sind aus Abb. 144 zu ersehen, die eine offene Baugrube in einem organischen Schluff mit einer mittleren effektiven Korngröße kleiner als 0,01 mm zeigt. 95% der Körner des Bodens waren kleiner als 0,07 mm. Die Sohle der Baugrube lag etwa 5 m unter dem ursprünglichen Wasserspiegel. Vor der Grundwasserabsenkung war der Schluff so weich, daß der im Hintergrund sichtbare Bagger auf einem Bohlenweg fahren mußte. Nachdem zwei Wochen hindurch gepumpt worden war, wurde der Boden so steif, daß die Baugrubenwände keinerlei seitliche Abstützung brauchten. Die deutlich sichtbaren Spuren, welche die Zähne des Baggerlöffels hinterlassen haben, zeigen die große Kohäsion, welche der Boden während der Grundwasserabsenkung erhalten hat.

Abb. 145 zeigt eine offene Baugrube im Schluff auf der Baustelle des Bonneville-Dams in Oregon nach der Verfestigung durch das Vakuumverfahren. Die wirksame Korngröße des Schluffs betrug etwa 0,015 mm und der Ungleichförmigkeitsgrad etwa 3. Bei diesem Boden waren ebenfalls 95% kleiner als 0,07 mm. Bei dem Vakuumverfahren beträgt der durchschnittliche Abstand der Brunnen etwa 1 m. Die Pumpenausrüstung ist die gleiche, wie diejenige für die Entwässerung von Böden mittlerer Durchlässigkeit. Für jeweils 150 lfd. m Brunnenreihe wird eine 6''-Pumpe benötigt; zusätzlich werden 1 oder 2 Vakuumpumpen an den Sammelleitungen angebracht. Zum Antrieb der gesamten Pumpenanlage

Abb. 144. Baugrube in Camden, N. J., in weichem organischem Schluff nach der Verfestigung durch das Vakuum-Verfahren

genügt ein 20 PS-Motor. Infolge der geringen Durchlässigkeit des Bodens fördert die Wasserpumpe jeweils nur für kurze Zeitabschnitte. Die Vakuumpumpen arbeiten kontinuierlich. Der Erfolg des Verfahrens hängt weitgehend von der Güte der Vakuumpumpen und vom Geschick und der Erfahrung des Maschinisten ab.

Nach der Entwässerung des Bodens durch das Vakuumverfahren werden die Bodenteilchen durch einen effektiven Druck zusammengehalten, der gleich dem atmosphärischen Unterdruck ist; die Poren sind jedoch vollständig mit Wasser gefüllt. Wenn die Struktur des Bodens sehr locker, wie die eines echten Fließsandes ist, wäre es möglich, daß eine plötzliche Erschütterung, beispielsweise durch das Rammen von Pfählen oder durch Sprengungen, einen Zusammenbruch der Struktur herbeiführen kann, wodurch eine spontane Verflüssigung ausgelöst würde (Abschn. 17). Es ist jedoch noch kein Fall dieser Art bekanntgeworden.

Entwässerung durch das Elektro-Osmose-Verfahren. Das Prinzip dieses Verfahrens ist in Abschn. 21 erläutert worden. Bei den wenigen praktischen Anwendungen, die es bisher gefunden hat, sind die Well-Point-Kathoden im Abstand von etwa 9 m angeordnet worden und die Anoden in der Mitte zwischen denselben. Sowohl die Anoden als auch die Kathoden waren etwa 6,5 m lang.

Die Erfahrungen mit dem Elektro-Osmose-Verfahren sind noch nicht umfangreich genug, um allgemein gültige Schlußfolgerungen über seine

Abb. 145. Baugrube in weichem Schluff auf der Baustelle für den Bonneville-Damm, Ore., nach der Verfestigung durch das Vakuum-Verfahren

Brauchbarkeit und Wirtschaftlichkeit ziehen zu können. Das Verfahren scheint am besten für die Entwässerung von Schluffen und Schlufftonen geeignet zu sein. Wenn die Well-Points hart an der oberen Böschungskante der in diesen Erdstoffen hergestellten Baugruben angeordnet sind, fließt das Sickerwasser in die Brunnen, anstatt weiter in Richtung auf die Böschungen und die Baugrubensohle zu strömen. Allein schon diese Wirkung kann in manchen Fällen genügen, um Versuppungen und Sohlenaufbrüche zu verhindern.

Die Menge der elektrischen Energie, die für die Entwässerung eines Bodens erforderlich ist, hängt weitgehend von der Art und Größe der Baugrube, von der chemischen Zusammensetzung des Grundwassers und von der Länge der Zeit ab, während der die Baugrube trocken gehalten werden muß. Bei den wenigen großen Baugruben, die bisher durch dieses Verfahren trockengelegt worden sind, belief sich der erforderliche Energiebedarf pro m³ Aushub auf 0,6 bis 1,4 kW-Stunde. Anderseits betrug der Stromverbrauch in einem Fall, wo eine kleine Baugrube ausgehoben wurde, etwa 14 kW-Stunden pro m³. Der Einfluß der im Grundwasser enthaltenen Stoffe, wie beispielsweise gelöster Salze auf den Energiebedarf ist noch nicht bekannt. Das Vorhandensein solcher Stoffe kann jedoch den Strombedarf erheblich steigern.

Zuverlässige Verfahren zur Ermittlung des Energiebedarfes mit Hilfe von Laboratoriumsuntersuchungen an repräsentativen Bodenproben stehen noch nicht zur Verfügung. Für die Entwässerung schluffiger Böden scheint das Vakuum-Verfahren günstiger zu sein, weil es wirtschaftlich ist, und die Entwässerungskosten zuverlässig vorausermittelt werden können. Das geeignete Anwendungsgebiet für das elektro-osmotische Verfahren scheint demnach die Entwässerung von Böden zu sein, die zu fein sind, als daß sie sich mit dem Vakuum-Verfahren verfestigen ließen. Endgültige Schlüsse hinsichtlich der relativen Vorteile der beiden Verfahren können jedoch erst gezogen werden, wenn das Elektro-Osmose-Verfahren über das Versuchsstadium hinaus ist [*47.5*].

Zusammenfassung über die Entwässerungsverfahren. Die Wassermenge, die in eine Baugrube bestimmter Abmessungen fließt, und die Verfahren, die am vorteilhaftesten für die Trockenlegung der Baugrube angewandt werden können, werden in erster Linie von der mittleren Durchlässigkeit des umgebenden Bodens bestimmt. Bei kleinen Bauvorhaben kann die Durchlässigkeit mit genügender Genauigkeit auf Grund der Ergebnisse der üblichen bodenphysikalischen Untersuchungen mit Proben aus den Untersuchungsbohrungen ermittelt werden. Bei großen Bauvorhaben können hierfür Pumpversuche notwendig sein.

Um entscheiden zu können, ob Grundwasserentspannungsbrunnen erforderlich sind, müssen die Untersuchungsbohrungen zumindest bis zu einer Tiefe unterhalb der Gründungssohle abgeteuft werden, die gleich dem vertikalen Abstand zwischen dem ursprünglichen Wasserspiegel und der Gründungssohle ist. Bei jeder Entnahme einer ungestörten Bodenprobe sollte man das Wasser aufsteigen lassen und die Spiegelhöhe in das Schichtenverzeichnis eintragen.

Baugruben in Böden mit großer Durchlässigkeit (k größer als 0,1 cm/sek.) oder in sehr dichten gemischtkörnigen Böden mittlerer Durchlässigkeit (k zwischen 10^{-1} und 10^{-3} cm/sek.) können in der Regel ohne Bedenken durch offene Wasserhaltung trocken gelegt werden.

Unter günstigen Verhältnissen können auch gleichförmige Böden mittlerer Durchlässigkeit ohne Schaden durch Pumpensümpfe entwässert werden. Dieses Verfahren bietet jedoch keine Sicherheit gegen die Bildung von Aufbrüchen in der Sohle der Baugrube, die mit unterirdischer Erosion und Versackungen des Geländes neben der Baugrube verbunden sein können. Um diese Gefahr zu vermeiden, werden Böden mittlerer Durchlässigkeit besser durch Pumpen aus Well-Points oder Filterbrunnen entwässert. Für die Grundwasserabsenkung im Baugrund vor Beginn der Ausschachtung sind 2 bis 6 Tage erforderlich.

Die größte Tiefe, bis zu welcher der Wasserspiegel durch Pumpen aus einer Brunnen- oder Well-Point-Staffel abgesenkt werden kann, beträgt etwa 6 m. Wenn die Sohle der geplanten Baugrube in größerer Tiefe liegt, ist eine mehrstufige Anlage erforderlich. In vertikalen Abständen von jeweils 4,5 m müssen zwei oder mehr Sammelleitungen eingebaut werden. Überschreitet die Tiefe der Baugrube 15 bis 18 m, ist es zweckmäßiger, den Boden rings um die Baustelle mit Unterwasserpumpen zu entwässern, die innerhalb der Verrohrung der mit einem großen Durchmesser angelegten Brunnen arbeiten.

Gleichförmige Böden geringer Durchlässigkeit (k zwischen 10^{-3} und 10^{-5} cm/sek.) können weder durch Pumpen aus Sümpfen noch aus gewöhnlichen Brunnen entwässert werden. Solche Böden lassen sich mit Erfolg durch das Vakuumverfahren stabilisieren. Die Menge des Wassers, die entzogen werden kann, ist sehr klein. Wenn das Pumpen jedoch über eine längere Zeitspanne fortgesetzt wird, kann der Boden so steif werden, daß die Baugrubenwände bis zu einer Tiefe von 4,5 m unter einem Winkel von 60° bis 70° abgeböscht werden können, ohne daß die Gefahr einer Böschungsrutschung besteht.

Feine Schluffe und gleichförmige schluffige Böden mit einem Durchlässigkeitsbeiwert zwischen etwa 10^{-5} und 10^{-7} cm/sek. können so weich sein, daß sie selbst in der Sohle einer Baugrube mittlerer Tiefe hochsteigen. Sie lassen sich mit keinem der zur Verfügung stehenden Verfahren mit vertretbarem Aufwand entwässern. Daher müssen Baugruben in weichen Böden dieser Art durch Baggern oder mit Hilfe des Druckluftverfahrens hergestellt werden. Glücklicherweise trifft man Böden dieser Art selten an.

Böden mit einem Durchlässigkeitsbeiwert kleiner als etwa 10^{-7} cm/sek. besitzen mit wenigen Ausnahmen echte Kohäsion. Sie können durch kein praktisch anwendbares Mittel entwässert werden; eine Entwässerung ist jedoch selten notwendig, weil ihre Scherfestigkeit gewöhnlich groß genug ist, um die Standfestigkeit der Sohle einer Baugrube mittlerer Tiefe zu gewährleisten. Die Tiefe, bis zu der eine Baugrube in solchen Böden ohne die Gefahr eines Sohlenaufbruches ausgehoben werden kann, läßt sich nur durch Verminderung der Böschungsneigung vergrößern, oder bei vertikalen Baugrubenwänden, durch die Vergrößerung der Einbindetiefe der Spundwände, welche einen Teil der seitlichen Abstützung bilden (s. Abschn. 48).

Literaturhinweise

[*47.1*] Harris, R. L.: A New Process for Dealing with Quicksand, Eng. News 27 (1892) S. 420–421. Ausführliche Beschreibung von Sohlenaufbrüchen, die bei der Herstellung von Baugruben in Providence, R. I., auftraten. Das zur Verhinderung des Auftriebs der Baugrubensohle angewandte Verfahren ist durch das Vakuum-Verfahren ersetzt worden.

[*47.2*] KYRIELEIS, W. und W. SICHARDT: Grundwasserabsenkung bei Fundierungsarbeiten. Berlin: Springer 1930. Ausführliche Darstellung der Theorie und der Anwendung des Siemens-Grundwasserabsenkungsverfahrens mit Brunnen.

[*47.3*] Working in the Dry with the Moretrench Wellpoint System, commercial puplication, Moretrench Co., Rockaway, N. J.

[*47.4*] PRENTIS, E. A. and L. WHITE: Underpinning. New York: Columbia University Press 1931. Beschreibung einer wasserdurchlässigen Auskleidung der Wände von Baugruben (S. 60/61.); Beispiele für die Entwässerung offener Einschnitte (S. 80–90).

[*47.5*] CASAGRANDE, L.: The Application of Elektro-Osmosis to Practical Problems in Foundations and Earthworks. Report on the Present Position, London: H. M. Stationery Office Publication 1947.

48. Die seitliche Abstützung in Baugruben

Einleitung. Offene Einschnitte können dazu bestimmt sein, ständig offen zu bleiben, beispielsweise für Straßen oder Eisenbahnen, oder sie können nach kurzer Zeit wieder verfüllt werden, nachdem sie ihren Zweck erfüllt haben. Die Seiten bleibender Einschnitte sind gewöhnlich nicht steiler als $1^1/_2$ zu 1 abgeböscht (Abschn. 49) oder durch Stützmauern abgestützt (Abschn. 46). Dagegen werden die Böschungen vorübergehender Einschnitte so steil angelegt, wie die Bodenverhältnisse dies ohne Gefahr von Böschungsbrüchen erlauben (Abb. 144 und 145), oder sie werden vertikal ausgeschachtet und gegeneinander abgesteift. Die Wahl hängt von den relativen Kosten und von der Beschränkung ab, die der Breite des Einschnittes durch die örtlichen Verhältnisse auferlegt werden.

In diesem Abschnitt wird der Entwurf von Aussteifungen in zeitweilig offenen Einschnitten mit vertikalen Wänden behandelt. Wenn die Sohle eines Einschnittes unterhalb des Wasserspiegels liegen soll, muß der Baugrund im Bereich des Einschnittes vor oder während der Ausschachtungsarbeiten entwässert werden. Die Berechnung der Aussteifungen kann deshalb gewöhnlich ohne Berücksichtigung der Lage des Wasserspiegels durchgeführt werden.

Die Angaben, die als Unterlagen für eine ausreichende Bemessung des Aussteifungssystemes benötigt werden, sind in erster Linie von der Aushubtiefe bestimmt. Es ist daher zweckmäßig, zwischen flachen Einschnitten mit weniger als 6 m Tiefe und tiefen Einschnitten mit größerer Tiefe zu unterscheiden. Die Aussteifung flacher Einschnitte, wie beispielsweise von Gräben zur Verlegung von Abwasser- oder Wasserversorgungsleitungen ist mehr oder weniger standardisiert. Die üblichen Systeme können mit ausreichender Sicherheit bei sehr verschiedenen Bodenverhältnissen angewandt werden. Da Feinheiten bei der Berechnung solcher Systeme unwirtschaftlich sein würden, sind vor der Bauausführung nur ganz allgemein Kenntnisse über die Baugrundverhältnisse notwendig und eine Berechnung des Erddruckes ist nicht erforderlich. Dagegen müssen beim Entwurf der Aussteifung tiefer Einschnitte, beispielsweise für Untergrundbahnen, die Abmessung des Einschnittes und die Eigenschaften des angrenzenden Bodens berücksichtigt werden, weil die hierdurch zu erzielenden Einsparungen in der Regel weitaus größer als die Kosten für die Beschaffenheit dieser Berechnungsunterlagen sind. Um ausreichende Angaben über die Eigenschaften des Bodens zu erhalten, können zusätzlich zu den Untersuchungsbohrungen weitere Bohrungen mit Entnahme von Rohrproben oder Sondenversuche notwendig sein.

Früher erfolgte der Entwurf von Aussteifungen tiefer Einschnitte gewöhnlich auf Grund der Annahme, daß der Erddruck wie ein hydrostatischer Druck direkt proportional zur Tiefe unter der Geländeoberfläche zunimmt. Jedoch haben sowohl die Theorie (Abschn. 32) als auch die Erfahrung gezeigt, daß diese Annahme nur selten zutrifft. Daher soll bei der Behandlung der tiefen Einschnitte im zweiten Teil dieses Abschnittes auch auf die Berechnungsverfahren für Aussteifungen nach der tatsächlichen Erddruckverteilung eingegangen werden.

Aussteifungen von Einschnitten geringer Tiefe. In kohärenten Böden können nach Gl. (24.8) Einschnitte bis zur Tiefe h_c theoretisch mit senkrechten Wänden ohne Aussteifung ausgeführt werden. Für Tone der verschiedenen Konsistenzen ist h_c angenähert:

sehr weich	weich	mittel
$< 1{,}5$ m	$1{,}5 - 3{,}0$ m	$3{,}0 - 5{,}5$ m

Halbfeste und feste Tone neigen dazu, rissig zu werden und infolgedessen kann h_c bis auf 3 m sinken. Die Größe von h_c für kohärente Sande hängt von der Größe der Kohäsion ab, sie liegt gewöhnlich zwischen 3,0 und 4,5 m; sie kann jedoch auch erheblich größer sein.

Wenn ein Einschnitt mit vollkommen unabgestützten vertikalen Wänden in einem kohärenten Boden ausgehoben wird, werden in Wirklichkeit wenige Stunden oder Tage nach der Ausschachtung auf der Geländeoberfläche neben dem Einschnitt Zugrisse auftreten. Durch solche Risse wird die kritische Höhe erheblich herabgesetzt (s. Abschn. 31) und früher oder später werden die Wände einstürzen. Um derartige Unfälle zu verhüten, werden die oberen Teile der Wände enger Einschnitte gegeneinander abgesteift, wie in Abb. 146a dargestellt. Die horizontalen Teile der Auszimmerung werden gewöhnlich als *Steifen* oder *Sprieße* bezeichnet. Sie können aus Holz bestehen oder aus ausziehbaren Metallstützen. Die Steifen werden durch Keile oder Schrauben verspannt und stützen horizontale Hölzer ab, die gewöhnlich aus dreizölligen Bohlen bestehen. Die Steifen haben im allgemeinen einen Abstand von etwa 2,5 m und die von ihnen aufzunehmende Belastung bleibt sehr klein, es sei denn, daß der Einschnitt sich in einem steifen Ton befindet, der zum Schwellen neigt.

Wenn die Tiefe eines engen Grabens etwa 0,5 h_c überschreitet, werden gewöhnlich mit fortschreitender Aushubtiefe laufend Steifen eingebaut. Sie werden gegen kurze vertikale Hölzer verkeilt, die sog. *Brusthölzer*, die horizontale Bohlen abstützen (s. Abb. 146b). Es ist im allgemeinen nicht notwendig, die Bohlen eng aneinander zu stoßen; wenn ein Abstand zwischen ihnen verbleibt, bilden sie eine *offene Verschalung*. Ein anderes

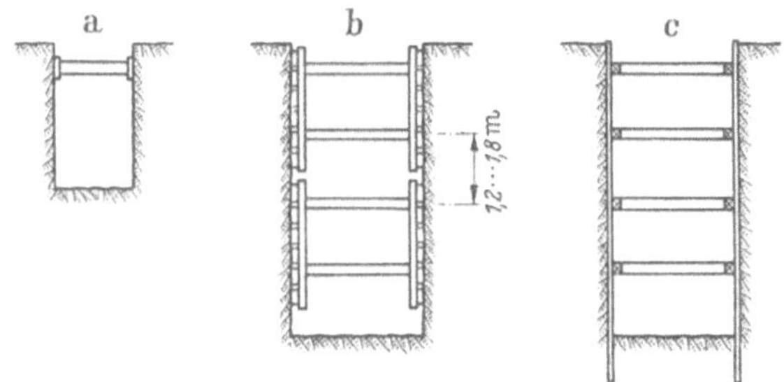

Abb. 146 a–c. Verschiedene Aussteifungsverfahren für Baugruben geringer Tiefe. a) Eine einzige Steifenlage; b) Ausbohlen; c) Ausspunden

Verfahren besteht darin, die Steifen gegen horizontale Kanthölzer zu verkeilen, die sog. *Rahmhölzer*, die vertikale Schalbohlen abstützen. Der unterste Teil der Wände von etwa 0,5 h_c Höhe kann unabgestützt bleiben, um einen ausreichenden Arbeitsraum zu behalten, sofern der Boden keine Neigung zeigt herabzurieseln oder auszufließen. Wenn dies der Fall ist, werden die Schalbohlen bis zur Sohle des Grabens heruntergeschlagen, dagegen sind für ihre Abstützung keine Steifen erforderlich.

In vollkommen kohäsionslosem Sand oder Kies kann nur ein vertikaler Verbau angewendet werden. Auf jeder Seite der Baugrube wird gewöhnlich eine Reihe von Schalbohlen oder Kanaldielen eingerammt und in dem Maß, wie die Ausschachtung fortschreitet, werden Rahmhölzer und Steifen eingezogen. Die Schalbohlen werden gewöhnlich von Zeit zu Zeit um einige dm nachgerammt. Ihre unteren Enden befinden sich jedoch immer mehrere dm unter der jeweiligen Sohle der Grube (Abb. 146 c). Die Abmessungen des Verbaues sind ohne Rücksicht auf die Bodenart ziemlich weitgehend standardisiert. Die Abstände der Steifen betragen in horizontaler Richtung etwa 2,4 m und in vertikaler 1,2 bis 1,8 m. Ausbauteile aus Stahl stehen bei Grabenbreiten bis zu 1,5 m zur Verfügung. Die Holzsteifen für enge Gräben haben gewöhnlich einen Querschnitt von 12/12 bis 12/18 cm. Diese Abmessungen nehmen bis auf 24/24 für Einschnitte bis 3,6 m Breite zu. Die Schalbohlen sind 15 bis 25 cm breit. Eine Verschalung mit diesen Abmessungen kann in kohäsionslosem Sand mit ausreichender Sicherheit bis zu einer Tiefe von etwa 9 m verwendet werden, im weichen Ton bis zu einer Tiefe von etwa 3 m über das Maß von 0,5 h_c hinaus.

Aussteifung tiefer Einschnitte. *Allgemeine Betrachtung über den Entwurf von Aussteifungen.* Die gebräuchlichsten Verfahren zur Abstützung der Wände tiefer Baugruben sind in Abb. 147 dargestellt. Wenn ein Einschnitt ausgeschachtet wird, werden die Steifen mit zunehmender Aushubtiefe laufend eingezogen. In Abschn. 32 ist gezeigt worden, daß bei

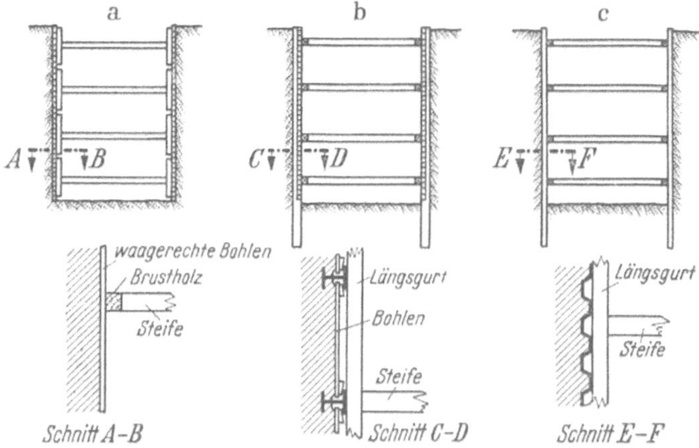

Abb. 147 a–c. Verschiedene Verfahren für die Aussteifung tiefer Baugruben. a) Mit Schalbohlen und Brusthölzern; b) mit I-Trägern, Bohlen und Längsgurten; c) mit Spundbohlen und Längsgurten

diesem Verfahren auf jeder Seite des Einschnittes eine Bewegung des Bodens nach innen eintritt. An der Geländeoberfläche ist diese Bewegung auf einen sehr kleinen Betrag beschränkt, weil die oberste Steifenlage eingezogen wird, bevor der Spannungszustand im Boden durch die Ausschachtung wesentlich geändert wird. Dagegen nehmen die Bewegungen, die dem Einziehen der Steifen in größeren Tiefen vorangehen, mit der Aushubtiefe zu. Nach Abschn. 32 hat diese Art des Ausweichens eine annähernd parabolische Druckverteilung zur Folge, wobei der Maximaldruck in der Nähe der halben Tiefe des Einschnittes auftritt, während der durch eine Hinterfüllung mit horizontaler Oberfläche gegen eine Stützmauer ausgeübte seitliche Druck, wie ein hydrostatischer Druck direkt proportional zur Tiefe unter der Geländeoberfläche zunimmt.

Ein anderer grundsätzlicher Unterschied zwischen einer Stützmauer und der Auszimmerung einer Baugrube besteht in der unterschiedlichen Weise, wie diese beiden Arten von Stützbauwerken zu Bruch gehen. Eine Stützmauer stellt einen geschlossenen Baukörper dar und bricht als Ganzes. Örtliche Abweichungen in der Größe des Hinterfüllungsdruckes haben nur kleine Bedeutung; dagegen kann jede einzelne Steife in einer Baugrube als Einzelteil zu Bruch gehen. Da der Bruch einer Steife eine erhöhte Beanspruchung der benachbarten zur Folge hat, kann er einen progressiven Zusammenbruch des gesamten Abstützungssystemes auslösen.

Endlich muß daran erinnert werden, daß die Scherfestigkeit des in einer vertikalen Fläche anstehenden Bodens erst dann voll aktiviert wird, wenn die Wand um ein gewisses Maß ausgewichen ist (s. Abschn. 23). Jede Stützmauer kann um ein Mehrfaches dieses Betrages ausweichen ohne zerstört zu werden, dagegen kann eine Steife durch Ausknicken versagen, bevor die Scherfestigkeit des abgestützten Bodens im vollen Umfang geweckt worden ist.

Es ist nicht möglich, durch Laboratoriumsversuche oder irgendwelche andere indirekte Verfahren festzustellen, ob beim Ausschachten und Aussteifen eines Einschnittes tatsächlich eine so große Bewegung eingetreten ist, daß der gesamte seitliche Erddruck auf die Größe des aktiven Erddruckes herabgesetzt wurde. Weiterhin können die von den einzelnen Steifen aufgenommenen Drücke bei gegebenem Gesamtdruck auf das Verbausystem sehr unterschiedlich sein, weil sie von zufälligen Faktoren abhängen, wie beispielsweise von der Kraft, mit der die Keile eingeschlagen sind, von örtlichen Unterschieden im benachbarten Boden und von der Zeit, welche zwischen der Ausschachtung und dem Einziehen einer Steife an einer bestimmten Stelle vergeht. In Anbetracht dieser Umstände sollte man sich auf kein Berechnungsverfahren für die Auszimmerung von Baugruben verlassen, sofern seine Zuverlässigkeit nicht durch die Ergebnisse von Messungen in Baugruben voller Größe nachgewiesen worden ist. Bisher sind Messungen dieser Art nur in tiefen Baugruben in dichtem Sand und in weichen und steifen diluvialen Tonen durchgeführt worden.

Tiefe Baugruben in Sand. Messungen der Belastung von Steifen sind beim Bau einer Untergrundbahn in Berlin durchgeführt worden, für welche eine offene Baugrube bis zu einer Tiefe von 11,6 m in feinem, dichtem, ziemlich gleichkörnigem Sand ausgehoben worden war. Vor und während des Aushubes war der Grundwasserspiegel bis in erhebliche Tiefe unter der endgültigen Gründungssohle nach dem Siemens-Verfahren (Abschn. 47) abgesenkt worden. Während des Bauvorganges lag die Baugrube also oberhalb des Wasserspiegels. Sie war in der in Abb. 147b dargestellten Weise ausgezimmert worden. Die Steifen waren in vertikalen Ebenen angeordnet, die über die gesamte Länge der Baugrube gleiche Abstände hatten, und die Drücke in den Steifen sind in zehn dieser Ebenen gemessen worden [*48.1*]. Die Druckverteilung in vier Steifen-Ebenen sind in Abb. 148a dargestellt. Die Kurven, welche sich für die anderen Steifen-Ebenen ergeben haben, liegen innerhalb der Fläche, die von den in der Abbildung dargestellten Kurven umgrenzt wird.

Obgleich die Beschaffenheit des Sandes im Bereich der Baustelle ziemlich gleichmäßig war, weicht die Form der Druckverteilungskurven erheblich vom statistischen Mittel ab. Die Abweichungen sind zu einem Teil wahrscheinlich auf örtliche Unterschiede in den Bodeneigenschaften und im größeren Ausmaß auf Unterschiede bei Einzelheiten der Ausführung an den verschiedenen Stellen zurückzuführen. Alle Kurven hatten jedoch annähernd parabolische Form und der Abstand von der Bau-

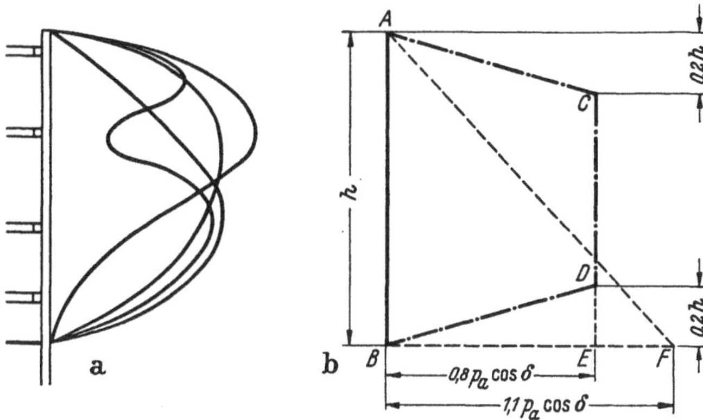

Abb. 148 a u. b. a) Ergebnisse von Messungen des seitlichen Erddrucks gegen die Aussteifung von Baugruben in dichtem Sand in Berlin; b) trapezförmige Druckverteilung, die für die Berechnung von Steifen in Baugruben in Sand angenommen werden kann

grubensohle bis zum Zentrum des Druckes lag zwischen den verhältnismäßig engen Grenzen von 0,53 h und 0,60 h. Die meisten Werte lagen zwischen 0,53 h und 0,55 h.

Wenn der Druckmittelpunkt oberhalb des unteren Drittelspunktes der Stützwand liegt, ist nach Abschn. 32 der Gesamt-Erddruck gegen eine vertikale Abstützung etwas größer als der COULOMBsche Wert. Wenn der Abstand zwischen der Unterkante der Stützwand bis zum Angriffspunkt der Druckresultierenden etwa 0,55 h ist, wie es sich in der Baugrube in Berlin ergeben hat, ist der Gesamt-Erddruck etwa 10% größer als der Wert nach COULOMB. Wenn eine hydrostatische Erddruckverteilung vorliegen würde, würde der Gesamt-Erddruck gegen die Auszimmerung der Baugrube der Fläche des Druckes AFB in Abb. 148b entsprechen, in dem die Basis BF gleich dem 1,1fachen der Größe $p_a \cos \delta$ der horizontalen Komponenten des COULOMBschen Druckes an der Sohle der Baugrube ist. Der Faktor 1,1 stellt das Verhältnis zwischen dem Gesamt-Erddruck auf die Wände der Baugrube und dem entsprechenden COULOMBschen Wert dar.

Die tatsächliche Druckverteilung in einem bestimmten vertikalen Schnitt kann jedoch jeder einzelnen der verschiedenen Kurven in Abb. 148a ähneln. Sie ändert sich von Ort zu Ort. Da jede Steife für den Maximaldruck bemessen werden muß, der auf sie wirken kann, ist der größte Wert des Steifendruckes durch die Umhüllende aller Kurven gegeben, die durch Auftragen der gemessenen Steifendrücke erhalten wurden. Diese Umhüllende läßt sich annähernd durch das Trapezoid $ACDB$ darstellen. Der maximale Druck beträgt nach dieser trapezförmigen Druckverteilungsannahme nur das 0,8fache des maximalen COULOMBschen Wertes, die Fläche des Trapezes übertrifft jedoch diejenige des Dreieckes um etwa 20%. Dieser Überschuß trägt den Abweichungen der einzelnen Steifendrücke in einer bestimmten Tiefenlage vom Mittelwert Rechnung und beseitigt die Gefahr des progressiven Zusammenbruches des Aussteifungssystems.

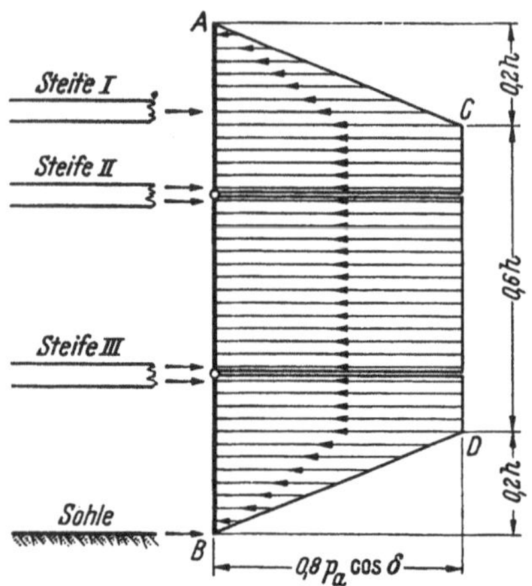

Abb. 149. Darstellung der Annahmen für die rechnerischen Lasten beim Entwurf von Aussteifungen für Baugruben in Sand

Zur Bestimmung der Lasten, für welche die Steifen in einer Baugrube in dichtem Sand berechnet werden müssen, kann das folgende Verfahren angewendet werden. Nach Abb. 149 wird eine maßstäbliche Zeichnung angefertigt, die einen Schnitt durch die vertikalen I-Träger oder Spundbohlen darstellt. Es wird angenommen, daß die I-Träger in Höhe jeder Steife mit Ausnahme der obersten durch ein Gelenk unterbrochen und daß sie in Höhe der Baugrubensohle gelenkig abgestützt seien. Die vertikalen Träger werden durch die in Abb. 149 als Trapezfläche $ACDB$ dargestellte horizontale Belastung beansprucht. Der Größtwert der horizontalen Belastung ist dann

$$0{,}8\, p_a \cos\delta = 0{,}8\,\gamma h \left(E_a \frac{\cos\delta}{\frac{1}{2}\gamma h^2} \right).$$

Der Klammerausdruck kann unmittelbar aus den Diagrammen der Abb. 67 entnommen werden. Jedes Teilstück des vertikalen Trägers zwischen den Gelenken wirkt wie ein einfacher Träger auf zwei Stützen, der seinen eigenen Teil von der gesamten Last aufzunehmen hat (s. Abb. 149). Die Auflagerkräfte aus der Belastung werden nach den Regeln der Statik berechnet. Um die Lasten auf die Steifen zu erhalten, wird die gesamte Auflagerkraft in Höhe jeder Steife mit dem horizontalen Abstand zwischen den Steifen multipliziert. Die Bemessung jeder Steife sollte mit Rücksicht auf die Knickgefahr mit einem Sicherheitsgrad von 2 erfolgen.

Da das in Berlin angewandte Bauverfahren nicht wesentlich von dem sonst bei Ausschachtungen und Aussteifungen von Baugruben in Sand angewandten Verfahren abweicht, kann das in Abb. 149 dargestellte Berechnungsverfahren ohne Bedenken auch an jedem anderen Ort bei Baugruben in dichtem Sand angewandt werden. Dagegen stehen bis jetzt noch keine im Feld gewonnenen Werte über den durch lockeren Sand ausgeübten Druck zur Verfügung. Es ist daher nicht bekannt, ob der Bruch in lockerem Sand an der Sohle der Baugrube ebenso wirkungsvoll herabgesetzt wird, wie in dichtem. In Anbetracht dieser Unsicherheit sollte man den Berechnungen über den Druck lockerer Sande besser die Druckfläche $ACEB$ als die Fläche $ACDB$ in Abb. 148b zu Grunde legen. An diese Regel sollte man sich so lange halten, bis zuverlässige Meßergebnisse zur Verfügung stehen.

Nur in wenigen Fällen werden die Verhältnisse die Bestimmung von ϱ und δ durch Laboratoriumsversuche notwendig machen. Mit genügender Genauigkeit können die Werte für ϱ nach Tab. 7 in Abschn. 15 abgeschätzt werden. Die relative Dichte des Sandes kann mit Hilfe von Baugrundsondierungen festgestellt werden (Abschn. 44). Für Aussteifungen der in Abb. 147a dargestellten Art ist $\delta = 0°$. Für die in Abb. 147b und c dargestellten Aussteifungen ist δ größer als 0°, wird aber in der Regel 20° nicht überschreiten. Das Raumgewicht γ des Sandes sollte in derselben Weise gemessen werden, wie bei einer Sandhinterfüllung einer Stützmauer (Abschn. 46).

Wenn der Wasserspiegel durch eine offene Wasserhaltung mit Pumpensümpfen in der Baugrube abgesenkt wird, muß der Strömungsdruck gegen den unteren Teil der Aussteifung berücksichtigt werden. Eine Entwässerung durch die Zwischenräume zwischen den Schalbohlen genügt nicht, um den Strömungsdruck aufzuheben. Die Wirkung dieser Art der Entwässerung ähnelt derjenigen der vertikalen Entwässerungsschicht hinter einer Stützmauer, wie sie in Abb. 139a dargestellt ist.

Tiefe Baugruben in Ton. Nach Abschn. 15 ist die mittlere Scherfestigkeit τ des Tons in einer potentiellen Gleitfläche annähernd gleich der Hälfte der mittleren Zylinderdruckfestigkeit q_u von zweizölligen ungestörten Tonproben. Daher kann der durch eine Tonmasse ausgeübte seitliche Druck auf Grund der vereinfachenden Annahme berechnet werden, daß der Ton ein ideal plastisches Material sei, für welches $\varrho = 0°$ und $\tau = q_u/2$. Wenn ein Teil der Bodenmasse aus Sand besteht, wird die mittlere Scherfestigkeit des Sandes geschätzt und die Sandschicht im Baugrundprofil durch eine gedachte Tonschicht mit der Scherfestigkeit $\tau = q_u/2$ ersetzt. Die mittlere Scherfestigkeit der gesamten Bodenmasse neben der Baugrube ist gleich dem Mittel aus den Werten τ der einzelnen Schichten unter Berücksichtigung der Schichtdicken.

Nach der Erddrucktheorie von RANKINE in Abschn. 24 ist der aktive Erddruck in der Tiefe z unter der horizontalen Oberfläche einer halb-unendlichen Masse eines plastischen Materials mit der Kohäsion $c = \tau = q_u/2$ und dem Winkel der inneren Reibung $\varrho = 0°$, gleich

$$p_a = \gamma z - q_u \tag{48.1}$$

und der Gesamtdruck auf eine vertikale Ebene mit der Höhe h ist

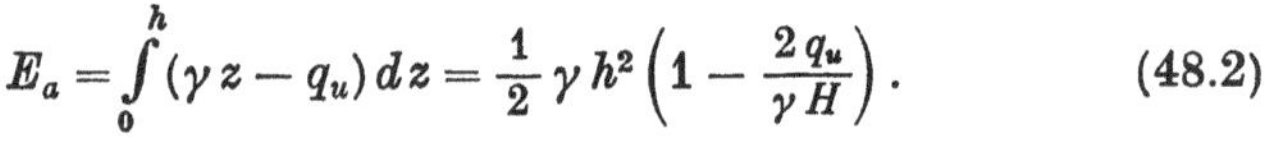

$$E_a = \int_0^h (\gamma z - q_u)\, dz = \frac{1}{2} \gamma h^2 \left(1 - \frac{2 q_u}{\gamma H}\right). \tag{48.2}$$

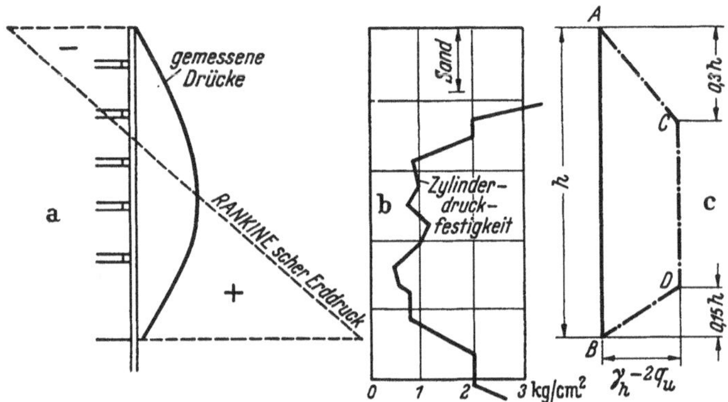

Abb. 150 a–c. a) Ergebnisse von Messungen des seitlichen Erddrucks gegen die Aussteifung einer offenen Baugrube in steifplastischem Ton in Chicago; b) Schwankungen in der Größe der Zylinderdruckfestigkeit des Tons neben der Baugrube; c) Annahme über die Druckverteilung als Grundlage für die Berechnung der Steifen offener Baugruben in weich- und steifplastischen Tonen

In Abb. 150a ist ein vertikaler Schnitt durch eine Seite einer tiefen Baugrube im steif- bis weichplastischen Ton von Chicago wiedergegeben. In Abb. 150b stellen die Ordinaten die Tiefe unter der Geländeoberfläche dar und die Abszissen die zugehörigen Werte der Zylinderdruckfestigkeit q_u des Tons. Das rechnerische Mittel der Werte für q_u des Tons und des überlagernden Sandes beträgt 10 t/m². Wenn man diesen Wert in Gl. (48.1) einführt und die Werte von p_a als Abszissen in Abhängigkeit von der Tiefe z aufträgt, erhält man die gestrichelte Linie in Abb. 150a. Sie gibt die Verteilung des aktiven Erddruckes gegen die Aussteifung der Baugrube unter der Voraussetzung an, daß der benachbarte Ton sich in einem aktiven RANKINEschen Zustand befindet.

Die für die Berechnung der wirklichen Größe und Verteilung des Erddruckes erforderlichen Angaben wurden dadurch ermittelt, daß die durch die einzelnen Steifen aufgenommenen Kräfte gemessen wurden. Die Ergebnisse der Berechnungen sind in Abb. 150a als ausgezogene Kurve dargestellt. Die Form dieser Kurve läßt keinen Zweifel darüber, daß der Erddruck gegen die Aussteifung dieser Baugrube nicht mit der RANKINEschen Erddrucktheorie übereinstimmt, dagegen aber mit der in Abschn. 32 behandelten Theorie. Die Ergebnisse ähnlicher Messungen bei mehreren anderen Baugruben in weich- und steifplastischen Tonen von Chicago führten zu demselben Schluß [*48.2*].

Es wurde festgestellt, daß der vertikale Abstand h_1 von der Sohle der Baugruben bis zum Druckmittelpunkt in der Größenordnung von $0{,}42\,h$ bis $0{,}56\,h$ mit einem Mittelwert bei $0{,}45\,h$ liegt. Für diese Größenordnung von h_1 führt die in Abschn. 32 angegebene Theorie zu folgenden Schlußfolgerungen. Wenn die Resultierende aus dem Erddruck und der Adhäsion an der Auszimmerung in horizontaler Richtung wirkt, wird der tatsächliche Erddruck den RANKINEschen Wert nach Gl. (48.2) um etwa 50% überschreiten. Mit zunehmender Neigung der Resultierenden nimmt der seitliche Erddruck ab und, wenn die Neigung der Resultierenden 20° beträgt, müßten die beiden Größen für den Druck annähernd gleich sein. Da die Auszimmerung der angeführten Baugruben aus Chicago zu der in Abb. 147b und c dargestellten Art gehörte, war die Auszimmerung in der Lage, einen vertikalen Druck aufzunehmen und man nahm an, daß die Resultierende eine vertikale Komponente entwickeln konnte, die einer Neigung der Resultierenden von 20° entspricht. Infolgedessen mußten die gemessenen Kräfte in den Steifen annähernd gleich dem aus Gl. (48.2) berechneten Gesamtdruck gewesen sein.

Die vorstehende Schlußfolgerung wurde durch Druckmessungen in allen Baugruben bestätigt, in denen die Aussteifungen sorgfältig hergestellt und straff vorgespannt oder verkeilt worden waren. Das größte seitliche Ausweichmaß des Tons in Richtung auf die Baugrube war nicht größer als 0,25% der Baugrubentiefe und infolgedessen war die Setzung der benachbarten Geländeoberfläche unbedeutend. Dagegen zeigte in einem Fall eine deutliche Setzung der Geländeoberfläche neben einer Baugrube ein übermäßiges Ausweichen des Tons an und der Druck gegen die Aussteifung übertraf den nach Gl. (48.2) zu erwartenden Wert erheblich.

Diese Beobachtungen wiesen darauf hin, daß schon das kleine Ausweichmaß, das bei sorgfältigster Ausführung der Aussteifung auftritt, genügte, um die volle Scherfestigkeit des in den Baugruben von Chicago angetroffenen Tons zu entwickeln. Jedes Nachgeben über dieses Maß hinaus war in jeder Hinsicht nachteilig. Um ein übermäßiges Ausweichen zu verhindern, hatte es sich als zweckmäßig herausgestellt, die Steifen durch Eintreiben von Keilen zwischen den Brusthölzern und den I-Trägern vorzuspannen oder besser, die sich gegenüberliegenden Brusthölzer auseinanderzupressen während die Steifen eingebaut wurden.

Die Beobachtungen in Chicago wurden in Baugruben gemacht, die in Tonen mit Fließgrenzen zwischen 28 und 52% mit einem Mittelwert von etwa 36% ausgehoben worden waren. Im Plastizitätsdiagramm der Abb. 9 liegen die diese Tone repräsentierenden Punkte ausnahmslos oberhalb der Linie A. Sie gehören deshalb zur Gruppe der anorganischen Tone mittlerer Plastizität. Die oberste 1,0 bis 1,5 m dicke Schicht des Tons war durch Verdunstung vorverdichtet, während die darunter anstehende Schicht normal oder annähernd normal vorbelastet war. Das Verhältnis zwischen der kritischen Höhe h_c des Tons und der Tiefe h der Baugruben schwankte zwischen etwa 0,45 bis 0,8. Diese Werte bilden den bekannten Bereich für die Gültigkeit der Schlußfolgerungen, die aus den Beobachtungen gezogen werden können.

Auf Grund der Beobachtung in den im Ton von Chicago ausgehobenen Baugruben ist das folgende Verfahren für die Abschätzung der auf die einzelnen Steifen in Baugruben, die in ähnlichen Tonen ausgehoben werden, wirkenden Lasten entwickelt worden. Zunächst ist es erforderlich, sich zuverlässige Angaben über die Zylinderdruckfestigkeit des Tons zu verschaffen. Es müssen in der Nähe der Mittellinie der geplanten Baugrube Bohrungen mit 2''-Probenentnahmerohren in Abständen von höchstens 30 m niedergebracht werden. Nachdem die Werte für die Zylinderdruckfestigkeit ermittelt worden sind, sollte die Berechnung auf Grund des niedrigsten Mittelwertes für q_u aufgestellt werden, der sich für irgendeine der Bohrungen ergeben hat.

Das Verfahren zur Ermittlung der rechnerischen Belastung der einzelnen Steifen ähnelt demjenigen für Baugruben in dichten Sanden. Die Berechnungen gehen von dem Trapez $ABDC$ in Abb. 150c aus, das alle Kurven umschließt, welche die gemessenen Drücke gegen die Aussteifungen in den Baugruben von Chicago darstellten. Die Breite des Trapezes entspricht der Größe

$$\gamma h - 2 q_u .$$

Der durch die Fläche $ABDC$ in Abb. 150c dargestellte Gesamtdruck übertrifft den auf die einzelnen Steifenlagen wirkenden Gesamtdruck um etwa 50%. Wie in den Darlegungen über tiefe Baugruben in Sand ausgeführt wurde, ist der Überschuß für die Abweichungen der einzelnen Steifenlasten vom Mittel in einer bestimmten Tiefenlage vorgesehen. Der Sicherheitsgrad gegen Ausknicken der Steifen sollte nicht kleiner als 2 sein.

Erfahrungen haben gezeigt, daß die Verminderung der Biegemomente in den Brusthölzern infolge der Gewölbebildung im Ton zwischen den vertikalen I-Trägern oder Rahmhölzern zu gering ist, um in Rechnung gestellt werden zu können. Deshalb sollte das maximale Biegemoment in jedem Brustholz auf Grund der Annahme berechnet werden, daß die von der Bohlwand übertragene Last in horizontaler Richtung gleichmäßig verteilt ist.

Wenn ein Ton so weich ist, daß der Wert von h_c/h nahe bei Null liegt, kann der seitliche Druck fast direkt proportional zur Tiefe zunehmen. In weichen organischen Tonen kann das mit dem Ausschachten und Aussteifen verbundene Ausweichen nicht groß genug sein, um den vollen Scherwiderstand des Tons zu entwickeln. In hochgradig vorverdichteten Tonen kann die Tendenz des Tons sich auszudehnen, zu einem allmählichen Anwachsen des seitlichen Druckes bis auf ein Mehrfaches des nach Gl. (48.2) zu erwartenden Wertes führen. Infolge dieser noch ungeklärten Möglichkeiten können allgemein gültige Entwurfsregeln für Baugruben in Tonen erst aufgestellt werden, wenn ähnliche Beobachtungen, wie sie in Chicago gemacht wurden, auch für Baugruben in Tonarten mit stark abweichenden Eigenschaften vorliegen.

Wenn eine Baugrube in einem weichen Ton ausgehoben wird, kann sich die Sohle heben, da der Ton nicht in der Lage ist, dem Gewicht der Überlagerung auf beiden Seiten Widerstand zu leisten. Der Sicherheitsgrad gegen Sohlhebungen kann nach der in Abschn. 32 angegebenen Theorie mit ausreichender Genauigkeit abgeschätzt werden. Wenn der theoretische Sicherheitsgrad unzureichend ist, kann eine Sohlenhebung in der Regel durch Spundwände verhindert werden, die bis in ausreichende Tiefe unter Baugrubensohle eingerammt werden. Die erforderliche Einbindetiefe läßt sich berechnen. Können Spundbohlen nicht verwendet werden, kann die Baugrube nur durch Baggern ausgehoben werden.

Zusammenfassung der Verfahren und Probleme. Die Ausschachtung und Aussteifung von Baugruben bis zu etwa 6 m Tiefe muß unter gewissenhafter Befolgung der vorhandenen empirischen Regeln durchgeführt werden. Der Erddruck auf die Aussteifung solcher Baugruben ist von zweitrangiger Bedeutung, weil es wirtschaftlicher ist, eins der Standardsysteme für die Aussteifung auf Kosten eines etwas höheren Materialverbrauches zu verwenden, als die Aussteifung den örtlichen Baugrundverhältnissen anzupassen.

Dagegen verursacht die Aussteifung von tiefen und breiten Baugruben einen erheblichen Teil der Gesamtkosten. Hierbei können oft wesentliche Einsparungen durch verschiedene Abweichungen von den Standardverfahren für Aussteifungen erzielt werden, wie beispielsweise dadurch, daß man einen großen, nicht ausgesteiften Arbeitsraum zwischen der Baugrubensohle und der untersten Steifenlage vorsieht. Um sowohl den Forderungen der Sicherheit als auch denen der Wirtschaftlichkeit genügen zu können, muß eine gründliche Baugrunduntersuchung durchgeführt und die Entwürfe für die Aussteifung müssen auf Grund der Ergebnisse von Erddruckberechnungen aufgestellt werden.

Wie Erfahrungen in Übereinstimmung mit der Theorie gezeigt haben, sind die klassischen Erddrucktheorien auf die Probleme der offenen Baugruben nicht anwendbar. Der Erddruck, der von dichtem oder ziemlich dichtem Sand und von normal vorbelastetem oder anorganischem Ton, dessen Wassergehalt durch Verdunstung herabgesetzt ist, hervorgerufen wird, kann mit Hilfe der vorstehend beschriebenen Verfahren berechnet werden. Die Anwendung der Theorie auf den Entwurf von Baugrubenaussteifungen in anderen Bodenarten sollte sehr vorsichtig erfolgen, bis die Zuverlässigkeit der Ergebnisse durch Feldmessungen bestätigt worden ist.

Veröffentlichungen über Erfahrungen beim Ausbau offener Baugruben sind sehr spärlich und häufig ist ihr Wert durch das Fehlen ausreichender Beschreibungen der Bodenarten, in denen die Baugruben hergestellt wurden, sehr beeinträchtigt.

Literaturhinweise

[*48.1*] Terzaghi, K.: General Wedge Theory of Earth Pressure, Trans. ASCE, 106 (1941) S. 68–97. Verfahren und Ergebnisse bei Erddruckmessungen in offenen Baugruben in Sand in Berlin.

[*48.2*] Peck, R. B.: Earth Pressure Measurements in Open Cuts, Chicago Subway, Trans. ASCE, 108 (1943) S. 1008–1036. Enthält die Ergebnisse von Erddruckmessungen bei verschiedenen Baugruben in weich- und steifplastischen Tonen.

[*48.3*] Peck, R. B.: The Measurement of Earth Pressures on the Chicago Subway, ASTM Bull., Aug. 1941 S. 25–30. Beschreibung der Versuchstechnik für das Messen von Steifenbelastungen.

[*48.4*] Meem, J. C.: The Bracing of Trenches and Tunnels, with Practical Formulas for Earth Pressures, Trans. ASCE, 60 (1908) S. 1–23, Diskussionsbeiträge S. 24–100. Die Veröffentlichung enthält interessante Beobachtungsberichte über Gräben in sehr verschiedenen Böden. Die theoretischen Teile der Arbeit und die Diskussionen sind nur noch von historischem Interesse. Die Angaben über die Bodenverhältnisse sind unzureichend.

49. Standsicherheit natürlicher und künstlicher Böschungen

Ursachen und allgemeine Kennzeichen von Böschungsrutschungen. Jede unterhalb einer abgeböschten Geländeoberfläche oder unterhalb der abgeböschten Wände eines künstlichen Einschnittes befindliche Bodenmasse hat die Tendenz, sich unter dem Einfluß der Schwerkraft nach unten und nach vorn zu bewegen. Wenn die Scherfestigkeit des Bodens dieser Tendenz das Gleichgewicht hält, ist die Böschung standsicher. Andernfalls tritt eine Rutschung ein. Das abrutschende Material kann aus natürlich abgelagerten Böden, aus einer künstlichen Aufschüttung oder aus einem Gemisch von beiden bestehen. In diesem Abschnitt sollen nur Rutschungen in natürlichen Böden betrachtet werden. Die anderen Arten werden später behandelt.

Rutschungen in einem natürlichen Boden können durch äußere Störungen, wie Unterschneiden des Fußes einer vorhandenen Böschung oder Ausschachten einer Grube mit nicht abgestützten Wänden verursacht werden. Anderseits können sie auch ohne einen äußeren Anlaß bei Böschungen, die viele Jahre hindurch stabil gewesen sind, auftreten. Rutschungen dieser Art sind entweder auf ein zeitweiliges Anwachsen des Porenwasserdruckes zurückzuführen oder auf eine fortschreitende Verminderung der Festigkeit des Bodens.

Trotz der Vielfalt der Ursachen, die eine Rutschung auslösen können, läßt fast jede Rutschung die in Abb. 151 dargestellten Merkmale erkennen. Dem Bruch geht die Bildung von Zugrissen im oberen Teil der Böschung oder hinter der oberen Böschungskante voraus. Während der Rutschung senkt sich der obere Teil der Böschungsfläche, während der untere Teil, die Zunge, sich aufbaucht. Wenn die ursprüngliche Oberfläche der Böschung eben war, wird das Profil der Geländeoberfläche in der Achse der Rutschung also zu einer S-förmigen Kurve verformt (s. Abb. 78). Die Form der Zunge ist im gewissen Maß von der Art der rutschenden Massen beeinflußt. Homogener Ton mit einer geringen Empfindlichkeit gegen Strukturstörungen wird sich in der Regel so aufwölben, wie in Abb. 151 dargestellt. Dagegen wird ein Ton mit einer sehr empfindlichen Struktur oder Ton mit Sandlinsen, in der Regel wie eine Flüssigkeit ausfließen.

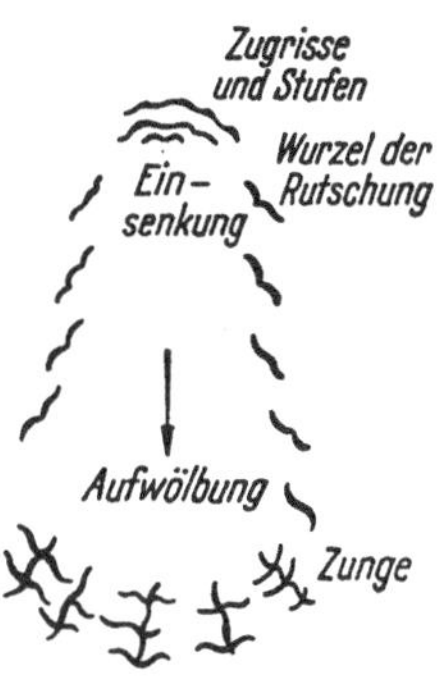

Abb. 151. Draufsicht auf eine typische Rutschung in bindigen Böden

Selbst in gleichförmigen Böschungen von großer Länge und mit annähernd gleichbleibender Höhe treten Rutschungen fast immer nur an einigen wenigen Stellen auf, die voneinander durch größere Abstände getrennt sind. Die bekannten Rutschungen am Panama-Kanal erscheinen beispielsweise auf einem Lageplan als isolierte Narben, die durch lange unzerstörte Böschungsstrecken voneinander getrennt sind. Rutschungen in langen Eisenbahneinschnitten mit ziemlich gleichmäßigen Querschnitten zeigen ähnliche Merkmale.

Eine wichtige Gruppe von Rutschungen bildet jedoch eine Ausnahme von der allgemeinen Regel, daß Rutschungen nicht in breiter Front auftreten. Wenn bei bestimmten geologischen Verhältnissen der überwiegende Teil der Rutschfläche innerhalb einer horizontalen Schicht von Grobschluff oder Sand liegt, die zwei Tonschichten voneinander trennt, ist die Breite der Rutschung häufig sehr viel größer als die Länge derselben. Derartige Rutschungen werden in der Regel durch einen Porenwasserüberdruck in der Sand- oder Schluffschicht ausgelöst. Im Gegensatz zu

Rutschungen der anderen Arten werden sie nicht durch leicht erkennbare Anzeichen für die drohende Gefahr angekündigt, sondern der Bruch erfolgt zumeist plötzlich.

Bauaufgaben in Verbindung mit der Standsicherheit von Böschungen. Die mit der Standsicherheit von Böschungen verbundenen Aufgaben betreffen den Entwurf und den Bau unabgestützter Einschnitte für Straßen, Eisenbahnen und Kanäle. Die Notwendigkeit tiefe Einschnitte herzustellen, ergab sich erst Anfang des 19. Jahrhunderts, als die ersten Eisenbahnen gebaut wurden. Seit jener Zeit sind jedoch zahllose Einschnitte von immer größerer Tiefe und Länge ausgehoben worden.

Erfahrungsgemäß sind Böschungen mit einer Neigung von $1^1/_2$ (horizontal) zu 1 (vertikal) im allgemeinen standsicher. Tatsächlich weisen die Böschungen der meisten Eisenbahn- und Straßeneinschnitte bei Tiefen bis zu 6 m dieses Neigungsverhältnis auf, darüber hinaus auch die Böschungen vieler tieferer, vollkommen standsicherer Einschnitte. Daher kann das Neigungsverhältnis $1^1/_2$ zu 1 als Norm für Straßen- und Eisenbahnbauten angesehen werden. Die üblichen Böschungen überfluteter Einschnitte, wie beispielsweise für Kanäle, liegen zwischen 2 : 1 und 3 : 1. Steiler als mit diesen Neigungen sollten Böschungen nur im Fels, in dichten, sandigen, mit Steinen durchsetzten Böden und in echtem Löß angelegt werden.

Böschungen in Fels werden in diesem Buch nicht behandelt. In dichten Sand-Kiesgemischen mit Steinen haben sich Böschungsneigungen 1 : 1 als dauernd standsicher erwiesen. In ariden Klimagebieten mußte echter Löß vertikal abgeböscht werden, weil geneigte Böschungen nicht ausreichend gegen eine starke Erosion gesichert werden können. Der Fuß der vertikalen Flächen mußte sorgfältig gegen eine zeitweilige Wassersättigung bei starken Regenfällen geschützt werden. Trotz dieser Vorsichtsmaßnahmen brachen von Zeit zu Zeit unvorhergesehene Rutschungen nieder, die wieder vertikale Flächen hinterließen, welche Jahre hindurch standsicher blieben.

Um Verkehrsbehinderungen durch die heruntergebrochenen Massen zu vermeiden, ist es üblich, Einschnitte in Löß breiter auszuführen, als es für den Verkehr notwendig wäre. Unter Wasser anstehende Böschungen bilden im typischen Löß im allgemeinen ein schwieriges Problem. Sie werden anschließend behandelt.

Bei Vorerhebungen über den Umfang der Erdbewegungen, die für den Bau einer neuen Verkehrslinie erforderlich sind, geht man im allgemeinen von der Annahme aus, daß alle Einschnitte in Lockermassen mit Standardböschungen ausgeführt werden können. Die Erfahrungen haben jedoch ergeben, daß die Standardböschungen nur standsicher sind, wenn die Einschnitte in einem günstigen Baugrund ausgehoben werden. Die Bezeichnung „günstiger Baugrund“ bezieht sich dabei auf sandige oder kiesige Bodenarten, mit oder ohne Kohäsion, in feuchtem oder trockenem Zustand. In einem weichen oder einem steifen, rissigen Ton kann selbst der Aushub eines sehr flachen Einschnittes mit Standardböschungen den Boden zum Rutschen bringen und die Bewegungen können sich bis auf eine Entfernung von der Böschungskante, die ein Vielfaches der Tiefe beträgt, erstrecken. Tonböden, die Schichten oder Linsen von wasserführendem Sand enthalten, können in ähnlicher Weise auf eine Störung ihres Gleichgewichtes reagieren. Ablagerungen mit Eigenschaften dieser Art gehören zu den schwierigsten Baugrundarten.

Erfahrene Ingenieure suchen neue Verkehrslinien so zu planen, daß Einschnitte in schwierigen Baugrundarten soweit wie möglich vermieden werden. Wenn bei einem Projekt lange Einschnitte in vermutlich schwierigen Bodenarten notwendig sind, werden die Kostenermittlungen in der Regel ergeben, daß das Projekt nur wirtschaftlich ist, wenn der Sicherheitsgrad auf einen erheblich niedrigeren Wert herabgesetzt wird, als der Grad der Zuverlässigkeit der Ergebnisse von Standsicherheitsberechnungen. Infolgedessen sind bei Einschnitten in schwierigen Böden örtliche Rutschungen nichts ungewöhnliches, sie werden geradezu als unvermeidlich angesehen. Gleichzeitig erwartet man von einer durchgeführten Baumaßnahme, daß die Rutschungen nicht zu Verlusten an Menschenleben und zu schweren Sachschäden führen dürfen. Diese Forderungen können nur durch eingehende und sorgfältig durchgeführte Feldbeobachtungen während der Bauausführung und danach erfüllt werden. Allein derartige Beobachtungen und keine anderen Mittel ermöglichen es, die Anzeichen drohender Rutschungen zu erkennen und geeignete Maßnahmen zur Abwendung verhängnisvoller Folgen zu ergreifen.

Die Verfahren zur Behandlung nicht standsicherer Böschungen hängen in erster Linie von der Natur der betreffenden Böden ab. Darum ist es für die Praxis sehr zweckmäßig, die Rutschungen nach der Bodenart, in der sie erfolgen, einzuteilen. Die verbreitetsten Arten der schwierigen Böden und Bodenformationen sind Schuttmassen, die aus Schiefertonen oder Schiefergesteinen entstanden sind, sehr lockere, wasserführende Sande, homogene weiche Tone, feste rissige Tone, Tone mit Sand- oder Schluffstreifen und bindige Bodenmassen, die Schichten oder Linsen von wasserführendem Sand oder Schluff enthalten. In den folgenden Ausführungen werden die Ursachen von Rutschungen beschrieben und die gegenwärtig üblichen baulichen Maßnahmen bei diesen Problemen zusammengefaßt. In Anbetracht ihrer Vielseitigkeit können die Darlegungen nicht mehr, als eine Einführung in das Studium der Standsicherheit von Böschungen in natürlichen Bodenschichten sein.

Böschungen im Verwitterungsschutt. Unter dem Begriff *Detritus* oder *Verwitterungsschutt* versteht man eine lockere Anhäufung von relativ gesunden Gesteinstrümmern, die mit vollständig verwitterten vermischt sind. Der Verwitterungsschutt kann eine Decke bilden, welche eine mäßig geneigte Felsböschung in einer Dicke bis zu etwa 6 m überlagert, oder er kann als Schuttkegel am Fuß eines steilen Felshanges liegen.

Wenn er trocken ist oder ständig entwässert wird, ist jeder Verwitterungsschutt in der Regel so standsicher, daß die Standardböschungsneigungen ohne Schwierigkeiten beibehalten werden können. Böschungen im Verhältnis 1 : 1 sind nicht ungewöhnlich und ihre Standsicherheit wird nicht unbedingt durch Schichten beeinträchtigt, die gelegentlich Wasser

Abb. 152. Rutschung in der Verwittterungsdecke einer flachen Böschung bei Barboursville, W. Va. (nach G. E. LADD)

führen. Es gibt jedoch wichtige Ausnahmen von dieser Regel. Der Verwitterungsschutt einiger Gesteinsarten wird durch eine Durchnässung so weitgehend verändert, daß er selbst auf flachen Böschungen zu fließen beginnt, sobald seine Durchnässung ein bestimmtes Maß erreicht hat.

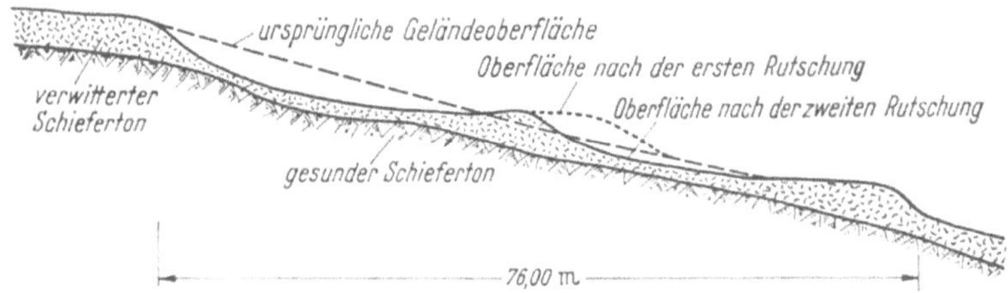

Abb. 153. Schnitt durch eine doppelte Rutschung in einer Verwitterungsdecke (nach G. E. LADD)

In Teilen von West-Virginia, im südlichen Teil von Pennsylvanien und im östlichen von Ohio tritt ein periodisches Böschungsfließen dieser Art ohne äußeren Anlaß in Böschungen mit nur 10° Neigung auf. Tatsächlich haben derartige Rutschungen der Oberfläche dieser Gebiete ihre charakteristischen Züge verliehen [*49.1*]. In Abb. 152 ist die Fotografie einer Rutschung in Verwitterungsschutt in der Nähe von Barboursville, W.-Va. wiedergegeben. Abb. 153 stellt ein Profil einer doppelten Rutschung an derselben Stelle dar.

Die Merkmale dieser Fließ-Rutschungen weisen darauf hin, daß sie dadurch verursacht worden sind, daß das Gewicht der rutschenden Massen vorübergehend von den Berührungspunkten zwischen den festen Bestandteilen auf das Porenwasser übertragen worden ist. Dieser Vorgang entspricht der Verflüssigung von lockerem, wassergesättigtem Sand (s. Abschn. 17). Die Struktur des Verwitterungsschuttes ist jedoch nicht, wie die des lockeren Sandes, erschütterungsempfindlich und die Belastungsübertragung ist auf eine andersartige Ursache zurückzuführen.

Aus Erfahrungen weiß man, daß Rutschungen im Verwitterungsschutt auf schwach geneigten Hängen sich nur in Schuttmassen ereignen, die aus weichen, mürben, teilweise zersetzten Bruchstücken blättriger Schiefertone oder verschiedenartiger Schiefer zusammengesetzt sind. Sie sind in Verwitterungsschuttmassen besonders häufig vertreten und enthalten Bruchstücke von Chlorit-, Glimmer- und Talkschiefer. In jeder trockenen Jahreszeit zerfällt ein Teil dieser Bruchstücke. In der darauffolgenden nassen Jahreszeit werden einige dieser Bruchstücke unter der größer gewordenen Belastung durch die Wassersättigung zerstört und übertragen ihre Belastung auf das Wasser.

Die wirkungsvollste Maßnahme zur Verhinderung von Schuttrutschungen in schwach geneigten Böschungen ist eine ausreichende Entwässerung. Da die Schuttschicht jedoch gewöhnlich nur dünn ist (s. Abb. 153), kann ein leichtes Schuttfließen auch durch das Einrammen von Pfählen durch das sich bewegende Material bis in den festen Untergrund aufgehalten werden. Gewöhnlich werden mehrere Pfahlreihen rechtwinklig zur Richtung des Böschungsfließens eingerammt [*49.1*].

Rutschungen an steilen Hängen treten weitverbreitet bei Schneeschmelze und weniger häufig bei großen Regenfällen auf. Die Art der Trümmer scheint hierbei keinen besonderen Einfluß zu haben. Nachdem eine Rutschung ausgelöst ist, gleitet und rollt das wassergesättigte Material als schnell dahinfließender Schuttstrom das Tal hinunter, wobei es Felsbrocken bis zu mehreren Kubikmeter Größe mitreißt, Brücken auf seinem Weg verschiebt und sich in der Mündung des Tales fächerförmig ausbreitet. Diese Rutschungen, die als *Schlamm-* oder *Schuttströme*, *Muren* oder *Rüffi* bezeichnet werden, sind in hohen Gebirgsketten in allen Teilen der Welt verbreitet. Auf dem Westhang der Wasatch-Berge in Utah sind in jeder Schlucht die Reste von mindestens einem Schlamm- oder Schuttstrom zu erkennen [*49.2*]. Da derartige Rutschungen unabhängig von der Lagerungsdichte und den petrografischen Eigenschaften des Trümmerschuttes eintreten, und nur an steilen Böschungen, ist es wahrscheinlich, daß sie ausschließlich durch den Strömungsdruck des Sickerwassers verursacht werden.

In den Alpen ist beobachtet worden, daß dem Herabkommen der Schuttströme häufig ein Versiegen von Quellen vorausgeht, die im oberen Teil der von den Schuttmassen bedeckten Fläche austreten. Dieses Phänomen läßt auf eine zeitweilige Zunahme des Porenvolumens in diesen Massen vor dem Abscheren schließen, ähnlich der Zunahme des Porenvolumens einer dichten Sandprobe vor dem Eintreten des Bruches beim Scherversuch (s. Abschn. 15).

Da im Verwitterungsschutt keine Rutschung ohne einen Überschuß an Wasser eintreten kann, läßt sich die Gefahr leichter Rutschungen dadurch beseitigen, daß jede zeitweilige Wassersättigung verhindert wird. Dies kann durch den Einbau einer tiefen Dränung entlang der oberen Grenze der zu schützenden Fläche und durch Abdecken der Oberfläche mit einer relativ undurchlässigen Bodenschicht erfolgen. In vielen Fällen wird die Dränung allein die gewünschte Wirkung haben.

Standsicherheit von Böschungen und Einschnitten in Sand. Jeder ständig oberhalb des Wasserspiegels befindliche Sand kann als standsicherer Baugrund angesehen werden, in dem Einschnitte mit Standardböschungen ausgeführt werden können. Dichte und mittlere Sande sind unterhalb des Wasserspiegels gleichfalls standsicher. Rutschungen können nur in lockeren, wassergesättigten Sanden eintreten. Sie werden durch eine plötzliche Verflüssigung ausgelöst, wie in Abschn. 17 beschrieben wurde. Die zur Auslösung einer Sandrutschung notwendige Einwirkung kann entweder eine Erschütterung oder eine schnelle Veränderung der Lage des Wasserspiegels sein. Wenn die Bewegung einmal begonnen hat, fließt der Sand wie eine Flüssigkeit und kommt erst zum Stillstand, wenn der Böschungswinkel kleiner als 10° geworden ist.

Mancherorts bilden derartige Rutschungen ein immer wiederkehrendes Phänomen. Die Sandrutschungen an der Küste der Insel Zeeland in Holland gehören hierzu [*49.3*]. Die Uferböschung befindet sich auf einer dicken Schicht von feinem Quarzsand, der aus runden Körnern besteht. Die Neigung des Strandes beträgt nur etwa 15°. Trotzdem bricht die Struktur des Sandes etwa alle zehn Jahre nach ungewöhnlichen Springtiden in kurzen Abschnitten des Küstengürtels zusammen. Der Sand fließt aus und breitet sich mit großer Geschwindigkeit als fächerförmige Schicht auf dem Grund des vorgelagerten Strandteiles unter Wasser aus. Die Zunge der Rutschung ist immer sehr viel breiter als die Ausbruchstelle. Abb. 154 zeigt einen Schnitt durch eine solche Rutschung. Die endgültige Neigung der Oberfläche betrug weniger als 5°. Eine Rutschung die sich 1874 bei Borselle ereignete, erfaßte nahezu 150000 m³.

Da Fließrutschungen in Sand nur eintreten, wenn der Sand sehr locker ist, kann die Neigung zum Rutschen durch Vergrößerung der Lagerungsdichte des Sandes verringert werden. Dies kann auf verschiedene Weise erreicht werden, beispielsweise durch Einrammen von Pfählen oder durch Auslösen kleiner Sprengladungen an vielen Punkten innerhalb der Sandmassen (s. Abschn. 50).

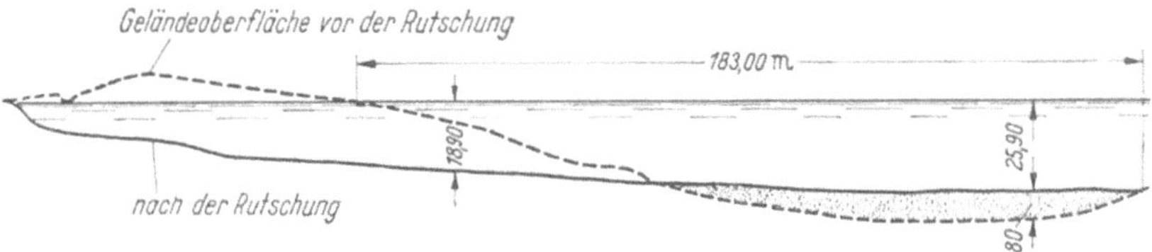

Abb. 154. Schnitt durch eine Fließrutschung im Sand an der Küste von Zeeland (nach F. MÜLLER)

Standsicherheit von Einschnitten in Löß. Echter Löß ist ein kohärenter, vom Wind abgelagerter Erdstoff, der eine effektive Korngröße zwischen etwa 0,02 und 0,006 mm hat und sehr gleichkörnig ist. Er besteht hauptsächlich aus eckigen und spitzen Quarzkörnern, die miteinander leicht verkittet sind. Ferner ist er stets von zahlreichen mehr oder weniger vertikalen Wurzellöchern durchzogen. Die Kohäsion des Lößes ist auf dünne Filme aus einem leicht löslichen, zementierenden Material zurückzuführen, das die Wände der Wurzellöcher überzogen hat. Da die Wurzellöcher überwiegend vertikal verlaufen, hat Löß die Tendenz, in vertikalen Flächen abzubrechen und seine Durchlässigkeit ist in vertikaler Richtung wesentlich größer als in horizontaler. Sein Porenvolumen kann bis zu 52% betragen.

Wenn Löß sich ständig oberhalb des Wasserspiegels befindet, stellt er einen sehr standsicheren Boden dar, der allerdings leicht durch Erosion angegriffen wird, Dagegen ist ein ständig überfluteter Löß in der Regel sehr wenig standsicher; dies ist die Folge seines großen Porenvolumens und der Auslaugung durch die Überflutung. Die Auslaugung löst die zementierende Substanz und verwandelt den Löß in eine fast kohäsionslose Masse, die nicht standsicher ist, es sei denn, daß ihre Porenvolumen weniger als 47% beträgt [*49.4*].

Die Wirkung der Überflutung wird durch die Ergebnisse eines im großen Maßstab durchgeführten Experimentes erläutert, das auf einer Lößhochfläche in Sowjet-Turkestan durchgeführt wurde. Der Löß hatte ein mittleres Porenvolumen von 50%. In trockenen Einschnitten stand er unabgestützt mit vertikalen Flächen bis über 15 m hoch an. Der Versuch wurde durchgeführt um zu untersuchen, ob das Material standsicher bleiben würde, wenn ein unausgekleideter Kanal quer durch die Hochfläche ausgeschachtet und für Bewässerungszwecke mit Wasser gefüllt würde. Es wurde ein offener Schacht mit 49 × 18 m Grundfläche 3 m tief ausgebaggert, dessen Seiten 1,5 zu 1 abgeböscht waren. Der Schacht wurde dann mit Wasser gefüllt und der Wasserspiegel konstant gehalten, indem die Sickerverluste ersetzt wurden. Nach wenigen Tagen begannen die Böschungen auszulaufen und die Sohle sich zu setzen. Dieser Vorgang setzte sich mit abnehmender Geschwindigkeit über eine Zeitspanne von etwa 6 Wochen fort. Am Ende dieser Zeit war die Geländeoberfläche rings um die Grube gerissen und bis auf eine Entfernung von etwa 6 m von der ursprünglichen Böschungskante abgesunken. Die Sohle hatte sich um etwa 0,75 m gesetzt. Innerhalb der Fläche, in der die Setzungen und die Fließerscheinungen aufgetreten waren, war der Löß so weich, daß er nicht betreten werden konnte.

Es ist denkbar, wenn auch nicht sicher, daß die Festigkeit des Lößes neben und unter einem solchen Kanal durch Behandlung der benetzten Flächen des Kanalbettes mit einem bituminösen Material erhalten werden kann.

Rutschungen in annähernd homogenem weichem Ton. Wenn die Böschungen eines Einschnittes in einer dicken weichen Tonschicht mit der Standardneigung 1,5 : 1 angelegt werden, wird wahrscheinlich bevor der Einschnitt eine Tiefe von 3 m erreicht hat, eine Rutschung eintreten. Die Bewegung des Bodens hat den Charakter eines Grundbruches (s. Abschn. 31 und Abb. 79b), bei dem die Einschnittsohle hochsteigt. Wenn die Tonschicht unter standsicheren Sedimenten ansteht, oder wenn sie eine steife Kruste besitzt, treten die Hebungen ein, sobald die Einschnittsohle die Oberfläche der weichen Schicht erreicht.

Wird der weiche Ton dagegen in geringer Tiefe unter der Einschnittsohle durch Fels oder eine Schicht von festem Ton unterlagert, tritt der Bruch in einem Böschungsfuß- oder einem Böschungskreis ein, der die Oberfläche der festen Schicht berührt, weil die Sohle sich nicht heben kann (s. Abschn. 31).

Wenn eine Einlagerung von weichem Ton eine unregelmäßige Form hat, wird der Verlauf der Gleitfläche in der Regel durch diese Form bestimmt werden, wie in Abb. 155 gezeigt ist. Hier ist ein Schnitt durch eine Rutschung dargestellt, die sich beim Bau des Södertalje-Kanales in Schweden ereignete. Wenn der weiche Ton sich bis in große Tiefe ausgedehnt hätte, wäre wahrscheinlich ein Grundbruch auf einem Mittelpunktkreis eingetreten. Das Vorhandensein des Kieses unterhalb des weichen Tons schloß jedoch die Möglichkeit eines Grundbruches aus und die Rutschung vollzog sich

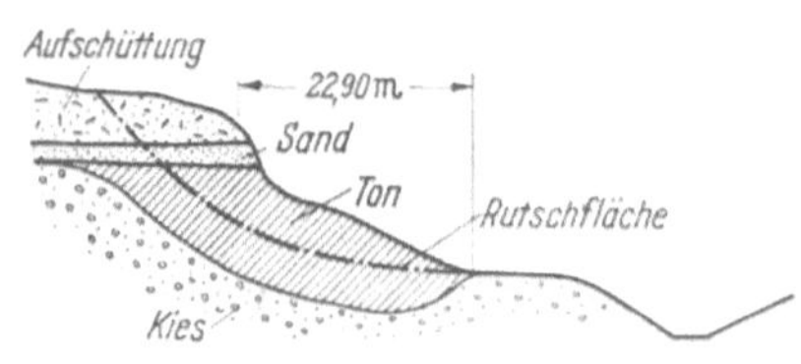

Abb. 155. Schnitt durch eine Rutschung nach einem Böschungsfuß-Kreis in weichem Ton am Södertalje-Kanal in Schweden (nach der Schwedischen Geotechnischen Kommission)

auf einem Böschungsfußkreis. Die Bewegung erfolgte so schnell, daß verschiedene Arbeiter getötet wurden [*49.5*].

Nach den gewonnenen Erfahrungen ist die mittlere Scherfestigkeit in einer Gleitfläche in homogenem Ton annähernd gleich der halben Zylinderdruckfestigkeit des Tons ([s. *49.6* und *49.7*] sowie Abschn. 15). Daher kann der Sicherheitsgrad gegen Rutschen der Böschungen geplanter Einschnitte schon vor Baubeginn mit Hilfe der in Abschn. 31 beschriebenen Verfahren ermittelt werden. Es muß jedoch betont werden, daß Unregelmäßigkeiten in der Tonschicht, wie Sand- oder Schluffeinschlüsse die Berechnungsergebnisse ungültig machen können. Die Gründe hierfür sind in den Abschnitten über den inhomogenen Ton dargelegt.

Ausfließen von Ton. Im allgemeinen kommt die Rutschung einer Böschung in weichem Ton in einer gewissen Entfernung der Zunge vom Böschungsfuß zum Stehen (Abb. 151). Es gibt jedoch eine bemerkenswerte Ausnahme von dieser Regel. Wenn die Sensitivität des Tons sehr groß ist (Abschn. 8), wird der Ton durch den Zusammenbruch seiner Struktur infolge der Durchknetung in eine dicke Suppe verwandelt. In einem solchen Ton brechen die in Bewegung geratenen Massen während des Abgleitens in Schollen auseinander, welche durch durchgeknetete Teile des Tons geschmiert werden. Das Gemisch aus Schollen und verflüssigtem Ton ist so beweglich, daß es wie ein Fluß selbst Hunderte von Metern auf einer fast horizontalen Fläche fließen kann. Bewegungen dieser Art werden als Tonfließen bezeichnet, obwohl ihre Ursache die gleiche, wie die der gewöhnlichen Tonrutschungen sein kann.

Typische Fälle von Tonfließen sind wiederholt ohne äußere Ursache an den Ufern der nördlichen Nebenflüsse des St. Lawrence-Flußes in Quebec eingetreten. Das Blockdiagramm der Abb. 156 ist eine schema-

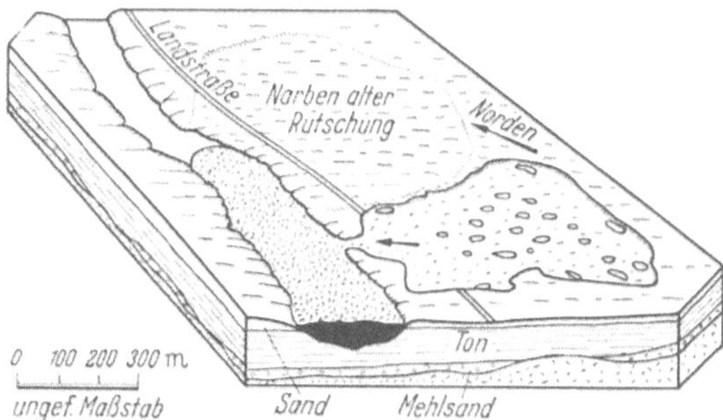

Abb. 156. Blockdiagramm, das die wichtigsten Kennzeichen einer Rutschung in einem sehr schluffigen Ton bei St. Thuribe, Quebec erkennen läßt (nach C. F. S. SHARPE)

tische Darstellung eines solchen Ausfließens. Während des Ausfließens senkte sich eine annähernd rechteckige Fläche von 518 m Länge parallel zum Fluß und 900 m Breite um 4,5 bis 9 m. Innerhalb einiger Stunden bewegten sich 2700000 m³ schluffige Tonmassen durch eine 60 m breite Öffnung in das Flußbett. Dieses wurde auf über 3 km verschüttet, wodurch der Wasserspiegel bis zu 7,6 m anstieg [*49.2*].

Ähnliche Fließrutschungen haben sich in anderen Teilen von Kanada, im Staate Maine (USA) und in den Skandinavischen Ländern ereignet [*49.2* und *49.8*]. Die bodenphysikalischen Kennzahlen der Böden, welche in dieser Art ausflossen, sind nicht zuverlässig bekannt. Die wenigen zur Verfügung stehenden Daten lassen erkennen, daß die Böden entweder sehr feine Steinmehle oder sehr schluffige, diluviale Tone mit einem weit über der Fließgrenze liegenden natürlichen Wassergehalt sind. Im Plastizitätsdiagramm der Abb. 9 werden sie durch die Punkte dargestellt, die im Bereich der anorganischen Tone geringer Plastizität liegen. Der übermäßig hohe Wassergehalt, der eine Voraussetzung darzustellen scheint, weist auf einen hohen Sensitivitätsgrad hin und möglicherweise auf eine gut entwickelte Skelettstruktur.

Die Berichte über die Rutschungen lassen vermuten, daß den Bodenbewegungen eine umfangreiche unterirdische Erosion vorangegangen ist, die ihren Ausgang von Quellen am Fuß der Böschung nahm (s. Abschn. 59). Wenn die Quellen unter Wasser austreten, kann die Erosion unbemerkt bleiben. Da die Breite eines Erosionsschlauches jedoch mit zunehmender Entfernung vom Austrittspunkt größer wird (s. Abschn. 59), ist es denkbar, daß sie in einer gewissen Entfernung vom Quellenaustritt so groß wird, daß das Gewölbe zusammenbricht. Infolge seiner großen Sensitivität würde sich der herabfallende Ton verflüssigen, wodurch er durch den erhalten gebliebenen Teil des Tunnels abfließen könnte. Der Strom aus halbflüssigem Ton könnte eine weitere Erosion verursachen, die den Zusammenbruch des Gewölbes des Tunnelabschnittes, durch den der Abfluß erfolgt, herbeiführt. Wenn diese Hypothese durch künftige genaue Beobachtungen bestätigt wird, müßte es möglich sein, derartige Rutschungen dadurch zu verhindern, daß man die Geländeoberfläche in der Nähe des Böschungsfußes durch ein umgekehrtes Filter abdeckt.

Die katastrophalen Rutschungen in flachen Tonböschungen, die sich in den letzten Jahren in Norwegen und Schweden ereignet haben, gaben Veranlassung, sich mit diesen Problemen eingehend zu beschäftigen. Man stellte fest, daß diese Rutschungen sich ausschließlich in marinen Tonen ereignen, die am Ende der Eiszeit im Meerwasser abgelagert, später aber über den Meeresspiegel gehoben wurden. Im Laufe der Zeit verringerte sich der Salzgehalt der Tone und ihres Porenwassers immer mehr, wodurch die bodenphysikalischen Eigenschaften dieser Tone sich erheblich änderten. Insbesondere wird die Plastizitätszahl herabgesetzt, wodurch die Konsistenz sich verschlechtert, die Sensitivität wird wesentlich erhöht, die Durchlässigkeit vergrößert und die Scherfestigkeit vermindert. In diesen Veränderungen wird die Ursache der ungewöhnlichen Rutschungen dieser Tone gesehen [*49.12*].

Rutschungen in steifem Ton. Fast jeder steife Ton ist von einem Netz von Haarrissen oder Harnischen durchzogen. Wenn diese Schwächungsflächen den Ton in kleine Bruchstücke von wenigen Zentimetern Durchmesser unterteilen, kann eine Böschung schon während des Bauvorganges oder kurz danach ihre Standsicherheit verlieren. Ist der Abstand der Risse dagegen größer, können viele Jahre seit der Herstellung der Böschung vergehen, ohne daß eine Rutschung eintritt.

In Ton, der in kleinen Abständen Risse zeigt, treten Rutschungen ein, sobald die Scherspannungen die mittlere Scherfestigkeit des rissigen Tones überschreitet. Mehrere Rutschungen dieser Art haben sich in einem langen Eisenbahneinschnitt bei Rosengarten in der Nähe von Frankfurt/Oder in Deutschland ereignet. Die Neigung der Böschungen betrug 3 : 1, die größte Tiefe des Einschnittes 30 m und die mittlere Scherspannung in den Rutschflächen am tiefsten Teil des Einschnittes annähernd 10 kg/cm^2. Der Ton war sehr steif, große Proben zerbrachen jedoch schnell in kleine eckige Stücke mit glänzenden Flächen. Die Rutschungen begannen unmittelbar nach dem Bau und setzten sich 15 Jahre hindurch fort [*49.9*].

Es ist bisher nicht versucht worden, die Scherfestigkeit derartiger Tone vor Baubeginn zu bestimmen. Jedoch ist anzunehmen, daß eine empirische Beziehung zwischen den Ergebnissen von dreiachsialen Druckversuchen mit großen ungestörten Proben des Tones und dem mittleren Scherwiderstand des im Felde anstehenden Tones aufgestellt werden kann. Bisher kennt man keine andere Gegenmaßnahme als die Verminderung des Böschungswinkels. Alle Versuche, die Bewegungen durch Dränungen oder durch Zementinjektionen zu verhüten oder aufzuhalten, sind ohne Erfolg gewesen.

Wenn der Abstand der Risse in einem Ton in der Größenordnung von Dezimetern liegt, können die Böschungen viele Jahre hindurch oder sogar Jahrzehnte, nachdem der Einschnitt hergestellt wurde, standsicher bleiben. Die Zeitspanne zwischen dem Aushub des Einschnittes und der Rutschung der Böschung läßt auf eine allmähliche Verminderung der Festigkeit des Bodens schließen. Die gegenwärtigen Vorstellungen über die Mechanik des Erweichungsvorganges sind in Abb. 157 dargestellt. Vor den Aushubarbeiten ist der Ton sehr steif und die Risse sind vollständig geschlossen. Die Verminderung der Druckspannungen während der Ausschachtung ver-

Abb. 157 a u. b. Schnitt durch eine rissige, feste Tonmasse. a) Alte Risse, die vor der Verminderung der Spannungen durch eine Ausschachtung geschlossen sind; b) durch die Verminderung der Spannungen öffnen sich die Risse und von ihnen aus wird der Ton neben den Rißwänden durch das eindringende Wasser aufgeweicht

ursacht eine Ausdehnung des Tons, wodurch sich einige Risse öffnen. Dann dringt Wasser ein und weicht den Ton neben diesen Rissen auf. Durch ungleichmäßiges Schwellen entstehen neue Risse, bis die größeren Tonklumpen zerfallen und die Tonmasse in einen weichen Brei verwandelt ist, der harte Kerne enthält. Sobald die Scherfestigkeit des erweichten Tones zu klein wird, um der Schwerkraft das Gleichgewicht halten zu können, tritt eine Rutschung ein. Die meisten Rutschungen

Abb. 158. Rutschung in einem sehr festen, von Rissen durchsetzten Ton

dieser Art erfolgen auf Kreisflächen, die durch den Böschungsfuß gehen. Sie erfassen einen relativ flachen Bodenkörper, weil der Scherwiderstand des Tons mit zunehmendem Abstand von der freien Oberfläche sehr schnell größer wird. Das Wasser scheint nur durch die Zerstörung der Tonstruktur mitzuwirken, der Strömungsdruck scheint dagegen keine Rolle zu spielen.

In Abb. 158 ist eine Rutschung in einem sehr festen, von Rissen durchsetzten Ton in einem Eisenbahneinschnitt dargestellt, dessen Böschungen eine Neigung von 2,5 : 1 haben. Die Höhe der Böschung betrug 18 m. Die charakteristische S-Form der gerutschten Böschung ist deutlich zu erkennen. Die Rutschung ereignete sich etwa 80 Jahre nachdem der Einschnitt hergestellt worden war. Es waren weder Quellen noch andere Anzeichen für Sickerwasser bemerkt worden.

Eine Überprüfung der Berichte über verschiedene, mit Verzögerung aufgetretene Rutschungen in steifen Tonen mit weit auseinanderliegenden Rissen hat ergeben, daß die mittlere Scherfestigkeit des Tons von einem hohen Anfangswert zur Zeit der Ausschachtung auf Werte zwischen 0,20 bis 0,35 kg/cm² zur Zeit des Eintrittes der Rutschung absinkt. Da dieses Absinken der Scherfestigkeit viele Jahrzehnte erfordern kann, würde es unwirtschaftlich sein, den Böschungswinkel für Einschnitte in solchen Tonen auf Grund des Grenzwertes für die Scherfestigkeit zu wählen.Es ist jedoch anzustreben, diese Verschlechterung der Eigenschaften soweit wie möglich zu verzögern, indem der an die obere Böschungskante angrenzende Landstreifen auf eine Breite, die gleich der Tiefe des Einschnittes ist, dräniert und die Durchlässigkeit der Geländeoberfläche im Einschnitt durch geeignete Maßnahmen vermindert wird. Sollten zu einem späteren Zeitpunkt örtlich begrenzte Rutschungen eintreten, so können sie mit örtlich zur Verfügung stehenden Mitteln beseitigt werden. Wenn mit Verzögerung eintretende Rutschungen Menschenleben gefährden oder erhebliche Sachschäden verursachen würden, sollte die Böschung mit Meßpunkten besetzt und von Zeit zu Zeit sollten Nachmessungen durchgeführt werden. Dieses Verfahren ist besonders zu empfehlen, weil Rutschungen dieser Art immer durch Verformungen angezeigt werden, die bis zum Zeitpunkt des Eintrittes der Rutschungen ständig weiter zunehmen. Wenn die Bewegungen alarmierend groß werden, müssen die Böschungen im Gefahrenbereich abgeflacht werden.

Auch Dränschlitze sind zur Verhinderung von Bewegungen in gefährdeten Abschnitten mit Erfolg angewendet worden. Sie bestehen aus Rippen aus Trockenmauerwerk, die in Gräben eingebaut sind, welche die Böschung grätenartig in einem Abstand von etwa 4,5 bis 6 m durchziehen. Die Gräben werden bis in eine etwas größere Tiefe, als die Erweichungszone des Tons reicht, ausgehoben. Eine Fußmauer aus Beton stützt die unteren Enden aller Dräns ab. Die günstige Wirkung dieser Bauart wird gewöhnlich der Wirkung der Gräten als Dräns zugeschrieben, aber es ist wahrscheinlich, daß die Hauptwirkung der Gräten darin besteht, einen Teil des Gewichtes der nicht standsicheren Tonmassen durch die Wandreibung auf die Fußmauer zu übertragen.

Standsicherheit von Böschungen in Tonen, welche Schichten oder Linsen von wasserführendem Sand enthalten. Bisher haben wir nur die Standsicherheit von mehr oder weniger homogenen Böden betrachtet. Die wichtigsten nicht homogenen Bodenarten sind geschichtete Sedimente, die aus Schichten von Sand und Ton bestehen und kohärente Böden, die unregelmäßig verteilte Sand- oder Schlufflinsen enthalten.

In einem Schichtenpaket von Ton und Sand oder Grobschluff sind zumindest einige der letzteren während eines Teiles des Jahres oder ständig mit Wasser gefüllt. Wenn ein Einschnitt in einem solchen Boden ausgehoben wird, tritt an verschiedenen Punkten oder in verschiedenen Horizonten aus den Böschungen Wasser aus. Deshalb werden solche Einschnitte gewöhnlich als „naß“ bezeichnet. Sie erfordern besondere Aufmerksamkeit, insbesondere, wenn die Schichten in Richtung auf die Böschung einfallen. Die entlang der Basis der angeschnittenen Sandschichten austretenden Quellen, können Versuppungen verursachen und auch die Wirkung des Frostes kann zu Zerstörungen führen. Es ist deshalb allgemein üblich, die Wasserzuflüsse mit Dränungen abzufangen, welche auf der Sohle der wasserführenden Schichten in mindestens 1,5 m Tiefe unter der Böschung verlegt werden. Wenn die Tonschichten weich oder rissig sind, kann hierin eine weitere Ursache für das Aufweichen der Tonstruktur liegen. Daher sollte für tiefe Einschnitte eine Standsicherheitsuntersuchung durchgeführt werden, um festzustellen, ob es ratsam ist, an der Standardböschung festzuhalten oder nicht.

Kohärente Bodenmassen, die Linsen oder Taschen von kohäsionslosen Bodenarten enthalten, sind in den Gebieten früherer Vereisung, wo die Sedimente durch schmelzendes Eis abgelagert und dann durch die Schubwirkung der zeitweilig vordringenden Gletscherzungen umgelagert worden sind, weit verbreitet. Sie werden außerdem an Stellen alter Geländerutschungen angetroffen, die in geschichteten Sand- und Tonmassen stattgefunden haben. Die Sandlinsen innerhalb des Tons dienen als Wasserbecken. In nassen Jahreszeiten können von ihnen erhebliche hydrostatische Drücke ausgehen, die eine nach außen gerichtete Bewegung der Massen, in die sie eingebettet sind, zu verursachen suchen. In dem Maß, wie die Bodenmassen sich nach außen bewegen, zerfallen sie in ein Gemisch von wassergesättigtem Schluff, Sand und Tonklumpen, das wie ein Gletscher oder wie eine dicke viskose Flüssigkeit zu fließen beginnt.

Da die Ursache der fehlenden Standsicherheit der Druck des in den Sandlinsen eingeschlossenen Wassers ist, kann eine Stabilisierung durch Entwässerungsschlitze erfolgen. Das geologische Profil ist jedoch im allgemeinen sehr unregelmäßig und der Abstand der Dräns sollte erst festgelegt werden, nachdem der Boden und die hydraulischen Verhältnisse durch Bohrungen, Versuche und wiederholt durchgeführte Messungen des Wasserspiegels untersucht worden sind. Dies macht die Einrichtung von Beobachtungsbrunnen an ausgewählten Punkten erforderlich. Wenn das Gelände erst entwässert ist, kann es so standsicher werden, daß der Einschnitt mit Standardböschungen ausgeführt werden kann.

Plötzliches Ausbrechen von Tonböschungen. Auf Grund von Erfahrungen ist festgestellt worden, daß plötzliche Rutschungen von Tonböschungen sich periodisch in mehr oder weniger regelmäßigen Abständen häufen. Es ist charakteristisch für diese Art von Rutschungen, daß eine flache Tonböschung, die Jahrzehnte oder Jahrhunderte hindurch standsicher gewesen sein kann, plötzlich in breiter Front ausbricht. Gleichzeitig hebt sich das Gelände vor der Front der Rutschung bis in erhebliche Entfernung vom Böschungsfuß. Durch Untersuchungen ist festgestellt worden, daß die Rutschung in jedem Fall in größerer Tiefe unter dem Böschungsfuß an der Grenze zwischen dem Ton und einer unterlagernden wasserführenden Schicht oder einem schwachen Sand- oder Schluffhorizont erfolgt. Die wahrscheinlichen Ursachen dieser plötzlichen und häufig katastrophalen Böschungsausbrüche sind in Abb. 159a dargelegt.

Abb. 159a stellt einen Schnitt durch ein Tal dar, welches sich in einer dicken weichen Tonschicht befindet, die allmählich nach links in Sand übergeht. Der Ton, der eine mittlere Kohäsion c hat, enthält dünne horizontale Lagen von Feinsand oder Grobschluff, wie beispielsweise die

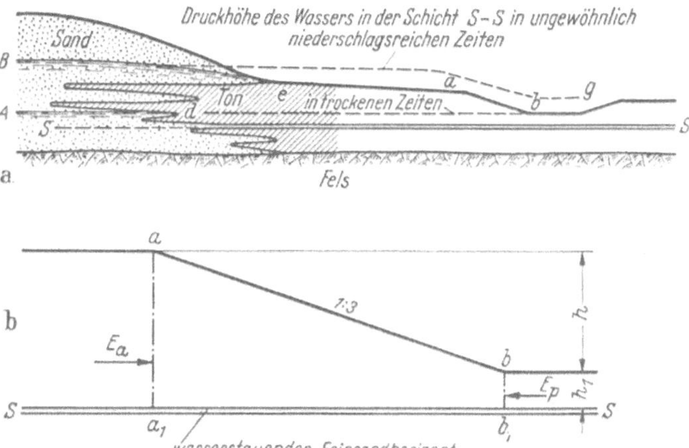

Abb. 159 a u. b. a) Geologische Verhältnisse, bei denen die Gefahr von Böschungsrutschungen durch seitliches Ausweichen der Sohle besteht; b) Darstellung der Kräfte, welche unterhalb der Böschung *a–b* auf den Boden wirken

Schicht *S-S*. Das Porenwasser in der Schicht *S-S* steht mit dem Wasser in der Sandmasse auf der linken Seite des Bildes in Verbindung. Die Linien $A\,d$, beziehungsweise $B\,e$, stellen den Wasserspiegel im Sand in einer trockenen und einer besonders nassen Jahreszeit dar, die gestrichelten Linien $A\,b$ bzw. $B\,g$ die entsprechenden Druckhöhen für das Porenwasser in der Schicht *S-S*.

Der Einschnitt ab ist bis zur Tiefe h im Ton ausgehoben worden. In jedem horizontalen Schnitt unterhalb des Einschnittes, auch im Schnitt *S-S* treten Scherspannungen auf, da der überlagernde Ton die Neigung hat, sich vertikal zu setzen und sich unter dem Einfluß seines Eigengewichtes horizontal zu verschieben. Wenn der Porenwasserdruck in der Schicht *S-S* niedrig ist, also der Drucklinie $A\,b$ entspricht, ist der Scherwiderstand in *S-S* wahrscheinlich erheblich größer als die Summe der Scherspannungen. Wenn dies zutrifft, hängt die Standsicherheit der Böschung nur von der Kohäsion c des Tones ab. Für einen beliebigen Böschungswinkel kleiner als 53° ist die kritische Höhe h_c der Böschung

$$h_c = 5{,}52\,\frac{c}{\gamma}\,, \tag{49.1}$$

worin γ das Raumgewicht des Tons ist (Abschn. 31). Wenn die Tonschicht in geringer Tiefe unter der Einschnittsohle von einer festen Schicht unterlagert wird, wenn also der Tiefenfaktor α_t nach Abb. 80 klein ist, ist die kritische Höhe schon größer und sie nimmt mit kleiner werdendem Böschungswinkel bis auf Werte von $9c/\gamma$ für Böschungswinkel von 20° zu, wie in derselben Abbildung dargestellt ist.

Nach einem längeren niederschlagsreichen Zeitabschnitt oder nach dem Schmelzen des Schnees auf der Geländeoberfläche oberhalb der großen Sandmasse, kann der piezometrische Druck in der Schicht S-S jedoch bis zu der durch die Linie Bg dargestellten Höhe ansteigen. In dieser Zeit bleibt die Belastung p pro Flächeneinheit auf der Schicht S-S unverändert, dagegen nimmt der Porenwasserdruck p_w zu. Da die Schicht S-S aus fast kohäsionslosem Boden besteht, ist ihre Scherfestigkeit durch die Gleichung

$$\tau = (p - p_w)\,\mathrm{tg}\,\varrho \tag{15.3}$$

bestimmt. Der Zunahme des piezometrischen Druckes in dieser Schicht entspricht also eine Abnahme der Scherfestigkeit in jedem horizontalen Schnitt durch die Schicht. Sobald der mittlere Scherwiderstand bis auf die Größe der mittleren Scherspannung abgesunken ist, gleitet die Böschung oberhalb von S-S ab, trotz der Tatsache, daß sie noch einen ausreichenden Sicherheitsgrad gegen Rutschungen auf jeder gekrümmten Gleitfläche, die sich oberhalb von S-S befindet oder diese Schicht schneidet, besitzt.

Die kritische Höhe der Böschung über der Schicht S-S kann niemals kleiner sein als der Wert, der sich für die Annahme ergibt, daß der Porenwasserdruck p_w gleich p ist [Gl. (15.3)], wobei der Scherwiderstand in S-S zu Null wird. Die Folgen hieraus sind in Abb. 159b erläutert, die einen vertikalen Schnitt durch die Böschung ab im größeren Maßstab darstellt. Nach Gl. (24.9) ist der aktive Erddruck auf den vertikalen Schnitt aa_1

$$E_a = \frac{1}{2}\gamma(h + h_1)^2 - 2c(h + h_1)$$

und nach Gl. (24.16) ist der passive Erddruck auf bb_1

$$E_p = \frac{1}{2}\gamma h_1^2 + 2ch_1.$$

Wenn der Scherwiderstand in a_1b_1 gleich Null ist, befindet sich die Böschung an der Grenze des Bruches, bei dem $E_a = E_p$ ist, damit wird

$$h = h_c = 4\frac{c}{\gamma}. \tag{49.2}$$

Dieser Wert ist annähernd gleich $3{,}85\,c/\gamma$, der nach Abb. 80 die kritische Höhe einer vertikalen Böschung angibt. Wenn demnach der Porenwasserdruck groß genug ist, um die Reibung in der dünnen Schicht S-S aufheben zu können, vermindert er die kritische Höhe der über dieser Schicht befindlichen Böschung auf einen Wert, der etwas größer als die kritische Höhe einer vertikalen Böschung ist, ohne Rücksicht auf die Größe des vorhandenen Böschungswinkels. Bei flachen Böschungen kann dieser Einfluß des Porenwasserdruckes zu einer Verminderung der kritischen Höhe um fast 50% führen.

In ungewöhnlich nassen Jahren oder nach dem Schmelzen einer außergewöhnlich dicken Schneedecke steigt überall der Wasserspiegel. Infolgedessen nimmt die Scherfestigkeit in jeder wasserführenden Schicht ab und es können Böschungen rutschen, die zuvor stets standsicher gewesen sind. Im Jahre 1915 ereignete sich eine Rutschung an einer etwa 12 m hohen, flachen Böschung im Gelände der Knickerbocker Portland Zement Gesellschaft am Claverack Creek in der Nähe des Hudson, NY. Die Böschung befand sich in einem Bänderton, der aus etwa 3 bis 4 cm dicken Schichten von Ton und von Schluff bestand. Ohne erkennbare Veranlassung brach die Böschung plötzlich auf einer Breite von 366 m aus, wobei sich die Oberfläche des ebenen Geländes vor dem Böschungsfuß bis in eine Entfernung von etwa 90 m hob. Die Bachsohle wurde auf etwa 180 m Länge über die Höhe des benachbarten Geländes gehoben. Die Hebung trat so schnell ein, daß Fische auf der flachen Bodenwelle liegen blieben, welche die Stelle des früheren Baches eingenommen hatte. Das auf dem Grundstück gelegene Kesselhaus wurde zerstört und die dort Beschäftigten wurden getötet. Diese Rutschung war nur eine von vielen, die sich im Bänderton des Hudsontales seit seiner Besiedlung ereignet haben [*49.10*]. Die Geschichte des Tales zeigt ganz deutlich, daß die Rutschungen sehr häufig in Abständen von rund 20 bis 25 Jahren in Übereinstimmung mit den Jahren der größten Niederschläge eintraten.

Der Unterschied zwischen reinen Schwergewichtsrutschungen infolge unzureichender Kohäsion des Tons und dieser Art von Rutschungen von Tonschichten wird durch die Abb. 160a und b dargelegt. Im Gegensatz zu Rutschungen des Typs *a* treten die des Typs *b* zumeist plötzlich ein. Es ist möglich, daß den Rutschungen nicht einmal meßbare Verformungen der Bodenmassen vorangehen, die anschließend rutschen, weil der Sitz der Aufweichvorgänge nicht in der Tonschicht, sondern nur an der Grenze zwischen dem Ton und seiner Unterlage liegt. Ferner hängt die kritische Höhe für Böschungen in homogenem Ton nur vom Böschungswinkel und der mittleren Kohäsion c ab, während die kritische Höhe für Böschungen in Tonen, die sich über wasserführenden Horizonten oder Schichten von kohäsionslosem Boden befinden, weitgehend vom Porenwasserdruck p_w in diesen Horizonten abhängt. Mit zunehmendem Porenwasserdruck nimmt die kritische Höhe ab und erreicht schließlich die Größe h_c nach Gl. (49.2) ohne Rücksicht darauf, wie groß der Böschungswinkel ist. Wenn die Höhe einer Böschung in einem Ton mit wasserführenden Horizonten von Sand oder Schluff größer als h_c ist, kann daher kein zuverlässiges Urteil über den Sicherheitsgrad der Böschung gegen Abrutschen gefällt werden, es sei denn, daß der Porenwasserdruck p_w bekannt ist.

Der größtmögliche Wert für die Größe des Porenwasserdruckes in dem wasserführenden Horizont kann auf Grund der allgemeinen geo-

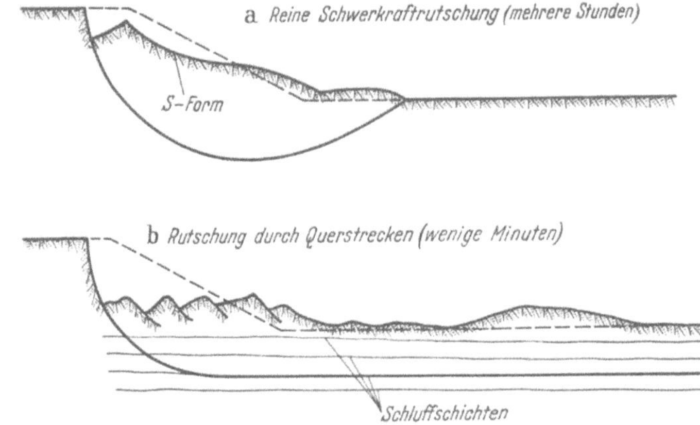

Abb. 160 a u. b. Schnitt durch eine typische Rutschung in Bänderton, a) wenn der Porenwasserdruck in den Schluffschichten keinen Einfluß hat; b) wenn der Porenwasserdruck in den Schluffschichten annähernd gleich dem Druck aus der Auflast ist

logischen und morphologischen Verhältnisse des Gebietes, in dem sich die Böschung befindet, annähernd geschätzt werden. Die wirkliche Größe des Porenwasserdruckes läßt sich jedoch weder theoretisch noch auf Grund von Laboratoriumsuntersuchungen berechnen. Er kann nur im Feld mit Hilfe von Porenwasserdruckmeßgeräten ermittelt werden. Daher müssen, wenn zu erkennen ist, daß die Voraussetzungen für eine Rutschung des Typs *b* nach Abb. 160 vorliegen, die Verantwortlichen sich ein Urteil darüber bilden, welche praktischen Folgen eine solche Rutschung haben würde. Wenn sie nicht mehr als eine Verkehrsunterbrechung zur Folge haben kann, könnte die Weiterführung des Baues ohne besondere Vorsichtsmaßnahmen zu verantworten sein, sofern die Gewißheit besteht, daß eine Rutschung erst Jahre oder Jahrzehnte nach Bauende eintreten wird. Wenn eine Rutschung dagegen den Verlust von Menschenleben oder schwere Schäden zur Folge haben kann, ist der Einbau und die regelmäßige Beobachtung von Porenwasserdruckmessern unbedingt erforderlich. Sobald eine Standsicherheitsberechnung auf Grund der Meßergebnisse darauf schließen läßt, daß die Grenze für die Sicherheit der Böschung bald erreicht sein wird, ist es notwendig, der drohenden Gefahr durch den Einbau von Dräns zu begegnen, indem der Porenwasserdruck in den wasserführenden Teilen des Baugrundes in sicheren Grenzen gehalten wird.

Zusammenfassung der Probleme und Verfahren. Bei der Auswahl einer Trasse für eine Straße oder Eisenbahnlinie oder der Baustelle für ein Bauvorhaben, bei dem Baugruben ausgehoben werden müssen, hängt der erforderliche Aufwand für die Bauausführung weitgehend von den natürlichen Verhältnissen im Gelände ab. Der Entwurf und der Bau von Baugruben und Einschnitten in günstigem Baugrund sind ziemlich weitgehend standardisiert. Wenn bei dem Bauvorhaben jedoch schwierige Bodenverhältnisse angetroffen werden, muß der Ingenieur über besonderes Können verfügen. Dies ist zum Teil auf die unbegrenzte Vielfalt der miteinander verbundenen Boden- und hydraulischen Verhältnisse zurückzuführen, die zu Rutschungen führen können, und zum Teil darauf, daß wirtschaftliche Gesichtspunkte häufig ein weitgehendes Abweichen von den herkömmlichen, in jedem Fall sicheren Standardlösungen erfordern. Der bauleitende Ingenieur muß in der Lage sein, gutartige, schwierige und sehr schwierige Bodenverhältnisse auf Grund der an der Geländeoberfläche erkennbaren Anzeichen und gelegentlicher Untersuchungsbohrungen zu erkennen. Er muß auch in der Lage sein, sich ein Bild von den größten Schwierigkeiten, die sich auf den verschiedenen Baustellen ergeben können, zu machen und die sich daraus ergebenden Kosten und Verzögerungen zu ermitteln.

Wenn schwierige Baugrundverhältnisse nicht zu vermeiden sind, müssen die folgenden Teilaufgaben nacheinander gelöst werden:

a) Die kritischsten Stellen sind zu ermitteln und durch Entnahme und Untersuchung von Bodenproben zu überprüfen.

b) Die Böschungswinkel müssen auf Grund eines vernünftigen Kompromisses zwischen den Forderungen der Wirtschaftlichkeit und der Sicherheit gewählt werden.

c) Das Entwässerungssystem ist, falls notwendig, zu entwerfen.

d) Das Programm für die Kontrollmessungen, die während des Baues durchgeführt werden müssen, um die Unsicherheiten in den Kenntnissen über die Baustellenverhältnisse und die Gefahr von Zwischenfällen zu beseitigen, muß ausgearbeitet werden.

Diejenigen Böschungen, die sich zu bewegen beginnen, sind mit den geringsten Kosten und dem kleinsten Zeitaufwand zu stabilisieren.

Die vorstehenden Ausführungen haben gezeigt, daß keine festen Regeln für die Erfüllung dieser Forderungen aufgestellt werden können. Die Theorie über die Standsicherheit von Böschungen in Abschn. 31 kann nur in den seltenen Fällen mit Vorteil angewandt werden, bei denen ein Einschnitt in einer ziemlich homogenen Masse von weich- oder steifplastischem Ton hergestellt werden soll. Wenn man es mit anderen oder mit verschiedenartig zusammengesetzten Böden zu tun hat, muß man sich vollständig auf seine Fähigkeit verlassen, die Faktoren, welche die Standsicherheit der Bodenlagerung beeinflussen, erkennen und in Rechnung stellen zu können, auf seine Fähigkeit, sich die Folgen der Unsicherheiten vorzustellen, die während der Entwurfsbearbeitung des Projektes noch vorhanden sind, und auf seinen Scharfsinn, Mittel und Wege zur Beseitigung dieser Unsicherheiten während der Bauausführung zu finden.

Die Entwicklung dieser lebendigen Eigenschaften erfordert praktische Kenntnisse der Geologie und vollkommenes Vertrautsein mit den Gesetzen, welche die gegenseitigen Beziehungen zwischen dem Wasser und den verschiedenen Bodenarten beherrschen. Diese Gesetze sind im Teil A dieses Buches eingehend behandelt worden. Sie müssen durch reiche Kenntnisse über Bauerfahrungen bei Ausschachtungen und Rutschungen ergänzt werden. Die persönlichen Erfahrungen können nur einen Teil dieser Erkenntnisse bilden, ebenso wichtig sind die in Veröffentlichungen zusammengefaßten Erfahrungen.

Berichte über ähnliche Fälle sind für die Voraussage des Verhaltens bestimmter Bodenarten auf Grund von Erfahrungen mit Böden gleicher bodenphysikalischer Eigenschaften nützlich. Der praktische Wert älterer Berichte dieser Art ist durch das völlige Fehlen zuverlässiger Angaben über die Art und Beschaffenheit der bei den Bauvorhaben angetroffenen Böden und über die hydrologischen Verhältnisse, die für die beobachteten Erscheinungen verantwortlich sind, stark beeinträchtigt. Trotzdem bilden diese Berichte häufig noch die einzige Informationsquelle, weil vollständige Berichte selten angefertigt worden sind.

Literaturhinweise

[*49.1*] LADD, G. E.: Landslides, Subsidences and Rock-Falls, Proc. Am. Rwy. Eng. Assoc., (1935) S. 1091–1162. Aufschlußreiche Zusammenstellung von Berichten über Rutschungen und ihre Gegenmaßnahmen bis zum Jahre 1934 mit ausführlichem Literaturverzeichnis. Die vorgeschlagene Einteilung der Bodenbewegungen scheint für die Praxis zu umfassend zu sein und die Feststellungen über die physikalischen Ursachen einiger der beschriebenen Erscheinungen sind angreifbar.

[*49.2*] SHARPE, C. F. S.: Landslides and Related Phenomena, New York: Columbia University Press 1938. Einteilung und Zusammenstellung von Geländerutschungen als geologische Phänomene, umfangreiche Literaturzusammenstellung.

[*49.3*] MÜLLER, FR.: Das Wasserwesen der niederländischen Provinz Zeeland. Berlin: W. Ernst u. Sohn 1898. Eingehende Beschreibung von Sandrutschungen mit Ergebnissen von Korngrößenuntersuchungen.

[*49.4*] SCHEIDIG, A.: Der Löß und seine geotechnischen Eigenschaften. Dresden und Leipzig: Th. Steinkopf 1934. Monographie über den Löß und seine bautechnischen Eigenschaften.

[*49.5*] s. Literaturhinweis [*44.6*].

[49.6] TERZAGHI, K.: Stability of Slopes of Natural Clay, Proc. Intern. Conf. Soil Mech., Cambridge., Mass. (1936) I, S. 161–165. Zahlenangaben über die mittlere Scherfestigkeit verschiedener Tone im Feld.

[49.7] SKEMPTON, A. W.: A Slip in the West Bank of the Eau Brink Cut, J. Inst. Civil Engrs., London. 24 (1945) S. 267–286. Diskussionen S. 535–553. Die Rutschung ereignete sich in der Böschung eines alten, dauernd überfluteten Einschnittes. Die Veröffentlichung weist auf die Unsicherheiten hin, die mit der Ermittlung der Scherfestigkeit von Ton im Feld verbunden sind.

[49.8] HODGSON, E. A.: The Marine Clays of Eastern Canada and their Relation to Earthquake Hazards, J. Royal Astron. Soc. Can., 21 (1927) S. 257–264. Beschreibung von Fließrutschungen in einem schluffigen Ton.

[49.9] POLLACK, V.: Über Rutschungen im Glazialen und die Notwendigkeit einer Klassifikation loser Massen. Jahrbuch Geol. Reichsanstalt, Wien, 67 (1917) S. 435–460. Berichte über die Rutschungen in steifem, rissigem Ton in Rosengarten, Deutschland.

[49.10] NEWLAND, D. H.: Landslides in Unconsolidated Sediments, N.Y. State Museum Bull. 187, Albany 1916. Beschreibung von Böschungsrutschungen durch plötzliches Ausbrechen.

[49.11] TOMS, A. H.: Folkestone Warren Landslips: Research carried out in 1939 by the Southern Railway Company, Inst. Civil Eng. (London), Rwy. Eng. Div., Railway Paper No. 19. Bericht über eine eingehende und ausgezeichnete Untersuchung der Merkmale und Ursachen einer großen Rutschung in steifem Ton, ergänzt durch die Ergebnisse bodenphysikalischer Untersuchungen.

[49.12] BJERRUM, L.: Besondere erdbaumechanische Probleme Norwegens. Vorträge der Baugrundtagung 1954 in Stuttgart. S. 1–21. Hamburg: Eigenverlag der Deutschen Gesellschaft für Erd- und Grundbau e.V. 1955.

50. Die Verdichtung der Böden

Aufgaben und Verfahren der Bodenverdichtung. Die vorangehenden Ausführungen befaßten sich mit der Standsicherheit von Bodenmassen im natürlichen Zustand. Durch den Aushub solcher Bodenmassen und ihr Wiedereinfüllen ohne besondere Maßnahmen wird das mittlere Porenvolumen, die Durchlässigkeit und die Zusammendrückbarkeit des Bodens vergrößert und die Fähigkeit, einer inneren Erosion durch Sickerwasser Widerstand zu leisten, stark vermindert. Es war deshalb schon in alten Zeiten üblich, Aufschüttungen, die als Dämme oder Deiche dienen sollten, zu verdichten. Dagegen gab man sich keine besondere Mühe, auch die Dämme für Straßen zu verdichten, weil die Straßendecken so biegsam waren, daß sie durch Setzungen der Aufschüttung nicht beschädigt wurden. Bis vor kurzer Zeit wurden auch Dämme für Eisenbahnen dadurch hergestellt, daß die Massen lose aufgeschüttet wurden. Man gab ihnen die Möglichkeit, sich unter ihrem Eigengewicht mehrere Jahre hindurch zu setzen, bevor hohe Belastungen aufgebracht wurden.

Die Setzungen unverdichteter Aufschüttung hatten bis zum Beginn des 20. Jahrhunderts, als die schnelle Entwicklung des Autos die Forderung nach starren Straßendecken immer dringender werden ließ, keine größeren Unzuträglichkeiten zur Folge. Bald stellte man fest, daß Betonstraßen auf unverdichteten Aufschüttungen zu Rißbildungen neigen und daß die Oberflächen anderer hochwertiger Deckenarten in der Regel sehr uneben wurden. Die Notwendigkeit, solche unerwünschten Vorgänge zu vermeiden, begünstigte die Entwicklung von Verfahren für die Bodenverdichtung, die sowohl wirtschaftlich als auch leistungsfähig waren. Die gleichzeitig einsetzende starke Entwicklung im Staudammbau gab einen weiteren Anreiz für die Entwicklung von Verdichtungsverfahren.

Die durchgeführten Untersuchungen haben zu der Schlußfolgerung geführt, daß kein einziges Verdichtungsverfahren für alle Bodenarten gleich gut geeignet ist, und weiter, daß das Maß, bis zu dem ein bestimmter Boden mit einem bestimmten Verfahren verdichtet werden kann, sehr weitgehend vom Wassergehalt des Bodens abhängt. Der größte Verdichtungsgrad wird erzielt, wenn der Wassergehalt einen bestimmten Wert hat, der als *optimaler Wassergehalt* bezeichnet wird. Das Verfahren, mit dessen Hilfe der Wassergehalt während der Verdichtung einer Aufschüttung nahe beim optimalen Wert gehalten werden soll, wird als *Wassergehaltsüberwachung* oder *Proctor-Verfahren* bezeichnet.

Die Beziehungen zwischen dem Wassergehalt beim Einbau der Schüttmassen, dem Verdichtungsgrad und den bodenphysikalischen Eigenschaften der Schüttmassen während der späteren Zeit, in der sie sich in Dämmen, Staudämmen oder unter Bauwerken befinden, sind gegenwärtig noch nicht restlos geklärt. Die Veränderungen der Festigkeit, der Steife und der Durchlässigkeit der Auffüllung mit der Zeit und bei Änderungen des Wassergehaltes müssen noch viel eingehender untersucht werden, als dies bisher geschehen ist. Daher befassen sich die weiteren Ausführungen in diesem Abschnitt fast garnicht mit den Eigenschaften verdichteter Böden, sondern vorwiegend mit den Bauverfahren.

In der folgenden Übersicht über dieses Gebiet werden die gebräuchlichen Verfahren zur Verdichtung künstlicher Aufschüttungen in drei Gruppen eingeteilt, in diejenigen, welche für kohäsionslose Bodenarten geeignet sind, diejenigen für sandige und schluffige Böden mit geringer Kohäsion und diejenigen für Tone. Am Schluß werden Verfahren für die Verdichtung natürlicher Bodenmassen auf ursprünglicher Lagerstätte besprochen.

Die Verdichtung kohäsionsloser Erdstoffe. Die Verfahren zur Verdichtung von Sand und Kies sind in der Reihenfolge ihres Verdichtungserfolges geordnet, Rütteln, Einwässern und Walzen. In der Praxis werden auch Kombinationen dieser Verfahren angewendet.

Rütteln kann in primitiver Weise durch Stampfen mit Hand- oder Luftdruckgeräten oder durch Fallenlassen schwerer Gewichte aus mehreren Metern Höhe auf den Boden erfolgen. Die Verdichtungswirkung dieser Verfahren ist jedoch außerordentlich unterschiedlich, weil sie weitgehend von der Frequenz der Erschütterungen abhängt (s. Abschn. 19 und Abb. 43). Wenn die Frequenz f_1 der Erschütterungen kleiner als etwa die Hälfte der Eigenfrequenz des Bodens f_0 ist, erzeugt die Rüttelkraft verhältnismäßig kleine Setzungen. Eine weitere Steigerung der Frequenz verursacht eine schnelle Zunahme der Setzungen und eine entsprechende Abnahme des Porenvolumens. Wenn f_1 annähernd gleich f_0 ist, ist die Setzung 20 bis 40mal größer als diejenige, welche durch eine der dynamischen Energie gleichwertige statische Belastung erzeugt wird.

Die Frequenz mit der ein Rüttelgerät arbeiten muß, um eine maximale Verdichtung zu erzielen, ist für verschiedene Böden etwas unterschiedlich. Man hat deshalb versucht, Rüttelgeräte mit veränderlicher Frequenz zu entwickeln. In Deutschland führten diese Versuche zur Konstruktion von 24 t-Rüttelgeräten mit veränderlicher Frequenz, die auf Zugmaschinen aufgebaut werden (s. Abschn. 19). Beim Einsatz werden Schwingungen auf eine Grundplatte übertragen, die eine Fläche von 7,5 m^2 hat. Mit diesem Gerät können 2,1 m dicke Lagen mit einer Leistung von etwa 465 m^2/Std. verdichtet werden.

Bei der Verdichtung durch Einwässern geht man von der Beobachtung aus, daß der Strömungsdruck des Sickerwassers unstabile Korngruppen zum Zusammenbruch bringt. Das Verfahren ist weit weniger wirksam als die Verdichtung durch Rütteln. Für die Verdichtung von Straßendämmen sind zwei verschiedene Einwässerungsverfahren angewandt worden. Bei dem einen wird der Sand zu beiden Seiten der Einbaufläche in Dämmen aufgeschüttet und mit Wasserstrahlen unter einem Druck von 4,2 bis 5,25 at am Mundstück nach der Mitte gespült. Die so eingebauten Massen haben etwa die Eigenschaften der durch Spülbagger aufgespülten Massen. Bei dem Verfahren wird Wasser in flachen Becken auf der Arbeitsfläche angestaut, so daß es in dem zuvor aufgebrachten Sand versickert und an den Böschungsfüßen der Auffüllung austritt. Bei beiden Verfahren werden etwa 1,5 m^3 Wasser für 1 m^3 Sand benötigt. Durch Vergleiche der Porenvolumen der Auffüllungen vor und nach dem Einwässern ist festgestellt worden, daß bei beiden Verfahren der erreichte Verdichtungsgrad verhältnismäßig gering ist [*50.1*]. Die Ansichten über den Verdichtungserfolg durch Einwässern sind jedoch noch geteilt.

Die Verwendung von statischen Glattwalzen für die Verdichtung kohäsionsloser Böden ist verhältnismäßig wenig erfolgreich. Die besten Ergebnisse werden erzielt, wenn der Sand praktisch wassergesättigt ist. In reinem Sand fließt das Wasser jedoch schnell weg und es dürfte praktisch kaum möglich sein, den Zustand der Wassersättigung aufrechtzuerhalten.

In den USA ist es üblich, Sandschüttungen durch Walzen zu verdichten, die durch Raupenschlepper gezogen werden. Während der Verdichtung wird zuweilen Wasser zugegeben. Die von den Raupenschleppermotoren ausgehenden Erschütterungen bilden einen wesentlichen Teil des Verfahrens. Um nur einen mäßigen Verdichtungsgrad zu erzielen, sind gewöhnlich 6 bis 8 Durchgänge des Gerätes auf jeder Fläche notwendig, vorausgesetzt, daß der Sand in Lagen von nicht mehr als 30 cm Dicke eingebracht ist [*50.2*].

Verdichtung sandiger oder schluffiger Erdstoffe mit geringer Kohäsion. Mit zunehmender Kohäsion nimmt der Verdichtungserfolg des Rüttelns stark ab, weil schon eine leichte Haftung zwischen den Teilchen ihrer Tendenz, sich in eine stabilere Lagerung umzulagern, entgegenwirkt. Die geringe Durchlässigkeit dieser Erdstoffe macht ferner auch eine Einwässerung unwirksam. Dagegen hat die lagenweise Verdichtung durch Walzen sehr befriedigende Ergebnisse gebracht.

Es werden im allgemeinen zwei Arten von Walzen verwendet, Gummiradwalzen und Schaffußwalzen. Gummiradwalzen sind für die Verdichtung nichtplastischer Schluff- und schluffiger Böden am besten geeignet, während Schaffußwalzen am wirksamsten bei plastischen Böden mit verhältnismäßig geringer Kohäsion sind.

Gummiradwalzen bestehen aus einer Anzahl von Autorädern, die an einer oder an mehreren hintereinander angeordneten Achsen befestigt sind. Das Gerät wird so belastet, daß es einen Druck von mindestens 333 kg/lfd. m Achse ausübt. Eine sorgfältige Verdichtung erfordert 8 bis 10 Übergänge bei Schichtdicken von 10 bis 15 cm.

Der Mantel einer Schaffußwalze ist mit prismenförmigen Stempeln oder Füßen besetzt, wobei etwa 10 Stück auf einen m² Mantelfläche kommen. Die bei Staudammbauten gewöhnlich verwandten Walzen haben etwa 1,5 m Durchmesser und sind etwa 2,4 m breit. Im belasteten Zustand wiegen sie ungefähr 17 t. Die Füße stehen etwa 15 bis 23 cm über dem Walzenmantel vor und haben 45 bis 77 cm² Querschnittsflächen. Je nach der Größe der Füße schwankt der Kontaktdruck zwischen etwa 20 und 40 kg/cm². Etwas kleinere und leichtere Walzen sind vielfach für die Verdichtung von Straßendämmen verwendet und noch weit größere und schwerere Walzen sind mit Erfolg bei Versuchen gebraucht worden [*50.3*]. Bei der gewöhnlichen Ausführung sollte die Schichtdicke vor der Verdichtung 25 bis 30 cm nicht überschreiten. Die erforderliche Anzahl der Übergänge sollte im Feld durch Versuche auf kleinen Versuchsdämmen bestimmt werden. Eine ausreichende Verdichtung wird gewöhnlich nach 8 bis 12 Walzgängen erzielt [*50.4*].

Abgesehen von der Art des Verdichtungsgerätes und der Größe der Kohäsion des Bodens, hängt der Erfolg der Verdichtungsmaßnahmen weitgehend von seinem Wassergehalt ab. Diese Feststellung bezieht sich besonders auf die fast nichtplastischen gleichförmigen, feinkörnigen Böden. Wenn der Wassergehalt nicht fast genau dem Optimalwert entspricht, können diese Böden überhaupt nicht verdichtet werden.

Die meisten der gebräuchlichen Verfahren zur Bestimmung des optimalen Wassergehaltes sind mit einem Verfahren identisch, daß als *Proctor-Verfahren* [*50.5*] bekannt oder daraus entwickelt ist. Nach dem Originalverfahren wird eine Bodenprobe getrocknet, zerdrückt und durch ein 4,8 mm-Sieb in zwei Fraktionen zerlegt. Etwa 2,5 kg der feinen Fraktion werden mit einer kleinen Menge Wasser angefeuchtet und durchgemischt. Das feuchte Gemisch wird dann in drei Schichten gleicher Dicke in einen zylindrischen Behälter mit bestimmten Abmessungen eingebracht. Jede Schicht wird durch 25 Schläge mit einem Standardstampfgewicht verdichtet, das aus 30 cm Höhe herunterfällt. Wenn der Zylinder gefüllt und an der oberen Deckfläche auf eine bestimmte Höhe abgeglichen ist, werden das Gewicht und der Wassergehalt des feuchten Bodens im Behälter ermittelt. Mit Hilfe dieser Werte kann das Trockengewicht je Volumeneinheit berechnet werden. Dieses Trockenraumgewicht stellt das Maß für die Verdichtung dar.

In ähnlicher Weise wird das Trockenraumgewicht für das Bodengemisch ermittelt, nachdem der Wassergehalt jeweils etwas erhöht worden ist, bis das Trockenraumgewicht nach einer Verdichtung eindeutig mit zunehmendem Wassergehalt abnimmt. Die Abhängigkeit zwischen dem Trockenraumgewicht und dem Wassergehalt wird als Kurve aufgetragen. Nach dem Standard-Proctorversuch gilt derjenige Wassergehalt als optimaler Wassergehalt, bei dem das Trockenraumgewicht ein Maximum ist.

Sowohl auf der Baustelle als auch imLaboratorium hängt der optimale Wassergehalt nicht nur von der Natur des Bodens, sondern weitgehend auch vom Verdichtungsverfahren ab. Weiterhin kann jede Verdichtung des Bodens im Feld mit Geräten von sehr verschiedenem Gewicht ausgeführt werden. Gegenwärtig herrscht die Neigung vor, immer schwerere Walzen zu verwenden [*50.3*]. Mit zunehmendem Gewicht nimmt der der maximalen Verdichtung entsprechende Wassergehalt ab. Daraus folgt, daß kein Standardversuch gleich welcher Art, Versuchsergebnisse von allgemeiner Gültigkeit liefern kann. Dies gilt auch für denProctorversuch. Endgültige Werte für den optimalen Wassergehalt können nur aus großmaßstäblichen Feldversuchen mit demjenigen Verdichtungsgerät gewonnen werden, welches bei dem jeweiligen Bauvorhaben eingesetzt werden soll.

Vor einiger Zeit sind Versuche unternommen worden Laboratoriumsverfahren zu entwickeln, die den üblichen Arten der Verdichtungsgeräte besser entsprechen, als der Proctorversuch. Diese Bemühungen haben zu verschiedenen Abwandlungen des ursprünglichen Verfahrens geführt, aber bisher konnten noch keine allgemein anerkannten Vorschläge gemacht werden.

Typische Wassergehalt-Trockenraumgewichtskurven für verschiedene Böden sind in Abb. 161 wiedergegeben. Sie wurden nach dem Standard-

Proctorverfahren ermittelt. Kurve *a* stellt die Abhängigkeit zwischen dem Wassergehalt und dem Trockenraumgewicht für eine Sand-Tonmischung dar, Kurve *b* für einen Tonboden geringer Zusammendrückbarkeit, Kurve *c* für einen gleichkörnigen Grobschluff geringer Zusammendrückbarkeit und *d* für einen stark zusammendrückbaren Ton.

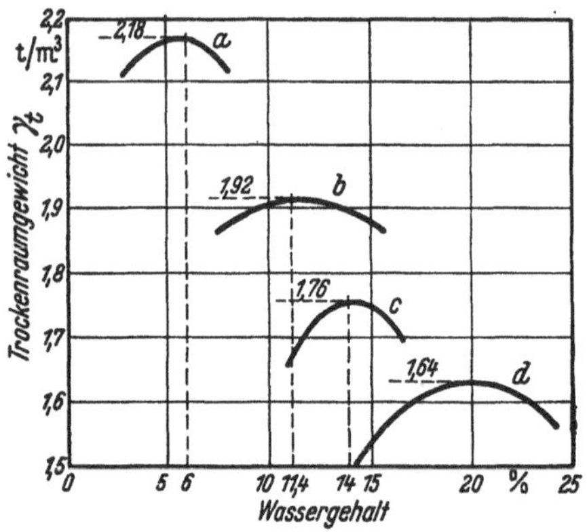

Abb. 161. Typische Wassergehalt-Trockenraumgewichtskurven (Proctor-Kurven) für verschiedene Erdstoffe. *a* gut abgestufter, schwach toniger Sand; *b* magerer Ton; *c* anorganischer, nichtplastischer Schluff; *d* hochplastischer Ton

Wenn der Wassergehalt des Bodens im Feld größer als der Optimalwert ist, sollte man dem Boden Gelegenheit geben, auf einer Seitenablagerung auszutrocknen. Wenn er niedriger ist, sollte Wasser an der Entnahmstelle oder durch Aufspritzen vor der Verdichtung zugegeben werden. Bei genügender Sorgfalt ist es gewöhnlich möglich, den Wassergehalt innerhalb von 2 bis 3% beim Optimalwert zu halten. Für gleichkörnige, schwachkohärente, nichtplastische Böden kann jedoch eine engere Annäherung an den optimalen Wassergehalt erforderlich sein.

Das Raumgewicht und der Wassergehalt des Bodens werden auf der Baustelle durch die üblichen Probenentnahmen und Untersuchungen überwacht [*50.4, 50.6*]. Um das Raumgewicht zu bestimmen, wird im verdichteten Boden ein Loch von zumindest 1,5 dm³ Volumen ausgehoben und das Aushubmaterial sorgfältig entnommen und gewogen, bevor ein Wassergehaltsverlust durch Verdunstung eintreten kann. Das Volumen des ausgehobenen Materials wird gewöhnlich dadurch bestimmt, daß das Loch mit trockenem Sand locker gefüllt wird, nachdem das Raumgewicht des Sandes bei dieser Lagerungsdichte festgestellt worden ist. Man läßt den Sand aus einem Behälter auslaufen, der gewogen wird, bevor und nachdem das Loch gefüllt wurde. Der Wassergehalt des Bodens kann schnell durch Ermittlung des Gewichtsverlustes festgestellt werden, wenn man die Probe in einer Schüssel auf einer Heizplatte trocknet. Ein geübter Laborant, der auf einer Baustelle bereits gewisse Erfahrungen gesammelt hat, kann den Wassergehalt schon ziemlich genau aus dem Aussehen und der Textur des Materials schätzen. In manchen Fällen kann der Wassergehalt sehr schnell mit Hilfe eines Sondiergerätes, der sog. *Plastizitätsnadel* bestimmt werden [*50.5*]. Wenn das für eine Aufschüttung zu verwendende Material in seinen Eigenschaften sehr unterschiedlich ist, oder wenn die Baustelle sich in einem Gebiet befindet, das häufigen Regenfällen ausgesetzt ist, kann die Erfüllung der Forderung einen bestimmten Wassergehaltsbereich einzuhalten, die Baukosten für die Erdarbeiten beträchtlich erhöhen.

Der Wassergehalt, bei dem ein Boden verdichtet worden ist, wirkt sich auf alle physikalischen Eigenschaften des verdichteten Bodens aus, auch auf seine Durchlässigkeit. Erfahrungen haben ergeben, daß eine Erhöhung des Anfangswassergehaltes von einem etwas unter dem Optimum liegenden auf einen etwas darüber liegenden Wert in der Regel eine starke Abnahme des Durchlässigkeitsbeiwertes zur Folge hat. Diese Abnahme scheint mit größer werdendem Tongehalt des Bodens größer zu werden. Bei dem Material für den Kern des Mud-Mountain-Dammes, das etwa 3%Ton mit hohem Montmorillonit-Gehalt enthielt, war festgestellt worden, daß infolge einer Zunahme des Wassergehaltes von 2% unter dem Optimalwert auf 2% über demselben, der Durchlässigkeitsbeiwert etwa um das Zehntausendfache abnahm [*50.7*]. Eine Auswirkung in dieser Größe ist wahrscheinlich eine seltene Ausnahme, aber selbst wenn die Wirkung weit geringer ist, lohnt es sich, diese Ergebnisse zu beachten.

Verdichtung von Ton. Wenn der natürliche Wassergehalt eines Tons an der Entnahmestelle nicht dicht bei dem optimalen Wassergehalt liegt, kann es sehr schwierig sein, ihn so zu verändern, das er dem optimalen Wert entspricht. Dies gilt besonders für den Fall, daß der Wassergehalt zu hoch ist. Der Bauausführende kann daher genötigt sein, den Ton annähernd in dem Zustand zu verwenden, in dem er angetroffen wird.

Die Entnahmegeräte gewinnen den Ton an der Entnahmestelle in Klumpen. Der einzelne Tonklumpen läßt sich nicht durch eins der vorstehend erwähnten Verdichtungsverfahren verdichten, weil weder Erschütterungen noch ein nur kurze Zeit wirkender Druck eine wesentliche Veränderung des Wassergehaltes hervorrufen. Dagegen führt die Verwendung von Schaffußwalzen zu einem Erfolg, weil sie die Größe der Grobhohlräume zwischen den Klumpen vermindert. Die besten Ergebnisse sind zu erzielen, wenn der Wassergehalt etwas größer als die Rollgrenze ist. Ist er wesentlich größer, neigt der Ton dazu, an der Walze zu kleben und die Walze, in den Untergrund einzusinken. Wenn er wesentlich kleiner ist, verformen sich die Klumpen nicht und die Zwischenräume bleiben offen.

Die Verwendung von ziemlich steifem Ton für den Bau eines Dammes kann zu der Gefahr des Schwellens bei der Berührung mit Wasser führen. Wenn das Schwellen ungleichmäßig erfolgt, werden sich in der Regel Risse bilden, wodurch die Struktur des Tones zerstört werden kann und die Böschungen zu versuppen beginnen können. Hochgradig vorverdichtete Tone und Tone mit hohen Schwellbeiwerten (Abschn. 13) sollten nach dem gegenwärtigen Stand unserer Kenntnisse nur mit größter Vorsicht als für den Bau von Dämmen brauchbares Material angesehen werden. Wenn C_s größer als etwa 0,07 ist [Gl. (13.5a)], wird der Ton in der Regel sehr stark schwellen.

Das Schwellverhalten einer Schüttung, die sich aus gewalzten Klumpen eines vorverdichteten Tons zusammensetzt, kann auch dadurch untersucht werden, daß man unmittelbar nach beendeter Verdichtung repräsentative Tonproben aus der Auffüllung entnimmt. Jede Probe wird in ein Kompressionsgerät eingebaut und einer Belastung ausgesetzt, die gleich derjenigen ist, welche an einem bestimmten Punkt in der Aufschüttung auf den Ton wirken wird. Durch die porösen Steine auf der oberen und unteren Deckfläche der Probe wird dann Wasser zugegeben und die Volumenzunahme gemessen. Die Eignung des Materials wird nach seiner Neigung zu schwellen beurteilt.

Die Durchführung von Schwellversuchen und die Ausdeutung ihrer Ergebnisse erfordern große Erfahrungen und die daraus zu ziehenden Schlußfolgerungen können nicht vorbehaltlos übernommen werden. Beispielsweise sind mehrere Dämme von mehr als 30 m Höhe mit bestem Erfolg aus Ton gebaut worden, für den $C_s = 0{,}09$ war. Es lassen sich also keine allgemein gültigen Regeln aufstellen.

In Großbritannien und in den Britischen Dominien sind Erddämme gebaut worden, deren äußere Teile ziemlich durchlässig sind, aber deren plastische Tonkerne eine solche Konsistenz haben, daß der Ton mit einem Spaten gestochen und eingebaut werden konnte. Um den Einbau mit dem Spaten zu ermöglichen, wurde der Wassergehalt des Tons auf einem Wert gehalten, der etwa in der Mitte zwischen der Ausroll- und der Fließgrenze lag. Wenn der Ton in den Entnahmegruben einen niedrigeren Wassergehalt hatte, wurde ihm Wasser zugesetzt, während er in Mischern aufgearbeitet wurde. Dieses Verfahren wird bei der Aufbereitung der Tone für die Kerne der Staudämme der städtischen Wasserversorgung von London allgemein angewandt. Die auf diese Weise hergestellten undurchlässigen Dammteile werden als Tonschlagkerne (clay-puddle cores) bezeichnet. Der hier angewandte Ausdruck clay-puddle darf nicht mit der Bedeutung desselben Ausdruckes in den USA verwechselt werden, wo er sich auf Ton bezieht, der in Wasser eingesumpft wird, bis er so weich ist, daß er nicht mehr mit dem Spaten bearbeitet werden kann.

Verdichtung des natürlichen Baugrundes und vorhandener Aufschüttungen. Natürliche Bodenschichten und vorhandene Aufschüttungen können nicht lagenweise verdichtet werden. Dieser Umstand schließt die Anwendung der meisten der oben beschriebenen Verfahren aus, weil das Verdichtungsgerät im Innern der Bodenmassen arbeiten muß, um einen Erfolg zu erzielen. Das für eine bestimmte Bauaufgabe am besten geeignete Verfahren muß den Eigenschaften des Bodens entsprechend gewählt werden.

Kohäsionsloser Sand kann am wirkungsvollsten durch Rütteln verdichtet werden. Das einfachste Verfahren Rüttelschwingungen in größerer Tiefe zu erzeugen, besteht darin, Pfähle einzurammen. Wenn Pfähle in lockeren Sand eingerammt werden, setzt sich gewöhnlich die Geländeoberfläche zwischen den Pfählen, obwohl Sand durch die Pfähle verdrängt wird. In einem Fall hatte sich die Geländeoberfläche nach dem Einrammen von Betonpfählen von 13,7 m Länge bei 90 cm Abstand in feinem Sand unterhalb des Wasserspiegels um 90 cm gesetzt, obgleich das Volumen der Pfähle einer 30 cm dicken Bodenschicht entsprach. Durch das Rammen der Pfähle wurde das Porenvolumen des Sandes von etwa 44% auf etwa 38% vermindert.

In einem anderen Fall wurden Pfähle gerammt, um eine Sandschicht zu verdichten; die bis in eine Tiefe von 15 m unterhalb des Wasserspiegels reichte. Es wurden Stahlrohre, die später gezogen wurden, zum Teil mit einem Gemisch von Sand, Kies und Trass gefüllt und dann in den Baugrund eingerammt. Während des Rammens setzte sich die Geländeoberfläche etwa um 45 cm und das mittlere Porenvolumen des Sandes nahm von 42% auf 35% ab. Der Verdichtungsgrad wurde durch ein unabhängiges Verfahren überprüft, indem die Geschwindigkeit der Ausbreitung elastischer Wellen gemessen wurde. Infolge der Verdichtung erhöhte sich diese Geschwindigkeit von etwa 300 m/sek., einem für lockeren Sand üblichen Wert, auf etwa 1200 m/sek., einem Wert, der etwa für weichen Sandstein gilt. Da das Pfahlrammen auf die Verdichtung der obersten Lagen keine Wirkung hat, wurde bei diesem Projekt die oberste, 1,8 m dicke Sandschicht, durch den 24 t-Rütteler verdichtet, der oben beschrieben wurde.

Auf derselben Baustelle wurde ein zweites Verfahren angewandt, das als *Vibroflotationsverfahren* bezeichnet wird. Das Gerät, welches die Verdichtung erzeugt, besteht aus einem Rüttler, der mit einer Vorrichtung zum Einpressen von Druckwasser in den benachbarten Sand kombiniert ist. Der Rüttler wird zuerst bis in die Tiefe in den Sand eingespült, bis zu der die Sandschicht verdichtet werden soll, und dann wird er allmählich wieder herausgezogen. Die Verdichtung wird während des Hochziehens durch die Schwingungen in Verbindung mit der Wirkung der Wasserstrahlen erzeugt [*50.8*]. Durch diese Maßnahme wird ein zylindrischer Sandkörper von 2,4 bis 3,0 m mittleren Durchmessers verdichtet. Den besten Erfolg hat das Verfahren jedoch nur in reinem Sand. Wenn der Sand Schluff- oder Tonbeimengungen enthält, sind die Ergebnisse im allgemeinen weniger befriedigend.

Eine gute Verdichtung dicker Schichten von sehr lockerem Sand ist auch dadurch erzielt worden, daß kleine Dynamitladungen an zahlreichen Punkten im Inneren der Schicht zur Explosion gebracht worden sind. In einer solchen Schicht, die von der Geländeoberfläche bis zu 4,5 m beziehungsweise 9,1 m Tiefe reichte, wurden 3,6 kg-Ladungen von 60%igem Dynamit in einer Tiefe von 4,6 m gezündet. Die durch die Explosionen hervorgerufenen Erschütterungen verminderten das Porenvolumen des Sandes von seinem ursprünglichen Wert von 50% auf 43%. Die Voraussetzungen für eine erfolgreiche Anwendung dieses Verfahrens sind dieselben, wie diejenigen für das Vibroflotationsverfahren [*50.9*].

Sandige Böden mit geringer Kohäsion und vorhandene kohärente Auffüllungen können ebenfalls durch Einrammen von Pfählen verdichtet werden. Die Verdichtung solcher Böden wird jedoch nicht durch die mit dem Rammen verbundenen Erschütterungen verursacht, sondern durch statischen Druck, durch welchen die Größe der Grobhohlräume vermindert wird. Wenn der Boden sich oberhalb des Wasserspiegels befindet und die Hohlräume größtenteils mit Luft gefüllt sind, haben Pfahlrammungen gewöhnlich eine sehr zufriedenstellende Wirkung. Wenn der Boden sich jedoch unterhalb des Wasserspiegels befindet, wird diese Wirkung mit abnehmender Durchlässigkeit des Bodens schnell kleiner. Um das Austreten des Wassers zu erleichtern, können Kiesdräns eingebaut werden. So ist beispielsweise das folgende Verfahren mit Erfolg angewandt worden, um eine lockere Schüttung aus Mergel zu verdichten, die sich in den Zellen eines Spundbohlen-Fangedammes befand. Es wurden Stahlrohre von 30 cm Durchmesser in die Schüttung gerammt. Das untere Ende jedes Rohres war mit einer lose befestigten Stahlscheibe verschlossen, die im Baugrund verblieb, wenn das Rohr gezogen wurde. Nachdem das Rohr bis zur Unterfläche des Mergels gerammt worden war, wurde es mit einem Gemisch von Kies und Sand gefüllt und mit einem luftdichten Deckel versehen. Das Rohr wurde dann gezogen, indem Luft unter einem Druck von 1,4 bis 2,1 kg/cm² eingepumpt wurde. Der Luftdruck hielt den weichen Boden zurück und verhinderte sein Ausfließen während der Kies aus dem Rohr in das Loch rutschte. Auf diese oder ähnliche Weise im Boden hergestellte Sand- oder Kiessäulen werden als *Sandpfähle* bezeichnet. Die Konsolidierung des benachbarten Bodens kann durch Pumpen oder Ableiten des Wassers aus den Sandpfählen beschleunigt werden [*50.10*].

Weicher Schluff, der unterhalb des Wasserspiegels ansteht, wird durch das Einrammen von Pfählen in einen halbflüssigen Zustand überführt. Anstatt den Boden zu verdichten, macht das Einrammen von Pfählen den Boden also zumindestens zeitweilig weicher. Wenn die Verdichtung solcher Schichten überhaupt durchführbar ist, kann sie nur durch irgendeine Entwässerungsmaßnahme erfolgen, wie in Abschn. 47 beschrieben wurde. Diese Feststellung bezieht sich auch auf weiche Tonschichten. In einem Fall war die Entwässerung dadurch herbeigeführt worden, daß heiße, trockene Luft in ein Röhrensystem eingepumpt wurde [*50.11*]. In anderen wurde Wasser aus den wasserführenden Sandschichten gepumpt, die im Ton enthalten waren. Wenn solche Schichten vorhanden sind, kann der zeitliche Verlauf der Konsolidierung und das End-Porenvolumen mit Hilfe der Konsolidierungstheorie und der Ergebnisse von Kompressionsversuchen ermittelt und für die Berechnung können die in Abb. 108 dargestellten Kurven benutzt werden.

Literaturhinweise

[*50.1*] Loos, W.: Comparative Studies of the Effectiveness of Different Methods for Compacting Cohesionless Soils, Proc. Intern. Conf. Soil Mech., Cambridge, Mass. (1936) Bd. III, S. 174–179. Versuche, welche die relativ geringe Wirkung des Einwässerns zeigen.

[*50.2*] Compaction Tests and Critical Density Investigation of Cohesionless Materials for Franklin Falls Dam, Anhang BI. Verdichtungsversuche mit kohäsionslosen Erdstoffen für Dämme. Corps of Engineers, U. S. Army, Boston 1938.

[*50.3*] Porter, O. J.: The Use of Heavy Equipment for Obtaining Maximum Compaction of Soils, Tech. Bull. (1946). Am. Road Builders Assoc.

[*50.4*] Hamilton, L. W. et al.: Compaction of Earth Embankments. Proc. Highway Research Board 18 (1938) Teil 2, S. 142–181.

[*50.5*] Proctor, R. R.: Four Articles on the Design and Construction of Rolled-Earth Dams. Eng. News-Record 111 (1933) S. 245–248, 286–289, 348–351, 372–376. Enthält die Originalbeschreibung des Proctor-Verfahrens.

[*50.6*] Peckworth, H. F.: Field Control of Compacted Earth Fill. Civil Eng. 9 (1939) S. 221–226.

[*50.7*] Cary, A. S. et al.: Permeability of Mud Mountain Core Material. Trans. ASCE 108 (1943) S. 719–728, Diskussionen S. 729–737. Versuche, welche die große Zunahme der Durchlässigkeit von verdichtetem Schüttmaterial zeigen, wenn der Wassergehalt unter den Optimalwert sinkt.

[*50.8*] Steuermann, S.: A New Soil Compacting Device. Eng. News-Record 123 (1939) S. 87–88. (Siehe auch Report on Soil Compaction by Vibroflotation, herausgegeben von Parsons, Brinckerhoff, Hogan und McDonald, New York 1945).

[*50.9*] Lyman, A. K. B.: Compaction of Cohesionless Foundation Soils by Explosives. Trans. ASCE 107 (1942) S. 1330–1348.

[*50.10*] Fitz, Hugh et al.: Shipways with Cellular Walls on a Marl Foundation, Proc. ASCE., Nov. 1945 S. 1327–1353. Beschreibung von Sandpfählen S. 1336–1339

[*50.11*] Hill, R. A.: Clay Stratum Dried Out to Prevent Landslips. Civil Eng. 4 (1934) S. 403–407.

51. Entwurf von Aufschüttungen, Deichen und Erddämmen

Hauptarten der Erddämme. Die Erddämme können in 4 große Gruppen eingeteilt werden: Eisenbahndämme, Straßendämme, Deiche und Staudämme. Innerhalb jeder Gruppe ähneln sich die Dämme nicht nur hinsichtlich des Zweckes, dem sie dienen, sondern auch hinsichtlich der Faktoren, die bei der Wahl der Neigungsverhältnisse für ihre Böschung beachtet werden sollten. In den folgenden Ausführungen über die Wahl der Böschungsneigungen ist angenommen worden, daß die Dämme sich auf einem standsicheren Untergrund befinden. Die Bedingungen für die

Standsicherheit der Sohle und der Einfluß ungünstiger Untergrundverhältnisse auf die Standsicherheit der Erddämme sind in Abschn. 52 behandelt.

Eisenbahndämme. Früher wurden Eisenbahndämme gewöhnlich durch Abkippen des Aushubmaterials vor Kopf des fertiggestellten Teiles des Dammes hergestellt. Solche Dammschüttungen wurden als erfolgreich ausgeführt angesehen, wenn sie dauernd standsicher blieben. Da eine künstliche Verdichtung nicht erfolgte, wurde das Schotterbrett für die Gleise erst aufgebracht, nachdem die Schüttung mehrere Male überwintert hatte. Während dieser Zeit setzte sich die Schüttung unter ihrem Eigengewicht. Die Setzungen erreichten etwa 3% der Höhe bei Steinschüttungen, 4% der Höhe bei Schüttungen aus sandigen Erdstoffen und etwa 8% der Höhe bei Aufschüttungen mit einem größeren Tongehalt. Um zu verhindern, daß die Gleise zwischen den Enden der Aufschüttung durchsackten, wurde die Krone gewöhnlich um das zu erwartende Setzungsmaß über die theoretische Gradiente überhöht.

Die Standardböschung bei Bahndämmen, die in dieser Weise geschüttet wurden, hat die Neigung 1,5 (horizontal) zu 1 (vertikal). Wenn ein Damm mit einer größeren Höhe als 3 bis 4,5 m jedoch einen größeren Prozentsatz Ton enthält, besteht die Gefahr, daß er entweder während des Baues oder im Verlauf einiger nasser Jahreszeiten rutscht. Aus diesem Grund ist es üblich geworden, die Böschungsneigung solcher Auffüllungen von 1,5 : 1 an der Krone auf etwa 3 : 1 an der Sohle zu vermindern. Die Entscheidung darüber, ob die Eigenschaften des Tones eine Abflachung der Böschung erfordern, wird gewöhnlich dem mit der Bauleitung beauftragten Ingenieur überlassen. Genauere Untersuchungen sind sinnlos, weil die Scherfestigkeit einer unverdichteten Tonschüttung nicht nur von den Eigenschaften des Schüttmaterials, sondern auch von dem Einbauverfahren und den Wetterverhältnissen während der Bauzeit abhängig ist. Daher kann auch der erfahrenste Ingenieur die Eigenschaften eines Bodens gelegentlich falsch beurteilen und infolgedessen ein Dammabschnitt abrutschen. Die Böschung wird dann ausgebessert und ihre Standsicherheit dadurch vergrößert, daß entweder eine kleine Aufschüttung entlang des abgerutschten Böschungsfußes, eine *Gegengewichtsberme* angeordnet wird, oder eine Fußmauer aus Trockenmauerwerk, die möglicherweise durch Dränschlitze mit Steinpackungen in ihrer Wirkung verstärkt wird.

Etwa vom Jahr 1930 ab ging man bei den amerikanischen Eisenbahnen weitgehend von der Gepflogenheit ab, Dämme durch lose Schüttungen herzustellen. Der Grund hierfür war die schnelle Entwicklung von gleislosen Erdbaugeräten, wie sie für den Bau von Straßendämmen verwendet werden. Es wurde üblich, das Schüttmaterial in Lagen von etwa 30 cm Dicke mit Hilfe von Planierraupen oder von durch Traktoren gezogenen Schürfkübeln zu schütten. Infolge der Verdichtungswirkung dieser Erdbaugeräte wird die Setzung der Schüttungen erheblich vermindert. Die Standardböschungsneigung von 1,5 zu 1 blieb jedoch unverändert. Beim Bau einiger neuer Dämme für Schnellverkehrsstrecken waren Wassergehaltsnachprüfungen durchgeführt, und es war durch Walzen verdichtet worden. Diese Maßnahmen wurden in erster Linie deshalb angewandt, um die Dammschüttungen unmittelbar nach dem Bau für normale Beanspruchungen benutzen zu können. Sie stellten zunächst Ausnahmen dar.

Wo das zur Verfügung stehende Schüttmaterial sowohl aus sandigen Erdstoffen als auch aus Ton besteht, wird es als zweckmäßig angesehen, eine Vermischung der beiden Bodenarten soweit wie möglich zu vermeiden, ganz gleich, welches Bauvorhaben angewandt wird. Ein Teil des Sandbodens wird bei dem oberen Teil des Dammes zurückbehalten und der Rest entweder für die äußeren Dammteile oder für die unteren Lagen der höchsten Dammabschnitte verwendet.

Wenn der obere Teil einer Tonschüttung stark durchfeuchtet ist, kann der Ton unter der Wirkung des Verkehrs in die Hohlräume des Schotters hochquetschen. Infolgedessen setzt sich das Gleis. Die Krone des Dammes nimmt die Form einer flachen Mulde an, in der sich das Wasser sammelt und den Unterbau weiter aufweicht. Die Unterhaltungskosten wachsen in dem Maß an, wie sich dieser Vorgang fortsetzt. Bei neuen Dämmen können dadurch günstigere Verhältnisse für die Gleisbettung hergestellt werden, daß man die obersten Meter des Dammes verdichtet und der Oberfläche des Tons eine nach oben gewölbte Krone gibt. Bei vorhandenen Dämmen kann die fortschreitende Verschlammung des Schotterbettes manchmal durch Zementinjektionen in die unteren Schotterlagen abgestellt werden. Der Injektionsmörtel füllt die Hohlräume aus und hält den Ton aus dem Schotter heraus [*51.1*].

Straßendämme. Die Standardböschung für Straßendämme schwankt in den verschiedenen Teilen der USA zwischen 1,5 : 1 und 1,75 : 1. Während gewisse Setzungen von Eisenbahndämmen keine großen Folgen haben, weil das Gleis leicht durch Unterstopfen mit Schotter gehoben werden kann, können Setzungen des Untergrundes von Straßendecken zu Brüchen der Straßenbefestigung oder im besten Falle zu unbefriedigenden Fahreigenschaften führen. Aus diesem Grund werden neuzeitliche Straßendämme stets sorgfältig verdichtet und der Wassergehalt des Schüttmaterials wird während der Bauzeit genau überwacht (s. Abschn. 50). Das Verhalten der in dieser Weise verdichteten Schüttungen hängt in erster Linie von den physikalischen Eigenschaften der Schüttmassen ab. Infolgedessen lassen sich zuverlässige Entscheidungen, beispielsweise über die Eignung eines bestimmten Bodens für den Bau eines Dammes, auf Grund der Ergebnisse der üblichen Laboratoriumsuntersuchungen an repräsentativen Proben aus den in den Entnahmestellen anstehenden Bodenmassen treffen.

Während der letzten 25 Jahre ist zuerst durch das Bureau of Public Roads, später auch durch verschiedene staatliche Straßenverwaltungen versucht worden, Beziehungen zwischen dem Verhalten verdichteter Dämme und den bodenphysikalischen Eigenschaften der Schüttmassen zu finden. Diese Bemühungen haben zu allgemein übernommenen Verfahren für die Beurteilung der Güte des Bodens auf Grund seines maximalen Trockenraumgewichtes im verdichteten Zustand und seiner Konsistenzgrenze nach ATTERBERG geführt [*51.2*]. Bevor entschieden wird, ob ein bestimmter Boden für den Bau eines geplanten Dammes geeignet ist, werden repräsentative Proben einem Proctorversuch oder örtlich üblichen, gleichwertigen Versuchen unterworfen (s. Abschn. 50). Allgemeine Richtlinien für die Beurteilung der Versuchsergebnisse sind durch die American Association of State Highway Officials [*51.3*] herausgegeben worden. In Einzelheiten unterscheidet sich die Beurteilung in den einzelnen Staaten allerdings etwas. Ein typisches Beispiel für die Forderungen, die eine staatliche Straßenbauverwaltung stellt, ist in Tab. 16 wiedergegeben.

Tabelle 16. Anforderungen an die Verdichtung von Dammschüttungen

(Auszug aus den 1946 herausgegebenen Vorschriften für die Bauausführung und für Baustoffe und Material der Straßenbauverwaltung des Staates Ohio.)

Gruppe I		Gruppe II	
Bis zu 3 m hohe Dämme, die nicht längere Zeit Hochwässern ausgesetzt sind		Über 3 m hohe Dämme, die länger anhaltenden Hochwässern ausgesetzt sind	
Maximales Trockenraumgewicht[1] im Laboratoriumsversuch (t/m³)	Mindestwert für die Verdichtung im Feld[2]	Maximales Trockenraumgewicht[1] im Laboratoriumsversuch (t/m³)	Mindestwert für die Verdichtung im Feld[2]
1,44 und weniger	[3]	1,51 und weniger	[4]
1,45–1,65	100%	1,52–1,65	102%
1,65–1,76	98%	1,65–1,76	100%
1,76–1,92	95%	1,76–1,92	98%
1,92 und höher	90%	1,92 und höher	95%

[1] Das maximale Trockenraumgewicht im Laboratorium wird durch den Standard-Proctorversuch ermittelt, wie in Abschn. 50 beschrieben.

[2] in % des maximalen Proctorwertes.

[3] Böden, deren maximales Trockenraumgewicht kleiner als 1,45 t/m³ ist, werden als ungeeignet angesehen und dürfen in Dämme nicht eingebaut werden.

[4] Böden, deren maximales Trockenraumgewicht kleiner als 1,52 t/m³ ist, werden als ungeeignet angesehen und dürfen in Dämme der Gruppe II oder in die 20 cm dicke oberste Schicht, welche das Planum für die Straßendecke oder den Deckenunterbau bei Dämmen der Gruppe I bildet, nicht eingebaut werden. Der Boden soll zusätzlich zu den obigen Anforderungen eine nicht über 65% liegende Fließgrenze haben und der Kleinstwert für die Plastizitätszahl von Böden mit Fließgrenzen zwischen 35% und 65% darf den nach der Formel 0,6 · Fließgrenze −9,0 zu errechnenden Wert nicht überschreiten.

Entsprechende deutsche Vorschriften sind in den „Zusätzlichen Technischen Vorschriften und Richtlinien für Erdarbeiten im Straßenbau (ZTVE-STB 59)“, herausgegeben vom Bundesminister für Verkehr, Abteilung Straßenbau, enthalten.

Es kann kein Zweifel darüber bestehen, daß Regeln, wie sie in Tab. 16 enthalten sind, nicht als endgültig betrachtet werden dürfen. Sie stellen nur eine Stufe auf dem Weg zur Ausschaltung unbeweisbarer Ansichten bei der Auswahl von Schüttmassen dar und werden zweifellos mit fortschreitenden Erfahrungen abgeändert werden müssen. Im einzelnen scheinen die Vorschriften hinsichtlich der Verwendung von Tonböden viele Verbesserungsmöglichkeiten offen zu lassen. Beispielsweise ist in Tab. 16 festgelegt, daß Tonböden mit einer Fließgrenze über 65% für den Bau von Dämmen nicht verwendet werden dürfen. An einigen Orten sind jedoch Staudämme von 30 m Höhe mit Böschungsneigungen von 2,5 : 1, mit Erfolg aus Ton mit einer erheblich höheren Fließgrenze gebaut worden. Andere, ebenso brauchbare Staudämme bestehen aus Ton mit einem im Labor ermittelten maximalen Trockenraumgewicht, das viel niedriger ist, als der entsprechende Kleinstwert von 1,52 t/m³, der in Tab. 16 festgelegt worden ist. In der Regel werden in allen Fällen, wo auf Grund der bestehenden Vorschriften mehr als etwa 100000 m³ Ton durch besser geeignetes Material ersetzt werden müßten, wirtschaftliche Gesichtspunkte gründliche Bodenuntersuchungen und Standsicherheitsberechnungen rechtfertigen, um festzustellen, ob der Ersatz des schlechteren Schüttmaterials vermieden werden kann. Die Ergebnisse derartiger Untersuchungen bilden außerdem in Verbindung mit den Berichten über Beobachtungen während des Baues und danach eine zuverlässige Unterlage für die Überprüfung der vorhandenen Bestimmungen.

Fluß- und Seedeiche. Deiche dienen zum Schutz von tiefliegenden Geländeflächen gegen periodische Überschwemmungen durch Hochwasser, Sturmfluten oder hohe Tiden. Sie unterscheiden sich von den Erdstaudämmen hauptsächlich in drei Punkten: Ihre wasserseitigen Böschungen sind nur wenige Tage oder Wochen überflutet, ihre Lage ist durch die Forderungen des Hochwasserschutzes bestimmt ohne Rücksicht darauf, ob die Baugrundverhältnisse günstig sind oder nicht, und die Schüttmassen müssen aus flachen Entnahmestellen genommen werden, die sich nahe bei den Deichbaustellen befinden. Diese Forderungen stellen einen schwerwiegenden Unsicherheitsfaktor für den Entwurf solcher Bauwerke dar. Trotzdem mußten in manchen Gebieten schon in den frühesten Zeiten der menschlichen Zivilisation Deiche gebaut werden und infolgedessen war die Kunst des Deichbaues in diesen Gegenden zu hoher Vollkommenheit entwickelt worden.

Wenn die Beschaffenheit des Bodens im Entnahmegelände sehr stark wechselt, legt man den Querschnitt des Deiches gewöhnlich nach den

Anforderungen fest, die bei Verwendung des am wenigsten geeigneten Materials zu stellen sind. Von großem Einfluß ist auch die Frage, inwieweit der Unternehmer bei der Wahl der Bauzeit und des Bauverfahrens freie Hand hat. In einigen Deichbaugebieten wird das Einbauverfahren des Bodens genau vorgeschrieben, während es dem Unternehmer in anderen freisteht, zwischen sehr unterschiedlichen Bauverfahren zu wählen. Der Einfluß des Bauverfahrens auf die Baukosten eines Deiches hängen hauptsächlich von dem Verhältnis der Kosten von Hand- zu Maschinenarbeit ab. Da dieses Verhältnis in den einzelnen Ländern sehr unterschiedlich ist, hat das Bestreben , sichere Deiche mit einem Minimum an Aufwand zu bauen, in den verschiedenen Teilen der Welt zu unterschiedlichen Regeln geführt.

In Ländern wie Deutschland und Holland, wo die Handarbeit bis vor kurzer Zeit relativ billig war, wurden die Deiche sorgfältig verdichtet und mit steilen Böschungen gebaut. Dagegen bemühte man sich im Mississippital und in verschiedenen anderen Teilen der USA in keiner Weise, die Deiche zu verdichten, weil in den USA unverdichtete Deiche mit flachen Böschungen gewöhnlich billiger als verdichtete mit viel kleinerem Querschnitt sind [*51.4*]. In Europa und Asien sind viele Deiche aus Ton mit Böschungsneigungen 2 : 1 gebaut worden, während man die aus Ton hergestellten Deiche am Mississippi im allgemeinen mit einer wasserseitigen Böschung von 3 : 1 und einer luftseitigen von 6 : 1 ausgeführt hat. Beide Bauarten haben sich allmählich aus Erfolgen und Mißerfolgen entwickelt und beide erfüllen ihren Zweck unter den Bedingungen der Länder, in denen sie entstanden sind, gleich gut.

In Gebieten, wo Deichsysteme schon vorhanden sind, kann die Bodenmechanik nur nutzbringend angewandt werden, um die beim Bau und der Unterhaltung gewonnenen Erfahrungen auf Grund der bodenphysikalischen Eigenschaften der als Baumaterial verwendeten Erdstoffe überprüfen zu können. Die auf diese Weise gewonnenen Kenntnisse ermöglichen es, eine rein gefühlsmäßige Beurteilung der Böden, welche in neuen Entnahmeflächen angetroffen werden, auszuschalten.

Es erscheint kaum als notwendig, für den Entwurf von Deichen auf standsicherem Untergrund theoretische Verfahren einzusetzen, es sei denn, daß ein Deich in einem Gebiet zu bauen ist, wo vorher noch keine Deiche gebaut worden sind. In solchen Fällen ist es zu langwierig und aufwendig, sich auf Versuche und Gegenversuche zu verlassen. Aber auch Erfahrungen, welche bei anderen Deichsystemen gewonnen worden sind, lassen sich kaum als Anhalt benutzen, weil nur sehr wenige der zur Verfügung stehenden Bauberichte ausreichende Angaben über die Eigenschaften der Baustoffe enthalten. Aus diesem Grund ist der entwerfende Ingenieur gezwungen, die für den Entwurf von Staudämmen üblichen Verfahren anzuwenden.

Der Einfluß der Untergrundverhältnisse auf die Standsicherheit von Deichen und anderen Aufschüttungen ist in Abschn. 52 behandelt.

Staudämme. Wenn ein Staudamm bei gefülltem Becken bricht, können Verluste an Menschenleben und große Sachschäden verursacht werden. Aus diesem Grund müssen Staudämme so entworfen werden, daß es keine Möglichkeit für einen Bruch gibt. Infolge der großen Vielfalt der Baugrundverhältnisse, die einen ungünstigen Einfluß auf die Standsicherheit eines Erddammes haben können und der Verschiedenartigkeit der Bodenarten, die für den Dammbau zur Verfügung stehen können, stellt der Entwurf jedes neuen Erddammes eine besondere Aufgabe dar, welche eine individuelle Bearbeitung erfordert. Standardböschungen können für Staudämme nicht festgelegt werden.

Der Entwurf hat die Forderungen zu erfüllen, daß der Damm standsicher sein muß, daß der Wasserverlust durch den Dammkörper mit dem Zweck des Dammes zu vereinbaren sein muß und daß der Boden oder die Bodenarten, welche für den Dammbau verwendet werden sollen, in erträglichen Entfernungen zur Verfügung stehen. Diese letzte Bedingung legt der Wahl des Baumaterials für den Damm einschneidende Beschränkungen auf. Glücklicherweise kann fast jeder Boden oder jedes Bodengemisch für den Bau eines sicheren Erddammes verwendet werden. Daraus folgt, daß die Hauptaufgabe des Entwurfsbearbeiters darin besteht, die zur Verfügung stehenden Erdstoffe so vorteilhaft wie möglich auszunutzen [*51.5*].

Homogene Erddämme können nur aus Bodenarten hergestellt werden, die standsicher und trotzdem nicht zu durchlässig sind. Diejenigen Böden, die beide Bedingungen erfüllen können oder sie tatsächlich erfüllen, lassen sich in drei große Gruppen einteilen: Gut abgestufte, grobkörnige Erdstoffe mit einem ausreichenden Gehalt an Feinkorn, um die Durchlässigkeit auf einen erträglichen Wert zu vermindern, Schluffe und gewisse Tonarten. In diese drei Gruppen ist weder reiner Sand oder Kies, noch weicher Ton eingeschlossen. Wenn in den Entnahmestellen jedoch sowohl reiner Sand als auch weicher Ton ansteht, kann der Ton dazu verwendet werden, einen praktisch undurchlässigen Kern herzustellen, welcher die Sickerung durch den Damm unterbindet, und der Sand, der zu beiden Seiten des Kernes eingebaut wird, kann die erforderliche Standsicherheit gewährleisten. Wenn keine undurchlässigen Erdstoffe zu tragbaren Kosten gewonnen werden können, muß die Durchsickerung mit Hilfe einer Kernmauer aus Stahlbeton oder einem anderen künstlichen Baumaterial unterbunden werden.

Ganz abgesehen von der Art der zur Verfügung stehenden Schüttmassen, müssen die im Damm einzubauenden Bodenarten immer sorgfältig ausgewählt und Unregelmäßigkeiten innerhalb des Dammes soweit, wie unter den örtlichen Verhältnissen möglich, vermieden werden. Um dies zu erreichen, sind zweckmäßige Abnahmeprüfungen für das Entnahmematerial ausgearbeitet worden und das Verfahren zur Verdichtung des Bodens wird in der Regel ebenso streng vorgeschrieben, wie für Straßendämme. Der Entwurf eines in dieser Weise zu bauenden Dammes bietet viele Möglichkeiten für die Anwendung experimenteller und theoretischer Untersuchungen. Wenn keine solchen Untersuchungen dürchgeführt werden, müssen die fehlenden zuverlässigen Angaben über den Sicherheitsgrad des geplanten Bauwerkes durch sehr vorsichtig gewählte Abmessungen ausgeglichen werden. Dies schließt die Wahrscheinlichkeit ein, daß viel mehr Material in den Damm eingebaut wird, als die Sicherheit erfordert. Deshalb sind gründliche Bodenuntersuchungen in jedem Fall für Staudämme wirtschaftlich gerechtfertigt.

Die vorstehenden Ausführungen zeigen, daß Standsicherheitsuntersuchungen für den Entwurf eines Staudammes unbedingt notwendig sind. Bevor eine solche Berechnung durchgeführt werden kann, müssen die Abmessungen des Bauwerkes gefühlsmäßig festgelegt werden [*51.5*]. In erster Annäherung können die in Tab. 17 angegebenen Böschungsneigungen zu Grunde gelegt werden, die auf Grund der Standsicherheitsberechnungen abzuändern und zu berichtigen sind.

Tabelle 17. Böschungsneigungen für den Vorentwurf von Staudämmen

Art des Dammes	Wasserseitige Böschung	Luftseitige Böschung
homogene, gut abgestufte Erdstoffe	2,5 : 1	2 : 1
homogene Grobschluffe	3 : 1	2,5 : 1
homogene Schlufftone oder Tone bei Dammhöhen unter etwa 15 m	2,5 : 1	2 : 1
homogene Schlufftone oder Tone bei Dammhöhen über 15 m	3 : 1	2,5 : 1
Sand oder Sand und Kies mit Tonkern	3 : 1	2,5 : 1
Sand oder Kies und Sand mit Stahlbetonmauer	2,5 : 1	2 : 1

Die wichtigsten Grundsätze für Standsicherheitsberechnungen sind in Abschn. 42 dargelegt worden. In diesem Abschnitt wurde betont, daß die Berechnungen Erfahrungen, Urteilsvermögen und ein gründliches Vertrautsein mit den theoretischen Grundlagen zur Voraussetzung haben. Die Berechnungen sollten von den ungünstigsten Versuchsergebnissen ausgehen, die für die Massen aus den Entnahmestellen ermittelt wurden und nicht von Mittelwerten. Der theoretische Sicherheitsgrad gegen Rutschen sollte niemals kleiner als 1,3, besser jedoch 1,5 sein.

Diluviale schluffige Kiessande, die für den Bau homogener Erddämme ideal geeignet sind, stehen an vielen Stellen von Kanada und den USA nördlich des 42. Breitengrades zur Verfügung. Sowohl im ursprünglichen, als auch im leicht verwitterten Zustand genügen diese Moränenmassen in der Regel den schärfsten Anforderungen. Obgleich das Material fast keinen echten Ton enthält, liegt seine Durchlässigkeit in der Größenordnung von 10^{-6} cm/sek. Dieser Wert ist so niedrig, daß keine Notwendigkeit für die Anordnung einer Kernmauer besteht. Durch Schaffußwalzen und schwere Transportgeräte kann es bis auf ein Trockenraumgewicht von mehr als 1,92 t/m³ verdichtet werden, und in diesem verdichteten Zustand beträgt sein Winkel der inneren Reibung zumindest 38°. In Abb. 162 ist eine typische Kornverteilungskurve dieser Erdstoffe wiedergegeben.

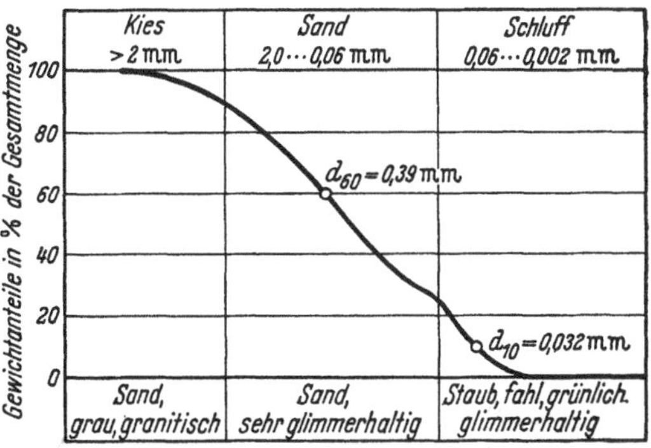

Abb. 162. Kornverteilungskurve eines für den Bau von homogenen Erddämmen besonders geeigneten diluvialen schluffigen Kiessandes (Moräne)

Wenn die zur Verfügung stehenden Schüttmassen hauptsächlich aus Grobschluff bestehen, ist es sehr schwierig, den Wassergehalt genügend genau einzuhalten. Gleichzeitig ist dies sehr wichtig, weil schon eine kleine Abweichung vom Maximalwert des Trockenraumgewichtes des verdichteten Materials eine deutliche Neigung, bei Spiegelsenkungen zu versuppen, zur Folge hat.

Die schwierigsten Entwurfsprobleme ergeben sich, wenn Staudämme ganz aus Schlufftonen oder Tonen gebaut werden sollen. Zusätzlich zu den notwendigen Standsicherheitsuntersuchungen müssen weitere Untersuchungen darüber durchgeführt werden, ob das allmähliche Schwellen der an der Oberfläche liegenden Teile der Tonschüttung zur Bildung von Rissen führen kann, denn dies würde früher oder später ein Versuppen verursachen. Für diese Untersuchungen lassen sich keine genaueren Anweisungen geben. Auf jeden Fall kann ein übermäßiges Schwellvermögen den Ton für den Bau des Dammes ungeeignet machen. Ist die Schwellneigung nur mäßig, kann das Versuppen durch Abdecken der wasserseitigen Böschung mit einer Kiesschicht von 0,4 bis 1 m Dicke verhindert werden. Weitere Unsicherheiten bei der Entwurfsbearbeitung ergeben sich aus dem Mangel an zuverlässigen Unterlagen darüber, wie ein fortschreitender Bruch bei der Wahl des Wertes für die mittlere Scherfestigkeit in den potentiellen Gleitflächen in gewalzten Tonschüttungen zu berücksichtigen ist. Endlich ist, wenn der Wassergehalt des Tons in den Entnahmestellen erheblich über dem optimalen Wert liegt, das Einhalten eines bestimmten Wassergehaltes während des Baues in der Regel ein schwieriges Problem.

Da unsere Kenntnisse über die Gleichgewichtsbedingungen von Tonschüttungen noch lückenhaft sind und da weiterhin Rutschungen von Tonschüttungen keineswegs selten auftreten, sollte ein theoretischer Sicherheitsgrad von 1,5 als Mindestforderung angesehen werden.

Ganz gleich wie das Baumaterial für einen homogenen Erddamm beschaffen sein mag, das Aufweichen der Schüttmassen am luftseitigen Böschungsfuß muß in jedem Fall durch den Einbau eines Fußfilters verhindert werden, wie er in Abb. 102 dargestellt ist. Der Filter muß groß genug sein, um verhüten zu können, daß die Sickerlinie die luftseitige Böschung schneidet. Die Notwendigkeit Fußfilter vorzusehen, ist von einigen erfahrenen Ingenieuren schon vor mehr als einem halben Jahrhundert erkannt worden, aber in der Praxis wurden sie erst allgemein angewendet, nachdem die Bodenmechanik auch theoretisch den entscheidenden Einfluß solcher Filter auf die Standsicherheit der luftseitigen Böschung nachwies. Heute wird der Fußfilter allgemein als wesentlicher Teil des Dammquerschnittes angesehen.

Gespülte Dämme. Wenn das zur Verfügung stehende Material ein gut abgestuftes Gemisch aus allen Kornfraktionen von Steinen, Kies und sehr grobem Sand bis zu Feinschluff oder Ton darstellt, kann es vorteilhaft sein, einen Erddamm nach dem Spülverfahren herzustellen. Bei diesem Verfahren werden die Entnahmestellen möglichst hoch über Dammkronenhöhe angelegt. Das Material wird durch kräftige Wasserstrahlen unter einem Druck von 7 bis 10 at am Mundstück gelöst und durch Gerinne oder Rohrleitungen zur Einbaustelle gespült. Auf dem Damm sind die Rinnen an Böcken befestigt oder sie werden entlang der Außenkanten des bereits aufgespülten Materials verlegt, wie in Abb. 163 dargestellt ist.

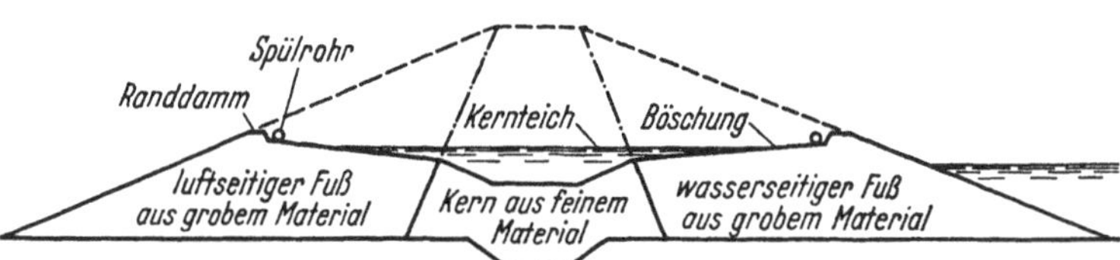

Abb. 163. Aufbau eines gespülten Dammes (nach J. Justin)

In jedem Fall müssen die Rinnen in dem Maß, wie der Damm wächst, nach der Mittellinie verschoben und angehoben werden können. Das Wasser-Bodengemisch wird in zwei flachen Wällen parallel zur Dammachse abgelagert, eine an der wasserseitigen Kante des fertigen Dammteiles, und die andere an der luftseitigen Dammschulter. Die gröbsten Materialien setzen sich in der Nähe der Außenböschungen ab, während die feineren Teilchen in den Kernteich nahe der Dammachse gespült werden und sich dort absetzen. Die feinsten Teilchen werden durch ein Überlaufrohr, dessen oberes Ende sich in Höhe des Wasserspiegels des Kernteiches befindet, abgeführt. In einem nach diesem Verfahren gebauten Damm, sind also alle Korngrößen vertreten, von den sehr groben an den Böschungen bis zu den feinen im Kern. Die äußeren Teile des Dammes gewährleisten die Standsicherheit, während der Kern relativ undurchlässig ist und Sickerverluste durch den Damm verhindert. Der Gehalt an feinen Teilchen im Kern kann bis zu einem gewissen Grad durch Veränderung des Spiegels des Kernteiches gesteuert werden.

Das Vertrauen auf die Zuverlässigkeit dieses wirtschaftlichen Dammbauverfahrens ist durch ziemlich häufige Dammbrüche etwas erschüttert worden. Einige Dammbrüche sind durch eine falsche Einschätzung der Standsicherheitsverhältnisse verursacht worden und andere durch eine ungenügende Überwachung der Breite des Kernes. Wenn die äußeren Teile aus Sand mit geringem Grobkornanteil bestehen, muß die Gefahr des Ausfließens wie bei lockeren, natürlichen Sandböschungen nach Abschn. 49 untersucht werden.

Während der Bauzeit und unmittelbar danach befindet sich der Kern in einem halbflüssigen Zustand und sein nach außen gerichteter Druck sucht die grobkörnige Schale zu verdrücken. Es ist üblich vorzuschreiben, daß die Schale in der Lage sein muß, den vom Kernmaterial ausgeübten Seitendruck aufzunehmen, wobei man den Kern als schwere Flüssigkeit mit einem Raumgewicht gleich dem des Kernmaterials ansieht. Der theoretische Sicherheitsgrad gegen einen Bruch der Schale, der auf Grund dieser Annahme berechnet wird, sollte 1,0 sein. In Wirklichkeit ist der Sicherheitsgrad eines auf dieser Grundlage entworfenen Dammes schon unmittelbar nach dem Bau etwas größer als 1,0, da der Kern während des Bauvorganges eine gewisse Festigkeit erreicht. Die Wirkung dieses Festigkeitsgewinnes kann als Abnahme des Raumgewichtes der äquivalenten Flüssigkeit aufgefaßt werden, von der angenommen wird, daß sie den Kern bildet. Im Laufe der Zeit nimmt dieses ideelle Raumgewicht weiter ab, bis es endlich praktisch konstant wird. Das Raumgewicht des tatsächlichen Kernmaterials beträgt gewöhnlich etwa 1,76 t/m³. Beobachtungen mit Porenwasserdruckmessern in verschiedenen gespülten Dämmen ergaben die in Tab. 18 wiedergegebenen Grenzwerte für die äqui-

Tabelle 18
Äquivalente Flüssigkeitsgewichte des Kernmaterials bei verschiedenen gespülten Dämmen

Name des Dammes	Germantown	Taylorsville	Kingsley	Fort Peck
Tonanteil ($< 0{,}002$ mm) %	15	20	2	12
Äquivalentes Flüssigkeitsgewicht (t/m³)	0,93	0,75	0,72	1,14
Wirksame Korngröße (mm)	$< 0{,}001$	$< 0{,}001$	0,01	0,001

valenten Flüssigkeitsgewichte. In allen Fällen zeigten die Ablesungen an den Meßgeräten starke Streuungen. Sie ließen also nur erkennen, daß das äquivalente Flüssigkeitsgewicht erheblich kleiner ist als das Raumgewicht des Kernmaterials. Der wirkliche Wert für das Verhältnis zwischen den beiden Raumgewichten ist noch unbekannt. Ebenfalls ist noch nicht einmal bekannt, ob das äquivalente Raumgewicht unabhängig von der Tiefenlage unter der Dammkrone ist.

Man hat versucht, die Konsolidierungsgeschwindigkeit und das Konsolidierungsmaß der Kerne von gespülten Dämmen nach der Konsolidierungstheorie (Abschn. 41) und auf Grund der Ergebnisse von Kompressionsversuchen mit repräsentativen Proben aus dem Kernmaterial zu berechnen [*51.7*]. Nach den Ergebnissen dieser Berechnungen müßten die Setzungen der Krone eines gespülten Dammes mit Schlufftonkern viele Jahre hindurch anhalten und, wenn die Höhe des Dammes etwa 30 m überschreitet, müßte die Endsetzung der Krone mindestens 1 m betragen. Weiterhin müßte der Endwassergehalt des Kernes mit zunehmender Tiefe unter der Krone abnehmen. Im Gegensatz zu den theoretischen Schlußfolgerungen sind die Setzungen der Kronen von Spüldämmen mit Tonkernen im allgemeinen sehr klein und offensichtlich kommen sie innerhalb von 1 bis 2 Jahren nach Bauende zum Stillstand. Ferner zeigen die wenigen Berichte, die bisher vorliegen, daß der Wassergehalt des Kernmaterials von der Tiefe unterhalb der Dammkrone praktisch unbeeinflußt ist.

Diese Beobachtungen lassen darauf schließen, daß eine Übertragung der Ergebnisse von Kompressionsversuchen auf die Vorgänge, welche sich in einem Kern eines gespülten Dammes abspielen, nicht zulässig ist. Der Hauptgrund für die Widersprüche zwischen der Theorie und der Wirklichkeit scheint die tixotrope Verfestigung des Kernmaterials zu sein, möglicherweise in Verbindung mit der Gitterstruktur, welche sich während der Sedimentation ausbildet (s. Abschn. 17). Ähnliche Betrachtungen zeigen, daß die Beziehungen zwischen der Kornzusammensetzung und der Standsicherheit des Kernmaterials weit weniger einfach sind, als sie in den ersten Zeiten der Ausführung von aufgespülten Dämmen zu sein schienen. Nach den früheren Ansichten sollte die Standsicherheit des Kernmaterials mit zunehmender effektiver Korngröße größer werden und ein ideales Kernmaterial sollte überhaupt keinen Ton enthalten [*51.8*]. Die Zahlenwerte in Tab. 18 zeigen jedoch, daß das äquivalente Flüssigkeitsgewicht des Kernmaterials im Kingsley-Damm mit einem Tongehalt von 2% nicht wesentlich niedriger als dasjenige des Taylorsville-Dammes mit einem Tongehalt von 20% ist.

Nach diesen und verschiedenen anderen Beobachtungen scheint es, daß die Kornzusammensetzung des Kernmaterials keine so große Bedeutung hat, wie man einmal angenommen hatte. Die wichtigsten Forderungen für den erfolgreichen Bau eines gespülten Dammes sind die Verwendung eines schweren Materials für die Schalen und eine sorgfältige Überwachung der Breite des Kernes während der Bauzeit.

Zusammenfassung über die Entwurfsverfahren. Die Standardböschung für Eisenbahndämme beträgt 1,5 : 1 und nur verhältnismäßig wenige Böschungen weichen von dieser Böschungsneigung ab. Eisenbahndämme wurden früher durch Vorkopfschüttungen und ähnliche Verfahren gebaut, wobei keine Verdichtung des Bodens stattfand. Später sind viele Dämme in Lagen geschüttet und zu einem Teil durch die Wirkung der Baugeräte verdichtet worden. Dagegen werden moderne Straßendämme nach genauen Vorschriften für das Einhalten des Wassergehaltes und für das Verdichtungsverfahren gebaut. Die Standardböschung liegt zwischen 1,5 : 1 und 1,75 : 1. Bei jedem Dammbau, gleich welcher Art, besteht die Hauptaufgabe des Ingenieurs darin, zu entscheiden, welche Massen für die Verwendung als Schüttmassen nicht geeignet sind.

Im Eisenbahndammbau ist diese Entscheidung im allgemeinen dem bauleitenden Ingenieur überlassen. Wenn ein Damm rutscht, wird er ausgebessert. Im Straßenbau werden die Massen so lange verworfen, bis sie den mehr oder weniger strengen Standardvorschriften entsprechen. Das Festhalten an diesen Standards schließt praktisch die Gefahr von Böschungsrutschungen aus, aber es führt zum vollkommenen Ausschluß einiger Tonböden, die tatsächlich brauchbar sein können. Wenn auf Grund vorhandener Standardvorschriften große Tonmengen abgelehnt werden müssen, die bedeutend billiger als der billigste den Vorschriften entsprechende Ersatz sind, ist es wirtschaftlich gerechtfertigt, durch Laboratoriumsversuche und Standsicherheitsuntersuchungen nachzuprüfen, ob der Ton nicht doch mit ausreichender Sicherheit verwendet werden kann.

Beim Entwurf von Deichen müssen neben den Ergebnissen von Laboratoriumsuntersuchungen viele weitere Faktoren berücksichtigt werden. Das Baumaterial muß aus flachen Gruben in der Nähe des Deiches ohne Rücksicht darauf entnommen werden, ob die Bodenverhältnisse gleichmäßig oder ungleichmäßig sind. Da eine Trennung der durchlässigen, von den weniger durchlässigen Erdstoffen selten durchführbar ist, hängt die Durchlässigkeit in den Deichquerschnitten überwiegend vom Zufall ab. Weiterhin hat es sich bei vielen Deichbauten als unwirtschaftlich herausgestellt, besondere Maßnahmen für die Verdichtung der Schüttmassen durchzuführen, man gibt vielmehr dem Bauunternehmer volle Freiheit in der Wahl des Bauverfahrens und gleicht die Mängel in der Qualität des fertigen Bauwerkes dadurch aus, daß die Böschungen der Deiche sehr flach gewählt werden. Der Entwurf von Deichen, die in dieser Weise gebaut werden, erfolgt hauptsächlich auf Grund von Erfahrungen. Eingehende Bodenuntersuchungen und Standsicherheitsberechnungen sind nur notwendig, wenn ein Deich in einem Gebiet zu bauen ist, wo noch keine Deichbauten ausgeführt worden sind, oder wenn der Deich ein ungewöhnlich dicht besiedeltes Gebiet zu schützen hat. Unter diesen Umständen können Deichquerschnitte aus anderen Gebieten kaum als Vorbild für den Entwurf dienen, weil nur sehr wenige Berichte über ältere Deiche die für eine zuverlässige Bodenkennzeichnung erforderlichen Daten enthalten.

Beim Entwurf von Staudämmen sind sowohl aus Gründen der Sicherheit als auch der Wirtschaftlichkeit gründliche Bodenuntersuchungen und Standsicherheitsberechnungen für verschiedene maßgebende Querschnitte erforderlich. Die bodenphysikalischen Untersuchungen sollten sich auf alle in Tab. 5 in Abschn. 9 aufgeführten Standarduntersuchungen erstrecken, außerdem auf Verdichtungs- und Dreiachsialversuche mit repräsentativen Proben aus dem Schüttmaterial. Wenn der Damm teilweise oder ausschließlich aus Ton geschüttet werden muß, sind auch Kompressions- und Schwellversuche erforderlich. Die Auswertung der Ergebnisse dieser Versuche erfordert reiche Erfahrungen und ein reifes Urteilsvermögen.

Literaturhinweise

[*51.1*] First Progress Report of the Investigation of Methods of Roadbed Stabilization. Proc. Am. Rwy. Eng. Assoc. 47 (1946) S. 324–353.

[*51.2*] Woods, K. B. and R. R. Litehiser: Soil Mechanics Applied to Highway Engineering in Ohio. Bull. No. 99, Ohio State Eng. Exp. Sta., Columbus, Ohio (1938).

[*51.3*] Standard Specifications for Highway Materials and Methods of Sampling and Testing. 4. Aufl. (1942) Am. Assoc. of State Highway Officials, Teil I, S. 33–34, Anweisungen M 57–42.

[*51.4*] Buchanan, S. J.: Levees in the Lower Mississippi Valley. Trans. ASCE 103 (1938). Veröffentlichung 2008, S. 1378–1395. Zuschriften S. 1449–1502.

[*51.5*] Lee, C. H.: Selection of Materials for Rolled-Fill Earth Dams. Trans. ASCE 103 (1938). Veröffentlichung 1980, S. 1–61. Die Bedeutung der Kornzusammensetzung der Schüttmassen scheint etwas überbewertet zu sein. Die Diskussionsbeiträge lassen einige der gegensätzlichen Auffassungen über den Gegenstand erkennen.

[*51.6*] Creager, W. P. et al.: Engineering for Dams. New York: John Wiley a. Sons 1945, Bd. III, Kap. 17. Earth Dams-General Priciples of Design und Kap. 19, Details of Earth Dams.

[*51.7*] Gilboy, G.: Mechanics of Hydraulic-Fill Dams. J. Boston Soc. Civil Engrs. 21 (1934) S. 185–203. Die Schlußfolgerungen über das Ausmaß der Setzungen des Kerns sind durch Erfahrungen nicht bestätigt worden.

[*51.8*] Hazen, A.: Hydraulic-Fill Dams. Trans. ASCE 83 (1920). Veröffentlichung Nr. 1458, S. 1713–1821. Sowohl der Aufsatz als auch die Diskussionen enthalten viele wertvolle Angaben über hydraulisch aufgespülte Dämme. In der Veröffentlichung scheint der Einfluß der Kornzusammensetzung auf die maßgebenden Eigenschaften des Kerns überbewertet zu sein. Besondere Beachtung verdient der Diskussionsbeitrag von A. E. Morgan. S. 1780 bis 1785.

[51.9] Hewes, L. I.: American Highway Practice. New York: John Wiley a. Sons 1942, Bd. I, S. 171–194. Zusammenstellung der gegenwärtig üblichen Entwurfs- und Bauverfahren für Straßendämme.

[51.10] Knappen, T. T. and Philippe, R. R.: Practical Soil Mechanics at Muskingum. Eng. News-Record 116 (1936) S. 453–455, 532–535, 595–598, 666 bis 669. Abhandlung über die Erddämme der Muskingum-Hochwasserschutzmaßnahmen, die aus sehr unterschiedlichen Bodenarten gebaut werden. Beschreibung der Probenentnahme, Bodeneinteilung, Setzungsberechnung und Wassergehaltsüberwachung. Der praktische Wert der Modellversuche ist fraglich.

[51.11] Baumann, P.: Design and Construction of San Gabriel Dam No. 1. Trans. ASCE 107 (1942). Veröffentlichung 2168, S. 1595–1634, Diskussionen S. 1635 bis 1651. Beschreibung des Entwurfes und der Konstruktion des Damms mit einer Zusammenfassung der Ergebnisse der Bodenuntersuchungen. Das Verfahren zur Ermittlung der Scherfestigkeit der Schüttmassen ist etwas fragwürdig.

[51.12] Van Es, L. J. G.: Untersuchungen über die Eignung von Bodenarten für den Bau von Staudämmen mit Hilfe der Konsistenzgrenzen von Atterberg. 1. Congr. Grands Barrages (Stockholm 1933). Bd. III. Bericht 21. S. 125–131. Diese Abhandlung zeigt eindringlich den Einfluß anderer Faktoren als den der Kornzusammensetzung auf die Standsicherheit von Tondämmen. Die Ergebnisse, über die in der Abhandlung berichtet wird, können jedoch nicht verallgemeinert werden.

52. Standsicherheit der Sohle von Dämmen

Verschiedene Arten des Grundbruches. Soweit möglich, werden Dämme und insbesondere Staudämme auf festen, relativ unzusammendrückbaren Baugrundschichten errichtet. In vielen Gebieten müssen jedoch Eisenbahn- oder Straßendämme auf breiten, sumpfigen Ebenen oder zugeschütteten Tälern, die mit weichem Schluff oder Ton angefüllt sind, hergestellt werden. Deiche müssen ohne Rücksicht auf die Baugrundverhältnisse nahe bei den Flußläufen gebaut werden. Selbst Staudämme müssen gelegentlich an Stellen angeordnet werden, wo im Untergrund ungeeignete Schichten anstehen. In all diesen Fällen muß der Entwurf eines Dammes nicht nur den Eigenschaften des zur Verfügung stehenden Schüttmaterials, sondern auch den Baugrundverhältnissen angepaßt werden.

Sohlen- oder Grundbrüche können in unterschiedlicher Weise eintreten. Die Aufschüttung kann als Ganzes in den Boden versinken. Ein solcher Vorgang wird als *Einsinken* bezeichnet. Anderseits kann die Aufschüttung zusammen mit der darunter befindlichen Bodenschicht auf einer tiefer liegenden Schicht von außergewöhnlich weichem Ton, oder von Sand- oder Schlufflinsen, welche unter Porenwasserüberdruck stehendes Wasser enthalten, seitlich ausweichen (s. Abschn. 49 und Abb. 160 b). Im allgemeinen versteht man unter *Grundbruch* diesen Vorgang des seitlichen Ausweichens. Wenn ein Damm Wasser aufstaut, kann er auch durch Unterspülung als Folge rückschreitender Erosion von Quellen zu Bruch gehen, die aus dem Untergrund am Fuß der Aufschüttung austreten. Endlich können Sohlenbrüche unter Aufschüttungen, welche sich auf sehr lockeren Sandschichten befinden, infolge einer plötzlichen Verflüssigung des Sandes auftreten. Diese Art des Grundbruches ist jedoch sehr selten und sie läßt sich durch eine Verdichtung des Sandes nach einen der in Abschn. 50 beschriebenen Verfahren vermeiden. Auf den Bruch durch Unterspülung wird in Abschn. 59 besonders eingegangen. Der vorstehende Abschnitt handelt also nur über Grundbrüche durch Einsinken oder seitliches Ausweichen.

Verfahren für die Untersuchung der Standsicherheit. Dem Entwurf eines Dammes, der auf einer Tonschicht hergestellt werden soll, sollte stets eine gründliche Baugrunduntersuchung mit Bohrungen, Probenentnahme und bodenphysikalischen Untersuchungen vorangehen. Die Untersuchungsergebnisse unterrichten den Entwurfsbearbeiter über den Baugrundaufbau und die physikalischen Eigenschaften des Untergrundes. Der nächste Schritt ist die Berechnung des Sicherheitsgrades der Aufschüttung gegen Grundbruch. Die Berechnung sollte nach dem von der mittleren Spannung ausgehenden Verfahren nach Abschn. 31 durchgeführt werden. Unter normalen Verhältnissen kann die Standsicherheit nur als ausreichend angesehen werden, wenn der Sicherheitsgrad gegen Grundbruch während der Bauzeit oder unmittelbar danach zumindest 1,5 beträgt.

Die Voraussetzungen für eine ausreichende Sicherheit der Sohle von Aufschüttungen und die Maßnahmen zur Verhinderung von Grundbrüchen werden in der folgenden Reihenfolge behandelt: Aufschüttungen auf sehr weichem oder sumpfigem Untergrund, Aufschüttungen auf dicken Schichten von annähernd homogenem weichem Ton. Aufschüttungen auf geschichtetem Untergrund, der annähernd homogene Schichten von weichem Ton enthält, und Aufschüttung auf Ton mit Sand- oder Schluffeinlagerungen. Bei Baugrundverhältnissen der ersten beiden Arten treten überwiegend Grundbrüche durch Versinken und bei solchen der letzten beiden Grundbrüche durch seitliches Ausweichen auf.

Aufschüttungen auf sehr weichem Schluff oder Ton mit organischen Beimengungen. Natürliche Ablagerungen dieser Art sind in Gebieten, in denen sich flache Seen oder Lagunen befunden haben, weit verbreitet. Die Randzonen solcher flachen Ablagerungen waren in der Regel mit Sumpfmoosen oder anderen Arten der Sumpfvegetation bewachsen. Der als Suspension in die Seen eingeschwemmte Schluff oder Ton vermischte sich mit den abgestorbenen organischen Bestandteilen, die von den Uferzonen eingespült wurden. Infolgedessen weisen die feinkörnigen Sedimente in derartigen stehenden Gewässern in der Regel einen hohen Gehalt an organischen Bestandteilen auf. Die natürliche Porenziffer der

Sedimente ist sehr häufig größer als 2. Die Ablagerungen können Torfschichten enthalten oder unter einem Torflager verborgen sein.

Wenn die Oberfläche einer solchen Ablagerung niemals zuvor durch eine Auflast belastet gewesen ist, ist ein derartiger Baugrund in der Regel nicht in der Lage, das Gewicht einer Aufschüttung von mehr als wenigen Dezimetern Höhe zu tragen. In vielen Gebieten befindet sich auf dem weichen sumpfigen Boden eine 1 oder 2 m dicke Deckschicht, die steifer als die tieferen Schichten und gewissermaßen mit einem dichten Netz von Wurzeln bewehrt ist. Diese Decke wirkt wie eine Platte und kann in der Lage sein, wenigstens zeitweilig das Gewicht einer Aufschüttung von einigen Metern Höhe zu tragen. Aufschüttungen auf einem solchen Untergrund setzen sich jedoch fortdauernd mehrere Jahre oder Jahrzehnte hindurch und aus Beobachtungsberichten geht hervor, daß sie sogar noch lange nach Bauende plötzlich durch die Deckschicht brechen können. Wenn eine Auffüllung also nicht nur eine vorübergehende Baumaßnahme sein soll, muß der Zusammenhang der Deckschicht zerstört werden, bevor die Aufschüttung aufgebracht wird, damit die Schüttmassen leichter in die weicheren Schichten eindringen können.

Da die Kosten und relativen Vorzüge der verschiedenen Verfahren für das Schütten von Dämmen durch sumpfige Ebenen von der Dicke der weichen Schicht abhängen, sollte vor der Bauausführung eine Karte mit Höhenschichtlinien für die feste Sohle angefertigt werden. Wenn die weiche Schicht nicht dicker als 1,5 bis 2,0 m ist, kann es wirtschaftlicher sein, den weichen Boden auszuheben. Ist sie größer, wird es gewöhnlich vorzuziehen sein, die Schüttmassen versinken zu lassen und die weichen Massen zu verdrängen. Dieses Verfahren wird als *Verdrängungsverfahren* bezeichnet.

Um die Eindringung der Schüttmassen zu beschleunigen und die anschließende Zeit, in der die Setzungen sich vollziehen, abzukürzen, kann die Aufschüttung bis zu 4,5 oder 6 m Höhe über die endgültige Gradiente aufgeschüttet und das überschüssige Material später entfernt werden. Es besteht auch die Möglichkeit, das Eindringen des Schüttmaterials dadurch zu erleichtern, daß der weiche Untergrund gesprengt wird. In den letzten Jahrzehnten ist das Sprengverfahren sehr verbessert worden und wenn die Lage der Sohle der weichen Schicht bekannt ist, kann die Menge der erforderlichen Massen, die zum Schütten des Dammes benötigt werden, vor der Bauausführung ziemlich genau abgeschätzt werden [*52.1*].

Die Gleichgewichtsbedingungen für eine Schüttung, die ihre feste Auflagerfläche durch Verdrängen weicher Massen gefunden hat, sind in Abb. 164 dargestellt. Auf die Berührungsfläche ab wirkt der durch das Schüttmaterial ausgeübte Druck. Der Verschiebung von ab nach links wirkt der Flüssigkeitsdruck des weichen Materials und die zur Überwindung seiner Kohäsion erforderliche Kraft entgegen. Wenn das Eindringen des Schüttmaterials durch eine vorübergehende Auflast oder durch Sprengungen unterstützt wird, ist die Kraft, welche die entsprechende Verdrückung erzeugt, sehr viel größer als die nach Bauende auf *ab* wirkende Kraft. Ferner gewinnt das weiche Material nach Beendigung der Schüttung einen Teil seiner Festigkeit zurück, welche es durch den Ver-

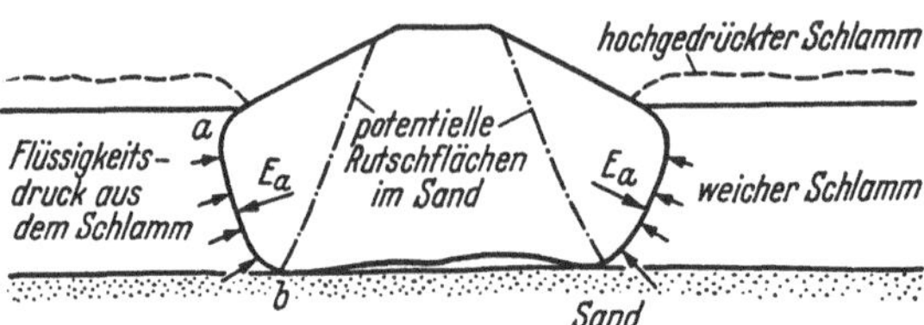

Abb. 164. Darstellung der Kräfte, die auf den Teil eines Dammes wirken, der nach dem Verdrängungsverfahren unter die Erdoberfläche versenkt ist

drängungsvorgang verloren hat (s. Abschn. 4). Daher werden, wenn der Damm einen Querschnitt hat, welcher dem in Abb. 164 dargestellten ähnlich ist, die Setzungen seiner Krone in der Regel überraschend schnell nach Bauende abklingen.

Ein bemerkenswertes Beispiel für eine erfolgreiche Anwendung des Verdrängungsverfahrens ist der Nord-Ostseekanal, der in den Jahren 1887 bis 1895 gebaut worden ist. In einem Abschnitt von etwa 20 km Länge war der Kanal durch Moor und sehr weichen organischen Ton mit einer Dicke bis zu 9 m zu bauen. In einigen Abschnitten war der Boden so weich, daß er von Menschen nicht betreten werden konnte. Das in diesen Abschnitten angewandte Bauverfahren für den Kanal zeigt Abb. 165. Auf der wasserseitigen Hälfte des künftigen Deiches wurden, wie durch die gestrichelte Linie angedeutet ist, Sandschüttungen aufgebracht. Diese Schüttungen verdrängten in einem breiten Streifen das weiche Material fast bis auf den festen Untergrund hinab. Sie dienten als Unterbau für die Deiche und bildeten den obersten Teil der Böschungen des fertigen Kanals. Um die Gefahr von Rutschungen während des Baues zu vermindern, wurde mit den Ausschachtungen erst 6 Monate nachdem die Schüttungen hergestellt waren, begonnen. Trotzdem traten an einigen Stellen Rutschungen ein.

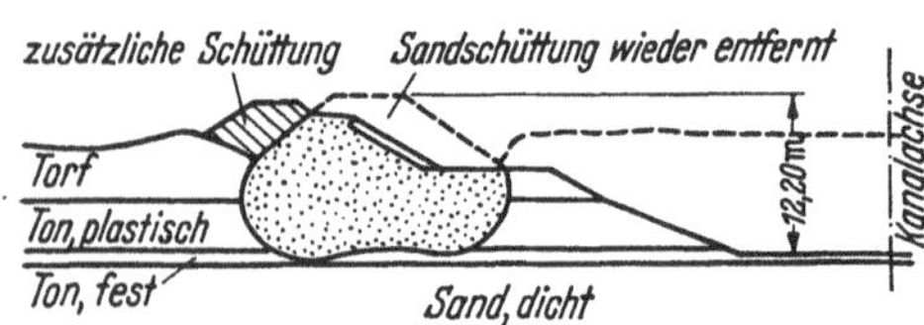

Abb. 165. Typischer Querschnitt durch den Nord-Ostseekanal (nach J. Fülscher)

Eine der Rutschungen ist in Abb. 166 erläutert. Es sind vier aufeinanderfolgende Bauzustände bei der Ausschachtung des Kanales dargestellt. Nach dem zweiten, in Abbildung *b* dargestellten Bauzustand traten Rutschungen ein, bei denen die Sandschüttungen sich in Richtung auf die Kanalachse bewegten (Zustand *c*). Um den Bau fertigstellen zu können, mußten noch weitere Sandmassen verkippt werden (Zustand *d*).

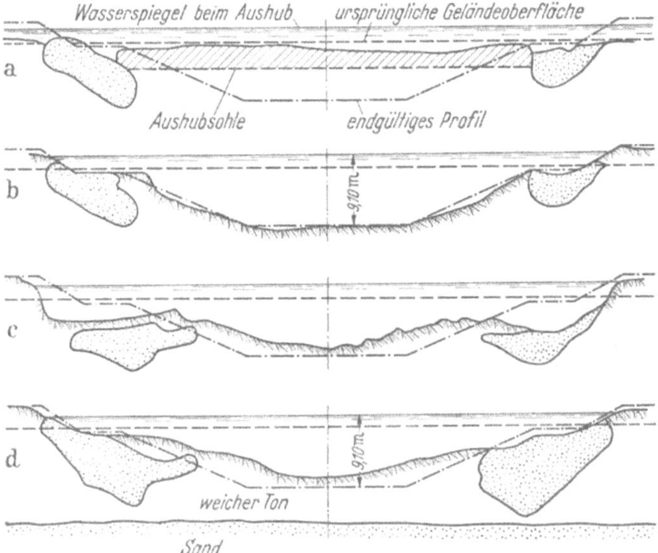

Abb. 166 a–d. Vier aufeinanderfolgende Bauzustände beim Aushub des Nord-Ostseekanals in ungewöhnlich weichem Untergrund (nach J. FÜLSCHER)

wonach die Ausschachtungsarbeiten ohne weitere Zwischenfälle fertiggestellt werden konnten [*52.2*].

Für den Bau von Eisenbahn- und Straßendämmen ist das Verdrängungsverfahren zu einem Routineverfahren geworden. Es ist sogar als Verfahren für den Bau eines Steinschüttdammes von über 30 m Höhe quer durch die Cobsock Bay für den Passamaquoddy-Plan in Maine vorgeschlagen worden [*52.3*].

Die Tragfähigkeit weicher Schichten mit relativ großer mittlerer Durchlässigkeit in horizontaler Richtung kann für die Aufnahme des Gewichtes aufgeschütteter Dämme dadurch verbessert werden, daß man sie während des Baues entwässert. Die Entwässerung erfolgt mit Hilfe von Filterbrunnen, welche das Wasser in Sammler ableiten, die sich in der Sohle der Dämme befinden. Die für diesen Zweck durch die Straßenbauverwaltung von Californien verwendeten Filterbrunnen haben einen Durchmesser von etwa 60 cm und einen gegenseitigen Abstand von 3 bis 6 m [*52.4*]. Nach der Theorie kann die Wirkung der Dräns durch Verminderung des Abstandes beträchtlich erhöht werden. Zu diesem Zweck wurde in Schweden ein Verfahren entwickelt, welches das Einbringen von Pappdränstreifen in sehr weichen Ton in Abständen von 0,9–1,2 m nach jeder Richtung sehr schnell und mit sehr geringen Kosten ermöglicht.

Dämme auf weichem, homogenem Ton. Bei den folgenden Ausführungen wird angenommen, daß die Tonoberfläche sehr nahe an der Sohle des Dammes liegt, daß die Tonschicht zumindest halb so dick wie die Sohlenbreite des Dammes ist und daß die Schicht annähernd homogen ist.

Der Bruch eines Dammes auf einer solchen Unterlage weist die allgemeinen Merkmale eines Grundbruches in einer Mittelpunkt-Kreisfläche nach Abschn. 31 auf. Der oberste Teil der Gleitfläche liegt jedoch innerhalb der künstlichen Aufschüttung und die Scherfestigkeit pro Flächeneinheit ist in diesem Teil anders als im unteren Teil. Der erste Schritt bei der Durchführung einer Standsicherheitsberechnung besteht darin, eine Annahme über die mittlere Scherfestigkeit τ im unteren Teil auf Grund einer Untersuchung über die Zylinderdruckfestigkeitsverhältnisse in der Tonschicht zu treffen. Die Größe von ϱ wird zu Null angenommen (s. Abschn. 15) und τ gleich der Hälfte der mittleren Zylinderdruckfestigkeit. Der zweite Schritt ist die Ermittlung der mittleren Scherfestigkeit τ_2 in demjenigen Teil der Gleitfläche, welche innerhalb der Aufschüttung liegt. Die Scherfestigkeit kann aus Kohäsion und Reibung oder allein aus Reibung bestehen. In der Standsicherheitsberechnung wird die wirkliche Dammschüttung durch einen idealen Ton ersetzt ($\varrho = 0°$), dessen Kohäsion τ_2 ist. In erster Annäherung wird angenommen, daß der Bruch in einer Mittelpunkt-Kreisfläche eintritt; der tatsächliche kritische Kreis muß jedoch durch Ausprobieren ermittelt werden.

Im allgemeinen wird gefordert, daß der Sicherheitsgrad gegen Grundbruch zumindest 1,5 sein muß. In Anbetracht der unvermeidlichen Fehler bei der Abschätzung der mittleren Scherfestigkeit des Tones ist dieser Faktor sehr niedrig. Trotzdem müssen hohe Dämme auf weichem Ton mit sehr flachen Böschungen ausgeführt werden, um diese Forderungen zu erfüllen. Infolgedessen kann es bei hohen und dazu sehr langen Dämmen wirtschaftlich sein, den Sicherheitsgrad noch weiter, etwa auf 1,2 oder 1,1 herabzusetzen und sich auf die Ergebnisse der während des Baues gemachten Beobachtungen zu verlassen, um auf diese Weise drohende Rutschungen rechtzeitig zu entdecken und sie durch örtlich begrenzte Abweichungen von den Entwurfsunterlagen zu verhindern.

Der Grundbruch eines auf Ton geschütteten Dammes wird gewöhnlich durch die allmähliche Hebung breiter Streifen vor den Böschungsfüßen angekündigt. Die Hebungsgeschwindigkeit nimmt bis zum Eintritt des Bruches zu. Wenn die Hebung gleich zu Anfang entdeckt wird, indem einige Festpunkte innerhalb der Flächen, die möglicherweise hochgepreßt werden können, wiederholt eingemessen werden, läßt sich der Bruch dadurch verhindern, daß man diese Flächen mit einer dicken Schicht von Schüttmaterial bedeckt.

Rutschungen, die durch einen Grundbruch in einer weichen Tonschicht verursacht werden, treten im allgemeinen während der Bauzeit oder unmittelbar danach ein, weil später die Festigkeit des Untergrundes infolge fortschreitender Konsolidierung allmählich zunimmt. Bei einer bereits eingetretenen Rutschung ist es gewöhnlich möglich, die Lage der Gleitfläche durch Schürfe festzustellen und die mittlere Scherfestigkeit

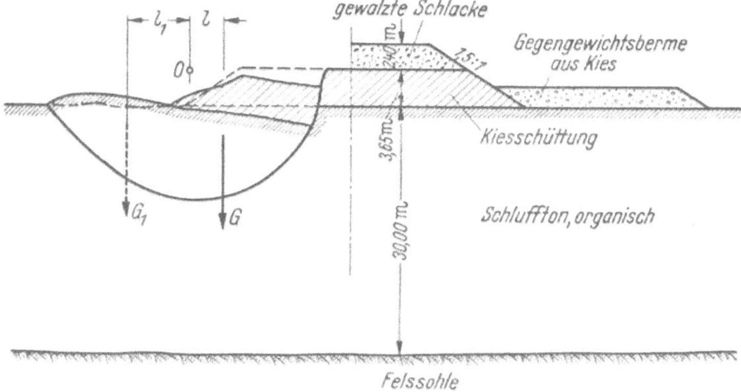

Abb. 167. Schnitt durch einen Kiesdamm auf gleichmäßigem, weichem Ton. Auf der linken Seite sind die Verhältnisse beim Bruch während der Dammschüttung dargestellt; rechts der wiederhergestellte Damm, der durch eine Gegengewichtsberme aus Kies stabilisiert wurde (nach E. v. GOTTSTEIN)

des Tons ziemlich genau zu berechnen. Der so erhaltene Wert kann als Grundlage für eine rechnerische Überprüfung dienen. Das Verfahren ist in Abb. 167 erläutert, wo ein Schnitt durch einen Straßendamm dargestellt ist, der aus gut verdichtetem Kies besteht, welcher auf eine Schicht aus organischem Schluffton geschüttet wurde [*52.5*]. Der Bruch trat ein, als sich die Oberfläche der Schüttung 2,4 m unter der geplanten Sollhöhe des Dammes befand. Ein Bodenkörper mit dem Gewicht G (s. Abschn. 12), rutschte auf einer kreisförmigen Fläche um den Punkt 0 ab. Das treibende Moment war $G\,l$. Um den Damm fertigstellen zu können, wurde eine Gegengewichtsberme G_1 angeschüttet, deren Wirkungslinie sich im horizontalen Abstand l_1 von 0 befand. Die Gegengewichtsberme wurde so bemessen, daß ihr Moment $G_1\,l_1$ zusammen mit demjenigen des Scherwiderstandes in der Gleitfläche das treibende Moment der fertiggestellten Schüttung um 50% übertraf. Auf der rechten Seite der Abb. 167 ist ein Schnitt durch die fertige Dammschüttung wiedergegeben. Die oberen 2,4 m wurden aus gewalzter Schlacke hergestellt, um das Gewicht des Dammes so klein wie möglich zu halten. Nach dem

Schütten der Gegengewichtsberme trat nur eine leichte Setzung infolge des Konsolidierens des Untergrundes ein.

Nachdem die Schüttung eines Dammes auf der Oberfläche einer homogenen Tonschicht erfolgreich beendet worden ist, setzt sich seine Sohlfläche allmählich infolge der Konsolidierung des unterlagernden Tons. Die Größe der Setzung kann sehr erheblich sein [*52.6*]. Sie sollte mit Hilfe der in Abschn. 36 dargelegten Verfahren berechnet und die Krone des Dammes sollte entsprechend überhöht werden. Mit fortschreitender Konsolidierung nimmt die Tragfähigkeit des Dammes zu.

Beobachtungen an Steinschüttungen, die als Unterlage für Wellenbrecher dienen, lassen vermuten, daß die Setzungen solcher Dämme nicht

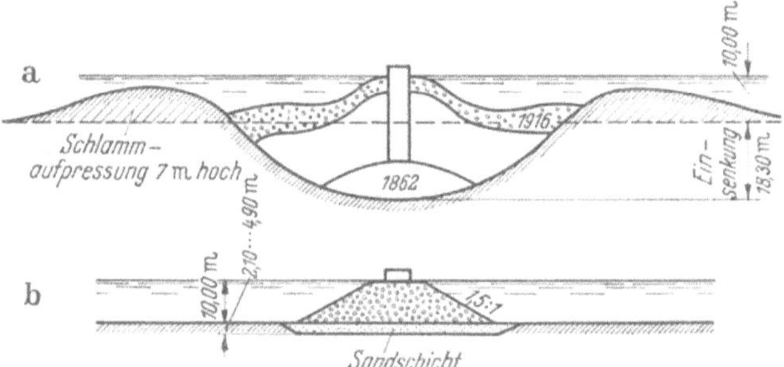

Abb. 168 a u. b. Steinschüttung als Wellenbrecher auf weichem Ton im Hafen von Spezia in Italien. a) Große Steine werden unmittelbar auf den Ton geschüttet; b) Steinschüttung auf einer Sandschicht die zuvor in einen flachen, gebaggerten Einschnitt geschüttet war (nach M. C. BARBERIS)

nur von den Eigenschaften des unterlagernden Tons, sondern im großen Maß auch vom Bauverfahren abhängen. Im letzten Jahrhundert wurden die Schüttungen dadurch hergestellt, daß große Steine in das Wasser verkippt wurden. Dieses Verfahren zerstörte die Struktur der obersten Tonschicht vollständig und verursachte große örtliche Spannungskonzentrationen im Untergrund. Die Setzungen dieser Schüttungen waren sehr groß. Ein Beispiel hierfür ist der ältere Teil des Wellenbrechers im Hafen von Spezia in Italien. Abb. 168a zeigt einen Schnitt durch den Damm. Die Wassertiefe betrug 10 m und der Wassergehalt des weichen Tons nahezu 100%. Die Ergebnisse von Probebelastungen ließen darauf schließen, daß die tieferen Schichten eine Zylinderdruckfestigkeit von etwa 0,5 kg/cm² besaßen. Mit dem Bau war im Jahre 1862 begonnen worden. Um die Krone des Dammes trotz der großen Setzungen in annähernd gleicher Höhe zu halten, war es notwendig, weitere Massen nachzuschütten. Dadurch wurden wiederum die Setzungen vergrößert. Nach etwa 50 Jahren betrug die Mächtigkeit der Steinschüttung über 18 m. Mit zunehmenden Setzungen nahm die Sohle des Dammes die in Abb. 168a gezeigte Form an.

Im Jahre 1912 begann man mit dem Bau eines neuen Abschnittes des Wellenbrechers. Um übermäßige Setzungen dieses neuen Teiles zu verhindern, wurde der Schlamm bis zu einer Tiefe von 2,1 bzw. 4,9 m unter seiner ursprünglichen Oberfläche ausgebaggert und durch Sand mit Korngrößen zwischen 0,2 und 0,4 mm ersetzt (s. Abb. 168b). Dadurch kamen beim Bau des Dammes die großen Steine auf den Sand zu liegen, anstatt daß sie in den Ton eindringen konnten und es wurden keine örtlichen Spannungskonzentrationen erzeugt. Wahrscheinlich als Ergebnis dieser Maßnahmen waren die Setzungen des neuen Dammes im Vergleich zu denen des alten unbedeutend. Am Ende der Bauzeit betrugen die Setzungen 0,5 m und 9 Jahre später waren sie nur auf 0,82 m angewachsen. Ähnliche Verfahren sind mit Erfolg beim Bau von Wellenbrechern in den Häfen von Valparaiso in Chile und Kobe in Japan angewandt worden [*52.7*].

Verschiedene Arten des Bruches durch seitliches Ausweichen. Brüche dieser Art sind nur bei Dämmen beobachtet worden, die sich auf geschichteten Ablagerungen befanden, welche weiche Tonlagen enthielten. Solche Dämme werden im allgemeinen nicht einsinken, aber sie können durch seitliches Ausweichen zerstört werden.

Während der letzten 20 Jahre sind ein halbes Dutzend größere und verschiedene kleinere Dammbrüche dieser Art eingetreten. Die Standsicherheit von Dämmen auf Tonschichten erfordert also besondere Aufmerksamkeit. Bekannte Dammbrüche durch seitliches Ausweichen sind diejenigen des Lafayette-Dammes in Californien im Jahre 1928 [*52.8*], des Marshall-Creek-Dammes in Kansas im Jahre 1937 [*52.9*] und des Hartford-Hochwasserschutzdeiches in Connecticut im Jahre 1941 [*52.10*].

Eine Überprüfung der Berichte läßt zwei verschiedene Arten des Bruches durch seitliches Ausweichen erkennen. Eine Art ist durch eine relativ langsame Sackung der Dammkrone gekennzeichnet. Die ursprünglich ebene Böschung, nimmt eine schwache S-Form an, wie in Abb. 160a dargestellt, und die Hebung der Geländeoberfläche beschränkt sich auf einen schmalen Streifen vor dem Böschungsfuß. Der Bruch des Chingford-Dammes in der Nähe von London [*52.11*] und des Lafayette-Dammes sind aufschlußreiche Beispiele hierfür. Brüche der anderen Art treten sehr schnell ein, wobei sich die Hebung bis auf große Entfernungen vom Böschungsfuß erstreckt. Beim Bruch des Lafayette-Dammes, der 60 m hoch war, setzte sich die Krone in etwa 3 Tagen um 4,6 m auf einer Länge von etwa 150 m. Der Dammfuß wich um etwa 6 m seitlich aus, und die Hebung beschränkte sich auf eine kurze Entfernung vom Böschungsfuß. Dagegen ging der Hartford-Deich, der nur 9 m hoch war, in weniger als einer Minute zu Bruch. Die Krone senkte sich auf mehr als 300 m Länge um 1,5 m. Eine Spundwand am Böschungsfuß wich um 18 m seitlich aus und die Hebungen erstreckten sich auf etwa 45 m vom Böschungsfuß.

Eingehende Untersuchungen der Berichte über diese Dammbrüche und ihre Ursachen haben ergeben, daß ein katastrophenartig schneller Bruch nicht eintreten kann und auch nicht eintritt, wenn die Tonschicht Grobschluff- oder Sandschichten enthält. Aus diesem Grund sind die Schichtungsfeinheiten der Tonschicht von ausschlaggebender Bedeutung und es muß unterschieden werden zwischen Tonablagerungen mit und ohne sehr durchlässige Horizonte. Bei den folgenden Ausführungen werden wir für jede der beiden Arten von Tonablagerungen zuerst die Ursachen der Rutschung untersuchen und anschließend die Verfahren für die Berechnung der Standsicherheit von Schüttungen auf solchen Schichten betrachten.

Seitliches Ausweichen bei Dämmen auf annähernd homogenen weichen Tonschichten. Es sei angenommen, daß die Tonschicht unter dem in Abb. 169a dargestellten Damm vollkommen homogen ist. Kurz nachdem

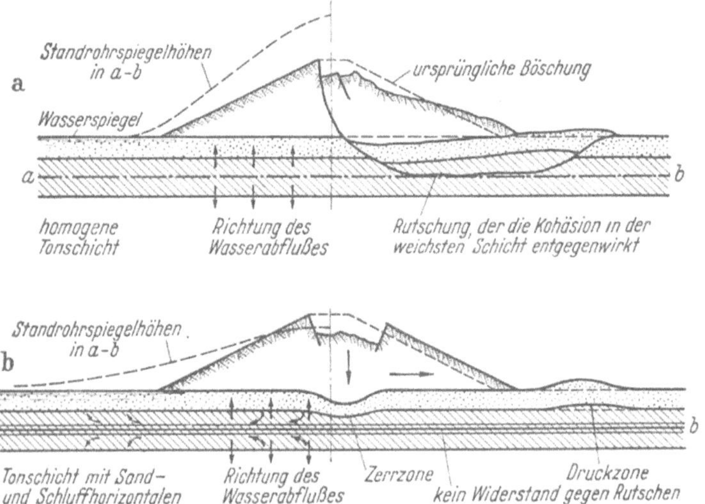

Abb. 169.a u. b. Art des Grundbruchs unter Dämmen, unter deren Sohle sich eine dünne Tonschicht befindet, wenn a) diese keine horizontalen, durchlässigen Einlagerungen enthält, b) in der Tonschicht durchlässige Sand- oder Schluffeinlagerungen vorhanden sind

mit dem Schütten des Dammes begonnen worden ist, beginnt der Ton zu konsolidieren und die Schicht an ihrer oberen und unteren Grenzfläche steifer zu werden. Im mittleren Teil wird das Gewicht des Dammes jedoch noch durch den hydrostatischen Überdruck aufgenommen, der durch die Standrohrspiegellinie auf der linken Seite der Abbildung dargestellt ist. In diesem Teil der Schicht nimmt der Scherwiderstand des Tons nicht mit steigender Auflast zu. Wenn der Bruch eintritt, folgt die Gleitfläche daher einer Linie mit dem kleinsten Scherwiderstand, die sich im mittleren Bereich der Tonschicht befindet. Um den kleinsten Scherwiderstand größenmäßig zu ermitteln, muß eine systematische Untersuchung der Zylinderdruckfestigkeit durchgeführt werden (s. Abschn. 45). Da die Druckfestigkeit des Tons in der Regel sowohl in horizontaler als auch in vertikaler Richtung sehr unterschiedlich ist, erfordert die Auswahl eines wahrscheinlichen Wertes für die Kohäsion Erfahrung, Urteilsvermögen und eine gründliche Untersuchung der Schichtungsverhältnisse des Tons. Es ist ferner von wesentlicher Bedeutung, sich genau davon zu überzeugen, daß der Ton tatsächlich keine durchgehende Sand- oder Schluffhorizonte aufweist.

Nachdem der wahrscheinliche Wert für den Scherwiderstand ausgewählt worden ist, kann der Sicherheitsgrad gegen Rutschen nach dem in Abschn. 31 beschriebenen Verfahren für zusammengesetzte Gleitflächen berechnet werden. Da im horizontalen Teil der Gleitfläche ein größerer Widerstand vorhanden ist, nimmt die Böschung die charakteristische S-Form an, die in Abb. 169a dargestellt wurde.

Seitliches Ausweichen bei Dämmen auf Tonschichten mit Sand- oder Schluffeinlagerungen. Wenn der Ton Horizonte von Sand oder Schluff enthält, die annähernd gleichmäßig durchlaufen, tritt das im Inneren der Schicht überschüssige Wasser nicht nur vertikal durch ihre Sohl- und Deckfläche aus, sondern auch horizontal durch die durchlässigen feinen Schichten, wie in Abb. 169 dargestellt ist. In diesen Horizonten entsteht daher ein hoher hydrostatischer Überdruck. In verschiedenen Fällen sind derartige hydraulische Verhältnisse, die durch die Standrohrspiegellinie in Abb. 169b dargestellt sind, durch Porenwasserdruckmessungen im Feld bestätigt worden [*52.12*]. Der Unterschied zwischen dem Porenwasserüberdruck und der Auflast aus dem überlagernden Boden und dem Damm ist in der Nähe der Böschungsfüße am größten. In diesen Bereichen ist der Scherwiderstand der kohäsionslosen feinen Schichten wahrscheinlich auf Null vermindert, so daß der einzige Widerstand gegen das Abrutschen der Dämme von dem passiven Erddruck über und neben der Gleitfläche geleistet wird. Wenn dieser Widerstand überwunden wird, bewegen sich die äußeren Teile der Dämme als Ganzes nach außen und der mittlere Teil setzt sich, wobei eine trogförmige Einsenkung entsteht, wie in Abb. 169b dargestellt ist. Da die Baugrundverhältnisse niemals genau symmetrisch zur Mittellinie des Dammes sind, tritt der Bruch nur auf einer Seite ein, wobei sich kaum voraussagen läßt, an welcher Seite dies sein wird. Das charakteristische trogförmige Einsinken bei dieser Art von Brüchen ist wiederholt beobachtet worden.

Der Sicherheitsgrad gegen Rutschen hängt von der Verteilung des hydrostatischen Überdruckes in den durchlässigen feinen Schichten ab, die ihrerseits wieder von unbekannten örtlichen Abweichungen in der Durchlässigkeit und von anderen unbekannten geologischen Einzelheiten bestimmt wird. Die praktischen Folgen dieser Unsicherheiten sind in Abb. 170 dargelegt. In der Mittellinie des geplanten Dammes, der in der Abbildung dargestellt ist, waren Untersuchungsbohrungen niedergebracht worden. Da in keinem der Bohrlöcher irgendeine durchlässige feine Schicht angetroffen worden war, nahmen die Entwurfsbearbeiter an, daß die hydrostatischen Verhältnisse während des Baues etwa der punktierten Piezometerlinie entsprechen würden. Diese Verhältnisse sind normal und beeinflussen die Standsicherheit der Sohle eines Dammes nicht. In Wirklichkeit enthielt der Ton eine dünne Feinsandschicht, die sich unter der rechten Hälfte des Dammes befand. Da der hydrostatische Druck durch

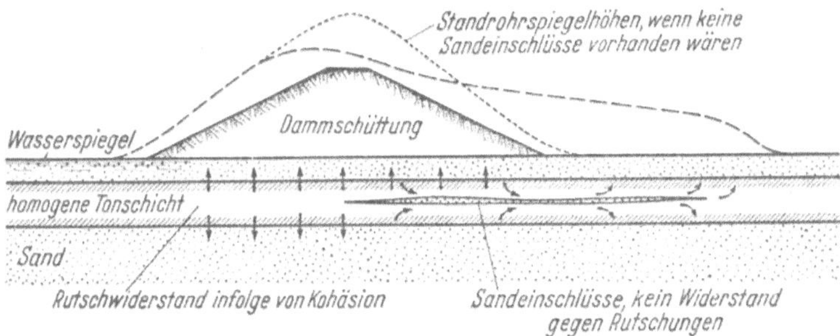

Abb. 170. Wirkung einer Dammschüttung auf die hydrostatischen Druckverhältnisse in durchlässigen Einlagerungen innerhalb einer Tonschicht im Untergrund

derartige feine Schichten voll übertragen wird, stellte sich eine tatsächliche Druckverteilung ein, die durch die gestrichelte Linie dargestellt ist, und der Damm rutschte, wie in Abb. 169b gezeigt.

Wenn die geologische Beschaffenheit darauf schließen läßt, daß der Ton möglicherweise durchlässige Schichten enthält, kann also die Gefahr eines Bruches nur dadurch vermieden werden, daß der Damm mit sehr flachen Böschungen auf Kosten eines großen Flächenbedarfes ausgeführt wird, oder daß eins der im folgenden Abschnitt beschriebenen Bauverfahren angewandt wird.

Maßnahmen zur Erhöhung der Standsicherheit von Dämmen auf dünnen Schichten von weichem Ton. Wenn die Sohle einer weichen Tonschicht in weniger als 1,5 bis 1,8 m Tiefe unter der Geländeoberfläche liegt, ist es ratsam, den Ton in der gesamten Breite der Dammsohle zu entfernen. Andernfalls hat der Entwurfsbearbeiter zwischen zwei Möglichkeiten zu wählen. Er kann vorschreiben, daß der Damm langsamer geschüttet wird als die Konsolidierungsgeschwindigkeit des Tones in der Mitte der Schicht ist, oder er kann Maßnahmen zur Beschleunigung der Konsolidierung durch Filterbrunnen treffen. Man sollte jedes dieser Verfahren untersuchen, ohne Rücksicht darauf, ob die Tonschicht dünne durchlässige Horizonte enthält oder nicht.

Die Anwendung des ersten Verfahrens setzt voraus, daß der Entwurfsbearbeiter die Konsolidierungsgeschwindigkeit des inneren Teiles der Schicht kennt. Man sollte sich dabei nicht allein auf Berechnungen verlassen, weil die Ergebnisse durch unerkannte geologische Einzelheiten, wie beispielsweise durch das Vorhandensein sehr kolloidreicher Horizonte beeinflußt sein kann. Berechnungen sollten nur dazu verwandt werden, die größte Geschwindigkeit, mit welcher der Damm geschüttet werden kann, im voraus zu ermitteln. Um die Gefahr von Dammbrüchen auszuschalten, muß der Konsolidierungsfortschritt im Feld mit Hilfe von Porenwasserdruckmessern während des Baues beobachtet und der Baufortschritt muß den Ergebnissen angepaßt werden. Dies ist ein wesentlicher Nachteil, weil der Baufortschritt möglicherweise untragbar verzögert werden kann.

Wenn die Berechnungen ergeben, daß die normale Konsolidierung zu langsam verläuft, um für die Erhöhung der Standsicherheit der Dammsohle ausgenutzt werden zu können, muß eine Beschleunigung der Konsolidierung mit Hilfe senkrechter Filterbrunnen in Betracht gezogen werden. Das Verfahren ist bereits beschrieben worden.

Zusammenfassung. Auf sehr weichem Untergrund können hohe Dämme nach zwei verschiedenen Verfahren hergestellt werden. Das erste besteht darin, den weichen Untergrund durch das Gewicht der Schüttmassen zu verdrängen. Um übermäßig große Setzungen nach Bauende zu vermeiden, sollte der Damm bis zu 4,5 oder 6,0 m überhöht und das überschüssige Material nach Beendigung der Setzungen entfernt werden. Das zweite Verfahren besteht in der Beschleunigung der Setzungen durch Filterbrunnen, die bis zur Sohle der Schicht abgeteuft werden müssen. Die Brunnen leiten das Wasser in Dränrohre ab, welche sich in der Dammsohle befinden. Um das wirtschaftlichste Verfahren zu ermitteln, ist es notwendig, einen Höhenschichtlinienplan der Sohlflächen der weichen Schicht aufzutragen. Wenn die Tiefe der Schicht weniger als 1,5 oder 1,8 m beträgt, kann es immer vorteilhafter sein, den weichen Boden auszuschalten.

Der Entwurf von Dämmen, die auf dicke weiche Tonschichten geschüttet werden müssen, sollte auf Grund von Standsicherheitsberechnungen erfolgen. Die Berechnungen sollten nach dem Verfahren der mittleren Spannung durchgeführt werden. Unter normalen Verhältnissen sollte eine Sicherheit gegen Versinken von 1,5 vorgeschrieben werden. Wenn der Damm jedoch sehr lang ist, kann es wirtschaftlicher sein, den Entwurf mit einem Sicherheitsgrad von 1,2 oder 1,1 auszuführen, die weichsten Stellen im Untergrund durch genaue Beobachtungen während der Baudurchführung festzustellen und die Flächen, in denen Hebungen auftreten können, durch Gegengewichtsbermen aus einer dicken Schicht von Schüttmassen zu sichern.

Besondere Sorgfalt ist erforderlich, wenn ein Damm auf geschichtetem Boden hergestellt werden soll, der weiche Tonschichten enthält. Wiederholt haben sich katastrophenartige Unfälle ereignet, weil die Standsicherheit eines derartigen Untergrundes überschätzt worden ist. Wenn die Tonschicht keine Sand- oder Schluffhorizonte enthält, hängt der Widerstand gegen Böschungsrutschungen von der mittleren Scherfestigkeit der weichsten Schichten im Untergrund ab. Da ungewöhnlich weiche Schichten nicht immer ununterbrochen durchgehen müssen, kann ihr Vorhandensein der Aufmerksamkeit selbst eines erfahrenen Baugrundfachmannes entgehen. Wenn der Ton eine Sand- oder Schluffschicht enthält, wird der Widerstand gegen Abrutschen in erster Linie vom Porenwasserdruck in diesen Schichten bestimmt. Dieser Druck ändert sich während der Bauausführung und eine genaue Voraussage über seine Größe ist unmöglich. Man kennt nur zwei zuverlässige Sicherungsmaßnahmen gegen Rutschungen auf solchen Schichten. Dies sind regelmäßig wiederholte Messungen des Porenwasserdruckes während der Bauausführung um unmittelbare Gefahren zu erkennen, und die Beseitigung des Druckes durch geeignete Entwässerungsmaßnahmen.

Literaturhinweise

[*52.1*] Blasters' Handbook. E. I. Du Pont de Nemours and Company, Inc., Wilmington, Del., 1942, S. 234–239. Anwendung von Sprengungen zur Beschleu-nigung der Setzungen von Dämmen auf weichem Untergrund.

[*52.2*] Fülscher, J.: Bau des Kaiser-Wilhelm-Kanals. Berlin: Ernst u. Sohn 1898. Entwurf und Bau von Deichen nach dem Verdrängungsverfahren.

[*52.3*] Hough, B. K.: Stability of Embankment Foundations. Trans. ASCE 103 (1938) S. 1414–1431. Diskussionsbeiträge S. 1450–1502. Modellversuche und Standsicherheitsberechnungen für den geplanten Steinschüttdamm, der nach dem Verdrängungsverfahren bei dem Passamaquoddy Gezeitenkraftwerksprojekt gebaut werden soll.

[*52.4*] Porter, O. J.: Studies of Fill Construction over Mud Flats including a Description of Experimental Construction Using Vertical Sand Drains to Hasten Stabilization. Proc. Intern. Conf. Soil Mech., Cambridge Mass. (1936) Bd. I, S. 229–235.

[*52.5*] Gottstein, E. v.: Two Examples Concerning Unterground Sliding Caused by Construction of Embankments and Static Investigations on the Effectiveness of Measures Provided to Assure Their Stability. Proc. Intern. Conf. Soil Mech., Cambridge, Mass. (1936) Bd. III, S. 122–128. Die Annahmen über den Winkel der inneren Reibung der Tonschicht, in der die Rutschungen eintraten, sind willkürlich und ziemlich hoch.

[*52.6*] Subsidence of Earth Fills as a Factor in Valuation. Eng. News-Record 86, S. 434 bis 436. Die Verdrängung von weichem Boden durch Eisenbahndämme wird durch Bohrberichte nachgewiesen.

[*52.7*] Barberis, M. C.: Recent Exemples of Foundation of Quay Walls Resting on Poor Subsoil, Studies, Results Obtained. XVI Intern. Congr. Navigation, Brussels 1935, second section, Ocean Navigation, third communication. Die theoretische Auslegung des beobachteten Verhaltens des Wellenbrechers enthält einige Widersprüche. Dies ist teilweise auf die willkürliche Annahme über die Größe der inneren Reibung des Hafenschlamms zurückzuführen.

[*52.8*] Reconstruction of Lafayette Dam Advised. Eng. News-Record 102 (1929) S. 190–192. Bruch durch seitliches Ausweichen.

[*52.9*] Foundation of Earth Dam Fails. Eng. News-Record 119 (1937) S. 532. Bruch des Marshall Creek-Dammes in Kanada durch Rutschungen.

[*52.10*] Foundation Failure Causes Slump in Big Dike at Hartford, Conn. Eng. News-Record 127 (1941) S. 142. Bruch durch plötzliches seitliches Ausweichen.

[*52.11*] Cooling, L. F. and Golder, H. Q.: The Analysis of the Failure of Earth Dam during Construction. J. Inst. Civil Engrs. (London), Veröffentl. 5324, No. 1, Nov. 1942 S. 38–55, Diskussionsbeiträge S. 289–304. Bruch durch seitliches Ausweichen.

[*52.12*] Fields, K. E. and Wells, W. L.: Pendleton Levee Failure. Trans. ASCE 109 (1944) S. 1400–1413. Diskussionsbeiträge S. 1414–1429.

Vgl. auch [*51.9*] S. 180–182. Zusammenstellung der in den USA gebräuchlichen Verfahren für den Bau von Straßendämmen auf sehr weichem Untergrund; u. [*51.4*] Kurze Diskussion über die Gründung von Deichen auf ungünstigem Untergrund.

IX. Gründungen

53. Gründungen für Bauwerke

Arten der Gründungen. Die Gründung ist derjenige Teil eines Bauwerkes, der ausschließlich dazu dient, daß Bauwerksgewicht auf den natürlichen Untergrund zu übertragen.

Wenn eine für die Aufnahme der Bauwerkslast geeignete Bodenschicht in relativ geringer Tiefe ansteht, kann das Bauwerk durch eine Flächengründung unmittelbar auf derselben gegründet werden. Sind die oberen Schichten jedoch zu weich, werden die Lasten mit Hilfe von Pfeilern oder Pfählen auf geeignetere Schichten in größerer Tiefe übertragen. Es gibt zwei Arten von Flächengründungen. Wenn die tragende Schicht mit einer einzigen Platte unter der gesamten Fläche des Überbaues bedeckt wird, heißt die Gründung *Platten-* oder *Wannengründung*. Wenn die verschiedenen Teile des Bauwerkes einzeln gegründet werden, werden die einzelnen Gründungskörper *Einzelfundamente* genannt und die Gründungsart heißt *Gründung* auf *Einzelfundamenten*. Ein Fundament, das einen einzelnen Pfeiler trägt, heißt *Einzelfundament*; ein solches das eine Gruppe von Pfeilern trägt, ist ein zusammengesetztes Fundament und eins, das eine Mauer trägt, heißt *Streifen- oder durchlaufendes Fundament*.

Die *Gründungstiefe* t ist der vertikale Abstand zwischen der Gründungssohle des Fundamentes oder Pfeilers und der Geländeoberfläche, es sei denn, daß sich die Sohle unterhalb eines Kellers oder, falls das Bauwerk eine Brücke ist, in einem Flußbett befindet. In diesen Fällen wird die Gründungstiefe auf die Höhe der Kellersohle oder diejenige der

Flußsohle bezogen. Der Hauptunterschied zwischen Flächengründungen und Pfeilergründungen liegt in der Größe des Verhältnisses t/b, wobei b die Fundamentbreite ist. Für Flächenfundamente ist t/b gewöhnlich zwischen 0,25 und 1, während das Verhältnis für Pfeiler im allgemeinen größer als 5 ist und bis zu 20 betragen kann. Monolithische Stützen von Brücken werden jedoch ohne Rücksicht auf den Wert von t/b gewöhnlich als Pfeiler bezeichnet. Je nach der Größe dieses Quotienten werden Brückenpfeiler nach den gleichen Grundsätzen berechnet, wie sie für den Entwurf von Flächenfundamenten oder Pfeilergründungen für Bauwerke gelten.

Die Mindestgründungstiefe von Bauwerksfundamenten. Die Bedingungen, welche für die Mindestgründungstiefe von Bauwerksfundamenten maßgebend sind, sind in Abb. 171 dargestellt, wo ein Querschnitt durch einen Teil des Bauwerkes aufgezeichnet ist. Der äußere Teil des Bauwerkes ist nicht unterkellert, dagegen der innere.

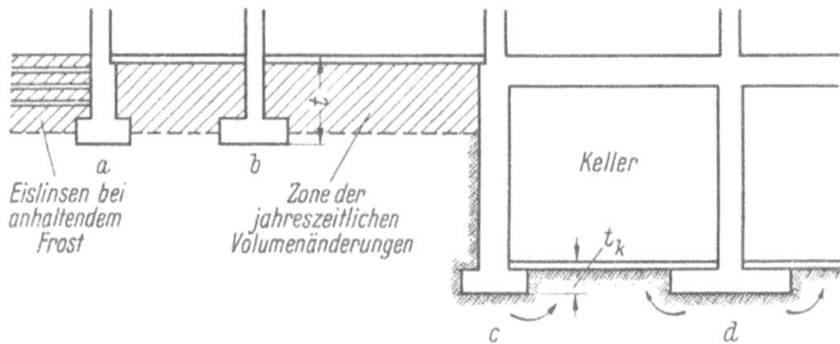

Abb. 171. Schnitt durch die Gründung eines Bauwerkes, welches im Mittelteil unterkellert ist

Die erste Bedingung besteht darin, daß die Sohle jedes Teiles der Gründung unterhalb der Tiefe liegen muß, bis zu welcher der Boden jahreszeitlichen Volumenschwankungen durch abwechselnde Durchfeuchtung und Austrocknung ausgesetzt ist. Diese Tiefe ist gewöhnlich nicht größer als 1,2 m, es gibt jedoch bemerkenswerte Ausnahmen von dieser Regel. Eine derselben war in Abschn. 21 in Verbindung mit den jahreszeitlichen Schwellungen und Schrumpfungen gewisser Tone in Mitteltexas erwähnt worden. Obgleich diese Tone so steif sind, daß sie eine Belastung von 2 bis 3 kg/cm² ohne wahrnehmbare Setzungen aufnehmen können, ist es infolge der jahreszeitlichen Volumenänderungen notwendig, selbst leichte Bauwerke mit Pfeilerfundamenten auszustatten, die bis in eine Tiefe von mehr als 6 m reichen [*53.1*]. Ähnliche jahreszeitliche Volumenschwankungen, die bis in große Tiefen gehen, sind in einigen Teilen von Burma beobachtet worden [*53.2*]. Der Wasserentzug aus dem Baugrund durch die Wurzeln großer Bäume, die nahe bei Bauwerken stehen, kann ebenfalls bedeutende und unregelmäßige schädliche Setzungen hervorrufen.

Die Sohle jedes Teiles der Gründung sollte auch mindestens in diejenige Tiefe gelegt werden, bis zu der die Struktur des Bodens merklich durch Wurzellöcher oder Hohlräume, welche von wühlenden Tieren oder Würmern erzeugt werden, geschwächt wird. Die untere Grenze der geschwächten Zone kann leicht an den Wänden von Untersuchungsschürfen festgestellt werden.

In Gebieten mit kaltem humidem Klima müssen die Fundamente der äußeren Stützen oder Mauern sich unterhalb der Grenze befinden, bis zu der der Frost merkliche Hebungen verursachen kann (Abschn. 21). Im nordöstlichen Teil der USA kann diese Tiefe 1,5 m betragen, in Deutschland liegt sie im allgemeinen bei 1,2 m. Die äußeren Mauern oder Stützen können also tiefere Fundamente erfordern als die inneren.

Der Fußboden von Kellern liegt gewöhnlich wesentlich tiefer als die Mindestgründungstiefe, die für Gebäudefundamente ohne Keller erforderlich ist. Infolgedessen richtet sich unter normalen Verhältnissen die Mindestgründungstiefe von Fundamenten innerhalb des Bereiches eines Kellers, wie die Fundamente *c* und *d* in Abb. 171 nur nach bautechnischen Erfordernissen. Ausnahmen von dieser Regel ergeben sich nur dann, wenn die Möglichkeit besteht, daß die Beschaffenheit des Bodens neben den Fundamenten nachträglich verändert werden könnte. In einem Fall waren große, ungleichmäßige Setzungen eines Gebäudes, welches auf plastischem Ton gegründet war, durch die allmähliche Austrocknung des Tons rings um einen tiefen Heizraum verursacht worden. Infolge der geringen Feuchtigkeit und der hohen Temperatur der Luft im Heizraum verdunstete das Wasser des Tons durch die Betonmauern des Raumes hindurch. In einem anderen Raum setzten sich die Fundamente eines Gebäudes auf feinem Sand infolge von Wasseraustritten aus undichten Stößen einer fehlerhaften Wasserleitung, die sich unterhalb der Gründungssohle der Fundamente befand. Das Wasser spülte Sand in die Leitung und infolge der Bodenverluste traten Setzungen ein. Bevor also über die Mindestgründungstiefe für ein Bauwerk mit einem Keller entschieden wird, sollte die Möglichkeit späterer künstlicher Veränderungen der Gründungsverhältnisse untersucht werden.

Die Mindesttiefe von Brückengründungen. Sobald der Wasserspiegel in einem Fluß ansteigt, beginnt der Boden in der Flußsohle im größten Teil der Länge und der Breite des Flusses in Bewegung zu geraten, wodurch die Flußsohle sich senkt. Man nennt diesen Vorgang *Erosion*. Die Mindesttiefe für das Fundament eines Brückenpfeilers ist durch die Bedingung bestimmt, daß die Sohle des Fundamentes einige Meter unterhalb der Kote liegen muß, bis zu der die Kolkwirkung des Flusses bei Hochwasser reicht.

In denjenigen Abschnitten eines Flusses, in denen das Wasser durch hohe Buhnen oder Deiche daran gehindert wird, sich über weite Flächen auszubreiten, kann das Auskolken bis in große Tiefe gehen, selbst in einem nicht durch Brückenpfeiler eingeengten Flußbett. Diese Möglichkeit ist in Abb. 172 erläutert. Abb. 172a stellt einen Schnitt durch den Coloradofluß in der Nähe von Yuma in Arizona dar. Das Strombett be-

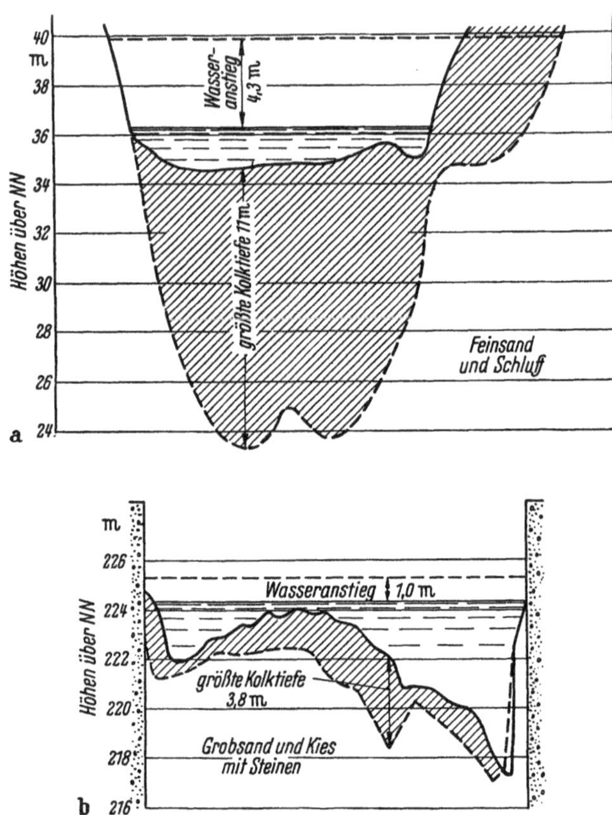

Abb. 172 a u. b. Kolkwirkung durch Hochwasser, a) in einem nicht eingeengten Flußbett des Coloradoflusses bei Yuma, Ariz. und b) zwischen den Widerlagern einer Brücke über die Drau in den Ostalpen. Zehnfach überhöht [a) nach U. S. Reclamation Service; b) nach F. SCHAFFERNAK]

steht aus feinem, schluffigem Sand und aus Schluff. Als der Flußspiegel um 4,3 m stieg, vergrößerte sich die Sohlentiefe des Flußbettes um 11 m. Abb. 172b zeigt einen Schnitt durch einen Gebirgsfluß, der durch die Pfeiler einer Brücke eingeengt wird. Das Flußbett besteht aus Grobsand und Kies mit einem hohen Prozentsatz an grobem Geröll. Das Ansteigen des Flußspiegels um 1,0 m führte zu einer Auskolkung von 0,6 bis 3,8 m.

Die Einengung des Flusses durch Brückenpfeiler vergrößert die Auskolkung, besonders in der Nähe der Pfeiler. Der Einfluß der Pfeilerform auf die Topographie der durch die Kolkwirkung hervorgerufenen Abtragung wird durch Abb. 173 gezeigt. Die Angaben gründen sich auf Ergebnissen von Modellversuchen.

Die Kolkwirkung wird nicht immer so beachtet, wie dies notwendig ist und infolgedessen sind Schäden an Brückenpfeilern, die hierdurch verursacht werden, nicht selten. Solche Schäden können selbst unter Verhältnissen eintreten, welche die Gefahr von Auskolkungen auszuschließen scheinen. In einem reißenden Strom in Colorado war die Sohle eines Brückenpfeilers in 3 m Tiefe unter die Flußsohle gelegt worden. In dieser

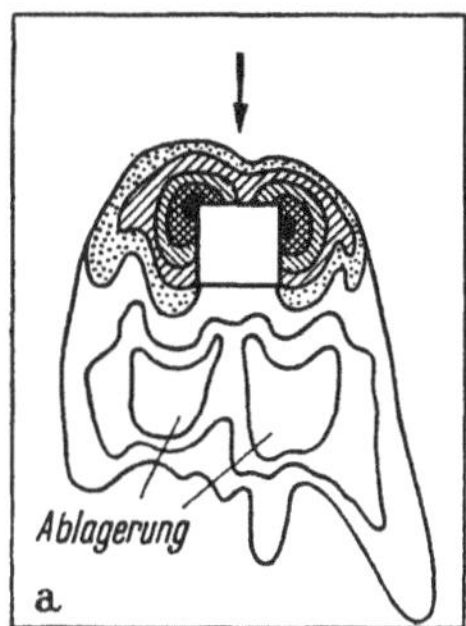

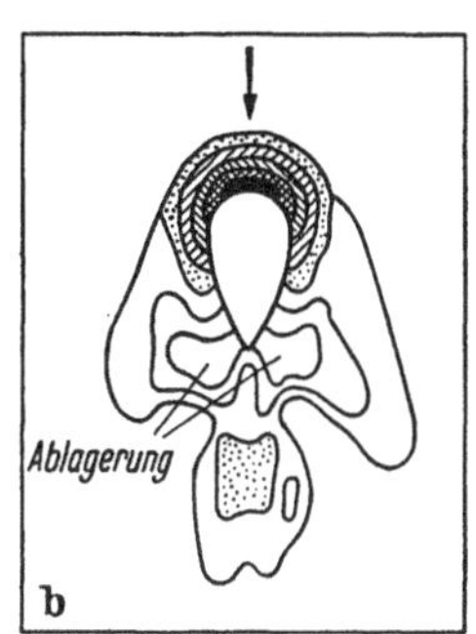

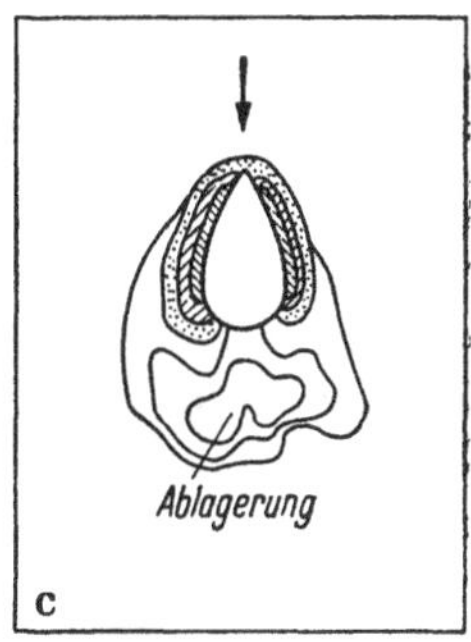

Abb. 173 a–c. Ergebnisse von hydraulischen Modellversuchen zur Ermittlung des Einflusses der Form von Brückenpfeilern auf die Kolkwirkung (nach TH. REHBOCK)

Tiefe enthielt das Flußbett Gerölle bis zu 2,2 m³ Größe, die so fest verkeilt waren, daß eine tiefere Auschachtung ohne Sprengarbeit undurchführbar gewesen wäre. Die Pfeilersohle wurde deshalb in dieser Tiefe gegründet. Trotzdem verursachte das erste Hochwasser nach Beendigung des Baues, den Einsturz des Pfeilers.

An der Ostküste der USA war ein Brückenpfeiler in 0,6 m Tiefe unter der Oberfläche einer 2,1 m dicken Kiesschicht gegründet worden. Der Kies war mit einer 2,4 m dicken weichen Schlammschicht bedeckt. Während eines gewöhnlichen Hochwassers erlitt der Pfeiler erhebliche Setzungen. Nachdem der Wasserspiegel gesunken war, war der Kies noch mit Schlamm bedeckt. Nach den Berichten über diesen Schaden sind die Setzungen wahrscheinlich durch Erosionserscheinungen im Kies verursacht worden, denen die vollständige Abtragung der überlagernden Schlammschicht vorausgegangen war. Während das Hochwasser zurückging, war eine neue Schlammschicht abgelagert worden.

In denjenigen Teilen eines Flusses, in denen das Hochwasser Gelegenheit hat, sich über eine weite Fläche auszudehnen, können Erosionen unbemerkt bleiben. Örtlich kann das Flußbett sogar aufgehöht werden. Brücken befinden sich jedoch gewöhnlich an Punkten, wo diese günstigen Verhältnisse nicht vorhanden sind. Weiterhin kann sich in jedem Flußquerschnitt der Punkt der tiefsten Auskolkung von Jahr zu Jahr in nicht vorauszusehender Weise verschieben.

Da zuverlässige Voraussagen über das Auskolken nur auf Grund reicher und vielseitiger Erfahrungen über die hydraulischen Verhältnisse von Flüssen möglich sind, können sie nur von Spezialisten auf diesem Gebiet gemacht werden. In Anbetracht der nicht übersehbaren Unsicherheiten der Voraussagen, ist ein hoher Sicherheitsgrad erforderlich. Wenn keine Kolkuntersuchung durch einen Wasserbaufachmann durchgeführt worden ist und wenn außerdem die Tiefe bis zur Felsoberfläche oder bis zu einer erosionssicheren Schicht sehr groß ist, ist es ratsam, die Gründungssohle mindestens viermal so tief unter die Sohle des Niedrigwasserbettes zu legen, wie die größte bekannte Steighöhe des Wasserspiegels bei Hochwasser ist.

Zulässige Bodenpressungen. Jede Gründung muß zwei voneinander unabhängige Bedingungen erfüllen. Erstens darf der Sicherheitsgrad der Gründung gegen Grundbruch nicht kleiner als 3 sein. Dies ist der geringste Sicherheitsgrad der im allgemeinen für den Entwurf des Überbaues vorgeschrieben ist[1]. Zweitens darf die Verformung der Bauwerkssohle infolge ungleichmäßiger Setzungen nicht so groß sein, daß das Bauwerk Schaden erleidet.

Es gibt keine feste Beziehung zwischen dem Sicherheitsgrad gegen Grundbruch und den Setzungen. Aus diesem Grunde müssen beide Faktoren einzeln untersucht werden. Da die theoretischen Verfahren für die Berechnung des Sicherheitsgrades von Fundamenten gegen Grundbruch nach Abschn. 29 einfach und ziemlich zuverlässig sind, können sie ohne wesentliche Abänderungen für die Berechnung von Fundamenten verwendet werden. Dagegen sind die Verfahren zur Berechnung der Größe und Verteilung der Setzung mühevoll und in vielen Fällen sehr unzuverlässig. Diese Tatsache ist für das Verfahren zur Ermittlung der zulässigen Bodenpressung ausschlaggebend, sobald der Entwurf auf Grund von Überlegungen über die Setzungen erfolgen muß.

Da die Erdstoffe und Gesteine wie alle Stoffe zusammendrückbar sind, setzt sich jede Gründung. Wenn die Bauwerkssohle während des Setzungsablaufes eben bleibt, kann die Größe der Setzungen mehr oder weniger belanglos sein. Wird die Sohle jedoch während des Setzungsvorganges verformt, kann das Bauwerk Schäden erleiden. Aus diesem Grund ist die Verteilung der Setzungen über die Bauwerkssohle weitaus wichtiger als ihr Größtwert. Gleichzeitig ist sie auch schwieriger zu berechnen.

Nach Abschn. 36 hängt die Größe und Verteilung der Setzungen einer belasteten Fläche von den physikalischen Eigenschaften des Bodens ab,

---

[1] In Deutschland ist nach DIN 1054 eine 1,3fache Sicherheit bei Annahme kreisförmiger Gleitflächen nach Krey nachzuweisen.

der sich unter dieser Fläche befindet, von der Größe der Fläche, von der Gründungstiefe und von der Lage des Wasserspiegels. Wenn ein Bauwerk auf Einzelfundamenten gegründet ist, wird die Ermittlung der Setzungen weiterhin durch die Tatsache erschwert, daß die unter den verschiedenen Fundamenten vorhandenen Baugrundverhältnisse in der Regel unterschiedlich sein werden (Abschn. 45). Eine genaue Berücksichtigung der Wirkung aller dieser Faktoren auf die Setzungen ist nicht durchführbar. Man ist deshalb unter normalen Verhältnissen gezwungen, die Setzungen auf Grund einfacher, halbempirischer Regeln zu ermitteln. Die im Abschn. 36 behandelte Theorie der Setzungen dient nur als Grundlage für eine zweckmäßige Auslegung der Ergebnisse von Bodenuntersuchungen und Probebelastungen und für die Ermittlung der Gültigkeitsgrenzen der halbempirischen Regeln. Verfeinerte Setzungsberechnungen sind nur gerechtfertigt, wenn der Untergrund unter der Sohle der Gründungen oder den Spitzen der Pfähle Schichten von weichem Ton enthält (Abschn. 54 bis 56).

Die halbempirischen Regeln für die Ermittlung von Setzungen gehen von beobachteten Abhängigkeiten zwischen den Ergebnissen einfacher Feldversuche wie Sondierungen, der Belastung pro Flächeneinheit und dem Verhalten bestehender Bauwerke aus. Jede Beziehung dieser Art ist eine statistische, die mehr oder weniger bedeutende Abweichungen vom Mittelwert einschließt. Erfahrungen haben ergeben, daß eine für ein einheitliches geologisches Gebiet ermittelte Beziehung stets einen geringeren Schwankungsbereich umfaßt, als die gleiche Beziehung, die für alle Ablagerungen einer bestimmten Art, ohne Rücksicht auf ihre geologische Entstehung und ihre Umgebung aufgestellt wurde. In diesem Buch können nur Abhängigkeiten der letzteren Art behandelt werden. In Anbetracht ihres großen Schwankungsbereiches stellen sie eine sehr unzuverlässige Grundlage für Entwürfe dar. Deshalb sollten die in den folgenden Abschnitten angegebenen Regeln durch die gewonnenen örtlichen Erfahrungen ersetzt werden, sobald umfangreiche Bauarbeiten in begrenzten Gebieten, wie beispielsweise innerhalb einer großen Stadt, ausgeführt worden sind. Wenn festgestellt wird, daß sie für dieses bestimmte Gebiet zu vorsichtig sind, sollten sie entsprechend abgeändert werden.

Beispielsweise ist nach einer der allgemeinen Beziehungen, die im nächsten Abschnitt behandelt sind, ein Sand mit einem N-Wert nach dem Standard-Penetration-Test (Abschn. 44) von 25 mitteldicht gelagert, so daß, wenn der Grundwasserspiegel sich in der Nähe der Gründungssohle befindet, eine Bodenpressung unter einem breiten Fundament von etwa 1,2 kg/cm^2 zugelassen werden kann. Örtliche Untersuchungen haben jedoch gezeigt, daß die Sandablagerung am Südende des Michigan-Sees in der Nähe des Illinois-Indiana-Ufers, die einen N-Wert von 25 hat, in Wirklichkeit ein dicht gelagerter Sand ist, der unter großen Fundamenten ohne Bedenken einer Belastung von 1,5 kg/cm^2 ausgesetzt werden kann. Solange noch keine aus örtlichen Erfahrungen gewonnenen Regeln zur Verfügung stehen, muß jeder Entwurf aus Gründen der Sicherheit nach den vorsichtigeren allgemeinen Regeln aufgestellt werden. In Anbetracht des erhöhten Aufwandes, den dieses Verfahren zur Folge hat, ist die Sammlung von Beobachtungswerten, welche für die Aufstellung örtlicher Regeln erforderlich sind, eine sehr nutzbringende Maßnahme, die gefördert werden sollte. Nur auf diese Weise kann der Ingenieur die günstigen Eigenschaften der verbreitetsten örtlichen Bodenarten im vollen Umfang ausnützen.

In den folgenden Abschnitten wird gezeigt, wie die vier wichtigsten Gründungsarten an die Baugrundverhältnisse angepaßt werden können.

Literaturhinweise

[*53.1*] s. [*21.2*] Der Einfluß periodischer Austrocknungen und Durchfeuchtungen des Bodens bis in große Tiefe auf die Gründungsverhältnisse in Zentral-Texas.

[*53.2*] s. [*21.3*] Wie oben, in Burma.

[*53.3*] Straub, Lorenz, G.: Mechanics of Rivers, in „Physics of Earth" – Teil IX, Hydrology, herausgegeben von O. E. Meinzer, 1. Aufl., New York: McGraw-Hill Book Company 1942 S. 614–636. Allgemeine Darstellung der jahreszeitlichen Wasserstandsschwankungen von Flüssen.

[*53.4*] Terzaghi, K.: Failure of Bridge Piers Due to Scour. Proc. Intern. Conf. Soil Mech., Cambridge, Mass. (1936) Bd. II, S. 264. Diskussionsbeitrag von Irving B. Crosby, Bd. III, S. 238.

[*53.5*] Murphy, E. C.: Changes in Bed and Discharge Capacity of the Colorado River at Yuma, Ariz., Eng. News, 60 (1908) S. 344.

54. Flächengründungen

Ursprung und Mängel der herkömmlichen Entwurfsverfahren. Die wichtigste Maßnahme beim Entwurf einer Flächengründung ist die Ermittlung der größten zulässigen Bodenpressung unter den Fundamenten, die weder einen Grundbruch noch unzulässige Setzungen zur Folge hat. Die gebräuchlichen Verfahren für die Wahl dieser Bodenpressung sind vor vielen Jahren entstanden. Sie beruhen auf Erfahrungen, enthalten jedoch viele Mängel.

Vor dem 19. Jahrhundert bestand das tragende System der meisten großen Gebäude aus starken, jedoch etwas elastischen Hauptmauern, die durch massive aber gleichfalls nachgiebige Wände verbunden waren, welche sich gegenseitig rechtwinklig schnitten. Da solche Bauwerke große Setzungen ohne Schaden aufnehmen konnten, schenkten ihre Erbauer den Gründungen nur geringe Aufmerksamkeit; sie vergrößerten nur die Mauerdicke an der Gründungssohle. Wenn der Untergrund offensichtlich zu weich war um die Lasten zu tragen, wurden die Mauern auf Pfählen gegründet. Wenn ungewöhnliche Bauwerke errichtet wurden, mit großen

Kuppeln, Gewölben oder schweren Einzelsäulen, sind ihre Gründungen zumeist unterbemessen worden, weil weder Regeln noch Erfahrungen zur Verfügung standen, an welche die damaligen Baumeister sich halten konnten. Infolgedessen stürzten viele bedeutende Bauwerke ein oder wurden durch spätere Verstärkungen entstellt.

Im 19. Jahrhundert hatte die Entwicklung der im stetigen Wettbewerb stehenden Industrie einen zunehmenden Bedarf an großen, aber nicht aufwendigen Gebäuden zur Folge. Die sich daraus entwickelnden Gebäudearten waren empfindlicher gegen Setzungsunterschiede als ihre Vorgänger. Weiterhin befanden sich viele der gesuchtesten Baustellen für Industriebauten in Gebieten, die früher wegen ihrer ausgesprochen schlechten Baugrundverhältnisse gemieden worden waren. Infolgedessen benötigte man ein zuverlässiges, für alle Bodenarten brauchbares Verfahren, um die Fundamente für ein bestimmtes Bauwerk so bemessen zu können, daß sie alle annähernd die gleichen Setzungen erleiden.

Aus diesem Bedürfnis heraus entwickelte sich in den Jahren nach 1870 in mehreren verschiedenen Ländern der Begriff der „Zulässigen Bodenpressung". Dieser Begriff ging von der offensichtlichen Tatsache aus, daß bei nahezu ähnlichen Baugrundverhältnissen diejenigen Fundamente, die hohe Bodenpressungen auf den Baugrund übertragen, sich im allgemeinen mehr setzen als diejenigen mit geringen Pressungen. Mit dieser Vorstellung begann man das Verhalten von Bauwerken zu beobachten, welche auf Fundamente, die unterschiedliche Bodenpressungen auf den Baugrund übertragen, gegründet waren. Die Bodenpressungen unter den Fundamenten aller derjenigen Bauwerke, die Anzeichen von Setzungsschäden zeigten, sah man für die betreffenden Baugrundverhältnisse als zu groß an. Die größte Bodenpressung die keine Bauwerksschäden hervorgerufen hatte, wurde als geeignetste Entwurfsgrundlage angesehen und als *zulässige Bodenpressung* oder *zulässige Beanspruchung des Baugrundes* angenommen. Die in einem bestimmten Gebiet für jede Bodenart nach diesem rein empirischen Verfahren gewonnenen Werte wurden in einer Tabelle der zulässigen Bodenpressungen zusammengestellt, die später in die Bauordnungen, welche das Bauwesen in diesem Gebiet regelten, aufgenommen wurden. Auszüge aus den Bauordnungen verschiedener amerikanischer Städte sind in Tab. 19 zusammengestellt.

Obgleich die meisten Bauordnungen Tabellen über die zulässigen Bodenpressungen enthalten, geben sie keinerlei Hinweis über den Ursprung der Werte, oder irgendeine Erläuterung der Bedeutung des Begriffes „Zulässige Bodenpressung". Dieser Mangel hat die Annahme begünstigt, daß die Setzungen eines Bauwerkes gleich groß sein und keine nachteiligen Folgen haben würden, sofern nur der Bodendruck unter jedem Fundament gleich der zulässigen Bodenpressung sei. Die Größe der Lastfläche und die Art des Bauwerkes wurden als nebensächlich angesehen. Einige Ingenieure ziehen sogar immer noch die falsche Schlußfolgerung, daß ein Gebäude, dessen Fundamente nur die zulässige Bodenpressung übertragen, sich überhaupt nicht setzen würde.

Viele Gründungen, die nach den Tabellen für die zulässigen Bodenpressungen entworfen worden sind, haben keinerlei Schäden gezeigt. Aber gelegentlich sind doch Mißerfolge eingetreten und die Bauwerke haben sich unzulässig gesetzt. Da man annahm, daß die Fundamente keine wesentlichen Setzungen erleiden könnten, wenn die zulässige Bodenpressung nicht überschritten wird, führte man die Mängel auf eine fehlerhafte Beurteilung des Bodens zurück. Es wurde angenommen, daß eine falsche zulässige Bodenpressung gewählt worden war, weil die Bezeichnungen, welche für die Benennung des Bodens auf der Baustelle und in den Bauordnungen verwendet worden waren, nicht die gleiche Bedeutung gehabt hätten. Um diese Fehlermöglichkeit zu vermeiden, wurde es allmählich üblich, die zulässige Bodenpressung auf Grund der Ergebnisse von Probebelastungen festzulegen.

Eine Probebelastung wird in der Weise durchgeführt, daß die Belastung auf einer Lastplatte um kleine Beträge gesteigert und die entsprechenden Setzungen gemessen werden. Die Lastplatte liegt in Höhe der Gründungssohle auf der Sohle einer Grube. Je nach den Wünschen des Ingenieurs, welcher den Versuch durchführt, kann die Platte mit einer kistenförmigen Auszimmerung umgeben und die Grube bis zur künftigen Baugrubensohle wieder verfüllt sein (s. Abb. 174a), oder sie kann so groß ausgehoben werden, daß die Platte in der Mitte einer horizontalen Fläche aufliegt. Die Versuchsergebnisse werden als Last-Setzungskurven wie in

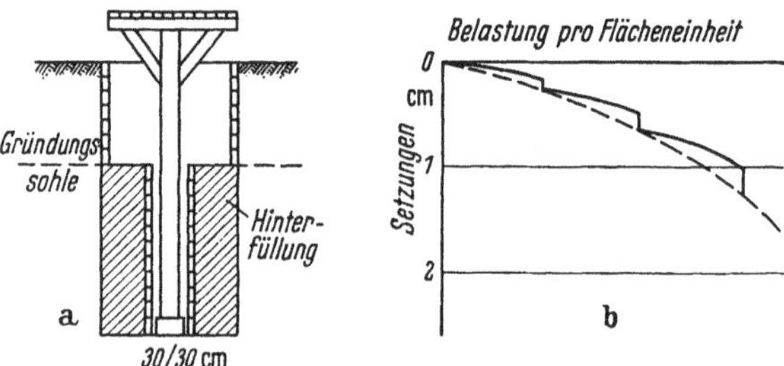

Abb. 174 a u. b. a) Versuchsanordnung zur Ermittlung der Abhängigkeit zwischen Belastung und Setzung einer Lastplatte als Grundlage für die Wahl der zulässigen Bodenpressung; **b)** eins der verschiedenen gebräuchlichen Auftragungsverfahren für die Ergebnisse von Probebelastungen

Abb. 174b aufgetragen. In den folgenden Abschnitten sollen zwei der verbreitetsten Verfahren für die Durchführung der Versuche und ihre Auslegung beschrieben werden.

Das erste Verfahren besteht in der Belastung eines quadratischen oder runden starren Lastkörpers von beliebigen, vom Untersuchenden ge-

Tabelle 19. Zulässige Bodenpressungen nach verschiedenen Baubestimmungen
(nach KIDDER-PARKER: Architects' und Builders' Handbook, 1931)

Bodenart Bodenpressungen in kg/cm²	Akron, 1920	Atlanta, 1911	Boston, 1926	Chicago, 1924	Cleveland, 1927	Denver, 1927	Louisville, 1923	Minneapolis, 1911	Newark, 1924	New York, 1922	Pacific Coast, 1928	Philadelphia, 1929	Portland, Oreg., 1924	Richmond, 1908–12	St. Louis, 1917	St. Paul, 1910	Jacksonville, 1922	Prop. N. Y. Code, 1929
1. Schwimmsand oder Alluvionen	0,5				0,5													
2. Adobe											0,5							
3. Ton, weich oder naß. $d \geqq 4{,}5$ m	1	1		1,75	2			1	1	1		1	1	1			1	1
4. Weicher Ton, Sand, Lehm oder Schluff											1							
5. Weicher Ton und nasser Sand	1,5				1,5											1		
6. Sand und Ton, vermischt oder in Schichten		2		1,5				2	2	2	2		2	2		2	2	2
7. Ton, fest									2	2								2
8. Sand, naß									2	2								
9. Ton und Sand, trocken	2				2											3		
10. Feinsand, naß	2				2							2						2
11. Ton, weich, seitlich eingeschlossen			2															
12. Ton in dicken Schichten, ziemlich trocken						2–4							3					
13. Ton, trocken, fest				2,25											2,5		3	
14. Ton, Lehm oder Feinsand, fest und trocken							2,5	3										
15. Sand, rein				2,5														
16. Lehm, fest, trocken	2,5	2–3				1–2												
17. Sand, fest, trocken	3	2–3				2–4			3	3							3	3
18. Schwimmsand, entwässert					3													
19. Ton, hart		3–4			3		4	4								4		
20. Sand, fein, naß			3											4				
21. Mittelsand, trocken											3							
22. Mittelsand, trocken und Ton											3		3					
23. Ton oder Feinsand, fest und trocken														3				

Tabelle 19
(Fortsetzung)

Bodenart Bodenpressungen in kg/cm²	Akron, 1920	Atlanta, 1911	Boston, 1926	Chicago, 1924	Cleveland, 1927	Denver, 1927	Louisville, 1923	Minneapolis, 1911	Newark, 1924	New York, 1922	Pacific Coast, 1928	Philadelphia, 1929	Portland, Oreg., 1924	Richmond, 1908–12	St. Louis, 1917	St. Paul, 1910	Jacksonville, 1922	Prop. N. Y. Code, 1929
24. Grobsand, sehr fest		3–4				4–6	4	4	4		4	4	4	4		4	4	4
25. Kies		3–4					4	4	6	6				4			4	6
26. Ton, hart, trocken										4	4	4	4					
27. Ton, in dicken Bänken, ständig trocken	4					4–6												
28. Gesteins-und Tonschichten, wechselnd																		
29. Ton, fein, trocken		2–3							4									
30. Ton, plastisch, mit oder ohne Sand			4															
31. Sand, fein, trocken			4		4							4						
32. Grobsand, dicht und Kies																		4
33. Kies und Grobsand in dicken Schichten	5				8							6						
34. Mittel- oder Grobsand, naß oder trocken			5							4								
35. Ton- und Sandgemisch, hart, blau			5															
36. Grobsand, fest und Kies																	6	
37. Kies, dichter Sand und harter gelber Ton			6			8–10						5						
38. Kies oder Grobsand, gut verkittet											6		8					
39. Hardpan									10	10								10
40. Schiefer, hart, überdeckt	6				6													
41. Schiefer und Hardpan			10									8						
42. Schichtfels, zersetzt			5															
43. Fels, weich									8	8	20% der Bruchfestigkeit							8
44. Fels, mittelfest									15	15		24						25
45. Fels	10	15	100		10	10–200			40	40		48	16					40

wählten Abmessungen. Die zulässige Belastung p_{zul} pro Flächeneinheit wird als irgendein Teil des mittleren Druckes auf die Sohlfläche des Lastkörpers bei Eintritt des Bruches angenommen, beispielsweise als die Hälfte dieser Belastungen. Dieses Verfahren ist aus verschiedenen Gründen zu beanstanden. Erstens gibt es, wenn die Lastsetzungskurve der Kurve K_2 in Abb. 72 gleicht, keine eindeutige Bruchbelastung. Zweitens kann die Größe der Lastfläche, die beliebig gewählt ist, einen großen Einfluß auf die Grenztragfähigkeit pro Flächeneinheit haben (s. Abschn. 29). Bei Anwendung des ersten Verfahrens können also zwei verschiedene Personen, welche die Untersuchung durchführen, für denselben Baugrund sehr verschiedene Werte für p_{zul} erhalten.

Das zweite Verfahren besteht in der Belastung einer starren Lastfläche bestimmter Abmessungen, beispielsweise von einem Quadratfuß (929 cm²). Die zulässige Belastung p_{zul} ist willkürlich als die Hälfte derjenigen Belastung festgesetzt, bei der die Setzung der Lastplatte 0,5″ beträgt. (In Ländern, in denen das metrische System gebräuchlich ist, wird die Lastfläche gewöhnlich zu 0,1 m² oder 1,08 Quadratfuß und die Setzung zu 1 cm oder 0,4″ gewählt.) Dieses Verfahren ist, obwohl es willkürlich ist. vorzuziehen, weil zwei verschiedene Beobachter für denselben Boden wenigstens den gleichen Wert für p_{zul} erhalten.

Es gibt noch viele andere Verfahren für die Durchführung von Probebelastungen und viele andere Regeln für die Auslegung der Ergebnisse. Jedoch, ganz gleich um welches Verfahren es sich handelt, in jedem Fall geben die Versuchsergebnisse nur die Eigenschaften des bis zu einer Tiefe von höchstens der zweifachen Breite der Lastplatte anstehenden Bodens wieder, während die Setzungen der Fundamente von den Eigenschaften einer viel dickeren Bodenschicht abhängen. Wenn die Eigenschaften des Bodens sich unterhalb einer Tiefe von etwa dem Doppelten der Lastplattenbreite ändern, wie dies gewöhnlich der Fall ist, geben die Versuchsergebnisse infolgedessen mit Sicherheit zu falschen Schlüssen Anlaß. Da es auch fast allgemein üblich ist, die zulässigen Bodenpressungen ohne Rücksicht auf die Größe der Fundamente, die Art des Überbaues und andere ausschlaggebende Eigenschaften der geplanten Gründungen zu wählen, kann es nicht überraschen, daß die zunehmende Rückkehr zu Probebelastungen die Häufigkeit falscher Fundamententwürfe offensichtlich nicht vermindert hat. In der Tat sind mehrere vollständige Fehlgründungen trotz gewissenhafter Durchführung von Probebelastungen eingetreten. Um die Gefahr fehlerhafter Entwürfe einzuschränken, ist es notwendig, daß die zulässigen Bodenpressungen nicht nur nach den Ergebnissen von Probebelastungen oder ähnlichen Untersuchungsverfahren, sondern auch unter Berücksichtigung der Eigenschaften des Baugrundaufbaues und der Gründungsart selbst, gewählt werden. Ein Teil der erforderlichen Unterlagen kann aus den in den Abschn. 29, 35 und 36 dargelegten Theorien entnommen werden. Der Rest läßt sich aus den Erfahrungen bei der Bauausführung ableiten.

Infolge der großen Anzahl von Bodenarten und ihrer Kombinationen, denen man in der Praxis begegnet, kann kein einheitliches Verfahren für die Ermittlung der zulässigen Bodenpressung entwickelt werden, welches für alle Verhältnisse gültig ist. Das Verfahren muß stets den durch die Untersuchungsbohrungen festgestellten Baugrundverhältnissen angepaßt werden. Insbesondere hängt das Verfahren von der Einflußtiefe ab. Dieser Ausdruck bezeichnet diejenige Tiefe, innerhalb der die Belastung des Fundamentes den Spannungszustand im Boden so weitgehend ändert, daß ein merklicher Setzungsbeitrag erzeugt wird.

Die Einflußtiefe wird nicht nur von der Größe des Fundamentes und von seiner Belastung bestimmt, sondern weitgehend auch von der Schichtenfolge und von den physikalischen Eigenschaften der Erdstoffe in den einzelnen Schichten. Wenn die Steifeziffer des Bodens nach Abschn. 18 im Anfangsbereich proportional zur Tiefe unter einem Fundament ist, ist die Einflußtiefe höchstens gleich der Breite b des Fundamentes. Wenn der Boden unter dem Fundament dagegen mit zunehmender Tiefe weicher wird, kann die Einflußtiefe gleich einem Vielfachen der Fundamentbreite b sein.

In den folgenden Ausführungen werden vier Hauptgruppen für die Baugrundverhältnisse betrachtet:

a) Unter den Fundamenten stehen Sande oder Sande und Kiese an, die bis zur Einflußtiefe keine weichen Ton- oder andere sehr zusammendrückbare Schichten enthalten.

b) Unter den Fundamenten steht Ton an, der innerhalb der Einflußtiefe nahezu homogen ist.

c) Die Fundamente befinden sich auf einem Baugrund, dessen Eigenschaften zwischen denen der Sande und denen der Tone liegen, wie beispielsweise Schluff, einige Arten von Aufschüttungen oder Löß. Der Baugrund ist innerhalb der Einflußtiefe annähernd homogen.

d) Die Fundamente befinden sich auf einem Baugrund, der innerhalb der Einflußtiefe, eine oder mehrere weiche Schichten enthält.

Tabelle 20. Die üblichen zulässigen Bodenpressungen auf Sand
(Auszug aus Tab. 19)

Bodenart	p_{zul} in kg/cm²
1 Fließsand	0,5
8 Sand, naß	2
14 Feinsand, fest und trocken	2,5–3
18 Schwimmsand, entwässert	3
24 Grobsand, sehr fest	3–6
33 Kies und Grobsand in dicken Schichten	5–8

Fundamente auf homogenem Sand. Die derzeitigen Ansichten über die zulässigen Bodenpressungen auf Sand gehen aus Tab. 20 hervor.

Um eine vernünftige Grundlage für die Wahl der zulässigen Bodenpressungen zu gewinnen, werden wir zunächst die Mängel dieser Tabelle untersuchen. Die Zahlenwerte erscheinen unlogisch, weil die Bodenbezeichnung auf Grund von Eigenschaften erfolgt, die ziemlich belanglos sind, während wichtige Eigenschaften nicht berücksichtigt sind. Beispielsweise kennzeichnet der Ausdruck „Schwimmsand" (1) nicht eine bestimmte Sandart. Er kennzeichnet nicht einmal einen Sand, der vor Baubeginn locker gelagert sein müßte. Dies wird beispielsweise durch den unbegründet schlechten Ruf eines sehr feinen, gleichkörnigen Sandes bestätigt, der bei Lynn, Mass. im Grundwasser ansteht. Kurve 2 in Abb. 128a gibt die Ergebnisse einer Probebelastung wieder, die auf diesem Sand durchgeführt wurde, nachdem der Wasserspiegel durch Brunnen abgesenkt worden war. Sie zeigt, daß der Sand fest und dicht ist. Unter den Baufachleuten in dem dortigen Gebiet hatte er jedoch einmal den Ruf eines gefährlichen Schwimmsandes, weil der Sand bei früheren Bauvorhaben, bei denen primitivere Entwässerungsverfahren angewandt worden waren, in der Sohle der Baugruben weich wurde und bei geringen Veranlassungen hochzuquellen begann. Bei Nr. 8 läßt die Bezeichnung nicht erkennen, ob der Sand ober- oder unterhalb des Wasserspiegels ansteht, obgleich dieser Umstand von entscheidender Bedeutung ist. Die in den Bezeichnungen 14, 24 und 33 erwähnte Korngröße hat keinen unmittelbaren Einfluß auf die Tragfähigkeit. Der schlechteste Sand, der in Abb. 128a durch Kurve 5 dargestellt ist, war sauber, grob, gemischtkörnig und trokken. Der beste, durch Kurve 1 dargestellte, war gleichkörnig, fein und naß. Um zuverlässige Kriterien für den Entwurf von Fundamenten auf Sand aufstellen zu können, müssen die zulässigen Bodenpressungen nicht von unwesentlichen Eigenschaften des Sandes abhängig gemacht werden, sondern von denjenigen Eigenschaften und Verhältnissen, die einen maßgebenden Einfluß auf das Verhalten des Sandes unter Belastung haben. Dies sind die Lagerungsdichte des Sandes und die Lage des Wasserspiegels in Bezug auf die Fundamentsohle.

Die Lagerungsdichte hat einen entscheidenden Einfluß auf den Winkel der inneren Reibung ϱ und den Verlauf der Last-Setzungskurve. Je nach der Lagerungsdichte kann ϱ für einen Sand nach Abschn. 15 innerhalb weiter Grenzen schwanken, beispielsweise zwischen 34 und 46°, und die Lastsetzungskurve kann in Abb. 72 zwischen K_1 und K_2 verlaufen. Wenn Standardsondenversuche durchgeführt worden sind, kann die relative Dichte nach Tab. 10 in Abschn. 45 beurteilt werden. Genauere Angaben lassen sich am zweckmäßigsten mit Hilfe von Untergrundsondierungen gewinnen.

Die Lage des Wasserspiegels in bezug auf die Sohle der Fundamente hat sowohl auf die Grenztragfähigkeit des Sandes als auch auf die Setzungen Einfluß. Wenn der Wasserspiegel aus der Zone unterhalb der Einflußtiefe in Richtung auf die Gründungssohle hochsteigt, vermindert er das effektive Raumgewicht des unter dem Fundament befindlichen Bodens um annähernd 50% (Abschn. 12). Infolgedessen wird für das Fundament der Sicherheitsgrad gegen Grundbruch um denselben Prozentsatz herabgesetzt (Abschn. 29) und die Setzung nahezu verdoppelt (Abschn. 36).

Berechnungen, die von der in Abschn. 29 dargelegten Theorie ausgehen, führen zu den nachstehenden Schlußfolgerungen hinsichtlich des Sicherheitsgrades η von Fundamenten, die auf Grund der üblichen zulässigen Bodenpressungen auf Sanden entworfen sind: Wenn die Fundamentsohle sich auf lockerem Sand in der Höhe des Grundwasserspiegels oder unterhalb desselben befindet, und wenn außerdem die Breite b des Fundamentes kleiner als etwa 1,8 m und die Gründungstiefe unter Gelände oder Kellersohle kleiner als b ist, kann η kleiner als der geforderte Mindestwert von 3 sein. In den seltenen Fällen, in denen diese Voraussetzungen gleichzeitig erfüllt sind, sollte eine Grundbruchberechnung durchgeführt werden, um festzustellen, ob die geforderte Sicherheit vorhanden ist. In allen anderen Fällen ist der Sicherheitsgrad größer und häufig sogar weitaus größer als 3. Unter normalen Verhältnissen wird also die zulässige Bodenpressung auf Sand ausschließlich auf Grund von Überlegungen über die Setzungen bestimmt.

Die Setzungsverteilung über die Grundfläche eines Gebäudes, das auf Fundamenten von der Breite b gegründet ist, wird hauptsächlich durch die Schwankungen in der Zusammendrückbarkeit einer Sandschicht von der Dicke b beeinflußt, die unmittelbar unter den Fundamenten ansteht (s. Abschn. 45). Die praktische Bedeutung dieser Unterschiede ist in Abb. 175 dargestellt, in welcher die Setzungen mehrerer gleichmäßig belasteter Streifenfundamente von gleichbleibender Breite dargestellt sind. Die zu den Kurven b, c und d gehörenden Fundamente befanden sich auf Sand oder Kies. Wenn der Untergrund gleichmäßig gewesen wäre, würde sich jedes Fundament annähernd gleichmäßig gesetzt haben. Die ungleichmäßigen Setzungen waren durch örtliche Verschiedenheiten in der Zusammendrückbarkeit des Bodens verursacht worden.

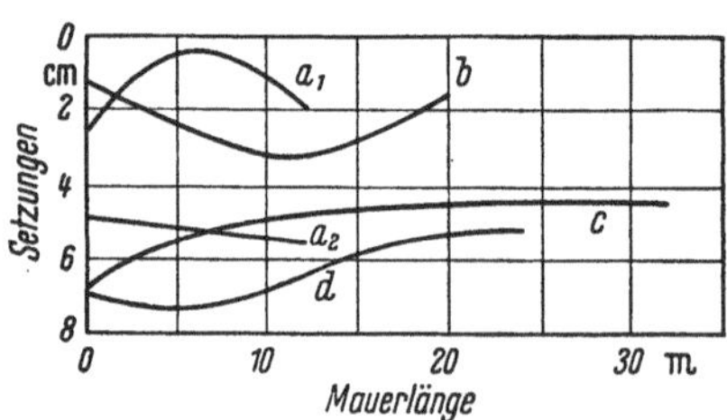

Abb. 175. Die Setzungen von langen schmalen Streifenfundamenten unter Ziegelmauern

Eine Untersuchung durchgeführter Setzungsmessungen zeigt, daß die Setzungsunterschiede gleichmäßig belasteter Streifenfundamente und gleich hoch belasteter Einzelfundamente von annähernd gleicher Größe im allgemeinen nicht größer als 50% der Maximalsetzung sind. In der Praxis kann jedoch die Größe der Fundamente der verschiedenen Stützen eines Bauwerkes sehr unterschiedlich sein, weil die Lasten auf den Stützen im allgemeinen ebenfalls unterschiedlich sind. Hierin liegt eine Ursache zusätzlicher unterschiedlicher Setzungen.

Nach den Ergebnissen verschiedener theoretischer Untersuchungen sollen die Setzungen quadratischer Fundamente, die alle den gleichen Bodendruck auf einen homogenen Sand ausüben, mit zunehmender Breite größer werden. Dies ist durch die ausgezogene Kurve in Abb. 94 dargestellt. In Übereinstimmung mit dieser theoretischen Feststellung zeigen die Ergebnisse von Versuchen und Beobachtungen, daß die Setzungen mit der Breite b des Fundamentes annähernd nach Abb. 176 zunehmen. Die empirischen Werte sind aus kleinmaßstäblichen Belastungsversuchen auf künstlich verdichtetem Sand, aus Probebelastungen auf verhältnismäßig homogenen Sandschichten und aus Setzungsbeobachtungen an Bauwerken abgeleitet worden. In dieser Abbildung ist s_1 die Setzung einer Lastplatte von 1000 cm² Größe unter einer bestimmten Last pro Flächeneinheit und s ist die Setzung bei derselben Belastung für ein Fundament von der Breite b. Die Beziehung zwischen s, s_1 und b wird angenähert durch folgende Gleichung wiedergegeben:

$$s = s_1 \left(\frac{2b}{b + 30}\right)^2. \tag{54.1}$$

Hierin sind s_1 und b in cm einzusetzen.

Es gibt keinen wesentlichen Unterschied zwischen den Setzungen von quadratischen und von Streifenfundamenten gleicher Breite b, weil der Einfluß der unter einem Streifenfundament bis in größere Tiefe reichenden Beanspruchung des Sandes dadurch ausgeglichen wird, daß der Sand nicht in Richtung parallel zu den Streifenfundamenten ausweichen kann. Nach Abb. 176 übertrifft die Setzung eines großen Fundamentes, das größer als etwa 1,4 m² ist, diejenigen eines kleinen Fundamentes von 0,6 bis 0,7 m² um annähernd 30%, vorausgesetzt, daß die Bodenpressungen gleich sind. Bei einer bestimmten Breite b des Fundamentes nehmen die Setzungen bis zu einer gewissen

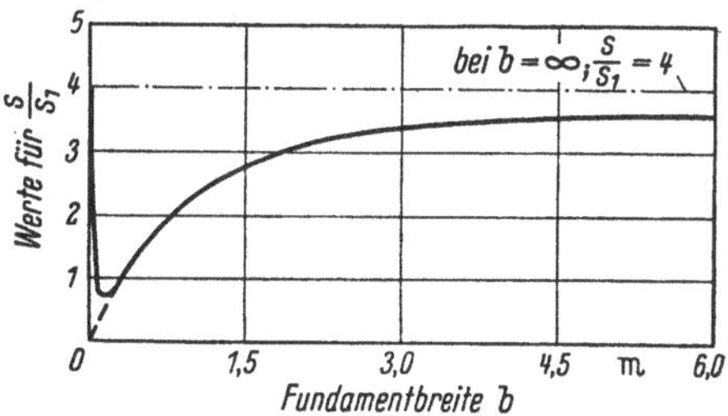

Abb. 176. Näherungsweise Beziehung zwischen der Fundamentbreite b und dem Verhältnis s/s_1, worin s die Setzung eines Fundaments mit der Breite b und s_1 die Setzung eines 30 cm breiten Fundaments auf Sand bei gleicher Last je Flächeneinheit darstellt (nach F. Kögler und Mitarbeitern)

Grenze mit wachsenden Werten des Verhältnisses t/b ab, worin t die Gründungstiefe nach Abschn. 53 ist. Jedoch selbst wenn bei einer Gründung auf Einzel- oder Streifenfundamenten extrem unterschiedliche Größen- und Tiefenverhältnisse nach Abb. 171 vorliegen, werden die Setzungsunterschiede in der Regel 75% der Maximalsetzung nicht überschreiten. Im allgemeinen sind sie weitaus geringer.

Die meisten gewöhnlichen Gebäude, wie beispielsweise Geschäftshäuser, Wohnhäuser oder Fabrikgebäude können unterschiedliche Setzungen zwischen benachbarten Stützen von etwa 2 cm vertragen. Wie bereits ausgeführt, wird dieses Maß nicht überschritten, wenn man die Bodenpressung so wählt, daß das größte Fundament sich 2,5 cm setzen wird, selbst wenn es auf dem am meisten zusammendrückbaren Teil der Sandschicht gegründet ist. Deshalb kann beim Entwurf der Fundamente solcher Bauwerke die zulässige Bodenpressung gleich derjenigen angenommen werden, die für das größte Fundament eine Setzung von 2,5 cm erzeugt. In den folgenden Abschnitten wird ein Näherungsverfahren für die Wahl der zulässigen Bodenpressung auf Sand nach diesem Kriterium angegeben. Wenn größere Setzungsunterschiede als $\Delta s = 2{,}0$ cm in Kauf genommen werden können, dürfen die zulässigen Bodenpressungen entsprechend erhöht werden. In solchen Fällen ist es jedoch ratsam zu untersuchen, ob die Grundbruchsicherheit gewährleistet ist [*54.1*].

Zulässige Bodenpressungen auf trocknem und auf feuchtem Sand. Die Setzung eines Fundamentes auf trocknem oder auf feuchtem Sand hängt in erster Linie von der Lagerungsdichte des Sandes und der Breite des Fundamentes ab. Die Lagerungsdichte kann genügend genau auf Grund der Ergebnisse einer der Sondierverfahren beurteilt werden, die in Abschn. 44 beschrieben sind, vorausgesetzt, daß das Verhältnis zwischen der Lagerungsdichte und dem Eindringungswiderstand vorher durch geeignete Eichversuche festgestellt worden ist. Jedes dieser Verfahren liefert fortlaufende Werte für den Eindringungswiderstand.

Bis zur Gegenwart ist jedoch das einzige in den USA allgemein angewandte Verfahren der Standard-Penetration-Test (Abschn. 44). Im Gegensatz zu den anderen Baugrundsondierverfahren liefert es Sondierergebnisse mit großen Abständen zwischen den Beobachtungspunkten und außerdem ist die Eichung sehr roh. Infolgedessen läßt es noch viele Möglichkeiten für Verbesserungen offen. Trotzdem bilden die Versuchsergebnisse eine weit zuverlässigere Grundlage für die Wahl der zulässigen Bodenpressung als die entsprechenden Tabellen oder die Ergebnisse einiger weniger, der üblichen Probebelastungen.

Um die zulässige Bodenpressung auf Grund der Ergebnisse von Standardsondenversuchen festlegen zu können, ist es notwendig, die Breite b der größten Fundamente überschläglich abzuschätzen. Von der Gründungssohle der künftigen Fundamente ab bis zur Tiefe b unter dieser

Sohle sollten aller 0,75 m Standardsondierungen durchgeführt werden. Das Mittel aus allen Eindringungswerten N innerhalb dieses Tiefenbereiches gibt die Lagerungsdichte des Sandes innerhalb der Einflußtiefe des Fundamentes an. Wenn die Versuche in den verschiedenen Bohrlöchern unterschiedliche Werte für N ergeben, sollte der niedrigste Wert für die Wahl der zulässigen Bodenpressung verwendet werden.

Die Größe der zulässigen Bodenpressung kann dann aus dem Diagramm der Abb. 177 entnommen werden, in dem die Kurven die Beziehung zwischen der Breite b eines Fundamentes und demjenigen Bodendruck darstellen, der erforderlich ist, um eine Setzung des Fundamentes von 2,5 cm hervorzurufen. Die Kurven gelten für verschiedene N-Werte, die eingeschrieben sind. Ist eine andere Schlagzahl N festgestellt worden, so kann die zulässige Bodenpressung durch lineare Interpolation zwischen den Kurven entnommen werden.

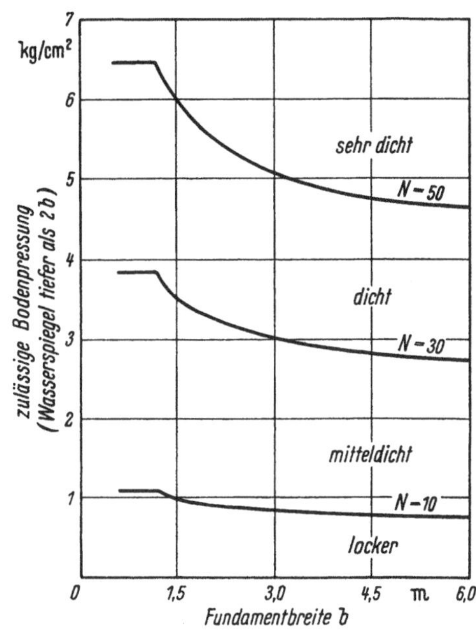

Abb. 177. Diagramm für die Wahl der zulässigen Bodenpressung für Fundamente auf Sand auf Grund der Ergebnisse von Standard-Penetration-Tests

Das Diagramm in Abb. 177 ist auf Grund der derzeitigen Kenntnisse über die Beziehung zwischen der Anzahl der Schläge N auf 1′ (30 cm) Eindringung der Standardsonde, den Ergebnissen von Probebelastungen auf der Oberfläche und der Gl. (54.1) aufgestellt worden. Wenn b die Breite des größten Fundamentes eines Bauwerkes ist und wenn alle anderen Fundamente nach der für b zulässigen Bodenpressung proportional bemessen sind, wird die maximale Setzung der Gründung nicht größer als 2,5 cm und die Setzungsunterschiede werden kleiner als 2,0 cm sein.

Wenn der Baugrund aus Kies oder aus Sand mit Grobkies besteht, kann die Schlagzahl auf die Sonde nicht als maßgebend für die Lagerungsdichte des Bodens angesehen werden. Die Tragfähigkeit solcher Böden ist jedoch ebenso unterschiedlich wie diejenige von Sanden. Ein dicht gelagertes Gemisch von Sand und Kies ist weniger zusammendrückbar als ein sehr dichter Sand, während die Zusammendrückbarkeit eines lokkeren Kieses ebenso groß wie diejenige eines Sandes von nur mittlerer Dichte sein kann. Um eine Überschätzung der zulässigen Bodenpressung auf Kies zu vermeiden, sollte man mehrere Schurflöcher innerhalb derjenigen Schichten ausheben, welche den Sitz der Setzungen der Fundamente bilden werden, also bis zur Einflußtiefe, und die Lagerungsdichte des freigelegten Bodens sollte zumindest auf Grund des Augenscheins, der Standfestigkeit und des Widerstandes bei der Ausschachtung abgeschätzt werden. Wenn die zulässige Bodenpressung für den Kies gleich derjenigen für einen Sand der gleichen Lagerungsdichte angenommen wird, erhält man aus dem Diagramm der Abb. 177 sehr vorsichtige Werte.

Selbst wenn beim Entwurf sehr niedrige Bodenpressungen zugelassen werden, neigen alle auf Sand gegründeten Fundamente zu sehr großen Setzungen, falls der Sand starken Erschütterungen ausgesetzt wird. Diese Feststellung bezieht sich sowohl auf wassergesättigte als auch auf feuchte oder trockene Sande. Fundamente, die Schwingungen erzeugende Maschinen tragen sollen, müssen nach der Theorie der Schwingungen bemessen werden. Sie werden im Rahmen dieses Buches nicht behandelt.

Zulässige Bodenpressungen auf wassergesättigtem Sand. Wenn ein wassergesättigter Sand unter einem Fundament sehr locker gelagert ist, kann irgendeine Erschütterung eine plötzliche Verflüssigung verursachen (Abschn. 17). Dieser Vorgang kann ein Absinken des Fundamentes zur Folge haben. Es ist sogar beobachtet worden, daß eine plötzliche Veränderung des Grundwasserspiegels in lockerem Sand gelegentlich eine starke Setzung verursacht hat. Wenn der Sand also sehr locker gelagert ist ($N \leqq 5$), sollten Fundamente auf Pfählen gegründet oder der Sand sollte verdichtet werden (Abschn. 50).

Wenn der N-Wert des Sandes im natürlichen Zustand größer als 5, oder wenn der Sand verdichtet worden ist, sollte die zulässige Bodenpressung p_{zul} für den Sand so gewählt werden, daß die größte Setzung 2,5 cm nicht überschreitet. Um p_{zul} mit Hilfe des Diagrammes der Abb. 177 bestimmen zu können, muß der Einfluß einer Überflutung untersucht werden.

Nach der Theorie müßte eine Überflutung des unter der Gründungssohle anstehenden Sandes die Setzungen etwa verdoppeln, vorausgesetzt, daß die Gründungssohle sich auf oder in der Nähe der Sandoberfläche befindet (Abschn. 36). Laboratoriumsversuche haben diese Schlußfolgerungen bestätigt. Wenn diese Tatsache in Rechnung gestellt wird, kann die Belastung pro Flächeneinheit, die erforderlich ist, damit ein Fundament auf wassergesättigtem Sand sich 2,5 cm setzt, mit Hilfe des Diagrammes in Abb. 177 in folgender Weise ermittelt werden: Wenn das Tiefenverhältnis t/b des Fundamentes klein ist, wie für die Kellerfundamente in Abb. 171, müssen die aus dem Diagramm entnommenen Werte um 50% vermindert werden. Ist das Tiefenverhältnis dagegen nahezu eins, können $^2/_3$ dieser Werte angesetzt werden, weil der Einfluß des Gewichtes des die Fundamente umgebenden Bodens auf die Setzungen zum Teil die Setzungszunahme infolge der Überflutung ausgleicht. Genauere Verfahren über die Ermittlung des Einflusses der Überflutung würden dem Genauigkeitsgrad der mit Hilfe von Standardsondenversuchen ermittelten Werte nicht entsprechen.

Die vorstehend dargelegten Verfahren machen zwei Einschränkungen notwendig. Auf die erste ist schon weiter oben hingewiesen worden, wo die Fälle behandelt wurden, bei denen eine Grundbruchuntersuchung unbedingt erforderlich ist. Die Berechnung kann nach Gl. (29.5) und Gl. (29.10) aufgestellt werden. Die Größe der Tragfähigkeitsbeiwerte, welche in diesen Gleichungen enthalten sind, können aus dem Diagramm der Abb. 75 entnommen werden. Für lockere Sande mit $N = 5$ sollten die gestrichelten Kurven und für dichte Sande mit $N = 30$ die ausgezogenen Kurven verwendet werden. Die Tragfähigkeitsbeiwerte für N-Werte zwischen 5 und 30 können durch lineare Interpolation zwischen den beiden Kurven ermittelt werden. Wenn die Untersuchung ergibt, daß der Sicherheitsgrad dieser Fundamente kleiner als 3 ist, muß entweder die Fundamentgröße oder die Gründungstiefe so vergrößert werden, daß die erforderliche Sicherheit erreicht wird.

Zweitens muß, wenn der wassergesättigte Baugrund aus sehr feinem oder schluffigem Sand besteht, der Einfluß der geringen Durchlässigkeit des Bodens auf die Größe von N berücksichtigt werden. Wenn das Porenvolumen des Bodens größer als das kritische Porenvolumen ist, ist der Widerstand gegen das Eindringen der Sonde kleiner als derjenige eines durchlässigeren Bodens gleicher relativer Dichte. Ist das Porenvolumen dagegen kleiner als der kritische Wert, trifft das Gegenteil zu (Abschn. 15). Derjenige N-Wert der dem kritischen Porenvolumen entspricht, scheint etwa 15 zu sein. Diese Feststellung ist die Grundlage für die folgende Regel, die den gegenwärtigen Stand unserer Erfahrungen darstellt: Wenn die ermittelte Schlagzahl N größer als 15 ist, kann die Dichte des Bodens gleich derjenigen eines Sandes gesetzt werden, für welchen die Schlagzahl gleich $15 + \frac{1}{2}(N - 15)$ ist. An diese Regel sollte man sich halten, bis zuverlässigere Unterlagen vorliegen, es sei denn, daß auf Grund ordnungsgemäß durchgeführter Probebelastungen höhere Bodenpressungen mit ausreichender Sicherheit zugelassen werden können.

Voraussetzungen für eine erfolgreiche Durchführung von Probebelastungen auf Sand. Das Verfahren zur Ermittlung der zulässigen Bodenpressung auf Sand mit Hilfe des in Abb. 177 wiedergegebenen Diagrammes beseitigt viele Unsicherheiten, welche mit der Verwendung von Tabellen über die zulässige Bodenpressung, wie beispielsweise Tab. 20, verbunden sind, weil es Werte liefert, die sich auf maßgebende und nicht auf nebensächliche Bodeneigenschaften und Bodenverhältnisse beziehen. Im Gegensatz zu den üblichen Verfahren bietet es die Möglichkeit, die Bodenpressungen wenigstens annähernd an die Setzungsunterschiede anzupassen, die gefühlsmäßig in Kauf genommen werden können. Das Verfahren kann ferner mit zunehmenden Kenntnissen und Erfahrungen laufend verbessert werden.

Zuverlässigere Werte über die zulässige Bodenpressung auf Sand können gegenwärtig nur mit Hilfe von geeichten Baugrundsondierungen nach Abschn. 44 ermittelt werden, oder mit einem viel größeren Aufwand an Zeit und Geld, mit Hilfe von Probebelastungen.

Jahr für Jahr werden in fast allen Ländern zahlreiche Probebelastungen ausgeführt. Die meisten derselben sind jedoch wertlos, wenn nicht sogar falsch, weil die Ergebnisse für eine vernünftige Auswertung unbrauchbar sind. Aus diesem Grund ist es erforderlich, die Voraussetzungen genau zu kennen, die beachtet werden müssen, wenn den wahren Verhältnissen entsprechende Ergebnisse erzielt werden sollen.

Jede Probebelastung sollte einheitlich auf einer Lastplatte von 1 Quadratfuß (929 cm^2) Größe auf der Sohle einer Untersuchungsgrube von mindestens $1{,}50 \times 1{,}50$ m durchgeführt werden. Die Versuchsfläche sollte sich in Höhe der Gründungssohle befinden. Die Belastung sollte in Stufen von 100 kg aufgebracht und wenigstens bis zum 1,5fachen der voraussichtlichen Bodenpressung gesteigert werden. Die Einrichtung zum Messen der Setzungen sollte direkte Ablesungen von $^1/_{10}$ mm gestatten. Probebelastungen, die diese Voraussetzungen erfüllen, werden als *Standardprobebelastungen* bezeichnet.

Die Ergebnisse jeder Probebelastung sollten graphisch als Lastsetzungskurve aufgetragen werden. Die Belastung pro Flächeneinheit, bei der die Setzung des größten Fundamentes gleich der vorgesehenen zulässigen Setzung sein wird, kann mit Hilfe des Diagrammes in Abb. 176 ermittelt werden. Wenn b_1 die Breite des Fundamentes in cm und der Entwurf für eine Maximalsetzung von $s = 2{,}5$ cm aufgestellt wird, ist die zulässige Bodenpressung gleich der Belastung pro Flächeneinheit, bei der die Setzung der Lastplatte

$$s_1 = \left(\frac{b_1 + 30}{2b_1}\right)^2. \tag{54.2}$$

Werden auf derselben Baustelle Probebelastungen an verschiedenen Punkten ausgeführt, weichen die Ergebnisse gewöhnlich mehr oder weniger ab. Dies ist auf örtliche Unterschiede in der Lagerungsdichte des Sandes in horizontaler Richtung zurückzuführen. Ähnliche Unterschiede in vertikaler Richtung sind bei allen Sondenuntersuchungen in Bohrlöchern zu beobachten (Abb. 124 und 131). Diese überall vorhandenen Unterschiede sind eine ständige Ursache folgenschwerer Fehlbeurteilungen. Wenn beispielsweise eine Probebelastung auf einer 0,6 m dicken, dichten Sandschicht durchgeführt worden ist, die eine lockere Sandschicht überlagert, wird dasselbe Versuchsergebnis erzielt, als wenn die dichte Sandschicht sich bis in sehr große Tiefe erstrecken würde. Das weitaus größere Fundament wird sich jedoch viel mehr setzen, als auf Grund der Probebelastung vorausgesagt würde. Die Gründe hierfür gehen aus Abb. 178 hervor.

In dieser Skizze ist ein vertikaler Schnitt durch einen geschichteten Baugrund dargestellt. A ist eine Lastplatte in der Größe von 929 cm²

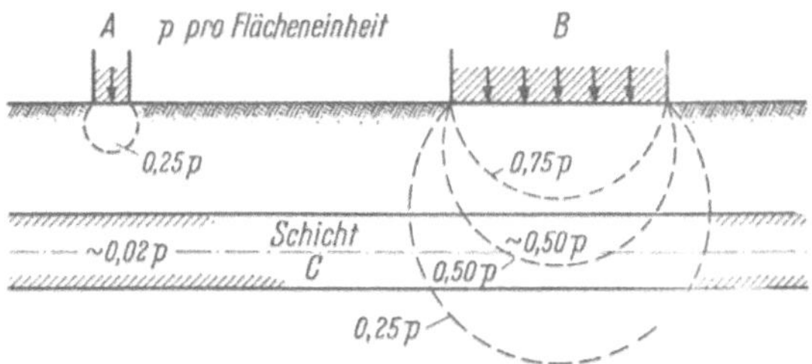

Abb. 178. Schnitt durch einen geschichteten Baugrund mit Darstellung der Spannungen, die in der Schicht C durch die Belastung p je Flächeneinheit auf der Geländeoberfläche durch die Lastplatte A von 30 × 30 cm Größe und durch das Fundament B hervorgerufen werden.

und B ein Fundament üblicher Abmessungen. Der Bodendruck hat bei A und B die gleiche Größe p. Unter A und B sind Kurven gleichen Vertikaldruckes im Baugrund eingetragen. Die Drücke wurden nach dem Diagramm der Abb. 90 berechnet. Die Last A vergrößert den mittleren Vertikaldruck in der Schicht C unterhalb der Lastfläche um etwa 0,02 p, während das Fundament B ihn um 0,50 p erhöht. Wenn die Schicht C sehr zusammendrückbar ist, kann die Setzung von B sehr groß werden. Ist die Schicht C hart, kann die Setzung von B sehr klein sein. Das Ergebnis der Probebelastung ist jedoch praktisch unabhängig von der Zusammendrückbarkeit von C, weil die Vergrößerung des Druckes in der Schicht C infolge der Last auf der Lastplatte unbedeutend klein ist.

In Anbetracht der in Abb. 178 dargestellten Verhältnisse ist es notwendig durch Sondenversuche festzustellen, ob die Unterschiede in der Lagerungsdichte des Baugrundes nur unregelmäßig sind, oder ob die Lagerungsdichte des Baugrundes bis zur Einflußtiefe der geplanten Fundamente deutlich und gleichmäßig mit der Tiefe zu- oder abnimmt. Wenn die Abweichungen rein zufällig sind, genügt es, wenigstens 6 Probebelastungen an verschiedenen Stellen in Höhe der vorgesehenen Gründungssohle auszuführen. Verändert sich die Lagerungsdichte gleichmäßig mit der Tiefe, müssen zusätzlich Probebelastungen in einer oder zwei verschiedenen Tiefen innerhalb der Einflußtiefe ausgeführt werden. Die zulässige Belastung sollte stets auf Grund der ungünstigsten Versuchsergebnisse gewählt werden. Unter keinen Umständen sollte man sich auf Ergebnisse von einer oder zwei Probebelastungen verlassen. Bei der vorstehenden Beschreibung der Durchführung von Probebelastungen wird vorausgesetzt, daß sich der Wasserspiegel in größerer Tiefe unter der Gründungssohle befindet. Wenn er in Höhe der Gründungssohle oder kurz darüber ansteht, sollte die Lastplatte in Höhe des Wasserspiegels auf der Sohle einer Grube von 1,50 × 1,50 m angesetzt werden. Wenn sich der Wasserspiegel dagegen wesentlich höher als die Gründungssohle befindet, muß man ihn mit Hilfe von Brunnen oder offenen Pumpensümpfen absenken, bevor die Probebelastungen ausgeführt werden. Wenn Absenkbrunnen angewandt werden, braucht die Grube nicht breiter als 1,5 m sein. Die Lastplatte sollte in Höhe des abgesenkten Grundwasserspiegels aufgesetzt werden. Die zulässige Bodenpressung kann nach Gl. (54.2) berechnet werden.

Selbst wenn der Wasserspiegel bis zu einem Meter unterhalb der Gründungssohle liegt, sollte man Probebelastungen in Höhe des Grundwasserspiegels durchführen. Andernfalls würde die scheinbare Kohäsion, die dem Sand durch die Bodenfeuchtigkeit verliehen wird, einen Fehler nach der unsicheren Seite verursachen.

Senkt man den Wasserspiegel durch eine offene Wasserhaltung ab, so muß die Versuchsgrube mindestens 3 m breit sein. Sobald die Grubensohle den Wasserspiegel erreicht, muß rund um dieselbe ein Entwässerungsgraben gezogen werden. Während der weiteren Ausschachtungsarbeiten muß der Graben stets tief genug ausgehoben werden, damit das Wasser nicht durch den mittleren Teil der Sohle aufsteigt. Diese Forderungen verlangen große Sorgfalt und Umsicht. Wenn sie nicht streng erfüllt werden, können die Ergebnisse der Probebelastungen zu falschen Werten führen, weil der Strömungsdruck des in Richtung auf die Sohle der Grube aufsteigenden Wassers die Setzungen erheblich vergrößern kann.

Auf jeden Fall ist das Probebelastungsverfahren infolge der sorgfältigen Vorbereitungen und der großen Anzahl der erforderlichen Versuche sehr aufwendig und mühevoll. Wenn das Versuchsprogramm nicht auf Grund großer Erfahrungen aufgestellt und durchgeführt wird, können die Ergebnisse zu falschen Schlüssen führen. Aus diesem Grund sollte die Anwendung des Verfahrens nur bei sehr bedeutenden Bauvorhaben in Betracht gezogen werden, bei denen die Untersuchungskosten nur einen kleinen Bruchteil der gesamten Aufwendungen ausmachen.

Die zulässigen Bodenpressungen auf Ton. Die üblichen Werte für die zulässigen Bodenpressungen auf Ton sind in Tab. 21 angegeben. Gegen diese Tabelle kann ebenso wie gegen die für Sande geltende Tab. 20 eingewendet werden, daß die Bodenbezeichnungen nicht genau festliegen und daß die Bodeneigenschaften, die ihr zu Grunde gelegt worden sind, nur unerhebliche Bedeutung haben. Ein befriedigendes Verfahren für die

Bemessung der Fundamente läßt sich nur entwickeln, wenn die zulässige Bodenbeanspruchung zu genau festgelegten bodenphysikalischen Eigenschaften des Tons in Beziehung gebracht wird.

Tabelle 21. Übliche zulässige Bodenpressung für Ton
(Auszug aus Tab. 19)

Erdstoff	p_{zul} in kg/cm²
3 Ton, weich oder naß, Schichtdicke mindestens 4,5 m	1–2
4 weicher Ton, Sand, Lehm oder Schluff	1
5 Ton, weich und nasser Sand	1–1,5
11 Ton, weich, am Ausweichen verhindert	2
7 Ton, fest	2
12 Ton in dicken Lagen, feucht	2–4
13 Ton, trocken, fest	2,25–3
19 Ton, hart	3–4
26 Ton, trocken, hart	4
27 Ton in dicken Lagen, ständig trocken	4–6

Bei Tonen muß die zulässige Bodenpressung genau wie bei Sanden den beiden Forderungen genügen, daß der Sicherheitsgrad gegen Grundbruch hinreichend groß ist und daß die durch die Belastung erzeugten Setzungen innerhalb zulässiger Grenzen bleiben.

Der Sicherheitsgrad gegen das Einbrechen eines Fundamentes in den Ton hängt von der Scherfestigkeit des Tons ab. Solange, wie der Wassergehalt nicht durch eine Konsolidierung wesentlich verändert worden ist, verhält sich der Ton im Baugrund als wenn $\varrho = 0°$ und die Kohäsion c annähernd gleich der Hälfte der Zylinderdruckfestigkeit q_u von nahezu ungestörten Proben ist (s. Abschn. 15 und 17). Nach Gl. (29.3) und (29.11) ist also die Grenztragfähigkeit p_g eines unendlich langen Streifenfundamentes pro Flächeneinheit

$$p_{g\infty} = 5{,}70\,c = 2{,}85\,q_u \tag{29.3}$$

und die eines Kreis- oder quadratischen Fundamentes

$$p_{g\,kr} = p_{g\,Q} = 7{,}4\,c = 3{,}7\,q_u\,. \tag{29.11}$$

Die Grenztragfähigkeit eines rechteckigen oder länglichen Fundamentes von der Breite b und der Länge l ist annähernd gleich

$$p_{g\,l} = 2{,}85\,q_u\left(1 + 0{,}3\,\frac{b}{l}\right). \tag{54.3}$$

Tab. 22 enthält Angaben über die Grenztragfähigkeit von Tonen auf Grund ihrer Zylinderdruckfestigkeit q_u. Die Größe von $p_{g\infty}$ und $p_{g\,Q}$ wurden nach Gl. (29.3) und (29.11) berechnet. Für weiche Tone sind diese Werte nur unwesentlich größer als die üblichen zulässigen Bodenpressungen, die in Tab. 21 angegeben sind. Es kann deshalb nicht überraschen, daß Grundbrüche gesamter Gründungen auf weichem Ton keinesfalls selten sind. In einem Fall war ein 2,4 × 2,7 m großes Fundament auf einem Ton mit einer mittleren Zylinderdruckfestigkeit von 0,30 kg/cm² gegründet worden [*54.2*]. Nach Gl. (54.3) war dafür die Grenztragfähigkeit 1,25 kg/cm². Bei einer Belastung von 1,22 kg/cm² setzte sich das Fundament tatsächlich innerhalb weniger Tage um 25 cm.

Tabelle 22. Vorgeschlagene zulässige Bodenpressung für Ton

N = Anzahl der Schläge für 0,30 m (1 Fuß) Eindringungstiefe beim Standard-Sondenversuch,
q_u = Zylinderdruckfestigkeit in kg/cm²,
$p_{g\infty}$ = Grenztragfähigkeit unendlich langer Streifenfundamente in kg/cm²,
p_{gQ} = Grenztragfähigkeit für quadratische Fundamente in kg/cm²
p_{zul} = vorgeschlagene normal zulässige Beanspruchung in kg/cm² ($\eta = 3$)
p'_{zul} = vorgeschlagene maximal zulässige Beanspruchung in kg/cm² ($\eta = 2$)
η = Sicherheitsgrad gegen Grundbruch.

Beschaffenheit des Tones	N	q_u	$p_{g\infty}$	p_{gQ}	p_{zul}		p'_{zul}	
					Quadrat $1{,}2\,q_u$	Streifen $0{,}9\,q_u$	Quadrat $1{,}8\,q_u$	Streifen $1{,}3\,q_u$
sehr weich[1]	<2	<0,25	<0,71	<0,92	<0,30	<0,22	<0,45	<0,32
weich[1]	2–4	0,25 bis 0,50	0,71 bis 1,42	0,92 bis 1,85	0,30 bis 0,60	0,22 bis 0,45	0,45 bis 0,90	0,32 bis 0,65
mittel	4–8	0,50 bis 1,00	1,42 bis 2,85	1,85 bis 3,70	0,60 bis 1,20	0,45 bis 0,90	0,90 bis 1,80	0,65 bis 1,30
steif	8–15	1–2	2,85 bis 5,70	3,70 bis 7,40	1,20 bis 2,40	0,90 bis 1,80	1,80 bis 3,60	1,30 bis 2,60
sehr steif	15–30	2–4	5,70 bis 11,40	7,40 bis 14,80	2,40 bis 4,80	1,80 bis 3,60	3,60 bis 7,20	2,60 bis 5,20
hart	>30	>4	>11,4	>14,8	>4,80	>3,60	>7,20	>5,20

Unter normalen Verhältnissen sollte der Sicherheitsgrad bei auf Ton gegründeten Fundamenten, ebenso wie der von auf Sand gegründeten, nicht kleiner als 3 sein. Die entsprechenden Bodenpressungen auf Ton sind in der rechten Doppelspalte der Tab. 22 angegeben. Wenn es sehr unwahrscheinlich ist, daß die Belastungen, für welche das Fundament entworfen werden muß, tatsächlich auftreten werden, kann ein Sicherheitsgrad von 2 als ausreichend angesehen werden. Beispielsweise würde dieser Wert als zulässig anzusehen sein, wenn in der rechnerischen Belastung

[1] Wenn der Ton normal vorbelastet ist, können die Setzungen sehr groß sein, selbst bei den geringsten zulässigen Bodenpressungen.

der Gründung eines Geschäftshauses sowohl die maximale Nutzlast als auch die maximale Schnee- und Windbelastung enthalten ist.

Um die Tragfähigkeit eines Tons berechnen zu können, ist es notwendig, die mittlere Zylinderdruckfestigkeit des unter der Gründungssohle anstehenden Tons zu bestimmen. Diese Werte lassen sich am leichtesten durch Probebohrungen am künftigen Standort von mehreren Fundamenten und durch laufende Entnahme von 2″-Bodenproben aus den Schichten zwischen der Gründungssohle der Fundamente und einer Zusatztiefe, die gleich der Fundamentbreite ist, ermitteln. Die Zylinderdruckfestigkeit q_u des Tons wird dann in vertikalen Abständen von 15 cm entweder mit Hilfe von Laboratoriumsuntersuchungen oder auf eiligen Baustellen mit Hilfe eines tragbaren Prüfgerätes im Feld bestimmt. Für jede einzelne Bohrung wird der Mittelwert der Druckfestigkeit q_u berechnet und der kleinste dieser Mittelwerte wird in Gl. (54.3) eingesetzt. Dann wird die Grenztragfähigkeit berechnet und durch den Sicherheitsgrad 3 geteilt.

Dieses Verfahren ist in allen Fällen zuverlässig, wo der Baugrund innerhalb der Einflußtiefe keine Tonschicht enthält, die weicher als der durch die Größe q_u definierte Ton ist, die der Ermittlung der zulässigen Bodenpressung zu Grunde liegt. Es kann also nicht für die Berechnung der zulässigen Bodenpressung auf einer festen Tonkruste benutzt werden, die von einem weicheren Ton unterlagert wird.

Wenn eine Gründungsaufgabe nicht groß genug ist, um eine versuchsmäßige Bestimmung der Zylinderdruckfestigkeit des Tons zu rechtfertigen, kann die Grenztragfähigkeit näherungsweise mit Hilfe des Standardsondenversuches bestimmt werden, der in Abschn. 44 beschrieben ist. Die Abhängigkeit zwischen der Anzahl der Schläge N auf die Sonde und der Zylinderdruckfestigkeit weist jedoch große Streuungen gegenüber den in Tab. 22 angegebenen Mittelwerten von N auf. Aus diesem Grund ist zu empfehlen, die Sondenuntersuchungen durch die Ermittlung der Zylinderdruckfestigkeit q_u der Bohrproben zu ergänzen.

Einige steife Tone bestehen aus kleinen scharfkantigen Bruchstücken, die voneinander durch Haarrisse getrennt sind. Das Vorhandensein dieser Risse macht eine Bestimmung der Zylinderdruckfestigkeit des Tons unmöglich, weil die Versuchsproben gewöhnlich bei der Vorbereitung im Laboratorium zerbröckeln. Weiterhin verliert Gl. (54.3) durch die Haarrisse ihre Gültigkeit, weil diese die den Bruch herbeiführenden Spannungsverhältnisse verändern. Die Grenztragfähigkeit solcher Tone sollte durch Probebelastungen bestimmt werden, wie sie im folgenden Abschnitt beschrieben sind.

Die zulässige Bodenpressung p_{zul} auf Ton kann zu den in Tab. 22 für η gleich 3 angegebenen Werten angenommen werden, vorausgesetzt, daß die Baugrundverhältnisse keine unzulässigen Setzungen erwarten lassen.

Ob diese Voraussetzung erfüllt ist, hängt in erster Linie davon ab, ob der Ton normal vorbelastet oder vorverdichtet ist.

Wenn die Fundamente auf normal vorbelasteten Ton gegründet werden, können sowohl die absoluten Setzungen als auch die Setzungsunterschiede sehr groß werden. Dies läßt sich durch eine Berechnung der Maximalsetzungen von Streifenfundamenten verschiedener Breite auf weichem, normal vorbelastetem Ton zeigen. Die Ergebnisse solcher Berechnungen sind in Abb. 179 dargestellt. Die Bodenpressungen in der Fundamentsohle sind zu 0,5 kg/cm² gewählt worden. Weiterhin wurde angenommen, daß die Gründungstiefe 1,5 m beträgt, daß bis zu dieser Tiefe das effektive Raumgewicht des Bodens 1,6 t/m³ beträgt, daß die Fließgrenze des Tons 40% beträgt und daß die Setzungen der Fundamente ausschließlich auf Konsolidierung zurückzuführen sind. Die Steifezahl des Tons wurde nach Gl. (13.11) berechnet und die Setzungen nach Gl. (13.8). Die Kurve für die Abhängigkeit zwischen den Setzungen und den Fundamentbreiten ähnelt der strichpunktierten Linie in Abb. 94. Der Verlauf der Kurve zeigt, daß die Setzungen von Fundamenten auf Ton im Gegensatz zu denjenigen von Fundamenten auf Sand fast direkt proportional mit der Fundamentbreite zunehmen.

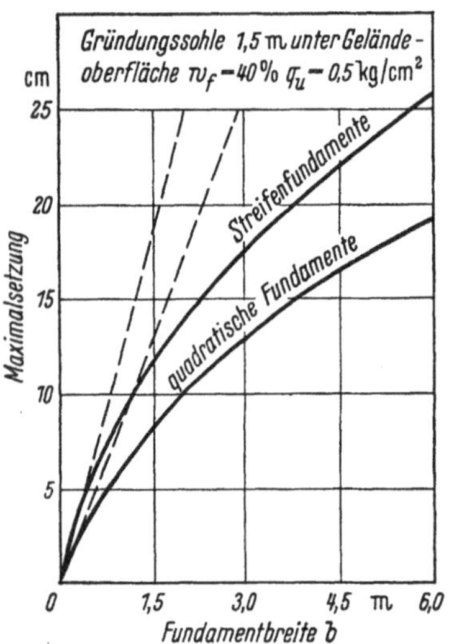

Abb. 179. Näherungsbeziehung zwischen der Breite b und der Maximalsetzung von Fundamenten auf normal vorbelastetem Ton

Aus dem Diagramm in Abb. 179 geht hervor, daß die Setzungen gleichförmig belasteter Streifenfundamente gleicher Breite auf einer homogenen, normal vorbelasteten Tonschicht sehr groß, und daß die Setzungen von Fundamenten mit verschiedenen Breiten sehr unterschiedlich sein können. Weiterhin können die Setzungen von Fundamenten gleicher Breite ebenfalls sehr verschieden sein, weil die Zusammendrückbarkeit natürlicher Tonschichten in horizontaler Richtung große Unterschiede aufweisen kann. Tatsächlich können die unterschiedlichen Setzungen der Häuserfronten in Stadtteilen, die von normal vorbelasteten Tonen unterlagert sind, wie in Istanbul oder Mexiko-City, mit bloßem Auge erkannt werden. Glücklicherweise sind Gründungen mit Einzel- oder Streifenfundamenten auf normal vorbelasteten Tonen seltene Ausnahmen. In den meisten Gebieten sind selbst weiche Tone bis zu einem gewissen Grad entweder durch Austrocknung oder zeitweiliges Absinken des Wasserspiegels vorverdichtet. Weich- und steifplastische Tone unter einer geringmächtigen Auflast sind stets vorverdichtet. Da die zulässige Bodenpressung selten die Vorbelastung überschreitet, sind auf solchen Tonen die Setzungsunterschiede von Flächenfundamenten, die auf Grund der üblichen zulässigen Bodenpressungen p_{zul} für $\eta = 3$ in Tab. 22 entworfen wurden, selten größer als diejenigen von vorschriftsmäßig entworfenen Flächenfundamenten auf Sand. Die maximale Setzung ist jedoch in der Regel größer.

In den wenigen Gebieten, wo Bauwerke auf Tonen errichtet werden müssen, die nur unter ihrem Eigengewicht konsolidiert sind, werden Setzungsunterschiede von mehreren Zentimetern oder sogar Dezimetern im allgemeinen als unvermeidlich betrachtet. Versuche, die Setzungen durch Herabsetzen der zulässigen Bodenpressungen auf kleinere als in Tab. 22 enthaltene Werte zu vermindern, führen zu keinem großen Erfolg und sind aufwendig. Der Entwurfsbearbeiter hat also zwischen zwei Möglichkeiten zu wählen. Entweder er entwirft die Fundamente auf Grund der in Tab. 22 angegebenen Werte und nimmt die Gefahr großer, ungleichmäßiger Setzungen in Kauf, oder er wählt eine andere Gründungsart (Platten-, Pfahl- oder Pfeilergründung) für das Bauwerk. Die Eigenschaften dieser zur Wahl stehenden Gründungsarten werden in späteren Abschnitten behandelt.

Wenn es zweifelhaft ist, ob die Setzungen der geplanten Fundamente mit der Breite b unzulässig groß werden, sollten Probebelastungen in Höhe der Gründungssohle mit Lastplatten von 60×60 cm Größe auf der Sohle von Schurflöchern mit $1{,}80 \times 1{,}80$ m Größe ausgeführt werden. Ist die Konsistenz des Tons zwischen der Gründungssohle und einer Tiefe, die bei quadratischen Fundamenten gleich der Fundamentbreite b und bei Streifenfundamenten gleich $2\,b$ ist, sehr unterschiedlich, müssen innerhalb dieses Einflußbereiches Probebelastungen in zwei oder drei verschiedenen Tiefen ausgeführt werden. Die Anzahl der erforderlichen Probebelastungen oder Probebelastungsreihen hängt hauptsächlich vom Grad der Inhomogenität des Tons und der Anzahl der Fundamente ab. Die Belastung muß nach Aufbringen jeder Laststufe so lange konstant gehalten werden, bis keine weiteren Setzungen zu bemerken sind. Wenn die Versuche in dieser Weise durchgeführt werden, stellen die gemessenen Setzungen zumindest einen wesentlichen Teil der durch die Konsolidierung des belasteten Bodens verursachten Setzungen dar.

Nach der durch die strichpunktierte Linie in Abb. 94 wiedergegebenen Beziehung kann angenommen werden, daß die Setzung s eines Fundamentes mit der Breite b_1 in grober Annäherung gleich dem Wert

$$s = s_0 \frac{b_1}{b_0} \tag{54.4}$$

ist, worin s_0 gleich der Setzung der Lastplatte unter der rechnerischen Last des Entwurfes pro Flächeneinheit und b_0 die Breite der Lastplatte ist. Vor einigen Jahren wurde eine Probebelastung auf steifplastischem Ton ausgeführt. Die Konsistenz des Tons wurde mit der Tiefe etwas fester und in einigen Lagen wies der Ton ein Netz von harnischartigen Haarrissen auf. Die Größe der Lastplatte betrug 60 × 60 cm. Unter der errechneten Belastung von 1,56 kg/cm² betrug die Setzung 0,1 cm. Die geplante Gründung erstreckte sich über eine Fläche von 38,5 × 38,5 m. Nach Gl. (54.4) mußte sie sich um

$$s = 0{,}1 \frac{38{,}5}{0{,}61} = 6{,}3\,\text{cm}$$

setzen. Unmittelbar nach Bauende betrugen die Setzungen zwischen 2,5 und 3,8 cm. Gegenwärtig liegen sie zwischen 6,3 und 8,9 cm und nehmen noch weiter leicht zu.

Die zulässige Bodenpressung auf Schluff- und Lößböden. Die wichtigsten Böden, die in bezug auf ihre Beschaffenheit zwischen den Sanden und den Tonen liegen, sind die Schluff- und Lößböden. Erste Angaben über die Beschaffenheit eines Schluffes lassen sich mit Hilfe eines Standardsondenversuches gewinnen. Wenn die zum Einrammen der Sonde (s. Abschn. 44) erforderliche Anzahl von Schlägen auf 0,3 m Einrammtiefe kleiner als 10 ist, ist der Schluff locker gelagert. Ist sie größer als 10, ist seine Lagerungsdichte mittel oder dicht.

Locker gelagerte Schluffe sind für die Gründung von Fundamenten weniger geeignet, als selbst normal vorbelastete weiche Tone. Diese Tatsache wird durch die Ergebnisse von Setzungsmessungen an neun in Deutschland auf Schluffschichten gegründeten Bauwerken bestätigt. Obgleich die Bodenpressungen zwischen den relativ niedrigen Werten von 1,1 und 2,0 kg/cm² lagen, betrugen die Setzungen zwischen 20 und 100 cm. Eine Verminderung der Bodenpressungen um 50% hätte die Kosten der Gründungen erheblich vergrößert, ohne daß die Setzungen auf ein erträgliches Maß verringert worden wären.

Mitteldicht oder dicht gelagerte Schluffe können in zwei Gruppen eingeteilt werden: In gesteinsmehlartige und in plastische Schluffe (s. Abschn. 2). Die zulässigen Bodenpressungen für gesteinsmehlartige Schluffe können nach den für sehr feine Sande gültigen Regeln ermittelt werden und diejenigen für plastische Schluffe nach den für Ton gültigen Verfahren.

Die zweite wichtige Bodenart, deren Eigenschaften zwischen denen der Sande und denen der Tone liegen, ist der Löß (s. Abschn. 2). Er bedeckt weite Gebiete in den mittleren Zonen aller fünf Erdteile.

Infolge seines kalkigen Bindemittels und der für jeden echten Löß typischen Wurzellöcher, unterscheiden sich die Eigenschaften des Lößes erheblich von denjenigen anderer Erdstoffe ähnlicher Kornzusammensetzung. Die Tragfähigkeit eines nur unter seinem Eigengewicht vorbelasteten Schluffes ist gewöhnlich sehr gering, während diejenige von Löß sehr groß sein kann. Wenn eine Schicht von echtem Löß dauernd oberhab des Wasserspiegels liegt, kann sie Fundamente mit einer Bodenpressung von 2 bis 3 kg/cm^2 ohne unzulässige Setzungen tragen.

Trotzdem kann man dem Löß nicht in jedem Fall trauen, weil seine Tragfähigkeit in manchen Gebieten großen, von den Jahreszeiten abhängigen Schwankungen unterworfen ist. Diese Schwankungen werden durch Veränderungen in der Festigkeit der kohärenten inneren Bindungen verursacht, die auf Schwankungen im Wassergehalt zurückzuführen sind. So war beispielsweise die Gründung für ein Kohlensilo in Zentralrußland auf Grund der Ergebnisse von Probebelastungen entworfen worden, die im Sommer ausgeführt worden waren. Das Silo war auch im Sommer gebaut worden. Bevor der Bau beendet war, setzten die Herbstregen ein, wodurch das Silo sich ungleichmäßig zu setzen begann und die Mauern Risse bekamen. In Mitteldeutschland war ein Kesselhaus auf einer Lößschicht erbaut worden die sich teilweise unterhalb des Wasserspiegels befand. Hier hatten sich die Entwurfsbearbeiter ebenfalls durch die scheinbare Festigkeit des Bodens täuschen lassen. Die Fundamente waren für eine Bodenpressung von 1,2 kg/cm^2 bemessen worden, aber schon unter viel kleineren Belastungen traten unzulässig große Setzungen auf. Einige der Fundamente mußten unterfangen werden, andere mußten noch während der Bauarbeiten für eine Bodenpressung von nur 0,35 kg/cm^2 umkonstruiert werden [*54.3*].

In Anbetracht der außerordentlichen Vielfältigkeit der physikalischen Eigenschaften der Lößböden lassen sich nicht, wie für Sande oder Tone, einfache empirische Regeln zur Feststellung der zulässigen Bodenpressungen aufstellen. Wenn eine Flächengründung auf Löß in einem Gebiet ausgeführt werden muß, in dem noch keine Erfahrungen vorliegen, muß der Entwurfsbearbeiter auf das Probebelastungsverfahren zurückgreifen und außerdem die Wirkung einer Durchfeuchtung auf die Tragfähigkeit des Bodens untersuchen. In manchen Fällen wird er feststellen müssen, daß trotz der scheinbaren Festigkeit des Lößes, eine Flächengründung nicht ausführbar ist.

Flächengründungen auf festen Schichten, die von weichen Schichten unterlagert werden. Die für die Setzungen von Fundamenten, welche nach den in den vorstehenden Abschnitten behandelten Regeln entworfen worden sind, angegebenen Werte gelten unter der Annahme, daß der Boden mit der Tiefe nicht weicher wird. Wenn diese Bedingung nicht erfüllt ist, ist die Zuverlässigkeit der Werte in Frage gestellt, wie aus Abb. 180 hervorgeht.

Abb. 180 zeigt die Spannungsverhältnisse unter einem Fundament, das auf einer festen Schicht A gegründet ist, welche sich über einer weichen Schicht B befindet. Wenn die Oberfläche der weichen Schicht nahe unter der Fundamentsohle liegt, kann das Fundament durch die feste Schicht in die weiche Schicht einbrechen. Schäden dieser Art sind nicht selten. Sie lassen sich vermeiden, indem die Abmessungen des Fundamentes so gewählt werden, daß die Bodenpressungen auf der Oberfläche der Schicht B die zulässige Beanspruchung des Bodens in dieser Schicht nicht überschreiten. Die Drücke an dieser Schichtgrenze können mit Hilfe des in Abschn. 35 beschriebenen Verfahrens berechnet werden. Weniger genau kann die gesamte Fundamentbelastung als auf der Sohle eines Pyramidenstumpfes gleichförmig verteilt angenommen werden, dessen Seitenflächen von den Fundamentkanten nach der Oberfläche der Schicht B unter einem Winkel von 60° gegen die Horizontale geneigt sind.

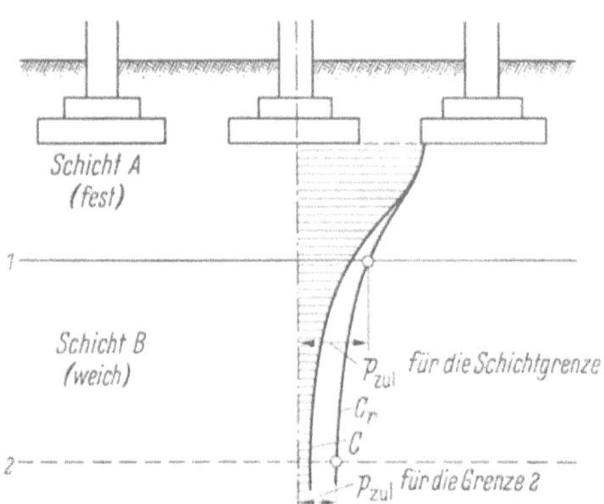

Abb. 180. Darstellung des Berechnungsverfahrens zur Nachprüfung, ob die zulässige Bodenpressung für die Schichten eines aus Ton bestehenden Baugrundes überschritten werden. Kurve C gibt die Abnahme des Vertikaldrucks unter einem Einzelfundament an, wobei der Einfluß von Nachbarfundamenten unberücksichtigt bleibt. Kurve C_p stellt den Vertikaldruck unter dem gleichen Fundament dar, wenn der Einfluß benachbarter Fundamente mit erfaßt ist

Wenn die Oberfläche der weichen Schicht B sich in größerer Tiefe unter der Fundamentsohle befindet, kann das Fundament nicht in den Untergrund einbrechen, weil die Schicht A wie eine dicke Platte wirkt, welche das Gesamtgewicht des Bauwerkes annähernd gleichförmig auf die Oberfläche von B verteilt. Die Biegesteifigkeit dieser natürlichen Platte verhindert eine Aufwölbung der Oberfläche der Schicht B neben der Lastfläche. Trotzdem können die Setzungen sehr groß sein. Beispielsweise wird das Gewicht des in Abb. 181 dargestellten Bauwerkes durch Streifenfundamente auf eine dichtgelagerte Kiessandschicht übertragen, die in 7 m Tiefe unter den Fundamenten von einer 15 m dicken weichen Tonschicht unterlagert ist. Die Fundamente waren für eine Bodenpressung von 2,5 kg/cm² bemessen worden, einem für dichtgelagerten Sand und Kies vorsichtig gewählten Wert. Die größte Bodenpressung auf der Oberfläche des Tones aus dem Bauwerksgewicht betrug 1,1 kg/cm². Während der einjährigen Bauzeit setzten sich die Fundamente zwischen 2,5 und 10 cm. In den folgenden 40 Jahren nahm die größte Setzung auf etwa 90 cm zu. Da der Kellerfußboden, der zwischen den Fundamenten auf der Sandschicht auflagerte, weder Risse bekam noch Relativbewegungen in bezug auf die Fundamente erkennen ließ, kann kein Zweifel darüber bestehen, daß sich die Sandschicht zusammen mit den Fundamenten setzte.

10 Jahre nach Bauende waren die Schäden an den Gebäuden so groß, daß die Besitzer sich entschlossen, die Gründung zu verstärken. Trotz der oben erwähnten Merkmale, blieb die Tatsache, daß der Sitz der Setzungen sich unterhalb der Sandschicht befand, unbeachtet. Die Sanierung wurde daher durch eine Verbreiterung der Fundamente durchgeführt, wodurch die von den Fundamenten ausgeübten Bodenpressungen um etwa 30% vermindert wurden. Da die auf den Ton übertragenen Spannungen jedoch unverändert blieben, hatten die aufwendigen Umbauten nicht den geringsten Einfluß auf den Verlauf der in Abb. 181c wiedergegebenen Zeitsetzungskurven.

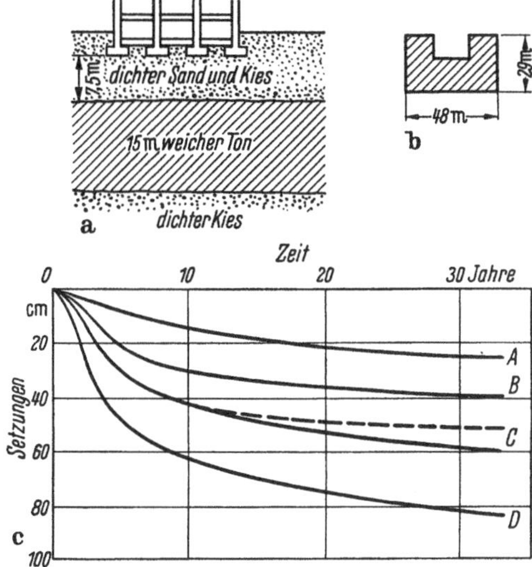

Abb. 181 a–c. a) Schnitt durch die Gründung eines Bauwerkes auf dichtem Sand, der von weichem Ton unterlagert wird; b) Bauwerksgrundriß; c) gemessene Zeit-Setzungskurven. Die gestrichelte Kurve gibt den auf Grund von Kompressionsversuchen errechneten zeitlichen Setzungsverlauf wieder

Zu einem späteren Zeitpunkt wurden in einer gewissen Entfernung von dem Gebäude ungestörte Proben aus dem Ton entnommen. Auf Grund der Ergebnisse von Kompressionsversuchen wurden die mittleren Setzungen für das Gesamtgebäude berechnet. Der theoretische Verlauf der Setzungen, der als gestrichelte Kurve in Abb. 181c eingetragen wurde, ist dem tatsächlichen sehr ähnlich, allerdings abgesehen von der Wirkung des sekundären Zeiteffektes, der nicht berechnet werden kann (Abschn. 14). Infolge dieses sekundären Zeiteffektes nehmen die tatsächlichen Setzungen fast gleichmäßig weiter zu; die Zunahme beträgt für die verschiedenen Teile des Bauwerkes zwischen 0,3 und 0,8 cm/Jahr, während die berechneten Setzungskurven sich einer horizontalen Asymptote nähern.

Die in Abb. 181 wiedergegebenen Messungen zeigen sehr deutlich, daß die Setzungen infolge der Konsolidierung von weichen, in größerer Tiefe unter den Fundamenten befindlichen Schichten tatsächlich praktisch unabhängig von den Bodenpressungen in der Fundamentsohle sind. Dies ist auf die Tatsache zurückzuführen, daß die die Fundamente tragende feste Schicht wie eine natürliche Platte wirkt, welche die Belastung aus den Fundamenten auf die weichere Schicht verteilt. Berechnungsverfahren für die Setzungen, welche durch die Konsolidierung der tieferen Schichten verursacht werden, und Maßnahmen zu ihrer Einschränkung werden bei den Flächenfundamenten in Abschn. 55 behandelt. Wenn die Gründungen so entworfen sind, daß die Setzungen infolge der Konsolidierung der weichen Schichten in Kauf genommen werden können, dürfen die Fundamente so berechnet werden, als wenn die weichen Schichten nicht vorhanden wären. Das Vorhandensein von weichen Schichten kann also den Entwurfsbearbeiter zwingen, den gesamten Gründungsentwurf abzuändern, aber es hat keinen Einfluß auf die zulässigen Bodenpressungen unter den Fundamenten.

Zusammenfassung der Regeln für die Wahl der zulässigen Bodenpressung.

1. Für die Wahl der zulässigen Bodenpressungen auf *Sand* sind außer bei schmalen Fundamenten auf lockerem, wassergesättigtem Sand ausschließlich Setzungsuntersuchungen maßgebend, da stets angenommen werden kann, daß der Sicherheitsgrad gegen Grundbruch groß genug ist. Die vorgeschlagenen Regeln für die Wahl der Bodenpressungen erfüllen die Bedingung, daß die größte Setzung im allgemeinen 2,5 cm nicht überschreitet und die Setzungsdifferenzen kleiner als 2 cm sind. Bei normalen Bauvorhaben kann die zulässige Bodenpressung auf trockenem oder feuchtem Sand mit Hilfe des Diagrammes der Abb. 177 auf Grund der Ergebnisse von Standardsondenversuchen bestimmt werden. Wenn der Wasserspiegel nahe unter der Gründungssohle oder darüber liegt, muß auch das Tiefenverhältnis t/b in Betracht gezogen werden. Ist das Tiefenverhältnis sehr klein, müssen die aus dem Diagramm entnommenen Werte um 50 % vermindert werden, liegt es nahe bei 1, brauchen die Werte nur um $^1/_3$ herabgesetzt werden. Die wichtigsten Fehlerquellen dieses Verfahrens und die Wege sie zu vermeiden, sind behandelt worden. Bei großen Bauvorhaben kann das Probebelastungsverfahren angewandt werden. Es ist jedoch aufwendig und umständlich und falls es nicht mit Sachkenntnis geplant und ausgeführt wird, können seine Ergebnisse zu völlig falschen Schlüssen führen. Wenn der Sand sehr locker gelagert und wassergesättigt ist, sollte er verdichtet werden.

2. Die zulässige Bodenpressung für *Ton* ist im allgemeinen nach der Bedingung festzusetzen, daß der Sicherheitsgrad gegen Grundbruch mindestens 3 sein muß. Die Beziehungen zwischen der mittleren Zylinderdruckfestigkeit q_u des Tons, den Ergebnissen von Standardsondenver-

suchen und der zulässigen Bodenpressung p_{zul} sind in Tab. 22 dargestellt. Nachdem die zulässige Bodenpressung auf Grund dieser Abhängigkeit ausgewählt worden ist, muß untersucht werden, ob die Setzungen innerhalb der zulässigen Grenzen bleiben. Wenn der Ton nur unter seinem Eigengewicht vorbelastet ist, sind die Setzungen in der Regel unzulässig groß und es kann notwendig sein, eine andere Gründungsart als eine Flächengründung zu wählen. Wenn der Ton dagegen vorverdichtet ist, werden die Setzungsunterschiede im allgemeinen tragbar sein. In Zweifelsfällen sollte das Probebelastungsverfahren angewandt werden. Die zulässigen Bodenpressungen auf steifen, rissigen Tonen können nur mit diesem Verfahren ermittelt werden.

3. Jeder lockere, wassergesättigte *Schluff* ist für die Aufnahme der Lasten einer Flächengründung ungeeignet. Die zulässige Bodenpressung für gesteinsmehlartigen, mitteldicht oder dicht gelagerten Schluff kann nach den für Sand vorgeschlagenen Regeln festgelegt werden. Diejenige von weich- oder steifplastischem Schluff läßt sich mit Hilfe von Tab. 22 ermitteln. Für die Bestimmung der zulässigen Bodenpressungen für *Löß* lassen sich keine allgemeinen Regeln aufstellen.

4. Wenn die von den Fundamenten eingenommene Fläche größer als die Hälfte der gesamten überbauten Fläche des Bauwerkes ist, ist es im allgemeinen wirtschaftlicher, eine Plattengründung auszuführen.

Der Entwurf von Fundamenten. *Systematik der Entwurfsarbeit.* Der erste Schritt beim Entwurf eines Fundamentes besteht in der Berechnung der gesamten wirksamen Belastung, die in der Fundamentsohle auf den Baugrund übertragen wird. Der zweite Schritt ist die Ermittlung der zulässigen Bodenpressung für den Baugrund. Die Fundamentfläche ergibt sich dann durch die Teilung der gesamten wirksamen Last durch die zulässige Bodenpressung. Endlich werden die Biegemomente und Scherkräfte im Fundament berechnet und damit ist die statische Berechnung des Fundamentes beendet.

Die rechnerischen Lasten. Die gesamte effektive Belastung Q_0, die auf den Baugrund übertragen wird, kann durch die Gleichung ausgedrückt werden

$$Q_0 = (G - G_B) + P = G_0 + P \,, \tag{54.5}$$

worin

G = ständige Last oder Eigengewicht auf der Sohle des Fundamentes, einschließlich Fundamentgewicht und Gewicht des auf dem Fundament befindlichen Bodens. Wenn der Wasserspiegel höher als die Fundamentsohle liegt, muß der hydrostatische Auftrieb (Abschn. 12) des unter dem Wasserspiegel befindlichen Teiles des Bodens und des Fundamentes abgezogen werden.

G_B = das wirksame Gewicht des Bodens (Gesamtgewicht vermindert um den hydrostatischen Auftrieb), welcher sich vor dem Aushub oberhalb der Gründungssohle befand. Bei Kellerfundamenten, wie in den Beispielen c und d in Abb. 171, sollte jedoch das Gewicht des vorher oberhalb der Kellersohle vorhanden gewesenen Bodens nicht abgezogen werden, weil der Boden nicht nur oberhalb der Sohlfläche, sondern auch oberhalb der benachbarten Fläche entfernt worden ist, zumindest auf einer Seite des Fundamentes.

$G_0 = G - G_B =$ wirksame ständige Last.

$P =$ Nutzlast auf das Fundament einschließlich der Wind- und Schneelast.

Bei jeder Diskussion der Nutzlast muß ein Unterschied gemacht werden zwischen der *normalen* und der *maximalen Nutzlast*. Die normaleNutzlast P_n ist derjenige Teil der Nutzlast, der auf die Gründung zumindestens einmal im Jahr wirkt; die maximale Nutzlast P_{max} kommt nur bei gleichzeitigem Auftreten verschiedener ungewöhnlicher Einflüsse zur Wirkung. Beispielsweise umfaßt die normale Nutzlast in einem hohen Geschäftshaus nur das Gewicht der Waren und Einrichtung, der Personen, die sich üblicherweise an Wochentagen in dem Gebäude aufhalten und eine durchschnittliche Schneebelastung. Die maximale Nutzlast ist die Summe aus dem Gewicht der Waren und Einrichtung, aus der maximalen Anzahl von Menschen, die sich im Gebäude in Ausnahmefällen zusammendrängen können, in Verbindung mit der größtmöglichen Schnee- und Windlast. Die gesamte wirksame Last auf einem Fundament bei normaler Nutzlast kann durch die Gleichung

$$Q_{0\,\mathrm{normal}} = G_0 + P_{\mathrm{normal}} \tag{54.6}$$

angegeben werden und bei maximaler Nutzlast durch

$$Q_{0\,\max} = G_0 + P_{\max}\,. \tag{54.7}$$

Da die maximale Nutzlast einen Ausnahmefall darstellt und die Wahrscheinlichkeit gering ist, daß die Gründung jemals so hoch beansprucht wird, werden die Fundamente im allgemeinen so bemessen, daß die durch die normale Nutzlast $Q_{0\,\mathrm{normal}}$ ausgeübte Bodenpressung für alle Fundamente gleich hoch ist. Ein verantwortungsbewußtes Bauen setzt jedoch voraus, daß auch die normale Nutzlast dem Bauwerk keine nicht wieder gutzumachende Schäden zufügt. Das Verfahren, nach dem diese Forderung ohne übermäßigen Aufwand erfüllt werden kann, richtet sich nach der Art des Baugrundes.

Wenn die Fundamente auf Sand gegründet sind, erzeugt jede Belastungszunahme fast gleichzeitig eine Setzungszunahme, wobei jedoch angenommen werden kann, daß der Sicherheitsgrad gegen Grundbruch ausreichend groß bleibt. Um die Möglichkeit auszuschalten, daß durch das Auftreten maximaler Nutzlasten Schäden entstehen, sollte der Entwurfsbearbeiter den größten Setzungsunterschied Δs, der nach seiner Meinung von dem Bauwerk über den normalen Wert von 2 cm hinaus ohne größere Schäden aufgenommen werden kann, abschätzen. Ein zusätzlicher Setzungsunterschiedsbetrag von $0{,}33\,\Delta s$ würde einer maximalen Setzung von $1{,}33\,\Delta s$ plus dem normalen Größtwert von 2,5 cm entsprechen.

Wenn alle Fundamente nach der Annahme entworfen worden sind, daß eine Maximalsetzung von 2,5 cm bei normaler Nutzlast zulässig sei, wird die maximale Nutzlast die Maximalsetzung auf

$$s_{\max} = 2{,}5\,\frac{Q_{0\,\max}}{Q_{0\,\text{normal}}} \tag{54.8}$$

erhöhen. Ist $s_{\max}$ kleiner als der zulässige Größtwert $(1{,}33\,\Delta s + 2{,}5)$, kann die maximale Nutzlast unberücksichtigt bleiben. Wenn $s_{\max}$ dagegen größer als $(1{,}33\,\Delta s + 2{,}5)$ ist, müssen die Fundamente so entworfen werden, daß die Bodenpressung bei normaler Nutzlast

$$q' = q\,\frac{1{,}33\,\Delta s + 2{,}5}{s_{\max}}\,. \tag{54.9}$$

Die Größe q' ist im allgemeinen für verschiedene Fundamente unterschiedlich. Für die Bemessung aller Fundamente sollte der kleinste Wert verwendet werden; er entspricht demjenigen Fundament, für das der Quotient $Q_{0\,\max} : Q_{0\,\text{normal}}$ am größten ist.

Wenn die Fundamente eines Gebäudes auf Ton gegründet sind, ist die zulässige Bodenpressung durch die Bedingung bestimmt, daß der Sicherheitsgrad gegen Bruch unter der normalen Gesamtbelastung 3 und unter keinen Umständen kleiner als 2 sein soll. Wenn der Sicherheitsgrad η unter normaler Belastung gleich 3 ist, ist der Sicherheitsgrad η' für die maximale Gesamtlast gleich

$$\eta' = 3\,\frac{Q_{0\,\text{normal}}}{Q_{0\,\max}}\,. \tag{54.10}$$

Wenn η' gleich 2 oder mehr ist, kann die maximale Nutzlast unberücksichtigt bleiben und alle Fundamente können für die normale Nutzlast auf der Basis $\eta = 3$ bemessen werden. Wenn η' dagegen kleiner als 2 ist, muß die zulässige Bodenpressung so gewählt werden, daß der Sicherheitsgrad unter normaler Nutzlast gleich $6/\eta'$ ist.

Die Verringerung der Setzungen durch Änderung der Fundamentgrößen. Bei der Behandlung der zulässigen Bodenpressungen wurde darauf hingewiesen, daß die Setzungen von Lastflächen gleicher Form aber unterschiedlicher Größe bei gleicher Belastungshöhe mit wachsender Fundamentbreite zunehmen. Wenn die Fundamente eines Bauwerkes sehr unterschiedliche Größen haben, können die daraus entstehenden Setzungsunterschiede erheblich sein. In solchen Fällen kann es sich als zweckmäßig erweisen, die Bodenpressungen an der Sohle der Fundamente im gewissen Ausmaß den Fundamentgrößen anzupassen. Wenn der Baugrund aus Sand besteht, können die Setzungsunterschiede durch Verminderung der Flächengröße der kleinsten Fundamente verringert werden, weil der Sicherheitsgrad η dieser Fundamente gegen Grundbruch auch nach dieser Verringerung in der Regel ausreichend groß sein wird. Die Anwendung dieses Verfahrens bei auf Ton gegründeten Flächenfundamenten würde die Größe von η für die kleinsten Fundamente auf weniger als 3 verringern, was nicht zulässig ist. Infolgedessen lassen sich die Setzungsunterschiede von Flächengründungen auf Ton nur vermindern, indem man die breitesten Fundamente über das für die Ausnutzung der zulässigen Bodenpressungen erforderliche Maß hinaus vergrößert. Man muß die Verhältnisse jedoch genau beurteilen können, wenn solche Anpassungen Aussicht auf Erfolg haben sollen, weil periodisch wiederkehrende und ungewöhnliche Belastungsschwankungen dabei berücksichtigt werden müssen.

Entwurf der Fundamente und Berechnung der Momente. Es ist üblich, jedes Fundament so zu entwerfen, daß die Resultierende der Last $Q_{0\,\mathrm{normal}}$ [Gl. (54.6)] durch den Kern der Fundamentfläche geht. Die Biegemomente werden dann unter der Annahme berechnet, daß die Bodenpressungen gleichmäßig auf der Sohlfläche verteilt sind. In Wirklichkeit nehmen die Sohlpressungen bei auf Sand gegründeten Fundamenten von der Mitte nach den Rändern ab (Abb. 96b) und die wirklichen Biegemomente sind gewöhnlich kleiner als die rechnerischen. Wenn die Fundamente dagegen sehr starr sind und wenn sie auf weich- oder steifplastischem Ton stehen, kann der Sohldruck nach den Rändern zunehmen (Abb. 96a) und die wirklichen Biegemomente können größer sein als die rechnerischen. Diese Abweichung wird jedoch reichlich durch den Sicherheitsgrad gedeckt, den der Entwurf in der Regel aufweist.

Bei Industriebauten sind die Pfeiler und Stützen, welche Kranbahnen tragen, starken exzentrischen Belastungen ausgesetzt, sobald der Kran in der Nähe arbeitet, während sie in der übrigen Zeit nur das gewöhnliche Eigengewicht und die durchschnittliche Nutzlast zu tragen haben. Es ist üblich, die Anschlüsse der Stützen an die Fundamente für die exzentrischen Belastungen zu bemessen. Infolgedessen werden die Momente auf die Sohle der Fundamente übertragen. Wenn die Fundamente auf Ton gegründet sind, sollte die zulässige Bodenpressung q unter der Kante jedes Fundamentes auch dann nicht überschritten werden, wenn alle Lasten, einschließlich derjenigen aus dem Kran, angreifen. Die Sohlfläche jedes Fundamentes sollte so bemessen werden, daß die Resultierenden aus dem wirksamen Eigengewicht, der normalen Nutzlast und einem kleinen Teil der Kranlast, beispielweise 25% in den Kern fällt. Außerdem sollten alle Fundamente für die gleiche Bodenpressung aus dieser resultierenden Belastung entworfen werden. Wenn die Fundamente dagegen auf Sand gegründet sind, sollten sie so bemessen werden, daß die Bodenpressung gleich groß und unter dem wirksamen Eigengewicht der normalen Nutzlast und der maximalen Kranlast, die unter den üblichen Arbeitsverhältnissen auftreten kann, gleich q ist. Eine Bodenpressung von 1,5 q sollte bei keiner denkbaren Lastkombination überschritten werden.

Vorsichtsmaßnahmen während der Bauausführung. Alle Flächenfundamente sind notwendigerweise unter der Annahme entworfen, daß der Boden unter den Fundamenten etwa die gleiche Beschaffenheit aufweist, wie sie durch Untersuchungsbohrungen oder Probebelastungen festgestellt worden ist. Wenn der Boden weiche, durch die Bohrungen nicht festgestellte Einschlüsse enthält, oder wenn die Struktur des Bodens bei den Ausschachtungsarbeiten zerstört wurde, werden die Setzungen größer und unregelmäßig sein, als beim Entwurf angenommen worden ist. Um diese Gefahr zu vermeiden, sollte auf dem Platz jedes Fundamentes ein einfacher Sondierversuch ausgeführt werden, nachdem die Ausschachtung beendet ist. Eins der verschiedenen geeigneten Verfahren besteht schon darin, die Anzahl der Schläge mit einem Fallgewicht zu zählen, welche für je 30 cm Eindringung einer Sondierstange in den Untergrund notwendig sind. Wenn innerhalb der Einflußtiefe bei irgendeinem Fundament ungewöhnlich weiche Stellen angetroffen werden, sollte dieses Fundament abgeändert werden. Ein solches Verfahren ist wirtschaftlicher als spätere Instandsetzungen

Eine Störung der Struktur des Untergrundes während der Bauausführung kann besonders leicht in zwei, im Feld häufig vorliegenden Fällen eintreten. Wenn der Baugrund vorwiegend aus Schluff oder Feinsand besteht, kann er durch Pumpen aus offenen Sümpfen gründlich gestört werden. Die Störung ist in der Regel mit schweren Schäden an benachbarten Grundstücken durch Bodenentzug verbunden. Wenn die Fundamente auf solchen Böden eine Ausschachtung bis unter den Wasserspiegel erfordern, sollte die Baustelle daher durch Pumpen aus Rohrbrunnen und nicht aus offenen Sümpfen trockengelegt werden (Abschn. 47). Das Pumpen aus Rohrbrunnen verursacht gelegentlich eine merkliche Setzung des benachbarten Geländes. Falls dies eintritt, kann man jedoch sicher sein, daß die schädlichen Wirkungen des Pumpens bei offenen Sümpfen weitaus größer gewesen sein würden.

Bei einem Baugrund, der aus Ton besteht, neigt die oberste Schicht des freigelegten Tons dazu, durch Aufnahme von Wasser aus Pfützen und durch die Knetwirkung beim Begehen aufzuweichen. Aus diesem Grund sollten die Fundamente auf Ton unmittelbar, nachdem die Ausschachtung beendet ist, betoniert und hinterfüllt werden. Wenn dies nicht durchgeführt werden kann, sollten die letzten 10 bis 15 cm des Tons erst entfernt werden, wenn die Vorbereitungen zum Einbringen des Betons beendet sind.

Literaturhinweise

[*54.1*] TERZAGHI, K.: The Actual Factor of Safety of Foundations. Structural Eng. 13 (1935) S. 126–160. Abhandlung über den Einfluß der Setzungen auf Bauwerke.

[*54.2*] SKEMPTON, A. W.: An Investigation of the Bearing Capacity of a Soft Clay Soil. J. Inst. Civil Engrs. (London) 18 (1942) S. 307–321. Diskussionen S. 567 bis 576. Analyse des Bruches eines großen Fundamentes auf Ton.

[*54.3*] SCHEIDIG, A.: Der Löß und seine geotechnischen Eigenschaften. Th. Steinkopff 1934 S. 125–142. Erfahrungsberichte über Gründungen auf Löß.

[*54.4*] TERZAGHI, K.: Settlement of Structures in Europe and Methods of Observation. Trans. ASCE 103 (1938) S. 1432–1448.

[*54.3*] HANNA, W. L. and G. TSCHEBOTAREFF: Settlement Observations of Buildings in Egypt. Proc. Intern Conf. Soil Mech., Cambridge, Mass. (1936) Bd. I S. 71–77. Vergleich zwischen beobachteten und berechneten Setzungen.

[*54.5*] SIMPSON, W. E.: Foundation Experiences with Clay in Texas. Civil Eng. 4 (1934) S. 581–584. Diskussion des Schwellens von Tonen innerhalb der Zone, in der jahreszeitliche Schwankungen der Feuchtigkeit und Temperatur in semiariden Klimagebieten auftreten.

55. Plattengründungen

Vergleich zwischen Gründungen auf Platten und Einzelfundamenten. Wenn die Summe der Sohlflächen der Fundamente, die für ein Bauwerk erforderlich sind, etwa die Hälfte der gesamten Bauwerksgrundfläche überschreitet, zieht man es im allgemeinen vor, die Fundamente zu einer einzigen Platte zu vereinigen. Eine solche Platte ist nichts weiter als ein großes Fundament und wie ein Fundament muß es die Forderungen erfüllen, daß der Sicherheitsgrad gegen Grundbruch nicht kleiner als 3 sein soll und daß Setzungen einen für den Überbau als zulässig erscheinenden Betrag nicht überschreiten dürfen.

Der Sicherheitsgrad von Plattengründungen hängt von den Eigenschaften des Baugrundes ab. Wenn dieser aus sehr lockeren, wassergesättigten Sanden besteht, sollte er künstlich verdichtet werden, bevor die Plattengründung ausgeführt wird (s. Abschn. 50). Ist der Sand mitteldicht oder dicht gelagert, so ist der Sicherheitsgrad einer Platte erheblich höher als derjenige von Einzelfundamenten und man kann ohne jede Nachrechnung voraussetzen, daß er allen Anforderungen genügt.

Der Sicherheitsgrad von Plattengründungen auf Ton ist praktisch unabhängig von der Größe der Lastfläche. Er ist im allgemeinen sehr niedrig und infolgedessen haben sich mehrere schwere Unfälle ereignet. Einer derselben ist in Abb. 182 dargestellt. Das Bauwerk, ein Getreidesilo in der Nähe von Winnipeg, Kanada, hatte eine Grundfläche von 23,5 $\times$ 58 m und war 31 m hoch. Es war auf eine Schicht von „festem" Ton gegründet, der von Fels unterlagert war. Auf Grund der Ergebnisse von Probebelastungen war angenommen worden, daß die Grenztragfähigkeit des Tons zwischen 4 und 5 kg/cm^2 betragen würde und daher war dem Entwurf eine zulässige Bodenpressung von 2,5 kg/cm² zu Grunde gelegt worden. Als die Belastung sich diesem Wert näherte, setzte sich eine Seite des Bauwerkes um 8,8 m, während die entgegengesetzte Seite sich um 1,5 m hob. Die Bewegungen erfolgten innerhalb weniger als 24 Std. [*55.1*]. Um eine solche Grundbruchgefahr auszuschalten, sollte eine Plattengründung auf Ton so entworfen werden, daß die wirksame Belastung pro Flächeneinheit die in Tab. 22 angegebenen Werte nicht überschreitet.

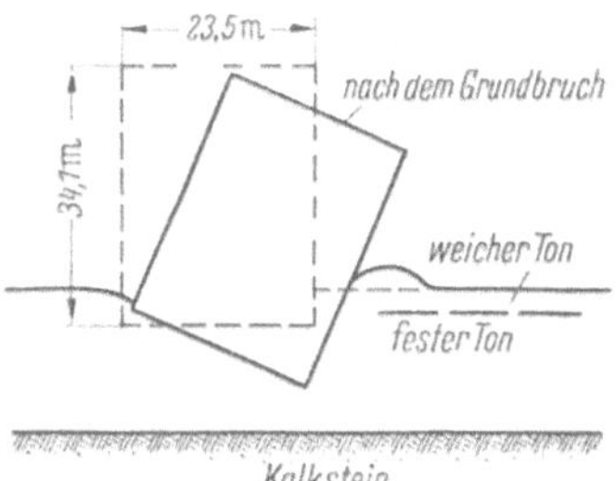

Abb. 182. Grundbruch unter einem Getreidesilo auf einer Tonschicht bei Winnipeg, Canada

Die wirksame Last auf der Sohle einer Platte wird in derselben Weise berechnet, wie die auf der Sohle einer Gründung auf Einzelfundamenten nach Abschn. 54. Wenn die Platte unter einem Keller liegt, wie in Abb. 184, bildet sie mit den Kellermauern eine große Wannengründung. Da der belastete Boden, wie durch einen Pfeil angegeben, nur neben der Plattensohlfläche hochsteigen kann, ist die Höhe der seitlichen Überlagerung bis zur Geländeoberfläche gleich t, und nicht gleich t_k, wie für Einzelfundamente unter Kellerräume nach Abb. 171c und d. Daher ist die wirksame Belastung Q_0 auf die Plattensohle gleich der Differenz zwischen der effektiven Gesamtbelastung $(G+P)$ auf der Sohle der Platte, vermindert um das effektive Gesamtgewicht G_B des durch den Keller ersetzten Bodens, oder

$$Q_0 = (G + P) - G_B . \tag{55.1}$$

Wenn p_{zul} die zulässige Bodenpressung ist, und F die Fläche des Plattenfundamentes, muß die Gründung die Bedingung erfüllen:

$$\frac{Q_0}{F} \mathrel{\substack{=\\<}} p_{zul} . \tag{55.2}$$

Die durch Gl. (55.1) ausgedrückte Beziehung läßt erkennen, daß die effektive Belastung auf der Sohle eines Plattenfundamentes dadurch vermindert werden kann, daß die Kellertiefe vergrößert wird. Diese Verminderung erhöht den Sicherheitsgrad der Gründung gegen Grundbruch und vermindert die Setzungen. Diese Beziehung war vor über hundert Jahren von einigen Ingenieuren erkannt worden und sie nutzten sie beim Bau schwerer Bauwerke auf weichem Baugrund ohne Verwendung von Pfählen mit Erfolg aus.

Obgleich die für den Sicherheitsgrad von Plattengründungen und von Einzelfundamenten gültigen Regeln sich sehr ähneln, sind die allgemeinen Merkmale der Setzungen bei diesen beiden Gründungsarten sehr unterschiedlich. Die Ursachen der Unterschiede gehen aus Abb. 183 hervor. Hier ist ein vertikaler Schnitt durch zwei Bauwerke dargestellt, von denen das eine auf Einzelfundamenten und das andere auf einer Platte gegründet ist. Die Fundamente und die Platte mögen auf den Baugrund

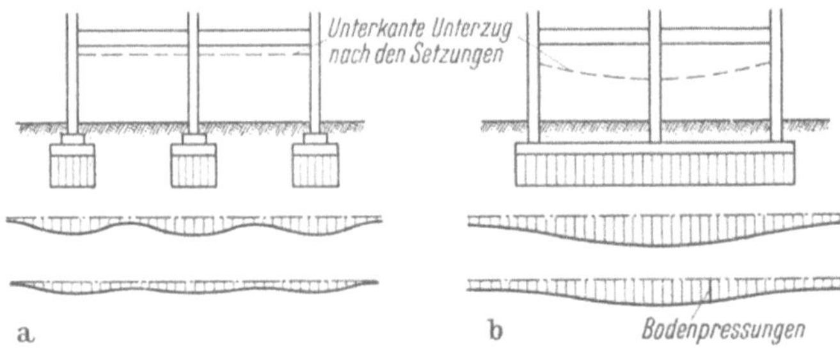

Abb. 183 a u. b. Druckverteilung im Baugrund unter Bauwerken, die a) auf Einzelfundamenten mit großen Abständen und b) auf einer Stahlbetonplatte gegründet sind. Die Belastung je Flächeneinheit ist in beiden Fällen die gleiche

die gleiche Belastung pro Flächeneinheit ausüben, wie durch die rechteckigen Diagramme an der Sohle der Gründungen dargestellt ist. Weiterhin ist die Größe und Verteilung der vertikalen Drücke in verschiedenen Tiefen unter der Sohlfläche jeder Gründung gezeigt.

Die in Abb. 183a dargestellten Fundamente liegen so weit auseinander, daß jedes einzelne sich so setzt, als ob die anderen nicht vorhanden wären. Wenn der Boden homogen wäre, würden sich die Fundamente fast gleichmäßig setzen; in Wirklichkeit sind ihre Setzungen unterschiedlich, weil keine natürliche Bodenschicht homogen ist. Da der Sitz der Setzungen sich innerhalb der obersten Bodenschicht befindet, spiegelt die Verteilung der Setzungen die natürlichen Schwankungen der Zusammendrückbarkeit des in dieser Schicht befindlichen Bodens wieder (s. Abb. 175). Sie sind stets unregelmäßig und lassen sich durch kein praktisch anwendbares Verfahren voraussagen. Diese Sachlage war für die Regeln, welche für die Festsetzung der zulässigen Bodenpressungen für Gründungen auf Einzelfundamenten aufgestellt worden sind, maßgebend (Abschn. 54).

Der Sitz der Setzungen der Plattengründung nach Abb. 183b erstreckt sich in eine viel größere Tiefe als derjenige der Gründung auf Einzelfundamenten. Innerhalb dieser Einflußtiefe befinden sich unregelmäßig verteilte weiche Stellen, wie in Abb. 184 dargestellt ist, deren Einfluß auf die Setzungen einer Lastfläche sich teilweise überschneidet. Die Platte setzt sich deshalb so, als wenn der belastete Boden mehr oder weniger homogen wäre. Die Setzungen sind nicht unbedingt gleichmäßig, aber sie gehorchen einem ziemlich exakten, anstatt einem willkürlichen Verteilungsgesetz. Dieses ist unterschiedlich, je nachdem, ob der innerhalb der Einflußtiefe befindliche Boden aus Sand oder Ton besteht.

Setzungen von Plattengründungen. Sowohl die Theorie als auch Erfahrungen haben ergeben, daß die Setzungen einer gleichförmig belasteten Lastfläche auf Sand annähernd gleichmäßig sind, vorausgesetzt, daß die Lastfläche sich in mehr als etwa 2,5 m Tiefe unter der benachbarten Geländeoberfläche befindet. Ist die Tiefe geringer, werden sich die äußeren Teile der Lastfläche in der Regel etwas mehr setzen als die Mitte, es sei denn, daß das seitliche Ausweichen des Sandes in 2,5 bis 3 m Tiefe unter der Geländeoberfläche verhindert wird.

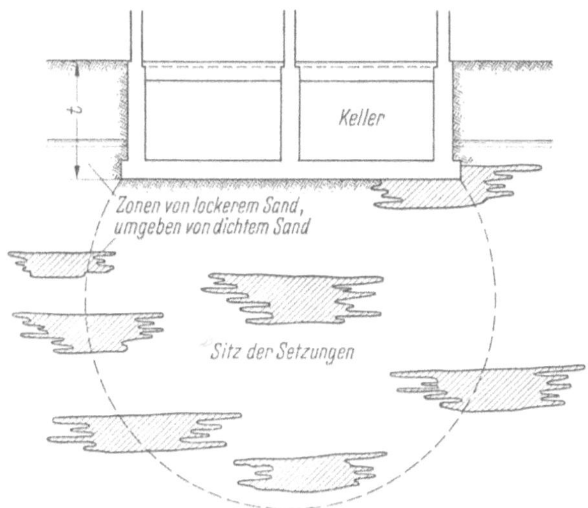

Abb. 184. Schematische Darstellung einer unregelmäßigen Verteilung von lockeren Sandlinsen innerhalb einer Schicht von dichtem Sand unter der Gründungssohle eines Bauwerkes

Die Setzungsunterschiede in der durch die Platte belasteten Fläche spiegeln ganz allgemein die unterschiedliche Zusammendrückbarkeit des Baugrundes wieder. Infolge der unregelmäßigen Verteilung von zusammendrückbaren Zonen im Baugrund nach Abb. 184 in Verbindung mit der Eigensteifigkeit der Platte und des Bauwerkes, kann jedoch mit Sicherheit angenommen werden, daß die Setzungsunterschiede bei einer Plattengründung pro cm der maximalen Setzung nur halb so groß, wie diejenigen für Bauwerke auf Einzelfundamenten sind. Wenn ein Setzungsunterschied von 2 cm in Kauf genommen werden kann, darf die zulässige Bodenpressung daher so gewählt werden, daß die größte Setzung 5 cm beträgt, anstatt 2,5 cm, wie für Gründungen auf Einzelfundamenten vorgeschrieben wurde. Die Breite b von Fundamentplatten liegt gewöhnlich zwischen 12 und 36 m. Innerhalb dieses Bereiches hat die Größe von b nur noch einen sehr kleinen Einfluß auf die Maximalsetzung (s. Abb. 176). Deshalb kann die Plattenbreite bei der Wahl der zulässigen Bodenpressung vernachlässigt werden. Ferner ist zumindest der größte Teil der Sandschicht, die sich innerhalb der Einflußtiefe befindet, in der Regel wassergesättigt, weil der vertikale Abstand zwischen der Plattensohle und dem Wasserspiegel gewöhnlich im Vergleich zur Plattenbreite klein ist.

Diese Gesichtspunkte sind für die Wahl der zulässigen Bodenpressung ausschlaggebend, vorausgesetzt, daß auch die Lagerungsdichte des Sandes in Betracht gezogen wird. Das brauchbarste Verfahren zur Ermittlung der Lagerungsdichte ist gegenwärtig der Standardsondenversuch nach Abschn. 44. Ein solcher Versuch sollte im Bohrloch in Tiefenabständen von 75 cm von der Gründungssohle ab bis zur Tiefe b unter derselben ausgeführt werden. Der N-Wert des Bohrloches wird gleich dem Mittel aller N-Werte innerhalb dieses Tiefenbereiches gesetzt. Es sind zumindest 6 Bohrlöcher nötig; die zulässige Bodenpressung sollte auf Grund des kleinsten N-Wertes, der durch diese Versuche festgestellt wurde, gewählt werden.

Tabelle 23. Vorschlag für die zulässigen Bodenpressungen bei Plattengründungen auf Sand

N = Anzahl der Rammschläge auf je 30 cm Eindringungstiefe der Standardsonde,
p_{zul} = vorgeschlagene zulässige Bodenpressung in kg/cm².

Lagerungsdichte des Sandes	locker	mittel	dicht	sehr dicht
N	< 10	10–30	30–50	> 50
p_{zul}	Verdichtung erforderlich	0,7–2,5	2,5–4,5	$> 4,5$

Die Werte gehen von einer Maximalsetzung von 5 cm aus.

Es wird vorausgesetzt, daß die Tiefe der Sandschicht größer als die Breite b der Platte ist und daß der Wasserspiegel knapp unter- oder oberhalb der Gründungssohle liegt. Wenn die Tiefe bis zum Felsen wesentlich kleiner als $b/2$ ist, oder wenn der Wasserspiegel in einer größeren Tiefe als $b/2$ liegt, können die zulässigen Werte für die Bodenpressungen erhöht werden.

Weiter wird vorausgesetzt, daß die Belastung ziemlich gleichmäßig über die Bauwerkssohle verteilt ist. Wenn Teile einer großen Platte auf Sand mit sehr unterschiedlichen Lasten je Flächeneinheit belastet sind, ist es ratsam, Setzungsfugen zwischen diesen Teilen anzuordnen.

Die für die verschiedenen N-Werte zulässigen Bodenpressungen sind in Tab. 23 angegeben. Den Werten liegt die Annahme zu Grunde, daß die zulässige Bodenpressung an der Sohle einer Gründungsplatte doppelt so groß, wie die Bodenpressung für wassergesättigten Sand ist, die durch Extrapolation aus dem Diagramm der Abb. 177 entnommen werden kann. Diese Annahme geht von der Schlußfolgerung aus, daß die zulässige maximale Setzung von Platten 5 cm beträgt, im Gegensatz zu 2,5 cm für Bauwerke auf Einzelfundamenten. Eine genaue Ermittlung der zulässigen Bodenpressung würde mehrere Reihen von Probebelastungen erfordern, die in verschiedenen Tiefen innerhalb der Einflußtiefe durchgeführt werden müßten. Ein solches Verfahren ist im allgemeinen undurchführbar.

Wenn im Baugrund Kies vorhanden ist, oder wenn er aus sehr feinem oder schluffigem Sand besteht, müssen geeignete Kontrollversuche oder Korrekturen durchgeführt werden (s. Abschn. 54), die zu kleineren Werten als den in Tab. 23 angegebenen führen können. Wenn der Sand dagegen in geringerer Tiefe als $b/2$ von gesundem Fels unterlagert wird, oder wenn der Wasserspiegel ständig unterhalb dieser Tiefe liegt, können etwas höhere Pressungen zugelassen werden.

Alle vorstehenden Empfehlungen gehen von der stillschweigenden Voraussetzung aus, daß die Belastung auf der Grundplatte annähernd gleichförmig ist. Wenn das Bauwerk über der Platte aus mehreren Teilen sehr unterschiedlicher Höhe besteht, kann es ratsam sein, Setzungsfugen zwischen diesen Teilen vorzusehen.

Die größten zulässigen Werte für die Bodenpressung unter Gründungsplatten auf Ton sind wie diejenigen für Einzelfundamente auf Ton in Tab. 22, in der mit p'_{zul} bezeichneten Spalte angegeben. In Anbetracht der großen Abmessungen der Sohlfläche einer Gründungsplatte und der schnellen Zunahme der Setzungen mit zunehmender Größe der Lastplatte nach Abb. 179 bei Ton, ist es jedoch stets notwendig, zumindest durch eine Näherungsrechnung zu überprüfen, ob die Setzungen in Kauf genommen werden können. Die Berechnung kann von der Annahme ausgehen, daß der belastete Ton seitlich eingespannt ist. Die Ergebnisse der Berechnungen zeigen in Übereinstimmung mit Erfahrungen, daß die Sohle einer auf Ton gleichförmig belasteten Fläche die Form einer flachen Schüssel annimmt, weil der Konsolidierungsdruck von der Mitte nach den Kanten abnimmt, wie Abb. 183b zeigt. Die Seiten der Schüssel sind gleichmäßig und flach geneigt, so daß der Unterschied zwischen den Setzungen zweier benachbarter Pfeiler stets nur einen kleinen Teil des Unterschiedes zwischen der größten und der kleinsten Setzung ausmacht. Bei auf Sand gegründeten Platten können diese Unterschiede fast gleich groß sein. Aus diesem Grund ist der zulässige maximale Setzungsunterschied bei auf Ton gegründeten Platten weitaus größer als derjenige bei Platten auf Sand.

Entwurf von Plattengründungen. Die mittlere Gesamtlast pro Flächeneinheit auf der Sohle einer Platte ist gleich dem effektiven Gesamtgewicht des Bauwerkes $G + P$, dividiert durch die Gesamtfläche der Sohle. Da die Fläche der Gründungsplatte nur gleich oder wenig größer als die Grundfläche des Bauwerkes sein kann, besteht keine Möglichkeit die Sohldrücke zu verändern, indem die Größe der Platte abgewandelt wird. Um Gl. (55.2) zu erfüllen, ist man daher gezwungen, G_B nach Gl. (55.1) zu vergrößern. Dies kann nur dadurch erfolgen, daß das Bauwerk einen oder mehrere Keller genügender Tiefe enthält. Die erforderliche Tiefe kann durch Versuchsrechnungen ermittelt werden.

Nachdem die Kellertiefe ermittelt worden ist, besteht der nächste Schritt der Entwurfsbearbeitung in der Berechnung der Kräfte, die auf die Platte wirken. Bei dieser Aufgabe muß man sich weitgehend auf sein gesundes Urteilsvermögen verlassen. Die Faktoren und Bedingungen, die beachtet werden müssen, sind in Abb. 185 erläutert.

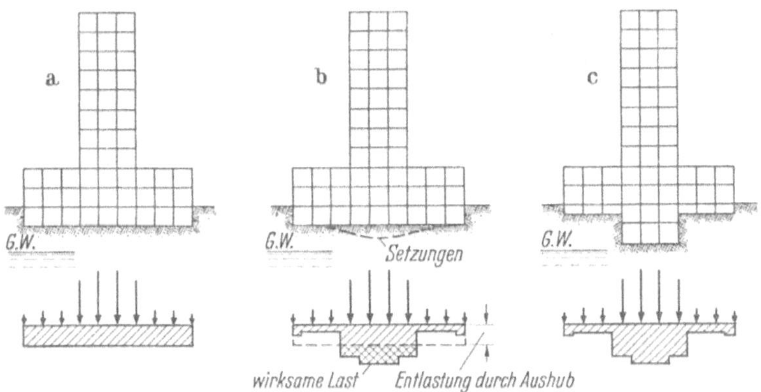

Abb. 185. a–c. Schematische Darstellung drei verschiedener Verfahren für die Ausführung von Plattengründungen auf sehr zusammendrückbarem Baugrund. a) Starrer Überbau, der in der Lage ist, gleichmäßige Setzungen zu erzwingen; b) nachgiebiger Überbau, der starke Verformungen ohne Schaden aufnehmen kann; nachgiebiger c) Überbau, bei dem gleichmäßige Setzungen erzielt werden, indem die Kellertiefen den zugehörigen Bauwerksgewichten angepaßt werden

Abb. 185a zeigt einen Vertikalschnitt durch ein Bauwerk, das aus einem schweren Turm und zwei Flügeln besteht. Der Grundwasserspiegel liegt unterhalb der Plattensohle. Unter dieser Voraussetzung ist die gesamte Bodenreaktion gleich dem vollen Gewicht $G + P$ des Bauwerkes und der Gründungsplatte, während die für die Setzungen maßgebende wirksame Last Q_0 nach Gl. (55.1) gleich der Differenz zwischen dem Bauwerksgewicht und dem Gewicht G_B des ausgeschachteten Bodens ist. Ist die wirksame Last Q_0 gleich Null und das Bauwerk außerdem steif, werden praktisch keine Setzungen auftreten, selbst wenn die Bodenreaktion sehr groß ist. In roher Annäherung kann die Bodenreaktion in der Sohle eines steifen Bauwerkes als gleichmäßig verteilt angesehen werden, wie durch das schraffierte Rechteck in Abb. 185a dargestellt ist. Die Lasten sind jedoch auf dem mittleren Teil der Bauwerksgrundfläche konzentriert. Deshalb ist das statische System durch sehr große Biegemomente beansprucht. Die Kosten für die zur Aufnahme dieser Biegemomente erforderliche Bewehrung können untragbar groß sein.

Wenn das Bauwerk weich ist, ist die Bodenreaktion auf jeden Teil der Platte angenähert gleich der Last, die darauf wirkt (Abb. 185b). Die entsprechenden Biegemomente sind verhältnismäßig klein, aber in Anbetracht der großen Lastkonzentration im mittleren Teil der Platte ist dieser Teil durch die effektive Belastung beansprucht, während der Lastüberschuß an den äußeren Teilen negativ ist. Infolgedessen wird sich der Turm mehr setzen als die Flügel, wie in Abb. 185b dargestellt ist. Unterschiedliche Setzungen sind unvermeidlich, selbst wenn die effektive Gesamtbelastung des Baugrundes gleich Null ist. Wenn das Bauwerk auf Sand gegründet ist, sind die Unterschiede zwischen den Setzungen des Turmes und denen der Flügel in der Regel zu klein, um eine schädliche Wirkung auf den Überbau haben zu können und die Platte kann berechnet werden, als wenn sie durch die in Abb. 185b dargestellten Kräfte beansprucht würde. Ist die Platte dagegen auf Ton gegründet, können die Setzungsunterschiede infolge der uneinheitlichen Druckverteilung sehr groß sein. Setzungsfugen zwischen dem Turm und den Flügeln können die Spannungsverhältnisse in den Teilen des Überbaues etwas verbessern, aber sie können nicht verhindern, daß die Setzungen der beiden Flügel in Richtung auf den Turm zunehmen. Infolgedessen muß eine Setzungsberechnung durchgeführt werden, um festzustellen, ob die Setzungsdifferenzen das für das Bauwerk unschädliche Maß voraussichtlich überschreiten werden. Wenn dies der Fall ist, muß der Entwurfsbearbeiter zwischen zwei Möglichkeiten wählen. Entweder schreibt er eine Pfahl- oder Pfeilergründung für das Bauwerk vor oder für den Turm und die Flügel Keller verschiedener Tiefe nach Abb. 185c. Die Tiefe jedes Kellers muß so bestimmt werden, daß die Setzungen des Turmes und der Flügel theoretisch gleich groß sind. Wenn diese Bedingung erfüllt ist, kann man mit ziemlicher Sicherheit annehmen, daß die Setzungsunterschiede innerhalb der zulässigen Grenze liegen werden.

Bei der Berechnung der Plattendicke und der Bewehrung wird gewöhnlich eine durchlaufende Platte angenommen, die an jedem Punkt und entlang jeder Linie in der von oben Lasten auf die Platte übertragen werden, unabhängig gestützt ist. Von unten wirkt eine gleichmäßig verteilte Last auf die Platte, die gleich der gesamten Bodenreaktion ist, welche wiederum gleich dem Gesamtgewicht des Bauwerkes ohne jeden Abzug für hydrostatischen Auftrieb oder Entlastung durch Aushub ist. Da der Unterschied zwischen der theoretischen und der wirklichen Verteilung der Biegemomente in der Platte sehr groß sein kann, ist in der Regel zu empfehlen, die Platte doppelt so stark zu bewehren, als theoretisch erforderlich wäre.

Bei den vorstehenden Betrachtungen ist stillschweigend angenommen worden, daß sich eine starre Platte nicht setzt, bevor die Last auf der Platte gleich dem Gewicht des ausgeschachteten Bodens wird. In vielen Fällen kann der mit dieser Annahme verbundene Fehler ohne Schaden unberücksichtigt bleiben. Wenn der Baugrund jedoch weich und die Baugrube tief ist, kann die Setzung, die eintritt, bevor die effektive Belastung auf der Platte gleich dem effektiven Gewicht des Aushubes wird, so groß werden, daß sie berücksichtigt werden muß. Die Ursache dieser Setzungen wird im folgenden Abschnitt behandelt.

Hebungen während der Ausschachtung von Kellern. Die Ausschachtung eines Kellers oder eines Tiefkellers, führt eine vollständige Entlastung von dem Druck herbei, der ursprünglich auf dem Boden in Höhe der Gründungssohle der Platte ausgeübt wurde. Infolgedessen hebt sich die Sohle der Baugrube. Im Verlauf der folgenden Bauzeit wird das Gewicht des Bauwerkes gleich der ursprünglichen Vorbelastung und überschreitet dieselbe im allgemeinen; infolgedessen verschwindet die Hebung und das Bauwerk setzt sich. Wenn das Bauwerk ein größeres Gewicht als der ausgeschachtete Boden hat, durchlaufen die Setzungen zwei Abschnitte. Der erste dauert an, bis die Belastung pro Flächeneinheit in der Plattensohle gleich der ursprünglichen Vorbelastung wird und der zweite beginnt, wenn diese Spannung überschritten wird. Die Merkmale der während des zweiten Abschnittes auftretenden Setzungen sind bereits beschrieben worden. Diejenigen des ersten Abschnittes können sehr unterschiedlich sein.

Am Ende des ersten Abschnittes, wenn das Bauwerksgewicht gleich dem Gewicht des ausgeschachteten Bodens wird, sind die Setzungen gleich der gewöhnlich sehr kleinen vorangegangenen Hebung oder etwas größer. Wenn das Bauwerksgewicht nicht weiter zunimmt, hören die Setzungen kurz nach Bauende auf. Es wurde bereits erwähnt, daß dieser Umstand schon seit langem beim Entwurf von Bauwerken auf weichen Böden ausgenutzt worden ist. Man hat jedoch nicht allgemein erkannt, daß auch die allmählich zunehmenden Setzungen von Bauwerken auf festeren Böden ausgeschaltet werden können, indem soviel Boden ausgeschachtet wird, wie dem Gewicht des Bauwerkes entspricht. Tatsächlich sind manche Bauwerke, die so tiefe Keller hatten, daß diese Forderung erfüllt war, mit Hilfe aufwendiger Pfahlgründungen gegründet worden. Es ist einleuchtend, daß das Geld für die Pfähle zwecklos ausgegeben worden ist.

Die Größe der Hebung und der folgenden Setzungen hängt von der Beschaffenheit des Baugrundes und den Abmessungen der Baugrube ab. Sie läßt sich kaum auf Grund von Bodenuntersuchungen und theoretischer Überlegungen voraussagen. Wenn der Aushub in Sanden oberhalb des Wasserspiegels erfolgt, ist die Hebung so geringfügig, daß sie im allgemeinen unberücksichtigt bleiben kann. Ein weicher Untergrund schwillt bei praktisch unverändertem Wassergehalt wie ein elastisches, isotropes Material. Infolgedessen könnte die Hebung mit Hilfe der Elastizitätstheorie berechnet werden, wenn der Elastizitätsmodul des Tons durch bodenphysikalische Untersuchungen festgestellt werden könnte. Die Ergebnisse solcher Berechnungen, die von den Größen der E-Werte im Erstbelastungsbereich ungestörter Proben ausgehen (s. Abschn. 18), zeigen jedoch, daß die tatsächlichen Hebungen immer viel geringer als die berechneten sind. Die Größe des Fehlers kann außerdem nicht vorausgesagt werden. Die folgenden Berichte über zwei Ausschachtungen mögen als Beispiel für die Unsicherheit dienen, die mit der Abschätzung von Hebungen verbunden ist. In beiden Fällen waren die Spannungen, die von den Ausschachtungen verursacht worden waren, weit niedriger als die Bruchlast des Tons.

Die erste Baugrube war für einen Tiefkeller mit einer durchschnittlichen Tiefe von 10,6 m ausgeführt worden. Die Bauwerksgrundfläche betrug 60 × 103 m. Der Baugrund bestand aus einer fast 30 m dicken Schicht von weichem, diluvialem Ton mit einer festen Kruste. Der Ton lag unter einer dicken Schicht aus künstlicher Aufschüttung und weichem organischem Schluff und wurde von einer Schicht aus Kies und verfestigtem Sand unterlagert. Die Baugrubensohle lag in der festen Kruste in der Nähe der früheren Geländeoberfläche. Die Steifezahl des Tons, die auf Grund von Zylinderdruckversuchen mit ungestörten Proben ermittelt wurde, betrug im Mittel 100 kg/cm². Auf Grund dieses Wertes war eine maximale Hebung von etwa 13 cm errechnet worden. Tatsächlich eingetreten war eine maximale Hebung von etwa 9 cm [*55.6*]. In diesem Fall war die Vorhersage relativ genau.

Die zweite Baugrube ist in Abb. 186 dargestellt. Ihre Grundfläche betrug 18,3 × 33,5 m Die Baugrubensohle lag 9 m unter der Geländeoberfläche innerhalb einer Sandschicht, die weitere 12 m tief reichte.

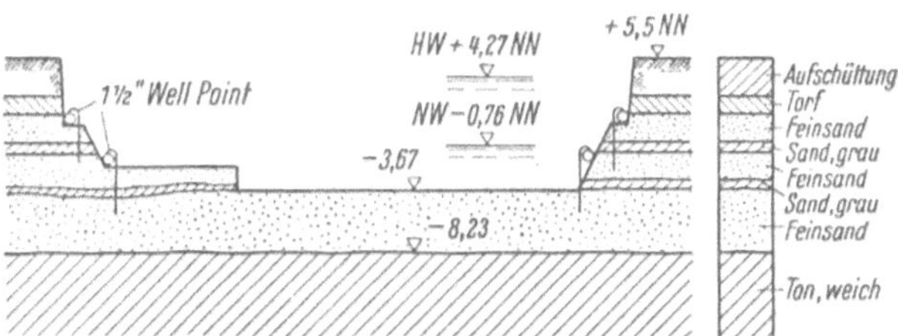

Abb. 186. Schnitt durch eine Baugrube in Sandschichten, die von einer 36 m dicken weichen Tonschicht unterlagert werden

Unter dem Sand befand sich eine 36 m dicke weiche Tonschicht. Die mittlere Steifezahl des Tones betrug nach den Ergebnissen von Laboratoriumsuntersuchungen 60 kg/cm² und die hiermit errechnete Hebung 35 cm. Um die tatsächliche Hebung messen zu können, wurde ein Bezugspunkt im Sand 1,8 m über der Tonoberfläche verankert. Da jede größere Hebung als 0,6 cm bemerkt worden wäre, kann der Schluß gezogen werden, daß der Ton sich während der Aushubarbeiten wie ein fast starres

Material mit einem Elastizitätsmodul von mehreren 1000 kg/cm² verhielt. Einige Tone ließen eine ähnliche Steifigkeit beim Bau von Tunneln und bei anderen Bauvorhaben erkennen. Dieser steife Konsistenzzustand scheint jedoch nur vorübergehend vorhanden zu sein. In Anbetracht dieser Tatsache wurden die Bauarbeiten bei der in Abb. 186 dargestellten Baugrube soweit wie möglich beschleunigt und die Belastung wurde aufgebracht, bevor irgendwelche Bewegungen begannen. Um eine Störung des Sandes durch Sickerwasserdruck zu vermeiden, wurde mit der Ausschachtung erst begonnen, nachdem der Wasserspiegel mit Hilfe von Brunnen abgesenkt worden war, wie aus der Abbildung zu erkennen ist. Das Gewicht des fertigen Bauwerkes entsprach ungefähr dem Gewicht der Aushubmassen und die sich ergebenden Setzungen waren so klein, daß sie nicht gemessen werden konnten. Wenn der unter einer Baugrube anstehende Ton eine große Anzahl durchgehender Schichten oder Horizonte von Grobschluff oder Sand enthält, kann der Wassergehalt des Tons in einem solchen Maß zunehmen, daß der größte Teil der Hebung durch Schwellen verursacht wird. Voraussagen über den zeitlichen Verlauf des Schwellens auf Grund der Ergebnisse von Kompressionsversuchen im Laboratorium sind in der Regel sehr ungenau, weil der Grad der Kontinuität der durchlässigen Schicht nicht durch die Entnahme von Proben vor Baubeginn festgestellt werden kann.

Wenn die Tiefe eines Kellers durch eine offene Ausschachtung über ein gewisses Maß hinaus vergrößert wird, verliert die Sohle der Baugrube ihre Stabilität und geht ohne Rücksicht auf Art und Stärke der seitlichen Aussteifung durch Hebung zu Bruch (Abschn. 32). Die kritische Tiefe kann jedoch fast verdoppelt werden, wenn der Aushub unter Druckluft durchgeführt wird. Bei ungewöhnlich weichen Baugrundschichten sind Plattengründungen dadurch mit Erfolg ausgeführt worden, daß die Seitenwände und die Sohle des Kellers als Ganzes etwa in Höhe der Geländeoberfläche hergestellt und diese Wanne bis in die vorgeschriebene Tiefe durch Spülen oder Pumpen durch Löcher in der Sohle abgesenkt wurde.

Einzelfundamentgründungen auf natürlichen Platten. Wenn die Fundamente eines Bauwerkes auf einer dicken festen Schicht gegründet sind, die von weitaus zusammendrückbareren Schichten unterlagert ist, wirkt die feste Schicht wie eine natürliche Platte, die das Bauwerksgewicht auf die weichen Schichten verteilt. Die Fundamente werden so entworfen, als wenn die weiche Schicht nicht vorhanden wäre, weil die Setzungen infolge der Konsolidierung der weichen Schicht praktisch unabhängig von den Bodenpressungen unter den Fundamenten sind.

Die Belastung, welche die Setzungen infolge der Konsolidierung verursacht, ist gleich dem gesamten effektiven Gewicht des Bauwerkes, vermindert um das effektive Gewicht des ausgehobenen Bodens. Bei der Berechnung der Größe und Verteilung des Konsolidierungsdruckes innerhalb der weichen Schichten nimmt man an, daß das Gewicht des Aushubes eine negative Belastung darstellt, welche über die Sohle des Kellers gleichmäßig verteilt ist. Das Gewicht des Bauwerkes ist eine positive Belastung, die auf die Fundamentsohlen wirkt. In den weichen Schichten ist der Konsolidierungsdruck in jedem Punkt gleich der Differenz zwischen den durch die beiden Belastungen verursachten Drücken. Die Setzung durch die Konsolidierung wird unter der Annahme berechnet, daß der weiche Boden seitlich eingespannt ist. Die Größe der Setzungen, die eintreten können, geht aus Abb. 181 hervor.

Wenn die Berechnung ergibt, daß die Setzungen nicht tragbar sind, muß der Entwurf für die Gründung geändert werden. Dies kann beispielsweise dadurch erfolgen, daß die verschiedenen Teile des Bauwerkes unterschiedlich tiefe Keller erhalten (Abb. 185c), oder daß das Bauwerk auf Pfählen oder Pfeilern gegründet wird.

Fundamente auf Sand in Kellern unterhalb des Wasserspiegels. Ein unterhalb des Wasserspiegels befindlicher Keller muß eine wasserdichte Sohlenplatte erhalten, welche die Fundamente verbindet. Wenn die Belastung auf die Fundamente aufgebracht wird, nachdem die Platte betoniert ist, bilden diese zusammen mit der Platte eine Plattengründung auf deren Unterfläche nicht nur der Wasserdruck wirkt, sondern auch eine mehr oder weniger gleichmäßig verteilte Bodenreaktion.

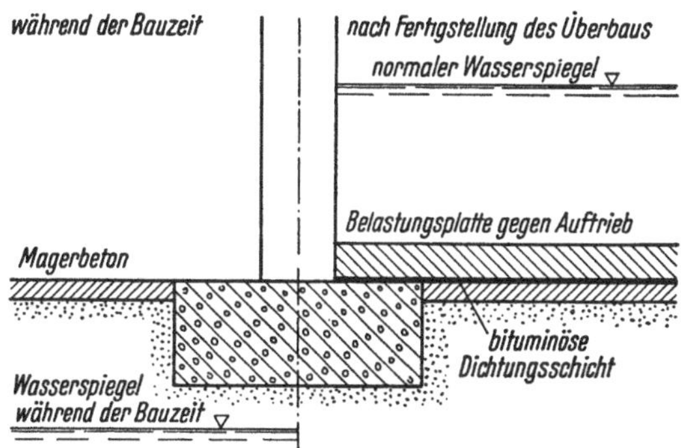

Abb. 187. Unterhalb des Grundwasserspiegels auf Sand gegründete Kellerfundamente

Um die Bodenplatte nicht so stark machen zu müssen, daß sie beide Drücke aufnehmen kann, sollte sie zwischen den Fundamenten erst betoniert werden, wenn die Fundamente mit der vollen ständigen Last belastet sind. Die Belastung der Sohle der Fundamente wird dann gleich dem vollen Gewicht des Bauwerkes, vermindert um den vollen hydrostatischen Auftrieb auf die Kellersohle sein und die verbindende Platte wird nur durch den Wasserdruck beansprucht werden. Die Fundamente müssen jedoch unter der Annahme entworfen werden, daß kein hydrostatischer Auftrieb wirkt, weil der Wasserspiegel solange nicht über die Kellersohle ansteigen darf, bis die Fundamente mit dem vollen Bauwerkseigengewicht belastet sind. Die Verzögerung des Betonierens der Sohlplatte macht es notwendig, die Wasserhaltung so lange beizubehalten, bis der Überbau fertiggestellt ist. Die Reihenfolge der Arbeiten ist in Abb. 187 dargestellt. Um zu verhindern, daß die Sohlplatte aufschwimmt, muß sie entweder an den Stützen oder besser an den Fundamenten verankert werden.

Zusammenfassung der Regeln für den Entwurf von Plattengründungen.

1. Wenn ein auf einer Sandschicht gegründetes Bauwerk Setzungsunterschiede zwischen benachbarten Stützen in der Größe von 2 cm ohne Schaden aufnehmen kann, darf eine Maximalsetzung von 5 cm zugelassen werden. Die entsprechenden zulässigen Bodenpressungen sind in Tab. 23 angegeben.

2. Die zulässigen Bodenpressungen für Platten mit der Breite b lassen sich mit Hilfe von Probebelastungen nicht zuverlässig ermitteln, es sei denn, daß mehrere Versuchsreihen in verschiedenen Tiefen bis zur Tiefe b unter der Sohle der Platte ausgeführt werden. Solche Versuche sind wirtschaftlich nur in Ausnahmefällen gerechtfertigt.

3. Wenn unter verschiedenen Teilen einer auf Sand gegründeten großen Platte sehr unterschiedliche Bodenpressungen wirken, sollten zwischen diesen Teilen Setzungsfugen vorgesehen werden.

4. Eine Plattengründung auf Ton sollte die Forderungen erfüllen, daß der Sicherheitsgrad gegen Grundbruch auf dem belasteten Ton nicht kleiner als 3 ist und daß die Setzungsunterschiede nicht so groß sind, daß der Überbau Schäden erleiden kann. Sowohl der Sicherheitsgrad als auch die Setzungen hängen nicht nur vom Gesamtgewicht des Bauwerkes, sondern auch von dem Unterschied zwischen dem Gewicht des Bauwerkes und dem der ausgehobenen Massen ab. Deshalb können die obigen Forderungen häufig durch eine entsprechende Wahl der Tiefe der Unterkellerung erfüllt werden.

5. Die Setzungsunterschiede einer gleichförmig belasteten, auf Ton gegründeten nachgiebigen Platte, werden vorwiegend durch die schüsselförmige Verformung verursacht. Sie betragen annähernd die Hälfte der größten Setzung. Wenn das Bauwerk selbst nachgiebig ist, können die Setzungsunterschiede dadurch beseitigt werden, daß man das Bauwerk mit einem sehr steifen Unterbau ausführt. Wenn verschiedene Teile einer großen, auf Ton gegründeten Platte sehr unterschiedlich belastet sind, sind die Biegemomente in einem steifen Unterbau so groß, daß die Kosten desselben in der Regel nicht tragbar sind. Eine andere Möglichkeit besteht in der Variierung der Kellertiefen, so daß der Unterschied zwischen dem Bauwerksgewicht und dem Gewicht des Aushubes pro Flächeneinheit in jedem Teil der Platte annähernd die gleiche Größe hat. In jedem

Fall, ganz gleich welche Möglichkeit ausgenutzt wird, erfordert der Entwurf zumindest eine überschlägliche Setzungsberechnung.

6. Schichten von steifem Ton oder dichtem Sand, die sich über Schichten von weichem Ton befinden, wirken wie natürliche Platten. Die auf solchen Schichten gegründeten Bauwerksfundamente sind so zu berechnen, als wenn die weichen Schichten nicht vorhanden wären. Da die Setzungen infolge der Konsolidierung der weichen Schichten sehr groß sein können, ist eine Setzungsberechnung erforderlich. Die Maßnahmen zur Verminderung der Konsolidierungssetzungen sind die gleichen, wie sie für Platten auf homogenen Tonschichten beschrieben wurden.

Literaturhinweise

[*55.1*] Failure of Transcona Grain-Elevator. Eng. News 70 (1913) S. 944–1107. Der Getreidespeicher war auf weichem Ton gegründet.

[*55.2*] A Remarkable Test of Reinforced Concrete Construction. Eng. News 57 (1907) S. 458. Vollständiger Grundbruch unter einem Müllereigebäude auf weichem Ton in Tunis, Nord-Afrika.

[*55.3*] Simpson, W. E.: Foundation Experiences with Clay in Texas. Civil Eng. 4 (1934) S. 581–584. Ergebnisse von Setzungsmessungen an einem Bauwerk mit Plattengründung auf vorverdichtetem Ton.

[*55.4*] Cuevas, Jose A.: The Floating Foundation of the New Building for the National Lottery of Mexico. Proc. Intern. Conf. Soil Mech., Cambridge, Mass. (1936) Bd. I S. 294–301. Beschreibung eines Versuches zur Verhinderung von Setzungen einer Plattengründung auf weichem Ton durch tiefe Unterkellerung. Bericht über die Hebungsmessungen.

[*55.5*] Casagrande, A. und Fadum, R. E.: Application of Soil Mechanics in Designing Building Foundations. Trans. ASCE 109 (1944) S. 383–416. Diskussion S. 417–490. Beschreibung von zwei Bauwerksgründungen auf natürlichen Platten aus steifem Ton.

[*55.6*] Fadum, R. E.: Observations and Analysis of Building Settlements in Boston. Dissertation an der Graduate School of Engineering, Harvard University 1941. Bericht über Hebungsmessungen an den beiden Bauwerken, die unter *55.5* erwähnt sind.

[*55.7*] Terzaghi, K.: Recording Results of Field Tests on Soils. Civil Eng. 13 (1943) S. 585–587. Bericht über Setzungsmessungen an Plattengründungen auf vorverdichtetem, plastischem Schluff.

56. Pfahlgründungen

Wirkung von Pfählen. Ein Bauwerk wird auf Pfählen gegründet, wenn der unmittelbar unter seiner Grundfläche anstehende Boden keine ausreichende Tragfähigkeit besitzt oder wenn ein Kostenüberschlag ergibt, daß eine Pfahlgründung billiger als irgendeine andere sein würde.

Pfähle werden in einer Vielfalt von Formen und aus verschiedenen Materialien hergestellt. Eine Beschreibung der hauptsächlichsten Arten und Pfahlrammverfahren ist aus [*56.1*] der Literaturhinweise zu entnehmen. In diesem Abschnitt soll nur auf Pfähle der üblichen Art eingegangen werden, die mit Hilfe einer mechanischen Einrichtung, der Pfahlramme eingerammt werden. Die hauptsächlichsten Grundsätze gelten jedoch mit geringen Abweichungen auch für den Entwurf von Gründungen mit anderen Pfahlarten, welche auf andere Art ausgeführt werden. Weiterhin wollen wir uns auf die Annahme beschränken, daß die Pfähle nur ruhende Lasten aufzunehmen haben, da die Wirkung von Wechsellasten und Erschütterungen auf Pfahlgründungen noch nicht ausreichend geklärt ist.

Hinsichtlich der Art ihrer Wirkung können die Pfähle in drei Gruppen eingeteilt werden:

1. *Reibungspfähle in grobkörnigen, sehr durchlässigen Böden.* Diese Pfähle übertragen den größten Teil ihrer Last durch Mantelreibung auf den Boden. Dadurch, daß die Pfähle in geringem Abstand voneinander in Gruppen eingerammt werden, wird das Porenvolumen und die Zusammendrückbarkeit des Bodens innerhalb der Gruppen und in unmittelbarer Nachbarschaft derselben stark vermindert. Aus diesem Grund werden Pfähle dieser Art manchmal als *Verdichtungspfähle* bezeichnet.

2. *Reibungspfähle in sehr feinkörnigen Böden geringer Durchlässigkeit.* Diese Pfähle übertragen ihre Last ebenfalls durch Mantelreibung auf den Baugrund, aber sie verdichten den Boden nicht wesentlich. Gründungen die mit Pfählen dieser Art durchgeführt sind, werden im allgemeinen als *schwimmende Pfahlgründungen* bezeichnet.

3. *Spitzendruckpfähle.* Diese Pfähle übertragen ihre Last bis in eine feste Schicht, die sich in größerer Tiefe unter der Sohle des Bauwerkes befindet.

In der Natur gibt es sehr selten homogene Bodenschichten. Deshalb kann man keine scharfe Grenzen zwischen den drei Hauptarten der Pfähle ziehen. Derselbe Pfahl kann einen Teil der Bodenmassen, durch die er gerammt wird, verdrängen, ohne die relative Dichte desselben zu verändern, während der restliche Teil eine Verdichtung erfährt. Die Pfahlspitze kann in eine feste Sandschicht reichen, welche in der Lage ist, die Pfahllast durch Spitzendruck zu übernehmen und trotzdem kann ein beträchtlicher Teil der Pfahllast möglicherweise durch Mantelreibung übertragen werden.

Infolge der großen Vielfalt der Baugrundverhältnisse, denen man in der Praxis begegnet, muß jeder Versuch, Regeln für den Entwurf von Pfahlgründungen aufzustellen, notwendigerweise von großen Vereinfachungen ausgehen und die Regeln selbst können nur als Richtlinien für eine Beurteilung dienen. Aus demselben Grund sind theoretische Verfeinerungen bei Pfahlproblemen, wie z.B. Versuche, die Bruchbelastung von Pfahlgruppen mit Hilfe der Elastizitätstheorie zu berechnen, völlig fehl am Platz und können ohne Schaden übergangen werden. Selbst

Schlußfolgerungen auf Grund von Ergebnissen kleinmaßstäblicher Modellversuche können durchaus unzutreffend sein.

Entwurf von Pfahlgründungen. *Geschichtliche Entwicklung.* Vor dem 19. Jahrhundert wurden fast alle Bauwerke auf Streifenfundamenten errichtet. Pfähle wurden als Unterstützung angewendet, wo der Baugrund nicht tragfähig erschien, um den von den Streifenfundamenten ausgeübten Druck aufzunehmen. Da Holz im Überfluß vorhanden und Arbeitskraft billig war, wurden so viele Pfähle eingerammt, wie der Untergrund aufnehmen konnte. Über Setzungen machte man sich keine Sorgen, weil bei der üblichen Art der Bauwerke erhebliche ungleiche Setzungen ohne Schaden ertragen werden konnten. Als die industrielle Entwicklung im 19. Jahrhundert die Forderungen nach schweren, aber nicht zu teuren Bauwerken an Stellen mit ungünstigen Baugrundverhältnissen stellte, gewann die Kostenfrage von Pfahlgründungen an Bedeutung und von den Ingenieuren wurde erwartet, daß sie nicht mehr Pfähle anordneten, als notwendig waren, um eine ausreichende Unterstützung der Bauwerke zu gewährleisten. Diese Forderung konnte ohne gewisse Mindestkenntnisse über die Höchstlast, die ein Pfahl tragen konnte, nicht erfüllt werden. Die Bemühungen, die erforderlichen Unterlagen mit einem Minimum an Unkosten und Arbeitsaufwand zu beschaffen, führten zu theoretischen Spekulationen, die eine große Auswahl an Pfahlformeln ergaben. Allmählich setzte sich jedoch die nüchterne Erkenntnis durch, daß die Pfahlformeln mit Mängeln behaftet sind und es wurde mehr oder weniger üblich, die zulässige Belastung pro Pfahl bei allen außer den kleinsten Bauaufgaben mit Hilfe von Belastungsversuchen an Probepfählen zu ermitteln.

Die Anzahl der für die Gründung eines bestimmten Bauwerkes benötigten Pfähle wurde durch das einfache Verfahren bestimmt, daß man die Gesamtlast durch die zulässige Belastung pro Pfahl teilte. Viele auf diese Weise entworfenen Gründungen befriedigten durchaus, aber ab und zu traten übermäßige und unerwartete Setzungen ein. Diese Vorfälle wiesen daraufhin, daß die Setzung einer gesamten Pfahlgründung nicht unbedingt der Setzung eines einzelnen Probepfahles entsprechen muß, auch nicht bei derselben Last pro Pfahl [*56.2*]. Sie führten zu dem eindeutigen Schluß, daß die Kenntnis der Tragfähigkeit eines Einzelpfahles nur einen Teil der notwendigen Unterlagen für den Entwurf einer ausreichenden Pfahlgründung ist. Um entscheiden zu können, ob die Setzung einer Pfahlgründung innerhalb der zulässigen Grenzen bleibt, muß man die Spannungen betrachten, welche im Baugrund durch die gesamte, auf die Gründung wirkende Belastung erzeugt werden, und die durch diese Spannungen verursachten Setzungen abschätzen. Diese Schätzung erfordert die Kenntnis der Grundlagen der Bodenmechanik. Wenn die Ergebnisse der Untersuchungen zeigen, daß die Setzungen die zulässige Größe überschreiten, muß der Entwurf geändert werden.

Stufen der Entwurfsbearbeitung für eine Pfahlgründung. Die erste Erfordernis für den Vorentwurf einer Pfahlgründung ist ein Baugrundprofil, in dem die Ergebnisse der Untersuchungsbohrungen dargestellt sind. Die Gesichtspunkte, welche die Tiefe bestimmen, bis in welche der Baugrund untersucht werden sollte, sind im Kap. 45 besprochen worden. Gewöhnlich liefert das Baugrundprofil alle Auskünfte, die für die Entscheidung, ob die Gründung von vollständig in Sand eingebetteten Reibungspfählen, von durch weiche Schichten in eine feste Schicht gerammten Spitzendruckpfählen oder von einer schwimmenden Pfahlgründung getragen werden kann, notwendig sind.

Die nächste Stufe bei der Bearbeitung des Vorentwurfes besteht in der Wahl der Länge und der Art der Pfähle. Wenn Spitzendruckpfähle verwendet werden, ist es zumeist möglich, die erforderliche Länge mit ziemlicher Genauigkeit auf Grund des Baugrundprofils festzulegen. Die Länge von Reibungspfählen in Sand kann jedoch nur durch Einrammen von Probepfählen und diejenige von Reibungspfählen in weichem Ton durch die Berechnung des Sicherheitsgrades der Pfahlgruppe gegen Grundbruch festgesetzt werden, worauf noch eingegangen wird. Die Wahl der Pfahllast wird zumindest zum Teil durch praktische Erwägungen bestimmt [*56.1*, *56.3*].

Nachdem Länge und Art des Pfahles gefühlsmäßig gewählt worden sind, wird die Grenztragfähigkeit eines Einzelpfahles entweder geschätzt oder auch durch Probebelastungen ermittelt. Dieser Wert wird durch einen angemessenen Sicherheitsfaktor dividiert, um die „zulässige Belastung" pro Pfahl festzustellen. Die zur Gründung des Bauwerkes erforderliche Gesamtzahl der Pfähle wird dadurch ermittelt, daß man das Gesamtgewicht des Bauwerkes durch die „zulässige Belastung" des Einzelpfahles teilt.

Nachdem die Anzahl der Pfähle festgestellt worden ist, besteht der nächste Schritt darin, die Pfahlabstände zu wählen. Nach allgemeiner Ansicht soll der Abstand a zwischen den Mittelpunkten von Pfählen mit dem Kopfdurchmesser d nicht kleiner als 2,5 d sein. Diese Regel beruht auf praktischen Erwägungen. Wenn der Abstand kleiner als 2,5 d wäre, würde der Boden sich in der Regel übermäßig heben und durch jeden neu gerammten Pfahl könnten die benachbarten verdrückt oder angehoben werden. Anderseits ist ein Abstand von mehr als 4 d unwirtschaftlich, weil dadurch die Kosten der Bankette ohne materiellen Nutzen für die Gründung vergrößert würden. Die zweckmäßigste Größe für a muß je nach den Baugrundverhältnissen zwischen diesen beiden Grenzen gewählt werden, wie nachstehend dargelegt wird.

Wenn über den Abstand der Pfähle entschieden ist, werden die Pfähle entweder in einem quadratischen oder einem dreieckigen Raster angeordnet. Durch Multiplikation der Anzahl der Pfähle mit a^2 (Quadratraster) oder mit $\frac{1}{2} a^2 \sqrt{3}$ (Dreieckraster) erhält man die Gesamtfläche, welche für die auf Pfählen gegründeten Teile des Bauwerkes erforderlich ist. Wenn diese Fläche wesentlich kleiner als die halbe Grundfläche des Bauwerkes ist, wird das Bauwerk auf Einzel- oder Streifenfundamenten errichtet, die auf Pfählen gegründet werden, ist sie erheblich größer, erfolgt die Gründung des Bauwerkes auf einer auf Pfählen gegründeten Platte, wobei der Pfahlabstand so vergrößert wird, daß der Pfahlplan einen gleichmäßigen Raster bildet. Ist die Größe der Belastung in den verschiedenen Teilen des Rasters sehr unterschiedlich, wird der Pfahlabstand der jeweiligen Belastungshöhe angepaßt. Wenn es schließlich zweifelhaft ist, ob das Bauwerk auf Einzelfundamenten oder auf einer Platte errichtet werden soll, wird die Entscheidung auf Grund eines Kostenvergleiches zwischen diesen beiden Möglichkeiten gefällt.

Erfolgt die Gründung auf Reibungspfählen in weichem Ton oder plastischem Schluff, muß eine Ermittlung der Grenztragfähigkeit der Pfahlgruppen durchgeführt werden. Die Belastung der Gruppen darf die Hälfte oder besser ein Drittel des Grenzwertes nicht überschreiten. Die Folgen der Nichtbeachtung dieser Bedingung können katastrophal sein. In verschiedenen Fällen sind Bauwerke zusammen mit den stützenden Pfählen und dem zwischen den Pfählen befindlichen Boden infolge eines Grundbruches in den Untergrund versunken, obgleich die Belastung pro Pfahl die „zulässige Belastung" nicht überschritten hat. Das Verfahren zur Ermittlung der Tragfähigkeit von Pfahlgruppen wird weiter unten beschrieben.

Wenn die Belastung je Pfahl so gewählt ist, daß die Tragfähigkeit der Pfahlgruppen nicht überschritten wird, wird die Gründung nicht plötzlich durch einen Grundbruch versagen. Eine ausreichende Tragfähigkeit schließt jedoch die Möglichkeit unzulässiger Setzungen nicht aus, weil die Setzung einer gesamten Pfahlgründung in keiner Beziehung zu der Setzung eines Einzelpfahles mit der gleichen Belastung wie in der Pfahlgruppe steht. Die Setzung der Pfahlgründung kann zwischen Millimetern und mehreren Dezimetern liegen, je nach den Baugrundverhältnissen, der Anzahl der Pfähle und der Größe der Bauwerksgrundfläche. Setzungen, die kleiner als etwa 5 cm sind, machen gewöhnlich keine Schwierigkeiten, aber Setzungen von 15 cm oder mehr können zu sehr unerwünschten Rückwirkungen auf die Bauwerkskonstruktion führen. Deshalb ist in allen Fällen, in denen Gründungen mit Reibungspfählen erfolgen, die in weichen Ton gerammt sind, oder bei denen die Spitze von Spitzendruckpfählen sich oberhalb weicher Schichten befindet, eine Setzungsberechnung unbedingt notwendig. Das Fehlen einer solchen Berechnung ist für viele ungenügende Pfahlgründungen verantwortlich gewesen.

Die letzte Stufe beim Entwurf der Gründung ist die Bemessung der auf den Pfählen befindlichen Fundamente oder Platte. Die Berechnung der Biegemomente und Schubkräfte geht gewöhnlich von der Annahme aus, daß jeder Pfahl die gleiche Last trägt. Jedoch führen sowohl theoretische Überlegungen als auch die Ergebnisse von Feldversuchen [*56.4*] zu der Schlußfolgerung, daß diese Annahme im allgemeinen keinesfalls zutrifft. Wenn die Baugrundschichten nahezu horizontal liegen und die Pfahlspitzen nicht auf Felsuntergrund stehen, nimmt die Belastung pro Pfahl innerhalb einer durch ein starres Fundament belasteten Gruppe von den mittleren Pfählen nach den Ecken zu. Der bei der üblichen Berechnungsart begangene Fehler liegt jedoch innerhalb des gewöhnlich bei Stahlbetonkonstruktionen vorhandenen Sicherheitsgrades. Die Einzelheiten der bei Pfahlgründungen aufeinander folgenden Entwurfsstufen werden in den folgenden Abschnitten besprochen.

Grenzbelastungen und „zulässige Belastung“ von Einzelpfählen. *Mantelreibung und Spitzenwiderstand.* Der Ausdruck *Grenzbelastung* oder *Tragfähigkeit* kennzeichnet die Last, bei welcher die Setzung des Pfahles einen tragbaren Wert überschreitet, beispielsweise 15 cm. Jede Belastung, gleich welcher Art sie ist, wird teilweise durch Mantelreibung und teilweise durch den Widerstand des Bodens unmittelbar unterhalb der Spitze aufgenommen, wie in Abb. 188a dargestellt. Aus diesem Grund kann die Grenztragfähigkeit P_{max} in zwei Teile zerlegt werden: P_M infolge Mantelreibung und P_{Sp} infolge Spitzenwiderstand. Es ist also

$$P_{max} = P_M + P_{Sp}. \qquad (56.1)$$

In Abb. 188b stellt ab einen horizontalen Schnitt durch die Pfahlspitze dar und die gestrichelte Fläche gibt die Druckspannung in diesem Schnitt an. Der Gesamtdruck ist selbstverständlich gleich P_{max}. Es sind verschiedene genauere theoretische Verfahren zur Berechnung dieser Druckverteilung angewandt worden, aber die Berechnungsergebnisse können nicht als zuverlässig angesehen werden, weil alle diese Verfahren von der Annahme ausgehen, daß der Boden vollkommen homogen und elastisch sei. Zuverlässige Angaben über die Druckverteilung können nur durch unmittelbare Messungen erhalten werden und bisher sind solche Messungen nicht durchgeführt worden. Es herrscht jedoch kein Zweifel darüber, daß die Druckverteilung nicht nur von den Abmessungen des Pfahles abhängt, son-

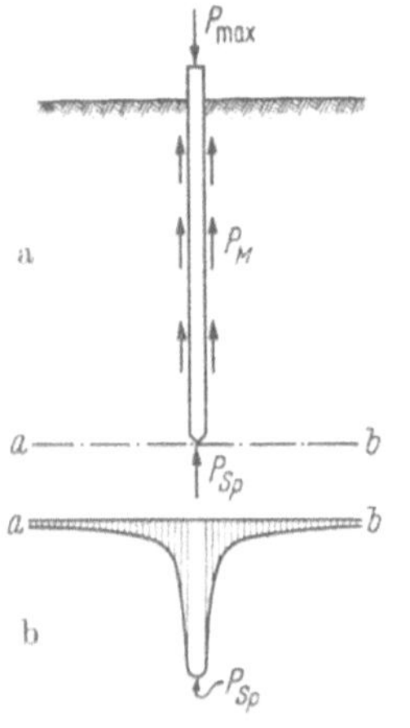

Abb. 188a. u. b. Belasteter Reibungspfahl in weichem Ton und Druckverteilung im Baugrund in einer horizontalen Ebene durch die Pfahlspitze

dern auch von der Belastung, der Bodenart und dem Schichtenaufbau. Es ist auch wahrscheinlich, daß sie sich mit der Zeit ändert.

Mantelreibung beim Einzelpfahl in Sand. Wenn ein Pfahl in sehr dicht gelagerten Sand eingerammt wird, ist es schon nach wenigen Metern unmöglich, ihn weiter einzurammen, während die Pfähle in sehr lockerem Sand bis in große Tiefen gerammt werden können, ohne auf großen Widerstand zu stoßen. In jedem Sand nimmt sowohl die mittlere Mantelreibung je Flächeneinheit als auch der Spitzenwiderstand mit wachsender Tiefe zu. Die gesamte Mantelreibung, die gegen die weitere Eindringung eines zylindrischen oder prismatischen Pfahles in eine homogene Sandschicht Widerstand leistet, ist erheblich größer als die Hälfte der gesamten Grenztragfähigkeit P_{max}; der Widerstand gegen Ziehen ist jedoch erheblich kleiner als $^1/_2\ P_{max}$. Der Unterschied zwischen den beiden Werten für die Mantelreibung ist darauf zurückzuführen, daß eine abwärts gerichtete Bewegung des Pfahles den Druck auf seine Mantelreibung vergrößert, während eine aufwärts gerichtete Bewegung ihn vermindert. Nachdem der Pfahl bis zum Festwerden gerammt ist, liegt die mittlere Mantelreibung, welche der weiteren Eindringung entgegenwirkt, bei ruhender Belastung in der Größenordnung von etwa 2,5 t/m^2 für lockeren Sand (lange Pfähle) und 10 t/m^2 für sehr dichten Sand (kurze Pfähle).

Gelegentlich ist beobachtet worden, daß die Tragfähigkeit von Pfählen in Sand während der ersten 2 bis 3 Tage nach dem Rammen auffallend abnimmt. Obgleich diese Erscheinung ziemlich selten ist, sollte die Möglichkeit ihres Auftretens nicht übersehen werden. Es ist wahrscheinlich, jedoch nicht mit Gewißheit zu sagen, daß die hohe Anfangstragfähigkeit durch einen vorübergehenden besonderen Spannungszustand verursacht wird, der sich beim Rammen im Sand rund um die Pfahlspitze entwickelt. Dieser Spannungszustand ist mit einem zeitweiligen Übermaß an Spitzenwiderstand verbunden.

Mantelreibung bei Pfählen in weichem Ton. Der Spitzenwiderstand von Reibungspfählen, die in weichen Ton eingebettet sind, ist im Vergleich zur Mantelreibung so klein, daß er vernachlässigt werden kann. Die Mantelreibung je Flächeneinheit ist mehr oder weniger unabhängig von der Eindringungstiefe und von dem Verfahren, nach dem der Pfahl eingebracht ist. Sie hängt fast ausschließlich von den Eigenschaften des Tons ab. Der Widerstand gegen Ziehen ist gewöhnlich – jedoch nicht immer – annähernd gleich dem Widerstand gegen weiteres Eindringen unter Belastung. Die gesamten Verhältnisse sind viel einfacher als bei Reibungspfählen im Sand. Im Gegensatz hierzu ist jedoch die Abhängigkeit der Mantelreibung von der Zeit viel komplizierter und bis jetzt noch nicht vorauszusagen. Die Mantelreibung nimmt gewöhnlich während des ersten Monats, nach dem Rammen zu; die Größe der Zunahme ist jedoch je nach der Art des Bodens sehr unterschiedlich.

Die Kurve in Abb. 189 zeigt die Zunahme der Tragfähigkeit eines Reibungspfahles in Abhängigkeit von der Zeit. Der Pfahl war in weichen braunen Ton mit Schluffstreifen gerammt worden. Die Fließgrenze des Tons lag zwischen 37 und 45%, die Ausrollgrenze zwischen 20 und 22% und der natürliche Wassergehalt kurz unterhalb der Fließgrenze. Bei den Rammarbeiten wurde der Boden fast flüssig und die Wandreibung hatte einen sehr niedrigen Wert. Obgleich die Pfähle unter einem einzigen Schlag 30 cm einsanken, hoben sie sich jeweils wieder um 25 cm, wenn der Rammbär hochgezogen wurde, so daß eine besondere Einrichtung verwendet werden mußte, um das Heben der Pfähle zu verhindern. Innerhalb eines Monats nahm die Mantelreibung jedoch bis auf mehr als das Dreifache des Anfangswertes zu.

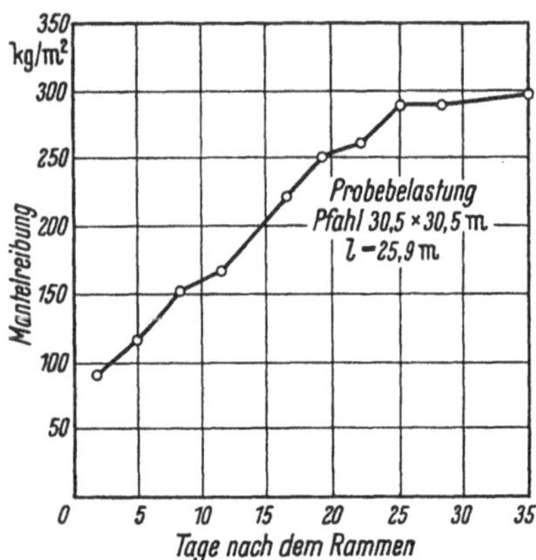

Abb. 189. Diagramm über die Zunahme der Grenztragfähigkeit von Reibungspfählen mit der Zeit

Dagegen nimmt die Tragfähigkeit von Pfählen, die in gewisse schluffige Tone gerammt werden, in den ersten Tagen nach dem Rammen ab. Eine solche Abnahme wurde beobachtet, nachdem 24,4 m lange Pfähle durch 12 bis 15 m weichen Schluff in eine darunter befindliche Schicht von „festem blauem Ton" bei Balboa, Kanal-Zone, gerammt worden waren. Die Abnahme des Widerstandes gegen weiteres Eindringen trat innerhalb eines Tages ein. Eine ähnliche Erscheinung wurde während des Baues des Navy Yard bei Charleston, S.C. beobachtet, wo Holzpfähle durch 3 m Schluff in „steifen blauen Schlamm" gerammt wurden [*56.5*].

Werden Pfähle in weichen Ton gerammt, so wird der im Weg des eindringenden Pfahles befindliche Ton verdrängt und stark durchgeknetet. Nachdem der Pfahl gerammt ist, umgibt ihn der gestörte Ton wie eine mehrere Dezimeter dicke Schale. Über die äußeren Grenzen dieser Schale hinaus ist die Störung der Bodenstruktur jedoch sehr gering. Nach den bisherigen Erfahrungen konsolidiert diese Schale aus stark gestörtem Ton schnell. Sie wird steifer als der ungestörte Ton und neigt dazu am Pfahl anzukleben, wenn dieser gezogen wird.

Durch das Rammen von Pfählen in wassergesättigtem Schluff kann dieser vorübergehend bis in beträchtliche Entfernung verflüssigt werden. Unsere geringen Kenntnisse über die Folgen der Verflüssigung scheinen darauf hinzuweisen, daß das Volumen des Schluffes praktisch unverändert bleibt. In wenigen Tagen oder Wochen scheint der Schluff jedoch wieder so fest zu werden, wie er ursprünglich war. Es ist daher also ziemlich unwahrscheinlich, daß das Pfahlrammen auf weiche Tone oder Schluffe eine nachteilige Wirkung hat und in den folgenden Ausführungen wird angenommen, daß die physikalischen Eigenschaften der Erdstoffe keine wesentlichen dauernden Veränderungen erleiden.

Trotz des Einflusses der Strukturstörung und der verschiedenen vorübergehenden Veränderungen, die unmittelbar nach dem Einrammen eines Pfahles in weichen Ton oder weichen, plastischen Schluff eintreten, ist der Grenzwert der Mantelreibung im allgemeinen etwa halb so groß wie die Zylinderdruckfestigkeit des Tons. In Tab. 24 sind die Grenzwerte für die Mantelreibung, die sich in den Hauptarten der kohärenten Böden in der Regel ergeben, zusammengestellt. Es muß betont werden, daß diese Tabelle ebenso wie umfangreichere Tabellen nur als Anhaltspunkt für Überschlagsrechnungen dienen können. Zuverlässige Angaben können nur durch die Ausführung von Belastungs- und Zugversuchen von Pfählen in natürlicher Größe im Feld gewonnen werden.

Tabelle 24. Grenzwerte für die Mantelreibung von Pfählen in kohärenten Böden

weiche Tone und Schluffe	1 bis 3 t/m^2 Mantelfläche
sandige Schluffe	2 bis 5 t/m^2 Mantelfläche
steife Tone	4 bis 10 t/m^2 Mantelfläche

Wirkung von Spitzendruckpfählen. Im Gegensatz zu Reibungspfählen wird von Spitzendruckpfählen angenommen, daß sie die Last durch ihre Spitzen auf eine feste Schicht übertragen. Nichtsdestoweniger wird ein beträchtlicher Teil der Belastung zumindest zeitweilig durch Wandreibung aufgenommen. Dies ist sowohl im Laboratorium als auch im Feld durch Belastungsversuche nachgewiesen worden [*56.6*]. Wenn der Pfahl jedoch einen sehr zusammendrückbaren Boden durchdringt, wie weichen Schluff oder Ton, konsolidiert dieser allmählich durch den Druck, der durch die Mantelreibung übertragen wird, und infolgedessen beginnt der Pfahl sich zu setzen. Widerstand gegen die Setzung leistet nur der Boden unter der Pfahlspitze und im Lauf der Zeit nimmt der Druck auf die Pfahlspitze zu. Dieser Vorgang setzt sich fort, bis der größte Teil der Pfahllast durch die Pfahlspitze aufgenommen wird. Wenn die innerhalb der Gründung auf den Pfahl entfallende Belastung den Spitzenwiderstand überschreitet, kann die sich daraus ergebende Setzung sehr groß sein. Diese Gefahr wird selbst dann noch nicht durch die Ergebnisse einer Probebelastung eines Einzelpfahles aufgedeckt, wenn die Probebelastung mehrere Wochen hindurch durchgeführt wird. Es ist daher wichtiger den Spitzenwiderstand zu kennen, als die Gesamttragfähigkeit eines Spitzenpfahles.

Beziehungen zwischen Rammwiderstand und Tiefe. Wenn die Tiefe, bis zu der ein Pfahl eingedrungen ist, in Abhängigkeit von der Anzahl der Rammschläge für ein bestimmtes Eindringungsmaß aufgetragen wird, erhält man ein Diagramm über den Rammwiderstand. Typische Diagramme sind in Abb. 190 wiedergegeben. Der Verlauf der Eindringungskurve zeigt zumeist eindeutig, in welche der drei Hauptgruppen der Pfahl gehört. Abb. 190a zeigt Kurven, die typisch sind für Pfähle, welche in lockeren und in dichten Sand eingerammt werden. In beiden Sandarten

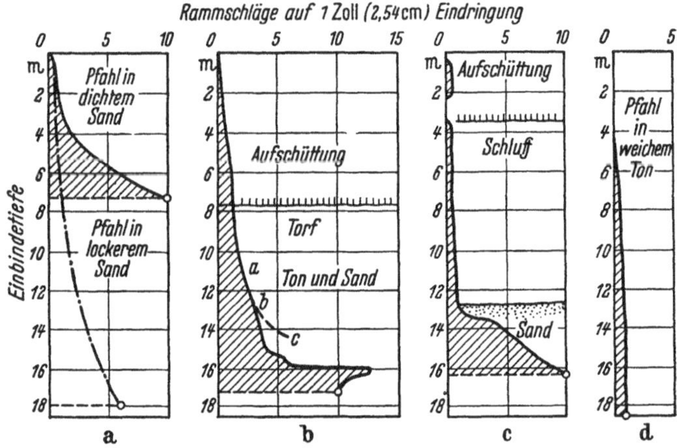

Abb. 190 a–d. Anzahl der Rammschläge pro 1″ (2,54 cm) Eindringung für Holzpfähle in verschiedenen Tiefen und bei verschiedenen Baugrundarten

nimmt der Eindringungswiderstand mit der Tiefe zu. Im Gegensatz hierzu wird der Pfahl in Abb. 190d durch weichen Ton gerammt; der Eindringungswiderstand war praktisch unveränderlich. Der scharfe Knick in der Kurve in Abb. 190c zeigt an, daß die Pfahlspitze aus einem weichen Schluff in ziemlich dichten Sand vordrang. Ein solcher Knick ist typisch für Spitzendruckpfähle. Durch einen Vergleich der Rammwiderstandsdiagramme mit dem Baugrundprofil auf einer Baustelle, kann man im allgemeinen eine zuverlässige Vorstellung von der Bodenart bekommen, durch die der Pfahl gerammt wird. Infolgedessen ist man in der Lage festzustellen, ob die Spitze des Pfahles eine brauchbare tragende Schicht erreicht hat.

Anwendung von Pfahlformeln zur Ermittlung der Grenztragfähigkeit. Wenn ein durch Spitzenwiderstand tragender Pfahl auf eine feste Schicht trifft, nimmt der Eindringungswiderstand stark zu (Abb. 190c). Ganz allgemein kann man sagen, daß mit größer werdendem Eindringungswiderstand auch der Spitzenwiderstand des Pfahles zunehmen wird. Diese Beobachtung hat zu verschiedenen Versuchen geführt, Beziehungen zwischen der Tragfähigkeit eines Pfahles und dem Eindringungswiderstand unter den letzten Rammschlägen aufzustellen. Die Ergebnisse sind die bekannten Pfahlformeln. Die verbreitetste Formel ist in den USA die *Engineering News-Formel*, nach der die Grenztragfähigkeit eines Pfahles angegeben wird zu

$$W_{\text{dyn}} = 6 \frac{2 G_B h}{\Delta s + c}, \tag{56.2}$$

worin W_{dyn} (lb) = Grenztragfähigkeit des Pfahls,
G_B (lb) = Gewicht des Rammbären,
h (ft) = Fallweg des Rammbären,
Δs (in) = Eindringung unter dem letzten Schlag,
c (in) = empirischer Wert, der für Fallbären zu 1,0 und für Dampfhämmer zu 0,1 anzunehmen ist.

Setzt man alle Längen in cm und das Gewicht des Rammbären in t ein, so ist diese Formel in der Form

$$W_{\text{dyn}} = \frac{G_B h}{\Delta s + c}$$

gebräuchlich. Nach Abb. 190d ist die Größe von Δs, die in den Formeln erscheint, für Reibungspfähle in Ton praktisch unabhängig von der Tiefe. Infolgedessen führt Gl. (56.2) zu der Schlußfolgerung, daß die Grenztragfähigkeit solcher Pfähle ebenfalls unabhängig von der Tiefe ist. Erfahrungsgemäß nimmt jedoch die Grenztragfähigkeit von Reibungspfählen annähernd mit der Länge der Pfähle zu. Diese Tatsache schließt die Anwendung der Engineering News-Formel oder irgend einer anderen Formel bei Reibungspfählen in weichen Schluffen oder Tonen unbedingt aus. Tatsächlich würde ein erfahrener Ingenieur in einigen Großstädten, beispielsweise in Shanghai und New Orleans, wo das Vorhandensein weicher Ablagerungen großer Mächtigkeit häufig zur Verwendung von Reibungspfählen zwingt, niemals die Anwendung von Pfahlformeln in Betracht ziehen. Bei kleinen Bauvorhaben wird die Tragfähigkeit auf Grund empirischer Werte für die mittlere Mantelreibung pro Flächeneinheit festgelegt, wobei der Spitzenwiderstand unberücksichtigt bleibt. Bei großen Bauvorhaben werden Probebelastungen durchgeführt.

Jedoch selbst bei Spitzendruck- und anderen Pfählen, bei denen der Eindringungswiderstand mit der Tiefe zunimmt, ist kaum eine befriedigende Übereinstimmung zwischen der tatsächlichen und der auf Grund der Engineering News-Formel berechneten Grenztragfähigkeit vorhanden. Die Gründe hierfür sind in Abschn. 30 dargelegt. Durch Vergleich einer größeren Anzahl tatsächlicher Werte für $Q_{\max}$, die willkürlich ausgewählt waren, mit den entsprechenden mit Hilfe von Gl. (56.2) berechneten Werten W_{dyn} fand man, daß die tatsächlichen Werte im Mittel nur 0,7 der berechneten betrugen. Von größerer Bedeutung war jedoch die Tatsache, daß die einzelnen Werte für die tatsächliche Tragfähigkeit zwischen dem 0,3 und dem 2,8fachen der berechneten Werte schwankten. Die Unsicherheit bei der Ermittlung der Tragfähigkeit eines Pfahles nach Gl. (56.2) bedingt daher einen sehr vorsichtig gewählten Sicherheitsgrad. Die Engineering News-Formel wird mit einem theoretischen Sicherheitsgrad von 6 angewendet. Der tatsächlich vorhandene Sicherheitsgrad wird in Hinblick auf die hier angegebenen Werte mit etwa 2 bis 17 anzusetzen sein.

Die praktischen Folgerungen aus dieser Tatsache werden durch das nachstehende Beispiel veranschaulicht. Ein Bauwerk soll auf mit Pfählen gegründeten Fundamenten errichtet werden, von denen jedes eine Last von 160 t aufnehmen muß. Es werden Probepfähle gerammt und die Eindringung unter den letzten Schlägen wird gemessen. Nach der Engineering News-Formel ist die Grenztragfähigkeit W_{dyn} (Gl. (56.2)] 60 t und die zulässige Belastung beträgt 10 t je Pfahl. Der Entwurfsbearbeiter wird also jedes Fundament auf 16 Pfählen gründen. Wenn der Pfahlabstand 1 m beträgt, wird die Gründung etwa 4×4 m groß werden. Wird jedoch mit dem Probebelastungspfahl ein Belastungsversuch ausgeführt, so kann dieser nach den Ausführungen im vorigen Absatz irgendwelche Werte für $Q_{\max}$ zwischen $0{,}3 \times 60 = 18$ t und $2{,}8 \times 60 = 168$ t ergeben. Wenn die tatsächliche Tragfähigkeit zufällig 20 t sein sollte, genügt der Entwurf den zu stellenden Forderungen. Aber wenn sie tatsächlich 110 t beträgt, könnte jeder Pfahl mit 40 t belastet werden und für das Fundament würden nur 4 Pfähle benötigt. Weiterhin könnte das Fundament auf etwa 2×2 m beschränkt werden. Der Bauherr würde dadurch nicht nur 12 Pfähle je Fundament sparen, sondern die Fundamente würden auch selbst viel billiger werden. Hieraus geht hervor, daß die Anwendung der Engineering News-Formel zu einer erheblichen Verschwendung an Zeit und Geld führen kann.

Die Engineering News-Formel enthält keine Glieder, welche die Eigenschaften des Pfahles erfassen, obgleich kein Zweifel mehr darüber besteht, daß einige dieser Eigenschaften einen großen Einfluß auf die Wirkung des Rammschlages haben. Da andere, umfangreichere Formeln, wie die von Redtenbacher oder Hiley, Faktoren für die Berücksichtigung des Gewichtes, der Abmessungen und des Elastizitätsmaßes des Pfahles enthalten, rufen sie den Eindruck größerer Zuverlässigkeit hervor. Erfahrungen haben jedoch ergeben, daß sie zumeist ebenso ungenau sind, wie die einfachere Engineering News-Formel. Bei großen Bauaufgaben erfordert deshalb eine gewissenhafte Bauausführung die Bestimmung der Grenztragfähigkeit mit Hilfe von Probebelastungen von Pfählen in natürlicher Größe.

Probebelastungen von Pfählen. Es ist dargelegt worden, daß die Tragfähigkeit aller Pfähle mit Ausnahme derjenigen, die bis zum Fels gerammt sind, erst nach einer gewissen Zeit den Größtwert erreichen. So erhält man auch bei Probebelastungen die endgültigen Werte erst nach einer gewissen Zeit der Anpassung. Bei Pfählen in durchlässigen Baugrundschichten beträgt diese Zeit bis zu 2 oder 3 Tagen und bei Pfählen, die teilweise oder vollständig von Schluff oder Ton umgeben sind, bis zu etwa einem Monat.

Pfahlbelastungen werden gewöhnlich so durchgeführt, daß man eine Plattform am Pfahlkopf befestigt, welche mit Sand oder Eisenbarren belastet wird und daß die Setzungen des Pfahles mit Hilfe eines Nivellierinstrumentes beobachtet werden. Dieses Verfahren ist wegen der großen Gewichte, mit denen gearbeitet werden muß und des Zeitaufwandes umständlich. Ein zweckmäßigeres Verfahren wird in den USA als „bootstrap test" (Schuhriemenversuch) bezeichnet. Für die Durchführung eines solchen Versuches werden 3 Pfähle in einer Reihe mit einem Abstand von je 1,5 m gerammt. Die Köpfe der äußeren Pfähle werden durch ein starkes und steifes Joch verbunden. Der mittlere Pfahl ist der Probepfahl; er wird belastet, indem hydraulisch gegen das Joch gepreßt wird. Der Zug auf die Ankerpfähle vermindert die Setzungen des Probepfahles in einem gewissen Maß, aber dieser Nachteil wird mehr als aufgewogen durch die Leichtigkeit, mit der der Belastungsvorgang jeweils nach einigen Tagen wiederholt werden kann. Die in Abb. 189 gezeigte Kurve ist mit Hilfe eines solchen Versuches ermittelt worden.

Für den Entwurf von Spitzendruckpfählen, die durch Tonschichten in Sand gerammt werden, benötigt man Angaben über die Tragfähigkeit desjenigen Teiles des Pfahles, der in den Sand eingerammt wird. Der Einfachheit halber wird dieser Anteil als Spitzenwiderstand bezeichnet, obgleich er auch Mantelreibung in der Berührungsfläche zwischen Pfahl und Sand einschließt. Wenn keine absolute Gewißheit besteht, daß die „zulässige Belastung" erheblich geringer als der Spitzenwiderstand ist, sollte der letztere durch Probebelastungen im Feld bestimmt werden. Zu diesem Zweck können 2 Probepfähle in einem Abstand von etwa 1,5 m voneinander gerammt werden. Einer derselben ist bis zum Festsitzen in der tragenden Schicht zu rammen. Der andere ist soweit zu rammen, bis seine Spitze sich etwa 90 cm über der tragfähigen Schicht befindet. Da der Spitzenwiderstand eines Pfahles, der in Sand eingebettet ist, seinen Maximalwert sehr schnell erreicht, kann die Probebelastung schon 3 Tage nach dem Rammen der Probepfähle durchgeführt werden. Der Einfluß der Zeit auf die Mantelreibung kann dadurch eleminiert werden, daß beide Pfähle gleichzeitig und in gleichen Stufen belastet werden. Der Spitzenwiderstand ist gleich dem Unterschied zwischen den Grenztragfähigkeiten der beiden Pfähle.

Wahl der „zulässigen Belastung". Der Ausdruck *„zulässige Belastung"* bezeichnet diejenige Belastung, bei welcher der Sicherheitsgrad eines

Einzelpfahles gegen Versinken einen Wert besitzt, der den üblichen Sicherheitsforderungen genügt.

Wenn die „zulässige Belastung" für den Pfahl nach der Engineering News-Formel zu

$$P_{\text{zul}} = \frac{2\,G_B\,h}{\Delta s + c} = \frac{1}{6}\,W_{\text{dyn}} \tag{30.4}$$

festgelegt wurde, beträgt der theoretische Sicherheitsgrad 6. Der Grund für die Wahl eines so großen Wertes ist schon dargelegt worden. Ein gleich großer Sicherheitsgrad ist auch bei jeder anderen Pfahlformel erforderlich.

Wenn die Grenztragfähigkeit durch eine Probebelastung ermittelt wurde, liegt der übliche Sicherheitsgrad zwischen 2,5 und 3. Schon der niedrigere Wert reicht voll aus. Die größte Unsicherheit liegt beim Probebelastungsverfahren in der Festsetzung eines Wertes für die Grenztragfähigkeit bei der Ausdeutung der Last-Setzungskurve.

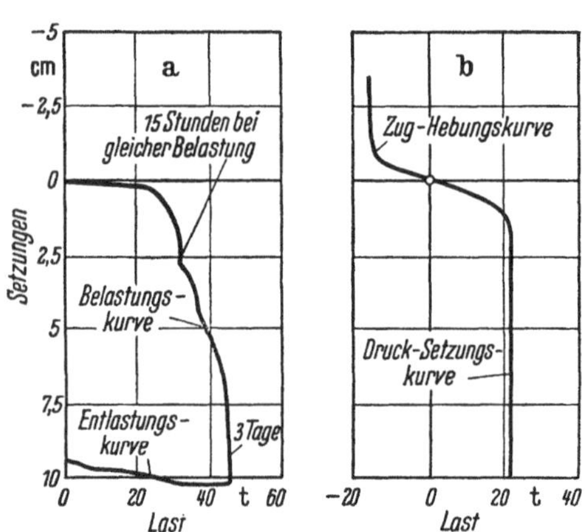

Abb. 191 a u. b. Typische Last-Setzungskurve für a) Spitzendruckpfähle; b) Reibungspfähle

Im allgemeinen liegen die Last-Setzungskurven zwischen den beiden Grenzkurven, die in Abb. 191 dargestellt sind. Die Kurve in Abb. 191a ist typisch für Reibungspfähle in Kiesböden und für Spitzendruckpfähle, die ihre Belastung auf Sandschichten übertragen. Da die Setzungskurve mit zunehmender Belastung des Pfahles in eine geneigte Tangente übergeht, kann für die Grenztragfähigkeit kein genauer Wert angegeben werden. Die zulässige Belastung für solche Pfähle sollte nicht größer als die Hälfte derjenigen Last sein, die eine Eindringung von 5 cm hervorruft.

Die Last-Setzungskurven für Reibungspfähle weichen in ihrem Verlauf erheblich voneinander ab. Einen extremen Verlauf zeigt Abb. 191b. Der Probepfahl war 11,3 m durch weichen Schluff oder Ton mit Torfschichten gerammt worden. Die Spitze erreichte keine feste Schicht. Bei kleineren Lasten als 22 t waren die Setzungen des Pfahles unbedeutend, als die Belastung jedoch diese Größe erreichte, sank der Pfahl plötzlich mehrere Dezimeter ein. Er kam erst zur Ruhe, als die Plattform für die Belastung den Boden berührte. Die Zug-Hebungskurve, die ebenfalls in dieser Abbildung dargestellt ist, ähnelt der Last-Setzungskurve. Die zulässige Belastung kann für solche Pfähle gleich der durch einen Sicherheitsgrad von 2,5 geteilten Grenztragfähigkeit festgesetzt werden.

Grenztragfähigkeit von Pfahlgruppen. Sowohl die Theorie als auch Erfahrungen haben gezeigt, daß unter gesamten Pfahlgruppen ein Grundbruch eintreten kann, bevor die Belastung des Einzelpfahles die „zulässige Belastung" erreicht hat. Ein solcher Fall ist in Abb. 192 dargestellt. Deshalb muß die Berechnung der zulässigen Belastung ergänzt werden durch eine Berechnung der Grenztragfähigkeit der gesamten Pfahlgruppe.

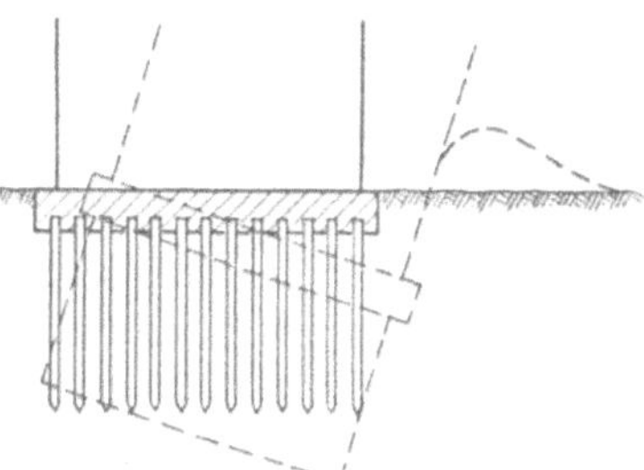

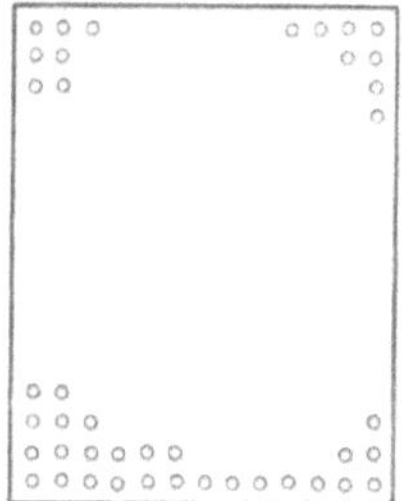

Abb. 192. Grundbruch unter einer gesamten Pfahlgründung unter Einschluß des zwischen den Pfählen befindlichen Bodens

Es sei

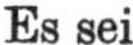

t = Einbindetiefe der Pfähle,

r = Radius des Kreises, der die Pfahlgruppe einschließt,

τ = mittlere Scherfestigkeit des Bodens pro Flächeneinheit zwischen der Oberfläche und der Tiefe t,

P_{gr} = Grenztragfähigkeit der Sohle eines zylindrischen Pfeilers mit dem Radius r und der Tiefe t. Diese Größe kann nach Gl. (29.8) ermittelt werden.

Wenn die Pfähle und die eingeschlossene Bodenmasse als Ganzes wie ein Pfeiler versinken, ist die Grenztragfähigkeit Q_c der Gruppe angenähert durch die Gleichung bestimmt

$$Q_c = P_{gr} + 2\pi r t \tau . \tag{56.3}$$

Berechnungen nach dieser Gleichung haben ergeben, daß der Grundbruch in der Regel nur eintreten kann, wenn die Pfahlgruppe aus einer großen Anzahl von Reibungspfählen besteht, welche in Schluff oder weichen Ton eingerammt sind, wie in Abb. 192 dargestellt ist, oder auch aus Spitzendruckpfählen, die ihre Last auf eine feste aber dünne Schicht übertragen, welche von einer dicken Schluff- oder weichen Tonschicht unterlagert wird. Eine Pfahlgruppe kann als sicher gegen einen solchen Grundbruch angesehen werden, wenn die gesamte entwurfsmäßige Belastung (Anzahl der Pfähle mal „zulässige Belastung" pro Pfahl) nicht größer als $Q_c/2$ ist. Ist diese Bedingung nicht erfüllt, muß der Entwurf der Gründung geändert werden.

Setzungen von Reibungs-Pfahlgründungen in Sand. Dichter Sand ist ein ausgezeichneter Baugrund, der keinerlei Verstärkung durch Pfähle erfordert. Wenn Pfähle aus irgendwelchen Gründen in dichten Sand eingerammt werden müssen, beispielsweise um das Gewicht eines Brückenpfeilers in eine unterhalb der tiefsten Auskolkung liegende Kote zu übertragen, ist es gewöhnlich notwendig, das Eindringen des Pfahles durch Spülen zu unterstützen. Daher betrachten wir in den folgenden Abschnitten nur Pfähle, die in lockeren Sand gerammt werden. Weiterhin nehmen wir an, daß der Sand, in den die Pfähle gerammt werden, nicht von irgendwelchen Schichten unterlagert ist, die stärker zusammendrückbar sind, als der Sand selbst.

Wenn alle anderen Bedingungen gleich sind, nimmt die Mantelreibung der Pfähle mit zunehmender Lagerungsdichte des Sandes zu. Während des Rammvorganges erhöht sich die Dichte des die Pfähle umgebenden Sandes. Großmaßstäbliche Versuche haben gezeigt, daß die durch das Rammen eines Pfahles verursachte Verdichtung die Tragfähigkeit jedes weiteren Pfahles beeinflußt, der sich innerhalb eines Abstandes von mindestens dem 5fachen Pfahldurchmesser befindet [*56.7*]. Infolgedessen wird, wenn nur ein Pfahl innerhalb einer Gruppe belastet ist, die Setzung unter einer bestimmten Belastung kleiner sein, wenn die Anzahl der Pfähle in der Gruppe groß ist, als wenn sie klein ist. Sind jedoch alle Pfähle belastet, nimmt die Setzung der Pfahlgruppe dagegen unter einer bestimmten Belastung pro Pfahl mit der Anzahl der Pfähle zu.

Die Grenztragfähigkeit von Pfählen wächst im Sand angenähert mit dem Quadrat der Einbindetiefe, während die Kosten für die Pfähle in einem viel kleineren Verhältnis mit der Tiefe zunehmen. Aus diesem Grund ist es wirtschaftlich, Pfähle in Sand so tief einzurammen, daß sie nur noch schwer und in geringem Maße ziehen. Die Zahl der Rammschläge je Eindringungsmaß, bis zu der das Rammen fortgesetzt werden muß, ist ohne Rücksicht auf andere Gesichtspunkte durch die Bedingung begrenzt, daß der Pfahl durch den Rammvorgang nicht beschädigt werden darf [*56.8*].

Der zweckmäßigste Abstand a zwischen den Mittelpunkten der Pfähle scheint bei einem Kopfdurchmesser von d etwa $3\,d$ zu sein. In Pfahlgruppen sollte jeder Pfahl solange gerammt werden, bis die Anzahl der Rammschläge je Eindringungsmaß gleich derjenigen ist, bei welcher das Rammen des Probepfahles abgebrochen wurde. Das Rammen muß vom Mittelpunkt der Pfahlgruppe nach außen fortschreiten, andernfalls können die inneren Pfähle nicht bis in die gleiche Tiefe gerammt werden wie die äußeren.

Nach dem Einrammen der Pfähle stellt jede Gruppe den Schaft eines Pfeilers aus verdichtetem Sand dar, der in lockeren Sand eingebettet ist. Wenn die Belastung je Pfahl einer solchen Gründung die „zulässige Belastung“ nicht überschreitet, wird die Setzung nicht größer als diejenige eines ähnlichen Bauwerkes sein, welches mit Einzelfundamenten auf dichtem Sand gegründet ist. Wenn die Sandschicht, in der sich die Pfähle befinden, jedoch Linsen oder Schichten von Schluff oder Ton enthält, können die Setzungen fast ebenso groß, wie die einer schwimmenden Pfahlgründung sein, weil der durch die Mantelreibung von den Pfählen auf diese Schichten übertragene Druck eine Konsolidierung derselben hervorrufen.

Setzung von Gründungen auf Spitzendruckpfählen. *Einleitung.* Gründungen auf Spitzendruckpfählen können je nach Art der tragenden Schicht in fünf Hauptgruppen eingeteilt werden. Die folgenden Fälle werden in besonderen Abschnitten behandelt:

1. Die Spitzen stehen auf gesundem Felsuntergrund.
2. Die Spitzen sind in zersetzten Fels eingerammt.
3. Die Spitzen sind in dichten Sand eingebettet, der durch gleichfalls unzusammendrückbare Schichten unterlagert wird.
4. Die Spitzen sind in steifen Ton eingebettet, der durch etwas stärker zusammendrückbare Schichten unterlagert wird.
5. Die Spitzen sind in eine Schicht von dichtem Sand oder steifem Ton eingebettet, die sich auf einer Schicht von weichem Ton befindet.

Die Spitzen stehen auf gesundem Felsuntergrund. Bei idealen Bedingungen verhalten sich Pfähle, die bis zum gesunden Felsuntergrund gerammt sind, wie Pfeiler. Ihre Setzungen sind nicht größer als die elastischen Verkürzungen der Pfähle. Wenn jedoch die Spitzen von Holzpfählen nicht genügend geschützt sind, werden sie leicht beschädigt, indem sie besenartig aufsplittern, wodurch die günstige Wirkung der Stützung auf eine feste Spitze verlorengeht. Wenn die Pfahlspitzen auf eine glatte, aber geneigte Felsoberfläche stoßen, können sie schräg abrutschen, ohne daß ihr zunehmendes Auswandern erkennbar wird. Wenn das Gewicht des Bauwerkes aufgebracht wird, kann die Abweichung weiter zunehmen und die Gründung fehlschlagen. Bei derartigen Verhältnissen sollten keine Holzpfähle verwendet werden. Sogar Stahlbetonpfähle können in solchen Fällen zu Bruch gehen.

Die Spitzen sind in zersetzten Fels eingerammt. Zersetzte Felsgesteine, besonders solche, die durch Metamorphose entstanden sind, können ebenso zusammendrückbar sein wie ein mittlerer Ton. Gewöhnlich enthalten sie jedoch Bruchstücke von ziemlich festem Gestein, die das Rammen der Pfähle durch die zusammendrückbare Zone beeinträchtigen. Bei diesen Verhältnissen lassen sich zuverlässige Angaben über die voraussichtlichen Setzungen nur durch die Entnahme ungestörter Bohrkerne aus dem zersetzten Material und durch eine Setzungsberechnung auf Grund von Konsolidierungsversuchen machen. Wenn anzunehmen ist, daß die Setzungen den zulässigen Wert überschreiten, muß irgendein Verfahren angewandt werden, um die Zone des zersetzten Gesteins zu durchfahren.

Die Pfahlspitzen sind durch zusammendrückbare Schichten in Sand eingerammt. In den vorstehenden Ausführungen über die Grenztragfähigkeit eines Einzelpfahles dieser Art wurde gezeigt, daß die Setzungen dieses Pfahles in erster Linie von dem Verhältnis zwischen Spitzenwiderstand und Pfahlbelastung abhängt. Die gleiche allgemeine Feststellung kann im Hinblick auf die Setzung der gesamten Gründung getroffen werden. Wenn die Belastung je Pfahl gleich dem Spitzenwiderstand oder geringer als derselbe ist, sind die Setzungen kaum von Bedeutung. Wenn sie dagegen größer ist, können die Setzungen groß und schädlich sein. Auf jeden Fall werden die mittleren Setzungen der Gründungen vielfach größer als die Setzungen eines Einzelpfahles unter der „zulässigen Belastung" sein. Diese Feststellungen lassen sich durch das folgende Beispiel erläutern:

Ein Etagenwohnhaus in Wien stand auf Streifenfundamenten von 1 m Breite, die auf Ortbetonpfählen gegründet waren, welche durch etwa 6 m dicke, lockere Auffüllung in ziemlich dicht gelagerten Kies heruntergeführt worden waren. Jeder Pfahl war mit 24 t belastet. Die Kurve C_0 in Abb. 193 b zeigt das Ergebnis der Probebelastung eines Einzelpfahles und C die Last-Setzungskurve für denselben Pfahl während der

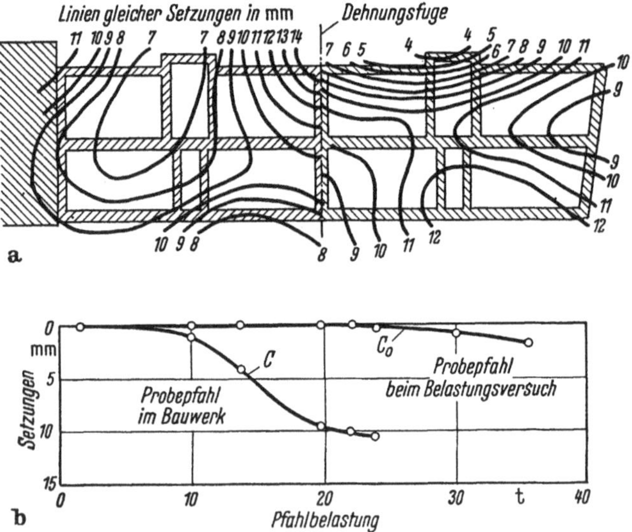

Abb. 193 a u. b. a) Linien gleicher Setzungen ein Jahr nach Fertigstellung eines Ziegelbauwerkes, das mit konischen Pfählen auf einer dichten Kiesschicht gegründet wurde; b) Last-Setzungskurve für einen Einzelpfahl bei der Probebelastung und bei der gleichen Last im Bauwerk

Bauzeit. Als die Belastung aus dem Gewicht des Bauwerkes den Endwert von 24 t erreichte, war die Setzung des Pfahles sehr viel größer als diejenige des gleichen Pfahles bei der Probebelastung. In Abb. 193a sind die Kurven gleicher Setzungen für die gesamte Gründung, 11 Wochen nach Fertigstellung des Bauwerkes, dargestellt. Das vollständige Fehlen einer Symmetrie läßt darauf schließen, daß der Sitz der Setzungen sich im oberen Teil der festen Schicht befindet und daß die Setzungen in erster Linie die örtlichen Unterschiede in der Zusammendrückbarkeit dieser Schicht widerspiegeln. Wenn die Mauern vollkommen biegsam gewesen wären, würden die Kurven gleicher Setzungen sich ohne Unterbrechung über die Dehnungsfugen in der Bauwerksmitte fortsetzen. Die Diskontinuitäten zeigen an, daß die Mauern als halbsteife Balken wirken, welche die weichsten Stellen in der tragenden Schicht überbrücken. Praktisch waren die Setzungen jedoch unerheblich, weil der größte Setzungsunterschied 1,3 cm nicht überschritt. Der Erfolg der Gründung war durch die Tatsache gewährleistet, daß die Belastung pro Pfahl kleiner war als der Spitzenwiderstand.

Bei dem im vorigen Abschnitt behandelten Beispiel war der Spitzenwiderstand groß, weil nur eine kleine Energiemenge beim Rammen durch die oberen weichen Schichten verbraucht wurde. Wenn einige der oberen Schichten dagegen sehr fest sind, wird der größte Teil der Rammenergie zur Überwindung der Mantelreibung verbraucht. Der Widerstand gegen jede weitere Eindringung nimmt außerordentlich stark zu, während der Spitzenwiderstand noch sehr klein ist. Zuverlässige Unterlagen über den Spitzenwiderstand solcher Pfähle lassen sich nur mit Hilfe von Probebelastungen von 2 Pfählen unterschiedlicher Länge gewinnen, wie bereits beschrieben wurde. Häufiger angewandt, aber weniger zuverlässig, ist das Verfahren der Ermittlung des Spitzenwiderstandes aus dem Rammprotokoll. Bei diesem Verfahren wird eine Pfahlformel verwendet, um die Grenztragfähigkeit des Pfahles aus der Eindringung unter dem letzten Rammschlag und aus der Eindringung pro Schlag unmittelbar bevor die Pfahlspitze in die tragende Schicht eindringt, zu berechnen. Der Spitzenwiderstand ist gleich der Differenz zwischen den so berechneten beiden Werten. Der bei diesem Verfahren begangene Fehler kann jedoch sehr groß sein, weil beide berechneten Werte alle Unsicherheiten einschließen, die mit der Anwendung einer Pfahlformel verbunden sind.

Wenn die Untersuchungen zeigen, daß der Spitzenwiderstand nicht ausreicht, kann er durch ein Verfahren vergrößert werden, das in den USA als *spudding* bezeichnet wird. Dieser Ausdruck bedeutet, daß ein Loch bis zur Oberfläche einer genügend tragfähigen Schicht vorgetrieben oder vorgebohrt wird. Nachdem das Loch fertiggestellt ist, wird der Pfahl eingeführt und gerammt. Dadurch wird die für das Einrammen der Pfahlspitze in die tragende Schicht verfügbare Energie vergrößert und infolgedessen auch der Spitzenwiderstand.

Wenn die Belastung je Pfahl nicht größer als $^2/_3$ des Spitzenwiderstandes ist, werden die Setzungen der Gründung nur unwesentlich sein, ganz gleich wie groß die Pfahlabstände sind. Ein Pfahlabstand von 3 d genügt allen praktischen Erfordernissen. Die mittleren Pfähle innerhalb einer Pfahlgruppe sollten zuerst gerammt werden, um sicherzustellen, daß ihre Spitzen genügend tief in die tragende Schicht eingerammt werden können.

Mancherorts ist der Felsuntergrund mit einer Verwitterungsschicht überdeckt, die aus unregelmäßig verteilten Linsen von Sand oder Kies im Wechsel mit Linsen von zusammendrückbaren Erdstoffen wie Ton oder mit Ton vermischtem Gesteinsschutt besteht. Diese Verwitterungsschicht ist von weichen Sedimenten überdeckt. Die üblichen Untersuchungsbohrungen müssen nicht immer ihre ungleichmäßige Zusammensetzung erkennen lassen. Beim Rammen eines Probepfahles treten jedoch die Unterschiede in der Beschaffenheit des Untergrundes hervor. Abb. 190b stellt beispielsweise die Eindringungswiderstandskurve in Abhängigkeit von der Tiefe für einen Pfahl dar, der durch Auffüllung und Torf in eine Sandschicht gerammt wurde, die Lagen und Linsen von Ton enthält. Die Kurve besteht aus geneigt verlaufenden Teilen wie ab, auf die vertikale Abschnitte folgen. Diese Unstetigkeitsstelle kann den Übertritt der Pfahlspitze aus einer festen Schicht in eine weiche Schluff- oder Tonschicht anzeigen. Wenn der Boden unterhalb von Punkt b dem darüber liegenden ähnlich wäre, würde die Kurve den gestrichelten Verlauf angenommen haben. Da die Tiefenwiderstandskurve verschiedene Stufen aufweist, hat die Pfahlspitze augenscheinlich verschiedene feste Schichten durchfahren, die mit weichen Schichten abwechseln. Ganz ähnliche plötzliche Übergänge können jedoch auftreten, wenn die Pfahlspitze aus dichten Sandschichten in lockere vordringt. Dieser Fall ist in Abb. 120 dargestellt. Wenn die einzelnen Pfähle einer Pfahlgruppe in einen sehr uneinheitlichen Untergrund gerammt werden, muß immer damit gerechnet werden, daß sie in sehr unterschiedlichen Tiefen stecken bleiben. So ist z.B. einer der beiden Pfähle, die in 75 cm Abstand voneinander in den in Abb. 120 dargestellten Baugrund gerammt wurden, in einer Tiefe von 18,3 m festgeworden, während der andere bis zu 25,9 m Tiefe gerammt werden konnte. Wenn der Boden zwischen den Spitzen von Pfählen mit sehr unterschiedlichen Längen nur aus lockerem Sand besteht, kann das Verhalten der Pfahlgruppe unter Belastung durchaus einwandfrei sein. Wenn er dagegen weiche Ton- oder Schlufflinsen enthält, können die Setzungen der auf den Pfählen gegründeten Fundamente unzulässig groß werden. Aus diesem Grund sollte in jedem Fall, wenn benachbarte Gründungspfähle in sehr unterschiedlichen Tiefen steckenbleiben, eine Bohrung in der Nähe abgeteuft werden, um die Ursache dieses Unterschiedes festzustellen. Ergibt die Bohrung, daß der Boden Linsen von hochzusammendrückbarem Material in größerer Tiefe enthält, als die der Spitze des kürzesten Pfahles, muß die Einbindetiefe aller Pfähle bis zur Sohle der Zone, in welcher sich die Linsen und Nester befinden, vergrößert werden. Wenn dies nicht durch Spülen zu erreichen ist, muß das „spudding"-Verfahren angewandt werden. Alle Pfähle, welche in geringerer Tiefe als in derjenigen der tiefsten weichen Einlagerung steckenbleiben, sollten gezogen werden oder statisch außer Ansatz bleiben und durch hinreichend lange Pfähle ersetzt werden.

In Überschwemmungsgebieten und an der Meeresküste wird vor der Ausführung von Pfahlgründungen oft eine Auffüllung auf der Baustelle für das geplante Bauwerk aufgeschüttet. Wenn der Untergrund aus lockerem Sand oder anderen stark durchlässigen und relativ wenig zusammendrückbaren Erdstoffen besteht, kann die Wirkung der Auffüllung auf die Pfähle unberücksichtigt bleiben. Wenn der Untergrund dagegen weiche Schluff- oder Tonschichten enthält, vergrößert das Vorhandensein der Auffüllung die Belastung der Pfähle erheblich und verursacht infolgedessen einen Setzungszuwachs. Diese Tatsache wurde zuerst in Holland erkannt, wo viele im Küstengebiet befindliche Gebäude auf Spitzendruckpfählen stehen, die durch etwa 18 m dicke, sehr weiche Schichten gerammt sind und in einer Sandschicht festwurden. Überall dort, wo die Baustelle mit einer dicken Schicht von aufgefüllten Massen bedeckt war, die kurz vor dem Rammen der Pfähle aufgebracht worden war, stellte man fest, daß sich die auf den Pfählen gegründeten Gebäude unzulässig stark setzten. Nachdem dieser Sachverhalt erkannt war, wurde die Ursache der Setzungen erklärlich.

Bevor diese Pfähle gerammt wurden, konsolidierte die zusammendrückbare Schicht allmählich unter dem Gewicht der neu aufgebrachten Auffüllung und die Auffüllung setzte sich. Sobald die Pfähle eingerammt wurden, konnten sich die aufgefüllten Massen innerhalb des oberen Teiles der Pfahlgruppen nicht mehr frei setzen, weil die Wandreibung zwischen der Auffüllung und den Pfählen ihrer abwärts gerichteten Bewegung entgegenwirkte. Es genügte eine kleine abwärts gerichtete Bewegung der Auffüllung gegenüber den Pfählen, um das Gewicht der gesamten, innerhalb der Pfahlgruppen befindlichen aufgefüllten Massen auf die Pfähle zu übertragen. Wenn F die Fläche in einem horizontalen Schnitt innerhalb der Umgrenzungslinie eines Pfahles ist, n die Anzahl der Pfähle, h die Dicke der Auffüllung und γ ihr Raumgewicht, ist die Last Q', welche infolge des Gewichtes der innerhalb des Pfahlbündels befindlichen Auffüllung auf jeden Pfahl wirkt

$$Q' = \frac{F}{n} \gamma h . \tag{56.4}$$

In den Zwischenräumen zwischen den Pfahlgruppen, erzeugt das Gewicht der Auffüllung allmählich zunehmende Setzungen. Wenn die Pfahlgruppen aus Spitzendruckpfählen bestehen, nehmen die Pfähle nicht an der abwärtsgerichteten Bewegung teil und der die Pfahlgruppe umgebende

Boden bewegt sich infolgedessen in bezug auf die Pfahlgruppen nach unten. Er sucht jede Pfahlgruppe mit nach unten zu ziehen.

Dieser Zug nimmt mit fortschreitender Konsolidierung des die Pfahlgruppe umgebenden Bodens zu. Er hängt von der Größe des Betrages ab, um den sich die Oberfläche des Bodens setzt, ist fast Null bei sehr kleinen Setzungen und wächst mit größer werdenden Setzungen. Er kann nicht größer werden als das Produkt aus der Dicke h der sich setzenden Schicht, dem Umfang U der Pfahlgruppe und der mittleren Scherfestigkeit τ des Erdstoffes. Wenn n die Anzahl der Pfähle in der Pfahlgruppe ist, ergibt sich der Maximalwert der Zugkraft zu

$$Q''_{\max} = \frac{U h \tau}{n}. \tag{56.5}$$

Die wirkliche Größe Q'' liegt zwischen Null und $Q''_{\max}$. Beim gegenwärtigen Stand unserer Kenntnisse kann sie nur abgeschätzt werden.

Die durch Q und Q'' hervorgerufenen Kräfte werden als *negative Mantelreibung* bezeichnet. Mit größer werdendem Abstand zwischen den Pfählen nehmen sowohl Q' als auch Q'' zu. Um die Wirkung der negativen Mantelreibung zu verringern, sollte daher der Pfahlabstand auf 2,5 d vermindert werden, das mit den praktischen Erfordernissen zu vereinbarende Minimum.

Wenn Q die Belastung pro Pfahl ist, die von einem auf Pfählen gegründeten Bauwerk ausgeübt wird, wobei diese durch eine frische Auffüllung und weichen Ton in eine Sandschicht gerammt sind, werden die unteren Enden der Pfähle eine Gesamtlast

$$Q_t = Q + Q' + Q'' \tag{56.6}$$

erhalten. Ist diese Last größer als der Spitzenwiderstand des Pfahles, können die Setzungen der Gründung unzulässig groß werden, ohne Rücksicht darauf, welche Grenztragfähigkeit eine Probebelastung ergeben hat. Wenn eine Gründung auf Spitzendruckpfählen auf einer Baustelle mit einer frischen Auffüllung ausgeführt werden soll, muß daher sowohl der Spitzenwiderstand als auch der Wert Q_t nach Gl. (56.6) ermittelt werden.

Die Pfahlspitzen sind durch eine zusammendrückbare Schicht in steifen Ton gerammt. Unter diesen Verhältnissen wird der größte Teil der Pfahllast ausschließlich von den Spitzen getragen. Hierdurch entsteht um jede einzelne Pfahlspitze herum eine große Konzentration der Spannungen im Ton. Die Ergebnisse der Probebelastung eines Einzelpfahles können vollkommen zufriedenstellend ausfallen, weil der größte Teil der Belastung während des Versuches von der Mantelreibung aufgenommen wird und die Konsolidierung des Tons in der Nähe der Pfahlspitze sich außerdem sehr langsam entwickelt. Im Laufe der Zeit können die Setzungen durch diese Konsolidierung jedoch sehr groß werden. Um zuverlässige Unterlagen hierüber zu erhalten, ist es ratsam, ein Stahlrohr mit einer lose angebrachten konischen Spitze durch die weiche Schicht in den steifen Ton einzurammen und eine Probebelastung auszuführen, indem ein Stab in das Rohr eingeführt wird, der die Belastung direkt auf die Spitze überträgt. Der Durchmesser des Rohres sollte etwa gleich demjenigen des unteren Endes der vorgesehenen Pfähle sein. Die Spitze sollte am besten aus einem durchlässigen Material, beispielsweise aus einem porösen, künstlichen Stein bestehen. Man sollte die Belastungen mindestens einen Monat lang auf die Spitze wirken lassen. Die Setzungen müssen während der ersten Woche einmal täglich und danach zweimal wöchentlich gemessen werden. Der Verlauf der Zeitsetzungskurve, die man durch Auftragen der Setzungswerte erhält, ermöglicht wenigstens eine angenäherte Abschätzung der endgültigen Setzungen des Pfahles.

Der Pfahlabstand sollte mindestens 3 d betragen, um den Ton, der hier als tragende Schicht wirkt, so wenig wie möglich zu stören. Besser ist ein Abstand von 3,5 d. Der Unterschied zwischen der Endsetzung eines einzelnen Probepfahles und derjenigen der gesamten Pfahlgründung ist wahrscheinlich nicht erheblich.

Wenn das Gelände, in dem die Gründung durchgeführt werden soll, mit einer Aufschüttung überdeckt worden ist, sollte die Gründung mit Rücksicht auf die negative Mantelreibung für eine Belastung Q_t pro Pfahl nach Gl. (56.6) berechnet werden.

Die Spitzen befinden sich in einer festen Schicht, die von weichem Ton unterlagert wird. Wenn die tragende Schicht, beispielsweise eine dicke Schicht von dichtem Sand, über einer weichen Tonschicht liegt, bestehen die Setzungen der Pfahlgründung aus zwei Teilen. Der erste entspricht der Setzung, die eintreten würde, wenn die Sandschicht nicht von zusammendrückbarem Material unterlagert wäre. Die Faktoren, welche diesen Teil der Setzungen bestimmen, sind in den vorangehenden Abschnitten behandelt worden. Der zweite Teil ist auf die allmähliche Konsolidierung der zusammendrückbaren Schicht unter derjenigen, in welcher die Pfahlspitzen sich befinden, zurückzuführen. Während der erste Teil vernachlässigt werden kann, sofern die Pfahlgründung sorgfältig entworfen ist, kann der zweite sehr groß und schädlich sein. Diese Gefahr ist selbst in den letzten Jahren noch oft übersehen worden.

In einem Fall sind etwa 5000 Holzpfähle von 24,4 m Länge durch eine Auffüllung und durch 15 bis 20 m lockeren Feinsand, der dünne Schichten von Schluff und weichen Ton enthält, bis zum Festsitzen in dichtem Sand gerammt worden. Die Pfähle waren in Gruppen angeordnet und durch Bankette am Kopf gefaßt. Die Belastung pro Pfahl betrug etwa 16 t, dies war weniger als ein Viertel der durch Probebelastungen ermittelten Grenztragfähigkeit. Es war vorausgesagt worden, daß keine meßbare Setzung eintreten würde. Tatsächlich setzte sich die Gründung jedoch mehr als

60 cm. Der Sitz der Setzungen war eine 9 m dicke Tonschicht, die sich 7,6 m unter den Spitzen der längsten Pfähle befand. Der natürliche Wassergehalt des Tons lag nahe an der Fließgrenze.

Die Setzungen einer Pfahlgründung infolge der Konsolidierung einer weichen Schicht, die unterhalb der tragenden Schicht liegt, können nach dem in den Abschn. 13 und 36 angegebenen Verfahren unter der Annahme berechnet werden, daß das Bauwerk vollkommen nachgiebig ist und daß die Lasten unmittelbar auf die Oberfläche der tragenden Schicht wirken.

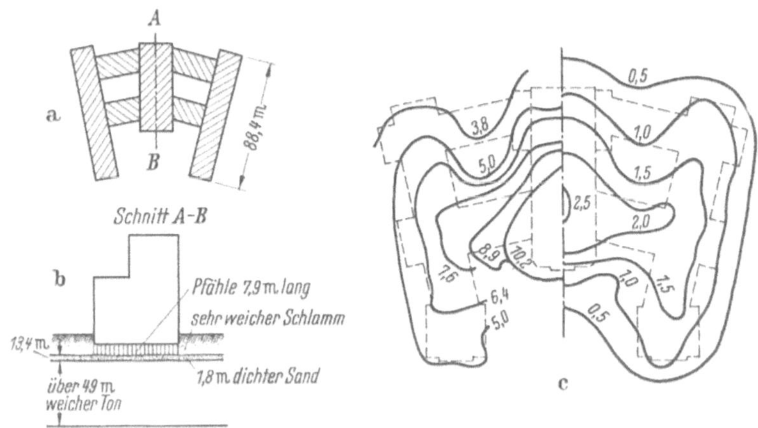

Abb. 194 a–c. a) und b) Grundriß und Querschnitt eines Bauwerkes, das mit Rammpfählen auf einer dichten Sandschicht über einer Tonschicht großer Mächtigkeit gegründet wurde; c) Linien gleicher Setzungen des Gebäudes. Die Setzungslinien auf der linken Seite geben die gemessenen Setzungen in Zoll bei Bauende an und die auf der rechten Seite die auf Grund von Kompressionsversuchen errechneten Setzungen

Die wirksame Last, welche die Konsolidierung verursacht, ist gleich der Differenz zwischen der gesamten wirksamen Last aus dem Bauwerk und dem wirksamen Gewicht des ausgehobenen Bodens (vgl. Abschn. 55). Die Zuverlässigkeit dieser Berechnungsannahmen geht aus Abb. 194 hervor. Abb. 194a und b stellen einen vereinfachten Grundriß und vertikalen Schnitt eines Stahlskelettbaues mit Werksteinverblendung dar. Das Bauwerk ist auf etwa 10000 Holzpfählen von 8 m Länge gegründet, die so tief eingerammt sind, daß ihre Spitzen im oberen Teil einer dichten Sandschicht zum Tragen kamen. Die Belastung je Pfahl beträgt 15 t. Da die mittlere Setzung des Probepfahles bei 30 t nur 0,6 cm betrug, erwartete man, daß die maximale Setzung der gesamten Pfahlgründung diesen Wert nicht überschreiten würde. Die tatsächliche maximale Setzung betrug jedoch schon 2 Jahre nach Bauende mehr als 30 cm. Die beobachteten Setzungen am Ende der Bauzeit sind als Linien gleicher Setzungen auf der linken Seite der Abb. 194c aufgetragen. Die rechte Seite zeigt Linien gleicher Setzungen, die als Teile der maximalen Setzungen eingezeichnet sind. Trotz der vereinfachenden Annahmen für die Berechnungen stimmen die errechneten differentialen Setzungen gut mit den eingetretenen Setzungen überein. Nach den Ergebnissen der Setzungsberechnungen werden die endgültigen maximalen Setzungen etwa 45 cm betragen; die tatsächlichen Setzungen werden infolge des sekundären Zeiteffektes (Kap. 14) erheblich größer werden.

Um Unterlagen über die Größe der Setzungen infolge der Konsolidierung zusammendrückbarer Schichten unterhalb der Pfahlspitzen zu erhalten, müssen die üblichen Untersuchungsbohrungen zumindest durch einige Bohrungen mit Entnahme von fortlaufenden Bohrkernen in Entnahmerohren aus allen stark zusammendrückbaren Schichten ergänzt werden. Wenn eine genaue Setzungsvoraussage verlangt wird, müssen auch Bohrungen mit Entnahme ungestörter Proben ausgeführt werden. Das Programm für die Untersuchung der Proben und das Berechnungsverfahren stimmen mit dem in Abschn. 55 für die Setzungen von Plattengründungen auf weichen Tonschichten beschriebenen überein. Wenn die Berechnung ergibt, daß die Setzungen den zulässigen Wert überschreiten können, müssen andere Gründungsverfahren in Betracht gezogen werden. Ergibt die Berechnung dagegen, daß die Setzungen in Kauf genommen werden können, kann der Abstand zwischen den Pfählen nach denselben Regeln festgelegt werden, die für Gründungen auf Spitzendruckpfählen in Sand angewendet werden.

Nachrammen von Spitzendruckpfählen. Wenn ein Pfahl durch Schluff oder Ton gerammt wird, können sich die benachbarten Pfähle um mehrere Zentimeter heben und ihre Spitzen den Kontakt mit dem tragenden Boden verlieren. Eine spätere Belastung dieser Pfähle verursacht Setzungen in der Größe der vorangegangenen Hebungen. Wenn die Baugrundverhältnisse das Auftreten von Hebungen befürchten lassen, sollten daher Meßpunkte an den Pfahlköpfen befestigt und von Zeit zu Zeit mit Hilfe eines Nivellierinstrumentes beobachtet werden. Wird eine Hebung festgestellt, sind die Pfähle nachzurammen, bevor die Fundamente hergestellt werden.

Setzungen schwimmender Pfahlgründungen. In einigen weichen Bodenarten lassen sich Pfähle beliebiger Art bis in große Tiefen einrammen, ohne auf merklichen Widerstand gegen weiteres Eindringen zu stoßen. Die Rammdiagramme solcher Pfähle ähneln dem Diagramm der Abb. 190d. Bei solchen Verhältnissen muß eine schwimmende Pfahlgründung ausgeführt werden, bei der die Mindestlänge der Pfähle nicht durch einen deutlichen Widerstand gegen weitere Eindringung unter den Rammschlägen bestimmt ist, sondern durch die Forderung, daß der Sicherheitsgrad der Pfahlgruppe gegen Grundbruch mindestens 2 oder 3 sein sollte. Die Grenztragfähigkeit Q_c jeder Gruppe kann mit Gl. (56.3) ermittelt werden. Die Größe von τ in dieser Gleichung läßt sich am besten dadurch ermitteln, daß verschiedene Probepfähle unterschiedlicher Länge bis zum Versinken belastet werden. Bevor die Berechnung durchgeführt werden kann, muß jedoch über den Abstand der Pfähle entschieden werden.

Nach Gl. (56.3) nimmt die Tragfähigkeit einer Gruppe von Reibungspfählen mit wachsendem Pfahlabstand zu. Weiterhin nimmt bei gegebener Last pro Pfahl die Setzung einer Pfahlgruppe, welche aus einer bestimmten Anzahl Pfähle besteht, bei größer werdenden Pfahlabständen ab. Daher scheint es, als ob ein ziemlich großer Pfahlabstand vorteilhaft sei. Bisher liegen jedoch noch wenige Erfahrungswerte über den Einfluß der Abstände auf die Setzung vor. Im Jahre 1915 wurden 2 Gruppen von Reibungspfählen in weichem Schluffton mit 240 t pro Gruppe belastet [*56.9*]. Jede Gruppe bestand aus 16 Pfählen von 23,5 m Länge. In der einen hatten die Pfähle 0,76 m Abstand und in der anderen 1,06 m. Nach 40 Tagen hatten sich beide Gruppen um 11,5 cm gesetzt, nach 270 Tagen betrug die Setzung der Gruppe mit dem engeren Abstand 30 cm und diejenige der anderen Gruppe nur 20,3 cm. Sofern ein solcher Vorteil durch die Herstellung von viel breiteren Fundamenten erkauft werden muß, ist es zweifelhaft, ob ein Pfahlabstand über 3,5 d hinaus wirtschaftlich ist.

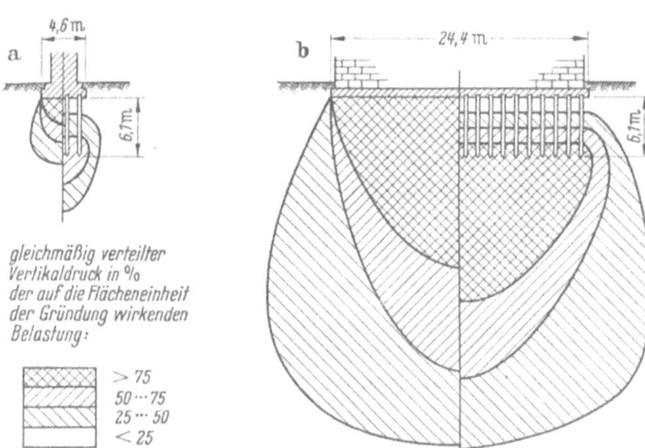

Abb. 195 a u. b. Vertikaldruck im Baugrund unter Reibungspfahlgründungen bei gleichbelasteten Pfählen gleicher Länge wenn a) die Breite der Gründung klein ist im Vergleich zur Pfahllänge; b) die Gründungsbreite im Vergleich zur Pfahllänge groß ist

Wenn die Anzahl der Pfähle innerhalb einer Gruppe bei bestimmtem Pfahlabstand und bestimmter Belastung pro Pfahl vergrößert wird, nimmt sowohl die Höhe der größten Spannung im Boden als auch die Ausdehnung der durch Spannungen hoch beanspruchten Zone nach der Tiefe zu. Man kann dies in den Abb. 195a und b durch einen Vergleich der rechten Seite erkennen. Infolgedessen ist die Setzung eines auf Pfählen gegründeten Fundamentes großer Grundfläche größer als diejenige eines schmaleren Fundamentes auf gleich hoch belasteten Pfählen derselben Länge und Einbindetiefe. Ähnlich nimmt die Setzung einer Gründung bestimmter Flächengröße und bestimmter Belastung mit zunehmender Länge der Pfähle ab, trotz der Tatsache, daß weniger Pfähle zur Aufnahme der Last gebraucht werden. Diese Schlußfolgerungen werden durch Erfahrungen bestätigt, die überall gewonnen werden konnten, wo die Baugrundverhältnisse eine schwimmende Pfahlgründung erfordern [*56.10*].

Auf der linken Seite der Abb. 195a und b ist die Größe und Verteilung der Spannungen im Boden unter der Annahme, daß keine Pfähle vorhanden sind, dargestellt. Die Endsetzung der Pfahlgründungen auf der rechten Seite der Skizzen können angenähert unter der folgenden vereinfachenden Annahme ermittelt werden. Oberhalb einer Horizontalen durch den unteren Drittelspunkt der Pfähle möge der Wassergehalt des Tons unverändert bleiben, und unterhalb derselben soll der Boden so konsolidieren, als wenn das Bauwerk in dieser Tiefe auf einer biegsamen Platte gegründet wäre. Das Vorhandensein der Pfähle bleibt unberücksichtigt. Nach dieser Annahme ist der durch die Pfähle erzielte Vorteil mit dem Ersatz der Bodenmassen von der Gründungssohle der Fundamente bis zu einer Tiefe von $^2/_3$ der Pfahllänge durch praktisch unzusammendrückbares Material gleichzusetzen. Wenn diese Tiefe ein Vielfaches der Breite der Fundamente beträgt und die Fundamente große Abstände haben, wird die Setzung der Pfahlgründung gering sein, wie schlecht der Baugrund auch sein mag. Wenn die Tiefe dagegen wesentlich geringer ist als die Breite der Lastfläche und die Lastfläche groß ist, können die Endsetzungen selbst unter mäßigen Lasten außerordentlich groß sein. Diese Schlußfolgerungen sind im vollen Umfang durch Erfahrungen bestätigt worden. Weiterhin haben sowohl Erfahrungen als auch theoretische Überlegungen gezeigt, daß Plattengründungen auf einheitlich belasteten und mit gleichen Abständen angeordneten Reibungspfählen ähnlich wie einfache Plattengründungen stets dazu neigen, sich zu einer flachen Schüssel zu verformen.

Wenn das Bauwerk einen Keller besitzt, ist die setzungserzeugende Last gleich der Differenz zwischen dem effektiven Gebäudegewicht und dem effektiven Gewicht des Bodens, der für die Unterkellerung ausgeschachtet wurde (s. Abschn. 55).

Einflußformeln für Pfahlgruppen. Die vorstehenden Ausführungen haben gezeigt, daß die Setzung einer Pfahlgründung in keiner irgendwie gearteten Beziehung steht zu der Setzung eines Einzelpfahles unter einer Belastung, die gleich der Last jedes Pfahles in der Gründung ist. Die zunehmende Erkenntnis dieser Tatsache hat zu verschiedenen Versuchen Anlaß gegeben, den Einfluß der Zahl und der Pfahlabstände auf die Setzungen der Gründungen durch sog. *Einflußformeln für Pfahlgruppen* zu erfassen [*56.4, 56.11, 56.12*]. Die außerordentliche Verschiedenartigkeit der Böden, denen man in der Praxis der Pfahlgründungen begegnet, schließt die Möglichkeit der Aufstellung einer begrenzten Anzahl von genügend genauen Einflußformeln allgemeiner Gültigkeit jedoch praktisch aus. Der Einfluß der Anzahl und des Abstandes der Pfähle auf das Verhältnis zwischen der Setzung eines Einzelpfahles unter einer bestimmten Last und derjenigen einer Pfahlgruppe unter derselben Last pro Pfahl, hängt weitgehend vom Aufbau des Baugrundes und den Eigenschaften der Bodenschichten ab. Weiterhin ändert sich das Verhältnis bei gegebener Länge und gegebenem Abstand der Pfähle erheblich mit der Belastung pro Pfahl. Trotzdem werden diese ausschlaggebenden Faktoren in keiner der vorhandenen Einflußtheorien genügend berücksichtigt. In Anbetracht der großen Anzahl und Verschiedenartigkeit dieser maßgebenden Faktoren erscheint es sehr zweifelhaft, ob die Einflußformeln einen wirklichen Fortschritt darstellen.

Beim gegenwärtigen Stand unserer Kenntnisse und voraussichtlich noch viele Jahre hindurch erscheint es richtiger, jeden Fall induviduell zu betrachten und die voraussichtlichen Setzungen einer geplanten Pfahlgründung auf Grund der physikalischen Eigenschaften der Bodenschichten zu erfassen, auf welche die Last durch die Pfähle übertragen wird. Beispiele für die Anwendung dieses Verfahrens sind in den vorstehenden Abschnitten dargelegt. Wenn die voraussichtliche Setzung den zulässigen Höchstwert überschreitet, muß der Entwurf abgeändert werden. Die größte zulässige Setzung von Pfahlgründungen ist durch die gleichen Faktoren, welche für die zulässige Setzung von Einzel- und Plattengründungen ausschlaggebend sind, bestimmt (Abschn. 54 und 55).

Wenn die Lastverteilung auf der Grundfläche des Bauwerkes sehr ungleich ist, können die sekundären Spannungen im Bauwerk infolge ungleicher Setzungen dadurch, daß das Bauwerk in Blöcke aufgeteilt wird, die voneinander durch durchgehende vertikale Fugen getrennt sind, erheblich vermindert werden.

Wahl der Art der Pfähle. Der Entwurfsbearbeiter für eine Pfahlgründung kann unter mehreren verschiedenen Pfahlarten wählen, von denen jede für die geplante Gründung geeignet sein kann. Für die endgültige Wahl sind zumeist wirtschaftliche Gesichtspunkte maßgebend, sowie die durch die besonderen Verhältnisse des Bauvorhabens auferlegten Bedingungen.

Bis zum Ende des vorigen Jahrhunderts wurden fast ausschließlich unbearbeitete Holzpfähle verwendet. Diese Pfahlart ist verhältnismäßig billig, aber sie hat zwei Nachteile. Erstens muß ein Holzpfahl unterhalb des tiefstens Wasserspiegels abgeschnitten werden. Wenn der Wasserspiegel infolge einer dauernden Veränderung der Grundwasserverhältnisse später sinkt, zersetzen sich die darüberhinausragenden Teile der Pfähle in relativ kurzer Zeit. Zweitens kann ein Holzpfahl brechen, wenn er zu hart gerammt wird, auch wenn die vorangehenden Pfähle nichts ungewöhnliches gezeigt haben [*56.8*]. Die Gefahr des Verfaulens läßt sich durch Imprägnieren mit Holzschutzmitteln vermindern, dagegen kann das Bruchrisiko nur dadurch herabgesetzt werden, daß man mit dem Einrammen des Pfahles schon aufhört, wenn seine Tragfähigkeit noch verhältnismäßig niedrig ist. Da Beton- oder Stahlpfähle ohne die Gefahr eines Bruches härter gerammt werden können als Holzpfähle, ist die zulässige Belastung für solche Pfähle bedeutend größer als die von Holzpfählen. In der Praxis wird dieser Tatsache durch die Werte für die üblicherweise den verschiedenartigen Pfählen zugemuteten Belastung Rechnung getragen. Diese Werte sind in Tab. 25 wiedergegeben.

Tabelle 25. Übliche Pfahlbelastungen für Entwürfe

Pfahlart	zulässige Belastung (*t*)
Holzpfähle	15–25
Verbundpfähle	20–30
Ortbetonpfähle	30–40
Fertigbetonpfähle	30–45
I-Stahlpfähle	30–45

Obgleich die „zulässige Belastung“ für verschiedenartige Pfähle unterschiedlich ist, ist der Pfahlabstand bei allen Pfahlarten praktisch derselbe. Aus diesem Grund sind die Bankette zur Übertragung einer bestimmten Last auf Holzpfähle beträchtlich breiter und teurer als Bankette mit gleicher Belastung, die auf Beton- oder Stahlpfählen gegründet sind. Weiterhin kann die Sohlfläche von Banketten auf Beton- oder Stahlpfählen in jeder gewünschten Tiefe angeordnet werden, während diejenige von Banketten auf Holzpfählen unterhalb der tiefsten Lage des Wasserspiegels liegen muß. Diese Vorteile gleichen in vielen Fällen die Tatsache aus, daß die Kosten eines Beton- oder Stahlpfahles ein Vielfaches derjenigen eines Holzpfahles betragen.

Vor Beginn des 20. Jahrhunderts waren alle Betonpfähle Fertigbetonpfähle. In dem folgenden Jahrzehnt fanden Ortbetonpfähle eine weite Verbreitung und die Herstellung von Betonpfählen entwickelte sich zu einer hochspezialisierten Industrie. In der Folgezeit ist auch der Profilstahl in dieses Arbeitsgebiet eingedrungen. Die Pfahlarten, unter denen der Entwurfsbearbeiter wählen kann, unterscheiden sich in der Art ihres Einbringens, ihrer Form, der Beschaffenheit ihrer Oberfläche und in verschiedener anderer Hinsicht. Fast jede Pfahlart hat Eigenschaften, die sie bei bestimmten Baugrundverhältnissen als besonders geeignet erscheinen lassen und bei anderen als wenig geeignet oder unbrauchbar. Wenn beispielsweise anzunehmen ist, daß die Pfähle ihre Last durch Mantelreibung übertragen werden, sind konische Pfahlarten den prismatischen vorzuziehen und Pfähle mit Fußverbreiterung sind überhaupt unbrauchbar. Wenn dagegen zu erwarten ist, daß die Pfähle durch Spitzenwiderstand tragen werden, bieten konische Pfähle keine Vorteile. Die beste Lösung werden Pfähle mit Fußverbreiterung sein, soweit andere Arten nicht wirtschaftlicher sind. In Anbetracht der in der Praxis anzutreffenden vielfältigen Baugrundverhältnisse, bietet jede große Pfahlfirma ihren Kunden verschiedene, sehr unterschiedliche Pfahlarten an.

Die Wahl der Pfahlart kann auch durch besondere Anforderungen beeinflußt werden, welche dem Entwurfsbearbeiter durch die Eigenart des Bauvorhabens auferlegt werden. Fertigbetonpfähle erfordern schwere Pfahlrammen mit Rammgerüsten, die hoch genug sind, um die längsten Pfähle auf der Baustelle aufstellen zu können. Sie verlangen auch einen großen freien Platz für die Herstellung derselben. Wenn diese Erfordernisse nicht erfüllt werden können, muß auf die Verwendung von Fertigpfählen verzichtet werden. Können aus irgendwelchen Gründen Erschütterungen durch das Pfahlrammen nicht geduldet werden, muß ein Pfahl verwendet werden, der heruntergepreßt oder in anderer Weise in ein Bohrloch eingebracht wird.

Diese und ähnliche Faktoren müssen bei jeder Pfahlgründungsarbeit vom Entwurfsbearbeiter beachtet werden. Die richtige Wahl einer Pfahlart erfordert Urteilsvermögen, Erfahrungen über Pfahlrammungen und eine gründliche Kenntnis der in diesem Kapitel behandelten Grundsätze.

Zusammenfassung der Grundsätze für den Entwurf und die Ausführung von Pfahlgründungen. Beim Entwurf einer Pfahlgründung ist zunächst die Wahl der Art und der Länge der Pfähle, des Pfahlabstandes und der „zulässigen Belastung" je Pfahl notwendig.

Für die Wahl der Pfahlart sind vorwiegend wirtschaftliche und praktische Gesichtspunkte maßgebend. Bei Spitzendruckpfählen verschiedener Art sollte die Auswahl nach dem Spitzenwiderstand und nicht nach der gesamten Grenztragfähigkeit erfolgen. Die Länge von Spitzendruckpfählen ist durch die Lage der tragfähigen Schicht bestimmt. Reibungspfähle sollten in jeder Bodenart so lang gemacht werden, wie es wirtschaftlich vertretbar ist. Mit zunehmender Länge von Reibungspfählen vermindert sich die Anzahl der Pfähle, die zur Aufnahme einer bestimmten Last erforderlich ist, nimmt die Grenztragfähigkeit der gesamten Pfahlgründung zu und die Setzung ab.

Der Abstand a der Mittelpunkte von Holzpfählen, deren Pfahldurchmesser am dicken Ende d ist, sollte etwa den folgenden Regeln entsprechen: Bei Spitzendruckpfählen, die bis zum Fels gerammt sind oder die durch weiche Tonschichten kurz nachdem die Geländeoberfläche aufgefüllt worden ist, bis in Sand gerammt wurden, sollte $a = 2{,}5\, d$ sein. Bei Spitzendruckpfählen, die durch wenig zusammendrückbare Schichten in dichten Sand und bei Reibungspfählen, die in lockeren Sand gerammt werden, sollte $a = 3\, d$ sein. Bei Spitzendruckpfählen, die bis zum Festsitzen in steifen Ton gerammt werden und bei Reibungspfählen in weichem Ton, ist $a = 3\,d$ bis $3{,}5\,d$ zu empfehlen.

Die „zulässige Belastung“ kann entweder mit Hilfe einer Pfahlformel oder durch eine Probebelastung ermittelt werden. Das Probebelastungsverfahren ist genauer. Eine Pfahlgründung ist jedoch selbst dann nicht unbedingt sicher bemessen, wenn die Belastung pro Pfahl geringer als die „zulässige Belastung“ ist. Sie kann sich zu stark setzen oder, wenn es sich um eine schwimmende Pfahlgründung handelt, kann sie als Ganzes durch einen Grundbruch versagen. Um diese Gefahren zu vermeiden, muß das Verhalten der Pfahlgruppe untersucht werden.

Der Versuch, das Zusammenwirken der Pfahlgruppe durch Einflußformeln zu berechnen, führt in der Regel zu Fehlern. Für alle vorhandenen Formeln wird behauptet, daß sie innerhalb weiter Grenzen gültig seien; die Vielfältigkeit der tatsächlichen Baugrundverhältnisse schließt jedoch die Möglichkeit aus, daß eine jede dieser Gleichungen über einen begrenzten Bereich hinaus allgemein anwendbar ist. Aus diesem Grund sollte man keine Einflußformeln anwenden. Allgemeine Hinweise für die Beurteilung des Verhaltens von Pfahlgruppen in Abhängigkeit von den Baugrundverhältnissen sind in den Ausführungen angegeben worden.

Spitzendruckpfähle, die durch sehr zusammendrückbare Schichten in Sand gerammt sind, können sich erheblich setzen, wenn die Last je Pfahl nicht wesentlich kleiner als der Spitzenwiderstand ist. Wird ein großer Teil der Energie der Rammschläge durch die Mantelreibung in den obersten Schichten aufgebraucht, kann der Spitzenwiderstand kleiner als die „zulässige Belastung“ sein. Im Zweifelsfall sollte der Spitzenwiderstand ermittelt werden. Wenn die einzelnen Pfähle der Spitzenpfahlgruppen in sehr unterschiedlichen Tiefen fest werden, sollte eine Bohrung in der Nähe jeder Gruppe ausgeführt werden, um die Ursache dieser Unterschiede festzustellen. Ergibt die Bohrung, daß der Boden, welcher sich in den Schichten zwischen den Spitzen der kürzesten und der längsten Pfähle befindet, Linsen oder Einschlüsse von weichem Ton oder Schluff enthält, sollten nur diejenigen Pfähle in Rechnung gestellt werden, die bis unter die Sohle der tiefsten Linse reichen. Die anderen sollten unberücksichtigt bleiben und durch zusätzliche Pfähle ersetzt werden, die durch Spülen oder Vorbohren bis in die notwendige Tiefe gerammt werden sollten.

Spitzenpfahlgruppen, welche durch Tonschichten gerammt sind, die durch frisch geschüttete Auffüllung belastet sind, werden nicht nur durch das Gewicht des Bauwerkes, sondern auch durch das Gewicht der frischen Auffüllung, welche sich zwischen den Pfählen jeder Pfahlgruppe befindet, und durch die negative Mantelreibung in der vertikalen Umgrenzungsfläche der Gruppe beansprucht.

Wenn die Spitzen der Pfähle großer Pfahlgruppen in eine Sandschicht gerammt sind, die sich über weichen Tonschichten befindet, oder wenn solche Pfahlgruppen vollständig in weichen Ton eingebettet sind, läßt sich die zu erwartende allmählich zunehmende Setzung nicht voraussehen, man sollte ihre Größe im Verlauf der Bauausführung abschätzen.

Bei großen Gruppen von Reibungspfählen in weichem Ton kann in manchen Fällen kein ausreichender Sicherheitsgrad gegen Grundbruch unter der gesamten Pfahlgruppe vorhanden sein. Daher sollte der Sicherheitsgrad gegen Grundbruch immer nachgerechnet werden.

Wenn Pfähle ohne Hilfe von Wasserspülungen in Sand gerammt werden, sollte das Rammen von der Mitte der Pfahlgruppe in Richtung auf den Rand erfolgen. Reibungspfähle in weichem Schluff oder Ton sollten ohne Rücksicht auf das Ziehen bis in gleiche Tiefe gerammt werden, bis die Anzahl der Rammschläge für den letzten Zoll gleich derjenigen der Probepfähle ist, welche die Unterlagen für die Wahl der rechnerischen Belastung geliefert haben. Wenn Spitzendruckpfähle durch feste Schichten zu rammen sind, die von weichen, zusammendrückbaren Schichten unterlagert werden, oder mit solchen Schichten abwechseln, kann es erforderlich sein zu spülen oder vorzubohren.

Literaturhinweise

[*56.1*] CHELLIS, R. D.: Pile-Driving Handbook. New York: Pitman Publishing Corp. 1944. Vgl. Kap. IV, Wahl des Rammgerätes und Kap. V, Wahl der Pfahlart und des Rammverfahrens. In diesem Buch, wie in vielen anderen über Pfahlgründungen, ist den Pfahlformeln viel mehr Aufmerksamkeit gewidmet worden, als sie verdienen. Es empfiehlt sich, die Kataloge der verschiedenen Firmen, die auf Seite 268 aufgeführt sind, heranzuziehen.

[*52.2*] TERZAGHI, K.: The Actual Factor or Safety in Foundations. Structural Eng. 13 (1935) S. 126–160. Ergebnisse von Setzungsbeobachtungen von Pfahlgründungen.

[*56.3*] CUMMINGS, A. E.: Pile Foundations. Proc. Purdue Conf. Soil Mech., Lafayette, Ind., Sept. 1940 S. 320–338. (Sonderdruck der Raymond Concrete Pile Co. New York). Zusammenstellung der praktischen Gesichtspunkte, die bei der Auswahl der Pfahlart zu beachten sind.

[*56.4*] SWIGER, W. F.: Foundation Tests for Los Angeles Steam Plant. Civil Eng. 11 (1941) S. 711–714. Ergebnisse von Probebelastungen von Pfahlgruppen in feinem Sand und Diskussion der California-Einflußformel für Pfahlgruppen.

[*56.5*] MILLER, R. M.: Soil Reactions in Relation to Foundations on Piles, Trans. ASCE 103 (1938) S. 1193–1236. Übersicht über die verschiedenartigen Baugrundverhältnisse, welche bei Pfahlgründungen angetroffen werden können.

[*56.6*] HANSEN, V. and F. N. KNEAS: Static Load Tests for Bearing Piles. Civil Eng. 12 (1942) S. 545–547. Feldversuche zur Bestimmung der Maximallast, die durch einen Spitzendruckpfahl in verschiedenen Tiefen aufgenommen werden kann.

[*56.7*] PRESS, H.: Die Tragfähigkeit von Pfahlgruppen in Beziehung zu der des Einzelpfahles. Bautechnik 11 (1933) S. 625–627. Großmaßstäbliche Versuche im lockeren Sand zur Bestimmung des Einflusses der Anzahl der Pfähle innerhalb einer Pfahlgruppe auf die Tragfähigkeit eines Einzelpfahles der Gruppe.

[*56.8*] BRUNS, T. C.: Don't Hit Timber Piles Too Hard. Civil Eng. 11 (1941) S. 726 bis 728. Diskussion der Beschädigung von Holzpfählen infolge zu starken Rammens.

[*56.9*] STANIFORD, C. W.: Loading Tests of Lagged Piles. Eng. News 74 (1915) S. 76–77. Ergebnisse von Versuchen mit zwei Gruppen von Reibungspfählen mit unterschiedlichen Pfahlabständen.

[*56.10*] CLARKE, N. W. B. and J. B. WATSON: Settlement Records and Loading Data for Various Buildings Erected by the Public Works Department, Municipal Council, Shanghai, and J. A. Favret, Foundation Data. Proc. Intern. Conf. Soil Mech., Cambridge, Mass. (1936) Bd. II S. 174–186. Zahlangaben über Setzungen von schwimmenden Pfahlgründungen in Shanghai, China. Diskussionsbeitrag von K. TERZAGHI. Bd. III S. 92–96.

[*56.11*] MASTERS, F. M.: Timber Friction Pile Foundations. Trans. ASCE 108 (1943) S. 115–140. Probebelastungen bei verschiedenen Gruppen von Reibungspfählen und theoretische Auswertung der Versuchsergebnisse. Die Ergebnisse über den Einfluß des Pfahlabstandes auf die Grenztragfähigkeit von Pfahlgruppen sind infolge des Fehlens genügender Kennzahlen über die Bodeneigenschaften nicht beweiskräftig. Diskussion der theoretischen Auswertung durch R. D. MINDLIN S. 147–149 und A. E. CUMMINGS S. 162–169.

[*56.12*] Uniform Building Code. Pacific Coast Building Officials Conference, Los Angeles 1940 S. 206–207. Typische Einflußformeln.

57. Pfeilergründungen

Wirkungsweise von Pfeilern. Pfeiler sind prismatische oder zylindrische Säulen, die im wesentlichen die gleiche Aufgabe haben wie Pfähle oder Pfahlgruppen. Als Pfeiler für eine Brücke kann ihr einziger Zweck auch darin bestehen, die Lasten auf eine Ebene unterhalb der tiefsten Auskolkung zu übertragen. In einigen semiariden Gebieten werden Pfeiler angewandt, um die Lasten auf eine Ebene unterhalb der Zone der periodischen Austrocknung hochplastischer Tone zu übertragen (Abschn. 21). In allen anderen Fällen dienen die Pfeiler jedoch dazu, wie Spitzendruckpfähle die Lasten auf eine feste Schicht zu übertragen, die sich unterhalb von weichen Schichten befindet.

Der Hauptunterschied zwischen Pfeilern und Pfählen liegt in der Art der Herstellung und deren Einfluß auf die Belastung, welche die Gründung ohne Gefahr unzulässiger Setzungen aufnehmen kann. In Abschn. 56 wurde dargelegt, daß die rechnerische Belastung auf einem Spitzendruckpfahl den Spitzenwiderstand nicht überschreiten sollte, ohne Rücksicht auf die Größe der Mantelreibung. Spitzendruckpfähle werden mit einem Bären eingerammt. Dieses Verfahren ist sehr zweckmäßig, aber das Rammen muß abgebrochen werden, sobald die Anzahl der Schläge je Zoll Eindringung einen gewissen Wert überschreitet. In diesem Fall kann der Spitzenwiderstand größer als die übliche rechnerische Belastung sein, er kann jedoch auch viel kleiner sein, je nach dem Anteil der Rammenergie, den die Mantelreibung erfordert. Pfeiler werden gewöhnlich mit Hilfe eines Ausschachtungsverfahrens hergestellt, das im Vergleich zum Rammen von Pfählen langsam fortschreitet, das jedoch in jedem Fall so lange fortgesetzt werden kann, bis die Sohle der Ausschachtung die in der Bauzeichnung vorgeschriebene Tiefe erreicht hat. Aus diesem Grund sind die relativen Vorzüge von Pfeilern im Vergleich zu Pfählen in erster Linie durch die Baugrundverhältnisse bestimmt. Diese Tatsache wird durch die folgenden Beispiele belegt.

Wenn ein Pfahl durch weichen Untergrund in eine dichte Sandschicht gerammt wird, verdrängt und verdichtet die Pfahlspitze den Sand. Der Spitzenwiderstand eines solchen Pfahles ist in der Regel vielfach größer als derjenige eines zylindrischen Pfeilers gleichen Durchmessers, weil der Herstellungsvorgang des Pfeilers den Sand nicht verdichtet, sondern ihm stattdessen Gelegenheit gibt sich querzustrecken. Wenn die dichte Sandschicht dagegen unter einer Folge von dünnen weichen Tonschichten und dicken Sandschichten liegt, wird der größte Teil der Rammenergie des Pfahles in der Regel durch Mantelreibung verbraucht und das Rammen muß abgebrochen werden, obwohl der Spitzenwiderstand noch sehr klein ist. Bei solchen Verhältnissen würden Pfeiler wahrscheinlich sicherer und wirtschaftlicher sein als Spitzendruckpfähle.

Wenn beabsichtigt ist, das Gewicht eines Bauwerkes auf festen Felsuntergrund zu übertragen, welcher von einer dicken Schicht von zersetztem Gestein überlagert ist, der selbst wieder von weichen Sedimenten überdeckt ist, können aus dem folgenden Grunde Pfeiler vorzuziehen sein. Einige verwitterte Gesteine sind ebenso zusammendrückbar wie plastischer oder sogar weichplastischer Ton. Sie enthalten jedoch gewöhnlich große Bruchstücke von wenig zersetztem Material. Diese Bruchstücke verhindern das Einrammen der Pfahlspitzen in den gesunden Fels, während sie in der Baugrube für einen Pfeiler leicht beseitigt werden können.

Pfeilerarten. Da Pfähle und Pfeiler denselben Zwecken dienen, lassen sich beide nicht scharf unterscheiden. Bohrpfähle, die an Ort und Stelle in Bohrlöchern hergestellt werden, können auch als Pfeiler kleinen Durchmessers angesehen werden, weil die Bohrlöcher zumindest theoretisch bis in beliebige Tiefe ausgeführt werden können. Gebohrte Brunnen werden hergestellt, indem ein schweres Stahlrohr mit einem Schneidschuh bis zur Felsoberfläche und soweit wie möglich in den Fels hinein eingerammt wird. In dieser Hinsicht sind die Brunnen als Pfähle anzusehen. Nachdem sie festsitzen, wird der im Rohr eingeschlossene Boden entfernt, ein Loch wird durch die verwitterte Deckschicht mit einem Drehbohrer in den gesunden Fels gebohrt und das Loch und das Rohr werden mit Beton gefüllt. Diese Verfahren sind kennzeichnend für Pfeiler.

Die zahlreichen Arten, die es zwischen den typischen Pfählen und den typischen Pfeilern gibt, haben eine ähnliche Vielfalt der Herstellungsverfahren zur Folge. Wenn der Durchmesser eines Pfeilers so klein ist, daß Spülverfahren angewandt werden können, kann der Pfeiler in fast jeder Bodenart hergestellt werden. Dagegen ist das geeignetste Verfahren für den Bau von Pfeilern mit großen Durchmessern vorwiegend durch die Baugrundverhältnisse bestimmt. Wenn versucht wird, einen solchen Pfeiler mit einem Verfahren zu bauen, das bei den gegebenen Baugrundverhältnissen ungeeignet ist, wird der Unternehmer gezwungen sein, das Verfahren während der Bauausführung zu ändern. Eine unvorhergesehene Änderung des Verfahrens hat immer einen erheblichen Zeit- und Geldverlust zur Folge. Aus diesem Grund sollte der Ingenieur, der das Bauverfahren für Pfeiler mit großem Durchmesser auswählt, die Voraussetzungen für eine erfolgreiche Durchführung sehr genau kennen. Die am häufigsten angewandten Bauverfahren werden in dem folgenden Unterabschnitt behandelt.

Bauverfahren für Pfeiler mit großem Durchmesser. Die Verfahren für den Bau von Pfeilern mit großem Durchmesser können in zwei Hauptgruppen eingeteilt werden, in das Absenken von Senkkästen oder Caissons und in den Aushub offener Schächte. Eigentlich ist ein Senkkasten eine Schutzhülle, in welcher die Ausschachtung durchgeführt wird. Die Schutzhülle senkt sich in den Untergrund bis zur Höhe der Gründungssohle ab und wird in der Regel ein Bestandteil des Pfeilers. Die älteste Senkkastenart ist der offene Senkschacht oder Senkbrunnen nach Abb. 196a bis c. Er sinkt unter seinem Eigengewicht in dem Maß ab, wie der Boden in der Brunnensohle ausgeschachtet wird. Wenn die Sohle oberhalb des Wasserspiegels liegt, oder wenn das Wasser durch Pumpen aus einem offenen Pumpensumpf entfernt wird, kann die Ausschachtung von Hand durchgeführt werden, wie in Abb. 196a dargestellt ist, andernfalls muß der Boden mit einem Brunnengreifer nach Abb. 196b und c entfernt werden und die Sohle des Brunnens muß mit Unterwasserbeton abgedichtet werden, wenn die vorgesehene Tiefe erreicht ist. Hindernisse auf dem Weg der Brunnenschneiden, wie beispielsweise verschüttete Baumstämme oder Findlinge, können das Absenken des Brunnens um mehrere Tage oder Wochen verzögern. Wenn sie nicht innerhalb einer tragbaren Zeitspanne entfernt werden können, muß die Arbeit mit Hilfe des Druckluftverfahrens nach Abb. 196d fortgesetzt werden. Beim Absenken des Senkkastens muß der Luftdruck im Arbeitsraum mindestens so hoch, wie der hydrostatische Druck im Porenwasser in Höhe der Senkkastenschneide gehalten werden. Aus physiologischen Gründen ist die Anwendung des Druckluftverfahrens auf eine Tiefe von etwa 36 m unter dem Wasserspiegel begrenzt. Bei Tiefen über 12 m steigen die Kosten erheblich an. Das Luftdruckverfahren muß auch als Ersatz für eine Wasserabsenkung durch Pumpen verwendet werden, wenn in den Vorschriften eine Säuberung der Sohle der Pfeilerbaugrube vor dem Einbringen des Betons verlangt ist.

Zwei in den USA viel angewendete Verfahren zur Herstellung von Pfeilern mit offenen Brunnen sind das *Gow-Verfahren* nach Abb. 196e und das *Chicago-Verfahren* nach Abb. 196f. Beide Verfahren können nur

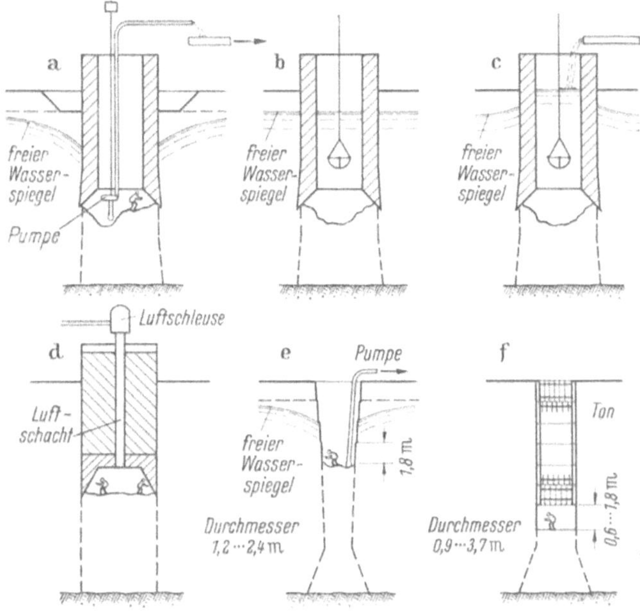

Abb. 196 a–f. Verfahren für Pfeilergründungen. a) bis c) offene Senkbrunnen; d) Druckluftsenkkasten; e) offener Senkbrunnen mit Teleskop-Stahlringen (Gow-Verfahren); f) offener Brunnen mit Auskleidung durch Holzbohlen und Stahlringe (Chicago-Verfahren)

angewandt werden, wenn das Wasser durch Pumpen oder Schöpfen entfernt werden kann. Bei dem Gow-Verfahren werden die Seitenwände des Schachtes durch eine Reihe von Stahlzylindern abgestützt, von denen jeder einen um 5 cm kleineren Durchmesser als der obere hat. Die Rohre werden mit einer leichten Ramme eingerammt, während der Boden von Hand ausgeschachtet wird. Der unterste Teil des Brunnens wird gewöhnlich zu einem glockenförmigen Fuß ausgeweitet. Nachdem die Ausschachtung beendet ist, wird der Brunnen mit Beton gefüllt, wobei ein Rohrzylinder nach dem anderen gezogen wird.

Das Chicago-Verfahren wird ausschließlich in Ton angewandt. Ein zylindrisches Loch wird von Hand bis in eine Tiefe ausgeschachtet, welche zwischen nur 0,6 m in weichem Ton und bis zu 1,8 m in steifem Ton gewählt wird. Die Wände des Schachtes werden sorgfältig abgeglichen und mit vertikalen Bohlen ausgekleidet, die mit Hilfe von zwei oder mehr Stahlringen gegen den Ton gepreßt werden. Das Loch wird dann um mehrere Fuß vertieft und in derselben Weise ausgezimmert. Wenn die Sohle die endgültige Tiefe erreicht hat, wird der Schacht mit Beton gefüllt. In homogenem Ton verursacht das Wasser keine Schwierigkeiten, wenn jedoch wasserführende Sand- oder Schluffschichten angetroffen werden, können besondere Baumaßnahmen erforderlich werden.

Standsicherheit der Sohle während einer offenen Ausschachtung. Die Standsicherheit der Sohle einer Pfeilerbaugrube wird von denselben Faktoren beeinflußt, die auch sonst für die Sohle offener Baugruben maßgebend sind (Abschn. 47 und 48). In sehr dichtem Sand kann es möglich sein, das Wasser aus dem Senkkasten oder offenen Schacht ohne Störung der Standsicherheit des Bodens unter der Sohle abzupumpen, weil die vom Strömungsdruck erzeugte geringe Verformung kaum ein Anwachsen der neutralen Spannungen verursacht. Im lockeren Sand entsteht jedoch ein hydrostatischer Überdruck, der den Sand zu verflüssigen sucht. In einem Fall war das Gow-Verfahren nach Abb. 196e mit Erfolg bei der Herstellung der ersten Pfeiler einer Pfeilergruppe angewandt worden. Die Baugruben waren durch eine Feinsandschicht bis auf den Fels ausgehoben worden, der etwa 3 m unter dem Wasserspiegel anstand. In einem Teil der Baustelle stieg jedoch ein Gemisch von Sand und Wasser in dem Brunnen hoch, sobald der Aushub bis in wenige Dezimeter Tiefe unter den Wasserspiegel fortgeschritten war. Alle Bemühungen das Einströmen aufzuhalten, schlugen fehl und die restlichen Pfeiler mußten nach einem Verfahren hergestellt werden, bei dem das Wasser nicht abgepumpt zu werden brauchte. Der wahrscheinlichste Grund für diese unerwartete Schwierigkeit liegt darin, daß die letzten Brunnen in eine große lockere Sandlinse eingedrungen sind. Das Vorhandensein solcher, in dichten Sand eingeschlossener Linsen mit annähernd gleicher Kornzusammensetzung, ist keinesfalls selten.

Wenn es unmöglich zu sein scheint, das Wasser aus Pumpensümpfen abzupumpen, stehen folgende Verfahren zur Wahl: Vorentwässerung des Bodens durch eine Grundwasserabsenkung, Bodenaushub unter Druckluft oder Aushub im nicht abgesenkten Wasser. Brunnen nach dem Well-Point-System können nur angewendet werden, wenn die Sohle der geplanten Pfeiler nicht tiefer als etwa 6 m unterhalb derjenigen Höhe liegt, in der die Sammelleitung verlegt werden kann (Abschn. 47). Wenn der Boden aus feinem Schluff besteht, kann selbst das Vakuumverfahren bei der Stabilisierung des Bodens versagen (s. Abschn. 47). Mit Rücksicht auf den Aufwand und die begrenzten Anwendungsmöglichkeiten für das Druckluftverfahren, auf die bereits hingewiesen wurde, wird statt einer Wasserabsenkung in den meisten Fällen der Aushub unter Wasser gewählt.

Bei Aushub unter Wasser wird im Sand zumeist eine größere Sandmenge ausgehoben, als dem Senkkastenvolumen entspricht. Wenn der Sand locker gelagert ist, kann die Aushubmenge doppelt so groß wie das Senkkastenvolumen sein. Der Mehraushub ist eine Folge des seitlichen Nachrutschens der Bodenmassen, das zu Setzungen der benachbarten Geländeoberfläche führt. Dies kann jedoch in den meisten Fällen dadurch vollkommen verhindert werden, daß der Wasserspiegel im Brunnen mehrere Dezimeter über dem Grundwasserspiegel gehalten wird, wie in Abb. 196 c gezeigt ist. Der Höhenunterschied ruft eine Wasserströmung aus dem Brunnen in den in der Sohle befindlichen Sand hervor, wobei der Strömungsdruck der Neigung des Sandes, im Brunnen aufzusteigen, entgegenwirkt. Um diese Strömung nicht zu unterbrechen, ist es notwendig, die Aushubgeräte möglichst langsam aus dem Brunnen herauszuziehen.

Die Bodenuntersuchungen, die erforderlich sind, um festzustellen, ob ein bestimmtes Entwässerungsverfahren auf einer gegebenen Baustelle durchführbar ist, sind in den Abhandlungen über die Verfahren zur Trokkenlegung offener Einschnitte in Abschn. 47 behandelt.

Bei der Wahl zwischen dem Aushub unter Wasser und dem Druckluftverfahren bei der Absenkung eines Senkkastens müssen verschiedene Faktoren berücksichtigt werden. Wenn bei einem Ausschachtungsverfahren unter Wasser Hindernisse im Boden angetroffen werden, können sie unvorhergesehene Schwierigkeiten verursachen. Das Druckluftverfahren vermeidet diese Gefahr, weil die Arbeiter unmittelbar an das Hindernis herankönnen. Es besitzt den weiteren Vorteil, daß die Pfeilersohle sorgfältig vorbereitet und alles lockere Material entfernt werden kann. Anderseits ist die Verwendung von Druckluft mit weitaus höheren Kosten verbunden.

Ermittlung der Wandreibung. Während der Ausschachtung wird beim Absenken eines Senkkastens der benachbarte Boden durch den Senkkasten selbst abgestützt. Der Kasten wird über der Geländeoberfläche ständig verlängert und sinkt mit fortschreitender Ausschachtung tiefer. Gegen die abwärtsgerichtete Bewegung wirkt die Wandreibung. Um diese zu überwinden, müssen senkrechte Brunnen mit geringem Gewicht, wie beispielsweise Stahl-Senkkästen, mit einer toten Auflast belastet werden. Dagegen können schwere Senkkästen, beispielsweise aus Stahlbeton, unter ihrem Eigengewicht absinken.

Das Aufbringen einer Zusatzlast auf einen Senkkasten ist ein mühsames Verfahren, das die Baukosten erheblich vergrößert. Aus diesem Grund werden Betonkästen gewöhnlich so entworfen, daß ihr Eigengewicht in jedem Bauzustand die Wandreibung überwindet. Der Entwurf setzt also die Ermittlung der Wandreibung voraus. Die Erfahrung hat ergeben, daß theoretische Verfahren für die Ermittlung der Wandreibung auf Grund bodenphysikalischer Untersuchungen sehr unzuverlässig sind (s. Abschn. 30). Die wichtigste Quelle für Angaben über die Wandreibung sind Berichte über Belastungen, die erforderlich waren, um steckengebliebene Senkkästen wieder in Bewegung zu bringen. Diese Berichte lassen darauf schließen, daß die Wandreibung je Einheit der Berührungsfläche für einen bestimmten Boden von etwa 7,5 m Tiefe ab einen ziemlich konstanten Wert annimmt. In Tab. 26 sind die für Senkkästen in Tiefen von 7,5 bis 37,5 m erhaltenen Werte angegeben. Für jedes Material entspricht die Größenordnung der Werte ziemlich genau derjenigen für die Mantelreibung von Pfählen im gleichen Material.

Tabelle 26. Werte für die Wandreibung bei Senkkästen

Bodenart	Wandreibung (kg/cm²)
Schluff und weicher Ton	730– 3000
Ton, sehr steif	5000–20000
Sand, locker	1200– 3400
Sand, dicht	3400– 6900
Kies, dicht	4900– 9800

Man kann jedoch keine genaue Übereinstimmung erwarten, weil die Wandreibung in einem gegebenen Material von der Form des untersten Teiles des Senkkastens, vom Ausschachtungsverfahren und vom Senkkastendurchmesser abhängt. Werte, die auf benachbarten Baustellen gewonnen worden sind, dürfen nur dann als zuverlässig angesehen werden, wenn alle Umstände, die auf das Absenken des Senkkastens Einfluß gehabt haben, bekannt sind. Im Ton nimmt die Wandreibung in der Regel im Laufe der Zeit zu.

Die Reibung zwischen den Wänden eines Betonkastens und feinkörnigen Erdstoffen, wie Schluff oder Ton, kann dadurch erheblich vermindert werden, daß die Außenseite des Senkkastens mit einem Überzug versehen wird, der eine glatte, ölige Oberfläche hat und der außerdem kräftig genug ist, um nicht beim Absenken des Senkkastens abgescheuert zu werden. Ein solcher Überzug wurde bei Senkkästen für die Pfeiler der San-Francisco-Oakland-Bay-Brücke angewendet. Die Ergebnisse von Reibungsversuchen, die vor dem Bau ausgeführt wurden, zeigten, daß die Reibung zwischen dem Beton und einem ziemlich steifen Ton um annähernd 40% herabgesetzt worden war.

Zulässige Bodenpressung für Pfeilergründungen auf Sand. Im allgemeinen haben Pfeiler die Aufgabe, das Gewicht eines Bauwerkes auf eine feste Schicht zu übertragen, die von weichen und zusammendrückbaren Bodenschichten überlagert werden. Wenn Pfähle in eine solche Schicht gerammt werden, wird fast die gesamte Pfahllast ausschließlich vom Spitzenwiderstand getragen (s. Abschn. 56). Aus ähnlichen Gründen wird praktisch fast die gesamte Last eines Pfeilers ausschließlich in seiner Sohlfläche übertragen. Bei der zulässigen Belastung von Pfeilern, die von einem relativ zusammendrückbaren Boden umgeben sind, sollte also keinerlei Wandreibung berücksichtigt werden.

Der im Boden befindliche Teil eines Brückenpfeilers kann vollständig in einem Sand stehen, der eine geringe Zusammendrückbarkeit hat und der in der Lage ist, einen erheblichen Teil der Pfeilerlast durch Wandreibung zu übernehmen. Die Sohle eines solchen Pfeilers wird sich jedoch im allgemeinen in geringer Tiefe unterhalb der größten Erosionstiefe befinden (Abschn. 53). Bei ungewöhnlichen Hochwässern wird der größte Teil des Sandes, der den Pfeiler umgibt, zeitweilig fortgespült. Infolgedessen sollte man bei Brückenpfeilern, die vollständig in Sand eingebettet sind, annehmen, daß die gesamte Pfeilerlast nur von der Sohle übertragen wird.

Bei einem auf Sand gegründeten Pfeiler dürfte der Sicherheitsgrad gegen Grundbruch im allgemeinen groß genug sein, selbst wenn der Boden neben dem Pfeiler abgetragen wird. Da der Sicherheitsgrad außerdem mit wachsender Gründungstiefe sehr schnell größer wird, kann angenommen werden, daß für den Pfeiler keine Grundbruchgefahr besteht. Deshalb ist die zulässige Bodenpressung ausschließlich durch Rücksichten auf Setzungen bestimmt.

Die Setzungen einer Lastfläche auf Sand hängen weitgehend von den Spannungsverhältnissen ab, die im Sand vorhanden waren, bevor die Belastung aufgebracht wurde. Dem Bau eines Pfeilers geht stets die Ausschachtung einer Baugrube voraus. Dieser Vorgang ist mit einer Verminderung aller Spannungen in dem neben den Wänden und unter der Sohle der Baugrube befindlichen Sand verbunden. Wenn die Tiefe der Baugrube größer als das Vier- oder Fünffache des Durchmessers ist, ist der Spannungszustand im Sand in der Nähe der Baugrubensohle praktisch von der Baugrubentiefe unabhängig. Es ist deshalb zu erwarten, daß der Einfluß der Gründungstiefe auf die Setzungen des Pfeilers im Vergleich zu ihrem Einfluß auf die Grenztragfähigkeit relativ klein sein wird. Diese Schlußfolgerung wird durch die folgenden Beobachtungen bestätigt.

Mit zwei kreisförmigen Lastplatten von je 929 cm^2 Größe wurden Probebelastungen ausgeführt. Eine Platte befand sich auf der Sohle eines breiten Schachtes und die andere auf der Sohle eines Bohrloches von 35 cm Durchmesser. Bei 2 kg/cm^2 Belastung betrug die Setzung der Platte im Schacht 2,3 cm und diejenige im Bohrloch 1,3 cm.

Ähnliche Untersuchungen wurden in dem Schacht ausgeführt, auf den sich Abb. 124 bezieht. Nachdem dieser Schacht bis in etwa 15 m Tiefe ausgehoben worden war, wurde eine Probebelastung mit einer Lastplatte von 30 $\times$ 30 cm Fläche ausgeführt. Unter einer Belastung von 2 kg/cm^2 betrug die Setzung 0,8 cm. Eine zweite Lastplatte von 1,0 $\times$ 1,0 m wurde auf die Sohle des Schachtes gelegt und der geringe Zwischenraum zwischen den Kanten der Platte und den Wänden des Schachtes mit Beton ausgefüllt, um selbst eine eng begrenzte Hebung des belasteten Sandes zu verhindern. Bei einer Belastung von 2 kg/cm^2 betrugen die

Setzungen der Platte 1,2 cm [*57.1*]. Nach Gl. (54.1) würden die Setzungen einer Platte gleicher Größe auf der Oberfläche einer ähnlichen Sandschüttung ohne seitliche Begrenzung oder Überlagerung sich auf 1,5 cm belaufen.

Diese und verschiedene andere Beobachtungen lassen erkennen, daß die Setzungen der Sohle eines Pfeilers auf Sand in beliebiger Tiefe in der Regel etwa halb so groß sind, wie die Setzungen eines gleich hoch belasteten Fundamentes von derselben Größe auf einer Sandoberfläche gleicher Art. Man kann deshalb annehmen, daß die zulässigen Bodenpressungen für auf Sand gegründete Pfeiler doppelt so groß sind, wie die für flache Fundamente auf demselben Sand nach Abschn. 54. Wenn der wirksame Druck pro Flächeneinheit auf die Sohlfläche der Pfeiler diesen Wert überschreitet, werden die größten Setzungen nicht mehr als 2,5 cm betragen. Wenn weiterhin die Sohlen aller Pfeiler annähernd die gleiche Breite haben, werden die Setzungsunterschiede zwischen den Pfeilern 1,25 cm nicht überschreiten. Ist der Entwurfsbearbeiter der Ansicht, daß er größere Setzungen in Kauf nehmen kann, darf er die Bodenpressungen entsprechend vergrößern.

Dieses Verfahren gilt jedoch nicht in den Fällen, wo die Sohle eines Brückenpfeilers sich nur wenig unter derjenigen Höhenkote befindet, bis zu der eine Auskolkung des Sandes stattfinden kann. Durch die Auskolkung wird die Einbindetiefe der Pfeilergründung vorübergehend auf weniger als das 4- oder 5fache der Sohlenbreite vermindert. Infolgedessen sollten die Bodenpressungen unter solchen Pfeilern das für flache Fundamente gleicher Größe auf gleichem, wassergesättigtem Sand zulässige Maß nicht überschreiten.

Pfeilergründungen auf Ton. Die zulässige Bodenpressung in der Sohle eines auf steifem Ton gegründeten Pfeilers richtet sich nach den Regeln für die zulässige Belastung von auf Ton gegründeten Fundamenten (Tab. 22 in Abschn. 54), ohne Rücksicht auf die Tiefe, in der sich die Pfeilersohle befindet. Diese Regeln sind vorsichtig, weil die Scherspannungen τ_s und τ nach Abb. 77 die Grenztragfähigkeit des Pfeilers um ein gewisses Maß vergrößern.

Die Gesamtlast, mit welcher der Ton unterhalb des Pfeilers belastet werden darf, ist gleich der Summe aus der zulässigen Belastung in der Pfeilersohle und dem wirksamen Gewicht des Aushubes beim Bau. Infolgedessen kann die rechnerische Belastung unter großen Pfeilern bei bestimmter zulässiger Belastung in der Sohle dadurch erheblich vergrößert werden, daß man die Pfeiler hohl macht. Diese Maßnahme ist beim Entwurf von Brückenpfeilern in vielen Fällen angewandt worden. Die Setzungen von Pfeilern auf Tonschichten werden ebenso wie diejenigen von Fundamenten weitgehend von der Belastungsgeschichte der Tone beeinflußt. Pfeilergründungen auf normal vorbelasteten Tonen sind unwirtschaftlich und ihre Setzungen sind unzulässig groß. Deshalb sollten Pfeiler nur auf vorbelastetem Ton ausgeführt werden. Wenn die Sohlfläche eines Pfeilers jedoch sehr groß ist, schließt auch eine Vorbelastung des unterlagernden Tons nicht unbedingt das Eintreten großer Setzungen aus. Diese Behauptung wird durch die folgende Beobachtung gestützt. Gegen Ende des letzten Jahrhunderts wurden Brückenpfeiler auf einer dicken Schicht von sehr steifem, vorbelastetem Ton neben der Donau mit Hilfe des Druckluftverfahrens gegründet. Die Sohlfläche jedes Pfeilers war 23 m lang und 6 m breit. Die effektive Belastung in der Pfeilersohle lag zwischen 3,3 und 4,8 kg/cm². Für einen sehr steifen Ton liegt diese Belastung ausreichend unter dem für einen Grundbruch kritischen Wert. Innerhalb eines halben Jahrhunderts nahmen die Setzungsdifferenzen zwischen den Pfeilern jedoch bis auf 7,6 cm zu. Die Größe der maximalen Setzung konnte nicht festgestellt werden, aber zweifellos war sie viel größer als der Setzungsunterschied. Wenn die Sohlfläche eines auf steifem Ton gegründeten Pfeilers sehr groß ist, sollte daher eine Setzungsberechnung ausgeführt werden. Die Unsicherheiten, die mit der Berechnung der Setzung einer belasteten Fläche auf vorbelastetem Ton verbunden sind, wurden in Abschn. 13 behandelt.

Pfeilergründungen auf natürlichen, durch harte Schichten gebildeten Platten. Pfeilergründungen auf natürlichen Platten unterscheiden sich in keiner Weise wesentlich von Flächengründungen auf solchen Platten. Die Pfeiler werden so entworfen, als wenn die Platte auf einer steifen Unterlage aufliegen würde, der Entwurf muß jedoch durch eine Setzungsberechnung ergänzt werden (s. Abschn. 55).

Zusammenfassung der Regeln für die Wahl der zulässigen Bodenpressung unter der Sohle von Pfeilern. 1. Die zulässige Bodenpressung für einen auf Sand gegründeten Pfeiler ist doppelt so groß, wie die zulässige Bodenpressung für ein Flächenfundament gleicher Größe auf einem Sand mit gleichen Eigenschaften (s. Abschn. 54). Die Setzungen der nach diesen Werten entworfenen Pfeiler werden in der Regel 2,5 cm nicht überschreiten. Wenn größere Setzungen zulässig sind, können die Bodenpressungen entsprechend erhöht werden. Wenn die Pfeiler sich in Sandschichten befinden, die bei Hochwasser ausgekolkt werden können, sollte die zulässige Bodenpressung gleich derjenigen für Fundamente derselben Größe auf Sand gleicher Eigenschaften gewählt werden.

2. Wenn die Ausschachtung für einen Pfeiler durch Aushub unter Wasser durchgeführt wird, sollte der Wasserspiegel im Brunnen mehrere Dezimeter über dem äußeren Wasserspiegel gehalten werden. Dieses Verfahren verhindert die Neigung des Sandes, in Richtung auf die Sohle der Baugrube zu fließen. Jedoch auch wenn man dieses Fließen verhindert, wird die Baugrubensohle sehr uneben und zum Teil mit einer Schicht von lockerem Sand bedeckt sein. Infolgedessen muß bei einem Aushub des

Sandes unter Wasser die unvermeidliche Störung desselben in Rechnung gestellt werden. Wenn die Ausschachtung mit Hilfe des Druckluftverfahrens durchgeführt wird, ist dies dagegen nicht notwendig.

3. Normal vorbelasteter Ton ist für die Gründung von Pfeilern ungeeignet. Die zulässige Bodenpressung für Pfeiler auf vorbelastetem Ton kann nach Tab. 22 festgesetzt werden. Wenn die Sohlfläche eines Pfeilers breiter als 3 m ist, sollte eine Setzungsberechnung durchgeführt werden.

4. Pfeilergründungen auf natürlichen Platten erfordern die gleichen Untersuchungen, wie Flächengründungen auf solchen Platten.

Literaturhinweise

[*57.1*] s. [*44.9*] Ergebnisse von Probebelastungen auf der Sohle eines Schachtes in verschiedenen Tiefen unter der Geländeoberfläche.

[*57.2*] Corthell, E. L.: Allowable Pressures on Deep Foundations. New York: John Wiley u. Sons 1907. Zusammenstellung von Angaben über die Wandreibung bei Senkkästen und die Bodenpressungen in der Sohle vorhandener Pfeiler.

[*57.3*] Wiley, H. L.: The Sinking of the Piers for the Grand Trunk Pacific Bridge at Fort William, Ontario, Canada. Trans. ASCE 62 (1909) S. 113–134. Angaben über die Wandreibung.

[*57.4*] Load Tests on Piers for Chicago New Union Station. Eng. News-Record 88 (1922) S. 822–824. Großmaßstäbliche Versuche zur Ermittlung der Wandreibung bei einem nach dem Chicago-Verfahren hergestellten Pfeiler.

[*57.5*] Jacoby, H. S. und R. P. Davis: Foundations of Bridges and Buildings. 3. Aufl. New York: McGraw-Hill Book Company 1941. Kap. IX bis XI enthalten eine allgemeine Beschreibung der üblichen Verfahren für den Bau großer Pfeiler. Kap. X enthält außerdem Angaben über die Wandreibung.

58. Die Gründung von Staumauern und Staudämmen

Allgemeine Betrachtung. Im allgemeinen werden Staudämme mit größerer Höhe als etwa 60 m nur dann als ausführbar angesehen, wenn sie auf Fels gegründet werden können. Aus diesem Grund werden in diesem Abschnitt nur die Gründungen für Dämme geringerer Höhe behandelt.

Im allgemeinen muß die Gründung eines Dammes folgende Forderungen teilweise oder ausnahmslos erfüllen: Die Setzungsunterschiede dürfen nicht unzulässig groß sein, es darf keine Gefahr eines Bruches durch Rutschungen oder eines Grundbruches bestehen und der Sickerverlust des Beckens muß in tragbaren Grenzen bleiben. Die relative Bedeutung dieser Forderung hängt von verschiedenen Faktoren ab. Beispielsweise ist eine Beton- oder Stahlbetonmauer so starr, daß große Setzungsunterschiede schwere Schäden verursachen, sofern nicht wasserdichte Fugen ausgeführt worden sind, die relative Bewegungen zwischen den verschiedenen Teilen des Bauwerkes gestatten. Steinschütt- und Erddämme sind dagegen unempfindlich gegen eine Verformung ihrer Sohle, falls sie keine Kernmauern besitzen oder mit ziemlich starren Hilfsbauwerken verbunden sind, wie Grundablässen aus Beton. Der Wasserverlust infolge einer Durchsickerung des Untergrundes kann keine Angelegenheit großer Bedeutung sein, besonders in Rückhaltebecken. In Anbetracht der Vielfältigkeit der damit verbundenen Probleme ist der Entwurf von Dammgründungen weit schwieriger als der Entwurf von Gründungen von sonstigen Bauwerken. Großes Urteilsvermögen und reiche Erfahrungen sind hierfür notwendig. Daher werden in diesem Buch nur die Grundsätze und allgemeinen Richtlinien dargelegt.

Setzungen von Dammgründungen. Wenn ein Staubauwerk selbst starr ist oder starre Bauteile enthält, ist vor Baubeginn eine Setzungsvoraussage notwendig, um entscheiden zu können, ob zwischen den verschiedenen Teilen des Bauwerkes Setzungsfugen erforderlich sind, und falls dies der Fall ist, um die Größe der zu erwartenden Setzungen bestimmen zu können. Die Verfahren der Setzungsvoraussage unterscheiden sich nicht von denjenigen, die für die Ermittlungen der Setzungen von sonstigen Bauwerken beschrieben wurden (s. Abschn. 36). Zur Ergänzung der zur Verfügung stehenden Angaben über die künftigen Setzungen können oft die Ergebnisse von Setzungsbeobachtungen mit Vorteil ausgenutzt werden. Die folgende Geschichte eines Staubauwerkes durch den Svir-Fluß in Rußland möge als Beispiel hierfür dienen.

Zu diesem Damm gehörte ein Abschnitt mit einem Stahlbeton-Kraftwerksbau nach Abb. 197 und ein Abschnitt mit dem Hochwasser-

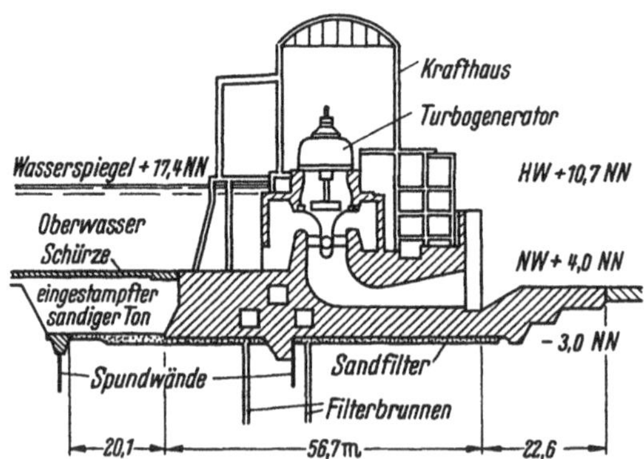

Abb. 197. Svir-Stauwehr III in Rußland. Schnitt durch den Krafthausteil des Wehrs, das auf geschichteten Tonen großer Mächtigkeit gegründet ist (nach H. GRAFTIO)

überlauf nach Abb. 198, der in Beton ausgeführt war. Er war auf einer geschichteten, hochvorbelasteten Tonablagerung gegründet, die mindestens 90 m dick war. Wie in Abschn. 13 ausgeführt, sind Setzungsvoraussagen über die Konsolidierung vorbelasteter Tone immer sehr unzuverlässig. Hinzu kam, daß das Bauprogramm die Durchführung genauer Baugrunduntersuchungen vor Baubeginn ausschloß. Aus diesem Grund hatte man sich darauf beschränkt, die vorausgehenden Setzungsberechnungen auf Grund der Untersuchungsergebnisse von einigen wenigen repräsentativen Proben durchzuführen, die aus einem Untersuchungsschurf entnommen worden waren. Die Vorberechnung ergab, daß

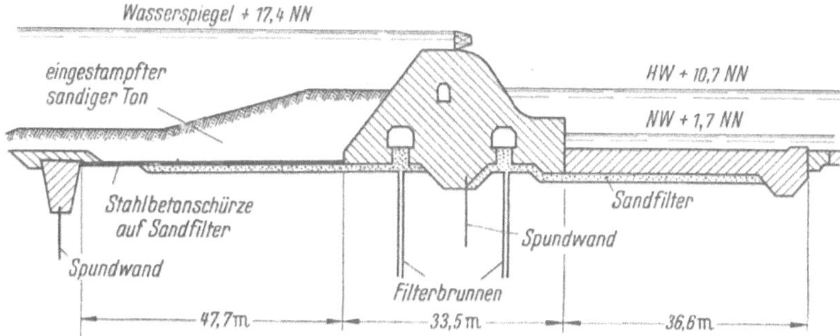

Abb. 198. Svir-Stauwehr III in Rußland. Schnitt durch das auf Ton großer Mächtigkeit gegründete Wehr. Die Gleitsicherheit wurde durch eine belastete Betonschürze auf der Oberwasserseite erhöht (nach H. Graftio)

eine Fuge zwischen dem Krafthaus und dem benachbarten Überlauf-Bauteil notwendig war und daß keine starre Verbindungzwischen dem Dammkörper und dem anschließenden Dichtungsteppich vorhanden sein durfte.

Die Vorausberechnung der Setzung hatte auch ergeben, daß die Füllung des Beckens eine Neigung des Kraftwerkes nach Oberstrom von etwa 1° verursachen würde. Da die Turbinen vor dem Füllen des Beckens aufgestellt werden mußten und die vorausberechnete Neigung das von den Turbinenkonstrukteuren als zulässig angesehene Maß weit überschritt, entschloß man sich, die Turbinenschächte so zu neigen, daß sie nach dem Füllen des Beckens vertikal sein würden. Um genauere Werte für die Neigung zu gewinnen, wurden die Ergebnisse der zuvor ausgeführten Baugrunduntersuchungen als Unterlage für die Berechnung der Bewegung zahlreicher Punkte auf und unterhalb der Geländeoberfläche bei verschiedenen Bauzuständen benutzt. Während der Bauausführung wurden die Bewegungen gemessen. Es wurde festgestellt, daß die tatsächlichen Verschiebungen einheitlich gleich dem 0,35fachen der berechneten Verschiebungen waren. Aus diesem Grund wurden die Turbinenschächte mit einer Neigung nach der Unterwasserseite von 0,35° hergestellt und als das Becken gefüllt war, waren die Schächte praktisch vertikal [*58.10*].

Der Sicherheitsgrad von Staumauern gegen Gleiten. Die mögliche Gleitfläche im Untergrund einer Staumauer kann entweder in einem sehr durchlässigen Material wie beispielsweise reinem Sand, oder in einem Boden mittlerer Durchlässigkeit wie beispielsweise Schluff, oder auch in einem praktisch undurchlässigen Ton liegen. In den folgenden Betrachtungen sollen nur die beiden extremen Möglichkeiten untersucht werden.

Wenn die Gleitfläche im Sand liegt, ist der gesamte Gleitwiderstand W in t/lfd. m Dammlänge

$$W = (Q - N)\,\mathrm{tg}\,\delta\,,$$

worin Q = vertikaler Gesamtdruck auf die Dammsohle aus dem Dammgewicht und der vertikalen Komponente des Wasserdruckes auf die geneigten Oberflächen des Dammes (t/lfd. m),
N = gesamter neutraler Druck auf die Dammsohle (t/lfd. m),
δ = Reibungswinkel zwischen Beton und Sand.

Da die Größe von tg δ zumindest 0,6 ist und da der neutrale Druck in der Regel mit Hilfe geeigneter Dränmaßnahmen auf einen sehr kleinen Wert herabgesetzt werden kann, macht es selten Schwierigkeiten, die Gleitgefahr auszuschalten.

Wenn der Untergrund dagegen horizontale weiche Tonschichten enthält oder wenn der Damm auf einer dicken Tonschicht gegründet ist, kann es sehr schwierig sein, eine ausreichende Sicherheit gegen Abgleiten zu gewährleisten. Nachdem der Ton unter einem Damm konsolidiert ist, wirkt dem Abgleiten sowohl die Adhäsion als auch die Reibung entgegen. Infolge der geringen Durchlässigkeit des Tons schreitet die Konsolidierung jedoch sehr langsam voran und außerdem kann die Konsolidierungsgeschwindigkeit selten zuverlässig vorausgesagt werden. Man soll deshalb im allgemeinen annehmen, daß die Reibung am Ende der Bauzeit noch gering ist und sich ausschließlich auf die Adhäsion verlassen.

Um den in Abb. 198 dargestellten Damm in der Zeit bis zur vollen Konsolidierung des Tons gegen Abrutschen zu sichern, wurde seine Sohlbreite durch einen Stahlbetonteppich von 35,5 m auf 76,2 m auf der Oberstromseite verbreitert. Da der Teppich ein unmittelbarer Bestandteil der Mauer war, wirkte die Adhäsion über die volle Länge von 76,2 m der Gleitneigung entgegen. Der Sicherheitsgrad nahm infolge der Konsolidierung des Tons unter dem Eigengewicht der Mauer und dem Gewicht des über dem Teppich anstehenden Wassers ständig zu. Um das Gewicht des Wassers voll wirksam zu machen, wurde die Unterseite des Teppichs dräniert.

Schäden und Brüche durch seitliches Ausweichen des Dammes. In Abb. 199a ist ein vertikaler Schnitt durch einen Steinschüttdamm aufgetragen. Die Linie ab stellt eine vertikale Ebene parallel zur Dammachse dar. Auf diese Ebene wirkt der seitliche Erddruck E_a, der von den Massen im Mittelteil der Schüttung ausgeübt wird. Die Kraft E_a sucht die zwischen ab und dem Dammfuß C befindlichen Massen nach außen zu drükken. Dies gilt für jeden vertikalen Schnitt parallel zur Dammachse. Infolgedessen wird der unter dem Damm befindliche Boden durch horizontale Scherspannungen beansprucht. Die Auswirkung dieser Spannungen ist abhängig von der Scherfestigkeit des Bodens in und unmittelbar unter der Dammsohle.

Wenn der Damm auf Sand steht, ist der Widerstand gegen Abscheren in oder unter der Sohle immer erheblich größer als die Scherspannungen,

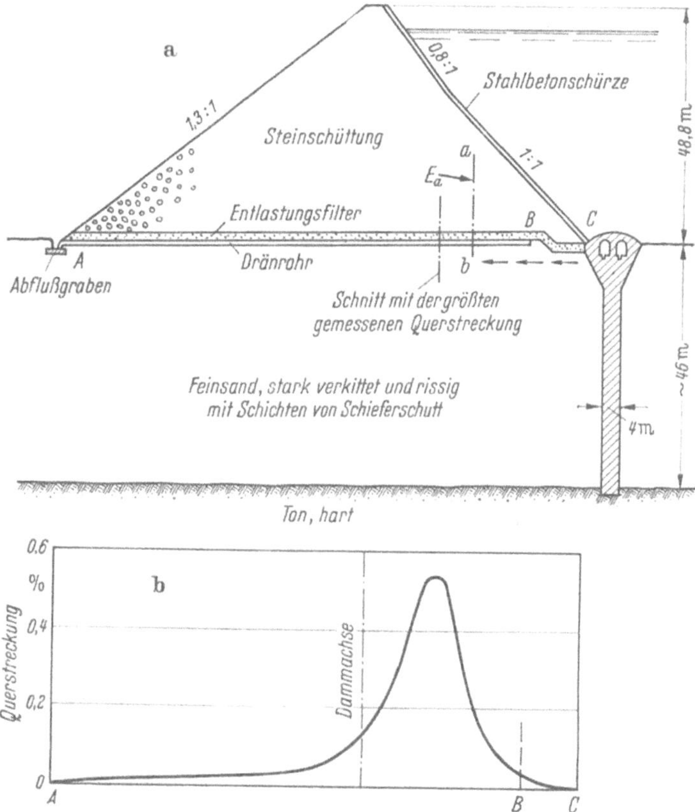

Abb. 199 a u. b. a) Schnitt durch einen Steinschüttdamm auf Sand, mürbem Sandstein und Schieferton; b) Diagramm über die Verteilung der horizontalen Bewegungen, die durch die Tendenz der Schüttung, sich querzustrecken, ausgelöst wurden

die durch die Tendenz der Schüttung sich auszubreiten, hervorgerufen werden. Die Kräfte E_a in Abb. 199a verursachen deshalb nur eine geringe Verbreiterung der Dammsohle. Diese Verbreiterung kann jedoch immerhin so groß sein, daß relativ starre Teile des Dammbauwerkes beschädigt werden können. Die Geschichte des in Abb. 199a dargestellten Dammes kann als Beispiel hierfür dienen. Der Damm hat eine Stahlbetondichtungsschürze auf der wasserseitigen Böschung, die mit dem obersten, verbreiterten Teil des Dichtungssporns verbunden ist. Da der Dichtungssporn 4 m dick ist, ist er sehr starr. Während die Steinschüttung hergestellt wurde, bewegte sich der wasserseitige Böschungsfuß etwa 2,5 cm nach außen. Im Vergleich zur Dammhöhe sind diese Bewegungen sehr klein. Trotzdem waren sie groß genug, um die oberen 12 m des Dichtungssporns abzubrechen. Da die offenen Risse eine freie Verbindung zwischen dem Stauraum und der Luftseite des Dichtungssporns herstellten, mußten sie vor der Füllung des Beckens verpreßt werden.

Abb. 199b zeigt die Verteilung der horizontalen Bewegungen in der Dammsohle. Die Werte wurden dadurch ermittelt, daß die Breiten der Fugen zwischen den einzelnen Rohren der Entwässerungsleitungen, die dicht aneinander verlegt waren, bevor die Steinschüttung ausgeführt wurde, gemessen wurden. Da die wasserseitige Böschung der Steinschüttung viel steiler als die luftseitige Böschung war, waren die Scherspannungen und die entsprechenden Querstreckungen unter der wasserseitigen Böschung viel größer als unter der luftseitigen. Das Maß der Querstreckung der Sohle einer Schüttung kann durch Bodenuntersuchungen nicht zuverlässig vorausgesagt werden. Deshalb sind die Ergebnisse von Beobachtungen am Bauwerk, wie sie in Abb. 199b wiedergegeben sind, die einzige Informationsquelle.

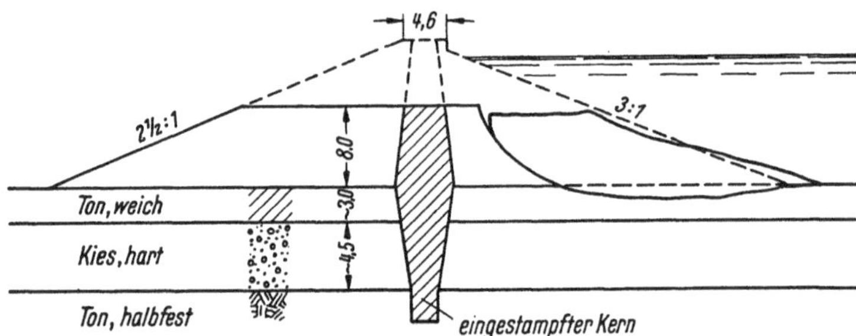

Abb. 200. Schematische Darstellung einer während eines Dammbaus eingetretenen Rutschung infolge seitlicher Bewegungen in der Tonschicht zwischen der Dammsohle und der unterlagernden Kiesschicht (nach L. F. Cooling und H. Q. Golder)

Wenn im Untergrund eines Steinschütt- oder Erddammes in geringerer Tiefe eine weiche Tonschicht eingelagert ist, können die Scherspannungen infolge der Tendenz des Dammes sich querzustrecken so groß werden, daß sie zu einem Bruch des Dammes durch eine Rutschung in einer im Ton verlaufenden Gleitfläche führen können (s. Abb. 200). Die Vorgänge beim Eintritt von Brüchen dieser Art und die Mittel für ihre Verhinderung sind in Abschn. 52 besprochen worden. Die folgenschwerster Brüche dieser Art haben sich fast ausschließlich während der Bauzeit ereignet. Im Laufe der Zeit nimmt die Scherfestigkeit des Tons zu und infolgedessen erhöht sich auch der Sicherheitsgrad gegen Rutschungen durch eine Querstreckung des Dammes.

Sickerverluste. Wenn die Aufgabe eines Dammes darin besteht, Wasser für die Wasserkraftnutzung, Trinkwassergewinnung oder Bewässerung aufzustauen, ist die Sicherheit nicht die einzige an ihn zu stellende Forderung. Vielmehr muß die Gründung so entworfen werden, daß der Sickerwasserverlust einen im voraus durch den Bauherrn oder die von ihm beauftragten Ingenieure vorgeschriebenen Höchstwert nicht überschreitet.

Der Wasserverlust kann teilweise durch den Dammkörper und teilweise durch den natürlichen Boden erfolgen, der die Seiten und die Sohle des Beckens bildet. Da die Sickerung durch den Damm mit relativ geringen Kosten auf einen sehr kleinen Wert herabgesetzt werden kann, bilden in der Regel nur die Verluste durch den natürlichen Boden unter und neben dem Damm ein schwieriges Problem.

Wenn der Damm sich auf einer durchlässigen Schicht befindet, die in nicht allzu großer Tiefe von einer undurchlässigen Schicht unterlagert wird, kann die Sickerströmung unter dem Damm durch einen Dichtungssporn unterbunden werden, der sich von der Dammsohle bis in die dichte Schicht erstreckt. Wenn die undurchlässige Sohle sich in relativ großer Tiefe befindet (s. Abb. 199a), kann der Aufwand für einen durchgehenden Dichtungssporn über die gesamte Länge des Dammes unwirtschaftlich groß werden, so daß nur der mittlere Abschnitt des Dichtungsspornes bis in die undurchlässige Schicht heruntergeführt wird. Befindet sich die undurchlässige Schicht in einer solchen Tiefe, daß man sie praktisch nicht erreichen kann, wird der Dichtungssporn nur so tief ausgeführt, wie notwendig ist, um die Sickerverluste in den vorgeschriebenen Grenzen zu halten (s. Abb. 201a). In jedem Fall muß der Sporn ein gewisses Maß in die Böschungen beiderseits der Dammenden einbinden, um die Wasserverluste durch eine horizontale Umströmung zu verhindern.

Um nachprüfen zu können, ob der Entwurf für einen bestimmten Damm den vom Bauherrn gestellten Forderungen genügt, müssen die Sickerverluste vor der Bauausführung ermittelt werden. Die Versickerung durch den natürlichen Untergrund kann nur mit Hilfe von Durchlässigkeitsprofilen festgestellt werden, wie sie in Abb. 126 aufgetragen sind. Die wesentlichen Eigenschaften dieses Profiles sind im unverzerrten Maßstab in Abb. 201a und ein Schnitt durch den Damm ist in Abb. 201b dargestellt. Die Sickerströmung durch den Damm wird durch eine 30 cm dicke Stahlbetonkernmauer unterbunden, die in Höhe der Dammsohle in einen Stahlspundwandsporn übergeht. Die Unterkante des Spornes, die in Abb. 201a durch eine gestrichelte Linie dargestellt ist, befindet sich in einem erheblichen Abstand über der Felsoberfläche, weil das Durchlässigkeitsprofil erkennen läßt, daß die Durchlässigkeit allgemein mit der Tiefe abnimmt. Die stärker durchlässige Schicht, welche unmittelbar über der Felsoberfläche liegt, hat keinen Einfluß auf die Sickerwasserverluste, weil sie praktisch durch die darüberliegenden Schichten geringer Durch-

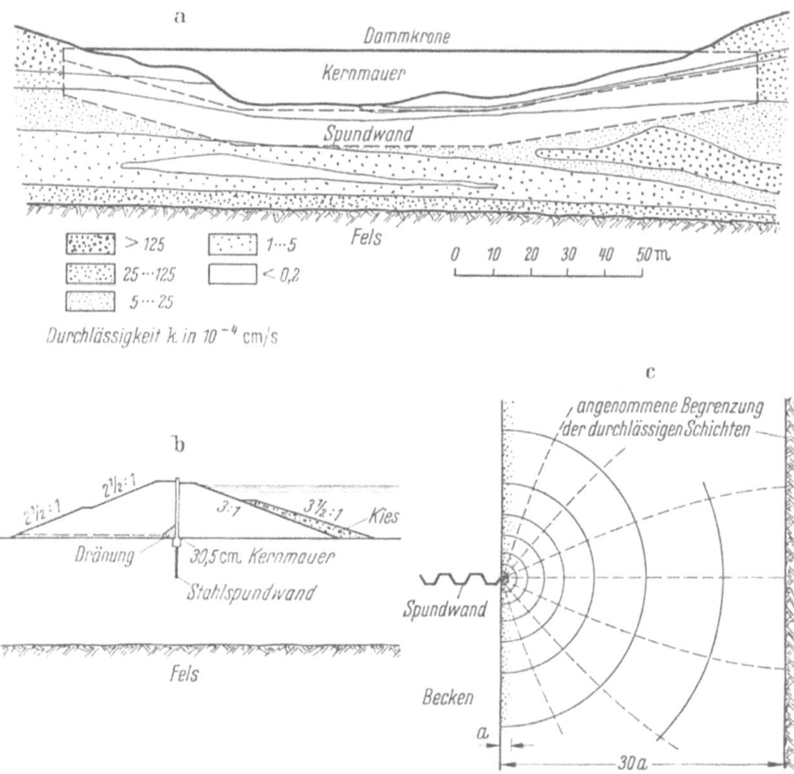

Abb. 201 a–c. a) Durchlässigkeits-Querprofil durch ein Tal unter einem Damm auf relativ durchlässigen diluvialen Ablagerungen; b) Dammquerschnitt; c) Stromliniennetz zur Ermittlung der Sickerwasserverluste durch Umströmen der Dammenden in horizontalen durchlässigen Schichten

lässigkeit abgesperrt ist. Diese Tatsache war bereits bei den Untersuchungsbohrungen erkannt worden, weil in dieser Schicht unter erheblichem Druck stehendes artesisches Wasser angetroffen worden war.

Aus Abb. 201 kann man schon ohne jede Berechnung erkennen, daß der Wasserverlust durch eine annähernd horizontale Strömung rund um die Dammenden viel größer sein würde, als durch das Unterströmen des Spornes. Dies ist eine Folge der relativ großen Durchlässigkeit des Bodens, in den die Enden der Dichtungswand eingeschnitten sind. Deshalb war bei der Berechnung des Sickerwasserverlustes die Unterströmung der Wand vernachlässigt worden. Es wurde ein Stromliniennetz konstruiert, das die horizontale Strömung des Wassers rund um jedes der beiden Enden der Dichtungswand darstellt. Beim Entwurf des Stromliniennetzes nach Abb. 201c war willkürlich angenommen worden, daß sich die durchlässigen Schichten nicht weiter in den Berg hinein erstrekken als das 30fache des horizontalen Abstandes a zwischen dem Ende der Kernmauer und dem Ende des Beckens, da die Sickermenge, die sich über diesen Abstand hinaus ergibt, vernachlässigt werden kann. Es wurde weiter angenommen, daß sämtliche Bodenschichten ununterbrochen durchgehen. Die Berechnung ergab daher einen oberen Grenzwert für die Sickerverluste. Da selbst die berechneten Verluste innerhalb der geforderten Grenzen lagen, wurde der in Abb. 201 dargestellte Spundwandsporn als ausreichend angesehen. Tatsächlich waren die wirklichen Sickerverluste weitaus geringer als die berechneten [*58.2*].

Eine ähnliche, aber umfangreichere Sickerströmungsberechnung ist für den in Abb. 199a dargestellten Damm durchgeführt worden. Die Krone des Bauwerkes war 450 m lang. Da ein vollständiger Dichtungssporn nur unter dem höchsten Teil des Dammes ausgeführt werden konnte, wurden Sickerwasserverluste unter den übrigen Teilen des Bauwerkes erwartet, und zwar sowohl durch Strömungen in vertikalen als auch in horizontalen Ebenen. Auf Grund der Ergebnisse der Durchlässigkeitsuntersuchungen wurden die k-Werte in horizontaler und vertikaler Richtung errechnet. Die Größe des Projektes und die scharfen Bedingungen machten eine Überprüfung der errechneten Werte vor der Bauausführung notwendig. Zu diesem Zweck wurde ein Schacht bis in 52 m Tiefe unter Talsohle ausgehoben und der Wasserzufluß gemessen. Er erreichte 720 l/min im Vergleich zu 1080 l/min, die auf Grund der aus den Durchlässigkeitsversuchen errechneten k-Werten ermittelt worden waren. Angaben über die Sickerverluste bei dem fertigen Bauwerk stehen noch nicht zur Verfügung [*58.3*].

Wenn die berechneten Verluste übermäßig groß sind, gibt es zwei Möglichkeiten um sie herabzusetzen. Die Tiefe und die Breite des Dichtungsschlitzes können vergrößert, oder die Durchlässigkeit des Bodens durch Injektionen von Zement, Chemikalien oder Bentonit-Aufschwemmungen herabgesetzt werden. Literaturhinweise, in denen die verschiedenen Injektionsverfahren beschrieben sind, sind im Anhang angegeben. Im allgemeinen lassen sich reine Mittel- bis Grobsande erfolgreich injizieren, dagegen keine sehr feinen oder schluffigen Sande.

Das Ausströmen von Wasser aus dem Untergrund auf der Luftseite des Dichtungsspornes kann möglicherweise die Ursache eines hydraulischen Grundbruches sein. Die Vorgänge bei diesen Brüchen werden im folgenden Abschnitt behandelt.

Literaturhinweise

[58.1] GRAFTIO, H.: Some Features in Connection with the Foundation of Svir 3 Hydro-electric Power Development. Proc. Intern. Conf. Soil Mech., Cambridge, Mass. (1936) Bd. I. S. 284–290.

[58.2] TERZAGHI, K.: Soil Studies for the Granville Dam at Westfield, Mass. J. New Engl. Water Works Assoc. 43 (1929) S. 191–223. Untersuchungen über die Durchlässigkeit des Untergrundes eines Erddammes, der sich auf Schichten mit unterschiedlicher Durchlässigkeit befindet. Das bei diesen Untersuchungen angewandte Verfahren mit Hilfe des kapillaren Wasseraufstieges ist durch andere Verfahren ersetzt worden.

[58.3] GUTMANN, I.: Algerien Rockfill Dam Substructures. Eng. News-Record 120 Nr. 21 v. 26. Mai 1938 S. 749–751.

[58.4] KNAPPEN, T. T. und R. R. PHILIPPE: Practical Soil Mechanics at Muskingum-III. Eng. News-Record 116 v. 23. Apr. 1936 S. 595. Beschreibung einer frühzeitigen Anwendung der Bodenmechanik beim Entwurf von Dammgründungen.

[58.5] BROWN, F. S.: Foundation Investigation for the Franklin Falls Dam. J. Boston Soc. Civil Engrs. 28 (1941) S. 126–143. Auszug aus den Ergebnissen von Durchlässigkeitsuntersuchungen.

59. Schutzmaßnahmen gegen Unterspülungen

Allgemeine Merkmale von Dammbrüchen durch Unterspülungen. Sofern bei der Gründung eines Dammes nicht ein vollkommen wasserdichter Sporn ausgeführt worden ist, sickert Wasser durch den Untergrund aus dem Becken zur Luftseite, wo es in Form von Quellen austreten kann. Unter gewissen Umständen, die nachstehend behandelt sind, können diese Sickerwasserverluste zwei verschiedene Folgen haben. Entweder kann der Strömungsdruck den gesamten, am luftseitigen Dammfuß befindlichen Erdkörper anheben oder das aus dem Untergrund am luftseitigen Fuß austretende Wasser kann einen Erosionsvorgang einleiten, der zur Bildung einer schlauch- oder tunnelförmigen Öffnung unter dem Bauwerk führt. Dann strömt ein Gemisch von Boden oder Wasser durch diese Öffnung, unterhöhlt das Bauwerk und überflutet den Unterwasserkanal. Dammbrüche dieser Art werden als *Unterspülungen* bezeichnet. Die erste Art heißt *hydraulischer Grundbruch* und die zweite *unterirdische Erosion*.

Ein Dammbruch durch Unterspülung gehört zu den folgenschwersten Unfällen im Bauwesen. In der Regel beschränkt er sich nicht nur auf den Zusammenbruch des Bauwerkes, sondern er führt auch eine tiefgehende Zerstörung des Untergrundes herbei. Weiterhin ereignet er sich nicht selten ohne jede Vorwarnung und verursacht Verluste an Menschenleben und Schäden an Hab und Gut im unteren Bereich des Tales. Aus diesem Grund ist es notwendig, die Verhältnisse, die zu Dammbrüchen durch Unterspülungen führen können, und die erforderlichen Gegenmaßnahmen besonders zu studieren.

In Abb. 202 ist ein typischer Bruch durch Unterspülung dargestellt. Die Mauer, die in aufgelöster Konstruktion ausgeführt war, wurde mit einer Stahlbetonplatte gegründet und hatte auf der Oberstromseite einen 2,7 m tief einbindenden Sporn und auf der Unterstromseite einen solchen von 2,1 m Tiefe. Der Bruch trat plötzlich durch einen Wasserdurchbruch unter dem Damm auf. Im Untergrund entstand ein 16 m breites Loch das von dem Bauwerk überbrückt wurde.

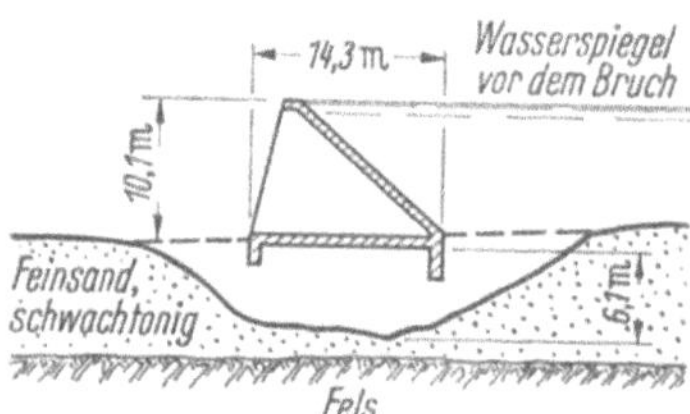

Abb. 202. Zusammenbruch einer Wehrgründung durch Unterspülung

Unterspülungsvorgänge und ihre Ursachen. Bis zum Beginn des 20. Jahrhunderts blieben die Ursachen von Unterspülungen unerkannt, obwohl hydraulische Grundbrüche nicht selten waren. Die Entwurfsbearbeiter erkannten zwar den Wert eines Spundwand-Dichtungsspornes, aber es gab noch keine Regeln für die Ermittlung der richtigen Tiefe, bis zu der die Bohlen eingerammt werden mußten und für die Ermittlung des Sicherheitsgrades gegen einen Grundbruch des gesamten Bauwerkes. Nach dem katastrophalen Bruch des Narora-Dammes am Ganges in Indien im Jahre 1898 wurde jedoch die Aufmerksamkeit auf dieses Problem gelenkt. Man bemühte sich erstmalig ernsthaft um eine Auswertung der gesammelten Erfahrungen und stellte eine Reihe von Regeln für den Entwurf von Dammgründungen auf durchlässigen Schichten auf. Diese Regeln gingen von der Annahme aus, daß die einzige Ursache einer Unterspülung in der Berührungsfläche zwischen dem Boden und der Dammsohle sei. Der Weg, dem ein Wasserteilchen in dieser Fläche folgt, wurde *Sickerweg* genannt. Wenn die Länge l dieser Linie so groß war, daß das mittlere hydraulische Gefälle $i = h_{cr}$ kleiner als ein bestimmter, für das Material des Untergrundes kritischer Wert war, wurde angenommen, daß der Damm sicher sei. Die Größe

$$C = l/h_{\mathrm{cr}} \tag{59.1}$$

wurde in den USA als *creep-ratio* bezeichnet und ist in Europa als Formel von *Bligh* bekannt geworden. Der Wert h_{cr} stellte die größte Höhe dar, bis zu welcher der Wasserspiegel im Becken im Vergleich zum Unterwasser ansteigen konnte, ohne einen Bruch durch Unterspülung zu verursachen. Die zur Verfügung stehenden Berichte über Dammbrüche zeigten, daß der Wert C mit zunehmender Feinheit des Bodens von etwa 4 für Kies, auf etwa 18 für Feinsand und Schluff anstieg.

Der erste Schritt beim Entwurf eines Dammes auf Grund von Gl. (59.1) bestand in der Ermittlung des Quotienten C für den Untergrund. Dies geschah mit Hilfe einer Tabelle der C-Werte für die Hauptbodenarten.

Die erforderliche Länge l des Sickerweges konnte dann durch eine Multiplikation des Quotienten C mit der hydraulischen Druckhöhe h_{cr} des Dammes ermittelt werden. Die Gründung wurde so entworfen, daß die Länge des Sickerweges mindestens gleich l war. Beispielsweise ist die Länge des Sickerweges bei dem in Abb. 203 dargestellten Damm

$$l = t_1 + t_2 + b + t_3 + t_4 = b + \sum t$$

und diese Strecke muß mindestens so groß wie $C h_{cr}$ sein.

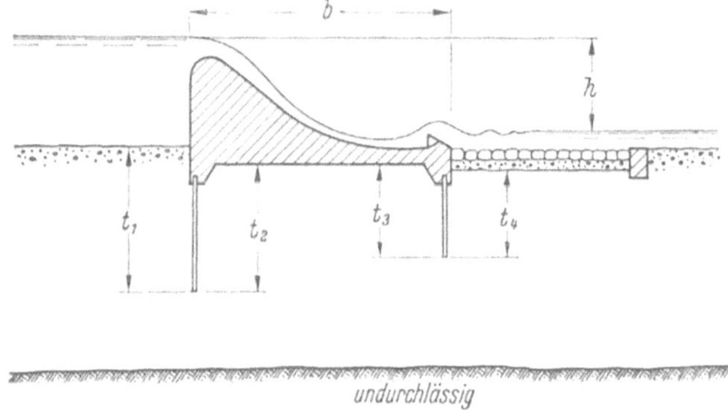

Abb. 203. Ermittlung der Länge des Sickerweges

In den folgenden 30 Jahren war allmählich erkannt worden, daß die vertikalen Abschnitte des Sickerweges mehr zur Verminderung der Grundbruchgefahr beitragen als horizontale Abschnitte gleicher Länge. Dieser Unterschied ist auf die Tatsache zurückzuführen, daß der Dammuntergrund gewöhnlich sedimentären Ursprungs ist und daß Sedimente stets in vertikaler Richtung weniger durchlässig als in den horizontalen Richtungen sind (s. Abschn. 11). Wenn k_h und k_v die Durchlässigkeitsbeiwerte in horizontaler und vertikaler Richtung sind, ist der Druckhöhenverlust pro Längeneinheit der vertikalen Abschnitte der Sickerlinie annähernd k_h/k_v mal so groß wie derjenige der horizontalen Abschnitte. Die Größe des Quotienten schwankt zwischen 2 bis 3 und annähernd unendlich, je nach den Einzelheiten der Schichtung und der Größe der Streuung der Durchlässigkeitswerte in der vertikalen Richtung.

Um dem größeren Einfluß der vertikalen Abschnitte des Sickerweges Rechnung zu tragen, wurde das ursprüngliche Verfahren durch die Annahme abgewandelt, daß jeder horizontale Abschnitt des Sickerweges nur $^1/_3$ des Einflusses eines vertikalen Abschnittes der gleichen Länge habe. Durch diese Annahme erhielt man die Gleichung

$$C_w = \frac{1/3\, b + \Sigma t}{h_{cr}}\,. \qquad (59.2)$$

Die Größe C_w wurde in den USA als *weighted creep ratio* bezeichnet, was hier mit *reduzierter Sickerwegquotient* übersetzt werden soll. Gl. (59.2) entspricht annähernd dem Verhältnis $k_h/k_v = 3$; der große Spielraum, den dieser Wert im Feld haben kann, wird also nicht berücksichtigt.

In Tab. 27 ist ein Auszug aus einer Zusammenstellung von C_w-Werten wiedergegeben, die auf der sicheren Seite liegen und aus einer Liste von etwa 280 Dammgründungen ermittelt wurden, von denen 24 zu Bruch gegangen sind [*59.1*].

Tabelle 27. Werte für den Reduzierten Sickerwegquotienten C_w (Gl. 59.2))

sehr feiner Sand oder Schluff	8,5
Feinsand	7,0
Mittelsand	6,0
Grobsand	5,0
Feinkies	4,0
Mittelkies	3,5
Grobkies mit Rollsteinen	3,0
Flußschotter mit einigen Rollsteinen und Kies	2,5

Aus E. W. Lane, Security from Underseepage-Masonry Dams on Earth Foundations, Trans. ASCE, 100 (1935) S. 1257.

Das Sickerweg-Näherungsverfahren zur Lösung des Problems ist rein empirisch. Wie jedes andere, lediglich auf statistischen Unterlagen gegründete Verfahren, führt es zu einem Entwurf, dessen Sicherheitsgrad unbekannt ist. Erfahrungen und Versuche haben ergeben, daß die C_w-Werte nach Gl. (59.2) für einen bestimmten Boden erheblich vom statistischen Mittelwert abweichen. Die in Tab. 27 enthaltenen C_w-Werte stellen eher Maximal- als Mittelwerte dar und die Werte für h_{cr}, die aus Gl. (59.2) und Tab. 27 erhalten werden, geben die kleinsten Druckhöhen an, bei denen Unterspülungen jemals eingetreten sind. Die großen Abweichungen des Wertes von C_w vom statistischen Mittelwert lassen daher den Schluß zu, daß der Sicherheitsgrad von Dämmen, die nach Gl. (59.2) und Tab. 27 entworfen worden sind, in der Regel sehr hoch ist. Der Sicherheitsgrad einiger dieser Dämme muß übermäßig hoch sein, derjenige anderer kann gerade ausreichen und ein unvorhergesehenes Zusammentreffen verschiedener ungünstiger Umstände kann sogar zu einem Bruch führen. Eine ähnliche Lage ist bei der Diskussion der Pfahlformeln festgestellt worden (Abschn. 30 und 56) sowie für das Entwerfen von Fundamenten nach Tabellenwerten über die zulässige Bodenpressung (Abschn. 54). Bei einem derartigen Sachverhalt erhebt sich die Forderung nach theoretischen und experimentellen Untersuchungen zur Ergänzung der vorhandenen empirischen Kenntnisse.

Die theoretische Berechnung des Sicherheitsgrades von Dämmen gegen Unterspülung gründet sich ausschließlich auf die Theorie des Grundbruches nach Abschn. 40. Zur Überprüfung dieser Theorie wurden die in

Abb. 204 dargestellten Versuche durchgeführt [*59.2*]. Der reduzierte Sickerwegquotient für den feinsten Sand, der bei den Versuchen verwendet wurde, betrug $C_w = 7$. Die gemessenen kritischen Druckhöhen h_c bei welchen der hydraulische Grundbruch eintrat, die Höhen h'_c, welche

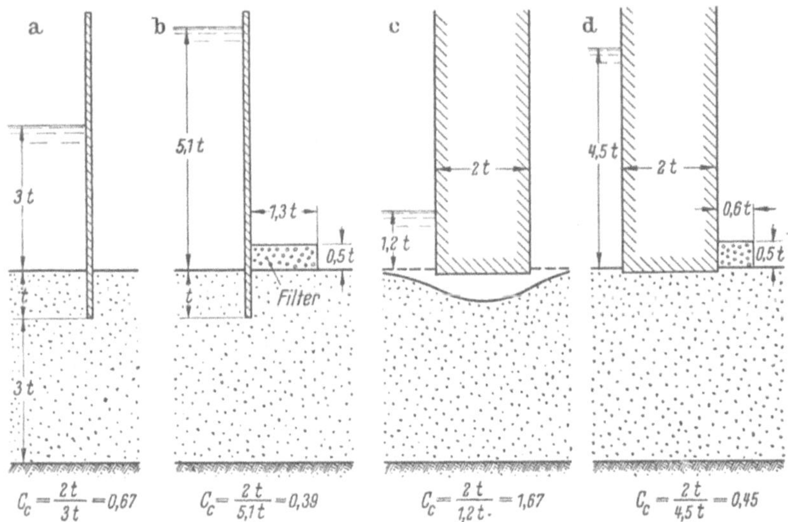

Abb. 204 a–d. Ergebnisse von Laboratoriumsuntersuchungen zur Ermittlung der für den Eintritt eines hydraulischen Grundbruchs unter verschiedenen Bedingungen sich ergebenden kritischen Druckhöhe und der zugehörigen Sickerwegquotienten C_c

nach der Theorie über den hydraulischen Grundbruch und die Höhen h_{cr}, welche nach Gl. (59.2) errechnet wurden, sind in Tab. 28 angegeben. Diese Tabelle zeigt, daß die Übereinstimmung zwischen den h_c-Werten, die sich aus den Versuchen ergeben haben, und den nach der Theorie errechneten Werten (Abschn. 40) sehr gut ist, während die h_{cr}-Werte weitaus zu niedrig sind. Wenn die Austrittsfläche mit einem schweren Filter abgedeckt ist, wie bei den Versuchen *b* und *d*, erscheinen Entwürfe nach

Tabelle 28. Vergleich zwischen gemessenen und berechneten kritischen Druckhöhen nach der in Abb. 204 dargestellten Versuchsanordnung

Versuchsanordnung	Spundwand		flach gegründetes Wehr	
	Versuch a kein Filter *t*	Versuch b mit Filter *t*	Versuch c kein Filter *t*	Versuch d mit Filter *t*
h_c aus dem Versuch	3,0	5,1	1,2	4,5
h'_c theor. errechnet (n. Abschn. 40)	2,9	4,8	1,0	4,6
h_{cr} errechnet nach Gl. (59.2)	0,3	0,3	0,4	0,14
Größe des Quotienten h_c/h'_c	1,0	1,1	1,2	0,97
Größe des Quotienten h_c/h_{cr}	10	17	8	32

Gl. (59.2) als außerordentlich unwirtschaftlich. Es würde jedoch gefährlich sein, eine Dammgründung nach den Ergebnissen der Theorie über den hydraulischen Grundbruch und auf Grund von Laboratoriumsuntersuchungen zu entwerfen, ohne zunächst die bei diesem Problem gewonnenen Erfahrungen in Betracht zu ziehen.

Sowohl die Theorie als auch Versuche führen zu der Schlußfolgerung, daß der Sicherheitsgrad gegen einen hydraulischen Grundbruch praktisch unabhängig von der Korngröße ist. Weiterhin sind die Faktoren, die den Sicherheitsgrad gegen hydraulischen Grundbruch beeinflussen, unabhängig von der Zeit. Infolgedessen mußte der hydraulische Grundbruch entweder bei der ersten Füllung des Beckens oder aber überhaupt nicht eintreten. Im absoluten Gegensatz zu diesen Eigenschaften des hydraulischen Grundbruches lassen die Bauerfahrungen keinen Zweifel darüber, daß die Korngröße einen erheblichen Einfluß auf die kritische Druckhöhe hat. Weiterhin haben sich die meisten hydraulischen Grundbrüche mehrere Monate, sogar Jahre nachdem die verhängnisvollen Dämme in Betrieb genommen waren, ereignet. Es hat daher den Anschein, daß die meisten, wenn nicht alle eingetretenen Dammbrüche durch Unterspülung nicht durch einen hydraulischen Grundbruch, der durch eine Hebung gekennzeichnet ist, sondern durch unterirdische Erosion verursacht worden sind. Die Häufigkeit von Unterspülungen durch unterirdische Erosion ist offensichtlich auf die Tatsache zurückzuführen, daß alle natürlichen Bodenschichten mehr oder weniger inhomogen sind. Durchsickert das Wasser eine solche Schicht, so folgt es den durchlässigsten Zonen und tritt aus dem Untergrund in Form von Quellen aus. Wenn die Schüttung einer Quelle groß genug ist und die Bodenverhältnisse eine unterirdische Erosion begünstigen, kann die Quelle allmählich einen Tunnel ausspülen, indem sie entlang der Linie des größten hydraulischen Gefälles den Boden rückwärtsschreitend abträgt. Sobald das obere Ende des natürlichen Tunnels in die Nähe der Sohle des Wasserbeckens gelangt, bricht das Wasser in den Tunnel ein und der Damm geht durch Unterspülung zu Bruch.

Erosionstunnel mit selbsttragender Decke sind nur in Böden vorstellbar, die zumindest eine Spur von Kohäsion nach Abschn. 33 besitzen. Je größer die Kohäsion ist, um so breiter sind die Räume, die der Boden überbrücken kann. Ganz allgemein nimmt die Kohäsion der Erdstoffe mit abnehmender Korngröße zu. Aus diesem Grund wächst die Gefahr einer Unterspülung durch unterirdische Erosion mit abnehmender Korngröße und damit nehmen auch die entsprechenden Werte für das Sickerwegverhältnis zu.

Die für das Herbeiführen eines Dammbruches durch unterirdische Erosion erforderliche Druckhöhe kann weitaus geringer sein, als die kritische Druckhöhe für einen hydraulischen Grundbruch durch Hebung. Deshalb kann die Gründung eines Dammes nur dann nach der Theorie des hydraulischen Grundbruches durch Hebung (Abschn. 40) zuverlässig entworfen werden, wenn die Möglichkeit eines Bruches durch unterirdische Erosion ausgeschaltet wird, indem alle Flächen, wo Quellen entspringen können, mit umgekehrten Filtern nach Abschn. 11 abgedeckt werden. Der Entwurf solcher Filter erfordert eine gründliche Kenntnis aller Verhältnisse, die eine unterirdische Erosion im Feld erwarten lassen.

Unterirdische Erosion. Die Zerstörung von Dämmen durch Unterspülung ist zumeist so vollständig, daß der Ablauf der Ereignisse selten rekonstruiert werden kann. Eine unterirdische Erosion kann jedoch auch durch unüberlegtes Pumpen aus offenen Pumpensümpfen oder durch natürliche Ereignisse ausgelöst werden, wie beispielsweise durch das Anschlagen von Grundwasserbecken infolge einer Erosion an Flußufern.

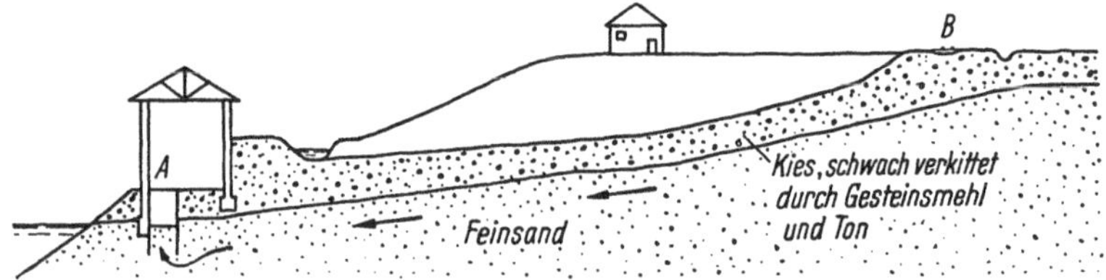

Abb. 205. Schematische Darstellung einer unterirdischen Erosion, die durch Abpumpen eines Sand-Wassergemisches aus dem Pumpensumpf *A* verursacht worden ist. In 91 m Entfernung von *A* brach bei *B* ein Loch ein

Diese Vorgänge hinterlassen in der Regel Spuren, die für eine Nachprüfung erhalten bleiben. Sie bilden deshalb die wichtigsten Quellen unserer Erkenntnisse über die Vorgänge bei einer unterirdischen Erosion. Die folgenden Abschnitte enthalten Auszüge aus den Berichten über derartige Beobachtungen.

Abb. 205 stellt einen Querschnitt durch eine flach geneigte Deckschicht aus Kies dar, die von einer tiefreichenden Schicht von sehr feinem, gleichförmigem lockerem Sand unterlagert ist. Bei *A* war eine Grube für die Gründung einer neuen Maschine ausgehoben worden. Obgleich diese Grube von Spundwänden umschlossen war, die sich bis in größere Tiefe unter der künftigen Sohle erstreckten, förderte die Pumpe ein Gemisch von Sand und Wasser. Die geförderte Bodenmenge übertraf den Rauminhalt der Grube bei weitem. Bevor die Sohltiefe erreicht war, brach das Bauwerk zusammen. Gleichzeitig bildete sich bei *B* in einer Entfernung von 90 m von der Grube ein 0,9 m tiefes Loch von 6 m Durchmesser. Zwischen *A* und *B* blieb die Geländeoberfläche unverändert. Daher kann der Bodenverlust nur auf einen Bodentransport in einem relativ engen, unterirdischen Gang zurückgeführt werden. Mit großer Wahrscheinlichkeit befand sich der Gang unmittelbar unter der Kiesschicht, weil der schwach bindige Kies in der Lage war, eine freie Decke zu bilden.

Im Rheinland wurde in einer Sandgrube 13 Jahre hindurch das Wasser abgepumpt. Die Sohle der Grube lag zwischen 4,8 und 6,0 m unter dem ursprünglichen Wasserspiegel. Während dieser Zeit arbeiteten sich 3 der in den Pumpensumpf fließenden Quellen zurück und spülten durch Erosion in dem schwach kohärenten Sand Tunnelröhren aus. Jeder Tunnel endete in einem an der Geländeoberfläche eingebrochenen Loch. Der größte Tunnel war 0,9 bis 1,8 m breit und 52 m lang. Er hatte ein mittleres Gefälle von nur 6%. Das eingesunkene Loch über dem Ende dieses Tunnels war 2,4 m tief und hatte einen Durchmesser von 10,7 m.

In einem anderen Fall war ein Einschnitt für den Bau eines Abwasserkanales ausgehoben worden. Die Ausschachtung führte durch ziemlich steifen Ton in feinen Sand, der durch Pumpen aus einem Pumpensumpf entwässert wurde. Während des Pumpens setzte sich ein schmaler Streifen der Geländeoberfläche um etwa 0,3 m. Die Bildung dieses Grabens begann am Pumpensumpf und schritt allmählich bis in eine Entfernung von 182 m fort. Die Breite des Grabens nahm von wenigen Dezimetern am Sumpf auf mehr als 3 m am entfernten Ende zu.

Beispiele für eine unterirdische Erosion aus natürlichen Ursachen sind ebenfalls nicht selten. Am Ostufer des Mississippi bei Memphis ereignete sich nach dem Hochwasser von 1927 eine ausgedehnte Geländesetzung. An dieser Stelle steigt das Flußufer etwa 30 m steil an. Ohne jede Vorwarnung begann ein Streifen des Kammes des Steilufers von etwa 213 m Länge und 30 m Breite mit einer Geschwindigkeit von 0,3 m/Std. abzusinken. Das Pflaster auf der Geländeoberfläche blieb horizontal und

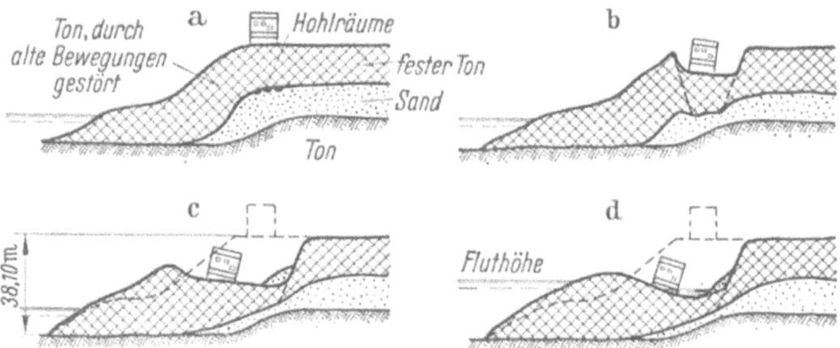

Abb. 206 a–d. Schematische Darstellung des Absinkens einer großen Geländefläche infolge unterirdischer Erosion. a) Anfangszustand; b), c) u. d) Senkungen nach 24 Std., 2 Monaten und einem Jahr

mehr als 30 Std. hindurch nahezu unbeschädigt. In den folgenden 2 Monaten nahmen die Setzungen bis auf über 18 m zu und die absinkende Geländeoberfläche wölbte sich auf, wie in Abb. 206 dargestellt ist. Die grabenförmige Vertiefung wurde durch den Einbruch der Deckschicht über dem oberen Ende eines unterirdischen Sandflusses verursacht [*59.3*].

Obgleich die vorstehend beschriebenen Unterströmungsvorgänge in sehr verschiedenartigen Böden auftraten, hatten sie alle ein wichtiges Kennzeichen gemeinsam. Die Senkung der Decke trat stets in großer Entfernung von der Austrittsöffnung des Erosionsschlauches ein. Diese Tatsache weist darauf hin, daß das Erosionsvermögen einer Quelle mit der Länge des Tunnels zunimmt. Der Grund für diese Erscheinung wird

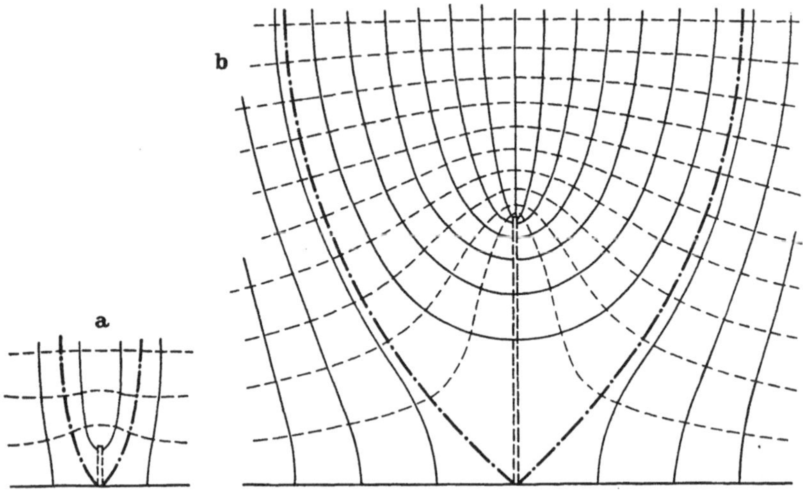

Abb. 207 a u. b. Nachweis der Zunahme des Einzugsgebietes einer Quelle mit größer werdender Länge des erodierten Tunnels mit Hilfe von Stromliniennetzen. a) Anfangszustand; b) Zustand, nachdem die Erosion bis in größere Entfernung von der Quellenmündung fortgeschritten ist

durch das in Abb. 207 aufgetragene Stromliniennetz erläutert. Die dünnen gestrichelten Kurven geben die Linien gleichen Druckes oder die Höhenschichtlinien des Wasserspiegels an, während die ausgezogenen Kurven die Stromlinien darstellen. Die strichpunktierten Linien zeigen die Grenze des beeinflußten Bereiches an. Mit zunehmender Länge des Tunnels nimmt die Zahl der geschnittenen Stromlinien zu. Daher wird die Wassermenge der Quelle größer und die Erosionsgeschwindigkeit nimmt zu.

Eine fortschreitende unterirdische Erosion, die ihren Anfang von Quellen in der Nähe des Dammfußes nimmt, schreitet entlang von Linien fort, die in Richtung auf das Staubecken führen, wie in Abb. 207 dargestellt. Das häufige Auftreten von Quellen unterhalb der Dämme ist jedem Ingenieur bekannt, der Dammbauerfahrungen hat. Wenn eine Quelle so stark ist, daß sie an der Austrittsstelle eine Erosion einleiten kann, wird diese fast mit Gewißheit im Laufe der Zeit immer stärker, weil die Wasserführung einer Quelle mit der Länge des ausgespülten Schlauches zunimmt (Abb. 207). Schließlich wird der Damm durch Unterspülung zusammenbrechen.

Maßnahmen gegen Unterspülungen. Bei der Behandlung der Maßnahmen gegen Unterspülungen muß zwischen kleinen und großen Bauvorhaben unterschieden werden. Eine ähnliche Unterscheidung war zwischen kleinen und großen Staumauern und zwischen flachen und tiefen Baugruben gemacht worden.

Der Entwurf von kurzen und niedrigen Dämmen ist eine Routineaufgabe, weil die Bauwerke nicht so bedeutend sind, daß sie eingehende Voruntersuchungen rechtfertigen würden. Dämme dieser Art werden gegen Unterspülung gesichert, indem der Entwurf nach der Sickerwegregel aufgestellt wird, die durch Gl. (59.2) ausgedrückt ist.

Ein nach Gl. (59.2) entworfener Damm wird stets unterspülungssicher sein, es sei denn, daß ein sparsamer Entwurf oder eine billige Bauausfüh-

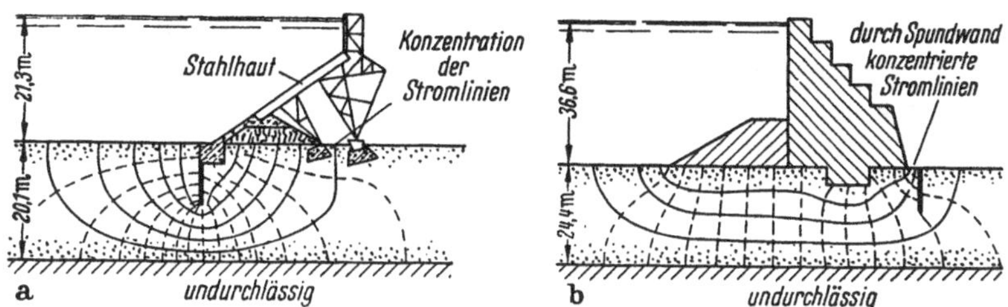

Abb. 208 a u. b. Nachweis des ursächlichen Zusammenhanges zwischen der Konzentration der Stromlinien und der Unterspülung von zwei Staubauwerken. a) Hauser Lake Dam, Mont.; b) Elwha River Dam, Wash.

rung mit ungewöhnlich ungünstigen Gründungsverhältnissen zusammentrifft. Zusätzlich zu der Erfüllung der durch Gl. (59.2) ausgedrückten Forderung, ist es nur notwendig, eine unnötige Konzentration von Stromlinien unter ungeschützten Flächen auf der Luftseite des Dammes zu vermeiden. Die Folgen einer Vernachlässigung dieser grundsätzlichen Forderung sind in Abb. 208a dargestellt, die einen Querschnitt durch den Hauser-Lake-Damm in Montana darstellt. Der Untergrund bestand bis 20 m Tiefe aus Kies. Das Wasser wurde durch eine Stahlwand aufgestaut, die von einem Stahlfachwerk abgestützt wurde, welches auf großen Fundamenten gegründet war. Die Fundamente verursachten eine örtliche Konzentration von Stromlinien, wie in der Abbildung gezeigt ist. Der Damm brach im Jahre 1908 zusammen, ein Jahr nach der ersten Füllung. Da er nicht plötzlich brach, war die Ursache zweifellos eine Erosion durch eine Quelle. Ein zweites Beispiel ist in Abb. 208b gezeigt, wo ein Querschnitt durch einen Damm quer durch den Elwha-Fluß in Washington dargestellt ist. Das Bauwerk war auf Kies und Grobsand gegründet, die von Fels unterlagert waren. Während das Becken gefüllt wurde, entwickelten sich starke Quellen am luftseitigen Böschungsfuß. Um den Wasserausfluß zu verringern, wurde eine Spundwand bis in 9 bzw. 12 m Tiefe in einem

Abstand von 2,5 m vom Böschungsfuß eingerammt. Dieses Hindernis verursachte eine Konzentration der Stromlinien, wie in der Abbildung dargestellt ist, sodaß eine unterirdische Erosion eintrat. Der Damm brach, bevor die Spundwand vollständig gerammt war.

Routineentwürfe nach Gl. (59.2) besitzen eine ausreichende Sicherheit, vorausgesetzt, daß die höchst einfachen Maßnahmen gegen eine örtliche Konzentration von Stromlinien durchgeführt worden sind. Wenn man sie jedoch auch bei großen Dämmen anwendet, führen sie mit Sicherheit zu unwirtschaftlichen Lösungen. Um ohne Risiko von den routinemäßigen Entwurfsverfahren abweichen zu können, müssen vor allem gründliche Baugrunduntersuchungen durchgeführt werden, wozu das Herausarbeiten von Durchlässigkeitsprofilen gehört, wie das in Abb. 201 dargestellte. Diese Profile liefern die notwendigen Unterlagen für das Aufstellen einer Arbeitshypothese über den Verlauf der Sickerwasserströmung aus dem Becken. Alle Flächen, in denen eine unterirdische Erosion möglicherweise beginnen kann, müssen durch abgestufte umgekehrte Filter abgedeckt werden. Die Filter verhindern nicht nur den Erosionsbeginn an allen Stellen der geschützten Fläche, sondern vergrößern auch die kritische Druckhöhe von dem Wert, der erforderlich ist eine Erosion hervorzurufen, auf den viel höheren Wert, der erforderlich ist, um einen Grundbruch durch Hebung zu erzeugen. Regeln für den Entwurf der Filter sind in Abschn. 11 angegeben.

Alle Berechnungen von Sickerströmungen müssen von vereinfachten Annahmen über die Durchlässigkeitsverhältnisse im Baugrund ausgehen, wobei der Unterschied zwischen den vorausgesagten und den tatsächlichen Sickerströmungen sehr groß sein kann, ganz abgesehen von der Gründlichkeit, mit welcher der Untergrund untersucht worden ist [*59.2*]. Deshalb ist es notwendig, mit Hilfe von Beobachtungsbrunnen festzustellen, ob und wieweit die theoretische und die wirkliche Sickerströmung übereinstimmen. Wenn durch Beobachtungen eine starke Sickerströmung in Richtung auf ungeschützte Flächen festgestellt wird, müssen die Flächen ebenfalls mit Filtern bedeckt werden oder die Sickerung muß durch Filterbrunnen oder Entwässerungsstollen unterbrochen werden. Die Erfahrungen haben gezeigt, daß sich die hydraulischen Druckverhältnisse im Untergrund von Staudämmen noch während vieler Jahre nach Bauende ständig ändern können [*59.4*]. Infolgedessen muß die Überwachung dieser Verhältnisse so lange fortgesetzt werden, bis der Einfluß der Wasserstandsschwankungen im Staubecken eindeutig festgestellt werden kann.

Beispiele für Dammsicherungen durch Entspannungsfilter. Der in Abb. 199a dargestellte Steinschüttdamm ist auf einer Schicht von Sand und verkittetem Sand mit unregelmäßigem Durchlässigkeitsprofil gegründet. Nur der mittlere Teil des Dichtungsspornes reicht bis in eine undurchlässige Schicht und das angestaute Wasser dringt in den Untergrund des Dammes ein, indem es unter den wenigen tief reichenden Seitenteilen des Dichtungsspornes einsickert. Deshalb konnten an fast jedem Punkt der Sohlfläche Quellen austreten. Nach Beendigung des Baues wäre die Sohlfläche des Dammes nicht mehr zugänglich gewesen und es hätte eine unterirdische Erosion stattfinden können, ohne daß sie bemerkt worden wäre. Um diese Gefahr auszuschließen, wurde die gesamte Sohlfläche des Dammes mit Ausnahme der beiden Enden mit einem umgekehrten Filter bedeckt, das sich über eine Fläche von ungefähr 37 160 m^2 erstreckte. Das in den Filter einsickernde Wasser wird in Dränrohren mit großem Durchmesser gesammelt, die es in einen offenen Entwässerungsgraben am Fuß des Steindammes ableiten. Die Bodenverhältnisse lassen eine Verstopfung des Filters als fast undenkbar erscheinen. Jedoch selbst wenn eine solche eintreten sollte, würde sie ohne größere praktische Folgen sein, weil die einzige Aufgabe des Filters darin besteht, zu verhindern, daß Bodenteilchen in die Hohlräume der Steinschüttung eingespült werden können. Selbst eine vollständig verstopfte Filterschicht würde diesen Zweck erfüllen. Jede Quelle, die zu einem späteren Zeitpunkt außerhalb der geschützten Fläche entstehen könnte, würde sich außerhalb der Sohlfläche der Dammschüttung befinden. Sie würde sofort erkennbar sein und es wäre leicht möglich, jede unterirdische Erosion durch eine die Quelle speisende Wasserader schon im Anfangsstadium durch ein Filter zu unterbinden.

Die Unterströmung von Staumauern beginnt in der Regel unmittelbar unter dem luftseitigen Mauerfuß (s. Abb. 208 b). Aus diesem Grund sollte diese Zone durch ein Filter geschützt werden. Bei einem überströmten Wehr können jedoch feste Stoffe, die bei Hochwässern mitgeführt werden, die Filter verstopfen. In solchen Fällen kann es besser sein, das Filter unter dem Mittelteil der Mauer anzuordnen, wie in Abb. 209 gezeigt ist. Dieses Klappwehr ist auf Feinsand gegründet, der etwas Schluff und Horizonte und Schichten von Kies enthält. Das Sickerwasser wird aus dem Filter in ein Dränrohr abgeleitet, das in den Beton eingebettet ist und in das Unterwasser entwässert. Nach Tab. 27 sollte eine Staumauer auf einem derartigen Boden einen reduzierten Sickerwegquotienten von mindestens 6 bis 7 haben. Der Quotient beträgt für diese Mauer, wie sie entworfen und gebaut worden ist, jedoch nur 4,0. Trotz des niedrigen Sickerwegquotienten erfüllt die Mauer alle vorgeschriebenen Sicherheitsbedingungen, weil das in der Abbildung erkennbare Stufenfilter die Möglichkeit eines Bruches durch unterirdische Erosion ausschließt.

Abb. 209 läßt auch die Notwendigkeit erkennen, piezometrische Messungen im Untergrund der Mauer wenigstens während der ersten Füllung des Beckens durchzuführen. Bei dem Entwurf des dargestellten Filters und der Ermittlung des Sicherheitsgrades des Dammes gegen Unterspülung war von der Annahme ausgegangen worden, daß der Untergrund mehr oder weniger homogen sei. Diese Annahme schien auf Grund der Ergebnisse von Untersuchungsbohrungen gerechtfertigt zu sein. Der im Untergrund anstehende Sand scheint jedoch einige nicht festgestellte

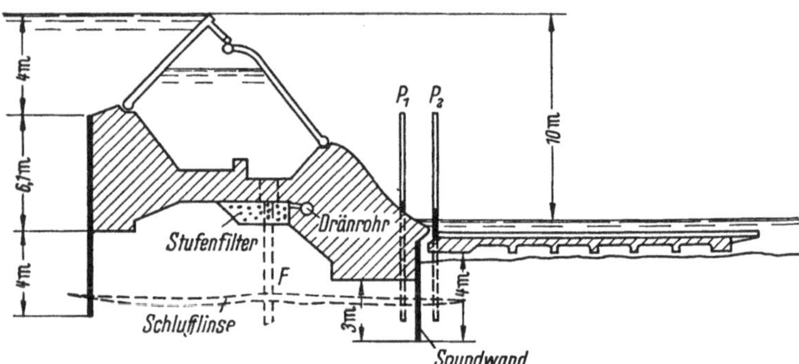

Abb. 209. Klappwehr mit Stufenfilter unter dem Wehrkörper. Wenn durch Piezometermessungen die Unwirksamkeit des Filters infolge einer Unterbrechung der Sickerströmung durch Schluff- oder Tonlinsen nachgewiesen wird, werden Entlastungsbrunnen *F* notwendig

dünne Schichten von Schluff oder Ton enthalten zu haben. Derartige unzusammenhängende Tonschichten sind ohne Bedeutung; wenn eine dieser Schichten jedoch in der gesamten Fläche zwischen der oberen und der unteren Spundwand durchgeht, wie in Abb. 209 durch dünne gestrichelte Linien eingetragen ist, hat dies zwei sehr unterschiedliche Folgen. Sie vermindert die wirksame Sickerweglänge erheblich und außerdem verhindert sie den Zufluß des Sickerwassers zum Filter. Es ist deshalb notwendig, in der Betonsohle über dem Filter verschließbare Löcher vorzusehen und während der erstmaligen Füllung des Beckens den Wasserspiegel in Wasserstandsrohren wie beispielsweise P_1 und P_2 zu beobachten. Wenn der Wasserspiegel in diesen Rohren in der Nähe der Spiegelhöhe des Unterwassers bleibt, kann man annehmen, daß die Filter ihren Zweck erfüllen. Wenn der Wasserspiegel dagegen deutlich ansteigt, sobald der Wasserspiegel im Staubecken steigt, ist die Wirksamkeit des Filters zweifelhaft und es wird notwendig sein, den durchlässigen Boden unterhalb der Spundwände mit Hilfe der Filterbrunnen *F* zu entspannen. Es ist sehr selten, daß sich eine solche Notwendigkeit ergibt. Brüche durch Unterspülungen treten jedoch auch unerwartet ein und von einem sorgfältigen Entwurf wird auch die Ausschaltung selbst entfernt liegender Gefahrenquellen erwartet.

Literaturhinweise

[*59.1*] LANE, E. W.: Security from Under-Seepage Masonry Dams on Earth Foundations. Trans. ASCE 100 (1935) S. 1235–1351. Zusammenstellung der Daten, auf denen die Gleichung für die reduzierten Sickerweglängen begründet sind. Im Anhang sind die Querschnitte der in diesem Bericht erwähnten Dämme aufgetragen, ferner befindet sich darin eine Literaturzusammenstellung über Dammbrüche durch Unterspülung.

[59.2] TERZAGHI, K.: Effect of Minor Geologic Details on the Safety of Dams. Bull. AIME Tech. Pub. 215 (1929) Class I, Mining Geology, Nr. 26 S. 31–46. Berichte über einen Modellversuch über Grundbrüche durch Hebung und Diskussion des Einflusses von Einzelheiten der Schichtung auf den Sicherheitsgrad.

[59.3] TERZAGHI, K.: Unterirdische Erosion und der Bruch des Corpus Christi Dammes. Eng. News-Record, 107 (1931) S. 90–92. Überblick über Unterströmungsvorgänge infolge unterirdischer Erosion.

[59.4] HINDS, J.: Auftrieb unter Dämmen. Trans. ASCE, 93 (1929), S. 1527 bis 1582. Ergebnisse von Messungen des U.S. Bureau of Reclamation über den Porenwasserdruck im Untergrund verschiedener Dämme.

X. Setzungen infolge außergewöhnlicher Ursachen

60. Setzungen durch Baumaßnahmen

Bauwerksfremde Setzungsursachen. Im Kap. IX haben wir die Setzungen von Gebäuden und anderen Bauwerken unter dem Einfluß ihres Eigengewichtes behandelt. Obgleich dies die verbreitetste Setzungsart ist, sind andere doch ebenfalls so wichtig, daß sie in Betracht gezogen werden müssen. Hierzu gehören Setzungen infolge einer Vergrößerung der Belastung des angrenzenden Geländes, infolge Ausschachtungen in der Nachbarschaft, Absenkung des Grundwasserspiegels und Erschütterungen. In diesem Abschnitt werden wir nur die ersten beiden Gruppen betrachten.

Setzungen infolge einer Vergrößerung der Belastung des benachbarten Geländes. Die Belastung eines Teils der Geländeoberfläche verursacht auf jeder Bodenart eine Verbiegung der Oberfläche des benachbarten Geländes (s. Abb. 210a). Der Bereich, in dem die Verbiegung von praktischer Bedeutung ist, hängt sowohl von der Baugrundbeschaffenheit als auch von der Größe der Lastfläche ab. Wenn der Baugrund aus weichem Ton besteht, kann die Größe und Verteilung der Setzungen auf Grund der Ergebnisse von Bodenuntersuchungen annähernd ermittelt werden. Wenn der Baugrund aus Sand besteht, lassen sich die Setzungen nicht genau berechnen und Schätzungen können nur auf Grund von Berichten über frühere Fälle aufgestellt werden.

Werden Plattengründungen auf Sand nach den in den städtischen Bauordnungen enthaltenen Vorschriften bemessen, so werden sie sich in der Regel bis zu 5 cm setzen. In Ausnahmefällen können die Setzungen sogar größer sein (s. Abschn. 55). Da der größte Teil dieser Setzungen während der Bauzeit eintritt, wird das Bauwerk selbst nicht beschädigt, sofern es nicht sehr empfindlich ist. Die Verbiegung der benachbarten Geländeoberfläche in Richtung auf die belastete Fläche kann jedoch so groß sein, daß benachbarte Bauwerke Schaden leiden. Beispielsweise war in New York ein 20stöckiges Gebäude auf einer Baustelle zwischen zwei 7stöckigen Gebäuden gebaut worden, die durch Einzelfundamente auf einer Ablagerung von Feinsand gegründet waren. Das neue Gebäude

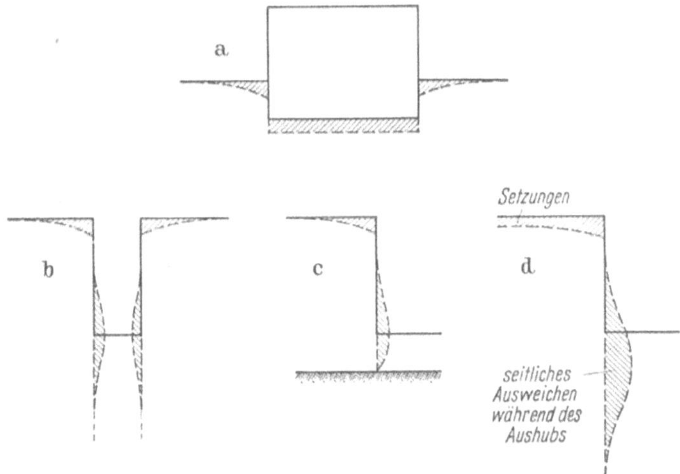

Abb. 210 a–d. Setzungen der Geländeoberfläche durch benachbarte Baumaßnahmen. a) Setzungen infolge des Gewichtes von Bauwerken; b) Setzungen infolge des seitlichen Ausweichens von Ton neben engen, tiefen Baugruben; c) Setzungen infolge des seitlichen Ausweichens von Ton neben breiten, tiefen Einschnitten oberhalb von festeren Bodenschichten; d) Setzungen infolge des seitlichen Ausweichens von Ton neben und unter weiten und tiefen Einschnitten in weichem Ton großer Mächtigkeit

stand auf einer Platte in 6 m Tiefe unter Geländeoberfläche. Die Bodenpressungen waren nur um 2 kg/cm^2 höher als die Vorbelastung aus dem Gewicht des ausgehobenen Bodens. Da das Bauwerk selbst sich nur 4,6 cm setzte und die Setzungen ziemlich gleichmäßig erfolgten, blieb das Bauwerk ohne Schäden. Die benachbarten Bauwerke wurden jedoch durch Scherrisse und Verdrückungen der Tür- und Fensterrahmen beschädigt [s. auch *60.1*].

Wenn der Baugrund aus weichem Ton besteht, kann der Einfluß des Gewichtes eines neuen Gebäudes auf die Nachbargebäude weitaus größer sein, wenn auch nicht unbedingt schädlicher. In Istanbul war ein schmales Gebäude auf einer Baustelle errichtet worden, die von dem gleichfalls schmalen Nachbargebäude durch eine enge Gasse getrennt war. Das neue Gebäude verursachte eine so große Verbiegung des alten, daß die Simse der beiden Gebäude sich gegenseitig berührten. Es traten jedoch in keinem Gebäude Schäden auf.

Setzungen durch Ausschachtungen. *Die Voraussage von Setzungen durch Ausschachtungen.* Wenn alle anderen Bedingungen gleich sind, ist die Größe der Setzungen durch Ausschachtungen weitgehend von der Art der Aussteifung abhängig, die zur Abstützung des benachbarten Bodens angewandt wird und von der Sorgfalt, mit der die Aussteifung durchgeführt wurde. Deshalb kann die Größe der Setzungen nicht berechnet werden. Eine Voraussage läßt sich nur auf zuverlässige, ausführliche Berichte über ähnliche Fälle stützen.

Die häufigsten großen Ausschachtungen sind offene Baugruben, in welchen ganze Bauwerke oder Keller hergestellt werden können und einzelne Schächte für Einzelpfeiler. Eine dritte Art bilden die Tunnel, die jedoch in diesem Buch nicht behandelt werden sollen.

Baugruben in Sanden. Selbst wenn die benachbarte Geländeoberfläche mit flachen, schweren Fundamenten belastet ist, erstrecken sich die durch den Aushub einer Baugrube in Sanden verursachten Setzungen nicht weiter, als bis in eine Entfernung, die gleich der Tiefe der Baugrube ist. Wenn die benachbarte Geländeoberfläche unbelastet ist, reicht der Setzungseinfluß nur bis zur Hälfte dieses Abstandes. Wenn die Baugrube

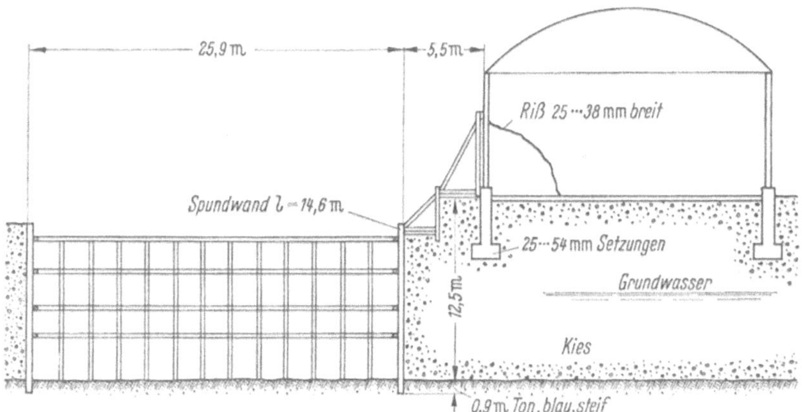

Abb. 211. Schnitt durch eine offene Baugrube in Kies. Das Aussteifungsverfahren und die Schäden an dem benachbarten Bauwerk sind deutlich zu erkennen

ordnungsgemäß ausgesteift ist, wird die größte Setzung in der Regel etwa 0,5% der Tiefe des Einschnittes nicht überschreiten. Jedoch selbst dieser Betrag kann schon Schäden verursachen, wie in Abb. 211 gezeigt ist. Die Ausschachtung, welche die Setzung verursachte, war im wasserführenden Kies gemacht worden. Die Auszimmerung war nach dem in Abb. 147c skizzierten Verfahren sorgfältig durchgeführt und die Spundwände waren durch den Kies in eine steife Tonschicht gerammt worden. Man konnte sich dadurch das Pumpen sparen. Trotzdem setzten sich die Fundamente des benachbarten Gebäudes um 2,5 bis 5 cm und es entstanden Risse in den Mauern wie in der Abbildung eingetragen ist. Ein Teil der Setzungen trat während des Einrammens der Spundwände ein.

Offene Baugruben in weichen Tonen. Wenn eine offene Baugrube in weichen Tonen ausgehoben wird, wirkt der an den Seiten der Baugrube anstehende Ton wie eine Auflast. Unter dieser Auflast weicht der Ton in der Nähe der Baugrubensohle in Richtung auf die Baugrube aus und die Baugrubensohle hebt sich. Infolge dieser Bewegung setzt sich die Geländeoberfläche oberhalb des ausweichenden Tons. Ein zusätzliches seitliches Ausweichen tritt oberhalb der Baugrubensohle in der Zeit zwischen dem Aushub und dem Einbau der Steifen ein. Die Größe dieser seitlichen Bewegung und der entsprechenden Setzungen hängt in erster Linie von dem Verhältnis der Breite zur Tiefe der Baugrube, von dem Bauverfahren und von der Mächtigkeit der weichen Tonschicht unter der Baugrubensohle ab.

Wenn die Baugrube sehr schmal ist, wie in Abb. 210b, oder wenn die Baugrubensohle in der Nähe der Oberfläche einer festen Schicht liegt, wie in Abb. 210c, beschränkt sich das seitliche Ausweichen auf einen kurzen Abstand von den Wänden des Einschnittes aus. Die Setzungen der Geländeoberfläche erstrecken sich deshalb auch nur auf verhältnismäßig schmale Streifen zu beiden Seiten des Einschnittes. Die Breite dieser Streifen ist nicht größer als die Tiefe der Grube. In größerer Entfernung sind die Setzungen bedeutungslos. Durch eine sorgfältige Aussteifung kann man das nach innen gerichtete Ausweichen des Tons auf 0,5% der Baugrubentiefe und die größte Setzung der Oberfläche auf das gleiche Maß beschränken. Auffallend größere Setzungen sind in der Regel als Folge einer schlechten Ausführung anzusehen.

Bodenverformungen, die zu Setzungen der Geländeoberfläche neben einer breiten Baugrube geführt haben, wobei die Baugrube in einer relativ dünnen Schicht von weichem Ton ausgehoben wurde (Abb. 210c), sind tatsächlich beobachtet und gemessen worden [*60.2*]. Der weiche Ton, in dem die Baugrube ausgehoben worden war, wurde von steifplastischem Ton bis zu etwa 4,3 m Tiefe unter der endgültigen Baugrubensohle unterlagert. Die Baugrubenwände waren durch Spundwände abgestützt, die vor Beginn des Aushubes durch den weichen Ton in die steife Schicht gerammt worden waren. Die Kurven auf der linken Seite von Abb. 212 stellen die aufeinanderfolgenden Lagen der Spundwände zu den angegebenen Zeitpunkten dar. Auf der rechten Seite der Abbildung sind die Daten angegeben, an denen die Steifenlagen eingebracht wurden. Die gestrichelten Linien zeigen die entsprechenden Lagen der Baugrubensohle an. Das Diagramm zeigt, daß das seitliche Ausweichen sich schon bei einem sehr frühen Ausschachtungszustand bis zur Sohle der weichen Tonschicht erstreckt. Da die Spundwände in den steifen Ton eingerammt waren, nahm die nach innen gerichtete Bewegung des in den Boden eingespannten Abschnittes nach den unteren Enden der Spundbohlen ab. Infolgedessen war die Hebung der Sohle unbedeutend. So wurde der kleine Kanal, der in der Abbildung zu sehen ist, nur um 2,5 cm angehoben.

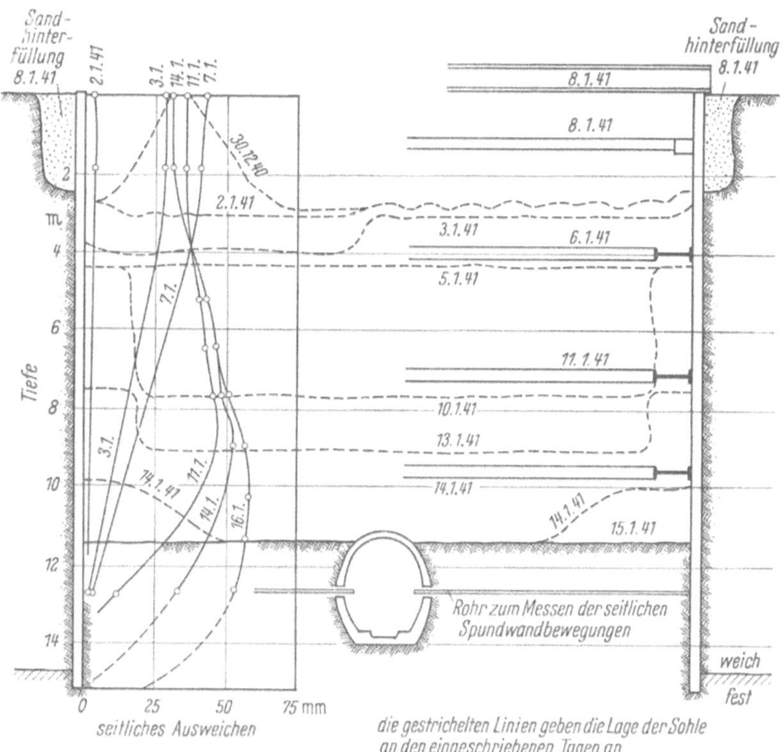

Abb. 212. Darstellung der Ergebnisse von Messungen über das seitliche Ausweichen von Spundwänden an den Wänden von Baugruben in weichem Ton, der in geringer Tiefe von festem Ton unterlagert wird. Die Lagen der verformten Spundwand sind links dargestellt. Die gestrichelten Linien geben die Ausschachtungstiefen zu den angegebenen Zeitpunkten an, die an den Steifenlagen eingeschriebenen Daten die Zeit ihres Einbaues

Die ungewöhnlich große Bewegung der Spundwand in einer Tiefe von 3 m unter Geländeoberfläche war durch das fehlerhafte Einbringen der obersten Steifenlage verursacht worden, andernfalls wäre sie nicht eingetreten. In einer Entfernung von der Baugrubenwand, die gleich der endgültigen Tiefe war, erreichte die Setzung einen Wert von 1,8 cm, es wurden jedoch Setzungen bis zu 26 m Entfernung beobachtet.

Wenn die Baugrube breit und der Ton bis in große Tiefe unter der Sohle von weicher Konsistenz ist, erfaßt das seitliche Ausweichen einen breiten und tiefen Tonkörper, wie Abb. 210d zeigt. Die entsprechenden

Setzungen können sich bis in Entfernungen erstrecken, die erheblich größer als die Baugrubentiefe sind. Sobald die Tiefe der Baugrube ungefähr die Hälfte der kritischen Höhe des Tons nach Abschn. 24 erreicht, beginnen die Setzungen schnell zuzunehmen und sich bis auf große Entfernungen von der Baugrubenkante auszudehnen, ohne Rücksicht auf die Sorgfalt, mit der die Baugrubenwände abgestützt sind. Wenn die Tiefe gleich der kritischen Höhe wird, werden Grundbrüche unvermeidlich und die Baugrubensohle beginnt sich zu heben (s. Abschn. 31).

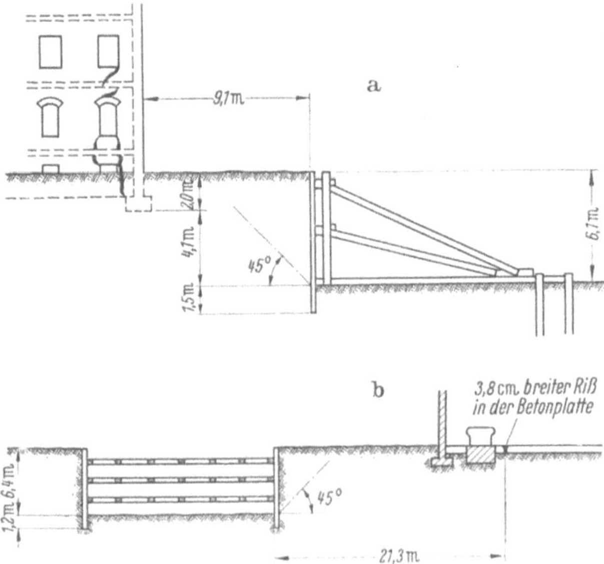

Abb. 213 a u. b. Schnitt durch breite Baugruben in weichem Ton großer Mächtigkeit. Benachbarte Bauwerke haben durch Setzungen Rißschäden erlitten

Die in Abb. 213a dargestellte Baugrube war in Bänderton bis zu 6 m Tiefe ausgehoben worden. Sie befand sich in 9 m Entfernung von einem Gebäude. Trotz der sehr sorgfältigen Ausführung der Aussteifung bekamen die Mauern des Gebäudes Risse, wie in den Abbildungen eingetragen ist. Der in Abb. 213b dargestellte offene Einschnitt war in sehr weichem Ton mit Sand- und Schluffschichten ausgeschachtet worden. Die Baugrundverhältnisse sind aus Abb. 134 zu ersehen. Rings um den Einschnitt waren Spundwände bis zu 1,2 m Tiefe unter Baugrubensohle eingerammt worden. Während der Ausschachtung der Baugrube trat in einem 21 m entfernten Betonfußboden ein Riß auf. In diesem Fall hätten die Setzungen etwas vermindert, wenn auch nicht vermieden werden können, wenn die Einbindetiefe der Spundwände von 1,2 auf 4,5 m vergrößert worden wäre.

Offene Schächte oder Brunnen in weichen Tonen. Bei der Ausschachtung eines offenen Schachtes oder dem Absenken eines offenen Brunnens in weichen Tonen, treten ebenfalls Hebungen des Tons unter der Sohle ein. Weiterhin kann, wenn die unteren Teile der Wände des Brunnens nicht abgesteift werden, wie dies bei den nach dem Chicagoverfahren ausgehobenen Brunnen der Fall ist (Abb. 196f), ein erhebliches seitliches Ausquetschen eintreten. Infolge dieser Bewegungen ist das Volumen der ausgeschachteten Bodenmassen größer als dasjenige des Schachtes oder Brunnens. Dieser Mehraushub wird in den USA als „lost ground" (Boden-

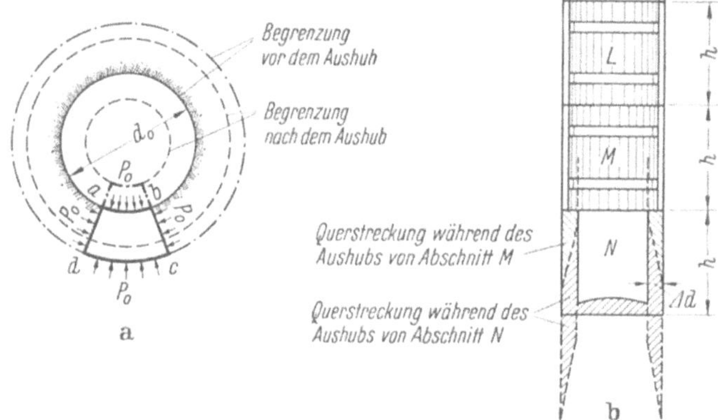

Abb. 214 a u. b. a) Die Ursache von Geländesenkungen bei Ausschachtungen nach dem Chicago-Verfahren; b) Massenverlust bei der Ausschachtung

verlust) bezeichnet; er ist immer mit einer Setzung der Geländeoberfläche verbunden.

Die physikalischen Vorgänge beim seitlichen Ausquetschen sind in Abb. 214 b dargestellt. Die Abbildung zeigt einen vertikalen Schnitt durch einen nach dem Chicagoverfahren ausgehobenen Schacht. Dem Auszimmern jedes neuen Abschnittes mit der Höhe h geht die Ausschachtung um ein Stück h unterhalb der Unterkante des bereits ausgezimmerten Abschnittes voraus. In Abb. 214a ist ein horizontaler Schnitt durch den nicht verzimmerten Teil des Schachtes dargestellt. Vor dem Aushub wirkt auf die zylindrische Mantelfläche mit dem Durchmesser d_0 ein Radialdruck p_0. Der Aushub vermindert diesen Druck auf Null, wodurch die zylinderförmige Tonschale, die den Schacht umgibt, durch einen nicht ausgeglichenen, von außen wirkenden Radialdruck angegriffen wird. Dieser Druck vermindert den inneren Durchmesser der Tonschale und der Ton dringt in Richtung auf den Schacht vor, wie durch die gestrichelten Flächen an den Wänden des Schachtes in Abb. 214b angegeben ist. Infolge der Querstreckung wird jedes keilförmige Element $abcd$ in Abb. 214a seitlich zusammengedrückt und radial gestreckt. Aus ähnlichen Gründen hebt sich die Sohle des Schachtes wie in Abb. 214b gezeigt ist. Die gesamte gestrichelte Fläche stellt das in den Schacht hineingedrückte Material, den Mehraushub bei der Ausschachtung dar. Die Gesamtmenge dieses Materials ist annähernd gleich der gesamten Wandfläche des

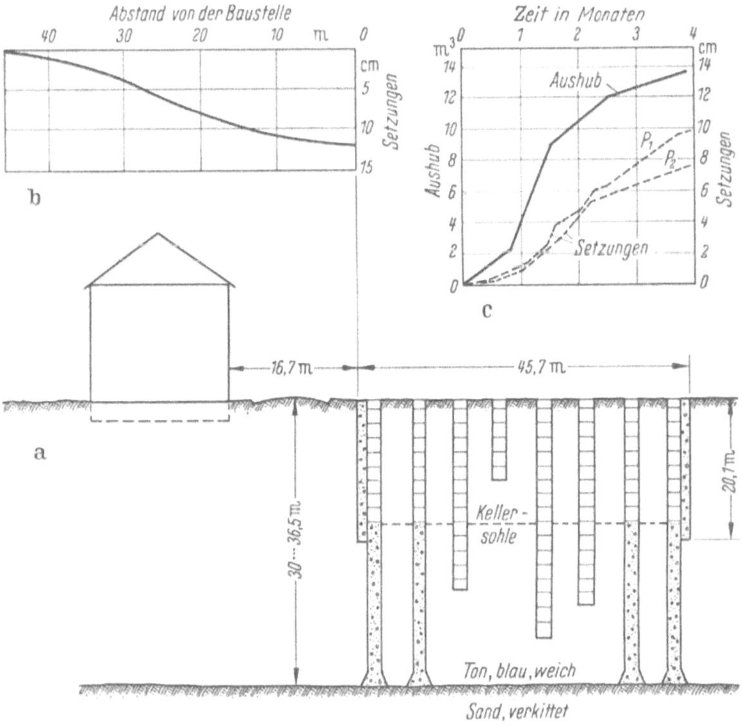

Abb. 215 a–c. a) Schnitt durch die Gründung eines Bauwerkes während der Ausschachtung von Pfeilern nach dem Chicago-Verfahren; b) Beziehung zwischen den Setzungen der Geländeoberfläche und dem Abstand von der Baustellengrenze; c) Beziehung zwischen der aus den Brunnen ausgehobenen Bodenmenge, den Setzungen der Geländeoberfläche und der Zeit

Schachtes mal der Breite Δd der gestrichelten Fläche neben der Wand in Abb. 214b. Dieser Massenverlust verursacht eine Setzung der Geländeoberfläche rund um den oberen Teil des Schachtes.

Wird nur ein einzelner Schacht ausgehoben, kann die Wirkung des Mehraushubes an der Geländeoberfläche unbemerkt bleiben. Wenn jedoch viele Schächte eng nebeneinander abgesenkt werden, überlagern sich die Senkungen und ziehen die gesamte Nachbarschaft in Mitleidenschaft. Eine solche Senkung erfolgte bei dem in Abb. 215 dargestellten Bauvorhaben. In einer Bebauungslücke von 58 × 46 m Fläche waren 120 Schächte mit Durchmessern von 1,5 bis 2,4 m durch weichen Glazialton bis auf verkitteten Kies ausgeschachtet worden. Das Abteufen der Schächte erforderte 3 Monate und umfaßte den Aushub von 13000 m³ Ton. Unmittelbar nachdem mit dem Ausschachten begonnen war, begann das Gelände rings um die Baustelle sich zu senken, schließlich bis zu der in Abb. 215b eingetragenen Lage. Die benachbarten Gebäude mußten zeitweilig abgestützt und unterfangen werden, um sie in ihrer ursprünglichen Höhenlage zu erhalten. Abb. 215c zeigt den zeitlichen Fortschritt des Aushubes der Schächte und die entsprechenden Setzungen zweier Beobachtungspunkte P_1 und P_2 in der Mitte der einen Seite und an der Ecke der Baustelle. Die Ähnlichkeit zwischen den Kurven zeigt sehr deutlich, daß die Setzungen in der Hauptsache durch den Bodenverlust verursacht wurden, der mit der Ausschachtung der Schächte verbunden war.

Zur Verminderung der Setzungen, die durch die Ausschachtung von Schächten für Pfeiler in weichem Ton hervorgerufen werden, lassen sich verschiedene Maßnahmen ergreifen. Folgende Verfahren werden auf Grund von Erfahrungen in der Reihenfolge ihrer Wirkung und ihrer Kosten aufgeführt.

a) Verwendung von Spundwänden oder zylindrischen Ringen, durch welche die vertikalen Arbeitsflächen abgestützt werden. Ein solches Verfahren ist in Abb. 196e dargestellt.

b) Anwendung des Dickspülverfahrens. Hierbei wird ein Loch mit Hilfe eines großen Drehbohrers in den Boden gebohrt. Dieses wird nicht verrohrt, sondern mit der Spülflüssigkeit gefüllt gehalten, welche bei den Bohrarbeiten erzeugt wird. Hierdurch wird erreicht, daß der Neigung der Wände und der Sohle sich querzustrecken, das Gewicht der Flüssigkeit entgegenwirkt, welche infolge ihres Gehaltes an suspendiertem Ton schwerer als Wasser ist. Nachdem das Loch gebohrt worden ist, wird ein leichtes Stahlrohr als Auskleidung eingeführt, die Spülflüssigkeit wird ausgepumpt und die Sohle des Loches gereinigt und überprüft. Dann wird Beton eingebracht und das Rohr mit steigender Betonoberfläche gezogen.

c) Anwendung von Druckluft. Da der Luftdruck nur den Wasserdruck in der freigelegten Arbeitsfläche aufhebt, ist ein gewisser Massenverlust unvermeidlich. Die Setzungen werden jedoch auf einen Bruchteil der beim Chicagoverfahren auftretenden Setzungen vermindert (Abb. 196f).

d) Verwendung von schweren Stahlringen, die bis zur Sohltiefe eingerammt und im Baugrund belassen werden. Nachdem ein Rohr eingerammt ist, wird der Boden mit Hilfe von Greifern oder durch Luft- und Wasserspülung ausgehoben und das Rohr mit geeigneten Werkzeugen gereinigt, beispielweise mit mechanisch arbeitenden Bürsten, und mit Beton gefüllt. Dieses Verfahren ist häufig mit Erfolg für die Herstellung zylindrischer Pfeiler in sehr weichen Böden angewandt worden. Es kann weniger aufwendig sein als das Druckluftverfahren.

Der praktische Wert von Setzungsmessungen während der Zeit der Ausschachtung. Der vorstehende Überblick über die verschiedenen Setzungsursachen für die einer Baugrube benachbarten Geländeoberfläche läßt keinen Zweifel, daß ein gewisser Setzungsbetrag unvermeidlich ist. Beispielsweise läßt sich nichts zur Verhinderung der Setzungen infolge des seitlichen Ausweichens des Bodens in Richtung auf die Hebungszone in der Baugrubensohle unternehmen. Auch das Ausbauchen der Baugrubenwände während der Ausschachtungsarbeiten von einer Steifenlage bis zur nächsten kann nicht verhindert werden. Im Gegensatz zu dem Schwellen, das in der Baugrubensohle eintritt, hängt das Ausmaß des seitlichen Nachgebens der Wände jedoch weitgehend von der vertikalen Auszimmerung zwischen den Steifenlagen, von der Geschwindigkeit des Aushubes und von verschiedenen Einzelheiten des Bauvorganges ab. Infolgedessen können die entsprechenden Setzungen durch eine zweckmäßige Durchführung des Bauvorganges erheblich vermindert werden.

Für eine bestimmte Bauaufgabe lassen sich zuverlässige Unterlagen über die relative Größe des Schwellens und seitlichen Nachgebens in und über der Baugrubensohle nur durch Setzungsmessungen und durch Festhalten aller Umstände, welche die Setzungen beeinflußt haben können, in einem Bericht, gewinnen. Die Literaturangaben [*60.2*, *60.3* und *60.4*] enthalten Ergebnisse solcher Untersuchungen. Auf Grund derartiger Ergebnisse ist der Ingenieur in der Lage zu entscheiden, ob die Geländesetzungen tatsächlich durch geeignete Maßnahmen vermindert werden können. Aber die Setzungsmessungen dienen nicht nur diesem Zweck auf der einen Baustelle, sondern sie sind auch noch eine große Hilfe bei der Ausarbeitung des Bauverfahrens für andere Ausschachtungsarbeiten, die in ähnlichen Böden durchgeführt werden sollen, und bei der Voraussage des Einflusses der Ausschachtungsarbeiten auf Bauwerke und öffentliche Einrichtungen in der Nähe der Baustelle.

Literaturhinweise

[*60.1*] Terzaghi, K.: Settlement of Structures in Europe and Methods of Observation. Trans. ASCE 103 (1938) Veröffentlichung 2008 S. 1432–1448. Einfluß der Füllung von Ölbehältern auf die Setzungen benachbarter Behälter.

[*60.2*] Peck, R. B.: Earth-Pressure Measurements in Open Cuts. Chicago Subway. Trans. ASCE 108 (1943) Veröffentlichung 2200 S. 1008–1036. Bericht über Setzungen infolge des Aushubs von Baugruben in weichem Ton.

[*60.3*] Terzaghi, K.: Linerplate Tunnels on the Chicago Subway. Trans. ASCE 108 (1943) S. 970–1007. Bericht über Setzungen, die durch Tunnelbauten in weichem Ton verursacht worden sind.

[*60.4*] Terzaghi, K.: Shield Tunnels of the Chicago Subway. J. Boston Soc. Civil Engrs. 29 (1942) S. 163–210. Bericht über Hebungen und Setzungen infolge des Vordrücken eines Schildes durch weichen Ton.

61. Setzungen durch Absenken des Grundwasserspiegels

Ursachen der Setzungen. Wenn eine große offene Baugrube unterhalb des Wasserspiegels durch irgendein anderes Verfahren als Baggern oder Absenken eines Druckluft-Senkkastens ausgeführt werden soll, muß der Wasserspiegel in jedem Fall vorübergehend durch Pumpen abgesenkt werden (Abschn. 47). Durch die Absenkung des Wasserspiegels wird die effektive Belastung auf dem Baugrund um einen Betrag vergrößert, der gleich dem Unterschied zwischen dem Feuchtgewicht (Gewicht der Festmasse und der darin enthaltenen Wassermenge) und dem Gewicht unter Wasser der gesamten, zwischen dem ursprünglichen und dem abgesenkten Wasserspiegel befindlichen Bodenmasse ist. Die Zunahme des wirksamen Überlagerungsdruckes ruft eine zusätzliche Zusammendrückung hervor. Diese wiederum erzeugt eine Setzung, die in jedem Punkt annähernd proportional der Abnahme der piezometrischen Druckhöhe an diesem Punkt ist. Für die gleiche Abnahme hängt die Setzung von der Zusammendrückbarkeit des Untergrundes ab.

Einfluß der Absenkung des Grundwasserspiegels in Sandschichten. Durch das Abpumpen des Wassers aus Sand, der keinerlei Tonschichten enthält, wird der effektive Druck erhöht, die daraus entstehenden Setzungen sind jedoch im allgemeinen klein, sofern der Sand nicht sehr locker gelagert ist. Wenn der Wasserspiegel jedoch periodisch steigt und fällt, können die Setzungen erheblich größer werden, weil jede zeitweilige Zunahme des effektiven Druckes die Setzungen um einen gewissen Betrag vergrößert. Diese Tatsache kann durch Laboratoriumsversuche mit seitlich eingeschlossenen Proben bestätigt werden. Der Setzungszuwachs nimmt mit größer werdender Anzahl von Belastungswechseln ab und nähert sich Null, aber die endgültigen Gesamtsetzungen betragen ein Mehrfaches der Setzungen des ersten Belastungswechsels. Je lockerer der Sand ist, umso größer sind die Setzungen.

Während der Bauzeit sind die Schwankungen des abgesenkten Wasserspiegels in einer offenen Baugrube im allgemeinen unbedeutend. Wenn eine Wasserabsenkung in irgendwelchen, jedoch lockeren Sanden große Setzungen verursacht, sind diese deshalb wahrscheinlich auf andere Ursachen, als auf die Zunahme des effektiven Gewichtes der entwässerten Schichtenteile des Sandes zurückzuführen. Die häufigste Ursache hierfür ist ein leichtfertiges Pumpen aus einem offenen Pumpensumpf nach Abschn. 47. In Abschn. 59 sind verschiedene Fälle, bei denen aus dieser Ursache Setzungen eingetreten sind, beschrieben. In allen diesen Fällen sind ein oder mehrere unterirdische Schläuche durch rückschreitende Erosion durch Quellen entstanden, die in eine Grube flossen. Die durch diese Erosion erzeugten Setzungen führten zur Bildung von flachen und schmalen Gräben an der Tagesoberfläche über den Wasserläufen. Die

Breite und Tiefe der Gräben nahm mit wachsender Entfernung vom Quellenaustritt zu und die Gräben endeten in eingebrochenen Löchern. Setzungen dieser Art können durch Pumpen aus Vakuumbrunnen oder dadurch, daß der Pumpensumpf mit einem Filter umgeben wird, vermieden werden.

Ein Bodenverlust kann auch auf einer oder beiden Seiten einer offenen Baugrube eintreten, die durch wasserdichte Spundwände eingefaßt ist. Durch die Erosionswirkung des Wassers erfolgt eine Ausspülung, wenn das Wasser in Richtung auf die Baugrubensohle an der Innenseite der Spundwände aufsteigt. Sie kann dadurch vermieden werden, daß die Baugrubenwände eine durchlässige, statt einer undurchlässigen Auszimmerung erhalten.

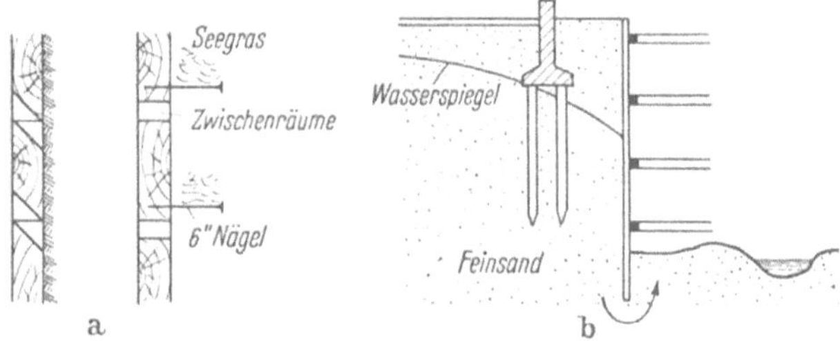

Abb. 216 a u. b. Ausbohlung nach dem Louvre-Verfahren, das mit Erfolg in Baugruben in wasserführenden Sanden zur Verhinderung von Massenverlusten angewandt worden ist; b) dichte Stahlspundwand in anderen Abschnitten derselben Baugrube. Benachbarte Gründungen erlitten durch Sandbewegungen infolge der Erosionswirkung aufsteigender Wasseradern Setzungen (nach E. A. Prentis und L. White)

Die folgende Beobachtung beweist die Wirksamkeit dieses Verfahrens. In New York war ein Untergrundbahneinschnitt durch Feinsand und Grobschluff in der Nähe von Bauwerken ausgehoben worden, die auf Pfählen gegründet waren. Die Pfahlspitzen standen nicht auf einer festen Schicht. In einem Abschnitt des Einschnittes war die Auszimmerung in der in Abb. 147c dargestellten Art hergestellt worden. Die Wände bestanden aus horizontal angeordneten Bohlen mit Zwischenräumen, wie in Abb. 216a gezeigt. Die Zwischenräume waren mit Heu ausgestopft worden, wodurch ein freier Wasserablauf in die Baugrube ermöglicht war, ohne daß Sand ausgespült wurde. In einem anderen Abschnitt bestand die Ausbohlung aus Stahlspundwänden, die entlang der Wände des Einschnittes gerammt worden waren. Infolge der Spundwände mußte das Wasser unter denselben durchsickern, wie in Abb. 216b dargestellt ist. Die Bedingungen für das Entstehen von Erosionserscheinungen durch Quellen waren daher günstig und die Fundamente der benachbarten Gebäude setzten sich um ungefähr 15 cm. Die Ausschachtung in dem Einschnitt mit der durchlässigen Ausbohlung hatte dagegen keine merklichen Setzungen zur Folge.

Wirkung der Wasserabsenkung auf Tonschichten. Wenn der Baugrund Schichten von weichem Ton, Schluff oder Schlamm enthält, kann die Absenkung des Grundwasserspiegels große Setzungen verursachen. In der Stadt Mexico beispielsweise, wo der Untergrund aus weichen Bentonittonen mit horizontalen Schichten von wasserführenden Sanden besteht, hat das Abpumpen des Wassers aus den Sandschichten zu allgemeinen, unregelmäßigen Senkungen des gesamten Geländes geführt. An manchen Stellen hat sich die Oberfläche um mehr als 1,5 m gesetzt [*61.1*]. Ähnlich leitete im Santa-Clara-Tal in Californien die Wassergewinnung aus 2000 Brunnen ständig zunehmende Setzungsvorgänge ein. Die

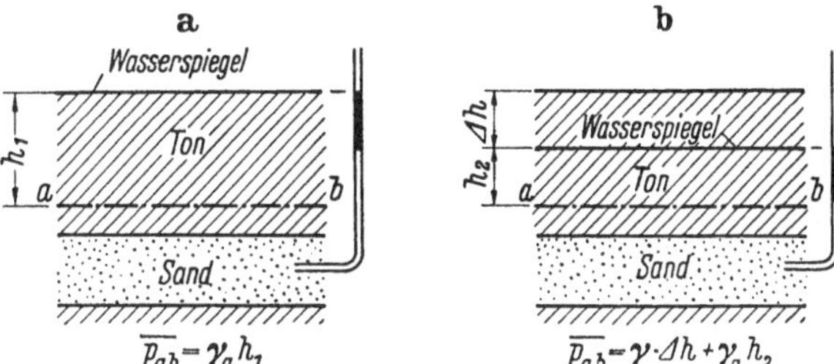

Abb. 217. Darstellung der Ursachen für die Setzungen einer Tonoberfläche infolge einer Entwässerung der unterlagernden Sandschicht

Sohle dieses Tales wird von einer dicken Schicht von marinem Ton unterlagert, die wasserführende Sand-Kiesschichten in 30 bis 60 m Tiefe enthält. Im Jahr 1920 begann die Wasserentnahme den natürlichen Zufluß zu übersteigen und der Wasserspiegel sich zu senken. Bis 1933 hatten die Setzungen stellenweise ein Maß von 1,2 m erreicht [*61.2*].

Die physikalischen Ursachen dieses Phänomens sind in Abb. 217 dargestellt, in der ein Querschnitt durch eine wassergesättigte Tonschicht über einer durchlässigen Sandschicht aufgetragen ist. In Abb. 217a ist angenommen, daß der Wasserspiegel des Wasserstandsrohres in Höhe der Geländeoberfläche liegt, in Abb. 217b ist er um das Maß Δh durch Pumpen aus der Sandschicht abgesenkt worden. Vor dem Pumpen ist der wirksame Druck in dem Schnitt ab

$$\bar{p}_{.b} = \gamma_a h_1,$$

worin γ_a das Raumgewicht des Tons unter Wasser ist (s. Abschn. 12). Bei und nach dem Pumpen nimmt der effektive Druck allmählich zu und erreicht schließlich die Größe

$$\bar{p}_{ab} = \gamma \Delta h + \gamma_a h_2,$$

worin γ das Raumgewicht des wassergesättigten Tons ist. Die Änderung des effektiven Druckes durch die Absenkung des Spiegels im Wasserstandsrohr ist

$$\gamma \varDelta h + \gamma_a h_2 - \gamma_a h_1 = \varDelta h (\gamma - \gamma_a) = \gamma_w \varDelta h .$$

Die Absenkung des Wasserspiegels um die Höhe $\varDelta h$ vergrößert also im Enderfolg den effektiven Druck in einem horizontalen Schnitt durch den Ton um einen Betrag, der gleich dem Gewicht einer Wassersäule von der Höhe $\varDelta h$ ist. Diese Vergrößerung führt zu einer zunehmenden Setzung der Tonoberfläche infolge Konsolidierung. Der zeitliche Ablauf und die Größe der Setzung kann nach der Konsolidierungstheorie und auf Grund der Ergebnisse von bodenphysikalischen Untersuchungen berechnet werden (s. Abschn. 41).

Wenn die Tonschichten weich und dick sind, und wenn der Wasserspiegel um ein erhebliches Maß abgesenkt wird, werden die durch die Wasserabsenkung verursachten Setzungen in der Regel sehr groß sein und sich über eine große Fläche erstrecken. Ein Bericht über Setzungen dieser Art ist beim Bau der Vreeswijk-Schleusen in Holland abgefaßt worden. Auf dieser Schleusenbaustelle bestand der Baugrund aus 6 bis 7 m dickem Ton und Torf, die von einer dicken, wassergesättigten Sandschicht unterlagert waren. Die Baugrubensohle lag 6,4 m unter der Geländeoberfläche und war 51 m breit und 274 m lang.

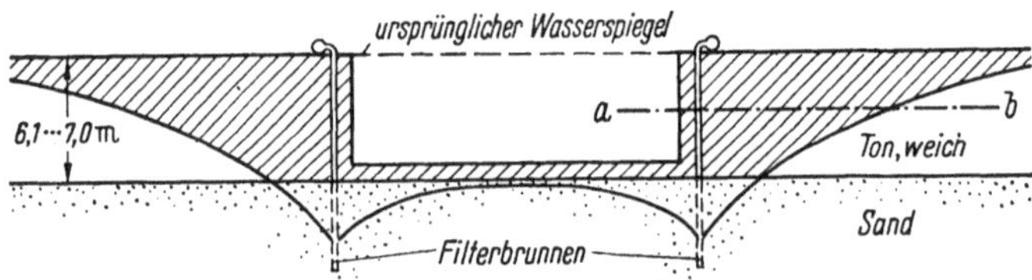

Abb. 218. Schematischer, stark überhöhter Schnitt durch die Baugrube der Vreeswijk-Schleusen in Holland, in dem die Lage des während der Aushubarbeiten durch Filterbrunnen abgesenkten Wasserspiegels eingetragen ist (nach W. H. BRINKHORST)

Vor Baubeginn stand der Wasserspiegel in 1,5 m Höhe über dem Gelände. Während der Ausschachtungsarbeiten war er durch Pumpen aus Filterbrunnen, die bis in den Sand reichten, bis auf die in Abb. 218 eingetragene Höhe abgesenkt. Infolge des Pumpens wurde der effektive Vertikaldruck in einem horizontalen Schnitt, wie beispielsweise ab, allmählich um einen Betrag erhöht, der gleich der Höhe der gestrichelten Fläche oberhalb von ab mal dem Raumgewicht des Wassers ist. Da die Höhe der gestrichelten Fläche unmittelbar neben der Baugrube am größten war, waren die Setzungen an der Baugrubenwand am größten. Doch selbst in einer Entfernung von 40 m erreichten die Setzungen noch einen Betrag von 60 cm, bis zu 760 m Entfernung waren sie noch feststellbar [*61.3*].

Literaturhinweise

[*61.1*] CUEVAS, JOSE A.: Foundation Conditions in Mexico City. Proc. Intern. Conf. Soil Mech., Cambridge, Mass. (1936) Bd. III S. 233–237. Beschreibung der allgemeinen Setzungen des Untergrundes der Stadt Mexiko durch das Abpumpen des Wassers aus Brunnen.

[*61.2*] TIBBETTS, F. H.: Areal Subsidence (Zuschrift). Eng. News-Record 111 (1933) S. 204. Kurze Beschreibung der Setzungen der Sohle des Santa-Clara-Tales, Californien, infolge der Wassergewinnung aus Brunnen. S. auch Eng. News-Record 118 (1937) S. 479–480.

[*61.3*] BRINKHORST, W. H.: Settlement of Soil Surface around Foundation Pit. Proc. Intern. Conf. Soil Mech., Cambridge, Mass. (1936) Bd. I S. 115–119. Bericht über Setzungen durch die Wasserhaltung in der Baugrube für die Schleusen bei Vreeswijk, Holland.

62. Setzungen durch Erschütterungen

Von welchen Faktoren wird die Größe der Setzungen beeinflußt? In der Regel wird sich jedes auf kohäsionslosem Boden gegründete Bauwerk erheblich setzen, wenn der Boden Erschütterungen ausgesetzt ist, beispielsweise durch laufende Maschinen, Verkehr, Rammarbeiten, Sprengungen oder Erdbeben. Dagegen sind die Setzungen durch Erschütterungen bei einer Gründung auf Ton gewöhnlich so klein, daß sie wahrscheinlich in keinem Fall schwerere Schäden verursachen werden. Dieser auffallende Unterschied zwischen der Wirkung von Erschütterungen auf Sand und auf Ton ist schon bei der Behandlung der Verdichtungsverfahren für Schüttmassen in Abschn. 50 hervorgehoben worden. Infolge seiner Empfindlichkeit gegen Erschütterungen kann Sand durch Rüttelgeräte sehr wirkungsvoll verdichtet werden, während sich Ton nur durch statische Kräfte verdichten läßt. Bisher sind keine größeren Setzungen von Gründungen auf Ton infolge Erschütterungen allgemein bekannt geworden. Aus diesem Grunde sollen nur die Wirkungen von Erschütterungen auf Sand betrachtet werden.

In Abschn. 19 ist gezeigt, daß die Setzungen der Sandoberfläche infolge einer schwingenden Last vielfach größer sind als diejenigen, welche durch die statische Wirkung der Höchstbelastung hervorgerufen werden. Für eine bestimmte Belastungshöhe hängen die Setzungen von der Schwingungsfrequenz ab. Die größten Setzungen treten innerhalb eines Bereiches von etwa 500 bis 2500 Impulsen pro Min. auf. Dieser Bereich wird als optimaler Frequenzbereich bezeichnet. Da die Drehzahlen von Dampfturbinen und Turbogeneratoren innerhalb dieser Größenordnung liegen, ist der Einfluß des Laufes dieser Maschinen auf die Setzungen besonders groß.

Beispiele für Setzungen durch Erschütterungen. Die folgenden Beispiele zeigen die Größe der Setzungen, die durch Erschütterungen, welche von Maschinen ausgehen, verursacht werden können. In einer Kohlenaufbereitungsanlage in Deutschland von 51,8 × 20,1 m Grundfläche befanden sich Kohlenmühlen, die auf Betonblöcken von 3 × 3 m Fläche standen. Die Fundamente des Bauwerkes waren auf einer ziemlich dichten Sandschicht von 18 bis 40 m Mächtigkeit gegründet. Obgleich die zulässige Bodenpressung mit 1,4 kg/cm^2 sehr vorsichtig gewählt war, nahmen die ungleichmäßigen Setzungen ein solches Ausmaß an, daß das Bauwerk schwere Schäden erlitt und unterfangen werden mußte. An anderer Stelle wurden Turbogeneratoren in einem Kraftwerk aufgestellt und auf ziemlich dichtem Sand und Kies gegründet. Ihre Umdrehungszahl lag mit 1500 U/min. innerhalb des optimalen Bereiches. Infolgedessen nahm die größte Setzung der Fundamente innerhalb eines Jahres, nachdem das Kraftwerk in Betrieb genommen war, auf über 30 cm zu.

Die Frequenz von Verkehrserschütterungen muß nicht unbedingt innerhalb des optimalen Bereiches liegen. Trotzdem haben Erfahrungen gezeigt, daß die dauernden Einwirkungen solcher Erschütterungen oft beträchtliche Setzungen zur Folge haben. In Holland ist beobachtet worden, daß neue Gebäude neben bestehenden Hauptstraßen sich gewöhnlich von den Straßen wegneigen. Die Ursache dieser Verkippung ist darin zu suchen, daß die Verkehrserschütterungen den Untergrund unter und neben der Straße verdichtet haben, während der Sand, der den hofseitigen Teil der Gebäude trägt, sich noch in seiner ursprünglichen Beschaffenheit befand. In Berlin haben sich einige Fundamente der Hochbahn in 40 Betriebsjahren um 36 cm gesetzt. Sie sind auf ziemlich dichtem Sand gegründet und wurden mit einer Bodenpressung von 3,5 kg/cm^2 entworfen. In München, wo die meisten Gebäude auf einer 6 m dicken Schicht von dichtem Sand und Kies gegründet sind, unter der Flinz[1], ein tertiärer, stellenweise tonig verkitteter, sehr dichter Mittel- bis Feinsand ansteht, verursachte der zunehmende Lastwagenverkehr Setzungen solchen Ausmaßes, daß verschiedene Straßen für diesen Verkehr vollkommen gesperrt werden mußten. Innerhalb eines Zeitraumes von 10 Jahren nahmen die Schäden an den benachbarten Bauwerken auf Millionenbeträge zu.

Zuverlässige Angaben über die durch Pfahlrammungen verursachten Setzungen sind ziemlich selten. In einem Fall waren ungefähr hundert Pfähle in eine Sand- und Kiesablagerung eingerammt worden, die so locker war, daß die 15 m langen Pfähle ohne Einspülen eingerammt werden konnten. Innerhalb der Fläche, in welcher sich die Pfähle befanden, setzte sich die Geländeoberfläche um 15 cm. Die Setzungen nahmen mit zunehmendem Abstand von den Pfählen auf 0,3 cm in 15 m Entfernung ab.

Über die Setzungen infolge Sprengungen stehen größenmäßige Angaben nicht zur Verfügung, aber es ist wahrscheinlich, daß ihre Wirkung

[1] Anmerkung des Bearbeiters: Im Original ist irrtümlich Fels angegeben.

derjenigen eines schwachen Erdbebens gleicht. Die Stärke von Erdbeben wird gewöhnlich durch das Verhältnis n_g zwischen der größten von dem Erdbeben hervorgerufenen Beschleunigung und der Erdbeschleunigung g ausgedrückt. Bei ziemlich starken Erdbeben ist n_g gleich 0,1. Bei einem sehr schwachen Erdbeben in Wien mit einer Stärke von $n_g = 0{,}003$ wurde beobachtet, daß ein Getreidespeicher von 15 m Breite und 24 m Höhe sich auf einer Seite um 4,3 cm mehr als auf der anderen Seite setzte. Der absolute Größtwert der Setzungen ist unbekannt. Der Speicher war auf kurzen konischen Pfählen gegründet, die sich in sehr feinem, ziemlich dichtem, wasserführendem Sand befanden. Die gleichmäßig verteilte Belastung betrug 4 kg/cm². Als der Speicher zum ersten Mal gefüllt wurde, waren die Setzungen praktisch gleichmäßig und beliefen sich nur auf etwa 0,5 cm.

Gelegentlich geben Pfahlrammungen und Sprengungen Anlaß zu Beschwerden oder Schadenersatzklagen, wobei der Ingenieur als Sachverständiger für die Entscheidung, ob die Beschwerden berechtigt sind, zugezogen werden kann. Durch die folgenden Beispiele soll ein Untersuchungsverfahren, das subjektive Ansichten ausschaltet, dargelegt werden.

Im ersten Fall beschwerte sich der Eigentümer eines Hauses, daß die Erschütterungen durch das Rammen von Pfählen Schäden an seinen Bauwerken verursachten. Um die Glaubwürdigkeit seiner Beschwerde zu beweisen, wurde ein sehr schwerer, vollbeladener Lastwagen mit der höchsten zulässigen Geschwindigkeit an dem Hause vorbeigefahren, während im Haus an denjenigen Punkten, wo der Besitzer glaubte, daß die Erschütterungen am stärksten seien, seismographische Messungen ausgeführt wurden. Die seismischen Messungen wurden während der Rammarbeiten wiederholt. Die Ergebnisse zeigten, daß die durch das Pfahlrammen verursachten Erschütterungen schwächer waren, als die durch den Lastwagen hervorgerufenen. Da der Eigentümer nicht gegen Erschütterungen Einspruch erheben konnte, die kleiner als die von Lastwagen verursachten waren, welche mit der zulässigen Höchstgeschwindigkeit an dem Haus vorbeifuhren, wurde seine Schadenersatzklage abgewiesen.

Im zweiten Fall protestierte ein Hausbesitzer gegen Sprengungen in der Nachbarschaft seines Hauses, wobei ein ähnliches Lastwagenexperiment durchgeführt wurde. Nach dem Versuch wurden Sprengladungen verschiedener Größe ausgelöst und die entsprechenden Erschütterungen im Haus gemessen. Dem Unternehmer wurde schließlich erlaubt, mit Ladungen zu sprengen, die nicht größer als diejenigen waren, welche Erschütterungen in der Stärke der durch Lastwagen erzeugten, hervorriefen. Es ist nur ein wirksames Verfahren für den Schutz eines Bauwerkes gegen Erschütterungen, die durch den Boden auf dasselbe übertragen werden, bekannt. Hierbei wird das Bauwerk mit einem Graben von mindestens 3,7 m Tiefe umgeben. Die Grabenwände sollten möglichst nicht abgesteift werden. Wenn der Raum so beschränkt ist, daß der Graben mit vertikalen, gegeneinander ausgesteiften Wänden ausgeführt werden muß, ist die Auszimmerung so zu entwerfen, daß sie keine Erschütterungen von einer Grabenseite zur anderen übertragen kann. Aus Beobachtungen ist zu schließen, daß derartige Schutzgräben die beste Wirkung haben, wenn die Frequenz der Erschütterungen hoch ist.

63. Setzungen durch Zerstörung des Fundamentbetons

Kennzeichen von Setzungen infolge Zerstörungen des Betons. Wenn ein Bauwerk auf Betonfundamenten einige Zeit nach Bauende Risse oder andere Zeichen unterschiedlicher Setzungen zu zeigen beginnt, obwohl der Baugrund nicht durch Ausschachtungen in der Nachbarschaft oder durch eine Grundwasserabsenkung beeinflußt worden ist, können die Schäden durch drei verschiedene Ursachen hervorgerufen worden sein. Dies sind: Eine Zunahme der Spannungen im Bauwerk bis zum Bruch, als Folge zunehmender Setzungsunterschiede, eine Zerstörung des Fundamentbetons oder entstehende Mängel im Überbau.

Sind seit Ende der Bauzeit Setzungsmessungen ausgeführt worden, so läßt die Form der Setzungskurve nur selten noch irgendwelche Zweifel über die Ursache der Setzungen. Bei annähernd konstanter Belastung verlaufen die Zeitsetzungskurven stetig und ihre Neigung nimmt entweder allmählich ab oder bleibt unverändert. Unmotivierte Abweichungen von diesem Verlauf lassen fast mit Sicherheit darauf schließen, daß die Setzungen durch sich allmählich entwickelnde Schäden an der Gründung hervorgerufen worden sind.

Wenn keine Setzungsmessungen durchgeführt wurden, ist es ratsam, ohne Verzug die Höhe verschiedener Punkte, deren ursprüngliche Höhe zumindest angenähert bekannt ist, zu bestimmen, einen zuverlässigen Höhenbolzen anzubringen und mit Setzungsbeobachtungen zu beginnen. Durch eine Extrapolation der durch diese Messungen erhaltenen Setzungskurven, ist es im allgemeinen möglich festzustellen, ob die Bewegungen bereits beim Bau oder zu einem späteren Zeitpunkt begonnen haben. Es ist bei Betonzerstörungen nicht ungewöhnlich, daß eine zeitweilige Hebung des Bauwerkes eintritt. Dies erleichtert das Erkennen der Ursache. Wenn die Ergebnisse keinen Zweifel über die Ursache der Bewegungen lassen, sollten Kernproben aus dem Fundamentbeton entnommen, chemisch untersucht und auf ihre Festigkeit geprüft werden.

Die Gefahr der chemischen Betonzerstörungen wird oftmals übersehen. Wenn die Bewegungen infolge dieser Zerstörungen beginnen und die ersten Risse verursachen, werden die Risse gewöhnlich auf Setzungsunterschiede zurückgeführt und die wirkliche Ursache wird so lange nicht erkannt, bis die Zerstörungen so weit fortgeschritten sind, daß sie nicht länger unbemerkt bleiben können. Aus diesem Grund ist es notwendig, sich mit den Vorgängen bei Betonzerstörungen und den Umständen, die zu chemischen Angriffen führen, eingehend zu beschäftigen.

Ursachen und Wirkungen von Betonzerstörungen. Diejenigen chemischen Stoffe, welche am häufigsten die dem Grund-, Süß- oder Meerwasser ausgesetzten Betonbauwerke angreifen, sind Sulfate und aggressive Kohlensäure.

Sulfate finden sich im Meerwasser, in Salzseen und im Porenwasser sog. „Alkaliböden" sowie in Gesteinen und Ablagerungen, die Gips enthalten. Auch Sulfite können gefährlich sein, weil sie mit dem Sauerstoff der Luft reagieren und Sulfate und Schwefelsäure bilden können. Die verbreitetsten Sulfite sind FeS_2 (Markasit und Pyrit), die in Alluvionen und in vielen Gesteinen auftreten, sowie Schwefelwasserstoff. Letzterer wird in der Regel in Abwässern, in den in Zersetzung befindlichen organischen Stoffen und in Gebieten mit relativ junger vulkanischer Aktivität angetroffen. Die in den folgenden Abschnitten beschriebenen Beispiele zeigen die Wirkungen solcher agressiver Bestandteile.

Die Pfeiler für eine Brücke über dem Neckar wurden auf Stahlbetonfertigpfählen, die als Spitzendruckpfähle wirken sollten und durch 10 m Sand und Kies in Schieferton gerammt waren, gegründet. Wenige Monate nach Fertigstellung setzten sich die Pfeiler erheblich. Es wurde festgestellt, daß die Pfähle durch den Angriff von kohlensäurehaltigem Wasser, das aus dem Schieferton austrat, weich geworden waren.

Eine Brücke über die Elbe war auf Betonpfeilern mit 9×20 m Grundfläche gegründet. Diese reichten 10,7 m unter das mittlere Niedrigwasser bis auf Schieferton, der unter Sand und Ton anstand. Die Ausschachtung war unter Druckluft ausgeführt worden. Trotz ihrer massiven Ausführung hoben sich die Pfeiler und zeigten so große Risse, daß der Überbau nicht ausgeführt werden konnte. Das Sickerwasser aus dem Tonschiefer war farb- und geruchlos. Es wurde deshalb während des Baues nicht als aggressiv angesehen. Das Wasser wies einen SO_3-Gehalt auf, der 1,7 g H_2SO_4 pro Liter entsprach, und dieser Gehalt an schädlichen Stoffen rief ein starkes Schwellen des Betons hervor. Die Zerstörung war so groß, daß die Pfeiler völlig neu gebaut werden mußten.

In Seewen, in der Schweiz, war ein Gebäude auf Betonpfeilern mit etwa 0,8 m² Querschnitt gegründet worden. 30 Jahre nach Bauende war der Beton einiger Pfeiler vollständig zerstört. Die Zuschlagstoffe waren in eine weiße schleimige Masse eingebettet, die hauptsächlich aus Kalziumkarbonat bestand. Die Zerstörung war augenscheinlich durch im Grundwasser enthaltene Kohlensäure hervorgerufen worden.

Ein Abwasserkanal von 232 m Länge war in Sand mit pyrithaltigen Torfschichten (FeS_2) verlegt worden. Wenige Monate nach dem Bau traten Längsrisse auf. Der Beton war an den Rissen so weich, daß er mit einem Messer geschnitten werden konnte.

In vielen semiariden Gebieten in den westlichen Staaten der USA ist der Boden sehr alkalisch und enthält so große Mengen von Sulfaten, daß gewöhnlicher Beton relativ schnell zerstört wird. Diese Verhältnisse sind so verbreitet und von so großer Bedeutung, daß von staatlichen und städtischen Untersuchungsstellen viele Untersuchungen durchgeführt wurden, um die Ursachen der Zerstörung und die Maßnahmen zur Verhinderung der unerwünschten Erscheinungen festzustellen.

Verfahren zur Untersuchung aggressiver Wasser. Um das Vorhandensein von Stoffen feststellen zu können, die Betonzerstörungen verursachen, müssen Wasserproben von 3 bis 4 Litern aus dem Wasser, dem der Beton ausgesetzt sein wird, entnommen und untersucht werden. Wasseruntersuchungen sollten selbst dann durchgeführt werden, wenn kein Grund für die Annahme vorliegt, daß betonzerstörende Bestandteile vorhanden sind, da Verseuchungen des Wassers auch zu einem späteren Zeitpunkt stattfinden können. Wenn dokumentarisch belegt ist, daß das Wasser zur Zeit der Baudurchführung keine betonangreifende Eigenschaften hatte, kann ein Schadenprozeß gegen den für die Verseuchung Verantwortlichen angestrengt werden. Jeder Untersuchungsbefund muß sich mindestens auf folgende Angaben erstrecken:

Tiefste und mittlere Jahrestemperatur des Wassers im Baugrund,
pH-Wert des Wassers (mit Temperaturangabe).
Gesamtmenge der gelösten Stoffe,
Reaktion gegen Methylorange,
Gehalt an Calzium (Ca) und Sulfaten (SO_4);
Gehalt an Chloriden (Cl), insbesondere bei Meer- und Brackwasser.

Wenn ein Anlaß für die Vermutung besteht, daß Sulfate oder Sulfide im Boden vorhanden sind, sollten auch repräsentative Bodenproben untersucht werden.

Grundwasserproben sollten in jeder einzelnen Bohrung aus verschiedenen Tiefen entnommen werden, weil wiederholt festgestellt wurde, daß die Aggressivität des Grundwassers schon innerhalb einer kleinen Fläche von Ort zu Ort erheblich wechseln kann. Wenn Proben aus Bohrungen, Schürfen oder Pumpensümpfen entnommen werden müssen, sollten sie aus der Nähe der Sohle entnommen werden. Ebenso sollten Wasserproben aus Seen oder anderen stehenden Gewässern an der Sohle entnommen werden. Diese Vorsichtsmaßnahme ist notwendig, weil die Konzentration der gelösten Gase, wie beispielsweise Kohlendioxyd oder Schwefelwasserstoff in der Regel von der Sohle zur Oberfläche abnimmt. Der entsprechende Unterschied im pH-Wert des Wassers an oder in der Nähe der Oberfläche und dem an der Sohle kann bis zu 1 betragen.

Unter normalen Verhältnissen kann eine chemische Routineuntersuchung, wie sie durch ein chemisches Privatlaboratorium ausgeführt wird, hinreichend Auskunft darüber geben, ob das Wasser voraussichtlich betonangreifend ist oder nicht. Wenn jedoch ein Anlaß für die Vermutung besteht, daß das Wasser wesentliche Mengen gelöster Gase enthält, beispielsweise wenn Blasen im Wasser aufsteigen, Schwefelwasserstoffgeruch zu bemerken ist oder ein ungewöhnlich niedriger pH-Wert im Laboratorium festgestellt wird (niedriger als 7 bei frischem Wasser oder niedriger als 8 bei Meer- oder Brackwasser), sind folgende Vorsichtsmaßnahmen zu empfehlen. Die Proben sollten unter Aufsicht eines Fachingenieurs oder eine Chemikers entnommen werden, der mit der Technik der Probeentnahme aus gashaltigem Wasser vertraut ist, ferner sollte unmittelbar nach der Probeentnahme eine pH-Wertbestimmung an der Entnahmestelle durchgeführt werden, weil die Konzentration der säurebildenden gasförmigen Bestandteile im allgemeinen während des Transportes der Proben zum Laboratorium abnimmt. Wenn im Wasser Schwefelwasserstoff enthalten ist, sollte die übliche Wasseranalyse durch eine Bestimmung des H_2S-Gehaltes ergänzt werden.

Voraussetzungen für chemische Angriffe. Der größte Gehalt an aggressiven Beimengungen, der ohne Gefahr in Kauf genommen werden kann, hängt nicht nur von der Betongüte, der Zementart, der Art, in welcher der Beton der Einwirkung ausgesetzt ist, sondern auch von der Natur der anderen im Wasser gelösten Stoffe ab.

Im allgemeinen werden Wasser oder Boden, die mehr als 0,1% an Sulfaten enthalten, Beton angreifen.

Schwefelwasserstoff greift Beton in der Regel ebenfalls an, aber die Bedingungen unter denen er Zerstörungen hervorruft, sind noch nicht eindeutig geklärt. Wenn Schwefelwasserstoff oder irgendein anderes Sulfid die Möglichkeit zu oxydieren hat, bildet sich ein Sulfat. Die Wirkung von Sulfaten ist oben beschrieben worden.

Jeder Gehalt an Kohlensäure in frischem Wasser kann zu schweren Zerstörungen des seinen Angriffen ausgesetzten Betons führen, wenn die Konzentration groß genug ist, um dem Wasser eine saure Beschaffenheit zu geben, d.h., wenn der pH-Wert des Wassers niedriger als 7 ist. Jedoch nicht in jedem Fall ist frisches Wasser, das einen niedrigeren pH-Wert als 7 aufweist, aggressiv. Meerwasser ist mit großer Wahrscheinlichkeit gefährlich, wenn sein pH-Wert kleiner als etwa 7,3 ist. Zweifelhafte oder Grenzfälle sollte man der Beurteilung durch einen Fachmann überlassen.

Maßnahmen zur Verhütung chemischer Angriffe auf Beton. In einigen Gebieten ist das Wasser so aggressiv, daß der ihm ausgesetzte Beton in der Regel innerhalb verhältnismäßig kurzer Zeit zerstört wird. In solchen

Gebieten sollte die Sohle von Betonfundamenten möglichst genügend hoch über dem höchsten Grundwasserspiegel angeordnet werden. Wenn dies nicht durchgeführt werden kann, müssen alle Maßnahmen ergriffen werden, um den Beton so undurchlässig wie möglich zu machen. Es sollte ein hoher Zementgehalt gewählt und der niedrigste Wasser-Zementfaktor angewandt werden, der noch eine ausreichende Verarbeitbarkeit gewährleistet. Besondere Sorgfalt sollte bei der Auswahl der Zuschlagstoffe, beim Mischen, Einbringen und beim Abbinden des Betons geübt werden. In Massenbeton, in dem die Temperaturspannungen in der Regel groß sind, können Risse eingeschränkt oder gänzlich vermieden werden, wenn für niedrige Abbindewärme gesorgt wird oder wenn Spezialzemente verwendet werden. Es ist ferner vorteilhaft, Massenbeton in einer Jahreszeit einzubringen, in der die niedrigste Tagestemperatur unter der mittleren Jahrestemperatur liegt. Läßt sich dies nicht durchführen oder ist der Betonkörper sehr groß, kann eine künstliche Kühlung zu empfehlen sein.

Für Bauwerke, die Sulfateinwirkungen ausgesetzt sind, sollte im Entwurf ein sulfatbeständiger Zement vorgeschrieben werden, der durch einen niedrigen Tricalciumaluminatgehalt und niedrigen Tetracalciumaluminoferratgehalt gekennzeichnet ist. Gewöhnlicher Portlandzement sollte bei keinem Bauwerk, das Sulfateinwirkungen ausgesetzt ist, verwendet werden.

Bei Bauwerken, die mit natürlichen sauren Wässern, beispielsweise kohlensäure- oder schwefelsäurehaltigen Wässern in Berührung kommen, muß vor allem auf eine geringe Durchlässigkeit des Betons und Rissefreiheit geachtet werden, weil kein Portlandzement säurebeständig ist. Da eine geringe Durchlässigkeit eine Zerstörung nur verzögern aber nicht verhindern kann, wird jeder Beton, der Wasser mit entsprechenden Mengen an freier Säure ausgesetzt ist, schließlich zerstört werden. Bei dünnwandigen Betonteilen kann dies innerhalb eines Jahres erfolgt sein, bei großen Betonkörpern innerhalb von etwa 30 Jahren.

Literaturhinweise

[*63.1*] LEA, F. M. und C. H. DESCH: The Chemistry of Cement and Concrete. London: Arnold 1935. Dieses Buch enthält drei Kapitel, die sich mit der Reaktion zwischen hydratisiertem Zement und den im Wasser vorhandenen schädlichen Stoffen befassen. Die Darlegungen gehen von Versuchsergebnissen und zu einem Teil von praktischen Fällen aus. Die Abhandlungen über die Wirkung der Kohlensäure auf Beton ist zwar grundsätzlich zutreffend, aber die quantitativen Kriterien, welche die Verfasser für die Bestimmung der Aggressivität von CO_2-haltigem Wasser geben, bedürfen auf Grund der gegenwärtigen Kenntnisse über die Löslichkeit von $CaCO_3$ in natürlichen Wässern der Verbesserung.

63.2] KLEINLOGEL, A.: Einflüsse auf Beton und Stahlbeton. 5. Aufl. Berlin: W. Ernst u. Sohn 1950.

Anhang

Weitere bodenmechanische Probleme beim Entwurf und bei der Ausführung von Bauten

Themen des Anhangs

Der folgende Überblick soll dem Leser einige Erläuterungen und ausgewählte Literaturhinweise über Gebiete geben, die zwar in den Teil *C* gehören, dort aber infolge Platzmangels nicht berücksichtigt werden konnten. Hierzu gehören Fragen des Straßen- und Flugplatzunterbaues, des Entwurfes von Bohlwerken aus Stahlspundwänden und von Fangedämmen, Fragen des Stollen- und Tunnelbaues in Lockermassen sowie des Entwurfes von Durchlässen sowie die Verfestigungs- und Abdichtungsverfahren durch Zement- und Chemikalieninjektion.

Untergrunduntersuchung für Straßen und Flugplätze

Die überaus schnelle Entwicklung des mit hochwertigen Decken ausgebauten Straßennetzes in den USA und im Ausland ließ das Bedürfnis nach gründlichen Untergrunduntersuchungen vor der Entwurfsbearbeitung und nach verbesserten Verfahren für die Untergrundbehandlung entstehen. Es entwickelte sich daher ein hochspezialisierter Zweig der Bodenmechanik, die *Bodenprüfung im Straßenbau*. Die großen Anforderungen, die im 2. Weltkrieg für militärische Lufttransporte gestellt wurden, führten zur Entwicklung eines Nachbargebietes, der *Flugplatz-Bodenmechanik*.

Im Gegensatz zu den Verhältnissen bei Bauwerksgründungen wird die Beschaffenheit des Untergrundes von Straßen und Flugplatzbefestigungen entscheidend von den klimatischen Verhältnissen beeinflußt. In Anbetracht dieser Tatsache können allgemeine Schlußfolgerungen aus den Ergebnissen von Laboratoriumsuntersuchungen und aus Erfahrungen, die in geographisch eng begrenzten Gebieten gewonnen wurden, sehr leicht zu falschen Ansichten und Maßnahmen führen.

Einen Überblick über die gegenwärtigen nordamerikanischen Arbeitsweisen im Straßenbau bei Baugrund- und bodenphysikalischen Untersuchungen, bei der Bodeneinteilung und der Untergrund- und Unterbaubehandlung gibt L. J. Hewes, American Highway Practice, New York: Wiley 1942, 1, Kap. III und V und Anhang IV. Entsprechende Angaben für den Zivil-Flugplatzbau enthält Glidden, Law and Cowles,

Airports, New York: McGraw-Hill 1946 Kap. IV und VIII und Anweisungen für die Entnahme von Bodenproben im Anhang. Die Verfahren für den Bau von Militärflugplätzen sind in MIDDLEBROOKS und BERTRAM „Soil Tests for Design of Runway Pavements", Proc. Highway Research Board, 22 (1942) S. 144–173 beschrieben. Die relativen Vorzüge von starren und nachgiebigen Decken für Startbahnen sind noch Gegenstand des Meinungsaustausches.

Spundwandbohlwerke

Spundwandbohlwerke dienen demselben Zweck wie Stützmauern; da sie jedoch aus einfachen Spundwänden bestehen, erfordern sie eine zusätzliche Abstützung. Die unteren Enden der Bohlen sind in den Untergrund eingespannt, während die oberen Enden an Ankerplatten, Ankerwänden oder Bündeln von Ankerpfählen verankert sind. Bis vor kurzer Zeit wurde allgemein angenommen, daß der Erddruck gegen Spundwandbohlwerke denselben Gesetzen unterliegt, wie sie für Stützmauern gültig sind. Auch heute noch gehen viele der üblichen Entwurfs-Berechnungsverfahren von dieser Annahme aus. Erfahrungen, Versuche und theoretische Untersuchungen zeigen jedoch, daß das maximale Biegemoment in den Spundbohlen erheblich kleiner sein kann, als das nach den üblichen Verfahren berechnete. Dagegen scheint der tatsächliche Ankerzug den errechneten Wert zu überschreiten und die meisten Brüche bei Bohlwerken treten infolge eines Bruches des Ankers auf.

Die theoretischen Grundlagen der Bohlwerksberechnung sind in K. TERZAGHI, Theoretical Soil Mechanics, New York: Wiley 1943,. S 216 bis 234 mit Literaturangaben, zusammengestellt. (Deutsche Ausgabe: TERZAGHI-JELINEK, Theoretische Bodenmechanik, Berlin/Göttingen/Heidelberg: Springer 1954.) Ferner auch in I. P. R. N. STROYER, „Earth Pressure on Flexible Walls". Veröffentl. Nr. 5024, Journ. Inst. Civil Engrs. (London), 1 (1935/36) S. 94–139. Diskussionen S. 550–557. Diese Veröffentlichung behandelt die Ergebnisse von Modellversuchen, welche die Bedeutung des Einflusses des seitlichen Ausweichens des Bohlwerkes auf das maximale Biegemoment zeigen. Ferner sei hingewiesen auf TERZAGHI, Verankerte Spundwände, übersetzt von S. JÄNKE, Berlin: VEB Verlag Technik 1957.

Standsicherheit und Festigkeit von Fangedämmen

Fangedämme sind Dämme für vorübergehende Zwecke. Sie werden rund um Baustellen gebaut, auf denen Bauarbeiten im Trocknen unterhalb des Spiegels von fließendem oder stehendem Wasser ausgeführt werden müssen. Beim Entwurf eines Fangedammes müssen folgende Punkte besonders beachtet werden: Die auf den Damm wirkende Höhe des Wasserdruckes, die Größe der trockenzulegenden Fläche, die Baugrundverhältnisse, die Schwankungen des äußeren Wasserspiegels und die Möglichkeit von Erosionen an der Außenfläche des Fangedammes. Eine Untersuchung der Bedingungen für die Standsicherheit und Festigkeit von Fangedämmen ist in dem Aufsatz von K. TERZAGHI, „Stability and Stiffnes of Cellular Cofferdams", Trans. ASCE, Veröffentl. 2253, 110 (1945) S. 1083 bis 1119; Diskussionsbeiträge S. 1120–1202, enthalten. Eine Zusammenfassung praktischer Erfahrungen mit verschiedenen Arten von Fangedämmen enthält das Werk von L. WHITE und E. A. PRENTIS, Cofferdams. New York: Columbia University Press 1940 S. 93–253. Einige der im theoretischen Teil des Buches (S. 1–92) zum Ausdruck gebrachten Feststellungen und Ansichten sind anfechtbar und der praktische Wert von Modellversuchen scheint überschätzt zu sein. Die Ergebnisse von Modellversuchen sind nicht zuverlässiger, als die mit dem Stromlinien-Netzverfahren (Abschn. 39) zu erzielenden Ergebnisse.

Tunnelbau in Lockermassen

Es muß unterschieden werden zwischen dem Erddruck auf vorübergehenden und auf verbleibenden Tunnelverbau. Der vorübergehende Verbau stützt die Firste und die Ulmen des Tunnels ab, bis der bleibende Verbau, das Tunnelgewölbe bequem eingebaut werden kann. Während ein Tunnel vorgetrieben oder ein Schacht ausgehoben und der vorübergehende Verbau eingebaut wird, wird der Scherwiderstand des benachbarten Bodens in der Regel voll aktiviert. In diesem Zustand gelten für den Druck auf die Tunnelleibung in erster Linie die Gesetze der Gewölbewirkung (s. TERZAGHI-JELINEK, Theoretische Bodenmechanik). Nachdem das bleibende Tunnelgewölbe eingebaut ist, nimmt der Druck auf den Tunnel innerhalb einer gewissen Zeit zu. In oberhalb des Wasserspiegels anstehenden Sanden ist die Druckzunahme nur gering, dagegen ist sie in steifen, schwellenden Tonen sehr groß.

Die beim Tunnelbau in Lockermassen auftretenden Erddruckprobleme und die Maßnahmen zur Bekämpfung der Schwierigkeiten, welche aus der Neigung des Bodens sich in den Tunnel hineinzubewegen entstehen, sind in R. V. PROCTOR und T. L. WHITE, „Earth Tunneling with Steel Supports", Youngstown, Ohio: The Commercial Shearing and Stamping Co., 1948. Abschnitt I, Grundzüge des Tunnelbaues in Lockermassen, von K. TERZAGHI, beschrieben.

Die Ergebnisse experimenteller Untersuchungen über die Gewölbewirkung in Sand über nachgiebigen Firstunterstützungen sind in der Abhandlung von K. TERZAGHI, „Stress Distribution in Dry and in Saturated Sand above a Yielding Trap-Door", in Proc. Intern. Conf. Soil Mech., Cambridge, Mass. 1936 Bd. I S. 307–311, veröffentlicht. Meßergebnisse über den Druck auf den vorübergehenden und den verbleibenden Verbau von Tunneln in weichem Schluff und weichem Ton sind enthalten in den Abhandlungen: G. M. RAPP und A. H. BAKER über „The Measurement of Soil Pressures on the Lining of the Midtown Hudson Tunnels", Proc. Intern. Conf. Soil Mech., Cambridge, Mass. 1936 Bd. II S. 150–156. K. TERZAGHI, „Liner-Plate Tunnels on the Chicago (Ill) Subway", Trans. ASCE, Abh. 2200, 108 (1943) S. 970–1007; W. S. HOUSEL, „Earth Pressure on Tunnels", Trans. ASCE, Abh. 2200, 108 (1943) S. 1037–1058 und K. TERZAGHI, „Shield Tunnels of the Chicago Subway," J. Boston Soc. Civil Engrs. 29 (1942) S. 163–210.

Die Ansichten über die Annahmen, die dem Entwurf des bleibenden Verbaues von Erdtunneln zu Grunde gelegt werden müssen, sind geteilt. Hierzu können die beiden zuletzt erwähnten Aufsätze von K. TERZAGHI herangezogen werden. Vgl. auch G. L. GROVES, „Tunnel Linings with Special Reference to a New Form of Reinforced Concrete Lining", Journ. Inst. Civil Engrs. (London), Abh. 5304, März 1943, S. 29–64 mit Diskussionsbeiträgen Okt. 1943, S. 337–365.

Der Entwurf von Durchlässen

Durchlässe sind tunnelartige Wasserstollen, die in offenen Einschnitten gebaut und darauf überschüttet werden. Wenn ein Durchlaß sich auf einer nachgiebigen Unterlage befindet, wirkt auf ihn nicht nur der Erddruck sondern auch eine Biegebeanspruchung in einer vertikalen Ebene durch seine Längsachse infolge der muldenförmigen Setzungen der Dammsohle. Er ist infolge der Scherspannungen, welche die Breite der Dammsohle zu vergrößern suchen, auch achsialen Zugkräften unterworfen. Ein Bruch von Durchlässen infolge der achsialen Zugkraft ist nicht selten.

Die Verteilung des Erddruckes auf die Wandung eines Durchlasses hängt weitgehend von der Steife der Wände des Durchlasses und der Zusammendrückbarkeit der Hinterfüllung zu beiden Seiten des Durchlasses ab. Bei den bisherigen Berechnungsverfahren für Durchlässe ist dieser wichtige Umstand noch nicht genügend berücksichtigt worden. Die meisten Verfahren gehen von der Annahme aus, daß der Durchlaß steif ist. Infolgedessen sind die tatsächlichen Biegemomente in den Wänden der Durchlässe mit rechteckigem Querschnitt oder in den Ringen der Durchlässe mit kreisförmigem Querschnitt in der Regel weitaus kleiner als die berechneten. Diese Tatsache muß man beim Studium der Literaturhinweise beachten.

Eine Zusammenstellung der in den USA üblichen Berechnungsverfahren für Durchlässe kann aus L. J. HEWES, American Highway Practice, New York: Wiley 1942, Bd. II, Anhang I und II entnommen werden, ferner auch aus Handbook of Culvert and Drainage Practice, Middletown, Ohio: Armco International Corporation 1938, S. 11–118. Die Ergebnisse von Erddruckmessungen bei einem in einen Einschnitt verlegten und wieder eingefüllten, in Gebrauch befindlichen Durchlaß sind in D. B. GUMENSKY, „Achieving Strength and Tightness in Cut- and Cover Conduit", Eng. News-Record, 117 (1936) S. 633–635, veröffentlicht. Für andere Eigenschaften des Hinterfüllungsmateriales und für eine andere Steifigkeit des Durchlasses würde man gänzlich andere Ergebnisse erhalten haben.

Injektionen mit Zement und Chemikalien

Injektionen haben entweder die Aufgabe, die in eine Baugrube sikkernde Wassermenge zu vermindern, oder die Tragfähigkeit des Bodens zu erhöhen. Wenn die wirksame Korngröße eines Sandes oder eines Sand-Kiesgemisches größer als etwa 1 mm ist, kann der Boden durch eine unter Druck durchgeführte Injektion von Zement in seine Hohlräume in eine Art Beton verwandelt werden. Feine und sehr feine Sande sind durch eine aufeinanderfolgende Injektion von zwei verschiedenen Chemikalien verfestigt worden, die in den Poren miteinander reagieren und eine feste und ziemlich undurchlässige Masse bilden. Eine Verminderung der Durchlässigkeit von feinen und sehr feinen Sanden ohne wesentliche Erhöhung der Festigkeit kann durch das Einpressen einer einzigen Lösung erzielt werden, die eine halbe Stunde oder später nach der Injektion ein Gel erzeugt. Es gibt jedoch kein Verfahren, das mit Erfolg in Feinschluff oder Ton angewandt werden kann, weil die geringe Durchlässigkeit dieser Böden eine Durchtränkung innerhalb einer praktisch tragbaren Zeitspanne verhindert.

Eine Zusammenstellung der wichtigsten Injektionsverfahren und der Voraussetzungen für ihre erfolgreiche Anwendung kann aus K. TERZAGHI, „Opening Diskussion M-6", Proc. Intern. Conf. Soil Mech., Cambridge, Mass. (1936) Bd. III, S. 180–182 entnommen werden. Dieselben Proceedings enthalten die Abhandlungen von J. H. PFEIFER, „A New Method of Impermeabilizing and Improving the Physical Properties of Pervious Subsoils by Injecting Bituminous Emulsions" in Bd. I, S. 263–266 und von G. D. RODIO, „The Foundation of the Building La Baloise in Lugano, Switzerland, Involving Modern Methods in Deep Foundation Technique" in Bd. III, S. 215–226. Einige praktische Anwendungen des Injektionsverfahrens für feine Sande mit 2 Chemikalien finden sich in der Abhandlung von K. POHL, „Emploi de la silicatisation pour la construction dans les terrains meubles. Procédé H. JOOSTEN". Gen. Civ. 100 (1932) S. 14–17.

In verschiedenen Fällen sind grobkörnige Böden auch mit Ton- oder Bentonitsuspensionen injiziert worden; die veröffentlichten Angaben gestatten jedoch nicht, die Voraussetzung für eine erfolgreiche Anwendung dieses Verfahrens eindeutig festzulegen.

Namenverzeichnis

Sachverzeichnis

721/18/60

Zeitfracht Medien GmbH
Ferdinand-Jühlke-Straße 7
99095 Erfurt, Deutschland
produktsicherheit@kolibri360.de